U0223664

世界数学名家精品译丛

“十二五”国家重点图书

随机过程(I)

Random Process (I)

[苏] 基赫曼 [苏] 斯科罗霍德 著

邓永录 邓集贤 石北源 译

哈尔滨工业大学出版社

HARBIN INSTITUTE OF TECHNOLOGY PRESS

内容简介

本书系统介绍了随机函数论和函数空间测度理论的一般问题.共分八章,包括概率论的基本概念、随机序列、随机函数、随机过程线性理论、函数空间上的概率测度、关于随机过程的极限定理、对应于随机过程的测度的绝对连续性、Hilbert 空间上的可测函数.

本书可供大、专院校数学系师生特别是概率论专业研究生,及其他专业工作者参考.

图书在版编目(CIP)数据

随机过程.1/(苏)基赫曼,(苏)斯科罗霍德著;邓永录,邓集贤,石北源译.—哈尔滨:哈尔滨工业大学出版社,2014.1(2016.1 重印)

ISBN 978－7－5603－3834－7

Ⅰ.①随…　Ⅱ.①基…②斯…③邓…④邓…⑤石…　Ⅲ.①随机过程　Ⅳ.①0211.6

中国版本图书馆 CIP 数据核字(2012)第 266686 号

策划编辑　刘培杰　张永芹
责任编辑　张永芹　王　慧
封面设计　孙茵艾
出版发行　哈尔滨工业大学出版社
社　　址　哈尔滨市南岗区复华四道街 10 号　邮编 150006
传　　真　0451－86414749
网　　址　http://hitpress.hit.edu.cn
印　　刷　哈尔滨工业大学印刷厂
开　　本　787mm×1092mm　1/16　印张 30.25　字数 550 千字
版　　次　2014 年 1 月第 1 版　2016 年 1 月第 2 次印刷
书　　号　ISBN 978－7－5603－3834－7
定　　价　78.00 元

◎作者简介

И·И·基赫曼(И. И. Гихман,1918 年 5 月 26 日—1985 年 7 月 30 日),乌克兰数学家,生于乌克兰的乌曼(Умань).1939 年毕业于基辅大学,参加了伟大的卫国战争,1945 年成为前苏联共产党员.1947～1965 年在基辅大学工作.1956 年获得前苏联物理—数学博士学位.1959 年晋升为教授.1965 年被选为乌克兰科学院的通讯院士.1965 年以后,成为乌克兰科学院顿涅茨(Донец)应用数学—力学研究所研究员,兼任顿涅茨大学教授……主要从事概率论与数理统计方面的工作,进行随机过程论的研究,在随机过程论和随机微分方程方面获得一系列成果;开创了随机微分方程的"平均原理","非线性随机微分方程"的研究.1971 年与斯科罗霍德一起获得乌克兰国家奖——克雷洛夫(Крылов)奖.1982 年获得"乌克兰国家奖".

基赫曼比斯科罗霍德年长近 20 岁,但是与斯科罗霍德是亲密的朋友和同事.两人在概率理论领域的教学和科研中一起工作,成果丰硕.正是当时担任基辅大学概率论与数理统计教研室主任的基赫曼,推荐本书的译者周概容做斯科罗霍德的副博士研究生的.

A·B·斯科罗霍德(А. В. Скороход,1930 年 9 月 10 日—2011 年 1 月 14 日),1930 年 9 月 10 日出生在乌克兰南部工业中心,其父母的工作主要是在小村庄及矿业城镇担任教师,其父教数学、物理和天文学,其母除了教数学,还教历史、文学、音乐……斯科罗霍德兄弟二人,其兄后来成为物理学院士.

1935 年斯科罗霍德到城市去上学,战争打断了学校教育,不得不在家接受教育.1948 年他中学毕业,并且获得金质奖章,中学毕业后,进入基辅大学数学系.他进入大学后,受到格涅坚科(Б. В. Гнедеко)院士的指导,格涅坚科后来是莫斯科大学教授.在基辅大学,斯科罗霍德与比他年长近 20 岁的概率论与数理统计教研室主任、乌克兰科学院通讯院士基赫曼(И. И. Гихман),是亲密的朋友和同事.两人一起工作,在概率论理论领域的教学和科研中,成果丰硕.

1953 年斯科罗霍德基辅大学毕业时,已经是五篇论文的作者,其中三篇发表在前苏联著名的数学刊物"Успехи Математических Наук"上,两篇论文发表在前苏联数学最高学术刊物"Доклады АН СССР"上.此外,值得注意的是,斯科罗霍德早期的两篇论文,在 1961 年被译成英文,发表在著名期刊"Selected Translations on Mathematical Statistics and Probability"上.进入基辅大学工作的同一年,斯科罗霍德进入莫斯科大学进修(1953～1956),在著名的"马尔科夫过程论"学者邓肯(Е. Б. Денкин)教授的指导下学习.当时正是莫斯科大学概率论、随机过程的理论基础研究的全盛时期.在柯尔莫格洛夫(А. Н. Колмогоров)周围聚集了一大批青年人才,在此组合中,年轻科学家斯科罗霍德迅速成为标志性的人物.他深厚的知识和很多有趣的新想法被引起注意.柯尔莫格洛夫曾经说:"一个年轻的天才的学者斯科罗霍德,从基辅来到我们莫斯科大学力学一数学系进修……".斯科罗霍德在马尔科夫过程讨论班上十分活跃.他 1957 年从莫斯科回到基辅大学后,继续在基辅大学任教.几乎同时,于 1964 年进入乌克兰科学院数学研究所,在随机过程理论部工作,并继续在基辅大学任教.1982 年和 2003 年两次获乌克兰国家科学技术奖(Державние премии науки и техники Украина).

斯科罗霍德,共出版了 23 部专著,发表了近 300 篇论文.1963 年获前苏联物理一数学科学博士学位,并晋升为教授.1967 年当选为乌克兰科学院通讯院士.1985 年当选为乌克兰科学院院士.2000 年被聘为美国科学院院士.

◎目录

概率论的基本概念

第一章

§1 公理和定义

事件 概率论的基本概念是试验、事件和事件的概率.

这些概念的形式上的描述通常是以 А. Н. Колмогоров 在 1929 年提出的概率论的集合论模型为出发点的.

在概率论中讨论的试验(随机试验)是在遵从一定的条件组 Y 之下进行的.这条件组并不能唯一地确定试验的结果(也称做结局或现实).这意味着在精确地保持条件组 Y 之下重复进行试验时,试验结果一般可以不相同.

在描述概率论的概念时,第一个基本假定是在一定的情况下,试验总体的结果可以用某一集合 Ω 来描述,因而,对于每一个在某一次试验中可能出现或不出现的事件,可以对应 Ω 的一个确定的子集,使得事件的概率论运算相应于对应的 Ω 子集的集合论运算.

这时,点 $\omega\in\Omega$ 起着原子的作用——任一事件都是点的总和,而每一点 ω 则不能表为其他事件的总和.所以我们把 Ω 中的点称为基本事件.

相对于 Ω 来说，试验完全由那些人们能够断定它在已给的试验中是否出现的事件(Ω 的子集) 所描述，我们把这些事件称做(在给定的试验中) 可观测的.

今后我们将沿用这样的概率论体系，而且把事件和它相对应的 Ω 子集等同起来. 这时就得到把集合论概念翻译为概率论概念的对偶术语的词汇，其中最基本的在下表中给出：

集合论	概率论
空间 Ω	必然事件
ω——Ω 的点	基本事件
$\varnothing$—— 空集	不可能事件
A——Ω 的子集，$A \subset \Omega$	事件
集合 A 包含在 B 中($A \subset B$)	事件 A 蕴涵 B
C—— 集合 A 与 B 之并(和) ($C = A \cup B$)	C—— 事件 A 与 B 之并(和)
C—— 集合 A 与 B 之交 ($C = A \cap B$)	C—— 事件 A 与 B 同时发生
$\overline{A}$—— 集合 A 之余集	$\overline{A}$——A 的对立事件(余事件)
C—— 集合 A 与 B 之差 ($C = A \setminus B$)	C—— 事件 A 与 B 之差
A 与 B 没有公共点($A \cap B = \varnothing$)	事件 A 与 B 不相容

应当注意，我们把 Ω 的任意子集都称做事件. 但是，无论是从实用观点或从纯数学观点来看，把 Ω 的任意子集都看做是使人感兴趣的事件并没有意义. 因此，应该在 Ω 中选出必须讨论的事件类，这个事件类应是充分广泛的并包含在解决各种不同的实际问题时会出现的所有事件. 另一方面，为了能够有效地利用数学上的技巧，这个事件类也要受到一定的限制.

诚然，在每一具体情形中都要按照其自身特点来解决选取对应事件类的问题，但是，今后我们恒假定它构成事件的 σ 代数.

定义 1 事件类 $\mathfrak{A}$ 称做事件的代数，如果它包含必然事件 Ω 和不可能事件 $\varnothing$，而且若 A 和 B 是该类中任意两个事件，则这两事件之并以及 A 的对立事件 $\overline{A}$ 也在这事件类中.

Ω 和 $\varnothing$ 这两个事件构成平凡的代数.

包含事件 A 的最小代数由以下四个事件组成：$\Omega, \varnothing, A$ 和 $\overline{A}$.

定义 2 事件的代数称做 σ 代数，如果任意属于这事件类的事件序列之并也属于这事件类.

当然,在上述定义和性质中可以是对某抽象空间 Ω 中集合的代数和 σ 代数来说的.

定义 3 空间 Ω 和定义在它上面的集合 σ 代数 $\mathfrak{A}$ 一起称做可测空间 $\{\Omega,\mathfrak{A}\}$,而 $\mathfrak{A}$ 中的 Ω 子集称做 $\mathfrak{A}$ 可测集($\mathfrak{A}$ 可测事件).如果谈及的 σ 代数是明确的话,就简称做可测集(事件).

我们一般用字母 $\mathfrak{S}$ 表示在给定的情况下被考虑的事件所组成的 σ 代数,对于可测空间 $\{\Omega,\mathfrak{S}\}$ 来说,每个给定的随机试验完全由在这试验中被观测的事件类 $\mathfrak{F}$ 所刻画.诚然,类 $\mathfrak{F}$ 应当包含在 Ω 中,而且易见类 $\mathfrak{F}$ 关于事件的并、交和取余运算是封闭的,因此,自然认为 $\mathfrak{F}$ 是一个事件的 $\mathfrak{S}$ 代数.这样一来,随机试验在形式上被某一 $\mathfrak{S}$ 可测事件的 σ 代数 $\mathfrak{F}$ 所确定,我们把它称做对应于给定试验的 $\mathfrak{S}$ 代数.

概率

定义 4 由基本事件空间 Ω、在其上选出的事件 σ 代数 $\mathfrak{S}$ 和定义在 $\mathfrak{S}$ 上且满足 $P(\Omega)=1$ 的测度 P 组成的三元组 $\{\Omega,\mathfrak{S},P\}$ 称做概率空间,而测度 P 称做概率.

概率空间是概率论的原始对象,但是,这和在解决许多具体问题时不存在明显的概率空间的情形并不矛盾.

下面引入一些有关概率的简单熟知的性质,这些性质易由概率的定义推出(其中 S 和 S_n 属于 $\mathfrak{S}$,$n=1,2,\cdots$):

(1) $P(\varnothing)=0$;

(2) 若 $S_k \cap S_r=\varnothing, k\neq r$,则 $P(\bigcup\limits_{n=1}^{\infty} S_k)=\sum\limits_{k=1}^{\infty}P(S_k)$;

(3) 若 $S_1\subset S_2$,则 $P(S_2\backslash S_1)=P(S_2)-P(S_1)$;

(4) $P(\overline{S})=1-P(S)$;

(5) 若 $S_n\subset S_{n+1}, n=1,2,\cdots$,则 $P(\bigcup\limits_{n=1}^{\infty} S_n)=\lim P(S_n)$;

(6) 若 $S_n\supset S_{n+1}, n=1,2,\cdots$,则 $P(\bigcap\limits_{n=1}^{\infty} S_n)=\lim P(S_n)$.

随机变量 随机变量这个概念对应于测量某一数值的量 ξ 的随机试验的描述,假设对于任意两个数 $a,b(a<b)$,由 $\xi\in(a,b)$ 构成的事件 $A(a,b)$ 是可观测的.对应于这一随机试验的 σ 代数是包含所有事件 $A(a,b)$ 的最小 σ 代数 $\mathfrak{F}_\xi$,其中 $-\infty<a<b<+\infty$.

以 $A_x(-\infty<x<+\infty)$ 表示事件 $\xi=x$,它是可测的.事实上

$$A_x=\bigcap_{n=1}^{\infty}A\left(x-\frac{1}{n},x+\frac{1}{n}\right)$$

而且，若 $x_1 \neq x_2$，则事件 A_{x_1} 和 A_{x_2} 是不相容的(这可由测量结果的单值性推出)，又因为测量结果一定是某一实数，故所有 $A_x(-\infty < x < \infty)$ 之并是 Ω. 现在，我们定义单值实函数 $f(\omega)(\omega \in \Omega)$ 如下：如果 $\omega \in A_x$，则令 $f(\omega)=x$. 由定义推知，在每一试验中 $\xi=f(\omega)$，而且集合 $\{\omega: a < f(\omega) < b\} = A(a,b)$ 是可测的. 我们注意到一个定义在可测空间 $\{\Omega,\mathfrak{S}\}$ 上的实函数 $f(\omega)$ 称做可测的($\mathfrak{S}$可测的)，如果对于任意实数 a 和 b 有 $\{\omega: a < f(\omega) < b\} \in \mathfrak{S}$. 因此，可以把随机变量 ξ 和概率空间 $\{\Omega,\mathfrak{S},P\}$ 上的某一可测函数等同起来.

定义 5 基本事件 ω 的 $\mathfrak{S}$ 可测函数称做(在给定的概率空间 $\{\Omega,\mathfrak{S},P\}$ 上的)随机变量.

今后，我们有时要考虑 $\{\Omega,\mathfrak{S},P\}$ 上可能取 $\pm\infty$ 值的可测函数，或者是只定义在 $\{\Omega,\mathfrak{S},P\}$ 的一个可测子集上的函数，我们把这些函数称做广义随机变量.

关于随机变量的定义，我们要注意如下的情况. 人们通常认为，从经验的观点看来，彼此只相差一零概率事件的两个事件是不能区分的. 所以，如果两个随机变量以概率 1 相等，我们自然就把它们看做是相同的. 因而，随机变量可以理解为一整类的可测函数，其中每一对函数只能在一概率为零的集合上有差异. 我们把这些函数称做等价的(或 P 等价的). 上述观点之所以成立还由于以下事实，即我们所引入的概念和推得的关系中大多数按其实质都是对于等价函数类而言的. 但是，始终如一地使这个观点付诸实现会碰到某些技术上的和实质上的困难. 因此，把随机变量理解为单个函数并用特别的记号表示它们的等价类似乎更为方便.

定义 6 随机变量 ξ 和 η 称做等价的(P 等价的)并记作 $\xi=\eta(\bmod P)$，如果 $P\{\xi \neq \eta\}=0$.

等价的随机变量还可以用 $\xi=\eta$ 几乎处处(a. s.)[①]或 $\xi=\eta$ 以概率1来表示.

类似的术语和记号也用于更一般的情形. 我们约定，某些函数或别的对象几乎必然(对于差不多所有的 ω 或对于所有 $\omega(\bmod P)$)具有性质 H，如果使这性质不成立的 ω 集之概率为零. 例如，若除某集合 $N(P(N)=0)$ 之外的每一 ω，随机变量序列 $\xi_n = f_n(\omega)$ 收敛于 $\xi = f(\omega)$，那么我们就说 ξ_n 几乎处处收敛于 ξ 或

$$\xi = \lim \xi_n (\bmod P)$$

我们引进随机变量的一系列基本性质，这些性质可从任意可测函数的相应性质得到. 我们假定随机变量是给定在固定的概率空间 $\{\Omega,\mathfrak{S},P\}$ 上的.

1) 若 $h(t_1,t_2,\cdots,t_n)$ 是任意的 n 个实变量 $t_1,t_2,\cdots,t_n$ 的 Borel 函数，而 ξ_1，$\xi_2,\cdots,\xi_n$ 是随机变量，则 $h(\xi_1,\xi_2,\cdots,\xi_n)$ 也是随机变量.

---

① 俄文简写是 п. н. ，英文简写是 a. s. —— 译者注

2) 若$\{\xi_n: n=1,2,\cdots\}$是随机变量序列,则 $\sup \xi_n$, $\inf \xi_n$, $\overline{\lim}\, \xi_n$ 和$\underline{\lim}\, \xi_n$ 也是随机变量.

因此,通常对于函数所作的很大的一类分析运算把随机变量仍变为随机变量,这时与σ代数$\mathfrak{S}$的具体形式无关.不难看出,这些运算并没有破坏随机变量之间的等价关系.更确切地就是说:

3) 如果ξ_n和η_n等价($n=1,2,\cdots$),而$h(t_1,t_2,\cdots,t_n)$是n个实变量的Borel函数,则$h(\xi_1,\xi_2,\cdots,\xi_n)$也和$h(\eta_1,\eta_2,\cdots,\eta_n)$等价.进而,下列每一对随机变量是等价的:$\sup \xi_n$ 和 $\sup \eta_n$, $\inf \xi_n$ 和 $\inf \eta_n$, $\overline{\lim}\, \xi_n$ 和$\overline{\lim}\, \eta_n$, $\underline{\lim}\, \xi_n$ 和$\underline{\lim}\, \eta_n$.

4) 设$\xi_n(n=1,2,\cdots)$是随机变量序列,则事件$S=\{\lim \xi_n$ 存在$\}$是$\mathfrak{S}$可测的.不难看出,这事件可表为

$$S=\bigcap_{k=1}^{\infty}\bigcup_{n=1}^{\infty}\bigcap_{m_1,m_2>n}\left\{\omega: |\xi_{m_1}-\xi_{m_2}|<\frac{1}{k}\right\}$$

随机变量的一个重要例子是事件的示性函数.随机变量$\chi_A=\chi_A(\omega)$称做事件A的示性函数,如果$\omega\in A$时它等于1,否则等于0.若$A\in\mathfrak{S}$,则$\chi_A(\omega)$是$\mathfrak{S}$可测的.

应当指出,对事件作集合论的运算相应于对示性函数作类似的代数运算

$$\chi_{\bigcup\limits_{k=1}^{\infty} A_k}(\omega)=\sum_{k=1}^{\infty}\chi_{A_k}(\omega)\quad (若\ k\neq r\ 时\ A_k\cap A_r=\varnothing)$$

$$\chi_{A\cap B}(\omega)=\chi_A(\omega)\,\chi_B(\omega)$$

$$\chi_{A\setminus B}(\omega)=\chi_A(\omega)-\chi_B(\omega)\quad (若\ B\subset A)$$

$$\chi_{\overline{\lim} A_n}(\omega)=\overline{\lim}\chi_{A_n}(\omega),\chi_{\underline{\lim} A_n}(\omega)=\underline{\lim}\chi_{A_n}(w)$$

随机变量ξ称做离散的,如果它仅取有限个或可数多个不同的值.这样的变量可以写成$\xi=\sum\limits_k C_k\chi_{A_k}(\omega)$,其中$A_k$是两两不相交的$\mathfrak{S}$可测集,而且$\bigcup\limits_k A_k=\Omega$.对于每一$\omega$,等式的右边只有一个被加量不等于零,当$\omega\in A_k$时$\xi=C_k$.对于任意随机变量$\xi$,我们恒能构造一串离散随机变量$\xi_n$,它们只取有限多个可能值且对每一$\omega$都收敛于$\xi$.为证此只须令

$$\xi_n=\sum_{j=-n}^{n-1}\sum_{k=1}^{n}\left(j+\frac{k-1}{n}\right)\chi_{A_{jk}}$$

其中

$$A_{jk}=\left\{\omega: i+\frac{k-1}{n}\leqslant\xi<j+\frac{k}{n}\right\}$$

这时,若$|\xi|<n$,则有$|\xi-\xi_n|<\dfrac{1}{n}$.

容易验证,若ξ非负,则可以构造一单调递增的(取可数多个值的)离散随

机变量序列,使得这序列一致收敛于 ξ. 事实上,令 $\xi_n=\sum_{k=0}^{\infty}\frac{k}{2^n}\chi_{A_{kn}}$,其中 $A_{kn}=\left\{\omega:\frac{k}{2^n}\leqslant\xi<\frac{k+1}{2^n}\right\}$,则对所有 ω 均有 $|\xi-\xi_n|<2^{-n}$.

随机元 取值于任意可测空间 $\{\mathscr{X},\mathfrak{B}\}$ 的随机元这一概念是随机变量概念的推广. 设 $\{\Omega,\mathfrak{S}\}$ 和 $\{\mathscr{X},\mathfrak{B}\}$ 是两个可测空间,我们称映象 $g:\omega\to x(x\in\mathscr{X})$ 为从 $\{\Omega,\mathfrak{S}\}$ 到 $\{\mathscr{X},\mathfrak{B}\}$ 的可测映象,如果对于任意 $B\in\mathfrak{B}$ 有

$$g^{-1}(B)=\{\omega:g(\omega)\in B\}\in\mathfrak{S}$$

定义7 从 $\{\Omega,\mathfrak{S},P\}$ 到 $\{\mathscr{X},\mathfrak{B}\}$ 的可测映象,称做取值于可测空间 $\{\mathscr{X},\mathfrak{B}\}$ 随机元 ξ.

如果 $\mathscr{X}$ 是距离空间,则除特别声明之外,$\mathfrak{B}$ 恒理解为Borel集的 σ 代数. 如果 $\mathscr{X}$ 是向量空间,则 $\boldsymbol{\xi}$ 称做随机向量.

设给定了随机元序列 $\{\xi_k:k=1,2,\cdots,n\}$,它们是给定在一固定的概率空间 $\{\Omega,\mathfrak{S},P\}$ 上而分别取值于空间 $\{\mathscr{X}_k,\mathfrak{B}_k\}$ 的. 这序列可以看做是一个随机元 ζ,并称做随机元 $\xi_1,\cdots,\xi_n$ 的直积,它取值于可测空间 $\{\mathscr{Y},\mathfrak{B}\}$,这里 $\mathscr{Y}=\prod_{k=1}^{\infty}\mathscr{X}_k$ 是 $\mathscr{X}_1,\mathscr{X}_2,\cdots,\mathscr{X}_n$ 的乘积空间,而 $\mathfrak{B}=\prod_{k=1}^{n}\mathfrak{B}_k$ 是 σ 代数 $\mathfrak{B}_1,\mathfrak{B}_2,\cdots,\mathfrak{B}_n$ 的乘积.

上述注记可以应用到任意取值于 $\{\mathscr{X}_\alpha,\mathfrak{B}_\alpha\}$ 的随机元的集合 $\xi_\alpha,\alpha\in A$,这里 A 是某一附标集合. 这时乘积 $\mathscr{Y}=\prod_{\alpha\in A}\mathscr{X}_\alpha$ 应理解为所有映象

$$y=y(\alpha):\alpha\to x_\alpha,x_\alpha\in\mathscr{X}_\alpha,\alpha\in A$$

的空间,亦即定义在 A 上而取值于 $\mathscr{X}_\alpha$(对每一 $\alpha\in A$) 的所有函数的空间.

我们把所有满足关系式

$$y(\alpha_k)\in B_{\alpha_k},B_{\alpha_k}\in\mathfrak{B}_{\alpha_k},k=1,\cdots,n$$

的 $y\in\mathscr{Y}$ 的集合 C 称做 $\mathscr{Y}$ 的柱集,这里 n 是任意整数,α_k 是 A 的任意元素. 更确切地说,$C=C_{\alpha_1,\cdots,\alpha_n}(B_{\alpha_1}\times\cdots\times B_{\alpha_n})$ 是以在坐标 $\alpha_1,\alpha_2,\cdots,\alpha_n$ 上的 $B_{\alpha_1}\times B_{\alpha_2}\times\cdots\times B_{\alpha_n}$ 为底的柱集. 我们用 $\mathfrak{B}$ 表示包含所有柱集的最小 σ 代数,并称之为 σ 代数 $\mathfrak{B}_\alpha$ 的乘积,$\mathfrak{B}=\prod_{\alpha\in A}\mathfrak{B}_\alpha$. 容易看出,由关系式

$$g(\omega)=g(\omega,\alpha)=f_\alpha(\omega),f_\alpha(\omega)=\xi_\alpha$$

定义的映象 $g:\omega\to y(\alpha)$ 是从 $\{\Omega,\mathfrak{S}\}$ 到 $\{\mathscr{Y},\mathfrak{B}\}$ 的可测映象. 如果所有 $\mathscr{X}_\alpha$ 都相同,即 $\mathscr{X}_\alpha=\mathscr{X}$,则 $\mathscr{Y}=\mathscr{X}^A$ 是定义在 A 上而取值于 $\mathscr{X}$ 中的所有函数组成的空间,映象 $g(\omega)$ 使每一基本事件 ω 对应 $\mathscr{X}^A$ 中的某一函数. 换句话说,$g(\omega)$ 是随机函数. 于是,可以把随机变量族 $\{\xi_\alpha:\alpha\in A\}$ 看做是随机函数.

设 $\xi=f(\omega)$ 是取值于 $\{\mathscr{Y},\mathfrak{B}\}$ 的随机元.

定义8 由所有形如 $\{f^{-1}(B):B\in\mathfrak{B}\}$ 的集合组成的 σ 代数 σ_ξ 或 $\sigma\{\xi\}$ 称做

由随机元 ξ 产生的 σ 代数.

显然,集合类 $\{f^{-1}(B):B\in\mathfrak{B}\}$ 是 σ 代数.

与上述定义等价的一种陈述是:σ 代数 σ_ξ 是 Ω 上使得随机元 ξ 为可测的最小 σ 代数.

从直观上容易看出,某一随机变量 η 关于 σ_ξ 的可测性意味着 η 是 ξ 的函数.

引理 1 设 $\xi=f(\omega)$ 是 $\{\Omega,\mathfrak{S},P\}$ 上取值于 $\{\mathscr{X},\mathfrak{B}\}$ 的随机元,η 是 σ_ξ 可测的随机变量. 则存在 $\mathfrak{B}$ 可测的实函数 $g(x)$,使得 $\eta=g(\xi)$.

证 假设 η 是离散随机变量,它取值 $a_n,n=1,2,\cdots$. 又设

$$A_n=\{\omega:\eta=a_n\}$$

这时存在 $B_n\in\mathfrak{B}$,使得

$$f^{-1}(B_n)=A_n$$

令 $B'_n=B_n\setminus\bigcup_{k=1}^{n-1}B_k$. 集合 $B'_n\in\mathfrak{B}$ 是互不相交的,$f^{-1}(B'_n)=A_n\setminus\bigcup_{k=1}^{n-1}A_k=A_n$ 和 $f^{-1}(\bigcup_{n=1}^{\infty}B'_n)=\bigcup_{n=1}^{\infty}A_n=\Omega$,即 $f(\Omega)\bigcup_{n=1}^{\infty}B'_n$. 令 $g(x)=a_n$,若 $x\in B'_n$,则有 $\eta=g(\xi)$.

现在考虑一般情形. 存在一串离散的 σ_ξ 可测随机变量序列 η_n,对每一 ω 它都收敛于 η. 因此有 $\eta_n=g_n(\xi)$,其中 $g_n(x)$ 是 $\mathfrak{B}$ 可测的. 使得 $g_n(x)$ 在其上收敛于某一极限的点集 S 是 $\mathfrak{B}$ 可测的,它包含 $f(\Omega)$,并且对 $x\in f(\Omega)$ 有

$$\lim g(x)=\lim \eta_n=\eta$$

当 $x\in S$ 和 $g(x)=0$ 时,令 $g(x)=\lim g_n(x)$;当 $x\overline{\in}S$ 时,我们就得到 $\eta=g(\xi)$.

数学期望 随机变量的数学期望是它的最重要数字特征. 它对应的直观概念是大量相同随机试验的观测结果的算术平均值.

按照定义,随机变量 $\xi=f(\omega)$ 的数学期望等于 $f(\omega)$ 对测度 P 的积分,我们约定写为

$$E\xi=\int_\Omega f(a)P(\mathrm{d}\omega)=\int_\Omega\xi\mathrm{d}P$$

经常将积分区域 Ω 略去不写. 数学期望具有抽象积分理论中一些熟知的性质.

依概率收敛 在概率论中,随机变量序列的各种收敛性定义起着重要的作用. 以概率 1(几乎处处) 收敛的定义在前面已经给出.

定义 9 若存在随机变量 ξ,使得对任意 $\varepsilon>0$ 有

$$P\{|\xi_n-\xi|>\varepsilon\}\to 0,\text{当 } n\to\infty$$

则说序列 $\{\xi_n:n=1,2,\cdots\}$ 依概率收敛于随机变量 ξ 并记作

$$\xi=P-\lim \xi_n$$

依概率收敛对应于测度论中的依测度收敛. 从测度论的一般结果可以得到下列推论:

a) 若序列$\{\xi_n:n=1,2,\cdots\}$几乎处处收敛，则它依概率收敛.逆命题一般说来是不成立的.但是，从依概率收敛的随机变量序列中可以选出几乎处处收敛的子序列.

b) 随机变量序列依概率收敛的充分必要条件是：对于任意$\varepsilon>0$和$\delta>0$，可以找到$n_0=n_0(\varepsilon,\delta)$，使得当$n$和$n'>n_0$时

$$P\{|\xi_{n'}-\xi_n|>\varepsilon\}<\delta$$

这条件称做序列$\{\xi_n:n=1,2,\cdots\}$依概率的基本性条件.

c) 若$\xi=P-\lim\xi_m$和$\eta=P-\lim\xi_n$，则$\xi=\eta(\bmod P)$.

d) 设$\eta_k=P-\lim\xi_{kn}(k=1,2,\cdots,m)$，$\varphi(t_1,t_2,\cdots,t_m)$是$m$维Euclid空间$\mathbf{R}^m$上的函数，除去Borel集$D(D\subset\mathbf{R}^m)$的点外，这函数是处处连续的，这里

$$P\{(\eta_1,\eta_2,\cdots,\eta_m)\in D\}=0$$

于是，序列$\xi_n=\varphi(\xi_{1n},\xi_{2n},\cdots,\xi_{mn})$依概率收敛于$\eta=\varphi(\eta_1,\eta_2,\cdots,\eta_m)$.特别地，若序列$\xi_{kn}$依概率收敛，则序列$\xi_{1n}+\xi_{2n}$，$\xi_{1n}\xi_{2n}$和$\xi_{1n}/\xi_{2n}$（后者要假设$P\{P-\lim\xi_{2n}=0\}=0$）也如此，而且

$$P-\lim(\xi_{1n}+\xi_{2n})=P-\lim\xi_{1n}+P-\lim\xi_{2n}$$

$$P-\lim(\xi_{1n}\cdot\xi_{2n})=(P-\lim\xi_{1n})\cdot(P-\lim\xi_{2n})$$

$$P-\lim\frac{\xi_{1n}}{\xi_{2n}}=\frac{P-\lim\xi_{1n}}{P-\lim\xi_{2n}}$$

下面给出的以概率1收敛的充分条件在各种具体问题中是有用的.

引理2 若存在序列$\varepsilon_n>0$，使得

$$\sum_{n=1}^{\infty}P\{|\xi_{n+1}-\xi_n|>\varepsilon_n\}<\infty,\sum_{n=1}^{\infty}\varepsilon_n<\infty$$

则ξ_n以概率1收敛于某一随机变量ξ.如果对任意$\varepsilon>0$，有

$$\sum_{n=1}^{\infty}P\{|\xi-\xi_n|>\varepsilon\}<\infty$$

则ξ_n以概率1收敛于ξ.

证 以A_n表示事件$|\xi_{n+1}-\xi_n|>\varepsilon_n$，这时有

$$P(\overline{\lim}\,A_n)=P(\bigcap_{m=1}^{\infty}\bigcup_{n=m}^{\infty}A_n)\leqslant\lim_{n\to\infty}\sum_{m}^{\infty}P(A_n)=0$$

因此，级数$\xi_1+\sum_{n=1}^{\infty}(\xi_{n+1}-\xi_n)$的项从某一号码$m=m(\omega)$开始以概率1被收敛级数$\sum_{n=1}^{\infty}\varepsilon_n$的项控制，由此即得第一个论断.其次，令

$$B_{Nn}=\left\{|\xi-\xi_n|>\frac{1}{N}\right\}$$

则

$$P\{\overline{\lim|\xi-\xi_n|=0}\}=P\{\bigcup_{N=1}^{\infty}\bigcap_{m=1}^{\infty}\bigcup_{n=m}^{\infty}B_{Nn}\}\leqslant\lim_{N\to\infty}\lim_{m\to\infty}\sum_{n=m}^{\infty}P(B_{Nn})=0$$ ①

由此可得第二个论断.

空间 L_p $\mathscr{L}_p=\mathscr{L}_p(\Omega,\mathfrak{S},P)(p\geqslant 1)$ 表示$\{\Omega,\mathfrak{S},P\}$上所有使得$E|\xi|^p<\infty$的随机变量$\xi$组成的线性赋范空间,$\mathscr{L}_p$中的范数由

$$\|\xi\|=\{E|\xi|^p\}^{\frac{1}{p}}$$

定义.在$\mathscr{L}_p$中序列ξ_n收敛于极限ξ($\mathscr{L}_p$收敛)表示

$$E|\xi-\xi_n|^p\to 0,当 n\to\infty$$

从$\mathscr{L}_p$收敛可推出依概率收敛,这由 Чебышев 不等式

$$P\{|\xi_n-\xi|>\varepsilon\}\leqslant\frac{E|\xi-\xi_n|^p}{\varepsilon^p}$$

直接推得.

空间$\mathscr{L}_p$是完备的.在空间$\mathscr{L}_p$中最重要的是空间$\mathscr{L}_1=\mathscr{L}$和$\mathscr{L}_2$,我们将较详细地讨论$\mathscr{L}_2$.应当指出,本节上面的定义和定理可以不加任何变化而搬用于复值随机变量.

如果在复值随机变量的空间$\mathscr{L}_2=\mathscr{L}_2(\Omega,\mathfrak{S},P)$中把一对随机变量$\zeta,\eta$的内积定义为$E\zeta\bar{\eta}$,则$\mathscr{L}_2$成为一个 Hilbert 空间.

我们说两个随机变量ζ和η是正交的,如果$E\zeta\bar{\eta}=0$.当ζ和η是实值且$E\zeta=E\eta=0$时,正交性等价于不相关性.在$\mathscr{L}_2$中,序列$\{\zeta_n:n=1,2,\cdots\}$收敛于随机变量ζ,表示

$$\|\zeta-\zeta_n\|^2=E|\zeta-\zeta_n|^2\to 0,当 n\to 0$$

这种类型收敛性称做均方收敛并记为$\zeta=\text{l.i.m.}\,\zeta_n$.

注意,内积是其变元的连续函数.在许多情形中,通过随机变量族的协方差来表示$\mathscr{L}_2$中的收敛条件是方便的.

定义 10 随机变量集合$\{\zeta_t:t\in T\}$的协方差$B(t_1,t_2)$是函数

$$B(t_1,t_2)=E\zeta_{t_1}\bar{\zeta}_{t_2}$$

其中,$\zeta_t\in\mathscr{L}_2$,$t_i\in T$,而T表示任意集合.

设在T上给定了一个可取任意小值的非负函数$\psi(t)$.

随机变量$\eta(\eta\in\mathscr{L}_2)$称做$\mathscr{L}_2$中随机变量族$\{\zeta_t:t\in T\}$在$\psi(t)\to 0$时的极限(均方极限),如果对任意$\varepsilon>0$,可以找到$\delta>0$,使得对于满足$0<\psi(t)<\delta$的所有$t$有

$$E|\eta-\zeta_t|^2\leqslant\varepsilon$$

引理 3 某随机变量集合$\{\zeta_t:t\in T\}$,当$\psi(t)\to 0$时,存在极限的充分必要

① 此式左边原书为$P\{\lim|\xi-\xi_n|>0\}$.——译者注

条件是：当 $\psi(t)+\psi(t')\to 0$ 时，协方差 $B(t,t')=E\zeta_t\bar{\zeta}_{t'}$ 存在极限. 如果满足这个条件和 $\eta=\underset{\psi(t)\to 0}{\text{l. i. m.}}\ \zeta_t$，则有

$$E\mid\eta\mid^2=\lim_{\psi(t)\to 0}B(t,t)$$

证 必要性. 从内积的连续性得出.

充分性. 假设当 $\psi(t)+\psi(t')\to 0$ 时，存在极限 $\lim B(t_1,t_2)=B_0$. 注意到 B_0 是非负的($B_0=\lim B(t,t)$ 当 $\psi(t)\to 0$)，因此当 $\psi(t_1)+\psi(t_2)\to 0$ 时

$$E\mid\zeta_{t_1}-\zeta_{t_2}\mid^2=B(t_1,t_1)-2\mathrm{Re}\,B(t_1,t_2)+B(t_2,t_2)\to 0$$

由 $\mathscr{L}_2$ 的完备性得知，当 $\psi(t)\to 0$ 时，存在 $\lim\zeta_t=\eta$. 此外

$$\mid\|\eta\|^2-\|\zeta_t\|^2\mid\leqslant\|\eta-\zeta_t\|\,\|\eta\|+\|\eta-\zeta_t\|\,\|\zeta_t\|\to 0$$

当 $\psi(t)\to 0$，即

$$\|\eta\|^2=E\mid\eta\mid^2=\lim B(t,t)\text{，当 }\psi(t)\to 0$$

引理证毕.

类似地可定义取值于 m 维复空间 $\mathscr{Z}^m$ 的随机向量的 Hilbert 空间 $\mathscr{L}_2^m=(\Omega,\mathfrak{S},P)$，它由取值于 $\mathscr{Z}^m$ 且使得 $E\mid\boldsymbol{\zeta}^2\mid<\infty$ 的那些随机向量 $\boldsymbol{\zeta}$ 组成. 这时两个随机向量 $\boldsymbol{\zeta}$ 和 $\boldsymbol{\eta}$ 的内积定义为 $E(\boldsymbol{\zeta},\boldsymbol{\eta})$，而 (x,y) 表示 $\mathscr{Z}^m$ 中的内积，$\mid x\mid^2=(x,x)$. 如果把 $B(t,t')$ 理解为 $E(\zeta_t,\zeta_{t'})$ 的话，引理 3 对于空间 $\mathscr{L}_2^m$ 也成立.

随机向量的分布 设 ξ 是取值于可测空间 $\{\mathscr{X},\mathfrak{B}\}$ 的随机元，ξ 的分布是由 ξ 诱导的 $\{\mathscr{X},\mathfrak{B}\}$ 上的测度 μ，即

$$\mu(B)=P\{\xi\in B\},B\in\mathfrak{B}$$

随机元 ξ 的任意统计特征可以用它的分布来确定. 事实上，对于任意使得下式的一端有意义的 $\mathfrak{B}$ 可测函数 $f(x)$ 有

$$Ef(\xi)=\int_{\mathscr{X}}f(x)\mu(\mathrm{d}x)\tag{1}$$

公式(1) 是抽象积分的变量代换法则.

距离空间中的分布将在第五章研究. 本节只讨论 $\mathbf{R}^m$ 中的分布，这时 $\mathfrak{B}^m$ 应理解为 $\mathbf{R}^m$ 中 Borel 集的 σ 代数，$\mathscr{X}^m$ 中的分布可由分布函数确定.

我们约定记

$$\boldsymbol{a}<\boldsymbol{b}(\boldsymbol{a}\leqslant\boldsymbol{b}),\boldsymbol{a}=(a^1,a^2,\cdots,a^m)\in\mathbf{R}^m,\boldsymbol{b}=(b^1,b^2,\cdots,b^m)\in\mathbf{R}^m$$

如果 $a^i<b^i(a^i\leqslant b^i)(i=1,\cdots,m)$. 用 I_a 表示集合 $\{\boldsymbol{x}:\boldsymbol{x}<\boldsymbol{a}\}$. 我们把函数

$$F(\boldsymbol{x})=\mu(I_{\boldsymbol{x}})=P\{\boldsymbol{\xi}<\boldsymbol{x}\}$$

称做随机向量 $\boldsymbol{\xi}$ 的分布函数(或称做测度 μ 的分布函数).

集合 $I[\boldsymbol{a},\boldsymbol{b})=\{\boldsymbol{x}:\boldsymbol{a}\leqslant\boldsymbol{x}<\boldsymbol{b}\}$ 称做 $\mathbf{R}^m$ 中的区间. 现在，我们用分布函数表示向量 $\boldsymbol{\xi}$ 落在区间中的概率. 对于任意函数 $G(\boldsymbol{x})$，$\boldsymbol{x}\in\mathbf{R}^m$，我们引入记号

$$\begin{aligned}\triangle_{[\boldsymbol{a},\boldsymbol{b})}^{(k)}G(\boldsymbol{x})=&G(x^1,\cdots,x^{k-1},b^k,x^{k+1},\cdots,x^m)-\\&G(x^1,\cdots,x^{k-1},a^k,x^{k+1},\cdots,x^m)\end{aligned}$$

$\triangle_{[a,b)}^{(k)}F(x)$ 是事件

$$\{\xi^1 < x^1, \cdots, \xi^{k-1} < x^{k-1}, a^k \leqslant \xi^k < b^k, \xi^{k+1} < x^{k+1}, \cdots, \xi^m < x^m\}$$

的概率. 容易验证

$$\mu(I[\boldsymbol{a},\boldsymbol{b})) = \triangle_{[a^1,b^1)}^{(1)} \triangle_{[a^2,b^2)}^{(2)} \cdots \triangle_{[a^m,b^m)}^{(m)} F(\boldsymbol{x}) \tag{2}$$

除了区间 $I[\boldsymbol{a},\boldsymbol{b})$ 之外,我们还要讨论闭区间 $I[\boldsymbol{a},\boldsymbol{b}] = \{\boldsymbol{x}: a^j \leqslant x^j \leqslant b^j, j=1, 2, \cdots, m\}$ 和开区间 $I(\boldsymbol{a},\boldsymbol{b}) = \{\boldsymbol{x}: a^j < x^j < b^j, j=1,2,\cdots,m\}$. 我们指出分布函数的一些性质:

1) $0 \leqslant F(\boldsymbol{x}) \leqslant 1$;

2) 若 $\boldsymbol{x} \leqslant \boldsymbol{y}$,则 $F(\boldsymbol{x}) \leqslant F(\boldsymbol{y})$;

3) $\mu[\boldsymbol{a},\boldsymbol{b}) \geqslant 0$,这里 $\mu[\boldsymbol{a},\boldsymbol{b}) = \mu(I[\boldsymbol{a},\boldsymbol{b}))$ 由式(2) 确定;

4) $F(\boldsymbol{x}-\boldsymbol{0}) = F(\boldsymbol{x})$;

5) 只要点 $\boldsymbol{x}$ 的坐标中有一个趋于 $-\infty$,则 $F(\boldsymbol{x}) \to 0$;

6) $F(+\infty, +\infty, \cdots, +\infty) = 1$.

引理4 对于 $\mathbf{R}^m$ 中任意满足条件 1) ~ 6) 的函数 $F(\boldsymbol{x})$,存在 $\mathfrak{B}^m$ 上唯一的概率测度,它的分布函数就是 $F(\boldsymbol{x})$.

我们讨论由 $\mathbf{R}^m$ 中所有区间 $I[\boldsymbol{a},\boldsymbol{b})$ 组成的集合类 $\mathfrak{M}$,它是一个半环. 在 $\mathfrak{M}$ 上定义集函数 $F(I[\boldsymbol{a},\boldsymbol{b}))$,它的值等于式(2) 的右端. 函数 $F(I[\boldsymbol{a},\boldsymbol{b}))$ 是 $\mathfrak{M}$ 上的可加函数.

为使函数 F 能延拓为 $\mathfrak{B}^m$ 上的测度,必须且只须它具有半可加性,即对任意使得 $\bigcup_{k=1}^{\infty} I[\boldsymbol{a}_k,\boldsymbol{b}_k) \supset I[\boldsymbol{a}_0,\boldsymbol{b}_0)$ 的区间族 $I[\boldsymbol{a}_k,\boldsymbol{b}_k)(k=1,2,\cdots)$ 有

$$F(I[\boldsymbol{a}_0,\boldsymbol{b}_0)) \leqslant \sum_{k=1}^{\infty} F(I[\boldsymbol{a}_k,\boldsymbol{b}_k)) \tag{3}$$

这时在 $\mathfrak{B}^m$ 上的延拓是唯一的. 下面验证在我们所讨论的情形下条件(3) 成立.

因为 $F(\boldsymbol{x})$ 是左连续的,故对任意 $\eta > 0$,可以找到 $\boldsymbol{\varepsilon}^k > 0$,使得

$$0 \leqslant F(I[\boldsymbol{a}_k - \overline{\boldsymbol{\varepsilon}_k}, \boldsymbol{b}_k)) - F(I[\boldsymbol{a}_k,\boldsymbol{b}_k)) < \eta/2^k$$

这里 $\overline{\boldsymbol{\varepsilon}_k} = (\varepsilon^k, \cdots, \varepsilon^k)(k=1,2,\cdots)$. 开区间 $(\boldsymbol{a}_k - \overline{\boldsymbol{\varepsilon}_k}, \boldsymbol{b}_k)$ 覆盖闭区间 $[\boldsymbol{a}_0, \boldsymbol{b}_0 - \overline{\boldsymbol{\varepsilon}}]$, $\overline{\boldsymbol{\varepsilon}} > \boldsymbol{0}$. 根据 Heine-Borel 定理可从中选出有限子覆盖,譬如说 $\{(\boldsymbol{a}_k - \overline{\boldsymbol{\varepsilon}_k}, \boldsymbol{b}_k): k=1,2,\cdots,n\}$. 于是区间序列 $\{(\boldsymbol{a}_k - \overline{\boldsymbol{\varepsilon}_k}, \boldsymbol{b}_k): k=1,2,\cdots,n\}$ 覆盖区间 $[\boldsymbol{a}_0, \boldsymbol{b}_0 - \overline{\boldsymbol{\varepsilon}})$. 互不相交的集合

$$[\boldsymbol{a}_0, \boldsymbol{b}_0 - \overline{\boldsymbol{\varepsilon}}) \cap \{[\boldsymbol{a}_k - \overline{\boldsymbol{\varepsilon}_k}, \boldsymbol{b}_k) \setminus \bigcup_{i=1}^{k-1} [\boldsymbol{a}_i - \overline{\boldsymbol{\varepsilon}}_i, \boldsymbol{b}_i)\}, k=1,\cdots,n$$

是互不相交的半(开闭) 区间 $\triangle_j^{(k)}(j=1,2,\cdots,m_k)$ 之和. 于是

$$[\boldsymbol{a}_0, \boldsymbol{b}_0 - \overline{\boldsymbol{\varepsilon}}) = \bigcup_{k=1}^{n} \bigcup_{j=1}^{m_k} \triangle_j^{(k)}$$

$$F(I[\boldsymbol{a}_0,\boldsymbol{b}_0-\overline{\boldsymbol{\varepsilon}}))=\sum_{k=1}^{n}\sum_{j=1}^{m_k}F(\triangle_j^{(k)})\leqslant\sum_{k=1}^{n}F(I[\boldsymbol{a}_k-\overline{\boldsymbol{\varepsilon}_k},\boldsymbol{b}_k))\leqslant$$

$$\sum_{k=1}^{\infty}F(I[\boldsymbol{a}_k-\overline{\boldsymbol{\varepsilon}_k},\boldsymbol{b}_k))\leqslant\sum_{k=1}^{\infty}F(I_k)+\eta$$

当 $\overline{\boldsymbol{\varepsilon}}\to\mathbf{0}$ 时取极限,就得到

$$F(I[\boldsymbol{a}_0,\boldsymbol{b}_0))\leqslant\sum_{k=1}^{\infty}F(I_k)+\eta$$

由 η 的任意性即得不等式(3),引理证毕.

定义 11 我们说 $\mathfrak{B}^m$ 上的有限测度序列 μ_n 弱收敛于($\mathfrak{B}^m$ 上的)测度 μ,如果对于任意有界连续函数 $f(x)$ 有

$$\int_{\mathbf{R}^m}f(\boldsymbol{x})\mu_n(\mathrm{d}\boldsymbol{x})\to\int_{\mathbf{R}^m}f(\boldsymbol{x})\mu(\mathrm{d}\boldsymbol{x}) \tag{4}$$

测度族称为弱紧的,如果族中任一序列可以选出弱收敛的子序列.

我们有如下的定理.

定理 1 $\{\mathbf{R}^m,\mathfrak{B}^m\}$ 上的测度序列 μ_n 是弱紧的充分必要条件为:

a) $\mu_n(\mathbf{R}^m)\leqslant C$;

b) 对于任意 $\varepsilon>0$,可以找到这样的区间 $I[\boldsymbol{a},\boldsymbol{b})$,使得

$$\varliminf_{n\to\infty}\mu_n(I[\boldsymbol{a},\boldsymbol{b}))>\mu_n(\mathbf{R}^m)-\varepsilon\text{①} \tag{5}$$

我们将在第六章 §1 中给出这个定理的证明.

特征函数 由

$$J(\boldsymbol{u})=E\mathrm{e}^{\mathrm{i}(\boldsymbol{u},\boldsymbol{\xi})}=\int_{\mathbf{R}^m}\mathrm{e}^{\mathrm{i}(\boldsymbol{u},\boldsymbol{x})}\mu(\mathrm{d}\boldsymbol{x})$$

定义的函数 $J(\boldsymbol{u})$,$\boldsymbol{u}=(u_1,u_2,\cdots,u_m)$,称做 $\mathbf{R}^m$ 中的随机向量 $\boldsymbol{\xi}$(或者它对应的分布 μ)的特征函数.

容易看出,特征函数具有以下性质:

1) $J(\mathbf{0})=1$,$|J(\boldsymbol{u})|\leqslant 1$;

2) $J(\boldsymbol{u})$ 一致连续,$\boldsymbol{u}\in\mathbf{R}^m$;

3) 对于任意 n,任意复数 z_j 和任意 $\boldsymbol{u}_j\in\mathbf{R}^m(j=1,\cdots,n)$

$$\sum_{j,k=1}^{n}J(\boldsymbol{u}_j-\boldsymbol{u}_k)z_j\overline{z_k}\geqslant 0$$

反之,若一函数具有性质 1) ~ 3),则它是某一分布的特征函数.这一论断的证明将在第四章 §2 中给出.

我们可以利用特征函数给定 $\mathbf{R}^m$ 中的分布,因为前者能唯一地确定分布.例

---

① 此式原书为 $\varlimsup_{n\to\infty}\mu_n(I[\boldsymbol{a},\boldsymbol{b}))>\mu_n(\mathbf{R}^m)-\varepsilon$.—— 译者注

如,对于具有密度 $f(\boldsymbol{x})$ 的分布,特征函数

$$J(\boldsymbol{u})=\int_{\mathbf{R}^m}\mathrm{e}^{\mathrm{i}(\boldsymbol{u},\boldsymbol{x})}f(\boldsymbol{x})\mathrm{d}\boldsymbol{x}$$

是函数 $f(\boldsymbol{x})$ 的 Fourier 变换. 又若 $f(\boldsymbol{x})$ 满足某些类似于在 Fourier 积分理论中所讨论的附加条件,则当已知 $J(\boldsymbol{u})$ 时,可以根据公式

$$f(\boldsymbol{x})=\frac{1}{(2\pi)^m}\int_{\mathbf{R}^m}\mathrm{e}^{-\mathrm{i}(\boldsymbol{u},\boldsymbol{x})}J(\boldsymbol{u})\mathrm{d}\boldsymbol{u}$$

反演求出 $f(\boldsymbol{x})$. 对于一般情形的分布函数 $F(\boldsymbol{x})$ 也可以写出类似的反演公式. 但是,我们现在不必利用反演公式就能给出一个关于分布函数由其特征函数唯一确定的定理.

定理 2 若

$$\int_{\mathbf{R}^m}\mathrm{e}^{\mathrm{i}(\boldsymbol{u},\boldsymbol{x})}\mu_1(\mathrm{d}\boldsymbol{x})=\int_{\mathbf{R}^m}\mathrm{e}^{\mathrm{i}(\boldsymbol{u},\boldsymbol{x})}\mu_2(\mathrm{d}\boldsymbol{x}),\boldsymbol{u}\in\mathbf{R}^m$$

其中 μ_i 是$\{\mathbf{R}^m,\mathfrak{B}^m\}$ 上的测度,则 $\mu_1=\mu_2$.

证 以 K 表示使得

$$\int_{\mathbf{R}^m}f(\boldsymbol{x})\mu_1(\mathrm{d}\boldsymbol{x})=\int_{\mathbf{R}^m}f(\boldsymbol{x})\mu_2(\mathrm{d}\boldsymbol{x}) \tag{6}$$

成立的复值有界 Borel 函数类. 我们证明 K 包含所有的有界 Borel 函数. 显然,K 是一个线性类. 因为它包含函数 $\mathrm{e}^{\mathrm{i}(\boldsymbol{u},\boldsymbol{x})}$,所以它也包含这些函数所有可能的线性组合 $P(\boldsymbol{x})=\sum\limits_k C_k\mathrm{e}^{\mathrm{i}(\boldsymbol{a}_k,\boldsymbol{x})}$. 因为 K 对于处处收敛于某一极限的一致有界函数序列的极限运算是封闭的,又根据 Weierstrass 定理,知任意有界连续函数 $f(\boldsymbol{x})$ 可以用对任意 $\boldsymbol{x}\in\mathbf{R}^m$ 都收敛于 $f(\boldsymbol{x})$ 的一致有界序列 $P_n(\boldsymbol{x})$ 来逼近. 所以 K 包含所有连续函数. 因为 K 对极限过程是封闭的,由此推得 K 包含所有有界 Borel 函数. 在式(6)中,令 $f(\boldsymbol{x})=\chi_B(\boldsymbol{x}),B\in\mathfrak{B}^m$,我们就得到 $\mu_1(B)=\mu_2(B)$. 定理证毕.

现在,我们建立分布 μ_n 的弱收敛性与它们的特征函数的收敛性之间的关系. 我们用 $J(\boldsymbol{u})$ 和 $J_n(\boldsymbol{u})$ 分别表示分布 μ 和 μ_n 的特征函数. 按照定义,可由 μ_n 弱收敛于 μ 推出 $J_n(\boldsymbol{u})\to J(\boldsymbol{u})$.

下面的定理蕴涵更深刻的事实.

定理 3 若对于每一 $\boldsymbol{u}$,$J_n(\boldsymbol{u})$ 收敛于某一函数 $\varphi(\boldsymbol{u})$,而且 $\varphi(\boldsymbol{u})$ 在 $\boldsymbol{u}=\boldsymbol{0}$ 处连续,则分布 μ_n 弱收敛于某一分布 μ,同时 $\varphi(\boldsymbol{u})$ 是分布 μ 的特征函数.

证 先证 μ_n 是弱紧的测度序列. 令 $\boldsymbol{A}=(a,\cdots,a)$,则有

$$\frac{1}{(2a)^m}\int_{[-\boldsymbol{A},\boldsymbol{A}]}(1-J_n(\boldsymbol{u}))\mathrm{d}\boldsymbol{u}=\frac{1}{(2a)^m}\int_{[-\boldsymbol{A},\boldsymbol{A}]}\int_{\mathbf{R}^m}(1-\mathrm{e}^{-\mathrm{i}(\boldsymbol{u},\boldsymbol{x})})\mu_n(\mathrm{d}\boldsymbol{x})\mathrm{d}\boldsymbol{u}=$$

$$\int_{\mathbf{R}^m}\left(1-\prod_{k=1}^m\frac{\sin ax_k}{ax_k}\right)\mu_n(\mathrm{d}\boldsymbol{x})\geqslant$$

$$\frac{1}{2}\int_{\overline{[-A_1,A_1]}}\mu_n(\mathrm{d}x)=$$

$$\frac{1}{2}\mu_n(\overline{[-A_1,A_1]})$$

其中 $\boldsymbol{A}_1$ 表示向量$\left(\frac{2}{a},\frac{2}{a},\cdots,\frac{2}{a}\right)$. 在上面的不等式取 $n\to\infty$ 时的极限并利用 Lebesgue 控制收敛定理,我们就得到

$$\overline{\lim}\,\mu_n(\overline{[-A_1,A_1]})\leqslant\frac{2}{(2a)^m}\int_{[-A,A]}(1-\varphi(\boldsymbol{u}))\mathrm{d}\boldsymbol{u}$$

因为 $\varphi(\boldsymbol{u})$ 在 $\boldsymbol{u}=\boldsymbol{0}$ 处连续,故当 $a\to 0$ 时不等式的右端趋于零. 根据定理 1 即得序列 μ_n 的弱紧性. 现在证明 μ_n 弱收敛于某一极限. 事实上,存在弱收敛于某一分布 μ_0 的子列 μ_{n_j}. 如果 μ_n 不弱收敛于 μ_0,则可找到另一子列 μ_{k_j},它弱收敛于某一异于 μ_0 的极限 μ_0'. 但是,从前面的附注得知,无论是分布 μ_0 或分布 μ_0',它们的特征函数都是 $\varphi(\boldsymbol{u})$. 另一方面,特征函数又唯一地确定分布,故 $\mu_0\equiv\mu_0'$. 所得到的矛盾证明了 μ_n 弱收敛于 μ_0. 定理证毕.

我们还要指出特征函数的某些常用性质.

若 $\boldsymbol{\xi}_1$ 和 $\boldsymbol{\xi}_2$ 是 $\mathbf{R}^m$ 中的独立随机向量,$\boldsymbol{\xi}_3=\boldsymbol{\xi}_1+\boldsymbol{\xi}_2$,而 $J_i(\boldsymbol{u})$ 是 $\boldsymbol{\xi}_i(i=1,2,3)$ 的特征函数,则

$$J_3(\boldsymbol{u})=J_1(\boldsymbol{u})J_2(\boldsymbol{u}) \tag{7}$$

其次,设 $\boldsymbol{\xi}_i(i=1,2)$ 是取值于 $\mathbf{R}^{m_i}$ 的随机向量,而 $\boldsymbol{\xi}_3=(\boldsymbol{\xi}_1,\boldsymbol{\xi}_2)$ 是取值于 $\mathbf{R}^{m_1}\times\mathbf{R}^{m_2}$ 的合成向量. 为使 $\boldsymbol{\xi}_1$ 和 $\boldsymbol{\xi}_2$ 相互独立,必须且只须

$$J_3(\boldsymbol{u},\boldsymbol{v})=J_1(\boldsymbol{u})J_2(\boldsymbol{v}) \tag{8}$$

其中 $J_3(\boldsymbol{u},\boldsymbol{v})=E\mathrm{e}^{\mathrm{i}[(\boldsymbol{u},\boldsymbol{\xi}_1)+(\boldsymbol{v},\boldsymbol{\xi}_2)]}$, $J_1(\boldsymbol{u})=J_3(\boldsymbol{u},\boldsymbol{0})$, $J_2(\boldsymbol{v})=J_3(\boldsymbol{0},\boldsymbol{v})$.

必要性是显然的.

充分性从具有给定特征函数的分布函数是唯一的这一事实得出.

定义 12 s 维向量 $\boldsymbol{\xi}=(\xi^1,\xi^2,\cdots,\xi^s)$ 的矩 $m_{j_1j_2\cdots j_s}$ 定义为

$$m_{j_1j_2\cdots j_s}=E(\xi^1)^{j_1}(\xi^2)^{j_2}\cdots(\xi^s)^{j_s}$$

如果等式右端的数学期望有限. $q=j_1+j_2+\cdots+j_s$ 称做矩的阶.

容易看出,若 $E|\xi^k|^p<\infty$, $k=1,2,\cdots,s$,则所有的 $q(\leqslant p)$ 阶矩是有限的. 事实上,从算术平均值和几何平均值之间的不等式得知($q=j_1+j_2+\cdots+j_s$)

$$\prod_{k=1}^{s}|\xi^k|^{j_k}=\prod_{k=1}^{s}|\xi^k|^{\frac{q\cdot j_k}{q}}\leqslant\sum_{k=1}^{s}\frac{j_k}{q}|\xi^k|^q$$

由此推得

$$E\prod_{k=1}^{s}|\xi^k|^{j_k}\leqslant\sum_{k=1}^{s}\frac{j_k}{q}E|\xi^k|^q\leqslant\sum_{k=1}^{s}\frac{j_k}{q}(E|\xi^k|^p)^{\frac{q}{p}}$$

当已知特征函数时,我们可以通过求微商来计算带有整数附标的矩 $m_{j_1j_2\cdots j_s}$. 事

实上,若 $E|\xi^k|^p<\infty$,则对于 $q\leqslant p$ 有

$$m_{j_1\cdots j_s}=(-1)^q\frac{\partial^q J(\boldsymbol{u})}{\partial u_1^{j_1}\partial u_2^{j_2}\cdots\partial u_s^{j_s}}\bigg|_{\boldsymbol{u}=\boldsymbol{0}} \tag{9}$$

这公式的证明由以下事实得出:我们可以在公式

$$J(\boldsymbol{u})=E\mathrm{e}^{\mathrm{i}(\boldsymbol{u},\boldsymbol{\xi})}$$

的数学期望号下求微商.在某些情况下必须利用逆命题,但它仅对带有偶数附标的矩才成立.设 Δ_k 是对变量 u_k 计算对称有限差分的算子,而 Δ_k^j 是它的 j 次幂

$$\Delta_k J(u_1,\cdots,u_s)=J(u_1,\cdots,u_k+h_k,\cdots,u_s)-J(u_1,\cdots,u_k-h_k,\cdots,u_s)$$

$$\Delta_k^j J(u_1,\cdots,u_s)=\sum_{r=0}^{j}(-1)^r\mathrm{C}_j^r J(u_1,\cdots,u_k+(j-2r)h_k,u_{k+1},\cdots,u_s)$$

因此

$$\begin{aligned}\Delta_1^{2j_1}\Delta_2^{2j_2}\cdots\Delta_s^{2j_s}J(u_1,\cdots,u_s)\big|_{\boldsymbol{u}=\boldsymbol{0}}&=E\prod_{k=1}^{s}\sum_{r=0}^{2j_k}(-1)^r\mathrm{C}_{2j_k}^r\mathrm{e}^{\mathrm{i}2(j_k-r)h_k\xi^k}=\\&E\prod_{k=1}^{s}(\mathrm{e}^{\mathrm{i}h_k\xi^k}-\mathrm{e}^{-\mathrm{i}h_k\xi^k})^{2j}=\\&\prod_{k=1}^{s}h_k^{2j_k}(2\mathrm{i})^{2q}E\prod_{k=1}^{s}\left(\frac{\sin h_k\xi^k}{h_k\xi^k}\right)^{2j_k}[\xi^k]^{2j_k}\end{aligned}$$

或

$$\prod_{k=1}^{s}\frac{\Delta_k^{2j_k}J}{(2h_k)^{2j_k}}\bigg|_{\boldsymbol{u}=\boldsymbol{0}}=(-1)^q E\prod_{k=1}^{s}\left(\frac{\sin h_k\xi^k}{h_k\xi^k}\right)^{2j_k}[\xi^k]^{2j_k}$$

利用 Fatou 引理即得

$$\lim_{\substack{h_k\to 0\\ k=1,2,\cdots,s}}\frac{(-1)^q\prod_{k=1}^{s}\Delta_k^{2j_k}J}{\prod_{k=1}^{s}(2h_k)^{2j_k}}\Bigg|_{\boldsymbol{u}=0}\geqslant E\prod_{k=1}^{s}[\xi^k]^{2j_k}$$

不等式左边的表达式和 J 在点 $\boldsymbol{u}=\boldsymbol{0}$ 的导数 $\partial^{2q}J/\partial u_1^{2j_1}\cdots\partial u_s^{2j_s}$(如果 J 可微 $2q$ 次的话)最多只差一个正负号.

于是,我们有以下定理.

定理 4 若特征函数 $J(u_1,\cdots,u_s)$ 在点 $\boldsymbol{u}=\boldsymbol{0}$ 可微 p 次(p 为偶数),则存在 $q(\leqslant p)$ 阶矩,而且它们可以用公式(9)计算.

随机时间 假定随着时间而连续地做随机试验并考察某一事件 A,这事件的实现可以由观察到某一随机时刻为止的试验结果所确定.我们把这样的时刻称做随机时间,有时也称做与将来无关的随机变量,Марков 时间或停时.

下面是正式的定义.设 T 是对应于进行随机试验时刻的实数集合.

定义 13 在给定的概率空间 $\{\Omega,\mathfrak{S},P\}$ 上,单调不减 σ 代数族 $\{\mathfrak{F}_t:t\in T\}$(即 $\mathfrak{F}_t\subset\mathfrak{S}$ 且若 $t_1>t_2$ 时有 $\mathfrak{F}_{t_1}\subset\mathfrak{F}_{t_2}$)称做 σ 代数流(试验流).

这时 $\mathfrak{F}_t$ 可解释为在直到时刻 t 为止(包含 t)所进行的试验中所有可被观测的事件类.

定义 14[①] 定义在空间 Ω 的某一子空间 Ω_τ 上而取值于 T 的函数 $\tau = f(\omega)$ 称做在 σ 代数流 $\{\mathfrak{F}_t : t \in T\}$ 上的随机时间,如果它满足条件:对任意 $t \in T$ 有 $\{\tau \leqslant t\} \in \mathfrak{F}_t$.

条件 $\{\tau \leqslant t\} \in \mathfrak{F}_t$ 的含义如下:人们可以通过在时刻 $s(s \in T, s \leqslant t)$ 观测到的试验结果对在时刻 t 之前随机时刻 τ 的出现作出推断. 集合 Ω_τ 对应于在观测周期 T 内出现 τ 这一事件. 显然,它是 $\mathfrak{S}$ 可测的. 如果 T 有最大值 $t_{\max}$,则 $\Omega_\tau = \{\tau \leqslant t_{\max}\} \in \mathfrak{F}_{t_{\max}}$. 如果 T 没有最大值而 $t_k \uparrow \sup\{t : t \in T\}$,则 $\Omega_\tau = \bigcup_k \{\tau \leqslant t_k\}$.

注意,当 $\Omega_\tau = \Omega$ 时,条件 $\{\tau \leqslant t\} \in \mathfrak{F}_t$ 等价于要求 $\{\tau > t\} \in \mathfrak{F}_t$,或当 T 为可数时等价于对任意 $t \in T$ 有 $\{\tau = t\} \in \mathfrak{F}_t$.

我们可以用下述方法将随机时间 τ 与一个最小的事件 σ 代数相联系,使得人们能够通过直到时刻 τ(包含 τ)为止所观测到的试验结果对这些事件的现实作出推断. 以 $\mathfrak{F}_\tau$ 表示使得对任意 $t \in T$ 有 $B \cap \{\tau \leqslant t\} \in \mathfrak{F}_t$ 的那些事件 $B(B \in \mathfrak{S})$ 组成的事件类. 容易验证,$\mathfrak{F}_\tau$ 是一个 σ 代数,我们约定称 $\mathfrak{F}_\tau$ 为由随机时间 τ 产生的 σ 代数.

显然,随机变量 τ 是 $\mathfrak{F}_\tau$ 可测的.

作为一个例子,我们考虑 $\tau = t_0, t_0 \in T$ 的情形. 这时 $\{\tau \leqslant t\}$ 等于 $\varnothing$ 或 Ω,因此 $\tau = t_0$ 是随机时间的一种特殊情形. 其次,$B \cap \{\tau \leqslant t\}$ 等于 $\varnothing$ 或 B,因此 $\mathfrak{F}_\tau = \mathfrak{F}_{t_0}$,即在 $\tau = t_0$ 这一特殊情形中由随机时间产生的 σ 代数的记号和以前的记号是一致的.

我们引入在一固定的 σ 代数流 $\{\mathfrak{F}_t : t \in T\}$ 上的随机时间 τ 的一些性质.

a) 若 K 是实数直线上的 Borel 集合,而且 $\sup\{x : x \in K\} \leqslant t$,则事件 $\{\tau \in K\}$ 是 $\mathfrak{F}_\tau$ 可测的.

b) 若 $\theta(t)$ 是实值 Borel 函数,$\theta(\cdot)$ 把 T 映入 T 中,而且 $\theta(t) \geqslant t(t \in T)$,则 $\theta(\tau)$ 是一个随机时间.

这性质从前面的性质得出.

c) 若 τ_i 是随机时间($i=1,2$),则 $\min(\tau_1, \tau_2)$ 和 $\max(\tau_1, \tau_2)$ 也是随机时间. 特别地,若 τ 是随机时间,则 $\min(\tau, t_0)$ 也是随机时间,其中 $t_0 \in T$.

这论断的证明由

$$\{\max(\tau_1, \tau_2) \leqslant t\} = \{\tau_1 \leqslant t\} \cap \{\tau_2 \leqslant t\}$$

和

---

① 考虑到下文,还应定义在 $\Omega \backslash \Omega_\tau$ 上,τ 取值 ∞. —— 译者注

$$\{\min(\tau_1,\tau_2)\leqslant t\}=\{\tau_1\leqslant t\}\cup\{\tau_2\leqslant t\}$$

得出.

d) 若 $\tau_i(i=1,2)$ 是随机时间且 $\tau_1\leqslant\tau_2$，则 $\mathfrak{F}_{\tau_1}\subset\mathfrak{F}_{\tau_2}$. 事实上，设 $A\in\mathfrak{F}_{\tau_1}$，因为 $\{\tau_1\leqslant t\}\supset\{\tau_2\leqslant t\}$，故

$$A\cap\{\tau_2\leqslant t\}=A\cap\{\tau_1\leqslant t\}\cap\{\tau_2\leqslant t\}=B\cap\{\tau_2\leqslant t\}\in\mathfrak{F}_t$$

是由于 $B=A\cap\{\tau_1\leqslant t\}\in\mathfrak{F}_t$ 和 $\{\tau_2\leqslant t\}\in\mathfrak{F}_t$.

设 T 是有限或可数集合，$\{\mathfrak{F}_t:t\in T\}$ 是 σ 代数流，τ 是 $\{\mathfrak{F}_t:t\in T\}$ 上的随机时间，$\Omega_\tau=\Omega$. 我们考虑随机变量集合 $\{\xi_t:t\in T\}$，其中对每一 $t\in T$，ξ_t 是 $\mathfrak{F}_t$ 可测的. 令 $\xi_\tau=\xi_t$，若 $\tau=t$，则变量 ξ_τ 对所有 $\omega\in\Omega$ 是有定义的.

引理 5 变量 ξ_τ 是 $\mathfrak{F}_\tau$ 可测的.

事实上，设 $c_k(k=1,2,\cdots)$ 是 τ 的可能值，则

$$\{\omega:\xi_\tau<x\}\cap\{\omega:\tau\leqslant t\}=\bigcup_{c_k\leqslant t}(\{\omega:\xi_\tau<x\}\cap\{\omega:\tau=c_k\})=\bigcup_{c_k\leqslant t}(\{\omega:\xi_{c_k}<x\}\cap\{\omega:\tau=c_k\})\in\mathfrak{F}_t$$

这是因为后一和式中的每个事件均属于 $\mathfrak{F}_{c_k}\subset\mathfrak{F}_t$.

§2 独立性

定义 设 $(\Omega,\mathfrak{S},P)$ 是一固定的概率空间，在本节中除特别说明外，事件恒理解为 Ω 的 $\mathfrak{S}$ 可测子集.

两事件 A 和 B 称做独立的，如果 $P(A\cap B)=P(A)P(B)$. 由定义直接推出

a) 对于任意事件 A，Ω 和 A 是独立的.

b) 若 $P(N)=0$，A 是任意事件，则 N 和 A 是独立的.

c) 若 A 和 $B_i(i=1,2)$ 是独立的，$B_1\supset B_2$ 则 A 和 $B_1\backslash B_2$ 是独立的. 特别地，A 和 $\overline{B}_1$ 是独立的.

d) 若 A 和 $B_i(i=1,2,\cdots,n)$ 是独立的，而且 $B_1,B_2,\cdots,B_n$ 两两互不相容，则 A 和 $\bigcup_{i=1}^{n}B_i$ 也是独立的.

注意，若不说明事件 B_i 是两两互不相容的，则一般说来后一论断是不成立的.

e) A 独立于 A 当且仅当 $P(A)=0$ 或 $P(A)=1$.

设 I 是一集合，$\{\mathfrak{M}_i:i\in I\}$ 是用取值于 I 的附标编号的事件类构成的集合.

定义 1 一族事件类 $\{\mathfrak{M}_i:i\in I\}$ 称做独立的(或总体独立的)，如果对于任意两两不相同的附标 $i_1,i_2,\cdots,i_n(i_k\in I)$ 和任意 $A_{i_k},A_{i_k}\in\mathfrak{M}_{i_k},k=1,2,\cdots,n$，有

$$P(A_{i_1} \cap A_{i_2} \cap \cdots \cap A_{i_n}) = P(A_{i_1})P(A_{i_2})\cdots P(A_{i_n})$$

应当指出，对于事件类的无穷集合来说，独立性的定义等价于要求这族事件类的任意有限子族组成独立的一族事件类.

今后，我们用 $\sigma\{\mathfrak{M}\}$ 表示包含 $\mathfrak{M}$ 的最小 σ 代数.

事件类 $\mathfrak{A}$ 称为 π 类，如果它对于事件的交运算是封闭的（从 $A_k \in \mathfrak{A}(k=1,2)$ 推得 $A_1 \cap A_2 \in \mathfrak{A}$）. 事件类称为 λ 类，如果：

1) 从 $A_k \in \mathfrak{A}(k=1,2,\cdots)$ 和 $A_k \cap A_r = \varnothing$ 若 $k \neq r$ 推得 $\bigcup\limits_{k=1}^{\infty} A_k \in \mathfrak{A}$；

2) $\Omega \in \mathfrak{A}$，而且从 $B_2 \supset B_1 (B_k \in \mathfrak{A}, k=1,2)$ 推得 $B_2 \backslash B_1 \in \mathfrak{A}$.

显然，若 $\mathfrak{A}$ 既是 π 类又是 λ 类，则它是一个 σ 代数.

引理 1 若 λ 类 $\mathfrak{A}$ 包含 π 类 $\mathfrak{M}$，则 $\mathfrak{A}$ 包含 $\sigma\{\mathfrak{M}\}$.

证 以 $\mathfrak{A}_1$ 表示包含 $\mathfrak{M}$ 的最小 λ 类（$\mathfrak{A}_1$ 是所有包含 $\mathfrak{M}$ 的 λ 类之交），往证 $\mathfrak{A}_1 = \sigma\{\mathfrak{M}\}$. 令 $\mathfrak{A}(B)$ 表示 $\mathfrak{A}_1$ 中所有满足 $A \cap B \in \mathfrak{A}_1$ 的事件 A 的类.

容易验证，$\mathfrak{A}(B)$ 是 λ 类. 如果 $B \in \mathfrak{M}$，则 $\mathfrak{A}(B) \supset \mathfrak{M}$（因为 $\mathfrak{M}$ 是 π 类），所以 $\mathfrak{A}(B) = \mathfrak{A}_1 (B \in \mathfrak{M})$. 然而，这表示对任意 $A \in \mathfrak{A}_1$ 有 $\mathfrak{A}(A) \supset \mathfrak{M}$，即 $\mathfrak{A}(A) = \mathfrak{A}_1$，于是 $\mathfrak{A}_1$ 是 π 类. 由引理前的附注即得 $\mathfrak{A}_1 = \sigma\{\mathfrak{M}\}$.

定理 1 设 $\{\mathfrak{M}_i : i \in I\}$ 是独立的 π 类集合，则最小 σ 代数 $\sigma\{\mathfrak{M}_i\}(i \in I)$ 是独立的.

证 我们可以限于讨论只有有限多个类 $\mathfrak{M}_1, \cdots, \mathfrak{M}_n$ 的情形. 这时只须证明，若其中的一个类，例如 $\mathfrak{M}_1$ 用 $\sigma\{\mathfrak{M}_1\}$ 代替后，新的事件类序列还是独立的.

以 $\mathfrak{A}$ 表示所有独立于 $\mathfrak{M}_2, \cdots, \mathfrak{M}_n$ 的事件类. 按照定义，$\mathfrak{M}_1 \subset \mathfrak{A}$ 且 $\mathfrak{A}$ 具有如下性质：它对于不相交事件的求和运算与在条件 $B_2 \supset B_1$ 下的取差运算 $B_1 \backslash B_2$ 是封闭的，因此 $\mathfrak{A}$ 是一 λ 类，根据上面的引理，知 $\mathfrak{A} \supset \sigma\{\mathfrak{M}_1\}$. 定理证毕.

定理 2 设 $\{\mathfrak{M}_i : i \in I\}$ 是独立事件类的集合，其中每一事件类关于交的运算是封闭的，$I = I_1 \cup I_2 (I_1 \cap I_2 = \varnothing)$. 以 $\mathfrak{B}_j (j=1,2)$ 表示包含所有 $\mathfrak{M}_i (i \in I_j)$ 的最小 σ 代数，则 $\mathfrak{B}_1$ 和 $\mathfrak{B}_2$ 是独立的.

根据上面的定理，我们只须讨论 $\mathfrak{M}_i$ 是 σ 代数的情形. 考察由所有可能的形如 $A_{i_1} \cap A_{i_2} \cap \cdots \cap A_{i_n} (A_{i_k} \in \mathfrak{M}_{i_k}, n$ 是任意的，$i_k \in I_j)$ 的事件组成的类 $\mathfrak{A}_j$ $(j=1,2)$. 它们对于交的运算是封闭的，$\mathfrak{A}_j$ 包含所有 $\mathfrak{M}_i, i \in I_j$，而且 $\mathfrak{A}_1$ 和 $\mathfrak{A}_2$ 是独立的. 由上面的定理知 $\sigma\{\mathfrak{A}_1\} = \sigma\{\mathfrak{M}_i : i \in I_1\}$ 和 $\sigma\{\mathfrak{A}_2\} = \sigma\{\mathfrak{M}_i : i \in I_2\}$ 是独立的.

推论 若 I 可表为若干个两两不相交的子集之和 $I = \bigcup\limits_{j \in M} I_j$，则 σ 代数 $\{\mathfrak{B}_j = \sigma\{\mathfrak{M}_i : i \in I_j\} : j \in M\}$ 是总体独立的.

独立随机变量

定义 2 随机变量 $\{\zeta_i : i \in I\}$ 称做独立的（总体独立的），如果一族事件类

$\mathfrak{M}_i(i \in I)$ 是独立的，其中 $\mathfrak{M}_i$ 是由所有形如

$$\{\omega:\zeta_i < a\},\ -\infty < a < \infty$$

的事件组成.

随机变量集合的独立性定义等价于：随机变量 $\zeta_i(i \in I)$ 是独立的，如果对于任意 n 和任意 $i_k \in I, k=1,\cdots,n$，变量 $\zeta_{i_1},\zeta_{i_2},\cdots,\zeta_{i_k}$ 的联合分布函数等于各个变量的分布函数的乘积，即

$$P\{\zeta_{i_1} < a_1,\zeta_{i_2} < a_2,\cdots,\zeta_{i_n} < a_n\} = \prod_{k=1}^{n} P\{\zeta_{i_k} < a_k\}$$

随机变量类的集合之独立性定义可类似地叙述.

考虑随机变量集合 $\{\zeta_i^\mu : i \in I_\mu\}$，其中 μ 是固定的附标，而 i 取遍依赖于附标 μ 的集合 I_μ. 为方便起见，我们把这集合称做类，同时考虑 μ 取遍集 M 而得到的这些类的集合.

定义 3 随机变量类 $\{\zeta_i^\mu : i \in I_\mu\}(\mu \in M)$ 称做(相互)独立的，如果事件集合 $\mathfrak{M}_\mu(\mu \in M)$ 相互独立，这里 $\mathfrak{M}_\mu$ 由所有形如

$$\{\omega:\zeta_{i_1}^\mu < a_1,\cdots,\zeta_{i_n}^\mu < a_n\} \tag{1}$$

$$n=1,2,\cdots,i_k \in I_\mu,\ -\infty < a_k < \infty$$

的集合组成.

定义 4 由形如

$$\{\omega:\zeta_{i_1} < a_1,\cdots,\zeta_{i_n} < a_n\}$$

$$n=1,2,\cdots,i_k \in I,\ -\infty < a_k < \infty$$

的事件产生的事件 σ 代数 $\sigma\{\zeta_i : i \in I\}$ 称做由随机变量类 $\{\zeta_i : i \in I\}$ 产生的 σ 代数. 它的完备化用 $\tilde{\sigma}\{\zeta_i : i \in I\}$ 表示.

换句话说，$\sigma\{\zeta_i : i \in I\}$ 是使得所有 ζ_i 是随机变量的最小 σ 代数(即使得所有函数 $\zeta_i = f_i(\omega)$ 为可测的最小 σ 代数).

我们特别要指出，由一个随机变量 ζ 产生的事件 σ 代数是包含形如 $\{\omega:\zeta < a\}(-\infty < a < \infty)$ 的事件的最小 σ 代数.

定理 3 如果随机变量类 $\{\zeta_i^\mu : i \in I_\mu\}(\mu \in M)$ 是独立的，则 σ 代数集合 $\sigma\{\zeta_i^\mu : i \in I_\mu\}(\mu \in M)$ 以及它们的完备化 $\tilde{\sigma}\{\zeta_i^\mu : i \in I_\mu\}$ 也是独立的.

定理的证明由在定义 3 中引入的类 $\mathfrak{M}_\mu$ 对在类内取交的运算封闭这一事实和定理 1 得出.

推论 设 $g_\mu(t_1,t_2,\cdots,t_s)(\mu \in M)$ 是 s 个实变元的有限 Borel 函数的集合. 如果随机变量序列 $\{(\zeta_1^\mu,\zeta_2^\mu,\cdots,\zeta_s^\mu) : \mu \in M\}$ 是总体独立的，则随机变量 $\xi_\mu = g_\mu(\zeta_1^\mu,\zeta_2^\mu,\cdots,\zeta_s^\mu)(\mu \in M)$ 也是独立的.

不难把随机变量的独立性概念和上面已证明的定理推广到任意可测空间 $\{\mathscr{X},\mathfrak{B}\}$ 中的随机元的情形.

设 $\zeta_i = f_i(\omega)(i \in I)$ 是 $\{\mathscr{X}_i, \mathfrak{B}_i\}$ 中随机元的集合. 随机元集合 $\{\zeta_i : i \in I\}$ 称做独立的(或总体独立的), 如果对于任意 $n(n = 1, 2, \cdots)$ 和任意 $B_{i_k} \in \mathfrak{B}_{i_k}$, $i_k \in I$ 有

$$P\{\bigcap_{k=1}^{n} \{\zeta_{i_k} \in B_{i_k}\}\} = \prod_{k=1}^{n} P\{\zeta_{i_k} \in B_{i_k}\} \tag{2}$$

我们也可以类似地定义一族独立的随机元类.

任一随机元集合产生 Ω 中使得每一随机元为可测的最小 σ 代数. 由一族随机元类的独立性推得对应的随机元类产生的最小 σ 代数(以及它们的完备化)的独立性. 这论断的证明类似于随机变量的情形.

设给定了 $\{\mathscr{X}_k, \mathfrak{B}_k\}(k = 1, 2, \cdots, n)$ 中的随机元序列 $\xi_k = f_k(\omega)$, 可以把这序列看做是取值于 $\prod_{k=1}^{n} \mathscr{X}_k$ 中的随机元. 事实上, 以 $\mathfrak{B}^{(n)}$ 表示 σ 代数 $\mathfrak{B}_1, \cdots, \mathfrak{B}_n$ 的乘积. 如果 $C = A_1 \times A_2 \times \cdots \times A_n (A_i \in B_i, i = 1, 2, \cdots, n)$, 则

$$\{\omega : (f_1(\omega), \cdots, f_n(\omega)) \in C\} = \bigcap_{k=1}^{n} \{\omega : f_i(\omega) \in A_i\}$$

即 C 的逆象是 $\mathfrak{S}$ 可测的. 因此, 任意属于包含所有 C 的最小 σ 代数的集合, 亦即 $\mathfrak{B}^{(n)}$ 中任意集合的逆象是 $\mathfrak{S}$ 可测的. 我们用 $m_{1,2,\cdots,n}$ 表示 $\left\{\prod_{k=1}^{n} \mathscr{X}_k, \mathfrak{B}^{(n)}\right\}$ 上由序列 $(\xi_1, \cdots, \xi_n)$ 诱导的测度, 这里

$$m_{1,2,\cdots,n}(C) = P\{(\xi_1, \cdots, \xi_n) \in C\}$$

假定随机元 $\xi_k (k = 1, \cdots, n)$ 是独立的, 这时公式(2) 表明

$$m_{1,2,\cdots,n}(A_1 \cap A_2 \cap \cdots \cap A_n) = m_1(A_1) m_2(A_2) \cdots m_n(A_n)$$

其中 $m_k(A_k) = P\{\xi_k \in A_k\}$. 由于测度从集合的半环延拓到最小 σ 代数是唯一的, 故测度 $m_{1,2,\cdots,n}$ 是 $m_1, m_2, \cdots, m_n$ 这些测度的乘积. 下面的逆命题是平凡的: 若测度 $m_{1,2,\cdots,n}$ 是测度 $m_1, m_2, \cdots, m_n$ 的乘积, 则随机元 $\xi_1, \xi_2, \cdots, \xi_n$ 是独立的. 于是我们得到:

定理 4 随机元 $\xi_1, \xi_2, \cdots, \xi_n$ 为独立的充分必要条件是: σ 代数 $\mathfrak{B}^{(n)}$ 上由序列 $(\xi_1, \xi_2, \cdots, \xi_n)$ 诱导的测度 $m_{1,2,\cdots,n}$ 是 $\mathfrak{B}_k$ 上由随机元 ξ_k 诱导的测度 m_k $(k = 1, 2, \cdots, n)$ 之乘积.

定理 5 设 $g(x_1, x_2)$ 是 $\mathfrak{B}^{(2)}$ 可测的有限函数, ξ_1 和 ξ_2 是独立的随机元, 而且

$$Eg(\xi_1, \xi_2) < \infty$$

则 $\varphi(x_1) = Eg(x, \xi_2)$ 是 x_1 的 $\mathfrak{B}_1$ 可测函数且

$$Eg(\xi_1, \xi_2) = E\varphi(\xi_1)$$

或

$$Eg(\xi_1, \xi_2) = \int_{\mathscr{X}_1} m_1(\mathrm{d}x_1) \int_{\mathscr{X}_2} g(x_1, x_2) m_2(\mathrm{d}x_2)$$

如果测度 m_1 和 m_2 是完备的,并用符号 ~ 表示 σ 代数(或测度)的完备化,则上面的公式对于任意 $\mathfrak{B}^{(2)}$ 可测函数仍然成立. 由抽象积分的变量代换定理有

$$Eg(\xi_1,\xi_2)=\int_{\mathcal{X}_1\times\mathcal{X}_2} g(x_1,x_2)m_{1,2}(\mathrm{d}(x_1,x_2))$$

然后由 Fubini 定理就得这定理.

推论 若 ξ_1 和 ξ_2 是具有有限数学期望的独立随机变量,则

$$E\xi_1\xi_2=E\xi_1\cdot E\xi_2$$

0-1 律 设 $A_n(n=1,2,\cdots)$ 是事件序列.

定理 6 若 $\sum_{n=1}^{\infty}P(A_n)<\infty$,则事件 $\overline{\lim}\, A_n$ 的概率为 0.

定理的证明由公式 $\overline{\lim}\, A_n=\bigcap_{n=1}^{\infty}\bigcup_{k=n}^{\infty}A_k$ 得出,因为据此有

$$P(\overline{\lim}\, A_n)=\lim_{n\to\infty}P(\bigcup_{k=n}^{\infty}A_k)\leqslant\lim_{n\to\infty}\sum_{k=n}^{\infty}P(A_k)=0$$

对于独立的事件序列,这定理可加强为:

定理 7 (Borel-Cantelli 定理) 若事件 $\{A_n:n=1,2,\cdots\}$ 是独立的,则事件 $\overline{\lim}\, A_n$ 的概率视级数 $\sum_{n=1}^{\infty}P(A_n)$ 收敛或发散而等于 0 或 1.

我们只须证明,若 $\sum_{n=1}^{\infty}P(A_n)=\infty$,则 $P(\overline{\lim}\, A_n)=1$. 令 $A^*=\overline{\lim}\, A_n$,则

$$\Omega\backslash A^*=\bigcup_{n=1}^{\infty}\bigcap_{k=n}^{\infty}(\Omega\backslash A_k)$$

和

$$P(\Omega\backslash A^*)=\lim_{n\to\infty}P(\bigcap_{k=n}^{\infty}(\Omega\backslash A_k))=\lim_{n\to\infty}\prod_{k=n}^{\infty}P(\Omega\backslash A_k)=$$

$$\lim_{n\to\infty}\prod_{k=n}^{\infty}(1-P(A_k))=0$$

最后一个等式由级数 $\sum_{k=1}^{\infty}P(A_k)$ 的发散性得到.

现在讨论任意的独立 σ 代数序列 $\mathfrak{S}_n$, $n=1,2,\cdots$. 根据 Borel-Cantelli 定理,事件 $A=\overline{\lim}\, A_n$ 有概率 0 或 1,其中 A_n 是任意使得 $A_n\in\mathfrak{S}_n$ 的集合序列. 这结果可以推广到由所有 σ 代数 $\mathfrak{S}_n(n=1,2,\cdots)$ 产生而不依赖于任意有限多个 σ 代数 $\mathfrak{S}_1,\mathfrak{S}_2,\cdots,\mathfrak{S}_n$ 的任意事件. 更确切地说,设 $\sigma\{\mathfrak{S}_k,\mathfrak{S}_{k+1},\cdots,\mathfrak{S}_n,\cdots\}=\mathfrak{B}_k$ 是由序列 $\mathfrak{S}_n$, $n=k,k+1,\cdots$ 产生的 σ 代数;$\mathfrak{B}_k$ 构成单调递减的 σ 代数序列,它们的交还是一个 σ 代数. 定义

$$\overline{\lim}\,\mathfrak{S}_n=\mathfrak{B}=\bigcap_{k=1}^{\infty}\sigma\{\mathfrak{S}_k,\mathfrak{S}_{k+1},\cdots\}$$

显然,当其中任意有限多个 σ 代数 $\mathfrak{S}_1,\cdots,\mathfrak{S}_n$ 用别的 σ 代数替换时,$\overline{\lim}\,\mathfrak{S}_n$ 并不

改变.

定理 8 (Колмогоров的一般0-1律) 若$\mathfrak{S}_n(n=1,2,\cdots)$是相互独立的$\sigma$代数,则$\overline{\lim}\ \mathfrak{S}_n$中任一事件有概率0或1.

事实上,设$A\in\overline{\lim}\ \mathfrak{S}$,则对任意$k$有$A\in\mathfrak{B}_k$,因此$A$和$\sigma\{\mathfrak{S}_1,\cdots,\mathfrak{S}_{k-1}\}$是独立的.所以$A$和$\sigma\{\mathfrak{S}_1,\cdots,\mathfrak{S}_n,\cdots\}$是独立的.因为$A\in\sigma\{\mathfrak{S}_1,\cdots,\mathfrak{S}_n,\cdots\}$,故$A$独立于$A$,但这仅当$P(A)=0$或$P(A)=1$才有可能.

推论 设$\{\xi_n:n=1,2,\cdots\}$是在一固定的距离空间$\{\mathscr{X},\mathfrak{B}\}$中的独立随机元序列,$\mathfrak{S}_n=\sigma\{\xi_n\}$是由$\xi_n$产生的$\sigma$代数,$\mathfrak{B}_n=\sigma\{\mathfrak{S}_n,\mathfrak{S}_{n+1},\cdots\}$,则:

a)[①] 若$\mathscr{X}$是完备的,则序列$\{\xi_n:n=1,2,\cdots\}$存在极限的概率为0或1;

b) 若$\mathscr{X}$是可分和完备的,则当序列$\{\xi_n:n=1,2,\cdots\}$的极限以概率1存在时,这极限是一常数(mod P);

c) 若$z=f(x_1,x_2,\cdots,x_n,\cdots)$是无穷多个变元$x_n\in\mathscr{X}(n=1,2,\cdots)$的函数,又对任意$n$,函数$f(\xi_1,\xi_2,\cdots,\xi_n,\cdots)$是$\mathfrak{B}_n$可测的,则它以概率1等于一常数.

证 a) 若$\rho(x,y)$是$\mathscr{X}$中的距离,则使得ξ_n收敛的点集可以写成

$$D=\bigcap_{k=1}^{\infty}\bigcup_{n=1}^{\infty}\bigcap_{n',n''\geqslant n}\left\{\omega:\rho(\xi_{n'},\xi_{n''})<\frac{1}{k}\right\}$$

因为事件$A_n=\bigcap_{n',n''\geqslant n}\left\{\rho(\xi_{n'},\xi_{n''})<\frac{1}{k}\right\}$单调递增,而对任意$r$有$\bigcup_{n=1}^{\infty}A_n\in\mathfrak{B}_r$,所以对任意$r$有$D\in\mathfrak{B}_r$,于是能够应用一般的0-1律.

b) 设F是闭集,$F\subset\mathscr{X}$.以F_k表示开集$F_k=\left\{x:\rho(x,F)<\frac{1}{k}\right\}$,于是事件$A=D\cap\{\lim\xi_n\in F\}$可以表为$A=D\cap[\bigcap_{k=1}^{\infty}\bigcup_{n=1}^{\infty}\bigcap_{n'\geqslant n}\{\xi_{n'}\in F_k\}]$通过在证明a)时那样的考虑,得知$A\in\mathfrak{B}_r$.于是,对于任意闭集$F$有$P\{\lim\xi_n\in F\}=0$或1.但是,使得类似的结论成立的集合类是一个$\sigma$代数,故对任意$B\in\mathfrak{B}$有$P\{\lim\xi_n\in B\}=0$或1.当空间$\mathscr{X}$是可分和完备时,我们不难由此推得$\mathfrak{B}$上由随机元$\lim\xi_n$诱导的测度$m$是集中在单个原子上的.事实上,因为$m(\mathscr{X})=1$,故能找到一个半径为1的球$S_1$使得$m(S_1)=1$.如若不然,则$\mathscr{X}$中所有半径为1的球的测度为0.这是不可能的,因为$\mathscr{X}$可以用可数多个这样的球覆盖.类似地,我们能够找到半径为$\frac{1}{2}$的球S_2,使得$m(S_1\cap S_2)=1$.继续这一推理,我们就得到一串球S_n,它们的半径趋于零,对任意正整数n,$m(S_1\cap\cdots\cap S_n)=1$[②].这些

---

① “若$\mathscr{X}$是完备的”是译者加的.——译者注

② 上面两句话译者作了修改.——译者注

球有唯一的公共点 x,且 $m\{x\}=\lim m(S_n)=1$.

c)由假设知,事件 $A=\{\omega:f(\xi_1,\cdots,\xi_n,\cdots)<a\}\in\mathfrak{B}_n$,因此 $A\in\overline{\lim}\,\mathfrak{S}_n$. 从而 A 有概率 0 或 1,故随机变量 $\zeta=f(\xi_1,\cdots,\xi_n,\cdots)$ 的分布函数只取值 0 或 1,即变量 ζ 以概率 1 等于一常数.

§3 条件概率和条件数学期望

定义 我们首先回忆在初等情形中条件概率和条件数学期望的定义. 若 $P(B)\neq 0$,则当给定 B 时事件 A 的条件概率定义为

$$P(A\mid B)=\frac{P(A\cap B)}{P(B)}$$

对于固定的 B,条件概率 $P(A\mid B)$ 和"无条件"概率 $P(A)$ 同样是给定在同一个集合 σ 代数上的规范化测度. 相应地,当给定 B 时某一随机变量 $\xi=f(\omega)$ 的条件数学期望由公式

$$E\{\xi\mid B\}=\int_{\Omega}f(\omega)P(\mathrm{d}\omega\mid B)$$

定义. 注意到条件概率的定义,这式子可以改写为

$$P(B)E\{\xi\mid B\}=\int_{B}\xi\mathrm{d}P \tag{1}$$

为了定义给定零概率事件时的条件数学期望和条件概率,我们必须重新考虑这些概念. 首先注意,若 ξ 是事件 A 的示性函数,则 $E\{\xi\mid B\}=P(A\mid B)$. 因此,条件概率是条件数学期望的特殊情形,下面我们只研究后者. 设 $\mathfrak{M}$ 是某一可数的不相交事件类 $\{B_i:i=1,2,\cdots,B_i\in\mathfrak{S}\}$,而且 $\bigcup\limits_{i=1}^{\infty}B_i=\Omega$. 定义随机变量 $E\{\xi\mid\mathfrak{M}\}$ 如下:若 $\omega\in B_i$ 时,它等于 $E\{\xi\mid B_i\}$. 我们称之为给定集合类 $\mathfrak{M}$ 时,随机变量 ξ 的条件数学期望,它仅对那些属于使得 $P(B_i)\neq 0$ 的 B_i 的 w 才有定义,亦即随机变量 $E\{\xi\mid\mathfrak{M}\}$ 以概率 1 有定义. 这个变量在使得 $P(B_i)\neq 0$ 的集合 B_i 上是一常数,即等于给定 B_i 时 ξ 的条件数学期望. 注意,当已知 $E\{\xi\mid\mathfrak{M}\}$ 时,人们不仅能确定 $E\{\xi\mid B_i\}(B_i\in\mathfrak{M},P(B_i)\neq 0)$,而且还能确定给定任意集合 B $(B\in\sigma\{\mathfrak{M}\},P(B)\neq 0)$ 时 ξ 的条件数学期望. 事实上,若 $B=\bigcup\limits_{k=1}^{\infty}B_{j_k}$,则

$$P(B)E\{\xi\mid B\}=\sum_{k=1}^{\infty}P(B_{j_k})E\{\xi\mid B_{j_k}\} \tag{2}$$

这公式表明,若已知给定 $B_i(i=1,2,\cdots)$ 时 ξ 的条件数学期望,人们能够计算给定这些集合的可数和时 ξ 的条件数学期望,从而也就能够计算给定任意属于包含所有 B_i 的最小 σ 代数的集合时 ξ 的条件数学期望. 注意式(2) 可改写成

$$\int_B \xi \mathrm{d}P = \int_B E\{\xi \mid \mathfrak{M}\} P(\mathrm{d}\omega)$$

而且这式子对于由 $\mathfrak{M}$ 产生的 σ 代数中的任意集合 B 也成立，同时随机变量 $E\{\xi \mid \mathfrak{M}\}$ 是关于这 σ 代数可测的.

容易验证，这些性质唯一地 $(\bmod P)$ 确定条件数学期望. 事实上，若存在两个 $\mathfrak{F}$ 可测的随机变量 $\eta_i (i=1,2)$，使得对任意 $B \in \mathfrak{F}$（$\mathfrak{F}$ 是一个 σ 代数）有

$$\int_B \eta_1 \mathrm{d}P = \int_B \eta_2 \mathrm{d}P$$

则 η_1 和 η_2 是 P 几乎处处相等的.

我们可以利用上面的讨论来定义一般情形的条件数学期望. 假定我们进行某一项试验，这试验可以用一事件 σ 代数 $\mathfrak{B}$ 来描述. 需要确定在试验结果为已知的假设下随机变量 ξ 的条件数学期望. 这个条件数学期望被看做是试验结果的函数，即看做是满足刚才得到的关系式的 $\mathfrak{B}$ 可测函数.

定义 1 设 $\mathfrak{B}$ 是任意包含在 $\mathfrak{S}$ 内的事件 σ 代数，ξ 是任一存在数学期望的随机变量. 我们称随机变量 $E\{\xi \mid \mathfrak{B}\}$ 为当给定 σ 代数 $\mathfrak{B}$ 时随机变量 ξ 的条件数学期望，如果它是 $\mathfrak{B}$ 可测的，而且对任意 $B \in \mathfrak{B}$ 满足等式

$$\int_B E\{\xi \mid \mathfrak{B}\} \mathrm{d}P = \int_B \xi \mathrm{d}P \tag{3}$$

随机变量 $E\{\xi \mid \mathfrak{B}\}$ 的存在性与唯一性 $(\bmod P)$ 可由 Radon-Nikodym 定理直接得出. 事实上，式(3) 的右端是 $\mathfrak{B}$ 上的 σ 有限可加集函数，它是对测度 P 绝对连续的. 因此，存在一 $\mathfrak{B}$ 可测函数 $g(\omega)$，使得

$$\int_B \xi \mathrm{d}P = \int_B g(\omega) P(\mathrm{d}\omega)$$

这时函数 $g(\omega)$ 是唯一的 $(\bmod P)$. 按照定义，它是给定 σ 代数 $\mathfrak{B}$ 时 ξ 的条件数学期望.

注 设 $\widetilde{\mathfrak{B}}$ 是 $\mathfrak{B}$ 关于概率 P 的完备化，易证

$$E\{\xi \mid \mathfrak{B}\} = E\{\xi \mid \widetilde{\mathfrak{B}}\} \quad (\bmod P)$$

因为 $\widetilde{\mathfrak{B}}$ 可测函数比 $\mathfrak{B}$ 可测函数类广，所以有时考虑给定完备的 σ 代数时的条件数学期望是适宜的.

给定 σ 代数 $\mathfrak{B}$ 时集合 A 的条件概率 $P(A \mid \mathfrak{B})$ 是定义为 $\xi = \chi_A(\omega)$ 这一特殊情形的条件数学期望.

定义 2 对于固定的集合 A，条件概率 $P\{A \mid \mathfrak{B}\}$ 是 $\mathfrak{B}$ 可测随机变量，而且对于任意 $B \in \mathfrak{B}$ 满足方程

$$\int_B P\{A \mid \mathfrak{B}\} \mathrm{d}P = P(A \cap B) \tag{4}$$

条件数学期望和条件概率的性质 在本节中恒假设所讨论的随机变量具有有限或无穷的数学期望，而且所陈述和证明的论断是以概率 1 成立的.

a) 若 $\xi \geqslant 0$,则 $E\{\xi \mid \mathfrak{B}\} \geqslant 0$.

b) 若 ξ 是 $\mathfrak{B}$ 可测随机变量,则

$$E\{\xi \mid \mathfrak{B}\} = \xi$$

特别地,若事件 B 是 $\mathfrak{B}$ 可测的,则

$$P\{B \mid \mathfrak{B}\} = \chi_B$$

c) $EE\{\xi \mid B\} = E\xi$.

d) 若 $E\xi_i \neq \infty, i = 1, 2$,则

$$E\{a\xi_1 + b\xi_2 \mid \mathfrak{B}\} = aE\{\xi_1 \mid \mathfrak{B}\} + bE\{\xi_2 \mid \mathfrak{B}\}$$

为了证明这个关系式,只须验证它的右端满足随机变量 $a\xi_1 + b\xi_2$ 的条件数学期望的定义.

特别地,令

$$\xi_i = \chi_{B_i}, i = 1, 2, B_1 \cap B_2 = \varnothing$$

我们就得到条件概率的可加性

$$P\{B_1 \cup B_2 \mid \mathfrak{B}\} = P\{B_1 \mid \mathfrak{B}\} + P\{B_2 \mid \mathfrak{B}\}$$

e) 若 $\{\xi_n : n = 1, 2, \cdots\}$ 是单调不减的非负随机变量序列,则

$$\lim E\{\xi_n \mid \mathfrak{B}\} = E\{\lim \xi_n \mid \mathfrak{B}\}$$

这论断由 Lebesgue 单调收敛定理应用于等式

$$\int_B E\{\xi_n \mid \mathfrak{B}\} \mathrm{d}P = \int_B \xi_n \mathrm{d}P$$

直接得出.

对于条件概率来说,上面证明的性质给出:

若 $\{B_n : n = 1, 2, \cdots\}$ 是单调递增的事件序列,则

$$\lim P\{B_n \mid \mathfrak{B}\} = P\{\bigcup_{n=1}^{\infty} B_n \mid \mathfrak{B}\}$$

若 $A_n (n = 1, 2, \cdots)$ 两两不相交,则

$$\sum_{n=1}^{\infty} P\{A_n \mid \mathfrak{B}\} = P\{\bigcup_{n=1}^{\infty} A_n \mid \mathfrak{B}\} \tag{5}$$

注 条件概率的最后一个性质并不意味着对于固定的 ω,条件概率可以看做是可数可加集函数. 对于给定的序列 A_n,等式(5) 不成立的概率为零,但相应的例外事件与这序列的选取有关. 因此可能会没有一个 ω 使得式(5) 对所有 $\mathfrak{S}$ 中序列 A_n 都成立.

f) 若随机变量 ξ 和 σ 代数 $\mathfrak{B}$ 独立,则

$$E\{\xi \mid \mathfrak{B}\} = E\xi \tag{6}$$

按照定义,随机变量 ξ 和 σ 代数 $\mathfrak{B}$ 的独立性表示 σ 代数 $\sigma\{\xi\}$ 和 $\mathfrak{B}$ 是独立的. 因此,对任意 $B \in \mathfrak{B}$ 有

$$\int_B \xi \mathrm{d}P = E\xi \chi_B = E\xi P(B)$$

故如令 $E\{\xi \mid \mathfrak{B}\} = E\xi$，则等式(3) 成立.

从这一性质推得，若事件 A 独立于 σ 代数 $\mathfrak{B}$，则

$$P\{A \mid \mathfrak{B}\} = P(A) \tag{7}$$

g) 若 η 是 $\mathfrak{B}$ 可测随机变量，则

$$E\{\xi\eta \mid \mathfrak{B}\} = \eta E\{\xi \mid \mathfrak{B}\} \tag{8}$$

只须就 η 是非负的情形证明这性质. 若 $\eta = \chi_{B_1}$，$B_1 \in \mathfrak{B}$，则

$$\int_B \eta E\{\xi \mid \mathfrak{B}\} \mathrm{d}P = \int_{B \cap B_1} E\{\xi \mid \mathfrak{B}\} \mathrm{d}P = \int_{B \cap B_1} \xi \mathrm{d}P = \int_B \eta\xi \mathrm{d}P$$

于是等式(8) 成立. 又因为使得式(8) 成立的随机变量 η 所成的类对线性运算和单调非负序列的极限运算是封闭的，所以它包含任意的 $\mathfrak{B}$ 可测非负随机变量 η.

因为条件数学期望 $E\{\xi \mid \mathfrak{B}\}$ 是一个随机变量，故可讨论给定另一个 σ 代数 $\mathfrak{B}_1$ 时这变量的条件数学期望，这样我们就得到重叠的条件数学期望 $E\{E\{\xi \mid B\} \mid \mathfrak{B}_1\}$. 现在来建立这种运算的重要性质. 注意，若 $\mathfrak{B}$ 和 $\mathfrak{B}_1$ 是两个 σ 代数且 $\mathfrak{B}_1 \subset \mathfrak{B}$，则由条件数学期望的定义得 $E\{E\{\xi \mid \mathfrak{B}_1\} \mid \mathfrak{B}\} = E\{\xi \mid \mathfrak{B}_1\}$.

下面的性质更为深刻：

h) 设 $\mathfrak{B} \subset \mathfrak{B}_1$，则

$$E\{E\{\xi \mid \mathfrak{B}_1\} \mid \mathfrak{B}\} = E\{\xi \mid \mathfrak{B}\}$$

事实上，若 $B \in \mathfrak{B}$，则 $B \in \mathfrak{B}_1$，因而

$$\int_B E\{E\{\xi \mid \mathfrak{B}_1\} \mid \mathfrak{B}\} \mathrm{d}P = \int_B E\{\xi \mid \mathfrak{B}_1\} \mathrm{d}P = \int_B \xi \mathrm{d}P = \int_B E\{\xi \mid \mathfrak{B}\} \mathrm{d}P$$

比较这串等式的两端即得

$$E\{E\{\xi \mid \mathfrak{B}_1\} \mid \mathfrak{B}\} = E\{\xi \mid \mathfrak{B}\}$$

从刚才证明的性质推得，若 $\mathfrak{B} \subset \mathfrak{B}_1$，而 η 是 $\mathfrak{B}_1$ 可测随机变量，则

$$E\{\xi\eta \mid \mathfrak{B}\} = E\{\eta E\{\xi \mid \mathfrak{B}_1\} \mid \mathfrak{B}\} \tag{9}$$

下述论断是 g) 的推广，它常常是有用的. 设 $\zeta = h(\omega)$ 和 $\eta = s(\omega)$ 分别是从 $\{\Omega, \mathfrak{S}\}$ 到 $\{\mathscr{X}, \mathfrak{A}\}$ 和 $\{\mathscr{Z}, \mathfrak{C}\}$ 中的可测映象，又设 $g(x, z)$ 是定义在 $\mathscr{X} \times \mathscr{Z}$ 上的 $\sigma\{\mathfrak{A} \times \mathfrak{C}\}$ 可测数值函数，而且 $g(\zeta, \eta)$ 的数学期望是有限的.

i) 若 η 是 $\mathfrak{B}$ 可测的($B \subset \mathfrak{S}$)，则

$$E\{g(\zeta, \eta) \mid \mathfrak{B}\} = E\{g(\zeta, z) \mid \mathfrak{B}\}\big|_{z=\eta}$$

为了证明这一论断，我们注意到，由 g) 知，对于形如

$$g(x, z) = \sum_{k=1}^{n} g_k(x) v_k(z)$$

的函数 $g(x, y)$，上式成立. 而对于任意使得

$$E\mid g(\zeta,\eta)\mid<\infty$$

的函数 $g(x,z)$，则因存在具有以上形式的函数序列 $h_n(x,z)$，使得 $h_n(\zeta,\eta)$ 以概率 1 收敛于 $g(\zeta,\eta)$，而且这函数在 $\mathscr{L}$ 中，由此即得欲证的论断.

给定一随机变量时的条件数学期望　设 ζ 是取值 $z_1,z_2,\cdots,z_n,\cdots$ 的随机变量，$P(\zeta=z_n)>0$，B_n 表示事件 $\{\zeta=z_n\}$. 以

$$P_n(A)=\frac{P(A\cap B_n)}{P(B_n)}$$

表示当给定 $\zeta=z_n$ 时 A 的条件概率. 我们用下式

$$E\{\xi\mid\zeta=z_n\}=\int_{\Omega}\xi\mathrm{d}P_n=\frac{1}{P(B_n)}\int_{B_n}\xi\mathrm{d}P$$

定义当给定 $\zeta=z_n$ 时随机变量 ξ 的条件数学期望.

若把这数列看做是确定 ζ 值的试验结果的函数，我们就得到当给定随机变量 ζ 时 ξ 的条件数学期望这一概念，它就是当 $\zeta=z_n$ 时取值 $E\{\xi\mid\zeta=z_n\}$ 的随机变量 $E\{\xi\mid\zeta\}$. 这个定义和先前给出的，当给定空间 Ω 的一个可数分划时的条件数学期望定义是一致的. 此时事件 $\{B_n:n=1,2,\cdots\}$ 起 $\mathfrak{M}$ 的作用. 这一注解指明给出一般定义的方法.

考虑从可测空间 $\{\Omega,\mathfrak{S}\}$ 到可测空间 $\{\mathscr{X},\mathfrak{B}\}$ 中的可测映象 $\zeta=g(\omega)$，于是 ζ 是取值于 $\mathscr{X}$ 的随机元. 设 $\mathfrak{F}_\zeta$ 是由映象 ζ 产生的 σ 代数

$$\mathfrak{F}_\zeta=\{S:S=g^{-1}(B),B\in\mathfrak{B}\}$$

定义 3　随机变量 $E\{\xi\mid\mathfrak{F}_\zeta\}$ 称做给定随机元 ζ 时随机变量 ξ 的条件数学期望.

这定义等价于：对任意 $B\in\mathfrak{B}$ 有

$$\int_{g^{-1}(B)}E\{\xi\mid\zeta\}\mathrm{d}P=\int_{g^{-1}(B)}\xi\mathrm{d}P\tag{10}$$

类似地，给定 ζ 时的条件概率定义为

$$P\{A\mid\zeta\}=P\{A\mid\mathfrak{F}_\zeta\}$$

定理 1　给定随机元 ζ 时的条件数学期望是 ζ 的 $\mathfrak{B}$ 可测函数

$$E\{\xi\mid\zeta\}=s(\zeta)$$

其中 $s(x)$ 是 $\mathfrak{B}$ 可测函数.

证　设 ξ 是非负的. 我们有

$$\int_{g^{-1}(B)}E\{\xi\mid\zeta\}\mathrm{d}P=\int_{g^{-1}(B)}\xi\mathrm{d}P=q(B)\tag{11}$$

显然，$q(B)$ 是 $\mathfrak{B}$ 上的 σ 有限测度. 而且，若 $P\{g^{-1}(B)\}=0$，则 $q(B)=0$，即 q 是对测度 P_g 绝对连续的，这里 $P_g(A)=P\{g^{-1}(A)\}$. 根据 Radon-Nikodym 定理知，存在 $\mathfrak{B}$ 可测的非负函数 $s(x)$，使得

$$q(B)=\int_B s(x)P_g(\mathrm{d}x)$$

应用变量代换法则，我们有

$$q(B)=\int_{g^{-1}(B)} s(g(\omega))P(\mathrm{d}\omega)$$

把上式和式(11) 比较，即得等式

$$E\{\xi \mid \zeta\}=s(g(\omega))=s(\zeta)$$

上述定理表明，给定随机元 ζ 时的条件数学期望可以看做是测度空间 $\{\mathscr{X},\mathfrak{B},P_g\}$ 中变量 x 的函数，然而在条件数学期望原来的定义中，它是基本事件 ω 的函数. 函数 $s(x)$ 由下式唯一地确定：对任意 $B\in\mathfrak{B}$，有

$$\int_{g^{-1}(B)}\xi\mathrm{d}P=\int_B s(x)P_g(\mathrm{d}x) \tag{12}$$

我们现在引入一些命题，它们可直接从上述关于条件数学期望的性质推出.

1) 设 ξ 和 ζ 独立，则 $E\{\xi\mid\zeta\}=E\xi$.

2) 若 ξ 是 $\mathfrak{F}_\zeta$ 可测的随机变量，则

$$E\{\xi\mid\zeta\}=\xi$$

3) 若 $\eta_i=g_i(\omega)$ 是从 $\{\Omega,\mathfrak{S}\}$ 到 $\{\mathscr{X}_i,\mathfrak{B}_i\}(i=1,2)$ 中的可测映象，则

$$E\{E\{\xi\mid(\eta_1,\eta_2)\}\mid\eta_1\}=E\{\xi\mid\eta_1\}$$

其中 (η_1,η_2) 表示从空间 $\{\Omega,\mathfrak{S}\}$ 到乘积空间 $\{\mathscr{X}_1\times\mathscr{X}_2,\sigma\{\mathfrak{B}_1\times\mathfrak{B}\}\}$ 的映象 $\omega\rightarrow(g_1(\omega),g_2(\omega))$.

正则概率　前面已经提到，一般说来，条件概率不能看做是依赖于基本事件的测度，但是，在许多情形中这种解释是可行的，下面给出问题的确切提法.

条件概率 $P\{A\mid\mathfrak{B}\}=h(\omega,A)$ 是 $\omega\in\Omega$ 和 $A\in\mathfrak{S}$ 的函数. 对于每一固定的 A，它是以零概率事件的精确度被确定的. 现在要问，能否找到函数 $p(\omega,A)$ $(\omega\in\Omega,A\in\mathfrak{S})$，使得：

a) 对固定的 ω，函数 $p(\omega,A)$ 是 σ 代数 $\mathfrak{S}$ 上的概率；

b) 对任意固定的 A，$h(\omega,A)=p(\omega,A)$ 几乎必然成立.

定义 4　如果存在满足要求 a) 和 b) 的函数 $p(\omega,A)$，则称条件概率族 $P\{A\mid\mathfrak{B}\}$ 是正则的. 在这种情况下，我们把 $P\{A\mid\mathfrak{B}\}$ 和 $p(\omega,A)$ 看做是等同的.

在正则的情形中，正像人们所期待的那样，条件数学期望被表示成以条件概率为测度的积分.

定理 2　若 $P\{A\mid\mathfrak{B}\}$ 是正则的条件概率，$\xi=f(\omega)$，则

$$E\{\xi\mid\mathfrak{B}\}=\int f(\omega)P(\mathrm{d}\omega\mid\mathfrak{B})\pmod P \tag{13}$$

这论断的证明并不困难. 首先，按照定义，当 ξ 是某事件 $A\in\mathfrak{S}$ 的示性函数时论断为真. 因为等式(13) 两边作为 f 的泛函是线性的，故论断对简单函数也成立. 再对单调递增的简单函数序列取极限即能证明，对任意非负随机变量 ξ，

式(13)成立.最后,再次利用等式两边的线性性质就可完成本定理的证明.

在某些情况下,必须着重强调条件概率是基本事件的函数,这时我们写 $P\{A\mid\mathfrak{B}\}=P_{\mathfrak{B}}(\omega,A)$,或者当 σ 代数 $\mathfrak{B}$ 是固定时简写为 $P(\omega,A)$.类似地,$P_{\xi}(\omega,A)$ 是 $P\{A\mid\xi\}$ 的另一种表示方法.

因为条件概率不一定是正则的,故对这一概念作某种推广是适宜的.

设 $\{\mathscr{X},\mathfrak{B}\}$ 是可测空间,ζ 是 $\{\mathscr{X},\mathfrak{B}\}$ 中的随机元,$\mathfrak{F}$ 是某一 σ 代数,$\mathfrak{F}\subset\mathfrak{S}$.

定义 5 定义在 $\Omega\times\mathfrak{B}$ 上的函数 $Q(\omega,B)$ 称做给定 σ 代数 $\mathfrak{F}$ 时随机元 ζ 的正则条件分布,如果:

a) 对固定的 $B\in\mathfrak{B}$,$Q(\omega,B)$ 是 $\mathfrak{F}$ 可测的;

b) 对固定的 ω,$Q(\omega,B)$ 以概率 1 是 $\mathfrak{B}$ 上的概率测度;

c) 对每一 $B\in\mathfrak{B}$,$Q(\omega,B)=P\{(\zeta\in B)\mid\mathfrak{F}\}(\bmod P)$.

最后这一要求等价于:对任意 $F\in\mathfrak{F}$ 有

$$\int_F Q(\omega,B)P(\mathrm{d}\omega)=P\{(\zeta\in B)\cap F\}\tag{14}$$

定理 3 设 $\mathscr{X}$ 是完备可分距离空间,$\mathfrak{B}$ 是 $\mathscr{X}$ 中的 Borel 集合的 σ 代数,ζ 是 $\{\mathscr{X},\mathfrak{B}\}$ 中的随机元,$\mathfrak{F}$ 是任一 σ 代数,$\mathfrak{F}\subset\mathfrak{S}$.则存在给定 σ 代数 $\mathfrak{F}$ 时随机元 ζ 的正则条件分布.

证 令 $q(B)=P\{(\zeta\in B)\}$.根据测度论中的定理知道,对于任何 n,可以找到 $\mathscr{X}$ 中的紧集 K_n,使得 $q(\mathscr{X}\setminus K_n)<\dfrac{1}{n}$(参看第五章 §2,定理 1 的注).

以 $\mathscr{C}(\mathscr{X})$ 表示 $\mathscr{X}$ 上的有界连续实函数空间,它是一个距离空间,其距离为

$$\rho(f,g)=\|f(x)-g(x)\|=\{\sup|f(x)-g(x)|:x\in\mathscr{X}\}$$

空间 $\mathscr{C}(K_n)$ 是可分的.设 $\{f_{nk}(x):k=1,2,\cdots\}$ 是在 $\mathscr{C}(K_n)$ 中处处稠密的可数网.我们把 $f_{nk}(x)$ 延拓到整个 $\mathscr{X}$ 上,使得

$$\{\sup|f_{nk}(x)|:x\in\mathscr{X}\}=\{\max|f_{nk}(x)|:x\in K_n\}$$

令 $\chi_n=\chi_n(\zeta)$,这里 $\chi_n(x)$ 是紧集 K_n 的示性函数.根据条件数学期望的性质得知,存在 $D_0\in\mathfrak{S}$,使得 $P(D_0)=0$ 且当 $\omega\overline{\in}D_0$ 时对所有 n,k,j 和有理数 r,以下关系式成立:

若 $f_{nk}\geqslant 0$,则 $E\{f_{nk}(\zeta)\mid\mathfrak{F}\}\geqslant 0$;

若 $|f_{nk}(x)-f_{nj}(x)|<r$,则

$$E\{|f_{nk}(\zeta)-f_{nj}(\zeta)|\mid\mathfrak{F}\}\leqslant r$$

$$E\{rf_{nk}(\zeta)\mid\mathfrak{F}\}=rE\{f_{nk}(\zeta)\mid\mathfrak{F}\}$$

$$E\{f_{nk}(\zeta)\pm f_{nj}(\zeta)\mid\mathfrak{F}\}=E\{f_{nk}(\zeta)\mid\mathfrak{F}\}\pm E\{f_{nj}(\zeta)\mid\mathfrak{F}\}$$

$$\lim_{m\to\infty}E\{(1-\chi_m)f_{nk}(\zeta)\mid\mathfrak{F}\}=0$$

另一方面,对任意 $F\in\mathfrak{F}$ 有

$$\left|\int_F (E\{f(\zeta)\mid\mathfrak{F}\}-E\{f_{nk}(\zeta)\mid\mathfrak{F}\})\mathrm{d}P\right|\leqslant\int_F \mid f(x)-f_{nk}(x)\mid q(\mathrm{d}x) \tag{15}$$

因此，若选取任意序列 $f_{nk_n}(x)$，使得

$$\| \chi_n(f(x)-f_{nk_n}(x))\| \to 0$$

（显然，对于任意 $f\in\mathscr{E}(\mathscr{X})$，这样的序列总是可以选出的），则 $f_{nk_n}(x)$ 一致有界，而且

$$\int_{\mathscr{X}} \mid f(x)-f_{nk_n}(x)\mid q(\mathrm{d}x)\to 0$$

又由式(15) 得

$$E\{f(\zeta)\mid\mathfrak{F}\}=\lim E\{f_{nk_n}(\zeta)\mid\mathfrak{F}\}\quad(\mathrm{mod}\ P)$$

上式右边的极限不依赖于逼近序列的选取（$\omega\overline{\in}D_0$）. 因为条件数学期望仅是按 mod P 定义，我们规定对任意 $f\in\mathscr{E}(\mathscr{X})$，$E\{f(\zeta)\mid\mathfrak{F}\}$ 由上式定义.

这样定义的条件数学期望具有下列性质（对所有 $\omega\overline{\in}D_0$）：

若 $f\geqslant 0$，则 $E\{f(\zeta)\mid\mathfrak{F}\}\geqslant 0$，并且

$$E\{\alpha_1 f_1(\zeta)+\alpha_2 f_2(\zeta)\mid\mathfrak{F}\}=\alpha_1 E\{f_1(\zeta)\mid\mathfrak{F}\}+\alpha_2 E\{f_2(\zeta)\mid\mathfrak{F}\}$$

$$E\{f(\zeta)(1-\chi_n(\zeta))\mid\mathfrak{F}\}\to 0,\text{当 } n\to\infty$$

于是 $L_\omega(f)=E\{f(\zeta)\mid\mathfrak{F}\}$ 是 $\mathscr{E}(\mathscr{X})$ 上的一个正线性泛函，由线性泛函的表现定理（参看第五章，§2 定理 1）知，在 $\{\mathscr{X},\mathfrak{B}\}$ 上存在测度 $q_\omega(B)$，使得

$$E\{f(\zeta)\mid\mathfrak{F}\}=\int_{\mathscr{X}} f(x)q_\omega(\mathrm{d}x)$$

容易验证，这公式可以作为任意 $\mathfrak{B}$ 可测非负（或 q 可积）函数的条件数学期望的定义. 令 $f(x)=\chi_B(x)$，我们就得到

$$P\{B\mid\mathfrak{F}\}=q_\omega(B)\quad(\omega\notin D_0)$$

和

$$P\{B\mid\mathfrak{F}\}=q(B)\quad(\omega\in D_0)$$

由此即得欲证的论断.

设 ζ_1 和 ζ_2 分别是 $\{\mathscr{Y}_1,\mathfrak{B}_1\}$ 和 $\{\mathscr{Y}_2,\mathfrak{B}_2\}$ 中的随机元，这里 $\mathscr{Y}_i$ 是完备可分距离空间，$\mathfrak{B}_i$ 是 $\mathscr{Y}_i$ 中的 Borel 集合的 σ 代数（$i=1,2$）. 令

$$\mathscr{Y}^{(1,2)}=\mathscr{Y}_1\times\mathscr{Y}_2,\mathfrak{B}^{(1,2)}=\sigma\{\mathfrak{B}_k,k=1,2\} \tag{16}$$

序列 $\zeta^{(1,2)}=(\zeta_1,\zeta_2)$ 可以看做是 $\{\mathscr{Y}^{(1,2)},\mathfrak{B}^{(1,2)}\}$ 中的随机元，而 $\mathscr{Y}^{(1,2)}$ 是一完备可分距离空间.

设 q_i 表示 $\zeta_i(i=1,2)$ 的分布，$q^{(1,2)}$ 是 $\zeta^{(1,2)}$ 的分布，而 $q^{(2|1)}$ 是当给定由随机元 ζ_1 产生的 σ 代数 $\mathfrak{F}_{\zeta_1}$ 时 ζ_2 的正则条件分布. 因为 $q^{(2|1)}$ 是 $\mathfrak{F}_{\zeta_1}$ 可测函数，故

$$q^{(2|1)}(B_2,\omega)=q(B_2,\zeta_1)$$

其中,$B_2 \in \mathfrak{B}, q(B_2, y)$ 是 $\mathfrak{B}_1$ 可测函数. 根据条件概率的定义得

$$\int_{g_1^{-1}(B_1)} q(B_2, \zeta_1) \mathrm{d}P = q^{(1,2)}(B_1 \times B_2)$$

其中 B_1 是 $\mathfrak{B}_1$ 中的任意集合,$\zeta_1 = g_1(\omega)$.

按照变量代换法则,这等式可写为

$$q^{(1,2)}(B_1 \times B_2) = \int_{B_1} q(B_2, y_1) \mathrm{d}q_1$$

或

$$q^{(1,2)}(B_1 \times B_2) = \int_{\mathscr{Y}_1} \chi_{B_1}^{(1)}(y_1) \left(\int_{\mathscr{Y}_2} \chi_{B_2}^{(2)}(y_2) q(\mathrm{d}y_2, y_1) \right) \mathrm{d}q_1$$

这里$\chi^{(i)}$ 是空间 $\mathscr{Y}_i$ 中集合的示性函数. 从上式得知,对任意 $\mathfrak{B}^{(1,2)}$ 可测非负函数 $f(y_1, y_2)$ 有

$$\int_{\mathscr{Y}^{(1,2)}} f(y_1, y_2) \mathrm{d}q^{(1,2)} = \int_{\mathscr{Y}_1} \left(\int_{\mathscr{Y}_2} f(y_1, y_2) q(\mathrm{d}y_2, y_1) \right) \mathrm{d}q_1 \tag{17}$$

事实上,使得式(17) 成立的函数类具有线性性质,而且对于单调序列的极限运算是封闭的. 因为它包含形如$\chi^{(1)}\chi^{(2)}$ 的函数,从而也包含这些函数的线性组合. 另一方面,任一 $\mathfrak{B}^{(1,2)}$ 可测函数可以用形如$\chi^{(1)}\chi^{(2)}$ 的函数的线性组合的单调递增序列来逼近.

注意,对于变号函数来说,若式(17) 的一端有意义的话,则等式仍成立. 由式(17) 可得

$$E\{f(\zeta_1, \zeta_2) \mid \mathfrak{F}_{\zeta_1}\} = \int_{\mathscr{Y}_2} f(\zeta_1, y_2) q(\mathrm{d}y_2, \zeta_1) \tag{18}$$

我们能够以如下更一般的形式给出上面所得的结果. 设 ζ_k 是$\{\mathscr{Y}_k, \mathfrak{B}_k\}$ 中的随机元,$\mathscr{Y}_k$ 是完备可分距离空间. 令

$$\mathscr{Y}^{(1,s)} = \prod_{k=1}^{s} \mathscr{Y}_k, \mathfrak{B}^{(1,s)} = \sigma\{\mathfrak{B}_k : k = 1, \cdots, s\}, \eta_s = \{\zeta_1, \zeta_2, \cdots, \zeta_s\}$$

又设 q_k 是$\{\mathscr{Y}_k, \mathfrak{B}_k\}$ 中随机元 ζ_k 的分布,$q^{(s)} = q^{(s)}(B_s, \zeta_1, \cdots, \zeta_{s-1})$ 是给定 σ 代数 $\mathfrak{F}_{\eta_{s-1}} = \mathfrak{F}_{(\zeta_1, \cdots, \zeta_{s-1})}$ 时随机元 ζ_s 的正则条件分布. 根据公式

$$E\{f \mid \mathfrak{F}_{\zeta_1}\} = E\{\cdots\{E\{f \mid \mathfrak{F}_{\eta_{n-1}}\} \mid \mathfrak{F}_{\eta_{n-2}}\} \cdots \mid \mathfrak{F}_{\eta_1}\}$$

并反复应用式(18),我们就得到

$$\begin{aligned} &E\{f(\zeta_1, \cdots, \zeta_n) \mid \mathfrak{F}_{\zeta_1}\} = \\ &\int_{\mathscr{Y}_2} \cdots \int_{\mathscr{Y}_{n-1}} \left(\int_{\mathscr{Y}_n} f(\zeta_1, y_2, \cdots, y_n) \times q^{(n)}(\mathrm{d}y_n, \zeta_1, y_2, \cdots, y_{n-1}) \right) \times \\ &q^{(n-1)}(\mathrm{d}y_{n-1}, \zeta_1, y_2, \cdots, y_{n-2}) \times \cdots \times q^{(2)}(\mathrm{d}y_2, \zeta_1) \end{aligned} \tag{19}$$

$$\begin{aligned} E\{f(\zeta_1, \cdots, \zeta_n)\} = &\int_{\mathscr{Y}_1} \cdots \int_{\mathscr{Y}_n} f(y_1, \cdots, y_n) \times q^{(n)}(\mathrm{d}y_n, y_1, \cdots, y_{n-1}) \times \\ &q^{(n-1)}(\mathrm{d}y_{n-1}, y_1, \cdots, y_{n-2}) \times \cdots \times q^{(2)}(\mathrm{d}y_2, y_1) q_1(\mathrm{d}y_1) \end{aligned} \tag{20}$$

条件密度　设$\{\mathscr{X},\mathfrak{A},m\}$是一测度空间，$\zeta=g(\omega)$是从$\{\Omega,\mathfrak{S}\}$到$\{\mathscr{X},\mathfrak{A}\}$中的可测映象.

我们说随机元具有(关于测度m的)分布密度$\rho(x)$，如果对于任意$A\in\mathfrak{A}$有

$$P(\zeta\in A)=\int_A\rho(x)m(\mathrm{d}x)$$

根据Radon-Nikodym定理得知，随机元ζ具有分布密度的充分必要条件是测度P_g对m绝对连续，这里$\zeta=g(\omega)$.

设$\{\mathscr{Y},\mathfrak{B},q\}$是另一测度空间，而$\eta=h(\omega)$是$\{\mathscr{Y},\mathfrak{B}\}$中的随机元. 我们可以把$(\zeta,\eta)$看做是从$(\Omega,\mathfrak{S})$到乘积空间$\{\mathscr{X}\times\mathscr{Y},\sigma\{\mathfrak{A}\times\mathfrak{B}\}\}$中的一个可测映象. 事实上，若$\sigma\{\mathfrak{A}\times\mathfrak{B}\}$中的集合$C$形如

$$C=A\times B,A\in\mathfrak{A},B\in\mathfrak{B}$$

则事件

$$\{(\zeta,\eta)\in C\}=\{\zeta\in A\}\cap\{\eta\in B\}\in\mathfrak{S}$$

所以，任一属于包含所有形如$\{(\zeta,\eta)\in A\times B\}$的最小$\sigma$代数的事件，亦即任一形如

$$\{(\zeta,\eta)\in C\},C\in\sigma\{\mathfrak{A}\times\mathfrak{B}\}$$

的事件是$\mathfrak{S}$可测的. 假定(ζ,η)具有关于测度$m\times q$的分布密度$\rho(x,y)$，则对于任意$A\in\mathfrak{A},B\in\mathfrak{B}$有

$$P\{\zeta\in A,\eta\in B\}=\int_A\int_B\rho(x,y)m(\mathrm{d}x)q(\mathrm{d}y)$$

函数$\rho(x,y)$称做随机元ζ和η的联合分布密度. 从联合密度函数的存在可以推知，随机元ζ和η各自具有关于相应测度的密度. 事实上

$$P(\zeta\in A)=\int_A\int_{\mathscr{Y}}\rho(x,y)m(\mathrm{d}x)q(\mathrm{d}y)=\int_A\rho_\zeta(x)m(\mathrm{d}x)$$

其中

$$\rho_\zeta(x)=\int_{\mathscr{Y}}\rho(x,y)q(\mathrm{d}y)$$

类似地

$$P(\eta\in B)=\int_B\rho_\eta(y)q(\mathrm{d}y)$$

其中

$$\rho_\eta(y)=\int_{\mathscr{X}}\rho(x,y)m(\mathrm{d}x)$$

现在我们指出，当(ζ,η)具有分布密度$\rho(x,y)$时如何计算条件数学期望. 由条件数学期望的定义有

$$\int_{g^{-1}(A)}E\{f(\eta)\mid\zeta\}\mathrm{d}P=\int_{g^{-1}(A)}f(\eta)\mathrm{d}P=$$

$$Ef(\eta)\chi_A(\zeta)=\int_{\mathscr{X}}\int_{\mathscr{Y}} f(y)\chi_A(x)\rho(x,y)m(\mathrm{d}x)q(\mathrm{d}y)=$$

$$\int_A\left(\int_{\mathscr{Y}} f(y)\frac{\rho(x,y)}{\rho_\zeta(x)}q(\mathrm{d}y)\right)\rho_\zeta(x)m(\mathrm{d}x)=$$

$$\int_{g^{-1}(A)}\overline{f}(\zeta)\mathrm{d}P$$

其中

$$\overline{f}(x)=\int_{\mathscr{Y}} f(y)\frac{\rho(x,y)}{\rho_\zeta(x)}q(\mathrm{d}y)$$

于是

$$E\{f(\eta)\mid\zeta\}=\int_{\mathscr{Y}} f(y)\frac{\rho(\zeta,y)}{\rho_\zeta(\zeta)}q(\mathrm{d}y)$$

$\frac{\rho(x,y)}{\rho_\zeta(x)}=\rho(y\mid x)$ 称做给定 $\zeta=x$ 时随机元 η 的条件分布密度，利用这个量我们可以由公式

$$E\{f(\eta)\mid\zeta\}=\int_{\mathscr{Y}} f(y)\rho(y\mid\zeta)q(\mathrm{d}y)$$

计算给定 ζ 时函数 $f(\eta)$ 的条件数学期望.

§4　随机函数和随机映象

定义　设 $\{\Omega,\mathfrak{S},P\}$ 是一给定的概率空间. 如果某一试验的现实是利用确定性参数 $x(x\in X)$ 的函数 $f(x)$ 来描述，我们就说在 $\{\Omega,\mathfrak{S},P\}$ 上定义了一个随机函数. 于是，随机函数就是映象：$\omega\to f(x)=f(x,\omega)$，$\omega\in\Omega$，此外还要求对于固定的 x，$f(x,\omega)$ 是一个随机变量(或随机元).

一般的定义如下：设 X 是某一集合，$\{\mathscr{Y},\mathfrak{B}\}$ 是一可测空间.

定义 1　从 $X\times\Omega$ 到 $\mathscr{Y}$ 的映象称做从集合 X 到可测空间 $\{\mathscr{Y},\mathfrak{B}\}$ 的随机映象，如果对任意固定的 x，它是从 $\{\Omega,\mathfrak{S}\}$ 到 $\{\mathscr{Y},\mathfrak{B}\}$ 的可测映象，即对任意 $B\in\mathfrak{B}$ 有

$$\{\omega:\zeta(x)\in B\}\in\mathfrak{S}$$

今后，我们还使用“取值于 $\mathscr{Y}$ 的随机函数”这一术语来代替“随机映象”，这时 X 称为随机函数的参数. 当 x 是实数直线或者是它的区间时，可以把随机函数的参数解释为时间并将 X 和 x 分别改写为 T 和 t，同时把随机函数称做随机过程. 如果随机函数的参数取非负整数值($X=T_+=\{0,1,2,\cdots,n,\cdots\}$)或任意整数值($X=T=\{\cdots,-n,-n+1,\cdots,-1,0,1,2,\cdots,n,\cdots\}$)，随机函数就称为离散时间的随机过程. 如果 X 是有限维 Euclid空间 $\mathbf{R}^m$ 或其中的区域，则有时把

$\zeta(x)$ 称为随机场.

一般定义的下述特殊情形是令人感兴趣的:假设 Ω 是函数空间,$\omega=\omega(x)$,$x \in X$,σ 代数 $\mathfrak{S}$ 包含空间 Ω 的所有形如

$$\{\omega:\omega(x_0) \in B\}$$

的集合,其中 $x_0 \in X$ 和 $B \in \mathfrak{B}$ 是任意的,P 是 $\mathfrak{S}$ 上的任意概率测度.把随机函数 $g(x,\omega)=\omega(x)$ 和这样的概率空间联系起来是很自然的.为了方便起见,在某些问题中,我们把随机函数 $g(x,\omega)=\omega(x)$ 和这种类型的概率空间 $\{\Omega,\mathfrak{S},P\}$ 看做是一样的.

不难看出,随机函数的一般定义可以归结为刚才描述的特殊情形.事实上,若随机函数是作为二元函数 $\zeta(x)=g(x,\omega)$ 给出的,则令 $u=g(x,\omega)$,其中 ω 是固定的,$\omega \in \Omega$,又以 U 表示所有函数 $\{u:u=u_\omega(x)=g(x,\omega),\omega \in \Omega\}$ 的集合,我们就得到一个从集合 Ω 到 U 上的映象 $\mathfrak{S}$.这时集合 Ω 中的 δ 代数 $\mathfrak{S}$ 被映射为集合 U 中的 δ 代数 $\mathfrak{S}'$,而 $\mathfrak{S}$ 上的概率测度 P 被映射为 $\mathfrak{S}'$ 上的概率测度 P'.对于任意固定的 $x,B \in \mathfrak{B}$,因为

$$S^{-1}\{u:u(x) \in B\}=\{\omega:g(x,\omega) \in B\} \in \mathfrak{S}$$

故集合 $\{u:u(x) \in B\}$ 属于 $\mathfrak{S}'$.

于是,我们得到一个概率空间 $\{U,\mathfrak{S}',P'\}$,这里 U 是函数 $u=u(x)$ 的集合,而且对于任意 $n,x_1,x_2,\cdots,x_n(x_k \in X,k=1,\cdots,n)$,$\{\Omega,\mathfrak{S},P\}$ 上的随机元序列

$$g(x_1,\omega),g(x_2,\omega),\cdots,g(x_n,\omega)$$

的分布与序列

$$u(x_1),u(x_2),\cdots,u(x_n)$$

的分布是相同的.

因此,在一定的意义上随机函数等价于某一带有概率测度的函数空间,亦即等价于以某一函数空间为基本事件空间的概率空间.

设 $\zeta(x)(x \in X)$ 是取值于 $\{\mathcal{Y},\mathfrak{B}\}$ 的随机函数,n 是任一整数,$x_k(k=1,2,\cdots,n)$ 是 X 中的任意点.考虑空间 $\{\mathcal{Y}^n,\mathfrak{B}^n\}$ 中由序列

$$\{\zeta(x_1),\zeta(x_2),\cdots,\zeta(x_n)\} \tag{1}$$

定义的随机元,它对应于 $\mathfrak{B}^n$ 上的测度 $P_{x_1x_2\cdots x_n}(B)$ 则

$$P_{x_1x_2\cdots x_n}(B)=P\{\omega:(\zeta(x_1),\zeta(x_2),\cdots,\zeta(x_n)) \in B\},B \in \mathfrak{B}^n \tag{2}$$

测度(2) 称做随机函数 $\zeta(x)$ 的边沿分布.

随机函数的边沿分布族具有两个明显的性质

1. $$P_{x_1x_2\cdots x_{n+m}}(B \times \mathcal{Y}^m)=P_{x_1x_2\cdots x_n}(B) \tag{3}$$

其中 $B \in \mathfrak{B}^n$.

2. 设 s 是 X^n 中按如下规则作用的点映象

$$s(x_1,x_2,\cdots,x_n)=(x_{i_1},x_{i_2},\cdots,x_{i_n})$$

其中$(i_1,i_2,\cdots,i_n)$是附标$(1,2,\cdots,n)$的某一排列,而S是$\mathscr{Y}^n$中对应的集合映象.则对任意B和n有

$$P_{s(x_1,x_2,\cdots,x_n)}(SB)=P_{x_1x_2\cdots x_n}(B) \tag{4}$$

性质(3)和(4)称做边沿分布族的相容性条件.

我们现在回到随机函数的一般定义.前面讨论过的关于等价随机变量实际上不加区分这一论点,对于随机函数的情形也是很重要的.通常认为,从实际的观点看来,试验只允许人们区分有关随机函数边沿分布的假设.

于是,人们不能借助试验资料来区分两个有相同边沿分布(对任意n和$x_k\in X$)的随机函数.因此我们采用下面的定义:

定义 2 两个取值于$\mathscr{Y}$但可能是给定在不同的概率空间$\{\Omega,\mathfrak{S},P\}$和$\{\Omega',\mathfrak{S}',P'\}$上的随机函数$\zeta(x)$和$\zeta'(x)(x\in X)$称做广义随机等价的,如果对于任意整数$n\geqslant 1$和任意$x_k\in X,k=1,2,\cdots,n$,它们的边沿分布相等

$$P\{\omega:(\zeta(x_1),\zeta(x_2),\cdots,\zeta(x_n))\in B\}=P'\{\omega':(\zeta'(x_1),\cdots,\zeta'(x_n))\in B\}$$

今后经常要用到在较狭窄意义上的随机函数等价性概念.

定义 3 给定在同一概率空间$\{\Omega,\mathfrak{S},P\}$上的两个随机函数$g_1(x,\omega)$和$g_2(x,\omega)(x\in X,\omega\in\Omega)$称做随机等价的,如果对于任意$x\in X$有

$$P\{g_1(x,\omega)\neq g_2(x,\omega)\}=0$$

显然,若$g_1(x,\omega)$和$g_2(x,\omega)$随机等价,则它们也是广义随机等价的.

在具体问题中如何给出随机函数呢?首先,可以从一般定义出发给出随机函数,这时要明确地指出概率空间$\{\Omega,\mathfrak{S},P\}$和函数$\zeta(x)=g(x,\omega)$并力求使它们尽可能简单.另一种方法是定义某函数空间U上的一个测度并讨论U上的函数$\zeta(u)=u(x)$,这时空间U中的元素$u=u(x)$是X上的函数.这种定义和研究随机函数的方法将在第五章中讨论,应用这方法的困难在于具体描述函数间空间中的测度的复杂性.当我们把给定的随机函数$\zeta(u)=u(x)$看做是变换S的结果,而S是定义在一具有较简单测度μ的多少较为简单的函数空间$\mathscr{V}$上的时间,困难有时会有所减轻,这里$u(x)=S(v),v\in\mathscr{V}$,而$\{\mathscr{V},\mathfrak{S},\mu\}$是一测度空间.

这样的方法将在第四章和第八章中讨论,这两章分别讨论随机函数的线性变换和非线性变换.

第三种(大概也是最通用的一种)给出随机函数的方法是基于描述它们的边沿分布族.这是由于:第一,在许多实际问题中随机函数是用它们的边沿分布来刻画,通常并没有同时给出相应的概率空间.第二,在许多情形中给出边沿分布较之给出相应的概率空间和函数$g(x,\omega)$更为简单些.其次,为解决许多重要的问题只须知道随机函数的边沿分布就足够了.另一方面,正如我们即将证明的那样,在很广泛的假设之下,当给定了对任意整数n和$x_k\in X$定义的$\{\mathscr{Y}^n,$

$\mathfrak{B}^n\}$ 上的任一分布族 $P_{x_1x_2\cdots x_n}(B)$ 时，人们能够构造一个概率空间 $\{\Omega,\mathfrak{S},P\}$ 及一个随机函数 $\zeta(x)=g(x,\omega)$，使得它的边沿分布族和给定的分布族相同.

定义 4 我们把相容的分布族 $\{P_{x_1x_2\cdots x_n}(B^n):n=1,2,\cdots,x_k\in X,B^n\in\mathfrak{B}^n\}$ 称做取值于 $\mathscr{Y}$ 的广义随机函数，其中 $\mathfrak{B}$ 是空间 $\mathscr{Y}$ 中的集合的 σ 代数，$\mathfrak{B}^n$ 是 $\mathfrak{B}$ 的 n 次幂.

对于广义随机函数，我们将使用标准的记号 $\xi(x),\eta(x),\cdots$，同时把 x 称做它的参数并把序列 $\{\xi(x_1),\cdots,\xi(x_n)\}$ 的分布和 $P_{x_1x_2\cdots x_n}(B^n)$ 等同起来. 从上面叙述得知，每个广义随机函数(其中 $\mathscr{Y}$ 是完备可分距离空间而 X 是任意的)仍可以作为在基本的定义 1 的意义下的随机函数来讨论(参看本节的定理 2).

另一方面，我们可以把一个广义随机函数和所有具有给定边沿分布的广义随机等价的随机函数类等同起来.

根据随机函数的边沿分布构造随机函数 按照广义随机等价的随机函数之定义，随机函数最主要的特征并不是概率空间和函数 $g(x,\omega)=\zeta(x)$ 的形式，而是它的边沿分布族. 这意味着，我们可以改变概率空间和函数 $g(x,\omega)$ 的形式而仅保持有限维分布族不变. 这个最重要的事实被广泛用来获得一个随机函数的尽可能简单和方便的表示. 由此马上引起如下的问题：设给定一分布族

$$\{P_{x_1x_2\cdots x_n}(B^{(n)}):n=1,2,\cdots,x_k\in X,B^{(n)}\in\mathfrak{B}^n\} \tag{5}$$

其中 X 是任意集合，$\{\mathscr{Y},\mathfrak{B}\}$ 是一可测空间. 问是否存在以给定分布族为其边沿分布族的随机函数?

显然，分布族(5) 不能是完全任意的，它起码要满足相容性条件(3) 和(4).

定义 5 如果存在概率空间 $\{\Omega,\mathfrak{S},P\}$ 和定义在 $X\times\Omega$ 上而取值于 $\mathscr{Y}$ 的二元函数 $g(x,\omega)$，使得对于每一固定的 $x\in X$ 函数 g 是 $\mathfrak{S}$ 可测的，并且随机函数 $g(x,\omega)$ 的边沿分布等于给定的分布族(5)，亦即对每一 $B^{(n)}\in\mathfrak{B}^n$ 有

$$P\{\omega:(g(x_1,\omega),g(x_2,\omega),\cdots,g(x_n,\omega))\in B^{(n)}\}=P_{x_1\cdots x_n}(B^{(n)}) \tag{6}$$

则称概率空间 $\{\Omega,\mathfrak{S},P\}$ 和函数 $g(x,\omega)$ 为分布族(5) 的表示.

我们将要证明，在足够广泛的假设下，相容分布族(5) 容许有某一表示. 在这里，空间 Ω 由所有定义在 X 上而取值于 $\mathscr{Y}$ 的函数空间代替，基本事件就是 x 的函数 $\omega=\omega(x)$，并且 $g(x,\omega)=\omega(x)$.

定义 6 设 Ω 是所有定义在集合 X 上而取值于某一可测空间 $\{\mathscr{Y},\mathfrak{B}\}$ 的函数 $\omega=\omega(x)$ 构成的空间，$B^{(n)}\in\mathfrak{B}^n$. 我们把使得 $\mathscr{Y}^n$ 中的点 $\{\omega(x_1),\cdots,\omega(x_n)\}$ 属于 $B^{(n)}$ 的那些函数 $\omega(x)\in\Omega$ 组成的集合，即集合

$$C_{x_1\cdots x_n}(B^{(n)})=\{\omega:(\omega(x_1),\omega(x_2),\cdots,\omega(x_n))\in B^{(n)}\}$$

称做 Ω 中以坐标 $x_1,x_2,\cdots,x_n$ 上的集合 $B^{(n)}$ 为底的柱集，或者简称做柱集.

我们对柱集及其运算作一些说明. 如果 n 及点 $x_1,x_2,\cdots,x_n$ 固定，则在坐标 $x_1,x_2,\cdots,x_n$ 上的柱集与 $\mathfrak{B}^n$ 中的集合之间存在同构关系：每一集合 $B^{(n)}\in$

$\mathfrak{B}^n$ 确定一以它为底的柱集 $C_{x_1\cdots x_n}(B^{(n)})$；不同的底对应不同的柱集；底的和、差或交对应于柱集的和、差或交. 这些可从柱集的定义直接得到.

在一般情形中讨论柱集的运算时，应当考虑到同一柱集可以在不同的坐标组合上给出. 因为显然有

$$C_{x_1\cdots x_n}(B^{(n)}) = C_{x_1\cdots x_n x_{n+1}\cdots x_{n+m}}(B^{(n)} \times \mathcal{Y}^m)$$

易见，任意两个柱集 $C=C_{x_1\cdots x_n}(B^{(n)})$ 和 $C'=C_{x'_1\cdots x'_m}(B^{(m)})$ 总可以看做是在同一坐标序列 $x''_1,\cdots,x''_p$（这序列既包含 $x_1,x_2,\cdots,x_n$，也包含 $x'_1,x'_2,\cdots,x'_m$）上的柱集. 因此，在讨论有限多个柱集的代数运算时，可以认为它们是定义在一固定的坐标序列上的. 所以我们有：

定理 1 所有柱集组成的类 $\mathfrak{C}$ 是集合的一个代数.

而且，若 X 包含无穷多个点，而 $\mathcal{Y}$ 至少包含两个点，则 $\mathfrak{C}$ 不是 σ 代数. 事实上，集合

$$\bigcup_{k=1}^{\infty} C_{x_k}(\{y_k\})$$

不是柱集，这里 $\{y_k\}(k=1,2,\cdots)$ 是 $\mathcal{Y}$ 中的点列.

现在，我们证明下面的定理.

定理 2 （Колмогоров 定理）设 $\mathcal{Y}$ 是完备可分距离空间，则满足相容性条件 (3) 和 (4) 的分布族 (5) 容许有某一个表示.

我们首先定义在空间 Ω 的柱集代数 $\mathfrak{C}$ 上的集函数 $P'(C)(C \in \mathfrak{C})$ 如下

$$P'(C) = P_{x_1\cdots x_n}(B^{(n)})$$

其中 C 是以坐标 $x_1,x_2,\cdots x_n$ 上的 $B^{(n)}$ 为底的柱集. 相容性条件保证了函数 $P'(C)$ 定义的唯一性. 设 $C_k(k=1,2,\cdots,n)$ 是一串柱集. 不失一般性，我们可以认为，它们是由在同一坐标序列 $x_1,x_2,\cdots,x_p$ 上的底 $B_k^{(p)}$ 给定的. 集合 C_k 的代数运算恰好对应于它们的底 $B_k^{(p)}$ 的同一运算. 因为测度 $P_{x_1\cdots x_p}(B^{(p)})$ 在 $\mathcal{Y}^p$ 上是可数可加的，所以集函数 $P'(C)$ 在 $\mathfrak{C}$ 上是有限可加的，于是余下只须把定义在代数 $\mathfrak{C}$ 上的集函数 $P'(C)$ 延拓为在某一 σ 代数 $\mathfrak{C}$ 上的测度 $\tilde{P}$. 根据著名的测度扩张定理，要做到这一点又只须验证对于任意 $C \in \mathfrak{C}$ 和集合 C 的任意覆盖 $\{C_k\}(k=1,2,\cdots,n,\cdots,C_k \in \mathfrak{C})$，$C \subset \bigcup\limits_{k=1}^{\infty} C_k$，不等式

$$P'(C) \leqslant \sum_{k=1}^{\infty} P'(C_k) \tag{7}$$

成立.

我们现在证明，若

$$\bigcup_{k=1}^{\infty} C_k = C \quad (C \in \mathfrak{C}, C_k \in \mathfrak{C}, k=1,2,\cdots)$$

且 $C_k \cap C_r = \varnothing(k \neq r)$，则

$$P'(C)=\sum_{k=1}^{\infty}P'(C_k) \tag{8}$$

由此即可得知对于柱集 C 的 $\mathfrak{C}$ 中的任意覆盖,式(7) 成立. 令

$$C\Big\backslash\bigcup_{k=1}^{n}C_k=D_n$$

集合 D_n 形成一单调递减的柱集序列,它们的交是空集

$$\bigcap_{n=1}^{\infty}D_n=C\Big\backslash\bigcup_{k=1}^{\infty}C_k=\varnothing \tag{9}$$

由 P' 的可加性得到等式

$$P'(C)=\sum_{k=1}^{n}P'(C_k)+P'(D_n)$$

为证式(8) 只须证明

$$\lim_{n\to\infty}P'(D_n)=0$$

假若不然,即

$$\lim_{n\to\infty}P'(D_n)=L>0 \tag{10}$$

我们以 B_n 表示柱集 D_n 的底,而且设 D_n 是配置在坐标 $x_1,x_2,\cdots,x_{m_n}$ 上的. 这时假定当 n 增大时,对应的点列 $x_1,x_2,\cdots,x_{m_n}$ 是不减的. 正像前面指出的那样,这个假设并不失一般性.

对于每一 B_n,可以找到紧集 K_n,使得 $K_n\subset B_n$ 且

$$P_{x_1\cdots x_{m_n}}(B_n\backslash K_n)<\frac{L}{2^{n+1}},n=1,2,\cdots$$

设 Q_n 是以在坐标 $x_1,x_2,\cdots,x_{m_n}$ 上的 K_n 为底的柱集,$G_n=\bigcap_{r=1}^{n}Q_r$,又设 M_n 是集合 G_n 的底. 显然集合 M_n 是紧的,因为它是闭集之交,而这些闭集中至少有一个(就是 K_n) 是紧的.

因为集合 G_n 是单调递减的,故从 $\omega(x)\in G_{n+p}(p>0)$ 推得 $\omega(x)\in G_n$,所以若

$$\{y_1,y_2,\cdots,y_{m_n},\cdots,y_{m_{n+p}}\}\in M_{n+p}\quad(p>0)$$

则

$$\{y_1,y_2,\cdots,y_{m_n}\}\in M_n$$

显然集合 G_n 是非空的. 又因为

$$D_n\backslash G_n=\bigcup_{r=1}^{n}(D_n\backslash Q_r)\subset\bigcup_{r=1}^{n}(D_r\backslash Q_r)$$

故

$$P'(D_n\backslash G_n)\leqslant\sum_{r=1}^{n}P'(D_r\backslash Q_r)=\sum_{r=1}^{n}P_{x_1\cdots x_{m_r}}(B_r\backslash K_r)\leqslant\frac{L}{2}$$

由此得

$$\lim P'(G_n)=\lim_{n\to\infty}P'(D_n)-\lim_{n\to\infty}P'(D_n\backslash G_n)\geqslant\frac{L}{2}$$

从每一 M_n 中选出一点

$$\{y_1^{(n)},\cdots,y_{m_n}^{(n)}\}$$

由上面叙述知，对任意 k，点列$\{y_k^{(n)}\}(n=1,2,\cdots)$属于 $\mathscr{Y}$ 中的某一紧集，而且序列

$$\{y_1^{(n+r)},\cdots,y_{m_n}^{(n+r)}\},r=0,1,2,\cdots$$

在 M_n 中. 借助对角线方法可以找到这样的附标序列 n_j，使得对每一 k，序列 $y_k^{(n_j)}$ 收敛于某一极限 $y_k^{(0)}$. 因为集合 M_n 是闭的，故对任意 n

$$\{y_1^{(0)},\cdots,y_{m_n}^{(0)}\}\in M_n$$

现在定义函数 $\omega(x)$ 如下

$$\omega(x_k)=y_k^{(0)},k=1,2,\cdots,n,\cdots$$

以任意方式定义它在其余点的值. 于是对任意 n 有 $\omega(x)\in G_n\subset D_n$. 故 $\bigcap_{n=1}^{\infty}D_n$ 非空，这与式(9)矛盾，因此不等式(10)不可能成立，即只能有

$$\lim_{n\to\infty}P'(D_n)=0$$

这就是说，函数 P' 满足不等式(7)并且可以延拓为一个完备测度$(\widetilde{\mathfrak{C}},\widetilde{P})$，$\widetilde{\mathfrak{C}}\supset\mathfrak{C}$. 用等式 $g(x,\omega)=\omega(x)$ 定义函数 $g(x,\omega)$，$\omega\in\Omega$，$x\in X$. 于是对 $\mathscr{Y}^n$ 中任意 Borel 集 $B^{(n)}$ 和任意 $n,x_1,\cdots,x_n$ 有

$$\widetilde{P}\{(g(x_1,\omega),g(x_2,\omega),\cdots,g(x_n,\omega))\in B^{(n)}\}=$$
$$\widetilde{P}\{(\omega(x_1),\omega(x_2),\cdots,\omega(x_n))\in B^{(n)}\}=$$
$$P_{x_1\cdots x_n}(B^{(n)})$$

这样一来，我们就对分布族(5)构造了定理所要求的表示. 定理证毕.

随机序列

第二章

§1 初步的评论

随机变量序列 $\xi_1,\xi_2,\cdots,\xi_n,\cdots$ 可以看做是离散时间的随机过程，它们在一般理论中起着重要的作用.

首先，许多概率论问题中的时间实质上是离散的.

其次，离散时间过程的研究在某种意义上使用比较简单的方法，而且在许多情况下可以用这些过程来逼近或研究任意的连续时间过程.

这一章研究的基本问题是当时间无限增大时随机序列的渐近性态，其中有序列极限的存在性，随机级数的收敛性，算术平均值的性态以及发散序列的通项分布的渐近特性问题等等. 这类问题把概率论的经典论题(大数定律，随机变量和的极限定理)与随机过程一般理论紧密地联系起来.

显然，为了得到不同于一般的收敛判别准则的实质性结果，应当对所研究的随机序列加上有关概率论的特殊限制. 与此相应，我们引入并研究某些重要的随机序列类，对于这些序列能够得到与上面提到的那些问题有关的一些重要的结果.

设$\{\Omega,\mathfrak{S},P\}$ 是一固定的概率空间，$\{\mathscr{X},\mathfrak{B}\}$ 是某可测空间. 在本章中除特别声明外，T 或者表示非负整数序列 $T_t=\{0,1,2,\cdots,n,\cdots\}$，或者表示所有整数构成的有序集

$$\widetilde{T}\{\cdots,-n,\cdots,-1,0,1,\cdots,n,\cdots\}$$

取值于$\mathscr{X}$的函数$\{\xi(\cdot)=\xi(t)=\xi(t,\omega):t\in T,\omega\in\Omega\}$称做随机序列或离散时间的随机过程,如果对于任意$B\in\mathfrak{B}$和$t\in T$,集合$\{\omega:\xi(t,\omega)\in B\}\in\mathfrak{S}$.

有时把$\xi(t)$的值称做某随机系统Σ的状态,空间$\mathscr{X}$称做系统Σ的相空间.

当$\mathscr{X}$是距离空间时,$\mathfrak{B}$恒表示$\mathscr{X}$的Borel集组成的σ代数.

设$\{\mathscr{X}^s,\mathfrak{B}^s\}$是可测空间$\{\mathscr{X},\mathfrak{B}\}$的$s$次幂. 对于任意的整数组$n_1,n_2,\cdots,n_s$, $0\leqslant n_1<n_2<\cdots<n_s<\infty$,随机序列$\{\xi(t):t\in T\}$定义$\{\mathscr{X}^s,\mathfrak{B}^s\}$上的概率测度$P_{n_1n_2\cdots n_s}(\cdot)$为

$$P_{n_1n_2\cdots n_s}(B^{(s)})=P\{(\xi(n_1),\xi(n_2),\cdots,\xi(n_s))\in B^{(s)}\}$$

这里$B^{(s)}$是$\mathfrak{B}^s$中的集合. 我们称这些测度为随机序列的边沿分布.

在某种意义上,边沿分布完全确定对应的随机序列. 这命题的确切含义如下.

考虑所有可能的序列组成的空间$\mathscr{X}^T$,以$\mathfrak{C}_0$表示这空间的柱集C组成的代数

$$\mathfrak{C}_0=\{C=C_{t_1t_2\cdots t_s}(B^{(s)}):t_k\in T,B^{(s)}\in\mathfrak{B}^s\},s=1,2,\cdots$$

$$C_{t_1t_2\cdots t_s}(B^{(s)})=\{\bar{x}:(x_{t_1},x_{t_2},\cdots,x_{t_s})\in B^{(s)}\}$$

由随机序列$\{\xi(t):t\in T\}$确定的映象

$$\omega\to\bar{x}:\bar{x}=\{x_t:t\in T\}=\{\xi(t,\omega):t\in T\}$$

诱导出一个概率测度的变换,它把概率测度P变为定义在空间$\mathscr{X}^T$的某一个包含所有柱集的σ代数$\mathfrak{C}'$上的概率测度P'.

测度P'和随机序列的边沿分布在柱集上是相同的,即

$$P'(C_{t_1t_2\cdots t_s}(B^{(s)}))=P_{t_1t_2\cdots t_s}(B^{(s)})$$

因此,边沿分布唯一地确定包含柱集的代数的最小σ代数$\mathfrak{C}(\mathfrak{C}\subset\mathfrak{C}')$上的测度$P'$.

为了解决随机序列理论中出现的问题,常常只须知道$\mathfrak{C}$中事件的概率. 因此,对于具有同一相空间$\{\mathscr{X},\mathfrak{B}\}$而定义在不同的概率空间$\{\Omega_i,\mathfrak{S}_i,P_i\}$上的随机序列$\{\xi_i(t):t\in T\}(i=1,2)$来说,如果它们诱导的概率$P_i'$在空间$\mathscr{X}^T$的柱集上相同,我们就没有理由认为这两个序列在本质上有什么不同. 由于这一点,我们把随机序列$\{\tilde{\xi}(t):t\in T\}$称为随机序列$\{\xi(t):t\in T\}$的自然表示,这里$\{\tilde{\xi}(t):t\in T\}$是定义在$\{\mathscr{X}^T,\mathfrak{C},P'\}$上的随机等价于$\{\xi(t):t\in T\}$的随机序列,而且$\tilde{\xi}(t)=\tilde{\xi}(t,x)=x_t$.

选出随机序列的自然表示的理由在于许多问题中的边沿分布可用这样或那样的办法给出. 另一方面,如果给定了任一边沿分布族,而$\mathscr{X}$是一完备可分距离空间,则恒能以自然表示的形式构造一随机序列,使得这个序列的边沿分布和给定的分布族相同,这是Колмогоров定理(第一章 §4,定理2)的直接推论.

§ 2　半鞅和鞅

定义和基本性质　鞅和半鞅是一类有许多应用的重要随机序列.

为了避免今后的重复,我们引进定义时不仅限于序列的情形.

设 T 是任意有序集,$\{\mathfrak{F}_t : t \in T\}$ 是 σ 代数流,$\mathfrak{F}_t \subset \mathfrak{S}$.

我们引入如下的表示

$$a^+ = \max\{a, 0\}, a^- = \max\{-a, 0\}$$

定义 1　对每一 $t \in T$,随机变量 $\xi(t)$ 是 $\mathfrak{F}_t$ 可测的族 $\{\xi(t), \mathfrak{F}_t : t \in T\}$ 称做鞅,如果

$$E \mid \xi(t) \mid < \infty \tag{1}$$

$$E\{\xi(t) \mid \mathfrak{F}_s\} = \xi(s), s < t, s, t \in T \tag{2}$$

它称做下鞅,如果

$$E\xi^+(t) < \infty, E\{\xi(t) \mid \mathfrak{F}_s\} \geqslant \xi(s), s < t, s, t \in T \tag{3}$$

它称做上鞅,如果

$$E\xi^-(t) < \infty, E\{\xi(t) \mid \mathfrak{F}_s\} \leqslant \xi(s), s < t, s, t \in T \tag{4}$$

上鞅和下鞅也称做半鞅.

在某些情形中,当 σ 代数族 $\{\mathfrak{F}_t : t \in T\}$ 是固定而又不会引起误解时,我们把随机变量族 $\{\xi(t) : t \in T\}$ 本身称做鞅、上鞅、下鞅或半鞅.

由上面的定义推知,$\mathfrak{F}_t$ 一定包含由随机变量 $\{\xi(s) : s \leqslant t\}$ 产生的 σ 代数.有时在鞅(半鞅) 的定义中就把这个 σ 代数取为 $\mathfrak{F}_t$.

现在我们给出鞅和下鞅的一些性质.因为用 $-\xi(t)$ 代替 $\xi(t)$ 时下鞅就变成上鞅,于是不难把下鞅的性质改述为上鞅的性质.

a) 式(2) 和(3) 分别等价于($s < t; s, t \in T$)

$$\int_{B_s} \xi(s) P(\mathrm{d}\omega) = \int_{B_s} \xi(t) P(\mathrm{d}\omega) \tag{5}$$

和

$$\int_{B_s} \xi(s) P(\mathrm{d}\omega) \leqslant \int_{B_s} \xi(t) P(\mathrm{d}\omega) \tag{6}$$

其中 B_s 是任意的 $\mathfrak{F}_s$ 可测集.

事实上,如果对式(2) 和(3) 积分,我们就得到式(5) 和(6).反之也不难看出,从式(5) 和(6) 可分别推出式(2) 和(3).

b) 若 $\{\xi(t) : t \in T\}$ 是下鞅,则 $E\xi(t)$ 是 t 的单调不减函数;若 $\{\xi(t) : t \in T\}$ 是鞅,则 $E\xi(t)$ 是一常数.

c) 若 $\{\xi(t), \mathfrak{F}_t : t \in T\}$ 是下鞅,$f(x)$ 是实数直线上的连续、单调不减凸函

数,且若 $t \in T$ 时 $Ef(\xi(t)) < \infty$,则 $\{f(\xi(t)), \mathfrak{F}_t : t \in T\}$ 也是下鞅.

这个论断可从下鞅的定义及 Jensen 不等式推出. 事实上

$$E\{f(\xi(t)) \mid \mathfrak{F}_s\} \geqslant f(E\{\xi(t) \mid \mathfrak{F}_s\}) \geqslant f(\xi(s)) \tag{7}$$

特别地

d) 若 $\{\xi(t), \mathfrak{F}_t : t \in T\}$ 是下鞅,则 $\{(\xi(t) - a)^+, \mathfrak{F}_t : t \in T\}$ 也是下鞅.

e) 若 $\{\xi(t), \mathfrak{F}_t : t \in T\}$ 是鞅,而 $f(x)$ 是连续凸函数,$E \mid f(\xi(t)) \mid < \infty$,则 $\{f(\xi(t)), \mathfrak{F}_t : t \in T\}$ 是下鞅.

为证此性质只须指出,这时不等式链(7)除第二个 $\geqslant$ 号应改为等号外其余保持不变,因此不必利用函数 $f(x)$ 的单调性.

从 b) 和 e) 得:

f) 若 $\xi(t)$ 是鞅,则 $E \mid \xi(t) \mid$ 是在 T 上单调不减的.

引理 1 若 T 有最大元素 $t_{\max}$, $\{\xi(t), \mathfrak{F}_t : t \in T\}$ 是下鞅,则随机变量族 $\{\xi^+(t) : t \in T\}$ 一致可积.

证 从不等式

$$NP\{\xi(t) > N\} \leqslant \int_{B_t} \xi(t) P(\mathrm{d}\omega) \leqslant \int_{B_t} \xi(t_{\max}) P(\mathrm{d}\omega) \leqslant \int_{\Omega} \xi^+(t_{\max}) P(\mathrm{d}\omega)$$

推得当 $N \to \infty$ 时对 t 一致地有 $P(B_t) \to 0$,这里 $B_t = \{\omega : \xi(t) > V\}$. 因此对任意 $\varepsilon > 0$,可以找到与 t 无关的 N_0,使当 $N > N_0$ 时

$$0 \leqslant \int_{B_t} \xi^+(t_{\max}) P(\mathrm{d}\omega) < \varepsilon$$

由上式得知,对所有 $N > N_0$ 有

$$E \chi_{(\xi(t) > N)} \xi(t) < \varepsilon$$

这就证明了族 $\{\xi^+(t) : t \in T\}$ 的一致可积性.

某些不等式 在这一小节中假设 $T = \{0, 1, 2, \cdots, n\}$, $\{\mathfrak{F}_k : k \in T\}$ 是单调不减的 σ 代数序列, $\mathfrak{F}_k \subset \mathfrak{S}$, $\xi_k (k \in T)$ 是 $\mathfrak{F}_k$ 可测的随机变量, $E\xi_k^+ < \infty$. 又设 $\tau_i (i = 1, 2)$ 是 $\{\mathfrak{F}_k : k \in T\}$ 上的随机时间(τ_i 取值于 T)且以概率 1 有 $\tau_1 \leqslant \tau_2$. 令

$$\eta_i = \sum_{k=1}^{\tau_i} \xi_k$$

若 $\tau_i = 0$,则令 $\eta_i = 0$.

以 $\mathfrak{F}_i^*$ 表示由随机时间 τ_i 产生的事件 σ 代数. 我们回忆(第一章 § 1), $\mathfrak{F}_i^*$ 是由所有使得

$$E \cap \{\tau_i \leqslant k\} \in \mathfrak{F}_k, k = 0, 1, \cdots, n \tag{8}$$

的那些集合 $E \in \mathfrak{S}$ 组成.

引理 2 设

$$E\{\xi_k \mid \mathfrak{F}_{k-1}\} \geqslant 0, k=1,2,\cdots,n \tag{9}$$

和 $A \in \mathfrak{F}_1^*$，则

$$\int_A \eta_1 P(\mathrm{d}\omega) \leqslant \int_A \eta_2 P(\mathrm{d}\omega) \tag{10}$$

如果

$$E\{\xi_k \mid \mathfrak{F}_{k-1}\} = 0 \tag{11}$$

则

$$\int_A \eta_1 P(\mathrm{d}\omega) = \int_A \eta_2 P(\mathrm{d}\omega) \tag{12}$$

证 首先注意到，$\mathfrak{F}_1^* \subset \mathfrak{F}_2^*$（第一章 §1）. 为证不等式(10)，我们只须考虑 τ_1 在 A 等于常数的情形，因为在一般情形中，$A = \bigcup_{j=0}^{n} A_j$，其中 $A_j = A \cap \{\tau_1 = j\} \in \mathfrak{F}_1^*$. 假设在 A 上 $\tau_1 = j$，则 $A \in \mathfrak{F}_j$ 且在 A 上 $\tau_2 \geqslant j$. 于是有

$$\int_A \eta_2 P(\mathrm{d}\omega) = \int_A \eta_1 P(\mathrm{d}\omega) + \int_{A \cap \{\tau_2 > j\}} \sum_{k=j+1}^{\tau_2} \xi_k P(\mathrm{d}\omega) =$$
$$\int_A \eta_1 P(\mathrm{d}\omega) + \int_{A \setminus \{\tau_2 \leqslant j\}} \xi_{j+1} P(\mathrm{d}\omega) +$$
$$\int_{A \setminus \{\tau_2 \leqslant j+1\}} \xi_{j+2} P(\mathrm{d}\omega) + \cdots + \int_{A \setminus \{\tau_2 \leqslant n-1\}} \xi_n P(\mathrm{d}\omega)$$

因为 $A \setminus \{\tau_2 \leqslant k\} \in \mathfrak{F}_k (k \geqslant j)$，故

$$\int_{A \setminus \{\tau_2 \leqslant k\}} \xi_{k+1} P(\mathrm{d}\omega) = \int_{A \setminus \{\tau_2 \leqslant k\}} E\{\xi_{k+1} \mid \mathfrak{F}_k\} P(\mathrm{d}\omega)$$

由此即得式(10).

上面所作的推理也表明，若不等式(9) 代以等式(11)，则式(12) 成立.

引理 2 还可以陈述如下：若 $\{\zeta_k, \mathfrak{F}_k : k \in T\}$ 是下鞅，τ_j 是 $\{\mathfrak{F}_k : k \in T\}$ 上的随机时间且 $\tau_1 \leqslant \tau_2$，则对任意 $A \in \mathfrak{F}_1^*$ 有

$$\int_A \zeta_{\tau_1} P(\mathrm{d}\omega) \leqslant \int_A \zeta_{\tau_2} P(\mathrm{d}\omega), A \in \mathfrak{F}_1^*$$

推论 1 若 $\tau_1, \tau_2, \cdots, \tau_s$ 是 $\{\mathfrak{F}_k : k = 0, 1, \cdots, n\}$ 上的随机时间序列且 $\tau_1 \leqslant \tau_2 \leqslant \cdots \leqslant \tau_s$，则 $\{\eta_k, \mathfrak{F}_k^* : k = 1, \cdots, s\}$ 是下鞅；若 $\{\zeta_k, \mathfrak{F}_k : k \in T\}$ 是鞅，则 $\{\eta_k, \mathfrak{F}_k^* : k = 1, 2, \cdots, s\}$ 是鞅，这里 $\eta_k = \zeta_{\tau_k}$.

这就是说，在随机时间观测的鞅(半鞅) 仍是鞅(半鞅).

推论 2 若在引理 2 的条件中用假设 $E\psi_{\bar{k}} < \infty$ 代替式(9)，这里 $\psi_k = E\{\xi_k \mid \mathfrak{F}_{k-1}\}$，则

$$\int_A \left(\eta_1 - \sum_{k=1}^{n} \psi_{\bar{k}}\right) P(\mathrm{d}\omega) \leqslant \int_A \eta_2 P(\mathrm{d}\omega) \tag{13}$$

事实上，若用 $\xi_k - \psi_k$ 代替 ξ_k 即可从式(10) 得式(13).

引理 3 假设随机变量 ξ_k 是 $\mathfrak{F}_k$ 可测的，$E\xi_k^+ < \infty$，$\{\mathfrak{F}_k : k \in T\}$ 是 σ 代数

流,$C>0$.令

$$\zeta_0=0,\zeta_k=\sum_{j=1}^{k}\xi_j,k=1,2,\cdots,n$$

则

$$P\{\max_{0\leqslant k\leqslant n}\zeta_k\geqslant c\}\leqslant\frac{1}{c}E(\zeta_n^+ +\rho_n) \tag{14}$$

其中 $\rho_n=\sum_{k=1}^{n}\psi_{\bar{k}}$.此外,若对某 $p>1$ 有

$$E(\zeta_n^+ +\rho_n)^p<\infty$$

则

$$E(\max_{0\leqslant k\leqslant n}\zeta_k)^p\leqslant\left(\frac{p}{p-1}\right)^pE(\zeta_n^+ +\rho_n)^p \tag{15}$$

证　设 τ_1 是使得 $\zeta_k\geqslant C(k=1,2,\cdots,n)$ 的最小附标 k 值,若这样的附标不存在,则 $\tau_1=n$.令 $\tau_2=n$,又 A 是事件$\{\eta\geqslant C\}$,这里 $\eta=\max\limits_{0\leqslant k\leqslant n}\zeta_k$.

这时 τ_1 和 τ_2 是 $\mathfrak{F}_k$ 上的随机时间,A 是 $\mathfrak{F}_1^*$ 可测的,$\tau_1\leqslant\tau_2$.利用式(13)得

$$CP(A)\leqslant\int_A\zeta_{\tau_1}P(\mathrm{d}\omega)\leqslant\int_A(\zeta_n+\rho_n)P(\mathrm{d}\omega)\leqslant E(\zeta_n^+ +\rho_n)$$

这就证明了不等式(14).其次,若$\chi(C)$ 表示事件 A 的示性函数,则

$$\eta^p=p\int_0^\infty\chi(C)C^{p-1}\mathrm{d}C$$

如同刚才所证明那样

$$EC\chi(C)\leqslant E\chi(C)(\zeta_n^+ +\rho_n)$$

因此

$$E\eta^p\leqslant pE\int_0^\infty(\zeta_n^+ +\rho_n)\chi(C)C^{p-2}\mathrm{d}C=\frac{p}{p-1}E(\zeta_n^+ +\rho_n)\eta^{p-1}$$

利用 Hölder 不等式得

$$E\eta^p\leqslant\frac{p}{p-1}\{E\eta^p\}^{\frac{p-1}{p}}\{E(\zeta_n^+ +\rho_n)^p\}^{\frac{1}{p}}$$

由此即可推出式(15).

推论　若$\{\zeta_k:k=1,\cdots,n\}$ 是下鞅,则

$$P\{\max_{1\leqslant k\leqslant n}\zeta_k^+\geqslant C\}\leqslant\frac{1}{C}E\zeta_n^+ \tag{16}$$

若除此之外,还对某 $p>1$ 有 $E(\zeta_n^+)^p<\infty$,则

$$E(\max_{1\leqslant k\leqslant n}\zeta_k^+)^p\leqslant\left(\frac{p}{p-1}\right)^pE(\zeta_n^+)^p \tag{17}$$

而且,若$\{\eta_k:k\in T\}$ 是鞅,则

$$P\{\max_{1\leqslant k\leqslant n}|\zeta_k|\geqslant C\}\leqslant\frac{1}{C^p}E|\zeta_n|^p \tag{18}$$

我们称 $v[a,b)$ 为随机变量族 $\{\zeta(t):t\in T\}$（这里 T 是有序集）自上而下穿越半开半闭区间 $[a,b)$ 的次数，它定义为这样的数 s 的上确界：存在序列 $\{t_i:i=1,2,\cdots,2s\}$，$t_i<t_{i+1}$，$t_i\in T$，使得

$$\zeta(t_1)\geqslant b,\zeta(t_2)<a,\zeta(t_3)\geqslant b,\cdots,\zeta(t_{2s})<a$$

我们估计在引理 3 中定义的序列 $\{\zeta_k:k=1,2,\cdots,n\}$ 自上而下穿越半开半闭区间 $[a,b)$ 的次数的数学期望.

引入整数值随机变量序列 $j_1,j_2,\cdots,j_k,\cdots$，它们可以不一定存在. 以 A_k 表示数 j_k 存在这一事件. 这时，j_1 是使得 $\zeta_{j_1}\geqslant b_1$，$j_1\leqslant n$ 的最小整数，j_2 是大于 j_1 并且使得 $j_2\leqslant n$，$\zeta_{j_2}<a$ 的最小整数，$\cdots$，j_{2m-1} 是大于 j_{2m-2} 并且使得 $j_{2m-1}\leqslant n$，$\zeta_{j_{2m-1}}\geqslant b$ 的最小整数，j_{2m} 是大于 j_{2m-1} 并且使得 $\zeta_{j_{2m}}<a$，$j_{2m}\leqslant n$ 的最小整数.

$j_1,j_2,\cdots,j_k,\cdots$ 形成一单调不减的随机时间序列，$j_k\leqslant n$. 把 j_k 的定义区域扩大到整个 Ω，即若 $\omega\overline{\in}A_k$ 时令 $j_k=n$. 根据 j_k 的定义和不等式(13) 有

$$0\leqslant\int_{A_{2m-1}}(\zeta_{j_{2m-1}}-b)P(\mathrm{d}\omega)\leqslant\int_{A_{2m}}(\zeta_{j_{2m}}-b)P(\mathrm{d}\omega)+\sum_{k\geqslant1}\int_{B_{m,k}}\psi_{j_{2m-1}+k}P(\mathrm{d}\omega)\leqslant(a-b)P(A_{2m})+\int_{A_{2m-1}\setminus A_{2m}}(\zeta_{j_{2m}}-b)P(\mathrm{d}\omega)+\sum_{k\geqslant1}\int_{B_{m,k}}\psi^-_{j_{2m-1}+k}P(\mathrm{d}a)$$

这里 $B_{m,k}=A_{2m-1}\cap\{j_{2m}-j_{2m-1}\geqslant k\}$. 因此

$$(b-a)P(A_{2m})\leqslant\int_{A_{2m-1}\setminus A_{2m}}(\zeta_n-b)P(\mathrm{d}\omega)+\sum_{k\geqslant1}\int_{B_{m,k}}\psi^-_{j_{2m-1}+k}P(\mathrm{d}\omega)\leqslant\int_{A_{2m-1}\setminus A_{2m}}(\zeta_n-b)^+\times P(\mathrm{d}\omega)+\sum_{k\geqslant1}\int_{B_{m,k}}\psi^-_{j_{2m-1}+k}P(\mathrm{d}\omega)$$

将这些不等式对所有 $m\geqslant1$ 求和，我们得到

$$(b-a)\sum_{m\geqslant1}P(A_{2m})\leqslant E[(\zeta_n-b)^++\rho_n],\rho_n=\sum_{k=1}^{n}\psi^-_k$$

注意 $v[a,b)=\sum\limits_{m\geqslant1}\chi(A_{2m})$，这里 $\chi(A)$ 是事件 A 的示性函数，因此

$$Ev[a,b)=\sum_{m\geqslant1}P(A_{2m})$$

这样一来，就证明了下面的引理：

引理 4 若序列 $\{\xi_k,\mathfrak{F}_k:k=1,2,\cdots,n\}$ 满足引理 3 的条件，则

$$Ev[a,b)\leqslant\frac{E[(\zeta_n-b)^++\rho_n]}{b-a}\tag{19}$$

对于下鞅这个不等式变为

$$Ev[a,b)\leqslant\frac{E(\zeta_n-b)^+}{b-a}\tag{20}$$

不难把上面得到的不等式推广到 T 是可数序列的情形. 即当 $T=\{1,2,\cdots,n,\cdots\}$ 和 $T'=\{\cdots,-n,-n+1,\cdots,-1\}$ 时不等式(14) 给出

$$P\{\sup_{n\in T}\zeta_n \geqslant C\} \leqslant \frac{1}{C}\sup_{n\in T}E(\zeta_n^+ + \rho_n) \tag{21}$$

和

$$P\{\sup_{n\in T}\zeta_n \geqslant C\} \leqslant \frac{1}{C}E(\zeta_{-1}^+ + \rho') \tag{22}$$

其中 $\rho' = \sum_{k=1}^{\infty}\psi_{-k}^-$.

证　这些关系式从 $\sup_{n\in T}\zeta_n = \lim_{n\to\infty}\max_{1\leqslant k\leqslant n}\zeta_k$ 和

$$P\{\sup_{n\in T}\zeta_n \geqslant C\} = \lim_{n\to\infty}P\{\max_{1\leqslant k\leqslant n}\zeta_k \geqslant C\}$$

推得. 类似地,若 $v_\infty[a,b)$ 和 $v'_\infty[a,b)$ 分别表示序列 $\{\zeta_n:n\in T\}$ 和 $\{\zeta_n:n\in T'\}$ 自上而下穿越半开半闭区间 $[a,b)$ 的次数,而 $v_n[a,b)$ 和 $v'_n[a,b)$ 分别是对应于截尾序列 $\{\zeta_k:k=1,\cdots,n\}$ 和 $\{\zeta_{-k}:k=1,\cdots,n\}$ 的穿越次数,则由 $v_n[a,b)$ 和 $v'_n[a,b)$ 构成单调不减序列, $v_\infty[a,b)=\lim v_n[a,b)$, $v'_\infty[a,b)=\lim v'_n[a,b)$ 以及性质 f) 可得下列不等式

$$(b-a)Ev_\infty[a,b) \leqslant \sup_n E[(\zeta_n - b)^+ + \rho_n] \tag{23}$$

$$(b-a)Ev'_\infty[a,b) \leqslant E[(\zeta_{-1} - b)^+ + \rho'] \tag{24}$$

对于下鞅,我们可以把同样的讨论应用到 T 是任意可数的实数集合的情形. 此时应引入单调上升的集合序列 T_n,其中每一 T_n 由有限多个点组成,把上面得到的不等式应用于序列 $\{\zeta(t),\mathfrak{F}_t:t\in T_n\}$,然后取 $n\to\infty$ 时的极限即可.

于是我们得到

$$P\{\sup_{t\in T}\zeta^+(t) > C\} \leqslant \frac{\sup_{t\in T}E\zeta^+(t)}{C} \tag{25}$$

$$E[\sup_{t\in T}\zeta^+(t)]^p \leqslant \left(\frac{p}{p-1}\right)^p \sup_{t\in T}E[\zeta^+(t)]^p \tag{26}$$

$$Ev[a,b) \leqslant \frac{\sup_{t\in T}E(\zeta(t)-b)^+}{b-a} \tag{27}$$

而且,若集合 T 有最大元素 $t_{\max}$,则在 $t=t_{\max}$ 时达到不等式右边的上确界.

极限的存在性　考虑序列 $\{\zeta_n,\mathfrak{F}_n:n\in T\}$,其中

$$T=\{\cdots,-n,-n+1,\cdots,-1,0,1,\cdots,n-1,n,\cdots\}$$

$\mathfrak{F}_n$ 是单调不减的 σ 代数族, ζ_n 是 $\mathfrak{F}_n$ 可测的. 又设

$$E\zeta_n^+ < \infty, \xi_n = \zeta_n - \zeta_{n-1}, E\{\xi_n \mid \mathfrak{F}_{n-1}\} = \psi_n$$

定理 1　a) 若

$$\sup_{n\geqslant 1}E(\zeta_n^+ + \rho_n) < \infty, \rho_n = \sum_{k=1}^{n}\psi_k^-$$

则以概率 1 存在有限的极限 $\zeta_{\infty}=\lim\limits_{n\to\infty}\zeta_n$；

b) 若$\sup\limits_{n\geqslant 1}E\rho'_n<\infty$，其中 $\rho'_n=\sum\limits_{k=1}^{n}\psi^{-}_{-k}$，则以概率 1 存在有限的极限 $\zeta_{-\infty}=\lim\limits_{n\to\infty}\zeta_{-n}$.

证　由 Fatou 不等式

$$E\varliminf_{n\to+\infty}\zeta_n^+\leqslant\varlimsup_{n\to+\infty}E\zeta_n^+<\infty$$

得知关系式 $\varliminf\limits_{n\to+\infty}\zeta_n^+=+\infty$ 仅能以概率 0 成立.

另一方面，由不等式(23) 得

$$\lim_{a\to-\infty}Ev[a,b)=E\lim_{a\to-\infty}v[a,b)=0$$

这里 $v[a,b)$ 是序列$\{\zeta_n:n\geqslant 1\}$ 自上而下穿越半开半闭区间$[a,b)$ 的次数. 因此，若 $\zeta_1>-\infty$，则以概率 1 存在 $a=a(\omega)$，使得对所有 $n\geqslant 1,\zeta_n>a$. 因此，几乎处处有 $\varliminf\limits_{n\to+\infty}\zeta_n>-\infty$.

现设以正概率不存在有限的极限 $\lim\limits_{n\to+\infty}\zeta_n$，则也以正概率有不等式 $\varliminf\limits_{n\to+\infty}\zeta_n<\varlimsup\limits_{n\to+\infty}\zeta_n$. 从而能找出数对 a 和 b，使得 $a<b$ 且以正概率有

$$\varliminf_{n\to+\infty}\zeta_n<a<b<\varlimsup_{n\to+\infty}\zeta_n$$

但这时序列$\{\zeta_n:n\geqslant 1\}$ 自上而下穿越半开半闭区间$[a,b)$ 的次数 $v[a,b)$ 至少以相同的概率等于 ∞，这与不等式(23) 相矛盾. 因此，以概率 1 有 $\varliminf\limits_{n\to+\infty}\zeta_n=\varlimsup\limits_{n\to+\infty}\zeta_n$.

定理的论断 b) 的证明和上述类似，但要注意在式(24) 中令 $b\to+\infty$ 时得到的是以概率 1 有 $\lim\limits_{b\to+\infty}v'[a,b)=0$，这里 $v'[a,b)$ 是序列$\{\zeta_n:n\leqslant -1\}$ 自上而下穿越半开半闭区间$[a,b)$ 的次数. 由此得到以概率 1 有$\varliminf\zeta_n<+\infty$. 在证明定理 1 论断 a) 时给出的其余推理，经过显而易见的修改并以 ζ_{-n} 代替 ζ_n 后仍有效.

将刚才证明的定理应用于半鞅就得到

推论　若$\{\zeta_k:\mathfrak{F}_k;k=\cdots,-n,-n+1,\cdots,-1\}$ 是下鞅，则以概率 1 存在极限 $\lim\limits_{n\to-\infty}\zeta_n=\zeta_{-\infty}$. 若$\{\zeta_k:\mathfrak{F}_k,k=1,2,\cdots,n,\cdots\}$ 是下鞅且 $\sup E\zeta_n^+<\infty$，则极限 $\lim\limits_{n\to+\infty}\zeta_n=\zeta_{+\infty}$ 也以概率 1 存在.

定义 2　随机变量 $\bar{\xi}(\underline{\xi})$ 称做下鞅$\{\xi(t),\mathfrak{F}_t:t\in T\}$ 的右(左) 封闭元，如果 $E\bar{\xi}^+<\infty(E\underline{\xi}^+<\infty)$，$\bar{\xi}$ 关于 $\bar{\mathfrak{F}}=\sigma\{\mathfrak{F}_t:t\in T\}$ 可测($\underline{\xi}$ 关于 $\underline{\mathfrak{F}}^1=\bigcap\limits_{t\in T}\mathfrak{F}_t$ 可测) 且对所有 $t\in T$

$$\xi(t)\leqslant E\{\bar{\xi}\mid\mathfrak{F}_t\},(\underline{\xi}\leqslant E\{\underline{\xi}(t)\mid\underline{\mathfrak{F}}\})$$

定理 2　下鞅$\{\zeta_n:\mathfrak{F}_n;n=1,2,\cdots\}$ 有右封闭元的充分必要条件是序列$\{\zeta_n^+:n=1,2,\cdots\}$ 一致可积.

证 若下鞅$\{\zeta_n,\mathfrak{F}_n:n=1,2,\cdots\}$有右封闭元$\bar{\xi}$,则令

$$T=\{1,2,\cdots,n,\cdots\}\cup\{\infty\},\mathfrak{F}_\infty=\sigma\{\mathfrak{F}_n:n=1,2,\cdots\},\zeta_\infty=\bar{\xi}$$

我们就得到$\{\zeta_t,\mathfrak{F}_t:t\in T\}$是一下鞅,而且集合$T$有最大元素$\infty$.因此(根据引理1),族$\{\zeta_n^+:n=1,2,\cdots\}$一致可积.现在假设族$\{\zeta_n^+:n=1,2,\cdots\}$一致可积.因为$\sup E\zeta_n^+<\infty$,故以概率1存在极限$\bar{\zeta}=\lim\zeta_n$.令$\xi_n^N=\max\{\zeta_n,-N\},N>0$.对任意$N$,序列$\{\xi_n^N:n=1,2,\cdots\}$是下鞅,因此,由下鞅的定义知,对任意$A\in\mathfrak{F}_n,m>0$有$E\xi_n^N\chi(A)\leqslant E\xi_{n+m}^N\chi(A)$.在这不等式的右边取$m\to\infty$时的极限并考虑到序列$\{\xi_n^N:n=1,2,\cdots\}$的一致可积性(因为它是两个序列之和,其中的一个$\zeta_n^+$根据条件是一致可积,而第二个的绝对值不超过常数$N$,因而也是一致可积的),我们就得到

$$E\xi_n^N\chi(A)\leqslant E\bar{\zeta}_n\chi(A)$$

再取$N\to\infty$的极限就得不等式

$$E\zeta_n\chi(A)\leqslant E\bar{\zeta}_n\chi(A)$$

而且有$E\bar{\zeta}^+\leqslant\underline{\lim}\,E\zeta_n^+<\infty$,因此$\bar{\zeta}$是下鞅的封闭元.

定理3 设$\{\zeta_n,\mathfrak{F}_n:n=1,2,\cdots\}$是鞅,则下列诸条件等价:

a) 族$\{\zeta_n:n=1,2,\cdots\}$一致可积;

b) 鞅$\{\zeta_n,\mathfrak{F}_n:n=1,2,\cdots\}$有右封闭元;

c)$E|\zeta_n-\zeta_{n'}|\to 0$,当$n',n\to\infty$.

若上述条件中有一个成立,则极限$\lim\zeta_n=\zeta$既以概率1也在$\mathscr{L}_1$收敛的意义下存在,并且是鞅的右封闭元.

若对某$p>1$有$E|\zeta_n|^p\leqslant C$,则a),b),c)成立且在$\mathscr{L}_p$收敛的意义下$\zeta=\lim\zeta_n$.

证 a)和b)的等价性由上面的定理得出.一致可积性和$\mathscr{L}_1$收敛性相互等价是测度论的一般结果.如果定理第二部分的论断成立,则序列ζ_n是一致可积的.又由式(17)知,$|\zeta_n|^p$被可积函数$\sup|\zeta_n|^p$控制,故序列$|\zeta_n|^p$和$|\zeta-\zeta_n|^p$是一致可积的(这里$\zeta=\lim\zeta_n$),由此得到,当$n\to\infty$时

$$E|\zeta_n-\zeta|^p\to 0$$

某些应用 设$\mathfrak{F}_1\subset\mathfrak{F}_2\subset\cdots\subset\mathfrak{F}_n\subset\cdots$和$\mathfrak{F}=\sigma\{\mathfrak{F}_n:n=1,2,\cdots\}$,$\xi$是一个随机变量,$E|\xi|<\infty$.令

$$\xi_n=E\{\xi|\mathfrak{F}_n\}$$

定理4 序列$\{\xi_n,\mathfrak{F}_n:n=1,2,\cdots\}$是鞅且以概率1有

$$\lim E\{\xi|\mathfrak{F}_n\}=E\{\xi|\mathfrak{F}\}$$

证 我们有(第一章 §3)

$$E\{\xi_{n+1}|\mathfrak{F}_n\}=E\{E\{\xi|\mathfrak{F}_{n+1}\}|\mathfrak{F}_n\}=E\{\xi|\mathfrak{F}_n\}=\xi_n$$

而且 ξ_n 是 $\mathfrak{F}_n$ 可测的，因此序列 $\{\xi_n,\mathfrak{F}_n:n=1,2,\cdots\}$ 是鞅. 此外

$$E\{E\{\xi\mid\mathfrak{F}\}\mid\mathfrak{F}_n\}=E\{\xi\mid\mathfrak{F}_n\}=\xi_n$$

最后的等式表示 $E\{\xi\mid\mathfrak{F}\}$ 是这个鞅的封闭元. 现在，由定理 3 就可推得本定理的论断.

推论 1 若 $A\in\mathfrak{F}$，则以概率 1 有 $\lim\limits_{n\to\infty}P\{A\mid\mathfrak{F}_n\}=\chi(A)$.

设 $\{\mathscr{X},\mathfrak{B}\}$ 是一可测空间. 空间 $\mathscr{X}$ 的分划序列 $\{A_{nk}:k=1,2,\cdots\}(n=1,2,\cdots)$ 称做“详尽的”，如果

a) $A_{nk}\in\mathfrak{B}, A_{nk}\cap A_{nr}=\varnothing$，若 $k\neq r$，$\bigcup\limits_{k=1}^{\infty}A_{nk}=\mathscr{X}, n=1,2,\cdots$；

b) 第 $n+1$ 个分划是第 n 个分划的子分划，即对任意 j，存在某一 $k=k(j)$，使得 $A_{n+1,j}\subset A_{nk}$；

c) 包含所有 $A_{nk}(k=1,2,\cdots,n=1,2,\cdots)$ 的最小 σ 代数就是 $\mathfrak{B}$.

推论 2 设 $\{A_{nk}:k=1,2,\cdots\}, n=1,2,\cdots$ 是 $\{\mathscr{X},\mathfrak{B}\}$ 的一个详尽的分划序列，而 m 是 $\mathfrak{B}$ 上的测度，$m(\mathscr{X})=1$. 以 $A_n(x)$ 表示包含点 x 的集合 A_{nk}，则对于任意 $\mathfrak{B}$ 可测和 μ 可积函数 $f(x)$ 以及 m^- 几乎所有 x 有

$$\lim_{n\to\infty}\frac{\int_{A_n(x)}f(u)m(\mathrm{d}u)}{m(A_n(x))}=f(x)$$

这一论断可以看做是抽象积分的积分学基本定理的类似物. 它的正确性可从如下事实得到：若以 $\mathfrak{F}_n$ 表示由有限或可数多个集合 $\{A_{nk}:k=1,2,\cdots\}$ 产生的 σ 代数，则 $\sigma\{\mathfrak{F}_n:n=1,2,\cdots\}=\mathfrak{B}$ 且当 $x\in A_{nk}$ 时 $E\{f\mid\mathfrak{F}_n\}=\int_{A_{nk}}f(u)m(\mathrm{d}u)/m(A_{nk})$（第一章 §3）. 这时，若 $m(A_{nk})=0$，则等式右边没有定义. 但是，即使仅对某一 n 使得后一情况发生的点 x 的集合其 m 测度为零.

通过类似的推理可以得到关于测度绝对连续性的 Radon 定理（在某种意义下）的“直接”证明.

引理 5 设 $\{\mathscr{X},\mathfrak{B}\}$ 是可测空间，其中 $\mathfrak{B}$ 是由可数的集合序列产生的，即

$$\mathfrak{B}=\sigma\{B_1,B_2,\cdots,B_n,\cdots\}$$

则在 $\{\mathscr{X},\mathfrak{B}\}$ 中存在详尽的分划序列.

证 设序列 $\{A_{1k}:k=1,2,\cdots\}$ 由两个集合 B_1 和 $\bar{B}_1$ 组成. 若 $\{A_{nk}:k=1,2,\cdots\}$ 已经构造好，则序列 $\{A_{n+1,k}:k=1,2,\cdots\}$ 可定义为所有形如 $A_{nk}\cap B_{n+1}$ 和 $A_{nk}\cap\bar{B}_{n+1}(k=1,2,\cdots)$ 的集合的总体.

定理 5 设 $\{\mathscr{X},\mathfrak{B},m\}$ 是一概率空间，$q(\cdot)$ 是 $\{\mathscr{X},\mathfrak{B}\}$ 上的测度，$q\{\mathscr{X}\}<\infty$，测度 q 是关于 m 绝对连续的. $\{A_{nk}:k=1,2,\cdots\}, n=1,2,\cdots$ 是 $\mathscr{X}$ 的任一详尽的分划序列. 对于 $m(A_{nk}(x))>0$，令

$$g_n(x)=\frac{q(A_{nk}(x))}{m(A_{nk}(x))}$$

其中 $A_{nk}(x)$ 是序列 $\{A_{nk}:k=1,2,\cdots\}$ 中包含点 x 的集合；如果 $m(A_{nk}(x))=0$ 则令 $g_n(x)=0$. 于是：

a) 序列 $\{g_n,\mathfrak{F}_n:n=1,2,\cdots\}$ 构成鞅，其中 $\mathfrak{F}_n=\sigma\{A_{n1},A_{n2},\cdots\}$；

b) 存在极限 $g(x)=\lim\limits_{n\to\infty}g_n(x)(\mathrm{mod}\, m)$，它与详尽序列 $\{A_{nk}:k=1,2,\cdots\}$，$n=1,2,\cdots$ 的选取无关；

c) 对于任意 $B\in\mathfrak{B}$ 有

$$q(B)=\int_B g(x)m(\mathrm{d}x) \tag{28}$$

证 函数 $g_n(x)$ 是 $\mathfrak{F}_n$ 可测的，它取值不多于可数个，因此

$$E\{g_{n+1}\mid\mathfrak{F}_n\}=\sum_j\frac{q(A_{n+1,j})}{m(A_{n+1,j})}\frac{m(A_{n+1,j}\cap A_{nk}(x))}{m(A_{nk}(x))}=$$

$$\sum_{\substack{j'\\A_{n+1,j'}\subset A_{nk(x)}}}\frac{q(A_{n+1,j'})}{m(A_{n+1,j'})}\cdot\frac{m(A_{n+1,j'})}{m(A_{nk}(x))}=$$

$$\frac{q(A_{nk}(x))}{m(A_{nk}(x))}=g_n(x)$$

这就证明了 a). 其次

$$\int_{\mathscr{X}}\mid g_n(x)\mid m(\mathrm{d}x)=\int_{\mathscr{X}}g_n(x)m(\mathrm{d}x)=q(\mathscr{X})<\infty$$

和①

$$\int_A g_n(x)m(\mathrm{d}x)=\sum_k\int_{A\cap A_{nk}}g_n(x)m(\mathrm{d}x)=\sum_k q(A_{nk}\cap A)=q(A)$$

因为 q 关于 m 绝对连续，故对任意 $\varepsilon>0$，可以找到 $\delta>0$，使能从 $m(A)<\delta$ 推出 $q(A)<\varepsilon$. 由此得知，序列 $g_n(x)$ 是(关于测度 m)一致可积的，故对于 m 几乎所有 x 存在极限 $\lim g_n(x)=g(x)$，而且 $g(x)$ 是鞅的封闭元. 因此，对每一 $A_n\in\mathfrak{F}_n$

$$\int_{A_n}g(x)m(\mathrm{d}x)=\lim_{k\to\infty}\int_{A_n}g_k(x)m(\mathrm{d}x)=q(A_n)$$

因为使得式(28) 成立的集合类是单调的，而且包含代数 $\bigcup\limits_n\mathfrak{F}_n$，故式(28) 对 $\sigma\{\mathfrak{F}_n:n=1,2,\cdots\}$，亦即对任意 $B\in\mathfrak{B}$ 也成立. 最后，由论断 c) 可推出，函数 $g(x)$ 与详尽序列的选取无关. 因若存在两个函数 g' 和 g''，使得 c) 都成立，则对

---

① 下式对 $A\in\mathfrak{F}_n$ 成立，但对 $A\overline{\in}\mathfrak{F}_n$ 未必成立. 如设 $\mathscr{X}=E\cup F,\mathfrak{B}=\{\varnothing,E,F,\mathscr{X}\},m(E)=m(F)=\frac{1}{2},q(E)=1,q(F)=0,A_{11}=\mathscr{X},A_{21}=E,A_{22}=F$，则 $g_1(x)=\frac{q(\mathscr{X})}{m(\mathscr{X})}=1,\int_E g_1(x)m(\mathrm{d}x)=\frac{1}{2}\neq q(E)$. 关于这个定理，读者可参考严加安《鞅与随机积分引论》(上海科学技术出版社) 引理 2.30. —— 译者注

任意 $B\in\mathfrak{B}$ 有 $\int_B[g'(x)-g''(x)]m(\mathrm{d}x)=0$,这仅当 $g'(x)=g''(x)(\mathrm{mod}\ m)$ 时才有可能.

§3 级 数

级数收敛性的某些一般判别法 在这一节中讨论随机项级数以概率 1 收敛的条件.

设已给级数

$$\xi_1+\xi_2+\cdots+\xi_n+\cdots \tag{1}$$

定理 1 若存在数列 $\varepsilon_n>0, n=1,2,\cdots$,使得

$$\sum_{n=1}^{\infty}\varepsilon_n<\infty, \sum_{n=1}^{\infty}P\{|\xi_n|>\varepsilon_n\}<\infty \tag{2}$$

则级数(1) 以概率 1 绝对收敛.

证 令 $A_n=\{|\xi_n|>\varepsilon_n\}$,从式(2) 中第二个级数收敛和第一章 §2 定理 6 推得 $P(\overline{\lim}\,A_n)=0$,即以概率 1 只有有限多个事件 A_n 发生.于是,存在 $N=N(\omega)$,使当 $n>N(\omega)$ 时 $|\xi_n|<\varepsilon_n$,即级数(1) 收敛.

对于具有有限矩的随机变量 ξ_n,级数(1) 收敛的充分条件可以陈述如下:

定理 2 若

$$\sum_{n=1}^{\infty}E|\xi_n|<\infty \tag{3}$$

则级数(1) 以概率 1 绝对收敛.

证明可由 Lebesgue 定理得出,因为

$$E\sum_{n=1}^{\infty}\xi_n^+=\sum_{n=1}^{\infty}E\xi_n^+, E\sum_{n=1}^{\infty}\xi_n^-=\sum_{n=1}^{\infty}E\xi_n^-$$

故级数

$$\sum_{n=1}^{\infty}(\xi_n^++\xi_n^-)=\sum_{n=1}^{\infty}|\xi_n|$$

以概率 1 收敛.

推论 若存在序列 $C_n>0, n=1,2,\cdots$ 和 $p>1$,使得级数

$$\sum_{n=1}^{\infty}C_n^{-q}, \sum_{n=1}^{\infty}C_n^pE|\xi_n|^p, \frac{1}{p}+\frac{1}{q}=1$$

收敛,则级数(1) 既以概率 1 收敛也在 $\mathscr{L}_p$ 中收敛.

为证此,我们指出,根据 Hölder 不等式和 Jensen 不等式有

$$\sum_{m+1}^{m+n} E\mid\xi_k\mid=\sum_{m+1}^{m+n} C_k^{-1} E C_k\mid\xi_k\mid\leqslant\left(\sum_{m+1}^{m+n} C_k^{-q}\right)^{\frac{1}{q}}\left(\sum_{m+1}^{m+n} C_k^p(E\mid\xi_k\mid)^p\right)^{\frac{1}{p}}\leqslant$$
$$\left(\sum_{m+1}^{m+n} C_k^{-q}\right)^{\frac{1}{q}}\left(\sum_{m+1}^{m+n} C_k^p E\mid\xi_k\mid^p\right)^{\frac{1}{p}}$$

由此并注意到推论的条件即可得出级数(3) 的收敛性[①]. 而由

$$E\left|\sum_{m+1}^{m+n}\xi_k\right|^p\leqslant E\left|\sum_{m+1}^{m+n} C_k^{-1} C_k\mid\xi_k\mid\right|^p\leqslant E\left|\left(\sum_{m+1}^{m+n} C_k^{-q}\right)^{\frac{1}{q}}\left(\sum_{m+1}^{m+n} C_k^p\mid\xi_k\mid^p\right)^{\frac{1}{p}}\right|^p\leqslant$$
$$\left(\sum_{m+1}^{m+n} C_k^{-q}\right)^{\frac{p}{q}}\sum_{m+1}^{m+n} C_k^p E\mid\xi_k\mid^p$$

知,级数(1) 在 $\mathscr{L}_p$ 中收敛.

对于半鞅我们有更强的结果. 令

$$\zeta_n=\xi_1+\xi_2+\cdots+\xi_n,\zeta_0=0$$

定理 3 设 ξ_n 是 $\mathfrak{F}_n$ 可测的,$\{\mathfrak{F}_n:n=0,1,\cdots\}$ 是 σ 代数流. 这时:

a) 若 $E\{\xi_n\mid\mathfrak{F}_{n-1}\}\geqslant 0$ 且 $\sup E\zeta_n^+<\infty$,则级数(1) 以概率 1 收敛;

b) 若 $E\{\xi_n\mid\mathfrak{F}_{n-1}\}=0$ 且对某 $p\geqslant 1$ 有

$$\sup_n E\mid\zeta_n\mid^p<\infty$$

则级数(1) 既以概率 1 收敛,也在 $\mathscr{L}_p$ 中收敛.

条件 a) 相当于假设$\{\zeta_n,\mathfrak{F}_n:n=1,2,\cdots\}$ 是下鞅,因此相应的论断是下鞅收敛定理的推论. 条件 b) 表示$\{\zeta_n,\mathfrak{F}_n:n=1,2,\cdots\}$ 是鞅,定理的这部分论断由 § 2 定理 3 推出.

推论 1 若 $E\{\xi_n\mid\mathfrak{F}_{n-1}\}=0$ 且

$$\sum_{n=1}^{\infty} E\xi_n^2<\infty$$

则级数(1) 既以概率 1 收敛,也在 $\mathscr{L}_2$ 收敛.

证明如下:当 $k\neq n$ 时

$$E\xi_k\xi_n=E\{\xi_k E\{\xi_n\mid\mathfrak{F}_{n-1}\}\}=0$$

$$E\zeta_n^2=E\left(\sum_{k=1}^n\xi_k\right)^2=\sum_{k=1}^n E\xi_k^2+2\sum_{j=2}^n\sum_{k<j} E\xi_k\xi_j=\sum_{k=1}^n E\xi_k^2$$

再根据定理的论断 2),即可得出本推论.

对于带有独立项的级数,我们有称做 Колмогоров 定理的如下结果.

推论 2 (Колмогоров 定理)若$\{\xi_n:n=1,2,\cdots\}$ 是独立随机变量,$E\xi_k=0$ 且级数 $\sum_{k=1}^{\infty} D\xi_k<\infty$,则级数(1) 以概率 1 收敛.

---

① 以下的证明是译者加的. —— 译者注

这论断可由推论 1 得出，这时把 $\mathfrak{F}_n$ 取为由随机变量 $\xi_1,\xi_2,\cdots,\xi_n$ 产生的 σ 代数，并且注意到由随机变量 ξ_n 的独立性有

$$E\{\xi_n \mid \mathfrak{F}_{n-1}\} = E\xi_n = 0$$

独立随机变量的级数 现在我们来详细地讨论独立项级数的收敛性. 从前面所述已经知道，这样的级数收敛的概率是 0 或 1(第一章 §2，定理 8).

今后需要有关独立变量和的极大值分布的一个估计(界).

定理 4 若 $\{\xi_k : k=1,2,\cdots,n\}$ 是独立的，$E\xi_k=0$ 且以概率 1 有 $|\xi_k|<C$，这里 C 是某一常数，则

$$P\{\max_{1\leqslant k\leqslant n} |\zeta_k| \leqslant t\} \leqslant (C+t)^2 / \sum_{k=1}^{n} \sigma_k^2 \tag{4}$$

其中 $\sigma_k^2 = E\xi_k^2 = D\xi_k$.

以 E_n 表示事件 $\{\max_{0\leqslant k\leqslant n} |\zeta_k| \leqslant t\}$，$n=1,2,\cdots$. 这些事件构成单调递减序列. 我们有

$$E\chi(E_n)\zeta_n^2 = \sum_{k=1}^{n} E\{\chi(E_k)\zeta_k^2 - \chi(E_{k-1})\zeta_{k-1}^2\} =$$
$$\sum_{k=1}^{n} E\chi(E_{k-1})(\zeta_k^2 - \zeta_{k-1}^2) - \sum_{k=1}^{n} E\{\chi(E_{k-1}\backslash E_k)\zeta_k^2\} \tag{5}$$

其次

$$E\chi(E_{k-1}\backslash E_k)\zeta_k^2 = E\chi(E_{k-1}\backslash E_k)(\zeta_{k-1}+\xi_k)^2 \leqslant (t+C)^2 E\chi(E_{k-1}\backslash E_k)$$
$$\sum_{k=1}^{n} E\chi(E_{k-1}\backslash E_k)\zeta_k^2 \leqslant (t+C)^2 \sum_{k=1}^{n} E\chi(E_{k-1}\backslash E_k) = (t+C)^2[1-P(E_n)] \tag{6}$$

而且

$$E\chi(E_{k-1})(\zeta_k^2 - \zeta_{k-1}^2) = E\chi(E_{k-1})(2\zeta_{k-1}\xi_k + \xi_k^2) =$$
$$2E\chi(E_{k-1})\zeta_{k-1}E\xi_k + E\chi(E_{k-1})E\xi_k^2 =$$
$$\sigma_k^2 E\chi(E_{k-1}) \tag{7}$$

式(5)，(6) 和(7) 给出

$$t^2 P(E_n) \geqslant E\chi(E_n)\zeta_n^2 \geqslant \sum_{k=1}^{n} \sigma_k^2 E\chi(E_{k-1}) - (t+C)^2(1-P(E_n)) \geqslant$$
$$P(E_n)\Big\{\sum_{k=1}^{n} \sigma_k^2 + (t+c)^2\Big\} - (t+c)^2$$

或

$$(t+c)^2 \geqslant P(E_n)\Big\{\sum_{k=1}^{n} \sigma_k^2 + c^2 + 2ct\Big\}$$

由此即得式(4).

对于一般的独立项级数,级数(1) 的收敛问题由下述定理完全解决.

定理 5 (Колмогоров 三级数定理) 独立随机变量级数(1) 收敛的充分条件是对某一 $c > 0$(必要条件是对每一 $c > 0$,还是必要的),级数

$$\sum_{n=1}^{\infty} P\{\mid \xi_n \mid > c\} \tag{8}$$

$$\sum_{n=1}^{\infty} E\xi'_n \tag{9}$$

$$\sum_{n=1}^{\infty} D\xi'_n \tag{10}$$

收敛,其中 $\xi'_n = \xi_n$ 若 $\mid \xi_n \mid < c$,$\xi'_n = 0$ 若 $\mid \xi_n \mid > c$.

证 充分性. 由定理 3 的推论 2 知,级数 $\sum_{n=1}^{\infty}(\xi'_n - E\xi'_n)$ 以概率 1 收敛. 由此并注意到级数(9) 的收敛性可得级数 $\sum_{n=1}^{\infty}\xi'_n$ 以概率 1 收敛. 根据条件(8) 和 Borel-Cantelli 定理知,级数 $\sum_{n=1}^{\infty}(\xi_n - \xi'_n)$ 只有有限多项不等于零,故级数(1) 以概率 1 收敛.

必要性. 设级数(1) 以概率 1 收敛,于是它的通项以概率 1 趋于零,因此级数只有有限多项的绝对值超过 $c(c > 0)$,故级数 $\sum_{n=1}^{\infty}\xi'_n$ 以概率 1 收敛. 我们以 $\{\eta_n\}(n = 1,2,\cdots)$ 表示这样的独立随机变量序列,它们独立于序列 $\{\xi'_n\}(n = 1,2,\cdots)$ 且和 ξ'_n 有相同的分布. 令 $\tilde{\xi}_n = \xi'_n - \eta_n$,则级数 $\sum_{n=1}^{\infty}\tilde{\xi}_n$ 以概率 1 收敛,$E\tilde{\xi}_n = 0$,$\mid \tilde{\xi}_n \mid \leqslant 2c$,$D\tilde{\xi}_n = 2D\xi'_n$. 由级数 $\sum_{n=1}^{\infty}\tilde{\xi}_n$ 的收敛性得

$$P\left\{\sup_{1\leqslant n\leqslant\infty}\left|\sum_{k=1}^{n}\tilde{\xi}_k\right| < \infty\right\} = 1$$

因此对某一 t 有

$$P\left\{\sup_{1\leqslant n\leqslant\infty}\left|\sum_{k=1}^{n}\tilde{\xi}_k\right| \leqslant t\right\} = a > 0$$

由不等式(4) 得知,对任意 n 有

$$2\sum_{k=1}^{n}D\xi'_k = \sum_{k=1}^{n}D\tilde{\xi}_k \leqslant \frac{(2c+t)^2}{a}$$

这就证明了级数(10) 的收敛性. 现在,根据定理 3 的推论 2 即得,级数 $\sum_{n=1}^{\infty}(\xi'_n - E\xi'_n)$ 以概率 1 收敛,从而又得级数(9) 的收敛性. 而级数(8) 的收敛性可由

Borel-Cantelli 定理推得，因为若级数(1) 收敛，则以概率 1 只能找到级数(1) 的有限多项使有 $|\xi_n| > c$. 定理证毕.

推论　非负独立随机变量级数(1) 收敛的充分条件是对某一 $c > 0$(必要条件是对每个 $c > 0$)，级数

$$\sum_{n=1}^{\infty} P\{\xi_n > c\}, \sum_{n=1}^{\infty} E\xi'_n$$

收敛.

事实上，对于非负变量 ξ_n 有 $E\xi'^2_n \leqslant cE\xi'_n$. 因此，由级数(9) 收敛推知级数(10) 收敛.

Lévy 得到的一个有意义的结果是：独立随机变量级数的依概率收敛性蕴涵以概率 1 收敛性.

为证明这个论断，我们需要一个不等式，它类似于我们早先得到的有关下鞅的不等式，但这时不必假设数学期望存在.

定理 6　设 $\{\xi_n : n = 1, 2, \cdots\}$ 是独立随机变量序列. $\zeta_n = \xi_1 + \xi_2 + \cdots + \xi_n$，$\zeta_0 = 0$. 若 $P\{|\zeta_n - \zeta_k| \leqslant t\} \geqslant \alpha, k = 0, 1, \cdots, n$，则

$$P\{\max_{1 \leqslant k \leqslant n} |\zeta_k| > 2t\} \leqslant \frac{1-\alpha}{\alpha}$$

证　我们引入事件 $A_k = \{|\zeta_1| \leqslant 2t, \cdots, |\zeta_{k-1}| \leqslant 2t, |\zeta_k| > 2t\}$，$B_k = \{|\zeta_n - \zeta_k| \leqslant t\}$，$k = 1, \cdots, n$. 于是有

$$\{|\zeta_n| > t\} \supset \bigcup_{k=1}^{n} (A_k \cap B_k)$$

而且事件 $A_k, k=1, \cdots, n$ 是两两不相交的，事件 A_k, B_k(对于固定的 $k=1, 2, \cdots, n$) 是相互独立的. 因此

$$1 - \alpha > P\{|\zeta_n| > t\} \geqslant P\{\bigcup_{k=1}^{n} (A_k \cap B_k)\} = \sum_{k=1}^{n} P(A_k)P(B_k) \geqslant$$

$$\alpha \sum_{k=1}^{n} P(A_k) = \alpha P\{\max_{1 \leqslant k \leqslant n} |\zeta_k| > 2t\}$$

从而就得到式 (11).

定理 7　若级数(1)(其中 $\{\xi_n : n = 1, 2, \cdots\}$ 相互独立) 依概率收敛，则它以概率 1 收敛.

以 $A_{n,N}$ 表示事件 $\left\{\sup_{n', n'' \geqslant n} |\zeta_{n'} - \zeta_{n''}| > \frac{1}{N}\right\}$. 级数(1) 在集合 $D = \bigcup_{N=1}^{\infty} \bigcap_{n=1}^{\infty} A_{n,N}$ 上发散. 现在来估计 D 的概率. 设 ε 和 η 是任意正数. 由级数(1) 依概率收敛知，存在 $n_0 = n_0(\varepsilon, \eta)$，使得当 $n', n'' > n_0$ 时

$$P\{|\zeta_{n'} - \zeta_{n''}| > \varepsilon\} < \eta$$

把定理 6 应用于变量 $\zeta'_k = \zeta_k - \zeta_{n_0}$, $k > n_0$，我们就得到

$$P\{\max_{n_0\leqslant k\leqslant n'}|\zeta_k'|>2\varepsilon\}=P\{\max_{n_0\leqslant k\leqslant n'}|\zeta_k-\zeta_{n_0}|>2\varepsilon\}\leqslant\frac{\eta}{1-\eta}$$

这里 n' 是任意大于 n_0 的整数. 因此

$$P\{\sup_{n_0\leqslant k}|\zeta_k-\zeta_{n_0}|>2\varepsilon\}\leqslant\frac{\eta}{1-\eta}$$

其中 η 可以任意小. 由此推得,对任意 N 有

$$P(A_{n,N})\leqslant\frac{\eta}{1-\eta}\text{ 和 }P(\bigcap_{n=1}^{\infty}A_{n,N})=0$$

故 $P(D)=0$. 定理证毕.

应用于强大数定律 根据关于级数的以概率1收敛性定理,人们能借助简单的变换而建立强大数定律类型的定理(即关于随机变量的某些平均值以概率1收敛的定理).

引理 1 若级数 $\sum_{n=1}^{\infty}z_n$ 收敛,且 a_n 是单调递增序列,$a_n>0$,$a_n\to\infty$,则

$$\frac{1}{a_n}\sum_{k=1}^{n}a_kz_k\to 0$$

证 设

$$S_n=\sum_{k=1}^{n}z_k(S_0=0)\text{ 和 }|S_n|\leqslant c$$

这里 c 是某一常数. 令 $a_k-a_{k-1}=\Delta_k$, $k=1,2,\cdots$, $a_0=0$. 则

$$\sum_{k=1}^{n}a_kz_k=\sum_{k=1}^{n}(\Delta_1+\Delta_2+\cdots+\Delta_k)z_k=\sum_{k=1}^{n}\Delta_k(S_n-S_{k-1})$$

因此对于任意 $\varepsilon>0$,若 n 和 n_0 选得足够大,则有

$$\left|\frac{1}{a_n}\sum_{k=1}^{n}a_kz_k\right|\leqslant\left|\frac{1}{a_n}\sum_{k=1}^{n_0}\Delta_k(S_n-S_{k-1})\right|+\sup_{n_0\leqslant k\leqslant n}|S_n-S_{k-1}|\leqslant$$

$$2c\frac{a_{n_0}}{a_n}+\sup_{n_0\leqslant k\leqslant n}|S_n-S_{k-1}|<\varepsilon$$

根据这引理和前一小节给出的定理可得如下论断.

定理 8 a) 若 $\{\xi_n:n=1,2,\cdots\}$ 是任意具有有限一阶矩的随机变量序列,而且

$$\sum_{n=1}^{\infty}\frac{1}{n}E|\xi_n-a_n|<\infty,a_n=E\xi_n$$

则以概率 1 有

$$\lim_{n\to\infty}\frac{1}{n}\sum_{k=1}^{n}(\xi_k-a_k)=0$$

b) 若序列 $\{\xi_n:n=1,2,\cdots\}$ 的部分和 $\{\zeta_n=\xi_1+\xi_2+\cdots+\xi_n\}$ 构成鞅,而且对

某一 $p \geqslant 1$ 有

$$\sup_n E\left|\sum_{k=1}^{n}\frac{1}{k}\xi_k\right|^p < \infty$$

则以概率 1 有

$$\lim_{n\to\infty}\frac{1}{n}\sum_{k=1}^{n}\xi_k = 0$$

c) 若 $\{\xi_n : n = 1, 2, \cdots\}$ 是独立的,而且

$$\sum_{n=1}^{\infty}\frac{1}{n^2}D\xi_n < \infty$$

则以概率 1 有

$$\lim_{n\to\infty}\frac{1}{n}\sum_{k=1}^{n}(\xi_k - E\xi_k) = 0$$

对于同分布的随机变量 ξ_n 的更强的结果,今后将作为一般的遍历性定理的推论得到.

§4 Марков 链

把随机游动的概念加以推广,人们就可以得到 Марков 链(Марков 过程)这个广泛得多的概念,它在随机过程论中起着重要的作用. 在给出正式定义之前,我们先研究一个引导到 Марков 链的简单而又很一般的模型.

有随机影响的系统 我们讨论一个随机系统 Σ,它的状态是某可测空间 $\{\mathscr{X}, \mathfrak{B}\}$ 的点. 假设系统从它在时刻 t 所处的状态 $\xi(t)$ 转移到在时刻 $t+1$ 所处的新状态是由 t 的值、状态 $\xi(t)$ 和某一随机因子 α_t 完全确定,而且 α_t 与系统在时刻 t 之前(包括 t)所处的状态无关并依时间形成一个具有独立值的过程. 于是

$$\xi(t+1) = f(t, \xi(t), \alpha_t) \tag{1}$$

这里 $f(t, x, \alpha)$ 是参数 $t \in T, x \in \mathscr{X}, \alpha \in \Lambda$ 的某一函数,其中 Λ 是某一可测空间. 利用式(1),人们能够从状态 $\xi(t)$ 出发表示出系统在任意时刻 $s(t < s)$ 的状态

$$\xi(s) = g_{t,s}(\xi(t), \alpha_t, \alpha_{t+1}, \cdots, \alpha_{s-1}) \tag{2}$$

如果在初始时刻 $t = 0$,$\xi(0)$ 与序列 $\{\alpha_t : t \in T\}$ 无关,则 $\xi(t)$ 与序列 $\{\alpha_t, \alpha_{t+1}, \cdots, \alpha_n, \cdots\}$ 无关.

设 $\{\Omega, \mathfrak{S}, P\}$ 是概率空间,在其上定义随机元 α_t. 又设对任意固定的 t 和 $s(s > t)$,函数 $g_{t,s}(x, \alpha_t, \alpha_{t+1}, \cdots, \alpha_{s-1})$ 是 $\mathfrak{B} \times \mathfrak{S}$ 可测的. 于是,若系统 Σ 的运动从时刻 t 开始,并已知状态 $\xi(t) = x$,则由式(2) 可以确定在时刻 $s > t$,Σ 处于任

意集合$A \in \mathfrak{B}$的概率. 这概率称做转移概率并用$P\{t,x,s,A\}$表示. 若以$\chi_A(x)$表示集合A的示性函数,则

$$P\{t,x,s,A\} = E\chi_A\{g_{t,s}(x,\alpha_t,\cdots,\alpha_{s-1})\}$$

设$t < u < v$,由式(2)及随机变量$\alpha_t,\cdots,\alpha_{v-1}$的独立性得到等式

$$P\{t,x,v,A\} = E\chi_A[g_{u,v}(\xi(u),\alpha_u,\cdots,\alpha_{v-1})] =$$
$$E[\{E\chi_A[g_{u,v}(y,\alpha_u,\cdots,\alpha_{v-1})]\}_{y=\xi(u)}] =$$
$$EP\{u,\xi(u),v,A\}$$

上式可以记为

$$P(t,x,v,A) = \int P(u,y,v,A)P(t,x,u,\mathrm{d}y), t < u < v \tag{3}$$

关系式(3)称为Chapman-Колмогоров方程,它表示我们讨论的系统的一个重要性质——没有后效:如果已知系统Σ在某时刻u的状态,则从这个状态转移的概率与系统在u以前各时刻的性态无关. 具有这种性质的系统称做Марков的. 在自然科学和工程的各种问题中常常会出现这样的系统. 根据转移概率的定义推知,对任意非负$\mathfrak{B}$可测函数$f(x)$有

$$Ef(g_{t,s}(x,\alpha_t,\cdots,\alpha_{s-1})) = \int f(y)P(t,x,s,\mathrm{d}y)$$

考虑到$\xi(t)$对$\alpha_t,\alpha_{t+1},\cdots,\alpha_{s-1}$的独立性(第一章 §3),我们可得

$$Ef(g_{t,s}(\xi(t),\alpha_t,\cdots,\alpha_{s-1})) = E\int f(y)P(t,\xi(t),s,\mathrm{d}y)$$

容易把这公式推广到任意$\mathfrak{B}^m$可测非负函数$f(x_1,x_2,\cdots,x_m)x_k \in \mathscr{X}$的情形. 设$t_1 < t_2 < \cdots < t_m$,则

$$Ef(\xi(t_1),\xi(t_2),\cdots,\xi(t_m)) =$$
$$Ef(\xi(t_1),\cdots,\xi(t_{m-1}),g_{t_{m-1},t_m}(\xi(t_{m-1}),\alpha_{t_{m-1}})) =$$
$$E\int f(\xi(t_1),\cdots,\xi(t_{m-1}),y_m)P(t_{m-1},\xi(t_{m-1}),t_m,\mathrm{d}y_m) =$$
$$E\iint f(\xi(t_1),\cdots,\xi(t_{m-2}),y_{m-1},y_m)P(t_{m-1},y_{m-1},t_m,\mathrm{d}y_m) \times$$
$$P(t_{m-2},\xi(t_{m-2}),t_{m-1},\mathrm{d}y_{m-1}) = \cdots$$

于是

$$Ef(\xi(t_1),\xi(t_2),\cdots,\xi(t_m)) =$$
$$E\int P(t_1,\xi(t_1),t_2,\mathrm{d}y)\int P(t_2,y_2,t_3,\mathrm{d}y_3) \times \cdots \times$$
$$\int P(t_{m-1},y_{m-1},t_m,\mathrm{d}y_m)f(\xi(t_1),y_2,\cdots,y_m) \tag{4}$$

如果假定系统的初始状态是非随机的,即$\xi(0) = x$,同时把式(4)应用于序列

$\xi(1),\xi(2),\cdots,\xi(n)$ 和函数 $f(x_1,x_2,\cdots,x_n)=\chi_{B^{(n)}}$，这里 $B^{(n)}$ 是 $\mathfrak{B}^n$ 中任一集合，我们就得到由下式确定的一族有限维分布 $\{P_{1,2,\cdots,n}^{(x)}(\cdot);n=1,2,\cdots\}$

$$P_{1,2,\cdots,n}^{(x)}(B^{(n)})=\int_{B^{(n)}}\cdots\int P_1(x,\mathrm{d}y_1)P_2(y_1,\mathrm{d}y_2)\cdots P_n(y_{n-1},\mathrm{d}y_n) \tag{5}$$

其中 $P_k(x,A)=P(k-1,x,k,A)$ 是一步转移概率. 当系统的初始状态 $\xi(0)$ 有任意的分布 m 时(m 是 $\mathfrak{B}$ 上的概率测度). 则从式(4) 推得的不是式(5) 而是依赖于 m(作为参数) 的有限维分布族

$$P_{0,1,\cdots,n}^{(m)}(B^{(n+1)})=\int_{B^{(n+1)}}\cdots\int m(\mathrm{d}x)P_1(x,\mathrm{d}y_1)P_2(y_1,\mathrm{d}y_3)\cdots P_n(y_{n-1},\mathrm{d}y_n) \tag{6}$$

这时

$$P_{0,1,\cdots,n}^{(m)}(B^{(n+1)})=P\{(\xi(0),\xi(1),\cdots,\xi(n))\in B^{(n+1)}\}$$

式(6) 可以用做 Марков 链一般定义的基础. 但是，我们在这样做之前应先分析一下，当测度族 $P_k(x,A)$ 不是通过辅助变量 α_t 和函数 $f(t,x,\alpha)$ 而是独立地给定时，(6) 型积分的意义是怎样的.

随机核 设给定了两个可测空间 $\{\mathscr{X},\mathfrak{A}\}$ 和 $\{\mathscr{Y},\mathfrak{B}\}$.

定义 1 满足下列条件的函数 $P(x,B)(x\in\mathscr{X},B\in\mathfrak{B})$ 称做 $\{\mathscr{X},\mathfrak{B}\}$ 上的随机核：

1) 对固定的 x，函数 $P(x,\cdot)$ 是 $\mathfrak{B}$ 上的概率测度；

2) 对固定的 B，函数 $P(\cdot,B)$ 是 $\mathfrak{A}$ 可测的.

若 $P(x,\cdot)$ 是测度且 $P(x,\mathscr{Y})\leqslant 1$，则称 $P(x,B)$ 为半随机核.

引理 1 设 $f(x,y)$ 是非负的 $\sigma\{\mathfrak{A}\times\mathfrak{B}\}$ 可测函数，而 $P(\cdot,\cdot)$ 是 $\{\mathscr{X},\mathfrak{B}\}$ 上的随机(半随机) 核，则函数

$$g(x)=\int_{\mathscr{X}}f(x,y)P(x,\mathrm{d}y)$$

是 $\mathfrak{A}$ 可测的.

证 对固定的 x，函数 $f(x,\cdot)$ 是 $\mathfrak{B}$ 可测的，于是等式右边的积分有意义. 使得引理成立的非负函数 $f(x,\cdot)$ 的类是锥，又由 Lebesgue 定理知道它是单调类(函数类 K 称做单调的，如果对于 $0\leqslant f_1\leqslant f_2\leqslant\cdots,f_n\in K$ 有 $\lim f_n\in K$). 因为它包含形如 $A\times B$ 的集合(这里 $A\in\mathfrak{A},B\in\mathfrak{B}$) 的示性函数，所以它包含所有非负的 $\sigma\{\mathfrak{A}\times\mathfrak{B}\}$ 可测函数.

下面的论断可以看做是著名的 Fubini 定理的推广.

定理 1 设 $\{\mathscr{X},\mathfrak{A}\},\{\mathscr{Y},\mathfrak{B}\},\{\mathscr{Z},\mathfrak{C}\}$ 是可测空间，$Q_1(x,B)$ 和 $Q_2(y,c)$ 分别是 $\{\mathscr{X},\mathfrak{B}\}$ 和 $\{\mathscr{Y},\mathfrak{C}\}$ 上的随机(或半随机) 核，则存在 $\{\mathscr{X},\sigma\{\mathfrak{B}\times\mathfrak{C}\}\}$ 上唯一的随机(或半随机) 核 $Q_3(x,D)$，使得

$$Q_3(x,B\times C)=\int_B Q_1(x,\mathrm{d}y)Q_2(y,C) \tag{7}$$

这时，对于任意的非负 $\sigma\{\mathfrak{B}\times\mathfrak{C}\}$ 可测函数 $f(y,z)$ 有

$$\int_{\mathcal{Y}\times\mathcal{Z}} f(y,z)Q_3(x,\mathrm{d}y\times\mathrm{d}z)=\int_{\mathcal{Y}}\left(\int_{\mathcal{Z}} f(y,z)Q_2(y,\mathrm{d}z)\right)Q_1(x,\mathrm{d}y) \quad (8)$$

为证定理的第一部分，只须证明式(7)确定空间 $\mathcal{Y}\times\mathcal{Z}$ 中的矩形半环上的一个基本测度. 设 $D_1=B_1\times C_1$, $D_2=B_2\times C_2$ 和 $D_2\subset D_1$，则有 $B_2\subset B_1$, $C_2\subset C_1$ 和 $D_1=D_2\cup D'\cup D''$，其中 $D'=B_2\times(C_1\backslash C_2)$, $D''=(B_1\backslash B_2)\times C_1$.

集合 D_2, D' 和 D'' 两两不相交. 如果把式(7)依次应用于集合 D_2, D' 和 D''，我们就得到

$$\begin{aligned}
&Q_3(x,D_2)+Q_3(x,D')+Q_3(x,D'')=\\
&\int_{B_1} Q_1(x,\mathrm{d}y)Q_2(y,C_2)+\\
&\int_{B_2} Q_1(x,\mathrm{d}y)Q_2(y_1,C_1\backslash C_2)+\\
&\int_{B_1\backslash B_2} Q_1(x,\mathrm{d}y)Q_2(y,C)=\\
&\int_{B_1} Q_1(x,\mathrm{d}y)Q_2(y,C_1)=Q_3(x,D_1)
\end{aligned}$$

于是函数 $Q_3(x,D)$ 在这些特殊的集合分划上是可加的. 特别地，若 $D_3=D_1\cup D_2$，其中 D_i 是矩形而且 $D_1\cap D_2=\varnothing$，则有 $Q_3(x,D_1)+Q_3(x,D_2)=Q_3(x,D_3)$ 和 $Q_3(x,\mathcal{Y}\times\mathcal{Z})=1$.（若 Q_1 和 Q_2 是半随机核，则 $Q_3(x,\mathcal{Y}\times\mathcal{Z})\leqslant 1$）在一般情形中，函数 $Q_3(x,\cdot)$ 在所有矩形组成的半环上的可加性易由归纳法得到

设 $D=\bigcup\limits_{k=1}^{n} D_k$，其中 D_k 是两两不相交的矩形. 则 $D\backslash D_n=D'\cup D''=\bigcup\limits_{k=1}^{n-1} D_k$，这里 D' 和 D'' 由前面的公式确定. 如前面所证明的

$$Q_3(x,D)=Q_3(x,D_n)+Q_3(x,D')+Q_3(x,D'')$$

利用归纳法假设可得

$$Q_3(x,D')=Q_3(x,D'\cap(\bigcup_{k=1}^{n-1} D_k))=\sum_{k=1}^{n-1}Q_3(x,D'\cap D_k)$$

及 $Q_3(x,D'')$ 的类似表示式. 所以

$$Q_3(x,D)=Q_3(x,D_n)+\sum_{k=1}^{n-1}[Q_3(x,D'\cap D_k)+Q_3(x,D''\cap D_k)]$$

因为 D' 和 D'' 是不相交的矩形，它们之并覆盖 D_k，故 $D'\cap D_k$ 和 $D''\cap D_k$ 也是矩形，而且 $(D'\cap D_k)\cup(D''\cap D_k)=D_k$. 因此

$$Q_3\cdot(x,D'\cap D_k)+Q_3(x,D''\cap D_k)=Q_3(x,D_k)$$

从而

$$Q_3(x,D)=\sum_{k=1}^{n}Q_3(x,D_k)$$

这就证明了 $Q_3(x,\cdot)$ 的可加性. 往证 $Q_3(x,\cdot)$ 是可数半可加的. 设

$$D_0 \subseteq \bigcup_{k=1}^{\infty} D_k, D_k = B_k \times C_k, k=0,1,\cdots$$

则

$$\chi_{D_0}(y,z) \leqslant \sum_{k=1}^{\infty} \chi_{D_k}(y,z)$$

因为

$$\chi_{D_k}(y,z) = \chi_{B_k}(y)\chi_{C_k}(z)$$

故

$$\chi_{B_0}(y)\chi_{C_0}(z) \leqslant \sum_{k=1}^{\infty} \chi_{B_k}(y)\chi_{C_k}(z)$$

上式两边对测度 $Q_2(y,\cdot)$ 在空间 $\mathscr{Z}$ 上积分,我们得到

$$\chi_{B_0}(y)Q_2(y,C_0) \leqslant \sum_{k=1}^{\infty} \chi_{B_k}(y)Q_2(y,C_k)$$

再次将所得的不等式对测度 $Q_1(x,\cdot)$ 在空间 $\mathscr{Y}$ 上积分,我们得到不等式

$$Q_3(x,D_0) \leqslant \sum_{k=1}^{\infty} Q_3(x,D_k)$$

这就证明了 $Q_3(x,D_k)$ 是可数半可加的. 由此推知,$Q_3(x,B\times C)$ 可以唯一地延拓到 $\sigma\{\mathfrak{B}\times\mathfrak{C}\}$ 上. 为了证明式(8),首先注意,由前面的引理知,式(8) 右边括号内的积分是 $\mathfrak{B}$ 可测函数,因此式(8) 右边的二重积分有意义. 其次,使得式(8) 成立的函数 $f(f\geqslant 0)$ 的类是锥和单调类. 而且,由式(7) 知,它包含矩形的示性函数. 因此它包含所有 $\sigma\{\mathfrak{B}\times\mathfrak{C}\}$ 可测的非负函数. 定理证毕.

同样可证下述定理:

定理 2 设 $\{\mathscr{X},\mathfrak{A}\}$, $\{\mathscr{Y}_1,\mathfrak{B}_1\}$, $\cdots$, $\{\mathscr{Y}_s,\mathfrak{B}_s\}$ 是可测空间, 而 $Q_1(x,B^{(1)})$, $Q_2(y_1,B^{(2)}),\cdots,Q_s(y_{s-1},B^{(s)})$ 是随机(半随机)核, $y_k\in\mathscr{Y}_k$, $B^{(k)}\in\mathfrak{B}_k$ $(k=1,\cdots,s)$. 则存在 $\{\mathscr{X},\mathfrak{D}\}$ 上唯一的随机(半随机)核 $Q^{(1,s)}(x,D)$(其中 $\mathfrak{D}=\sigma\{\mathfrak{B}_1\times\mathfrak{B}_2\times\cdots\times\mathfrak{B}_s\}$),使得

$$Q^{(1,s)}(x,B^{(1)}\times\cdots\times B^{(s)}) = \int_{B^{(1)}} Q_1(x,\mathrm{d}y_1)\int_{B^{(2)}} Q_2(y_1,\mathrm{d}y_2)\times\cdots\times \int_{B^{(s-1)}} Q_s(y_{s-1},B^{(s)})Q_{s-1}(y_{s-2},\mathrm{d}y_{s-1}) \qquad (9)$$

而且对于任意的非负 $\mathfrak{D}$ 可测函数 $f(y_1,y_2,\cdots,y_s)$ 有

$$\int_{\mathscr{Y}_1\times\cdots\times\mathscr{Y}_s} f(y_1,\cdots,y_s)Q^{(1,s)}(x,\mathrm{d}y_1\times\cdots\times\mathrm{d}y_s) = \int_{\mathscr{Y}_1} Q_1(x,\mathrm{d}y_1)\cdots\int_{\mathscr{Y}_s} f(y_1,\cdots,y_s)Q_s(y_{s-1},\mathrm{d}y_s) \qquad (10)$$

注 我们就非负函数的情形证明了公式(8) 和(10),但对于任意函数 f,

若 f^+ 和 f^- 中有一个是可积的,则这两个式子自然也成立.对于其他为简明起见而只提到非负函数的定理也有类似的情况发生.

核 $Q^{(1,s)}$ 称做核 $Q_1,Q_2,\cdots,Q_s$ 的直积并记为

$$Q^{(1,s)}=Q_1\times Q_2\times\cdots\times Q_s$$

若在式(9)中令 $B^{(1)}=\mathscr{Y}_1,\cdots,B^{(s-1)}=\mathscr{Y}_{s-1}$,则可得$\{\mathscr{X},\mathfrak{B}_s\}$上的一个新的随机核

$$Q^{*(1,s)}(x,B^{(s)})=Q^{(1,s)}(x,\mathscr{Y}_1\times\mathscr{Y}_2\times\cdots\times\mathscr{Y}_{s-1}\times B^{(s)})\tag{11}$$

我们称之为核 $Q_1,Q_2,\cdots,Q_s$ 的卷积并记作

$$Q^{*(1,s)}=Q_1*Q_2*\cdots*Q_s$$

把公式(10)应用于函数 $f(y_1,y_2,\cdots,y_s)=f(y_s)=\chi_{B^{(s)}}(y^{(s)})$ 并与式(11)比较,我们就得到

$$\int_{\mathscr{Y}_1\times\mathscr{Y}_2\times\cdots\times\mathscr{Y}_s}f(y_s)Q^{(1,s)}(x,\mathrm{d}y_1\times\mathrm{d}y_2\times\cdots\times\mathrm{d}y_s)=\int_{\mathscr{Y}_s}f(y_s)Q^{*(1,s)}(x,\mathrm{d}y_s)\tag{12}$$

因为使得式(12)成立的非负函数类是锥,并且是单调类,故对于任意非负 $\mathfrak{B}_s$ 可测函数,式(12)也成立.由此又可推得,对于任意形如

$$f(y_{m_1},y_{m_2},\cdots,y_{m_r},y_s)$$
$$(y_m\in\mathscr{Y}_m,0\leqslant m_1<m_2<\cdots<m_r<s)$$

的 $r+1$ 元非负 $\sigma\{\mathfrak{B}_{m_1}\times\mathfrak{B}_{m_2}\times\cdots\times\mathfrak{B}_{m_r}\times\mathfrak{B}_s\}$ 可测函数有

$$\begin{aligned}&\int_{\mathscr{Y}_{m_1}\times\mathscr{Y}_{m_2}\times\cdots\times\mathscr{Y}_{m_r}\times\mathscr{Y}_s}f(y_{m_1},y_{m_2},\cdots,y_{m_r},y_s)\times\\&Q^{(1,s)}(x,\mathrm{d}y_{m_1}\times\mathrm{d}y_{m_2}\times\cdots\times\mathrm{d}y_s)=\\&\int_{\mathscr{Y}_{m_1}}Q^{*(1,m_1)}(x,\mathrm{d}y_{m_1})\times\int_{\mathscr{Y}_{m_2}}Q^{*(m_1+1,m_2)}(y_{m_1},\mathrm{d}y_{m_2})\times\cdots\times\\&\int_{\mathscr{Y}_s}f(y_{m_1},\cdots,y_{m_r},y_s)Q^{*(m_r+1,s)}(y_{m_r},\mathrm{d}y_s)\end{aligned}\tag{13}$$

式(13)的一种特殊情形是关系式

$$Q^{*(1,s)}=Q^{*(1,m_1)}*Q^{*(m_1+1,m_2)}*\cdots*Q^{*(m_r+1,s)}$$

它表明核的卷积运算满足结合律.

现在讨论随机核的无穷乘积.设$\{\mathscr{X}_n,\mathfrak{B}_n\}(n=0,1,2,\cdots)$是可测空间的无穷序列,而 $P_n(\cdot,\cdot)(n=1,2,\cdots)$ 是定义在$\{\mathscr{X}_{n-1},\mathfrak{B}_n\}$上的随机核序列.根据定理 2,我们构造核的直积

$$P^{(1,n)}=P_1\times P_2\times\cdots\times P_n$$
$$P^{(1,n)}=P^{(1,n)}(x_0,D),x_0\in\mathscr{X}_0,D\in\mathfrak{C}_n$$

其中 $\mathfrak{C}_n$ 是包含所有矩形 $B_1\times B_2\times\cdots\times B_n(B_k\in\mathfrak{B}_k)$ 的最小 σ 代数,即

$$\mathfrak{C}_n=\sigma\{\mathfrak{B}_1\times\mathfrak{B}_2\times\cdots\times\mathfrak{B}_n\}$$

我们引入空间 $\mathscr{X}^{\infty}=\prod_{n=1}^{\infty}\mathscr{X}_n$，它的元素是无穷序列 $\omega=(x_1,x_2,\cdots,x_n,\cdots)$，$x_n\in\mathscr{X}_n$. 以 $\mathfrak{C}^0$ 表示 $\mathscr{X}^{\infty}$ 中的柱集组成的代数，又在 $\mathfrak{C}^0$ 上用下述方法定义一族依赖于参数 $x_0(x_0\in\mathscr{X}_0)$ 的集函数 $P^{(x_0)}$：若 C 是柱集

$$C=\{\omega:(x_1,x_2,\cdots,x_n)\in D\},D\in\mathfrak{C}_n$$

则令

$$P^{(x_0)}(C)=P^{(1,n)}(x_0,D)$$

这些集函数是唯一地确定的. 事实上，若

$$C=\{\omega:(x_1,x_2,\cdots,x_{n'})\in D'\},D'\in\mathfrak{C}_{n'}$$

而且，譬如说，若 $n'>n$，则 $D'=D\times\mathscr{X}_{n+1}\times\cdots\times\mathscr{X}_{n'}$ 且

$$P^{(1,n')}(x_0,D')=\int\limits_{\mathscr{X}_1\times\cdots\times\mathscr{X}_{n'}}\cdots\int P_1(x_0,\mathrm{d}x_1)P_2(x_1,\mathrm{d}x_2)\times\cdots\times P_{n'}(x_{n'-1},\mathrm{d}x_{n'})\chi_{D'}(x_1,\cdots,x_{n'})$$

其中 $\chi_{D'}(x_1,\cdots,x_{n'})$ 是 D' 的示性函数. 注意到 $\chi_{D'}(x_1,\cdots,x_{n'})=\chi_D(x_1,\cdots,x_n)$ 和 $P_k(x,\mathscr{X}_k)=1$，从后一表示式得

$$P^{(1,n')}(x_0,D')=P^{(1,n)}(x_0,D)$$

函数 $P^{(x_0)}$ 在 $\mathfrak{C}_0$ 上的可加性是显然的.

定理 3 存在 $\{\mathscr{X}^{\infty},\mathfrak{C}\}$ 上（这里 $\mathfrak{C}$ 是由空间 $\mathscr{X}^{\infty}$ 中的柱集产生的 σ 代数）唯一的测度族 $P^{(x_0)}$，使得

$$P^{(x_0)}\{\omega:x_k\in B_k,k=1,\cdots,n\}=\int_{B_1}P_1(x_0,\mathrm{d}x_1)\int_{B_2}P_2(x_1,\mathrm{d}x_2)\times\cdots\times\int_{B_{n-1}}P_{n-1}(x_{n-2},\mathrm{d}x_{n-1})P_n(x_{n-1},B_n)$$

证 只须证明，在 $\mathfrak{C}_0$ 上引入的测度 $P^{(x_0)}$ 满足连续性条件：对任意单调递减的柱集序列 C_n，若 $\bigcap C_n=\varnothing$，则有 $P^{(x_0)}(C_n)\to 0$. 假若不然：对某 x_0 有 $P^{(x_0)}(C_n)>\varepsilon$. 以 D_n 表示柱集 C_n 的底，$\chi(D_n;x_1,x_2,\cdots,x_{m_n})=\chi(D_n)$ 是 D_n 的示性函数，又设 D_n 是处于坐标 $(1,2,\cdots,m_n)$ 上的. 定义 $\mathfrak{B}$ 中的集合序列

$$B_n^{(1)}=\left\{x_1:\int_{\mathscr{X}^{(2,m_n)}}\chi(D_n;x_1,x_2,\cdots,x_{m_n})P^{(2,m_n)}(x_1,\mathrm{d}x_2\times\cdots\times\mathrm{d}x_{m_n})>\frac{\varepsilon}{2}\right\}$$

这里 $\mathscr{X}^{(s,m)}$ 表示乘积空间 $\mathscr{X}_s\times\mathscr{X}_{s+1}\times\cdots\times\mathscr{X}_m$.

从 C_n 递减推知，$B_n^{(1)}$ 也是单调递减的. 其次，若 $\chi(B_n^{(1)})$ 是 $B_n^{(1)}$ 的示性函数，而 $\bar{\chi}(B_n^{(1)})=1-\chi(B_n^{(1)})$，则

$$\varepsilon\leqslant P^{(x_0)}(C_n)=\int_{\mathscr{X}_1}\int_{\mathscr{X}^{(2,m_n)}}(\chi(B_n^{(1)})+\bar{\chi}(B_n^{(1)}))\times$$

$$\chi(D_n)P_1(x_0,\mathrm{d}x_1)P^{(2,m_n)}(x_1,\mathrm{d}x_2\times\cdots\times\mathrm{d}x_{m_n})\leqslant$$
$$P_1(x_0,B_n^{(1)})+\frac{\varepsilon}{2}\int_{\mathscr{X}_1}\bar{\chi}(B_n^{(1)})P_1(x_0,\mathrm{d}x_1)\leqslant P_1(x_0,B_n^{(1)})+\frac{\varepsilon}{2}$$

所以 $P_1(x_0,B_n^{(1)})>\frac{\varepsilon}{2}$. 因为 $P_1(x_0,\cdot)$ 是测度,故由此得到 $\bigcap_{n=1}^{\infty}B_n^{(1)}\neq\varnothing$. 设 $\bar{x}_1\in B_n^{(1)},n=1,2,\cdots$,则

$$\int_{\mathscr{X}^{(2,m_n)}}\chi(D_n;\bar{x}_1,x_2,\cdots,x_{m_n})P^{(2,m_n)}(\bar{x}_1,\mathrm{d}x_2\times\cdots\times\mathrm{d}x_{m_n})>\frac{\varepsilon}{2}$$

把上面的推理应用到核 $P^{(3,m_n)}(x_2,\mathrm{d}x_3\times\cdots\times\mathrm{d}x_{m_n})$ 和测度 $P_2(\bar{x},\mathrm{d}x_2)$,我们就能够证明,存在点 $\bar{x}_2$,使得对任意 D_n 有

$$\int_{\mathscr{X}^{(3,m_n)}}\chi(D_n;\bar{x}_1,\bar{x}_2,x_3,\cdots,x_{m_n})P^{(3,m_n)}(\bar{x}_2,\mathrm{d}x_3\times\cdots\times\mathrm{d}x_{m_n})>\frac{\varepsilon}{4}$$

因此,可以构造序列$(\bar{x}_1,\bar{x}_2,\cdots,\bar{x}_n,\cdots)$,其中 $\bar{x}_n\in\mathscr{X}_n$,使得对任意 s 和 D_n 有

$$\int_{\mathscr{X}^{(s+1,m_n)}}\chi(D_n,\bar{x}_1,\bar{x}_2,\cdots,\bar{x}_s,x_{s+1},\cdots,x_{m_n})P^{(s+1,m_n)}(\bar{x}_s,\mathrm{d}x_{s+1}\times\cdots\times\mathrm{d}x_{m_n})>\frac{\varepsilon}{2^s}$$

考虑任意集合 C_k,假定它的底 D_k 处于坐标$(1,2,\cdots,s)$上. 最后一个不等式表明$(\bar{x}_1,\bar{x}_2,\cdots,\bar{x}_s)\in D_k$(否则有$\chi(D_n,\bar{x}_1,\bar{x}_2,\cdots,\bar{x}_s,x_{s+1},\cdots,x_{m_n})\equiv 0$ 对所有$(x_{s+1},\cdots,x_{m_n})$). 因此,对任意C_k 都有$(\bar{x}_1,\bar{x}_2,\cdots,\bar{x}_s,\cdots)\in C_k$,故 $\bigcap_{k=1}^{\infty}C_k\neq\varnothing$,这与原先的假设矛盾. 定理证毕.

推论 设给定了概率空间序列

$$\{\mathscr{X}_n,\mathfrak{B}_n,q_n\},n=1,2,\cdots$$

又设 $\mathscr{X}^\infty$ 是由所有序列 $\omega=(x_1,x_2,\cdots,x_n,\cdots)(x_n\in\mathscr{X}_n)$ 组成的空间,$\mathfrak{C}$ 是 $\mathscr{X}^\infty$ 中由柱集产生的 σ 代数. 则存在$\{\mathscr{X}^\infty,\mathfrak{C}\}$上唯一的概率测度 Q,使得

$$Q\{\omega:x_k\in B_k,k=1,2,\cdots,n\}=\prod_{k=1}^{n}q_k(B_k),B_k\in\mathfrak{B}_k$$

换句话说,若给定了某一概率空间序列$\{\mathscr{X}_n,\mathfrak{B}_n,q_n\},n=1,2,\cdots$,则恒存在概率空间$\{\Omega,\mathfrak{C},Q\}$及从空间$\Omega$到$\mathscr{X}_n$ 的映象序列f_n,使得随机元$\xi_n=f_n(\omega)$在$\mathfrak{B}_n$上有给定的分布q_n,而且$\{\xi_n:n=1,2,\cdots\}$是总体独立的.

注 刚才证明的定理和Колмогоров定理(第一章 §4,定理2)的区别在于它没有利用任何关于空间 $\mathscr{X}_n$ 的拓扑性质的假设. 另一方面,它的普遍性不如Колмогоров定理,因为它只能应用于乘积空间中测度的一种特殊结构.

Марков 链的定义

定义 2 相空间为$\{\mathscr{X},\mathfrak{B}\}$的 Марков 链是这样的一族随机过程,它带有离散时间$t\in T_+$并依赖于作为参数的$\{\mathscr{X},\mathfrak{B}\}$上的任意测度$m$,而且过程的有限维分布由下式确定

$$P^{(m)}\{\xi(k)\in B_k:k=0,1,\cdots,n\}=$$

$$\int_{B_0}m(\mathrm{d}x)\int_{B_1}P_1(x,\mathrm{d}y_1)\cdots\int_{B_{n-1}}P_n(y_{n-1},B_n) \tag{14}$$

这里$\{P_t(x,B):t=1,2,\cdots\}$是$\{\mathscr{X},\mathfrak{B}\}$上的一族随机核.

随机核$P_t(x,B)$称做链的一步转移概率,而m称做链的初始分布.固定测度m时,我们得到一个取值于$\mathscr{X}$的随机序列,我们称之为对应于初始分布m的Марков过程.

这过程的有限维分布用$P^{(m)}_{t_1,t_2,\cdots,t_n}$表示,过程的某一函数对概率测度$P^{(m)}$取数学期望的运算则用符号$E_m$表示.

若测度m集中在相空间的某一固定点x,则把x称为过程的初始状态,而有限维分布,$\{\mathscr{X}^T,\mathfrak{C}\}$中的测度和过程的某一函数对相应测度所取的数学期望分别以$P^{(x)}_{t_1,t_2,\cdots,t_n}$,$P^{(x)}$和$E_x$表示.令

$$P(k,x,r,B)=\int_{\mathscr{X}}P_{k+1}(x,\mathrm{d}y_{k+1})\int_{\mathscr{X}}P_{k+2}(y_{k+1},\mathrm{d}y_{k+2})\times\cdots\times$$

$$\int_{\mathscr{X}}P_{r-1}(y_{r-2},\mathrm{d}y_{r-1})P_r(y_{r-1},B)$$

从分析的观点来看,$P(k,\cdot,r,\cdot)$是一随机核,它是转移概率的卷积$P_{k+1}*P_{k+2}*\cdots*P_r$,我们也称之为转移概率.更确切地说,$P(k,x,r,B)$是从状态$x$经过时间区间$(k,r)$之后转移到集合$B$中的概率.从核卷积的可结合性得到等式

$$P(k,x,s,B)=\int_{\mathscr{X}}P(k,x,r,\mathrm{d}y)P(r,y,s,B),k<r<s \tag{15}$$

这就是Chapman-Колмогоров方程.又式(13)给出

$$E_mf(\xi(t_1),\xi(t_2),\cdots,\xi(t_s))=\int m(\mathrm{d}x)\int P(0,x,t_1,\mathrm{d}y_1)\int P(t_1,y_1,t_2,\mathrm{d}y_2)\times\cdots\times$$

$$\int f(y_1,y_2,\cdots,y_s)P(t_{s-1},y_{s-1},t_s,\mathrm{d}y_s) \tag{16}$$

这样一来,我们就得到和前面一样的公式(参看式(3)和(4)),只不过现在它们是根据Марков链的一般定义推出的.另一方面,早些时候所作的讨论表明,在对函数$f(t,\cdot,\cdot)$的可测性的最小假设下,借助递推公式

$$\xi(t+1)=f(t,\xi(t),\alpha_t),t=0,1,2,\cdots$$

得到的随机序列$\{\xi(t):t\in T_+\}$是一Марков链,这里

$$\xi(0),\alpha_1,\alpha_2,\cdots,\alpha_n,\cdots$$

是总体独立的随机变量,而$\xi(0)$有在$\mathfrak{B}$上的任意分布m.

公式(16)使得转移概率这个概念的概率意义更为精确.为了说明这一点,让我们计算,当给定由变量$\xi(0),\xi(1),\cdots,\xi(t)$产生的$\sigma$代数$\mathfrak{F}_{[0,t]}(t\leqslant s)$时,非负函数$f(\xi(s),\xi(s+1),\cdots,\xi(s+n))$(这里$f(y_0,y_1,\cdots,y_n)$是$n+1$维Borel函

数）的条件数学期望. 以 Ψ 表示对应的条件数学期望. 按照定义，Ψ 是唯一使得对任意非负函数 $g(x_0, x_1, \cdots, x_t)$ 成立等式

$$E_m g(\xi(0),\xi(1),\cdots,\xi(t)) f(\xi(s),\xi(s+1),\cdots,\xi(s+n)) = E_m g(\xi(0),\xi(1),\cdots,\xi(t))\Psi$$

的 $\mathfrak{F}_{[0,t]}$ 可测随机变量. 另一方面，由式(16) 得

$$E_m g(\xi(0),\xi(1),\cdots,\xi(t)) f(\xi(s),\xi(s+1),\cdots,\xi(s+n)) = E_m g(\xi(0),\xi(1),\cdots,\xi(t))\hat{f}$$

这里

$$\hat{f} = \hat{f}(\xi(t)) = \int P(t,\xi(t),s,\mathrm{d}y_0)\int P_{s+1}(y_0,\mathrm{d}y_1) \times \cdots \times \int f(y_0,y_1,\cdots,y_n) P_{s+n}(y_{n-1},\mathrm{d}y_n)$$

于是 $\Psi = \hat{f}$.

从已经得到的公式可推出以下结论.

定理 4 当给定 $\mathfrak{F}_{[0,t]}(t < s)$ 时任意非负函数 $f(\xi(s),\xi(s+1),\cdots,\xi(s+n))$ 的条件数学期望既不依赖于初始分布 m，也不依赖于时刻 t 之前的转移概率和 $\xi(0),\xi(1),\cdots,\xi(t-1)$ 的值. 它由下面的表示式给出

$$E_m\{f(\xi(s),\xi(s+1),\cdots,\xi(s+n)) \mid \mathfrak{F}_{[0,t]}\} = \int P(t,\xi(t),s,\mathrm{d}y_0)\int P_{s+1}(y_0,\mathrm{d}y_1) \times \cdots \times \int f(y_0,y_1,\cdots,y_n) P_{s+n}(y_{n-1},\mathrm{d}y_n) \tag{17}$$

给定 $\mathfrak{F}_{[0,t]}$ 时 $\{\mathscr{X}^{n+1},\mathfrak{B}^{n+1}\}$ 中的变量 $\xi(s),\xi(s+1),\cdots,\xi(s+n)$ 的条件分布和核

$$P(t,\xi(t),s,\cdot), P_{s+1}(\cdot,\cdot), \cdots, P_{s+n}(\cdot,\cdot)$$

的直积相同. 特别地，转移概率 $P(t,\xi(t),s,B)$ 等于当已知系统的状态 $\xi(0)$，$\xi(1),\cdots,\xi(t)$ 时系统在时刻 s 处于集合 B 中的条件概率. 这概率只依赖于在最后一个已知时刻 t 的状态 $\xi(t)$. 它既不依赖于 $\xi(0),\xi(1),\cdots,\xi(t-1)$ 的值，也不依赖于 m 和转移概率 $P_1(\cdot,\cdot), P_2(\cdot,\cdot),\cdots,P_t(\cdot,\cdot)$. 正像前面提到的那样，Марков 链的这一性质称做无后效性，它是 Марков 链的基本特性.

注 设给定了可测空间 $\{\mathscr{X},\mathfrak{B}\}$ 及定义于其上的一族随机核 $P_n(x,B)$，$n=1,2,\cdots$. 则存在以 $P_n(x,B)$ 为其一步转移概率的 Марков 链. 定理 3 中给出了这一论断的证明以及对应的概率空间的构造.

Марков 链称做齐次的，如果它的一步转移概率与时间无关

$$P_t(x,B) = P(x,B)$$

这时，时间区间 (t,s) 的转移概率只依赖于这区间的长度

$$P(t,x,s,B)=\int_{\mathscr{X}} P(x,\mathrm{d}y_1)\times\int_{\mathscr{X}} P(y_1,\mathrm{d}y_2)\times\cdots\times$$
$$\int_{\mathscr{X}} P(y_{s-1},B)P(y_{s-2},\mathrm{d}y_{s-1})=P^{(s-t)}(x,B)$$

对于齐次链，Chapman-Колмогоров 方程具有如下形式

$$P^{(s+m)}(x,B)=\int_{\mathscr{X}} P^{(s)}(x,\mathrm{d}y)P^{(m)}(y,B)$$

设 Марков 链是齐次的. 式(16) 表明

$$E_m f(\xi(s+1),\xi(s+2),\cdots,\xi(s+n))=E_{m_s} f(\xi(1),\xi(2),\cdots,\xi(n)) \quad (18)$$

其中

$$m_s(B)=\int P(0,x,s,B)m(\mathrm{d}x)=\int P^{(s)}(x,B)m(\mathrm{d}x)$$

如果对于任意函数 $f(\cdot)$，式(18) 给出的期望值均不依赖于 s，则对应于给定初始分布 m 的齐次 Марков 过程称做平稳的. 使一过程是平稳的充分必要条件是测度 m 满足条件

$$m(B)=\int P^{(s)}(x,B)m(\mathrm{d}x) \quad (19)$$

这条件等价于较简单的条件

$$m(B)=\int P(x,B)m(\mathrm{d}x) \quad (20)$$

事实上，式(20) 是式(19) 的特殊情形. 然而若式(20) 成立，则

$$m(B)=\int P(x,B)\int P(y,\mathrm{d}x)m(\mathrm{d}y)=$$
$$\int P^{(2)}(y,B)m(\mathrm{d}y)=\cdots=\int P^{(s)}(y,B)m(\mathrm{d}y)$$

满足式(19) 的概率测度 m 称做不变的，或者更明确地说，对应于给定随机核的不变测度.

因此，若对应于给定的随机核存在不变的概率测度，则存在齐次 Марков 链的一个初始分布，使得对应于它的 Марков 过程是平稳的，而给定的核是这过程的一步转移概率.

如果不变测度是唯一的，则对于给定的链，存在唯一的平稳过程.

设 $\mathfrak{F}_t$ 表示使得变量 $\xi(0),\xi(1),\cdots,\xi(t)(t=0,1,2,\cdots)$ 为可测的最小 σ 代数，τ 是 $\{\mathfrak{F}_t:t=0,1,\cdots\}$ 上的随机时间，Ω_τ 是 τ 的定义区域. 我们考虑下述问题：设 $\xi(t)$ 是齐次 Марков 链，在 Ω_τ 上过程 $\xi_\tau(t)=\xi(t+\tau)$ 的特性如何？人们自然会期待，在假设 $\xi(\tau)=x$ 之下的随机过程 $\xi_\tau(t)$ 和在假设 $\xi(0)=x$ 之下的 Марков 过程 $\xi(t)$ 有完全一样的特性. 现在我们把这论断叙述得更为确切并给予证明(这个性质称做强 Марков 性).

显然，$\xi(t+\tau)$ 是定义在 Ω_τ 上的，由第一章 §1 的引理 5 得知，$\xi(t+\tau)$

$(t \geqslant 0)$ 是 $\mathfrak{S}$ 可测的. 假设 $P^{(\tau)}(x,A)=P^{(x)}\{\Omega_\tau \cap (\xi(\tau) \in A)\}$. 则 $P^{(\tau)}(x,A)$ 是 $\{\mathscr{X},\mathrm{B}\}$ 上的半随机核. 事实上

$$P^{(\tau)}(x,A)=\sum_{s=1}^{\infty}P^{(x)}\{[\tau=s] \cap [\xi(s) \in A]\}$$

由此马上得到 $P^{(\tau)}(x,A)$ 是 $\mathfrak{B}$ 上的测度,而且

$$P^{(\tau)}(x,\mathscr{X})=P^{(x)}\{\Omega_\tau\} \leqslant 1$$

另一方面,存在集合 $B^{(s)} \in \mathfrak{B}^{(s)}$,使得事件 $\{\tau=s\}$ 等价于事件 $\{\xi(0),\xi(1),\cdots,\xi(s)\} \in B^{(s)}$. 因此

$$P^{(x)}\{[\tau=s] \cap [\xi(s) \in A]\}=P^{(x)}\{(\xi(0),\xi(1),\cdots,\xi(s)) \in B^{(s)} \cap A^{(s)}\}$$

这里 $A^{(s)}=\mathscr{X}\times\mathscr{X}\times\cdots\times\mathscr{X}\times A$(其中 $s-1$ 个因子等于 $\mathscr{X}$),又由半随机核的性质得出这个概率和 $P^{(\tau)}(x,A)$ 都是 $\mathfrak{B}$ 可测函数.

以 $\mathfrak{F}_\tau$ 表示由随机时间 τ 产生的 σ 代数.

定理 5 若 $D \in \mathfrak{F}_\tau$ 和 $D \subset \Omega_\tau$,则

$$P^{(x)}\{D \cap (\bigcap_{k=1}^{r}[\xi(t_k+\tau) \in A_k])\}=$$

$$\int_{\mathscr{X}} P^{(y)}(\bigcap_{k=1}^{r}[\xi(t_k) \in A_k])\, P^{(\tau)}(x,D,\mathrm{d}y) \tag{21}$$

这里 $P^{(\tau)}(x,D,A)=P^{(x)}(D \cap [\xi(\tau) \in A])$.

证 因为 $D \subset \Omega_\tau$,故

$$P^{(x)}\{D \cap (\bigcap_{k=1}^{r}[\xi(t_k+\tau) \in A_k])\}=\sum_{s=1}^{\infty}P^{(x)}\{D_s \cap (\bigcap_{k=1}^{r}[\xi(t_n+\tau) \in A_k])\}$$

其中 $D_s=D \cap [\tau=s]$. 设 $\chi(D_s)$ 是事件 D_s 的示性函数,考虑到 Марков 链的条件概率之性质(定理 4),我们有

$$P^{(x)}\{D_s \cap (\bigcap_{k=1}^{r}[\xi(t_k+\tau) \in A_k])\}=$$

$$E_x\left\{\chi(D_s)P^{(x)}(\bigcap_{k=1}^{r}[\xi(t_k+s) \in A_k] \mid \mathfrak{F}_s)\right\}=$$

$$E_x\left\{\chi(D_s)P^{(\xi(s))}(\bigcap_{k=1}^{r}[\xi(t_k) \in A_k])\right\}$$

由链的齐次性推得,最后一等式的右端等于

$$\int_{D_s} P^{(\xi(s))}\{\bigcap_{k=1}^{r}[\xi(t_k) \in A_k]\}\,\mathrm{d}P^{(x)}=$$

$$\int_{\mathscr{X}} P^{(y)}\{\bigcap_{k=1}^{r}[\xi(t_k) \in A_k]\}\, P(s,x,D,\mathrm{d}y) \tag{22}$$

这里 $P(s,x,D,\cdot)$ 是 $\{\mathscr{X},\mathfrak{B}\}$ 上由公式

$$P(s,x,D,A)=P^{(x)}\{D \cap [\tau=s] \cap [\xi(s) \in A]\}$$

定义的测度. 如果再引入测度

$$P^{(\tau)}(x,D,A)=P^{(x)}\{D\cap[\xi(\tau)\in A]\}=\sum_{s=1}^{\infty}P(s,x,D,A)$$

并将等式(22)对 s 求和,我们就得到欲证的论断.

§5 可数状态 Марков 链

可约性和不可约性 设 X 是可数或有限集合,这时我们恒约定把 X 的可测集 σ 代数理解为 X 的所有子集的总体,于是 X 上的任意函数都是可测的.

空间 X 的点用字母 $i,j,\cdots$ 表示.我们讨论取值于 X 的齐次 Марков 链,它由到单点集 $\{j\}$ 的一步转移概率 $p(i,j)(i,j\in X)$ 给定.到任意集合 B 的一步转移概率可通过 $p(i,j)$ 用公式

$$P(i,B)=\sum_{i\in B}p(i,j)$$

表示,而对相应于随机核 $P(i,B)$ 的测度的积分就变为求和

$$\int_X f(j)P(i,\mathrm{d}j)=\sum_{j\in X}p(i,j)f(j)$$

到单点集 $\{j\}$ 的 n 步转移概率的表示式变为

$$P^{(n)}(i,j)=\sum_{j_1,j_2,\cdots,j_{n-1}\in X}p(i,j_1)p(j_1,j_2)\cdots p(j_{n-1},j) \tag{1}$$

若引入矩阵 $\boldsymbol{P}^{(n)}$(行数是有限或无限),它的元素是 n 步转移概率,即

$$\boldsymbol{P}^{(n)}=\{p(i,j)\}_{i,j\in X}$$

则由式(1)得

$$\boldsymbol{P}^{(n)}=\boldsymbol{P}^n$$

这里 $\boldsymbol{P}^n$ 是矩阵 $\boldsymbol{P}=\boldsymbol{P}^{(1)}$ 的 n 次幂,$\boldsymbol{P}^{(1)}$ 则是一步转移概率矩阵.矩阵 $\boldsymbol{P}=\{p(i,j)\}$ 具有性质

$$\text{a)}\ p(i,j)\geqslant 0;\ \text{b)}\sum_{j\in X}p(i,j)=1 \tag{2}$$

具有性质 a) 和 b) 的矩阵称做随机矩阵.从等式 $\boldsymbol{P}^{n+m}=\boldsymbol{P}^n\boldsymbol{P}^m$ 得

$$p^{(n+m)}(i,j)=\sum_{k\in X}p^{(n)}(i,j)p^{(m)}(k,j) \tag{3}$$

另一方面,公式(3)是在我们所讨论的特殊情形中的 Chapman-Колмогоров 方程(§4,(15)).

定义 1 状态 $j\in X$ 是从状态 i 可达的,如果从 i 经若干步后转移到 j 的概率是正的.如果 j 是从 i 可达的,而 i 又是从 j 可达的,则称状态 i 和 j 是连通的.按照定义,状态 i 和 i 一定是连通的.

我们约定,把 i 和 j 是连通状态这一事实记为 $i\leftrightarrow j$.如果 j 是从 i 可达的,而

k 是从 j 可达的,则 k 是从 i 可达的. 这易由不等式

$$p^{(n+m)}(i,k) \geqslant p^{(n)}(i,j)p^{(m)}(j,k)$$

推出.

关系 $\leftrightarrow$ 是等价关系:

a) $i \leftrightarrow i$;

b) 若 $i \leftrightarrow j$,则 $j \leftrightarrow i$;

c) 若 $i \leftrightarrow j$ 和 $j \leftrightarrow k$,则 $i \leftrightarrow k$.

事实上,a) 从 $p^{(0)}(i,i)=1$ 得出. b) 从连通状态的定义中 i 和 j 的对称性得出. 最后,c) 可从以下事实得出:若

$$p^{(n)}(i,j) > 0, p^{(m_1)}(j,i) > 0, p^{(m)}(j,k) > 0, p^{(n_1)}(k,j) > 0$$

则

$$p^{(n+m)}(i,k) \geqslant p^{(n)}(i,j)p^{(m)}(j,k) > 0$$

$$p^{(n_1+m_1)}(k,i) \geqslant p^{(n_1)}(k,j)p^{(m_1)}(j,i) > 0$$

任一 Марков 链都能够分解为不相交的连通状态类 X_α. 这种分解可用下述方式实现. 选取任一状态 i,并以 X_{i_1} 表示所有与 i_1 连通的状态的总体. 根据关系"$\leftrightarrow$"的性质 c) 知,X_{i_1} 中任意状态对都是连通的. 若 X_{i_1} 不包含整个 X,则选取一状态 $i_2 \in X_{i_1}$,并仿照上述构造类 X_{i_2}. 因为 i_1 和 i_2 不连通,故类 X_{i_1} 和 X_{i_2} 没有公共元素. 在没有把整个空间 X 处理完之前继续构造集合 X_{i_k}. 这样构造的类 X_α 具有下列性质:

1) 类 X_α 的数目最多是可数;

2) X 的每一个元素属于且只属于其中的一类 X_α;

3) X_α 中的任一状态对是连通的;

4) 分属不同类的任一状态对是不连通的.

最后两个性质也可以这样叙述:从给定类 X_α 中的任一状态 i 能以正的概率经若干步后到达这类中的任一其他状态. 这时,并不排除处于给定状态类的系统在某个时刻离开这状态类的可能性,但是,系统离开给定状态类后又返回这类中的概率等于零.

定义 2 Марков 链称做不可约的,如果它由一个连通的状态类组成. 如果任一从 i 可达的状态 j 都和 i 连通,则状态 i 称做本质的,否则称做非本质的.

容易看出,只有本质状态才是从本质状态可达的. 事实上,设 i 是本质的,而 j 是从 i 可达的. 若 k 从 j 可达,则 k 从 i 可达,又因为状态 i 是本质的,故 i 从 k 可达,从而 j 是从 k 可达的,亦即 j 是本质的.

于是下述推论成立:在连通状态类中,或者所有状态都是本质的,或者都是非本质的.

常返性 设 $\xi(n)$ 是 Марков 系统在时刻 n 的状态,以 $\tau_j=\tau_j(n)$ 表示从时

刻 n 开始，Марков 系统首次到达状态 j 所需要的步数. 于是，$\tau_j(n)$ 由一串关系式确定

$$\xi(n+1)\neq j,\cdots,\xi(n+\tau_j-1)\neq j,\xi(n+\tau_j)=j$$

我们引入 σ 代数族 $\{\mathfrak{F}_{[n,t]}:t=0,1,\cdots\}$，其中 $\mathfrak{F}_{[n,t]}$ 是使得 $\xi(n),\xi(n+1),\cdots,\xi(n+\tau)$ 可测的最小 σ 代数.

变量 $\tau_j(n)$ 是对于这族 σ 代数的随机时间. 令

$$f^{(s)}(i,j)=P\{\tau_j(n)=s\mid\xi(n)=i\},s=1,2,\cdots$$
$$f^{(0)}(i,j)=0$$

这时

$$f^{(1)}(i,j)=p^{(1)}(i,j)=p(i,j)$$

由链的齐次性知，概率 $f^{(s)}(i,j)$ 与 n 无关. 当 $i\neq j$ 时这些概率称做首次到达状态 j 的概率，而当 $i=j$ 时称做首次返回状态 i 的概率.

和数

$$F(i,j)=\sum_{s=1}^{\infty}f^{(s)}(i,j),i\neq j$$

是系统从状态 i 出发，或迟或早到达状态 j 的概率. 类似地，$F(i,i)$ 是系统从状态 i 出发，经过有限多步后返回状态 i 的概率. 当 $F(i,j)<1$ 时随机变量 τ_j 是非正常的.

定义 3 当 $F(i,i)=1$ 时状态 i 称做常返的，当 $F(i,i)<1$ 时状态 i 称做非常返的.

不难建立转移概率和首次到达概率之间的关系，这就是

$$p^{(n)}(i,j)=\sum_{s=1}^{n}f^{(s)}(i,j)p^{(n-s)}(j,j),n\geqslant 1\tag{4}$$

其中 $p^{(0)}(i,j)=\delta_{ij}$. 事实上，设 τ_j 是首次到达 j 的时刻(从初始时刻算起)，则

$$\begin{aligned}p^{(n)}(i,j)=P^{(i)}\{\bigcup_{s=1}^{n}[\tau_j=s]\cap[\xi(n)=j]\}=\\ \sum_{s=1}^{n}P^{(i)}\{[\tau_j=s]\cap[\xi(n)=j]\}=\\ \sum_{s=1}^{n}P^{(i)}\{\tau_j=s\}P^{(i)}\{\xi(n)=j\mid\tau_j=s\}=\\ \sum_{s=1}^{n}f^{(s)}(i,j)P^{(n-s)}(j,j)\end{aligned}$$

这就证明了式(4). 注意它的一种特殊情形是

$$p^{(n)}(i,i)=\sum_{s=1}^{n}f^{(s)}(i,i)p^{(n-s)}(i,i)\tag{5}$$

它还可以改写为

$$f^{(n)}(i,i)=p^{(n)}(i,i)-\sum_{s=1}^{n-1}f^{(s)}(i,i)p^{(n-s)}(i,i)$$

这公式使我们能够在已知转移概率时依次计算返回概率. 应当指出,为了计算返回状态 i 的概率,我们只须知道转移到这状态的概率.

我们引进序列$\{p^{(n)}(i,j):n=0,1,2,\cdots\}$,$\{f^{(n)}(i,j):n=0,1,2,\cdots\}$的母函数 $P_{ij}(z)$,$F_{ij}(z)$

$$P_{ij}(z)=\sum_{n=0}^{\infty}p^{(n)}(i,j)z^n,F_{ij}(z)=\sum_{n=0}^{\infty}f^{(n)}(i,j)z^n$$

由式(5) 得

$$P_{ii}(z)=p^{(0)}(i,i)+\sum_{n=1}^{\infty}\sum_{k=1}^{n}f^{(k)}(i,i)z^kp^{(n-k)}(i,i)z^{n-k}=$$

$$1+\sum_{k=1}^{\infty}\sum_{n=k}^{\infty}f^{(k)}(i,i)z^kp^{(n-k)}(i,i)z^{n-k}=$$

$$1+\sum_{k=1}^{\infty}f^{(k)}(i,i)z^kP_{ii}(z)$$

或

$$P_{ii}(z)=1+P_{ii}(z)F_{ii}(z)$$

因为上面考虑的级数当$|z|\leqslant 1$时是绝对收敛的,所以我们能够改变求和的次序. 后一式子也可改写为

$$P_{ii}(z)=\frac{1}{1-F_{ii}(z)} \tag{6}$$

类似地,从式(4) 可得

$$P_{ij}(z)=P_{jj}(z)F_{ij}(z),i\neq j \tag{7}$$

现在设 z 是实数并令 $z\uparrow 1$. 函数 $P_{ii}(z)$ 和 $F_{ii}(z)$ 是单调递增函数,而且根据 Abel 定理知$\lim\limits_{z\uparrow 1}F_{ii}(z)$存在且$\lim\limits_{z\uparrow 1}F_{ii}(z)=F_{ii}(1)=F(i,i)$,令$\lim\limits_{z\uparrow 1}P_{ii}(z)=G(i,i)=P_{ii}(1)$. 根据式(6) 得到

定理 1 若 $G(i,i)=\sum\limits_{n=0}^{\infty}p^{(n)}(i,i)=\infty$,则状态 i 是常返的;若

$$G(i,i)=\sum_{n=0}^{\infty}p^{(n)}(i,i)<\infty$$

则状态 i 是非常返的. 当 i 是非常返时有

$$G(i,i)=\frac{1}{1-F(i,i)}$$

定理 2 若状态 i 和 j 是连通的,则它们同是常返的或同是非常返的.

证 因为 $i\leftrightarrow j$,故可找到 m_1 和 m_2,使得

$$p^{(m_1)}(i,j)>0,p^{(m_2)}(j,i)>0$$

又因

$$p^{(m_1+m_2+n)}(j,j) \geqslant p^{(m_2)}(j,i)p^{(n)}(i,i)p^{(m_1)}(i,j)$$

故

$$\sum_{n=m_1+m_2}^{\infty} p^{(n)}(j,j) \geqslant p^{(m_2)}(j,i)p^{(m_1)}(i,j)\sum_{n=0}^{\infty} p^{(n)}(i,i)$$

若级数$G(i,i)$发散，则级数$G(j,j)$也发散.互换i和j的位置，我们就得到$G(j,j)$和$G(i,i)$同是有限的或同是无穷的.

于是，Марков 链的常返性与其说是状态的性质，倒不如说是连通状态类的性质.

直观的考虑启示我们，在无限的时间区间内返回常返状态的次数是无穷的，而返回非常返状态的次数则只能是有限的，这一事实是不难证明的.

设$Q_j(m)$是系统至少有m次处于状态j的事件，而τ_j是首次到达状态j之前的步数，则

$$Q_j(m) = \bigcup_{n=1}^{\infty} Q_j(m) \cap \{\tau_j = n\}$$

设$q_{ij}(m)$是给定$\xi(0)=i$时事件$Q_j(m)$的概率.我们有

$$\begin{aligned} q_{ij}(m) &= \sum_{n=1}^{\infty} P(Q_j(m) \cap [\tau_j = n] \mid \xi(0) = i) = \\ &\sum_{n=1}^{\infty} P^{(i)}(Q_j(m) \mid \tau_j = n) P^{(i)}(\tau_j = n \mid \xi(0) = i) = \\ &\sum_{n=1}^{\infty} f^{(n)}(i,j) P^{(i)}(Q_j(m) \mid \tau_j = n) \end{aligned}$$

不难验证

$$P^{(i)}(Q_j(m) \mid \tau_j = n) = P^{(j)}(Q_j(m-1)) = q_{jj}(m-1)$$

于是

$$q_{ij}(m) = F(i,j)q_{jj}(m-1) \tag{8}$$

设$q_{ij} = q_{ij}(\infty)$是系统从状态i出发后无限多次到达状态j的概率.因为

$$q_{ij} = \lim_{m\to\infty} q_{ij}(m)$$

故由式(8)得

$$q_{ij} = F(i,j)q_{jj} \tag{9}$$

定理 3 若j是常返状态，则$q_{ij}=F(i,j)$，特别地，这时$q_{jj}=1$；若j是非常返状态，则对于任意i均有$q_{ij}=0$.

证 若$F(j,j)<1$，则在式(9)中令$i=j$可得$q_{jj}=0$，从同一等式又可推得$q_{ij}=0$.若$F(j,j)=1$，则从式(8)得$q_{jj}(m)=[F(j,j)]^{m-1}=1$.因而$q_{jj}=1$.于是从式(9)得$q_{ij}=F(i,j)$.

设$F(i,j)=1$.由强 Марков 性(参看 §4，定理 5)得，对任意$B \in \mathfrak{F}_{\tau_j}$有

$$P^{(i)}(B\cap(\bigcap_{k=1}^{r}\{\xi(\tau_j+t_k)=j_k\}))=P^{(i)}(B)P^{(j)}(\bigcap_{k=1}^{r}\{\xi(t_k)=j_k\})$$

根据这一关系式可得

定理 4 若 $F(i,j)=1$，则随机过程 $\xi'(t)=\xi(\tau_j+t)(\xi(0)=i)$ 随机等价于初始状态为 $\xi(0)=j$ 的过程 $\xi(t)$，而且与 σ 代数 $\mathfrak{F}_{\tau_j}$ 无关.

推论 设 $\xi(0)=i$，i 是常返状态，ξ_1 是首次返回 i 前的步数，ξ_2 是首次和第二次返回 i 之间的步数等. 则随机变量 $\xi_1,\xi_2,\cdots,\xi_n$ 是同分布和独立的.

定理 5 若状态 i 是常返的，而且 $F(i,j)>0$，则系统从状态 i 出发后将会无穷多次到达状态 j(即 $q_{ij}=1$)，且有 $F(j,i)>0$. 特别，这时有 $F(i,j)=1$.

从定理 3 得知，返回状态 i 的次数为无穷. 以 C_k 表示系统在第 $k-1$ 次与第 k 次返回状态 i 之间将到达状态 j 这一事件. 由过程的强 Марков 性，事件 C_k 相互独立且有相同的概率. 因为 $P(\bigcup_{k=1}^{\infty}C_k)$ 是系统总会在某一时刻到达 j 的概率. 故 $P(C_k)>0$ 且 $\sum_{k=1}^{\infty}P(C_k)=\infty$. 根据 Borel-Cantelli 定理得到，以概率 1 有无穷多个 C_k 发生. 而且系统若到达状态 j，则以后它还会无穷多次到达状态 i.

推论 1 从常返状态只能到达常返状态. 而且常返状态是本质的.

这推论使早先利用母函数方法得到的定理 2 更为精确.

推论 2 在包含一常返状态的连通状态类中，所有其他的状态也是常返的. 若系统处于这个类中的一点，则它以概率 1 经过某一段时间后到达该类中的任何其他状态，而且这将发生无穷多次.

常返的连通状态类称做常返类.

令

$$G(i,j)=\sum_{n=0}^{\infty}p^{(n)}(i,j)$$

当 $i=j$ 时这级数的意义已被阐明. 现在建立下面的关系式

$$\lim_{N\to\infty}\frac{\sum_{n=1}^{N}p^{(n)}(i,j)}{\sum_{n=0}^{N}p^{(n)}(j,j)}=F(i,j)\tag{10}$$

证明是基于式(4)，在式(4)中令 $n=1,2,\cdots,N$ 并把所得等式加起来，我们就得到

$$\begin{aligned}\sum_{n=1}^{N}p^{(n)}(i,j)=&\sum_{n=1}^{N}\sum_{s=0}^{n-1}f^{(n-s)}(i,j)p^{(s)}(j,j)=\\&\sum_{s=0}^{N}\sum_{n=s+1}^{N}f^{(n-s)}(i,j)p^{(s)}(j,j)=\\&\sum_{s=0}^{N-1}p^{(s)}(j,j)F_{N-s}\end{aligned}$$

这里 $F_{N-s}=\sum_{n=1}^{N-s}f^{(n)}(i,j)$，而且当 $N\to\infty$ 时 $F_N\to F(i,j)$，因此

$$\frac{\sum_{n=1}^{N}p^{(n)}(i,j)}{\sum_{n=0}^{N}p^{(n)}(j,j)}=\sum_{s=0}^{N}F_{N-s}\frac{p^{(s)}(j,j)}{\sum_{n=0}^{N}p^{(n)}(j,j)}$$

现在由下述引理即可得到式(10) 的真确性.

引理 1 若 $\{b_n:n=0,1,\cdots,N\}$ 是非负数列，而且 $\left(b_N/\sum_{s=0}^{N}b_s\right)\to 0$，则对任意收敛序列 $\{c_n:n=1,2,\cdots\}$ 均有

$$\lim_{N\to\infty}\frac{\sum_{k=0}^{N}b_k c_{N-k}}{\sum_{k=0}^{N}b_k}=\lim_{n\to\infty}c_n$$

证 若 $c=\lim c_n$，则

$$\frac{\sum_{k=0}^{N}b_k c_{N-k}}{\sum_{k=0}^{N}b_k}-c=\frac{\sum_{k=0}^{N-n}b_k(c_{N-k}-c)}{\sum_{k=0}^{N}b_k}-c\frac{\sum_{k=N-n+1}^{N}b_k}{\sum_{k=0}^{N}b_k}+\frac{\sum_{k=N-n+1}^{N}b_k c_{N-k}}{\sum_{k=0}^{N}b_k}\tag{11}$$

若选取附标 n 使得当 $n'\geqslant n$ 时有 $|c-c_{n'}|<\varepsilon$，这里 $\varepsilon>0$ 是任意的，则等式(11)后边第一项小于 ε. 因为 c_n 是有界的，故对于固定的 n，当 $N\to\infty$ 时第二项和第三项也趋于零. 引理证毕.

因为 $p^{(n)}(i,j)$ 有界，故在我们所考虑的情形中恒满足引理的条件，于是等式(10) 也就得证.

从式(10) 得：

定理 6 在常返类中 $G(i,j)=+\infty$；但若 j 是非常返的，则对所有 i 均有

$$G(i,j)<\infty$$

事实上，若 j 是非常返状态，则式(10) 左边的分母趋于一个有限的极限，因而分子的极限为有限. 若 j 是常返的，则分母的极限等于 ∞，故若 $F(i,j)>0$，则分子的极限也是 ∞.

周期性 注意，若 $p^{(n)}(i,i)>0$，则也有 $p^{(kn)}(i,i)>0$. 事实上

$$p^{(kn)}(i,i)\geqslant p^{(n)}(i,i)p^{(n)}(i,i)\cdots p^{(n)}(i,i)$$

以 $d(i)$ 表示所有使得 $p^{(n)}(i,i)>0$ 的那些 n 的最大公约数. 若对所有 $n\geqslant 1$ 均有 $p^{(n)}(i,i)=0$，则假定 $d(i)=\infty$.

定理 7 若 $i\leftrightarrow j$，则 $d(i)=d(j)$.

证 首先，若 $i\leftrightarrow j$，则 $d(i)$ 和 $d(j)$ 是有限的. 设 $p^{(s)}(i,i)>0$. 我们可以找到 $n>0$ 和 $m>0$ 使 $p^{(n)}(i,j)>0$ 和 $p^{(m)}\cdot(j,i)>0$. 因而

$$p^{(n+m+s)}(j,j) \geqslant p^{(m)}(j,i)p^{(s)}(i,i)p^{(n)}(i,j) > 0$$

类似地有

$$p^{(n+m+2s)}(j,j) > 0$$

所以 $d(j)$ 能整除 $(n+m+2s)-(n+m+s)=s$. 由此推得 $d(j) \leqslant d(i)$. 又由 i 和 j 的对称性得 $d(i) \leqslant d(j)$，即 $d(i)=d(j)$.

推论　在任一连通状态类中 $d(i)$ 是常数.

特别，对不可约 Марков 链 $d=d(i)$ 与状态无关.

定义 4　若在一不可约链中 $d=1$，则这个 Марков 链称做非周期的；若 $d>1$，则这链称做周期的，而数 d 是它的周期.

下面的引理是一个数论的结果：

引理 2　设 d 是正整数序列 $n_1, n_2, \cdots, n_s$ 的最大公约数，则存在数 $m_0>0$，使得对所有整数 $m \geqslant m_0$，不定方程

$$md = \sum_{j=1}^{s} c_j n_j$$

有非负整数解 c_j.

证　设 A 是所有能表为 $x=\sum_{j=1}^{s} a_j n_j$ 的数 x 的集合，其中 a_j 是整数(正的、负的或 0). 每一 x 可被 d 整除. 设 d_0 是 A 中的最小正数. 因为对任意整数 k 有 $x-kd_0 \in A$，故对任意 x 总能找到一个 k，使得 $x=kd_0$(否则可以找到一个 k_1，使得 $x_1=x-k_1d_0$ 且满足不等式 $0<x_1<d_0$，这与 d_0 的定义矛盾). 因此 d_0 是 A 中的最大公约数. 现在，令 $B=\left\{x: x=\sum_{j=1}^{s} b_j n_j\right\}$，其中 b_j 是非负整数. 再令 $d_1=\sum_{j=1}^{s} n_j$. 数 d_0 可表为 $d_0=N_1-N_2$，这里 $N_i \in B$. 设 c 是 N_2 的表示式中 n_j 的整数系数的最大者. 对于任意整数 $m>0$，设 $m=kd_1+m_1$，其中 $0 \leqslant m_1 \leqslant d_1$. 则若 $kd_0 > m_1 c$ 时有 $md_0=kd_0d_1+m_1d_0 \in B$，故当 $k>d_1c/d_0$ 或 $m>\frac{d_1^2 c}{d_0}+d_1$ 时更应该有这结论. 引理证毕.

定理 8　若 $d(i)<\infty$，则可找到 n_0，使当 $n>n_0$ 时有

$$p^{(nd(i))}(i,i) > 0$$

证　设 $n_k(k=1,2,\cdots,s)$ 是使得 $p^{(n_k)}(i,i)>0$ 的数列，又 $n_1, n_2, \cdots, n_s$ 的最大公约数等于 $d(i)$. 根据上述引理，我们可以找到 n_0，使当 $n \geqslant n_0$ 时有 $nd(i)=\sum_{k=1}^{s} c_k n_k$. 因此

$$p^{(nd(i))}(i,i) \geqslant [p^{(n_1)}(i,i)]^{c_1}[p^{(n_2)}(i,i)]^{c_2} \cdots [p^{(n_s)}(i,i)]^{c_s} > 0$$

推论　若 $p^{(m)}(j,i)>0$，则对所有充分大的 n 有

$$p^{(m+nd(i))}(j,i) > 0$$

事实上

$$p^{(m+nd(i))}(j,i) \geqslant p^{(m)}(j,i)p^{(nd(i))}(i,i)$$

在研究 Марков 链时,很多情况下,更为方便的是首先讨论非周期链,然后把所得的结果推广到周期链的方法.

我们还要证明,状态的周期可以根据首次返回概率算出.

引理 3 状态 i 的周期等于使得 $f^{(n)}(i,i) > 0$ 的那些 n 的最大公约数.

证 设 Z_N 和 Z'_N 分别是使得 $p^{(n)}(i,i) > 0$ 和 $f^{(n)}(i,i) > 0$ 的那些 $n \leqslant N$ 的集合,d_N 和 $d_{N'}$ 是它们的最大公约数.显然有 $Z'_N \subset Z_N$,因此,$d'_N \geqslant d_N$,而且 $d'_1 = d_1$.假设存在这样的 N,使当 $n \leqslant N$ 时 $d'_n = d_n$ 和 $d'_{N+1} > d_{N+1}$,则有 $f^{(N+1)}(i,i) = 0$ 和 $p^{(N+1)}(i,i) > 0$.由等式

$$p^{(N+1)}(i,i) = f^{(N+1)}(i,i) + \sum_{k=1}^{N} f^{(k)}(i,i)p^{(N+1-k)}(i,i)$$

推得,对某 $s(0 < s \leqslant N)$ 有 $f^{(s)}(i,i)p^{(N+1-s)}(i,i) > 0$,即 s 和 $N+1-s$ 能被 d_N 整除,因而 $N+1$ 能被 d_N 整除,这与不等式 $d_{N+1} < d'_{N+1} = d_N$ 相矛盾.引理证毕.

定理 9 每一周期为 $d(d < \infty)$ 的连通状态类 K 可以分为 d 个两两不相交的子类 $K_0, K_1, \cdots, K_{d-1}$,使得从 $K_s(s < d-1)$ 只能转移到 K_{s+1},而从 K_{d-1} 只能转移到 K_0.并且,如果 $i \in K_r, j \in K_s$,则可找到 $N = N(i,j)$,使得当 $n > N$ 时 $p^{nd+s-r}(i,j) > 0$.

证 设 K_0 是所有这样的状态 j 的集合,对于这集合中的每一状态 j,至少存在一整数 k,使得 $p^{(kd)}(i,j) > 0$,这里 i 是任一个从 K 中选取的状态.于是 $i \in K_0$.因为 i 和 j 是连通的,故可找到使得 $p^{(m)}(j,i) > 0$ 的数 m,它是 d 的倍数.事实上

$$p^{(kd+m)}(i,i) \geqslant p^{(kd)}(i,j) \times p^{(m)}(j,i) > 0$$

因而 $kd+m$ 能被 d 整除.因为 m 能被 d 整除,故若在 K_0 的定义中取任一使得对某 k 有 $p^{(kd)}(i,j) > 0$ 的状态 j 来代替 i,集合 K_0 仍保持不变.我们现在定义集合 K_1,它由那些使得 $j \in K$ 和 $\sum_{i \in K_0} p(i,j) > 0$ 的状态 j 组成,集合 K_2 是由那些使得 $j \in K$ 和 $\sum_{i \in K_1} p(i,j) > 0$ 的状态 j 组成等.从集合 K_s 的定义推得,对任意 r 和 s 有 $K_{rd+s} \subset K_s$.另一方面,若 $j \in K_s$,则可以找到这样的 $j_0, j_1, \cdots, j_s = j$,使得 $j_r \in K_r(r \leqslant s)$ 和 $p(j_{r-1}, j_r) > 0$,即 $p^{(s-r)}(j_r, j) > 0$.相反的论断也成立:若 $p^{(s-r)}(j_r, j) > 0, j_r \in K_r, j \in K$,则 $j \in K_s$(因为从 $j_r \to j_{r+1}, j_{r+1} \to j$ 和 $j_r \leftrightarrow j$ 得 $j_{r+1} \leftrightarrow j_r$).现在证明类 K_r 和 $K_s(0 \leqslant r < s < d)$ 没有公共元素.事实上,设 $j \in K_r, j \in K_s$,则可以找到 i_1 和 $i_2 \in K_0$,使得 $p^{(r)}(i_1, j) > 0$ 和 $p^{(s)}(i_2, j) > 0$.因为 i_2 和 j 是连通的,故对某 m 有 $p^{(m)}(j, i_2) > 0$,因而

$$p^{(m+s)}(i_2,i_2) \geqslant p^{(s)}(i_2,j)p^{(m)}(j,i_2) > 0$$

所以 $m+s$ 能被 d 整除，即 $m=kd-s$，s 是某一整数. 但这时有

$$0 < p^{(r)}(i,j)p^{(m)}(j,i_2) \leqslant p^{(kd-s+r)}(i_1,i_2)$$

这是不可能的，因为如前面所证明的那样，从 i_1 转移到 i_2（$i_1,i_2 \in K_0$）仅当所经的步数为 d 的倍数时才有可能. 其次，设 $i \in K_r$ 和 $j \in K_s$，则可以找到 m 使得 $p^{(m)}(i,j) > 0$，这时 m 形如 $m=k_0d+(s-r)$. 另一方面，根据定理 8 知，对所有 $n > n_0(i)$ 有 $p^{(nd)}(i,i) > 0$. 因此，对所有 $n > n_0(i)$ 有

$$p^{((n+k_0)d+s-r)}(i,j) \geqslant p^{(nd)}(i,i)p^{(k_0d+s-r)}(i,j) > 0$$

定理证毕.

我们约定，把 $K_0,K_1,\cdots,K_{d-1}$ 称为周期连通状态类的子类.

更新理论的基本定理　为了研究转移概率 $p^{(n)}(j,i)$ 当 $n\to\infty$ 时的渐近性态，我们需要一个定理，人们常常把它称为更新理论的基本定理. 但是，我们在此讨论的基本定理只是后面所必需的，而不是最一般的形式. 为了阐明术语，我们设想，对某设备的工作进行观察. 设备有时会损坏（发生故障）. 设备发生故障时马上用一台新的去替换. 第 n 台（替换）设备的正常工作时间 τ_n 是一随机变量，它取值 $1,2,\cdots$，而且 $\tau_n(n=0,1,2,\cdots)$ 是相互独立同分布的. 令

$$p_k=P\{\tau_n=k\},k=1,2,\cdots,\sum_{k=1}^{\infty}p_k=1$$

和 $\tau_0+\tau_1+\cdots+\tau_{n-1}$ 称做第 n 次更新时刻，而变量 τ_n 称做第 n 次更新的时间间隔. 以 $G(n)$ 表示 n 是更新时刻这一事件的概率. 事件

$$\{\tau_0=n\},\{\tau_0+\tau_1=n\},\cdots,\{\tau_0+\tau_1+\cdots+\tau_{k-1}=n\},\cdots$$

是两两不相交的，因此

$$G(n)=P\{\tau_0=n\}+P\{\tau_0+\tau_1=n\}+\cdots+ P\{\tau_0+\tau_1+\cdots+\tau_{k-1}=n\}+\cdots$$

而且当 $n\geqslant 1$ 时 $G(n)\leqslant 1$. 假设 $G(0)=1$. 函数 $G(n)$ 称做更新函数.

描述当 $n\to\infty$ 时 $G(n)$ 的渐近性态的定理称做更新理论的基本定理.

我们用 d 表示使得 $p_n>0$ 的那些 n 的最大公约数. 当 $d=1$ 时更新过程称做非周期的，当 $d>1$ 时称做周期的，而 d 则称做更新周期. 不难证明，在非周期更新的情形中，对于所有从某个 n_0 开始的 n（即所有 $n\geqslant n_0$）有 $G(n)>0$. 如果 $d>1$，则对所有足够大的 k（即 $k\geqslant k_0$）有 $G(kd)>0$. 这些论断可从引理 2 推出. 如果更新是非周期的，则

$$G_\infty=\lim_{n\to\infty}G(n)=\frac{1}{m}$$

其中 $m=E\tau_k$（当 $E\tau_k=\infty$ 时 $G_\infty=0$）.

我们首先证明极限 G_∞ 存在，然后求出它的值.

引理 4 设 τ 是随机变量，它取值 $n(n=0,\pm1,\pm2,\cdots)$ 的概率是 p_n，$J(u)$ 是变量 τ 的特征函数. 若 $d=1$，则当 $|u|<2\pi$ 且 $u\neq0$ 时 $J(u)\neq1$.

证 我们有

$$J(u)=E\mathrm{e}^{\mathrm{i}u\tau}=\sum_{-\infty}^{\infty}p_n\mathrm{e}^{\mathrm{i}un}$$

设 $J(u_0)=1$，$|u_0|<2\pi$，$u_0\neq0$，则有

$$0=1-\mathrm{Re}\,J(u_0)=\sum_{-\infty}^{\infty}(1-\cos nu_0)p_n$$

因此对于所有使得 $p_n>0$ 的 n 有 $\cos nu_0=1$ 或 $nu_0=2k\pi$. 选取这样的整数序列 $n_1,n_2,\cdots,n_s$，使得 $p_{n_r}>0$ 而且它们的最大公约数是 1. 于是 $n_ru_0=2\pi k_r(r=1,2,\cdots,s)$. 另一方面，方程 $\sum_{r=1}^{s}a_rn_r=1$ 有整数解 a_r，故

$$u_0=\sum_{r=1}^{s}a_rn_ru_0=2\pi\sum_{r=1}^{s}a_rk_r=2\pi k_0$$

其中 k_0 是整数，这与条件 $|u_0|<2\pi$ 矛盾.

引理 5 如果更新是非周期的，则极限 $G_\infty=\lim_{n\to\infty}G(n)$ 存在.

证 设

$$G(z,n)=\sum_{s=0}^{\infty}z^sp_n(s),n\geqslant0,0\leqslant z\leqslant1$$

其中 $p_n(s)=P\{\eta_s=n\}$，$\eta_s=\tau_0+\tau_1+\cdots+\tau_{s-1}$，对于 $s\geqslant1$ 和 $p_n(0)=0$. 由幂级数理论的 Abel 定理得

$$G(n)=\lim_{z\uparrow1}G(z,n)$$

因为随机变量 η_s 的特征函数等于$[J(u)]^s$，即

$$[J(u)]^s=\sum_{n=1}^{\infty}p_n(s)\mathrm{e}^{\mathrm{i}nu}$$

其中 $J(u)$ 是随机变量 τ_0 的特征函数，由此得

$$p_n(s)=\frac{1}{2\pi}\int_{-\pi}^{\pi}\mathrm{e}^{\mathrm{i}nu}[J(u)]^s\mathrm{d}u$$

因此

$$G(z,n)=\frac{1}{2\pi}\int_{-\pi}^{\pi}\frac{\mathrm{e}^{-\mathrm{i}nu}\mathrm{d}u}{1-zJ(u)},n\geqslant0$$

当 $n<0$ 时上式右边的积分等于零. 所以

$$G(z,n)=\frac{1}{\pi}\int_{-\pi}^{\pi}\frac{\cos nu\mathrm{d}u}{1-zJ(u)}$$

令 $h(z,u)=\frac{1}{\pi}\mathrm{Re}(1-zJ(u))^{-1}$. 因为 $G(z,n)$ 是实函数，故

$$G(z,n)=\int_{-\pi}^{\pi}h(z,u)\cos nu\,du$$

由更新的非周期性和引理4知，核 $h(z,u)(z\in[0,1],0<|u|<2\pi)$ 是正的和连续的. 因而对任意 $\varepsilon>0$

$$G(n)=\lim_{z\uparrow 1}\int_{-\varepsilon}^{\varepsilon}h(z,u)\cos nu\,du+\int_{\varepsilon\leqslant|u|\leqslant\pi}h(1,u)\cos nu\,du \tag{12}$$

在此令 $n=0$，我们就看到极限

$$h_{\varepsilon}=\lim_{z\uparrow 1}\int_{-\varepsilon}^{\varepsilon}h(z,u)\,du$$

存在且有 $h_{\varepsilon}\leqslant G(0)$. 因为当 $\varepsilon\downarrow 0$ 时 h_{ε} 是递减的，故极限 $\lim\limits_{\varepsilon\to 0}h_{\varepsilon}=h_0$ 也存在，从而二重极限

$$\lim_{\varepsilon\to 0}\lim_{z\uparrow 1}\int_{-\varepsilon}^{\varepsilon}h(z,u)\cos nu\,du=h$$

也存在，现在回到公式(12)，我们看出 $h(1,u)$ 是区间 $(-\pi,\pi)$ 上（在 Cauchy 意义下）的可积函数，而且

$$G(n)=h+\int_{-\pi}^{\pi}h(1,u)\cos nu\,du$$

因为 $h(1,u)$ 是可积的，故由 Riemann-Lebesgue 定理有

$$\lim_{n\to\infty}\int_{-\pi}^{\pi}h(1,u)\cos nu\,du=0$$

这就证明了 $\lim\limits_{n\to\infty}G(n)=h$ 存在.

定理 10 若更新是非周期的，则

$$\lim_{n\to\infty}G(n)=\frac{1}{m},m=E\tau_k$$

而且若 $E\tau_k=\infty$，则 $\lim\limits_{n\to\infty}G(n)=0$.

证 由上述引理知，极限 $\lim\limits_{n\to\infty}G(n)=h$ 存在，故利用关于幂级数的 Abel 定理可得

$$\begin{aligned}h=&\lim_{z\uparrow 1}\left(1+\sum_{n=1}^{\infty}z^n[G(n)-G(n-1)]\right)=\\&\lim_{z\uparrow 1}\sum_{n=0}^{\infty}z^n(1-z)G(n)=\\&\lim_{z\uparrow 1}(1-z)\Phi(z)\end{aligned}$$

其中 $\Phi(z)=\sum\limits_{n=0}^{\infty}z^nG(n)$ 是序列 $\{G(n):n=0,1,\cdots\}$ 的母函数. 因为变量 τ_k 是独立同分布的，故 $G(n)$ 满足方程

$$G(n)=\delta(n)+\sum_{k=1}^{n}G(n-k)p_k,n\geqslant 0 \tag{13}$$

($\delta(n)=0$ 当 $n>0$, $\delta(0)=1$). 用 z^n 乘这等式并对所有 $n\geqslant 0$ 求和，我们就得到

$$\Phi(z)=1+F(z)\Phi(z),\ |z|<1$$

其中 $F(z)=\sum_{n=1}^{\infty}p_n z^n$. 于是

$$\Phi(z)=[1-F(z)]^{-1}, h=\lim_{z\uparrow 1}\left[\frac{1-F(z)}{1-z}\right]^{-1}$$

若 $m=\infty$，则对任意 $N>0$ 有

$$\lim_{z\uparrow 1}\frac{1-F(z)}{1-z}\geqslant\lim_{z\uparrow 1}\sum_{n=1}^{N}p_n\frac{1-z^n}{1-z}=\sum_{n=1}^{N}p_n n$$

由此可得 $h=0$. 但若 $m<\infty$ 时，则考虑到当 $|z|<1$ 时 $\left|\frac{1-z^n}{1-z}\right|<n$，我们就得到

$$\lim_{z\uparrow 1}\frac{1-F(z)}{1-z}=\lim_{z\uparrow 1}\sum_{n=1}^{\infty}p_n\frac{1-z^n}{1-z}=\sum_{n=1}^{\infty}p_n n=m$$

定理证毕.

推论　若更新有周期 d，则

$$\lim_{n\to\infty}G(nd)=\frac{d}{m}, m=E\tau_k \tag{14}$$

事实上，若给定的更新是周期的，它的周期是 d，则更新时间间隔为 $\tau'_n=\frac{\tau_n}{d}$ 的新的更新是非周期的. 若 $G'(n)$ 是这个新更新的更新函数，那么 $G'(n)=G(nd)$. 另一方面，$E\tau'_n=\frac{E\tau_n}{d}=\frac{m}{d}$，故由刚才证明的定理可得式(14).

转移概率的极限定理

定理 11　设 $p^{(n)}(i,j)$ 是不可约的常返非周期 Марков 链的转移概率. 以 m_i 表示首次返回状态 i 之前的平均步数

$$m_i=\sum_{n=1}^{\infty}nf^{(n)}(i,i)$$

则对任意 j 有

$$\lim_{n\to\infty}p^{(n)}(j,i)=\frac{1}{m_i} \tag{15}$$

证　设 τ_0 是首次返回状态 i 之前的步数，τ_1 是首次返回和第二次返回这状态之间的步数等等，根据定理 4 的推论，变量 $\tau_0,\tau_1,\cdots,\tau_n,\cdots$ 是相互独立同分布的且取不小于 1 的整数值，此外还有

$$P\{\tau_k=n\}=f^{(n)}(i,i), \sum_{n=1}^{\infty}f^{(n)}(i,i)=1$$

变量 τ_n 的数学期望等于 m_i. 我们考虑这样的一个更新过程，τ_n 是它的更新时间

间隔. 在这里 $f^{(n)}(i,i)$ 和 $p^{(n)}(i,i)$ 分别起着 p_n 和 $G(n)$ 的作用. 因为链是非周期的,故由引理 3 知,更新也是非周期的.

从定理 10 得等式

$$\lim_{n\to\infty} p^{(n)}(i,i)=\frac{1}{m_i}$$

它是式(15) 在 $j=i$ 时的特殊情形. 现在不难过渡到一般情形. 利用式(4) 可得

$$\frac{p^{(n)}(j,i)}{\sum_{k=1}^{n} f^{(k)}(j,i)}=\sum_{k=1}^{n}\tilde{f}^{(k)}(j,i)p^{(n-k)}(i,i),\tilde{f}^{(n)}(j,i)=\frac{f^{(n)}(j,i)}{\sum_{k=1}^{n} f^{(k)}(j,i)}$$

注意当 $n\to\infty$ 时有 $f^{(n)}(j,i)\to 0$ 和 $\sum_{k=1}^{n} f^{(k)}(j,i)\to 1$(根据链的不可约性和常返性),再应用引理 1 就得到一般情形的式(15).

常常把刚才证明的定理称为 Марков 链的遍历定理. 有关遍历定理的进一步论述可参看 §8.

定理 12 若不可约的常返 Марков 链是周期的,它的周期是 d,则

$$\lim_{n\to\infty} p^{(nd)}(i,i)=\frac{d}{m_i} \tag{16}$$

若 K_s 是定理 9 中引入的子类,而且 $i\in K_r, j\in K_s$,则

$$\lim_{n\to\infty} p^{(nd+l)}(i,j)=\begin{cases}\dfrac{d}{m_j}, l=s-r(\mathrm{mod}\, d)\\ 0,\quad l\neq s-r(\mathrm{mod}\, d)\end{cases} \tag{17}$$

证 从引理 3 得知,不可约 Марков 链和证明前面的定理时引入的更新过程有相同的周期,故等式(16) 可直接由定理 10 的推论得到. 根据定理 9 有

$$p^{(nd+l)}(i,j)=0 \text{ 对于 } i\in K_r, j\in K_s \text{ 和 } l\neq s-r(\mathrm{mod}\, d)$$

因此,例如若 $r<s$,则

$$p^{(nd+s-r)}(i,j)=\sum_{k=0}^{n} f^{(kd+s-r)}(i,j)p^{(n-k)d}(j,j)$$

与定理 11 的证明一样,利用引理 1 即可完成式(17) 的证明.

定义 5 常返状态 j 称做零状态,如果 $\lim p^{(nd_j)}(j,j)=0$;称做正状态,如果 $\lim p^{(nd_j)}(j,j)>0$.

在一常返状态类中所有状态或者同是正的,或者同是零的. 事实上,如果 $i\leftrightarrow j$,则由不等式

$$p^{(m+nd_j+s)}(i,i)\geqslant p^{(m)}(i,j)p^{(nd_j)}(j,j)p^{(s)}(j,i)$$

推得

$$\lim p^{(nd)}(i,i)\geqslant \lim p^{(nd)}(j,j), d=d_i=d_j$$

这里 m 和 s 是使得 $p^{(m)}(i,j)>0$ 和 $p^{(s)}(j,i)>0$ 的数. 交换 i 和 j 的位置,我们

就得到欲证的论断.

我们把得到的结果归纳如下：

定理 13 a) 状态 j 为非常返的充分必要条件是 $G_{jj}=\sum_{n=1}^{\infty}p^{(n)}(j,j)<\infty$. 这时对所有 i 有

$$G_{ij}=\sum_{n=1}^{\infty}p^{(n)}(i,j)\leqslant G_{jj}<\infty,\lim_{n\to\infty}p^{(n)}(i,j)=0$$

b) 设 j 是常返状态，它的周期是 d，而平均返回时间是 m_j. 若 i 是从 j 可达的，则 i 也是具有相同周期 d 的常返状态，它和 j 同时是零状态或正状态，而且存在只依赖于 i 和 j 的 $k,0\leqslant k<d$，使得

$$\lim p^{(md+r)}(i,j)=\begin{cases}\dfrac{d}{m_j},\text{若 } r=k(\bmod d)\\ 0,\text{若 } r\neq k(\bmod d)\end{cases}\tag{18}$$

c) 若 i,j 属于同一常返类，则

$$\lim_{N\to\infty}\frac{1}{N}\sum_{n=1}^{N}p^{(n)}(i,j)=\frac{1}{m_j}\tag{19}$$

论断 c) 是 b) 的直接推论. 另一方面，式(19) 不像论断 b) 那样，它没有反映周期的与非周期的状态类之间的区别.

如果一不可约常返 Марков 链的状态是正的(零的)，我们就把这链称做正的(零的).

常返性判别准则，平稳分布 Марков 链是常返的(正的或零的) 性质与线性方程组

$$\sum_{j\in I}p(j,i)x_j=x_i,i\in I\tag{20}$$

和它的转置方程组

$$\sum_{j\in I}p(i,j)x_j=x_i,i\in I\tag{21}$$

的非平凡解有密切的联系.

如果方程组(20) 有非负的可和解，即 $x_i\geqslant 0,\Sigma x_i<\infty$，则可以认为 $\Sigma x_i=1$，而且这样的解可以看做是一个产生平稳 Марков 过程的不变初始分布

$$x_i=P\{\xi(0)=i\}=P\{\xi(1)=i\}=\cdots$$

另一方面，存在具有给定转移概率的平稳 Марков 过程等价于方程组(20) 存在非负可和解.

就转置方程组(21) 来说，存在非平凡解 $x_i=c$ 这一事实是显然的. 常返 Марков 链的一个特点是对应于它的方程组(21) 没有其他的非平凡非负解. 而且我们还有下面的定理.

定理 14 不可约 Марков 链是常返的，当且仅当不等式组

$$\sum_{j\in I}p(i,j)x_j \leqslant x_i, i \in I \tag{22}$$

除了形如 $x_i=c(i \in I)$ 的解外没有其他非负解.

证 假设链是常返的,而且 $x_i \geqslant 0(i \in I)$ 是方程组(22)的一个解.我们选取任一 $x_i > 0$(若这样的 x_i 不存在,则所有 $x_i \equiv 0$).由式(22)得

$$x_i \geqslant \sum_{j\in I}p(i,j)\sum_{k\in I}p(j,k)x_k = \sum_{k\in I}p^{(2)}(i,k)x_k$$

再由归纳法可得

$$x_i \geqslant \sum_{k\in I}p^{(n)}(i,k)x_k$$

对于每一 i,可以找到使得 $p^{(n)}(i,l)>0$ 的 n,因而 $x_i \geqslant p^{(n)}(i,l)x_l > 0$.于是对所有 $i \in I$ 均有 $x_i > 0$.令 $y_i=\dfrac{x_i}{x_l}$,其中 l 是一任意选取的状态.我们有

$$y_i \geqslant \sum_{j\in I}p(i,j)y_j \geqslant p(i,l)+\sum_{j\neq l}p(i,j)y_j$$

将这不等式应用于在它右端出现的 y_j,我们就得到

$$y_i \geqslant p(i,l)+\sum_{j\neq l}p(i,j)p(j,l)+\sum_{j\neq l}\sum_{k\neq l}p(i,j)p(j,k)y_k =$$

$$f^{(1)}(i,l)+f^{(2)}(i,l)+\sum_{k\neq l}{}_lp^{(2)}(i,k)y_k$$

式中 ${}_lp^{(2)}(i,k)=\sum_{j\neq l}p(i,j)p(j,k)$ 是从状态 i 出发,经两步到达状态 k 而中间没有经过状态 l 的概率.反复使用这方法可推得不等式

$$y_i \geqslant \sum_{n=1}^{N}f^{(n)}(i,l)+\sum_{k\neq l}{}_lp^{(N)}(i,k)y_k$$

这里 ${}_lp^{(N)}(i,k)$ 是从状态 i 出发,经 N 步转移到状态 k 而中间没有经过状态 l 的概率.在上式中令 $N\to\infty$ 就得到

$$y_i \geqslant \sum_{n=1}^{\infty}f^{(n)}(i,l)=1$$

即 $x_i \geqslant x_l$.

因为 i 和 l 是任意的,故 $x_i=x_l=$ 常数,即不等式组(22)除了 $x_i=c, i\in I$(这时(22)的所有式子均变成等式)外没有其他的非负解.

现在设链至少有一个非常返状态(这时没有用到链的不可约性).设 $x_l=1$;$x_i=F(i,l)$ 当 $i\neq l$,这里 l 是任一非常返状态.注意不会对所有 $i(i\neq l)$ 均有 $F(i,l)=1$.事实上,假若不然,我们就有

$$F(l,l)=\sum_{k\neq l}p(l,k)F(k,l)+p(l,l)=\sum_{k\in I}p(l,k)$$

这与状态 l 的非常返性相矛盾.于是,上面定义的非负数 x_i 不全相等.对于 $i\neq l$,我们有

$$x_i = F(i,l) = \sum_{k \neq l} p(i,k) F(k,l) + p(i,l) = \sum_{k \in I} p(l,k) x_k$$

和

$$x_l = 1 > F(l,l) = \sum_{k \in I} p(i,k) x_k$$

即$\{x_i : i \in I\}$是不等式组(22)的不全等于一常数的非负解.定理证毕.

现在,我们研究不变初始分布的存在性与Марков链的常返性之间的关系问题,亦即关于常返链的方程组(20)的可解性问题.

定理15 设Марков链是不可约的和常返的,则方程组(20)不可能有多于一个满足条件

$$\sum_{i \in I} |x_i| < \infty, \sum_{i \in I} x_i = 1 \tag{23}$$

的解.如果链是正常返的,则方程组(20)的满足式(23)的解形如

$$x_i = v_i = \lim_{N \to \infty} \frac{1}{N} \sum_{n=1}^{N} p^{(n)}(j,i) \tag{24}$$

如果链是零常返的,则方程组(20)的唯一绝对可和解是平凡的($x_i = 0$).

证 首先证明,在条件(23)之下方程组(20)的解的唯一性.设存在这样的一个解.用$p(i,k)$乘式(20)并对所有i求和就得到

$$x_k = \sum_{i \in I} x_i p(i,k) = \sum_{i \in I} \sum_{j \in I} x_j p(j,i) p(i,k) =$$

$$\sum_{j \in I} x_i \sum_{i \in I} p(j,i) p(i,k) = \sum_{j \in I} x_j p^{(2)}(j,k)$$

因为上式中的二重级数绝对收敛,故可以交换求和次序.类似地,我们可得

$$x_k = \sum_{j \in I} x_j p^{(n)}(j,k) \tag{25}$$

令

$$S_N(j,k) = \frac{1}{N} \sum_{n=1}^{N} p^{(n)}(j,k)$$

则

$$x_k = \sum_{j \in I} x_j S_N(j,k)$$

考虑到$S_N(j,k) \to m_k^{-1}$以及级数$\sum_{j \in I} x_j$的绝对收敛性,在上式中取极限就得到

$$x_k = \sum_{j \in I} x_j m_k^{-1} = m_k^{-1} \tag{26}$$

这就证明了方程组(20),(23)的解的唯一性.由此还可推得,如果链是零常返的,则对所有$k \in I$均有$x_k = 0$.

现在证明对于正常返链,(24)是我们所要求的方程组(20)的解.设I'是I的任意有限子集.由不等式$p^{(n+1)}(k,i) \geqslant \sum_{j \in I'} p^{(n)}(k,j) p(j,i)$得

$$S_{N+1}(k,i)-\frac{1}{N+1}p(k,i)\geqslant\frac{N}{N+1}\sum_{j\in I'}S_N(k,j)p(j,i)$$

取 $N\to\infty$ 时的极限，我们就得到

$$v_i\geqslant\sum_{j\in I'}v_jp(j,i)$$

现设 $I'\to I$，于是有 $v_i\geqslant\sum_{j\in I}v_ip(j,i)$. 用 $p(i,k)$ 乘这不等式并对 k 求和就得到不等式

$$v_k\geqslant\sum_{i\in I}v_ip(i,k)\geqslant\sum_{i\in I}v_ip^{(2)}(i,k)$$

继续这一程序可得

$$v_k\geqslant\sum_{i\in I}v_ip^{(n)}(i,k)\text{，对任意 }n\geqslant 1$$

如果在上式中至少对某一 k 严格的不等式成立，则有

$$\sum_{k\in I}v_k>\sum_{i\in I}v_i\sum_{k\in I}p^{(n)}(i,k)=\sum_{i\in I}v_i$$

这是不可能的. 因此

$$v_k=\sum_{i\in I}v_ip^{(n)}(i,k),k\in I,n=1,2,\cdots \tag{27}$$

特别，v_i 构成方程组(20) 的解. 由式(27) 得

$$v_k=\sum_{i\in I}v_iS_N(i,k) \tag{28}$$

我们指出，由不等式 $\sum_{k\in I'}p^{(n)}(i,k)\leqslant 1$ 可推出 $\sum_{k\in I'}S_N(i,k)\leqslant 1$ 和 $\sum_{k\in I'}v_k\leqslant 1$ 对任意有限的 $I'\subset I$. 因此 $\sum_{k\in I}v_k\leqslant 1$. 于是我们可以在式(28) 中取 $N\to\infty$ 的极限，这就产生等式 $v_k=\sum_{i\in I}v_iv_k$，从而 $\sum_{i\in I}v_i=1$. 故方程组(20) 的解 v_i 满足条件(23). 定理证毕.

注 若 Марков 链是任意的，$\{x_i:i\in I\}$ 是方程组(20) 的绝对可和解，k 是非常返状态，则 $x_k=0$.

这论断可从以下事实推出：可以在等式(25) 中取 $n\to\infty$ 的极限，而且对于任意非常返状态 k 都有 $\lim_{n\to\infty}p^{(n)}(j,k)=0$.

推论

1. 不可约 Марков 链是正常返的，当且仅当方程组(20) 有非平凡绝对可和解 $\{x_i:i\in I\}$，而且 $x_i=cv_i$，这里 c 是常数，$v_i>0$.

2. 不可约 Марков 链有不变的初始分布，当且只当它是正常返的.

3. 若链是正常返和非周期的，则方程组(20) 的满足(23) 的唯一解形如

$$x_i=v_i=\lim_{n\to\infty}p^{(n)}(j,i) \tag{29}$$

最后一论断由以下事实推出：对于正的非周期链，极限 $\lim_{n\to\infty}p^{(n)}(j,i)$ 存在，

故由式(24) 可推出式(29).

从上面的定理知,对于零常返链方程组(20) 不可能有非平凡的绝对可和解.但是,它有一个重要的非平凡不可和解.为了获得这个解,我们引入有禁区的转移概率(简称禁区概率),它是首达概率这一概念的推广,我们在证明定理14时已遇见过.禁区概率${}_lp^{(n)}(i,j)$是从初始状态出发后第n步到达状态j而且在时刻$1,2,\cdots,n-1$没有到过状态l的概率.于是

$$ {}_lp^{(n)}(i,j)=\sum_{\substack{j_1,j_2,\cdots,j_{n-1}\\ j_r\neq l,r=1,\cdots,n-1}} p(i,j_1)p(j_1,j_2)\cdots p(j_{n-1},j),n\geqslant 1 $$

显然

$$ {}_lp^{(1)}(i,j)=p(i,j),{}_jp^{(n)}(i,j)=f^{(n)}(i,j) $$

我们又设

$$ {}_lp^{(0)}(i,j)=\delta(i,j) $$

类似地可引入禁区概率${}_Hp^{(i,j)}$,这时禁区是某一状态集合H.如果有两个状态l,j被禁止到达,则禁区概率${}_{(l,j)}p^{(n)}(i,j)$可以合乎逻辑地用${}_lf^{(n)}(i,j)$来表示,这是从初始状态i出发后第n步首达状态j,而中间没有到达状态l的概率.

我们指出下面两个等式

$$ {}_lp^{(n)}(i,j)=\sum_{k=1}^{n}{}_lf^{(k)}(i,j){}_lp^{(n-k)}(j,j) \tag{30} $$

$$ {}_lp^{(n)}(i,j)=\sum_{k=1}^{n}{}_lp^{(k)}(i,i){}_{\{i,l\}}p^{(n-k)}(i,j) \tag{31} $$

公式(30) 右端的每一项给出从初始状态i出发后第k步($k\leqslant n$) 首次到达状态j,然后在第n步又到达状态j,而在这n步中没有到过状态l的概率.将这些概率对k求和就给出式(30) 的左端.式(31) 右端的每一项有如下的意义:它等于从初始状态i出发后第k步($k\leqslant n$)到达状态i(这是第n步之前的最后一次),然后在第n步到达状态j,而在时刻n之前没有到过状态l的概率.特别地,由式(31) 得(当$l=j$时)

$$ f^{(n)}(i,j)=\sum_{k=1}^{n}{}_jp^{(k)}(i,i){}_if^{(n-k)}(i,j) \tag{32} $$

我们引入如下的母函数

$$ {}_lp_{ij}(z)=\sum_{n=0}^{\infty}{}_lp^{(n)}(i,j)z^n $$

$$ {}_lF_{jj}(z)=\sum_{u=0}^{\infty}{}_lf^{(n)}(i,j)z^n,{}_lf^{(0)}(i,j)=0 $$

等式(30) 和(32) 的右端是两个序列的卷积,因此

$$ {}_lP_{ij}(z)={}_lF_{ij}(z){}_lP_{jj}(z),F_{ij}(z)={}_jP_{ii}(z){}_iF_{ij}(z) \tag{33} $$

注意级数${}_lF_{ij}(z)$当$z=1$时收敛,而且若状态i和j连通,则${}_iF_{ij}(1)>0$.在这假

设下，(33) 中的第二个式子表明，当 $z \to 1$ 时${}_jP_{ii}(z)$ 存在有限的极限，因而${}_jP_{ii}(1) < \infty$. 设

$$ {}_lG(i,j) = \sum_{n=0}^{\infty} {}_lp^{(n)}(i,j) \tag{34}$$

于是，若状态 i 和 j 连通，则

$$ {}_jG(i,i) = \frac{F_{ij}(1)}{{}_iF_{ij}(1)} < \infty \tag{35}$$

另一方面，(33) 中的第一个式子给出

$$ {}_iG(i,j) = {}_iF_{ij}(1){}_iG(j,j)$$

因此

$$ {}_iG(i,j) \leqslant {}_iG(j,j) < \infty \tag{36}$$

回过头来讨论方程组(20) 的解，我们证明下述定理.

定理 16 设 l 是不可约常返 Марков 链的任意状态，则方程组(20) 有非负解

$$x_l = 1, x_i = {}_lG(l,i)(i \neq l), i \in I$$

证 设

$$u_l = 1, u_i = {}_lG(l,i)(i \neq l) \tag{37}$$

当 $i \neq l$ 时有

$$\begin{aligned}\sum_{j \in I} u_j p(j,i) &= p(l,i) + \sum_{j \neq l} {}_lG(l,j)p(j,i) = \\ & p(l,i) + \sum_{j \neq l}\sum_{n=1}^{\infty} {}_lp^{(n)}(l,j)p(j,i) = \\ & p(l,i) + \sum_{n=1}^{\infty} {}_lp^{(n+1)}(l,i) = {}_lG(l,i) = u_i\end{aligned}$$

如果 $i = l$，则

$$\sum_{j \in I} u_j p(j,l) = p(l,l) + \sum_{n=1}^{\infty} f^{(n+1)}(l,l) = \sum_{n=1}^{\infty} f^{(n)}(l,l) = u_l$$

定理证毕.

现在讨论方程组(20) 满足条件 $u_l = 1, u_i \geqslant 0$ 的解的唯一性问题. 为此我们利用与引入逆转 Марков 链相联系的方法.

首先假设链是正常返的，而$\{v_j : j \in I\}$ 是不变的初始分布.

考虑一对应于初始分布$\{v_j : j \in I\}$ 的平稳 Марков 过程，以 $P^{(v)}$ 表示对应于这过程的概率测度. 我们引入条件概率

$$q_i(j_1, j_2, \cdots, j_n) = P^{(v)}\{\xi(t-1) = j, \xi(t-2) = j_2, \cdots, \xi(t-n) = j_n \mid \xi(t) = i\}$$

其中 $t > n$；我们有

$$q_i(j_1, j_2, \cdots, j_n) = \frac{v_{jn} p(j_n, j_{n-1}) p(j_{n-1}, j_{n-2}) \cdots p(j_1, i)}{v_i} =$$

$$q(i,j_1)q(j_1,j_2)\cdots q(j_{n-1},j_n)$$

其中 $q(i,j)=p(j,i)\dfrac{v_j}{v_i}$.

于是在一平稳正常返 Марков链中,通过改变计算时间的方向(从现在到过去)而得到的条件转移概率也对应某一 Марков链. 应当注意,所有 $v_i>0$,因而

$$q(i,j)\geqslant 0,\sum_{j\in I}q(i,j)=\frac{1}{v_i}\sum_{j\in I}v_jp(j,i)=\frac{v_i}{v_i}=1$$

上述构造不仅可应用于正常返 Марков链,而且也可应用于任意的常返(即也包括零常返)Марков 链. 为此目的,我们考虑方程组(20) 的任一正解 $\{x_j:j\in I\}$(下面将要证明这样的解存在) 并设

$$q(i,j)=p(j,i)\cdot\frac{x_j}{x_i} \tag{38}$$

如同前面一样,这时有

$$q(i,j)\geqslant 0,\sum_{j\in I}q(i,j)=1$$

带有转移概率(38) 的 Марков 链称做原有链的逆转(逆链).

我们指出,逆链的 n 步转移概率有

$$q^{(n)}(i,j)=\sum_{j_1,j_2,\cdots,j_{n-1}}q(i,j_1)q(j_1,j_2)\cdots q(j_{n-1},j)=$$

$$\sum_{j_1,j_2,\cdots,j_{n-1}}p(j_1,i)p(j_2,j_1)\cdots p(j,j_{n-1})\frac{x_j}{x_i}$$

即

$$q^{(n)}(i,j)=\frac{x_j}{x_i}p^{(n)}(j,i) \tag{39}$$

由此可得以下推论:

如果原有链是不可约的,常返的,正的或零的,则逆链也具有同样的性质.

根据比的极限定理推得,当链是常返时有

$$\lim_{N\to\infty}\frac{\sum\limits_{n=1}^{N}q^{(n)}(i,j)}{\sum\limits_{n=0}^{N}q^{(n)}(j,j)}=1$$

利用式(39) 可得

$$\lim_{N\to\infty}\frac{\sum\limits_{n=1}^{N}p^{(n)}(j,i)}{\sum\limits_{n=0}^{N}p^{(n)}(j,j)}=\frac{x_i}{x_j} \tag{40}$$

下述定理是上面得到的关系的一个推论:

定理 17 对于不可约常返链,方程组(20) 满足条件 $x_l=1$ 的非负解是唯一

的. 这时 $x_i = {}_lG(l,i)$ 且

$$\lim_{N\to\infty}\frac{\sum_{n=1}^{N}p^{(n)}(j,i)}{\sum_{n=0}^{N}p^{(n)}(j,j)} = {}_jG(j,i) \tag{41}$$

式(41) 可从方程组(20) 的解的唯一性和定理 16 推得，而唯一性则由在对所有 j 均有 $x_j > 0$ 的假设下的式(40) 推出. 于是，根据定理 16 我们只须证明，若$\{x_j : j\in I\}$ 是方程组(20) 的非负非平凡解，则 $x_j > 0$. 这论断的推导如下：对于(20) 的非平凡解我们有

$$x_i = \sum_j x_j p(j,i) = \sum_j\sum_k x_k p(k,j)p(j,i) = \sum_k x_k \sum_j p(k,j)p(j,i) = \sum_k x_k p^{(2)}(k,i)$$

由归纳法易得 $x_i = \sum_{k\in I} x_k p^{(n)}(k,i)$. 设 $x_l > 0$；对于任意 i，可以找到 n 使得 $p^{(n)}(l,i) > 0$，因此 $x_i \geqslant x_l p^{(n)}(l,i) > 0$. 对于方程组(20) 的这个给定解，我们构造相应的逆链并令 $x_l = 1$，则由式(40) 就可得到 $x_i(i\in I)$ 的唯一性. 根据定理 16 我们有 $x_i = {}_lG(l,i)$.

注　式(40) 是关系式 $\lim_{N\to\infty} N^{-1}\sum_{n=1}^{N}p^{(n)}(j,i) = v_i$(对正常返链此式成立) 的推广，这里$\{v_i\}$ 是不变的初始分布.

定理 17 可以加强为

定理 18　对于不可约常返 Марков 链，不等式组

$$x_i \geqslant \sum_{j\in I} x_j p(j,i), x_i \geqslant 0, x_l = 1 \tag{42}$$

有唯一解，而且 $x_i = \Sigma x_j p(j,i), i\in I$.

根据定理 16，我们只须证明(42) 的解的唯一性. 引入带有转移概率 $q(i,j) = p(j,i)\frac{u_j}{u_i}$ 的逆转 Марков 链，这里 u_i 是方程组(20) 的正解. 逆链是不可约的和常返的. 我们有

$$\sum_j q(i,j)\frac{x_j}{u_j} = \sum_j p(j,i)\frac{x_j}{u_i} \leqslant \frac{x_i}{u_i}, \frac{x_l}{u_l} = 1$$

但由定理 14 知，不等式组

$$\sum_j q(i,j)y_j \leqslant y_i, y_l = 1$$

有唯一的非负解 $y_i = 1$，因此 $x_i = u_i$ 对所有 $i\in I$. 定理证毕.

§6　格子上的随机游动

不可约性

定义1　向量 $z=\sum_{i=1}^{s}a_i\boldsymbol{e}_i$ 的集合 Z 称做格子，这里 $\boldsymbol{e}_i(i=1,\cdots,s)$ 是 $\mathbf{R}^m$ 中的线性无关向量，a_i 是整数($a_i=0,\pm1,\pm2,\cdots$).

显然，Z 是包含向量 $\boldsymbol{e}_1,\boldsymbol{e}_2,\cdots,\boldsymbol{e}_s$ 的最小加法群. 数 s 称做这格子的维，而向量 $\boldsymbol{e}_1,\boldsymbol{e}_2,\cdots,\boldsymbol{e}_s$ 是它的基. 如果 $s<m$，格子称做退化的；当 $s=m$ 时是非退化的.

在格子 Z 上的随机游动 $\{\xi(n):n=0,1,2,\cdots\}$ 由公式 $\boldsymbol{\zeta}(n)=\boldsymbol{x}+\boldsymbol{\xi}_1+\cdots+\boldsymbol{\xi}_n(n\geqslant1)$ 和 $\boldsymbol{\zeta}(0)=\boldsymbol{x}$ 定义，其中 $\boldsymbol{x}$ 是一非随机向量，它表示随机游动的初始位置，$\boldsymbol{x}\in Z$，而 $\boldsymbol{\xi}_1,\boldsymbol{\xi}_2,\cdots,\boldsymbol{\xi}_n,\cdots$ 是取值于 Z 的独立同分布随机向量. 假设 $p(\boldsymbol{x})=P\{\boldsymbol{\xi}_k=\boldsymbol{x}\}$，$\boldsymbol{x}\in Z$. 若 $\boldsymbol{x}_k\in Z(k=0,1,\cdots,n)$，则由随机游动的定义有

$$P\{\boldsymbol{\zeta}(0)=\boldsymbol{x}_0,\boldsymbol{\zeta}(1)=\boldsymbol{x}_1,\cdots,\boldsymbol{\zeta}(n)=\boldsymbol{x}_n\}=\delta(\boldsymbol{x}_0-\boldsymbol{x})\prod_{k=1}^{n}p(\boldsymbol{x}_k-\boldsymbol{x}_{k-1})$$

因此格子上的随机游动就是可数状态齐次 Марков 链的一种特殊情形，它的一步转移概率是 $p(\boldsymbol{x},\boldsymbol{y})=p(\boldsymbol{y}-\boldsymbol{x})$. 随机游动与一般的可数状态齐次 Марков 链的区别在于它的转移概率具有空间齐次性这一基本特征

$$p(\boldsymbol{x}+\boldsymbol{z},\boldsymbol{y}+\boldsymbol{z})=p(\boldsymbol{x},\boldsymbol{y})=p(\boldsymbol{y}-\boldsymbol{x})$$

这个性质只不过是游动的位移向量 $\boldsymbol{\xi}_{n+1}=\boldsymbol{\zeta}(n+1)-\boldsymbol{\zeta}(n)$ 对游动在给定时刻的位置的独立性的另一种表示. 显然，n 步转移概率也具有空间齐次

$$\begin{aligned}p^{(n)}(\boldsymbol{x}+\boldsymbol{z},\boldsymbol{y}+\boldsymbol{z})=P\{\boldsymbol{\zeta}(n)=\boldsymbol{y}+\boldsymbol{z}\mid\boldsymbol{\zeta}(0)=\boldsymbol{x}+\boldsymbol{z}\}=\\P\{\boldsymbol{\zeta}(n)-\boldsymbol{\zeta}(0)=\boldsymbol{y}-\boldsymbol{x}\mid\boldsymbol{\zeta}(0)=\boldsymbol{x}\}=\\p^{(n)}(\boldsymbol{y}-\boldsymbol{x})\end{aligned}$$

这里 $p^{(n)}=P\{\boldsymbol{\xi}_1+\boldsymbol{\xi}_2+\cdots+\boldsymbol{\xi}_n=x\}$ 是 n 个独立同分布随机向量之和取值 $\boldsymbol{x}$ 的概率.

根据游动的空间齐次性推得，若 Z 中所有从给定点 $\boldsymbol{x}$ 可达的点组成集合 K_x，则 K_x 可表为 $K_0+\boldsymbol{x}$ 的形式，这里 K_0 是从 $\boldsymbol{0}(\boldsymbol{0}\in K_0)$ 可达的点集. 为了描述集合 K_0，我们引入集合 D，它由所有使得 $p(\boldsymbol{x})>0$ 的点 $\boldsymbol{x}\in Z$ 组成. 集合 D 称做随机向量 $\boldsymbol{\xi}_k$ 的分布的支承. 从 $\boldsymbol{0}$ 经一步只能到达 D 中的点，从 $\boldsymbol{0}$ 经两步能够而且只能到 Z 中那些可以写成 $\boldsymbol{x}=\boldsymbol{x}_1+\boldsymbol{x}_2$ 的点，这里 $\boldsymbol{x}_i\in D(i=1,2)$. 令 H_+ 表示 $\mathbf{R}^m$ 中所有形如 $\boldsymbol{x}=n_1\boldsymbol{x}_1+\cdots+n_s\boldsymbol{x}_s$ 的点，其中 $s\geqslant0$，$n_k(k=1,\cdots,s)$ 是任意正整数和 $\boldsymbol{x}_k\in D$. 显然

$$K_0=H_+$$

即 H_+ 是所有那些从 $\mathbf{0}$ 可达的点集.

Z 中的两点 $\boldsymbol{x}$ 和 $\boldsymbol{y}$ 称做连通的,如果 $\boldsymbol{x}-\boldsymbol{y}\in H_+$ 和 $\boldsymbol{y}-\boldsymbol{x}\in H_+$. 设

$$H_* = H_+ \cap \{-H_+\}$$

§5 中所描述的关于连通状态类的分解现在变成:H_* 是包含零点的状态类,其余所有的连通状态类均形如 $H_k=\boldsymbol{x}_k+H_*$,这里 $\boldsymbol{x}_k$ 是 Z 中任一使得 $\boldsymbol{x}_k-\boldsymbol{x}_j \overline{\in} H_*(k\neq j)$ 的序列.

从随机游动的空间齐次性推得,不同的连通状态类或者同是本质的,或者同是非本质的,因此本质性或非本质性是随机游动的整体属性.

本质性条件等价于要求 $H_+=\{-H_+\}$,这意味着 H_+ 是群.

于是,为使随机游动的状态是本质的,必须且只须 Z 的子集 H_+ 是群.

应当指出,对于随机游动的研究来说,连通状态类的划分和在这些状态类内游动性态的研究并不能反映其特性.

现在引入能表为 $\boldsymbol{z}=\boldsymbol{x}-\boldsymbol{y}$ 的点 $\boldsymbol{z}$ 之集合 H,这里 $\boldsymbol{x},\boldsymbol{y}\in H_+$. H 是包含从 $\mathbf{0}$ 可达的点 $\boldsymbol{z}\in Z$ 的最小群. 我们将要证明,H 是 $\mathbf{R}^m$ 中的一个格子(其维数可能较低). 由此推得,在研究随机游动时可以限于讨论这样的情形,即假定 H 就是空间 $\mathbf{R}^m$ 中所有具有整数值坐标的向量组成的格子 Z. 我们用 Z^m 表示空间 $\mathbf{R}^m$ 中所有整数值向量的格子.

下述定理带有纯代数的性质.

定理 1 线性空间 $\mathbf{R}^m$ 中向量的 r 维加法群 $H(H\subset Z^m)$ 是一 r 维格子.

证 设 r 是 H 中线性无关向量的最大数目. 我们证明存在 r 个这样的线性无关向量 $\boldsymbol{x}_k\in H$,使得 H 就是形如 $a_1\boldsymbol{x}_1+a_2\boldsymbol{x}_2+\cdots+a_r\boldsymbol{x}_r$ 的向量集合,这里 a_k 是任意整数($a_k=0,\pm1,\pm2,\cdots,k=1,2,\cdots,r$). 设 $\boldsymbol{x}_1^*,\boldsymbol{x}_2^*,\cdots,\boldsymbol{x}_r^*$ 是 H 中任一最大线性无关向量组,则每一向量 $\boldsymbol{x}\in H$ 可表为

$$\boldsymbol{x}=\sum_{k=1}^{r} b_k\boldsymbol{x}_k^* \tag{1}$$

其中 b_k 是实数. 另一方面,$\boldsymbol{x}_k^*=\sum_{j=1}^{m}c_{kj}\boldsymbol{e}_j$,这里 c_{kj} 是整数且矩阵 $\{c_{kj}\}$ 的秩等于 r. (1) 等价于线性方程组 $\sum_{k=1}^{r}b_kc_{kj}=a_j,j=1,2,\cdots,m$,其中 a_j 是 $\boldsymbol{x}$ 在基 $\{\boldsymbol{e}_j:j=1,\cdots,m\}$ 中的整数值坐标. 由此可得,当 $0\leqslant b_k<1$ 时只能存在有限多个形如 (1) 的向量,而且 b_k 是有理数. 因此,若 B 是所有 b_k 的最小公分母,则式(1) 可写成

$$\boldsymbol{x}=\sum_{k=1}^{r}c_k\boldsymbol{y}_k,\ \boldsymbol{y}_k=\frac{\boldsymbol{x}_k^*}{B}$$

其中 c_k 是整数. 现在考虑任一带有整数值坐标的线性变换 $\boldsymbol{z}_k=\sum_{j=1}^{r}n_{kj}\boldsymbol{y}_j(k=$

$1,\cdots,r$)，以及由向量 $z_1,\cdots,z_r$ 在基$\{y_j:j=1,\cdots,r\}$中的坐标组成的行列式

$$V(z_1,z_2,\cdots,z_r)=\begin{vmatrix} n_{11} & \cdots & n_{1r} \\ n_{21} & \cdots & n_{2r} \\ \vdots & & \vdots \\ n_{r1} & \cdots & n_{rr} \end{vmatrix} \tag{2}$$

当且仅当向量组 $z_1,\cdots,z_r$ 是线性无关时这行列式取异于零的整数值. 我们选取一向量组 $z_1,\cdots,z_r$，使得 $z_k\in H$ 且行列式(2) 取最小正值. 这样的向量组是存在的. 以 $\boldsymbol{l}_1,\cdots,\boldsymbol{l}_r$ 表示对应的向量. 如果对某 $\boldsymbol{x}\in H$，展式 $\boldsymbol{x}=\sum_{k=1}^{r}d_k\boldsymbol{l}_k$ 中的 d_k 不全为整数，则存在向量 $\boldsymbol{l}'\in H$，使得 $\boldsymbol{l}'=\sum d'_k\boldsymbol{l}_k$，$0\leqslant d'_k<1$ 且对某个 j 有 $d'_j>0$. 这时

$$V(\boldsymbol{l}_1,\cdots,\boldsymbol{l}_{j-1},\boldsymbol{l}',\boldsymbol{l}_{j+1},\cdots,\boldsymbol{l}_r)=V(\boldsymbol{l}_1,\cdots,\boldsymbol{l}_{j-1},d'_j\boldsymbol{l}_j,\boldsymbol{l}_{j+1},\cdots,\boldsymbol{l}_r)=$$
$$d'_jV(\boldsymbol{l}_1,\cdots,\boldsymbol{l}_{j-1},\boldsymbol{l}_j,\boldsymbol{l}_{j+1},\cdots,\boldsymbol{l}_r)$$

这与行列式 $V(\boldsymbol{l}_1,\cdots,\boldsymbol{l}_r)$ 的最小性相矛盾.

因此，以向量组$\{\boldsymbol{l}_1,\cdots,\boldsymbol{l}_r\}$为基的格子和 H 是一致的. 定理证毕.

定义 2 给定在整数格子 Z^m 上的随机游动称做不可约的，如果 $H=Z^m$；称做可约的，如果 $H\neq Z^m$.

应当注意，刚才引入的随机游动不可约性这一概念和 Марков 链的不可约性定义并没有联系.

上面的定理表明，借助空间的仿射变换恒能使 m 维随机游动成为 m 维不可约的.

利用特征函数可以给出如下关于随机游动不可约性的判别准则. 设

$$J(\boldsymbol{u})=E\mathrm{e}^{\mathrm{i}(\boldsymbol{u},\boldsymbol{\xi}_1)}=\sum_{x\in Z^m}p(x)\mathrm{e}^{\mathrm{i}(\boldsymbol{u},\boldsymbol{x})} \tag{3}$$

是向量 $\boldsymbol{\xi}_1=\boldsymbol{\zeta}(1)-\boldsymbol{\zeta}(0)$ 的特征函数，这里 $\boldsymbol{\xi}_1$ 是随机游动的一步.

定理 2 为使随机游动是不可约的，必须且只须对 $\boldsymbol{u}\neq 2\pi\boldsymbol{x},\boldsymbol{x}\in Z^m$ 有 $J(\boldsymbol{u})\neq 1$.

证 充分性. 设随机游动是可约的. 如果 H 的维数小于 m，则存在正交于 H 的向量 $\boldsymbol{e}$，因此以概率 1 有 $(c\boldsymbol{e},\boldsymbol{\xi}_1)=0$ 对任意 c，故定理的条件不成立. 现设 H 的维数等于 m. 我们在 H 中选取基 $l_1,\cdots,l_m$，又设 T 是把基$\{\boldsymbol{e}_k:k=1,\cdots,m\}$变为$\{\boldsymbol{l}_k:k=1,\cdots,m\}$的线性变换：$l_k=T\boldsymbol{e}_k$. 基$\{\boldsymbol{e}_k:k=1,\cdots,m\}$的变换矩阵 $\boldsymbol{T}$ 由向量 $\boldsymbol{l}_k$ 的坐标组成，因而它的元素有整数值. 但它的行列式不等于 ±1. 事实上，假若不是这样，则逆变换 $\boldsymbol{T}^{-1}$ 也是具有整数值元素的，因而 Z^m 中的每一点都是 H 中的点，这与游动的可约性相矛盾. 我们考虑所有使得 $\boldsymbol{T}^*\boldsymbol{v}\in Z^m$ 的向量 $\boldsymbol{v}\in\mathbf{R}^m$ 组成的集合 Z'，这里 $\boldsymbol{T}^*$ 是 T 的共轭变换. 显然 Z' 是一加法群，而且 $Z^m\subset Z'$. 另

一方面,$Z' \neq Z^m$,因为否则整数变换 $\boldsymbol{T}^*$ 就有一整数逆变换,这与关系式

$$1 = \mathrm{Det}(\boldsymbol{T}^* \boldsymbol{T}^{*-1}) = \mathrm{Det}(\boldsymbol{T})\mathrm{Det}(\boldsymbol{T}^{*-1})$$

相矛盾(因为 $\mathrm{Det}(\boldsymbol{T}) \neq \pm 1$).所以存在一向量 $\boldsymbol{v}$,使得 $\boldsymbol{v} \in Z'$,$\boldsymbol{v} \overline{\in} Z^m$ 和 $\boldsymbol{T}^* \boldsymbol{v} \in Z^m$.因而对任意 k,$(\boldsymbol{v}, \boldsymbol{l}_k) = (v, \boldsymbol{Te}_k) = (\boldsymbol{T}^* \boldsymbol{v}, \boldsymbol{e}_k)$ 是整数,故(v, ξ_1)以概率1是整数,因此对 $v \overline{\in} Z^m$ 有 $J(2\pi v) = E\exp\{2\pi \mathrm{i}(\boldsymbol{v}, \boldsymbol{\xi}_1)\} = 1$.定理条件的充分性得证.

必要性 设游动是不可约的,而且 $J(2\pi v) = 1$,则仅当$(\boldsymbol{v}, \boldsymbol{\xi}_1)$以概率1是整数才可能有 $E[1 - \exp\{2\pi\mathrm{i}(\boldsymbol{v}, \boldsymbol{\xi}_1)\}] = 0$.从游动的不可约性推得$(\boldsymbol{v}, \boldsymbol{l}_k)$是整数$(k = 1, 2, \cdots, m)$,即 $v \in Z^m$.定理证毕.

常返游动 设 $f^{(s)}(\boldsymbol{x}, \boldsymbol{y})$ 是初始状态为 $\boldsymbol{x}$ 的随机游动在时刻 s 首次处于状态 $\boldsymbol{y}$ 的概率,又令 $F(\boldsymbol{x}, \boldsymbol{y}) = \sum_{s=1}^{\infty} f^{(s)}(\boldsymbol{x}, \boldsymbol{y})$.

由 §5 的式(4)得

$$f^{(n)}(\boldsymbol{x}, \boldsymbol{y}) = p^{(n)}(\boldsymbol{x}, \boldsymbol{y}) - \sum_{s=1}^{n-1} f^{(s)}(\boldsymbol{x}, \boldsymbol{y}) p^{(n-s)}(\boldsymbol{y}, \boldsymbol{y})$$

又由随机游动的空间齐次性得

$$f^{(n)}(\boldsymbol{x}, \boldsymbol{y}) = f^{(n)}(\boldsymbol{0}, \boldsymbol{y} - \boldsymbol{x}) = f^{(n)}(\boldsymbol{y} - \boldsymbol{x})$$

前一个等式可以改写为

$$f^{(n)}(\boldsymbol{x}) = p^{(n)}(\boldsymbol{x}) - \sum_{s=1}^{n-1} f^{(s)}(\boldsymbol{x}) p^{(n-s)}(\boldsymbol{0})$$

函数 $F(\boldsymbol{x}, \boldsymbol{y})$ 也只依赖于差 $\boldsymbol{y} - \boldsymbol{x}$,我们可以令 $F(\boldsymbol{y}, \boldsymbol{y} + \boldsymbol{x}) = F(\boldsymbol{x})$.特别地,$F(\boldsymbol{x}, \boldsymbol{x}) = F(\boldsymbol{0}, \boldsymbol{0})$,因此随机游动的所有状态或者同时是常返的,或者同时是非常返的.所以,今后我们将要讨论常返的或非常返的随机游动.

设

$$F_x(\boldsymbol{z}) = \sum_{n=1}^{\infty} f^{(n)}(\boldsymbol{x}) \boldsymbol{z}^n, P_x(\boldsymbol{z}) = \sum_{n=0}^{\infty} p^{(n)}(\boldsymbol{x}) \boldsymbol{z}^n$$

函数 $F_x(\boldsymbol{z})$ 和 $P_x(\boldsymbol{z})$ 之间有下面的关系(参看 §5,(6))

$$P_0(\boldsymbol{z}) = (1 - F_0(\boldsymbol{z}))^{-1}, P_x(\boldsymbol{z}) = P_0(\boldsymbol{z}) F_x(\boldsymbol{z}) \quad (x \neq \boldsymbol{0})$$

于是我们得到如下论断:

为使随机游动是常返的,必须且只须 $G(\boldsymbol{0}) = \sum_{n=0}^{\infty} p^{(n)}(\boldsymbol{0}) = \infty$.

我们回想一下,由于 §5 的结果,若游动是常返的,则在无限的时间区间内以概率1返回初始状态无穷多次.§5 的式(10)这时变为

$$F(\boldsymbol{x}) = \lim_{N \to \infty} \frac{\sum_{n=1}^{N} p^{(n)}(\boldsymbol{x})}{\sum_{n=0}^{N} p^{(n)}(\boldsymbol{0})} \tag{4}$$

因此，如果状态 x 是从 $\mathbf{0}$ 可达的，而游动又是常返的，则 $G(\boldsymbol{x})=\infty$，这里

$$G(\boldsymbol{x})=\sum_{n=0}^{\infty}p^{(n)}(\boldsymbol{x})$$

如果游动不是常返的，则

$$G(\boldsymbol{x})\leqslant G(\mathbf{0})<\infty$$

函数 $G(\boldsymbol{x})$ 有如下的概率意义. 它等于从 $\mathbf{0}$ 点开始的随机游动在时间区间 $(0,\infty)$ 内到达状态 $\boldsymbol{x}$ 的次数之平均值(数学期望). 对于常返的游动，$G(\boldsymbol{x})$ 等于 0 或 ∞. 在非常返的情形中，$G(\boldsymbol{x})$ 称为随机游动的 Green 函数.

下面的随机游动非常返性判别准则是强大数定律(§3) 的一个简单推论.

设随机游动的一步具有有限的非零数学期望，则该游动是非常返的.

事实上，以概率 1 有

$$\lim_{n\to\infty}\frac{\boldsymbol{\zeta}(n)}{n}=E\boldsymbol{\xi}_1=\boldsymbol{m}\neq\mathbf{0}$$

因此对几乎所有的 ω，可以找到 $n_0=n_0(\omega)$，使当 $n\geqslant n_0$ 时 $|\boldsymbol{\zeta}(n)|>\frac{|\boldsymbol{m}|}{2}n$，故从时刻 n_0 开始不可能返回 $\mathbf{0}$ 点.

利用随机游动一步的特征函数 $J(\boldsymbol{u})$ 可以得到一些其他的常返性和非常返性判别准则. 不难看出，

$$G(\mathbf{0})=\lim_{t\uparrow 1}\frac{1}{(2\pi)^m}\int_C \mathrm{Re}(1-tJ(\boldsymbol{u}))^{-1}\mathrm{d}\boldsymbol{u} \tag{5}$$

其中 m 是格子的维数，C 是 $\mathbf{R}^m$ 中的一个方体，$C=\{\boldsymbol{u}:|u^i|<\pi,i=1,\cdots,n\}$，$0<t<1$. 事实上，首先

$$G(\mathbf{0})=\lim_{t\uparrow 1}\sum_{n=0}^{\infty}p^{(n)}(\mathbf{0})t^n$$

另一方面，随机游动的特征函数的表达式(3) 表明，$p(x)$ 是 $J(\boldsymbol{u})$ 的 Fourier 级数展式中的 Fourier 系数. 因此

$$p(\boldsymbol{x})=\frac{1}{(2\pi)^m}\int_C J(\boldsymbol{u})\mathrm{e}^{-\mathrm{i}(u,x)}\mathrm{d}\boldsymbol{u}$$

和

$$p^{(n)}(\boldsymbol{x})=\frac{1}{(2\pi)^m}\int_C J^n(\boldsymbol{u})\mathrm{e}^{-\mathrm{i}(u,x)}\mathrm{d}\boldsymbol{u} \tag{6}$$

故当 $0<t<1$ 时

$$P_0(t)=\frac{1}{(2\pi)^m}\int_C(1-tJ(\boldsymbol{u}))^{-1}\mathrm{d}\boldsymbol{u}$$

因为 $P_0(t)$ 是实的，故在最后一个积分中被积函数可用它的实部来代替. 取 $t\to 1$ 时的极限就得到式(5). 令 $J_c(\boldsymbol{u})=\mathrm{Re}J(\boldsymbol{u})$ 时式(5) 可改写成

$$G(\mathbf{0})=\lim_{t\uparrow 1}\frac{1}{(2\pi)^m}\int_C\frac{1-tJ_c(\boldsymbol{u})}{|1-tJ(\boldsymbol{u})|^2}\mathrm{d}\boldsymbol{u}$$

利用这个公式,我们可以得到一些特殊的常返性判别准则.例如,可以证明 $\boldsymbol{m}=E\boldsymbol{\xi}_1=\mathbf{0}$ 的一维随机游动是常返的.

事实上

$$\frac{1-J(\boldsymbol{u})}{\boldsymbol{u}}\to m=0,\text{当 } \boldsymbol{u}\to\mathbf{0}$$

因此,对于任意 $\varepsilon>0$,可以找到 $\delta>0$,使当 $|\boldsymbol{u}|<\delta$ 时有 $|1-J(\boldsymbol{u})|<\varepsilon\boldsymbol{u}$.因而

$$G(\mathbf{0})\geqslant\overline{\lim_{t\uparrow 1}}\frac{1}{2\pi}\int_{-\delta}^{\delta}\frac{1-t}{2[(1-t)^2+|1-J(\boldsymbol{u})|^2]}\mathrm{d}\boldsymbol{u}\geqslant$$

$$\overline{\lim_{t\uparrow 1}}\frac{1}{2\pi}\int_{0}^{\delta}\frac{1-t}{(1-t)^2+\varepsilon^2\boldsymbol{u}^2}\mathrm{d}\boldsymbol{u}=$$

$$\overline{\lim_{t\uparrow 1}}\frac{1}{2\pi}\frac{1}{\varepsilon}\arctan\frac{\varepsilon\delta}{1-t}=\frac{1}{4\varepsilon}$$

由此得欲证的 $G(\mathbf{0})=\infty$.

为了得到多维游动的类似结果,我们需要特征函数的某些估计.

引理 1 对于维数 $\geqslant 2$ 的不可约随机游动,存在这样的常数 k,使得

$$1-J_c(\boldsymbol{u})\geqslant k|\boldsymbol{u}|^2,\boldsymbol{u}\in C$$

这里 C 是 m 维方体 $\{\boldsymbol{u}:\max\limits_{1\leqslant i\leqslant m}|\boldsymbol{u}^i|\leqslant\pi\}$.

证 因为

$$1-J_c(\boldsymbol{u})=\sum_{x\in Z^m}[1-\cos(\boldsymbol{u},x)]p(\boldsymbol{x})$$

并且对 $|(\boldsymbol{u},\boldsymbol{x})|\leqslant\pi$ 有

$$1-\cos(\boldsymbol{u},\boldsymbol{x})=2\sin^2\frac{(\boldsymbol{u},\boldsymbol{x})}{2}\geqslant 2\left(\frac{2}{\pi}\frac{(\boldsymbol{u},\boldsymbol{x})}{2}\right)^2=\frac{2}{\pi^2}(\boldsymbol{u},\boldsymbol{x})^2$$

故

$$1-J_c(\boldsymbol{u})\geqslant\frac{2}{\pi^2}\Sigma'(\boldsymbol{u},\boldsymbol{x})^2p(\boldsymbol{x})$$

这里 Σ' 表示对满足条件 $|(\boldsymbol{u},\boldsymbol{x})|\leqslant\pi$ 的 $\boldsymbol{x}\in Z^m$ 求和.因为游动是不可约的,所以在集合 $\{\boldsymbol{x}:p(\boldsymbol{x})>0\}$ 中可选出 $\mathbf{R}^m$ 中的一组基,设 $\{\boldsymbol{e}_1,\cdots,\boldsymbol{e}_m\}$ 是这组基的向量,$N=\max\{|\boldsymbol{e}_k|:k=1,2,\cdots,m\}$.再设 $|\boldsymbol{u}|\leqslant\pi N^{-1}$,则

$$1-J_c(\boldsymbol{u})\geqslant\frac{2}{\pi^2}\sum_{k=1}^{m}(\boldsymbol{u},\boldsymbol{e}_k)^2p(\boldsymbol{e}_k)$$

上式右端的二次型是正定的,因此存在常数 k_1,使得

$$\sum_{k=1}^{m}(\boldsymbol{u},\boldsymbol{e}_k)^2p(\boldsymbol{e}_k)\geqslant k_1|\boldsymbol{u}|^2$$

于是

$$1-J_c(\boldsymbol{u})\geqslant\frac{2}{\pi}k_1|\boldsymbol{u}|^2,\text{对 }|\boldsymbol{u}|\leqslant\pi N^{-1}$$

根据 §1 的定理 2 知，在区域 $C_1 = C\backslash\{\boldsymbol{u}:|\boldsymbol{u}|<\pi N^{-1}\}$ 中 $J(\boldsymbol{u})$ 不等于 1，因而 $\min\limits_{u\in C_1}[1-J_c(\boldsymbol{u})]=k_2>0$. 但这时对于 $|u|\geqslant \pi N^{-1}$ 和 $u\in C$ 有

$$1-J_c(\boldsymbol{u})\geqslant k_2(\sqrt{m}\pi)^{-1}|\boldsymbol{u}|^2$$

论断得证.

现在我们来考虑随机游动的常返性问题. 我们假设二维随机游动是不可约的，$E\boldsymbol{\xi}_1=\mathbf{0}$ 和 $E|\xi_1|^2<\infty$. 根据 Fatou 引理有

$$\lim_{t\uparrow 1}\int_C \frac{1-tJ_c(\boldsymbol{u})}{|1-tJ(\boldsymbol{u})|^2}\mathrm{d}\boldsymbol{u}\geqslant\int_C\frac{1-J_c(\boldsymbol{u})}{|1-J(\boldsymbol{u})|^2}\mathrm{d}\boldsymbol{u} \tag{7}$$

由引理 1 得知，当 $\boldsymbol{u}\in C$ 时 $1-J_c(\boldsymbol{u})\geqslant k|\boldsymbol{u}|^2$. 另一方面，因为 $\boldsymbol{\xi}_1$ 有有限的二阶矩

$$J(\boldsymbol{u})=1-\frac{1}{2}E(\boldsymbol{\xi}_1,\boldsymbol{u})^2+o(|\boldsymbol{u}|^2)$$

因而在点 $\boldsymbol{u}=\mathbf{0}$ 的某个邻域中有 $|1-J(\boldsymbol{u})|\leqslant k_1|\boldsymbol{u}|^2$. 故不等式(7) 右端的被积函数在点 $\boldsymbol{u}=\mathbf{0}$ 的某个邻域中不小于 $\dfrac{k|\boldsymbol{u}|^2}{k_1|\boldsymbol{u}|^4}\sim\dfrac{1}{|\boldsymbol{u}|^2}$，从而对应的积分发散. 因此，所考虑的随机游动是常返的. 至于维数 $\geqslant 3$ 的随机游动则恒是非常返的. 事实上，因为

$$I=\lim_{t\uparrow 1}\int_C\frac{1-tJ_c(\boldsymbol{u})}{|1-tJ(\boldsymbol{u})|^2}\mathrm{d}\boldsymbol{u}\leqslant\lim_{t\uparrow 1}\int_C\frac{\mathrm{d}\boldsymbol{u}}{1-tJ_c(\boldsymbol{u})}\leqslant\int_C\frac{\mathrm{d}\boldsymbol{u}}{1-J_c(\boldsymbol{u})}$$

于是，利用引理 1 就得到

$$I\leqslant\int_C\frac{\mathrm{d}\boldsymbol{u}}{k|\boldsymbol{u}|^2}$$

如果空间的维数 $m\geqslant 3$，上面的积分是收敛的. 我们可以把所得的结果归纳如下：

定理 3 维数 $m\geqslant 3$ 的随机游动一定是非常返的. 对于一维和二维的随机游动，若 $E\boldsymbol{\xi}_1$ 存在且 $E\boldsymbol{\xi}_1\neq\mathbf{0}$，则它也是非常返的. 另一方面，在一维的情形，若 $E\boldsymbol{\xi}_1=\mathbf{0}$ 时，它是常返的；在二维的情形若再补充假设 $E|\boldsymbol{\xi}_1|^2<\infty$，则它也是常返的.

§7 格子游动的局部极限定理

在这一节中讨论随机游动经 n 步落在格子点 $\boldsymbol{x}$ 的概率 $p^{(n)}(\boldsymbol{x})$ 当 $n\to\infty$ 时的渐近性态. 从分析的观点来看，问题是研究积分

$$p^{(n)}(\boldsymbol{x})=\frac{1}{(2\pi)^m}\int_C[J(\boldsymbol{u})]^n\mathrm{e}^{-\mathrm{i}(\boldsymbol{u},\boldsymbol{x})}\mathrm{d}\boldsymbol{u} \tag{1}$$

当 $n\to\infty$ 时的渐近性态(参看 §6(6)).我们只考虑不可约的随机游动,而且还进一步假设随机游动具有所谓完全不可约的性质.

定义 1　不可约游动称做完全不可约的,如果对于任一点 $\boldsymbol{x}_0\in D$,一步为 $\boldsymbol{\eta}_1=\boldsymbol{\xi}_1-\boldsymbol{x}_0$ 的随机游动也是不可约的.

借助 §6 的定理 2 容易给出随机游动的完全不可约性的判别准则.

定理 1　为使游动是完全不可约的,必须且只须

$$|J(\boldsymbol{u})|\neq 1,\text{当 }\boldsymbol{u}\neq 2\pi\boldsymbol{x},\boldsymbol{x}\in Z^m$$

证　设游动是完全不可约的,又设 $J(\boldsymbol{u})=\mathrm{e}^{\mathrm{i}t}$,$t$ 是实数.从等式

$$\sum_{x\in Z^m}\mathrm{e}^{\mathrm{i}(\boldsymbol{x},\boldsymbol{u})}p(\boldsymbol{x})=\mathrm{e}^{\mathrm{i}t},\ \sum_{x\in Z^m}p(\boldsymbol{x})=1$$

推得,对于每一个使得 $p(\boldsymbol{x})>0(\boldsymbol{x}\in D)$ 的 x 有 $(\boldsymbol{x},\boldsymbol{u})=t+2\pi n,n=n(\boldsymbol{x})$.设 $\boldsymbol{x}_0\in D$,于是

$$1=\sum_{\boldsymbol{x}\in Z^m}p(x)\mathrm{e}^{\mathrm{i}(\boldsymbol{x}-\boldsymbol{x}_0,\boldsymbol{u})}=\sum_{x\in Z^m}p(x+x_0)\mathrm{e}^{\mathrm{i}(\boldsymbol{x},\boldsymbol{u})}=\sum_{x\in Z^m}q(x)\mathrm{e}^{\mathrm{i}(\boldsymbol{x},\boldsymbol{u})}$$

其中 $q(\boldsymbol{x})$ 是随机向量 $\boldsymbol{\eta}_1=\boldsymbol{\xi}_1-\boldsymbol{x}_0$ 的分布.从游动一步为 $\boldsymbol{\eta}_1$ 的随机游动的不可约性和 §6 定理 2 推得,仅当 $\boldsymbol{u}=2\pi\boldsymbol{x},\boldsymbol{x}\in Z^m$ 时上式才有可能成立[①].另一方面,若对某 $\boldsymbol{x}_0\in D$,游动一步为 $\boldsymbol{\eta}_1=\boldsymbol{\xi}_1-\boldsymbol{x}_0$ 的随机游动是可约的,则由 §6 定理 2 推得,存在某一 $\boldsymbol{u},\boldsymbol{u}\neq 2\pi\boldsymbol{x}_1,\boldsymbol{x}_1\in Z^m$,使得

$$\sum_{\boldsymbol{x}\in Z^m}p(\boldsymbol{x})\mathrm{e}^{\mathrm{i}(\boldsymbol{x}-\boldsymbol{x}_0,\boldsymbol{u})}=1$$

因此

$$J(\boldsymbol{u})=\sum_{\boldsymbol{x}\in Z^m}p(\boldsymbol{x})\mathrm{e}^{\mathrm{i}(\boldsymbol{x},\boldsymbol{u})}=\sum_{\boldsymbol{x}\in Z^m}p(\boldsymbol{x})\mathrm{e}^{\mathrm{i}(\boldsymbol{x}-\boldsymbol{x}_0,\boldsymbol{u})}\mathrm{e}^{\mathrm{i}(\boldsymbol{x}_0,\boldsymbol{u})}=\mathrm{e}^{\mathrm{i}(\boldsymbol{x}_0,\boldsymbol{u})}$$

定理证毕.

现在转到估计积分(1),首先对它作变换,令

$$\boldsymbol{x}=n\boldsymbol{a}+\sqrt{n}\boldsymbol{x}_n,\boldsymbol{a}=E\boldsymbol{\xi}_1,\boldsymbol{x}\in Z^m$$

则

$$p^{(n)}(\boldsymbol{x})=\frac{1}{(2\pi)^m n^{\frac{m}{2}}}\int_{\sqrt{u}C}\left[J\left(\frac{\boldsymbol{u}}{\sqrt{n}}\right)\mathrm{e}^{-\mathrm{i}\left(\boldsymbol{a},\frac{\boldsymbol{u}}{\sqrt{n}}\right)}\right]^n\mathrm{e}^{-\mathrm{i}(\boldsymbol{u},\boldsymbol{x}_n)}\,\mathrm{d}\boldsymbol{u}\tag{2}$$

这里$\sqrt{n}C$ 表示 m 维方体$\{\boldsymbol{u}:|u^j|<\sqrt{n}\pi,j=1,2,\cdots,m\}$.假设 $\boldsymbol{\xi}_1$ 有有限的 $r+2(r>0)$ 阶矩.按照 Taylor 公式将 $\mathrm{e}^{\mathrm{i}(\boldsymbol{u},\boldsymbol{x})}$ 展开,我们就得到 $J(\boldsymbol{u})$ 的如下表示式

$$J(\boldsymbol{u})=1+\mathrm{i}A_1(\boldsymbol{u})+\mathrm{i}^2A_2(\boldsymbol{u})+\cdots+\mathrm{i}^{r+2}A_{r+2}(\boldsymbol{u})+o(|\boldsymbol{u}|^{r+2})\tag{3}$$

式中 $A_k(\boldsymbol{u})$ 是 $\boldsymbol{u}$ 的 k 阶齐次型,而且

① 原书实际上未证明条件的充分性,下面的证明是译者加的.—— 译者注

$$A_1(\boldsymbol{u})=E(\boldsymbol{u},\boldsymbol{\xi}_1),A_2(\boldsymbol{u})=\frac{1}{2}E(\boldsymbol{u},\boldsymbol{\xi}_1)^2$$

由此得知，在点 $\boldsymbol{u}=\boldsymbol{0}$ 的某个邻域内，可以定义单值连续函数 $\ln J(\boldsymbol{u})$ 使有

$$\ln J(\boldsymbol{u})=\mathrm{i}S_1(\boldsymbol{u})+\mathrm{i}^2S_2(\boldsymbol{u})+\cdots+\mathrm{i}^{r+2}S_{r+2}(u)+o(|\boldsymbol{u}|^{r+2})$$

其中 $S_k(\boldsymbol{u})$ 也是 u 的 k 阶齐次型.

$$S_1(\boldsymbol{u})=A_1(\boldsymbol{u})=E(\boldsymbol{u},\boldsymbol{\xi}_1)=(\boldsymbol{u},\boldsymbol{a})$$

$$S_2(\boldsymbol{u})=\frac{1}{2}D(\boldsymbol{u},\boldsymbol{\xi}_1)=\frac{1}{2}(\boldsymbol{Bu},\boldsymbol{u})$$

这里 $\boldsymbol{B}$ 是向量 $\boldsymbol{\xi}_1$ 的协方差矩阵.

于是，令 $J_1(\boldsymbol{u})=J(\boldsymbol{u})\mathrm{e}^{-\mathrm{i}(\boldsymbol{u},\boldsymbol{a})}$，就得到

$$J_1^n\left(\frac{\boldsymbol{u}}{\sqrt{n}}\right)=\mathrm{e}^{-S_2(\boldsymbol{u})+I_n}$$

其中

$$I_n=\sum_{k=1}^{r}\frac{i^{k+2}}{\sqrt{n^k}}S_{k+2}(\boldsymbol{u})+o\left(\frac{|\boldsymbol{u}|^{r+2}}{\sqrt{n^r}}\right)$$

因为

$$\mathrm{e}^{I_n}=\sum_{j=0}^{r}\frac{1}{j!}I_n^j+O(I_n^{j+1})$$

且在区域 $|\boldsymbol{u}|\leqslant k\ln n$ 中有 $I_n^{r+1}=O\left(\frac{\ln^{3r+3}n}{\sqrt{n^{r+1}}}\right)$，故

$$\left[J_1\left(\frac{\boldsymbol{u}}{\sqrt{n}}\right)\right]^n=\mathrm{e}^{-\frac{1}{2}(\boldsymbol{Bu},\boldsymbol{u})}\left(1+\frac{1}{\sqrt{n}}l_1(\boldsymbol{u})+\frac{1}{n}l_2(\boldsymbol{u})+\cdots+\frac{1}{\sqrt{n^r}}l_r(\boldsymbol{u})+\frac{Q_{nr}^*(\boldsymbol{u})}{\sqrt{n^{r+1}}}\right)+O\left(\frac{\ln^{3r+3}n}{\sqrt{n^{r+1}}}\right) \tag{4}$$

式中 $Q_{nr}^*(\boldsymbol{u})$ 是 $\boldsymbol{u}$ 的阶数为固定的多项式，它的系数当 $n\to\infty$ 时仍是有界的，而 $l_j(\boldsymbol{u})$ 是 $\boldsymbol{u}$ 的 $3j$ 阶多项式.

以 D_j^k 表示对 $\boldsymbol{u}^j$ 求 k 次偏微商，注意式(3) 至少可以求 $r+2$ 次微商，即有

$$D_{j_1}^{k_1}D_{j_2}^{k_2}\cdots D_{j_s}^{k_s}J(\boldsymbol{u})=D_{j_1}^{k_1}D_{j_2}^{k_2}\cdots D_{j_s}^{k_s}\left(\sum_{k=0}^{r+2}\mathrm{i}^kA_k(u)\right)+o(|\boldsymbol{u}|^{r+2-p})$$

其中 $p=k_1+k_2+\cdots+k_s$. 由此推得类似的论断对于 $\ln J(\boldsymbol{u})$ 也成立. 从这一事实出发就能够证明式(4) 允许对 $\boldsymbol{u}$ 逐项微分，因而有

$$D^{(p)}J_1^n\left(\frac{\boldsymbol{u}}{\sqrt{n}}\right)=D^{(p)}\mathrm{e}^{-\frac{1}{2}(\boldsymbol{Bu},\boldsymbol{u})}\left(1+\frac{1}{\sqrt{n}}l_1(\boldsymbol{u})+\cdots+\frac{1}{\sqrt{n^r}}l_r(\boldsymbol{u})+\frac{Q_{nr}^*(\boldsymbol{u})}{\sqrt{n^{r+1}}}\right)+O\left(\frac{\ln^{3r+3}n}{\sqrt{n^{r+1}}}\right) \tag{5}$$

式中

$$D^{(p)}=D_{j_1}^{k_1}D_{j_2}^{k_2}\cdots D_{j_s}^{k_s},k_1+k_2+\cdots+k_s\leqslant r+2$$

转而估计积分

$$I=\int_{\sqrt{n}C}\left|D^{(p)}J_1^n\left(\frac{\boldsymbol{u}}{\sqrt{n}}\right)-D^{(p)}\mathrm{e}^{-\frac{1}{2}(\boldsymbol{Bu},\boldsymbol{u})}\left(1+\frac{1}{\sqrt{n}}l_1(\boldsymbol{u})+\cdots+\frac{1}{\sqrt{n^r}}l_r(\boldsymbol{u})\right)\right|\mathrm{d}\boldsymbol{u}$$

为此我们需要某些关于函数 $J(\boldsymbol{u})$ 的不等式.从游动的不可约性和二阶矩的有限性推得(参看 §6),存在 $\delta>0$,使当 $|\boldsymbol{u}|<\delta$ 时有

$$|J(\boldsymbol{u})|<1-\frac{1}{4}(\boldsymbol{Bu},\boldsymbol{u})$$

又因为 $\boldsymbol{\xi}_1$ 的分布是非退化的,故对 $|\boldsymbol{u}|<\delta$,有 $|J(\boldsymbol{u})|<1-c|\boldsymbol{u}|^2<\mathrm{e}^{-c|\boldsymbol{u}|^2}$,这里 c 是某一常数.另一方面,从游动的完全不可约性推得,对 $|\boldsymbol{u}|\geqslant\delta,\boldsymbol{u}\in C$ 有 $|J(\boldsymbol{u})|\leqslant 1-\rho$,这里 $0<\rho<1$.这两个关于 $J(\boldsymbol{u})$ 的估计可以结合为

$$|J(\boldsymbol{u})|\leqslant\rho\mathrm{e}^{-c|\boldsymbol{u}|^2}+1-\rho,\boldsymbol{u}\in C \tag{6}$$

同样的估计也可以应用于 $J_1(\boldsymbol{u})$.

现在回过头来考虑积分 I.我们有

$$I\leqslant I_1+I_2+I_3$$

这里

$$I_1=\int_{B_n}\left|D^{(p)}J_1^n\left(\frac{\boldsymbol{u}}{\sqrt{n}}\right)-D^{(p)}\mathrm{e}^{-\frac{1}{2}(\boldsymbol{Bu},\boldsymbol{u})}\sum_{k=0}^{r}n^{-\frac{k}{2}}l_k(\boldsymbol{u})\right|\mathrm{d}\boldsymbol{u}$$

$$I_2=\int_{B_n^*}\left|D^{(p)}J_1^n\left(\frac{\boldsymbol{u}}{\sqrt{n}}\right)\right|\mathrm{d}\boldsymbol{u}$$

$$I_3=\int_{B_n^*}\left|D^{(p)}\mathrm{e}^{-\frac{1}{2}(\boldsymbol{Bu},\boldsymbol{u})}\sum_{k=0}^{r}n^{-\frac{k}{2}}l_k(\boldsymbol{u})\right|\mathrm{d}\boldsymbol{u}$$

和

$$B_n=\{\boldsymbol{u}:|\boldsymbol{u}|\leqslant\sqrt{k\ln n}\}\cap(\sqrt{n}C)$$

$$B_n^*=\{\boldsymbol{u}:|\boldsymbol{u}|>\sqrt{k\ln n}\}\cap(\sqrt{n}C)$$

由式(5)得

$$I_1\leqslant\int_{B_n}\left[D^{(p)}\left(\mathrm{e}^{-\frac{1}{2}(\boldsymbol{Bu},\boldsymbol{u})}\frac{Q_{nr}^*(\boldsymbol{u})}{\sqrt{n^{r+1}}}\right)+O\left(\frac{\ln^{3r+3}n}{\sqrt{n^{r+1}}}\right)\right]\mathrm{d}\boldsymbol{u}$$

考虑到多项式 $Q_{nr}^*(x)$ 的系数作为 n 的函数是一致有界的,以及对于任意多项式 $P(u)$,积分$\int_{R^m}P(u)\mathrm{e}^{-\frac{1}{2}(\boldsymbol{Bu},\boldsymbol{u})}\mathrm{d}\boldsymbol{u}$ 收敛,我们就得到

$$I_1=O\left(\frac{1}{\sqrt{n^{r+1}}}\right)+O\left(\frac{\ln^{3r+3}n}{\sqrt{n^{r+1}}}\right)O(\sqrt{k\ln n})^m=o(n^{-\frac{r}{2}})$$

其中

$$I_2=\int_{B_n^*}\left|D^{(p)}J_1^n\left(\frac{\boldsymbol{u}}{\sqrt{n}}\right)\right|\mathrm{d}\boldsymbol{u}=n^{\frac{m}{2}}\int_{C\cap\{|\boldsymbol{u}|>\sqrt{\frac{k\ln n}{n}}\}}|D^{(p)}J_1^n(\boldsymbol{u})|\mathrm{d}\boldsymbol{u}$$

表示式 $D^{(p)}J_1^n(\boldsymbol{u})$ 是 $J_1(\boldsymbol{u})$ 及其偏导数的一个多项式,而且在这多项式中 $J_1(\boldsymbol{u})$

的幂次不低于 $n-p$，$J_1(\boldsymbol{u})$ 的偏导数之阶数不高于 $p\leqslant r+2$，其幂次则不高于 p. 最后，这多项式的系数是 n^p 阶的. 因此

$$|D^{(p)}J_1^n(\boldsymbol{u})|\leqslant An^p|J_1(\boldsymbol{u})|^{n-p}$$

其中 A 与 n 无关. 故由式(6)得

$$I_2\leqslant An^{p+\frac{m}{2}}(1+\rho(\mathrm{e}^{-\frac{ck\ln n}{n}}-1))^{n-p}\int_C\mathrm{d}\boldsymbol{u}\leqslant$$

$$(2\pi)^{\frac{m}{2}}An^{p+\frac{m}{2}}\times\mathrm{e}^{\rho(n-p)}(\mathrm{e}^{-\frac{ck\ln n}{n}}-1)=$$

$$O\left(\frac{1}{n^{\rho ck-p-\frac{m}{2}}}\right)$$

因此，可以选出一个与 n 无关的常数 k，使得

$$I_2\leqslant o\left(\frac{1}{n^{\frac{r}{2}}}\right)$$

余下是估计 I_3. 我们有

$$I_3=\int_{B_n^*}\mathrm{e}^{-\frac{1}{2}(\boldsymbol{Bu},\boldsymbol{u})}|\bar{Q}_{nrp}(\boldsymbol{u})|\mathrm{d}\boldsymbol{u}\leqslant\mathrm{e}^{-\frac{1}{4}ck\ln n}\int_{\mathbf{R}^m}\mathrm{e}^{-\frac{1}{4}c|\boldsymbol{u}|^2}|\bar{Q}_{nrp}(\boldsymbol{u})|\mathrm{d}\boldsymbol{u}$$

其中 $\bar{Q}_{nrp}$ 是某一个多项式，它的幂次只依赖于 r 和 p，而系数则还依赖于 n，但当 $n\to\infty$ 时仍然是有界的. 根据上式右端的积分之收敛性再次推知，我们可以选取 k 使得

$$I_3=o\left(\frac{1}{n^{\frac{r}{2}}}\right)$$

于是就证明了对于适当选取的 k 有

$$I=o\left(\frac{1}{n^{\frac{r}{2}}}\right)$$

现在讨论积分

$$L=\int_{\mathbf{R}^m}\mathrm{e}^{-\mathrm{i}(\boldsymbol{u},\boldsymbol{x})}D^{(p)}\mathrm{e}^{-\frac{1}{2}(\boldsymbol{Bu},\boldsymbol{u})}\sum_{k=0}^{r}n^{-\frac{k}{2}}l_k(u)\mathrm{d}\boldsymbol{u}$$

当 $r=0$ 和 $p=0$ 时，这积分是 m 维正态分布的特征函数的 Fourier 变换. 于是

$$\int_{\mathbf{R}^m}\mathrm{e}^{-\mathrm{i}(\boldsymbol{u},\boldsymbol{x})-\frac{1}{2}(\boldsymbol{Bu},\boldsymbol{u})}\mathrm{d}\boldsymbol{u}=(2\pi)^{\frac{m}{2}}\sqrt{|\boldsymbol{B}|^{-1}}\mathrm{e}^{-\frac{1}{2}(\boldsymbol{B}^{-1}\boldsymbol{x},\boldsymbol{x})}$$

式中 $|\boldsymbol{B}|$ 是矩阵 $\boldsymbol{B}$ 的行列式，$\boldsymbol{B}^{-1}$ 是 $\boldsymbol{B}$ 的逆矩阵. 在这公式中可以对 x 求无限多次微商，而且在这等式左边求微商可在积分号下进行. 因此对任意多项式 $P(\boldsymbol{u})$ 有

$$\int_{\mathbf{R}^m}P(u)\mathrm{e}^{-\mathrm{i}(\boldsymbol{u},\boldsymbol{x})-\frac{1}{2}(\boldsymbol{Bu},\boldsymbol{u})}\mathrm{d}u=(2\pi)^{\frac{m}{2}}\sqrt{|\boldsymbol{B}|^{-1}}\mathrm{e}^{-\frac{1}{2}(\boldsymbol{B}^{-1}\boldsymbol{x},\boldsymbol{x})}Q(\boldsymbol{x})$$

这里 $Q(x)$ 是 x 的一个多项式，它与多项式 P 有相同的幂次. 其次，利用分部积分法可得

$$\int_{\mathbf{R}^m} e^{-i(\boldsymbol{u},\boldsymbol{x})} D^{(p)} (e^{-\frac{1}{2}(\boldsymbol{Bu},\boldsymbol{u})} P(\boldsymbol{u}))d\boldsymbol{u} = (ix^1)^{k_1}(ix^2)^{k_2}\cdots(ix^m)^{k_m}\int_{\mathbf{R}^m} e^{-i(\boldsymbol{u},\boldsymbol{x})-\frac{1}{2}(\boldsymbol{Bu},\boldsymbol{u})}P(\boldsymbol{u})d\boldsymbol{u}$$

式中 $D^{(p)} = \dfrac{\partial^p}{(\partial u^1)^{k_1}(\partial u^2)^{k_2}\cdots(\partial u^m)^{k_m}}$. 于是

$$L = (ix^1)^{k_1}(ix^2)^{k_2}\cdots(ix^m)^{k_m}(2\pi)^{\frac{m}{2}}\sqrt{|\boldsymbol{B}|^{-1}}\, e^{-\frac{1}{2}(\boldsymbol{B}^{-1}\boldsymbol{x},\boldsymbol{x})}\sum_{k=0}^{r}\frac{Q_k(\mathrm{x})}{n^{\frac{k}{2}}}$$

这里 $Q_k(\boldsymbol{x})$ 是和 $l_k(\boldsymbol{u})$ 有相同幂次(即 $3k$ 次)的多项式,而且 $Q_0(\boldsymbol{x})=1$.

到现在为止,我们已经差不多证明了下面的定理.

定理 2 设 $\boldsymbol{\zeta}(n)$ 是完全不可约的随机游动

$$\boldsymbol{\zeta}(n) = \boldsymbol{\xi}_1 + \boldsymbol{\xi}_2 + \cdots + \boldsymbol{\xi}_n$$

这里 $\boldsymbol{\xi}_k$ 是相互独立同分布的随机向量,它们取值于 Z^m 且有有限的 $r+2(r\geqslant 0)$ 阶矩,则

$$n^{\frac{m}{2}}P\{\boldsymbol{\zeta}(n) = n\boldsymbol{a} + \sqrt{n}\boldsymbol{x}_n\} = \frac{1}{(2\pi)^{\frac{m}{2}}\sqrt{|\boldsymbol{B}|}} e^{-\frac{1}{2}(\boldsymbol{B}^{-1}\boldsymbol{x}_n,\boldsymbol{x}_n)}\left(1 + \sum_{k=1}^{r}\frac{Q_k(\boldsymbol{x}_n)}{n^{\frac{k}{2}}}\right) + \varepsilon_n$$

这里对 $\boldsymbol{x}_n$ 一致地有

$$\varepsilon_n = \frac{1}{(1+|\boldsymbol{x}_n|^{r+2})}o\left(\frac{1}{n^{\frac{r}{2}}}\right)$$

而 $\boldsymbol{a}$ 是随机游动一步的平均值向量,$\boldsymbol{B}$ 是相关矩阵.

事实上,我们有

$$\begin{aligned}&(2\pi\sqrt{n})^m (i\boldsymbol{x}^1)^{k_1}(i\boldsymbol{x}^2)^{k_2}\cdots(i\boldsymbol{x}^m)^{k_m} p^{(n)}(\boldsymbol{x}) = \\ &\int_{\sqrt{n}C} e^{-i(\boldsymbol{u},\boldsymbol{x}_n)} D^{(p)} J_1^n\left(\frac{\boldsymbol{u}}{\sqrt{n}}\right)d\boldsymbol{u} = \\ &\int_{\mathbf{R}^m} e^{-i(\boldsymbol{u},\boldsymbol{x}_n)} D^{(p)}\left[e^{-\frac{1}{2}(\boldsymbol{Bu},\boldsymbol{u})}\sum_{k=0}^{r}\frac{l_k(\boldsymbol{u})}{n^{\frac{k}{2}}}\right]d\boldsymbol{u} + I_4 + I_5\end{aligned}$$

其中

$$I_4 = \int_{\sqrt{n}C} e^{-i(\boldsymbol{u},\boldsymbol{x}_n)} D^{(p)}\left[J_1^n\left(\frac{\boldsymbol{u}}{\sqrt{n}}\right) - e^{-\frac{1}{2}(\boldsymbol{Bu},\boldsymbol{u})}\sum_{k=0}^{r}\frac{l_k(\boldsymbol{u})}{n^{\frac{k}{2}}}\right]d\boldsymbol{u}$$

$$I_5 = -\int_{\mathbf{R}^m\setminus\sqrt{n}C}^{\mathbf{R}} e^{-i(\boldsymbol{u},\boldsymbol{x}_n)} D^{(p)}\left[e^{-\frac{1}{2}(\boldsymbol{Bu},\boldsymbol{u})}\sum_{k=0}^{r}\frac{l_k(\boldsymbol{u})}{n^{\frac{k}{2}}}\right]d\boldsymbol{u}$$

但从不等式(7)得

$$|I_4| \leqslant I = o\left(\frac{1}{n^{\frac{r}{2}}}\right)$$

此外

$$|I_5| \leqslant \int_{\mathbf{R}^m\setminus\sqrt{n}C}\left|D^{(p)}\left[e^{-\frac{1}{2}(\boldsymbol{Bu},\boldsymbol{u})}\sum_{k=0}^{r}\frac{l_k(\boldsymbol{u})}{n^{\frac{k}{2}}}\right]\right|du \leqslant e^{-\frac{1}{4}n}\int_{\mathbf{R}^m} e^{-\frac{1}{4}(\boldsymbol{Bu},\boldsymbol{u})}R(\boldsymbol{u})d\boldsymbol{u}$$

式中 $R(\boldsymbol{u})$ 是一多项式,因此对任意 k 有 $|I_5| = O(\rho^n) = o(n^{-k})$(这里 $\rho = e^{-\frac{1}{4}}$).

于是对幂次不高于 $r+2$ 的任意多项式 $P(\boldsymbol{x})$ 有

$$(2\pi\sqrt{n})^m P(\boldsymbol{x}_n) p^{(n)}(\boldsymbol{x}_n) = P(\boldsymbol{x}_n)(2\pi)^{\frac{m}{2}} \sqrt{|\boldsymbol{B}|^{-1}} \mathrm{e}^{-\frac{1}{2}(\boldsymbol{B}^{-1}\boldsymbol{x}_n, \boldsymbol{x}_n)} \cdot \sum_{k=0}^{r} \frac{Q_k(\boldsymbol{x}_n)}{n^{\frac{k}{2}}} + o\left(\frac{1}{n^{\frac{r}{2}}}\right)$$

显然,上式右端第二项依赖于 $P(x)$ 的选取. 设 $P(x)=1+m^{r/2}\sum_{j=1}^{m}|\boldsymbol{x}^j|^{r+2}$. 考虑到 $P(x)$ 可以用一取较小值的函数代替以及 $m^{\frac{r}{2}}\sum_{j=1}^{m}|\boldsymbol{x}^j|^{r+2}\geqslant|\boldsymbol{x}|^{r+2}$,我们就得到所需要的结果.

§8 遍历定理

保测变换

定义 1 取值于可测空间$\{\mathscr{X},\mathfrak{B}\}$ 的随机过程$\{\xi(t):t\in T\}$ 称做平稳的,如果对任意使得 $t_k+t\in T(k=1,\cdots,n)$ 的 $n,t_1,t_2,\cdots,t_n$ 和 t,序列

$$\xi(t_1+t),\xi(t_2+t),\cdots,\xi(t_n+t)$$

在$\{\mathscr{X}^n,\mathscr{B}^n\}$ 中的联合分布不依赖于 t.

平稳过程的定义等价于:对任意有界 $\mathfrak{B}^n$ 可测函数 $f(x_1,x_2,\cdots,x_n)$,$x_k\in\mathscr{X}$ 和任意 $n,t_1,\cdots,t_n,(t_k+t\in T)$,数学期望

$$Ef(\xi(t_1+t),\xi(t_2+t),\cdots,\xi(t_n+t))$$

不依赖于 t. 由此得到,若 $h(x_1,\cdots,x_n)$ 是$\{\mathscr{X}^n,\mathfrak{B}^n\}\to\{\mathscr{Y},\mathfrak{C}\}$ 的一个可测映象,则 $\eta(t)=h(\xi(t_1+t),\cdots,\xi(t_n+t))$ 是在 $\eta(t)$ 有定义的 t 值集上的平稳过程.

本节讨论平稳序列,即定义在集合 $T=\{t:t=0,\pm1,\pm2,\cdots\}$ 上而取值于$\{\mathscr{X},\mathfrak{B}\}$ 的平稳过程.

令 $\mathscr{X}^T$ 表示所有序列 $u=\{\cdots,x_{-n},x_{-n+1},\cdots,x_0,x_1,\cdots,x_n,\cdots\}$ 组成的空间,$\mathfrak{C}$ 是 $\mathscr{X}^T$ 中包含所有柱集的最小 σ 代数,P_ξ 是 $\mathfrak{C}$ 上由序列$\{\xi(t):t\in T\}$ 诱导的测度. 于是,概率空间$\{\mathscr{X}^T,\mathfrak{C},P_\xi\}$ 就是过程$\{\xi(t),t\in T\}$ 的一种自然的表示. 我们用$\{\mathscr{X}^T,\widetilde{\mathfrak{C}},\widetilde{P}_\xi\}$ 表示带有完备测度的空间. 在 $\mathscr{X}^T$ 中引入时间平移算子 $S:u'=Su$,如果 $x'_n=x_{n+1},n\in T$,这里 $u=\{x_n:n\in T\}$,$u'=\{x'_n:n\in T\}$,S 有逆算子 S^{-1},而且若 $u''=S^{-1}u$,则 $u''=\{x''_n:n\in T\}$,$x''_n=x_{n-1}$. 序列 $\xi(t)$ 的平稳性条件意味着对任意柱集 C 有

$$P_\xi(C)=P_\xi(SC) \tag{1}$$

因为在柱集上的测度唯一地确定在 $\mathfrak{C}$(从而在它的完备化 $\widetilde{\mathfrak{C}}$) 上的测度,故式 (1) 对任意 $A\in\widetilde{\mathfrak{C}}$ 仍成立,即有

$$P_{\xi}(A)=P_{\xi}(SA), A \in \widetilde{\mathfrak{C}} \tag{2}$$

定义 2 设$\{\mathscr{U},\mathfrak{F},\mu\}$是某一测度空间，$S$是从$\{\mathscr{U},\mathfrak{F}\}$到$\{\mathscr{U},\mathfrak{F}\}$中的可测映象. 变换$S$称做保测的，如果对任意$A \in \mathfrak{F}$有

$$\mu(S^{-1}A)=\mu(A)$$

其中$S^{-1}A$是集A的全原象.

映象S称做可逆的，如果存在可测变换S^{-1}，使得$SS^{-1}=S^{-1}S=I$，这里I是恒等映象. 这时把映象S^{-1}称为S的逆映象. 显然，平稳序列的定义等价于：序列$\{\xi(t):t \in T\}$是平稳的，如果$\mathscr{X}^T$中的时间平移算子S对测度P_{ξ}是保测的.

因此，研究平稳序列的问题是研究某测度空间的保测可逆变换(自同构)问题的一种特殊情形. 我们考虑平均值

$$\frac{1}{n}\sum_{k=0}^{n-1} f(S^k u), n \to \infty \tag{3}$$

的渐近性态问题，其中S^k是变换S的k次幂，$f(u)$是任意$\mathfrak{F}$可测函数，$\{\mathfrak{A},\mathfrak{F},\mu\}$是某一带有测度$\mu$的空间，而且$\mu(\mathscr{U}) \leqslant \infty$. 为了了解这一问题的意义，我们考虑当$\{\mathscr{U},\mathfrak{F},\mu\}$就是$\{\mathscr{X}^T,\widetilde{\mathfrak{C}},\widetilde{P}_{\xi}\}$和$S$是时间平移算子的情形. 设$\xi_k=\xi(k,u)=x_k$，$f(u)=\chi_B(x_0)$，这里$\chi_B(x)$是集合$B \in \mathfrak{B}$的示性函数，则

$$f(S^k u)=\chi_B(S^k u)=\chi_B(\xi(k))$$

和

$$\frac{1}{n}\sum_{k=0}^{n-1} f(S^k u)=\frac{v_n(B,u)}{n} \tag{4}$$

这里$v_n(B,u)$是序列$\xi(0),\xi(1),\cdots,\xi(n-1)$中其值落在集合$B$中的项数，即$v_n(B,u)$是这序列的前$n$项$\xi(t)(t=0,1,\cdots,n-1)$落在集合$B$中的频数. 因此，上面提出的问题是有关随机变量$\xi(t)$的值落在任意集合$B$中的频率性态问题的一种特殊情形. 首先，我们证明，当$n \to \infty$时平均值(3)的极限以概率1存在，这命题就是著名的 Birkhoff-Хинчин 定理.

引理 1 若S是对测度μ保测的，$D \in \mathfrak{F}$，而且$f(u)$是$\mathfrak{F}$可测非负(μ可积)函数，则

$$\int_{S^{-1}D} f(Su)\mu(\mathrm{d}u)=\int_D f(u)\mu(\mathrm{d}u) \tag{5}$$

证 如果令$f(u)=\chi_A(u)$，则式(5)变为等式$\mu(S^{-1}(A \cap D))=\mu(A \cap D)$，这对任意$A$和$D \in \mathfrak{F}$真确，因此式(5)对任意$\mathfrak{F}$可测非负函数和$\mu$可积函数真确.

下面的引理带有初等算术的性质. 设$a_1,a_2,\cdots,a_n$是实数序列，p是整数. 我们称序列的项a_k为p标记的，如果在下面的和数序列

$$a_k, a_k+a_{k+1}, \cdots, a_k+a_{k+1}+\cdots+a_{k+p-1}$$

中最少有一个是非负的(当且仅当 a_k 是非负时它是1标记的).

引理2 所有 p 标记的元素之和是非负的.

证 设 a_{k_1} 是序列中带有最小附标的 p 标记元素,而 $a_{k_1}+a_{k_1+1}+\cdots+a_{k_1+r}(r\leqslant p-1)$ 是求和项数最少的非负和数.对于 $h<r$ 有 $a_{k_1}+a_{k_1+1}+\cdots+a_{k_1+h}<0$,因而 $a_{k_1+h+1}+\cdots+a_{k_1+r}\geqslant 0$,即序列 $a_{k_1},a_{k_1+1},\cdots,a_{k_1+r}$ 的所有项都是 p 标记的,而且它们的和数是非负的.对从 a_{k_1+r+1} 开始的序列应用同样的推理.于是整个序列可以分为许多部分,其中每一部分以一组 p 标记的项结尾,而且每一部分的 p 标记元素之和是非负的.整个序列的 p 标记元素集合等于它的各个部分的 p 标记元素集合之并.引理得证.

下面的引理是 Birkhoff-Хинчин 定理的证明中最基本的一步.

引理3 设 $f(u)$ 是 μ 可积函数,S 是从 $\{\mathscr{U},\mathfrak{F}\}$ 到 $\{\mathscr{U},\mathfrak{F}\}$ 中对 μ 保测的可测映象,又设

$$E=\bigcup_{n=1}^{\infty}\left\{u:\sum_{k=1}^{n}f(S^{k-1}u)\geqslant 0\right\}$$

则

$$\int_E f(u)\mu(\mathrm{d}u)\geqslant 0 \tag{6}$$

证 考虑序列 $f(u),f(Su),\cdots,f(S^{N+p-1}u)$,并以 $s(u)$ 表示这序列中所有 p 标记元素之和.根据引理2有 $s(u)\geqslant 0$.设 $D_k=\{u:f(S^k u)$ 是 p 标记元素$\}$,$\chi_k(u)$ 是集合 D_k 的示性函数.注意

$$D_0=\left\{u:\sup_{n\leqslant p}\sum_{k=1}^{n}f(S^{k-1}(u))\geqslant 0\right\}$$

和

$$D_k=S^{-1}D_{k-1},对于\ k\leqslant N$$

因而 $D_k=S^{-k}D_0(k\leqslant N)$,由此得

$$0\leqslant\int_{\mathscr{U}}s(u)\mu(\mathrm{d}u)=\int_{\mathscr{U}}\sum_{k=0}^{N+p-1}f(S^k u)\,\chi_k(u)\mu(\mathrm{d}u)=\sum_{k=0}^{N+p-1}\int_{D_k}f(S^k u)\mu(\mathrm{d}u)$$

由引理1有

$$\int_{D_k}f(S^k u)\mu(\mathrm{d}u)=\int_{S^{-k}D_0}f(S^k u)\mu(\mathrm{d}u)=\int_{D_0}f(u)\mu(\mathrm{d}u),k\leqslant N$$

故

$$N\int_{D_0}f(u)\mu(\mathrm{d}u)+\sum_{k=N+1}^{N+p-1}\int_{D_k}f(S^k u)\mu(\mathrm{d}u)\geqslant 0 \tag{7}$$

因为

$$\left|\int_{D_k}f(S^k u)\mu(\mathrm{d}u)\right|\leqslant\int_{\mathscr{U}}|f(S^k u)|\mu(\mathrm{d}u)=\int_{\mathscr{U}}|f(u)|\mu(\mathrm{d}u)<\infty$$

故用 N 除不等式(7)并令 N 趋于 ∞ 时,我们就得到

$$\int_{D_0} f(u)\mu(\mathrm{d}u) \geqslant 0 \tag{8}$$

集合 $D_0 = D_0(p)(p=1,2,\cdots)$ 形成单调上升序列，而且

$$\lim_{p\to\infty} D_0(p) = \bigcup_{p=1}^{\infty} D_0(p) = E$$

在式(8) 取 $p\to\infty$ 时的极限即得式(6).

引理 4 （极大遍历定理）若 $f(u)$ 是 μ 可积的，λ 是实数，而

$$E_\lambda = \bigcup_{n=1}^{\infty} \left\{ u: \frac{1}{n}\sum_{k=1}^{n} f(S^{k-1}u) \geqslant \lambda \right\}$$

则

$$\int_{E_\lambda} f(u)\mu(\mathrm{d}u) \geqslant \lambda\mu(E_\lambda) \tag{9}$$

把引理 3 应用于函数 $f(u) - \lambda\chi_{E_\lambda}(u)$ 就得到本引理的证明.

定理 1 （Birkhoff-Хинчин 定理）设 $\{\mathscr{U},\mathfrak{F},\mu\}$ 是测度空间，S 是从 $\{\mathscr{U},\mathfrak{F}\}$ 到 $\{\mathscr{U},\mathfrak{F}\}$ 中对 μ 保测的可测映象，又 $f(u)$ 是任意的 μ 可积函数. 则在 $\mathscr{U}$ 中 μ 几乎处处存在极限

$$\lim_{n\to\infty}\frac{1}{n}\sum_{k=0}^{n-1} f(S^k u) = f^*(u) \quad (\mathrm{mod}\ \mu) \tag{10}$$

函数 $f^*(u)$ 是 S 不变的，即

$$f^*(Su) = f^*(u) \quad (\mathrm{mod}\ \mu) \tag{11}$$

$f^*(u)$ 还是可积的，而且若 $\mu(\mathscr{U}) < \infty$，则

$$\int_{\mathfrak{U}} f^*(u)\mu(\mathrm{d}u) = \int_{\mathfrak{U}} f(u)\mu(\mathrm{d}u) \tag{12}$$

证 不失一般性，我们可以假设函数 $f(u)$ 是有限的和非负的. 设

$$g^*(u) = \overline{\lim}\ \frac{1}{n}\sum_{k=0}^{n-1} f(S^k u),\ g_*(u) = \underline{\lim}\ \frac{1}{n}\sum_{k=0}^{n-1} f(S^k u)$$

需要证明 $g^*(u) = g_*(u)(\mathrm{mod}\ \mu)$. 令

$$K_{\alpha\beta} = \{u: g^*(u) > \beta, g_*(u) < \alpha\}, 0 \leqslant \alpha < \beta$$

我们只须证明 $\mu(K_{\alpha\beta}) = 0$（事实上，$\{u: g^*(u) > g_*(u)\} = \bigcup_{\substack{\alpha<\beta \\ \alpha,\beta\in R}} K_{\alpha\beta}$，这里 R 是非负有理数集）. 注意到

$$g^*(Su) = \overline{\lim}\left\{\frac{n+1}{n}\ \frac{1}{n+1}\sum_{k=0}^{n} f(S^k u) - \frac{f(u)}{n}\right\} = g^*(u)$$

以及类似的关系式 $g_*(Su) = g_*(u)$. 特别地，这表示 $S^{-1}K_{\alpha\beta} = K_{\alpha\beta}$，故可把引理 4 应用于测度空间 $\{K_{\alpha\beta}, \mathfrak{F}\cap K_{\alpha\beta}, \mu\}$. 于是有

$$\int_{K_{\alpha\beta}} f(u)\mu(\mathrm{d}u) \geqslant \beta\mu(K_{\alpha\beta}) \tag{13}$$

又把引理 4 应用于函数 $-f(u)$ 可得

$$\int_{K_{\alpha\beta}} f(u)\mu(\mathrm{d}u) \leqslant \alpha\mu(K_{\alpha\beta}) \tag{14}$$

因为$\beta>0$,故由式(13)得$\mu(K_{\alpha\beta})<\infty$,但这仅当$\mu(K_{\alpha\beta})=0$时(14)才能成立.于是证明了极限(10)的存在性(mod μ).令 $f^*(u)=g^*(u)$,则式(10)成立且函数 $f^*(u)$ 是 S 不变的.

为了证明式(12),我们令 $A_{kn}=\left\{u:\frac{k}{2^n}\leqslant f^*(u)<\frac{k+1}{2^n}\right\}$.这时有

$$\mathscr{U}=\bigcup_{k=-\infty}^{\infty} A_{kn}, S^{-1}A_{kn}=\left\{u:\frac{k}{2^n}\leqslant f^*(Su)<\frac{k+1}{2^n}\right\}=A_{kn}$$

把引理 4 应用于集合 A_{kn},则对任意 $\varepsilon>0$ 有

$$\int_{A_{kn}} f(u)\mu(\mathrm{d}u) > \left(\frac{k}{2^n}-\varepsilon\right)\mu(A_{kn})$$

令 $\varepsilon\to 0$ 即得不等式

$$\int_{A_{kn}} f(u)\mu(\mathrm{d}u) \geqslant \frac{k}{2^n}\mu(A_{kn})$$

类似地,我们有

$$\int_{A_{kn}} f(u)\mu(\mathrm{d}u) \leqslant \frac{k+1}{2^n}\mu(A_{kn})$$

由此得

$$\left|\int_{A_{kn}} f(u)\mu(\mathrm{d}u)-\int_{A_{kn}} f^*(u)\mu(\mathrm{d}u)\right| \leqslant \frac{1}{2^n}\mu(A_{kn})$$

把这些不等式对所有 k 求和就得到

$$\left|\int_{\mathscr{U}} f(u)\mu(\mathrm{d}u)-\int_{\mathscr{U}} f^*(u)\mu(\mathrm{d}u)\right| \leqslant \frac{1}{2^n}\mu(\mathscr{U})$$

注意到当 $\mu(\mathfrak{U})<\infty$ 时 n 的任意性,即得式(12).定理证毕.

Birkhoff-Хинчин 定理的某些推论

推论 1 设 $\mu(\mathscr{U})<\infty$, $f(u)\in\mathscr{L}_p\{\mathscr{U},\mathfrak{F},\mu\}$ 则

$$\int_{\mathscr{U}}\left|\frac{1}{n}\sum_{k=0}^{n-1} f(S^k u)-f^*(u)\right|^p \mu(\mathrm{d}u)\to 0, \text{当 } n\to\infty \tag{15}$$

为了证明这一推论,我们取任一有界函数 $f_0(u)$,并设

$$\| f(u)-f_0(u)\|_p=\delta$$

其中 $\|f\|_p$ 是 $\mathscr{L}_p\{\mathscr{U},\mathfrak{F},\mu\}$ 中元素 f 的范数.则

$$\begin{aligned}\left\|\frac{1}{n}\sum_{k=0}^{n-1} f(S^k u)-f^*(u)\right\|_p \leqslant & \left\|\frac{1}{n}\sum_{k=0}^{n-1}[f(S^k u)-f_0(S^k u)]\right\|_p + \\ & \left\|\frac{1}{n}\sum_{k=0}^{n-1} f_0(S^k u)-f_0^*(u)\right\|_p +\end{aligned}$$

$$\| f_0^*(u) - f^*(u) \|_p$$

根据 Jensen 不等式和引理 1 有

$$\left\| \frac{1}{n}\sum_{k=0}^{n-1}[f(S^k u) - f_0(S^k u)] \right\|_p = \left\{ \int_{\mathscr{U}} \left[\frac{1}{n}\sum_{k=0}^{n-1}(f(S^k u) - f_0(S^k u)) \right]^p \mu(\mathrm{d}u) \right\}^{\frac{1}{p}} \leqslant$$

$$\left\{ \int_{\mathscr{U}} \frac{1}{n}\sum_{k=0}^{n-1} | f(S^k u) - f_0(S^k u) |^p \mu(\mathrm{d}u) \right\}^{\frac{1}{p}} =$$

$$\left\{ \frac{1}{n}\sum_{k=0}^{n-1}\int_{\mathscr{U}} | f(u) - f_0(u) |^p \mu(\mathrm{d}u) \right\}^{\frac{1}{p}} = \delta$$

利用 Fatou 引理得

$$\| f_0^*(u) - f^*(u) \|_p = \left\{ \int_{\mathscr{U}} \lim \left| \frac{1}{n}\sum_{k=0}^{n-1}[f(S^k u) - f_0(S^k u)] \right|^p \mu(\mathrm{d}u) \right\}^{\frac{1}{p}} \leqslant$$

$$\underline{\lim} \left\| \frac{1}{n}\sum_{k=0}^{n-1}[f(S^k u) - f_0(S^k u)] \right\|_p \leqslant \delta$$

其次,因为函数 $f_0(u)$ 是有界的,故它的所有平均值都以同样的常数为界. 因此根据 Lebesgue 定理知,在表示式

$$\left\| \frac{1}{n}\sum_{k=0}^{n-1} f_0(S^k u) - f_0^*(u) \right\|_p = \left\{ \int_{\mathscr{U}} \left| \frac{1}{n}\sum_{k=0}^{n-1} f_0(S^k u) - f_0^*(u) \right|^p \mu(\mathrm{d}u) \right\}^{\frac{1}{p}}$$

中取 $n \to \infty$ 的极限时可把极限搬进积分号内. 故这表示式趋于零,从而当 n 足够大时变得小于 δ. 因此

$$\left\| \frac{1}{n}\sum_{k=0}^{n-1} f(S^k u) - f^*(u) \right\|_p < 3\delta, n \geqslant n_0 = n_0(\delta)$$

这里的数 δ 可以选得任意小,于是式(15) 得证.

定义 3 集合 $A \in \mathfrak{F}$ 称做 S 不变的,如果 $\mu((S^{-1}A) \triangle A) = 0$,这里 $\triangle$ 是集合对称差的符号.

容易验证,所有 S 不变集构成 $\mathfrak{F}$ 可测集的一个 σ 代数. 其次,若 $g(u)$ 是 S 不变函数,则集合 $\{u: g(u) \geqslant c\}$, $\{u: g(u) = c\}$ 是 S 不变的. 另一方面,若 A 是 S 不变集,则 $\chi_A(u)$ 是 S 不变函数. 以 I 表示 S 不变集的 σ 代数. 设 $\mu(\mathscr{U}) = 1$. 我们把 $\{\mathscr{U}, \mathfrak{F}, \mu\}$ 看做是一个概率空间,并以符号 E 表示对测度 μ 的积分(数学期望).

推论 2 $f^*(u) = E\{f(u) \mid I\} (\mathrm{mod}\ \mu)$.

显然,$E\{f(u) \mid I\}$ 是 S 不变函数,因此为了证明推论 2,只须验证,对任意有界 S 不变函数 $g(u)$ 有

$$Eg(u)(f^*(u) - E\{f(u) \mid I\}) = 0$$

或 $E(g(u)f^*(u) - g(u)f(u)) = 0$. 然而后者可由式(12) 推出,这是因为

$$(g(u)f(u))^* = \lim \frac{1}{n}\sum_{k=0}^{n-1} g(S^k u)f(S^k u) = g(u)f^*(u) \quad (\mathrm{mod}\ \mu)$$

遍历的平稳序列 现在我们回来讨论平稳序列.

设$\{\xi(t):t\in T\}$是平稳序列，$\{\mathscr{X}^T,\mathfrak{C},P\}$是它的自然表示.

推论 3　若f是$\{\mathfrak{X}^m,\mathfrak{B}^m\}$中的可测函数，而

$$Ef(\xi(0),\xi(1),\cdots,\xi(m-1))\neq\infty$$

则当$n\to\infty$时以概率1有

$$\frac{1}{n}\sum_{k=0}^{n-1}f(\xi(k),\xi(k+1),\cdots,\xi(k+m-1))\to E\{f(\xi(0),\xi(1),\cdots,\xi(m-1))\mid I\}$$

这里I是$\mathfrak{F}$中对时间平移不变的事件组成的σ代数.

我们考虑事件$A\in\tilde{\mathfrak{C}}$和由对A作"时间平移"而得到的事件序列：$A,S^{\pm1}A,S^{\pm2}A,\cdots$. 如果$\chi_n$是事件$S^nA$的示性函数，则$\chi_n(n=0,\pm1,\cdots)$构成一平稳随机变量序列，而$\frac{1}{n}\sum\limits_{k=0}^{n-1}\chi_k$是事件$A$发生的频率，这时是根据序列$\{\xi(t):t=0,1,2,\cdots\}$的一个现实并对时间原点的$n-1$个顺次平移来计算的

$$\frac{1}{n}\sum_{k=1}^{n-1}\chi_k=\frac{v_n(A)}{n}$$

根据Birkhoff-Хинчин定理知，以概率1存在极限

$$\lim_{n\to\infty}\frac{v_n(A)}{n}=\pi(A)=E\{\chi_A\mid I\}\text{ 和 }E\pi(A)=P(A)$$

可以把$\pi(A)$称为事件A的经验概率，它是一个随机变量并按无穷序列$\{\xi(t),t=0,1,2,\cdots\}$的一个现实来确定. 人们自然会提出这样的问题：什么时候经验概率$\pi(A)$与偶然性无关而且就等于$P(A)$？

具有这种性质的平稳序列称做遍历的.

定义 4　设$\{\mathfrak{F},\mathscr{F},\mu\}$是概率空间，$S$是从$\mathscr{U}$到其自身的保测变换，$v_n(A)=v_n(A,u)$是序列$\{u,Su,\cdots,S^{n-1}u\}$落在集合$A$中的项数. 变换$S$称做遍历的，如果对任意$A\in\mathfrak{F}$有

$$\lim_{n\to\infty}\frac{v_n(A,u)}{n}=\mu(A)\quad(\text{mod}\,\mu)$$

变换S称做度量传递的，如果任意S不变集有测度0或1.

定理 2　为使概率空间$\{\mathscr{U},\mathfrak{F},\mu\}$中的变换$S$是遍历的，下列每一条件都是充分必要条件：

a)S是度量传递的；

b)对任意$\mathfrak{F}$可测μ可积函数$f(u)$，函数

$$f^*(u)=\lim\frac{1}{n}\sum_{k=0}^{n-1}f(S^ku)$$

以概率1是常数.

证　设A是S不变集，$0<\mu(A)<1$. 集合$A,SA,S^2A,\cdots$相互间只差一个零测集，而且$v_n(A)=n\chi_A(u)(\text{mod}\,\mu)$. 因而$\lim\limits_{n\to\infty}\frac{v_n(A)}{n}$不可能是常数(mod

μ). 因此从遍历性可推出度量传递性. 现设 S 是度量传递的,因为函数 $f^*(u)$ 是 S 不变的,故集合

$$S^{-1}\{u: f^*(u) < x\} = \{u: f^*(Su) < x\}$$

和 $\{u: f^*(u) < x\}$ 的对称差之 μ 测度为 0. 由此推得,对任意实数 x,$\mu\{u: f^*(u) < x\} = 0$ 或 1,即 $f^*(u) =$ 常数(mod μ),于是就从 a) 推出 b). 最后,遍历性条件是条件 b) 当 $f(u)$ 是某一事件的示性函数时的一种特殊情形.

我们现在给出遍历性的一些推论.

设 $\{\mathscr{X}^T, \mathfrak{C}, P\}$ 是平稳序列 $\xi(n)$ 的自然表示,S 是 $\mathscr{X}^T$ 中的时间平移变换,$\mathscr{L}_2 = \mathscr{L}_2\{X^T, \tilde{\mathfrak{C}}, P\}$.

由定理 1 的推论 1 得到,对 $\mathscr{L}_2$ 中的任意函数 $f(u)$ 和 $g(u)$ 有

$$\lim_{n\to\infty}\int_{\mathscr{X}^T} \frac{1}{n}\sum_{k=0}^{n-1} f(S^k u) g(u) P(\mathrm{d}u) = \int_{\mathscr{X}^T} f^*(u) g(u) P(\mathrm{d}u) \tag{16}$$

如果变换 S 是遍历的,我们就说序列 $\{\xi(n): n = 0, \pm 1, \cdots\}$ 是遍历的. 令 $g(u) = \eta$, $f(S^k u) = \zeta_k$,又设原来的平稳序列 $\{\xi(n): n=0, \pm 1, \cdots\}$ 是遍历的,则式(16) 变成

$$\lim_{n\to\infty} E\frac{1}{n}\sum_{k=0}^{n-1}\zeta_{k\eta} = E\zeta_0 E\eta \tag{17}$$

设 $g(u) = \chi_B(u)$, $f(u) = \chi_A(u)$, A 和 $B \in \tilde{\mathfrak{C}}$. 由式(17) 得

$$\lim_{n\to\infty}\frac{1}{n}\sum_{k=0}^{n-1} P(S^{-k}A \cap B) = P(A)P(B) \tag{18}$$

或(当 $P(B) \neq 0$ 时)

$$\lim_{n\to\infty}\frac{1}{n}\sum_{k=0}^{n-1} P(S^{-k}A \mid B) = P(A) \tag{19}$$

这里 $P(S^{-k}A \mid B)$ 是当给定 B 时事件 $S^{-k}A$ 的条件概率.

引理 5 对于任意 $A, B \in \tilde{\mathfrak{C}}$ 的等式(18)(或(19)) 等价于遍历性.

只须证明式(18) 蕴涵遍历性. 设 C 是任一 S 不变事件. 在(18) 中令 $A = B = C$,则式(18) 变为 $P(C) = P^2(C)$,因此 $P(C) = 0$ 或 1. 根据定理 2 即得本引理.

等式(19) 有如下的概率意义:设 A 和 B 是 $\tilde{\mathfrak{C}}$ 中两事件,若在时间上将事件 A 无限地平移,则按平均来说,事件 $S^{-n}A$ 和任意事件 $B(\in \tilde{\mathfrak{C}})$ 都是独立的. 条件(19) 可以用更严的要求

$$\lim_{n\to\infty} P(S^{-n}A \mid B) = P(A) \tag{20}$$

来代替. 条件(20) 称做混合条件,它是等式

$$\lim_{n\to\infty} E\zeta_n\eta = E\zeta_0 E\eta \tag{21}$$

的特殊情形,这里 $\zeta_n = f(S^n u)$, $\eta = g(u)$, $f(u)$ 和 $g(u)$ 是 $\mathscr{L}_2$ 中任意函数. 另一

方面，从式(20)可推出对于简单函数 f 和 g 的式(21). 当用 $\mathscr{L}_2$ 中收敛于 $f(u)$ 和 $g(u)$ 的简单函数序列 $f_n(u)$ 和 $g_n(u)$ 分别逼近 $f(u)$ 和 $g(u)$（它们是 $\mathscr{L}_2$ 中任意两个函数）时，我们不难看出，混合条件等价于条件(21). 另一方面，条件(21)只须对某函数集合进行验证，这集合的函数所张成的线性包要在 $\mathscr{L}_2$ 中处处稠密. 我们可以选取所有柱集的示性函数作这样的函数集合.

考虑使得 $E|\xi_n|<\infty$ 的独立同分布随机变量序列 $\{\xi_n: n=0,\pm 1,\cdots\}$. 这样的序列是平稳的. 根据 Birkhoff-Хинчин 定理有

$$\lim_{n\to\infty}\frac{1}{n}\sum_{k=0}^{n-1}\xi_k=\xi^*\ (\mathrm{mod}\ P), E\xi^*=E\xi$$

显然，随机变量 ξ^* 独立于任意有限多个变量 $\xi_0,\xi_1,\cdots,\xi_p$，因此 ξ^* 是对 $\overline{\lim}\,\tilde{\sigma}\{\xi_k\}$ 可测的，而且由 0-1 律知，它是一常数，即 $\xi^*=c(\mathrm{mod}\ P)$，$c=E\xi$. 于是我们就得到下面的定理.

定理 3 （强大数定律）若 $\{\xi_n: n=0,\pm 1,\cdots\}$ 是独立同分布的随机变量序列且 $E|\xi_n|<\infty$，则以概率 1 有

$$\lim_{n\to\infty}\frac{1}{n}\sum_{k=0}^{n-1}\xi_k=E\xi_0 \tag{22}$$

这定理是独立同分布随机变量序列的遍历性的推论. 但是，我们能够证明更强的结果，即 $\mathscr{X}^T$ 中的时间平移算子是关于 $\mathscr{X}^T$ 中由独立随机变量序列诱导的测度的混合. 这结论可从一个更一般的论断推出. 设 $\{\xi_n: n=0,\pm 1,\pm 2,\cdots\}$ 是 $\{\mathscr{X},\mathfrak{B}\}$ 中随机元的平稳序列，$\mathfrak{F}_n$ 是随机元 $\xi_n,\xi_{n+1},\cdots$ 产生的 σ 代数

$$\mathfrak{F}_\infty=\bigcap_n\mathfrak{F}_n=\overline{\lim}\,\mathfrak{F}_n$$

如果 σ 代数 $\mathfrak{F}_\infty$ 只含概率为 0 或 1 的事件，我们就说 0-1 律适用于序列 $\{\xi_n: n=0,\pm 1,\cdots\}$.

定理 4 若序列 $\{\xi_n: n=0,\pm 1,\cdots\}$ 满足 0-1 律，则时间平移变换是一混合.

令 $\zeta_{-n}=P\{B|\mathfrak{F}_n\}$. 序列 $\{\zeta_n,\mathfrak{F}_n: n=\cdots,-k,-k+1,\cdots,0\}$ $(\mathfrak{F}_{-n}=\mathfrak{F}_n)$ 是鞅（参阅第二章 §2，定理 4），而且 $P\{B|\mathfrak{F}_\infty\}$ 是它的左封闭元素. 因为 σ 代数 $\mathfrak{F}_{-\infty}$ 是平凡的，故

$$P\{B|\mathfrak{F}_{-\infty}\}=\text{常数}=P(B)\quad(\mathrm{mod}\ P)$$

根据鞅的收敛定理（第二章 §2，定理 1 的推论）知，以概率 1 有

$$\lim P\{B|\mathfrak{F}_n\}=P(B)$$

设 A 是在坐标 $n=0,1,2,\cdots$ 上的柱集，则 $S^{-n}A\in\mathfrak{F}_n$，因此当 $n\to\infty$ 时

$$P(B\cap S^{-n}A)=\int_{S^{-n}A}P\{B|\mathfrak{F}_n\}P(\mathrm{d}u)\sim P(B)P(S^{-n}A)=P(B)P(A)$$

显然，上式对任意柱集 A 都成立. 如同前面所指出那样，由此可得式(21). 定理证毕.

相关系数趋于零的平稳 Gauss 序列是满足混合条件的过程的另一个例子.设$\{\xi_n:n=0,\pm1,\pm2,\cdots\}$是平稳Gauss序列,$E\xi_n=m,E(\xi_n-m)(\xi_0-m)=R_n$;$f(u)=f(x_0,x_1,\cdots,x_p)$和$g(u)=g(x_0,x_1,\cdots,x_p)$是充分光滑的$p+1$元有界函数,它们有绝对可积的 Fourier 变换 $f^*(\lambda_0,\cdots,\lambda_p)$ 和 $g^*(\lambda_0,\cdots,\lambda_p)$,则

$$Ef(\xi_n,\xi_{n+1},\cdots,\xi_{n+p})g(\xi_0,\xi_1,\cdots,\xi_p)=$$

$$E\int_{-\infty}^{\infty}\cdots\int_{-\infty}^{\infty}e^{i(\sum_{k=0}^{p}\lambda_k\xi_{n+k}+\sum_{k=0}^{p}\mu_k\xi_k)}f^*(\lambda_0,\cdots,\lambda_p)g^*(\mu_0,\cdots,\mu_p)d\lambda_0\cdots d\lambda_p d\mu_0\cdots d\mu_p=$$

$$\int_{-\infty}^{\infty}\cdots\int_{-\infty}^{\infty}e^{-\frac{1}{2}\{\sum_{k,r=0}^{p}R_{k-r}(\lambda_k\lambda_r+\mu_k\mu_r)+\sum_{k,r=0}^{p}R_{n+k-r}\lambda_k\mu_r\}}\cdot$$

$$f^*(\lambda_0,\cdots,\lambda_p)g^*(\mu_0,\cdots,\mu_p)d\lambda_0\cdots d\lambda_p d\mu_0\cdots d\mu_p$$

若$\lim\limits_{n\to\infty}R_n=0$,则在上式取 $n\to\infty$ 时的极限就得到

$$\lim_{n\to\infty}Ef(\xi_n,\xi_{n+1},\cdots,\xi_{n+p})g(\xi_0,\xi_1,\cdots,\xi_p)=Ef(\xi_0,\xi_1,\cdots,\xi_p)g(\xi_0,\xi_1,\cdots,\xi_p)\tag{23}$$

因为我们已经证明了使上式成立的函数(f与g)类在$\mathscr{L}_2$中处处稠密,故式(23)对$\mathscr{L}_2$中任意函数f与g都成立.

于是我们就证明了下面的定理.

定理 5 相关系数 $R_n\to0$(当 $n\to\infty$) 的平稳 Gauss 序列满足混合条件.

现在给出有关 Марков 链遍历性的某些推论和注记. Марков 链遍历性的一般理论将在第 Ⅱ 卷中讨论.

我们讨论具有可数状态的不可约 Марков 链. 当且仅当这样的链是正常返时它有不变的初始分布(§5 定理 15 的推论 2),但这又等价于方程组

$$\sum_k x_k p(k,j)=x_j$$

有非平凡的绝对可和解. 若这方程组存在满足条件$\sum\limits_k x_k=1$的解,则这个解有如下形式

$$x_k=v_k=\lim_{N\to\infty}\frac{1}{N}\sum_{n=1}^{N}p^{(n)}(j,k)\tag{24}$$

如果这链是非周期的,则

$$x_k=v_k=\lim_{n\to\infty}p^{(n)}(j,k)$$

(§5 定理 15). 假设链是不可约的和正常返的,这种链的不变初始分布是唯一的,对应于它的平稳 Марков 过程是$\{\xi(t):t=0,\pm1,\cdots\}$,这过程的遍历性条件可以表为

$$\lim_{N\to\infty}\frac{1}{N}\sum_{n=1}^{N}P\{\xi(1)=i_1,\xi(2)=i_2,\cdots,\xi(s)=i_s,\xi(n+1)=j_1,\cdots,\xi(n+r)=j_r\}=P\{\xi(1)=i_1,\cdots,\xi(s)=i_s\}P\{\xi(1)=j_1,\cdots,\xi(r)=j_r\}\tag{25}$$

事实上,一方面这条件是(18) 式的一种特殊情形. 另一方面,容易看出,从式(25) 可推出对于 $\mathscr{X}^T$ 中任意柱集 A 和 B 的式(18). 其次,条件(25) 等价于

$$\lim_{N\to\infty} v_i \frac{1}{N}\sum_{n=1}^{N} p^{(n)}(i,j) = v_i v_j$$

这就是等式(24).

于是有如下的定理.

定理 6 对应于不可约正常返 Марков 链的不变初始分布的平稳过程是遍历的.

注 类似地可看出,平稳 Марков 过程的混合条件归结为要求

$$\lim_{n\to\infty} p^{(n)}(j,k) = v_k$$

因此对应于非周期正常返 Марков 链的平稳过程具有混合性质.

第三章 随机函数

§1 某些随机函数类

Gauss 随机函数

定义 1 实随机函数 $\xi(x)$ $(x \in X)$ 称做 Gauss 随机函数，如果对于任意整数 $n \geqslant 1$ 和任意 $x_k (k=1,2,\cdots,n)$，$x_k \in X$，序列 $\{\xi(x_1),\xi(x_2),\cdots,\xi(x_n)\}$ 有联合正态分布.

由定义得知，这分布的特征函数形如

$$J(x_1,x_2,\cdots,x_n,u^1,\cdots,u^n)=\exp\left\{\mathrm{i}\sum_{k=1}^{n}u^k a_k-\frac{1}{2}\sum_{k,r=1}^{n}b_{kr}u^k u^r\right\} \tag{1}$$

这里常数 a_k 和 b_k 满足

$$a_k=E\xi(x_k),b_{kr}=E(\xi(x_k)-a_k)(\xi(x_r)-a_r) \tag{2}$$

由此看出，Gauss 随机函数的所有边沿分布由两个实函数——平均值 $a(x)$ 和相关函数 $b(x_1,x_2)$ 确定，这里

$$a(x)=E\xi(x),b(x_1,x_2)=E(\xi(x_1)-a(x_1))(\xi(x_2)-a(x_2))$$

相关函数 $b(x,y)$ 有如下性质：

1) $b(x,y)=b(y,x)$

2) 对于任意 n,任意实数 u_k 和点 $x_k \in X$ 有

$$\sum_{k,r=1}^{n} b(x_k, x_r) u_k u_r \geqslant 0$$

具有这些性质的实函数称做 X^2 上的正定核①.

这定义等价于要求对任意 x_r 和 $x_k \in X$,矩阵 $\| b(x_k, x_r) \| (k, r=1,2,\cdots, n)$ 是实对称的和非负定的.

我们指出,对于任意集合 X,实函数 $a(x)(x \in X)$ 和 X^2 上的非负定核 $b(x_1, x_2)$,存在一 Gauss 随机函数,使得 $a(x)$ 是它的平均值,$b(x_1, x_2)$ 是它的相关函数.为了证明这一论断,我们考虑一分布族$\{p_{x_1 \cdots x_n}(\cdot), n=1,2,\cdots, x_k \in X\}$,这些分布的特征函数由式(1) 给出.不难验证,这分布族满足相容性条件.余下只须应用 Колмогоров 定理(第一章 §4 定理 2).

可以类似地定义带有实分量的向量值 Gauss 过程.设 $\xi(x)(x \in X)$ 是取值于 m 维空间 $\mathbf{R}^m$ 的随机函数.它称做 Gauss 的,如果对任意 $n \geqslant 1$ 和任意 $x_k \in X$,序列$\{\xi(x_1), \xi(x_2), \cdots, \xi(x_n)\}$ 的分量的联合分布是正态的.相应的特征函数形如

$$J(x_1, \cdots, x_n, u_1^{(1)}, \cdots, u_m^{(1)}, \cdots, u_1^{(n)}, \cdots, u_m^{(n)}) =$$
$$\exp\left\{ \mathrm{i} \sum_{r=1}^{m} \sum_{k=1}^{n} u_r^{(k)} a^{(r)}(x_k) - \frac{1}{2} \sum_{k,l=1}^{n} \sum_{r,s=1}^{m} b^{rs}(x_k, x_l) u_r^{(k)} u_s^{(l)} \right\}$$

为了简化这表示式,我们引入取值于 $\mathbf{R}^m$ 的向量

$$\boldsymbol{u}^{(k)} = (u_1^{(k)}, u_2^{(k)}, \cdots, u_m^{(k)}), \boldsymbol{a}(x) = (a^1(x), \cdots, a^m(x))$$

及元素为 $b^{rs}(x_1, x_2)(r, s=1,2,\cdots, m)$ 的矩阵 $\boldsymbol{b}(x_1, x_2)$.于是上面的表示式可改写为

$$J(x_1, \cdots, x_n, \boldsymbol{u}^{(1)}, \cdots, \boldsymbol{u}^{(n)}) =$$
$$\exp\left\{ \mathrm{i} \sum_{k=1}^{n} (\boldsymbol{u}^{(k)}, \boldsymbol{a}(x_k)) - \frac{1}{2} \sum_{k,l=1}^{n} (\boldsymbol{b}(x_k, x_l) \boldsymbol{u}^{(l)}, \boldsymbol{u}^{(k)}) \right\}$$

其中向量函数 $\boldsymbol{a}(x)$ 是任意的,实矩阵函数 $\boldsymbol{b}(x_1, x_2)$ 应是对称的,而且要满足条件:对任意整数 $n \geqslant 1$,任意 $x_k \in X$ 和 $\boldsymbol{u}^{(k)} \in \mathbf{R}^m$ 有

$$\sum_{k,l=1}^{n} (\boldsymbol{b}(x_k, x_l) \boldsymbol{u}^{(l)}, \boldsymbol{u}^{(k)}) \geqslant 0 \tag{3}$$

逆命题也是显然的:对于任意取值于 $\mathbf{R}^m$ 中的函数 $a(x)$ 和满足条件(3) 的矩阵函数 $\boldsymbol{b}(x_1, x_2)$,存在一 Gauss 随机函数 $\xi(x) = (\xi^1(x), \cdots, \xi^m(x))$,使得

$$a^{(k)}(x) = E\xi^k(x)$$

---

① 正定核(положительно определенное яцро) 及非负定核(неотрицательно определенное яцро) 均按原文译出,然而,文中两者常是同义的,而此处按习惯称为非负定核会更合适.—— 译者注

$$b^{rs}(x_1,x_2)=E(\xi^r(x_1)-a^r(x_1))(\xi^s(x_2)-a^s(x_2))$$

在某些问题中，人们有兴趣于 Gauss 函数的矩. 这些矩可以根据特征函数的级数展式得到. 我们只限于讨论纯量随机函数的中心矩. 设

$$a(x)=0,u=(u^{(1)},u^{(2)},\cdots,u^{(n)})$$

$$B=|\ b(x_k,x_r)\ |,k,r=1,\cdots,n$$

则

$$J(x_1,x_2,\cdots,x_n,tu)=\mathrm{e}^{-\frac{t^2}{2}(Bu,u)}=$$

$$1-\frac{t^2}{2}(Bu,u)+\frac{t^4}{2!\ 2^2}(Bu,u)^2+\cdots+(-1)^n\frac{t^{2n}}{2^n n!}(Bu,u)^n+\cdots$$

由此得

$$E\Big(\sum_{k=1}^{n}u^{(k)}\xi(x_k)\Big)^{2n}=(2n-1)!!\ (Bu,u)^n \tag{4}$$

和

$$E\Big(\sum_{k=1}^{n}u^{(k)}\xi(x_k)\Big)^{2n-1}=0$$

我们引入 n 点矩函数

$$m_{j_1j_2\cdots j_n}(x_1,x_2,\cdots x_n)=E[\xi(x_1)]^{j_1}[\xi(x_2)]^{j_2}\cdots[\xi(x_n)]^{j_n}$$

$j_1+j_2+\cdots+j_n$ 称做矩函数的阶. 奇数阶的矩函数等于零

$$m_{j_1j_2\cdots j_n}(x_1,x_2,\cdots,x_n)=0,\text{对}\sum_{k=1}^{n}j_k=2s-1$$

式(4) 可以写成如下的形式

$$m_{j_1j_2\cdots j_n}(x_1,x_2,\cdots,x_n)=\frac{\partial^{2n}}{\partial u_1^{j_1}\partial u_2^{j_2}\cdots\partial u_n^{j_n}}\frac{1}{2^n n!}(Bu,u)^n \tag{5}$$

二阶矩函数就是相关函数

$$m_{11}(x_1,x_2)=b(x_1,x_2),m_2(x)=m_{11}(x,x)=b(x,x)$$

四阶矩函数有如下的形式

$$m_4(x)=3b^2(x,x),m_{22}(x_1,x_2)=2b^2(x_1,x_2)$$

$$m_{31}(x_1,x_2)=3b(x_1,x_1)b(x_1,x_2)$$

$$m_{211}(x_1,x_2,x_3)=b(x_1,x_1)b(x_2,x_3)+2b(x_1,x_2)b(x_1,x_3)$$

$$m_{1\,111}(x_1,x_2,x_3,x_4)=b(x_1,x_2)b(x_3,x_4)+$$
$$b(x_1,x_3)b(x_2,x_4)+b(x_1,x_4)b(x_2,x_4)$$

在一般情形中有如下的关系式

$$m_{j_1j_2\cdots j_n}(x_1,x_2,\cdots,x_n)=\sum\prod b(x_p,x_q) \tag{6}$$

这公式的结构可描述如下：将点 $x_1,\cdots,x_n$ 依次写成一序列，其中 x_k 写 j_k 次(j_k 是 x_k 的阶). 然后把写出来的序列分划成任意的偶对. 式(6) 右端的乘积是对这

分划的所有偶对取的，而求和是对所有分划取的（只是元素排列不同的偶对看做是一样的）. 这论断可从式(5) 直接推出.

在许多问题中要考虑复值 Gauss 随机函数. 它们的定义和一般的实向量值 Gauss 函数有些不同. 我们将只讨论取值于 $\mathscr{X}^1$ 的函数 $\zeta(x)=\xi(x)+\mathrm{i}\eta(x)$，这里 $\xi(x)$ 和 $\eta(x)$ 是实的.

定义 2 随机函数 $\{\zeta(x): x\in X\}$ 称做复 Gauss 随机函数，如果实函数 $\{(\xi(x)),\eta(x): x\in X\}$ 是 Gauss 的，而且对任意 $x,y\in X$ 有

$$E(\zeta(x)-a(x))(\zeta(y)-a(y))=0, a(x)=E\zeta(x)$$

不失一般性可假设 $a(x)=0$. 不难验证，条件 $E\zeta(x)\zeta(y)=0$ 等价于条件

$$E\xi(x)\xi(y)=E\eta(x)\eta(y), E\xi(x)\eta(y)=-E\xi(y)\eta(x) \tag{7}$$

另一方面，如果等式(7) 成立，则

$$b(x,y)=E\zeta(x)\overline{\zeta(y)}=2(b_{11}(x,y)-\mathrm{i}b_{12}(x,y)) \tag{8}$$

其中 $b_{11}(x,y)=E\xi(x)\xi(y)$，$b_{12}(x,y)=E\xi(x)\eta(y)$. 特别地，由条件(7) 可得 $b_{12}(x,x)=E\xi(x)\eta(x)=0$，又因为$(\xi(x),\eta(x))$ 有联合 Gauss 分布，故变量 $\xi(x)$ 和 $\eta(x)$ 是独立的. 据此不难验证，若令 $\zeta(x)=\rho(x)\mathrm{e}^{\mathrm{i}\varphi(x)}$，则 $\rho(x)$ 和 $\varphi(x)$ 是独立的，$\varphi(x)$ 有$(-\pi,\pi)$ 上的均匀分布，而 $\rho(x)$ 有由

$$\frac{u}{\sigma^2(x)}\mathrm{e}^{-\frac{u^2}{2\sigma^2(x)}}, u>0, \sigma^2(x)=D\xi(x)=b_{11}(x,x)$$

给出的分布密度.

在式(8) 中 $b_{11}(x,y)$ 是非负定核，而 $b_{12}(x,y)$ 具有性质

$$b_{12}(x,y)=-b_{12}(y,x)$$

利用这一事实不难验证，由式(8) 定义的函数 $b(x,y)$（其中 $b_{11}(x,y)$ 和 $b_{12}(x,y)$ 是任意具有这性质的函数）满足下面的关系：对于任意 n，$x_k\in X$ 和任意复数 Z_k 有

$$\sum_{k,r=1}^{n} b(x_k,x_r)Z_k\overline{Z}_r\geqslant 0$$

具有这个性质的函数称做 X^2 上的正定核.

定理 1 对于任意正定核 $b(x,y)(x,y\in X)$，恒存在复 Gauss 随机函数 $\zeta(x)$，使得 $E\zeta(x)=0$ 和 $E\zeta(x)\overline{\zeta(y)}=b(x,y)$.

为了证明这一定理，我们引入实的二阶矩阵函数 $\boldsymbol{B}(x,y)=\| b_{ik}(x,y)\|(i,k=1,2)$，其中

$$b_{11}(x,y)=b_{22}(x,y)=\frac{b'(x,y)}{2}$$

$$b_{12}(x,y)=-b_{21}(x,y)=-\frac{1}{2}b''(x,y)$$

这里 $b'(x,y)=\mathrm{Re}\, b(x,y)$，$b''(x,y)=\mathrm{Im}\, b(x,y)$. 因为 $b(x,y)$ 是正定核，故

$b(x,y)=\overline{b(y,x)}$，由此得 $b_{11}(x,y)=b_{11}(y,x)$，$b_{12}(x,y)=-b_{12}(y,x)$. 我们来构造具有相关矩阵 $\boldsymbol{B}(x,y)$ 的二维 Gauss 随机函数$(\xi(x),\eta(x))$. 根据前面的注记知，$\zeta(x)=\xi(x)+\mathrm{i}\eta(x)$ 是复 Gauss 随机函数，而且

$$E\zeta(x)\overline{\zeta(y)}=2(b_{11}(x,y)-\mathrm{i}b_{12}(x,y))=$$
$$b'(x,y)+\mathrm{i}b''(x,y)=$$
$$b(x,y)$$

为什么 Gauss 随机函数在实际问题中起着重要的作用呢？对此我们可以阐明如下：在很一般的条件下，大量独立而又是很小的(从量的角度来说)随机函数之和近似地是一 Gauss 随机函数，这时单个分量的概率性质并不起什么作用. 这就是所谓正态相关定理，它是中心极限定理在多维情形的推广. 下面给出这定理的一种表达方式.

设给定了一个二重随机函数序列

$$\{\alpha_{nk}(x):x\in X\},k=1,2\cdots,m_n,n=1,2,\cdots$$

令
$$\eta_n(x)=\sum_{k=1}^{m_n}\alpha_{nk}(x)$$

考虑 $\alpha_{nk}(x)$ 的“截尾”变量和它们的矩

$$\alpha_{nk}^{\varepsilon}(x)=\chi_{\varepsilon}(\alpha_{nk}(x))\alpha_{nk}(x),a_{nk}^{\varepsilon}(x)=E\alpha_{nk}^{\varepsilon}(x)$$
$$b_{nk}^{\varepsilon}(x_1,x_2)=E[\alpha_{nk}^{\varepsilon}(x_1)-a_{nk}^{\varepsilon}(x_1)][\alpha_{nk}^{\varepsilon}(x_2)-a_{nk}^{\varepsilon}(x_2)]$$

其中 $\varepsilon>0$，而$\chi_{\varepsilon}(x)$ 是区间$(-\varepsilon,\varepsilon)$ 的示性函数.

定理 2 设对每一 n，函数 $\alpha_{n1}(x),\alpha_{n2}(x),\cdots,\alpha_{nm_n}(x)$ 相互独立并且满足条件：

1) 对任意 $\varepsilon>0$ 有

$$\sum_{k=1}^{m_n}P\{|\alpha_{nk}(x)|>\varepsilon\}\to 0,\text{当 } n\to\infty$$

2) 对某一 $\varepsilon=\varepsilon_0=\varepsilon_0(x)>0$，当 $n\to\infty$ 时有

$$\sum_{k=1}^{m_n}a_{nk}^{\varepsilon_0}(x)\to a(x),\sum_{k=1}^{m_n}b_{nk}^{\varepsilon_0}(x_1,x_2)\to b(x_1,x_2)\tag{9}$$

则当 $n\to\infty$ 时，随机函数 $\eta_n(x)$ 的边沿分布弱收敛于数学期望为 $a(x)$ 和相关函数为 $b(x_1,x_2)$ 的 Gauss 随机函数的对应边沿分布.

独立增量过程 设 T 是有限或无穷的左闭区间，$a=\min T>-\infty$.

定义 3 取值于 $\mathbf{R}^m$ 的随机过程$\{\boldsymbol{\xi}(t):t\in T\}$ 称做独立增量过程，如果对任意 $n,t_k\in T,t_1<t_2<\cdots<t_n$，随机变量 $\boldsymbol{\xi}(a),\boldsymbol{\xi}(t_1)-\boldsymbol{\xi}(a),\cdots,\boldsymbol{\xi}(t_n)-\boldsymbol{\xi}(t_{n-1})$ 相互独立. 向量 $\boldsymbol{\xi}(a)$ 称做过程的初始状态(值)，它的分布则称做过程的初始分布.

为了给定一广义的独立增量过程，只须给定初始分布 $P_0(B)$ 和分布族

$P(t,h,B)(t\geqslant a,h>0,B\in\mathfrak{B}^m)$，这里 $\mathfrak{B}^m$ 是 $\mathbf{R}^m$ 中Borel集的 σ 代数，$P(t,h,B)$ 是向量 $\boldsymbol{\xi}(t+h)-\boldsymbol{\xi}(t)$ 的分布. 事实上，如果给定了这些分布，则向量 $\boldsymbol{\xi}(t_1)$，$\boldsymbol{\xi}(t_2)$，$\cdots$，$\boldsymbol{\xi}(t_n)$ 的任意联合分布由下式唯一地确定

$$P(\bigcap_{k=0}^{n}\{\boldsymbol{\xi}(t_k)\in B_k\})=$$
$$\int_{B_0}P_0(\mathrm{d}y_0)\int_{B_1-y_0}P(a,t_1-a,\mathrm{d}y_1)\int_{B_2-(y_0+y_1)}P(t_1,t_2-t_1,\mathrm{d}y_2)\cdots$$
$$\int_{B_n-(y_0+\cdots+y_{n-1})}P(t_{n-1},t_n-t_{n-1},\mathrm{d}y_n) \tag{10}$$

这里 $B-z$ 表示集合 $\{x:x=y-z,y\in B\}$. 初始分布 $P_0(B)$ 可以任意选取. 另一方面，不能保证任一给定的分布族 $P(t,h,B)$ 都对应一独立增量过程.

为了使得给定的分布族 $p(t,h,B)$ 对应一独立增量过程，必须且只须 $P(t,h,B)$ 有如下的性质：对任意 n 和任意 $a=t_0<t_1<\cdots<t_n=t+h$，$P(t,h,B)$ 是独立随机向量 $\boldsymbol{\xi}_1,\boldsymbol{\xi}_2,\cdots,\boldsymbol{\xi}_n$ 之和的分布，其中 $\boldsymbol{\xi}_k$ 有分布 $P(t_{k-1},t_k-t_{k-1},B)$.

事实上，若满足这条件，则分布族(10) 满足相容性条件. 因此，由 Колмогоров 定理知，存在具有有限维分布(10) 的随机过程. 而这些分布的形式表明过程有独立增量.

利用特征函数来研究独立增量是方便的. 设

$$J(t,h,u)=\int_{\mathbf{R}^m}\mathrm{e}^{\mathrm{i}(u,x)}P(t,h,\mathrm{d}x)$$

函数 $J(t,h,u)$ 称做独立增量过程的特征函数，这函数完全确定差

$$\boldsymbol{\xi}(t_1)-\boldsymbol{\xi}(a),\boldsymbol{\xi}(t_2)-\boldsymbol{\xi}(t_1),\cdots,\boldsymbol{\xi}(t_n)-\boldsymbol{\xi}(t_{n-1}) \tag{11}$$

的联合分布. 事实上，向量序列(11) 的联合分布的特征函数 $J(t_1,t_2,\cdots,t_n,u^1,u^2,\cdots,u^n)$ 等于

$$J(t_1,t_2,\cdots,t_n,u^1,u^2,\cdots,u^n)=\prod_{k=1}^{n}J(t_{k-1},\Delta t_k,u_k)$$
$$\Delta t_k=t_k-t_{k-1},t_0=a$$

因此，为了给定一个广义独立增量过程，除了 $P_0(B)$ 之外，只须给定 $J(t,h,u)$. 上面叙述的关于 $P(t,h,B)$ 应满足的充分必要条件表明，特征函数 $J(t,h,u)$ 作为区间 $[t,t+h)$ 的函数应当是可乘的

$$J(t,h_1+h_2,u)=J(t,h_1,u)J(t+h_1,h_2,u)$$

这条件本身是使得 $J(t,h,u)$ 为一独立增量过程的特征函数的充分必要条件.

定义 4 独立增量过程称做齐次的，如果差 $\xi(t+h)-\xi(t)$ 有不依赖于 t 的分布，即 $P(t,h,B)=P(h,B)$. 齐次过程称做随机连续的，如果对任意 $\varepsilon>0$ 和球 $S_\varepsilon=\{x:|x|<\varepsilon\}$ 有

$$\lim_{h\to 0}P(h,\overline{S}_\varepsilon)=0$$

关于随机连续性的条件及其意义可参看 §2. 如果齐次过程是随机连续

的，则对任意 t，差 $\xi(t+h)-\xi(t)$ 依概率收敛于零，因此 $\xi(t+h)-\xi(t)$ 的分布弱收敛于零(当 $h\downarrow 0$ 时). 根据分布和它们的特征函数之间对应的连续性推知，随机连续性等价下述性质：当 $h\downarrow 0$ 时，在任意有界区域 $|u|\leqslant N$ 中，一致地有 $J(h,u)\to 1$.

下面我们指出随机连续的齐次独立增量过程的特征函数的一些性质.

a) 齐次独立增量过程的特征函数满足方程

$$J(h_1+h_2,u)=J(h_1,u)J(h_2,u) \tag{12}$$

特别，对任意整数 n 有

$$J(nh,u)=[J(h,u)]^n$$

b) 齐次的随机连续过程的特征函数 $J(h,u)$ 处处不等于零.

事实上，对任意 u 人们能够找到 t_0，使得当 $0<h\leqslant t_0$ 时 $|J(h,u)|\geqslant\frac{1}{2}$. 若 t 是任意的且 $t=t_0(n+\theta)$，这里 $0\leqslant\theta<1$，则

$$J(t,u)=J(t_0n,u)J(t_0\theta,u)=[J(t_0,u)]^n\times J(t_0\theta,u)$$

因此 $|J(t,u)|\geqslant\left(\frac{1}{2}\right)^{n+1}$. 因为当 $h\downarrow 0$ 时在任一个球 $|u|\leqslant N$ 中一致地有 $J(h,u)\to 1$，故在区域 $t\in[0,h]$，$|u|\leqslant N, h=h(N)$ 中可定义一单值函数 $g_1(t,u)=\ln J(t,u)$，而且这函数是在所讨论的区域内的二元连续函数. 由式(12) 推得，$g_1(t,u)$ 满足方程

$$g_1(t_1+t_2,u)=g_1(t_1,u)+g_2(t_2,u),\ |u|\leqslant N$$
$$t_i>0, t_1+t_2\leqslant h$$

因此 $g_1(t,u)=tg(u)$ 且 $J(t,u)=\mathrm{e}^{tg(u)}$. 容易验证，上式应对所有的 t 和 u 都成立. 事实上，若这等式对给定的 u 和所有的 $t\leqslant h_0, t>0$ 成立，则对任意 t 有

$$J(t,u)=\left[J\left(\frac{t}{n},u\right)\right]^n=[\mathrm{e}^{\frac{t}{n}g(u)}]^n=\mathrm{e}^{tg(u)},\text{当 } n>\frac{t}{h_0}$$

因此

$$J(t,u)=\mathrm{e}^{tg(u)} \tag{13}$$

这里 $g(u)$ 是一单值连续函数.

这个简单的结果完全刻画出特征函数 $J(t,u)$ 对 t 的依赖关系. 显然，形如(13) 的特征函数满足条件(12). 剩下就是阐明函数 $g(u)$ 的结构. 从上述得知，$g(u)$ 可以是任一使得 $\mathrm{e}^{tg(u)}$(对任意 t) 是某一分布的特征函数的函数. 由式(13) 推得

$$g(u)=\lim_{t\downarrow 0}\frac{J(t,u)-1}{t} \tag{14}$$

而且在每一个有界球 $|u|\leqslant N(0<N<\infty)$ 内收敛是一致的.

定理 3 设 $J(t,\boldsymbol{u})(t>0,\boldsymbol{u}\in\mathbf{R}^m)$ 是一族特征函数，使得在任意一个球

$|\boldsymbol{u}| \leqslant N(N>0)$ 内极限(14) 一致地存在. 则存在$\{\mathbf{R}^m, \mathfrak{B}^m\}$ 中的一个有限测度 $\Pi(B)$, $\mathbf{R}^m$ 中的一个非负定算子 b 和向量 $\boldsymbol{a}$, 使得

$$g(\boldsymbol{u}) = \mathrm{i}(\boldsymbol{a},\boldsymbol{u}) - \frac{1}{2}(b\boldsymbol{u},\boldsymbol{u}) + \int_{\mathbf{R}^m}\left[\mathrm{e}^{\mathrm{i}(\boldsymbol{u},z)} - 1 - \frac{\mathrm{i}(\boldsymbol{u},z)}{1+|z|^2}\right]\frac{1+|z|^2}{|z|^2}\Pi(\mathrm{d}z) \tag{15}$$

证 设$\{Q_t(\cdot):\mathfrak{B}^n\}$ 是对应于特征函数 $J(t,\boldsymbol{u})$ 的分布. 令

$$\Pi_t(B) = \frac{1}{t}\int_B \frac{|z|^2}{1+|z|^2}Q_t(\mathrm{d}z), B \in \mathfrak{B}^m$$

下面我们将证明, 测度族$\{\Pi_t(\cdot):t>0\}$ 是弱紧的. 我们选取序列 $t_n \downarrow 0$, 使得 Π_{t_n} 弱收敛于 $\mathfrak{B}^m$ 上的某一测度 Π'. 其次

$$\frac{J(t,\boldsymbol{u})-1}{t} = \int_{\mathbf{R}^m}(\mathrm{e}^{\mathrm{i}(\boldsymbol{u},z)}-1)\frac{1+|z|^2}{|z|^2}\Pi_t(\mathrm{d}z) =$$

$$\mathrm{i}A_t(\boldsymbol{u}) - \frac{1}{2}B_t(\boldsymbol{u}) + \int_{\mathbf{R}^m} f(\boldsymbol{u},z)\Pi_t(\mathrm{d}z) \tag{16}$$

式中

$$A_t(\boldsymbol{u}) = \int_{\mathbf{R}^m}\frac{(\boldsymbol{u},z)}{|z|^2}\Pi_t(\mathrm{d}z), B_t(u) = \int_{\mathbf{R}^m}\frac{(\boldsymbol{u},z)^2}{|z|^2}\Pi_t(\mathrm{d}z)$$

$$f(\boldsymbol{u},z) = \left(\mathrm{e}^{\mathrm{i}(\boldsymbol{u},z)} - 1 - \frac{\mathrm{i}(\boldsymbol{u},z)}{1+|z|^2} + \frac{1}{2}\frac{(\boldsymbol{u},z)^2}{1+|z|^2}\right)\frac{1+|z|^2}{|z|^2}$$

如果我们定义 $f(\boldsymbol{u},0)=0$, 则 $f(\boldsymbol{u},z)$ 是连续有界函数. 因此

$$\lim\int_{\mathbf{R}^m} f(\boldsymbol{u},z)\Pi_{t_n}(\mathrm{d}z) = \int_{\mathbf{R}^m} f(\boldsymbol{u},z)\Pi'(\mathrm{d}z)$$

因为等式(16) 的左端当 $t=t_n$ 和 $n\to\infty$ 时极限存在, 故极限

$$\lim A_{t_n}(u) = a(u), \lim B_{t_n}(u) = B(u)$$

也存在, 而且 $a(\boldsymbol{u})$ 是线性函数, $B(\boldsymbol{u})$ 是正定二次型, 即 $a(\boldsymbol{u}) = (\boldsymbol{a},\boldsymbol{u})$ 和 $B(\boldsymbol{u}) = (b'\boldsymbol{u},\boldsymbol{u})$, 其中 b' 是一正定对称算子. 在式(16) 中沿序列 t_n 取极限, 我们就得到

$$g(\boldsymbol{u}) = \mathrm{i}(\boldsymbol{a},\boldsymbol{u}) - \frac{1}{2}(b'\boldsymbol{u},\boldsymbol{u}) + \int_{\mathbf{R}^m} f(\boldsymbol{u},z)\Pi'(\mathrm{d}z) \tag{17}$$

设 $\Pi(A) = \Pi'(A-\{0\})$($\{0\}$ 是由 0 这一点组成的集合). 在等式(17) 右端的积分中, 可用测度 $\Pi(\cdot)$ 代替测度 $\Pi'(\cdot)$. 另一方面, 积分

$$\frac{1}{2}\int_{\mathbf{R}^m}\frac{(\boldsymbol{u},z)^2}{|z|^2}\Pi(\mathrm{d}z)$$

存在, 而且是某一个正定二次型$(b''\boldsymbol{u},\boldsymbol{u})$. 不难验证, $(b'\boldsymbol{u},\boldsymbol{u}) \geqslant (b''\boldsymbol{u},\boldsymbol{u})$. 因此 $b = b' - b''$ 是一正定对称算子. 于是我们有

$$g(\boldsymbol{u}) = \mathrm{i}(\boldsymbol{a},\boldsymbol{u}) - \frac{1}{2}(b\boldsymbol{u},\boldsymbol{u}) + \int_{\mathbf{R}^m}\left(f(\boldsymbol{u},z) - \frac{1}{2}\frac{(\boldsymbol{u},z)^2}{|z|^2}\right)\Pi_t(\mathrm{d}z)$$

这就证明了(15).

现在验证族$\{\Pi_t:t>0\}$的弱紧性. 我们应当证明

a)$\Pi_t(\mathbf{R}^m)\leqslant C$, b) $\lim\limits_{N\to\infty}\overline{\lim\limits_{t\downarrow 0}}\Pi_t\{\overline{S}_N\}=0$

其中$\overline{S}_N=\{z: |z|>N\}$.

设$|\boldsymbol{u}|\leqslant N_1$, N_1是任意的. 从定理的条件和式(16)推得, 对于任意$\delta>0$, 可以找到$t_0=t_0(N_1,\delta)$, 使得

$$-\operatorname{Re} g(\boldsymbol{u})+\delta\geqslant\int_{S_1}\frac{1-\cos(\boldsymbol{u},z)}{|z|^2}\Pi_t(\mathrm{d}z), t<t_0 \tag{18}$$

而且对$c\geqslant 1$

$$-\operatorname{Re} g(\boldsymbol{u})+\delta\geqslant\int_{\overline{S}_c}[1-\cos(\boldsymbol{u},z)]\Pi_t(\mathrm{d}z), t<t_0 \tag{19}$$

因为对所有$x\geqslant 1$均有$1-\cos x\geqslant\frac{x^2}{2!}-\frac{x^4}{4!}$, 故由式(18)得

$$-\operatorname{Re} g(\boldsymbol{u})+\delta\geqslant\int_{S_1}\left[\frac{(\boldsymbol{u},z)^2}{2!}-\frac{(\boldsymbol{u},z)^4}{4!}\right]\frac{1}{|z|^2}\Pi_t(\mathrm{d}z) \tag{20}$$

为了获得我们所需要的下界, 必须计算下列积分的值

$$I(\rho)=\int_{S_\rho}\mathrm{e}^{\mathrm{i}(\boldsymbol{u},z)}\mathrm{d}\boldsymbol{u}, I_k(\rho)=\int_{S_\rho}(\boldsymbol{u},z)^k\mathrm{d}u, k=2,4$$

它们分别等于

$$\left.\begin{aligned}&I(\rho)=\left(\frac{2\pi\rho}{|z|}\right)^{\frac{m}{2}}I_{\frac{m}{2}}(\rho|z|)\\&I_2(\rho)=\frac{\pi^{\frac{m}{2}}\rho^{m+2}|z|^2}{2\Gamma\left(\frac{m}{2}+2\right)}, I_4(\rho)=\frac{3\pi^{\frac{m}{2}}\rho^{m+4}|z|^4}{4\Gamma\left(\frac{m}{2}+3\right)}\end{aligned}\right\} \tag{21}$$

将不等式(18)和(19)对$u\in S_\rho$积分并除以S_ρ的体积(它等于$\Omega_m\rho^m$, $\Omega_m=\pi^{\frac{m}{2}}\Big/\Gamma\left(\frac{m}{2}+1\right)$), 我们就得到

$$-\frac{1}{\Omega_m\rho^m}\int_{S_\rho}\operatorname{Re} g(\boldsymbol{u})+\delta\geqslant\int_{S_1}\frac{\rho^2}{2(m+2)}\left(1-\frac{\rho^2|z|^2}{4(m+4)}\right)\Pi_t(\mathrm{d}z) \tag{22}$$

和

$$-\frac{1}{\Omega_m\rho^m}\int_{S_\rho}\operatorname{Re} g(\boldsymbol{u})\mathrm{d}u+\delta\geqslant\int_{\overline{S}_C}\left[1-\Gamma\left(\frac{m}{2}+1\right)\left(\frac{2}{\rho|z|}\right)^{\frac{m}{2}}I_{\frac{m}{2}}(\rho|z|)\right]\Pi_t(\mathrm{d}z) \tag{23}$$

在式(22)中根据条件$\rho^2=2(m+4)$选定ρ并取$N_1>\rho$, 我们就得到

$$\Pi_t(S_1)\leqslant 2\left[\delta-\frac{1}{\Omega_m\rho^m}\int_{S_\rho}\operatorname{Re} g(\boldsymbol{u})\mathrm{d}\boldsymbol{u}\right]$$

因为函数$I_{m/2}(x)$是有界的, 所以对任意$c>0$, 我们可以根据条件

$$(\rho_1 c)^{\frac{m}{2}}\geqslant 2^{m+\frac{2}{2}}\Gamma\left(\frac{m}{2}+1\right)\sup_{x>0}|I_{\frac{m}{2}}(x)| \tag{24}$$

选取 $\rho=\rho_1$. 于是有

$$\Pi_t(\overline{S}_c)\leqslant 2\left[\delta-\frac{1}{\Omega_m\rho_1^m}\int_{S_{\rho_1}}\operatorname{Re}\, g(\boldsymbol{u})\mathrm{d}\boldsymbol{u}\right]$$

这就证明了 $\Pi_t(\mathbf{R}^m)<K$. 最后,注意到当 $\rho\to 0$ 时有

$$-\frac{1}{\Omega_m\rho^m}\int_{S_\rho}\operatorname{Re}\, g(\boldsymbol{u})\mathrm{d}\boldsymbol{u}\to g(0)=0$$

我们首先把 $\rho=\rho_2$ 选得如此之小,使得不等式(23) 的左端不超过 2δ,然后选取 $c=N=N_\delta$,使得式(24) 成立. 于是就得到

$$\Pi_t(\overline{S}_{N_\delta})<4\delta$$

而且这些不等式的确立都不依赖于 $t\in[0,t_0]$,$t_0=t_0(N_1,\delta)$. 定理证毕.

从上面的结果可得:

定理4 若 $\boldsymbol{\xi}(t)(t\geqslant 0)$ 是取值于 $\mathbf{R}^m$ 的齐次随机连续过程,则差 $\boldsymbol{\xi}(S+t)-\boldsymbol{\xi}(s)$ 的特征函数 $J(t,u)$ 形如

$$J(t,\boldsymbol{u})=\mathrm{e}^{tg(\boldsymbol{u})} \tag{25}$$

其中 $g(\boldsymbol{u})$ 由式(15) 给出.

现在考虑式(25) 的某些特殊情形.

a)$b=0,\Pi(B)\equiv 0$.

这时 $J(t,\boldsymbol{u})=\mathrm{e}^{\mathrm{i}t(\boldsymbol{a},\boldsymbol{u})}$,它对应于集中在点 $t\boldsymbol{a}\in\mathbf{R}^m$ 的退化分布的特征函数. 于是以概率 1 有 $\boldsymbol{\xi}(t)=\boldsymbol{\xi}(0)+\boldsymbol{a}t$,即点 $\boldsymbol{\xi}(t)$ 以速度 a 作匀速运动.

b)$\Pi(B)\equiv 0$.

这时增量 $\boldsymbol{\xi}(t+s)-\boldsymbol{\xi}(s)$ 有正态分布,其平均值是 $\boldsymbol{a}$,相关矩阵是 $\boldsymbol{b}t$. 因此,例如若 $\boldsymbol{\xi}(0)=0$,则 $\xi(t)$ 是 Gauss 过程. 在这一章的 §5 中,我们将要证明,在这种情形而且只有在这种情形,独立增量过程随机等价于样本函数以概率 1 连续的过程. 所考虑的过程称做 Brown 运动过程.

众所周知,如果用高放大倍数的显微镜观察浸在液体中的胶状小微粒,人们就可以看到,这微粒处于不断运动的状态中,而且它的运动路径是很复杂有随机方向节的折线,这种现象是由于液体分子与胶状微粒相碰撞而产生的. 胶状微粒的体积比起液体分子的体积要大得多,它在一秒钟之内受到液体分子碰撞的次数是很大的. 要把微粒和分子的每次碰撞的后果搞清楚是不可能的. 我们所看到的微粒运动叫做 Brown 运动. 作为粗略的近似,我们可以认为,在介质分子碰撞的影响下微粒的位移是相互独立的,并且可以把 Brown 运动看做是具有独立增量的连续过程. 鉴于上述情况,这样的一种过程是 Gauss 过程. 如果 $\boldsymbol{\xi}(t)$ 是一维的,$b=1$ 和 $a=0$,则这样的 Brown 运动称做 Wiener 过程.

c)$a=0,b=0$,测度 Π 是集中在点 z_0 的质量 q.

这时特征函数(25) 形如

$$J(t,u)=\exp\left\{\frac{qt(1+|z_0|^2)}{|z_0|^2}\left(e^{i(u,z_0)}-1-\frac{i(u,z_0)}{1+|z_0|^2}\right)\right\} \tag{26}$$

容易验证,增量 $\xi(t)-\xi(0)$ 可表为

$$\xi(t)-\xi(0)=z_0\left(v(t)-\frac{qt}{|z_0|^2}\right)$$

其中 $v(t)$ 是平均值为 $Ev(t)=\frac{q(1+|z_0|^2)}{|z_0|^2}t$ 的 Poisson 过程.

d) 设 $b=0$,测度 Π 具有性质

$$\int_{\mathbf{R}^m}\frac{\Pi(dz)}{|z|^2}<\infty \tag{27}$$

这时 $g(u)$ 可以表为

$$g(u)=i(\tilde{a},u)+q\int_{\mathbf{R}^m}(e^{i(u,z)}-1)\Pi_0(dz) \tag{28}$$

其中 $q>0$,而 Π_0 是$\{\mathbf{R}^m,\mathfrak{B}^m\}$ 上的概率测度. 这表达式的解释如下:我们有

$$J(t,u)=e^{i(\tilde{a}t,u)}\sum_{n=0}^{\infty}e^{-qt}\frac{(qt)^n}{n!}\left[\int_{\mathbf{R}^m}e^{i(u,z)}\Pi_0(dz)\right]^n$$

它是和

$$\tilde{\boldsymbol{a}}t+\boldsymbol{\xi}_1+\boldsymbol{\xi}_2+\cdots+\boldsymbol{\xi}_{v(t)}$$

的特征函数,这里 $\boldsymbol{\xi}_1,\boldsymbol{\xi}_2,\cdots,\boldsymbol{\xi}_n,\cdots$ 是独立同分布的随机向量,它们取值于 $\mathbf{R}^m$ 且分布为 Π_0,$\tilde{\boldsymbol{a}}$ 是常值向量,而 $v(t)$ 是一个整数值随机变量,它独立于族$\{\xi_k:k=1,2,\cdots\}$ 且有参数为 qt 的 Poisson 分布

$$P\{v(t)=n\}=e^{-qt}\frac{(qt)^n}{n!}$$

这过程称做 $\mathbf{R}^m$ 中的广义 Poisson 过程.

应当指出,不管由式(15)确定的函数 $g(u)$ 如何,人们都可以构造收敛于它的形如(28)的函数序列. 因为这序列中的函数实际上确定某些分布的特征函数,故 $e^{tg(u)}$ 是某一分布的特征函数,这里 $g(u)$ 是任意形如(15)的函数. 于是得到:

定理 5 过程 $\xi(t)$ 是具有独立增量的齐次随机连续过程的充分必要条件是,它的特征函数由式(25)和(15)表出,其中 $\boldsymbol{a}$ 是任意的向量,b 是任一正定算子,$\Pi(B)$ 是$\{\mathbf{R}^m,\mathfrak{B}^m\}$ 上任一使得 $\Pi\{z=0\}=0$ 的有限测度.

Марков过程 Марков过程在现代概率论及其应用中起着重要的作用. 在第二卷中我们将要对它们作详细的研究. 在这里我们只给出这类过程的最简单定义. 离散时间 Марков 过程的概念在第二章 §4 中已经引入和讨论过.

Марков过程(Марков系统)的概念是基于这样一种系统的表示,该系统未来的演变只依赖于系统现在的状态(即与系统过去的性态无关). 设 $\xi(t)$ 是取值于完备距离空间 $\mathscr{Y}$ 的随机过程,其中 $t\in T$,T 是有限或无穷的时间区间,$\mathfrak{B}$ 是

$\mathscr{Y}$中 Borel 集的 σ 代数.

空间 $\mathscr{Y}$ 称做系统的相空间,$\xi(t)$ 是系统在时刻 t 的状态.关于"将来与过去无关"或"无后效"的假设可以很简单地利用条件概率描述如下:对于任意 $B \in \mathfrak{B}$ 和 $t_1 < t_2 < \cdots < t_n < t$,有

$$P\{\xi(t) \in B \mid \xi(t_1),\xi(t_2),\cdots,\xi(t_n)\} = P\{\xi(t) \in B \mid \xi(t_n)\} \quad (\mathrm{mod}\ P) \tag{29}$$

因为给定一个随机变量时的条件概率可以看做是这个变量的函数,故令

$$P\{\xi(t) \in A \mid \xi(s)\} = P(s,\xi(s),t,A) \quad (s < t)$$

由第一章 §3 的式(19) 得到,对于任意的 $t_1 < t_2 < \cdots < t_n$ 和任意有界 Borel 函数 $g(x_1,x_2,\cdots,x_n)(x_k \in \mathscr{Y}, k=1,2,\cdots,n)$ 下面的等式成立

$$E\{g(\xi(t_1),\xi(t_2),\cdots,\xi(t_n)) \mid \xi(t_1)\} =$$
$$\int P(t_1,\xi(t_1),t_2,\mathrm{d}y_2)\int P(t_2,y_2,t_3,\mathrm{d}y_3) \times \cdots \times$$
$$\int P(t_{n-1},y_{n-1},t_n,\mathrm{d}y_n) g(\xi(t_1),y_2,\cdots,y_n) \quad (\mathrm{mod}\ P) \tag{30}$$

特别地,若令 $g = \chi_B(x_3)$,这里 $\chi_B(y)$ 是集合 $B \in \mathfrak{B}$ 的示性函数,则由式(30) 推得,以概率 1 有

$$P(t_1,\xi(t_1),t_3,B) = \int P(t_2,y_2,t_3,B) P(t_1,\xi(t_1),t_2,\mathrm{d}y_2) \tag{31}$$

我们在第二章 §4 中已经碰见过这等式,在那里称之为 Chapman-Колмогоров 方程.

定义 5 取值于 $\mathscr{Y}$ 的随机过程 $\xi(t)(t \in T)$ 称做 Марков 过程,如果:

a) 对于任意 $t_1 < t_2 < \cdots < t_n < t, t_k \in T(k=1,\cdots,n), t \in T$,式(29) 成立.

b) 存在函数 $P(s,y,t,B)$,对于固定的 s,t,B,它是 y 的 $\mathfrak{B}$ 可测函数,对于固定的 s,y,t,它是 $\mathfrak{B}$ 上的概率测度,而且这函数满足 Chapman-Колмогоров 方程

$$P(t_1,y,t_3,B) = \int P(t_2,y_2,t_3,B) P(t_1,y_1,t_2,\mathrm{d}y_2) \tag{32}$$

并以概率 1 等于条件概率

$$P(s,\xi(s),t,A) = P\{\xi(t) \in A \mid \xi(s)\}$$

函数 $P(t,y,s,B)$ 称做 Марков 过程的转移概率.因此,按照定义,条件概率族(29) 是正则的,而且过程 $\xi(t)$ 与"过去"无关.过程由等式(29) 表示的性质称做 Марков 性和无后效性.

现在我们证明,从 Марков 性可以推出某些更强的论断.再次应用第一章 §3 的式(19) 和这一章的等式(30),我们就得到,对于 $t_1 < t_2 < \cdots < t_m < \cdots < t_{n+m}, t_k \in T(k=1,\cdots,n+m)$ 有

$$E\{g(\xi(t_{m+1}),\xi(t_{m+2}),\cdots,\xi(t_{n+m}))\mid\xi(t_1),\xi(t_2),\cdots,\xi(t_m)\}=$$
$$\int P(t_m,\xi(t_m),t_{m+1},\mathrm{d}y_1)\cdots\int P(t_{n+m-1},y_{n-1},t_{n+m},\mathrm{d}y_n)g(y_1,\cdots,y_n)=$$
$$E\{g(\xi(t_{m+1}),\cdots,\xi(t_{n+m}))\mid\xi(t_m)\}\quad(\mathrm{mod}\ P)$$

如果令 $g(y_1,\cdots,y_n)=\chi_{B^{(n)}}(y_1,\cdots,y_n)$，这里 $B^{(n)}$ 是 $\mathscr{Y}^n$ 中的Borel集，则由此可推出下面的等式，它推广了过程的 Марков 性：对于任意的 $t_1<t_2<\cdots<t_{n+m}(\in T)$ 和 n,m 有

$$P\{[\xi(t_{m+1}),\cdots,\xi(t_{m+n})]\in B^{(n)}\mid\xi(t_1),\cdots,\xi(t_m)\}=$$
$$P\{[\xi(t_{m+1}),\cdots,\xi(t_{m+n})]\in B^{(n)}\mid\xi(t_m)\}\quad(\mathrm{mod}\ P)$$

我们用 $\mathfrak{F}_t$ 表示由随机变量 $\xi(s)(s\in T,s\leqslant t)$ 产生的事件 σ 代数，$\mathfrak{F}_t^*$ 表示由随机变量 $\xi(s)(s\in T,s>t)$ 产生的 σ 代数. 则对任意柱集 $C\in\mathfrak{F}_t^*$ 和 $t_1<t_2<\cdots<t_n\leqslant t$ 有

$$P\{C\mid\xi(t_1),\cdots,\xi(t_n)\}=P\{C\mid\xi(t_n)\}\quad(\mathrm{mod}\ P)\tag{33}$$

设 Λ 是使得式(33)成立的事件类. 根据条件概率的性质(第一章 § 3)，Λ 是一个 λ 类，而且它包含由 $\mathfrak{F}_t^*$ 中的柱集组成的 Π 类，所以 $\Lambda\supset\mathfrak{F}_t^*$. 另一方面，设 $\mathfrak{n}$ 是由所有使得对任意 $S\in\mathfrak{F}_t^*$ 有

$$\int_N P(S\mid\mathfrak{F}_t)\mathrm{d}P=\int_N P(S\mid\xi(t))\mathrm{d}P\tag{34}$$

的事件 N 组成的事件类. 根据式(33)知，$\mathfrak{n}$ 包含 $\mathfrak{F}_t$ 中所有柱集. 因为等式(34)的左端和右端都是 $\mathfrak{F}_t$ 上的可数可加集函数，故由它们在 $\mathfrak{F}_t$ 的柱集上相等这一事实可推出，它们在 $\mathfrak{F}_t$ 上也相等. 于是有

定理 6 对任意 $S\in\mathfrak{F}_t^*$

$$P(S\mid\mathfrak{F}_t)=P(S\mid\xi(t))\quad(\mathrm{mod}\ P)\tag{35}$$

式(35)表明，当完全给定了 Марков 过程的"过去"时，由过程"将来"的性态确定的任意事件 S 的条件概率只依赖于"现在".

定义在 $T=[0,b]$ 或 $T=[0,\infty]$ 上的广义 Марков 过程 我们把由 $\{\mathscr{Y},\mathfrak{B}\}$ 上的概率测度 μ_0 和满足定义 5 中条件 b) 的转移概率 $P(t,y,s,B)(t<s,t,s\in T,B\in\mathfrak{B})$ 组成的族称做广义 Марков 过程.

测度 μ_0 称做系统的初始分布.

对于任一 n 个变元 $y_k\in\mathscr{Y}$ 的有界 Borel 函数 $f(y_1,y_2,\cdots,y_n)$ 和任意 $t_k\in T(k=1,\cdots,n,0<t_1<\cdots<t_n)$，我们令

$$F_{t_1t_2\cdots t_n}[f]=\int\mu_0(\mathrm{d}y_0)\int P(0,y_0,t_1,\mathrm{d}y_1)\times\cdots\times$$
$$\int f(y_1,y_2,\cdots,y_n)P(t_{n-1},y_{n-1},t_n,\mathrm{d}y_n)\tag{36}$$

和

$$P_{t_1 t_2 \cdots t_n}(A^{(n)}) = F_{t_1 t_2 \cdots t_n}[\chi_{A^{(n)}}] \tag{37}$$

其中$\chi_{A^{(n)}}$ 是集合 $A^{(n)} \in \mathfrak{B}^n$ 的示性函数,$\mathfrak{B}^n$ 是 $\mathscr{Y}^n$ 中 Borel 集的 σ 代数. 注意,对于任意 Borel 函数 $f(y_1, y_2, \cdots, y_n)$,函数

$$f_1(y_1, y_2, \cdots, y_{n-1}) = \int f(y_1, y_2, \cdots, y_n) P(t, y_{n-1}, s, \mathrm{d}y_n)(t < s)$$

也是 Borel 函数,这是因为式中的积分是简单函数积分的极限,而后者是变元 $y_1, y_2, \cdots, y_{n-1}$ 的 Borel 函数. 根据积分的性质知,$P_{t_1 \cdots t_n}(B^{(n)})$ 是 $\mathfrak{B}^n$ 上的测度. 显然,测度族 $P_{t_1 \cdots t_n}(B^{(n)})$ 满足相容性条件,根据 Колмокоров 定理(第一章 §4 定理 2) 知,若 $\mathscr{Y}$ 是可分完备距离空间,则容许某一表示$\{\Omega, \mathfrak{C}, P\}$,其中 Ω 是由所有取值于 $\mathscr{Y}$ 的函数 $\omega(t)(t \in T)$ 组成的空间,设 $\xi(t)$ 是任一随机等价于$\{\Omega, \mathfrak{C}, P\}$ 的过程,我们可以验证

$$P\{\xi(t) \in B \mid \xi(t_1), \xi(t_2), \cdots, \xi(t_n)\} = P(t_n, \xi(t_n), t, B)(\mathrm{mod}\ P)$$

即 $\xi(t)$ 是具有给定转移概率的 Марков 过程. 为此只须验证等式:对于任意 $B^{(n)} \in \mathfrak{B}^n, B \in \mathfrak{B}$ 和 $t_1 < t_2 < t_3 < \cdots < t_n < t$ 有

$$\int_{B^{(n)}} P(t_n, y_n, t, B) P_{t_1 t_2 \cdots t_n}(\mathrm{d}y_1, \mathrm{d}y_2, \cdots, \mathrm{d}y_n) = P_{t_1 t_2 \cdots t_n t}(B^{(n)} \times B)$$

然而这等式可直接由式(36),(37) 和第二章 §4 的定理 2 推出.

因此,若 $\mathscr{Y}$ 是可分完备距离空间,则任一广义 Марков 过程都存在某一种表示.

§2 可分随机函数

基本定理 设给定了概率空间$\{\Omega, \mathfrak{C}, P\}$ 上的一个取值于某可测空间$\{\mathscr{Y}, \mathfrak{B}\}$ 的随机函数 $\zeta(x) = g(x, \omega), x \in \mathscr{X}$. 我们将假设,$\{\Omega, \mathfrak{C}, P\}$ 是完备的概率空间.

在许多问题中,形如

$$\{\omega : \zeta(x) \in F, \text{对所有 } x \in G\} \tag{1}$$

的事件起着重要的作用. 遗憾的是,当 G 是不可数时,一般不能断定事件(1) 是 $\mathfrak{C}$ 可测的. 但是,我们常常需要讨论这样的随机函数,它使得对于足够广泛的集合类 F 和 G 来说,这事件是 $\mathfrak{C}$ 可测的.

基于以下的注记,我们有可能克服由于集合 G 的不可数性而产生的困难. 假设在 $\mathscr{X}$中存在一可数点集 I 和这样的ω 集合 N,使得 $P\{N\} = 0$ 且对所有 $G \in \mathfrak{C}$ 和 $F \in \mathfrak{F}$,集合(1) 与集合

$$\{\omega : \zeta(x) \in F \text{ 对所有 } x \in G \cap I\} = \bigcap_{x \in G \cap I} \{\omega : \zeta(x) \in F\} \tag{2}$$

的对称差被包含在 N 中. 于是集合(1) 是可测的. 满足上述假设的随机函数称做(关于集合类 $\mathfrak{G}$ 和 $\mathfrak{F}$) 可分的. 从直观上可以看出,为使随机函数是可分的,$\mathfrak{G}$ 中的集合应该在某种意义下是“充实的”,即它要包含 I 中充分多的点,使得人们有理由认为,集合(1) 和(2) 之间没有本质的差别.

例如,若 $\mathscr{X}$ 和 $\mathscr{Y}$ 是距离空间,$\mathscr{X}$ 是可分空间,$\mathfrak{G}$ 是 $\mathscr{X}$ 中的开集类,$\mathfrak{F}$ 是 $\mathscr{Y}$ 中的闭集类,而函数 $\zeta(x)=g(x,\omega)$ 对几乎所有 ω 是连续的. 如果选取 $\mathscr{X}$ 中任一处处稠密的可数点集作为 I,则函数 $\zeta(x)$ 是可分的. 这时,集合(1) 和(2) 在使得 $\zeta(x)$ 为连续的那些 ω 处是相同的.

在本节中恒设 $\mathscr{X}$ 和 $\mathscr{Y}$ 分别是带有距离 $r(x_1,x_2)$ 和 $\rho(y_1,y_2)$ 的距离空间,$\mathscr{X}$ 是可分空间,而随机函数的可分性则理解为关于 $\mathscr{X}$ 中的开集类 $\mathfrak{G}$ 和 $\mathscr{Y}$ 中的闭集类 $\mathfrak{F}$ 的可分性.

定义 1 随机函数 $\zeta(x)=g(x,\omega)$ 称做可分的,如果存在 $\mathscr{X}$ 中处处稠密的可数点集 $I=\{x_j\}$,$j=1,2,\cdots$,以及 Ω 中的零概率集合 N,使得对任意开集 $G\subset\mathscr{X}$ 和任意闭集 $F\subset\mathscr{Y}$ 两个集合 $\{\omega:g(x,\omega)\in F$ 对所有 $x\in G\}$ 和 $\{\omega:g(x,\omega)\in F$ 对所有 $x\in G\cap I\}$ 只能在 N 的子集上不相重合.

在这定义中出现的可数点集 $I=\{x_i\}$ 称做随机函数的可分性集合. 对于随机函数来说,可分性并不是一个严格的限制. 在对随机函数的定义域 $\mathscr{X}$ 和值域 $\mathscr{Y}$ 的性质作出足够广泛的假设之下,存在随机等价于给定随机函数的可分随机函数. 然而,应当指出,在构造等价的随机函数时,有时必须扩大函数的值域而使它变为一个紧集.

我们首先给出一个关于随机函数可分性的判别准则. 设 $\mathscr{Y}$ 是紧的,$\tilde{g}(x,\omega)$ 是取值于 $\mathscr{Y}$ 的可分随机函数,I 是可分性集合,N 是相应的例外 ω 点集.

以 V 表示空间 $\mathscr{X}$ 中所有这样的开球类,它们具有有理半径,而且球心是在 χ 中一个固定的处处稠密可数集的点上. 类 V 是可数的. 另一方面,$\mathscr{X}$ 的任意开集可以表为 V 中的(可数多个) 球之并.

设 $A(G,\omega)$ 是当 x 取遍集合 $I\cap G$ 时函数 $\tilde{g}(x,\omega)$ 的值集之闭包;而且

$$A(x,\omega)=\bigcap A(S,\omega)$$

是当 S 取遍所有包含点 x 的球的总体时所有 $A(S,\omega)$ 的交. 闭集族 $A(S,\omega)(x\in S)$ 是“集中的”,即这族中任意有限多个集合必有公共点,又由 $\mathscr{Y}$ 的紧性知,它们的交非空. 根据函数 $\tilde{g}(x,\omega)$ 的可分性得

$$\tilde{g}(x,\omega)\in A(x,\omega),\omega\,\overline{\in}\,N \tag{3}$$

反之,若对任意 $\omega\,\overline{\in}\,N(P\{N\}=0)$ 式(3) 成立,则 $\tilde{g}(x,\omega)$ 是可分随机函数. 事实上,若对所有 $x\in I\cap S$ 有 $\tilde{g}(x,\omega)\in F$,这里 F 是 $\mathscr{Y}$ 中某一闭集和 $S\in V$,则对任意 $x\in S$ 有 $A(x,\omega)\subset A(S,\omega)$,因而对 S 中所有 x 均有 $\tilde{g}(x,\omega)\in F$.

设 G 是 $\mathscr{X}$ 的任意开集. 我们把它表为 V 中集合之并 $G=\bigcup_k S_k$. 基于刚才所作

的注记,由

$$\tilde{g}(x,\omega)\in F,\text{对所有 } x\in I\cap G,\omega\notin N$$

可推出

$$\tilde{g}(x,\omega)\in F,\text{对任意 } x\in G$$

我们把已得到的结果归纳为:

引理 1 为使取值于紧空间 $\mathscr{Y}$ 的随机函数 $\tilde{g}(x,\omega)$ 是可分的,必须且只须存在 $P\{N\}=0$ 的集合 N,使当 $\omega\,\overline{\in}\,N$ 时式(3) 成立.

因此,为了构造随机等价于 $g(x,\omega)$ 的可分随机函数,只须找出满足式(3)并以概率 1 等价于 $g(x,\omega)$ 的函数 $\tilde{g}(x,\omega)$

$$P\{\tilde{g}(x,\omega)\neq g(x,\omega)\}=0$$

引理 2 设 B 是 $\mathscr{Y}$ 中任意的 Borel 集,$\mathscr{Y}$ 是紧的. 则存在有限或可数的点列 $x_1,x_2,\cdots$,使得对任意 $x\in\mathscr{X}$,集合 $N(x,B)=\{\omega:g(x_k,\omega)\in B,k=1,2,\cdots,g(x,\omega)\,\overline{\in}\,B\}$ 的概率等于 0.

证 设 x_1 是任意的. 如果 $x_1,x_2,\cdots,x_k$ 已经构造出,则令

$$m_k=\sup_{x\in\mathscr{X}}P\{g(x_1,\omega)\in B,\cdots,g(x_k,\omega)\in B,g(x,\omega)\,\overline{\in}\,B\}$$

若 $m_k=0$,则相应的序列已经构造出来. 若 $m_k>0$,则令 x_{k+1} 为使得

$$P\{g(x_1,\omega)\in B,\cdots,g(x_k,\omega)\in B,g(x_{k+1},\omega)\,\overline{\in}\,B\}\geqslant\frac{m_k}{2}$$

成立的任一点. 因为集合

$$L_k=\{\omega:g(x_i,\omega)\in B,i=1,2,\cdots,k,g(x_{k+1},\omega)\,\overline{\in}\,B\}$$

不相交,故

$$1\geqslant\sum_{k=1}^{\infty}P\{L_k\}\geqslant\frac{1}{2}\sum_{k=1}^{\infty}m_k$$

因此当 $k\to\infty$ 时 $m_k\to 0$. 于是对任意 x 有

$$P\{g(x_k,\omega)\in B,k=1,2,\cdots,g(x,\omega)\,\overline{\in}\,B\}\leqslant\lim m_k=0$$

这就证明了引理 2.

从上面的引理容易推出下述论断.

引理 3 设 $\mathfrak{M}_0$ 是可数的集合类,$\mathfrak{M}$ 是由 $\mathfrak{M}_0$ 中所有可能的集合序列之交组成的集合类. 则存在有限或可数的点列 $x_1,x_2,\cdots,x_n,\cdots$ 和集合 $N(x)$(对每一点 x),使得

$$P\{N(x)\}=0$$

且对任意 $B\in\mathfrak{M}$ 有

$$\{\omega:g(x_n,\omega)\in B,n=1,2,\cdots,g(x,\omega)\,\overline{\in}\,B\}\subset N(x)$$

引理的证明如下:设 I 是 $\mathscr{X}$ 中的可数点集,它是像在引理 2 中那样对每一

$B \in \mathscr{M}_0$ 构造出来的序列$\{x_n : n=1,2,\cdots\}$之并，又设 $N(x)=\bigcup_{R\in\mathfrak{M}_0} N(x,B)$. 如果 $B' \in \mathfrak{M}$ 且 $B \supset B'$, $B \in \mathfrak{M}_0$，则

$$\{\omega : g(x_n,\omega) \in B', x_n \in I, g(x,\omega) \overline{\in} B\} \subset$$
$$\{\omega : g(x_n,\omega) \in B, x_n \in I, g(x,\omega) \overline{\in} B\} \subset$$
$$N(x,B) \subset N(x)$$

此外，若 $B' = \bigcap_{k=1}^{\infty} B_k \in m_0$，则

$$\{\omega : g(x_n,\omega) \in B', x_n \in I, g(x,\omega) \overline{\in} B'\} \subset$$
$$\bigcup_{k=1}^{\infty} \{\omega : g(x_n,\omega) \in B', x_n \in I, g(x,\omega) \overline{\in} B_k\} \subset$$
$$\bigcup_{k=1}^{\infty} N(x,B_k) \subset N(x)$$

引理得证.

现在不难证明下面的定理：

定理 1 (J. L. Doob) 设 $\mathscr{X}$ 和 $\mathscr{Y}$ 是距离空间，$\mathscr{X}$ 是可分的，$\mathscr{Y}$ 是紧的. 则任意取值于 $\mathscr{Y}$ 的随机函数 $g(x,\omega)(x \in \mathscr{X})$ 随机等价于某一可分随机函数.

证 我们固定 $\mathscr{Y}$ 中某一个处处稠密可数点集 L，又设 $\mathfrak{M}_0$ 是由以 L 的点为球心且具有有理半径的球之余集所组成的集合类. 因此由 $\mathfrak{M}_0$ 中集合之交组成的集合类 $\mathfrak{M}$ 包含空间 $\mathscr{Y}$ 的所有闭集. 其次，对于每一 $S \in V$，我们把随机函数 $g(x,\omega)$ 看做是只对 $x \in S$ 定义的，同时按照引理 3 构造序列 $I=I(S)$ 和集合 $N(x)=N_s(x)$. 令

$$J=\bigcup_{s\in V} I(s),\ N_x=\bigcup_{s\in V} N_s(x)$$

设

$$\tilde{g}(x,\omega)=g(x,\omega)，若\ x \in J\ 或\ \omega \overline{\in} N_x$$

若 $\omega \in N_x$, $x \overline{\in} J$，则以任意方式定义 $\tilde{g}(x,\omega)$（只要求 $\tilde{g}(x,\omega) \in A(x,\omega)$）. 因为对于 $x \in J$ 函数 $\tilde{g}(x,\omega)$ 和 $g(x,\omega)$ 有相同的值，故对函数 $\tilde{g}(x,\omega)$ 和 $g(x,\omega)$ 所构造的集合 $A(x,\omega)$ 也相同. 由 $\tilde{g}(x,\omega)$ 的定义推得，对任意 x 和 ω 有

$$\tilde{g}(x,\omega) \in A(x,\omega)$$

因为$\{\omega : g(x,\omega) \neq \tilde{g}(x,\omega)\} \subset N_x$，故 $P\{\tilde{g}(x,\omega)=g(x,\omega)\}=1$，这就证明了定理.

定理 1 能够直接推广到取值于可分局部紧空间的随机函数的情形.

定理 2 设 $\mathscr{Y}$ 是可分局部紧空间，$\mathscr{X}$ 是任意的可分距离空间. 对任意定义在 $\mathscr{X}$ 上取值于 $\mathscr{Y}$ 中的随机函数 $g(x,\omega)$，存在随机等价的可分随机函数 $\tilde{g}(x,\omega)$，它取值于空间 $\mathscr{Y}$ 的某一个紧扩充 $\tilde{\mathscr{Y}}$, $\tilde{\mathscr{Y}} \supset \mathscr{Y}$.

本定理的证明可由以下事实得到：任意可分局部紧空间 $\mathscr{Y}$ 可以看做是某一紧空间 $\tilde{\mathscr{Y}}$ 的子集. 例如，若 $g(x,\omega)$ 是取值于有限维空间 $\mathscr{Y}$ 的，则给 $\mathscr{Y}$ 添加一“无

穷远"点 ∞ 后，我们就容易得到带有新的距离的紧空间 $\widetilde{\mathscr{Y}}=\mathscr{Y}\cup\{\infty\}$，使得(在空间 $\mathscr{Y}$ 的拓扑中) 每一闭集 $\mathscr{F}\subset\mathscr{Y}$ 在 $\widetilde{\mathscr{Y}}$ 中也是闭的(对于新的距离来说). 在构造随机函数的可分现实时，可能必须给这函数指定附加的"∞"值，但是对于一个固定的 x 来说，这样的概率显然等于零.

随机连续性　在许多问题中，知道怎样的集合 I 可以作为可分性集合是重要的. 在给出这问题的回答之前，我们引进一个重要的概念并给出一些与之有关的简单定理.

定义 2　我们说取值于 $\mathscr{Y}$ 的随机函数 $g(x,\omega)$ 在点 $x_0(x_0\in\mathscr{X})$ 随机连续，如果对任意 $\varepsilon>0$ 有

$$P\{\rho(g(x_0,\omega),g(x,\omega))>\varepsilon\}\to 0,\text{当 } r(x,x_0)\to 0 \tag{4}$$

如果 $g(x,\omega)$ 在某集合 $B\subset\mathscr{X}$ 的每一点都随机连续，我们就说它在 B 上随机连续.

应当指出，随机连续性的条件是对随机函数的"二维分布"，即随机元 $g(x_1,\omega)$ 和 $g(x_2,\omega)$ 的联合分布所加的条件，其中 $x_1,x_2\in\mathscr{X}$. 特别地，这概念可应用于广义随机函数.

在点 x_0 随机连续的要求表示当 $x\to x_0$ 时 $\zeta(x)=g(x,\omega)$ 依概率收敛于 $\zeta(x_0)$.

定义 3　如果存在点 $y\in\mathscr{Y}$，使当 $K\to\infty$ 时

$$\sup_{x\in B}P\{\rho[g(x,\omega),y]>K\}\to 0 \tag{5}$$

则称随机函数 $g(x,\omega)$ 在集合 B 上随机有界.

定理 3　在紧集 $\mathscr{X}$ 上随机连续的随机函数 $g(x,\omega)$ 也是在 $\mathscr{X}$ 上随机有界的.

证　设 $\varepsilon>0$ 是任意预先给定的数. 对于每一 x，我们构造以点 x 为心的球 S_x，使得对任意 $x'\in S_x$ 有

$$P\{\rho(g(x,\omega),g(x',\omega))>1\}<\frac{\varepsilon}{2}$$

从这些球 S_x 的总体中选出序列 $S_{x_1},S_{x_2},\cdots,S_{x_n}$，这序列形成 $\mathscr{X}$ 的一个有限覆盖. 因此，对于任意 y 有

$$\rho(g(x,\omega),y)\leqslant\rho(g(x_1,\omega),y)+\max_{i=2,\cdots,n}\rho(g(x_1,\omega),g(x_i,\omega))+$$
$$\rho(g(x_j,\omega),g(x,\omega))$$

式中 x_j 是某一个包含 x 的球 $S_{x_k}(k=1,\cdots,n)$ 的球心. 不等式右边的各项是有限随机变量，因此对充分大的 N 有

$$P\{\rho(g(x_1,\omega),\gamma)+\max_{i=2,\cdots,n}\rho(g(x_1,\omega),g(x_i,\omega))>N\}<\frac{\varepsilon}{2}$$

如果假定 $N>1$，则对于任意 $x\in\mathscr{X}$ 有

$$P\{\rho(g(x,\omega),y)>2N\}\leqslant P\{\rho(g(x_j,\omega),g(x,\omega))>1\}+$$

$$P\{\rho(g(x_1,\omega),y)+\max_{i=2,\cdots,n}\rho(g(x_1,\omega),g(x_i,\omega))>N\}<\varepsilon$$

由此得

$$\sup_{x\in\mathscr{X}} P\{\rho(g(x,\omega),y)>2N\}<\varepsilon$$

定理证毕.

定义 4 随机函数 $g(x,\omega)$ 称做在 $\mathscr{X}$ 上一致随机连续的,如果对任意小的正数 ε 和 ε_1,可以找到 $\delta>0$,使当 $r(x,x')<\delta$ 时有

$$P\{\rho(g(x,\omega),g(x',\omega))>\varepsilon\}<\varepsilon_1 \tag{6}$$

定理 4 若 $g(x,\omega)$ 在紧空间 $\mathscr{X}$ 上随机连续,则 $g(x,\omega)$ 是一致随机连续的.

事实上,假若不然,则可以找到一对正数 ε 和 ε_1,对于任意 $\delta_n>0$,存在一对点 x_n 和 x'_n 使 $r(x_n,x'_n)<\delta_n$ 和

$$P\{\rho(g(x_n,\omega),g(x'_n,\omega))>\varepsilon\}>\varepsilon_1$$

我们可以假设 $\delta_n\to 0$ 和 $x_n\to x_0$,于是 $x'_n\to x_0$ 和

$$\begin{aligned}\varepsilon_1<P\{\rho(g(x_n,\omega),g(x'_n,\omega))>\varepsilon\}\leqslant\\ P\{\rho(g(x_n,\omega),g(x_0,\omega))>\frac{\varepsilon}{2}\}+\\ P\{\rho(g(x_0,\omega),g(x'_n,\omega))>\frac{\varepsilon}{2}\}\end{aligned}$$

这不等式与随机连续性条件相矛盾.

定理 5 设 $\mathscr{X}$ 是可分空间,$\mathscr{Y}$ 是任意的距离空间,而 $g(x,\omega)$ 是取值于 $\mathscr{Y}$ 的随机连续可分随机函数. 则 $\mathscr{X}$ 的任一处处稠密可数点集都可作为随机函数 $g(x,\omega)$ 的可分性集合.

证 设 $V=\{S\}$ 是前面引入的由 $\mathscr{X}$ 中可数多个球组成的集合,$I=\{x_k,k=1,2,\cdots,n,\cdots\}$ 是随机函数 $g(x,\omega)$ 的可分性集合,N 是在可分性定义中出现的 ω 例外集,而 J 是 $\mathscr{X}$ 中任一个处处稠密的点集. 以 $B(S,\omega)$ 表示当 x'_k 取遍 $J\cap S$ 时 $g(x'_k,\omega)$ 的值集之闭包,$N(S,k)=\{\omega: g(x_k,\omega)\overline{\in} B(S,\omega)$ 若 $x_k\in S\}$. 事件 $N(S,k)$ 的概率为零. 事实上,设 $x'_r(r=1,2,\cdots,n,\cdots)$ 是 $J\cap S$ 中任一收敛于 x_k 的点列. 则

$$\begin{aligned}P\{g(x_k,\omega)\notin B(S,\omega)\}\leqslant P\{\lim_{r\to\infty}\rho(g(x_k,\omega),g(x'_r,\omega))>0\}\leqslant\\ \lim_{n\to\infty}P\left\{\varliminf_{r\to\infty}\rho(g(x_k,\omega),g(x'_r,\omega))>\frac{1}{n}\right\}\leqslant\\ \lim_{n\to\infty}\varliminf_{r\to\infty}P\left\{\rho(g(x_k,\omega),g(x'_r,\omega))>\frac{1}{n}\right\}=0\end{aligned}$$

令 $N'=\bigcup\limits_{S}\bigcup\limits_{x_k\in S}N(S,k)$,则 $P\{N'\}=0$. 如果 $\omega\overline{\in} N\cup N'$ 且对所有 $x\in J\cap G$ 有

$g(x,\omega)\in F$，这里 G 是某一开集，$F\subset\mathscr{Y}$ 是一闭集，则对于每一 $x_k\in G$ 和使得 $x_k\in S\subset G$ 的 S，我们有

$$g(x_k,\omega)\in B(S,\omega)\subset F$$

由集合 $\{x_k\}$ 的定义推得，对于所有 $x\in G$ 和 $\omega\overline{\in}N\cup N'$ 有 $g(x,\omega)\in F$. 因此集合 J 满足随机函数的可分性集合定义中的条件.

§3　可测随机函数

设 $\mathscr{X}$ 和 $\mathscr{Y}$ 像前面那样分别表示有距离 $r(x_1,x_2)$ 和 $\rho(y_1,y_2)$ 的距离空间，$g(x,\omega)$ 是定义在 $\mathscr{X}$ 上而取值于 $\mathscr{Y}$ 中的随机函数，又设 ω 是概率空间 $\{\Omega,\mathfrak{S},P\}$ 中的基本事件.

假设在 $\mathscr{X}$ 上定义一个集合 σ 代数 $\mathfrak{A}$，它包含所有 Borel 集，又在 $\mathfrak{A}$ 上定义一完备测度 μ. 以 $\sigma\{\mathfrak{A}\times\mathfrak{S}\}$ 表示 $\mathscr{X}\times\Omega$ 中由 σ 代数 $\mathfrak{A}$ 和 $\mathfrak{S}$ 的乘积产生的最小 δ 代数，而 $\tilde{\sigma}\{\mathfrak{A}\times\mathfrak{S}\}$ 则表示这 σ 代数对于测度 $\mu\times P$ 的完备化.

定义 1　随机函数 $g(x,\omega)$ 称做可测的，如果它对于 $\tilde{\sigma}\{\mathfrak{A}\times\mathfrak{S}\}$ 是可测的.

我们用 $\mathfrak{B}$ 表示空间 $\mathscr{Y}$ 的 Borel 集 σ 代数. 回忆在一般情形中我们根据随机函数的定义推得，对任意 $B\in\mathfrak{B}$ 和固定的 x 有

$$\{\omega:g(x,\omega)\in B\}\in\mathfrak{S}$$

然而，如果随机函数 $g(x,\omega)$ 可测，则

$$\{(x,\omega):g(x,\omega)\in B\}\in\tilde{\sigma}\{\mathfrak{A}\times\mathfrak{S}\}$$

因此由 Fubini 定理得知，$g(x,\omega)$ 作为 x 的函数以概率 1 是 $\mathfrak{A}$ 可测的.

现在讨论随机等价于给定随机函数的可测可分随机函数的存在性问题.

定理 1　设 $\mathscr{X}$ 是可分完备距离空间，$\mathscr{Y}$ 是可分局部紧的，又设测度 μ 是 σ 有限的，如果对于 μ 几乎所有的 x，随机函数 $g(x,\omega)$ 是随机连续的. 则存在随机等价于函数 $g(x,\omega)$ 的可测可分随机函数 $g^*(x,\omega)$.

证　首先假设 $\mathscr{X}$ 和 $\mathscr{Y}$ 都是紧的，而且 $\mu(\mathscr{X})<\infty$. 由 §2 定理 1 得知，存在随机等价于 $g(x,\omega)$ 的可分随机函数 $\tilde{g}(x,\omega)$. 设 I 是函数 $\tilde{g}(x,\omega)$ 的可分性集合，它在 $\mathscr{X}$ 中处处稠密. 我们把 I 的点排成某一序列 $\{x_1,x_2,\cdots,x_n,\cdots\}$ 并令 $r_n=\min\{r(x_k,x_s):k,s=1,\cdots,n\}$.

对于每一 n，我们构造 $\mathscr{X}$ 的一个有限覆盖，它由以点 $x_j^{(n)}\in I$ 为中心和半径等于 $r_n/2$ 的球 $S_1^{(n)},\cdots,S_{m_n}^{(n)}$ 组成. 在此假设 $x_j^{(n)}=x_j$（对于 $j=1,2,\cdots,n$），而其他的点 $x_j^{(n)}(j=n+1,\cdots,m_n)$ 则可以任意方式从 I 中选取，但要求球 $S_j^{(n)}(j=n+1,\cdots,m_n)$ 是 $\mathscr{X}$ 的覆盖集合. 令 $\bar{g}_n(x,\omega)=\tilde{g}(x_k,\omega)$，若 $x\in S_k^{(n)}$，$k=1,2,\cdots,n$（这些球是互不相交的，因而这样定义是适切的）；$\bar{g}_n(x,\omega)=\tilde{g}(x_j^{(n)},\omega)$，若

$x \in S_j^{(n)} \setminus \bigcup_{i=1}^{j-1} S_i^{(n)}$，$j=n+1,\cdots,m_n$，这里 $x_j^{(n)}$ 是球 $S_j^{(n)}$ 的中心.

注意，对于固定的 ω，$\bar{g}_n(x,\omega)$ 是变元 x 的 Borel 函数，而且 $\bar{g}_n(x,\omega)$ 作为偶对(x,ω) 的函数是 $\sigma\{\mathfrak{A}\times\mathfrak{S}\}$ 可测的. 此外，$r_n\to 0$ 且

$$\rho[\bar{g}_n(x,\omega),\tilde{g}(x,\omega)]=\rho[\tilde{g}(x_k^{(n)},\omega),\tilde{g}(x,\omega)]$$

当

$$r(x_k^{(n)},x)<\frac{r_n}{2} \tag{1}$$

如果令

$$G_{nm}(x)=P\{\omega:\rho[\bar{g}_n(x,\omega),\bar{g}_{n+m}(x,\omega)]>\varepsilon\}$$

则根据定理条件推知，对于 μ 几乎所有 x，当 $n\to\infty$ 时 $G_{nm}(x)\to 0$. 故当 $n\to\infty$ 时

$$(\mu\times P)\{(x,\omega):\rho[\bar{g}_n(x,\omega),\bar{g}_{n+m}(x,\omega)]>\varepsilon\}=\int_{\mathscr{X}} G_{nm}(x)\mu(\mathrm{d}x)\to 0$$

即序列 $\bar{g}_n(x,\omega)$ 依测度 $\mu\times P$ 是基本的. 故可从这序列中选出一子序列 $\bar{g}_{nk}(x,\omega)$，这子列 $\mu\times P$ 几乎处处收敛于某一 $\sigma\{\mathfrak{A}\times\mathfrak{S}\}$ 可测函数 $\tilde{g}(x,\omega)$. 以 K 表示这收敛不成立的 (x,ω) 点集，因为 K 的测度为 0，所以 μ 几乎所有的截口有 P 测度 0. 我们用 X_1 表示使这测度大于 0 的 x 点集，根据上面的构造可以认为 $X_1\cap I=\varnothing$ 和 $\bar{g}(x_n,\omega)=\tilde{g}(x_n,\omega)$. 以 X_2 表示在其上不随机连续的点 x 的集合. 由式(1) 得

$$P\{\bar{g}(x,\omega)\neq\tilde{g}(x,\omega)\}=0,\text{若 } x \overline{\in} X_1\cup X_2$$

现在令

$$g^*(x,\omega)=\begin{cases}\bar{g}(x,\omega),\text{若}(x,\omega)\overline{\in} K \text{ 和 } x\overline{\in} X_1\cup X_2\\ \bar{g}(x,\omega),\text{若}(x,\omega)\in K \text{ 或 } x\in X_1\cup X_2\end{cases}$$

于是 $P\{g^*(x,\omega)\neq\tilde{g}(x,\omega)\}=0$ 对所有 x，因而 $g^*(x,\omega)$ 随机等价于 $\tilde{g}(x,\omega)$.

因为 $g^*(x,\omega)$ 只能在一 $\mu\times P$ 零测集上与 $\sigma\{\mathfrak{A}\times\mathfrak{S}\}$ 可测函数 $\tilde{g}(x,\omega)$ 不相同，故这函数是 $\tilde{\sigma}\{\mathfrak{A}\times\mathfrak{S}\}$ 可测的. 余下只须证明 $g^*(x,\omega)$ 是可分的. 令 $A(G,\omega)$ 表示(像在 §2 中那样)当 x 取遍集合 $G\cap I$ 时 $\tilde{g}(x,\omega)$ 的值集之闭包，$A(x,\omega)$ 是所有集合 $A(S,\omega)$ 之交，这里 S 是任意包含点 x 的球. 函数 $\tilde{g}(x,\omega)$ 的可分性等价于条件 $\tilde{g}(x,\omega)\in A(x,\omega)$. 因为当 $x\in I$ 时 $g^*(x,\omega)=\tilde{g}(x,\omega)$，故对 $g^*(x,\omega)$ 构造的集合 $A^*(x,\omega)$ 和 $A(x,\omega)$ 是相同的. 其次，由 $\bar{g}_n(x,\omega)$ 的定义得知，对任意 $x\overline{\in} X_1\cup X_2$ 和 $(x,\omega)\overline{\in} K$ 有

$$g^*(x,\omega)=\bar{g}(x,\omega)=\lim\bar{g}_n(x,\omega)\in A(x,\omega)$$

而且按定义知对任意 $x\in X_1\cup X_2$ 或 $(x,\omega)\in K$ 有 $g^*(x,\omega)=\tilde{g}(x,\omega)\in A(x,\omega)$. 因此 $g^*(x,\omega)$ 是可分的随机函数，这就对我们所考虑的特殊情形证

明了定理.现在不难得到一般情形的证明.对空间 $\mathscr{Y}$ 所加的紧性要求可以用局部紧性和可分性的要求来代替.事实上,空间的紧性仅仅是为了引用 §2 定理1 的需要.然而,我们现在可以援引 §2 定理2,这时函数 $g(x,\omega)$ 的可分可测表示 $g^*(x,\omega)$ 一般是取值于空间 $\mathscr{Y}$ 的某个紧的拓扑扩充.其次,如果 $\mathscr{X}$ 是可分完备空间,而测度 μ 是 σ 有限的,于是 $\mathscr{X}$ 就可表为可数多个具有有限测度的紧集 $\{K_n:n=1,2,\cdots\}$ 和一个 μ 零测集 N 之并,这论断可由以下事实推出:在可分完备距离空间中,每一具有有限测度的可测集 A 可以依概率用紧集 $K\subset A$ 作随意的逼近.对每一个紧集 K_n 作如上的推理,由此易得定理的一般论断.

注1 特别,当 $\mathscr{X}$ 和 $\mathscr{Y}$ 是 Euclid 空间而 μ 是 $\mathscr{X}$ 上的 Lebesgue 测度时,定理1成立.

注2 如果不要求已给函数的可测表示是可分的,定理 1 的证明就更简单些.这时不必考虑集合 I,点 $x_k^{(n)}$ 能以任意的方式从相应的集合中选出,而且仅要用到空间 $\mathscr{Y}$ 的完备性.因此,若 $\mathscr{Y}$ 是完备的,$\mathscr{X}$ 是可分完备距离空间,而 μ 是 σ 有限测度,则当取值于 $\mathscr{Y}$ 的随机函数 $g(x,\omega)(x\in\mathscr{X},\omega\in\Omega)$ 对于 μ 几乎所有的 x 是随机连续时,它必随机等价于一可测随机函数.

根据 Fubini 定理可直接推出下面的重要结果.

定理 2 设 $\xi(x)=g(x,\omega)$ 是一取实或复值的可测随机函数,如果

$$\int_{\mathscr{X}} E\mid\xi(x)\mid\mu(\mathrm{d}x)<\infty$$

则对任意集合 $A\in\mathfrak{A}$ 有

$$\int_A E\xi(x)\mu(\mathrm{d}x)=E\int_A\xi(x)\mu(\mathrm{d}x)$$

上面的等式表示随机变量的取数学期望运算和对参数 x 的积分运算可以交换次序.

§4 没有第二类间断点的判别准则

没有第二类间断点的函数 设 $\xi(t)(t\in[a,b])$ 是取值于完备距离空间 $\mathscr{Y}$ 的随机过程.

定义 1 如果以概率 1 过程的样本函数在每一点 $t\in(a,b)$ 有左极限和右极限,而在点 $a(b)$ 有右(左)极限,我们就说过程在区间(a,b) 上没有第二类间断点.

在这一节中,我们恒设过程 $\xi(t)$ 是可分的,并以 J 表示过程的可分性集合.

定义 2 函数 $y=f(t)(y\in\mathscr{Y})$ 在区间$[a,b]$上有不少于 m 个 ε 振幅($\varepsilon>0$),如果存在点 $t_0,\cdots,t_m$,$a\leqslant t_0<t_1<\cdots<t_m\leqslant b$,使得

$$\rho(f(t_{k-1}),f(t_k))>\varepsilon,k=1,2,\cdots,m$$

引理1 为使函数 $y=f(t)$ 在区间$[a,b]$上没有第二类间断点,必须且只须对任意 $\varepsilon>0$,它在$[a,b]$上只有有限多个 ε 振幅.

证 必要性.设 ε 振幅的数目为无穷,于是可以找到序列 $t_0,t_1,\cdots,t_n,\cdots$,使得 $t_n\uparrow t_0$ 或 $t_n\downarrow t_0$,而且 $\rho(f(t_n),f(t_{n+1}))>\varepsilon$.但这表示 $f(t_0-0)$ 或 $f(t_0+0)$ 不存在.

充分性.设在某点 t_0 不存在单边极限(譬如说,左极限).于是可以找到序列 $t_n\uparrow t_0$,使得对任意 n 有 $\sup\limits_{m>n}\rho(f(t_m),f(t_n))>\varepsilon$,即 ε 振幅的数目为无穷.

应当指出,定义2可以平凡地搬到定义在任意实数 t 的集合上的随机函数.

今后在讨论没有第二类间断点的函数时,我们将把两个在每一点 $t\in[a,b]$ 有相同的左极限和右极限的函数看做是一样的.因此,自然要选取某一准则来规定这些函数在间断点的值.我们用 $D[a,b]=D[a,b;\mathscr{Y}]$ 表示定义在$[a,b]$上而取值于 $\mathscr{Y}$ 的没有第二类间断点,并且在每一点 $t\in[a,b]$ 是左或右连续的函数空间.令

$$\begin{aligned}\Delta_c(f)=&\sup\{\min[\rho(f(t'),f(t)),\rho(f(t''),f(t))]\\&t-c\leqslant t'<t<t''\leqslant t+c,t',t,t''\in[a,b]\}+\\&\sup\{\rho(f(t),f(a));a<t<a+c\}+\\&\sup\{\rho(f(t),f(b));b-c<t<b\}\end{aligned}\tag{1}$$

引理2 为使函数 $y=f(t)$ 没有第二类间断点,必须且只须

$$\lim_{c\to 0}\Delta_c(f)=0\tag{2}$$

证 必要性.由定义得知,对每一函数 $f\in D[a,b]$,当 $c\to 0$ 时,式(1)右端的后两项均趋于零.

假设不满足条件(2),于是可以找到序列 t_n',t_n,t_n'',使得 $t_n'<t_n<t_n''$,$t_n''-t_n'\to 0$,而且对某一 $\varepsilon>0$ 有 $\rho(f(t_n'),f(t_n))>\varepsilon$,$\rho(f(t_n''),f(t_n))>\varepsilon$.我们可以假设 t_n 收敛于某一 t_0(假若不然,则可用 t_n 的某一收敛子列代替 t_n).三个序列$\{t_n'\}$,$\{t_n\}$,$\{t_n''\}$之中至少有两个有无穷多个点位于 t_0 的一侧.譬如说,若$\{t_n'\}$和$\{t_n\}$在 t_0 之左侧,则 $f(t_n)\to f(t-0)$,$f(t_n')\to f(t-0)$,这与条件 $\rho(f(t_n'),f(t_n))>\varepsilon$ 相矛盾.当$\{t_n\}$和$\{t_n''\}$有无穷多个点在 t_0 之右侧时情况是类似的.其余的情形可以归结为这两种情形.

充分性.从条件(2)推得 $f(x)$ 在点 a 右连续和在点 b 左连续.如果对某个 $t_0\in(a,b)$,$f(t_0+0)$ 不存在,则可以找到序列 $t_n\downarrow t$ 和 $\varepsilon>0$,使有 $\rho(f(t_n),f(t_{n+1}))>\varepsilon$,这与条件(2)相矛盾.因此对任意 $t_0\in[a,b)$,$f(t_0+0)$ 必存在.类似地可得 $f(t_0-0)$ 的存在性.根据(2)还能推得 $f(t_0)=f(t_0-0)$ 或 $f(t_0)=f(t_0+0)$.引理证毕.

某些不等式

引理3 设$\xi(t)(t\in[0,T])$是取值于$\mathscr{Y}$的可分随机连续过程，而且存在非负单调递增函数$g(h)$和函数$q(C,h)\geqslant 0,h>0$，使得

$$P\{[\rho(\xi(t),\xi(t-h))>Cg(h)]\cap[\rho(\xi(t+h),\xi(t))>Cg(h)]\}\leqslant q(C,h) \quad (3)$$

和

$$G=\sum_{n=0}^{\infty}g(T2^{-n})<\infty, Q(C)=\sum_{n=1}^{\infty}2^{n}q(C,T2^{-n})<\infty \quad (4)$$

则

$$P\{\sup_{t',t''\in[0,T]}\rho(\xi(t'),\xi(t''))>N\}\leqslant P\left\{\rho(\xi(0),\xi(T))>\frac{N}{2G}\right\}+Q\left(\frac{N}{2G}\right)$$

证 令

$$A_{nk}=\left\{\rho\left(\xi\left(\frac{k+1}{2^n}T\right),\xi\left(\frac{k}{2^n}T\right)\right)\leqslant Cg(T2^{-n})\right\}$$

$$k=0,1,2,\cdots,2^n-1, n=0,1,2,\cdots$$

$$B_{nk}=A_{nk-1}\cup A_{nk}, D_n=\bigcap_{m=n}^{\infty}\bigcap_{k=1}^{2^m-1}B_{mk}\quad(n\geqslant 1)$$

$$D_0=A_{00}\cap D_1$$

由于随机连续性，可以假设过程$\xi(t)$的可分性集合J是形如$k/2^n(k=0,1,2,\cdots;n=0,1,2,\cdots)$的数集(参看 §2 定理5). 我们有

$$P\{\overline{D}_n\}\leqslant\sum_{m=n}^{\infty}\sum_{k=1}^{2^m-1}P\{\overline{B}_{mk}\}\leqslant\sum_{m=n}^{\infty}2^m q(C,T2^{-m})=Q(n,C)$$

式中$Q(n,C)=\sum_{m=n}^{\infty}2^m q(C,T2^{-m})$.

从D_0可得$\rho(\xi(T),\xi(0))\leqslant Cg(T)$，而且$\rho(\xi(T/2),\xi(0))\leqslant Cg(T2^{-1})$和$\rho(\xi(T),\xi(T/2))\leqslant Cg(T2^{-1})$这两事件中有一个发生. 在这两种情形中都有

$$\rho(\xi(0),\xi(T/2))\leqslant Cg(T)+Cg(T2^{-1})$$

$$\rho(\xi(T/2),\xi(T))\leqslant Cg(T)+Cg(T2^{-1})$$

现在我们应用归纳法. 假定在D_0为真的假设下，对于$m=n$和$k,j=0,1,\cdots,2^n$已经证明了不等式

$$\rho\left(\xi\left(\frac{k}{2^m}T\right),\xi\left(\frac{j}{2^m}T\right)\right)\leqslant Cg(T)+2C\sum_{s=1}^{m}g\left(\frac{T}{2^s}\right) \quad (5)$$

下面要证明，对于$m=n+1$类似的不等式也成立. 设k和j是奇数$k=2k_1+1$，$j=2j_1-1$. 因为由D_{n+1}可得不等式

$$\rho\left(\xi\left(\frac{k_1}{2^n}T\right),\xi\left(\frac{2k_1+1}{2^{n+1}}T\right)\right)\leqslant Cg\left(\frac{T}{2^{n+1}}\right)$$

$$\rho\left(\xi\left(\frac{k_1+1}{2^n}T\right),\xi\left(\frac{2k_1+1}{2^{n+1}}T\right)\right)\leqslant Cg\left(\frac{T}{2^{n+1}}\right)$$

中至少有一个成立,故得

$$\rho\left(\xi\left(\frac{k}{2^{n+1}}T\right),\xi\left(\frac{k'}{2^{n}}T\right)\right)\leqslant Cg(T2^{-(n+1)})$$

其中 k' 等于 k_1 或 k_1+1. 类似地,可以找到整数 j',使得

$$\rho\left(\xi\left(\frac{j}{2^{n+1}}T\right),\xi\left(\frac{j'}{2^{n}}T\right)\right)\leqslant Cg(T2^{-(n+1)})$$

考虑到归纳法的假设,我们就得到

$$\rho\left(\xi\left(\frac{k}{2^{n+1}}T\right),\xi\left(\frac{j}{2^{n+1}}T\right)\right)\leqslant Cg(T)+2C\sum_{s=1}^{n+1}g(T2^{-s})$$

当 k 或 j 是偶数的情形可以类似地处理. 因此我们对于所有 $m\geqslant 1$ 证明了不等式(5). 由过程的可分性推得,若事件 D_0 发生,则以概率 1 有

$$\sup\{\rho(\xi(t'),\xi(t'')),t',t''\in[0,T]\}\leqslant 2CG$$

由此得

$$P\{\sup_{t',t''\in[0,T]}\rho(\xi(t'),\xi(t''))>N\}\leqslant Q\left(\frac{N}{2G}\right)+P\left\{\rho(\xi(0),\xi(T))>\frac{N}{2G}\right\}$$

于是引理得证.

引理 4 设引理 3 的条件成立,则

$$P\left\{\Delta_\varepsilon(\xi)>CG\left(\left[\log_2\frac{T}{2\varepsilon}\right]\right)\right\}\leqslant Q\left(\left[\log_2\frac{T}{2\varepsilon}\right],C\right)\tag{6}$$

这里

$$G(n)=\sum_{m=n}^{\infty}g(T2^{-m}),Q(n,C)=\sum_{m=n}^{\infty}2^m q(C,T2^{-m})$$

证 我们继续作上述引理的推理. 设事件 D_n 发生. 我们将要利用归纳法证明,对于任意的 k 和 m,可以找到整数 $j_{nm}(0\leqslant j_{nm}<2^{m+1})$,使得

$$\max_{0\leqslant j\leqslant j_{nm}}\rho\left(\xi\left(\frac{k-1}{2^n}T\right),\xi\left(\left[\frac{k-1}{2^n}+\frac{j}{2^{n+m}}\right]T\right)\right)\leqslant C\sum_{s=n}^{n+m}g(T2^{-n})\tag{7}$$

$$\max_{j_{nm}+1\leqslant j\leqslant 2^{m+1}}\rho\left(\xi\left(\left[\frac{k-1}{2^n}+\frac{j}{2^{n+m}}\right]T\right),\xi\left(\frac{k+1}{2^n}T\right)\right)\leqslant C\sum_{s=n}^{n+m}g(T2^{-s})\tag{8}$$

而且量 $j_{nm}2^{-(n+m)}$ 作为 m 的函数(对固定的 n 和 k)是单调不减的. 当 $m=0$ 时,如果

$$\rho\left(\xi\left(\frac{k}{2^n}\right),\xi\left(\frac{k+1}{2^n}\right)\right)\leqslant Cg(T2^{-n})$$

我们就选取 $j_{n0}=0$;如果

$$\rho\left(\xi\left(\frac{k-1}{2^n}\right),\xi\left(\frac{k}{2^n}\right)\right)\leqslant Cg(T2^{-n})$$

则选取 $j_{n0}=1$. 在假设 D_n 之下这两个不等式中必有一个成立. 设 j_{nm} 已选好,则当

$$\rho\left(\xi\left(\left[\frac{k-1}{2^n}+\frac{2j_{nm}+1}{2^{n+m+1}}\right]T\right),\xi\left(\left[\frac{k-1}{2^n}+\frac{j_{nm}+1}{2^{n+m}}\right]T\right)\right)\leqslant Cg(T2^{-(n+m+1)})$$

时定义 $j_{nm+1}=2jm$；当

$$\rho\left(\xi\left(\left[\frac{k-1}{2^n}+\frac{j_{nm}}{2^{n+m}}\right]T\right),\xi\left(\left[\frac{k-1}{2^n}+\frac{2j_{nm}+1}{2^{n+m+1}}\right]T\right)\right)\leqslant Cg(T2^{-(n+m+1)})$$

时定义 $j_{nm+1}=2j_{nm}+1$. 这样的选择是可能的，因为若 D_n 发生，则这两个不等式中必有一个成立；当两个不等式都成立时可在上面指出的值中间任意选取.

在式(7) 和(8) 中取 $m\to\infty$ 时的极限，我们就得知，对于每一个使 D_n 发生的样本函数，可以找出 $\tau=\tau(\omega)$，$0\leqslant\tau\leqslant T2^{-(n-1)}$，使得

$$\sup_{\substack{0<t<\tau\\ t\in J}}\rho\left(\xi\left(\frac{k-1}{2^n}T\right),\xi\left(\frac{k-1}{2^n}T+t\right)\right)\leqslant CG(n)$$

和

$$\sup_{\substack{\tau<t<T_2-(n-1)\\ t\in J}}\rho\left(\xi\left(\frac{k-1}{2^n}T+t\right),\xi\left(\frac{k+1}{2^n}T\right)\right)\leqslant CG(n)$$

设 $\varepsilon\in[2^{-(n+1)}T,2^{-n}T]$ 和 $0<t''-t'<\varepsilon$. 则可以找到一个 k，使得

$$(k-1)2^{-n}T\leqslant t'<t''<(k+1)2^{-n}T$$

如果 $t\in[t',t'']$，则或有

$$(t',t)\subset[(k-1)2^{-n}T,(k-1)2^{-n}T+\tau]$$

或有

$$(t,t'')\subset[(k-1)2^{-n}T+\tau,(k+1)2^{-n}T]$$

此外，若 t',t,t'' 是从 J 中选取，则不等式

$$\rho(\xi(t'),\xi(t))\leqslant 2CG(n),\rho(\xi(t),\xi(t''))\leqslant 2CG(n)$$

中至少有一个成立. 根据过程的可分性推得，对于过程的任一个样本函数，这些不等式中的一个以概率 1 成立. 因此由 D_n 推得以概率 1 有

$$\Delta_\varepsilon(\xi)\leqslant 2CG(n)$$

根据不等式(5) 有

$$P\{\Delta_\varepsilon(\xi)>2CG(n)\}\leqslant P(\overline{D}_n)\leqslant Q(n,C)$$

或者考虑到 $\varepsilon\geqslant 2^{-(n+1)}T$ 及函数 $g(h)$ 和 $q(h)$ 的单调性，我们最终就得到

$$P\left\{\Delta_\varepsilon(\xi)>CG\left(\left[\log_2\frac{T}{2\varepsilon}\right]\right)\right\}\leqslant Q\left(\left[\log_2\frac{T}{2\varepsilon}\right],C\right)$$

引理证毕.

基于过程之边沿分布的没有第二类间断点的条件 根据前面的引理可立刻推得下述定理.

定理 1 若 $\xi(t)$，$t\in[0,T]$ 是取值于 $\mathscr{Y}$ 的可分随机连续过程，它满足条件

$$P\{[\rho(\xi(t),\xi(t-h))\geqslant Cg(h)]\cap[\rho(\xi(t+h),\xi(t))\geqslant Cg(h)]\}\leqslant q(C,h)\tag{9}$$

这里

$$\sum_{n=1}^{\infty} g(T2^{-n}) < \infty, \sum_{n=1}^{\infty} 2^n q(C, T2^{-n}) < \infty \tag{10}$$

则 $\xi(t)$ 以概率 1 没有第二类间断点. 如果除此之外,对某个 n 和 $C \to \infty$ 有

$$Q(n,C) = \sum_{m=n}^{\infty} 2^m q(C, T2^{-m}) \to 0 \tag{11}$$

则对于这过程的每一个样本函数以概率 1 能够找到一常数 α,使得

$$\Delta_\varepsilon(\xi) \leqslant \alpha G\left(\left[\log_2 \frac{T}{2\varepsilon}\right]\right), \text{对于 } 0 < \varepsilon < \varepsilon_0$$

这里

$$G(n) = \sum_{m=n}^{\infty} g(T2^{-m})$$

证 在不等式(6) 中令 $C=1$,我们就看到,在定理的条件下当 $\varepsilon \to 0$ 时 $\Delta_\varepsilon(\xi)$ 依概率趋于零. 但是 $\Delta_\varepsilon(\xi)$ 作为 ε 的函数当 $\varepsilon \downarrow 0$ 时是单调递减的. 因此当 $\varepsilon \to 0$ 时 $\lim \Delta_\varepsilon(\xi)$ 以概率 1 存在且等于零,这就是定理的第一个论断. 第二个论断也可由条件(11) 和引理 4 推出.

作为定理 1 的一种特殊情形,我们讨论满足条件

$$E[\rho(\xi(t+h),\xi(t))\rho(\xi(t),\xi(t-h))]^p \leqslant Kh^{1+r} \tag{12}$$

的可分随机连续的随机过程,这里 $p > 0, r > 0$. 如果令 $g(h) = h^{r'/2p}$ 并利用 Чебышев 不等式,我们就看到式(9),(10) 和(11) 对于 $q(C,h) = \frac{K}{C^{2p}} h^{1+r-r'}$ 和 $0 < r' < r$ 成立. 于是我们得到

推论 1 若可分随机连续的随机过程满足条件(12),则它的样本函数以概率 1 满足下式

$$\Delta_\varepsilon(\xi) \leqslant \alpha \varepsilon^{r'/2p}$$

式中 $\alpha = \alpha(\omega)$ 是一常数,r' 是$(0,r)$ 中的任一数.

我们还要提出定理 1 的如下推论.

推论 2 设给定在$[0,T]$上的一个 Q 随机连续的广义随机过程,这过程取值于可分完备的局部紧空间 $\mathscr{Y}$,它的"三维"边沿分布满足条件(9) 和(10). 则存在这过程的一个没有第二类间断点的表示.

基于条件概率的没有第二类间断点的条件 在前面的定理中,没有第二类间断点的条件是通过随机过程的边沿("三维") 分布来表示的. 我们现在给出一些性质上有些不同的结果. 它们是利用有关条件概率的假设,当人们掌握了过程的条件分布的重要知识时就可以应用这些结果.

设$\{\mathfrak{F}_t : t \in [0,T]\}$是一 σ 代数流. 我们约定,过程 $\xi(t)$ 适应于 σ 代数流$\{\mathfrak{F}_t : t \in [0,T]\}$,如果对每一 $t \in [0,T]$,随机元 $\xi(t)$ 是 $\mathfrak{F}_t$ 可测的.

我们引入如下的量

$$\alpha(\varepsilon,\delta)=\inf\sup[P\{\rho(\xi(s),\xi(t))\geqslant \varepsilon \mid \mathfrak{F}_s\};0\leqslant s\leqslant t\leqslant s+\delta\leqslant T,\omega\in\Omega'] \tag{13}$$

这里inf是对所有概率为1的子集$\Omega'(\Omega'\in\mathfrak{S})$取的.不难验证,存在一$\Omega_0$,使得$P(\Omega^0)=1,\Omega^0\in\mathfrak{S}$,而且下确界在这集合上达到,于是

$$\alpha(\varepsilon,\delta)=\sup\{P\{\rho(\xi(s),\xi(t))\geqslant\varepsilon\mid\mathfrak{F}_s\};0\leqslant s\leqslant t\leqslant s+\delta\leqslant T,\omega\in\Omega^0\}$$

我们要证明条件$\alpha(\varepsilon,\delta)\to 0$(对于$\delta\to 0$和任意$\varepsilon>0$)能保证可分过程没有第二类间断点.设区间$[c,d]\subset[0,T]$是固定的,$I$是任意有限的时刻序列$t_1$,$t_2,\cdots,t_n,s\leqslant c\leqslant t_1<t_2<\cdots<t_n\leqslant d$.我们用$A(\varepsilon,Z)$表示如下的事件:随机过程的样本函数$\xi(t)$在$[c,d]\cap Z$上至少有一个$\varepsilon$振幅.

引理5 以概率1有

$$P\{A(\varepsilon,I)\mid\mathfrak{F}_s\}\leqslant 2\alpha\left(\frac{\varepsilon}{4},d-c\right) \tag{14}$$

证 首先要指出,因为当$s<t$有$\mathfrak{F}_s\subset\mathfrak{F}_t$,故由条件数学期望的性质得到对于$s<t<u$有

$$P\{\rho(\xi(t),\xi(u))\geqslant\varepsilon\mid\mathfrak{F}_s\}=E\{P\{\rho(\xi(t),\xi(u))\geqslant \varepsilon\mid\mathfrak{F}_t\}\mid\mathfrak{F}_s\}\leqslant\alpha(\varepsilon,u-s) \tag{15}$$

我们现在引入事件

$$B_k=\left\{\rho(\xi(c),\xi(t_i))<\frac{\varepsilon}{2},i=1,2,\cdots,k-1,\rho(\xi(c),\xi(t_k))>\frac{\varepsilon}{2}\right\}$$

$$C_k=\left\{\rho(\xi(t_k),\xi(d))\geqslant\frac{\varepsilon}{4}\right\},D_k=B_k\cap C_k,k=1,2,\cdots,n$$

$$C_0=\left\{\rho(\xi(c),\xi(d))\geqslant\frac{\varepsilon}{4}\right\}$$

事件B_k是互不相交的,而且若令$D=\bigcup_{k=1}^{\infty}D_k$,则$A(\varepsilon,I)\subset C_0\cup D$.事实上,若$A(\varepsilon,I)$发生,则对某个$k$不等式$\rho(\xi(c),\xi(t_k))\geqslant\varepsilon/2$首次被满足,即事件$B_k(k=1,\cdots,n)$中有一个发生.而且若这时$D$不发生,即若

$$\rho(\xi(t_k),\xi(d))<\frac{\varepsilon}{4}$$

则

$$\rho(\xi(c),\xi(d))\geqslant\rho(\xi(c),\xi(t_k))-\rho(\xi(t_k),\xi(d))>\frac{\varepsilon}{4}$$

即事件C_0发生.于是$A(\varepsilon,I)\subset C_0\cup D$.我们现在以概率1有

$$P\{D_k\mid\mathfrak{F}_s\}=E\{\chi_{D_k}\mid\mathfrak{F}_s\}=E\{E\{\chi_{B_k}\chi_{C_k}\}\mid\mathfrak{F}_{t_k}\mid\mathfrak{F}_s\}=$$

$$E\{\chi_{B_k}P\{C_k\mid\mathfrak{F}_{t_k}\}\mid\mathfrak{F}_s\}\leqslant$$

$$\alpha\left(\frac{\varepsilon}{4},d-c\right)E\{\chi_{B_k}\mid\mathfrak{F}_s\}$$

这里χ_A像通常那样表示事件 A 的示性函数.由此得

$$P\{D\mid\mathfrak{F}_s\}=\sum_{k=1}^{n}P\{D_k\mid\mathfrak{F}_s\}\leqslant\alpha\left(\frac{\varepsilon}{4},d-c\right)E\left\{\sum_{k=1}^{n}\chi_{B_k}\mid\mathfrak{F}_s\right\}\leqslant$$

$$\alpha\left(\frac{\varepsilon}{4},d-c\right)\quad(\mathrm{mod}\ P)$$

根据式(15)有 $P\{C_0\mid\mathfrak{F}_s\}\leqslant\alpha\left(\frac{\varepsilon}{4},d-c\right)$.因此

$$P\{A(\varepsilon,I)\mid\mathfrak{F}_s\}\leqslant P\{D\mid\mathfrak{F}_s\}+P\{C_0\mid\mathfrak{F}_s\}\leqslant 2\alpha\left(\frac{\varepsilon}{4},d-c\right)\quad(\mathrm{mod}\ P)$$

这就证明了引理.

引理 6 设 $A^k(\varepsilon,I)$ 表示事件:$\xi(t)$ 在 I 上至少有 k 个 ε 振幅,则

$$P\{A^k(\varepsilon,I)\mid\mathfrak{F}_s\}\leqslant\left[2\alpha\left(\frac{\varepsilon}{4},d-c\right)\right]^k\quad(\mathrm{mod}\ P)$$

证 令 $B_r(\varepsilon,I)$ 表示事件:过程的样本函数 $\xi(t)$ 在集合$(t_1,\cdots,t_r)$上至少有 $k-1$ 个 ε 振幅,但在集合$(t_1,\cdots,t_{r-1})$上的 ε 振幅数少于 $k-1$.事件 $B_r(\varepsilon,I)(r=1,\cdots,n)$ 是不相交的,而且 $\bigcup_{r=1}^{n}B_r(\varepsilon,I)=A^{k-1}(\varepsilon,I)\supset A^k(\varepsilon,I)$.另一方面,从 $A^k(\varepsilon,I)\subset B_r(\varepsilon,I)$ 可推得,集合$(t_r,t_{r+1},\cdots,t_n)$上至少有一个 ε 振幅.因而

$$A^k(\varepsilon,I)\subset\bigcup_{r=1}^{n}(B_r(\varepsilon,I)\cap C_r(\varepsilon,I))$$

其中 $C_r(\varepsilon,I)$ 表示 $\xi(t)$ 在$(t_r,t_{r+1},\cdots,t_n)$上至少有一个 ε 振幅.所以

$$P\{A^k(\varepsilon,I)\mid\mathfrak{F}_s\}\leqslant\sum_{r=1}^{n}P\{B_r(\varepsilon,I)\cap C_r(\varepsilon,I)\mid\mathfrak{F}_s\}\quad(\mathrm{mod}\ P)\qquad(16)$$

利用条件数学期望的性质,我们就得到

$$P\{B_r(\varepsilon,I)\cap C_r(\varepsilon,I)\mid\mathfrak{F}_s\}=E\{E\{\chi_{B_r(\varepsilon,I)}\chi_{C_r(\varepsilon,I)}\mid\mathfrak{F}_{t_r}\}\mid\mathfrak{F}_s\}\leqslant$$

$$E\{\chi_{B_r(\varepsilon,I)}P\{C_r(\varepsilon,I)\mid\mathfrak{F}_{t_r}\}\mid\mathfrak{F}_s\}\leqslant$$

$$2\alpha\left(\frac{\varepsilon}{4},d-c\right)P\{B_r(\varepsilon,I)\mid\mathfrak{F}_s\}(\mathrm{mod}\ P)$$

根据已得的不等式和式(16)推出

$$P\{A^k(\varepsilon,I)\mid\mathfrak{F}_s\}\leqslant 2\alpha\left(\frac{\varepsilon}{4},d-c\right)\sum_{r=1}^{n}P\{B_r(\varepsilon,I)\mid\mathfrak{F}_s\}=$$

$$2\alpha\left(\frac{\varepsilon}{4},d-c\right)P\{A^{k-1}(\varepsilon,I)\mid\mathfrak{F}_s\}\quad(\mathrm{mod}\ P)$$

由此即得所欲证.

定理 2 若 $\xi(t)$ 是可分过程,又对任意 $\varepsilon>0$ 有

$$\lim_{\delta \to 0} \alpha(\varepsilon, \delta) = 0 \tag{17}$$

则过程没有第二类间断点.

只须证明以概率 1 每个样本函数 $\xi(t)$ 只有有限多个 ε 振幅. 设 J 是过程 $\xi(t)$ 的可分性集合,我们把它表为 $J = \bigcup_{n=1}^{\infty} I_n$,这里$\{I_n\}$是单调递增的集合序列,而每一 I_n 只含有限多个元素. 设已给定 $\varepsilon > 0$,把$[0,T]$分为 m 个等长的区间 $\Delta_r, r=1,\cdots,m$,使得

$$2\alpha\left(\frac{\varepsilon}{4}, \frac{T}{m}\right) = \beta > 1$$

于是

$$P\{A^{\infty}(\varepsilon, J \cap \Delta_r) \mid \mathfrak{F}_s\} \leqslant P\{A^k(\varepsilon, J \cap \Delta_r) \mid \mathfrak{F}_s\} = \lim_{n \to \infty} P\{A^k(\varepsilon, I_n \cap \Delta_r) \mid \mathfrak{F}_s\} \leqslant \beta^k$$

因此

$$P\{A^{\infty}(\varepsilon, J \cap \Delta_r) \mid \mathfrak{F}_s\} = 0 \quad (\mathrm{mod}\ P)$$

$$P\{A^{\infty}(\varepsilon, J \cap \Delta_r)\} = 0$$

从而 $P\{A^{\infty}(\varepsilon, J)\} = 0$. 定理证毕.

由已证明的定理我们得到一些重要的推论.

定理 3 取值于线性赋范空间 $\mathscr{Y}$ 的可分随机连续独立增量过程 $\xi(t)(t \in [0,T])$ 没有第二类间断点.

事实上,根据独立增量过程的定义有

$$P\{\mid \xi(s) - \xi(t) \mid \geqslant \varepsilon \mid \mathfrak{F}_s\} = P\{\mid \xi(s) - \xi(t) \mid \geqslant \varepsilon\} \quad (\mathrm{mod}\ P)$$

另一方面,由一致随机连续性(参看 §2 定理 4) 推得对于任意 $\varepsilon > 0$,当 $\delta \to 0$ 时

$$\alpha(\varepsilon, \delta) = \sup[P\{\mid \xi(s) - \xi(t) \mid \geqslant \varepsilon\}; 0 \leqslant s \leqslant t \leqslant s + \delta \leqslant T]$$

趋于零,因此满足定理 2 的条件.

对于 Марков 过程来说,由定理 2 可推出某些更强的结果.

定理 4 若 $\xi(t)(t \in [0,T])$ 是取值于距离空间 $\mathscr{Y}$ 的可分 Марков 过程,它的转移函数 $P(t,x,s,A)$ 满足条件:当 $\delta \to 0$ 时

$$\alpha(\varepsilon, \delta) = \sup[P\{s, y, t, \overline{S}_{\varepsilon}(y)\}; y \in \mathscr{Y}, 0 \leqslant s \leqslant t \leqslant s + \delta \leqslant T] \to 0$$

其中 $S_{\varepsilon}(y)$ 是以点 y 为心,ε 为半径的球,而 $\overline{S}_{\varepsilon}(y)$ 是它的余集. 则过程 $\xi(t)$ 没有第二类间断点.

这论断可由定理 2 及 Марков 过程的定义直接推得.

没有第二类间断点的过程之样本函数的规则化 前面已经提到,在讨论没有第二类间断点的函数时,我们把在每一点有同一右极限和左极限的函数看做是相同的.

大家回想一下,如果过程是可分的,则以概率 1 样本函数在 t 的值 $\xi(t)$ 是 $t_i \to t$ 时序列 $\xi(t_i)$ 的极限值,这里 t_i 是可分性集合的点. 如果这时过程没有第二类间断点,则以概率 1,$\xi(t)$ 在每一点 t 等于 $\xi(t-0)$ 或 $\xi(t+0)$.

定理 5 若 $\xi(t)$ 是没有第二类间断点的随机连续过程,它取值于距离空间 $\mathscr{Y}$. 则存在等价于 $\xi(t)$ 的过程 $\xi'(t)$,这过程的样本函数是右连续的(mod P).

证 事件 $A=\left\{\text{对每一 } t\in[0,T],\text{极限}\lim\limits_{n\to\infty}\xi\left(t+\frac{1}{n}\right)\text{存在}\right\}$ 的概率等于 1. 当 A 发生时令 $\xi'(t)=\lim\limits_{n\to\infty}\xi\left(t+\frac{1}{n}\right)$;当 $\overline{A}$ 发生时则令 $\xi'(t)=\xi(t)$. 于是有

$$\{\xi'(t)\neq\xi(t)\}=\bigcup_{m=1}^{\infty}\left\{\rho(\xi(t),\xi'(t))>\frac{1}{m}\right\}\cap A$$

$$P\{\xi'(t)\neq\xi(t)\}=\lim_{m\to\infty}P\left\{\left[\rho(\xi(t),\xi'(t))>\frac{1}{m}\right]\cap A\right\}$$

另一方面

$$P\left\{\rho(\xi(t),\xi'(t))>\frac{1}{m}\right\}=P\left\{\bigcup_{k=1}^{\infty}\bigcap_{n=k}^{\infty}\left\{\rho\left(\xi(t),\xi\left(t+\frac{1}{n}\right)\right)>\frac{1}{m}\right\}\right\}=$$

$$\lim_{k\to\infty}P\left\{\bigcap_{n=k}^{\infty}\left\{\rho\left(\xi(t),\xi\left(t+\frac{1}{n}\right)\right)>\frac{1}{m}\right\}\right\}\leqslant$$

$$\lim_{n\to\infty}P\left\{\rho\left(\xi(t),\xi\left(t+\frac{1}{n}\right)\right)>\frac{1}{m}\right\}$$

因此 $P\{\xi'(t)\neq\xi(t)\}=0$. 余下只须注意到在集合 A 上函数 $\xi'(t)$ 是右连续的. 定理证毕.

类似地,我们可以证明存在随机等价的左连续过程.

鞅 我们考虑可分半鞅 $\{\xi(t),\mathfrak{F}_t:t\in[0,T]\}$ 的样本函数的性质. 半鞅和鞅的一般定义在前面已经给出(第二章 §2). 在那里我们得到了离散参数半鞅的一些重要性质. 应当指出,我们易把第二章 §2 中的不等式搬到可分下鞅的情形. 事实上,对于可分过程来说,事件 $\sup\{\xi(t):t\in[0,T]\}\neq\sup\{\xi(t):t\in I\}$ 的概率等于零,这里 I 是过程 $\xi(t)$ 的可分性集合. 因此对应的随机变量有相同的分布. 其次,如果过程的样本函数 $\xi(t)$ 在 $[0,T]$ 上有 n 次自上而下穿越半开半闭区间 $[a,b)$ 而且 $\xi(\cdot)\overline{\in}N$,这里 N 是可分性定义中的例外集,则局限于 I 上的 $\xi(t)$ 也自上而下穿越 $[a,b)$ n 次. 这表明 $v_{[0,T]}[a,b)$ 和 $v_I[a,b)$ 的分布是相同的(v 的附标表示过程局限于其上的集合).

定理 6 $[0,T]$ 上的可分半鞅没有第二类间断点.

为了证明本定理,我们应当基本上重复在证明第二章 §2 定理 1 时所作的推理. 从不等式

$$P\{\sup\{\xi^{+}(t):t\in[0,T]\}>C\}\leqslant C^{-1}E\xi^{+}(T)$$

得到以概率 1 有 $\sup\{\xi(t):t\in[0,T]\}<\infty$. 类似地,从不等式

$$Ev[a,b) \leqslant (b-a)^{-1}E(\xi(T)-b)^{+} \quad (\text{当 } a \to -\infty \text{ 时})$$

推得,以概率为 1 有 $\inf\{\xi(t), t \in [0,T]\} > -\infty$. 其次,因为 $v[a,b)$ 可积,故存在集合 $N_1 \in \mathfrak{S}, P(N_1)=0$,使得当 $\omega \overline{\in} N_1$ 时 $\xi(t)$ 穿越任意半开半闭区间$[a,b)$ 的次数有限,因此 $\xi(t)$ 没有第二类间断点. 我们可以取所有 $N(a,b)$ 之并作 N_1,这里 $N(a,b)$ 是使得 $v[a,b)=\infty$ 的集合,a 和 b 取遍所有有理数而且 $a<b$. 定理证毕.

令 $\mathfrak{F}_{t-0}$ 表示包含 $\mathfrak{F}_s(s<t)$ 的最小 $\mathfrak{S}$ 代数,而 $\mathfrak{F}_{t+0}$ 则是所有 $\mathfrak{F}_s(s>t)$ 之交. 显然有 $\mathfrak{F}_{t-0} \subset \mathfrak{F}_t \subset \mathfrak{F}_{t+0}$,并且 $\xi(t-0)$ 和 $\xi(t+0)$ 分别是 $\mathfrak{F}_{t-0}$ 可测和 $\mathfrak{F}_{t+0}$ 可测的随机变量.

定理 7　设 $\{\xi(t), \mathfrak{F}_t : t \in [0,T]\}$ 是可分下鞅. 则

$$\{\xi(t+0), \mathfrak{F}_{t+0} : t \in [0,T]\} \quad (\xi(T+0)=\xi(T))$$

也是下鞅,它的样本函数以概率 1 是右连续的. 而且,在 $E\xi(t)$ 连续和 $\mathfrak{F}_t = \mathfrak{F}_{t+0}$ 的每一点 t 有 $P\{\xi(t)=\xi(t+0)\}=1$.

证　注意 $\max(\xi(t),a)$ 是下鞅(第二章 §2),而且是一致可积的随机变量族(第二章 §2). 因此,当 $s \leqslant t$ 时对任意 $A \in \mathfrak{F}_s$ 有

$$\int_A \max(\xi(s),a)\mathrm{d}P \leqslant \lim_{t' \downarrow t}\int_A \max(\xi(t'),a)\mathrm{d}P = \int_A \max(\xi(t+0),a)\mathrm{d}P$$

令 $a \to -\infty$ 就得到

$$\int_A \xi(s)\mathrm{d}P \leqslant \int_A \xi(t+0)\mathrm{d}P$$

即

$$\xi(s) \leqslant E\{\xi(t+0) \mid \mathfrak{F}_s\}, \text{对 } s \leqslant t$$

因此

$$\xi(s+0) \leqslant E\{\xi(t+0) \mid \mathfrak{F}_{s+0}\}, \text{对 } s \leqslant t$$

这就证明了定理的第一部分. 不难看出,上面的推理对 $t'>t$ 也可产生不等式

$$\xi(t) \leqslant E\{\xi(t+0) \mid \mathfrak{F}_t\} \leqslant E\{\xi(t') \mid \mathfrak{F}_t\} \quad (\mathrm{mod}\ P)$$

由此推知,在使得 $\mathfrak{F}_t = \mathfrak{F}_{t+0}$ 的点 t 有

$$\xi(t) \leqslant \xi(t+0) \leqslant E\{\xi(t') \mid \mathfrak{F}_t\} \quad (\mathrm{mod}\ P)$$

现在,若 $E\xi(t') \to E\xi(t)$,则 $\xi(t+0)=\xi(t)(\mathrm{mod}\ P)$. 而且我们容易验证,函数 $\xi(t+0)$ 是右连续的. 定理证毕.

§5　连续过程

没有第二类间断点的过程是连续的条件　和上节一样,我们将假设 $\mathscr{Y}$ 是完备距离空间,$\xi(t)(t \in [0,T])$ 是取值于 $\mathscr{Y}$ 的随机过程.

定义 1　过程 $\xi(t)(t \in [0,T])$ 称做连续的，如果它几乎所有的样本函数在$[0,T]$上是连续的.

对于没有第二类间断点的过程，我们能够给出相当简单的连续性充分条件.

定理 1　设$\{t_{nk}:k=0,1,\cdots,m_n\}$，$n=1,2,\cdots$ 即区间$[0,T]$的某一个分划顺序，$0=t_{n0}<t_{n1}<\cdots<t_{nm_n}=T$，而且当$n\to\infty$时$\lambda_n=\max\limits_{1\leqslant k\leqslant m_n}(t_{nk}-t_{n,k-1})\to 0$. 如果可分过程 $\xi(t)$ 没有第二类间断点，则这过程连续的充分条件是：对于任意 $\varepsilon>0$，当 $n\to\infty$ 时，有

$$\sum_{k=1}^{m_n} P\{\rho[\xi(t_{nk}),\xi(t_{n,k-1})]>\varepsilon\}\to 0 \tag{1}$$

证　以 $v_\varepsilon(0\leqslant v_\varepsilon\leqslant\infty)$ 表示使得$\rho[\xi(t+0),\xi(t-0)]>2\varepsilon$ 的那些t值的数目，$v_\varepsilon^{(n)}$ 表示使得$\rho[\xi(t_{nk}),\xi(t_{n,k-1})]>\varepsilon$ 的那些附标 k 的数目. 显然有 $v_\varepsilon\leqslant\lim\limits_{n\to\infty} v_\varepsilon^{(n)}$. 另一方面

$$Ev_\varepsilon^{(n)}=\sum_{k=1}^{m_n} P\{\rho[\xi(t_{nk}),\xi(t_{n,k-1})]>\varepsilon\}$$

根据Fatou引理，$Ev_\varepsilon\leqslant E\varliminf\limits_{n\to\infty} v_\varepsilon^{(n)}\leqslant\varliminf\limits_{n\to\infty} Ev_\varepsilon^{(n)}$. 因而 $Ev_\varepsilon=0$，即对任意$\varepsilon>0$以概率 1 有 $v_\varepsilon=0$. 故对任意t以概率 1 有 $\xi(t-0)=\xi(t+0)$. 因为过程是可分的，所以 $\xi(t)=\xi(t-0)=\xi(t+0)$，即过程是连续的.

推论　若$\{\xi(t),\mathfrak{F}_t:t\in[0,T]\}$ 是可分半鞅，又当 $\lambda_n\to 0$ 时有

$$\sum_{k=1}^{m_n} P\{|\xi(t_{nk})-\xi(t_{n,k-1})|>\varepsilon\}\to 0$$

则 $\xi(t)$ 是一连续过程.

这推论由可分半鞅没有第二类间断点这一事实推得.

现在，我们把定理 1 应用于满足 §4 定理 2 条件的过程. 设$\alpha(\varepsilon,\delta)$ 是由 §4 的式(13) 定义.

定理 2　若过程 $\xi(t)$ 可分且对任意 $\varepsilon>0$ 有

$$\lim_{\delta\to 0}\frac{E\alpha(\varepsilon,\delta)}{\delta}=0 \tag{2}$$

则过程 $\xi(t)$ 是连续的.

因为若条件(2) 成立，则过程 $\xi(t)$ 没有第二类间断点. 故只须验证式(1). 考虑到

$$P\{\rho[\xi(t_{nk}),\xi(t_{n,k-1})]>\varepsilon\}\leqslant\alpha(\varepsilon,\Delta t_{nk})$$

式中 $\Delta t_{nk}=t_{nk}-t_{n,k-1}$，我们就得到当 $\lambda_n\to 0$ 时

$$\sum_{k=1}^{m_n} P\{\rho[\xi(t_{nk}),\xi(t_{n,k-1})]>\varepsilon\}\leqslant(b-a)\max_{1\leqslant k\leqslant n}\frac{E\alpha(\varepsilon,\Delta t_{nk})}{\Delta t_{nk}}\to 0$$

定理证毕.

把定理 2 应用于 Марков 过程,我们就得到如下的 Марков 过程之连续性条件.

定理 3 若 $\xi(t)$ 是可分 Марков 过程,而且对任意固定的 $\varepsilon > 0$ 和 $\delta \to 0$ 有

$$\frac{1}{\delta} P(s, y, t, \overline{S}_{\varepsilon}(y)) \to 0$$

对 $y, s, t, 0 \leqslant t - s \leqslant \delta$,一致地成立,则过程 $\xi(t)$ 是连续的.

这里 $\overline{S}_{\varepsilon}(x)$ 是以点 x 为心,ε 为半径的球 $S_{\varepsilon}(x)$ 的余集.

独立增量过程 刚才证明的定理只是给出了随机过程为连续的充分条件.但是,对于独立增量过程这种特殊情形来说,定理 1 的条件也是必要的.

定理 4 如果独立增量过程是连续的,则对区间 $[0, T]$ 的任一使得 $\lambda_n = \max\limits_{1 \leqslant k \leqslant m_n}(t_{nk} - t_{n,k-1}) \to 0$ 的分划序列 $\{t_{nk} : k = 0, \cdots, m_n\}, n = 1, 2, \cdots$,条件(1)成立.

证 令 $\Delta_h = \sup\limits_{|t_1 - t_2| \leqslant h} \rho[\xi(t_1), \xi(t_2)]$.由过程 $\xi(t)$ 的连续性知,当 $h \to 0$ 以概率 1 有 $\Delta_h \to 0$.故 $\lim\limits_{h \to 0} P\{\Delta_h > \varepsilon\} = 0$.另一方面,若 $\lambda_n < h$,则

$$\begin{aligned}
&P\{\Delta_h > \varepsilon\} \geqslant P\{\sup \rho[\xi(t_{nk}), \xi(t_{n,k-1})] > \varepsilon\} = \\
&P\{\rho[\xi(t_{n1}), \xi(t_{n0})] > \varepsilon\} + P\{\rho[\xi(t_{n1}), \xi(t_{n0})] \leqslant \varepsilon\} \\
&P\{\rho[\xi(t_{n2}), \xi(t_{n1})] > \varepsilon\} + \cdots + \\
&\prod_{k=1}^{m_n - 1} P\{\rho[\xi(t_{nk}), \xi(t_{n,k-1})] \leqslant \varepsilon\} P\{\rho[\xi(t_{nm_n}), \xi(t_{n,m_n-1})] > \varepsilon\} \geqslant \\
&P\{\Delta_h \leqslant \varepsilon\} \left[\sum_{k=1}^{m_n} P\{\rho[\xi(t_{nk}), \xi(t_{n,k-1})] > \varepsilon\}\right]
\end{aligned}$$

因此当 $h \to 0$ 时,对任意 $\varepsilon > 0$ 有

$$\sum_{k=1}^{m_n} P\{\rho[\xi(t_{nk}), \xi(t_{n,k-1})] > \varepsilon\} \leqslant \frac{P\{\Delta_h > \varepsilon\}}{P\{\Delta_h \leqslant \varepsilon\}} \to 0$$

定理证毕.

现在不难给出取值于有限维空间的连续独立增量过程的一个完全的描述.

定理 5 取值于 $\mathbf{R}^m$ 的独立增量过程 $\boldsymbol{\xi}(t)(t \geqslant 0, \boldsymbol{\xi}(0) = \mathbf{0})$ 是连续的,当且仅当 $\boldsymbol{\xi}(t)$ 是一 Gauss 过程,而且具有连续的均值 $a(t)$ 和连续的矩阵相关函数 $\boldsymbol{R}(s,t) = \boldsymbol{\sigma}^2(\min(t,s))$,这里 $\boldsymbol{\sigma}^2(t)$ 是一矩阵函数,$\boldsymbol{\sigma}^2(0) = 0$ 且 $\boldsymbol{\sigma}^2(t) - \boldsymbol{\sigma}^2(s)$(对于 $s < t$)是非负定矩阵.

证 设 $\boldsymbol{\xi}(t)$ 是连续的独立增量过程.我们要证明 $\boldsymbol{\xi}(t) - \boldsymbol{\xi}(s)(s < t)$ 有正态分布.取任意向量 $\boldsymbol{z}, \boldsymbol{z} \in \mathbf{R}^m$.纯量过程 $\eta(t) = (\boldsymbol{z}, \boldsymbol{\xi}(t))$ 也是连续的独立增量过程.如果我们能证明 $\eta(t) - \eta(s)$ 有正态分布,则由此可推出,$\boldsymbol{\xi}(t) - \boldsymbol{\xi}(s)$ 有 m

维正态分布. 设$\{t_{nk}:k=1,\cdots,m_n\}$是区间$(s,t)$的一个等长分划,对于这分划有(参看定理 4)

$$\sum_{k=1}^{m_n} P\left\{|\eta(t_{nk})-\eta(t_{n,k-1})|>\frac{1}{n}\right\}<\frac{1}{n} \tag{3}$$

令$\eta'_{nk}=\eta(t_{nk})-\eta(t_{n,k-1})=\Delta\eta_{nk}$,若$|\eta(t_{nk})-\eta(t_{n,k-1})|\leqslant\dfrac{1}{n}$;否则令$\eta'_{nk}=0$. 再令$\eta'_n=\sum\limits_k \eta'_{nk}$. 由不等式(3)得

$$P\{\eta'_n\neq\eta(t)-\eta(s)\}<\frac{1}{n}$$

因此

$$P-\lim\eta'_n=\eta(t)-\eta(s)$$

设$a'_{nk}=E\eta'_{nk}$,$\sigma^2_{nk}=D\eta'_{nk}$,$a'_n=\sum\limits_k a'_{nk}$和$\sigma^2_n=\sum\limits_k \sigma'_{nk}$. 我们考虑下面两种情形:1) $\underline{\lim}\,\sigma^2_n<\infty$;2)$\lim\sigma^2_n=\infty$. 在第一种情形中存在子序列$n_r$,使得$\lim\sigma^2_{n_r}=\sigma^2<\infty$. 因为

$$\eta'_{n_r}=a'_{n_r}+\sum_k(\eta'_{n_rk}-a'_{n_rk})$$

我们可以把中心极限定理应用于上式右边的和数. 于是这和数的分布弱收敛于参数为$(0,\sigma^2)$的正态分布. 因为η'_{n_r}依概率收敛于一极限,故a'_{n_r}也应收敛于某一极限a. 于是$\eta(t)-\eta(s)=a+\eta$,其中η是一 Gauss 随机变量.

在第二种情形中,对于任意$c>0$,可以找到这样的q_n,使得$\sum\limits_{k=1}^{q_n}\sigma^2_{nk}\to c$,这是由于$\sigma^2_{nk}$是一致地小$\left(\sigma^2_{nk}<\dfrac{1}{n^2}\right)$的缘故. 我们可以再次应用中心极限定理于和数$\sum\limits_1^{q_n}(\eta_{nk}-a_{nk})$. 但这时从等式

$$E\mathrm{e}^{\mathrm{i}u\eta'_n}=\mathrm{e}^{\mathrm{i}ua'_n}\prod_{k=1}^{q_n}E\mathrm{e}^{\mathrm{i}u(\eta'_{nk}-a'_{nk})}$$

推出

$$\overline{\lim}\,|E\mathrm{e}^{\mathrm{i}u\eta'_n}|\leqslant\lim\left|\prod_{k=1}^{q_n}E\mathrm{e}^{\mathrm{i}u(\eta'_{nk}-a'_{nk})}\right|=\mathrm{e}^{-\frac{u^2c^2}{2}}$$

这里c是任意的数. 因此$\lim E\mathrm{e}^{\mathrm{i}u\eta'_n}=0$,这与$\eta'_n$收敛于$\eta(t)-\eta(s)$矛盾. 所以第二种情形是不可能的. 这样一来,我们就证明了$\boldsymbol{\xi}(t)-\boldsymbol{\xi}(s)$有正态分布. 设$\boldsymbol{a}(t)=E\xi(t)$,$\boldsymbol{\sigma}^2(t)=E(\boldsymbol{\xi}(t)-\boldsymbol{a}(t))(\boldsymbol{\xi}(t)-\boldsymbol{a}(t))^*$. 如果$t>s$,则对于矩阵相关函数有

$$\boldsymbol{R}(t,s)=E(\boldsymbol{\xi}(t)-\boldsymbol{a}(t))(\boldsymbol{\xi}(s)-\boldsymbol{a}(s))^*=\boldsymbol{\sigma}^2(s)$$

从$\boldsymbol{\xi}(t)$的连续性推知,特征函数

$$J(\boldsymbol{u},t)=E\mathrm{e}^{\mathrm{i}(\boldsymbol{u},\boldsymbol{\xi}(t))}=\mathrm{e}^{\mathrm{i}(\boldsymbol{a}(t),\boldsymbol{u})-\frac{1}{2}(\boldsymbol{\sigma}^2(t)\boldsymbol{u},\boldsymbol{u})}$$

是 t 的连续函数.这当且仅当 $\boldsymbol{a}(t)$ 与 $\boldsymbol{\sigma}^2(t)$ 为参数 t 的连续函数和 $\boldsymbol{\sigma}^2(t)$ 满足定理条件时是可能的.定理的第一部分得证.

现在设 $\boldsymbol{\xi}(t)$ 是具有均值 $\boldsymbol{a}(t)$ 和矩阵相关函数 $\boldsymbol{R}(t,s)=\boldsymbol{\sigma}^2(\min(t,s))$ 的 Gauss 过程,其中 $\boldsymbol{a}(t)$ 和 $\boldsymbol{\sigma}^2(t)$ 是连续的.令 $\boldsymbol{\xi}'(t)=\boldsymbol{\xi}(t)-\boldsymbol{a}(t)$.于是若 $t_1<t_2<t_3<t_4$,则

$$\begin{aligned}&E(\boldsymbol{\xi}'(t_4)-\boldsymbol{\xi}'(t_3))(\boldsymbol{\xi}'(t_2)-\boldsymbol{\xi}'(t_1))^*=\\&\boldsymbol{R}(t_4,t_2)-\boldsymbol{R}(t_3,t_2)-\boldsymbol{R}(t_4,t_1)+\boldsymbol{R}(t_3,t_1)=\\&\boldsymbol{\sigma}^2(t_2)-\boldsymbol{\sigma}^2(t_2)-\boldsymbol{\sigma}^2(t_1)+\boldsymbol{\sigma}^2(t_1)=\boldsymbol{0}\end{aligned}$$

即过程 $\boldsymbol{\xi}(t)$ 有独立增量.其次

$$E(\boldsymbol{\xi}'(t_2)-\boldsymbol{\xi}'(t_1))(\boldsymbol{\xi}'(t_2)-\boldsymbol{\xi}'(t_1))^*=\boldsymbol{\sigma}^2(t_2)-\boldsymbol{\sigma}^2(t_1)$$

根据关于 Gauss 分布的矩的著名表示式有

$$E\mid\boldsymbol{\xi}'(t_2)-\boldsymbol{\xi}'(t_1)\mid^4=3[\mathrm{Sp}\{\boldsymbol{\sigma}^2(t_2)-\boldsymbol{\sigma}^2(t_1)\}]^2$$

利用 Чебышев 不等式得当 $\max(t_{nk}-t_{n,k-1})\to 0$ 时有

$$\begin{aligned}&\sum_{k=1}^{m_n}P\{\mid\boldsymbol{\xi}'(t_{nk})-\boldsymbol{\xi}'(t_{n,k-1})\mid>\varepsilon\}\leqslant\\&\sum_{k=1}^{m_n}\frac{3[\mathrm{Sp}\{\boldsymbol{\sigma}^2(t_{nk})-\boldsymbol{\sigma}^2(t_{n,k-1})\}]^2}{\varepsilon^4}\leqslant\\&\frac{3\max\ \mathrm{Sp}\{\boldsymbol{\sigma}^2(t_{nk})-\boldsymbol{\sigma}^2(t_{n,k-1})\}}{\varepsilon^4}\mathrm{Sp}\ \boldsymbol{\sigma}^2(T)\to 0\end{aligned}$$

根据定理 1 知,过程 $\boldsymbol{\xi}'(t)$ 是连续的,因而过程 $\boldsymbol{\xi}(t)$ 也是连续的,定理证毕.

随机过程连续性的 Колмогоров 条件 我们证明随机过程连续性的一个方便而直接的充分条件,其中不需要利用没有第二类间断点的假设.这条件是基于 §4 引理 3 和引理 4 的一个简化的版本.

引理 1 设 $\xi(t)(t\in[0,T])$ 是满足下述条件的可分过程:存在单调不减的非负函数 $g(h)$ 和函数 $q(C,h),h\geqslant 0$,使得

$$P\{\rho(\xi(t+h),\xi(t))>Cg(h)\}\leqslant q(C,h)\tag{4}$$

和

$$G=\sum_{n=0}^{\infty}g(2^{-n}T)<\infty,Q(C)=\sum_{n=1}^{\infty}2^n q(C,2^{-n}T)<\infty\tag{5}$$

则

$$P\{\sup_{0\leqslant t'<t''\leqslant T}\rho(\xi(t'),\xi(t''))>N\}\leqslant Q\left(\frac{N}{2G}\right)\tag{6}$$

和

$$P\left\{\sup_{|t'-t''|\leqslant\varepsilon}\rho(\xi(t'),\xi(t''))>CG\left(\left[\log_2\frac{T}{2\varepsilon}\right]\right)\right\}\leqslant Q\left(\left[\log_2\frac{T}{2\varepsilon}\right],C\right)\tag{7}$$

其中

$$G(m)=\sum_{n=m}^{\infty}g(2^{-n}T),Q(m,C)=\sum_{n=m}^{\infty}2^{n}q(C,2^{-n}T) \tag{8}$$

为证此引理,只须以简化的形式重复证明 §4 引理3和引理4的推理.在这里我们只限于给出简单的证明要点.引入事件

$$A_{nk}=\left\{\rho\left(\xi\left(\frac{k+1}{2^{n}}T\right),\xi\left(\frac{k}{2^{n}}T\right)\right)\leqslant Cg(2^{-n}T)\right\}$$

$$k=0,1,\cdots,2^{n}-1,n=0,1,2\cdots$$

并设 $D_n=\bigcap_{m=n}^{\infty}\bigcap_{k=0}^{2n-1}A_{nk}$. 于是

$$P\{\overline{D}_n\}\leqslant Q(n,C)$$

由 D_n 得对任意 $t',t''\in J$ 有(所用记号见 §4 引理3)

$$\rho(\xi(t'),\xi(t''))\leqslant 2CG$$

如果除 D_n 外还满足不等式 $0\leqslant t''-t'\leqslant 2^{-n}$,则 $\rho(\xi(t'),\xi(t''))\leqslant 2CG(n)$. 通过类似于在完成上面提到的 §4 的引理证明时所作的推理就可得所欲证的论断.这时我们应当考虑到,从条件(4)和(5)可推出过程 $\xi(t)$ 的连续性.

定理 6 若满足引理1的条件,则过程 $\xi(t)$ 是连续的.如果除此之外还有 $Q(m,C)\to 0$ 对某 m 和 $C\to\infty$,则过程 $\xi(t)$ 具有以下性质:以概率1存在常数 $\gamma=\gamma(\omega)$,使得

$$\sup_{|t'-t''|<\varepsilon}\rho(\xi(t'),\xi(t''))\leqslant\gamma G\left(\left[\log_2\frac{T}{2\varepsilon}\right]\right)(\bmod P) \tag{9}$$

本定理易由引理1推出.

作为一种满足条件(4)和(5)的特殊情形,我们讨论满足条件

$$E\rho^{p}[\xi(t'),\xi(t'')]\leqslant L\,|t''-t'|^{1+r} \tag{10}$$

的过程,其中 $p>0,r>0$. 令 $g(h)=h^{r'/p}$,这里 $0<r'<r$. 于是 $G\left(\left[\log_2\frac{T}{2\varepsilon}\right]\right)\leqslant K_1\varepsilon^{r'/p}$,而 $Q\left(\left[\log_2\frac{T}{2\varepsilon}\right],C\right)\leqslant C^{-p}K_2\varepsilon^{(r-r')}$,其中 K_1 和 K_2 是某两个常数.现在由定理6可得

推论 1 如果可分随机过程 $\xi(t)$ 满足条件(10),则它的样本函数以概率1满足 Lipschitz 条件

$$\rho(\xi(t'),\xi(t''))\leqslant\gamma\,|t''-t'|^{\frac{r'}{p}}$$

其中 $\gamma=\gamma(\omega)$ 是常数,r' 是从 $(0,r)$ 中任意选取的数.

推论 2 考虑满足 $E[\xi(t+h)-\xi(t)]=0$ 和 $E[\xi(t+h)-\xi(t)]^2=h$ 的 Wiener 过程 $\xi(t)$. 因为对任意整数 m 有

$$E\mid\xi\times(t+h)-\xi(t)\mid^{2m}=(2m-1)!!\ \ |h|^{m}$$

故可分 Wiener 过程的样本函数以概率1满足 $\left(\frac{1}{2}-\varepsilon\right)$ 阶的 Lipschitz 条件,这

里 ε 是任意正数.

推论 3 如果可分过程满足条件(4),(5)和 $q^m G(m) \leqslant K$ 对所有 m 和某一 $q > 1$,则过程的样本函数以概率 1 满足 Lipschitz 条件

$$\rho(\xi(t'),\xi(t'')) \leqslant \gamma\,|t''-t'|^{\log_2 q}$$

我们还要讨论另一个保证假设(4),(5) 成立的条件,它比(10) 更为一般. 设

$$E\rho^p[\xi(t),\xi(t+h)] \leqslant \frac{L\,|h|}{|\log_2|h||^{1+r}}, p < r \tag{11}$$

如果令 $g(h) = |\log_2|h||^{-r'/p}$,其中 $p < r' < r$,则

$$G = \sum_{n=0}^{\infty} |\log_3|2^{-n}T||^{-\frac{r'}{p}} < \infty$$

$$Q(C) \leqslant \frac{LT}{\sum\limits_{n=0}^{\infty} C^p\,|\log_2|2^{-n}T||^{1+r-r'}} < \infty$$

推论 4 如果可分过程 $\xi(t)$ 满足式(11),则这过程是连续的.

Gauss **过程** 现在,我们把前面的结果应用于一维可分实 Gauss 过程 $\xi(t), t \in [0,T]$,这过程有相关函数 $R(s,t)$ 和零均值. 差 $\xi(t+h) - \xi(t)$ 有方差

$$\sigma^2(t,h) = R(t+h,t+h) - 2R(t,t+h) + R(t,t)$$

因此

$$P\{|\xi(t+h) - \xi(t)| > Cg(h)\} = \frac{2}{\sqrt{2\pi}}\int_\alpha^\infty \mathrm{e}^{-\frac{t^2}{2}}\mathrm{d}t$$

式中 $\alpha = Cg(h)\sigma^{-1}(t,h)$. 利用不等式

$$\int_\alpha^\infty \mathrm{e}^{-\frac{t^2}{2}}\mathrm{d}t \leqslant \frac{1}{\alpha}\mathrm{e}^{-\frac{\alpha^2}{2}} \tag{12}$$

(这不等式容易用分部积分法验证) 可得

$$P\{|\xi(t+h) - \xi(t)| > Cg(h)\} \leqslant \frac{2}{\sqrt{2\pi}}\frac{\sigma(t,h)}{Cg(h)}\mathrm{e}^{-\frac{c^2 g^2(h)}{2\sigma^2(t,h)}} \tag{13}$$

定理 7 如果 Gauss 过程满足条件

$$\sigma^2(t,h) \leqslant \frac{K}{|\ln|h||^p}, p > 3 \tag{14}$$

则这过程是连续的.

证 令 $g(h) = |\ln|h||^{-p'}$,其中 p' 是任一满足不等式 $1 < p' < \frac{p-1}{2}$ 的数. 于是我们可选取

$$q(C,h) = \frac{K'}{C\,|\ln|h||^{\frac{p}{2}-p'}}\mathrm{e}^{-\frac{C^2}{2k}||\ln|h||\,|p-2p'}$$

这时级数(5) 收敛. 由此即得定理的论断.

根据定理6的第二部分还能推得，对于过程的每一个样本函数，以概率1可以找到一个常数 $\gamma=\gamma(\omega)$，使得

$$|\xi(t+h)-\xi(t)|\leqslant\gamma\left[\ln\frac{T}{|h|}\right]^{1-p'}$$

如果我们假设过程的相关函数比较光滑，则样本函数也比较光滑. 设

$$\sigma^2(t,h)\leqslant K|h|^p, p>0 \tag{15}$$

由式(13) 得知 $q(C,h)$ 能选为

$$q(C,h)=\frac{K_1|h|^{\frac{p}{2}}}{Cg(h)}\mathrm{e}^{-\frac{C^2g^2(h)}{2K|h|^p}}$$

令 $g(h)=|h|^{p/2}|\ln|h||^{1+\varepsilon}$，其中 $\varepsilon>0$，则当 $C\to\infty$ 时

$$Q(m,C)=\sum_{n=m}^{\infty}\frac{K_1}{C}\frac{1}{|n-\ln T|^{1+\varepsilon}}\mathrm{e}^{-(\frac{C^2}{2K'})|n-\ln T|^{2+2\varepsilon}+n\ln 2}$$

趋于零. 其次，我们有

$$G(m)\leqslant K_3m^{1+\varepsilon}2^{-mp/2}$$

于是我们就得到

定理 8 如果 Gauss 过程的相关函数满足条件(15)，则它的样本函数以概率 1 满足下面的不等式

$$|\xi(t+h)-\xi(t)|\leqslant\gamma|h|^{p/2}|\ln|h||^{1+\varepsilon}$$

其中 ε 是一个任意的正数，而 γ 是一常数.

特别地，可分 Wiener 过程的样本函数以概率 1 满足下面的不等式

$$|\xi(t+h)-\xi(t)|\leqslant\gamma\sqrt{|h|}\cdot|\ln|h||^{1+\varepsilon}, t,t+h\in[0,T]$$

其中 ε 是任意正数. 这结果改进了定理 6 的推论 2.

随机过程线性理论

第四章

§1　相关函数

正定核　对于仅仅需要知道随机函数的很一般性质和它的一阶、二阶矩就能解决的一类重要且很广泛的问题的存在，确实是值得注意的. 随机函数线性变换理论的很大一部分就是针对这些问题的，并且它们构成这一章的主要内容. 因而在这一章里，如没有特别声明，所考虑的随机函数均取值于线性空间且具有有限二阶矩.

设$\zeta(x), x \in X$，是一个具有有限二阶矩的复值随机函数. 我们称这样的随机函数为 Hilbert 随机函数. Hilbert 随机函数可以考虑作为定义在 X 上取值于随机变量的 Hilbert 空间 $\mathscr{L}_2$ 中的一个函数

$$x \rightarrow \zeta(x) = f(x, \omega) \in \mathscr{L}_2$$

特别，如果 X 是实直线上的一个区间(a,b)，$\zeta(x)$ 为在 $\mathscr{L}_2$ 中的某一曲线，那么，记号 $\zeta = \zeta(x), x \in (a,b)$ 表示这个曲线的参数方程. 在这一章里主要是考虑 Hilbert 随机函数，所以 Hilbert 一词常被省略. 设

$$a(x) = E\zeta(x)$$

$$R(x, y) = E(\zeta(x) - a(x))\overline{(\zeta(y) - a(y))} \qquad (1)$$

函数 $a(x)$ 称为 $\zeta(x)$ 的平均值,而 $R(x,y)$ 称为它的相关函数.若令 $x=y$,则 $R(x,x)=E\mid\zeta(x)-a(x)\mid^2=\sigma^2(x)$ 给出了复随机变量 $\zeta(x)$ 的方差.相关函数与前面引入的随机变量 $\zeta(x)-a(x)$ 的协方差相同.

利用相关函数代替协方差有时特别有用,因为相关函数有重要的概率解释,即它刻画了随机函数在两点的值之间的线性相关的程度.

另一方面,在相关函数与协方差之间没有本质的差别.相关函数是随机函数 $\zeta(x)-a(x)$ 的协方差,而协方差亦可考虑作为关于 $\zeta(x)e^{i\varphi}$ 的相关函数,其中 φ 是均匀分布于$(-\pi,\pi)$的随机变量,并且不依赖于$\{\zeta(x):x\in X\}$.这表示相关函数与协方差函数类是一致的.今后总是把相关函数看做如协方差函数一样.

随机函数 $\zeta(x)$ 的协方差 $B(x_1,x_2)=E\zeta(x_1)\overline{\zeta(x_2)}$ 具有一个特有的性质,即正定性.令 X 为任一集合.

定义1 若复函数 $C(x_1,x_2),(x_1,x_2)\in X^2$,对任意 $n(n=1,2,\cdots),x_k\in X$ 及复数 $z_k(k=1,2,\cdots,n)$ 有

$$\sum_{k,r=1}^{n}C(x_k,x_r)z_k\bar{z}_r\geqslant 0 \tag{2}$$

则称它为 X^2 上的正定核.

协方差 $B(x_1,x_2)$ 是 X^2 上的正定核.事实上

$$\sum_{k,r=1}^{n}B(x_k,x_r)z_k\bar{z}_r=E\left|\sum_{k=1}^{n}\zeta(x_k)z_k\right|^2\geqslant 0$$

由定义容易得到下列关于正定核的性质:

1)$C(x,x)\geqslant 0$ (3)

2)$C(x_1,x_2)=\overline{C(x_2,x_1)}$ (4)

3)$\mid C(x_1,x_2)\mid^2\leqslant C(x_1,x_1)C(x_2,x_2)$ (5)

4)$\mid C(x_1,x_3)-C(x_2,x_3)\mid^2\leqslant$

$C(x_3,x_3)[C(x_1,x_1)+C(x_2,x_2)-2\mathrm{Re}\,C(x_1,x_2)]$ (6)

对于协方差这些性质是不难直接验证的.为了得到在一般情形下的不等式(3)~(6),首先在(2)中令$n=1$.我们得到$C(x_1,x_1)\times|z_1|^2\geqslant 0$,由此得到式(3).其次令$n=2$.我们注意到$C(x_1,x_2)z_1\bar{z}_2+C(x_2,x_1)\bar{z}_1z_2$是实的,从而得到式(4).不等式(5)是 Hermete 二次型

$$\sum_{k,r=1}^{n}C(x_k,x_r)z_k\bar{z}_r$$

正定性条件.为了得到(6),我们在(2)中令 $n=3,z_1=z,z_2=-z$.则

$$[C(x_1,x_1)+C(x_2,x_2)-2\mathrm{Re}\,C(x_1,x_2)]\mid z\mid^2+$$
$$2\mathrm{Re}[C(x_1,x_3)-C(x_2,x_3)]z\bar{z}_3+C(x_3,x_3)\mid z_3\mid^2\geqslant 0$$

从而得到(6).

若给定两个具有有限矩随机函数 $\zeta_1(x)$ 与 $\zeta_2(x)$,则我们引入互相关函数作为刻画它们之间的线性相关程度.

定义 2 令 $\zeta_1(x),\zeta_2(x)$ 是 Hilbert 随机函数,$E\zeta_i(x)=a_i(x)$. 则

$$R_{\zeta_1\zeta_2}(x,y)=E[\zeta_1(x)-a_1(x)]\overline{[\zeta_2(y)-a_2(y)]}$$

称为 $\zeta_1(x)$ 与 $\zeta_2(x)$ 的互相关函数.

为了描述各种可能的互相关函数类以及为了解决许多其他问题,方便的是把某一 Hilbert 随机函数序列 $\zeta^{(1)}(x),\zeta^{(2)}(x),\cdots,\zeta^{(m)}(x),x\in X$,考虑作为取值 $\mathscr{Z}^m$ 的随机向量函数 $\boldsymbol{\zeta}(x)$ 的分量. 像以前一样,这里 $\boldsymbol{\zeta}(x)$ 表示列向量,而 $\boldsymbol{\zeta}^*(x)$ 是具有分量为 $\zeta_k(x)=\overline{\zeta^{(k)}(x)}$ 的行向量,其中 $k=1,2,\cdots,m$. 设

$$\boldsymbol{a}(x)=E\boldsymbol{\zeta}(x)=\{E\zeta^{(1)}(x),E\zeta^{(2)}(x),\cdots,E\zeta^{(m)}(x)\}$$

$$\boldsymbol{R}(x,y)=|R_k^j(x,y)|=E(\boldsymbol{\zeta}(x)-\boldsymbol{a}(x))(\boldsymbol{\zeta}(y)-\boldsymbol{a}(y))^*$$

向量函数 $\boldsymbol{a}(x)=(a^{(1)}(x),\cdots,a^{(m)}(x))$ 称为平均值,而 $\boldsymbol{R}(x,y)$ 称为 $\boldsymbol{\zeta}(x)$ 的矩阵相关函数.

我们注意

$$R_k^j(x,y)=E(\zeta^{(j)}(x)-a^{(j)}(x))\overline{(\zeta^{(k)}(y)-a^{(k)}(y))},j,k=1,2,\cdots,m$$

定义 3 矩阵函数

$$\boldsymbol{C}(x,y)=\|C_k^j(x,y)\|,j,k=1,2,\cdots m$$

称为在 X^2 上的矩阵正定核,如果对任意 n,任一复向量 $\boldsymbol{z}_k(\boldsymbol{z}_k\in\mathscr{Z}^m)$ 序列及任意点 $x_k(x_k\in X)$ 有

$$\sum_{i,k=1}^{n}\boldsymbol{z}_j^*\boldsymbol{C}(x_j,x_k)\boldsymbol{z}_k\geqslant 0 \tag{7}$$

相关矩阵函数是矩阵正定核. 事实上

$$\sum_{i,k=1}^{n}\boldsymbol{z}_j^*\boldsymbol{R}(x_j,x_k)\boldsymbol{z}_k=E\sum_{i,k=1}^{n}\boldsymbol{z}_j^*(\boldsymbol{\zeta}(x_j)-\boldsymbol{a}(x_j))(\boldsymbol{\zeta}(x_k)-\boldsymbol{a}(x_k))^*\boldsymbol{z}_k=$$

$$E\left|\sum_{k=1}^{n}(\boldsymbol{\zeta}(x_k)-\boldsymbol{a}(x_k))^*\boldsymbol{z}_k\right|^2\geqslant 0$$

我们指出矩阵正定核 $\boldsymbol{C}(x,y)$ 的一些性质.

1. 矩阵 $\boldsymbol{C}(x,x)$ 正定,即

$$\boldsymbol{z}^*\boldsymbol{C}(x,x)\boldsymbol{z}=\sum_{i,k=1}^{n}C_k^j(x,x)\bar{z}^jz^p\geqslant 0 \tag{8}$$

2. $\boldsymbol{C}^*(x,y)=\boldsymbol{C}(y,x)$ (9)

3. $|C_k^j(x,y)|\leqslant C_j^j(x,x)C_k^k(y,y)$ (10)

性质(8) 与 $n=1$ 时的式(7) 相一致. 由于对任意复向量 $\boldsymbol{z}_1$ 与 $\boldsymbol{z}_2(\boldsymbol{z}_k\in\mathscr{Z}^m)$,矩阵 $\boldsymbol{z}_1^*\boldsymbol{C}(x,y)\boldsymbol{z}_2+\boldsymbol{z}_2^*\boldsymbol{C}(y,x)\boldsymbol{z}_1$ 是实的,所以有等式(9). 我们还注意到,不等式(7)

等价于要求对任意 n 及任意 $x_1, x_2, \cdots$，分块矩阵

$$\begin{Vmatrix} \boldsymbol{C}(x_1,x_1) & \boldsymbol{C}(x_1,x_2) & \cdots & \boldsymbol{C}(x_1,x_n) \\ \boldsymbol{C}(x_2,x_1) & \boldsymbol{C}(x_2,x_2) & \cdots & \boldsymbol{C}(x_2,x_n) \\ \boldsymbol{C}(x_n,x_1) & \boldsymbol{C}(x_n,x_2) & \cdots & \boldsymbol{C}(x_n,x_n) \end{Vmatrix}$$

是正定的.利用这一结论，当 $n=2$ 时，我们得到不等式(10).

正定性是相关(矩阵)函数的一个特征.

定理 1 函数 $\boldsymbol{R}(x_1,x_2), x_i \in X$ 是相关函数的充分必要条件为它是正定核.

必要性由前面所述定义得到.充分性是由于任给一正定核 $\boldsymbol{R}(x_1,x_2)$ 可以构造一个复的 Gauss 随机函数 $\xi(x)$，使得它的相关函数为 $\boldsymbol{R}(x_1,x_2)$.

注 类似地可以证明，对于相关矩阵函数，定理 1 亦成立：为使矩阵函数 $\boldsymbol{R}(x_1,x_2)$ 是向量 $\boldsymbol{\zeta}(x), x \in X$ 的相关函数，必要充分条件为它是正定矩阵核.

令 $X=\mathscr{X}$ 是一具有距离 ρ 的距离空间.

定义 4 Hilbert 随机函数 $\{\boldsymbol{\zeta}(x): x \in \mathscr{X}\}$ 称为依均方在 x_0 点连续(简称 m.s. 连续)，如果当 $\rho(x,x_0) \to 0$ 时

$$E \mid \boldsymbol{\zeta}(x)-\boldsymbol{\zeta}(x_0) \mid^2 \to 0$$

从第一章 §1 引理 3 可得

定理 2 $\boldsymbol{\zeta}(x)$ 在 x_0 点 m.s. 连续的必要充分条件为协方差 $B(x_1,x_2)=E\boldsymbol{\zeta}(x_1)\overline{\boldsymbol{\zeta}(x_2)}$ 在点 (x_0,x_0) 连续.

注 1 由 $\boldsymbol{\zeta}(x)$ 在 x_0 点 m.s. 连续可得 $\boldsymbol{\zeta}(x)$ 在同样的点上随机连续.事实上，由 Чебышев 不等式

$$P\{\mid \boldsymbol{\zeta}(x)-\boldsymbol{\zeta}(x_0) \mid > \varepsilon\} \leqslant \frac{E \mid \boldsymbol{\zeta}(x)-\boldsymbol{\zeta}(x_0) \mid^2}{\varepsilon^2}$$

可立即得到所述结果.

注 2 若 $\boldsymbol{\zeta}(x)$ 在 $\mathscr{X}$ 上(即对每一点 x)m.s. 连续，它并不表示样本函数在 $\mathscr{X}$ 上以概率 1 连续.事实上，对于 Poisson 过程有

$$E \mid \boldsymbol{\zeta}(t+h)-\boldsymbol{\zeta}(t) \mid^2 = \lambda h+(\lambda h)^2$$

但 $\zeta(x)$ 的样本函数以正的概率不连续.

广义平稳过程 若假设随机函数 $\boldsymbol{\zeta}(x)$ 关于变量 x 具有某种不变性质，则相应的相关函数类同样也具有某种不变性，因而有可能对这一类更详细地加以描述.在这一小段里考虑如上述那样限制的一类随机过程，而在下面将叙述相应的相关函数类.

我们从平稳随机过程概念的一个重要的推广开始.

令 $\boldsymbol{\zeta}(t)=\{\zeta^1(t),\zeta^2(t),\cdots,\zeta^m(t)\}, t \in (-\infty,\infty)$ 是取值于 $\mathscr{Z}^m$ 的平稳过程.则

$$a(t)=E\zeta(t)$$

$$R(t_0+t,t)=E(\zeta(t_0+t)-a(t_0+t))\overline{(\zeta(t)-a(t))^*}$$

不依赖 t

$$a(t)=a=\text{const},R(t_1,t_2)=R(t_1-t_2,0)=R(t_1-t_2) \tag{11}$$

函数 $R(t)=R(t+t_0,t_0)$ 也称为平稳过程的(矩阵)相关函数.

当然,即使对于某一随机过程满足等式(11),也不能得出它是平稳过程.然而,如果问题的解答仅仅是依赖于过程的前两阶矩的值,则平稳性的条件仅被利用到关系式(11)中表达的那种程度.因此自然引入下面重要的一类过程,它是首先由 А.Я.Хинчин 考虑的.

定义5 取值于 $\mathscr{Z}^m$ 的 Hilbert 的 m.s.连续的随机过程 $\zeta(t)$, $-\infty<t<\infty$,如果

$$E\zeta(t)=a=\text{const},E(\zeta(t_1)-a)(\zeta(t_2)-a)^*=R(t_1-t_2)$$

则称它为广义平稳过程(或称为 Хинчин 过程).

令 $\zeta(t)$ 是一维广义平稳过程.因为相关函数 $R(t_1-t_2)$ 是正定核,故对任意 $n,t_i\in(-\infty,\infty)$ 及复数 $z_j(j=1,2,\cdots,n)$ 有

$$\sum_{j,k}^{n}R(t_j-t_k)\bar{z}_jz_k\geqslant 0$$

在线性空间 $\mathscr{X}$ 上依赖变数的差的正定核,在许多分析问题中扮演着重要的角色.它们称为在 $\mathscr{X}$ 上的正定函数.

定义6 令 $\mathscr{X}$ 是线性空间.复值函数 $f(x)$, $x\in\mathscr{X}$ 称为正定的,若对任意 n, $x_j\in\mathscr{X}$ 及复数 $z_j(j=1,2,\cdots,n)$ $\sum\limits_{j,k=1}^{n}f(x_j-x_k)\bar{z}_jz_k\geqslant 0$

正定函数具有下列的性质(参考(3)～(6)):

1) $f(0)\geqslant 0$ (12)

2) $\overline{f(x)}=f(-x)$ (13)

3) $|f(x)|\leqslant f(0)$ (14)

4) $|f(x_1)-f(x_2)|^2\leqslant 2f(0)[f(0)-\text{Re}f(x_2-x_1)]$ (15)

特别,正定函数在 $\mathscr{X}$ 上有界.其次,如果在 $z=0$ 点连续,则它在整个空间 $\mathscr{X}$ 上一致连续.

我们转向讨论取值于 $\mathscr{Z}^m$ 的广义平稳过程.这样的过程的每一个分量是一维广义平稳过程,而过程的两个分量 $\zeta^j(t)$ 与 $\zeta^k(t)$ 的互相关函数仅依赖于自变量的差值

$$R_{\zeta^j\zeta^k}(t_1,t_2)=E(\zeta^j(t_1)-a^j)\overline{(\zeta^k(t_2)-a^k)}=R_k^j(t_1-t_2)$$

定义7 若 $\zeta(t)$ 与 $\eta(t)$ 是广义平稳随机过程,且复合的过程 $\xi(t)=\{\zeta(t),\eta(t)\}$ 同样也是广义平稳的,则过程 $\zeta(t)$ 与 $\eta(t)$ 称为平稳相关的(在广义意义

下).

由定义得到,广义平稳过程的任一组分量(看做为随机过程)与这个过程的另一组分量是平稳相关的.

定义 8 令 $\mathscr{X}$ 是一线性空间. 矩阵函数 $\boldsymbol{C}(x)=\| C_k^j(x) \|$,$x\in\mathscr{X}$,$j,k=1,2,\cdots,m$ 称为正定的. 如果对任意 $n,x_j,\boldsymbol{z}_j$ 有

$$\sum_{i,k=1}^{n}\boldsymbol{z}_j^*\boldsymbol{C}(x_j-x_k)\boldsymbol{z}_k\geqslant 0$$

其中 $x_j\in\mathscr{X}$,$\boldsymbol{z}_j$ 是 $\mathscr{Z}^m$ 中的复向量.

因为 $\boldsymbol{C}(x_1-x_2)$ 是矩阵正定核,所以 $\boldsymbol{C}(x)$ 具有如下的性质(参见(8) ~ (10)):

1)$\boldsymbol{C}(0)$ 是正定矩阵 (16)

2)$\boldsymbol{C}^*(x)=\boldsymbol{C}(-x)$ (17)

3)$| C_j^i(x) |^2\leqslant C_i^i(0)C_j^j(0)$ (18)

从定义 5 得到,广义平稳过程的矩阵相关函数是矩阵正定函数. 特别,它具有性质(16) ~ (18).

广义平稳过程的定义可直接搬用到随机序列 $\{\zeta(n):n=0,\pm 1,\pm 2,\cdots\}$ 上. 这时

$$E\boldsymbol{\zeta}(n)=\boldsymbol{a}=\text{const},E(\boldsymbol{\zeta}(k+n)-a)(\boldsymbol{\zeta}(k)-a)^*=\boldsymbol{R}(n)$$

在这种情形,矩阵相关函数是一矩阵序列.

我们现在举一些广义平稳序列的相关函数的例子.

例 1 满足条件

$\boldsymbol{a}=E\zeta(n)=\boldsymbol{0}$,$\boldsymbol{R}(0)=\boldsymbol{I}$,对于 $n\neq 0$,$\boldsymbol{R}(n)=\boldsymbol{0}$ 的随机向量序列称为标准不相关序列. 其中 $\boldsymbol{I}$ 为单位矩阵.

例 2 Марков 平稳 Gauss 序列. 我们限于考虑具有实分量,零均值且非退化矩阵 $\boldsymbol{R}(0)=E\boldsymbol{\zeta}(n)\boldsymbol{\zeta}^*(n)$ 的向量序列. 由后一假设得到,$\boldsymbol{\zeta}(n)$ 的分布不集中在 $\boldsymbol{\zeta}(n)$ 的值空间的正规子空间内.

因为若 $\boldsymbol{A}=\boldsymbol{R}(1)\times\boldsymbol{R}^{-1}(0)$,则 $E(\boldsymbol{\zeta}(n+1)-\boldsymbol{A}\boldsymbol{\zeta}(n))\boldsymbol{\zeta}^*(n)=\boldsymbol{0}$,故由过程的 Gauss 性得到,$\boldsymbol{\zeta}(n)$ 与 $\boldsymbol{\eta}(n)=\boldsymbol{\zeta}(n+1)-\boldsymbol{A}\boldsymbol{\zeta}(n)$ 独立. 因此

$$E\{\boldsymbol{\zeta}(n+1)/\boldsymbol{\zeta}(n)\}=E\{\boldsymbol{A}\boldsymbol{\zeta}(n)+\boldsymbol{\eta}(n)/\boldsymbol{\zeta}(n)\}=\boldsymbol{A}\boldsymbol{\zeta}(n)$$

设 $\mathfrak{F}_n$ 是由随机变量 $\zeta(s)$,$s\leqslant n$ 产生的 σ 代数. 由于过程的 Марков 性

$$E\{\zeta(s+n)/\mathfrak{F}_n\}=E\{\zeta(s+n)/\zeta(n)\}$$

因此

$$\begin{aligned}E\{\zeta(s+n)/\zeta(s)\}&=E\{E\{\zeta(s+n)/\mathfrak{F}_{s+n-1}\}/\zeta(s)\}=\\&E\{E\{\zeta(s+n)/\zeta(s+n-1)\}/\zeta(s)\}=\\&E\{A\zeta(s+n-1)/\zeta(s)\}=\end{aligned}$$

$$A^n\zeta(s)$$

最后,当 $n \geqslant 0$ 时

$$R(n) = E\{\zeta(s+n)\zeta^*(s)\} = E\{E\{\zeta(s+n) \mid \zeta(s)\}\zeta^*(s)\} = A^n R(0)$$

因此,平稳 Марков Gauss 序列的相关函数有如下形式

$$R(n) = A^n R(0) \quad (n \geqslant 0) \tag{19}$$

例如,在一维情形,当 $|a| \leqslant 1$ 时

$$R(n) = \sigma^2 a^n \quad (n \geqslant 0) \tag{20}$$

例 3 滑动和过程. 令 $\{\boldsymbol{\xi}(n): n=0, \pm 1, \cdots\}$ 是取值于 $\mathscr{X}^m$ 的标准不相关随机向量序列. 设

$$\zeta(n) = \sum_{k=0}^{\infty} \boldsymbol{A}_k \boldsymbol{\xi}(n-k) \tag{21}$$

其中 $\boldsymbol{A}_k, k=0,1,2,\cdots$ 是由 $\mathscr{X}^m$ 映射到本身的某一矩阵(算子)序列. 在最后的等式右边中的级数代表 $\mathscr{L}_2^m\{\Omega, \mathfrak{C}, P\}$ 中的正交向量的和,为使它收敛,只须

$$E\sum_{k=0}^{\infty} |\boldsymbol{A}_k \boldsymbol{\xi}(n-k)|^2 \leqslant E\sum_{k=0}^{\infty} |\boldsymbol{A}_k|^2 |\boldsymbol{\xi}(n-k)|^2 = \sum_{k=0}^{\infty} |\boldsymbol{A}_k|^2 < \infty$$

这里 $|\boldsymbol{A}|$ 表示矩阵 $\boldsymbol{A}$ 的模

$$|\boldsymbol{A}| = \sqrt{\mathrm{Sp}(\boldsymbol{A}\boldsymbol{A}^*)} = \sqrt{\sum_{i,k=1}^{m} |a_{jk}|^2}$$

对于矩阵相关函数,在 $n \geqslant 0$ 时有表达式

$$\boldsymbol{R}(n) = \sum_{k=0}^{\infty} \boldsymbol{A}_{n+k} \boldsymbol{A}_k^* \tag{22}$$

例 4 自回归过程,令 $\xi(n)$ 是一维标准不相关序列,为了定义序列 $\zeta(n)$,我们考虑有限差分方程

$$\zeta(n) + b_1\zeta(n-1) + \cdots + b_s\zeta(n-s) = a_0\xi(n) + a_1\xi(n-1) + \cdots + a_s\xi(n-s) \tag{23}$$

许多实际问题导出形如(23) 的方程,并称它为自回归方程. 显然,如果给定 $\zeta(0), \zeta(1), \cdots, \zeta(s-1)$,则由方程(23) 可以通过"初值"$\zeta(0), \cdots, \zeta(s-1)$ 及值 $\xi(0), \xi(1), \cdots$,依次地表示 $\zeta(s), \zeta(s+1), \cdots$. 我们现在考虑关于在方程(23) 中的 $\zeta(n)$ 通过 $\xi(m), m \leqslant n$ 来表示的平稳解的存在性这一问题. 为此目的,我们在形如滑动和过程

$$\zeta(n) = \sum_{k=0}^{\infty} C_k \xi(n-k) \tag{24}$$

中寻求方程(23) 的解. 在这一情形下,方程(23) 化为一组方程

$$\left.\begin{aligned} & c_0 = a_0, c_1 + b_1 c_0 = a_1, \cdots \\ & c_s + b_1 c_{s-1} + \cdots + b_s c_0 = a_s \\ & c_p + b_1 c_{p-1} + \cdots + b_s c_{p-s} = 0 \quad (p > s) \end{aligned}\right\} \tag{25}$$

我们引入序列$\{a_n\}$，$\{b_n\}$，$\{c_n\}$的母函数$A(z)$，$B(z)$，$C(z)$为

$$A(z)=\sum_{n=0}^{s}a_n z^n,B(z)=\sum_{n=0}^{s}b_n z^n,C(z)=\sum_{n=0}^{\infty}c_n z^n$$

这里$b_0=1$. 以$1,z,z^2,\cdots$乘等式(25)并将它们相加，得

$$C(z)B(z)=A(z)$$

或

$$C(z)=\frac{A(z)}{B(z)}=a_0+\frac{zA_1(z)}{B(z)}$$

其中$A_1(z)$是幂次不高于$s-1$的多项式. 我们假定多项式$B(z)$的全部根是单根. 则存在着形如下式的简单分式展开式

$$\frac{A_1(z)}{B(z)}=\frac{A_1}{z_1-z}+\frac{A_2}{z_2-z}+\cdots+\frac{A_s}{z_s-z}$$

因此

$$C(z)=a_0+\sum_{n=1}^{\infty}\left(\frac{A_1}{z_1^n}+\frac{A_2}{z_2^n}+\cdots+\frac{A_s}{z_s^n}\right)z^n$$

且

$$c_n=\sum_{k=1}^{s}A_k z_k^{-n},n\geqslant 1 \tag{26}$$

在这情形下，如果多项式$B(z)$的根位于圆$|z|\leqslant 1$以外，则级数(24)是m. s. 收敛的. 容易看出，当$B(z)$有重根时，这结果仍然成立. 因此，证明了：

定理3 若多项式$B(z)$的全部根位于圆$|z|\leqslant 1$以外，则自回归方程(23)有平稳解(24)，(26). 这个过程的相关函数$R(n)$满足差分方程

$$R(n)+b_1R(n-1)+\cdots+b_sR(n-s)=0,n>s$$

$$R(n)+b_1R(n-1)+\cdots+b_sR(n-s)=$$

$$a_n\bar{c}_0+a_{n-1}\bar{c}_1+\cdots+a_s\bar{c}_{s-n}\quad(0\leqslant n\leqslant s)$$

我们引入一些具有连续时间的广义平稳过程相关函数的例子.

作为一个简单的例子似乎是值得注意的. 考虑过程$\zeta(t)$，使得

$$E\zeta(t)=0,E|\zeta(t)|^2=1,E\zeta(t)\overline{\zeta(s)}=0\quad(t\neq s)$$

这个过程的相关函数是间断的，因此它不m. s. 连续且不属于在这节研究的一类过程. 可以证明，这个过程不(随机地)等价于具有可测样本函数的过程. 另一方面，类似于这个例子及具有更不规则性质的过程将在一般随机过程理论中研究.

例5 随机振动. 在许多物理和技术问题中常考虑振动过程：它的复数形式是由形如

$$\zeta(t)=\sum_{k}v_k e^{\mathrm{i}U_k t} \tag{27}$$

的函数来描述的. 组成这个和式的每一项描述具有频率为 $\frac{u_k}{2\pi}$ 且具有能量为 $|\gamma_k|^2$ 的简谐振动. $\{u_k\}$ 称为过程 $\zeta(t)$ 的谱(或称频谱). 假定 γ_k 是互相正交的随机变量

$$E\gamma_k=0, E|\gamma_k|^2=c_k^2, E\gamma_k\bar{\gamma}_j=0 \quad (k\neq j \text{ 时})$$

则过程 $\zeta(t)$ 的相关函数等于

$$R(t_1,t_2)=E\zeta(t_1)\overline{\zeta(t_2)}=E\sum_{k,j}\gamma_k\bar{\gamma}_j e^{i(u_kt_1-u_jt_2)}=\sum_k c_k^2 e^{iu_k(t_1-t_2)}$$

即, $\zeta(t)$ 是一广义平稳过程. 它的相关函数完全被对应于包含在过程 $\zeta(t)$ 中的每一个简谐振动的频谱和能量的度量的平均值(数学期望) 所决定. 联系于能量的表示, 我们引入平稳过程的谱函数这一重要的特征.

过程(27) 的谱函数定义为

$$F(u)=\sum_{k,u_k<u}c_k^2$$

这意味着 $F(u)$ 等于频率小于给定值 u 的过程的调和分量获得的平均能量. 函数 $F(u)$ 完全刻画过程的每一调和分量的平均能量以及频率位于任一区间的过程的调和分量的平均能量之和. 事实上

$$c_k^2=F(u_k+0)-F(u_k), \quad \sum_{u_1\leqslant u_k\leqslant u_2}c_k^2=F(u_2)-F(u_1)$$

借助于谱函数, 过程的相关函数可以写为

$$R(t)=\int_{-\infty}^{\infty}e^{itu}\,dF(u) \tag{28}$$

从数学观点看, 谱函数是非负、不减、左连续函数, 除有限个点外均为常数, 而在这些点上的跃度为 c_k^2. 谱函数的概率对于任意广义平稳过程也可以引入. 这一问题如同对于任意平稳过程的表示式(28) 的推广问题一样, 我们将在下一节考虑.

§2 相关函数的谱表示

平稳序列 我们首先考虑广义平稳复随机变量序列 $\{\zeta(n): n=\cdots,-1,0,1,\cdots\}$. 对于 $\zeta(n)$ 有

$$E\zeta(n)=0, E\zeta(k+n)\overline{\zeta(k)}=R(n)$$

数列 $R(n)$ 是正定的, 即对任意 n 及任意复数 $z_k, k=0,1,2,\cdots,n$, 有

$$\sum_{j,k=0}^{n}R(j-k)\bar{z}_jz_k\geqslant 0$$

定理 1 函数 $\{R(n): n=0,\pm1,\pm2,\cdots\}$ 是广义平稳随机序列的相关函

数,当且仅当它可以表示为

$$R(n)=\int_{-\pi}^{\pi}\mathrm{e}^{\mathrm{i}nu}F(\mathrm{d}u) \tag{1}$$

其中 $F(\cdot)$ 是在 $[-\pi,\pi]$ 上的某一有限测度.在区间 $[-\pi,\pi]$ 中的 Borel 集上测度 F 被唯一确定.

证 充分性.序列(1)是正定的,这是因为

$$\sum_{j,k=0}^{n}R(j-k)\bar{z}_j z_k=\int_{-\pi}^{\pi}\left(\sum_{j=0}^{n}\mathrm{e}^{\mathrm{i}ju}\bar{z}_j\right)\overline{\left(\sum_{k=0}^{n}\mathrm{e}^{\mathrm{i}ku}\bar{z}_k\right)}F(\mathrm{d}u)=\int_{-\pi}^{\pi}\left|\sum_{j=0}^{n}\mathrm{e}^{\mathrm{i}ju}\bar{z}_j\right|^2F(\mathrm{d}u)\geqslant 0$$

因此它是某一广义平稳序列的相关函数.

必要性.令 $R(n)$ 是某一广义平稳序列的相关函数.设

$$f(u,p)=\sum_{n=0}^{\infty}\sum_{m=0}^{\infty}\mathrm{e}^{-\mathrm{i}(n-m)u}R(n-m)\rho^{n+m},0<\rho<1 \tag{2}$$

等式(2)右边的级数绝对收敛,这是因为

$$\sum_{n=0}^{N}\sum_{m=0}^{N}\left|\mathrm{e}^{-\mathrm{i}(n-m)u}R(n-m)\rho^{n+m}\right|\leqslant R(0)\left|\sum_{n=0}^{N}\rho^n\right|^2\leqslant\frac{R(0)}{(1-\rho)^2}$$

由 $R(n)$ 的正定性得 $f(u,\rho)\geqslant 0$.在(2)中改变求和的次序,得到

$$f(u,\rho)=\sum_{k=-\infty}^{\infty}\mathrm{e}^{-\mathrm{i}ku}R(k)\sum_{j=0}^{\infty}\rho^{|k|+2j}=\sum_{-\infty}^{\infty}\frac{\rho^{|k|}}{1-\rho^2}R(k)\mathrm{e}^{-\mathrm{i}ku}$$

所得到的关系式表明,$\frac{\rho^{|k|}}{1-\rho^2}R(-k)$ 是正定函数 $f(u,\rho)$ 的 Fourier 系数.因此

$$\frac{\rho^{|n|}}{1-\rho^2}R(n)=\frac{1}{2\pi}\int_{-\pi}^{\pi}\mathrm{e}^{\mathrm{i}nu}f(u,\rho)\mathrm{d}u$$

或

$$\rho^{|n|}R(n)=\int_{-\pi}^{\pi}\mathrm{e}^{\mathrm{i}nu}F_\rho(\mathrm{d}u) \tag{3}$$

其中

$$F_\rho(A)=\frac{1-\rho^2}{2\pi}\int_A f(u,\rho)\mathrm{d}u$$

并且 $F_\rho[-\pi,\pi]=R(0)<\infty$.测度族 $F_\rho(\cdot)$ 在 $[-\pi,\pi]$ 上弱紧.因此可以找到这样的序列 $\rho_k\uparrow 1$,使得 $F_{\rho_k}(\cdot)$ 弱收敛于某个测度 $F(\cdot)$.在(3)中当 $\rho=\rho_k\to 1$ 时求极限,便得到式(1).

我们现在证明测度 F 的唯一性.设存在定义在区间 $[-\pi,\pi]$ 上的 Borel 集上的测度 F_1 与 F_2,使得 $R(n)$ 可以按(1)表示.用 K 表示在 $[-\pi,\pi]$ 满足

$$\int_{-\pi}^{\pi}f(u)F_1(\mathrm{d}u)=\int_{-\pi}^{\pi}f(u)F_2(\mathrm{d}u)$$

的 Borel 函数 $f(u)$ 的类.则类 K 是线性的并且关于一致性的极限及有界单调函数序列极限的运算是封闭的.因为类 K 包含形如 $\mathrm{e}^{\mathrm{i}nu}(n=0,\pm 1,\cdots)$ 的函数,故

由关于连续函数逼近法的 Weierstrass 定理知，类 K 包含全体连续函数，因而也包含全部有界 Borel 函数. 令 $f(u)=\chi_A(u)$，其中 A 是在 $[-\pi,\pi]$ 上的任一 Borel 集，我们得到 $F_1(u)=F_2(u)$. 定理证毕.

测度 F 称为平稳序列的谱测度，而对应的分布函数 $F(u)=F(-\infty,u)$ 称为谱函数. 如果 $F(\mathrm{d}u)=f(u)\mathrm{d}u$，即如果测度 F 关于 Lebesgue 测度绝对连续，则 $f(u)$ 称为序列 $\zeta(n)$ 的谱密度.

我们指出，条件

$$\sum_{-\infty}^{\infty}|R(n)|<\infty$$

保证谱密度存在. 事实上，此时 Fourier 级数

$$2\pi f(u)=\sum_{-\infty}^{\infty}R(n)\mathrm{e}^{-\mathrm{i}nu} \tag{4}$$

一致且绝对收敛. 因此

$$R(u)=\int_{-\pi}^{\pi}\mathrm{e}^{\mathrm{i}nu}f(u)\mathrm{d}u$$

齐次随机场 在具有连续参数的广义平稳场的情形下，我们推广定理 1.

定义 1 若随机函数 $\{\zeta(\boldsymbol{x}):\boldsymbol{x}\in\mathbf{R}^m\}$ 有

$$\left.\begin{aligned}&E\zeta(\boldsymbol{x})=a=\mathrm{const}\\&R(\boldsymbol{x}_1,\boldsymbol{x}_2)=E[\zeta(\boldsymbol{x}_1)-a]\overline{[\zeta(\boldsymbol{x}_2)-a]}=R(\boldsymbol{x}_1-\boldsymbol{x}_2)\end{aligned}\right\} \tag{5}$$

则称它为在 $\mathbf{R}^m$ 中的齐次场. 这样一来，齐次随机场的相关函数 $R(\boldsymbol{x}_1,\boldsymbol{x}_2)$ 仅依赖于联结点 $\boldsymbol{x}_1$ 和点 $\boldsymbol{x}_2$ 的向量，在等式(5) 右边的函数 $R(\boldsymbol{x})$ 亦称为齐次场的相关函数. 相关函数的正定性条件有形式

$$\sum_{j,k=1}^{n}R(\boldsymbol{x}_j-\boldsymbol{x}_k)\bar{z}_j z_k\geqslant 0$$

从关系式

$$E|\zeta(\boldsymbol{x}+\boldsymbol{h})-\zeta(\boldsymbol{x})|^2=2[R(\boldsymbol{0})-\mathrm{Re}\,R(\boldsymbol{h})]$$

得到，如果函数 $R(\boldsymbol{x})$ 在点 $\boldsymbol{x}=\boldsymbol{0}$ 连续，则场 $\zeta(\boldsymbol{x})$ 在每一点 $\boldsymbol{x}\in\mathbf{R}^m$ 均方连续.

定理 2 为使函数 $R(\boldsymbol{x})(\boldsymbol{x}\in\mathbf{R}^m)$ 是齐次 m. s. 连续随机场 $\{\zeta(\boldsymbol{x}):\boldsymbol{x}\in\mathbf{R}^m\}$ 的相关函数，必要充分条件为它可以表为

$$R(\boldsymbol{x})=\int_{\mathbf{R}^m}\mathrm{e}^{\mathrm{i}(\boldsymbol{x},\boldsymbol{u})}F(\mathrm{d}\boldsymbol{u}) \tag{6}$$

其中 F 是 $\mathbf{R}^m$ 的 Borel 集上的有限测度. 而且测度 F 在 $\mathfrak{B}^m$ 上唯一确定.

充分性. 由公式(6) 定义的函数 $R(x)$ 连续且正定

$$\sum_{j,k=1}^{n}R(\boldsymbol{x}_j-\boldsymbol{x}_k)\bar{z}_j z_k=\int_{\mathbf{R}^m}\Big(\sum_{j,k=1}^{n}\mathrm{e}^{\mathrm{i}(\boldsymbol{x}_j-\boldsymbol{x}_k,\boldsymbol{u})}\bar{z}_j z_k\Big)F(\mathrm{d}\boldsymbol{u})=$$

$$\int_{\mathbf{R}^m}\Big|\sum_{k=1}^{n}\mathrm{e}^{-\mathrm{i}(\boldsymbol{x}_k,\boldsymbol{u})}z_k\Big|^2F(\mathrm{d}\boldsymbol{u})\geqslant 0$$

因此它是某个 m. s. 连续的复 Gauss 场(参阅第三章 §1) 的相关函数. 其实,我们可以构造一个很简单的齐次场的例子,它的相关函数由式(6) 给出. 为此,我们在 $\mathbf{R}^m$ 中引入随机向量 $\boldsymbol{\xi}$,它具有如下的分布:对于任一 Borel 集 $A \subset \mathbf{R}^m$

$$P\{\boldsymbol{\xi} \in A\} = \frac{1}{F_0} F(A), F_0 = F(\mathbf{R}^m)$$

令

$$\zeta(\boldsymbol{x}) = \sqrt{F_0}\, \mathrm{e}^{\mathrm{i}[(\boldsymbol{\xi}, \boldsymbol{x}) + \varphi]}$$

其中 φ 是在$(-\pi, \pi)$ 上均匀分布的随机变量,φ 与 $\boldsymbol{\xi}$ 相互独立. 则

$$E\zeta(\boldsymbol{x}) = 0, R(\boldsymbol{x}, \boldsymbol{y}) = E\zeta(\boldsymbol{x})\overline{\zeta(\boldsymbol{y})} = F_0 E \mathrm{e}^{\mathrm{i}(\boldsymbol{\xi}, \boldsymbol{x}-\boldsymbol{y})} = \int_{\mathbf{R}^m} \mathrm{e}^{\mathrm{i}(\boldsymbol{x}-\boldsymbol{y}, u)} F(\mathrm{d}u)$$

必要性. 我们现在证明,任一连续的正定函数可以表示为式(6). 由正定性条件推得,对任一在 $\mathbf{R}^m$ 中的可积函数 $g(x)$ 成立不等式

$$\int_{\mathbf{R}^m} \int_{\mathbf{R}^m} R(\boldsymbol{x} - \boldsymbol{y}) \overline{g(\boldsymbol{x})} g(\boldsymbol{y}) \mathrm{d}\boldsymbol{x} \mathrm{d}\boldsymbol{y} \geqslant 0$$

我们令 $g(\boldsymbol{x}) = \exp\left\{-\frac{|\boldsymbol{x}|^2}{2N} + \mathrm{i}(\boldsymbol{x}, \boldsymbol{z})\right\}$,其中 $N > 0, \boldsymbol{z} \in \mathbf{R}^m$. 则

$$\int_{\mathbf{R}^m} \int_{\mathbf{R}^m} R(\boldsymbol{x} - \boldsymbol{y}) \exp\left\{-\frac{|\boldsymbol{x}|^2 + |\boldsymbol{y}|^2}{2N} - \mathrm{i}(\boldsymbol{x} - \boldsymbol{y}, \boldsymbol{z})\right\} \mathrm{d}\boldsymbol{x} \mathrm{d}\boldsymbol{y} \geqslant 0$$

在空间 $\mathbf{R}^m \times \mathbf{R}^m$ 中引进下面的坐标正交变换

$$\boldsymbol{x} - \boldsymbol{y} = \sqrt{2}\boldsymbol{u}, \boldsymbol{x} + \boldsymbol{y} = \sqrt{2}\boldsymbol{v}$$

我们得到

$$0 \leqslant \int_{\mathbf{R}^m} \int_{\mathbf{R}^m} R(\boldsymbol{u}) \exp\left\{-\frac{|\boldsymbol{u}|^2 + |\boldsymbol{v}|^2}{2N} - \mathrm{i}(\boldsymbol{u}, \boldsymbol{z})\right\} \mathrm{d}\boldsymbol{u} \mathrm{d}\boldsymbol{v} =$$

$$(2\pi N)^{\frac{m}{2}} \int_{\mathbf{R}^m} R(\boldsymbol{u}) \exp\left\{-\frac{|\boldsymbol{u}|^2}{2N} - \mathrm{i}(\boldsymbol{u}, \boldsymbol{z})\right\} \mathrm{d}\boldsymbol{u}$$

所以,函数

$$\widetilde{R}_N(\boldsymbol{z}) = \frac{1}{(2\pi)^{\frac{m}{2}}} \int_{\mathbf{R}^m} R(u) \mathrm{e}^{-\frac{|\boldsymbol{u}|^2}{2N}} \mathrm{e}^{-\mathrm{i}(\boldsymbol{u}, \boldsymbol{z})} \mathrm{d}u$$

非负. 此外,它是可积的连续函数 $R(\boldsymbol{u})\mathrm{e}^{-|\boldsymbol{u}|^2/2N}$ 的 Fourier 变换,而且是可微的. 我们现在证明,$\widetilde{R}_N(\boldsymbol{z})$ 是可积的. 因为 $\widetilde{R}_N(z)$ 与 $\mathrm{e}^{-\varepsilon|x|^2/2}(\varepsilon > 0)$ 是相应的函数 $R(\boldsymbol{u})\mathrm{e}^{-|\boldsymbol{u}|^2/2N}$ 与 $\varepsilon^{-m/2}\mathrm{e}^{-|\boldsymbol{u}|^2/2\varepsilon}$ 的 Fourier 变换. 根据 Parseval 等式,则

$$\int_{\mathbf{R}^m} \widetilde{R}_N(\boldsymbol{z}) \mathrm{e}^{-\frac{\varepsilon|\boldsymbol{x}|^2}{2}} \mathrm{d}\boldsymbol{z} = \int_{\mathbf{R}^m} R(\boldsymbol{u}) \mathrm{e}^{-\frac{|\boldsymbol{u}|^2}{2N}} \frac{1}{\varepsilon^{\frac{m}{2}}} \mathrm{e}^{-\frac{|\boldsymbol{u}|^2}{2\varepsilon}} \mathrm{d}\boldsymbol{u} \leqslant$$

$$R(\mathbf{0}) \int_{\mathbf{R}^m} \frac{1}{\varepsilon^{\frac{m}{2}}} \mathrm{e}^{-\frac{|\boldsymbol{u}|^2}{2\varepsilon}} \mathrm{d}\boldsymbol{u} = (2\pi)^{\frac{m}{2}} R(0)$$

令 $\varepsilon \to 0$. 应用 Fatou 引理得

$$\int_{\mathbf{R}^m} \widetilde{R}_N(\boldsymbol{z}) \mathrm{d}\boldsymbol{z} \leqslant (2\pi)^{\frac{m}{2}} R(\mathbf{0})$$

由 $\widetilde{R}_N(z)$ 的可积性得,对它可应用 Fourier 变换的反演公式

$$R(\boldsymbol{u})\mathrm{e}^{-\frac{|\boldsymbol{u}|^2}{2N}}=\int_{\mathbf{R}^m}\mathrm{e}^{\mathrm{i}(\boldsymbol{u},\boldsymbol{z})}\frac{1}{(2\pi)^{\frac{m}{2}}}\widetilde{R}_N(\boldsymbol{z})\mathrm{d}\boldsymbol{z}=\int_{\mathbf{R}^m}\mathrm{e}^{\mathrm{i}(\boldsymbol{u},\boldsymbol{z})}F_N(\mathrm{d}\boldsymbol{z}) \tag{7}$$

其中

$$F_N(\mathbf{A})=\int_{\mathbf{A}}\frac{1}{(2\pi)^{\frac{m}{2}}}\widetilde{R}_N(\boldsymbol{z})\mathrm{d}\boldsymbol{z}$$

所以,函数$\dfrac{R(\boldsymbol{u})}{R(\mathbf{0})}\mathrm{e}^{-\frac{|\boldsymbol{u}|^2}{2N}}$ 是 $\mathbf{R}^m$ 中的某个分布的特征函数,且当 $N\to\infty$ 时,它收敛于一个连续函数.因此(第一章 §1 定理 3)$R(\boldsymbol{u})/R(\mathbf{0})$ 也是一个特征函数.根据具有给定的特征函数的分布的唯一性定理得到(第一章 §1 定理 2) 表示式(6) 中的测度 F 的唯一性.定理证毕.

如像在序列的情形一样,表示式(6) 中的测度 $F(\cdot)$ 称为谱测度,而对应的分布函数 $F(\boldsymbol{u})=F(I_{\boldsymbol{u}})$ 称为谱函数,其中 $I_u=\{\boldsymbol{x}:\boldsymbol{x}<\boldsymbol{u},\boldsymbol{x}\in\mathbf{R}^m\}$.如果谱测度绝对连续

$$F(\mathbf{A})=\int_{\mathbf{A}}f(\boldsymbol{u})\mathrm{d}\boldsymbol{u}$$

则 $f(\boldsymbol{u})$ 称为随机场的谱密度.如果谱密度存在,则相关函数的谱表示变为

$$R(\boldsymbol{x})=\int_{-\infty}^{\infty}\mathrm{e}^{\mathrm{i}(\boldsymbol{x},\boldsymbol{u})}f(\boldsymbol{u})\mathrm{d}\boldsymbol{u}$$

我们指出下面的谱密度存在准则:如果 $R(\boldsymbol{x})$ 是绝对可积函数($\boldsymbol{x}\in\mathbf{R}^m$),则谱密度是存在的.为证明这个准则,我们利用在证明前面的定理时所得到的关系式和记号.由 Fourier 积分的 Parseval 等式有

$$\int_K\widetilde{R}_N(\mathbf{z})\mathrm{d}\mathbf{z}=\int_{\mathbf{R}^m}\widetilde{R}_N(\mathbf{z})\,\chi_K(\mathbf{z})\mathrm{d}\mathbf{z}=\int_{\mathbf{R}^m}R(\boldsymbol{u})\mathrm{e}^{-\frac{|\boldsymbol{u}|^2}{2N}}\frac{1}{(2\pi)^{\frac{m}{2}}}\Pi\frac{\mathrm{e}^{\mathrm{i}(x^k+h^k)u^k}-\mathrm{e}^{\mathrm{i}(x^k-h^k)}u^k}{\mathrm{i}u^k}\mathrm{d}\boldsymbol{u}$$

其中 $K=\{\boldsymbol{z}:x^k-h^k<z^k<x^k+h^k\}$.从而得到

$$\int_K\widetilde{R}_N(\mathbf{z})\mathrm{d}\mathbf{z}\leqslant\frac{V(K)}{(2\pi)^{\frac{m}{2}}}\int_{\mathbf{R}^m}|R(u)|\,\mathrm{d}u$$

其中 $V(K)$ 是平行六面体 K 的体积.因此,测度 $F(\cdot)$ 关于 Lebesgue 测度是绝对连续的.

推论 1 函数 $R(t),t\in(-\infty,\infty)$ 是广义平稳过程的相关函数的充分必要条件为

$$R(t)=\int_{-\infty}^{\infty}\mathrm{e}^{\mathrm{i}tu}F(\mathrm{d}u)$$

其中 $F(\cdot)$ 是 $\mathfrak{B}^1$ 上的有限测度.

推论 2 函数 $J(\boldsymbol{u}),\boldsymbol{u}\in\mathbf{R}^m,J(\mathbf{0})=1$ 是 $\mathbf{R}^m$ 中某一分布的特征函数的必要充分条件为它是连续且正定的.

齐次迷向场 设随机场具有附加的性质,则式(6) 可以得到更特殊的形

式. 重要且相当一般的性质是随机场的迷向性. 随机场称为是迷向的,如果相关函数 $R(x_1, x_2)$ 仅依赖于 x_2 及点 x_1 与点 x_2 间的距离. 如果它还是齐次的,则

$$R(x_1, x_2) = R(\rho)$$

其中 ρ 是 x_1 与 x_2 间的距离,$\rho = \sqrt{\sum_{j=1}^{m}(x_1^j - x_2^j)^2}$.

我们现在寻找 m. s. 连续的齐次且迷向随机场的相关函数的表达式. 因为它是齐次的,它的相关函数必然有形式(6). 这公式的两边按照半径为 ρ 的球面求积分,我们得到

$$R(\rho) = \frac{\Gamma(\frac{m}{2})}{2\pi^{\frac{m}{2}}\rho^{m-1}}\int_{\mathbf{R}^m}\left\{\int_{S_\rho} e^{i(x,u)} s(dx)\right\} F(du)$$

其中在括号内的积分中的 $s(dx)$ 是表示按球面 S_ρ 的积分. 我们指出,如果 V_ρ 表示中心在坐标原点且半径为 ρ 的球,则

$$\int_{S_\rho} f(x)s(dx) = \frac{d}{d\rho}\int_{V_\rho} f(x)dx$$

另一方面

$$\int_{V_\rho} e^{i(x,u)} dx = \left(\frac{2\pi\rho}{|u|}\right)^{\frac{m}{2}} I_{\frac{m}{2}}(\rho |u|)$$

其中 $I_v(x)$ 是第一类 Bessel 函数. 从而得到

$$\int_{S_\rho} e^{i(x,u)} s(dx) = \left(\frac{2\pi\rho}{|u|}\right)^{\frac{m}{2}} |u| I_{\frac{m-2}{2}}(\rho |u|) \tag{8}$$

我们在半轴 $[0,\infty)$ 上引入测度 g,设 $g([a,b)) = F\{V_b - V_a\}$, $0 \leqslant a \leqslant b$,其中 V_ρ 表示半径为 ρ 的开球. 则

$$R(\rho) = 2^{\frac{m-2}{2}}\Gamma\left(\frac{m}{2}\right)\int_0^\infty \frac{I_{\frac{m-2}{2}}(\lambda_\rho)}{(\lambda_\rho)^{\frac{m-2}{2}}} g(d\lambda) \tag{9}$$

且 $g([0,\infty)) = F(\mathbf{R}^m) = R(0)$.

这样一来,证明了下述的定理.

定理 3 为使 $R(\rho)$, $(0 \leqslant \rho < \infty)$ 是齐次迷向的 m. s. 连续 m 维随机场的相关函数,必须且只须使得它满足表达式(9),这里 g 是 $[0,\infty)$ 上的有限测度.

当 $n = 2$ 时,公式(9) 变为下面的形式

$$R(\rho) = \int_0^\infty I_0(\lambda_\rho) g(d\lambda) \tag{10}$$

而当 $n = 3$ 时

$$R(\rho) = 2\int_0^\infty \frac{\sin \lambda\rho}{\lambda\rho} g(d\lambda) \tag{11}$$

同理可证,为使 m. s. 连续随机场 $\xi(t, \boldsymbol{x})$, $-\infty < t < \infty$, $\boldsymbol{x} \in \mathbf{R}^m$ 依变数$(t,$

$\boldsymbol{x}$) 是齐次的，并且依“空间”变数 $\boldsymbol{x}$ 是迷向的，即相关函数仅依赖以 t 及 ρ

$$E\xi(t+s,x)\overline{\xi(s,y)}=R(t,\rho)$$

其中 ρ 是 $\boldsymbol{x}$ 与 $\boldsymbol{y}$ 之间的距离，其充分必要条件为 $\xi(t,x)$ 的相关函数具有如下形式

$$R(t,\rho)=\int_{-\infty}^{\infty}\int_{0}^{\infty}\mathrm{e}^{itv}\Omega_m(\rho\lambda)g(\mathrm{d}v\times\mathrm{d}\lambda) \tag{12}$$

其中

$$\Omega_m(\boldsymbol{x})=\left(\frac{2}{\boldsymbol{x}}\right)^{(m-2)/2}\Gamma\left(\frac{m}{2}\right)I_{(m-2)/2}(\boldsymbol{x}) \tag{13}$$

且 g 是在半平面 (λ,v)，$\lambda\in[0,\infty)$，$v\in(-\infty,\infty)$ 上的测度.

我们现在得到在 Hilbert 空间中的 m. s. 连续齐次迷向场的相关函数的一般形式. 如果 $R(\rho)$ 是这样的相关函数，则对任意 m，函数 $R(\rho)$，$\rho^2=\sum\limits_{k=1}^{m}(x_k)^2$，是 $\mathbf{R}^m$ 中的 m. s. 连续齐次场的相关函数. 我们指出，对任意 λ，函数 $\mathrm{e}^{-\frac{\lambda^2\rho^2}{2}}$ 具有这一性质. 事实上，对任意 m

$$\mathrm{e}^{-\frac{(x_1^2+\cdots+x_m^2)\lambda^2}{2}}=\frac{1}{(\sqrt{2\pi}\lambda)^m}\int_{-\infty}^{\infty}\cdots\int\mathrm{e}^{i\sum_1^m x_k y_k}\,\mathrm{e}^{-\frac{1}{2\lambda^2}\sum_1^m y_k^2}\,\mathrm{d}y_1\cdots\mathrm{d}y_m$$

即函数 $\mathrm{e}^{-\frac{\lambda^2\rho^2}{2}}$，$\rho^2=\sum\limits_{k=1}^{m}x_k^2$ 是正定函数的 Fourier 变换，因此是正定的. 从而得到函数(若 $\rho^2=\sum\limits_{k=1}^{m}x_k^2$)

$$R(\rho)=\int_0^{\infty}\mathrm{e}^{-\frac{\lambda^2\rho^2}{2}}g(\mathrm{d}\lambda) \tag{14}$$

对任一 $[0,\infty)$ 上的有限测度 g 以及对任意 m 是正定的. 我们现在证明，公式(14) 是针对所有在 Hilbert 空间中仅依赖以 ρ 的正定连续函数的.

定理 4　为使函数 $R(\rho)$ 是 Hilbert 空间中的 m. s. 连续、齐次迷向随机场的相关函数，其必要充分条件为它具有形式(14).

充分性由前面所述得到. 为证明必要性，我们注意到，根据前述及定理 3，对每一 m，有

$$R(\rho)=\int_0^{\infty}\Omega_m(\lambda\rho)g_m(\mathrm{d}\lambda),\ g_m[0,\infty)=R(0)$$

$$\Omega_m(x)=\Gamma\left(\frac{m}{2}\right)\left(\frac{2}{x}\right)^{\frac{m-2}{2}}I_{\frac{m-2}{2}}(x)=1-\frac{x^2}{2m}+\frac{x^4}{2\cdot4\cdot m(m+2)}-\frac{x^6}{2\cdot4\cdot6m(m+2)(m+4)}+\cdots$$

此外，在每一有限区间 $|x|\leqslant N$ 上，当 $m\to\infty$ 时，一致地有 $\Omega_m(x\sqrt{m})\to\mathrm{e}^{-x^2/2}$. 因此，只须证明，当 $x\in[0,\infty)$ 时函数族 $\Omega_m(x)$ 一致有界且分布函数族

$g_m(\sqrt{m}u)$ 弱紧即可. 为此目的,我们注意到,由(8) 得到等式

$$\Omega_{m+3}(\rho)=\frac{\int_{S_\theta} e^{i(u,z)} s(du)}{V(S_\rho)}$$

其中 S_ρ 是空间 $\mathbf{R}^m$ 的球 $|u|=\rho, V(S_\rho)$ 是它的曲面面积且 $|z|=1$. 因此

$$|\Omega_m(x)|\leqslant 1$$

为了证明分布函数序列 $\bar{g}_m(u)=g_m(\sqrt{m}u)$ 的弱紧性,我们以 ρ 乘关系式

$$R(0)-R(\rho)=\int_0^\infty(1-\Omega_m(\rho u\sqrt{m}))\bar{g}_m(du)\geqslant\int_{2/a}^\infty(1-\Omega_m(\rho u\sqrt{m}))\bar{g}_m(du)$$

并且由 0 到 a 积分. 我们得到

$$\frac{2}{a^2}\int_0^a[R(0)-R(\rho)]\rho d\rho\geqslant\int_{2/a}^\infty\left(1-\frac{2}{a^2}\int_0^a\Omega_m(\rho u\sqrt{m})\rho d\rho\right)\bar{g}_m(du)$$

由公式

$$\frac{d}{dz}\Omega_m(z)=-\frac{1}{m}z\Omega_{m+2}(z)$$

得到$\left(m\geqslant 3, u\geqslant\frac{2}{a}\right)$

$$\frac{2}{a^2}\int_0^a\Omega_m(\rho u\sqrt{m})\rho d\rho=\frac{2(m-2)}{a^2u^2m}[1-\Omega_{m-2}(au\sqrt{m})]\leqslant\frac{1}{2}$$

从而

$$\frac{2}{a^2}\int_0^a[R(0)-R(\rho)]\rho d\rho\geqslant\frac{1}{2}\bar{g}_m\left(\left[\frac{2}{a},\infty\right)\right)$$

由于最后的不等式左边当 $a\to\infty$ 时趋于 0 推出,测度 $\bar{g}_m$ 是紧的(第一章 §1 定理 1). 定理证毕.

向量值的齐次场 令$\{\zeta(\boldsymbol{x}):\boldsymbol{x}\in\mathbf{R}^m\}$ 是取值于 $\mathscr{L}^s$ 中的向量值随机场,如果 $E\zeta(\boldsymbol{x})=a=\text{const}$(下面均假定 $a=0$),且

$$R(x_1,x_2)=E\zeta(x_1)\zeta(x_2)^*=R(x_1-x_2)$$

则称这个场是齐次的. 矩阵可数可加集函数 $F(A)=\{F_{k,j}(A)\}, k,j=1,2,\cdots,s, A\in\mathfrak{B}^m$ 称为是正定的. 如果对任意 $A\in\mathfrak{B}^m$,矩阵 $F(A)$ 是正定的,即如果对任意 $c\in\mathscr{L}^s$,集函数 $\mu_c(A)=c^*F(A)c$ 为 $\mathfrak{B}^m$ 上的有限测度. 应用定理 2 可以得到下面的结果.

定理 5 为使 $\boldsymbol{R}(x)$ 是 m. s. 连续齐次向量场的矩阵相关函数,必要充分条件为

$$\boldsymbol{R}(x)=\int_{\mathbf{R}^m}e^{i(x,u)}F(du) \tag{15}$$

其中 F 是$\{\mathbf{R}^m,\mathfrak{B}^m\}$ 上的正定矩阵可数可加集函数.

证 设 $\boldsymbol{R}(x)$ 是 m. s. 连续齐次场的矩阵相关函数. 对任意 $c\in\mathscr{L}^s$ 我们引

进纯量场 $\zeta_c(x)=(\zeta(x),c)$. 显然，它是 m. s. 连续并且是齐次的

$$E\zeta_c(x)=0,\boldsymbol{R}_c(x)=E\zeta_c(x+x_0)\overline{\zeta_c(x_0)}=c^*\boldsymbol{R}(x)c \tag{16}$$

由定理 2，相关函数 $\boldsymbol{R}_c(x)$ 可以表为

$$\boldsymbol{R}_c(x)=\int_{\mathbf{R}^m}\mathrm{e}^{\mathrm{i}(x,u)}F_c(\mathrm{d}u) \tag{17}$$

其中 F_c 是 $\{\mathbf{R}^m,\mathfrak{B}^m\}$ 上的有限测度. 设 $e_k\in\mathscr{L}^s$，$e_k^j=\delta_k^j$，$\boldsymbol{R}(x)=\{R_k^j(x)\}$，$k,j=1,2,\cdots,s$. 则 $R_{e_k}(x)=R_k^k(x)$. 假定 $e_{kj}=e_k+e_j$，$\tilde{e}_{kj}=\mathrm{i}e_k+e_j$. 容易得到

$$2R_k^j(x)=[R_{e_{kj}}(x)-R_{e_k}(x)-R_{e_j}(x)]-\mathrm{i}[R_{\tilde{e}_{kj}}(x)-R_{e_k}(x)-R_{e_j}(x)]$$

如果假定

$$F_k^k(A)=F_{e_k}(A)$$

$$F_k^j(A)=[F_{e_{kj}}(A)-F_{kk}(A)-F_{jj}(A)]-\mathrm{i}[F_{\tilde{e}_{kj}}(A)-F_{Rk}(A)-F_{jj}(A)]$$

则由(16) 有

$$R_k^j(x)=\int_{\mathbf{R}^m}\mathrm{e}^{\mathrm{i}(x,u)}F_k^j(\mathrm{d}u)$$

并且 $F_k^j(A)$ 是 $\{\mathbf{R}^m,\mathfrak{B}^m\}$ 上的可数可加(复值) 有限集函数. 由于表示式(17) 的唯一性，有 $c^*\boldsymbol{F}(A)c=F_c(A)$，可得矩阵 $\boldsymbol{F}(A)=\{F_k^j(A)\}$，$k,j=1,\cdots,s$ 是正定的. 必要性证毕.

为了证明充分性，必须证明，由公式(15) 定义的函数 $\boldsymbol{R}(x)$(其中 F 满足定理条件) 是连续正定的矩阵函数. 它的连续性是显然的. 其次，对任意 $z_p\in\mathscr{L}^s$

$$\sum_{p,q=1}^{n}z_p^*\boldsymbol{R}(x_p-x_q)z_q=\int_{\mathbf{R}^m}w^*F(\mathrm{d}u)w=F_w(\mathbf{R}^m)\geqslant 0$$

其中 $w=\sum_{p=1}^{n}\mathrm{e}^{-\mathrm{i}(x_p,u)}z_p$. 定理证毕.

类似地推广定理 1.

定理 6 矩阵序列 $\boldsymbol{R}(n)=\{R_k^j(n)\}:n=0,\pm1,\pm2,\cdots$ 是广义平稳向量值序列 $\{\boldsymbol{\zeta}(n):n=0,\pm1,\pm2,\cdots\}$ 的矩阵相关函数的必要充分条件为它可表为

$$\boldsymbol{R}(n)=\int_{-\pi}^{\pi}\mathrm{e}^{\mathrm{i}nu}F(\mathrm{d}u)$$

其中 $F(A)$ 是定义在区间$[-\pi,\pi]$ 的 Borel 集上的矩阵正定可数可加集函数.

§3 Hilbert 随机函数的分析基础

Hilbert 随机函数的研究，形式上是研究在通常意义下取值于 Hilbert 空间的函数问题. 然而，因为当分析 Hilbert 随机函数的时候，我们利用协方差的概念和其他特殊的概率论概念，以及考虑各种形式的收敛. 因此在处理随机函

数问题时具有某种特殊性.

积分 令$\{\mathscr{X},\mathfrak{A},m\}$是具有$\sigma$有限完备测度的完备可分距离空间,$\{\zeta(x):x\in\mathscr{X}\}$是Hilbert随机函数.设$\zeta(x)=\zeta(x,\omega)$是可测且可分的随机函数.由前面(第三章§2)知道,如果协方差$B(x,y)$几乎处处(关于m)对所有x,在点(x,x)连续,则对任一$\zeta(x)$存在随机等价的可测且可分的随机函数.从这里可以看到,上述的假设究竟作了怎样的限制.由定理4(第三章§2)立即得到:

定理1 如果

$$\int_{\mathscr{X}} B(x,x)m(\mathrm{d}x)<\infty \tag{1}$$

则以概率1有

$$\int_{\mathscr{X}} |\zeta(x)|^2 m(\mathrm{d}x)<\infty$$

且

$$E\int_{\mathscr{X}} |\zeta(x)|^2 m(\mathrm{d}x)=\int_{\mathscr{X}} B(x,x)m(\mathrm{d}x) \tag{2}$$

推论 设$f_i(x),i=1,2$是$\mathscr{L}_2(\mathscr{X},\mathfrak{A},m)$中满足条件(1)的函数.则以概率1存在积分

$$\eta_i=\int_{\mathscr{X}} f_i(x)\zeta(x)m(\mathrm{d}x)$$

并且根据Fubini定理有

$$E_{\eta_1\bar{\eta}_2}=E\int_{\mathscr{X}}\int_{\mathscr{X}} f_1(x)\overline{f_2(y)}\zeta(x)\overline{\zeta(y)}m(\mathrm{d}x)m(\mathrm{d}y)=$$

$$\int_{\mathscr{X}}\int_{\mathscr{X}} f_1(x)B(x,y)\overline{f_2(y)}m(\mathrm{d}x)m(\mathrm{d}y)$$

下面我们对随机函数的积分定义作一些评注.

注1 设条件(1)满足,且$m(\mathscr{X})<\infty$.则积分

$$\int_{\mathscr{X}} \zeta(x)m(\mathrm{d}x) \tag{3}$$

对可测随机函数$\zeta(x)$有定义,且对每一$\zeta(x)$的现实以概率1有限.然而在式(3)的积分定义中可以按几种不同的方式来作为它的定义.首先,积分(3)可以定义为对于$\zeta(x)$的Lebesgue积分和的m.s.极限.容易验证,这个定义与通常的积分定义相一致.为此只须证明对于非负随机变数的情形就够了.按定义积分(3)是当$n\to\infty$时积分

$$\int_{\mathscr{X}} \zeta_n(x)m(\mathrm{d}x)$$

的极限,其中$\zeta_n(x)$单调非负,取有限个值且以概率1有$\lim\limits_{n\to\infty}\zeta_n(x)=\zeta(x)$的随机函数序列.由于$|\zeta(x)-\zeta_n(x)|\leqslant|\zeta(x)|$,则由Lebesgue控制收敛定理,当$n\to\infty$时

$$E\left|\int_{\mathscr{X}}\zeta(x)m(\mathrm{d}x)-\int_{\mathscr{X}}\zeta_n(x)m(\mathrm{d}x)\right|^2\leqslant E\int_{\mathscr{X}}|\zeta(x)-\zeta_n(x)|^2m(\mathrm{d}x)m(\mathscr{X})\to 0$$

因此

$$\int\zeta(x)m(\mathrm{d}x)=\mathrm{l.\,i.\,m.}\int_{\mathscr{X}}\zeta_n(x)m(\mathrm{d}x)$$

注 2 考虑随机过程$\{\zeta(t):t\in[a,b]\}$,积分

$$\int_a^b\zeta(t)\mathrm{d}t$$

常常定义为积分和

$$\sum_{k=1}^n\zeta(t_{nk})\Delta t_{nk}$$

$$\Delta t_{nk}=t_{nk}-t_{nk-1},a=t_{n0}<t_{n1}<\cdots<t_{nn}=b$$

的 m. s. 极限.

根据引理 3(第一章,§1),为使这和的 m. s. 极限存在,其充分必要条件为当 $n,m\to\infty$ 时

$$E\sum_{k=1}^n\zeta(t_{nk})\Delta t_{nk}\sum_{k=1}^m\overline{\zeta(t_{mk})}\Delta t_{mk}=\sum_{k=1}^n\sum_{r=1}^mB(t_{nk},t_{mr})\Delta t_{nk}\Delta t_{mr}$$

的极限存在,即函数 $B(t,s)(a\leqslant t,s\leqslant b)$ 按 Riemann 意义下可积. 这样一来,这里所给的定义较之以前的定义更窄,但它不依赖于过程的可测性的概念. 容易证明,当符合后面的积分定义时,则同样也符合原来的定义(mod P).

事实上

$$E\left|\int_a^b\zeta(t)\mathrm{d}t-\sum_{k=1}^n\zeta(t_{nk})\Delta t_{nk}\right|^2=$$

$$\sum_{k=1}^n\sum_{r=1}^n\int_{t_{nk-1}}^{t_{nk}}\int_{t_{nr-1}}^{t_{nr}}[B(t,s)-B(t,t_{nr})-B(t_{nk},s)+$$

$$B(t_{nk},t_{nr})]\mathrm{d}t\mathrm{d}s\leqslant 2\sum_{k=1}^n\sum_{r=1}^n\Omega_{nkr}\to 0$$

其中 Ω_{nkr} 是函数 $B(t,s)$ 在矩形 $t_{nk-1}\leqslant t\leqslant t_{nk},t_{nr-1}\leqslant s\leqslant t_{nr}$ 中的振幅.

注 3 广义 m. s. 积分

$$\int_{-\infty}^{\infty}\zeta(t)\mathrm{d}t\quad\left(\text{或}\int_a^{\infty}\zeta(t)\mathrm{d}t\right)\tag{4}$$

定义为极限

$$\underset{N\to\infty}{\mathrm{l.\,i.\,m.}}\int_{-N}^N\zeta(t)\mathrm{d}t\quad\left(\text{或}\underset{N\to\infty}{\mathrm{l.\,i.\,m.}}\int_a^N\zeta(t)\mathrm{d}t\right)$$

根据引理 3(第一章,§1),这些积分存在的充分必要条件为极限

$$\lim_{N,N'\to\infty}\int_{-N}^N\int_{-N'}^{N'}B(t,s)\mathrm{d}t\mathrm{d}s\quad\left(\text{或}\lim_{N,N'\to\infty}\int_a^N\int_a^{N'}B(t,s)\mathrm{d}t\mathrm{d}s\right)$$

存在. 在某些情形,这个广义积分定义,比将积分(4) 理解为当固定 ω 时对于函

数 $\zeta(t)$ 的 Lebesgue 积分更为广泛.

大数定律 设$\{\zeta(t):t\geqslant 0\}$是在每一有限区间上具有可积协方差的可测 Hilbert 过程.如果在某种意义下,当 $T\to\infty$ 时

$$\frac{1}{T}\int_0^T\zeta(t)\mathrm{d}t\to c$$

则称$\{\zeta(t):t\geqslant 0\}$满足大数定律.

从引理 3(第一章,§1) 得到

$$\underset{T\to\infty}{\mathrm{l.i.m.}}\ \frac{1}{T}\int_0^T\zeta(t)\mathrm{d}t$$

存在的必要充分条件为极限

$$\lim_{T,T'\to\infty}E\frac{1}{T}\int_0^T\zeta(t)\mathrm{d}t\,\frac{1}{T'}\int_0^{T'}\overline{\zeta(t)}\mathrm{d}t=\lim_{T,T'\to\infty}\frac{1}{TT'}\int_0^T\int_0^{T'}B(t,s)\mathrm{d}t\mathrm{d}s$$

存在.其次,等式

$$\underset{T\to\infty}{\mathrm{l.i.m.}}\left\{\frac{1}{T}\int_0^T\zeta(t)\mathrm{d}t-\frac{1}{T}\int_0^TE\zeta(t)\mathrm{d}t\right\}=0$$

成立的充分必要条件为关系式

$$\lim_{T,T'\to\infty}\frac{1}{TT'}\int_0^T\int_0^{T'}R(t,s)\mathrm{d}t\mathrm{d}s=0\tag{5}$$

成立,其中 $R(t,s)$ 是过程的相关函数.

容易看出

$$\left|\int_0^T\int_0^{T'}R(t,s)\mathrm{d}t\mathrm{d}s\right|^2\leqslant\int_0^T\int_0^TR(t,s)\mathrm{d}t\mathrm{d}s\int_0^{T'}\int_0^{T'}R(t,s)\mathrm{d}t\mathrm{d}s$$

因此等式(5) 成立的充分必要条件为

$$\lim_{T\to\infty}\frac{1}{T^2}\int_0^T\int_0^TR(t,s)\mathrm{d}t\mathrm{d}s=0\tag{6}$$

对于广义平稳过程,$R(t,s)=R(t-s)$.因为

$$\frac{1}{T^2}\int_0^T\int_0^TR(t-s)\mathrm{d}t\mathrm{d}s=\frac{1}{T}\int_{-T}^TR(t)\left(1-\frac{|t|}{T}\right)\mathrm{d}t$$

故我们得到下面的结果.

定理 2 若 $\zeta(t)$ 是广义平稳过程,则成立等式

$$\lim_{T\to\infty}\frac{1}{T}\int_0^T\zeta(t)\mathrm{d}t=E\zeta(t)\tag{7}$$

的必要充分条件为使得

$$\lim_{T\to\infty}\frac{1}{T}\int_{-T}^TR(t)\left(1-\frac{|t|}{T}\right)\mathrm{d}t=0\tag{8}$$

特别,如果相关函数的平均值等于 0

$$\lim_{T\to\infty}\frac{1}{2T}\int_{-T}^TR(s)\mathrm{d}s=0$$

则定理的条件(8)是满足的.

我们用过程的谱函数来表示条件(8). 我们有

$$\frac{1}{T}\int_{-T}^{T} R(t)\left(1-\frac{|t|}{T}\right)\mathrm{d}t=\int_{-\infty}^{\infty} F(\mathrm{d}u)\,\frac{1}{T}\int_{-T}^{T} \mathrm{e}^{itu}\left(1-\frac{|t|}{T}\right)\mathrm{d}t$$

从而

$$\frac{1}{T}\int_{-T}^{T} R(t)\left(1-\frac{|t|}{T}\right)\mathrm{d}t=\int_{-\infty}^{\infty}\frac{2(1-\cos Tu)}{T^2u^2}F(\mathrm{d}u)=$$

$$F(\{0\})+\int_{-\infty}^{\infty}\frac{2(1-\cos Tu)}{T^2u^2}\widetilde{F}(\mathrm{d}u)$$

其中 $\widetilde{F}(A)=F(A\backslash\{0\})$，$\{0\}$ 是由包含一个点 $u=0$ 组成的集合. 容易看出，当 $T\to\infty$ 时，最后的积分趋于 0. 因此

$$\lim_{T\to\infty}\frac{1}{T}\int_{-T}^{T} R(t)\left(1-\frac{|t|}{T}\right)\mathrm{d}t=F(\{0\}) \tag{9}$$

这样一来，我们有

定理 3 为使广义平稳过程对于等式(7)成立的充分必要条件为它的谱函数在 $u=0$ 点连续.

微分 设 $\{\zeta(t):t\in(a,b)\}$，$-\infty\leqslant a<b\leqslant+\infty$ 是 Hilbert 随机过程.

定义 1 如果存在

$$\zeta'(t_0)=\underset{h\to 0}{\mathrm{l.\,i.\,m.}}\ \frac{\zeta(t_0+h)-\zeta(t_0)}{h},t_0,t_0+h\in(a,b)$$

则说随机过程 $\zeta(t)$，$t\in(a,b)$ 在 t_0 点 m. s. 可微(在均方意义下可微)，随机变量 $\zeta'(t_0)$ 称为随机过程在 t_0 点的 m. s. (均方) 导数.

容易得到随机过程 m. s. 可微的充分必要条件. 由于

$$E\frac{\zeta(t_0+h)-\zeta(t_0)}{h}\cdot\overline{\frac{\zeta(t_0+h_1)-\zeta(t_0)}{h_1}}=$$

$$\frac{1}{hh_1}\{B(t_0+h,t_0+h_1)-B(t_0,t_0+h_1)-B(t_0+h,t_0)+B(t_0,t_0)\} \tag{10}$$

故由引理 3(第一章 §1)可得，为使随机过程 $\zeta(t)$ 在 t_0 点 m. s. 可微的充分必要条件为广义混合导数

$$\left.\frac{\partial^2 B(t,t')}{\partial t\partial t'}\right|_{t=t'=t_0}=$$

$$\lim_{h,h_1\to 0}\frac{B(t_0+h,t_0+h_1)-B(t_0,t_0+h_1)-B(t_0+h,t_0)+B(t_0,t_0)}{hh_1}$$

存在.

由过程在 t 点 m. s. 可微及不等式

$$\left|E\left(\zeta'(t)-\frac{\zeta(t+h)-\zeta(t)}{h}\right)\right|\leqslant\left\{E\left|\zeta'(t)-\frac{\zeta(t+h)-\zeta(t)}{h}\right|^2\right\}^{\frac{1}{2}}$$

得到

$$E\zeta'(t)=\frac{\mathrm{d}}{\mathrm{d}t}E\zeta(t) \tag{11}$$

并且右边导数存在.

如果在区间(a,b)的每一点上过程$\zeta(t)$m. s. 可微,则导数$\zeta'(t)$为(a,b)上的一个 Hilbert 随机过程.

定理 4 设$\{\zeta(t):t\in(a,b)\}$是Hilbert随机过程且对每一值$t\in(a,b)$广义导数

$$\left.\frac{\partial^2 B(t,t')}{\partial t\partial t'}\right|_{t=t'}$$

存在.则过程$\zeta(t)$在(a,b)上 m. s. 可微且

$$B_{\zeta'\zeta'}(t,t')=\frac{\partial^2 B(t,t')}{\partial t\partial t'} \tag{12}$$

$$B_{\zeta'\zeta}(t,t')=\frac{\partial B(t,t')}{\partial t} \tag{13}$$

其中$B_{\zeta'\zeta'}(t,t')=E\zeta'(t)\overline{\zeta'(t')}$是过程$\zeta'(t)$的协方差,而

$$B_{\zeta'\zeta}(t,t')=E\zeta'(t)\overline{\zeta(t')}$$

是过程$\zeta'(t)$与$\zeta(t)$的互协方差.

在证明时只须证明公式(12)和(13).我们有

$$\begin{aligned}B_{\zeta'\zeta}(t,t')&=E\zeta'(t)\overline{\zeta(t')}=\\&\lim_{h\to0}E\left(\frac{\zeta(t+h)-\zeta(t)}{h}\right)\overline{\zeta(t')}=\\&\lim_{h\to0}\frac{B(t+h,t')-B(t,t')}{h}\end{aligned}$$

因此,导数$\frac{\partial B(t,t')}{\partial t}$存在且过程$\zeta'(t)$与$\zeta(t)$的互协方差由公式(13)给出.

其次

$$\begin{aligned}&B_{\zeta'\zeta'}(t,t')=\lim_{h,h'\to0}E\,\frac{\zeta(t+h)-\zeta(t)}{h}\,\overline{\frac{\zeta(t'+h')-\zeta(t')}{h'}}=\\&\lim_{h,h'\to0}\frac{B(t+h,t'+h')-B(t,t'+h')-B(t+h,t')+B(t,t')}{hh'}\end{aligned}$$

从而广义二阶导数

$$\frac{\partial^2 B(t,t')}{\partial t\partial t'}$$

存在(在定理的条件中只假定在$t=t'$这个导数存在)且公式(12)成立.

如果过程$\zeta(t)$广义平稳,则$B(t,t')=B(t-t')$,且由定理 4 得到:

推论 1 为使广义平稳过程$\zeta(t)(t\in T)$m. s. 可微,必要充分条件为它的

相关函数$R(t)$在$t=0$时的广义二阶导数存在.如果这一条件满足,则存在广义导数$\frac{d^2R(t)}{dt^2}$且

$$R_{\zeta'\zeta'}(t_0,t_0+t)=-\frac{d^2R(t)}{dt^2}$$

$$R_{\zeta'\zeta}(t_0+t,t_0)=R_{\zeta'\zeta}(t)=\frac{dR(t)}{dt}$$

对于更高阶的 m.s. 导数,类似结果成立.

推论 2 如果$\zeta(t)$是广义平稳过程,$t\in(-\infty,\infty)$,且

$$\int_{-\infty}^{\infty}u^2F(du)<\infty$$

其中F是过程的谱测度,则过程 m.s. 可微,过程$(\zeta'(t),\zeta(t))$为广义平稳且它的矩阵相关函数$\boldsymbol{R}(t)$有如下形式

$$\begin{Vmatrix}\int_{-\infty}^{\infty}e^{itu}u^2F(du) & \int_{-\infty}^{\infty}e^{itu}iuF(du)\\ -\int_{-\infty}^{\infty}e^{itu}iuF(du) & \int_{-\infty}^{\infty}e^{itu}F(du)\end{Vmatrix}$$

随机过程的正交级数展开 设$\{\zeta(t):t\in[a,b]\}$是可测 m.s. 连续的 Hilbert过程.它的协方差$B(t_1,t_2)$正方形$[a,b]\times[a,b]$中是连续非负定核.根据积分方程的理论,$B(t_1,t_2)$可以分解成关于特征函数$\varphi_n(t)$的一致收敛级数

$$B(t_1,t_2)=\sum_{n=1}^{\infty}\lambda_n\varphi_n(t_1)\overline{\varphi_n(t_2)}$$

其中

$$\lambda_n\varphi_n(t)=\int_a^bB(t,\tau)\varphi_n(\tau)d\tau,\int_a^b\varphi_n(t)\overline{\varphi_m(t)}dt=\delta_{nm}$$

并且特征数λ_n为正.

假定

$$\zeta_n=\int_a^b\zeta(t)\overline{\varphi_n(t)}dt$$

这个积分存在(定理 1),并且由定理 1 的推论,有

$$E\xi_n\bar{\xi}_m=\int_a^b\int_a^bB(t,\tau)\overline{\varphi_n(t)}\varphi_m(\tau)dtd\tau=\lambda_n\delta_{nm}$$

即随机变量序列$\xi_n(n=1,2,\cdots)$是正交的.其次

$$E\zeta(t)\bar{\xi}_n=\int_a^bB(t,\tau)\varphi_n(t)d\tau=\lambda_n\varphi_n(t)$$

故由 Dini 定理得到,当$n\to\infty$时关于t一致地

$$E\left|\zeta(t)-\sum_{k=1}^{n}\xi_k\varphi_k(t)\right|^2=B(t,t)-2\sum_{k=1}^{n}\overline{\varphi_R(t)}E\zeta(t)\bar{\xi}_k+\sum_{k=1}^{n}\lambda_k\mid\varphi_k(t)\mid^2=$$

$$B(t,t)-\sum_{k=1}^{n}\lambda_k\mid\varphi_k(t)\mid^2\to 0$$

定理 5 可测 m. s. 连续的 Hilbert 过程 $\zeta(t),t\in[a,b]$ 对每一 $t\in[a,b]$ 可分解为依 $\mathscr{L}_2$ 收敛的级数

$$\zeta(t)=\sum_{k=1}^{\infty}\xi_k\varphi_k(t) \tag{14}$$

在这个分解中，ζ_k 是一正交的随机变量序列，$E\mid\xi_k\mid^2=\lambda_k$，$\lambda_k$ 是特征数，$\varphi_k(t)$ 是过程的协方差特征函数.

注 1 如果过程 $\zeta(t)$ 是 Gauss 过程，则它的 m. s. 导数和形如 $\int_a^b f(t)\zeta(t)\mathrm{d}t$ 的积分是 Gauss 随机变量. 因此，如果 $\zeta(t)$ 是实的 Gauss 过程且 $E\zeta(t)=0$，则级数(14) 的系数 ξ_k 是独立的 Gauss 变量且级数(14) 对每个 t 以概率 1 收敛.

事实上，ξ_k 的独立性由它的正交性和 Gauss 性得到. 为了证明级数(14) 以概率 1 收敛只须证明级数 $\sum_{k=1}^{\infty}E(\xi_k\varphi_k(t))^2=\sum_{k=1}^{\infty}\lambda_k^2\times\mid\varphi_k(t)\mid^2$ 收敛即可. 然而正如已经提到过的，这个级数是收敛的(且它的和为 $B(t,t)$).

定理 6 如果

$$E\mid\zeta(t)-\zeta(t+h)\mid^2\leqslant\frac{L\,|h|}{|\lg|h||^{3+r}},r>0,a\leqslant t\leqslant b \tag{15}$$

则对任意 $\varepsilon>0$，当 $n\to\infty$ 时

$$P\left\{\sup_{a\leqslant t\leqslant b}\left|\zeta(t)-\sum_{k=1}^{n}\xi_k\varphi_k(t)\right|>\varepsilon\right\}\to 0$$

这一定理的证明是根据第三章 §5 引理 1. 设

$$\zeta_n(t)=\sum_{k=1}^{n}\xi_k\varphi_k(t),\zeta(t)-\zeta_n(t)=\zeta_n'(t),\gamma_n=\sup_{a\leqslant t\leqslant b}\mid\zeta(t)-\zeta_n(t)\mid$$

从而

$$P\{\gamma_n>\varepsilon\}\leqslant P\left\{\mid\zeta_n(0)\mid>\frac{\varepsilon}{2}\right\}+P\left\{\sup_{0\leqslant t\leqslant b}\mid\zeta_n'(t)-\zeta_n'(0)\mid>\frac{\varepsilon}{2}\right\}\leqslant$$
$$\frac{4E\mid\zeta_n'(0)\mid^2}{\varepsilon^2}+Q\left(n,\frac{\varepsilon}{4G}\right)$$

其中 $Q(n,c)$ 及 G 是在前面提到的引理中所定义的. 我们有

$$P\{\mid\zeta_n'(t+h)-\zeta_n'(t)\mid>Cg(h)\}\leqslant\frac{\sigma_n^2(t,h)}{C^2g^2(h)}$$

其中

$$\sigma_n^2(t,h)=E\mid\zeta_n'(t+h)-\zeta_n'(t)\mid^2=$$
$$E\left|\sum_{k=n+1}^{\infty}\xi_k[\varphi_k(t+h)-\varphi_k(t)]\right|^2=$$

$$\sum_{k=n+1}^{\infty}\lambda_k \mid \varphi_k(t+h)-\varphi_k(t)\mid^2$$

考虑到(15),我们看到,函数 $\mid \lg|h|\mid^{3+r'}\sigma_n^2(t,h)(L|h|)^{-1}(0<r'<r)$ 对 $t\in[a,b],h\in[0,h_0]$ 连续并且当 n 增加时单调减少,而当 $n\to\infty$ 时趋于0. 由 Dini 定理这个收敛性是一致的. 因此,当 $n\to\infty$ 时

$$\max\left\{\frac{|\lg|h||^{3+r'}\sigma_n^2(t,h)}{L|h|}:t\in[a,b],h\in[0,h_0]\right\}=\delta_n\to 0$$

令(参考第三章 §5)

$$g(h)=|\lg|h||^{-(1+r'')},0<r''<\frac{r'}{2}$$

$$q_n(C,h)=\frac{L\delta_n|h|}{C^2g^2(h)|\lg|h||^{3+r'}}$$

我们得到

$$G<\infty,Q(n,C)\leqslant\frac{K\delta_n}{C^2}$$

其中 K 是某一不依赖于 n 的常数. 所以,当 $n\to\infty$ 时

$$Q\left(n,\frac{\varepsilon}{4G}\right)\to 0$$

此外,当 $n\to\infty$ 时,$E\mid\zeta_n'(0)\mid^2\to 0$. 定理证毕.

作为一个例子,考虑在区间[0,1]上的 Brown 运动过程的正交级数分解. 此时 $\zeta(0)=0,E\zeta(t)=0,D\zeta(t)=t,B(t,s)=E\zeta(t)\zeta(s)=\min(t,s)$,核 $B(t,s)$ 的特征数与特征函数容易被找到. 由方程

$$\lambda_n\varphi_n(t)=\int_0^1\min(t,s)\varphi_n(s)\mathrm{d}s=\int_0^t s\varphi_n(s)\mathrm{d}s+\int_s^1 t\varphi_n(s)\mathrm{d}s$$

首先我们有 $\varphi_n(0)=0$. 对 t 求微分我们得到

$$\lambda_n\varphi_n'(t)=\int_t^1\varphi_n(s)\mathrm{d}s$$

从而 $\varphi_n'(1)=0$. 再一次求微分,我们得到方程 $\lambda_n\varphi_n''(t)=-\varphi_n(t)$. 满足边界条件 $\varphi_n(0)=0,\varphi_n'(1)=0$ 的最后的方程的解是

$$\varphi_n(t)=\sqrt{2}\sin\left(n+\frac{1}{2}\right)\pi t,\lambda_n^{-1}=\left(n+\frac{1}{2}\right)^2\pi^2$$

$$n=1,2,\cdots$$

因此

$$\zeta(t)=\sqrt{2}\sum_{n=0}^{\infty}\xi_n\frac{\sin\left(n+\frac{1}{2}\right)\pi t}{\left(n+\frac{1}{2}\right)\pi}\tag{16}$$

其中 ξ_n 为具有参数(0,1)的独立 Gauss 随机变量. 对固定的 t,这一级数以概率

1 收敛. 因为 $\zeta(t)$ 是 Gauss 过程且 $E|\zeta(t+h)-\zeta(t)|^2=h$,故依概率

$$\sup_{0\leqslant t\leqslant 1}\left|\zeta(t)-\sqrt{2}\sum_{k=0}^{n}\xi_n\frac{\sin\left(k+\frac{1}{2}\right)\pi t}{\left(k+\frac{1}{2}\right)\pi}\right|\to 0$$

Brown 运动过程的另一种分解可以由下面的方法得到. 设 $\xi(t)=\zeta(t)-t\zeta(1)$. 则 $\xi(t)$ 是具有协方差为 $B_1(t,s)=\min(t,s)-ts$ 且 $E\xi(t)=0$ 的 Gauss 过程. 核 $B_1(t,s)$ 的特征数和特征函数可用与前面的情形一样的方法得到. 我们又一次得到具有边界条件 $\varphi_n(0)=\varphi_n(1)=0$ 的方程 $\lambda_n\varphi_n''(t)=-\varphi_n(t)$ 的解为

$$\varphi_n(t)=\sqrt{2}\sin n\pi t,\lambda_n^{-1}=n^2\pi^2,n=1,2,\cdots$$

这样一来

$$\xi(t)=\zeta(t)-t\zeta(1)=\sqrt{2}\sum_{n=1}^{\infty}\xi_n\frac{\sin n\pi t}{n\pi}$$

其中 $\xi_n(n=1,2,\cdots)$ 是独立的 Gauss 随机变量标准序列,并且

$$\xi_n=\sqrt{2}\int_0^1\xi(t)\sin n\pi t\mathrm{d}t$$

因为

$$E\zeta(1)=1,E\zeta^2(1)=1$$

$$E\xi_n\zeta(1)=\sqrt{2}\int_0^1 E(\zeta(t)-t\zeta(1))\times\zeta(1)\sin n\pi t\mathrm{d}t=0$$

令 $\xi_0=\zeta(1)$,则我们得到

$$\zeta(t)=t\xi_0+\sqrt{2}\sum_{n=1}^{\infty}\xi_n\frac{\sin n\pi t}{n\pi}\tag{17}$$

其中 $\xi_0,\xi_1,\cdots,\xi_n,\cdots$ 独立且具有参数为(0,1) 的正态分布. 级数(17) 的收敛性质与级数(16) 相同.

§4 随机测度与积分

形如

$$\int_a^b f(t)\mathrm{d}\zeta(t)\tag{1}$$

的积分在许多问题中起着重要的作用. 其中 $f(t)$ 是给定的(非随机的) 函数,而 $\zeta(t)$ 是随机过程. 一般地说,过程 $\zeta(t)$ 的现实不是有界变差函数,因而积分(1) 不能了解为几乎对一切 $\zeta(t)$ 的现实存在的 Stieltjes 或 Lebesgue-Stieltjes 积分. 然而,即使对于这种情形,积分(1) 仍然可以用这样一种方法定义,使得它具有通常积分所具有的性质.

在这一节里给出关于随机测度的积分定义，并且研究这种积分的积分性质.这样的积分称为随机积分.

令$\{\Omega,\mathfrak{S},P\}$是一概率空间，$\mathscr{L}_2=\mathscr{L}_2(\Omega,\mathfrak{S},P)$，$E$是某一集合且$\mathfrak{M}$是$E$的子集组成的半环. 设对每一$\Delta\in\mathfrak{M}$. 有相应的一个满足下述条件的复随机变量$\zeta(\Delta)$：

1)$\zeta(\Delta)\in\mathscr{L}_2$. $\zeta(\varnothing)=0$；

2) 如果$\Delta_1\cap\Delta_2=\varnothing$，则$\zeta(\Delta_1\cup\Delta_2)=\zeta(\Delta_1)+\zeta(\Delta_2)(\bmod P)$；

3)$E\zeta(\Delta_1)\overline{\zeta(\Delta_2)}=m(\Delta_1\cap\Delta_2)$，其中$m(\Delta)$是$\mathfrak{M}$上的某一集函数.

定义1 满足条件1)～3)的随机变量族$\{\zeta(\Delta):\Delta\in\mathfrak{M}\}$称为基本正交随机测度，而$m(\Delta)$是它的构成函数.

随机测度的正交性是由条件3)所表示：如果$\Delta_1\cap\Delta_2=\varnothing$，则$\zeta(\Delta_1)$与$\zeta(\Delta_2)$正交.

由$m(\Delta)$的定义得到它是非负的

$$m(\Delta)=E\mid\zeta(\Delta)\mid^2\geqslant 0,m(\varphi)=0$$

而且它是可加的：如果$\Delta_1\cap\Delta_2=\varnothing$，则

$$\begin{aligned}m(\Delta_1\cup\Delta_2)=E\mid\zeta(\Delta_1)+\zeta(\Delta_2)\mid^2=\\ m(\Delta_1)+m(\Delta_2)+2m(\Delta_1\cap\Delta_2)=\\ m(\Delta_1)+m(\Delta_2)\end{aligned}$$

因此，$m(\Delta)$是$\mathfrak{M}$上的基本测度①.

用$\mathscr{L}_0\{\mathfrak{M}\}$表示全体简单函数$f(x)$所成的类

$$f(x)=\sum_{k=1}^n c_k\chi_{\Delta_k}(x),\Delta_k\in\mathfrak{M},k=1,2,\cdots,n\tag{2}$$

其中n是任一数且$\chi_A(x)$是集A的示性函数.

用公式

$$\eta=\int f(x)\zeta(\mathrm{d}x)=\sum_{k=1}^n c_k\zeta(\Delta_k)\tag{3}$$

定义关于函数$f(x)\in\mathscr{L}_0\{\mathfrak{M}\}$对于基本随机测度$\zeta$的随机积分.

由于$\mathfrak{M}$是半环，故在$\mathscr{L}_0(\mathfrak{M})$中的任意两个函数均可表为在$\mathfrak{M}$中的相同集合的示性函数的线性组合. 因此，如果$f,g\in\mathscr{L}_0\{\mathfrak{M}\}$，则假定$f(x)$由式(2)给定且$g(x)=\sum_{k=1}^n d_k\chi_{\Delta_k}(x)$，并且当$k\neq r$时$\Delta_k\cap\Delta_r=\varnothing$.

由ζ的正交性得到

① 定义在半环上的非负可加集函数称为基本测度.

$$E\left(\int f(x)\zeta(\mathrm{d}x)\overline{\int g(x)\zeta(\mathrm{d}x)}\right)=\sum_{k=1}^{n}c_k\overline{d}_k m(\Delta_k) \tag{4}$$

假定基本测度 m 满足半可加性条件，因此可以扩张为完备测度$\{E,\mathfrak{L},m\}$. 这时 $\mathscr{L}_0\{\mathfrak{M}\}$ 是 Hilbert 空间 $\mathscr{L}_2\{\mathfrak{M}\}=\mathscr{L}_2\{E,\mathfrak{L},m\}$ 的线性子集，而 $\mathscr{L}_2\{\mathfrak{M}\}$ 是由内积

$$(f,g)=\int f(x)\overline{g(x)}m(\mathrm{d}x) \tag{5}$$

产生的拓扑下 $\mathscr{L}_0\{\mathfrak{M}\}$ 的闭包.

这时，式(4) 可以写为如下的形式：对于 $\mathscr{L}_2\{\mathfrak{M}\}$ 中的任意一对函数 $f(x),g(x)$

$$E\int f(x)\zeta(\mathrm{d}x)\overline{\int g(x)\zeta(\mathrm{d}x)}=\int f(x)\overline{g(x)}m(\mathrm{d}x) \tag{6}$$

现在我们引入随机变量族$\{\zeta(\Delta):\Delta\in\mathfrak{M}\}$ 的线性包络 $\mathscr{L}_0\{\zeta\}$，即表为形式(3) 的随机变量集，又引入空间 $\mathscr{L}_2\{\zeta\}$，它是在随机变量的 Hilbert 空间 $\mathscr{L}_2\{\Omega,\mathfrak{S},P\}$ 中 $\mathscr{L}_0\{\zeta\}$ 的闭包. 我们指出，关系式(3) 建立了在 $\mathscr{L}_0\{\mathfrak{M}\}$ 与 $\mathscr{L}_0\{\zeta\}$ 之间的一个保距对应 $\eta=\psi(f)$. 这个对应可以扩张为在 $\mathscr{L}_2\{\mathfrak{M}\}$ 与 $\mathscr{L}_2(\zeta)$ 之间的保距对应 ψ. 如果 $\eta=\psi(f)$，$f\in\mathscr{L}_2\{\mathfrak{M}\}$，则根据定义令

$$\eta=\psi(f)=\int f(x)\zeta(\mathrm{d}x) \tag{7}$$

且称随机变量 η 为函数 $f(x)$ 关于测度 ζ 的随机积分. 从而得到：

定理 1 a) 对于简单函数(2)，随机积分的值由式(3) 给定；

b) 对于 $\mathscr{L}_2\{E,\mathfrak{L},m\}$ 中的任意 $f(x)$ 与 $g(x)$ 等式(6) 成立；

c) $\int[\alpha f(x)+\beta g(x)]\zeta(\mathrm{d}x)=\alpha\int f(x)\zeta(\mathrm{d}x)+\beta\int g(x)\zeta(\mathrm{d}x)$；

d) 对任意函数序列 $f^{(n)}(x)\in\mathscr{L}_2\{E,\mathfrak{L},m\}$ 使得

$$\int|f(x)-f^{(n)}(x)|^2m(\mathrm{d}x)\to 0,n\to\infty \tag{8}$$

下面的关系式成立

$$\int f(x)\zeta(\mathrm{d}x)=\lim\int f^{(n)}(x)\zeta(\mathrm{d}x)$$

注 特别，如果 $f^{(n)}(x)$ 是简单函数

$$f^{(n)}(x)=\sum_{k=1}^{m_n}c_k^{(n)}\chi_{\Delta_k^{(n)}}(x),\Delta_k^{(n)}\in\mathfrak{M},n=1,2,\cdots$$

且式(8) 满足，则

$$\int f(x)\zeta(\mathrm{d}x)=\lim\sum_{k=1}^{m_n}c_k^{(n)}\zeta(\Delta_k^{(n)})$$

由测度论的一般理论得到，存在逼近任意函数 $f(x)\in\mathscr{L}_2\{E,\mathfrak{L},m\}$ 的简单

函数序列. 因此,随机积分可以考虑作为相应的积分和的 m. s. 极限.

用符号 L_0 表示所有满足 $m(A)<\infty$ 的集合 $A\in\mathfrak{L}$ 所组成的类. 我们定义随机集合函数 $\tilde{\zeta}(A)$

$$\tilde{\zeta}(A)=\int\chi_A(x)\zeta(\mathrm{d}x)=\int_A\zeta(\mathrm{d}x) \tag{9}$$

它具有如下性质:

a) $\tilde{\zeta}(A)$ 定义在集合类 L_0 上;

b) 如 $A_n\in L_0, n=1,2,\cdots, A_0=\bigcup_{n=1}^{\infty}A_n$, 当 $k\neq r, k>0, r>0, A_k\cap A_r=\varnothing$, 则在 m. s. 收敛意义下

$$\tilde{\zeta}(A_0)=\sum_{n=1}^{\infty}\tilde{\zeta}(A_n)$$

c) $E\tilde{\zeta}(A)\overline{\tilde{\zeta}(B)}=m(A\cap B), A,B\in L_0$;

d) 当 $\Delta\in\mathfrak{M}$ 时 $\tilde{\zeta}(\Delta)=\zeta(\Delta)$.

定义 2 满足条件 a), b), c) 的随机集函数 $\tilde{\zeta}$ 称为随机正交测度.

性质 d) 表示 $\tilde{\zeta}$ 是基本随机测度 ζ 的扩张. 因此, 有如下定理.

定理 2 如果基本随机测度 ζ 的构成函数为半可加的, 则 ζ 可以扩张为随机测度 $\tilde{\zeta}$.

注 因为 $\mathscr{L}_2\{\zeta\}=\mathscr{L}_2\{\tilde{\zeta}\}$, 故

$$\int f(x)\zeta(\mathrm{d}x)=\int f(x)\tilde{\zeta}(\mathrm{d}x)$$

根据这个等式, 在以后我们约定, 把根据基本正交测度 ζ(它的构成函数是半可加的) 定义的随机积分与按关系式(9) 定义的随机测度 $\tilde{\zeta}$ 的随机积分视为相同的.

我们做一些关于在直线上的某一部分上的随机积分的注释. 令 $\xi(t)$ $(a\leqslant t<b)$ 是一具有正交增量的随机过程, 即对任意

$$t_i\in[a,b), t_1<t_2<t_3<t_4$$

$$E(\xi(t_2)-\xi(t_1))\overline{(\xi(t_4)-\xi(t_3))}=0$$

$\xi(t)$ 为均方左连续: 对于 $s\uparrow t$

$$E\mid\xi(t)-\xi(s)\mid^2\to 0$$

设
$$F(t)=E\mid\xi(t)-\xi(a)\mid^2$$

由过程 $\xi(t)$ 的增量的正交性得到, 当 $t_2>t_1$ 时

$$F(t_2)=E\mid\xi(t_2)-\xi(t_1)+\xi(t_1)-\xi(a)\mid^2=F(t_1)+E\mid\xi(t_2)-\xi(t_1)\mid^2$$

从而 $F(t_2)\geqslant F(t_1)$ 且 $F(t)=\lim\limits_{s\uparrow t}F(s)$. 因此 $F(t)$ 是单调不减的左连续函数. 令 $\mathfrak{M}$ 是全体半开半闭区间 $\Delta=[t_1,t_2), a\leqslant t_1<t_2\leqslant b$, 所成的类

$$\zeta([t_1,t_2))=\xi(t_2)-\xi(t_1), m([t_1,t_2))=F(t_2)-F(t_1)$$

则 $\mathfrak{M}$ 是半环(集合的)

$$E\zeta(\Delta_1)\overline{\zeta(\Delta_2)}=m(\Delta_1\cap\Delta_2)$$

$\zeta(\Delta)$ 是基本正交随机测度,它具有构成函数,因而可以扩张为一测度. 这样一来,可以借助于等式

$$\int_a^b f(t)\mathrm{d}\xi(t)=\int_a^b f(t)\zeta(\mathrm{d}t)$$

定义随机 Stieltjes 积分,其中 $\xi(t)$ 是具有正交增量的随机过程. 对任意 Borel 函数 $f(t), t\in[a,b)$ 有

$$\int_a^b |f(t)|^2 F(\mathrm{d}t)<\infty$$

它的随机 Stieltjes 积分是存在的,其中 $F(A)$ 是对应于单调函数 $F(t)$ 的测度. 类似地定义关于整个直线 $(-\infty,\infty)$ 的随机积分.

我们现在证明关于随机积分的一些命题.

设 ζ 是具有构成函数 m(它是 $\{E,\mathfrak{L}\}$ 上的完备测度)的正交随机测度, $g(x)\in\mathscr{L}_2\{\mathfrak{M}\}$. 令

$$\lambda(A)=\int\chi_A(x)g(x)\zeta(\mathrm{d}x), A\in\mathfrak{L}$$

则

$$E\lambda(A)\overline{\lambda(B)}=\int\chi_A(x)\chi_B(x)|g(x)|^2 m(\mathrm{d}x)=\int_{A\cap B}|g(x)|^2 m(\mathrm{d}x)$$

如果在 $\mathfrak{L}$ 上引入新的测度

$$l(A)=\int_A |g(x)|^2 m(\mathrm{d}x)$$

则我们看到, $\lambda(A)$ 是具有构成函数 $l(A), A\in\mathfrak{L}$ 的正交随机测度.

引理 1 若 $f(x)\in\mathscr{L}_2\{l\}$,则 $f(x)g(x)\in\mathscr{L}_2\{m\}$ 并且

$$\int f(x)\lambda(\mathrm{d}x)=\int f(x)g(x)\zeta(\mathrm{d}x)$$

证 对于简单函数 $f(x)$, $f(x)=\sum_k c_k\chi_{A_k}(x)$, $A_k\in\mathfrak{L}$,引理的断言是显然的. 其次,如果 $f_k(x)$ 是 $\mathscr{L}_2\{l\}$ 中的简单函数基本列,则

$$\left|\int f_n(x)\lambda(\mathrm{d}x)-\int f_{n+m}(x)\lambda(\mathrm{d}x)\right|^2=$$

$$\int|f_n(x)-f_{n+m}(x)|^2 l(\mathrm{d}x)=$$

$$\int|f_n(x)-f_{n+m}(x)|^2|g(x)|^2 m(\mathrm{d}x)$$

即 $f_n(x)g(x)$ 在 $\mathscr{L}_2\{m\}$ 中是基本的. 在等式

$$\int f_n(x)\lambda(\mathrm{d}x)=\int f_n(x)g(x)\zeta(\mathrm{d}x)$$

中当 $n \to \infty$ 时取极限,我们得到在一般情形时引理的断言.

引理 2 若 $A \in L_0$,则

$$\zeta(A) = \int \frac{\chi_A(x)}{g(x)} \lambda(\mathrm{d}x)$$

首先我们注意到在 l 测度为 0 的集合上 $g(x)=0$;因此,$\frac{1}{g(x)} \neq \infty (\mathrm{mod}\ l)$. 其次

$$\int \frac{\chi_A(x)}{|g(x)|^2} l(\mathrm{d}x) = \int_A \frac{1}{|g(x)|^2} |g(x)|^2 m(\mathrm{d}x) = m(A) < \infty$$

因此,可以应用引理 1

$$\int \frac{1}{g(x)} \chi_A(x) \lambda(\mathrm{d}x) = \int \frac{1}{g(x)} \chi_A(x) g(x) \zeta(\mathrm{d}x) = \zeta(A)$$

引理证毕.

令 T 是直线上有穷或无穷区间,$\mathfrak{B}$ 是 T 的 Lebesgue 可测子集组成的 σ 代数,l 是 Lebesgue 测度.

设函数 $g(t,x)$ 是 $\mathfrak{B} \times \mathfrak{L}$ 可测,$g(t,x) \in \mathscr{L}_2\{l \times m\}$ 且对任意

$$t \in T, g(t,x) \in \mathscr{L}_2\{m\}$$

考虑随机积分

$$\xi(t) = \int g(t,x) \zeta(\mathrm{d}x) \tag{10}$$

对每一 t,它以概率为 1 有定义.

引理 3 随机积分(10) 可以定义为 t 的函数,使得过程 $\xi(t)$ 是可测的.

证 若

$$g(t,x) = \sum c_k \chi_{B_k}(t) \chi_{A_k}(x) \tag{11}$$

$B_k \in \mathfrak{B}, A_k \in \mathfrak{L}$,则 $\xi(t) = \sum c_k \chi_{B_k}(t) \zeta(A_k)$ 是变数 (t,ω),$t \in T, \omega \in \Omega$ 的 $\mathfrak{B} \times \mathfrak{S}$ 可测函数. 在一般情形下,可以构造形如(11) 的简单函数序列 $g_n(t,x)$,使当 $n \to \infty$ 时

$$\iint |g(t,x) - g_n(t,x)|^2 m(\mathrm{d}x) \mathrm{d}t \to 0$$

设 $\xi_n(t)$ 是按式(10) 当 $g = g_n$ 时建立的过程序列,则存在这样的一个过程 $\tilde{\xi}(t)$,使得当 $n \to \infty$ 时

$$\int E |\tilde{\xi}(t) - \xi_n(t)|^2 \mathrm{d}t \to 0$$

且 $\tilde{\xi}(t)$ 是关于 (t,ω) 的 $\mathfrak{B} \times \mathfrak{S}$ 可测函数. 另一方面

$$\int E |\xi(t) - \xi_n(t)|^2 \mathrm{d}t = \iint |g(t,x) - g_n(t,x)|^2 m(\mathrm{d}x) \mathrm{d}t \to 0$$

从而对几乎所有 t, $E\mid\xi(t)-\tilde{\xi}(t)\mid^2=0$.

设

$$\xi'(t)=\begin{cases}\tilde{\xi}(t),\text{如果 } P\{\xi(t)\neq\tilde{\xi}(t)\}=0\\ \xi(t),\text{如果 } P\{\xi(t)\neq\tilde{\xi}(t)\}>0\end{cases}$$

则过程 $\xi'(t)$ 可测(因为在测度为0的集合上 $\xi'(t)$ 与 $\mathfrak{B}\times\mathfrak{L}$ 可测函数 $\tilde{\xi}(t)$ 不同)且随机等价于 $\xi(t)$. 引理证毕.

今后,我们考虑由随机积分形式(10)定义的过程时,将假定它们是可测的.

引理 4 若 $g(t,s)$ 与 $h(t)$ 是 Borel 函数

$$\int_a^b\int_{-\infty}^{\infty}\mid g(t,s)\mid^2\mathrm{d}tm(\mathrm{d}s)<\infty,\int_a^b\mid h(t)\mid^2\mathrm{d}t<\infty \tag{12}$$

ζ 是在 $\{R^1,\mathfrak{B}^1\}$ 上的正交随机测度,则

$$\int_a^b h(t)\int_{-\infty}^{\infty}g(t,s)\zeta(\mathrm{d}s)\mathrm{d}t=\int_{-\infty}^{\infty}g_1(s)\zeta(\mathrm{d}s) \tag{13}$$

其中

$$g_1(s)=\int_a^b h(t)g(t,s)\mathrm{d}t$$

证 在等式(13)左边积分的模的平方的数学期望等于

$$\int_a^b\int_a^b h(t_1)\overline{h(t_2)}\left(\int_{-\infty}^{\infty}g(t_1,s)\overline{g(t_2,s)}m(\mathrm{d}s)\right)\mathrm{d}t_1\mathrm{d}t_2=$$

$$\int_{-\infty}^{\infty}\left|\int_a^b h(t)g(t,s)\mathrm{d}t\right|^2 m(\mathrm{d}s)\leqslant$$

$$\int_a^b\mid h(t)\mid^2\mathrm{d}t\cdot\int_{-\infty}^{\infty}\int_a^b\mid g(t,s)\mid^2\mathrm{d}tm(\mathrm{d}s)$$

在等式(13)右边积分的模的平方的数学期望具有在最后的关系式的第二行所指出的不等式.因此,等式(13)的右边和左边关于在 $\mathscr{L}_2\{\Phi\}$ 中收敛的序列 $g_n(t,s)$ 的极限过程是连续的,其中 Φ 是 Lebesgue 测度与在带形 $[a,b]\times(-\infty,\infty)$ 中的测度 m 的直积.其次,使得式(13)成立的函数 $g(t,s)$ 的集合是线性的且包含形如 $\Sigma c_k\chi_{A_k}(t)\chi_{B_k}(\tau)$ 的函数.因此,它包含所有 $\mathscr{L}_2\{\Phi\}$ 中的函数.

注 如果对每一有限区间 (a,b) 引理 4 的条件满足且在 $\mathscr{L}_2\{m\}$ 收敛意义下存在积分

$$\int_{-\infty}^{\infty}h(t)g(t,s)\mathrm{d}t=\lim_{\substack{a\to-\infty\\ b\to+\infty}}\int_a^b h(t)g(t,s)\mathrm{d}t$$

则

$$\int_{-\infty}^{\infty}h(t)\int_{-\infty}^{\infty}g(t,s)\zeta(\mathrm{d}s)\mathrm{d}t=\int_{-\infty}^{\infty}f_1(s)\zeta(\mathrm{d}s) \tag{14}$$

其中

$$f_1(s)=\int_{-\infty}^{\infty}h(t)g(t,s)\mathrm{d}t$$

由于等式(14)的左边是等式(13)左边的均方极限且由于式(13)的右边关于随机积分号下取极限的可能性立即得到所要证的结果.

现在我们考虑把前述结果推广到向量值随机测度情形.在这里我们仅限于纯量函数的积分这一简单情形,它与数值随机测度的积分多少有一点差别.

令 $\mathscr{L}^p$ 表示某一维数为 p 的复向量空间.为简便起见,我们假定在这个空间里的基底是固定的.我们假定,每一 $\Delta\in\mathfrak{M}$ 规定对应一个取值于 $\mathscr{L}^p$ 的向量随机变量 $\boldsymbol{\zeta}(\Delta)$, $\boldsymbol{\zeta}(\Delta)=\{\zeta^1(\Delta),\zeta^2(\Delta),\cdots,\zeta^p(\Delta)\}$.用 $|\boldsymbol{\zeta}(\Delta)|$ 表示向量 $\boldsymbol{\zeta}(\Delta)$ 的模

$$|\boldsymbol{\zeta}(\Delta)|^2=\sum_{k=1}^{n}|\zeta^k(\Delta)|^2$$

我们假定

1) $E|\boldsymbol{\zeta}(\Delta)|^2<\infty,\boldsymbol{\zeta}(\varnothing)=\mathbf{0}$;

2) 如果 $\Delta_1\cap\Delta_2=\varnothing,\boldsymbol{\zeta}(\Delta_1\cup\Delta_2)=\boldsymbol{\zeta}(\Delta_1)+\boldsymbol{\zeta}(\Delta_2)\pmod P$;

3) $E\zeta^k(\Delta_1)\overline{\zeta^j(\Delta_2)}=m_j^k(\Delta_1\cap\Delta_2),\Delta_i\in\mathfrak{M},i=1,2;k,j=1,2,\cdots,p$.

随机向量族 $\{\boldsymbol{\zeta}(\Delta):\Delta\in\mathfrak{M}\}$ 称为基本向量值随机(正交)测度,而矩阵 $\boldsymbol{m}(\Delta)=\{\boldsymbol{m}_j^k(\Delta)\}=E\boldsymbol{\zeta}(\Delta)\boldsymbol{\zeta}^*(\Delta)$ 称为构成矩阵.

我们指出,考虑作为 Δ_1 与 Δ_2 的函数的矩阵 $\boldsymbol{m}(\Delta_1\cap\Delta_2)$ 具有向量随机函数相关矩阵的性质(参阅 §1).此外,如果 $\Delta_1\cap\Delta_2=\varnothing$,则

$$\boldsymbol{m}(\Delta_1\cup\Delta_2)=\boldsymbol{m}(\Delta_1)+\boldsymbol{m}(\Delta_2)$$

从而得到,矩阵 $\boldsymbol{m}(\Delta)$ 的对角线元素是基本测度.此外,由不等式

$$|m_j^k(\Delta)|\leqslant\sqrt{m_k^k(\Delta)m_j^j(\Delta)} \tag{15}$$

得到

$$\sum_r|m_j^k(\Delta_r)|\leqslant\left\{\sum_r m_k^k(\Delta_r)\sum_r m_j^j(\Delta_r)\right\}^{\frac{1}{2}} \tag{16}$$

因此,集函数 $m_j^k(k,j=1,\cdots,p)$ 在 Δ 上是有界变差的.

设 $m_0(\Delta)=\mathrm{Sp}\,\boldsymbol{m}(\Delta)=\sum_{k=1}^{p}m_k^k(\Delta)$.由式(16)得到,如果当 $N\to\infty$ 时 $\sum_{r=1}^{m_N}m_0(\Delta_r^N)\to 0$,则也有 $\sum_{r=1}^{m_N}|m_j^k(\Delta_r^N)|\to 0$.所以我们得到,如果函数 $m_0(\Delta)$ 在 $\mathfrak{M}$ 上半可加,则函数 $m_j^k(\Delta)$ 可以扩张为在 $\mathfrak{B}$ 上的可数可加集函数.

往后我们把借助于基本正交随机测度的构成函数扩张的方法得到的矩阵函数称之为正定矩阵测度.

上面我们用 $\mathscr{L}$ 表示关于由基本测度 $m_0(\Delta)$ 扩张的 $\sigma\{\mathfrak{M}\}$ 的完备化.为了简单起见,对于函数 m_j^k,m_0 和矩阵 $\boldsymbol{m}$ 在 $\mathfrak{B}$ 上的扩张,我们将保留原来的记号.并

且在往后总认为 $m_0(\Delta)$ 在 $\mathfrak{M}$ 上是半可加的.

应用下式

$$\boldsymbol{\eta}=\int f(x)\zeta(\mathrm{d}x)=\sum_{k=1}^{n}c_k\boldsymbol{\zeta}(\Delta_k) \tag{17}$$

在 $\mathscr{L}_0\{\mathfrak{M}\}$ 上我们定义随机积分,其中 $f(x)=\sum_{k=1}^{n}c_k\chi_{\Delta_k}(x),\Delta_k\in\mathfrak{M}(k=1,\cdots,n)$. 这个积分的值是取值于 $\mathscr{X}^p$ 中的随机向量(行向量). 以 $\mathscr{L}_0^p(\boldsymbol{\zeta})$ 表示所有形如 (17) 的随机向量 $\boldsymbol{\eta}$ 的全体. 如果 $g(x)=\sum_{k=1}^{n}d_k\chi_{\Delta_k}(x)$,则

$$E\left(\int f(x)\boldsymbol{\zeta}(\mathrm{d}x)\left(\int g(x)\boldsymbol{\zeta}(\mathrm{d}x)\right)^*\right)=\sum_{k=1}^{n}c_k\overline{d}_k\boldsymbol{m}(\Delta_k)$$

它可以写为如下的形式

$$E\left(\int f(x)\boldsymbol{\zeta}(\mathrm{d}x)\left(\int g(x)\boldsymbol{\zeta}(\mathrm{d}x)\right)^*\right)=\int f(x)\,\overline{g(x)}\boldsymbol{m}(\mathrm{d}x) \tag{18}$$

从而得到等式

$$E\left|\int f(x)\boldsymbol{\zeta}(\mathrm{d}x)\right|^2=\int|f(x)|^2\boldsymbol{m}(\mathrm{d}x) \tag{19}$$

我们在 $\mathscr{L}_0\{\mathfrak{M}\}$ 中引进内积

$$(f,g)=\int f(x)\,\overline{g(x)}m_0(\mathrm{d}x)$$

如果在 $\mathscr{L}_0^p\{\boldsymbol{\zeta}\}$ 中,元素 $\boldsymbol{\eta}_1$ 与 $\boldsymbol{\eta}_2$ 的内积定义为 $E\boldsymbol{\eta}_2^*\boldsymbol{\eta}_1$,则式(17) 建立了空间 $\mathscr{L}_0\{\boldsymbol{m}\}$ 到 $\mathscr{L}_0^p\{\boldsymbol{\zeta}\}$ 的保距变换 $\eta=\psi(f)$. 随机向量的空间 $\mathscr{L}_0^2\{\boldsymbol{\zeta}\}$ 的闭包,我们用 $\mathscr{L}_2^p\{\boldsymbol{\zeta}\}$ 表示,而 $\mathscr{L}_0\{\mathfrak{M}\}$ 的完备化用 $\mathscr{L}_2\{\mathfrak{M}\}$ 表示.

类似不等式(16),导出不等式

$$\int|f(x)||m_j^k|(\mathrm{d}x)\leqslant\left\{|f(x)|m_k^k(\mathrm{d}x)\int|f(x)|m_j^j(\mathrm{d}x)\right\}^{\frac{1}{2}} \tag{20}$$

这里 $|m_j^k|(A)$ 是函数 m_j^k 的绝对变差,首先对于简单函数上式成立,然后应用极限过程对于任意 $\mathfrak{B}$ 可测函数亦成立. 由不等式(20) 得到作为在 $\mathscr{L}_2\{m_0\}$ 中的 f 和 g 的泛函的积分

$$\int f(x)\overline{g}(x)m_j^k(\mathrm{d}x)$$

的存在性和连续性.

由此,空间 $\mathscr{L}_0(\mathfrak{M})$ 至 $\mathscr{L}_0^p(\boldsymbol{\zeta})$ 上的保距变换可以扩张到空间 $\mathscr{L}_2\{\mathfrak{M}\}$ 至 $\mathscr{L}_2^p\{\boldsymbol{\zeta}\}$ 上的保距变换. 此时,随机向量 $\boldsymbol{\eta}$ 称为随机积分且表示

$$\boldsymbol{\eta}=\int f(x)\zeta(\mathrm{d}x)$$

其中 $f(x)\in\mathscr{L}_2(m_0)$.

类似在纯量情形的随机测度概念，可以定义向量值的随机测度 $\tilde{\zeta}(A)$.

§5　随机函数的积分表示

利用前一节的结果，可以得到用随机积分表示随机函数的各种表示式.

我们首先假定 p 维向量随机函数 $\xi(x), x \in \mathscr{X}$ 可表为形式

$$\xi(x)=\int g(x,u)\zeta(\mathrm{d}u) \tag{1}$$

其中 ζ 为定义在可测空间 $\{\mathscr{U},\mathfrak{B}\}$ 上取值于 $\mathscr{X}^p$ 且构成矩阵为 $\boldsymbol{m}(A)$ 的随机测度（这里我们用前一节的记号），$g(x,u)$ 是纯量函数且对每一 $x \in \mathscr{X}$

$$g(x,u) \in \mathscr{L}_2\{m_0\}=\mathscr{L}_2\{\mathscr{U},\mathfrak{B},m_0\}, m_0(A)=\mathrm{Sp}\,\boldsymbol{m}(A)$$

由 §4 式(18) 随机函数 $\xi(x)$ 的协方差矩阵有如下形式

$$\boldsymbol{B}(x_1,x_2)=E\xi(x_1)\xi^*(x_2)=\int g(x_1,u)\overline{g(x_2,u)}m(\mathrm{d}u) \tag{2}$$

而由 §4(19) 得到

$$E\xi^*(x_2)\xi(x_1)=\int g(x_1,u)\overline{g(x_2,u)}m_0(\mathrm{d}u) \tag{3}$$

我们回想起 $\{\mathscr{U},\mathfrak{B},m_0\}$ 是具有完备测度的空间，$\mathscr{L}_2\{m_0\}$ 是平方 m_0 可积的 $\mathfrak{B}$ 可测复值函数的 Hilbert 空间.

用 $\mathscr{L}_2\{g\}$ 表示在 $\mathscr{L}_2\{m_0\}$ 中由函数组 $\{g(x,u): x \in \mathscr{X}\}$ 产生的线性包络的闭包. 则 $\mathscr{L}_2\{g\}$ 是 $\mathscr{L}_2\{m_0\}$ 的线性闭子空间. 若 $\mathscr{L}_2\{g\}=\mathscr{L}_2\{m_0\}$，则函数组 $\{g(x,u): x \in \mathscr{X}\}$ 称为在 $L_2\{m_0\}$ 中是完备的.

令 $\{\xi(x): x \in \mathscr{X}\}$ 是取值于 $\mathscr{X}^p$ 中的 Hilbert 随机函数，$\mathscr{L}_0\{\xi\}$ 是所有随机向量

$$\boldsymbol{\eta}=\sum_{k=1}^{n} c_k \xi(x_k), n=1,2,\cdots, x_k \in \mathscr{X} \tag{4}$$

组成的集合，其中 c_k 是任意复数，$\mathscr{L}_2\{\xi\}$ 是随机向量在均方收敛意义下 $\mathscr{L}_0\{\xi\}$ 的闭包.

定义 1　随机向量的总体 $\{\boldsymbol{\eta}_\alpha: \alpha \in A\}$，$\boldsymbol{\eta}_\alpha \in \{\Omega,\mathfrak{S},P\}$，称为随机函数 $\{\xi(x): x \in \mathscr{X}\}$ 的从属，如果 $\boldsymbol{\eta}_\alpha \in \mathscr{L}_2\{\xi\}, \alpha \in A$.

定理 1　设随机函数 $\{\xi(x): x \in \mathscr{X}\}$ 的协方差矩阵满足式(2)，其中 m 是 $\{\mathscr{U},\mathfrak{B}\}$ 上的正定矩阵测度，$g(x,u) \in \mathscr{L}_2\{m_0\}, x \in \mathscr{X}$，且族 $\{g(x,u): x \in \mathscr{X}\}$ 在 $\mathscr{L}_2\{\mathfrak{A},\mathfrak{B},m_0\}$ 中是完备的. 则 $\xi(x)$ 可以用式(1) 表示，其中 $\{\zeta(B), B \in \mathfrak{B}\}$ 是某一随机正交向量测度，从属于具有构成函数 $m(\cdot)$ 的随机函数 $\xi(x)$ 且对每一 x 以概率 1 成立等式(1).

证 对每一线性组合

$$f(u)=\sum_{k=1}^{n}c_k g(x_k,u),x_k\in\mathscr{X} \tag{5}$$

借助于式(4) 对应随机向量 $\boldsymbol{\eta},\boldsymbol{\eta}=\boldsymbol{\psi}(f)$. 用 $\mathscr{L}_0\{g\}$ 表示全体形如(5) 的函数的集合. 在 $\mathscr{L}_0\{g\}$ 中借助于关系式

$$(f_1,f_2)=\int f_1(u)\,\overline{f_2(u)}m_0(\mathrm{d}u) \tag{6}$$

定义内积. 对应关系 $\boldsymbol{\eta}=\boldsymbol{\psi}(f)$ 是 $\mathscr{L}_0\{g\}$ 到 $\mathscr{L}_0\{\xi\}$ 的保距映象. 因此它可以扩张为 $\mathscr{L}_2\{g\}$ 到 $\mathscr{L}_2\{\xi\}$ 上的保距映象. 由于函数族$\{g(x,u):x\in\mathscr{X}\}$的完备性,如果 $B\in\mathfrak{B}$,则$\chi_B(x)\in\mathscr{L}_2\{m_0\}=\mathscr{L}_2\{g\}$. 设$\zeta(A)=\psi(\chi_A)$. 则$\zeta(A)$是向量值随机测度且它的构成函数与 m 相一致

$$E\zeta(A_1)\zeta^*(A_2)=\int\chi_{A_1}(x)\,\overline{\chi_{A_2}(x)}m(\mathrm{d}x)=m(A_1\cap A_2)$$

现在借助于随机积分

$$\tilde{\xi}(x)=\int g(x,u)\zeta(\mathrm{d}u)$$

我们定义随机函数 $\tilde{\xi}(x)$. 因为

$$E\xi(x)\zeta^*(A)=\int g(x,u)\,\chi_A(x)m(\mathrm{d}u)$$

故从对应 $\boldsymbol{\eta}=\boldsymbol{\psi}(f)$ 的保距性得到等式

$$E\xi(x)\tilde{\xi}^*(x)=\int g(x,u)\,\overline{g(x,u)}m(\mathrm{d}u)$$

因此我们得到

$$E\mid\xi(x)-\tilde{\xi}(x)\mid^2=E\xi^*(x)\xi(x)-E\tilde{\xi}^*(x)\xi(x)-E\xi^*(x)\tilde{\xi}(x)+E\tilde{\xi}^*(x)\tilde{\xi}(x)=0$$

从而证明了定理.

我们列举一些刚刚已被证明的定理的应用. 为了简化起见,我们在这一节的余下部分用“平稳过程”代替“广义平稳过程”一词.

根据第四章 §2 定理 2,平稳且 m. s. 连续的过程的相关矩阵可以表为

$$\boldsymbol{R}(t_1,t_2)=\boldsymbol{R}(t_1-t_2)=\int_{-\infty}^{\infty}\mathrm{e}^{\mathrm{i}u(t_1-t_2)}F(\mathrm{d}u) \tag{7}$$

其中 $F(\cdot)$ 是非负定矩阵测度(过程的谱矩阵). 式(7) 是式(2) 的特殊情况. 在那里的函数 $g(x,u)$ 相应于 $\mathrm{e}^{\mathrm{i}ut}$,$x\leftrightarrow t$,并且函数集合$\{\mathrm{e}^{\mathrm{i}ut}:-\infty<u<\infty\}$ 在 $\mathscr{L}_2\{m_0\}$ 中是完备的,其中 m_0 是直线上任一有限测度. 因此,我们可应用定理 1,而且得到下面的结果.

定理 2 向量平稳 m. s. 连续的随机过程 $\xi(t)(-\infty<t<\infty)$,$E\xi(t)=0$,可表为下式

$$\xi(t)=\int_{-\infty}^{\infty}\mathrm{e}^{\mathrm{i}tu}\zeta(\mathrm{d}u) \tag{8}$$

其中 $\zeta(A)$ 是在 $\mathfrak{B}$ 上从属 $\xi(t)$ 的向量值正交随机测度. 在 $\mathscr{L}_2\{\xi\}$ 与 $\mathscr{L}_2\{F_0\}$ 之间存在保距关系,其中 $F_0(\cdot)=\mathrm{Sp}\ F(\cdot)$,使得

a) $\xi(t)\leftrightarrow \mathrm{e}^{\mathrm{i}tu}$, $\zeta(A)\leftrightarrow \chi_A(u)$;

b) 若 $\eta_i\leftrightarrow g_i(u)(i=1,2)$,则

$$\eta_i=\int g_i(u)\zeta(\mathrm{d}u)$$

且

$$E\eta_1\eta_2^*=\int g_1(u)\overline{g_2(u)}F(\mathrm{d}u)$$

式(8) 称为平稳过程的谱分解(或谱表示),且称 $\zeta(A)$ 为过程的随机谱测度,从定理 2 得到

$$E\zeta(A_1)\zeta^*(A_2)=\int_{A_1\cap A_2}F(\mathrm{d}u)=F(A_1\cap A_2) \tag{9}$$

即 $F(\cdot)$ 是向量随机测度 $\zeta(\cdot)$ 的构成函数.

注 1 对任意 $\eta\in\mathscr{L}_2\{\xi\}$ 有 $E\eta=0$. 特别对任意 $A\in\mathfrak{B}$, $E\zeta(A)=0$.

注 2 若 $E\xi(t)=a\neq 0$,则上述定理对于过程 $\xi-a$ 成立. 另一方面,如果我们对 $\zeta(A)$ 加上集中于点 $u=0$ 的测度值 a,表示式(8) 在一般情形下还是成立的.

作为定理 2 应用的一个例子,我们导出一个一维的谱测度集中在有限区间 $[-B,B]$ 上的随机过程的 Котельников-Shannon 公式. 在区间 $[-B,B]$ 上我们将函数 $\mathrm{e}^{\mathrm{i}ut}$ 展成 Fourier 级数,我们有

$$\mathrm{e}^{\mathrm{i}ut}=\sum_{n=-\infty}^{\infty}\frac{\sin(Bt-\pi n)}{Bt-\pi n}\mathrm{e}^{\mathrm{i}\frac{\pi n}{B}u}$$

上式右端的级数对任意区间 $[-B',B]$, $B'<B$,关于 u 一致收敛且它的部分和是有界的. 因此级数在 $\mathscr{L}_2\{m_0\}$ 也是收敛的. 由于空间 $\mathscr{L}_2\{m_0\}$ 与 $\mathscr{L}_2\{\xi\}$ 同构,我们有(在 m. s. 意义下收敛)

$$\xi(t)=\sum_{n=-\infty}^{\infty}\frac{\sin(Bt-\pi n)}{Bt-\pi n}\xi\left(\frac{\pi n}{B}\right) \tag{10}$$

因此,在任一时刻 t 随机函数 $\xi(t)$ 的值根据它在等距离的时刻

$$\frac{\pi n}{B}, n=0,\pm 1,\pm 2,\cdots$$

的值唯一地被得到.

对于平稳向量序列 $\boldsymbol{\xi}_n$, $n=0,\pm 1,\pm 2,\cdots$ 可以建立完全类似于定理 2 的定理. 区别只是在于序列的谱测度集中在半开半闭区间 $[-\pi,\pi)$ 上,而不是像在具有连续时间的过程这一情形集中在整个实轴上(参看 §2 定理 1).

由 §2 定理1和定理2得到下面的关于齐次 m. s. 连续场的谱分解的定理2的推广.

定理 3 向量值的齐次 m. s. 连续场 $\xi(x), x \in \mathbf{R}^m$ 可以表为形式

$$\xi(x) = a + \int_{\mathbf{R}^m} e^{i(x,u)} \zeta(du), a = E\xi(x)$$

其中 ζ 是 $\mathfrak{B}^m$ 上从属于场 $\xi(t)$ 的向量正交测度. 在 $\mathscr{L}_2\{\xi\}$ 与 $\mathscr{L}_2\{F_0\}, F_0(\cdot) = \mathrm{Sp}\, F(\cdot)$ 之间存在保距对应关系,使得

a) $\zeta(x) \leftrightarrow e^{i(x,u)}$;

b) 如果 $\eta_i \leftrightarrow g_i(u), \eta_i \in \mathscr{L}_2\{\xi\}, g_i(u) \in \mathscr{L}_2\{F_0\}, i = 1, 2$,则

$$\eta_i = \int_{\mathbf{R}^m} g_i(u)\zeta(du)$$

$$E\eta_1\eta_2^* = \int_{\mathbf{R}^m} g_1(u)\,\overline{g_2(u)}F(du)$$

推论 如果齐次场 $\xi(x)$(纯量的)($E\xi(x) = 0$) 具有有限谱,即

$$R(x) = \int_{-B_1}^{B_1} \cdots \int_{-B_m}^{B_m} e^{i(x,u)} F(du)$$

则这个场根据它在格子点 $\left\{x_n = \left(\frac{\pi n^1}{B_1}, \frac{\pi n^2}{B_2}, \cdots, \frac{\pi n^m}{B_m}\right), n^k = 0, \pm 1, \pm 2, \cdots\right\}$ 的值按公式

$$\xi(x) = \sum_{n=(n^1,\cdots,n^m)} \prod_{k=1}^{m} \frac{\sin(B_k x^k - \pi n^k)}{B_k x^k - \pi n^k} \times \xi\left(\frac{\pi n^1}{B_1}, \frac{\pi n^2}{B_2}, \frac{\pi n^m}{B_m}\right) \tag{11}$$

唯一确定. 在这一公式中和号是按一切可能的整数向量 $\boldsymbol{n}$ 来求和的,并且公式右边的级数对每一 x 是均方收敛的.

我们还考虑 m. s. 联结的迷向二维随机场的谱分解. 根据 §2 式(10),场的相关函数具有如下形式

$$R(x_1, x_2) = R(\rho) = \int_0^\infty J_0(u\rho)g(du) \tag{12}$$

其中 x_1 与 x_2 是平面上的点,ρ 是它们之间的距离. 如果(r_i, θ_i) 是点 $x_i (i=1,2)$ 的极坐标,则

$$\rho = \sqrt{r_1^2 + r_2^2 - 2r_1r_2\cos(\theta_1 - \theta_2)}$$

对于函数 J_0 应用加法公式

$$J_0(u\rho) = \sum_{k=-\infty}^{\infty} J_k(ur_1)J_k(ur_2)e^{ik(\theta_1-\theta_2)}$$

我们重写式(12) 为如下形式

$$R(\rho) = \int_0^\infty \int_{-\infty}^\infty J_v(ur_1)e^{iv\theta_1} J_v(ur_2)e^{iv\theta_2} g(du)\varepsilon(dv)$$

其中 $\varepsilon(dv)$ 是集中在点 $k = 0, \pm 1, \pm 2, \cdots$ 且 $\varepsilon(\{k\}) = 1$ 的测度. 根据定理1,平

面的迷向齐次且 m. s. 连续场 $\xi(x)$, $x=re^{i\theta}$, $(E\xi(x)=0)$ 满足形如

$$\xi(x)=\sum_{k=-\infty}^{\infty}e^{ik\theta}\int_0^{\infty}J_k(ur)\zeta_k(\mathrm{d}u) \tag{13}$$

的表达式. 其中 ζ_k 是在 $[0,\infty)$ 上相互正交的随机测度序列.

§6 线性变换

把系统 Σ(仪器或机器) 设想为对依赖于时间 t 的信号(函数)$x(t)$ 进行变换的装置. 被变换的函数称为在系统输入端的函数,经变换后的函数称为关于输入函数的输出或反应函数. 数学上任一系统由一在输入端的"可容许"函数类 D 及如下形式的关系

$$z(t)=T(x\mid t)$$

所给定,其中 $x=x(s)(-\infty<s<\infty)$ 是在输入端的函数, $x(s)\in D$, 而 $z(t)$ 是输出端函数在瞬时 t 的值.

系统 Σ 称为是线性的,如果:a) 可容许函数类 D 是线性的, b) 算子 T 满足加法法则

$$T(\alpha x_1+\beta x_2\mid t)=\alpha T(x_1\mid t)+\beta T(x_2\mid t)$$

借助于关系式

$$x_\tau(t)=S_\tau(x\mid t)=x(t+\tau)$$

我们引入时移算子 $S_\tau(-\infty<\tau<\infty)$.

这个算子定义在所有以变数 $t(-\infty<t<\infty)$ 的函数集合上并且是线性的. 系统 Σ 称为关于时间是齐次的(或简称为齐次的),如果可容许函数类 D 关于时移算子 S_τ 是不变的, $S_\tau D=D$, 且

$$T(x_\tau\mid t)=T(x\mid t+\tau)$$

或

$$T(S_\tau x\mid t)=S_\tau T(x\mid t)$$

即如果变换 T 与时移算子 $S_\tau(-\infty<\tau<\infty)$ 可以置换.

形如

$$z(t)=\int_{-\infty}^{\infty}h(t,s)x(s)\mathrm{d}s \tag{1}$$

的变换可以作为线性变换的最简单的例子,这里的可容许函数类 D 依赖于函数 $h(t,s)$ 的性质. 设在系统的输入端输入函数 δ_{x-s}, 其中 δ_x 是 δ 函数. 则在 $t>s$ 时, $z(t)=h(t,s)$ 且在 $t<s$ 时, $z(t)=0$. 因此,函数 $h(t,s)$ 将解释为在瞬时 s 系统对 δ 函数的反应. 据此, $h(t,s)$ 称为系统的脉冲转移函数. 如果系统 Σ 对时间是齐次的,则形式上

$$h(t,a-c)=T(\delta_{a-c}\mid t)=T(S_c\delta_a\mid t)=S_cT(\delta_a\mid t)=h(t+c,a)$$

或者,以 c 代 a 且以 $t-c$ 代 t,我们有

$$h(t-c,0)=h(t,c)$$

函数 $h(t)=h(t+c,c)$ 称为齐次系统的脉冲转移函数.

这样一来,对于齐次系统,方程(1) 变为

$$z(t)=\int_{-\infty}^{\infty}h(t-s)x(s)\mathrm{d}s \tag{2}$$

式(2) 右边的运算称为函数 $h(t)$ 与 $x(t)$ 的卷积.

如果系统输入端的函数不同于输出端的函数而仅仅差一个纯量因子(变换 T 不改变信号的形式)

$$T(f\mid t)=\lambda f(t)\quad(-\infty<t<\infty)$$

则 $f(t)$ 称为特征函数,而 λ 称为变换 T 的特征值. 对于关于时间是齐次的具有可积的脉冲转移函数的系统,函数 $\mathrm{e}^{\mathrm{i}tu}$($u$ 是任一实数)是特征函数. 事实上,所有有界可测函数是可容许函数且

$$\int_{-\infty}^{\infty}h(t-s)\mathrm{e}^{\mathrm{i}us}\mathrm{d}s=\int_{-\infty}^{\infty}h(s)\mathrm{e}^{\mathrm{i}u(t-s)}\mathrm{d}s=H(\mathrm{i}u)\mathrm{e}^{\mathrm{i}ut}$$

其中

$$H(\mathrm{i}u)=\int_{-\infty}^{\infty}h(s)\mathrm{e}^{-\mathrm{i}su}\mathrm{d}s \tag{3}$$

是脉冲转移函数的 Fourier 变换,它是变换的特征值.

因此,简单调和函数 $\mathrm{e}^{\mathrm{i}ut}$ 的系统反应与这个函数之比

$$H(\mathrm{i}u)=\frac{T(\mathrm{e}^{\mathrm{i}su}\mid t)}{\mathrm{e}^{\mathrm{i}ut}}$$

不依赖于时间 t. 函数 $H(\mathrm{i}u)$ 称为系统的频率特性式传递系数.

考虑另一可容许函数类,我们可以给出系统(2) 的频率特性的稍许不同的解释. 设 $x(t)$ 可积,根据 Fubini 定理

$$\int_{-\infty}^{\infty}\mid z(t)\mid \mathrm{d}t\leqslant\int_{-\infty}^{\infty}\int_{-\infty}^{\infty}\mid h(t-s)\mid\mid x(s)\mid \mathrm{d}s\mathrm{d}t=$$
$$\int_{-\infty}^{\infty}\mid x(s)\mid \mathrm{d}s\int_{-\infty}^{\infty}\mid h(t)\mid \mathrm{d}t<\infty$$

即函数 $z(t)$ 同样是可积的. 考虑函数 $z(t)$ 的 Fourier 变换. 应用 Fubini 定理,我们得到

$$\tilde{z}(u)=\int_{-\infty}^{\infty}\mathrm{e}^{\mathrm{i}tu}z(t)\mathrm{d}t=\int_{-\infty}^{\infty}\int_{-\infty}^{\infty}\mathrm{e}^{\mathrm{i}u(t-s)}h(t-s)\mathrm{e}^{-\mathrm{i}us}x(s)\mathrm{d}s\mathrm{d}t=H(\mathrm{i}u)\tilde{x}(u)$$

其中

$$\tilde{x}(u)=\int_{-\infty}^{\infty}\mathrm{e}^{-\mathrm{i}us}x(s)\mathrm{d}s$$

因此,输出端函数的 Fourier 变换与输入端函数的 Fourier 变换的比不依赖

于系统输入端的函数且等于系统的频率特性

$$H(\mathrm{i}u)=\frac{\tilde{z}(u)}{\tilde{x}(u)}$$

在式(1) 中对瞬时 t，系统的反应依赖输入端函数在瞬时 $s<t$ 以及 $s>t$ 的值.然而，在物理装置中是不可能预测未来的.因此，当 $t<s$ 时

$$h(t,s)=0 \tag{4}$$

式(4) 称为系统的物理可实现性条件.对于满足条件(4) 的系统，式(1) 变为

$$z(t)=\int_{-\infty}^{t} h(t,s)x(s)\mathrm{d}s \tag{5}$$

且如果系统是齐次的，则

$$z(t)=\int_{-\infty}^{t} h(t-s)x(s)\mathrm{d}s=\int_{0}^{\infty} h(s)x(t-s)\mathrm{d}s \tag{6}$$

如果在系统的输入端给予一个从时刻为0开始的函数(当 $s<0$ 时 $x(s)=0$)，则

$$z(t)=\int_{0}^{t} h(t-s)x(s)\mathrm{d}s \tag{7}$$

研究这样的系统时，利用 Laplace 变换

$$\tilde{z}(p)=\int_{0}^{\infty} \mathrm{e}^{-pt}z(t)\mathrm{d}t \tag{8}$$

代替 Fourier 变换更为方便.

从式(7) 得到，如果函数 $\mathrm{e}^{-\alpha t}h(t)$ 与 $\mathrm{e}^{-\alpha t}x(t)$ 绝对可积，则当 $\mathrm{Re}\, p\geqslant\alpha$，有

$$\tilde{z}(p)=H(p)\tilde{x}(p),\tilde{x}(p)=\int_{0}^{\infty} \mathrm{e}^{-pt}x(t)\mathrm{d}t \tag{9}$$

我们转入这一节的基本主题 —— 关于随机过程的线性变换.我们基本上考虑对时间是齐次的平稳过程的变换.关于更一般的情形我们仅作简单的附注.

设 $\xi(t)(-\infty<t<\infty)$ 是具有协方差为 $B(t,s)$ 的可测 Hilbert 过程，并且 $B(t,t)$ 在每一有限区间内关于 t 可积，同时函数 $|h(t,s)|^2$ 对固定 t 也是可积的，则对任意 a 与 b，积分

$$\zeta(t)=\int_{a}^{b} h(t,s)\xi(s)\mathrm{d}t$$

以概率 1 存在.

我们定义从 $-\infty$ 到 ∞ 的广义积分为在有限区间上的积分的 m. s. 极限

$$\int_{-\infty}^{\infty} h(t,s)\xi(s)\mathrm{d}s=\lim_{\substack{a\to-\infty\\ b\to+\infty}}\int_{a}^{b} h(t,s)\xi(s)\mathrm{d}s$$

如使这一极限存在，必须且只须在平面上的广义 Cauchy 积分

$$\int_{-\infty}^{\infty}\int_{-\infty}^{\infty} h(t,s_1)B(s_1,s_2)h(t,s_2)\mathrm{d}s_1\mathrm{d}s_2$$

存在.如果对 $t\in T$ 这个积分存在，则 $\zeta(t)$ 是 T 上的 Hilbert 随机过程且具有协

方差

$$B_\zeta(t_1,t_2)=\int_{-\infty}^{\infty}\int_{-\infty}^{\infty}h(t_1,s_1)B(s_1,s_2)\overline{h(t_2,s_2)}\mathrm{d}s_1\mathrm{d}s_2 \tag{10}$$

现假定 $\xi(t)$ 是具有谱测度为 $F(\mathrm{d}u)$ 且 $E\xi(t)=0$ 的广义平稳过程.这个假定将保存到这一节结束.积分

$$\eta(t)=\int_{-\infty}^{\infty}h(t-s)\xi(s)\mathrm{d}s \tag{11}$$

存在(在先前定义的意义下)的充分必要条件为积分

$$\int_{-\infty}^{\infty}\int_{-\infty}^{\infty}h(t-s_1)R(s_1-s_2)\overline{h(t-s_2)}\mathrm{d}s_1\mathrm{d}s_2=$$
$$\int_{-\infty}^{\infty}\int_{-\infty}^{\infty}h(s_1)R(s_2-s_1)\overline{h(s_2)}\mathrm{d}s_1\mathrm{d}s_2$$

存在,其中 $R(t)$ 是过程的相关函数.为此,也只须函数 $h(t)$ 在 $(-\infty,\infty)$ 上绝对可积即可.在这一情形,利用相关函数 $R(t)$ 的谱表示式,我们得到下面关于过程 $\eta(t)$ 的相关函数 $R_\eta(t_1,t_2)$ 的表示式

$$R_\eta(t_1,t_2)=\int_{-\infty}^{\infty}\int_{-\infty}^{\infty}h(t_1-s_1)R(s_1-s_2)\overline{h(t_2-s_2)}\mathrm{d}s_1\mathrm{d}s_2=$$
$$\int_{-\infty}^{\infty}\int_{-\infty}^{\infty}\int_{-\infty}^{\infty}h(t_1-s_1)\mathrm{e}^{\mathrm{i}u(s_1-s_2)}\overline{h(t_2-s_2)}\mathrm{d}s_1\mathrm{d}s_2F(\mathrm{d}u)=$$
$$\int_{-\infty}^{\infty}\mathrm{e}^{\mathrm{i}(t_1-t_2)u}\mid H(\mathrm{i}u)\mid^2F(\mathrm{d}u)=R_\eta(t_1-t_2)$$

因此,过程 $\eta(t)$ 同样也是广义平稳的.

定义 1 对于过程 $\xi(t)$,变换 T 称为可容许滤过(或简称为滤过),如果它由式(11)确定,其中 $h(t)$ 是 $(-\infty,\infty)$ 上绝对可积函数且在任意有限区间上平方可积,或者如果 T 是具有此性质的变换(在 $\mathscr{L}_2\{\xi\}$ 中)序列的 m.s.极限.

下面的关系式给出具有脉冲转移函数 $h_n(t)$ 及频率特性 $H_n(\mathrm{i}u)$ 的变换(11)序列 $\eta_n(t)=T_n(\xi/t)$ 的收敛性条件:当 $n,m\to\infty$ 时

$$E\mid\eta_n(t)-\eta_m(t)\mid^2=\int_{-\infty}^{\infty}\mid H_n(\mathrm{i}u)-H_m(\mathrm{i}u)\mid^2F(\mathrm{d}u)\to 0 \tag{12}$$

这表示序列 $H_n(\mathrm{i}u)$ 在 $\mathscr{L}_2\{F\}$ 是基本的.而当极限 $H(\mathrm{i}u)=\mathrm{l.i.m.}\ H_n(\mathrm{i}u)$(在 $\mathscr{L}_2\{F\}$ 中)存在时,则称它为极限的滤过频率特性,并且如果 $\eta(t)=\mathrm{l.i.m.}\ \eta_n(t)$,则

$$R_\eta(t)=\int_{-\infty}^{\infty}\mathrm{e}^{\mathrm{i}tu}\mid H(\mathrm{i}u)\mid^2F(\mathrm{d}u) \tag{13}$$

反之,任一函数 $H(\mathrm{i}u)\in\mathscr{L}_2\{F\}$,可以借助于绝对可积函数的Fourier变换函数在 $\mathscr{L}_2\{F\}$ 中的收敛意义下来逼近.因此,借助于频率特性很方便决定滤过.

定理 1 为使函数 $H(\mathrm{i}u)$ 为具有谱测度 F 的过程的可容许滤过的频率特性,必要与充分条件为 $H(\mathrm{i}u)\in\mathscr{L}_2\{F\}$.在具有频率特性为 $H(\mathrm{i}u)$ 的滤过的输

出端,过程的相关函数由式(13)确定.

如果回想起谱函数的能量解释,则由式(13)得到,$|H(\mathrm{i}u)|^2$ 表示当通过滤过时过程具有频率在区间$(u,u+\mathrm{d}u)$的简谐分量的能量增大多少倍.

定理 2 如果具有频率特性为 $H(\mathrm{i}u)$ 的滤过的输入端过程 $\xi(t)$ 有谱表示式

$$\xi(t)=\int_{-\infty}^{\infty}\mathrm{e}^{\mathrm{i}ut}\zeta(\mathrm{d}u) \tag{14}$$

则在滤过的输出端的过程 $\eta(t)$ 有形式

$$\eta(t)=\int_{-\infty}^{\infty}\mathrm{e}^{\mathrm{i}ut}H(\mathrm{i}u)\zeta(\mathrm{d}u) \tag{15}$$

事实上,如果滤过有绝对可积的脉冲转移函数,则

$$\eta(t)=\int_{-\infty}^{\infty}h(t-s)\xi(s)\mathrm{d}s=\int_{-\infty}^{\infty}\mathrm{e}^{\mathrm{i}ut}H(\mathrm{i}u)\zeta(\mathrm{d}u)$$

关于一般情形的证明,借助于在 $\mathscr{L}_2\{F\}$ 中收敛于 $H(\mathrm{i}u)$ 的序列 $H_n(\mathrm{i}u)$ 的极限过程得到.

设 $\eta_k(t)$ 为具有频率特性 $H_k(\mathrm{i}u)$ 的滤过输出端的过程,且 $E\eta_k(t)=0(k=1,2)$. 我们寻找过程 $\eta_1(t)$ 与 $\eta_2(t)$ 的互相关函数. 根据空间 $\mathscr{L}_2\{\zeta\}$ 与 $\mathscr{L}_2\{F\}$ 同构,立即得到

$$R_{12}(t)=E\eta_1(t+s)\overline{\eta_2(s)}=\int_{-\infty}^{\infty}\mathrm{e}^{\mathrm{i}ut}H_1(\mathrm{i}u)\overline{H_2(\mathrm{i}u)}F(\mathrm{d}u) \tag{16}$$

我们下面引入几个滤过及它的频率特性的例子.

1. 带通滤过器仅允许(不改变它们)频率在给定的区间(a,b)上的过程的调和分量通过. 滤过的频率特性等于 $H(\mathrm{i}u)=\chi_{(a,b)}(u)$,且允许对任意过程进行滤过. 脉冲转移函数根据 Fourier 公式得到

$$h(t)=\frac{1}{2\pi}\int_a^b\mathrm{e}^{\mathrm{i}tu}\mathrm{d}u=\frac{\mathrm{e}^{\mathrm{i}bt}-\mathrm{e}^{\mathrm{i}at}}{2\pi\mathrm{i}t}$$

2. 高频滤过器是压制低频而不改变高频的. 它的频率特性 $H(\mathrm{i}u)=\chi_{(|u|>a)}(u)$,而脉冲转移函数不存在.

3. 考虑 m. s. 可微广义平稳过程的运算. 为了过程的 m. s. 导数的存在性只须 $R''(0)$ 存在(§3 推论 1). 这条件等价地要求(第一章 §1 定理 4)

$$\int_{-\infty}^{\infty}u^2F(\mathrm{d}u)<\infty \tag{17}$$

另一方面,如这条件满足,则当 $h\to 0$ 时

$$\frac{\mathrm{e}^{\mathrm{i}hu}-1}{h}\to\mathrm{i}u\quad(\text{在 }\mathscr{L}_2\{F\})$$

且根据关系式

$$\frac{\xi(t+h)-\xi(t)}{h}=\int_{-\infty}^{\infty}\mathrm{e}^{\mathrm{i}tu}\,\frac{\mathrm{e}^{\mathrm{i}hu}-1}{h}\zeta(\mathrm{d}u)$$

当 $h \to 0$ 时可以在随机积分号下取极限.因此

$$\xi'(t)=\int_{-\infty}^{\infty} e^{itu} iu\zeta(du) \tag{18}$$

所以,一个微分算子对应一个具有频率特性为 iu 的滤过,这个滤过对于满足条件(17)的平稳过程是可容许的.脉冲转移函数不存在,但这一滤过可以考虑作为具有脉冲转移函数为

$$h_\varepsilon(t)=\begin{cases}0, 当 |t| \geqslant \varepsilon \\ -\dfrac{\operatorname{sgn} t}{t^2}, 当 |t|<\varepsilon\end{cases}$$

的滤过的极限($\varepsilon \to 0$),这时,$h_\varepsilon(t)$ 对应的频率特性为

$$-\frac{4\sin^2 \dfrac{u\varepsilon}{2}}{iu\varepsilon^2}$$

4.时移运算.因为

$$\xi(t+s)=\int_{-\infty}^{\infty} e^{iut} e^{ius} \zeta(du)$$

故得频率特性 $H(iu)=e^{ius}$ 对应时移运算 T_s,$T_s(\xi|t)=T(t+s)$.脉冲转移函数不存在.

5.微分方程.考虑具有常系数线性微分方程

$$L\eta=M\xi \tag{19}$$

所确定的滤过,其中

$$L=a_0\frac{d^n}{dt^n}+a_1\frac{d^{n-1}}{dt^{n-1}}+\cdots+a_n$$

$$M=b_0\frac{d^m}{dt^m}+b_1\frac{d^{m-1}}{dt^{m-1}}+\cdots+b_m$$

方程(19)仅当过程 m 次 m.s.可微时有意义.那时我们寻求 n 次 m.s.可微的满足(19)的平稳过程 $\eta(t)$.设(19)有平稳解.它可以表为

$$\eta(t)=\int_{-\infty}^{\infty} e^{iut} H(iu)\zeta(du)$$

对过程 $\xi(t)$ 与 $\eta(t)$ 分别应用运算 M 与 L,我们得到

$$\int_{-\infty}^{\infty} e^{iut} L(iu)H(iu)\zeta(du)=\int_{-\infty}^{\infty} e^{iut} M(iu)\zeta(du)$$

其中 $L(iu)=\sum_{k=0}^{n} a_k(iu)^{n-k}$,$M(iu)=\sum_{k=0}^{\infty} b_k(iu)^{m-k}$,因此,如果 $L(iu)$ 没有实根,则

$$H(iu)=\frac{M(iu)}{L(iu)} \tag{20}$$

反之,如果过程 $\xi(t)$ m 次 m.s.可微

$$M(\mathrm{i}u) \in \mathscr{L}_2\{F\}, L(\mathrm{i}u) \neq 0 (-\infty < u < \infty)$$

则过程

$$\eta(t) = \int_{-\infty}^{\infty} \mathrm{e}^{\mathrm{i}ut} \frac{M(\mathrm{i}u)}{L(\mathrm{i}u)} \zeta(\mathrm{d}u)$$

n 次 m. s. 可微且满足方程(19). 这样，在条件 $M(\mathrm{i}u) \in \mathscr{L}_2\{F\}$ 以及 $L(\mathrm{i}u) \neq 0$ 下，存在唯一的对应于微分方程(19) 的滤过. 然而我们看到，方程(19) 的解在更一般情形可以被确定. 设多项式 $L(\mathrm{i}u)$ 没有实根. 甚至不需要 $M(\mathrm{i}u) \in \mathscr{L}_2\{F\}$，具有频率特性为$\dfrac{M(\mathrm{i}u)}{L(\mathrm{i}u)}$的滤过亦存在，它仅需要$\dfrac{M(\mathrm{i}u)}{L(\mathrm{i}u)} \in \mathscr{L}_2\{F\}$ 就可以了. 当多项式的幂次 n 不小于 m 时，后一条件总能满足. 因此，当 $n \geqslant m$ 时，具有对实数 u，分母不为零的频率特性(20) 的滤过在输入端对任意过程是可容许的，并且在滤过的输出端的过程与方程(19) 的平稳解相同. 如前，我们仅限于考虑那些微分方程，其多项式 $L(x)$ 没有纯虚数根，我们从有理函数$\dfrac{M(x)}{L(x)}$求得它的整式部分 $P(x)$(若 $m \geqslant n$，则它异于零) 及展开余式为简单的分式. 故我们得到

$$\frac{M(\mathrm{i}u)}{L(\mathrm{i}u)} = P(\mathrm{i}u) + \sum_{k=1}^{n'} \sum_{s=1}^{l'_k} \frac{C'_{ks}}{(\mathrm{i}u - p'_k)^s} + \sum_{k=1}^{n''} \sum_{s=1}^{l''_k} \frac{C''_{ks}}{(\mathrm{i}u - p''_k)^s}$$

其中 $P(\mathrm{i}u) = \sum_{k=0}^{m-n} a_k (\mathrm{i}u)^k (m \geqslant n)$ 且 $P(\mathrm{i}u) = 0 (m < n)$，$\mathrm{Re}\, p'_k < 0$ 且 $\mathrm{Re}\, p''_k > 0$，p'_k 与 p''_k 是多项式 $L(x) = 0$ 的根. 因为

$$\frac{1}{(\mathrm{i}u - p)^s} = \frac{1}{(s-1)!} \frac{\mathrm{d}^{s-1}}{\mathrm{d}p^{s-1}} \int_0^{\infty} \mathrm{e}^{pt} \mathrm{e}^{-\mathrm{i}ut} \mathrm{d}t = \int_0^{\infty} \frac{t^{s-1}}{(s-1)!} \mathrm{e}^{pt} \mathrm{e}^{-\mathrm{i}ut} \mathrm{d}t \quad (\mathrm{Re}\, p < 0)$$

且

$$\frac{1}{(\mathrm{i}u - p)^s} = -\int_{-\infty}^{0} \frac{t^{s-1}}{(s-1)!} \mathrm{e}^{pt} \mathrm{e}^{-\mathrm{i}ut} \mathrm{d}t \quad (\mathrm{Re}\, p > 0)$$

故在滤过的输出端，过程可表为如下形式

$$\eta(t) = \sum_{k=0}^{m-n} a_k \xi^{(k)}(t) + \int_0^{\infty} \xi(t-\tau) G_1(\tau) \mathrm{d}\tau + \int_0^{\infty} \xi(t+\tau) G_2(-\tau) \mathrm{d}\tau$$

其中

$$G_1(t) = \sum_{k=1}^{n'} \left(\sum_{s=1}^{l'_k} \frac{C'_{ks} t^s}{(s-1)!} \right) \mathrm{e}^{p'_k t} \quad (t > 0)$$

$$G_2(t) = -\sum_{k=1}^{n''} \left(\sum_{s=1}^{l''_k} \frac{C''_{ks} t^s}{(s-1)!} \right) \mathrm{e}^{p''_k t} \quad (t < 0)$$

我们指出，如果多项式 $L(x)$ 有正的实部根，则对应的滤过物理上是不存在的.

§7 物理上可实现的滤过

在这一节里，我们考虑如下的一个问题：在物理可实现的滤过输出端可以得到怎样的谱函数？这里在滤过的输入端考虑的是在某种意义下的最简单的随机过程.

在这一节里，我们考虑的过程总假定是一维的且是广义平稳的.因此，有时把“平稳”一词省去，而常把“广义”一词省去.

首先考虑平稳序列.对于序列，我们将不再重述对于连续时间的过程所给出的全部定义及启发性的想法，然而我们将利用相应的术语.考虑这样一个系统，它在输入端及输出端的状态仅在整数时间 $t=0,\pm1,\pm2,\cdots$ 被记录.

设在系统的输入端于时刻 0 作用一个单位脉冲，在这脉冲作用下在时刻 t 系统的反应用a_t 表示.如果系统不预测未来，则当$t<0$时 $a_t=0$.如果系统对时间是齐次的，则在时刻 s 作用于系统一个单位脉冲的反应等于 a_{t-s}.线性的，齐次且物理上可实现的系统在时刻 t 对于脉冲序列 $\xi(n)(-\infty<n<\infty)$ 的反应是

$$\eta(t)=\sum_{n=-\infty}^{t}a_{t-n}\xi(n)=\sum_{n=0}^{\infty}a_n\xi(t-n) \tag{1}$$

即是滑动和过程.

设 $\xi(n)$ 是标准不相关序列

$$E\xi(n)=0,E\xi(n)\overline{\xi(m)}=\delta_{nm}\quad(-\infty<n,m<\infty)$$

这序列的谱密度是常数.

为使级数(1)m. s. 收敛，必须且只须

$$\sum_{n=0}^{\infty}|a_n|^2<\infty \tag{2}$$

如果这一条件满足，则过程 $\eta(t)$ 同样也是广义平稳的，并且

$$E\eta(t)=0,R_\eta(t)=\sum_{n=0}^{\infty}a_{n+t}\bar{a}_n \tag{3}$$

怎样的一类序列可以用这样一种方法得到呢？

引理 1 为使平稳序列 $\eta(n)$ 是物理上可实现的滤过对于不相关序列的反应，必须且只须序列 $\eta(n)$ 有绝对连续谱测度，且它的谱密度 $f(u)$ 满足表示式

$$f(u)=|g(e^{iu})|^2,g(e^{iu})=\sum_{n=0}^{\infty}b_ne^{iun},\sum_{n=0}^{\infty}|b_n|^2<\infty \tag{4}$$

证 必要性.假设序列表为形式(1).令

$$g(\mathrm{e}^{\mathrm{i}u})=\frac{1}{\sqrt{2\pi}}\sum_{n=0}^{\infty}\bar{a}_n\mathrm{e}^{\mathrm{i}nu} \tag{5}$$

根据 Parseval 公式

$$R_\eta(t)=\sum_{n=0}^{\infty}a_{n+t}\bar{a}_n=\int_{-\pi}^{\pi}\mathrm{e}^{\mathrm{i}tu}\mid g(\mathrm{e}^{\mathrm{i}u})\mid^2\mathrm{d}u$$

即序列 $\eta(n)$ 有密度为 $f(u)=\mid g(\mathrm{e}^{\mathrm{i}u})\mid^2$ 的绝对连续谱.

充分性. 设 $\eta(n)$ 是具有相关函数为

$$R_\eta(t)=\int_{-\pi}^{\pi}\mathrm{e}^{\mathrm{i}tu}f(u)\mathrm{d}u$$

且 $f(u)=\mid g(\mathrm{e}^{\mathrm{i}u})\mid^2$ 的序列,其中 $g(\mathrm{e}^{\mathrm{i}u})$ 由式(4) 定义. 序列 $\eta(n)$ 有谱表示式

$$\eta(n)=\int_{-\pi}^{\pi}\mathrm{e}^{\mathrm{i}nu}\zeta(\mathrm{d}u)$$

在区间$[-\pi,\pi)$ 的 Borel 集的 σ 代数上构造随机测度

$$\xi(A)=\int_{-\pi}^{\pi}\frac{1}{\sqrt{2\pi}}\frac{1}{g(\mathrm{e}^{\mathrm{i}u})}\chi_A(u)\zeta(\mathrm{d}u)$$

则

$$E\xi(A)\overline{\xi(B)}=\int_{-\pi}^{\pi}\chi_A(u)\chi_B(u)\frac{1}{2\pi\mid g(\mathrm{e}^{\mathrm{i}u})\mid^2}f(u)\mathrm{d}u=\frac{1}{2\pi}\int_{A\cap B}\mathrm{d}u$$

即 $\xi(A)$ 为具有构成函数 $l(A\cap B)$ 的正交测度,其中 l 是 Lebesgue 测度. 应用 §4 引理 2 及引理 1,我们得到

$$\eta(n)=\int_{-\pi}^{\pi}\mathrm{e}^{\mathrm{i}nu}\zeta(\mathrm{d}u)=\int_{-\pi}^{\pi}\mathrm{e}^{\mathrm{i}nu}\sqrt{2\pi}\,\overline{g(\mathrm{e}^{\mathrm{i}u})}\xi(\mathrm{d}u)=$$

$$\sum_{k=0}^{\infty}\sqrt{2\pi}\,\bar{b}_k\int_{-\pi}^{\pi}\mathrm{e}^{\mathrm{i}(n-k)u}\xi(\mathrm{d}u)=\sum_{k=0}^{\infty}a_k\xi(n-k)$$

其中 $a_n=\sqrt{2\pi}\,\bar{b}_n,\xi(n)=\int_{-\pi}^{\pi}\mathrm{e}^{\mathrm{i}nu}\xi(\mathrm{d}u)$ 且

$$E\xi(n)\overline{\xi(m)}=\frac{1}{2\pi}\int_{-\pi}^{\pi}\mathrm{e}^{\mathrm{i}(n-m)u}\mathrm{d}u=\delta_{nm}$$

这样一来,$\xi(n)$ 是标准不相关序列.

上面证明的引理给了我们关于前面所提出的问题的一个简单的回答. 然而这个回答在一般情况下不是充分有效的,因为当谱密度能被表示为式(4) 这一事实依然是模糊的.

我们现在寻找满足式(4) 的条件. 用 H_2 表示全体在圆 $D=\{z:\mid z\mid<1\}$ 内解析且

$$\| f(z)\|^2=\lim_{r\uparrow 1}\int_{-\pi}^{\pi}\mid f(r\mathrm{e}^{\mathrm{i}\theta})\mid^2\mathrm{d}\theta<\infty$$

的函数的集合. 如果 $f(z)=\sum_{n=0}^{\infty}a_nz^n$,则 $f(r\mathrm{e}^{\mathrm{i}\theta})=\sum_{n=0}^{\infty}a_nr^n\mathrm{e}^{\mathrm{i}n\theta}$,即 a_nr^n 是函数

$f(re^{i\theta})$ 的 Fourier 系数，由 Parseval 等式

$$\int_{-\pi}^{\pi} |f(re^{i\theta})|^2 d\theta = 2\pi \sum_{n=0}^{\infty} |a_n|^2 r^{2n}$$

因此，显然当且仅当

$$\sum_{n=0}^{\infty} |a_n|^2 < \infty$$

时，$f(z) \in H_2$. 所以，对每一函数 $f(z) \in H_2$，可以定义一个在 $\mathscr{L}_2(l)$ 中收敛的级数 $f(e^{i\theta}) = \sum_{n=0}^{\infty} a_n e^{in\theta}$，其中 l 是$[-\pi,\pi)$ 上的 Lebesgue 测度. 函数 $f(z)$ $(|z|<1)$ 可以通过函数 $f(e^{i\theta})$ 根据 Poisson 公式

$$f(re^{i\theta}) = \frac{1}{2\pi}\int_{-\pi}^{\pi} f(e^{i\theta}) P(r,\theta,u) du \tag{6}$$

来确定，其中

$$P(r,\theta,u) = \frac{1-r^2}{1-2r\cos(\theta-u)+r^2} = \sum_{u=-\infty}^{\infty} r^{|n|} e^{in(\theta-u)}$$

这一结果的证明可直接由 Parseval 等式得出.

在复变函数理论中证明了(见 Привалов[46])，如果在式(6)中的函数 $f(e^{i\theta})$ 是 Lebesgue 可积，则几乎对所有 θ 存在

$$\lim_{r \uparrow 1} f(re^{i\theta}) = f(e^{i\theta})$$

函数 $f(e^{i\theta})$ 称为 $f(z)(|z|<1)$ 的边界值.

定理 1 设 $f(u)$ 为$[-\pi,\pi)$ 上的非负且按 Lebesgue 意义下可积的函数. 为了存在函数 $g(z) \in H_2$，使得

$$f(u) = |g(e^{iu})|^2 \tag{7}$$

必要且充分条件为

$$\int_{-\pi}^{\pi} |\ln f(u)| du < \infty \tag{8}$$

证 必要性. 设 $g(z) = \sum_{n=0}^{\infty} a_n z^n \in H_2$ 且式(7)成立. 可设 $g(0) \neq 0$，(否则可考虑 $z^{-m}g(z)$ 代替 $g(z)$，其中 m 是函数 $g(z)$ 当 $z=0$ 时零点的阶)且假设 $g(0)=1$. 令 $0<r<1$ 且 $A=\{u: |g(re^{iu})| \leqslant 1\}$，$B=\{u: |g(re^{iu})|>1\}$. 则

$$\int_{-\pi}^{\pi} |\ln|g(re^{iu})|| du = \int_B \ln|g(re^{iu})| du - \int_A \ln|g(re^{iu})| du =$$

$$2\int_B \ln|g(re^{iu})| du - \int_{-\pi}^{\pi} \ln|g(re^{iu})| du$$

由 Jensen 公式得到

$$\frac{1}{2\pi}\int_{-\pi}^{\pi} \ln|f(re^{iu})| du = \ln\prod_{k=1}^{n} \frac{r}{|z_k|} \geqslant 0$$

其中 z_k 是函数 $f(z)$ 在圆内 $|z|<r$ 的零点且 $|f(0)|=1$. 因此

$$\int_{-\pi}^{\pi}|\ln|g(re^{iu})||\,du \leqslant 2\int_{B}\ln|g(re^{iu})|\,du \leqslant \int_{B}|g(re^{iu})|^2 du \leqslant$$

$$\int_{-\pi}^{\pi}|g(re^{iu})|^2 du \leqslant 2\pi\sum_{n=0}^{\infty}|a_n|^2$$

应用 Fatou 引理,我们得到

$$\int_{-\pi}^{\pi}|\ln|g(e^{iu})||\,du = \int_{-\pi}^{\pi}\lim_{r\uparrow 1}|\ln|g(re^{iu})||\,du \leqslant$$

$$\lim_{r\uparrow 1}\int_{-\pi}^{\pi}|\ln|g(re^{iu})||\,du \leqslant 2\pi\sum_{n=0}^{\infty}|a_n|^2$$

因而证明了条件(8) 的必要性.

充分性. 设条件(8) 满足,函数

$$u(r,\theta)=\frac{1}{2\pi}\int_{-\pi}^{\pi}\ln f(u)P(r,\theta,u)\,du$$

在圆 $D=\{z:|z|<1\}$ 内是一调和函数. 我们注意到由 Jensen 不等式得到

$$u(r,\theta)\leqslant \ln\left\{\frac{1}{2\pi}\int_{-\pi}^{\pi}f(u)P(r,\theta,u)\,du\right\}$$

我们用 $\varphi(z)$ 表示在 D 中具有实部为 $u(r,\theta)$ 的解析函数. 设

$$g(z)=e^{(\frac{1}{2})\varphi(z)}$$

则

$$|g(re^{i\theta})|^2=e^{\operatorname{Re}\varphi(z)}=e^{u(r,\theta)}\leqslant \frac{1}{2\pi}\int_{-\pi}^{\pi}f(u)P(r,\theta,u)\,du$$

且

$$\int_{-\pi}^{\pi}|g(re^{i\theta})|^2 d\theta \leqslant \int_{-\pi}^{\pi}|f(u)|\,du<\infty$$

因而 $g(z)\in H_2$ 且几乎处处 $\lim\limits_{r\uparrow 1}|g(re^{i\theta})|^2=e^{\lim\limits_{r\uparrow 1}u(r,\theta)}=f(\theta)$. 定理证毕.

注 1 从定理的证明得到,函数 $g(z)$ 可以用这样的方法来选择:当 $\tau=0$ 时它是正的,并且在 D 中没有零点.

注 2 在定理 1 中建立了函数 $g(z)$ 的存在性,但它不是唯一确定的. 然而,如果 $g(z)$ 满足条件

a) 当 $z\in D$ 时,$g(z)\neq 0$;b) $g(0)>0$,则它是唯一的,因此与我们在定理中找到的相同.

事实上,如果 $g_i(z)(i=1,2)$ 是两个这样的函数,则 $\psi(z)=\dfrac{g_1(z)}{g_2(z)}$ 在 D 中解析且不为零以及在边界 D 上的模等于 1. 函数 $\ln\psi(z)$ 在 D 中解析且在 D 的边界上,它的实部为零. 因此,$\ln\psi(z)=ik$,其中 k 是实的. 因为 $\ln\psi(0)$ 是实的. 故 $\ln\psi(z)=0$.

对照引理 1 和定理 1,我们得到下面的断言:

定理 2 为使序列 $\eta(t)$ 表为形式

$$\eta(t)=\sum_{n=0}^{\infty}a_n\xi(t-n),\sum_{n=0}^{\infty}|a_n|^2<\infty$$

其中 $\xi(n)$ 是不相关序列,必须且只须 $\eta(t)$ 具有绝对连续谱测度,且它的谱密度 $f(u)$ 满足条件

$$\int_{-\pi}^{\pi}\ln f(u)\mathrm{d}u>-\infty$$

令 $\zeta_1(x),\zeta_2(x),x\in\mathscr{X}$是两个 Hilbert 随机函数. 用 $\mathscr{L}_2\{\zeta_i\}$ 表示在 $\mathscr{L}_2$ 中的随机变量组$\{\zeta_i(x):x\in\mathscr{X}\}$的闭线性包络.

定义 1 如果 $\mathscr{L}_2(\zeta_1)\subset\mathscr{L}_2(\zeta_2)$,则随机函数 $\zeta_1(x)$ 称为从属 $\zeta_2(x)$. 如果 $\mathscr{L}_2(\zeta_1)=\mathscr{L}_2(\zeta_2)$,则 $\zeta_1(x)$ 与 $\zeta_1(x)$ 称为等价.

注 1 从引理 1 的证明得到,序列 $\xi(n)$ 与 $\eta(n)$ 是等价的.

我们证明,可以通过序列 $\eta(t)$ 的谱密度 $f(u)$ 的滑动和的运算来表示系数 a_n.

在定理 1 的证明中引入的函数 $\varphi(z)$ 是 D 中的解析函数,它的实部有边界值 $\ln f(u)$. 因此,用 Schwarz 公式

$$\varphi(z)=\frac{1}{2\pi}\int_{-\pi}^{\pi}\ln f(u)\frac{\mathrm{e}^{\mathrm{i}u}+z}{\mathrm{e}^{\mathrm{i}u}-z}\mathrm{d}u \tag{9}$$

展开函数 $g(z)=\exp\left\{\frac{1}{2}\varphi(z)\right\}$ 为幂级数 $g(z)=\sum\limits_{n=0}^{\infty}b_nz^n$,我们得到下面关于系数 a_n 的值

$$a_n=\sqrt{2\pi}\bar{b}_n$$

另一方面,对于 $g(z)$ 的表示式可以用下面的方法进行变换. 因为

$$\frac{\mathrm{e}^{\mathrm{i}u}+z}{\mathrm{e}^{\mathrm{i}u}-z}=1+\frac{2z\mathrm{e}^{-\mathrm{i}u}}{1-z\mathrm{e}^{-\mathrm{i}u}}=1+2\sum_{k=1}^{\infty}z^k\mathrm{e}^{-\mathrm{i}ku}$$

故

$$g(z)=\exp\left\{\frac{1}{4\pi}\int_{-\pi}^{\pi}\ln f(u)\mathrm{d}u+\frac{1}{2\pi}\sum_{k=1}^{\infty}d_k\bar{z}^k\right\}$$

其中

$$d_k=\int_{-\pi}^{\pi}\mathrm{e}^{\mathrm{i}ku}\ln f(u)\mathrm{d}u$$

令

$$P=\mathrm{e}^{\frac{1}{4\pi}\int_{-\pi}^{\pi}\ln f(u)\mathrm{d}u},\mathrm{e}^{\frac{1}{2\pi}\sum\limits_{k=1}^{\infty}d_kz^k}=\sum_{k=0}^{\infty}c_kz^k\quad(c_0=1)$$

我们得到

$$\overline{g(z)}=P\sum_{k=0}^{\infty}c_k\bar{z}^k$$

这样一来

$$a_n = \sqrt{2\pi}\, PC_n \tag{10}$$

我们现在转向讨论具有连续时间的过程.对应于随机过程 $\xi(t)$,过程 $\eta(t)$ 按照公式

$$\eta(t) = \int_0^{\infty} a(s)\mathrm{d}\xi(t-s) \tag{11}$$

决定的运算可以作为对于连续时间的随机过程的滑动和运算的推广.

具有正交增量的过程 $\xi(t)$ 称为标准的,如果

$$E\xi(t) = 0, E \mid \xi(t+h) - \xi(t) \mid^2 = h$$

根据 §4 关于 Stieltjes 随机积分所述,过程 $\xi(t)$ 对应某一在 Lebesgue 可测集的 σ 代数上的随机正交测度 $\xi(A)$.这个测度同样称为标准随机测度.积分(11) 存在的必要充分条件为 $a(t)$ 是 Lebesgue 可测的且

$$\int_0^{\infty} \mid a(t) \mid^2 \mathrm{d}t < \infty$$

注意,标准过程 $\xi(t)$ 不是 m. s. 可微.但比值

$$\xi'_{\Delta}(t_k) = \frac{\xi(t_k + \Delta) - \xi(t_k)}{\Delta}, \Delta = t_{k+1} - t_k$$

对所有 t_k 及任意小的 Δ 是正交的.因此,假导数 $\xi'(t)$ 考虑作为在任意两个时刻它的值是正交的、而它的方差是无穷的一个过程.这个假过程常常在论证中被引用且被称为“白噪声”.白噪声的精确定义在广义随机过程理论中给出(Гельфанд 与 Веленкен[10]).形式上公式(11) 可写为

$$\eta(t) = \int_{-\alpha}^{t} a(t-s)\xi'(s)\mathrm{d}s$$

且 $\eta(t)$ 可解释为对于白噪声的物理可实现滤过的反应.这个滤过的脉冲转移函数当 $t < 0$ 时等于零,并且当 $t > 0$ 时等于 $a(t)$.我们指出,对于过程 $\xi'(t)$,所有可容许的物理上可实现滤过都由公式(11) 给出.事实上,任一容许的物理可实现滤过按定义或者有形如式(11),或者是这样形式的滤过的极限.具有脉冲转移函数 $a_n(t)$ 形如(11) 的滤过的 m. s. 收敛的条件如下:当 $n, n' \to \infty$ 时

$$\int_0^{\infty} \mid a_n(s) - a_{n'}(s) \mid^2 \mathrm{d}s \to 0$$

然而,如果这一条件满足的话,则存在 l. i. m. $a_n(t) = a(t)$(关于$(0,\infty)$ 上 Lebesgue 测度) 且

$$\text{l. i. m. } \eta_n(t) = \text{l. i. m. } \int_0^{\infty} a_n(s)\mathrm{d}\xi(t-s) = \int_0^{\infty} a(s)\mathrm{d}\xi(t-s)$$

所以,形如(11) 的滤过中取极限过程并没有扩大滤过的类.

式(11) 可以重新写为下面的形式

$$\eta(t) = \int_{-\infty}^{\infty} a(t-s)\mathrm{d}\xi(s), \text{当 } t < 0 \text{ 时}, a(t) = 0$$

因此,过程 $\eta(t)$ 的相关函数等于

$$R(t)=\int_{-\infty}^{\infty} a(t+s-u)\overline{a(s-u)}\mathrm{d}u$$

或

$$R(t)=\int_{0}^{\infty} a(t+s)\overline{a(s)}\mathrm{d}s \tag{12}$$

引理 2 为使平稳(广义)过程 $\eta(t)$ 是物理上可实现滤过对于从属于这一过程的白噪声的反应,必须且只须过程 $\eta(t)$ 具有绝对连续谱测度,且它的谱密度 $f(u)$ 满足表示式

$$f(u)=|h(\mathrm{i}u)|^2 \tag{13}$$

其中

$$h(\mathrm{i}u)=\int_{0}^{\infty} b(s)\mathrm{e}^{-\mathrm{i}us}\mathrm{d}s,\int_{0}^{\infty}|b(s)|^2\mathrm{d}s<\infty \tag{14}$$

证 必要性.设过程满足式(11),令

$$h(\mathrm{i}u)=\frac{1}{\sqrt{2\pi}}\int_{0}^{\infty} a(s)\mathrm{e}^{-\mathrm{i}su}\mathrm{d}s$$

根据 Parseval 等式

$$R(t)=\int_{0}^{\infty} a(t+s)\overline{a(s)}\mathrm{d}s=\int_{-\infty}^{\infty}\mathrm{e}^{\mathrm{i}ut}|h(\mathrm{i}u)|^2\mathrm{d}u$$

即过程的谱是绝对连续的且谱密度具有形式(13),(14).

充分性.设引理条件满足.我们考虑过程 $\eta(t)$ 的谱表示

$$\eta(t)=\int_{-\infty}^{\infty}\mathrm{e}^{\mathrm{i}ut}\zeta(\mathrm{d}u)$$

及随机测度

$$\mu(A)=\int_{-\infty}^{\infty}\frac{\chi_A(u)}{h(\mathrm{i}u)}\zeta(\mathrm{d}u) \tag{15}$$

随机积分(15)对任意有界 Borel 集 A 有意义,这是因为

$$\frac{\chi_A(u)}{h(\mathrm{i}u)}\in\mathscr{L}_2\{F\}$$

其中 F 是过程的谱测度

$$F(A)=\int_A|h(\mathrm{i}u)|^2\mathrm{d}u$$

容易看出,$\mu(A)$ 是正交测度,并且

$$E\mu(A)\overline{\mu(B)}=\int_{A\cap B}\mathrm{d}u$$

令

$$\xi(t_2)-\xi(t_1)=\frac{1}{\sqrt{2\pi}}\int_{-\infty}^{\infty}\frac{\mathrm{e}^{-\mathrm{i}ut_2}-\mathrm{e}^{-\mathrm{i}ut_1}}{-\mathrm{i}u}\mu(\mathrm{d}u) \tag{16}$$

显然,随机积分(16)存在.区间随机函数 $\xi(\Delta)=\xi(t_2)-\xi(t_1)$,$\Delta=[t_1,t_2)$ 是对应于标准过程的基本测度.事实上,$E\xi(\Delta)=0$.其次,对于 Fourier 积分利用 Parseval 等式,我们得到

$$E\xi(\Delta_1)\overline{\xi(\Delta_2)}=\frac{1}{2\pi}\int_{-\infty}^{\infty}\frac{e^{-iut_2}-e^{-iut_1}}{-iu}\frac{e^{iut_4}-e^{iut_3}}{iu}du=$$

$$\int_{-\infty}^{\infty}\chi_{\Delta_1}(t)\chi_{\Delta_2}(t)dt=l(\Delta_1\cap\Delta_2)$$

其中 $\Delta_1=[t_1,t_2)$,$\Delta_2=[t_3,t_4)$,l 是实数轴上的 Lebesgue 测度.根据 §4 引理 1 及式(15),我们得到

$$\eta(t)=\int_{-\infty}^{\infty}e^{iut}h(iu)\mu(du)\tag{17}$$

现在,我们注意到,如果

$$h(iu)=\frac{1}{\sqrt{2\pi}}\int_{-\infty}^{\infty}a(s)e^{ius}ds,\text{其中}\int_{-\infty}^{\infty}|a(s)|^2ds<\infty\tag{18}$$

则

$$\int_{-\infty}^{\infty}h(iu)\mu(du)=\int_{-\infty}^{\infty}a(-s)\xi(ds)$$

事实上,由于空间 $\mathscr{L}_2\{\mu\}$ 与 $\mathscr{L}_2\{\xi\}$ 同构于空间 $\mathscr{L}_2\{l\}$,其中 l 是直线$(-\infty,\infty)$上的 Lebesgue 测度,并且 Fourier 变换不改变 $\mathscr{L}_2\{l\}$ 中的内积,故式(18)只须验证对简单函数成立就足够了.令 $a(t)=\sum c_k\chi_{\Delta_k}(t)$,其中 Δ_k 是区间(或半开半闭区间)(a_k,b_k).这时

$$\int_{-\infty}^{\infty}a(-s)\xi(ds)=\frac{1}{\sqrt{2\pi}}\int_{-\infty}^{\infty}\sum_k c_k\frac{e^{iub_k}-e^{iua_k}}{iu}\mu(du)$$

它是式(18)的特殊情形.于是,式(18)成立,从(18)得到

$$\int_{-\infty}^{\infty}e^{iut}h(iu)\mu(du)=\int_{-\infty}^{\infty}a(s)d\xi(t-s)\tag{19}$$

因为,根据式(16)测度 ξ 乘以 e^{iut} 导致函数 ξ 的变元平移 t.由式(17)与(19),我们得到

$$\eta(t)=\int_{0}^{\infty}a(s)d\xi(t-s),\text{其中 }a(t)=\frac{1}{\sqrt{2\pi}}\int_{-\infty}^{\infty}h(iu)e^{-iut}du$$

引理完毕.

设过程 $\eta(t)$ 的谱密度 $f(u)$ 是给定的.发生下面的问题:什么时候谱密度可以表示为式(13),(14)(或者说可以因子分解)?根据函数 $f(u)$ 如何找出函数 $h(iu)$(从而找出 $a(t)$)?这些函数论问题的解答,可以把它们变为早已解决的对于在圆上函数的因子分解的情形得到.我们引入变换 $w=\dfrac{1+z}{1-z}$,它把圆 $D=\{z:|z|<1\}$ 映射到右半平面 $\Pi^+=\{w:\mathrm{Re}\,w>0\}$ 中.在对应的区域($w=iu$,$z=$

$e^{i\theta}$) 的边界上,这个变换具有形式 $u=\cot\dfrac{\theta}{2}$. 设 $f(u)$ 有因子分解(13),(14). 令

$$\left.\begin{aligned} g(z) &= (1+w)h(w)=\frac{2}{1-z}h\left(\frac{1+z}{1-z}\right) \\ \tilde{f}(\theta) &= f(u)(1+u^2) \end{aligned}\right\} \tag{20}$$

函数 $\tilde{f}(\theta)$ 假定有因子分解 $|\tilde{f}(\theta)|=|g(e^{i\theta})|^2$,其中 $g(z)$ 在 D 内解析并且在 $(-\pi,\pi)$ 内可积

$$\int_{-\pi}^{\pi}\tilde{f}(\theta)\mathrm{d}\theta=2\int_{-\infty}^{\infty}f(u)\mathrm{d}u<\infty$$

即 $g(z)\in H_2$. 根据定理 1

$$-\infty<\int_{-\pi}^{\pi}\ln\tilde{f}(\theta)\mathrm{d}\theta=2\int_{-\infty}^{\infty}\frac{\ln f(u)+\ln(1+u^2)}{1+u^2}\mathrm{d}u$$

因此

$$\int_{-\infty}^{\infty}\frac{\ln f(u)}{1+u^2}\mathrm{d}u>-\infty \tag{21}$$

反之,假设 $f(u)$ 非负、可积且满足式(21). 借助于式(20) 定义 $\tilde{f}(\theta)$. 则 $\tilde{f}(\theta)$ 可积且

$$\int_{-\pi}^{\pi}\ln\tilde{f}(\theta)\mathrm{d}\theta>-\infty$$

由定理 1 得到 $\tilde{f}(\theta)$ 有因子分解

$$\tilde{f}(\theta)=|g(e^{i\theta})|^2$$

$$g(z)=\sum_{n=0}^{\infty}a_n z^n,\sum_{n=0}^{\infty}|a_n|^2<\infty$$

设

$$h(w)=\frac{1}{1+w}\sum_{n=0}^{\infty}a_n\left(\frac{1-w}{1+w}\right)^n$$

则函数 $h(w)$ 在右半平面解析且 $f(u)=|h(\mathrm{i}u)|^2$

$$h(\mathrm{i}u)=\sum_{n=0}^{\infty}a_n\frac{(1-\mathrm{i}u)^n}{(1+\mathrm{i}u)^{n+1}} \tag{22}$$

注意到函数 $\dfrac{1}{\sqrt{2\pi}}e^{in\theta}$ 在 $\mathscr{L}_2(-\pi,\pi)$ 中构成一完备正交规范序列,容易看出序列 $\dfrac{1}{\sqrt{2\pi}}\dfrac{(1-\mathrm{i}u)^n}{(1+\mathrm{i}u)^{n+1}}$ 在 $\mathscr{L}_2(-\infty,\infty)$ 中是关于 Lebesgue 测度的完备正交规范序列. 因此,对于 $h(\mathrm{i}u)$ 写成上式(22) 的级数是均方收敛的. 现在我们注意到

$$\frac{(1-\mathrm{i}u)^n}{(1+\mathrm{i}u)^{n+1}}=\sum_{k=1}^{n+1}\frac{A_k}{(1+\mathrm{i}u)^k}=\sum_{k=1}^{n+1}\frac{A_k}{(k-1)!}\int_0^{\infty}e^{-(1+\mathrm{i}u)t}t^{k-1}\mathrm{d}t=\int_0^{\infty}e^{\mathrm{i}ut}B_n(t)\mathrm{d}t$$

因此

$$h(\mathrm{i}u)=\int_0^{\infty}\mathrm{e}^{-\mathrm{i}ut}b(t)\mathrm{d}t,\text{其中 } b(t)=\sum_{n=0}^{\infty}a_nB_n(t)$$

同时应当记住级数(22) 的部分和是如下的一个函数的 Fourier 变换(乘一个因子):当 $t\geqslant 0$ 时它等于 $\sum_{n=1}^{N}a_nB_n$,而当 $t<0$ 时它等于零. 因为 Fourier 变换不改变在 $\mathscr{L}_2\{-\infty,\infty\}$ 中的函数的模,故由级数(22) 的 m. s. 收敛性得到对于 $b(t)$ 的级数收敛且

$$\int_0^{\infty}|b(t)|^2\mathrm{d}t<\infty$$

就函数 $f(x)$ 得到的因子分解唯一性而论,其情况类似于在圆上函数的因子分解. 关于 $h(w)$ 的表示式,可以由公式(9) 用 w 代 z 且由相应的改变积分号下的变数得到

$$h(w)=\exp\left\{\frac{1}{2\pi}\int_{-\infty}^{\infty}\frac{\ln f(u)\mathrm{i}+uw}{1+u^2u+\mathrm{i}w}\mathrm{d}u\right\}\tag{23}$$

定理 3 为使非负可积函数 $f(u)(-\infty<u<\infty)$ 能够有因子分解式(13),(14),其必要充分条件为

$$\int_{-\infty}^{\infty}\frac{\ln f(u)}{1+u^2}\mathrm{d}u>-\infty\tag{24}$$

在附加条件 $h(w)\neq 0(\mathrm{Re}\,w>0)$ 及 $h(1)>0$ 下,函数 $h(w)$ 是唯一的且由式(23) 确定.

定理 4 为使平稳过程 $\eta(t)(-\infty<t<\infty)$ 能够有式(11),其必要充分条件为它具有绝对连续谱,并且它的谱密度满足条件(24).

§8 平稳过程的预测与滤过

在有许多实际应用的随机过程理论中,其重要的问题之一如下:观察某一随机变量集合 $\{\xi_\alpha:\alpha\in A\}$,要求一个最优的方法去估计随机变量 ζ 的值. 因此,要求寻找一个关于变量 $\xi_\alpha,\alpha\in A$ 的函数 $f(\xi_\alpha\mid\alpha\in A)$,使得满足具有最小可能误差的近似等式

$$\zeta\approx\hat{\zeta}=f(\xi_\alpha\mid\alpha\in A)\tag{1}$$

这个问题的一个例子是随机过程的预测(或外推). 这时,需要根据随机过程在 t^* 以前某一时间集上的值,估计随机过程在时间 t^* 的值.

另一例子是随机过程的滤过问题. 这问题如下:在时刻 $t'\in T'\subset T$,观察到过程 $\xi(t)=\eta(t)+\zeta(t)$,它是"有用的"信号 $\zeta(t)$ 和"噪声"$\eta(t)$ 的和. 需要把噪声从信号中分离开来,也就是说对某一 $t^*\in T$,要求得到形如

$$\zeta(t^*) \approx \tilde{\zeta} = (\xi(t') \mid t' \in T')$$

对于 $\zeta(t)$ 的最好的近似值.问题的提法暂时还不完全,因为没有指出“最好的近似”是指什么意思.诚然,最佳准则依赖所考虑的问题的实际性质.至于数学理论,则所提问题的常见的主要解答方法是把均方偏差作为近似等式(1) 精确度的度量.

量

$$\delta = \{E[\zeta - f(\xi_\alpha \mid \alpha \in A)]^2\}^{\frac{1}{2}} \tag{2}$$

称为近似公式(1) 的均方误差.问题是确定函数 f,使得(2) 取最小值.当 A 为有穷集时,$f(\xi_\alpha \mid \alpha \in A)$ 表示为变元 $\xi_\alpha(\alpha \in A)$ 的 Borel 可测函数.但如果 A 是无穷的,则这个符号表示关于随机变量集 $\{\xi_\alpha : \alpha \in A\}$ 产生的 σ 代数 $\mathfrak{F} = \sigma\{\xi_\alpha : \alpha \in A\}$ 为可测的随机变量.

今后假定 ζ 与 $f\{\xi_\alpha \mid \alpha \in A\}$ 具有二阶矩.

令

$$\gamma = E(\zeta \mid \mathfrak{F}) \tag{3}$$

则

$$\delta^2 = E\{\zeta - f(\xi_\alpha \mid \alpha \in A)\}^2 =$$
$$E(\zeta - \gamma)^2 + 2E(\zeta - \gamma)(\gamma - f(\xi_\alpha \mid \alpha \in A)) +$$
$$E(\gamma - f(\xi_\alpha \mid \alpha \in A))^2$$

因为 $\gamma - f(\xi_\alpha \mid \alpha \in A)$ 是 $\mathfrak{F}$ 可测的,故

$$E(\zeta - \gamma)(\gamma - f(\xi_\alpha \mid \alpha \in A)) =$$
$$EE\{(\zeta - \gamma)(\gamma - f(\xi_\alpha \mid \alpha \in A)) \mid \mathfrak{F}\} =$$
$$E(\gamma - f(\xi_\alpha \mid \alpha \in A))E\{(\zeta - \gamma) \mid \mathfrak{F}\} = 0$$

因此

$$\delta^2 = E(\zeta - \gamma)^2 + E(\gamma - f(\xi_\alpha \mid \alpha \in A))^2$$

从而得到:

定理 1 有限二阶矩随机变量 ζ 的近似值(用 $\mathfrak{F} = \sigma\{\xi_\alpha : \alpha \in A\}$ — 可测随机变量,具有最小均方误差) 是唯一的(mod P) 且由

$$\gamma = E\{\zeta \mid \mathfrak{F}\}$$

给定.

注 随机变量 ζ 的估计 $\hat{\zeta} = \gamma$ 是无偏的,即

$$E\gamma = EE\{\zeta \mid \mathfrak{F}\} = E\zeta$$

并且对任意 $\alpha \in A$,$\zeta - \gamma$ 与 ξ_α 不相关

$$E(\zeta - \gamma)\xi_\alpha = EE\{(\zeta - \gamma)\xi_\alpha \mid \mathfrak{F}\} = E\xi_\alpha E\{(\zeta - \gamma) \mid \mathfrak{F}\} = 0$$

可惜,对于有效的近似式的获得,定理 1 的实际应用有很大的困难.然而,对于 Gauss 随机变量的情形是可以应用的,这点在下面讨论.首先注意,一个较简单

的问题是不在给定的随机变量的所有可测函数类,而是在较窄的线性函数类中去找最优近似,而它在许多时候使得可以完全且解析地获得解答.更精确地表示如下:令$\{\Omega,\mathfrak{S},P\}$是基本概率空间,设$\xi_\alpha$与$\zeta$具有有限二阶矩.我们引入Hilbert空间$\mathscr{L}_2\{\Omega,\mathfrak{S},P\}$的子空间$\mathscr{L}_2\{\xi_\alpha:\alpha\in A\}$,它是常数与$\xi_\alpha,\alpha\in A$的闭线性包络.子空间$\mathscr{L}_2\{\xi_\alpha:\alpha\in A\}$可以考虑作为具有有限方差的$\xi_\alpha$的全体线性(非齐次)函数的集合.随机变量$\zeta$最优的线性近似$\tilde{\zeta}$是$\mathscr{L}_2\{\xi_\alpha:\alpha\in A\}$中与$\zeta$有最短距离的元素.即对任意$\zeta'\in\mathscr{L}_2\{\xi_\alpha:\alpha\in A\}$,有

$$\delta^2=E\mid\tilde{\zeta}-\zeta\mid^2\leqslant E\mid\zeta'-\zeta\mid^2$$

由Hilbert空间理论知道,在子空间H_0中寻找元素$\tilde{\zeta}$使之与给定的元素ζ有最短距离的问题总是有唯一的解.即$\tilde{\zeta}$是ζ在H_0上的投影.元素$\tilde{\zeta}$常常可以被确定且唯一地由方程组$(\zeta-\tilde{\zeta},\zeta'')=0$(对任一$\zeta''\in\mathscr{L}_2\{\xi_\alpha:\alpha\in A\}$)确定.在我们的情形,这一方程组化为

$$E(\tilde{\zeta}\xi_\alpha)=E(\zeta\xi_\alpha)\tag{4}$$

由于在$\mathscr{L}_2\{\xi_\alpha:\alpha\in A\}$中包含了么元素.故

$$E\tilde{\zeta}=E\zeta$$

因此,最佳线性估计$\tilde{\zeta}$必是无偏的.我们可以假定,对任意$\alpha,E\xi_\alpha=0$.因此在以后,我们仅限于考虑$\mathscr{L}_2\{\Omega,\mathfrak{S},P\}$中的具有数学期望为0的随机变量的子空间.

当然,没有理由认为ζ的线性估计永远是可以接受的.例如,如果$\xi(n)=e^{i(vn+\varphi)}$,其中v为$(-\pi,\pi)$上均匀分布的,则$E\{\xi(n)\times\xi(m)\}=0(n\neq m)$且根据所有的$\xi(n)(n\neq m)$的值,$\xi(m)$的最优线性估计为$\tilde{\xi}(m)=0$,即没有充分利用$\xi(n)$的值.这时,任意一对观察值$\xi(k)$与$\xi(k+1)$就足以精确地确定所有序列$\xi(n)$,即$\xi(n)=\left(\dfrac{\xi(k+1)}{\xi(k)}\right)^{n-k}\xi(k)$.

我们现在假定,$\{\zeta,\xi_\alpha:\alpha\in A\}$的所有有限维分布是正态的且$E\xi_\alpha=0,E\zeta=0$.在这一情形,由$\zeta-\tilde{\zeta}$与$\xi_\alpha$的不相关性得到,它们是独立的,因此$\zeta-\tilde{\zeta}$不依赖$\sigma$代数$\mathfrak{F}$,并且

$$E\{\zeta\mid\mathfrak{F}\}=E\{\zeta-\tilde{\zeta}+\tilde{\zeta}\mid\mathfrak{F}\}=E(\zeta-\tilde{\zeta})+\tilde{\zeta}=\tilde{\zeta}$$

定理 2 对于Gauss随机变量组$\{\zeta,\xi_\alpha:\alpha\in A\}$,借助于$\sigma\{\xi_\alpha:\alpha\in A\}$可测函数的$\zeta$的最优(在均方误差意义下)估计与在$\mathscr{L}_2\{\xi_\alpha:\alpha\in A\}$中的最优线性估计是相同的.

下面考虑若干最优线性估计构造的特殊问题.

A) 随机变量ξ_α的数目是有限的$(\alpha=1,2,\cdots,n)$.从线性代数学中已经知道,此问题有简单的解决方法.设ξ_α线性独立,则可以借助于公式

$$\tilde{\zeta}=\frac{1}{\Gamma}\begin{vmatrix}(\xi_1,\xi_1) & \cdots & (\xi_n,\xi_1) & \xi_1\\ \vdots & & \vdots & \vdots\\ (\xi_n,\xi_1) & \cdots & (\xi_n,\xi_n) & \xi_n\\ (\zeta,\xi_1) & \cdots & (\zeta,\xi_n) & 0\end{vmatrix}$$

表示 ζ 在 $\xi_\alpha(\alpha=1,\cdots,n)$ 张成的有限维空间 H_0 上的投影 $\tilde{\zeta}$,其中 $\Gamma=\Gamma(\boldsymbol{\xi}_1,\boldsymbol{\xi}_2,\cdots,\boldsymbol{\xi}_n)$ 是向量系 $\boldsymbol{\xi}_1,\boldsymbol{\xi}_2,\cdots,\boldsymbol{\xi}_n$ 的 Gram 矩阵行列式

$$\Gamma(\boldsymbol{\xi}_1,\boldsymbol{\xi}_2,\cdots,\boldsymbol{\xi}_n)=\begin{vmatrix}(\boldsymbol{\xi}_1,\boldsymbol{\xi}_1) & \cdots & (\boldsymbol{\xi}_1,\boldsymbol{\xi}_n)\\ \vdots & & \vdots\\ (\boldsymbol{\xi}_n,\boldsymbol{\xi}_1) & \cdots & (\boldsymbol{\xi}_n,\boldsymbol{\xi}_n)\end{vmatrix}$$

且 $(\boldsymbol{\xi},\boldsymbol{\eta})=E(\boldsymbol{\xi}\overline{\boldsymbol{\eta}})$. 近似等式 $\boldsymbol{\zeta}\approx\tilde{\boldsymbol{\zeta}}$ 的均方误差 δ 等于向量 $\boldsymbol{\zeta}$ 的末端在空间 H_0 上所作垂线的长度,并且由下式给出

$$\delta^2=\frac{\Gamma(\boldsymbol{\xi}_1,\boldsymbol{\xi}_2,\cdots,\boldsymbol{\xi}_n,\boldsymbol{\zeta})}{\Gamma(\boldsymbol{\xi}_1,\boldsymbol{\xi}_2,\cdots,\boldsymbol{\xi}_n)}$$

B) 根据在有限的时间区间 $T=[a,b]$ 上对 m. s. 连续随机过程 $\xi(t)$ 的观察结果,我们考虑关于随机变量 ζ 的估计问题. 令 $R(t,s)$ 是过程 $\xi(t)$ 的相关函数. 由 §3 定理 5,过程 $\xi(t)$ 可以展为级数

$$\xi(t)=\sum_{k=1}^{\infty}\sqrt{\lambda_k}\varphi_k(t)\xi_k$$

其中 $\varphi_k(t)$ 是规范正交特征函数序列,λ_k 是 (a,b) 上相关函数的特征值

$$\lambda_k\varphi_k(t)=\int_a^b R(t,s)\varphi_k(s)\mathrm{d}s$$

ξ_k 是标准的不相交序列

$$E\xi_k\xi_r=\delta_{kr}$$

显然 $\{\xi_k\}k=1,2,\cdots$ 构成一个在 $\mathscr{L}_2\{\xi(t):t\in(a,b)\}$ 中的基底. 因此

$$\tilde{\zeta}=\sum_{n=1}^{\infty}c_n\xi_n$$

其中

$$\xi_n=\int_a^b\xi(t)\ \varphi_n(t)\mathrm{d}t,n=1,2,\cdots$$

$$c_n=E\zeta\xi_n=\int_a^b R_{\zeta\xi}(t)\varphi_n(t)\mathrm{d}t,R_{\zeta\xi}(t)=E\zeta\xi(t)$$

估计的均方误差 δ 可以根据公式

$$\delta^2=E\mid\zeta\mid^2-E\mid\tilde{\zeta}\mid^2=E\mid\zeta\mid^2-\sum_{n=0}^{\infty}\left|\int_a^b R_{\zeta\xi}(t)\varphi_n(t)\mathrm{d}t\right|^2$$

求得. 由于核 $R(t,s)$ 的特征函数与特征值的计算的复杂性,这个方法的实际应用是很困难的.

Wiener 方法 设 $\xi(t)$ 与 $\zeta(t),t\in T$ 是两个 Hilbert 随机函数. 假定过程 $\xi(t)$ 在变数 t 值的某个集 T^* 上被观察. 根据观察值 $\xi(t),t\in T^*$ 作关于确定 $\zeta(t_0),t_0\in T$ 的最优估计问题. 如果我们假定要找的估计具有形式

$$\tilde{\zeta}(t_0)=\int_{T^*}c(s)\xi(s)m(\mathrm{d}s)\tag{5}$$

其中 m 是 T^* 上的某一测度，并且假设使这积分有意义的条件被满足，则方程(4) 变为

$$\int_{T^*} c(s) R_{\xi\xi}(s,t) m(\mathrm{d}s) = R_{\zeta\xi}(t_0,t), t \in T^* \tag{6}$$

其中 $R_{\xi\xi}$ 是 $\xi(t)$ 的相关函数，$R_{\zeta\xi}$ 是 $\zeta(t)$ 与 $\xi(t)$ 的互相关函数. 方程(6) 是具有对称(Hermitian) 核的第一类 Fredholm 积分方程. 这一方程未必恒有解. 然而，如果

$$\int_T E \mid \xi(t) \mid^2 m(\mathrm{d}t) < \infty$$

则积分方程(6) 有解 $c(s) \in \mathscr{L}_2\{m\}$ 的充分必要条件为 $\zeta(t)$ 的最优线性估计 $\tilde{\zeta}(t_0)$ 具有式(5).

设 T 是实轴，$T^* = (a,b)$，过程 $\xi(t)$ 与 $\zeta(t)$ 平稳且平稳相关(广义)，并且测度 m 取为 Lebesgue 测度. 则方程(6) 变为

$$\int_a^b c(s) R_{\xi\xi}(s-t)\mathrm{d}s = R_{\zeta\xi}(t_0 - t), t \in (a,b) \tag{7}$$

如果 $\zeta(t) = \xi(t)(-\infty < t < \infty)$ 且 $t_0 > b$，即如果根据 $\xi(t)$ 的过去的值来估计 $\xi(t_0)$，则这个问题称为纯预测问题.

我们详细叙述如下问题：根据在时刻 t 以前过程 $\xi(s)$，$s \leqslant t$ 的观察结果预测 $\zeta(t+q)$. 在这一情形，我们将假定过程 $\xi(t)$ 与 $\zeta(t)$ 是平稳且平稳相关(广义)的. 当 q 固定时，我们将把预测量 $\tilde{\zeta}(t)$ 考虑作为 t 的函数. 容易看出，由方程(7) 确定的量 $\tilde{\zeta}(t)$ 是一个平稳过程. 事实上，方程(7) 具有形式

$$\int_{-\infty}^t c_t(s) R_{\xi\xi}(s-u)\mathrm{d}s = R_{\zeta\xi}(t+q-u), u \leqslant t$$

经变数代换 $t-u=v$，$t-s=\tau$，上述方程变为

$$\int_0^\infty c_t(t-\tau) R_{\xi\xi}(v-\tau)\mathrm{d}\tau = R_{\zeta\xi}(q+v), v \geqslant 0 \tag{8}$$

从而我们看到，函数 $c_t(t-\tau)$ 不依赖于 t. 设 $c(\tau) = c_t(t-\tau)$. 现在可把方程(8) 写为

$$\int_0^\infty c(s) R_{\xi\xi}(t-s)\mathrm{d}s = R_{\zeta\xi}(q+t), t \geqslant 0 \tag{9}$$

对于预测函数，式(5) 具有如下形式

$$\tilde{\zeta}(t) = \int_{-\infty}^t c(t-s)\xi(s)\mathrm{d}s = \int_0^\infty c(s)\xi(t-s)\mathrm{d}s \tag{10}$$

因此，过程 $\tilde{\zeta}(t) = \tilde{\zeta}_q(t)$ 是平稳的. 从式(10) 得到 $c(t)$ 是物理可实现滤过的脉冲转移函数. 这个滤过将被观察到的过程变换为 $\zeta(t+q)$ 的最优估计.

容易给出预测函数 $\tilde{\zeta}(t)$ 的均方误差表示式. 因为 δ^2 是向量 $\boldsymbol{\zeta}(t+q)$ 的末端投影在 $\mathscr{L}_2\{\xi(s):s \leqslant t\}$ 上的垂线长度的平方. 故

$$\delta^2 = E\mid \zeta(t+q)\mid^2 - E\mid \tilde{\zeta}(t)\mid^2 =$$

$$R_{\zeta\zeta}(0) - \int_0^\infty\int_0^\infty \overline{c(t)} R_{\xi\xi}(t-s)c(s)\mathrm{d}s \tag{11}$$

假设 $R_{\zeta\zeta}(0)=\sigma_\zeta^2$ 以及改用相关函数 $R_{\xi\xi}$ 的谱表示. 我们得到

$$\delta^2 = \sigma_\zeta^2 - \int_{-\infty}^{\infty} \mid c(\mathrm{i}u)\mid^2 \mathrm{d}F_{\xi\xi}(u) \tag{12}$$

其中 $F_{\xi\xi}(u)$ 是过程 $\xi(t)$ 的谱函数且

$$c(\mathrm{i}u) = \int_0^\infty c(t)\mathrm{e}^{-\mathrm{i}ut}\mathrm{d}t$$

我们简单地叙述由 N. Viener 提出的方程(9) 的解的方法. 设过程的谱绝对连续且谱密度 $f_{\xi\xi}(u)$ 可以因子分解(参阅 §7 定理 3)

$$f_{\xi\xi}(u) = |h(\mathrm{i}u)|^2, h(z) = \frac{1}{\sqrt{2\pi}}\int_0^\infty a(t)\mathrm{e}^{-zt}\mathrm{d}t, \mathrm{Re}\ z \geqslant 0$$

由关于 Fourier 变换的 Parseval 等式得

$$R_{\xi\xi}(t) = \int_{-\infty}^{\infty} \mathrm{e}^{\mathrm{i}tu}\ |h(\mathrm{i}u)|^2\mathrm{d}u = \int_0^\infty a(t+s)\overline{a(s)}\mathrm{d}s$$

还假定过程 $\zeta(t)$ 与 $\xi(t)$ 的互谱函数绝对连续且它的密度 $f_{\zeta\xi}(u)$ 满足条件

$$\frac{f_{\zeta\xi}(u)}{\overline{h(\mathrm{i}u)}} = k(\mathrm{i}u) \in \mathscr{L}_2 \tag{13}$$

则

$$R_{\zeta\xi}(t) = \int_{-\infty}^{\infty}\mathrm{e}^{\mathrm{i}tu}f_{\zeta\xi}(u)\mathrm{d}u = \int_{-\infty}^{\infty}\mathrm{e}^{\mathrm{i}tu}k(\mathrm{i}u)\overline{h(\mathrm{i}u)}\mathrm{d}u = \int_0^\infty b(t+s)\overline{a(s)}\mathrm{d}s$$

其中

$$b(t) = \frac{1}{\sqrt{2\pi}}\int_{-\infty}^{\infty} k(\mathrm{i}u)\mathrm{e}^{\mathrm{i}tu}\mathrm{d}u$$

借助于所获得的公式,方程(9) 可以改写为下面的形式

$$\int_0^\infty \left[b(q+\tau+s) - \int_0^\infty c(\tau)a(t-\tau+s)\mathrm{d}\tau\right]\overline{a(s)}\mathrm{d}s = 0, t>0 \tag{14}$$

为使式(14) 成立,只须函数 $c(t)$ 满足方程

$$b(q+x) = \int_0^\infty c(\tau)a(x-\tau)\mathrm{d}\tau, x>0 \tag{15}$$

方程(15) 与方程(9) 有相同的形式,而仅仅在于当 t 为负值时函数 $a(t)$ 为零这一点不同. (15) 写为

$$b(q+x) = \int_0^x c(\tau)a(x-\tau)\mathrm{d}\tau, x>0 \tag{16}$$

借助于 Laplace 变换,我们可以立即解这个方程. 以 e^{-zx} 乘等式(16) 两边,并且从 0 到 ∞ 积分得

$$B_q(z) = C(z)h(z)$$

其中

$$B_q(z)=\frac{1}{\sqrt{2\pi}}\int_0^{\infty} b(q+x)\mathrm{e}^{-zx}\,\mathrm{d}x$$

$$C(z)=\frac{1}{\sqrt{2\pi}}\int_0^{\infty} c(t)\mathrm{e}^{-zt}\,\mathrm{d}t$$

这样一来

$$C(z)=\frac{B_q(z)}{h(z)},c(t)=\frac{1}{\sqrt{2\pi}}\int_{-\infty}^{\infty}\mathrm{e}^{\mathrm{i}ut}\,\frac{B_q(\mathrm{i}u)}{h(\mathrm{i}u)}\mathrm{d}u \tag{17}$$

并且对于 $B_q(z),\mathrm{Re}(z)>0$ 的表达式可以写为形式

$$B_q(z)=\frac{1}{\sqrt{2\pi}}\int_{-\infty}^{\infty}\mathrm{e}^{\mathrm{i}qu}\,\frac{f_{\zeta\xi}(u)}{h(\mathrm{i}u)}\,\frac{\mathrm{d}u}{z-\mathrm{i}u} \tag{18}$$

在推导公式(17),(18) 中所陈述的假设是非常麻烦的. 在解决具体问题时,直接验证所假定的变换(它使问题获得解决) 的合理性是较简单的.

Яглом 方法　Яглом 方法与 Wiener 方法不同,不必找最优滤过的转移函数(它可以不存在),而去找频率特性. 不给出所提问题的解的一般公式,而仅只提出选择满足条件的未知函数的方法. 在很多重要的情形,这个选择法相当容易实现.

设二维平稳过程$(\xi(t),\zeta(t))$ 可以谱表示

$$\xi(t)=\int_{-\infty}^{\infty}\mathrm{e}^{\mathrm{i}ut}v_1(\mathrm{d}u),\zeta(t)=\int_{-\infty}^{\infty}\mathrm{e}^{\mathrm{i}ut}v_2(\mathrm{d}u)$$

它具有谱密度

$$\begin{pmatrix} f_{\xi\xi}(u) & f_{\xi\zeta}(u)\\ f_{\zeta\xi}(u) & f_{\zeta\zeta}(u)\end{pmatrix}$$

仿前,根据过程 $\xi(s),s\leqslant t$ 的值,考虑 $\zeta(t+q)$ 的最优估计问题. 预测过程 $\tilde{\zeta}(t)$ 从属于 $\xi(t)$. 因此

$$\tilde{\zeta}(t)=\int_{-\infty}^{\infty}\mathrm{e}^{\mathrm{i}ut}c(\mathrm{i}u)v_1(\mathrm{d}u),\int_{-\infty}^{\infty}|c(\mathrm{i}u)|^2 f_{\xi\xi}(u)\mathrm{d}u<\infty \tag{19}$$

决定过程 $\tilde{\zeta}(t)$ 的方程

$$E\zeta(t+q)\,\overline{\xi(s)}=E\tilde{\zeta}(t)\,\overline{\xi(s)},s\leqslant t$$

变为如下形式

$$\int_{-\infty}^{\infty}\mathrm{e}^{\mathrm{i}us}\{\mathrm{e}^{\mathrm{i}uq}f_{\zeta\xi}(u)-c(\mathrm{i}u)f_{\xi\xi}(u)\}\mathrm{d}u=0,s>0 \tag{20}$$

除了条件(19) 及(20) 外,我们还要求 $c(\mathrm{i}u)$ 是物理可实现滤过的频率特性. 这些条件是能满足的,如果:

a) 函数 $f_{\xi\xi}(u)$ 有界;

b)$c(\mathrm{i}u)$ 是函数 $c(z)\in\mathfrak{C}_2^+$ 的边界值;

c) $\psi(\mathrm{i}u) = \mathrm{e}^{\mathrm{i}uq} f_{\zeta\xi}(u) - c(\mathrm{i}u) f_{\xi\xi}(u)$ 是在 $\mathfrak{S}_2^-$ 中函数 $\psi(z)$ 的边界值.

这里 $\mathfrak{S}_2^+$($\mathfrak{S}_2^-$) 表示在右(左) 半平面解析的积分

$$\int_{-\infty}^{\infty} |h(x + \mathrm{i}u)|^2 \mathrm{d}u$$

对 $x > 0(x < 0)$ 一致有界的函数 $h(z)$ 的空间.

事实上,由 b) 得到$\int_{-\infty}^{\infty} |c(\mathrm{i}u)|^2 \mathrm{d}u < \infty$,而这个连同 a) 一起保证条件(19) 能满足.此外,从 b) 得到 $c(\mathrm{i}u)$ 是物理可实现滤过的频率特性.由条件 c) 得到 $\mathrm{e}^{\mathrm{i}uq} f_{\zeta\xi}(u) - c(\mathrm{i}u) f_{\xi\xi}(u)$ 是在正的变元值上为零的函数的 Fourier 变换,因此式(20) 成立.

我们注意到,条件 b) 使我们排除了在无穷远处频率特性可以不断增大的一切滤过.这样的频率特性对应一个与过程 $\xi(t)$ 的微分有关的运算,并且在建立最优滤过时常常碰到.因此,条件 b) 希望用较少限制的条件代替.我们假定 $c(z)$ 是在右半平面解析的函数,并且当 $|z| \to \infty$ 时,$|c(z)| \to \infty$,但不比 z 的某一次幂(例如 r 次) 快.函数

$$c_n(z) = \frac{c(z)}{\left(1 + \frac{z}{n}\right)^{r+1}} \in \mathfrak{S}_2^+$$

因为 $|c_n(z)| \leqslant |c(z)|$,故如果条件(19) 满足,则

$$\lim_{n\to\infty} \int_{-\infty}^{\infty} |c_n(\mathrm{i}u) - c(\mathrm{i}u)|^2 f_{\xi\xi}(u) \mathrm{d}u = 0$$

这样一来,$c(\mathrm{i}u)$ 是 $\mathscr{L}_2\{F_{\xi\xi}\}$ 中允许的物理可实现滤过的频率特性的极限,因而 $c(\mathrm{i}u)$ 同样是这个滤过的频率特性.我们得到下面的结果.

定理3 如果过程 $\xi(t)$ 的谱密度 $f_{\xi\xi}(u)$ 有界,则下面的条件唯一确定关于 $\zeta(t+q)$ 的估计的最优滤过的频率特性 $c(\mathrm{i}u)$:

a) $\int_{-\infty}^{\infty} |c(\mathrm{i}u)|^2 f_{\xi\xi}(u) \mathrm{d}u < \infty$;

b) $c(\mathrm{i}u)$ 是函数 $c(z)$ 的边界值,在右半平面解析,且当 $|z| \to \infty$ 时是不断上升的,但不快于 $|z|$ 的某一次幂;

c) $\psi(\mathrm{i}u) = \mathrm{e}^{\mathrm{i}uq} f_{\zeta\xi}(u) - c(\mathrm{i}u) f_{\xi\xi}(u)$ 是在 $\mathfrak{S}_2^-$ 中函数 $\psi(z)$ 的边界值.

最优估计的均方误差 σ 等于

$$\delta = \{E|\zeta(t+q)|^2 - E|\tilde{\zeta}(t)|^2\}^{\frac{1}{2}} = \left\{\sigma_\zeta^2 - \int_{-\infty}^{\infty} |c(\mathrm{i}u)|^2 f_{\xi\xi}(u) \mathrm{d}u\right\}^{\frac{1}{2}} \tag{21}$$

例 1 我们考虑具有相关函数 $R(t) = \sigma^2 \mathrm{e}^{-\alpha|t|}$ $(\alpha > 0)$ 的过程 $\xi(t)$ ($\xi(t) = \zeta(t)$) 的纯预测问题.容易找到谱密度为:$f_{\xi\xi}(u) = \frac{\sigma^2\alpha}{\pi} \frac{1}{u^2 + \alpha^2}$.函数 $\psi(\mathrm{i}u)$ 的解

析开拓具有如下形式

$$\psi(z)=\frac{c(z)-e^{zq}}{(z+\alpha)(z-\alpha)}\frac{\sigma^2\alpha}{\pi}$$

函数 $\psi(z)$ 在左平面 $z=-\alpha$ 处有唯一的一个极点. 借助于在右半平面解析的函数 $c(z)$，使得这一个极点为可去的，只须设 $c(z)=$常数$=e^{-\alpha q}$. 此时，定理3的条件 a) 满足. 因此

$$c(iu)=e^{-\alpha q},\tilde{\xi}(t)=\int_{-\infty}^{\infty}e^{iut}e^{-\alpha q}v(du)$$

即，$\xi(t+q)$ 的最优预测的最好公式如下

$$\xi(t+q)\approx e^{-\alpha q}\xi(t)$$

它仅依赖于最后观察时刻的值 $\xi(t)$，外推的均方误差等于

$$\delta=\sigma\sqrt{1-e^{-2\alpha q}}$$

例 2 再次考虑过程 $\xi(t)$ 的纯预测问题，即根据观察值 $\xi(s)$，$s<t$ 去估计 $\xi(t+q)$. 如果过程 $\xi(t)$ 的谱绝对连续且满足 §7 条件(24)，则过程的谱密度能因子分解：$f_{\xi\xi}(u)=|h(iu)|^2$，其中 $h(z)\in\mathfrak{E}_2^+$ 且在右半平面没有零点.

我们考虑在实际问题中的一种重要情形，即当 $h(z)$ 是分式有理函数的情形

$$h(z)=\frac{P(z)}{Q(z)}$$

其中 $P(z)$ 是 m 次多项式，$Q(z)$ 是 n 次多项式 $(m<n)$，还假定谱密度 $f_{\xi\xi}(u)$ 有界且不为零. 这时多项式 $P(z)$ 和 $Q(z)$ 的零点落在左半平面. 令

$$P(z)=A\prod_{j=1}^{p}(z-z_j)^{\alpha_j},Q(z)=B\prod_{j=1}^{r}(z-\tilde{z}_j)^{\beta_j}$$

$$\sum_{j=1}^{p}\alpha_j=m,\sum_{j=1}^{r}\beta_j=n$$

设

$$P_1(z)=(-1)^m\bar{A}\prod_{j=1}^{p}(z+\tilde{z}_j)^{\alpha_j}$$

$$Q_1(z)=(-1)^n\bar{B}\prod_{j=1}^{r}(z+\tilde{\tilde{z}}_j)^{\beta_j}$$

函数 $\psi(iu)$ 的解析开拓有下面的形式

$$\psi(z)=(e^{zq}-c(z))\frac{P(z)P_1(z)}{Q(z)Q_1(z)}$$

函数 $c(z)$ 应是在右半平面解析，而 $\psi(z)$ 在左半平面解析. 因此 $c(z)$ 必在整个复平面解析且可能在多项式 $P(z)$ 的零点处有极点，并且极点的阶不超过 $P(z)$ 对应的零点的阶，因此

$$c(z)=\frac{M(z)}{P(z)}$$

其中 $M(z)$ 是在 z 平面上的解析函数且对有限 z 没有奇点. 因为 $c(z)$ 的增加至多是指数形的,$M(z)$ 是多项式. 根据函数

$$c(\mathrm{i}u)\ \frac{P(\mathrm{i}u)}{Q(\mathrm{i}u)}=\frac{M(\mathrm{i}u)}{Q(\mathrm{i}u)}$$

的模的平方的可积性,多项式 $M(\mathrm{i}u)$ 的幂 m_1 不超过 $n-1$,$m^1\leqslant n-1$.

另一方面,如在上面给出的所选择的函数 $c(z)$ 保证定理 3 的条件 a) 和 b) 是满足的. 只须选取多项式 $M(z)$ 使得函数

$$\psi(z)=\frac{[\mathrm{e}^{zq}P(z)-M(z)]}{Q(z)}\ \frac{P_1(z)}{Q_1(z)}$$

或等价地,函数

$$\psi_1(z)=\frac{\mathrm{e}^{zq}P(z)-M(z)}{Q(z)}$$

在左半平面没有极点. 为此,必须且只须下面的等式满足

$$\left.\frac{\mathrm{d}^jM(z)}{\mathrm{d}z^j}\right|_{z=\tilde{z}_k}=\left.\frac{\mathrm{d}^j(\mathrm{e}^{zq}P(z))}{\mathrm{d}z^j}\right|_{z=\tilde{z}_k}\tag{22}$$

$$j=0,1,\cdots,\beta_k-1,k=1,2,\cdots,r$$

满足条件(22) 的多项式 $M(z)$ 的构造问题是通常的内插理论问题,并且在幂次为 $n-1$ 的多项式类中常常有唯一的解. 如果我们找到了多项式 $M(z)$,则我们因而找到了最优预测滤过的频率特性为

$$c(\mathrm{i}u)=\frac{M(\mathrm{i}u)}{P(\mathrm{i}u)}$$

还可以用下面的方法确定函数 $c(z)$. 展开函数 $P(z)Q^{-1}(z)$ 及 $M(z)Q^{-1}(z)$ 为部分分式. 令

$$\frac{P(z)}{Q(z)}=\sum_{k=1}^{r}\sum_{j=1}^{\beta_k}\frac{c_{kj}}{(z-\tilde{z}_k)^j},\frac{M(z)}{Q(z)}=\sum_{k=1}^{r}\sum_{j=1}^{\beta_k}\frac{\gamma_{kj}}{(z-\tilde{z}_k)^j}$$

为使函数 $\psi_1(z)$ 在点 $\tilde{z}_k,k=1,\cdots,r$ 没有极点,必须且只须使得

$$\left.\frac{\mathrm{d}^j}{\mathrm{d}z^j}(z-\tilde{z}_k)^{\beta_k}\psi_1(z)\right|_{z=\tilde{z}_k}=0,j=1,\cdots,\beta_k-1$$

且

$$\psi_1(z)=\sum_{k=1}^{r}\sum_{j=1}^{\beta_k}\frac{c_{kj}\mathrm{e}^{zq}-\gamma_{kj}}{(z-\tilde{z}_k)^j}$$

通过简单的计算证明

$$\gamma_{kj}=\left[c_{kj}+\frac{q}{1!}c_{kj+1}+\frac{q^2}{2!}c_{kj+2}+\cdots+\frac{q^{\beta_k-1}}{(\beta_k-j)!}c_{k\beta_k}\right]\mathrm{e}^{\tilde{z}_kq},k=1,\cdots,r$$

如果知道了系数 γ_{kj},关于 $c(z)$ 我们可以写为如下的表示式:

$$c(\mathrm{i}u)=\frac{1}{h(\mathrm{i}u)}\sum_{k=1}^{r}\sum_{j=1}^{\beta_k}\frac{\gamma_{kj}}{(z-\tilde{z}_k)^j}=\frac{\displaystyle\sum_{k=1}^{r}\sum_{j=1}^{\beta_k}\frac{\gamma_{kj}}{(z-\tilde{z}_k)^j}}{\displaystyle\sum_{k=1}^{r}\sum_{j=1}^{\beta_k}\frac{c_{kj}}{(z-\tilde{z}_k)^j}}$$

例 3 设过程 $\zeta(s)(s\leqslant t)$ 被观察，但观察 $\zeta(s)$ 的结果由于各种干扰而失真，因此观察值给出了一个异于 $\zeta(s)$ 的函数 $\xi(s),s\leqslant t$. 设干扰（或说噪声）$\eta(t)=\xi(t)-\zeta(t)$ 是具有均值为 0 的平稳过程. 希望根据过程 $\xi(s)=\zeta(s)+\eta(s),s\leqslant t$ 的观察结果去估计 $\zeta(t+q)$ 的值.

这样的问题称为滤过或平滑化问题（或说过程 $\xi(t)$ 需要过滤掉噪声 $\eta(t)$，亦可以说过程 $\xi(t)$ 需要"平滑"，即除去不规则的噪声）. 而且，当 $q>0$ 时，这是一个带预测的滤过问题，当 $q<0$ 时，这是一个具有滞后现象的滤过问题.

设噪声 $\eta(t)$ 与过程 $\zeta(t)$ 不相关，并且具有谱密度为 $f_{\eta\eta}(u)$ 与 $f_{\zeta\zeta}(u)$. 则

$$R_{\xi\xi}(t)=R_{\eta\eta}(t)+R_{\zeta\zeta}(t),f_{\xi\xi}(u)=f_{\eta\eta}(u)+f_{\zeta\zeta}(u)$$

因为 $R_{\zeta\xi}(t)=R_{\zeta\zeta}(t)$，故存在过程 $\zeta(t)$ 与 $\xi(t)$ 的互谱密度，并且

$$f_{\zeta\xi}(u)=f_{\zeta\zeta}(u)$$

设

$$f_{\zeta\zeta}(u)=\frac{c_1}{u^2+\alpha^2},f_{\eta\eta}(u)=\frac{c_2}{u^2+\beta^2}$$

则

$$f_{\xi\xi}(u)=\frac{c_3(u^2+\gamma^2)}{(u^2+\alpha^2)(u^2+\beta^2)},c_3=c_1+c_2$$

$$\gamma^2=\frac{c_2\alpha^2+c_1\beta^2}{c_1+c_2}$$

对于函数 $\psi(z)$ 我们得到下面的表示式

$$\psi(z)=\frac{-c_1\mathrm{e}^{zq}(z^2-\beta^2)+c_3c(z)(z^2-\gamma^2)}{(z^2-\alpha^2)(z^2-\beta^2)}$$

令 $q>0$. 函数 $\psi(x)$ 将必在左半平面解析且属于 $\mathfrak{C}_2^-$. 为此必须使得在点 $z=-\alpha$ 与 $z=-\beta$ 处分子为零. 因而导出等式

$$c(-\beta)=0,c(-\alpha)=\frac{c_1}{c_3}\frac{\mathrm{e}^{-\alpha q}(\alpha^2-\beta^2)}{\alpha^2-\gamma^2}\tag{23}$$

此外，$c(z)$ 在左半平面解析（根据条件 b) 在右半平面也解析），但要除去 $z=-\gamma$，因为在这一点 $z=-\gamma$，$c(z)$ 可能有简单极点，这样一来

$$c(z)=\frac{\varphi(z)}{z+\gamma}$$

其中 $\varphi(z)$ 是整函数. 由积分

$$\int_{-\infty}^{\infty}|c(\mathrm{i}u)|^2f_{\xi\xi}(u)\mathrm{d}u$$

有限这一条件得到，$\varphi(z)$ 是 z 的线性函数，$\varphi(z)=Az+B$.

由式(23) 我们得到

$$c(z)=A\frac{z+\beta}{z+\gamma},A=\frac{c_1}{c_3}\frac{\beta+\alpha}{\gamma+\alpha}\mathrm{e}^{-\alpha q}$$

因此具有预测的最优平滑化公式有如下形式

$$\tilde{\zeta}_q(t)=A\int_{-\infty}^{\infty}\mathrm{e}^{\mathrm{i}ut}\frac{\mathrm{i}u+\beta}{\mathrm{i}u+\gamma}v_1(\mathrm{d}u)$$

回想起$(\mathrm{i}u+\gamma)^{-1}$是具有脉冲转移函数为 $e^{-\gamma t}$ 的物理可实现滤过的频率特性. 我们得到

$$\tilde{\zeta}_q(t)=\frac{c_1}{c_3}\frac{\beta+\alpha}{\gamma+\alpha}\mathrm{e}^{-\alpha q}\left\{\xi(t)-(\beta-\gamma)\int_{-\infty}^{t}\mathrm{e}^{-\gamma(t-s)}\xi(s)\mathrm{d}s\right\}\tag{24}$$

对于 $q<0$，公式(23) 不正确. 形式上这是因为此时函数 $\psi(z)$ 在左半平面无界. 对于 $q<0$，函数 $\psi(z)$ 可以由下面的想法确定. 令

$$\psi_1(z)=-c_1\mathrm{e}^{zq}(z^2-\beta^2)+c_3c(z)(z^2-\gamma^2)$$

则 $c(z)$ 除去点 $z=-\gamma$ 及 $\psi_1(-\alpha)=\psi_1(-\beta)=0$ 外将必在左半平面解析. 因为

$$c(z)=\frac{\psi_1(z)+c_1\mathrm{e}^{zq}(z^2-\beta^2)}{c_3(z^2-\gamma^2)}$$

且 $c(z)$ 在右半平面解析，故 $\psi_1(z)$ 是一个整函数且

$$\psi_1(\gamma)=-c_1\mathrm{e}^{\gamma q}(\gamma^2-\beta^2)\tag{25}$$

令

$$\psi_1(z)=A(z)(z+\alpha)(z+\beta)$$

函数 $A(z)$ 是整函数. 由定理 3 的条件 a) 得到，$A(z)=$常数$=A$，值 A 由式(25) 确定

$$A=c_1\mathrm{e}^{\gamma q}\frac{-\gamma+\beta}{\alpha+\gamma}$$

因此

$$c(\mathrm{i}u)=\frac{c_1}{c_3}\cdot\frac{(\alpha+\gamma)(u^2+\beta^2)\mathrm{e}^{\mathrm{i}uq}-\mathrm{e}^{\gamma q}(-\gamma+\beta)(\mathrm{i}u+\alpha)(\mathrm{i}u+\beta)}{(\alpha+\gamma)(u^2+\gamma^2)}\tag{26}$$

对于平稳序列的预测和滤过，可以运用类似于具有连续参数的过程所叙述过的那种方法. 平稳序列预测问题的一般的解将在下一节中介绍. 这里我们仅举一个例子.

例 4 考虑一个平稳序列 $\xi(t)$，它满足最简单自回归方程

$$a_0\xi(t)+a_1\xi(t-1)+\cdots+a_p\xi(t-p)=\eta(t)\tag{27}$$

其中 $\eta(t)$ 是标准不相关序列，并且 $\xi(t)$ 从属于 $\eta(t)$. 设

$$\eta(t)=\int_{-\pi}^{\pi}\mathrm{e}^{\mathrm{i}tu}\mathrm{d}\zeta(u)$$

是序列 $\eta(t)$ 的谱表示，$\zeta(u)$ 是具有不相关增量及构成函数为 $\frac{1}{2\pi}l(A\cap B)$ 的过程，其中 l 是 Lebesgue 测度. $\xi(t)$ 的谱表示为如下形式

$$\xi(t)=\int_{-\pi}^{\pi}e^{itu}\varphi(u)d\zeta(u),\text{其中}\int_{-\pi}^{\pi}|\varphi(u)|^2du<\infty \tag{28}$$

将(28)代入(27)得

$$\int_{-\pi}^{\pi}e^{itu}\overline{P(e^{iu})}\varphi(u)d\zeta(u)=\int_{-\pi}^{\pi}e^{itu}d\zeta(u)$$

其中 $P(z)=\sum_{k=0}^{n}\bar{a}_k z^k$. 因此

$$\varphi(u)=\frac{1}{P(e^{iu})}\quad(\mathrm{mod}\ l)$$

设函数 $P(z)$ 在闭圆 $|z|\leqslant 1$ 中没有零点. 则 $\frac{1}{P(z)}\in H_2$. 如果

$$\frac{1}{P(z)}=\sum_{k=0}^{\infty}\bar{b}_k z^k\quad\left(b_0=\frac{1}{a_0}\right)$$

则

$$\xi(t)=\sum_{n=0}^{\infty}b_n\eta(t-n)$$

我们得到了对于不相关序列 $\eta(t)$ 的物理可实现滤过的反应形式的序列 $\xi(t)$ 的表示式. 因为

$$\xi(t)=-\frac{1}{a_0}[a_1\xi(t-1)+\cdots+a_p\xi(t-p)+\eta(t)] \tag{29}$$

故根据给定 $\xi(t-n)(n=1,2,\cdots)$ 的 $\xi(t)$ 的最优预测为

$$\tilde{\zeta}(t)=-\frac{1}{a_0}[a_1\xi(t-1)+a_2\xi(t-2)+\cdots+a_p\zeta(t-p)]$$

预测的最小均方误差等于

$$\delta(t)=\left\{E\frac{|\eta(t)|^2}{|a_0|^2}\right\}^{\frac{1}{2}}=\frac{1}{|a_0|}$$

重复应用式(29)，可以使我们得到关于后几步的最优预测.

§9　平稳过程预测的一般理论

在这一节里，我们研究关于根据无穷的过去的平稳序列和平稳过程预测的一般理论. 和以前一样，平稳过程了解为具有数学期望为零的广义平稳过程.

平稳序列的预测　设 $\{\xi(t):t=0,\pm1,\pm2,\cdots\}$ 是一平稳序列. 用 $\mathfrak{E}_\xi$ 表示

$\mathscr{L}_2$ 中由所有 $\xi(t)$ 产生的闭线性包络,而用 $\mathfrak{G}_\xi(t)$ 表示由 $\xi(n)$,$n\leqslant t$ 产生的闭线性包络. 显然 $\mathfrak{G}_\xi(t)\subset\mathfrak{G}_\xi(t+1)$ 且 $\mathfrak{G}_\xi$ 是 $\bigcup\limits_{t=-\infty}^{\infty}\mathfrak{G}_\xi(t)$ 的闭包. 在 $\mathfrak{G}_\xi$ 中我们考虑时移算子 S. 这算子对于形如 $\eta=\Sigma c_k\xi(t_k)$ 的 $\mathscr{E}_\xi$ 的元素,由下面等式定义

$$S_\eta=\Sigma c_k\xi(t_k+1)$$

算子 S 具有逆算子 S^{-1}

$$S^{-1}\eta=\Sigma c_k\xi(t_k-1)$$

且保内积

$$\begin{aligned}E(S(\Sigma c_k\xi(t_k))\,\overline{S(\Sigma d_k\xi(\tau_k))})=&\sum_k\sum_r c_k\bar{d}_r E(\xi(t_k+1)\,\overline{\xi(\tau_r+1)})=\\&\sum_k\sum_r c_k\bar{d}_r E(\xi(t_k)\,\overline{\xi(\tau_r)})=\\&E(\sum_k c_k\xi(t_k)\,\overline{\Sigma d_r\xi(\tau_r)})\end{aligned}$$

因此,S 可以根据连续性扩张到 $\mathfrak{G}_\xi$ 上. 并且 S 成为 $\mathfrak{G}_\xi$ 中的酉算子.

我们引入序列 $\xi(t)$ 的谱表示

$$\xi(t)=\int_{-\pi}^{\pi}\mathrm{e}^{\mathrm{i}ut}v(\mathrm{d}u)$$

其中 v 是具有构成函数 F 的谱随机测度. 今后我们将不区别测度 $F(A)$ 与产生这个测度 $F(A)$ 的序列的谱函数 $F(u)=F[-\pi,u)$.

我们回想起随机变量 η 属于 $\mathfrak{G}_\xi$ 的充分必要条件为

$$\eta=\int_{-\pi}^{\pi}\varphi(u)v(\mathrm{d}u),\text{其中 }\varphi\in\mathscr{L}_2\{F\}$$

考虑随机变量序列

$$\eta(t)=S^t\eta\quad(t=0;\pm1,\pm2,\cdots)$$

引理 1 序列 $\eta(t)$ 是平稳的且有谱表示

$$\eta(t)=\int_{-\pi}^{\pi}\mathrm{e}^{\mathrm{i}tu}\varphi(u)v(\mathrm{d}u)\tag{1}$$

平稳性由 S 是酉算子推得

$$E\eta(t+s)\,\overline{\eta(s)}=(\eta(t+s),\eta(s))=(S^{t+s}\eta,S^s\eta)=(S^t\eta,\eta)=E\eta(t)\,\overline{\eta(0)}$$

最后,容易验证,对于形如 $\eta=\Sigma a_k\xi(t_k)(\varphi(u)=\Sigma a_k\mathrm{e}^{\mathrm{i}ut_k})$ 的元素 η 的谱表示(1)是成立的. 至于对任意 η,则可借助于极限过程得到(1)也是成立的.

我们还指出,算子 S 有下面的性质:

a) $S\mathfrak{G}_\xi(t)=\mathfrak{G}_\xi(t+1)$;

b) 如果 $\xi^{(p)}(t)$ 是 $\xi(t)$ 在 $\mathfrak{G}_\xi(t-p)$ 上的投影,则

$$S\xi^{(1)}(t)=\xi^{(1)}(t+1),S^q\xi^{(p)}(t)=\xi^{(p)}(t+q)$$

因为

$$E\mid\xi^{(p)}(t+q)\mid^2=E\mid S^q\xi^{(p)}(t)\mid^2=E\mid\xi^{(p)}(t)\mid^2$$

故 $E\mid\xi^{(p)}(t)\mid^2$ 不依赖于 t. 因此,借助于 $\xi(n),n\leqslant t-p,\xi(t)$ 的预测的最小均方误差的平方等于

$$\delta^2(p)=E\mid\xi(t)-\xi^{(p)}(t)\mid^2=E\mid\xi(t)\mid^2-E\mid\xi^{(p)}(t)\mid^2$$

并且不依赖于 t. 显然

$$\delta^2(1)\leqslant\delta^2(2)\leqslant\cdots\leqslant\sigma^2=E\mid\xi(t)\mid^2$$

等式 $\sigma^2(n)=\sigma^2$ 表示对任意的 $t,\xi(t)$ 与所有 $\xi_k,k\leqslant t-n$ 是不相关的,因此,这些 $\xi_k,k\leqslant t-n$ 的值对于 $\xi(t)$ 的预测完全没有提供什么信息. 如果 $\delta(1)=0$,则 $\xi(t)\in\mathfrak{E}_\xi(t-1)$,因此 $\mathfrak{E}_\xi(t-1)=\mathfrak{E}_\xi(t)$,并且一般地,对任意 t 及 $n<t,\mathfrak{E}_\xi(n)=\mathfrak{E}_\xi(t)$. 设 $\mathfrak{E}_\xi^s=\bigcap\limits_t\mathfrak{E}_\xi(t)$. 在我们所考虑的情形,$\mathfrak{E}_\xi^s=\mathfrak{E}_\xi$. 这表示,如果我们知道了过程的值的序列 $\xi(n),n\leqslant t$,则序列的所有随后的项可以用观察值精确地(以概率1)线性表示. 在一定的意义下,相反的情形是 $\mathfrak{E}_\xi^s=O$(用 O 表示由一个元素 0 组成的 $\mathscr{E}_\xi$ 的平凡子空间). 在这一情形,由于 $\lim\limits_{t\to\infty}E\mid\xi^{(t)}(n)\mid=0$ 且 $\lim\limits_{t\to\infty}\delta^2(t)=\sigma^2$,当 t 大时,序列 $\xi(n)(n\leqslant s)$ 各项的知识不足以给出 $\xi(s+t)$ 的预测值.

定义 1 如果 $\mathfrak{E}_\xi^s=\mathfrak{E}_\xi$,则过程 $\xi(t)$ 被称为是奇异的(或称确定的);如果 $\delta(1)>0$,则称过程 $\zeta(t)$ 为非确定的;如果 $\mathfrak{E}_\xi^s=O$,则称过程为正则的(或称为完全非确定的).

定义 2 设 $\xi_i(t)(i=1,2)$ 是 Hilbert 随机过程,$t\in T,T$ 是任一实数集,$\mathfrak{E}_\xi(t)=\mathscr{L}_2\{\xi(s):s\leqslant t,s\in T\}$. 如果对所有的 $t\in T,\mathfrak{E}_{\xi_1}(t)\subset\mathfrak{E}_{\xi_2}(t)$,则我们说 $\xi_1(t)$ 完全从属于过程 $\xi_2(t)$.

定理 1 任意一个平稳序列可表为

$$\xi(t)=\xi_s(t)+\eta(t)\tag{2}$$

其中 $\xi_s(t)$ 与 $\eta(t)$ 是不相关序列,完全从属于 $\xi(t),\xi_s(t)$ 是奇异的,$\eta(t)$ 是正则的. 表示式(2) 是唯一的.

证 显然,$S\mathfrak{E}_\xi^s=\mathfrak{E}_\xi^s$. 因为 S 是酉算子,故 $\mathfrak{E}_\xi^s$ 的正交余在 S 作用下是不变的,即 S 把子空间 $\mathfrak{E}_\xi^r=\mathfrak{E}_\xi\ominus\mathfrak{E}_\xi^s$ 双方单值地映射到它自己上(这里 $\mathfrak{E}_\xi^r$ 由所有在 $\mathfrak{E}_\xi$ 中正交于 $\mathfrak{E}_\xi^s$ 的每一个向量的向量组成).

设 $\xi_s(0)$ 是 $\xi(0)$ 在 $\mathfrak{E}_\xi^s$ 上的投影,$\eta(0)$ 是 $\xi(0)$ 在 $\mathfrak{E}_\xi^r$ 上的投影以及

$$\xi_s(t)=S^t\xi_s(0),\eta(t)=S^t\eta(0),t=0,\pm1,\pm2,\cdots$$

因为 $\xi(0)=\xi_s(0)+\eta(0)$,故

$$\xi(t)=S^t\xi(0)=\xi_s(t)+\eta(t)$$

其中序列 $\eta(t),\xi_s(t)$ 平稳,互不相关且从属于 $\xi(t)$(引理 1).

其次,因为在式(2) 中 $\xi_s(t)\in\mathfrak{E}_\xi^s$ 且 $\eta(t)\in\mathfrak{E}_\xi^r$,故 $\mathfrak{E}_\xi(t)\cap\mathfrak{E}_\xi^s\subset\mathfrak{E}_{\xi_s}(t)$. 因此 $\mathfrak{E}_\xi^s\subset\mathfrak{E}_\xi^s$. 另一方面,由 $\xi_s(t)\in\mathfrak{E}_\xi^s$,我们有 $\mathfrak{E}_{\xi_s}(t)\subset\mathfrak{E}_\xi^s$,这样一来,对任意 t,$\mathfrak{E}_{\xi_s}(t)=\mathfrak{E}_\xi^s=\mathfrak{E}_{\xi_s}^s$,即序列 $\xi_s(t)$ 是奇异的. 其次,由等式 $\eta(t)=\xi(t)-\xi_s(t)$ 得到 $\eta(t)\in\mathfrak{E}_\xi(t)$. 因此 $\mathfrak{E}_\eta^s=\bigcap\mathfrak{E}_\eta(t)\subset\mathfrak{E}_\xi^s$. 另一方面,根据定义 $\mathfrak{E}_\eta(t)$ 正交于 $\mathfrak{E}_\xi^s$. 因

此 $\mathfrak{S}_\eta^s=0$,即过程 $\eta(t)$ 正则.

表示式(2) 的唯一性是由于在定理条件下,$\eta(t)$ 在 $\mathfrak{S}_\xi^s$ 上的投影等于零,$\mathfrak{S}_\xi^s=\mathfrak{S}_{\xi_s}^s=\mathfrak{S}_{\xi_s}$,因此 $\xi_s(t)$ 是 $\xi(t)$ 在 $\mathfrak{S}_\xi^s$ 的投影. 定理证毕.

序列 $\eta(t)$,$\xi_s(t)$ 分别称为过程 $\xi(t)$ 的正则和奇异分量.

定理 2 平稳序列的正则分量 $\eta(t)$ 可以表为如下形式

$$\eta(t)=\sum_{n=0}^{\infty}a(n)\zeta(t-n) \tag{3}$$

其中 $\zeta(t)(t=0,\pm 1,\cdots)$ 是标准不相关序列

$$\mathfrak{S}_\zeta(t)=\mathfrak{S}_\eta(t)\text{ 且}\sum_{n=0}^{\infty}|a(n)|^2<\infty$$

证 我们引入子空间 $G(t)=\mathfrak{S}_\eta(t)\ominus\mathfrak{S}_\eta(t-1)$. 它是一维空间(如果是零维的,则 $\delta_\eta^2(1)=0$ 且 $\eta(t)$ 是奇异序列). 在 $G(0)$ 中选择一个单位向量 $\boldsymbol{\zeta}(0)$. 则序列 $\zeta(t)=S^t\boldsymbol{\zeta}(0)$ 是规范正交的($\zeta(t)\in\mathfrak{S}_\eta(t)\ominus\mathfrak{S}_\eta(t-1)$,因此 $\zeta(t)$ 与 $\mathfrak{S}_\eta(t-1)$ 正交,并且对于

$$k<t,\zeta(k)\in\mathfrak{S}_\eta(t-1))$$

$$\mathfrak{S}_\zeta(t)\subset\mathfrak{S}_\eta(t),\ \bigcap_t\mathfrak{S}_\zeta(t)\subset\bigcap_t\mathfrak{S}_\eta(t)=0$$

这表示序列 $\zeta(t)$ 构成在 $\mathfrak{S}_\zeta$ 中的一个基底. 根据这个基底展开 $\eta(0)$,我们得到

$$\eta(0)=\sum_{n=0}^{\infty}a(n)\zeta(-n)\text{,其中}\sum_{n=0}^{\infty}|a(n)|^2=E|\eta(0)|^2<\infty$$

应用算子 S^t 于给出的 $\eta(0)$ 的展式,我们得到等式(3). 由式(3) 直接得到 $\mathfrak{S}_\eta(t)\subset\mathfrak{S}_\zeta(t)$ 这一关系,而相反的包含关系则从 $\zeta(t)$ 的定义得到. 定理证毕.

注 1 不失一般性,我们可以假定 $a(0)$ 是正的.

引理 2 设平稳过程 $\xi(t)$ 的谱函数 $F(u)$ 等于 $F_1(u)+F_2(u)$,其中 $F_i(u)$ 是非负单调不减函数,并且对应于函数 $F_i(u)$ 的测度 $F_t(A)$ 是奇异的. 则存在分解式 $\xi(t)=\xi_1(t)+\xi_2(t)$,其中 $\xi_i(t)$ 从属于 $\xi(t)$,正交且有谱函数 $F_i(u)(i=1,2)$.

为了证明这一结论,我们将区间$[-\pi,\pi]$表为使得 $F_2(P_1)=F_1(P_2)=0$ 的不相交的集合 P_1 与 P_2 之和. 设

$$\xi_1(t)=\int_{-\pi}^{\pi}e^{itu}\chi_{P_1}(u)v(du),\xi_2(t)=\int_{-\pi}^{\pi}e^{itu}\chi_{P_2}(u)v(du)$$

其中 v 是过程 $\xi(t)$ 的随机谱测度,$\chi_{P_i}\{u\}$ 是集合 P_i 的示性函数. 故

$$\xi_1(t)+\xi_2(t)=\int_{-\pi}^{\pi}e^{itu}v(du)=\xi(t)$$

$$E\xi_1(t_1)\overline{\xi_2(t_2)}=\int_{-\pi}^{\pi}e^{i(t_1-t_2)u}\chi_{P_1}(u)\chi_{P_2}(u)dF(u)=0$$

$$E\xi_j(t_1)\overline{\xi_j(t_2)}=\int_{-\pi}^{\pi}e^{i(t_1-t_2)u}\chi_{P_j}(u)dF(u)=\int_{-\pi}^{\pi}e^{i(t_1-t_2)u}dF_j(u),j=1,2$$

这就证明了引理.

定理 3 为使序列 $\xi(t)$ 是非确定性的充分必要条件为

$$\int_{-\pi}^{\pi} \ln f(u)\mathrm{d}u > -\infty \tag{4}$$

其中 $f(u)$ 为 $F(A)$(关于 Lebesgue 测度) 的绝对连续分量的导数.

证 必要性. 设 $F_r(u), F_s(u)$ 是序列 $\eta(t), \xi_s(t)$ 的谱函数. 由 $\eta(t)$ 与 $\xi_s(t)$ 的不相关性可得

$$F(u) = F_r(u) + F_s(u)$$

根据定理 2 及 §7 定理 2, $F_r(u)$ 绝对连续且对于 $f_r(u) = F_r'(u)$ 满足条件

$$\int_{-\pi}^{\pi} \ln f_r(u)\mathrm{d}u > -\infty$$

分解 $F(A)$ 和 $F_s(A)$ 为关于 Lebesgue 测度的绝对连续与奇异分量,我们得到

$$F(A) = \int_A f(u)\mathrm{d}u + F^*(A), F_s(A) = \int_A f_s(u)\mathrm{d}u + F_s^*(A)$$

从而得

$$f(u) = f_r(u) + f_s(u)$$

且

$$\int_{-\infty}^{\infty} \ln f(u)\mathrm{d}u \geqslant \int_{-\infty}^{\infty} \ln f_r(u)\mathrm{d}u > -\infty$$

因此,如果过程是非确定性的,则(4) 成立.

充分性. 设过程 $\xi(t)$ 奇异. 此时 $\xi(t)$ 分解为从属于 $\xi(t)$ 的两个不相关分量 $\xi_1(t)$ 与 $\xi_2(t)$,这分解对应于分解 $F(A) = F_s(A) = \int_A f_s(u)\mathrm{d}u + F_s^*(A)$(参阅引理 2). 假设

$$\int \ln f(u)\mathrm{d}u = \int \ln f_s(u)\mathrm{d}u > -\infty$$

则根据 §7 定理 2, $\xi_1(t) = \sum_{n=0}^{\infty} a'(n)\xi'(t-n)$,其中 ξ' 是不相关序列. 因为

$$\mathfrak{S}_{\xi}(t) \subset \mathfrak{S}_{\xi_1}(t) \oplus \mathfrak{S}_{\xi_2}(t) \text{ 且 } \bigcap \mathfrak{S}_{\xi_1}(t) = 0$$

故 $\bigcap_t \mathfrak{S}_{\xi}(t) \subset \bigcap_t \mathfrak{S}_{\xi_2}(t) \subset \mathfrak{S}_{\xi_2}$,这与关系式 $\mathfrak{S}_{\xi} = \mathfrak{S}_{\xi_1} \oplus \mathfrak{S}_{\xi_2}$ 矛盾,因此过程 $\xi(t)$ 不可能是奇异的,故

$$\int_{-\pi}^{\pi} \ln f(u)\mathrm{d}u = -\infty$$

定理证毕.

我们现在考虑关于非确定性过程的预测问题. 利用定理 1 和定理 2,我们有

$$\xi(t) = \xi_s(t) + \eta(t), \eta(t) = \sum_{n=0}^{\infty} a_n \zeta(t-n)$$

因为 $\xi_s(t)$ 可根据过去精确地预测，故只须考虑过程 $\xi(t)$ 的正则分量 $\eta(t)$ 的预测即可. 由定理2得到，$\eta(t)$ 在 $\mathfrak{E}_\eta(t-q)$ 的投影与 $\eta(t)$ 在 $\mathfrak{E}_\zeta(t-q)$ 上的投影相同. 因此

$$\eta^{(q)}(t)=\sum_{n=q}^{\infty}a_n\zeta(t-n) \tag{5}$$

均方误差的大小由等式

$$\delta^2(q)=\sum_{n=0}^{q-1}|a_n|^2 \tag{6}$$

决定.

我们现在获得不含序列 $\zeta(n)$ 的最优预测公式. 因为 $\zeta(0)\in\mathfrak{E}_\eta$，故

$$\zeta(0)=\int_{-\pi}^{\pi}\varphi(u)\tilde{v}(\mathrm{d}u),\int_{-\pi}^{\pi}|\varphi(u)|^2\mathrm{d}F_r(u)<\infty$$

其中 $\tilde{v}$ 是过程 $\eta(t)$ 的随机谱测度，且

$$F_r'(u)=|g(\mathrm{e}^{\mathrm{i}u})|^2,g(\mathrm{e}^{\mathrm{i}u})=\frac{1}{\sqrt{2\pi}}\sum_{n=0}^{\infty}\bar{a}_n\mathrm{e}^{\mathrm{i}un}$$

(§7 引理 1).

因此(引理 1)

$$\zeta(t)=S^t\zeta(0)=\int_{-\pi}^{\pi}\mathrm{e}^{\mathrm{i}tu}\varphi(u)\tilde{v}(\mathrm{d}u)$$

为了找到函数 $\varphi(u)$，我们利用式(3). 我们有

$$\eta(t)=\sum_{n=0}^{\infty}a_n\zeta(t-n)=\int_{-\pi}^{\pi}\mathrm{e}^{\mathrm{i}tu}\varphi(u)\sum_{n=0}^{\infty}a_n\mathrm{e}^{-\mathrm{i}nu}\tilde{v}(\mathrm{d}u)$$

比较上述等式与等式

$$\eta(t)=\int_{-\pi}^{\pi}\mathrm{e}^{\mathrm{i}tu}\tilde{v}(\mathrm{d}u)$$

我们得

$$\varphi(u)=\left(\sum_{n=0}^{\infty}a_n\mathrm{e}^{-\mathrm{i}nu}\right)^{-1}=(\sqrt{2\pi}\ \overline{g(\mathrm{e}^{\mathrm{i}u})})^{-1}$$

现在，我们有

$$\eta^{(q)}(t)=\int_{-\pi}^{\pi}\left(\sum_{n=q}^{\infty}a_n\mathrm{e}^{-\mathrm{i}nu}\right)\varphi(u)\mathrm{e}^{\mathrm{i}tu}\tilde{v}(\mathrm{d}u)$$

因此

$$\eta^{(q)}(t)=\int_{-\pi}^{\pi}\mathrm{e}^{\mathrm{i}tu}\left[1-\frac{\overline{g_q(\mathrm{e}^{\mathrm{i}u})}}{\overline{g(\mathrm{e}^{\mathrm{i}u})}}\right]\tilde{v}(\mathrm{d}u) \tag{7}$$

其中

$$g_q(\mathrm{e}^{\mathrm{i}u})=\frac{1}{\sqrt{2\pi}}\sum_{n=0}^{q-1}\bar{a}_n\mathrm{e}^{\mathrm{i}nu} \tag{8}$$

我们现在介绍一种确定函数 $g(z)=\sum_{n=0}^{\infty}b_n z^n$ 的方法，其中 $b_n=\frac{1}{\sqrt{2\pi}}\bar{a}_n$. 从而我们将得到关于平稳序列预测问题的一般解答，同时亦得到一个计算预测均方误差的公式. 函数 $g(z)\in H_2$, $g(0)=\frac{a_0}{\sqrt{2\pi}}$ 是实的(参阅定理2后面的注1). 并且借助于函数 $g(z)$，序列 $\eta(t)$ 的谱密度被因子分解，即有 $f_r(u)=|g(e^{iu})|^2$，根据 §7 定理1后面的注2，如果 $g(z)$ 在圆 $|z|<1$ 内没有零点并且 $g(0)>0$，则 $g(z)$ 唯一地由 $f_r(u)$ 确定. 因此，如果按照 §7 定理1构造的函数 $g(z)$ 当 $|z|<1$ 时不为零，则它与 §7 定理1证明过程中所得的函数 $g(z)$ 是相同的.

引理 3 函数 $g(z)$ 当 $|z|<1$ 时异于零.

证 首先我们指出，如果

$$f_\eta(u)=|h(e^{iu})|^2$$

$$h(u)=\sum_{n=0}^{\infty}c_n z^n,\ \sum_{n=0}^{\infty}|c_n|^2<\infty$$

则 $\delta^2(1)\geqslant 2\pi|c_0|^2$. 事实上

$$E\left|\eta(0)-\sum_{k=1}^{N}d_k\eta(-k)\right|^2=\int_{-\pi}^{\pi}\left|\left(1-\sum_{k=1}^{N}d_k e^{-iku}\right)\left(\sum_{k=0}^{\infty}\bar{c}_k e^{-iku}\right)\right|^2 du\geqslant 2\pi|c_0|^2$$

因为对任一 d_k 及 N，这个不等式均成立，故

$$\delta^2(1)\geqslant 2\pi|c_0|^2 \tag{9}$$

现在我们假定 $g(z_0)=0$, $|z_0|<1$. 函数

$$g_1(z)=\frac{1}{\sqrt{2\pi}}\sum_{n=0}^{\infty}b'_n z^n$$

在点 $\bar{z}_0$ 为零，设 $g_1|z|=(z-\bar{z}_0)\sum_{n=0}^{\infty}b'_n z^n$，其中 $b'_0=-\frac{a_0}{\sqrt{2\pi}\bar{z}_0}$. 则

$$\begin{aligned}|g(e^{iu})|&=\left|\sum_{n=0}^{\infty}\frac{1}{\sqrt{2\pi}}a_n e^{-inu}\right|=|g_1(e^{-iu})|=\\&\left|\frac{1-e^{-iu}z_0}{e^{-iu}-\bar{z}_0}\right||e^{-iu}-\bar{z}_0|\left|\sum_{n=0}^{\infty}b'_n e^{-inu}\right|=\\&\left|\sum_{n=0}^{\infty}b''_n e^{-inu}\right|=\left|\sum_{n=0}^{\infty}\bar{b}''_n e^{inu}\right|\end{aligned}$$

其中 $b''_0=b'_0=-\frac{a_0}{\sqrt{2\pi}\bar{z}_0}$. 从(9)得到

$$\delta^2(1)\geqslant 2\pi|\bar{b}''_0|^2=\left|\frac{a_0}{z_0}\right|^2$$

根据(6)，在 $|z_0|<1$ 时是不可能的. 引理证毕.

推论 在最优预测的公式(7)中，函数 $g(z)\in H_2$ 被唯一确定(假定 $g(0)$

为正)且与 §7 定理 1 所得到的函数相同.

我们解决了关于非确定性序列的正则部分的预测问题. 现在阐述下述问题:如何通过过程 $\xi(t)$ 的谱函数来表示序列 $\eta(t)$ 的谱密度? 用 $\xi(t)$ 的特征数表示序列 $\xi(t)$ 的预测公式有怎样的形式?

引理 4 设非确定性过程 $\xi(t)$ 表为 $\xi(t)=\eta(t)+\xi_s(t)$,其中 $\eta(t)$ 与 $\xi_s(t)$ 不相关,$\xi_s(t)$ 是奇异过程,$\eta(t)$ 是正则过程,$F(u)$,$F_r(u)$,$F_s(u)$ 是序列 $\xi(t)$,$\eta(t)$,$\xi_s(t)$ 的谱函数,则等式

$$F(u)=F_r(u)+F_s(u) \tag{10}$$

是函数 $F(u)$ 的一个分解. 它把 $F(u)$ 分解为关于 Lebesgue 测度绝对连续分量 $F_r(u)$ 及奇异分量 $F_s(u)$.

证 由序列 $\eta(t)$ 和 $\xi_s(t)$ 不相关性得到(10). 我们引进由式(3)所表达的不相关序列 $\zeta(t)$ 的谱表示

$$\zeta(t)=\int_{-\pi}^{\pi} e^{itu}\zeta(du) \tag{11}$$

其中 $\zeta(A)$ 是具有构成函数$\frac{1}{2\pi}l(A)$ 的随机测度,l 是 Lebesgue 测度. 将(11)代入(3)得

$$\eta(t)=\int_{-\pi}^{\pi} e^{itu}\sqrt{2\pi}\,\overline{g(e^{iu})}\zeta(du)$$

设

$$\xi_s(t)=\int_{-\pi}^{\pi} e^{itu}v_s(du) \tag{12}$$

是序列 $\xi_s(t)$ 的谱表示. 则

$$\xi(t)=\int_{-\pi}^{\pi} e^{itu}v(du)=\int_{-\pi}^{\pi} e^{itu}[\sqrt{2\pi}\,\overline{g(e^{iu})}\zeta(du)+v_s(du)]$$

从后一等式得到,对任一函数 $\varphi(u)\in\mathscr{L}_2\{F\}$

$$\int_{-\pi}^{\pi}\varphi(u)v(du)=\int_{-\pi}^{\pi}\varphi(u)[\sqrt{2\pi}\,\overline{g(e^{iu})}\zeta(du)+v_s(du)] \tag{13}$$

对于 $\xi_s(t)$ 还可以写为另一谱表示式. 因为 $\xi_s(0)\in\mathfrak{G}_\xi$,故

$$\xi_s(0)=\int_{-\pi}^{\pi}\varphi_s(u)v(du)$$

从而

$$\xi_s(t)=S^t\xi_s(0)=\int_{-\pi}^{\pi} e^{itu}\varphi_s(u)v(du)$$

考虑到式(13),我们得到

$$\xi_s(t)=\int_{-\pi}^{\pi} e^{itu}\varphi_s(u)[\sqrt{2\pi}\,\overline{g(e^{iu})}\zeta(du)+v_s(du)] \tag{14}$$

比较(14)与(12),我们看出

$$-\int_{-\pi}^{\pi} e^{itu}(\varphi_s(u)-1)v_s(du)=\int_{-\pi}^{\pi} e^{itu}\varphi_s(u)\sqrt{2\pi}\,\overline{g(e^{iu})}\zeta(du)$$

在所得到的等式的各部分出现的元素属于相互正交的子空间. 因此它们等于零. 所以

$$\varphi_s(u)=1 \quad (\bmod F_s),\varphi_s(u)g(e^{iu})=0 \quad (\bmod l)$$

因为 $g(e^{iu})$ 仅在零测集(对 l) 上为零,故 $\varphi_s(u)$ 几乎处处等于零. 设 S 是一个集合,在它上面 $\varphi_s(u)=1$. 故 $l(s)=0$. 因此

$$F_s(A)=\int_A |\varphi_s(u)|^2 dF(du)=F(A\cap S)$$

$$F_r(A)=\int_A 2\pi |g(e^{iu})|^2 du$$

引理证毕.

引理 5 设 $\varphi_1(u),\varphi_2(u),\varphi_3(u)$ 为使得

$$\int_{-\pi}^{\pi}\varphi_1(u)v(du),\int_{-\pi}^{\pi}\varphi_2(u)\tilde{v}(du),\int_{-\pi}^{\pi}\varphi_3(u)v_s(du)$$

分别是 $\xi(t),\eta(t),\xi_s(t)$ 在 $\mathfrak{E}_\xi(t-q),\mathfrak{E}_\eta(t-q),\mathfrak{E}_{\xi_s}(t-q)$ 上的投影. 则

$$\varphi_1(u)=\varphi_2(u)=\varphi_3(u)=e^{itu}\left(1-\frac{\overline{g_q(e^{iu})}}{\overline{g(e^{iu})}}\right) \quad (\bmod F)$$

根据式(7),只须证明 $\varphi_1(u)=\varphi_2(u)=\varphi_3(u)$ 就够了. 由等式

$$\xi(t)-\int_{-\pi}^{\pi}\varphi_1(u)v(du)=\left[\eta(t)-\int_{-\pi}^{\pi}\varphi_1(u)\tilde{v}(du)\right]+$$
$$\left[\xi_s(t)-\int_{-\pi}^{\pi}\varphi_1(u)v_s(du)\right] \tag{15}$$

以及(15) 右边括号中的被加数的正交性,我们有

$$\delta_\xi^2(q)=E\left|\eta(t)-\int_{-\pi}^{\pi}\varphi_1(u)\tilde{v}(du)\right|^2+E\left|\xi_s(t)-\int_{-\pi}^{\pi}\varphi_1(u)v_s(du)\right|^2\geqslant\delta_\eta^2(q)$$

并且等号成立的充分必要条件为

$$\varphi_1(u)=\varphi_2(u) \quad (\bmod F_r)$$
$$\varphi_1(u)=\varphi_3(u) \quad (\bmod F_s)$$
$$\xi_s(t)=\int_{-\pi}^{\pi}\varphi_1(u)v_s(du)$$

另一方面,根据 $\xi_s(t)$ 的定义,$\delta_\xi^2(q)=\delta_\eta^2(q)$. 引理证毕.

得到的结果可以用下面的方式叙述.

定理 4 如果 $\xi(t)$ 是非确定性的平稳序列,则根据 $\xi(s),s\leqslant t-q$ 的观察结果,$\xi(t)$ 的最优预测 $\xi^{(q)}(t)$ 为

$$\xi^{(q)}(t)=\int_{-\pi}^{\pi} e^{itu}\left[1-\frac{\overline{g_q(e^{iu})}}{\overline{g(e^{iu})}}\right]v(du)$$

其中 v 是序列 $\xi(t)$ 的随机谱测度

$$g(z)=\sum_{n=0}^{\infty}b_n z^n, g_q(z)=\sum_{n=0}^{q-1}b_n z^n$$

函数 $g(z)\in H_2$ 在圆 $|z|<1$ 内没有零点，$g(0)$ 为正且 $|g(e^{iu})|^2=f(u)$，$f(u)$ 是序列 $\xi(t)$ 的谱函数的绝对连续分量的导数. 预测的均方误差的平方等于

$$\delta^2(q)=2\pi e^{\frac{1}{2\pi}\int_{-\pi}^{\pi}\ln f(u)du}\sum_{n=0}^{q-1}|c_n|^2$$

其中 c_n 由下式决定

$$\exp\left\{\frac{1}{2\pi}\sum_{n=1}^{\infty}z^n\int_{-\pi}^{\pi}e^{inu}\ln f(u)du\right\}=\sum_{n=0}^{\infty}c_n z^n$$

特别

$$\delta^2(1)=2\pi e^{\frac{1}{2\pi}\int_{-\pi}^{\pi}\ln f(u)du} \tag{16}$$

可以直接从这一节的引理 4 及 5 和公式(7)，以及 §7 的定理 1 和注 2 得到这一定理.

具有连续时间过程的预测　令 $\xi(t)(-\infty<t<\infty)$ 是平稳过程

$$\xi(t)=\int_{-\infty}^{\infty}e^{iut}v(du)$$

其中 v 是直线$(-\infty<u<\infty)$上的正交测度.

$$E\xi(t)=0, R(t)=E\xi(t+s)\overline{\xi(s)}=\int_{-\infty}^{\infty}e^{itu}dF(u)$$

$$F(+\infty)=\sigma^2$$

我们引进 Hilbert 空间

$$\mathfrak{S}_\xi=\mathfrak{S}\{\xi(t):-\infty<t<\infty\}$$

以及它的子空间 $\mathfrak{S}_\xi(t)=\mathfrak{S}\{\xi(s):-\infty<s\leqslant t\}$. 在 $\mathfrak{S}_\xi$ 中我们定义时移算子群 $S^h(-\infty<h<\infty)$，令

$$S^h\left(\sum_k c_k\xi(t_k)\right)=\sum_k c_k\xi(t_k+h)$$

并且根据连续性把 S^h 的定义扩张到整个 $\mathfrak{S}_\xi$ 上，这时，S^h 构成一个 $\mathfrak{S}_\xi$ 的酉变换群. 它与离散时间的变换群 S^h 具有相同的性质(有明显的修改). 随机过程 $\xi(t)$ 的最优线性预测问题是寻找一个随机变量 $\xi_T(t)\in\mathfrak{S}_\xi(t-T)$，使得对任一元素 $\eta\in\mathfrak{S}_\xi(t-T)$，有

$$E|\xi(t)-\xi_T(t)|^2\leqslant E|\xi(t)-\eta|^2$$

这个问题有唯一解：$\xi_T(t)$ 是 $\xi(t)$ 在 $\mathfrak{S}_\xi(t-T)$ 上的投影. 令

$$\delta_\xi(T)=\delta(T)=\sqrt{E|\xi(t)-\xi_T(t)|^2}$$

$\delta(T)$ 是预测的均方误差，它是 T 的单调非增函数且 $0\leqslant\delta(T)\leqslant\sigma$. 如果 $\lim\delta(T)=\sigma$，则过程称为正则的(完全非决定性的). 如果对某一 T_0，$\delta(T_0)=$

0,则对任意 t,$\mathfrak{E}_\xi(t) \subset \mathfrak{E}_\xi(t-T_0)$. 因此,对任意 t

$$\mathfrak{E}_\xi(t) \subset \bigcap_{k=1}^{\infty} \mathfrak{E}_\xi(t-kT_0)$$

且对所有 $T>0$ 有 $\delta(T)=0$. 在这种情形,过程称为奇异的(决定性的). 非奇异过程我们称为非决定性的.

定理 1 的证明方法可以直接运用到具有连续时间的过程上:任一平稳过程可有分解式

$$\xi(t)=\eta(t)+\xi_s(t)$$

其中 $\eta(t)$ 正则且 $\xi_s(t)$ 是奇异平稳过程,$\eta(t)$ 与 $\xi_s(t)$ 不相关且从属于 $\xi(t)$.

类似于定理 2 的如下定理:

定理 5 为使平稳过程 $\eta(t)$ 是正则的,其必要充分条件为 $\eta(t)$ 可表为下面的形式

$$\eta(t)=\int_{-\infty}^{t} a(t-s)\zeta(\mathrm{d}s) \tag{17}$$

其中 $\zeta(s)$ 为具有正交增量的标准过程且

$$\mathfrak{E}_\zeta(t)=\mathfrak{E}_\eta(t), \int_{-\infty}^{\infty} |a(t)|^2 \mathrm{d}t<\infty$$

根据 §7 定理 4,上述定理等价于:

定理 6 平稳过程为正则的必要充分条件为它具有谱密度 $f(u)$ 且

$$\int_{-\infty}^{\infty} \frac{\ln f(u)}{1+u^2} \mathrm{d}u>-\infty \tag{18}$$

我们首先证明,表为(17) 的过程是正则的. 为此目的,我们引进随机变量 $\eta(t)$ 在 $\mathfrak{E}_\eta(t-T)$ 上的投影 $\eta_T(t)$. 因为 $\mathfrak{E}_\eta(t-T)=\mathfrak{E}_\zeta(t-T)$,随机变量 $\eta_T(t)$ 可以写为如下形式

$$\eta_T(t)=\int_{-\infty}^{t-T} \varphi(s)\zeta(\mathrm{d}s)$$

另一方面,$\eta(t)-\eta_t(t)$ 必定正交于任一 $\varphi \in \mathfrak{E}_\zeta(t-T)$,并且特别正交于 $\psi=\zeta(A)$,其中 A 是任一包含在$(-\infty,t-T)$ 中的可测集. 由于

$$E(\eta(t)-\eta_T(t))\overline{\zeta(A)}=\int_{-\infty}^{t} a(t-s)\chi_A(s)\mathrm{d}s-\int_{-\infty}^{t-T}\varphi(s)\chi_A(s)\mathrm{d}s=$$
$$\int_A [a(t-s)-\varphi(s)]\mathrm{d}s$$

故 $\varphi(s)=a(t-s), s \leqslant t-T$. 因此

$$\eta_T(t)=\int_{-\infty}^{t-T} a(t-s)\zeta(\mathrm{d}s)$$

且

$$\|\eta_T(t)\|^2=E|\eta_T(t)|^2=\int_{-\infty}^{t-T} |a(t-s)|^2 \mathrm{d}s=\int_T^{\infty} |a(s)|^2 \mathrm{d}s$$

这样一来,当 $T\to\infty$ 时 $\|\eta_T(t)\|\to 0$,它表示过程 $\eta(t)$ 是正则的. 反命题更为深刻:每一正则过程可以表为(17),或者,等价地,每一正则过程具有满足条件(18) 的谱密度 $f(u)$.

为了证明这一结果,我们将利用类似于对于具有离散时间的过程所得到的结果.

设 $\xi(t)$ 是任一平稳过程且

$$\xi(t)=\int_{-\infty}^{\infty}\mathrm{e}^{\mathrm{i}tu}v(\mathrm{d}u)$$

是 $\xi(t)$ 的谱表示. 借助于变换 $u=\tan\dfrac{\theta}{2}$,测度 v 从整个数轴$(-\infty,\infty)$ 变为在区间$(-\pi,\pi)$上,用 $\tilde{v}$ 表示被变换后的测度. 我们规定过程 $\xi(t)$ 对应于平稳序列 $\tilde{\xi}(\cdot)=K(\xi)$,其中

$$\tilde{\xi}(n)=\int_{-\pi}^{\pi}\mathrm{e}^{\mathrm{i}n\theta}\tilde{v}(\mathrm{d}\theta)$$

现在我们利用如下的事实(将在以后证明):过程 $\xi(t)$ 正则的充分必要条件为过程 $\tilde{\xi}(n)$ 是正则的(引理 7). 因此,如果 $\eta(t)$ 是正则过程,则 $\tilde{\eta}(\cdot)=K(\eta)$ 是正则序列. 如果 $\tilde{f}(\theta)$ 是它的谱密度,则由 §7 定理 2

$$\int_{-\pi}^{\pi}\ln\tilde{f}(\theta)\mathrm{d}\theta>-\infty \tag{19}$$

而那时过程 $\eta(t)$ 同样具有谱密度 $f(u)$,并且

$$(1+u^2)f(u)=2\tilde{f}(\theta),\theta=2\arctan u$$

因此从(19) 推得(18). 定理证毕.

现在证明在定理证明中应用过的结论.

设 $\xi(t)$ 是任一平稳过程,且 $\tilde{\xi}(n)$ 为上面所述的借助于对应关系 K 所定义的序列.

引理 6 成立等式 $\mathfrak{S}_{\xi}(0)=\mathfrak{S}_{\tilde{\xi}}(0)$.

证 我们证明 $\tilde{\xi}(-n)\in\mathfrak{S}_{\xi}(0)$,$n>0$(对于 $n=0$ 是显然的). 注意到 $\mathrm{e}^{\mathrm{i}\theta}=\dfrac{1+\mathrm{i}u}{1-\mathrm{i}u}$. 因此

$$\tilde{\xi}(-n)=\int_{-\pi}^{\pi}\mathrm{e}^{-\mathrm{i}n\theta}\tilde{v}(\mathrm{d}\theta)=\int_{-\infty}^{\infty}\left(\frac{1-\mathrm{i}u}{1+\mathrm{i}u}\right)^n v(\mathrm{d}u)$$

另一方面

$$\frac{1-\mathrm{i}u}{1+\mathrm{i}u}=-1+\frac{2}{1+\mathrm{i}u}=-1+2\int_{-\infty}^{0}\mathrm{e}^{\mathrm{i}us}e^s\mathrm{d}s$$

因此,函数 $\left(\dfrac{1-\mathrm{i}u}{1+\mathrm{i}u}\right)^n$ 可以由形如 $\sum\limits_k a_k\mathrm{e}^{\mathrm{i}us_k}$,$s_k<0$,在任一有限区间$(-A,A)$上一致收敛的有界函数序列逼近. 从而得到 $\tilde{\xi}(-n)\in\mathfrak{S}_{\xi}(0)$. 我们现在证明,对

$t<0,\xi(t)\in\mathfrak{H}_{\tilde{\xi}}(0)$.

由于在下面的积分中的最后一个积分的被积函数在 $0<\rho<1$ 以及 $t<0$ 时一致有界，我们有

$$\xi(t)=\int_{-\infty}^{\infty}\mathrm{e}^{\mathrm{i}tu}v(\mathrm{d}u)=\int_{-\pi}^{\pi}\exp\left\{t\frac{\mathrm{e}^{\mathrm{i}\theta}-1}{\mathrm{e}^{\mathrm{i}\theta}+1}\right\}\tilde{v}(\mathrm{d}\theta)=\lim_{\rho\uparrow 1}\int_{-\pi}^{\pi}\exp\left\{t\frac{1-\rho\mathrm{e}^{-\mathrm{i}\theta}}{1+\rho\mathrm{e}^{-\mathrm{i}\theta}}\right\}\tilde{v}(\mathrm{d}\theta)$$

另一方面，由等式

$$\frac{1-\rho\mathrm{e}^{-\mathrm{i}\theta}}{1+\rho\mathrm{e}^{-\mathrm{i}\theta}}=(1-\rho\mathrm{e}^{-\mathrm{i}\theta})\sum_{n=0}^{\infty}(-1)^n\rho^n\mathrm{e}^{-\mathrm{i}n\theta}$$

得到，前述的被积函数可以用形如 $\sum_{k=0}^{N}c_k\mathrm{e}^{-\mathrm{i}k\theta}$ 的函数一致逼近（ρ 是固定的）. 因此，对于 $t<0,\xi(t)\in\mathfrak{H}_{\tilde{\xi}}(0)$. 引理证毕.

引理 7 如果 $\xi(t)=\xi_s(t)+\eta(t)$ 是过程 $\xi(t)$ 的一个分解，把 $\xi(t)$ 分解为奇异和正则分量，则等式 $\tilde{\xi}(\cdot)=K(\xi_s)+K(\eta)$ 是 $\tilde{\xi}(n)$ 的一个分解，把 $\tilde{\xi}(n)$ 分解成同样的分量.

证 注意到，$\mathfrak{H}_{\xi_1}(t)\subset\mathfrak{H}_{\xi_2}(t),t\in(-\infty,\infty)$ 的充分必要条件为 $\mathfrak{H}_{\tilde{\xi}_1}(n)\subset\mathfrak{H}_{\tilde{\xi}_2}(n),n=0,\pm1,\cdots$. 事实上，如果 $\mathfrak{H}_{\xi_1}(0)\subset\mathfrak{H}_{\xi_2}(0)$，则

$$\mathfrak{H}_{\tilde{\xi}_1}(0)=\mathfrak{H}_{\xi_1}(0)\subset\mathfrak{H}_{\xi_2}(0)=\mathfrak{H}_{\tilde{\xi}_2}(0)$$

因此，$\mathfrak{H}_{\tilde{\xi}_1}(t)=S^t\mathfrak{H}_{\tilde{\xi}_1}(0)\subset S^t\mathfrak{H}_{\tilde{\xi}_2}(0)=\mathfrak{H}_{\tilde{\xi}_2}(t)$，并且在这些关系式中，过程 $(\xi_1(t),\xi_2(t))$ 与 $(\tilde{\xi}_1(n),\tilde{\xi}_2(n))$ 的地位可以交换. 还注意到，由于测度 v 从属于过程 $\{\xi(t):-\infty<t<\infty\}$，故 $\mathfrak{H}_{\xi}=\mathfrak{H}_{\tilde{\xi}}$. 其次，设 $\xi(t)$ 是一奇异过程. 则

$$\mathfrak{H}_{\tilde{\xi}}=\mathfrak{H}_{\xi}=\mathfrak{H}_{\xi}(0)=\mathfrak{H}_{\tilde{\xi}}(0)$$

这意味着 $\tilde{\xi}(n)$ 是奇异过程. 类似地，我们得到 $\tilde{\xi}(n)$ 的奇异性蕴含了 $\xi(t)$ 的奇异性. 设 $\xi(t)$ 是正则的. 如果 $\tilde{\xi}_n$ 不是正则，则我们有等式 $\tilde{\xi}(n)=\tilde{\xi}_1(n)+\tilde{\eta}_1(n)$，其中序列 $\tilde{\xi}_1(n)$ 是奇异的且完全从属于 $\tilde{\xi}(n)$. 这一分解对应于分解 $\xi(t)=\xi_1(t)+\eta_1(t)$，其中，正如前所证，$\xi_1(t)$ 是一个奇异过程且完全从属于 $\xi(t)$. 然而，这时

$$\bigcap_t\mathfrak{H}_{\xi}(t)\supset\mathfrak{H}_{\xi_1}(t)=\mathfrak{H}_{\xi_1}(0)\neq 0$$

这与过程 $\xi(t)$ 的正则性矛盾. 因此，如果 $\xi(t)$ 是正则的，则必 $\tilde{\xi}(n)$ 也是正则的. 类似地，可以证明逆命题. 从而得到引理的断言.

对于平稳序列的预测所得到的结果，现在可以搬到具有连续时间的过程上，只须在公式的叙述和证明过程作某些修改就行了. 在这一情形需要用到具有连续时间的平稳过程谱表示以及援引引理 2 和 §7 的定理 3 与定理 4 的结果.

例如：引理 4 的叙述逐字逐句搬到关于具有连续时间的过程上，而仅需在证明中作平凡的修改. 类似引理 4，有：

定理 7 为使过程 $\xi(t)$ 是非决定性的必要充分条件为

$$\int_{-\infty}^{\infty}\frac{\ln f(u)\mathrm{d}u}{1+u^2}>-\infty$$

其中 $f(u)$ 是过程 $\xi(t)$ 的谱测度 F 的绝对连续分量的导数.

若 $\xi(t)=\eta(t)+\xi_s(t)$ 是过程 $\xi(t)$ 分解为正则和奇异分量的一个分解,并且根据定理 5

$$\eta(t)=\int_{-\infty}^{t} a(t-s)\zeta(\mathrm{d}s)$$

则

$$\xi_T(t)=\int_{-\infty}^{t-T} a(t-s)\zeta(\mathrm{d}s)+\xi_s(t)$$

而且最优预测的均方误差由式

$$\delta^2(T)=\int_0^T |a(s)|^2 \mathrm{d}s$$

确定.对于最优预测的另一表示式有如下形式

$$\xi_T(t)=\int_{-\infty}^{\infty} \mathrm{e}^{\mathrm{i}ut}\left[1-\frac{h_T(\mathrm{i}u)}{h(\mathrm{i}u)}\right]v(\mathrm{d}u)$$

其中 v 是过程 $\xi(t)$ 的随机谱测度

$$h(\mathrm{i}u)=\frac{1}{\sqrt{2\pi}}\int_0^{\infty} a(s)\mathrm{e}^{-\mathrm{i}us}\mathrm{d}s, h_T(\mathrm{i}u)=\frac{1}{\sqrt{2\pi}}\int_0^{T} a(s)\mathrm{e}^{-\mathrm{i}us}\mathrm{d}s$$

函数 $h(\mathrm{i}u)$ 由谱密度 $f(u)$ 根据 §7 式(23) 决定.

第五章 函数空间上的概率测度

§1 对应于随机过程的测度

关于由取值于距离空间 $\mathscr{X}$ 中的随机过程的有限维分布构造概率空间的 Колмогоров 定理特别指出，如何在可测空间$(\mathscr{F},\mathfrak{B})$上构造测度 μ，使得对任一柱形集 C，值 $\mu(C)$ 与随机过程的样本函数属于 C 的概率相同，其中 $\mathscr{F}$ 是所有取值于 $\mathscr{X}$ 的函数组成的空间，而 $\mathfrak{B}$ 是包含所有 $\mathscr{F}$ 中的柱形集的最小 σ 代数. 这个测度 μ 称为对应于随机过程 $\xi(t)$ 的测度. 并且不论随机过程 $\xi(t)$ 定义在怎样的概率空间上，这个测度恒能构造. 如果过程 $\xi(t,\omega)$ 定义在概率空间$\{\Omega,\mathfrak{S},P\}$上，$T$ 是由对应关系 $\omega\xrightarrow{T}\xi(\cdot,\omega)$ 所定义的从 Ω 到 $\mathscr{F}$ 中的一个映象，而 $\mathfrak{S}_0$ 是由形如 $T^{-1}C$ 的集所产生的 $\mathfrak{S}$ 的子代数，其中 $C\in\mathfrak{B}$，则测度 μ 是在映象 T 作用下测度 $\widetilde{P}$ 的象，$\widetilde{P}$ 是测度 P 在 $\mathfrak{S}_0$ 上的收缩，即

$$\mu(C)=P(T^{-1}C) \tag{1}$$

可测空间$(\mathscr{F},\mathfrak{B})$和定义在它上面的测度 μ 很方便地用来研究只给了有限维分布的随机过程. 借助于这些特性，可以研究具有给定的有限维分布的过程存在性，具有给定的正则条件的样本函数，以及研究过程样本函数的各种泛函，随机过程的变换等.

现在考虑随机过程的样本函数的可测泛函. 我们称任一定义在概率空间$(\mathscr{F},\mathfrak{B},\mu)$上的随机变量为随机过程$\xi(t)$的泛函,有时考虑稍广些的一类随机变量是方便的:即随机变量定义在$(\mathscr{F},\overline{\mathfrak{B}},\bar{\mu})$上,其中$(\overline{\mathfrak{B}},\bar{\mu})$是测度$(\mathfrak{B},\mu)$的完备化. 因为对于任一定义在$\{\mathscr{F},\mathfrak{B},\bar{\mu}\}$上的随机变量$\bar{\xi}$,可以找到这样一个在$\{\mathscr{F},\mathfrak{B},\mu\}$上的随机变量$\xi$,使得$\bar{\xi}=\xi(\mathrm{mod}\ \bar{\mu})$,因而原则上是没有区别的. 然而,当我们构造各种各样的具体泛函时,我们也可以获得$\mathfrak{B}$可测泛函. 显然,这可以用较精细的构造予以避免,但我们不这样做.

过程的样本函数的每一个泛函都是被过程的值所决定. 我们证明,上面引入的一类泛函就是这样的. 如果在$\mathscr{X}^m$中存在这样一个Borel函数$f_m(x_1,\cdots,x_m)$及点$t_1,\cdots,t_m$,使得$f(x(\cdot))=f_m(x(t_1),\cdots,x(t_m))$,我们称泛函$f(x(\cdot))$为柱形的. 如果$f_m$连续,则柱形函数亦称为连续的. 显然,任一柱形泛函是$\mathfrak{B}$可测的. 且因此在$\{\mathscr{F},\mathfrak{B},\mu\}$上也就确定了一个随机变量. 此外,泛函的值被过程的样本函数决定

$$f(\xi(\cdot))=f_m(\xi(t_1),\cdots,\xi(t_m))$$

$f_m(\xi(t_1),\cdots,\xi(t_m))$的分布与$\{\mathscr{F},\mathfrak{B},\mu\}$上的随机变量$f(x(\cdot))$的分布相同. 自然认为,过程$\xi(t)$的样本函数的泛函是这样一个随机变量$\eta$,对于它,可找到一柱形泛函序列$f^{(m)}(x(\cdot))$,使当$m\to\infty$时依概率有$f^{(m)}(\xi(\cdot))\to\eta$. 我们指出,在这一情形,泛函序列$f^{(m)}(x(\cdot))$依测度$\mu$收敛于某一$\overline{\mathfrak{B}}$可测泛函. 这由关系式

$$\mu(\{x(\cdot):|f^{(m)}(x(\cdot))-f^{(n)}(x(\cdot))|>\varepsilon\})=$$
$$P\{|f^{(m)}(\xi(\cdot))-f^{(n)}(\xi(\cdot))|>\varepsilon\}$$

(这等式是式(1)的特殊情形)以及$f^{(m)}(\xi(\cdot))$依概率收敛性得到. 我们现在证明,对每一$\overline{\mathfrak{B}}$可测泛函f,存在柱形泛函序列$f^{(k)}$依测度$\bar{\mu}$收敛于f. 为此,只须证明,对每一可测集A,存在一柱形集序列C_n,使得$\chi_{C_n}(x)\xrightarrow{\mu}\chi_A(x)$. 如果$\mathfrak{B}_0$是满足上述性质的集合的全体,则:1)$\mathfrak{B}_0$是一个代数;2)它是单调类;3)它包含全体柱形集,这意味着$\mathfrak{B}_0$是σ代数,并且与$\mathfrak{B}$相同.

注意,如果过程$\xi(t)$是被定义在概率空间$\{\Omega,\mathfrak{S},P\}$上,而$\mathfrak{S}_0$是上面引入的$\sigma$代数,则所有$\mathfrak{S}_0$可测随机变量是$\xi(\cdot)$的泛函. 如果$\eta(\omega)$是$\mathfrak{S}_0$可测变量,则$\eta(\omega)=f(T\omega)$,其中$f$是某一$\mathfrak{B}$可测泛函. 我们将写为$\eta(\omega)=f(\xi(\cdot,\omega))$.

由关于在积分中的测度变换公式得到,对每一泛函f,关系式

$$Ef(\xi(\cdot,\omega))=\int f(x)\mu(\mathrm{d}x) \tag{2}$$

当上式右边积分有意义时成立.

现在我们考虑在比全体函数空间小的函数空间上构造测度的可能性问题. 显然,可取任一$\mathfrak{B}$可测集$\mathscr{F}_0$,使得$\mu(\mathscr{F}_0)=1$,并且考虑$\mathscr{F}_0$上的测度. 但所有有意

义的函数集合不是$\mathfrak{B}$可测集,因为函数的任一$\mathfrak{B}$可测集被至多在一可数点上的函数的性质所确定. 但这不能确定诸如连续性,可微性,没有第二类不连续点,可测性等.

因此,自然地用下面的方法处理在某一函数空间$\mathscr{F}_0$上的测度构造. 设空间$\mathscr{F}_0$是这样一个空间,对$\mathscr{F}_0$中每一柱形集C,$C \cap \mathscr{F}_0$不空. 则在$\mathscr{F}_0$中可以考虑包含全体形如$C \cap \mathscr{F}_0$的集(我们将称它为$\mathscr{F}_0$中的柱形集)的最小σ代数$\mathfrak{B}_0$. 在$\mathscr{F}_0$中的柱形集C_0上定义可加集函数$\mu_0(C_0)=\mu(C)$,其中$C_0=C \cap \mathscr{F}_0$. 我们指出,这定义是唯一的:如果$C_0=C \cap \mathscr{F}_0$且$C_0=C_1 \cap \mathscr{F}_0$,则交集

$$[(C-C_1) \cup (C_1-C)] \cap \mathscr{F}_0$$

是空集,故$C \neq C_1$是不可能的. 显然,μ_0是可加非负集函数. 为使μ_0可以扩张为$\mathfrak{B}_0$上的测度,其必要充分条件为:对$\mathscr{F}_0$中任一柱形集合序列C_0^n,使得$\bigcup\limits_n C_0^n=\mathscr{F}_0$,满足不等式$\sum\limits_n \mu_0(C_0^n) \geqslant \mu_0(\mathscr{F}_0)=1$. 这一条件等价于:对任一柱形集合序列$C^n \subset \mathscr{F}$,使得

$$\bigcup_n C^n \supset \mathscr{F}_0,\text{有}\sum_n \mu(C^n) \geqslant 1$$

借助于测度μ我们定义外测度μ^*如下:对任一集A

$$\mu^*(A)=\inf\left\{\sum_n \mu(C^n):\ \bigcup C^n \supset A\right\}$$

则在$\mathfrak{B}_0$上能构造测度μ_0必须有:$\mu^*(\mathscr{F}_0)=1$. 此时,对一切$A \in \mathfrak{B}_0$有$\mu_0(A)=\mu^*(A)$. 我们来证明这一点. 我们注意,对任一$\mathfrak{B}$可测集S,$S \cap \mathscr{F}_0=\varnothing$,有$\mu(S)=0$. 事实上,不然的话,$\mathscr{F}-S \supset \mathscr{F}_0$,因此

$$\mu^*(\mathscr{F}_0) \leqslant \mu^*(\mathscr{F}-S)=\mu(\mathscr{F}-S)=1-\mu(S)<1$$

显然,σ代数$\mathfrak{B}_0$是形如$A \cap \mathscr{F}_0$的集合组成,其中A是$\mathfrak{B}$可测集.

令$A_0 \in \mathfrak{B}_0$且$A_0=A \cap \mathscr{F}_0$. 设$\bar{\mu}_0(A_0)=\mu(A)$. 这一定义是唯一的,因为,如果$A_0=A \cap \mathscr{F}_0=A' \cap \mathscr{F}_0$,则$(A-A') \cup (A'-A) \subset \mathscr{F}-\mathscr{F}_0$,因此$\mu(A)=\mu(A')$. 注意到$\bar{\mu}_0$是在$\mathfrak{B}_0$上的可数可加测度:如果$A_0^k$互不相交且$A_0^k=A^k \cap \mathscr{F}_0$,则对

$$k \neq j,A^k \cap A^j \subset \mathscr{F}-\mathscr{F}_0$$

且$\mu(A^k \cap A^j)=0$. 因此

$$\bar{\mu}_0(\bigcup A_0^k)=\mu(\bigcup A^k)=\sum_k \mu(A^k)=\sum_k \bar{\mu}_0(A_0^k)$$

此外,对任一柱形集C_0,$\bar{\mu}_0(C_0)=\mu_0(C_0)$. 因此,$\bar{\mu}_0=\mu_0$. 另一方面,如果$A_0=A \cap \mathscr{F}_0$,那么

$$\mu^*(A_0)=\inf\{\mu(A'):A' \in \mathfrak{B},A' \supset A_0\}=\mu(A)$$

所以,对应于随机过程的测度可以在具有外测度为1的任一函数集$\mathscr{F}_0$上考虑,且在这一集合上,这个测度与外测度相同.

空间$\{\mathscr{F}_0,\mathfrak{B}_0,\mu_0\}$上的可测泛函是怎样的呢？我们证明，对于任一$\mathfrak{B}_0$可测泛函$f_0(x)$，存在这样一个$\mathfrak{B}$可测泛函$f(x)$，使得对$x\in\mathscr{F}_0$有$f(x)=f_0(x)$. 令$E_0^{k,n}$是$\mathfrak{B}_0$中由式

$$E_0^{k,n}=\left\{x:\frac{k}{2^n}\leqslant f_0(x)<\frac{k+1}{2^n}\right\},n>0,k=0,\pm1,\pm2,\cdots$$

所定义的一个集合，用$E^{k,n}$表示使得$E_0^{k,n}=E^{k,n}\cap\mathscr{F}_0$的$\mathfrak{B}$可测集. 常常可以选取集合$E^{k,n}$满足如下条件：

1) 对固定的n，$E^{k,n}$互不相交(否则，我们可以考虑用集合

$$\widetilde{E}^{k,n}=E^{k,n}-\bigcup_{j=-\infty}^{k-1}E^{j,n}$$

来代替).

2)$E^{k,n}=E^{2k,n+1}\cup E^{2k+1,n+1}$(可按另一方式令$\widetilde{E}^{2k,n+1}=E^{k,n}\cap E^{2k,n+1}$，$\widetilde{E}^{2k+1,n+1}=E^{k,n}-\widetilde{E}^{2k,n+1}$). 现在定义函数$f^{(n)}(x)$，它在集$E^{k,n}$上等于$\frac{k}{2^n}$，并且如果$x\overline{\in}\bigcup_k E^{k,n}$，它等于例如$+\infty$. 这时

$$f^{(n)}(x)\leqslant f^{(n+1)}(x)\leqslant f^{(n)}(x)+\frac{1}{2^n}$$

因此$f^{(n)}(x)$一致收敛于某一可测函数$f(x)$. 此外，如果$x\in\mathscr{F}_0$，$|f^{(n)}(x)-f_0(x)|<\frac{1}{2^n}$. 因此，当$x\in\mathscr{F}_0$时$f^{(n)}(x)\to f_0(x)$. 因而当$x\in\mathscr{F}_0$时$f_0(x)=f(x)$. 设另外存在一个$\mathfrak{B}$可测函数$f'(x)$，它在$\mathscr{F}_0$上与$f_0(x)$相同. 则$\mathfrak{B}$可测集$\{x:f(x)\neq f'(x)\}$与$\mathscr{F}_0$不相交，因此有$\mu$测度为0. 所以，每一$\mathfrak{B}_0$可测函数可以唯一地(mod μ)扩张为一个$\mathfrak{B}$可测函数.

上面最后的叙述表明，把测度搬到较小的空间$\mathscr{F}_0$上，这对于随机过程的泛函的研究不起本质的作用. 然而，定义在$\mathscr{F}_0$上的泛函常常有更明显的意义. 例如，如果$\mathscr{F}_0$是连续函数空间，则泛函

$$f_0(x)=\sup_t x(t)$$

是$\mathscr{F}_0$上的可测泛函，这个泛函可以按公式

$$f(x)=\sup_{t\in N}x(t)$$

扩张到$\mathscr{F}$上，其中N是变元值的可数处处稠密集. 显然，第一个形式的泛函有更自然的形式.

下面的情形在研究测度和把它搬移到$\mathscr{F}_0$上去的可能性时是很重要的：在许多时候可以找到变元值的可数集N，使得σ代数$\mathfrak{B}^N$的完备化与$\overline{\mathfrak{B}}$相同，其中$\mathfrak{B}^N$为由$t\in N$时$x(t)$确定的柱形集所产生的最小σ代数. 因此，如果过程是随机连续的，则变元值的任一处处稠密集都可以选择作为N. 当过程是单边随机连续时的情形同样亦真. 可以引入这样一个集合存在性的简单的必要充分

条件.

引理　为使这样的集合 N 存在,使得 $\overline{\mathfrak{B}}^N=\overline{\mathfrak{B}}$,必要充分条件是关于测度 μ 为平方可积的 $\mathfrak{B}$ 可测函数的 Hilbert 空间 $\mathscr{L}_2(\mu)$ 是可分的.

证　如果这样的 N 存在,则由 $\mathscr{L}_2(\mu)$ 与 $\mathscr{L}_2(\mu^N)$(μ^N 是测度 μ 在 $\mathfrak{B}^N$ 上的收缩)相同这一事实得出,$\mathscr{L}_2(\mu)$ 是可分的($\mathscr{L}_2(\mu^N)$ 的可分性是由于这些事实得到,即有界柱形函数在它里面是稠密的,依次地,连续柱形函数在有界柱形函数集中是稠密的).

现在令 $\mathscr{L}_2(\mu)$ 可分且 $f_1,f_2,\cdots$ 是 $\mathscr{L}_2(\mu)$ 中的一个基.对每一 $\mathfrak{B}$ 可测函数 f_k 存在这样一个可数集 N_k,使得 f_k 对 $\mathfrak{B}^{N_k}$ 可测,这是由于柱形函数逼近 f_k 的可能性而得到的.这时可取 $\bigcup\limits_k N_k$ 作为 N.

注意,不应该把"存在 N 使得 $\overline{\mathfrak{B}}^N=\overline{\mathfrak{B}}$"与"存在 N 使得过程是 N 可分等价"混为一谈.可分等价的构造对应于测度 μ 向所有 N 可分函数集 $\mathscr{F}_0$ 上的搬移.

然而,为了检验过程的连续性,不论过程是 N 可分的或是 $\overline{\mathfrak{B}}^N=\overline{\mathfrak{B}}$,均只须考虑过程在集 N 上的值即可.第一种情形在第三章 §5 已经考虑过.而在第二种情形,应当注意,对集合 $\mathscr{F}_0$ 的外测度计算只须利用 $\mathfrak{B}^N$ 中的柱形集.

在这一节的最后,我们叙述在集合 $\mathscr{C}\subset\mathscr{F}$ 以及 $\mathscr{D}\subset\mathscr{F}$ 上保证测度的构造的一般条件,其中 $\mathscr{C}$ 是连续函数集,而 $\mathscr{D}$ 是没有第二类不连续点的函数集.显然,在第一种情形,过程是随机连续的,而在第二种情形,过程的随机不连续点不多于可数个.在这两种情形容易找到这样的 N,使得 $\overline{\mathfrak{B}}^N=\overline{\mathfrak{B}}$($N$ 是变元值的可数处处稠密集).我们将假定,过程本身在第一种情形是定义在某一紧集 K 上,而在第二种情形是定义在闭区间上.相应的集合外测度的计算由于可以找到包含集合 $\mathscr{C}$ 及 $\mathscr{D}$ 的最小 $\mathfrak{B}^N$ 可测集而简化的.

在 $\mathscr{C}$ 上测度存在的条件　为使测度 μ 可以搬移到 $\mathscr{C}$ 上的必要充分条件为下式满足

$$\mu\left(\bigcap_{r=1}^{\infty}\bigcup_{l=1}^{\infty}\bigcap_{t\in N}\bigcap_{\substack{|t-s|<\frac{1}{l}\\ s\in N}}\left\{x(\cdot):|x(t)-x(s)|<\frac{1}{r}\right\}\right)=1$$

容易验证,测度 μ 的符号下圆括弧中所示集合是包含 $\mathscr{C}$ 的最小 $\mathfrak{B}^N$ 可测集(为此只须考虑函数 $x(\cdot)$ 仅仅定义在 N 上就可以了).

在 $\mathscr{D}$ 上测度存在的条件　为使测度 μ 可以搬移到 $\mathscr{D}$ 上的必要充分条件为

$$\mu\left(\bigcup_{r=1}^{\infty}\bigcap_{l=1}^{\infty}\bigcup_{\substack{u,s,t\in N\\ s<t<u<s+\frac{1}{l}}}\left\{x(\cdot):|x(t)-x(s)|<\frac{1}{r}\right\}\cup\left\{x(\cdot):|x(u)-x(t)|<\frac{1}{r}\right\}\right)=1$$

由函数 $x(\cdot)$ 没有第二类不连续点这一事实得到,在测度 μ 符号下的圆括

号中的集合是包含 $\mathscr{D}$ 的最小 $\mathfrak{B}^N$ 可测集(参阅第三章 §4).

§2　距离空间中的测度

在前一节里,我们指出了对应于随机过程的测度 μ 从全体函数空间 $\mathscr{F}$ 搬移到某一较小的函数空间 $\mathscr{F}_0$ 上的可能性.在这一节里,我们感兴趣的是当空间 $\mathscr{F}_0$ 为可分距离空间,而 σ 代数 $\mathfrak{B}_0$ 与 $\mathscr{F}_0$ 中的所有 Borel 集的 σ 代数相同时的情形.为此,我们考虑 $\mathscr{F}_0$ 等于实连续函数空间 $\mathscr{C}$ 时的情形.显然,$\mathscr{C}$ 是具有距离为

$$\rho(x,y)=\sup_t |x(t)-y(t)|$$

的距离空间.如果我们考虑定义在紧集上的过程,则 $\mathscr{C}$ 是可分的.我们证明,$\mathfrak{B}_0$ 与 Borel 集的 σ 代数相同.首先我们注意到,柱形集 $\{x(\cdot):x(t)\in A\}\cap\mathscr{C}$ 是 $\mathscr{C}$ 中的 Borel 集,其中 A 是 Borel 集.因此,所有 $\mathfrak{B}_0$ 中的集合是 $\mathscr{C}$ 中的 Borel 集.为了验证 $\mathscr{C}$ 中的所有 Borel 集属于 σ 代数 $\mathfrak{B}_0$,只须证明任一 $\mathscr{C}$ 中的闭球属于 $\mathfrak{B}_0$.

令

$$S=\{x(\cdot):\sup|x(t)-y(t)|\leqslant\rho\}$$

是中心为 $y(\cdot)\in\mathscr{C}$,半径为 ρ 的球.则

$$S=\mathscr{C}\cap\left[\bigcap_{t\in N}\{x(\cdot):|x(t)-y(t)|\leqslant\rho\}\right]$$

其中 N 是在变元值的定义域中的任一可数处处稠密集.

正如我们在下面看到的,在没有第二类不连续点的函数空间 $\mathscr{D}$ 中同样可以引入距离,使得 $\mathfrak{B}_0$ 与 $\mathscr{D}$ 中 Borel 集 σ 代数相同.今后所讨论的空间的具体形式是无关紧要的.我们将考虑某一具有元素 $x,y,\cdots$ 和距离为 $\rho(x,y)$ 的抽象可分距离空间 $\mathscr{X}$.用 $\mathfrak{B}$ 表示 $\mathscr{X}$ 中的 Borel 集 σ 代数,并且测度 μ 给定在 $\mathfrak{B}$ 上.如果 K 是 $\mathscr{X}$ 的某一子集,则用 $\mathscr{C}_K$ 表示定义在 K 上的所有连续有界函数的空间.$\mathscr{C}_H$ 简写为 $\mathscr{C}$.在 $\mathscr{C}_K$ 中自然引入距离

$$\rho_K(f,g)=\sup_{x\in K}|f(x)-g(x)|$$

在 $\mathscr{X}$ 上的连续函数构成较简单但同时又是充分广泛的一类函数;从这些函数出发,借助于极限运算可以得到所有的 $\mathfrak{B}$ 可测函数.因此测度 μ 完全由积分 $\int f(x)\mu(\mathrm{d}x)(f\in\mathscr{C})$ 的值所决定:取序列 $f_n\in\mathscr{C}$,使得 $f_n\xrightarrow{\mu}\chi_A$,从而可以找到 $\mu(A)$,其中 χ_A 是 $\mathfrak{B}$ 中的集 A 的示性函数.在许多时候,测度 μ 是没有给定的,并且不知道它是否存在.而仅仅给定积分 $L(f)=\int f(x)\mu(\mathrm{d}x)$ 的值.发生如下的一个问题:在什么条件下,定义在 $\mathscr{C}$ 上的泛函 $L(f)$ 可以表示成为关于某一有限测度的积分形式?在完备的距离空间,这一情形的答案是由如下的定理

给出.

定理1 为使定义在给定的完备距离可分空间$\mathscr{X}$上的连续有界函数空间$\mathscr{C}$上的泛函$L(f)$可以表为

$$L(f)=\int f(x)\mu(\mathrm{d}x) \tag{1}$$

(其中μ为$\mathfrak{B}$上的有限测度)的必要充分条件为满足如下的条件:

1) 对所有的$f\geqslant 0, L(f)\geqslant 0$;

2) $L(C_1f_1+C_2f_2)=C_1L(f_1)+C_2L(f_2)$;

3) 对任意$\varepsilon>0$,存在紧集K_ε,使得对每一个函数$f(x)$(当$x\in K_\varepsilon$时,$f(x)=0$)满足条件

$$|L(f)|\leqslant\varepsilon\|f\|$$

其中$\|f\|=\sup\limits_x|f(x)|$

证 必要性.条件1)及2)的必要性是显然的.由于对满足条件3)的f,下面的不等式成立

$$\left|\int f(x)\mu(\mathrm{d}x)\right|=\left|\int_{\mathscr{X}-K_\varepsilon}f(x)\mu(\mathrm{d}x)\right|\leqslant\|f\|\mu(\mathscr{X}-K_\varepsilon)$$

故为了证明条件3)的必要性,我们证明:对任意$\varepsilon>0$存在这样的一个紧集K_ε,使得$\mu(\mathscr{X}-K_\varepsilon)\leqslant\varepsilon$.令$\{x_k:k=1,2,\cdots\}$是一个在$\mathscr{X}$中处处稠密的序列,而$S_r(x)$是中心在$x$,半径为$r$的闭球.对于每一个$r$,可以找到这样一个$N_r$,使得

$$\mu(\mathscr{X})-\mu\left(\bigcup_{k=1}^{N_r}S_r(x_k)\right)<r\varepsilon$$

设

$$K_\varepsilon=\bigcap_{n=1}^{\infty}\bigcup_{k=1}^{N_{2^{-n}}}S_{2^{-n}}(x_k)$$

则K_ε是闭集且对每一个n有有限的2^{-n}网.所以K_ε是紧集.其次我们有

$$\mu(\mathscr{X}-K_\varepsilon)\leqslant\sum_{n=1}^{\infty}\mu\left(\mathscr{X}-\bigcup_{k=1}^{N_{2^{-n}}}S_{2^{-n}}(x_k)\right)\leqslant\sum_{n=1}^{\infty}\varepsilon 2^{-n}=\varepsilon$$

定理的条件的必要性证毕.

充分性.令F是某一集合.假定$\bar{\mu}(F)=\inf L(f)$,这里的下确界是对所有$f\geqslant 0$,且使得当$x\in F$时有$f(x)\geqslant 1$的f而取的.如果$\bar{\mu}(F')=0$(这里F'是F的边界),我们把F归作在类$\mathfrak{B}_0$内.我们证明,$\mathfrak{B}_0$构成集合代数且$\bar{\mu}$是$\mathfrak{B}_0$上的可加函数.为此,我们注意到,从$\bar{\mu}$的定义易得$\bar{\mu}(A\cup B)\leqslant\bar{\mu}(A)+\bar{\mu}(B)$且对于$A\subset B$有$\bar{\mu}(A)\leqslant\bar{\mu}(B)$,其次$\bar{\mu}((\mathscr{X}-F)')=\bar{\mu}(F')$,而

$$\bar{\mu}((F_1\cup F_2)')\leqslant\bar{\mu}(F_1'\cup F_2')\leqslant\bar{\mu}(F_1')+\bar{\mu}(F_2')$$

因此,使得$\bar{\mu}(F')=0$的集合F构成一个代数.我们现在证明$\bar{\mu}$在$\mathfrak{B}_0$上的可加性.令F_1和F_2是$\mathfrak{B}_0$上的两个不相交集合.我们证明

$$\bar{\mu}(F_1 \cup F_2) \geqslant \bar{\mu}(F_1) + \bar{\mu}(F_2)$$

取任意 $\varepsilon > 0$,可以找到这样的函数 f 及 φ,$f \geqslant 0, 1 \geqslant \varphi \geqslant 0$,使得 $L(\varphi) \leqslant \varepsilon$,$L(f) \leqslant \bar{\mu}(F_1 + F_2) + \varepsilon$,当 $x \in [F_1] \cap [F_2]$①时 $\varphi(x) = 1$,而当 $x \in F_1 \cup F_2$ 时 $f(x) \geqslant 1$.

其次我们令

$$f_1(x) = \begin{cases} 1, x \in [F_1] \\ \varphi(x), x \in [F_2] \end{cases}$$

且由连续性,扩张 $f_1(x)$ 到整个空间 $\mathscr{X}$ 上,使得 $0 \leqslant f_1(x) \leqslant f(x) + \varphi(x)$(如果 $g(x)$ 是任一连续非负扩张,则 $f_1(x) = \min[g(x), f(x) + \varphi(x)]$).

令 $f_2(x) = f(x) + \varphi(x) - f_1(x)$,显然 f_2 是非负连续函数且当 $x \in F_2$ 时 $f_2(x) = f(x) \geqslant 1$. 因此

$$\bar{\mu}(F_1) + \bar{\mu}(F_2) \leqslant L(f_1) + L(f_2) = L(f) + L(\varphi) \leqslant \bar{\mu}(F_1 \cup F_2) + 2\varepsilon$$

由 ε 的任意性,有

$$\bar{\mu}(F_1) + \bar{\mu}(F_2) \leqslant \bar{\mu}(F_1 \cup F_2)$$

由这一关系式及 $\bar{\mu}$ 的半可加性可得,$\bar{\mu}$ 在 $\mathfrak{B}_0$ 上的可加性.

注意,在$[F_1] \cap [F_2] = \varnothing$ 的情形,函数 $\varphi(x)$ 可取为0,因此对于这样的集合,即使不属于 $\mathfrak{B}_0$,关系式

$$\bar{\mu}(F_1 \cup F_2) = \bar{\mu}(F_1) + \bar{\mu}(F_2)$$

亦满足.

现在证明,$\bar{\mu}$ 可以扩张为$\sigma(\mathfrak{B}_0)$上的测度. 为此只须证明,对任一 $\mathfrak{B}_0$ 中的下降集合序列 $\mathscr{G}_n$,$\bigcap \mathscr{G}_n = \varnothing$,当 $n \to \infty$ 时 $\bar{\mu}(\mathscr{G}_n) \to 0$. 设这一结果不成立,则可找到这样一个在 $\mathfrak{B}_0$ 中的集合序列 $\mathscr{G}_n$,使得 $\bar{\mu}(\mathscr{G}_n) > \delta > 0$,而 $\bigcap \mathscr{G}_n = \varnothing$. 我们注意到,对任一 $\mathscr{G} \in \mathfrak{B}_0$ 及 $\varepsilon > 0$,存在这样的闭集 $F \in \mathfrak{B}_0$,使得 $F \subset \mathscr{G}$ 并且有 $\bar{\mu}(\mathscr{G}) \leqslant \bar{\mu}(F) + \varepsilon$.

事实上,令 $f(x)$ 是一连续函数且 $F_C = \{x : f(x) = C\}$. 则对一切 C(可能除去可数个),$\bar{\mu}(F_C) = 0$,因为对不同的 $C_1, \cdots, C_l$,集合 $F_{C_1}, \cdots, F_{C_l}$ 是闭的且互不相交,因此

$$\Sigma \bar{\mu}(F_{C_i}) = \bar{\mu}(\bigcup_i F_{C_i}) \leqslant \bar{\mu}(\mathscr{X})$$

用 $f(x)$ 表示如下的一个函数:当 $x \in [\mathscr{X} - \mathscr{G}]$ 时 $f(x) = 1$,当 $x \overline{\in} [\mathscr{X} - \mathscr{G}]$ 时 $f(x) < 1$,并且 $\bar{\mu}(\mathscr{X} - \mathscr{G}) \geqslant L(f) - \frac{\varepsilon}{2}$.

设 $\lambda < 1$ 是这样一个数,使得 $\bar{\mu}(F_\lambda) = 0$. 用 S 表示集合$\{x : f(x) > \lambda\}$. 则

① $[F]$ 表示 F 的闭包. —— 译者注

$$\bar{\mu}(S) \leqslant L\left(\frac{1}{\lambda}f\right) = \frac{1}{\lambda}L(f) \leqslant \frac{1}{\lambda}\bar{\mu}(\mathscr{X}-\mathscr{G}) + \frac{\varepsilon}{2\lambda}$$

因为 $S \in \mathfrak{V}_0$，故 $\mathscr{X} - S = \{x: f(x) \leqslant \lambda\}$ 是 $\mathfrak{V}_0$ 中的一个闭集且

$$\begin{aligned}\bar{\mu}(\mathscr{X}-S) = \bar{\mu}(\mathscr{X}) - \bar{\mu}(S) \geqslant \\ \bar{\mu}(\mathscr{X}) - \frac{1}{\lambda}\bar{\mu}(\mathscr{X}-\mathscr{G}) - \frac{\varepsilon}{2\lambda} = \\ \bar{\mu}(\mathscr{G}) - \frac{1-\lambda}{\lambda}\bar{\mu}(\mathscr{X}-\mathscr{G}) - \frac{\varepsilon}{2\lambda}\end{aligned}$$

然后选取 λ 足够接近于 1，使得 $\frac{1-\lambda}{\lambda}\bar{\mu}(\mathscr{X}-\mathscr{G}) + \frac{\varepsilon}{2\lambda}$ 小于 ε.

现在令 $\tilde{F}_k$ 是 $\mathfrak{V}_0$ 中的一个闭集，使得 $\tilde{F}_k \subset \mathscr{G}_k$ 且 $\bar{\mu}(\mathscr{G}_k) \leqslant \bar{\mu}(\tilde{F}_k) + \frac{\delta}{2^{k+1}}$. 令 $F_n = \bigcap_{k=1}^{n} \tilde{F}_k$，则

$$\bar{\mu}(F_n) \geqslant \bar{\mu}(\mathscr{G}_n) - \sum_{k=1}^{n}\bar{\mu}(\mathscr{G}_k - \tilde{F}_k) \geqslant \delta - \sum_{k=1}^{n}\delta\frac{1}{2^{k+1}} > \frac{\delta}{2}$$

因此，我们在 $\mathfrak{V}_0$ 中构造的下降闭集序列 F_n，有 $\bar{\mu}(F_n) \geqslant \frac{\delta}{2}$，并且 $\bigcap_{n=1}^{\infty} F_n = \varnothing$. 现在，利用条件 3)，我们选取这样一个紧集 K，使得对所有的 $f(x)$（当 $x \in K$ 时 $f(x) = 0$），均有 $L(f) \leqslant \frac{\delta}{4}\|f\|$. 我们证明，对所有的 n，集合 F_n 与 K 的交不空，事实上，如果 $F_n \cap K = \varnothing$，则可以构造连续函数 $g(x)$，使得 $0 \leqslant g(x) \leqslant 1$，且当 $x \in F_n$ 时 $g(x) = 1$，当 $x \in K$ 时 $g(x) = 0$. 这时

$$\bar{\mu}(F_n) \leqslant L(g) \leqslant \|g\|\frac{\delta}{4} = \frac{\delta}{4}$$

这与 F_n 的构造矛盾. 所以不空紧集序列 $K_n = F_n \cap K$ 满足 $K_n \supset K_{n+1}$ 且 $\bigcap K_n = \varnothing$ 是不可能的. 由所得到的矛盾推出 $\bar{\mu}$ 在 $\mathfrak{V}_0$ 上的可数可加性以及它在 $\sigma(\mathfrak{V}_0)$ 上扩张的可能性. 用 μ 表示在 $\sigma(\mathfrak{V}_0)$ 上所得到的测度. 现在我们注意到，正如已经指出的，对任意连续函数 f，对几乎所有的 C，集合 $\{x: f(x) < C\} \in \mathfrak{V}_0$. 因此，如果 $f \in \mathscr{C}$，则对一切 C，$\{x: f(x) < C\} \in \sigma(\mathfrak{V}_0)$，所以我们得到 $\sigma(\mathfrak{V}_0)$ 包含 $\mathfrak{V}$. 最后我们证明等式(1) 成立. 令 $0 \leqslant f(x) \leqslant 1$ 且

$$C_0 < 0 < C_1 \cdots < C_{n-1} < 1 < C_n$$

使得集合 $\{x: f(x) = C_i\} \in \mathfrak{V}_0$，则对任一 $\varepsilon > 0$ 可找到这样一个连续函数 $\varphi_k(x) \geqslant 0$，且当 $x \in E_k = \{x: C_k < f(x) < C_{k+1}\}$ 时，$\varphi_k(x) = 1, k = 0, \cdots, n-1$，使得 $L(\varphi_k) < \mu(E_k) + \frac{\varepsilon}{n}$. 因此

$$L(f) \leqslant L\left(\sum_{k=0}^{n-1} C_{k+1}\varphi_k\right) < \sum_{k=1}^{n-1} C_{k+1}\mu(E_k) + \varepsilon \leqslant$$

$$\int f(x)\mu(\mathrm{d}x)+\varepsilon+\max_k(C_{k+1}-C_k)$$

因为 $\varepsilon+\max\limits_k(C_{k+1}-C_k)$ 可以选取得任意小,故此

$$L(f)\leqslant\int f(x)\mu(\mathrm{d}x)$$

类似地

$$L(1)-L(f)=L(1-f)\leqslant\mu(\mathscr{X})-\int f(x)\mu(\mathrm{d}x)$$

因为 $L(1)=\mu(\mathscr{X})$,故 $-L(f)\leqslant-\int f(x)\mu(\mathrm{d}x)$. 因而等式(1) 及定理证毕.

注 1 由定理的条件 3) 得到,对任一 $\mathfrak{B}$ 上的有限测度 μ 及任意 $\varepsilon>0$,可找到这样一个紧集 K,使得 $\mu(\mathscr{X}-K)<\varepsilon$.

注 2 不难看到,在证明定理条件的充分性时没有用到完备性. 然而在证明必要性时则必须用到完备性. 如果空间 $\mathscr{X}$ 是它的完备化 $\overline{\mathscr{X}}$ 中的 Borel 集,定理的条件同样也是必要的. 故对任一 $\varepsilon>0$,在 $\overline{\mathscr{X}}$ 中可以构造这样一个紧集 K,使得 $\mathscr{X}\supset K$ 且 $\mu(\overline{\mathscr{X}}-K)<\varepsilon$.

另一方面,如果 $\mathscr{X}$ 不是完备的,则如前面定理的条件 3) 必要性的证明蕴涵了满足条件 $\mu(\mathscr{X}-K)<\varepsilon$ 的 $\overline{\mathscr{X}}$ 中的紧集 K(或者是 $\mathscr{X}$ 中的完全有界集 K) 的存在性. 仅仅在那些能够根据连续性扩张到整个空间 $\overline{\mathscr{X}}$ 上的函数 φ 考虑泛函 $L(\varphi)$(这些函数在 $\mathscr{X}$ 中的每一完全有界集 K 上一致连续),我们可以在$(\overline{\mathscr{X}},\overline{\mathfrak{B}})$ 上构造一个测度 $\bar{\mu}$,其中 $\overline{\mathfrak{B}}$ 是空间 $\overline{\mathscr{X}}$ 中的 Borel 集的 σ 代数. 如果 $\mathscr{X}$ 作为 $\overline{\mathscr{X}}$ 的子集有与测度空间 $\overline{\mathscr{X}}$(即与 $L(1)$) 相一致的外测度,则如前一段指出的,测度 $\bar{\mu}$ 可以搬移到 $\overline{\mathscr{X}}$ 上. 为使空间 $\mathscr{X}$ 的外测度等于 $L(1)$,只须任一使得 $\sum\limits_{n=1}^{\infty}\varphi_n(x)\geqslant 1,x\in\mathscr{X}$ 成立的非负连续函数序列 φ_n,满足不等式 $\sum\limits_{n=1}^{\infty}L(\varphi_n)\geqslant L(1)$. 后一断言是由于 $\overline{\mathscr{X}}$ 中的任一集合 A 的外测度可以定义为 $\inf\sum\limits_{n}L(\varphi_n)$,其中下确界是对所有在 $\overline{\mathscr{X}}$ 上使得

$$\Sigma\varphi_n(x)\geqslant 1,x\in A$$

成立的非负连续函数序列 φ_n 取的.

所述条件等价于:对 $\mathscr{C}$ 中的任一单调非负连续函数序列 φ_n,使得当 $n\to\infty$,对所有的 x,$\varphi_n(x)\downarrow 0$ 时,有 $\lim\limits_{n\to\infty}L(\varphi_n)=0$. 由关于积分符号与极限交换次序的 Lebesgue 定理得到,这条件也是必要的. 因此,对非完备空间时的情形有:

定理 2 为使定义在给定的距离可分空间 $\mathscr{X}$ 上的连续有界函数空间 $\mathscr{C}$ 的泛函 $L(f)$ 满足式(1)(其中 μ 是 $\mathscr{X}$ 上的有限测度),必须且只须满足如下条件:

1) 对一切 $f\geqslant 0$,$L(f)\geqslant 0$;

2) 对一切实数 C_1 与 C_2 以及 $\mathscr{C}$ 中的 f_1, f_2 有

$$L(C_1 f_1 + C_2 f_2) = C_1 L(f_1) + C_2 L(f_2)$$

3) 对任一下降的非负函数序列 $\varphi_n \in \mathscr{C}$，使得对一切 x，$\varphi_n(x) \to 0$，有 $L(\varphi_n) \to 0$；

4) 对任一 $\varepsilon > 0$，可以找到这样一个完全有界集 K，使得对一切属于 $\mathscr{C}$ 且满足当 $x \in K$ 时 $f(x) = 0$ 的 f 有 $|L(f)| \leqslant \varepsilon \| f \|$.

在这一节的最后，我们考虑关于连续函数的积分定义，这时的 $\mathscr{X}$ 是具有距离为 $\rho(x, y) = \sup\limits_t |x(t) - y(t)|$ 的连续于 $[a, b]$ 的函数空间，而测度 μ 是对应于某一随机过程的测度. 我们假定已知这个随机过程的任一边沿分布 $F_{t_1, \cdots, t_k}(\mathrm{d}x_1, \cdots, \mathrm{d}x_k)$，它是过程在点 $t_1, \cdots, t_k$ 的值的联合分布. 用 α 表示区间 $[a, b]$ 的某一分划 $\{a = t_0^{(\alpha)} < t_1^{(\alpha)} < \cdots < t_n^{(\alpha)} = b\}$，$|\alpha| = \max\limits_k |t_{k+1}^{(\alpha)} - t_k^{(\alpha)}|$. 令 $x(\cdot) \in \mathscr{X}$. 设对 $t_k^{(\alpha)} \leqslant t \leqslant t_{k+1}^{(\alpha)}$ 有

$$x_\alpha(t) = x(t_k^{(\alpha)}) + \frac{t - t_k^{(\alpha)}}{t_{k+1}^{(\alpha)} - t_k^{(\alpha)}} [x(t_{k+1}^{(\alpha)}) - x(t_k^{(\alpha)})]$$

显然，$x_\alpha(t)$ 是在分划 α 的分点上与 $x(t)$ 相同的逐段线性函数. 如果 $x(\cdot) \in \mathscr{X}$，则当 $|\alpha| \to 0$ 时，有 $\rho(x(\cdot), x_\alpha(\cdot)) \to 0$. 现设 f 为某一连续泛函. 则对一切 $x \in \mathscr{X}$

$$f(x) = \lim_{|\alpha| \to 0} f(x_\alpha)$$

记 $f(x_\alpha) = f_\alpha(x)$. 泛函 $f_\alpha(x)$ 是连续柱形泛函. 如果 $\| f \| < \infty$，则 $\| f_\alpha \| \leqslant \| f \|$，并且根据 Lebesgue 控制收敛定理，有

$$\int f(x) \mu(\mathrm{d}x) = \lim_{|\alpha| \to 0} \int f_\alpha(x) \mu(\mathrm{d}x) \tag{2}$$

泛函 $f_\alpha(x)$ 具有形式 $\varphi_\alpha(x(t_0^{(\alpha)}), \cdots, x(t_n^{(\alpha)}))$. 因此在式(2) 右边的积分可以借助于有限维分布来计算

$$\int f_\alpha(x) \mu(\mathrm{d}x) = \int \varphi_\alpha(x_0, \cdots, x_n) F_{t_0^{(\alpha)}, \cdots, t_n^{(\alpha)}}(\mathrm{d}x_0, \cdots, \mathrm{d}x_n) \tag{3}$$

式(2) 和式(3) 提供我们关于连续泛函的积分定义的可能性.

§3 线性空间上的测度　特征泛函

设 $\mathscr{X}$ 是实直线. 则定义在某一集合 T 上而取值于 $\mathscr{X}$ 的所有函数 $x(t)$ 的空间 $\mathscr{F}$ 是一线性的实空间. 用 $\mathscr{L}$ 表示所有在 $\mathscr{F}$ 上有如下形状的线性泛函 l 所成的空间

$$l(x) = \sum_{k=1}^n C_k x(t_k) \tag{1}$$

其中 n 是任一正整数，$(t_1, \cdots, t_n)$ 是过程的定义域中的某一点集，C_k 是实数，在

§1 所定义的σ代数$\mathfrak{B}$与对所有在$\mathscr{L}$中的泛函为可测的最小σ代数相同. 在$\mathfrak{B}$上的测度μ完全被它在所有可能的l,形如$\{x:l(x)<\alpha\}$的集上的值所决定. 这是由于知道了测度μ在这些集上的值,可以计算积分

$$\int e^{il(x)}\mu(dx)=E\exp\left\{i\sum_{k=1}^{n}C_k\xi(t_k)\right\} \tag{2}$$

其中$\xi(t)$是对应测度μ的随机过程. 因此,我们可以计算随机变量$\xi(t_1),\cdots,\xi(t_n)$的联合特征函数,使我们得到对于选取的一组变元值的$\xi(t_1),\cdots,\xi(t_n)$的联合分布. 这样一来,知道了积分(2)就可以决定过程$\xi(t)$的有限维分布,因而完全决定了测度μ.

当测度μ从$\mathscr{F}$搬移到较小的空间$\mathscr{F}_0$时,这个空间$\mathscr{F}_0$常常也是线性空间. 在这空间上至少定义了形如(1)的线性泛函,并且在$\mathscr{F}_0$中的$\mathfrak{B}_0$可测集的σ代数也与对所有形如(1)的泛函是可测的最小σ代数相同. 综上所述,为了在这一情形定义测度μ,只须知道在$\mathscr{F}_0$上的所有线性泛函的分布就可以了. 当考虑各种不同的线性泛函空间上的测度时,空间的具体形式往往是不重要的. 因此,从下面的一般图式出发是方便的. 令$\mathscr{X}$是任一线性空间(在实数域上),$\mathscr{L}$是某一定义在$\mathscr{X}$上的线性泛函$l(x)$所成的线性集. 用$\mathfrak{B}$表示对所有的泛函$l(x)\in\mathscr{L}$是可测的最小σ代数. 我们将考虑在$\mathscr{X}$上的概率测度μ. 测度μ完全由它的特征泛函

$$\chi(l)=\int e^{il(x)}\mu(dx) \tag{3}$$

所确定. 现在我们证明这一结论. 我们称形如$\{x:l_1(x)\in A_1,\cdots,l_n(x)\in A_n\}$的任一集合为$\mathscr{X}$中的柱形集,其中$n$为某一自然数,$l_1,\cdots,l_n$是$\mathscr{L}$中的泛函,而$A_1,\cdots,A_n$是直线上的Borel集. 令$\mathfrak{S}_0$是所有柱形集的代数. 显然,任一泛函$l\in\mathscr{L}$,对于$\mathfrak{S}_0$是可测的,于是$\sigma(\mathfrak{S}_0)=\mathfrak{B}$. 因此只须在$\mathfrak{S}_0$上定义测度$\mu$即可. 如果定义在$\mathscr{X}$上的泛函$\varphi(x)$有形式$\varphi(x)=g(l_1(x),\cdots,l_n(x))$,其中$n$是某一自然数,$l_1,\cdots,l_n\in\mathscr{L}$,而$g(s_1,\cdots,s_n)$是$n$个变元的Borel函数,则称$\varphi$为柱形函数,并且如果$\varphi$连续,则称$\varphi$为连续柱形函数. 为了在$\mathfrak{S}_0$上确定测度$\mu$,只须知道连续有界柱形函数$\varphi$的积分$\int\varphi(x)\mu(dx)$就可以了. 但这些函数是形如

$$T(x)=\sum_{k=1}^{n}C_k\exp\left\{i\sum_{j=1}^{n}\lambda_{k_j}l_j(x)\right\} \tag{4}$$

的总体有界的三角多项式的处处收敛序列的极限. 尚须注意,式(3)确定形式(4)的函数$T(x)$的积分值

$$\int T(x)\mu(dx)=\sum_{k=1}^{n}C_k\,\chi\left(\sum_{j=1}^{n}\lambda_{k_j}l_j\right)$$

我们考虑一下特征泛函$\chi(l)$可以任意到什么程度.

1) 特征泛函是正定的:对任意$\mathscr{L}$中的$l_1,\cdots,l_n$及复数$\alpha_1,\cdots,\alpha_n$

$$\sum_{k,j=1}^{n} \chi(l_k - l_j)\alpha_k\bar{\alpha}_j \geqslant 0 \tag{5}$$

这是因为

$$\sum_{k,j=1}^{n} \chi(l_k - l_j)\alpha_k\bar{\alpha}_j = \int \left| \sum_{k=1}^{n} \alpha_k e^{il_k(x)} \right|^2 \mu(dx)$$

之故.

2) 泛函$\chi(l)$在下面意义下是连续的：当$l_n \to l$时，$\chi(l_n) \to \chi(l)$，其中$l_n \to l$是指对一切$x \in \mathscr{X}$，$l_n(x) \to l(x)$.

现设在$\mathscr{L}$上给定一个在所述意义下连续且正定的泛函$\chi(l)$. 是否这些性质足够保证存在一个测度μ，使得式(3)被满足？我们注意到，对任意$l_1, \cdots, l_n \in \mathscr{L}$，函数$\varphi(s_1, \cdots, s_n) = \chi\left(\sum_{k=1}^{n} s_k l_k\right)$是变数$s_1, \cdots, s_n$的特征函数，因此，在$n$维空间中存在一个分布$F_{l_1, \cdots, l_n}(du_1, \cdots, du_n)$使得

$$\varphi(s_1, \cdots, s_n) = \int e^{i\sum s_k u_k} P_{l_1, \cdots, l_n}(du_1, \cdots, du_n)$$

我们用下面的关系式定义集函数

$$\mu(\{x : l_1(x) \in A_1, \cdots, l_n(x) \in A_n\}) = \int_{A_1} \cdots \int_{A_n} P_{l_1, \cdots, l_n}(du_1, \cdots, du_n)$$

容易证明，当用几种不同的方法表示同一柱形集时，我们得到关于函数μ的同一个表示式. 函数μ在$\mathfrak{S}_0$上是可加的且可扩张到每个σ代数$\mathfrak{S}_0^{l_1, \cdots, l_n}$上是可数可加的函数. 这里$\mathfrak{S}_0^{l_1, \cdots, l_n}$是表示使得泛函$l_1, \cdots, l_n$为可测的最小$\sigma$代数. 因此，对任一有界 Borel 函数$g(u_1, \cdots, u_n)$及任意$l_1, \cdots, l_n$可以定义积分

$$\int g(l_1(x), \cdots, l_n(x))\mu(dx)$$

特别

$$\int e^{il(x)}\mu(dx) = \chi(l)$$

因此，根据$\chi(l)$常可构造一个使得满足式(3)的在每一σ代数$\mathfrak{S}_0^{l_1, \cdots, l_n}$上可数可加的有限可加集函数$\mu$. 存在简单的例子(在§6中给出)说明$\mu$在$\mathfrak{S}_0$上不常是可数可加的，因此，它不是常可能扩张成给定的$\mathfrak{B}$上的测度. 然而，常常可以构造空间$\mathscr{X}$的某一个扩张$\tilde{\mathscr{X}}$，在它上面存在这样的一个测度μ：同时$\tilde{\mathscr{X}}$也是线性的且在$\mathscr{L}$中的泛函可以扩张到$\tilde{\mathscr{X}}$上使得它在$\tilde{\mathscr{X}}$上是线性的. 我们证明这是可以做到的.

设$\mathscr{F}_{\mathscr{L}}$表示所有定义在$\mathscr{L}$上的数值函数$\varphi(l)$(这些函数可以取无穷值，但有确定的符号). 在$\mathscr{L}$上定义一个实随机函数$\xi(l)$，使得对$\mathscr{L}$中的任一组$l_1, \cdots, l_n$，随机变量$\xi(l_1), \cdots, \xi(l_n)$的联合分布由下面的特征函数给出

$$E\exp\left\{\mathrm{i}\sum_{k=1}^{n}\lambda_k\xi(l_k)\right\}=\chi\left(\sum_{k=1}^{n}\lambda_k l_k\right)$$

容易验证对应的分布的相容性,因此,从第一章 §4 定理 2 得到随机函数 $\xi(l)$ 的存在性. 设 $\tilde{\mu}$ 是 $\mathscr{F}_{\mathscr{L}}$ 上对应于 $\xi(l)$ 的一个测度,我们把测度 $\tilde{\mu}$ 搬移到较小的空间上.

用符号 $A_{\mathscr{L}}$ 表示在 $\mathscr{L}$ 中使得对一切 $l_1,l_2\in\mathscr{L}$ 和一切实数 C_1,C_2 有

$$\lambda(C_1l_1+C_2l_2)=C_1\lambda(l_1)+C_2\lambda(l_2)$$

的所有线性函数 $\lambda(l)$ 所成的集合.

我们证明,集合 $A_{\mathscr{L}}$ 的外测度等于 1.

设 S_n 是在 $\mathscr{F}_{\mathscr{L}}$ 中的任一下降柱形集合序列,满足 $\bigcap\limits_{n-1}^{\infty}S_n\cap A_{\mathscr{L}}$ 为空集. 不失一般性,可设集 S_n 由函数 φ 在点 $l_1,\cdots,l_n$ 上的值所决定,其中 $\{l_k:k=1,2,\cdots\}$ 是某一泛函序列. 我们依次写出满足泛函

$$\sum_{k=0}^{n}C_{nk}l_k=0$$

的所有线性关系式(如果 l_n 与 $l_1,\cdots,l_{n-1}$ 线性无关,则系数 $C_{nn}=0$,反之 $C_{nn}\neq 0$).

设 $D_n=\{\varphi:\Sigma C_{nk}\varphi(l_k)=0\}$. 则

$$\varphi=\bigcap_{n=1}^{\infty}S_n\cap A_{\mathscr{L}}=\bigcap_{n=1}^{\infty}(S_n\cap D_1\cap\cdots\cap D_n)$$

因为 $S_n\cap D_1\cap\cdots\cap D_n$ 是下降的柱形集合序列. 故由关系式

$$\varnothing=\bigcap_{n=1}^{\infty}[S_n\cap D_1\cap D_2\cdots\cap D_n]$$

得:当 $n\to\infty$ 时 $S_n\cap D_1\cap\cdots\cap D_n\to\varnothing$. 最后,我们注意到,对所有 n,$\tilde{\mu}(D_n)=1$,因此 $\tilde{\mu}(S_n\cap D_1\cap\cdots\cap D_n)=\tilde{\mu}(S_n)\to 0$. 这表示 $A_{\mathscr{L}}$ 的外测度等于 1. 因此,测度 $\tilde{\mu}$ 可以搬移到 $A_{\mathscr{L}}$ 上. 其次,设 X_0 是 $\mathscr{X}$ 中使得对所有 $x\in X_0,l\in\mathscr{L}$,满足 $l(x)=0$ 的线性流形,而 X^1 是 $\mathscr{X}$ 对于 X_0 的商群. 每一个元素 $x^1\in X^1$ 可以看做一个 $\mathscr{L}$ 上的线性泛函:$x^1(l)=l(x)$,其中 x 是 x^1 按 $\bmod X_0$ 的剩余集的任一代表. 现在我们用 $\tilde{\mathscr{X}}$ 表示偶对 $\tilde{x}=(x;\lambda)$ 所成的集,这里 $x\in X_0,\lambda\in A_{\mathscr{L}}$. 令 P 是由 $\mathscr{X}$ 映射到 X_0 内的一个线性算子,使得对一切 $x\in X_0$,$Px=x$,并且 $x^1(x)$ 表示 X^1 中 x 所属的剩余集. 则存在 $\mathscr{X}$ 到 $\tilde{\mathscr{X}}$ 中的一个自然嵌入

$$x\to(Px,x^1(x))$$

现在 $\tilde{\mathscr{X}}$ 上定义一个形如

$$\tilde{\mathscr{G}}=\{\tilde{x}=(x;\lambda):\lambda\in\mathscr{G}\}$$

的集合的 σ 代数 $\tilde{\mathfrak{B}}$,其中 $\mathscr{G}$ 是 $\mathfrak{A}$ 中的任一子集,$\mathfrak{A}$ 是在 $A_{\mathscr{L}}$ 中的子集的 σ 代数,在它上面定义了一个测度 $\tilde{\mu}$. 下面我们令 $\mu(\tilde{\mathscr{G}})=\tilde{\mu}(\mathscr{G})$,并且证明这就是我们要找的测度. 注意,泛函 l 可以根据公式

$$l(\tilde{x}) = l((x;\lambda)) = \lambda(l)$$

定义在 $\tilde{\mathscr{X}}$ 上. 这泛函是线性的且它在考虑作为 $\tilde{\mathscr{X}}$ 的子集的 $\mathscr{X}$ 上与 $l(x)$ 相同：$l(x) = l((Px;x^1(x)))$，因为 $x^1(x)$ 作为一个 $A_{\mathscr{L}}$ 的元素是被公式 $x^1(x)(l) = l(x)$ 决定的. 最后考虑积分(3). 从测度 $\tilde{\mu}$ 的构造得到，在柱形集上

$$\int e^{il(\tilde{x})}\mu(d\tilde{x}) = \int e^{i\lambda(l)}\tilde{\mu}(d\lambda) = Ee^{i\xi(l)} = \chi(l)$$

所以 μ 就是所要求的测度.

当 X_0 是由一个元素$\{0\}$构成的时候，构造 $\tilde{\mathscr{X}}$ 特别简单. 下面就是这样的情况：如果泛函集 $\mathscr{L}$ 是如此的理想，以致对 $\mathscr{X}$ 中的任意偶对 $x_1 \neq x_2$，可找到这样的泛函 l，使得 $l(x_1) \neq l(x_2)$. 这时可选择空间 $A_{\mathscr{L}}$ 本身作为 $\tilde{\mathscr{X}}$，并且每一个元素 $x \in \mathscr{X}$，根据公式

$$x(l) = l(x)$$

决定 $A_{\mathscr{L}}$ 中的一个元素. 显然，在 $\tilde{\mathscr{X}}$ 上的任一个测度，在 $\mathscr{L}$ 上决定了一个特征泛函 $\chi(l)$，然而它不一定是在条件 2) 中所指出的那种意义下的连续. 为使条件 2) 满足，必须且只须使得测度 $\tilde{\mu}$ 具有如下的性质：对任一序列 l_n，使得对于所有 $x \in \mathscr{X}$，$l_n(x) \to 0$，依测度 $\tilde{\mu}$ 有 $l_n(\tilde{x}) \to 0$. 我们还注意到，如果 $\mathscr{X}$ 和 $\mathscr{L}$ 用这样方法选择，即使得 $A_{\mathscr{L}}$ 与 $\mathscr{X}$ 相同，则我们构造的测度将是 $\mathscr{X}$ 上的测度.

现设 $\mathscr{X}$ 是一线性赋范完备可分空间. 则自然选择全体连续线性泛函的空间 $\mathscr{X}^*$（它的元素用符号 x^* 表示）作为 $\mathscr{L}$. 对所有泛函 $x^*(x)$ 是可测的最小 σ 代数与在 $\mathscr{X}$ 中所有 Borel 集的 σ 代数 $\mathfrak{B}$ 相同. 在 $\mathfrak{B}$ 上任一概率测度 μ 由它的特征泛函

$$\chi(x^*) = \int e^{ix^*(x)}\mu(dx)$$

所决定，这个特征泛函是正定的，且在 $\mathscr{X}^*$ 上弱连续的. 如果给定了具有这些性质的泛函 $\chi(x^*)$，则可以在所有柱形集的代数 $\mathfrak{S}_0$ 上构造一个有限可加测度 μ. 当 $\mathscr{X}^*$ 是可分空间时，我们可以找到必要充分条件，使得这个测度可以扩张到 $\mathfrak{B}$ 上是可数可加的. 为此要求对任一满足条件 $\bigcap_n S_n = \varnothing$ 且 $S_n \supset S_{n+1}$ 的柱形集合序列 S_n，有 $\mu(S_n) \to 0$. 设集合 S_n 形如$\{x:(l_1(x),\cdots,l_n(x)) \in A^n\}$，其中 A^n 是 $\mathscr{R}^n$ 中的 Borel 集. 如果 A^n 在 $\mathscr{R}^n$ 中是一闭集，则称 S_n 是闭的. 因为对任一 $\varepsilon_n > 0$，可以找到这样一个闭集 $F^n \subset A^n$，使得

$$\mu(S_n) - \mu(\{x:(l_1(x),\cdots,l_n(x)) \in F^n\}) < \varepsilon_n$$

因此只须验证，只要在闭集 S_n 上连续就行了. 利用这个结果，我们寻找在 $\mathfrak{B}$ 上具有给定特征泛函的测度 μ 存在的条件.

设$\{x_k^*(x):k=1,2,\cdots\}$是在空间 $\mathscr{X}^*$ 的单位球上的一个处处稠密集. 因为 $|x| = \sup_k x_k^*(x)$，则在测度 μ 为可数可加的情形，满足关系式

$$0 = \lim_{N\to\infty}\mu(\{x:|x| > N\}) = \lim_{N\to\infty}\lim_{n\to\infty}\mu(\{x:\sup_{k\leqslant n} x_k^*(x) > N\})$$

因此,为了测度 μ 的可数可加性,必须满足条件

$$\lim_{N\to\infty}\lim_{n\to\infty}\mu(\{x:\sup_{k\leqslant n}x_k^*(x)>N\})=0 \tag{6}$$

我们证明这个条件也是充分的. 令 μ 是根据χ 构造的在柱形集上的可加测度. 由(6) 得,对任一 $\varepsilon>0$,可以找到这样的 N,使得对所有 n

$$\mu(\{x:x_k^*(x)\leqslant N,k=1,\cdots,n\})\geqslant 1-\varepsilon$$

设对某一闭柱形集列 $S_n=\{x:(\tilde{x}_1^*(x),\cdots,\tilde{x}_n^*(x))\in F^n\}$,$S_n\supset S_{n+1}$,满足关系式 $\mu(S_n)\geqslant 2\varepsilon$,我们证明,这时 $\bigcap S_n$ 不空. 令

$$K_N=\{x:|x|\leqslant N\},K_N^n=\{x:x_k^*(x)\leqslant N,k=1,\cdots,n\}$$

交 $S_n\cap K_N$ 不空. 事实上,如果 $S_n\cap K_N$ 为空集,则 $d=\inf\limits_{x\in S_n}|x|>N$(因为可以得到这个下确界). 设

$$g(u_1,\cdots,u_n)=\inf\{|x|:\tilde{x}_1^*(x)=u_1,\cdots,\tilde{x}_n^*(x)=u_n\}$$

所以集合 S_n 包含在集合$\{x:g(\tilde{x}_1^*(x),\cdots,\tilde{x}_n^*(x))\geqslant d\}$ 中. 集合$\{(u_1,\cdots,u_n):N<g(u_1,\cdots,u_n)<d\}$ 是 $\mathscr{R}^n$ 中的开集且是两个单连通区域的差. 因此存在一个具有形如$\{(u_1,\cdots,u_n):\sum\limits_1^n r_{ij}u_i=b_j\}$,$j=1,\cdots,m$,为边界面的多面体,使得集合$\{(u_1,\cdots,u_n):g(u_1,\cdots,u_n)\leqslant N\}$ 在这个多面体里面,而集合$\{(u_1,\cdots,u_n):g(u_1,\cdots,u_n)\geqslant d\}$ 在这个多面体的外面,这时集合 S_n 完全被包含在集合的并

$$\bigcup_{j=1}^m\left\{x:\sum_{i=1}^n r_{ij}\tilde{x}_i^*(x)>b_j\right\}$$

中,并且每一个被加项与 K_n 不相交,记

$$y_j^*(x)=\sum_{i=1}^n r_{ij}\tilde{x}_i^*(x)$$

当且仅当 $b_j>\|y_j^*\|N$ 时,集$\{x:y_j^*(x)\geqslant b_j\}$ 与 K_N 不相交.

令 $\dfrac{y_j^*}{\|y_j^*\|}=z_j^*$,则 S_n 整个被包含在集 $\bigcup\limits_{j=1}^m\{x:z_j^*(x)\geqslant N+\delta\}$ 中,其中 $\delta=\inf\limits_j\dfrac{1}{\|y_j^*\|}b_j-N>0$.

由$\chi(x^*)$ 的连续性得到,对几乎所有的 $\alpha_1,\cdots,\alpha_m$

$$\lim_{k\to\infty}\mu(\{x:z_{1,k}^*(x)<\alpha_1,\cdots,z_{m,k}^*(x)<\alpha_m\})=$$

$$\mu(\{z_1^*(x)<\alpha_1,\cdots,z_m^*(x)<\alpha_m\})$$

不过得假定 $\|z_{j,k}^*-z_j^*\|\to 0$. 我们在集合$\{x_k^*:k=1,2,\cdots\}$ 中选取序列 $x_{j,k}^*$,$j=1,\cdots,m$, 使得 $\|x_{j,k}^*-z_j^*\|\to 0$,则

$$\mu(S_n)\leqslant\mu(\bigcup_{j=1}^m\{x:z_j^*(x)\geqslant N+\delta\})=$$

$$1-\mu(\{x:\sup_{j\leqslant m} z_j^*(x) < N+\delta\}) \leqslant$$
$$1-\lim_{k\to\infty}\mu(\{x:\sup_{j\leqslant m} x_{j,k}^*(x) \leqslant N\}) \leqslant \varepsilon$$

这与不等式$\mu(S_n)\geqslant 2\varepsilon$矛盾.所以$S_n \cap K_N$不空.因此嵌入的弱闭集序列$S_n \cap K_N$属于弱紧集$K_N$,且因此$\bigcap_n \{S_n \cap K_N\}$不空,即$\bigcap_n S_n$不空.所以,如果$S_n$是下降的柱形集列,使得

$$\bigcap_n S_n = \varnothing$$

则$\lim_{n\to\infty}\mu(S_n)=0$,即$\mu$可数可加.因此,证明了:

定理 为使连续正定泛函$\chi(x^*)$是一个$(\mathscr{X},\mathfrak{B})$上的测度的特征泛函,必须且只须使得由泛函$\chi(x^*)$产生的可数可加测度,对于某一在空间$\mathscr{X}^*$中的单位球中处处稠密的集合$\{x_k^*:k=1,\cdots,n,\cdots\}$满足条件(6),这里$\mathscr{X}$是使得$\mathscr{X}^*$为可分的Banach空间.

注 条件(6)可换成以下的条件:令$h_n(x)$是连续的柱形函数序列,使得$\lim_{n\to\infty} h_n(x)=|x|$.则

$$\lim_{N\to\infty}\lim_{n\to\infty}\mu(\{x:h_n(x)>N\})=0 \tag{7}$$

如果$h_n(x)=\sup_{k\leqslant n} x_k^*$,条件(7)变为条件(6).此外,利用反演公式可以用$\chi(x^*)$表示(6).

§4 在空间 $\mathscr{L}_p$ 中的测度

定义在$[a,b]$上使得

$$\int_a^b |x(t)|^p \mathrm{d}t < \infty$$

的实可测函数$x(t)$的空间$\mathscr{L}_p[a,b]$是很重要的一类线性赋范空间.我们将只考虑$p\geqslant 1$时的情形.设某一概率空间$\{\Omega,\mathfrak{S},P\}$是固定的.我们将研究在什么条件下,定义在$[a,b]$上的一个给定的数值过程$\xi(t,\omega)$对应一个$\mathscr{L}_p$中的一个测度.设$\xi(t,\omega)$是可测过程.则根据Fubini定理,$\xi(t,\omega)$作为$t$的函数是以概率为1可测的,因此以概率1积分

$$\int_a^b |\xi(t,\omega)|^p \mathrm{d}t$$

被确定(它也可取无穷值).而且积分亦为ω的可测函数.

设

$$P\left\{\int_a^b |\xi(t,\omega)|^p \mathrm{d}t < \infty\right\}=1 \tag{1}$$

我们证明在这一条件下,在空间 $\mathscr{L}_p$ 中可以构造一个对应于过程 $\xi(t,\omega)$ 的测度 μ,即这样的测度 μ,使得对空间 $\mathscr{L}_p$ 的每一 Borel 集 B 有

$$\mu(B)=P(\{\omega:\xi(\cdot,\omega)\in B\}) \tag{2}$$

如果能够证明,对 $B\in\mathfrak{B}$,有 $\{\omega:\xi(\cdot,\omega)\in B\}\in\mathfrak{S}$ 则式(2) 可以作为测度 μ 的定义. 为证此,我们考虑定义在 $\mathscr{L}_p$ 上形如

$$l(x)=\int_a^b l(t)x(t)\mathrm{d}t$$

泛函类 L,其中 $l(t)$ 是有界可测函数. 在 L 中的泛函是定义在 $\mathscr{L}_p$(对任意 $p\geqslant 1$) 上,且对任意 p,L 在线性连续泛函空间中稠密. 用 $\mathfrak{B}_0$ 表示在 $\mathfrak{B}$ 中,使得 $\{\omega:\xi(\cdot,\omega)\in B\}\in\mathfrak{S}$ 的那些 B 的全体. 显然 $\mathfrak{B}_0$ 是 σ 代数. 因为对任一 L 中的 l,$l(\xi(\cdot,\omega))$ 关于 $\mathfrak{S}$ 可测,所以对每一 $\mathscr{L}_p$ 上的连续线性泛函 l,$l(\xi(\cdot,\omega))$ 为 $\mathfrak{S}$ 可测. 因此 $\mathfrak{B}_0$ 与使 $\mathscr{L}_p$ 上的所有连续线性泛函为可测的最小的 σ 代数相一致,而这个 σ 代数与 $\mathfrak{B}$ 相一致,所以,式(2) 实际上确定了某一测度 μ. 因为对任一 $\mathscr{L}_p$ 上的连续泛函 l,$l(\xi(\cdot))$ 对于 $\mathfrak{S}$ 可测. 故可以借助于特征泛函

$$\chi(l)=\int \mathrm{e}^{\mathrm{i}l(x)}\mu(\mathrm{d}x)=E\mathrm{e}^{\mathrm{i}l(\xi(\cdot,\omega))} \tag{3}$$

给定测度 μ,这个特征泛函唯一地确定测度 μ.

发生如下一个问题:构造的测度 μ 与过程 $\xi(t,\omega)$ 的边沿分布有怎样的联系? 是否能根据边沿分布构造测度 μ,或者根据测度 μ 决定边沿分布? 现在证明,对于随机连续过程来说,关于这个问题的答案是肯定的.

设 $\xi(t,\omega)$ 是随机连续可测过程(由第三章 §3 定理 1 得到. 对于随机连续过程恒存在等价的可测过程).

令

$$\xi_N(t,\omega)=g_N(\xi(t,\omega)),g_N(x)=\begin{cases}x, & |x|\leqslant N\\ N\operatorname{sign}x, & |x|>N\end{cases}$$

则,当 $N\to\infty$ 时,几乎对一切 ω 有

$$\int_a^b|\xi_N(t,\omega)|\mathrm{d}t\to\int_a^b|\xi(t,\omega)|\mathrm{d}t$$

过程 $\xi_N(t,\omega)$ 同样也是随机连续的.

我们证明

$$\int_a^b\xi_N(t,\omega)\mathrm{d}t=\lim_{\lambda\to 0}\sum_{k=0}^{n-1}\xi_N(t_k,\omega)\Delta t_k \tag{4}$$

其中 $a=t_0<t_1<\cdots<t_n=b$,$\Delta t_k=t_{k+1}-t_k$,$\lambda=\max\limits_k\Delta t_k$,而极限取为依概率收敛意义下的极限. 我们有,对任意 $\varepsilon<0$

$$E\left|\int_a^b \xi_N(t,\omega)\mathrm{d}t - \sum_{k=0}^{n-1}\xi_N(t_k,\omega)\Delta t_k\right| \leqslant$$

$$\sum_{k=0}^{n-1}\int_{t_k}^{t_{k+1}} E\mid \xi_N(t,\omega)-\xi_N(t_k,\omega)\mid \mathrm{d}t \leqslant$$

$$\varepsilon(b-a)+\sum_{k=0}^{n-1}2N\int_{t_k}^{t_{k+1}} P\{\mid \xi_N(t,\omega)-\xi_N(t_k,\omega)\mid > \varepsilon\}\mathrm{d}t \leqslant$$

$$\varepsilon(b-a)+2N(b-a)\sup[P\{\mid \xi_N(t,\omega)-\xi_N(s,\omega)\mid > \varepsilon\}: |t-s|\leqslant \lambda]$$

当 $\lambda \to 0$ 时取极限，并且考虑到 $\xi_N(t)$ 的随机连续性（因此一致随机连续）以及 $\varepsilon > 0$ 的任意性，确信等式(4) 是正确的.

类似地有

$$\int_a^b \mid \xi(t,\omega)\mid^P \mathrm{d}t = \lim_{N\to\infty}\lim_{\lambda\to 0}\sum_{k=0}^{n-1}\mid \xi_N(t_k,\omega)\mid^P \Delta t_k \tag{5}$$

因此，条件(1) 的成立与否可以借助于过程 $\xi(t,\omega)$ 的边沿分布来验证. 如果条件(1) 满足，则利用等式

$$\int_a^b l(t)\xi(t,\omega)\mathrm{d}t = \lim_{N\to\infty}\lim_{\lambda\to 0}\sum_{k=0}^{n-1} l(t_k)\xi_N(t_k,\omega)\Delta t_k \tag{6}$$

（它对 $[a,b]$ 上的任一连续函数 $l(t)$ 成立），对连续函数 $l(t)$，我们可以定义

$$\chi(l) = \lim_{N\to\infty}\lim_{\lambda\to 0} E\exp\left\{\mathrm{i}\sum_{k=0}^{n-1} l(t_k)\xi_N(t_k,\omega)\Delta t_k\right\} \tag{7}$$

由于 $\chi(l)$ 的连续性，式(7) 确定了所有具有连续函数 $l(t)$ 的泛函

$$l(x) = \int_a^b l(t)x(t)\mathrm{d}t$$

的集 L 的闭包上 $\chi(l)$ 的值. 而因为 L 在 $\mathscr{L}_P$ 上的所有连续泛函所成的空间中处处稠密，则它表示 $\chi(l)$ 完全由式(7) 确定.

现假设在 $[a,b]$ 上的可测随机连续过程 $\xi(t,\omega)$ 满足条件(1)，并且在 $\mathscr{L}_P$ 上给定测度 μ，或者等价地给定特征泛函 $\chi(l)$. 设 $l(t)$ 是某一连续函数，$N > 0$，n 是自然数.

令

$$t_{nk} = a + \frac{k}{n}(b-a)$$

$$I_{n,N}(l) = \sum_{k=0}^{n-1}\frac{b-a}{n} l(t_{nk}) g_N\left(\frac{1}{t_{nk+1}-t_{nk}}\int_{t_{nk}}^{t_{nk+1}}\xi(t,\omega)\mathrm{d}t\right)$$

几乎对一切 ω

$$\lim_{n\to\infty} I_{n,N}(l) = \int_a^b l(t)\xi_N(t,\omega)\mathrm{d}t$$

因此，对于 $\mathscr{L}_P$ 中的过程 $\xi(t,\omega)$ 的特征泛函 $\chi_N(l)$ 和任一连续函数 $l(t)$，有

$$\chi_N(l)=E\exp\left\{\mathrm{i}\int_a^b l(t)\xi_N(t,\omega)\mathrm{d}t\right\}=\lim_{n\to\infty}\int \mathrm{e}^{\mathrm{i}I_{n,N}(l,x)}\mu(\mathrm{d}x)$$

其中

$$I_{n,N}(l,x)=\sum_{k=0}^{n-1}\frac{b-a}{n}l(t_{n,k})g_N\left(\frac{n}{b-a}\int_{t_{nk}}^{t_{nk+1}}x(t)\mathrm{d}t\right)$$

连续,因此是 $\mathscr{L}_p$ 上的 $\mathscr{B}$ 可测泛函. 根据连续性,泛函$\chi_N(t)$ 可以扩张到整个 L 上. 现在证明,当 $h\to 0$ 时,依概率有

$$\frac{1}{h}\int_t^{t+h}\xi_N(t,\omega)\mathrm{d}t\to\xi_N(t,\omega)\tag{8}$$

事实上

$$E\left|\frac{1}{h}\int_t^{t+h}(\xi_N(s,\omega)-\xi_N(t,\omega))\mathrm{d}t\right|\leqslant$$

$$\varepsilon+2N\sup[P\{|\xi_N(s,\omega)-\xi_N(t,\omega)|>\varepsilon\};t<s<t+h]$$

最后的式子可适当地选择 $\varepsilon>0$ 及 $h>0$,使得它任意地小.

用 $l_{t_{k,h}}(x)$ 表示 $\mathscr{L}_p$ 上由等式

$$l_{t_{k,h}}(x)=\frac{1}{h}\int_{t_k}^{t_{k+h}}x(t)\mathrm{d}t$$

确定的泛函. 则由(8) 式推得,对所有实数 u_k 及$[a,b)$ 中之点 $t_1<\cdots<t_n$ 有

$$E\exp\left\{\mathrm{i}\sum_{k=1}^{n}u_k\xi_N(t_k,\omega)\right\}=\lim_{h\to 0}\chi_N\left(\sum_{k=1}^{n}u_k l_{t_{k,h}}(\xi_N(\cdot))\right)\tag{9}$$

式(9) 决定过程 $\xi_N(t,\omega)$ 的边沿分布. 通过当 $N\to\infty$ 时的极限,可找到这过程 $\xi_N(t,\omega)$ 的边沿分布. 由于必须用截尾过程 $\xi_N(t,\omega)$ 而不是原来的过程 $\xi(t,\omega)$,公式(5) 和(7) 是不方便的. 还有,最好是得到保证满足式(1) 的条件不用随机变量本身的极限,而是随机变量的概率特征的术语来表示. 为得到更简单的关于过程的 p 次方可积性的叙述,我们必须要有:

引理 设 $\xi(t)$ 是定义在$[a,b]$ 上的可测随机连续非负过程,对区间$[a,b]$ 的任一分划序列 $a=t_{n0}<\cdots<t_{nn}=b$,对应的 $\lambda_n=\max\limits_t(t_{nk+1}-t_{nk})\to 0$,并对每一独立于 $\xi(t)$ 的随机变量 τ_{nk} 分别在区间$[t_{nk},t_{nk+1}]$,$k=0,1,\cdots,n-1$,上均匀分布,则当 $n\to\infty$ 时依概率满足关系式

$$\sum_{k=0}^{n-1}\xi(\tau_{nk})\Delta t_{nk}\to\int_a^b\xi(t)\mathrm{d}t$$

(右边的积分可取值 $+\infty$).

证 因过程 $\xi(t)$ 可以分别在集合

$$\left\{\omega:\int_a^b\xi(t)\mathrm{d}t<\infty\right\}\text{ 与 }\left\{\omega:\int_a^b\xi(t)\mathrm{d}t=+\infty\right\}$$

中的每一个集合上来考虑,所以,当这些条件之一以概率 1 被满足时,只须考虑这两种情形. 首先设

$$P\left\{\int_a^b \xi(t)\mathrm{d}t=+\infty\right\}=1$$

则由前面所证,依概率有

$$\sum_{k=0}^{n-1}\xi_N(\tau_{nk})\Delta t_{nk}\to\int_a^b\xi_N(t)\mathrm{d}t$$

因此,对每一 $c>0$ 满足关系式

$$\varliminf_{n\to\infty}P\left\{\sum_{k=0}^{n-1}\xi_N(\tau_{nk})\Delta t_{nk}\geqslant c\right\}\geqslant\varliminf_{n\to\infty}P\left\{\sum_{k=0}^{n-1}\xi_N(\tau_{nk})\Delta t_{nk}\geqslant c\right\}\geqslant$$
$$P\left\{\int_a^b\xi_N(t)\mathrm{d}t>c\right\}$$

当 $N\to\infty$ 时取极限,我们得到 $\sum\limits_{k=0}^{n-1}\xi(\tau_{nk})\Delta t_{nk}$ 依概率收敛于 $+\infty$.

现设 $$P\left\{\int_a^b\xi(t)\mathrm{d}t<\infty\right\}=1$$

令

$$\xi^m(t)=\xi(t),a\leqslant t\leqslant b,\text{如果}\int_a^b\xi(t)\mathrm{d}t\leqslant m$$

$$\xi^m(t)=0,a\leqslant t\leqslant b,\text{如果}\int_a^b\xi(t)\mathrm{d}t>m$$

则过程 $\xi^m(t)$ 非负随机连续且可测.

因为 $$\int_a^b\xi^m(t)\mathrm{d}t\leqslant m$$

则由 Fubini 定理,几乎对一切 t,$E\xi^m(t)$ 存在,且$\int_a^b E\xi^m(t)\mathrm{d}t\leqslant m$. 令 $\xi_N^m(t)=g_N(\xi^m(t))$. 则过程 $\xi_N^m(t)$ 随机连续且有数 N 为界. 因此,对任意 $\varepsilon>0$ 可以找到这样一个 $h>0$,使得当 $|t-s|\leqslant h$ 时

$$E\mid\xi_N^m(t)-\xi_N^m(s)\mid\leqslant\varepsilon$$

利用这一事实,我们得到

$$\varlimsup_{n\to\infty}E\left|\int_a^b\xi^m(t)\mathrm{d}t-\sum_{k=0}^{n-1}\xi^m(\tau_{nk})\Delta t_{nk}\right|\leqslant$$

$$\varlimsup_{n\to\infty}\sum_{k=0}^{n-1}\int_{t_{nk}}^{t_{nk+1}}\int_{t_{nk}}^{t_{nk+1}}E\mid\xi^m(t)-\xi^m(s)\mid\frac{\mathrm{d}s}{\Delta t_{nk}}\leqslant$$

$$\varlimsup_{n\to\infty}\sum_{k=0}^{n-1}\frac{1}{\Delta t_{nk}}\int_{t_{nk}}^{t_{nk+1}}\int_{t_{nk}}^{t_{nk+1}}[E\mid\xi_N^m(t)-\xi_N^m(s)\mid+2E\mid\xi_N^m(t)-\xi^m(t)\mid]\mathrm{d}t\mathrm{d}s\leqslant$$

$$\varlimsup_{n\to\infty}\sup_{|t-s|\leqslant\lambda_n}E\mid\xi_N^m(t)-\xi_N^m(s)\mid(b-a)+2\int_a^b E\mid\xi_N^m(t)-\xi^m(t)\mid\mathrm{d}t=$$

$$2\int_a^b E\mid\xi_N^m(t)-\xi^m(t)\mid\mathrm{d}t$$

当 $N \to \infty$ 时最后的式子趋于零. 最后

$$P\left\{\left|\int_a^b \xi(t)\mathrm{d}t - \sum_{k=0}^{n-1}\xi(\tau_{nk})\Delta t_{nk}\right| > \varepsilon\right\} \leqslant$$

$$P\left\{\int_a^b \xi(t)\mathrm{d}t > m\right\} + \frac{1}{\varepsilon}E\left|\int_a^b \xi^m(t)\mathrm{d}t - \sum_{k=0}^{n-1}\xi^m(\tau_{nk})\Delta t_{nk}\right|$$

当 $n \to \infty$ 时取极限,然后当 $m \to \infty$ 时得到引理的证明.

推论 在引理的条件下,存在非随机点 $s_{nk} \in [t_{nk}, t_{nk+1}]$,使得当 $n \to \infty$ 时依概率有

$$\sum_{k=0}^{n-1}\xi(s_{nk})\Delta t_{nk} \to \int_a^b \xi(t)\mathrm{d}t$$

注 如果对形如引理中给出的关于区间 $[a,b]$ 的某一分划序列以及某一独立于 $\xi(t)$ 的选择的点

$$s_{nk} \in [t_{nk}, t_{nk+1}], \sum_{k=0}^{n-1}\xi(s_{nk})\Delta t_{nk} \quad (n \to \infty)$$

依概率有界,则

$$P\left\{\int_a^b \xi(t)\mathrm{d}t < \infty\right\} = 1$$

事实上,对任一 $\varepsilon > 0$ 及 $c > 0$

$$P\left\{\int_a^b \xi_N(t)\mathrm{d}t > c\right\} \leqslant \overline{\lim_{n\to\infty}}\, P\left\{\sum_{k=0}^{n-1}\xi_N(s_{nk})\Delta t_{nk} > c - \varepsilon\right\} \leqslant$$

$$\overline{\lim_{n\to\infty}}\, P\left\{\sum_{k=0}^{n-1}\xi(s_{nk})\Delta t_{nk} > c - \varepsilon\right\}$$

因此

$$P\left\{\int_a^b \xi(t)\mathrm{d}t > c\right\} \leqslant \overline{\lim_{n\to\infty}}\, P\left\{\sum_{k=0}^{n-1}\xi(s_{nk})\Delta t_{nk} > c - \varepsilon\right\}$$

我们现在叙述以过程的特征泛函表示的 $\int_a^b |\xi(t)|^\alpha \mathrm{d}t, \alpha \in (0,2)$,有限性的充要条件. 因为现时我们不知道过程可以在怎样的空间中被考虑,所以我们将利用给定在 $[a,b]$ 任一阶梯函数 $g(t)$,由关系式

$$\chi_0(g) = E\exp\left\{\mathrm{i}\int_a^b \xi(t)\mathrm{d}g(t)\right\}$$

定义的特征泛函 $\chi_0(g)$. 显然,给定 $\chi_0(g)$ 等价于给定过程的边沿分布.

我们用下面的方法构造一个定义在 $[a,b]$ 上的随机函数 $v_n^\alpha(t)$. 设

$$t_{nk} = a + \frac{k}{n}(b-a), k = 0, \cdots, n, \eta_0, \eta_1, \cdots, \eta_n, \cdots$$

是独立于 $\xi(t)$ 的随机变量,它们中的每一个在 $[0,1]$ 上均匀分布(否则 η_k 的联合分布可以是任意的). 最后,设变量 $\zeta_0, \zeta_1, \cdots$ 既不依赖于 $\xi(t)$ 也不依赖于 η_0,

$\eta_1,\cdots$，而且它们相互独立同分布，并且 $Ee^{is\zeta_0}=e^{-|s|^2}$，即 ζ_k 是一个具有指数 α 的对称稳定分布. 令 $v_n^\alpha(a)=0$，当

$$(t-a)n\in[(j+\eta_j)(b-a),(j+1+\eta_{j+1})(b-a)]$$

时 $v_n^\alpha(t)$ 为常数并且

$$v_n^\alpha\left(a+\frac{j+\eta_j}{n}(b-a)+0\right)-v_n^\alpha\left(a+\frac{j+n_j}{n}(b-a)-0\right)=\frac{\zeta_j}{n^{\frac{1}{\alpha}}}$$

这些条件唯一地确定 $v_n^\alpha(t)$（除了在不连续点外）. 在这情形下 $v_n^\alpha(t)$ 以概率 1 为阶梯函数，因此表示式 $\chi_0(v_n^\alpha)$ 以概率 1 确定.

定理 为使随机连续可测过程 $\xi(t)$ 的积分 $\int_a^b|\xi(t)|^\alpha\mathrm{d}t$（在某一 $\alpha\in(0,2]$）以概率 1 有限，必要充分条件为对于正数 λ，存在满足条件 $\psi(0+)=1$ 的极限

$$\psi(\lambda)=\lim_{n\to\infty}E\chi_0(\lambda v_n^\alpha)$$

在这情形下

$$\psi(\lambda)=E\exp\left\{-\frac{\lambda^\alpha}{b-a}\int_a^b|\xi(t)|^\alpha\mathrm{d}t\right\}$$

证 用 $\mathfrak{A}$ 表示由变量 $\xi(t),t\in[a,b]$ 以及 $\eta_k,k=0,\cdots$，产生的 σ 代数，依定理条件，ζ_k 与这个 σ 代数独立. 因此

$$E(\chi_0(\lambda v_n^\alpha)\mid\mathfrak{A})=E\left(\exp\left\{\frac{\mathrm{i}\lambda}{n^{\frac{1}{\alpha}}}\sum_{k=0}^{n-1}\zeta_k\xi\left(a+\frac{k+\eta_k}{n}(b-a)\right)\right\}\mathfrak{A}\right)=$$

$$\exp\left\{-\frac{|\lambda|^\alpha}{n}\sum_{k=0}^{n-1}\left|\xi\left(a+\frac{k+\eta_k}{n}(b-a)\right)\right|^\alpha\right\}$$

由引理得，依概率

$$\frac{b-a}{n}\sum_{k=0}^{n-1}\left|\xi\left(a+\frac{k+\eta_k}{n}(b-a)\right)\right|^\alpha\to\int_a^b|\xi(t)|^\alpha\mathrm{d}t$$

因而依概率.

$$\exp\left\{-\frac{|\lambda|^\alpha}{n}\sum_{k=0}^{n-1}\left|\xi\left(a+\frac{k+\eta_k}{n}(b-a)\right)\right|^\alpha\right\}\to\exp\left\{-\frac{|\lambda|^\alpha}{b-a}\int_a^b|\xi(t)|^\alpha\mathrm{d}t\right\}$$

（我们假定 $e^{-\infty}=0$）. 因为所考虑的变量不超过 1，所以

$$\lim_{n\to\infty}E\exp\left\{-\frac{|\lambda|^\alpha}{n}\sum_{k=0}^{n-1}\left|\xi\left(a+\frac{k+\eta_k}{n}(b-a)\right)\right|^\alpha\right\}=$$

$$E\exp\left\{-\frac{|\lambda|^\alpha}{b-a}\int_a^b|\xi(t)|^\alpha\mathrm{d}t\right\}$$

而因为

$$\lim_{n\to\infty}E\exp\left\{-\frac{|\lambda|^\alpha}{n}\sum_{k=0}^{n-1}\left|\xi\left(a+\frac{k+\eta_k}{n}(b-a)\right)\right|^\alpha\right\}=$$

$$\lim_{n\to\infty}E(\chi(\lambda v_n^\alpha)\mid\mathfrak{A})=\lim_{n\to\infty}E\chi(\lambda v_n^\alpha)$$

故

$$\psi(\lambda)=E\exp\left\{-\frac{|\lambda|^{\alpha}}{b-a}\int_a^b|\xi(t)|^{\alpha}\mathrm{d}t\right\}$$

显然

$$\psi(0+)=P\left\{\int_a^b|\xi(t)|^{\alpha}\mathrm{d}t<\infty\right\}$$

由最后的式子得到定理的证明.

§5 Hilbert空间中的测度

在前几节里所考虑的$\mathscr{L}_p$空间中最有意义的是$\mathscr{L}_2$空间,它是可分的Hilbert空间,因为所有可分Hilbert空间彼此都是保距的,所以考虑抽象的可分Hilbert空间$\mathscr{X}$更为方便.对于这样的空间所得到的结论可以容易改用于各种具体的Hilbert空间,例如对于在任一具有测度的可测空间上的取值于可分Banach空间且按照模的平方可积的可测函数空间.

用$\mathfrak{B}$表示$\mathscr{X}$的Borel集的σ代数.$(\mathscr{X},\mathfrak{B})$称为可测Hilbert空间,定义在可测Hilbert空间$(\mathscr{X},\mathfrak{B})$上的测度$\mu$是这一节研究的主要对象.如前一样,我们感兴趣的是概率测度,然而因为这一节的结果可适用于任一有限测度,所以不必加上$\mu(\mathscr{X})=1$这一条件.

$\mathscr{X}$中的内积用(x,y)表示.用$|x|$表示x的模$|x|=\sqrt{(x,x)}$.像在任一线性空间一样,在$(\mathscr{X},\mathfrak{B})$上的测度可借助于特征泛函来决定.任一定义在$\mathscr{X}$上的连续线性泛函,有形式$l(x)=(x,z)$,其中$z$可以是$\mathscr{H}$中的任一元素,对所有$z\in\mathscr{X}$由等式

$$\varphi(z)=\int \mathrm{e}^{\mathrm{i}(z,x)}\mu(\mathrm{d}x) \tag{1}$$

定义的函数$\varphi(z)$称为$(\mathscr{X},\mathfrak{B})$上的测度$\mu$的特征泛函.

设$\mathscr{L}$是空间$\mathscr{X}$的某一有限维子空间,$\mathfrak{B}_{\mathscr{L}}$是$\mathscr{L}$的Borel子集的$\sigma$代数,形如

$$P_{\mathscr{L}}^{-1}A_{\mathscr{L}}=\{x:P_{\mathscr{L}}x\in A_{\mathscr{L}}\}$$

的集合称为具有$\mathscr{L}$中的基的柱形集.其中$A_{\mathscr{L}}\in\mathfrak{B}_{\mathscr{L}}$,$P_{\mathscr{L}}$是在$\mathscr{L}$上的投影算子,所有具有$\mathscr{L}$中的基的柱形集的全体$\mathfrak{B}^{\mathscr{L}}$也是一个$\sigma$代数.对某一$\mathscr{L}$,属于$\mathfrak{B}^{\mathscr{L}}$的集称为柱形集,对于某一$\mathscr{L}$,关于$\mathfrak{B}^{\mathscr{L}}$为可测的函数称为柱形函数.

因为给定在$(\mathscr{X},\mathfrak{B})$上的每一测度$\mu$可以联系它的有限维投影(有限维分布)族$\{\mu_{\mathscr{L}}\}$,$\mu_{\mathscr{L}}$用下面等式

$$\mu_{\mathscr{L}}(A_{\mathscr{L}})=\mu(P_{\mathscr{L}}^{-1}A_{\mathscr{L}})\quad(A_{\mathscr{L}}\in\mathfrak{B}_{\mathscr{L}})$$

定义.测度$\mu_{\mathscr{L}}$足以计算柱形函数的积分:对每一$\mathfrak{B}_{\mathscr{L}}$可测有界函数$h(x)$有

$$\int h(x)\mu_{\mathscr{L}}(\mathrm{d}x)=\int h(P_{\mathscr{L}}x)\mu(\mathrm{d}x) \tag{2}$$

我们注意到，对某一 $\mathscr{L}$，任一柱形函数有形式 $h(P_{\mathscr{L}}x)$，其中 h 为 $\mathfrak{B}_{\mathscr{L}}$ 可测. 对于不同的 $\mathscr{L}$，用下面的方法使测度 $\mu_{\mathscr{L}}$ 之间彼此相容；如果 $\mathscr{L}\subset\mathscr{L}'$，则

$$\mu_{\mathscr{L}}(A_{\mathscr{L}})=\mu_{\mathscr{L}'}(\mathscr{L}'\cap P_{\mathscr{L}}^{-1}A_{\mathscr{L}}) \tag{3}$$

由(2)得到这一关系式，并且得到表示函数 $h(P_{\mathscr{L}}x)$ 为形式 $h'(P_{\mathscr{L}}x)$ 的可能性，其中 h' 为 $\mathfrak{B}_{\mathscr{L}}$ 可测. 以后称条件(3)为相容性条件. 在所有有限维子空间 $\mathscr{L}$上定义的满足条件(3)的测度族 $\{\mu_{\mathscr{L}}\}$ 称为有限维分布的相容族.

为了定义测度 μ，只须知道它的一维投影即可. 这由下式

$$\varphi(z)=\int \mathrm{e}^{\mathrm{i}(z,x)}\mu_{\mathscr{L}_z}(\mathrm{d}x)$$

得到，其中 $\mathscr{L}_z$ 是由向量 z 产生的一维子空间. 反之给定(知道)特征泛函 $\varphi(z)$，根据它们的特征泛函可以容易地确定所有的测度 $\mu_{\mathscr{L}}$：对 $z\in\mathscr{L}$有

$$\varphi_{\mathscr{L}}(z)=\int \mathrm{e}^{\mathrm{i}(z,x)}\mu_{\mathscr{L}}(\mathrm{d}x),z\in\mathscr{L}$$

对每一有限维子空间 $\mathscr{L}$，满足式

$$\varphi(z)=\int \mathrm{e}^{\mathrm{i}(z,x)}\mu_{\mathscr{L}}(\mathrm{d}x),z\in\mathscr{L}$$

的函数 $\varphi(z)$ 的存在性是有限维分布族 $\{\mu_{\mathscr{L}}\}$ 相容性的充分必要条件. 我们证明这一点. 设族 $\{\mu_{\mathscr{L}}\}$ 满足(3)，令

$$\varphi_{\mathscr{L}}(z)=\int \mathrm{e}^{\mathrm{i}(z,x)}\mu_{\mathscr{L}}(\mathrm{d}x),z\in\mathscr{L}$$

如果 $\mathscr{L}\subset\mathscr{L}'$ 且 $z\in\mathscr{L}$，则由条件(3)有

$$\varphi_{\mathscr{L}'}(z)=\int \mathrm{e}^{\mathrm{i}(z,x)}\mu_{\mathscr{L}'}(\mathrm{d}x)=\int \mathrm{e}^{\mathrm{i}(P_{\mathscr{L}}z,x)}\mu_{\mathscr{L}'}(\mathrm{d}x)=$$

$$\int \mathrm{e}^{\mathrm{i}(z,P_{\mathscr{L}}x)}\mu_{\mathscr{L}'}(\mathrm{d}x)=\int \mathrm{e}^{\mathrm{i}(z,x)}\mu_{\mathscr{L}}(z)=\varphi_{\mathscr{L}}(z)$$

令 $\varphi(z)=\varphi_{\mathscr{L}_z}(z)$，其中 $\mathscr{L}_z$ 是 z 产生的一维子空间. 因为对 $z\in\mathscr{L}$及 $\mathscr{L}_z\subset\mathscr{L}$，我们有 $\varphi_{\mathscr{L}}(z)=\varphi_{\mathscr{L}_z}(z)=\varphi(z)$. 反之，如果 $\varphi(z)$ 是这样一个函数，使得对 $z\in\mathscr{L}$，$\varphi(z)=\varphi_{\mathscr{L}}(z)$，则对 $\mathscr{L}\subset\mathscr{L}'$ 以及 $z\in\mathscr{L}$，我们有关系式

$$\int \mathrm{e}^{\mathrm{i}(z,x)}\mu_{\mathscr{L}}(\mathrm{d}x)=\int \mathrm{e}^{\mathrm{i}(z,x)}\mu_{\mathscr{L}'}(\mathrm{d}x)=\int \mathrm{e}^{\mathrm{i}(z,P_{\mathscr{L}}x)}\mu_{\mathscr{L}'}(\mathrm{d}x)=\int \mathrm{e}^{\mathrm{i}(z,x)}\mu_{\mathscr{L}'}(P_{\mathscr{L}}^{-1}\mathrm{d}x)$$

从而我们得到测度 $\mu_{\mathscr{L}}(\mathrm{d}x)$ 与 $\mu_{\mathscr{L}'}(P_{\mathscr{L}}^{-1}\mathrm{d}x)$ 相同(由于它们的特征泛函相同)，所以条件(3)满足.

矩的形式　在$(\mathscr{X},\mathfrak{B})$上测度$\mu$的一个重要特性是这个测度的矩的形式，在下式右边的积分对所有在$\mathscr{X}$中选取的$z_1,\cdots,z_k$是确定(且有限)的条件下，测度μ 的 k 次矩的形式由关系式

$$m_k(z_1,\cdots,z_k)=\int(x,z_1)\cdots(x,z_k)\mu(\mathrm{d}x)$$

定义. 显然,k 次矩的形式存在的必要充分条件为对所有 z 满足

$$\int|(x,z)|^k\mu(\mathrm{d}x)<\infty \tag{4}$$

函数 $m_k(z_1,\cdots,z_k)$ 是它的变元的对称函数,此外,对于每一个变元,它是连续的并且是齐次的. 我们证明,k 次矩形式(在它确定的条件下)是连续对称 k 线性形. 为此,只须证

$$\sup_{|z|\leqslant 1}\int|(z,x)|^k\mu(\mathrm{d}x)<\infty \tag{5}$$

我们引入函数

$$m_n(z)=\int\frac{n|(x,z)|^k}{n+|x|^k}\mu(\mathrm{d}x),m(z)=\int|(x,z)|^k\mu(\mathrm{d}x)$$

函数 $m_n(z)$ 关于 z 弱连续且对所有 z,当 $n\to\infty$ 时 $m_n(z)\uparrow m(z)$. 令

$$K_{n,l}=\{z:m_n(z)\geqslant l\}\cap\{z:|z|\leqslant 1\}$$

集合 $K_{n,l}$ 弱闭且弱紧(因为它有界). 为证(5),只须证明对某个 l 有 $K^l=\bigcap\limits_n K_{n,l}$ 是空集(则 $\sup\limits_{|z|\leqslant 1}m(z)\leqslant l$). 集 K^l 同样是弱闭且弱紧. 如果所有 K^l 不空,则 $\bigcap\limits_l K^l$ 同样不空. 但对 $z\in\bigcap\limits_l K^l,m_n(z)\to\infty$ 是不可能的,这就证明了我们的断言①.

前两个矩的形式常常更为有用. 如果 $m_1(z)$ 是确定的,则它是 z 的连续性泛函,因此,在 $\mathscr{X}$ 中存在这样的 a,使得

$$\int(x,z)\mu(\mathrm{d}x)=m_1(z)=(a,z)$$

这个 a 称为测度 μ 的平均值. 如果 $m_2(z_1,z_2)$ 是确定的(此时 $m_1(z)$ 也是确定的),则表示式

$$m_2(z_1,z_2)-m_1(z_1)m_1(z_2)$$

是连续对称双线性泛函. 因此,存在这样一个对称的有界线性算子 B,使得

$$m_2(z_1,z_2)-m_1(z_1)m_1(z_2)=(Bz_1,z_2)$$

---

① 本段中关于 $m(z)$ 有界性的证明在本书的英译本(1979 年)第三卷的附录中作了如下改进:因为 $m_n(z)\uparrow m(z)$ 并且 $m_n(z)$ 连续,因此 $m(z)$ 下连续. 此外,根据 Minkowski 不等式

$$[m(z_1+z_2)]^{1/k}=[\int|(x,z_1+z_2)|^k\mu(\mathrm{d}x)]^{\frac{1}{k}}\leqslant$$
$$[\int|(x,z_1)|^k\mu(\mathrm{d}x)]^{\frac{1}{k}}+[\int|(x,z_2)|^k\mu(\mathrm{d}x)]^{\frac{1}{k}}\leqslant$$
$$[m(z_1)]^{\frac{1}{k}}+[m(z_2)]^{\frac{1}{k}}$$

所以$[m(z)]^{1/k}$ 是半可加的下连续函数,因此根据 Гельфанд 定理(例如参见 Кантороввч, Л. В. и Акнлов, Г. П. Функциональный анализ внормированных пространствах, Фнзматгиз, 1959, 第 233 页) 存在常数 M 使得$[m(z)]^{1/k}\leqslant M|z|$. —— 译者注

这个算子称为测度 μ 的相关算子，由式

$$0 \leqslant \int (x-a,z)^2 \mu(\mathrm{d}x) = \int (x,z)^2 \mu(\mathrm{d}x) - (a,z)^2 =$$

$$m_2(z,z) - (m_1(z))^2 = (Bz,z)$$

得到，B 是非负算子.

我们指出相关算子的一个重要性质. 我们记得，对称非负算子 B 称为核算子，如果它是完全连续且它的特征值的级数 $\sum \lambda_k$ 收敛(在和式中的每一值出现的次数与它的重数相同). 如果在空间 $\mathscr{X}$ 的某一规范正交基底 $\{e_k\}$ 中级数 $\sum (Be_k, e_k)$ 是收敛的，则对称非负算子 B 是核算子，这时，这个级数对于基底的任一选取是收敛的并且它的和不依赖于基底的选取. 这个和称为算子的迹并且用 $\mathrm{Sp}\, B$ 表示.

引理 测度 μ 的相关算子 B 是核算子的充分必要条件为满足下述条件

$$\int |\chi|^2 \mu(\mathrm{d}x) < \infty$$

此时

$$\mathrm{Sp}\, B = \int |x|^2 \mu(\mathrm{d}x) - |a|^2$$

其中 a 是 μ 的平均值.

这引理的证明是从对任意选取 $e_1, \cdots, e_n$ 等式

$$\sum_{k=1}^{n} (Be_k, e_k) = \int \sum_{k=1}^{n} (x, e_k)^2 \mu(\mathrm{d}x) - \sum_{k=1}^{n} (a, e_k)^2$$

成立这一事实得到. 从规范正交基底中取一个且当 $n \to \infty$ 求极限(由于序列 $\sum_{k=1}^{n} (x, e_k)^2$ 关于 n 的单调性得到积分号下求极限的可能性)，我们得到引理的断言.

Минлос-Сазонов 定理 正如在前面叙述的，在可测 Hilbert 空间 $(\mathscr{X}, \mathfrak{B})$ 上的测度 μ 可由它的有限维投影或特征泛函确定. 此时表明这两个方法没有重大的区别.

设有相容的有限维分布族 $\{\mu_{\mathscr{L}}\}$. 在什么样的条件下存在一个 $(\mathscr{X}, \mathfrak{B})$ 上的测度 μ，使得 $\{\mu_{\mathscr{L}}\}$ 是它的投影？因为 $\mu_{\mathscr{L}}$ 使我们能够构造一个泛函 $\varphi(z)$，对 $z \in \mathscr{L}$，它与测度 $\mu_{\mathscr{L}}$ 的特征泛函相同，因而前面的问题化为如下一个问题：在什么条件下 $\varphi(z)$ 是 $(\mathscr{X}, \mathfrak{B})$ 上的某一测度 μ 的特征泛函. 关于后一问题的答案由 Минлос-Сазонов 定理给出.

定理 1 为使对 $z \in \mathscr{X}$ 定义的复值连续正定函数 $\varphi(z)$ 是 $(\mathscr{X}, \mathfrak{B})$ 上的某一测度 μ 的特征泛函，必须且只须对任一 $\varepsilon > 0$，找到这样一个核算子 A_ε，使得当 $(A_\varepsilon z, z) \leqslant 1$ 时 $\mathrm{Re}(\varphi(0) - \varphi(z)) < \varepsilon$.

证　必要性. 设 $\varphi(z)$ 是测度 μ 的特征算子. 则

$$\operatorname{Re}(\varphi(0)-\varphi(z))=\int(1-\cos(z,x))\mu(\mathrm{d}x)\leqslant$$

$$\int_{|x|\leqslant c}2\sin^2\frac{(x,z)}{2}\mu(\mathrm{d}x)+2\int_{|x|>c}\mu(\mathrm{d}x)\leqslant$$

$$\frac{1}{2}\int_{|x|\leqslant c}(x,z)^2\mu(\mathrm{d}x)+2\mu(\{x:|x|>c\})$$

对每一 c, $\int_{|x|\leqslant c}(x,z)^2\mu(\mathrm{d}x)$ 是一个关于 z 的二次泛函, 且可以表为 $(B_c z,z)$, 其中的 B_c 因为

$$\int_{|x|\leqslant c}|x|^2\mu(\mathrm{d}x)\leqslant\mu(\mathfrak{X})c^2$$

且根据已证明的引理知, 它是核算子. 选择 c 使得满足不等式 $\mu(\{x:|x|>c\})<\varepsilon/4$. 取 $A_\varepsilon=\frac{1}{\varepsilon}B_c$, 则当 $(A_\varepsilon z,z)\leqslant 1$ 时, 有

$$\operatorname{Re}(\varphi(0)-\varphi(z))<\frac{\varepsilon}{2}+\frac{1}{2}(B_c z,z)=\frac{\varepsilon}{2}+\frac{\varepsilon}{2}(A_\varepsilon z,z)\leqslant\varepsilon$$

定理条件的必要性证毕.

充分性. 设 $\{\mu_{\mathscr{L}}\}$ 是根据 $\varphi(z)$ 构造的相容的有限维分布族. 由 §3 的定理及这一定理的注得到, 只须证明对任意 $\varepsilon>0$ 存在这样一个 N, 使得对一切有限维子空间 $\mathscr{L}$ 满足不等式

$$\mu_{\mathscr{L}}(\{x:|x|>N\})<\varepsilon \tag{6}$$

事实上, 此时可取函数 $|P_{\mathscr{L}_n}x|$ 作为在 §3 中的注所出现的函数 $h_n(x)$, 其中 $\mathscr{L}_n$ 是递增的有限维子空间序列, $\bigcup\mathscr{L}_n$ 在 $\mathscr{X}$ 中稠密, 且 $P_{\mathscr{L}}$ 是 $\mathscr{L}_n$ 上的投影算子.

为证明式(6), 我们利用 Чебышев 不等式, 据此有

$$\mu_{\mathscr{L}}(\{x:|x|>N\})\leqslant(1-\mathrm{e}^{-\frac{\lambda N^2}{2}})^{-1}\int_{\mathscr{L}}(1-\mathrm{e}^{-\frac{\lambda}{2}|x|^2})\mu_{\mathscr{L}}(\mathrm{d}x)=$$

$$(1-\mathrm{e}^{-\frac{\lambda N^2}{2}})^{-1}\int(2\pi\lambda)^{-\frac{r_{\mathscr{L}}}{2}}\int_{\mathscr{L}}(1-\mathrm{e}^{\mathrm{i}(x,z)})\mathrm{e}^{-(\frac{1}{2\lambda})|z|^2}m_{\mathscr{L}}(\mathrm{d}z)\mu(\mathrm{d}x)$$

其中 $m_{\mathscr{L}}(\mathrm{d}z)$ 是 $\mathscr{L}$ 上的 Lebesgue 测度, $r_{\mathscr{L}}$ 是 $\mathscr{L}$ 的维数, 交换积分次序得

$$(1-\mathrm{e}^{-\frac{\lambda N^2}{2}})\mu_{\mathscr{L}}(\{x:|x|>N\})\leqslant$$

$$(2\pi\lambda)^{-\frac{r_{\mathscr{L}}}{2}}\int_{\mathscr{L}}(\varphi(0)-\varphi(x))\mathrm{e}^{-(\frac{1}{2}\lambda)|z|^2}m_{\mathscr{L}}(\mathrm{d}z)$$

其次选取一个核算子 A 使得 $(Az,z)\leqslant 1$ 时 $\operatorname{Re}(\varphi(0)-\varphi(z))\leqslant\frac{\varepsilon}{2}$. 故

$$(1-\mathrm{e}^{-\frac{\lambda N^2}{2}})\mu_{\mathscr{L}}(\{x:|x|>N\})\leqslant\frac{\varepsilon}{2}+(2\pi\lambda)^{-\frac{r_{\mathscr{L}}}{2}}\int_{(Az,z)>1}2\mathrm{e}^{-\frac{1}{2\lambda|z|^2}}m_{\mathscr{L}}(\mathrm{d}z)\leqslant$$

$$\frac{\varepsilon}{2}+2(2\pi\lambda)^{\frac{r_{\mathscr{L}}}{2}}\int(Az,z)\mathrm{e}^{-(\frac{1}{2\lambda})|z|^2}m_{\mathscr{L}}(\mathrm{d}z)\leqslant$$

$$\frac{\varepsilon}{2}+2\lambda \mathrm{Sp}\, A$$

因为

$$(2\pi\lambda)^{-\frac{r_{\mathscr{L}}}{2}}\int (Az,z)\mathrm{e}^{-(\frac{1}{2}\lambda)|z|^2}m_{\mathscr{L}}(\mathrm{d}z)=$$

$$\sum_{i,j}^{r_{\mathscr{L}}}(2\pi\lambda)^{-\frac{r_{\mathscr{L}}}{2}}\int (Ae_i,e_j)(z,e_i)(z,e_j)\prod_{1}^{r_{\mathscr{L}}}\mathrm{e}^{-\frac{(z,e_i)^2}{2\lambda}}m_{\mathscr{L}}(\mathrm{d}z)=$$

$$\sum_{i=1}^{r_{\mathscr{L}}}(Ae_i,e_i)\frac{1}{\sqrt{2\pi\lambda}}\int t^2\mathrm{e}^{-\frac{t^2}{2\lambda}}\mathrm{d}t=\lambda\sum_{i=1}^{r_{\mathscr{L}}}(Ae_i,e_i)\leqslant \lambda \mathrm{Sp}\, A$$

所以

$$\mu_{\mathscr{L}}\{x:|x|>N\}\leqslant\left(\frac{\varepsilon}{2}+2\lambda \mathrm{Sp}\, A\right)(1-\mathrm{e}^{-\lambda N^2/2})^{-1}\tag{7}$$

显然,可以选取 λ 及 N,使得(7) 的右边小于 ε. 定理证毕.

Hilbert空间中的广义测度 在§3中叙述过,对给定在 $\mathscr{X}^*$ (线性空间 $\mathscr{X}$ 的共轭空间)上的每一个正定函数 $\varphi(x^*)$ 可以构造一个空间 $\mathscr{X}$ 的扩张 $\tilde{\mathscr{X}}$ 及 $\tilde{\mathscr{X}}$ 上的测度 μ,使得 $\varphi(x^*)$ 成为这一测度的特征泛函. 令 $\varphi(z)$ 是某一给定在 Hilbert 空间 $\mathscr{X}$ 上的正定函数. 应用前述结果,可以构造空间 $\mathscr{X}$ 的扩张以及这个扩张上的测度,使得 $\varphi(z)$ 是这个测度的特征泛函. 然而,在§3叙述过程中得到的是一个太广泛的空间 $\tilde{\mathscr{X}}$. 当 $\mathscr{X}$ 是 Hilbert 空间时,$\tilde{\mathscr{X}}$ 也可以构造为用某一依赖于 $\varphi(z)$ 连续性条件的内积使 $\mathscr{X}$ 完备化而获得的 Hilbert 空间. 我们现在将考虑这一由 ЮЛ. Далецкий 引入的构造方法.

设 B 是某一有界对称正线性算子,在 $\mathscr{X}$ 中我们引入新的内积

$$(x,y)_-=(Bx,y),\ |x|_-^2=(Bx,x)\tag{8}$$

一般说,空间 $\mathscr{X}$ 依这一内积产生的距离是不完备的. 用 $\mathscr{X}_-^B$ 表示依模 $|\cdot|_-$ 的 $\mathscr{X}$ 的完备化(它可以看做 $\mathscr{X}$ 的扩张). $\mathscr{X}$ 为 $\mathscr{X}_-^B$ 中的处处稠密集;如果 B^{-1} 是一有界算子,则 $\mathscr{X}_-^B$ 与 $\mathscr{X}$ 相一致. 用 $\mathscr{X}_+^B$ 表示由引入的内积为

$$(x,y)_+=(B^{-\frac{1}{2}}x,B^{-\frac{1}{2}}y)=(B^{-1}x,y)\tag{9}$$

的算子 $B^{-\frac{1}{2}}$(它在 $\mathscr{X}$ 中稠密)的定义域而得到的 Hilbert 空间. 式(9) 的第二个等式须要作些解释. 我们注意到,对任一 $x\in\mathscr{X}_+^B$,在 $\mathscr{X}$ 上对 z 定义的内积 (x,z) 可以依 $\mathscr{X}_-^B$ 的距离的连续性扩张到整个 $\mathscr{X}_-^B$ 上. 事实上,令 $x=B^{\frac{1}{2}}x_0$, $x_0\in\mathscr{X}$. 则

$$|(x,z_n-z_m)|=|(B^{\frac{1}{2}}x_0,z_n-z_m)|=|(x_0,B^{\frac{1}{2}}(z_n-z_m))|\leqslant$$
$$|x_0|(B^{\frac{1}{2}}(z_n-z_m),B^{\frac{1}{2}}(z_n-z_m))^{\frac{1}{2}}=|x_0||z_n-z_m|_-$$

因此在 $\mathscr{X}$ 上的线性泛函 (x,z) 依 $\mathscr{X}_-^B$ 中的距离是连续的,这就表示它可以依连续性(对 z)扩张到 $\mathscr{X}_-^B$ 上. 今后对 (x,z) $(x\in\mathscr{X}_+^B, z\in\mathscr{X}_-^B)$,我们都理解为这一扩张. 因为

$$|Bx|_-=\sqrt{(Bx,Bx)_-}=\sqrt{(B^2x,Bx)}=\sqrt{(B^2B^{\frac{1}{2}}x,B^{\frac{1}{2}}x)}\leqslant$$
$$\sqrt{\|B^2\|(B^{\frac{1}{2}}x,B^{\frac{1}{2}}x)}\leqslant\|B\|\ |x|_-$$

算子 B 同样可以依连续性扩张到 $\mathscr{X}_-^B$ 上. 下面我们将认为 B 是扩张到 $\mathscr{X}_-^B$ 上的，这时满足如下关系

$$B^{\frac{1}{2}}\mathscr{X}_-^B=\mathscr{X},B^{\frac{1}{2}}\mathscr{X}=\mathscr{X}_+^B,B\mathscr{X}_-^B=\mathscr{X}_+^B$$

第三个等式是前两个等式的推论，第二个等式可从 $\mathscr{X}_+^B$ 的定义得到. 现在我们证明第一个等式. 将 z 是 $\mathscr{X}_-^B$ 中的任一元素，$z_n\in\mathscr{X}$ 且 $|z_n-z|_-\to 0$，这意味着

$$(B(z_n-z_m),z_n-z_m)=|B^{\frac{1}{2}}z_n-B^{\frac{1}{3}}z_m|^2\to 0\quad(n,m\to\infty)$$

但 $B^{1/2}z_n\in\mathscr{X}$，因此亦有 $B^{1/2}z\in\mathscr{X}$. 我们回到式(9). 根据前面所述，对 $x\in\mathscr{X}_+^B$，$B^{-1}x$ 是被定义了的，且属于 $\mathscr{X}_-^B$；因为 $y\in\mathscr{X}_+^B$，故 $(B^{-1}x,y)$ 也是确定的.

现设在 $\mathscr{X}_-^B$ 上定义了某一测度 μ. 根据这个测度，可以构造一个对 $z\in\mathscr{X}_-^B$ 定义的特征泛函 $\varphi_-(z)=\int e^{i(x,z)_-}\mu(dx)$. 因为 $(x,z)_-=(Bz,x)$ 且 $Bz\in\mathscr{X}_+^B$，故测度 μ 在 $\mathscr{X}_-^B$ 上也可以借助于特征泛函 $\varphi(z)=\int e^{i(z,x)}\mu(dx)$ 确定，其中 $z\in\mathscr{X}_+^B$. 我们注意到

$$\varphi_-(z)=\varphi(Bz),\varphi(z)=\varphi_-(B^{-1}z)$$

从定理 1 得到，$\varphi(z)$ 是 $\mathscr{X}^B$ 上的测度的特征泛函的充分必要条件为，对任一 $\varepsilon>0$，在 $\mathscr{X}_-^B$ 上存在这样一个核算子 S，使得当 $(Sz,z)_-\leqslant 1$ 时，有 $\mathrm{Re}(\varphi_-(0)-\varphi_-(z))\leqslant\varepsilon$. 利用这一结果，构造一个 $\mathscr{X}$ 的扩张，使得给定的正定函数 $\varphi(z)$ 是这一扩张下的特征泛函.

定理 2 设 $\varphi(z)$ 是一给定在 $\mathscr{X}$ 上的连续正定泛函，则对任一核算子 B，$\varphi(z)$ 是 $\mathscr{X}_-^B$ 上某一测度的特征函数.

证 由 $\varphi(z)$ 的连续性得到，对任意 $\varepsilon>0$，可以找到这样一个 $\delta>0$ 使得如果 $(z,z)\leqslant\delta$ 时，$\mathrm{Re}(\varphi(0)-\varphi(z))\leqslant\varepsilon$. 这时，对 $z\in\mathscr{X}_-^B$，如果 $(Bz,Bz)\leqslant\delta$ 时，$\mathrm{Re}(\varphi(0)-\varphi(Bz))\leqslant\varepsilon$. 即如果 $\left(\frac{1}{\delta}Bz,z\right)\leqslant 1$ 时，有 $\mathrm{Re}(\varphi_-(0)-\varphi_-(z))\leqslant\varepsilon$.

我们证明，定义在 $\mathscr{X}_-^B$ 上的算子 $\frac{1}{\delta}B$ 是一核算子. 为此只须证明算子 B 是这样一个算子，但：

1) $(Bx,y)_-=(B^2x,y)=(Bx,By)=(x,By)_-$；

2) $(Bx,x)_-=(Bx,Bx)\geqslant 0$；

最后我们证明

3) $\mathrm{Sp}_-B=\sum_{k=1}^{\infty}(Be_k,e_k)_-<\infty$.

其中$\{e_k\}$是$\mathscr{X}_-^B$中某一规范正交基底，事实上，设$e_k = f_k / \sqrt{\lambda_k}$，其中$\{f_k\}$是由$\mathscr{X}$中算子$B$的特征向量组成的基底，$\lambda_k = (Bf_k, f_k)$，$(f_k, f_k) = 1$. 则

$$\mathrm{Sp}_-(B) = \sum_{k=1}^{\infty}(B^2 e_k, e_k) = \sum_{k=1}^{\infty}\frac{(B^2 f_k, f_k)}{\lambda_k} = \sum_{k=1}^{\infty}\lambda_k = \mathrm{Sp}\ B$$

定理证毕.

注 1 设正定函数$\varphi(z)$满足如下条件：对任意$\varepsilon > 0$存在这样的$\delta > 0$，使得当$(Vz, z) < \delta$时$\mathrm{Re}(\varphi(0) - \varphi(z)) < \varepsilon$. 其中$V$是有界对称的正算子，我们考虑空间$\mathscr{X}_-^S$，其中$S$是某一与$V$可交换的对称正算子. 我们现在寻找在$\mathscr{X}_-^S$中存在一个具有特征泛函$\varphi(z)$的测度而须要加在$S$上的条件，因为当$(VSz, Sz) = (VSz, z)_- < \delta$且$\mathrm{Sp}_- VS = \mathrm{Sp}\ VS$时

$$\mathrm{Re}(\varphi_-(0) - \varphi_-(z)) = \mathrm{Re}(\varphi(0) - \varphi(Sz))$$

故如果$\mathrm{Sp}\ VS < \infty$，则这样的测度存在. 这一结果对于$\varphi(z)$定义在$\mathscr{X}$中稠密的线性流形上且V是无界算子时也是正确的.

对某S，定义在$\mathscr{X}_-^S$上的、其特征泛函依$\mathscr{X}$中的内积是定义在$\mathscr{X}$处处稠密集上的测度称为$\mathscr{X}$上的广义测度. 定理2表明，根据定义在$\mathscr{X}$中的特征泛函构造的测度是不唯一的. 设$\mathscr{X}'$与$\mathscr{X}''$是空间$\mathscr{X}$的两个扩张，在它们中定义了对应于用同一特征泛函$\varphi(z)$的测度μ'与μ''，则可以找到这样一个扩张$\mathscr{X}'''$，它包含在扩张$\mathscr{X}'$与$\mathscr{X}''$中的每一个内，并且$\mu'(\mu' - \mathscr{X}''') = 0$；$\mu''(\mathscr{X}'' - \mathscr{X}''') = 0$且在$\mathscr{X}'''$上$\mu'$与$\mu''$相同，这个扩张$\mathscr{X}'''$容易构造如下：如果

$$\mathscr{X}' = \mathscr{X}_-^{S_1},\ \mathscr{X}'' = \mathscr{X}_-^{S_2}，则\mathscr{X}''' = \mathscr{X}^{S_1 + S_2}$$

因此，在一定的意义下构造的广义测度是唯一的.

用空间$\mathscr{X}_-^B$能以更方便的形式表述定理1的条件.

注 2 为满足定理1的条件，必须且只须存在这样一个核算子B，使得$\varphi(z)$依$\mathscr{X}_-^B$中的距离是连续的，因此可以扩张到$\mathscr{X}_-^B$上. 事实上，如果$\varphi(z)$依$\mathscr{X}_-^B$中距离是连续的，则对任一$\varepsilon > 0$可找到这样的$\delta > 0$，使得当$|z|_- \leqslant \delta$时，即当$\left(\frac{1}{\delta}Bz, z\right) \leqslant 1$时，$\mathrm{Re}(\varphi(0) - \varphi(z)) \leqslant \varepsilon$，其中$\frac{1}{\delta}B$是核算子.

反之我们证明，由定理1的条件得到算子B的存在. 我们取序列$\varepsilon_n \downarrow 0$且设算子$A_n$对$\varepsilon = \varepsilon_n$满足定理1的条件. 设$c_n$是这样一串序列($c_n \downarrow 0$)，使得

$$\sum_{n=1}^{\infty} c_n \mathrm{Sp}\ A_n < \infty$$

则算子$B = \sum_{n=1}^{\infty} c_n A_n$是所要求的核算子. 事实上，对任一$\varepsilon > 0$可以找到这样的$n$，使得$\varepsilon_n < \varepsilon$. 则当$(Bz, z) < c_n$时有$(A_n z, z) < 1$，且因此

$$\mathrm{Re}(\varphi(0) - \varphi(z)) \leqslant \varepsilon_n \leqslant \varepsilon$$

其次

$$|\varphi(z_1)-\varphi(z_2)|\leqslant\int|e^{i(z_1,x)}-e^{i(z_2,x)}|\mu(dx)\leqslant$$
$$\left(\int|e^{i(z_1-z_2,x)}-1|^2\mu(dx)\right)^{1/2}=$$
$$\sqrt{2\mathrm{Re}(\varphi(0)-\varphi(z_1-z_2))}$$

从这个不等式得到，当$(B(z_1-z_2),z_1-z_2)\to 0$时

$$|\varphi(z_1)-\varphi(z_2)|\to 0$$

特别由后一注释得出，连续且正定的函数 $e^{-|z|^2}$ 不是$\mathscr{X}$上的测度的特征泛函，因为它不可能依连续性扩张到具有核算子 B 的 $\mathscr{X}_-^B$ 上.

§6 Hilbert 空间中的 Gauss 测度

令 μ 是可测 Hilbert 空间$(\mathscr{X},\mathfrak{B})$上的概率测度，则$(\mathscr{X},\mathfrak{B},\mu)$是概率空间且任一$\mathfrak{B}$可测函数 $g(x)$ 是一个在这空间上的随机变量. 如果任一连续线性泛函 $l_z(x)=(z,x)$ 是一正态分布随机变量，则测度 μ 称为 Gauss 测度. 令

$$\alpha_z=E(z,x)=\int(z,x)\mu(dx)$$
$$\beta_z=E(z,x)^2-\alpha_z^2=\int(z,x)^2\mu(dx)-\alpha_z^2$$

因为(z,x)的分布是正态的，故这些变量对每一 z 是确定的，因此如在 §5 中对多线性的矩形式的研究中建立的，存在一个 a 与有界对称非负线性算子 B，使得

$$\alpha_z=(a,z),\beta_z=(Bz,z)$$

因为(z,x)具有正态分布，故

$$Ee^{i(z,x)}=\int e^{i(z,x)}\mu(dx)=\exp\left\{i(a,z)-\frac{1}{2}(Bz,z)\right\}$$

因此，对任一 Gauss 测度，存在均值 a 与相关算子 B，并且这个测度的特征泛函具有如下形式

$$\varphi(z)=\exp\left\{i(a,z)-\frac{1}{2}(Bz,z)\right\}\tag{1}$$

反之，如果测度 μ 的特征泛函具有形式(1)，则

$$\int e^{it(z,x)}\mu(dx)=\varphi(tz)=\exp\left\{it(a,z)-\frac{t^2}{2}(Bz,z)\right\}$$

并且因此变量(z,x)是一具有均值为(a,z)与方差为(Bz,z)的正态分布. 因此，测度 μ 是 Gauss 测度的充分必要条件为对于这个测度的特征泛函可以表示为(1)的形式.

由式(1) 得到,对每一有限集 $z_1,\cdots,z_n$,变量$(z_1,x),\cdots,(z_n,x)$ 的联合分布也是 Gauss 的. 事实上

$$E\exp\{\mathrm{i}\sum t_k(z_k,x)\}=\varphi(\sum t_k z_k)=\exp\left\{\mathrm{i}\sum t_k(a,z_k)-\frac{1}{2}\sum t_k t_j(Bz_k,z_j)\right\}$$

在式(1) 中的 a 与 B 任意到什么程度呢? 如果 B 是正定算子,则由(1) 定义的函数 $\varphi(z)$ 是正定的. 关于 a 与 B 的另一限制是由 Минлос-Сазонов 定理加上的. 设对给定的 $\varepsilon>0$, A 是这样一个核算子,使得

$$\mathrm{Re}(1-\varphi(z))<\varepsilon,\text{当}(Az,z)<1\text{时}$$

则当$(Az,z)<1$时成立不等式

$$\frac{1}{2}(Bz,z)<\exp\left\{\frac{1}{2}(Bz,z)\right\}-1<$$
$$\left[1-\exp\left\{-\frac{1}{2}(Bz,z)\right\}\right]\times$$
$$\left[1-\left(1-\exp\left\{-\frac{1}{2}(Bz,z)\right\}\right)\right]^{-1}<$$
$$\left[1-\exp\left\{-\frac{1}{2}(Bz,z)\right\}\cos(a,z)\right]\times$$
$$\left[1-\left(1-\exp\left\{-\frac{1}{2}(Bz,z)\right\}\cos(a,z)\right)\right]^{-1}<$$
$$\frac{\varepsilon}{1-\varepsilon}$$

(如果 $\varepsilon<1$,则 $\cos(a,z)>0$). 因此

$$(Bz,z)<\frac{2\varepsilon}{1-\varepsilon}(Az,z)$$

且

$$\mathrm{Sp}\ B<\frac{2\varepsilon}{1-\varepsilon}\mathrm{Sp}\ A$$

因此,使得式(1) 能确定$(\mathscr{X},\mathfrak{B})$ 上的测度的特征泛函,条件 $\mathrm{Sp}\ B<\infty$ 是必要的. 现在证明,这一条件也是充分的. 因为

$$|1-\varphi(z)|<\frac{1}{2}(Bz,z)+|(a,z)|$$

所以,如果$\frac{1}{\varepsilon}(Bz,z)+\frac{4}{\varepsilon^2}(a,z)^2<1$,则$|1-\varphi(z)|<\varepsilon$. 设

$$A_\varepsilon=\frac{1}{\varepsilon}B+\frac{4}{\varepsilon^2}P_a,\text{其中 }P_a z=(a,z)a$$

我们看到,因为

$$\mathrm{Sp}\ A_\varepsilon=\frac{1}{\varepsilon}\mathrm{Sp}\ B+\frac{4}{\varepsilon^2}|a|^2<\infty$$

因而满足 Минлос-Сазонов 定理的条件. 因此,得到如下结果.

定理1 测度μ是$(\mathscr{X},\mathfrak{B})$上的Gauss测度的充分必要条件为它的特征泛函$\varphi(z)$可表为式(1),其中$a$属于$\mathscr{X}$,而$B$是核算子. 在这情形下$a$是测度$\mu$的平均值,而$B$是它的相关算子.

从 §5 引理得到,对任一 Gauss 测度μ

$$\int |x|^2\mu(\mathrm{d}x) < \infty$$

令$e_1,e_2,\cdots$是算子B的特征向量的正交规范基底. 由于B是完全连续的,因而它存在. 如果λ_k是对应于e_k的特征值,则

$$(Be_i,e_j)=\lambda_i\delta_{ij}$$

因此随机变量$(x,e_k),k=1,\cdots,n$,具有联合特征函数.

$$Ee^{\mathrm{i}\Sigma t_k(x,e_k)}=\exp\left\{\mathrm{i}\sum t_k(a,e_k)-\frac{1}{2}\sum\lambda_k t_k^2\right\}$$

最后的式子说明$(x,e_k),k=1,\cdots,n$,是相互独立的. 如果$\lambda_k\neq 0$,则

$$\frac{(x-a,e_k)}{\sqrt{\lambda_k}}=\xi_k$$

是具有平均值为0,方差为1的正态分布. 把x看做概率空间$(\mathscr{X},\mathfrak{B},\mu)$上的随机元,它可以写为

$$x=a+\sum\sqrt{\lambda_k}\xi_k e_k \tag{2}$$

其中ξ_k为定义在$(\mathscr{X},\mathfrak{B},\mu)$上对所有$k$,使得$\lambda_k>0,E\xi_k=0,D\xi_k=1$的独立同分布的Gauss随机变量. 表示式(2)可以应用于各种不同的计算. 我们考虑式(2)的应用的一个例子. 计算$|x|^2$的Laplace变换. 因为

$$|x|^2=\sum\lambda_k\xi_k^2+2\sum\sqrt{\lambda_k}\alpha_k\xi_k+|a|^2,\text{其中 }\alpha_k=(a,e_k)$$

故

$$\int e^{s|x|^2}\mu(\mathrm{d}x)=e^{s|a|^2}\prod_{k=1}^{\infty}E\exp\{s\lambda_k\xi_k^2+2s\sqrt{\lambda_k}\alpha_k\xi_k\}=$$
$$e^{s|a|^2}\prod_{k=1}^{\infty}\int\frac{1}{\sqrt{2\pi}}e^{-\frac{1}{2}t^2+s\lambda_k t^2+2s\sqrt{\lambda_k}\alpha_k t}\,\mathrm{d}t=$$
$$e^{s|a|^2}\prod_{k=1}^{\infty}\frac{\exp\left\{\frac{2\lambda_k\alpha_k^2 s^2}{1-2\lambda_k s}\right\}}{\sqrt{1-2s\lambda_k}}$$

由于级数$\sum\lambda_k=\mathrm{Sp}\,B$收敛,故当$\mathrm{Re}\,s<\dfrac{1}{2\|B\|}$时,最后一个无穷乘积收敛.

得到的无穷乘积可以借助于算子

$$R_s(B)=(1-2sB)^{-1} \tag{3}$$

简单地表示,而借助于算子B的预解式,它是容易表示的.

事实上

$$\prod_{k=1}^{\infty}\frac{1}{\sqrt{1-2s\lambda_k}}=\exp\left\{-\frac{1}{2}\sum_{k=1}^{\infty}\ln(1-2s\lambda_k)\right\}=$$

$$\exp\left\{\int_0^s\sum_{k=1}^{\infty}\frac{\lambda_k\mathrm{d}t}{1-2t\lambda_k}\right\}=$$

$$\exp\left\{\int_0^s\mathrm{Sp}\,BR_t(B)\mathrm{d}t\right\}$$

$$\sum_{k=1}^{\infty}\frac{2\lambda_k\alpha_k^2}{1-2s\lambda_k}=2(BR_s(B)a,a)$$

因此，对所有 $s<\dfrac{1}{2\|B\|}$ 下面的公式是正确的

$$\int \mathrm{e}^{\mathrm{i}|x|^2}\mu(\mathrm{d}x)=\exp\left\{2s^2(BR_s(B)a,a)+\int_0^s\mathrm{Sp}\,BR_t(B)\mathrm{d}t+s\mid a\mid^2\right\}\qquad(4)$$

只要 V 是非负对称算子，这一公式也可以用来确定概率空间$(\mathscr{X},\mathfrak{B},\mu)$上$(Vx,x)$的 Laplace 变换. 设 $V=U^2$，其中 U 也是非负算子. 这时，$(Vx,x)=\mid Ux\mid^2$，其中Ux 是在概率空间$(\mathscr{X},\mathfrak{B},\mu)$上取值于$\mathscr{X}$的随机元. Ux 的特征泛函具有如下形式

$$\int \mathrm{e}^{\mathrm{i}(Ux,x)}\mu(\mathrm{d}x)=\int \mathrm{e}^{\mathrm{i}(x,Uz)}\mu(\mathrm{d}x)=\exp\left\{\mathrm{i}(Ua,z)-\frac{1}{2}(UBUz,z)\right\}$$

因此，Ux 为具有均值 Ua 与相关算子 UBU 的 Gauss 分布. 根据式(4)，因此有

$$\int \mathrm{e}^{s(Vx,x)}\mu(\mathrm{d}x)=\exp\{2s^2(UBUR_s(UBU)Ua,Ua)+$$

$$\left.\int_0^s\mathrm{Sp}\,UBUR_t(UBU)\mathrm{d}t+s\mid Ua\mid^2\right\}\qquad(5)$$

线性与二次泛函　令 μ 是$(\mathscr{X},\mathfrak{B})$上的Gauss测度. 每一个可表为连续线性泛函序列依测度 μ 的极限的可测函数 $g(x)$

$$g(x)=\lim_{n\to\infty}(x,z_n)$$

称为关于测度 μ 的可测线性泛函. 因为(x,z_n)，$n=1,2,\cdots$，具有联合 Gauss 分布，则由(x,z_n)依测度 μ 收敛于 $g(x)$ 得到，$g(x)$ 同样也是具有正态分布，并且(x,z_n)均方收敛于 $g(x)$ 因此

$$\lim_{n,m\to\infty}\int[(x,z_n)-(x,z_m)]^2\mu(\mathrm{d}x)=\lim_{n,m\to 0}[(a,z_n-z_m)^2+(B(z_n-z_m),z_n-z_m)]$$

令 $A=B+P_a$，其中 $P_az=(a,z)a$. 则 A 是一核算子. 我们引进内积$(x,y)_-=(Ax,y)$.

设 $\mathscr{X}_-^A$ 是在这一内积下 $\mathscr{X}$的完备化空间. 如果

$$\int[(z_n,x)-(z_m,x)]^2\mu(\mathrm{d}x)\to 0,\text{则}(z_n-z_m,z_n-z_m)_-\to 0$$

即序列 z_n 是 $\mathscr{X}_-^A$ 中的基本列. 自然规定 z_n 收敛于 $\mathscr{X}_-^A$ 中的元素与序列(x,z_n)依

测度μ收敛于函数$g(x)$相对应. 如果$\lim z_n = z^*$，则我们记$g(x)=(x,z^*)$. 容易看出，在可测线性泛函与$\mathscr{X}_-^A$之间的对应是互为单值的. 下面我们把线性泛函空间与$\mathscr{X}_-^A$看成是一样的. 可测线性泛函空间是具有内积$(x,y)_-$的 Hilbert 空间. 对每一组属于$\mathscr{X}_-^A$的$z_1^*,\cdots,z_n^*$，泛函$(x,z_1^*),\cdots,(x,z_n^*)$具有联合正态分布. 并且

$$E\exp\{\mathrm{i}\sum t_k(z_k^*,x)\}=\exp\left\{\mathrm{i}\sum_k t_k(z_k^*,a)-\frac{1}{2}\sum_{k,j}t_kt_j(Bz_k^*,z_j^*)\right\}$$

其中(z^*,a)定义为极限$\lim\limits_{n\to\infty}(z_n,a)$，$z_n\in\mathscr{X}$，在$\mathscr{X}_-^A$中$z_n\to z^*$，而$(Bz_k^*,z_j^*)$定义作为极限$\lim\limits_{n\to\infty}(Bz_k^n,z_j^n)$，在$\mathscr{X}_-^A$中$z_k^n\to z_k^*$，$z_j^n\to z_j^*$. 两个极限的存在性由以下不等式得到

$$(z_n-z_m,a)^2\leqslant(z_n-z_m,z_n-z_m)_-$$

$$(B(z_n-z_m),z_n-z_m)\leqslant(z_n-z_m,z_n-z_m)_-$$

因为每一$z^*\in\mathscr{X}_-^A$可以表为$B^{-1/2}z$，$z\in\mathscr{X}$，所以也可以用$(z,B^{-1/2}x)$代替(z^*,x)，其中$z\in\mathscr{X}$.

我们现在利用分解式(2)寻找可测线性泛函的表达式. 对任意z

$$(z,x)=(z,a)+\sum\xi_k\sqrt{\lambda_k}(e_k,z)$$

其中ξ_k是独立同分布且$E\xi_k=0$，$D\xi_k=1$的随机变量序列. 如果在均方意义下$(z_n,x)\to(z^*,x)$，则$(z_n,a)\to(z^*,a)$，且对那些使得$\lambda_k>0$的k，(z_n,e_k)的极限存在，其极限自然用(z^*,e_k)表示. 故

$$(z^*,x)=(z^*,a)+\sum\xi_k\sqrt{\lambda_k}(z^*,e_k) \tag{6}$$

反之，对任一数序列(z^*,e_k)，使得级数

$$\sum\lambda_k(z^*,e_k)^2 \text{ 与 } \sum(z^*,e_k)(a,e_k)=(z^*,a)$$

收敛，则式(6)确定一个可测线性泛函.

现在研究具有均值为0的、对测度μ可测的二次泛函. 我们将可测二次泛函与可测二次中心泛函加以区别.

在概率空间$(\mathscr{X},\mathfrak{B},\mu)$上的随机变量$g(x)$称为可测二次泛函，如果存在这样一个对称线性有界算子序列A_n，使得依测度μ

$$g(x)=\lim_{n\to\infty}(A_nx,x)$$

随机变量$g(x)$称为可测二次中心泛函，如果存在这样一个对称线性有界算子序列A_n及常数序列c_n，使得依测度μ

$$g(x)=\lim_{n\to\infty}[(A_nx,x)+c_n]$$

设算子B是非退化的(否则可考虑在算子B的值域的闭包上的测度). 其次，令$\alpha_{ik}^n=(A_ne_i,e_k)$，其中$e_k$是算子$B$的特征向量，利用分解式(2)，我们可写

$$(A_n x, x) = \sum_{i,k} \sqrt{\lambda_i \lambda_k} \alpha_{ik}^n \xi_i \xi_k$$

因为$\sqrt{\lambda_i \lambda_k} \alpha_{ik}^n = (B^{1/2} A_n B^{1/2} e_i, e_k)$，故形式上可把$(A_n x, x)$表为

$$(A_n x, x) = (B^{1/2} A_n B^{1/2} y, y)$$

其中 $y = \sum \xi_k e_k$ 是$\mathscr{X}$中的某一广义随机元，即随机元的分布是$\mathscr{X}$中的一个广义测度(参考 §5). 注意，对任一 $z \in \mathscr{X}$，内积

$$(z, y) = \sum \xi_k (z, c_k)$$

是确定的，这是因为 ξ_k 独立，$E\xi_k = 0$ 以及

$$D(z, e_k)\xi_k = (z, e_k)^2, \sum_{k=1}^{\infty} D(z, e_k)\xi_k = |z|^2$$

因此，如果 v 是元 y 的分布的广义测度，则它的特征泛函 $\varphi_v(z)$ 等于

$$\varphi_v(z) = e^{-\frac{1}{2}|z|^2}$$

设 $f_1, f_2, \cdots$ 是算子 $B^{1/2} A_n B^{1/2}$（它是完全连续的）的特征向量的规范正交基底. 则可设

$$y = \sum \eta_k \boldsymbol{f}_k$$

其中 $\eta_k = (y, f_k) = \sum_j (e_j, f_k) \xi_j$ 是概率空间$(\mathscr{X}, \mathfrak{B}, \mu)$上的随机变量序列，从关系式

$$e^{-\frac{1}{2}|z|^2} = E\exp\{i \sum \eta_k (z, f_k)\} = \exp\left\{-\frac{1}{2} \sum (z, f_k)^2\right\}$$

得到 η_k 也是具有 $E\eta_k = 0, D\eta_k = 1$ 的独立 Gauss 随机变量. 令 c_k^n 是算子 $B^{1/2} A_n B^{1/2}$ 对应于 f_k 的特征数，则

$$(A_n x, x) = \sum_k c_k^n \eta_k^2$$

引理 设对每一 n，给定一个具有 $E\eta_{nk} = 0, D\eta_{nk} = 1$ 的独立 Gauss 随机变量序列 η_{nk}. 如果存在常数 d_n，使得当 $n \to \infty$ 时，依概率$\sum c_k^n \eta_{nk}^2 + d_n \to 0$，则

$$\sum_k c_k^n + d_n \to 0 \text{ 且} \sum_k (c_k^n)^2 \to 0$$

证 首先注意，在引理假设下 $\sup |c_k^n| \to 0$，因为对每一 k

$$P\left\{\left|\sum_j c_j^n \eta_{nj}^2 + d_n\right| \leqslant \varepsilon\right\} \leqslant \sup_t P\{|c_k^n \eta_{nk}^2 + t| \leqslant \varepsilon\} =$$

$$P\left\{|\eta_{nk}| \leqslant \sqrt{\frac{\varepsilon}{|c_k^n|}}\right\} \leqslant$$

$$\frac{2}{\sqrt{2\pi}} \sqrt{\frac{\varepsilon}{|c_k^n|}}$$

因此对任一 $\varepsilon > 0$

$$\sup_k |c_k^n| \leqslant \frac{2}{\pi}\varepsilon\Big(P\Big\{\Big|\sum_j c_j^n \eta_{nj}^2 + d_n\Big| \leqslant \varepsilon\Big\}\Big)^{-2}$$

现在如果对指标 n 的某一序列满足不等式 $\sum_k (c_k^n)^2 > \delta$，则由中心极限定理知，随机变量 $\sum_k c_k^n \eta_{nk}^2$ 渐近正态，且对任一 $\varepsilon > 0$，我们有

$$1 = \varliminf_{n\to\infty} P\Big\{\Big|\sum_k c_k^n \eta_{nk}^2 + d_n\Big| \leqslant \varepsilon\Big\} \leqslant \varliminf_{n\to\infty} \sup_t P\Big\{\Big|\sum_k c_k^n \eta_{nk}^2 + t\Big| \leqslant \varepsilon\Big\} \leqslant \frac{2\varepsilon}{\sqrt{2\pi\delta}}$$

最后，利用关系式

$$\sum_{j=1} c_j^n \eta_{nj}^2 + d_n = \sum_{j=1} c_j^n (\eta_{nj}^2 - 1) + \sum_{j=1} c_j^n + d_n$$

以及

$$E\Big(\sum_{j=1} c_j^n (\eta_{nj}^2 - 1)\Big)^2 = 2\sum_{j=1} (c_j^n)^2 \to 0$$

得到 $\sum_{j=1} c_j^n + d_n \to 0$. 引理证毕.

由引理得，$(A_n x, x) + d_n$ 依测度收敛到某一极限蕴涵了 $(A_n x, x) + d_n$ 依均方收敛到同一个极限. 容易计算

$$\begin{aligned}\int [(A_n x, x) + d_n]^2 \mu(\mathrm{d}x) &= 2\sum_{j=1} (c_j^n)^2 + \Big(\sum_{j=1} c_j^n + d_n\Big)^2 = \\ &2\mathrm{Sp}\,(B^{\frac{1}{2}} A_n B A_n B^{\frac{1}{2}}) + \\ &(\mathrm{Sp}\,(B^{\frac{1}{2}} A_n B^{\frac{1}{2}}) + d_n)^2 = \\ &2\mathrm{Sp}\,(A_n B)^2 + (\mathrm{Sp}\, A_n B + d_n)^2 \end{aligned} \tag{7}$$

因此下面推论是正确的.

推论　为使对某一选择的 d_n 表示式 $(A_n x, x) + d_n$ 依测度 μ 存在极限，必要充分条件为

$$\lim_{n,m\to\infty} \mathrm{Sp}\,([A_n - A_m]B)^2 = 0$$

并且可选择 d_n 等于 $-\mathrm{Sp}\, A_n B$. 如果 $\lim_{n\to\infty} \mathrm{Sp}\, A_n B$ 存在，则 d_n 可取为 0.

我们利用这些结果寻找二次泛函的一般形式. 因为

$$(A_n x, x) = \sum_{k,j} \sqrt{\lambda_k} \alpha_{kj}^n \sqrt{\lambda_j} (\xi_k \xi_j - \delta_{kj}) + \sum_k \lambda_k \alpha_{kk}^n$$

$$\mathrm{Sp}\,([A_n - A_m]B)^2 = \sum_{k,j} (\sqrt{\lambda_k} \alpha_{kj}^n \sqrt{\lambda_j} - \sqrt{\lambda_k} \alpha_{kj}^m \sqrt{\lambda_j})^2$$

则当极限 $\lim_{n\to\infty} (A_n x, x) + d_n$ 依测度 μ 存在时，存在极限

$$\lim_{n\to\infty} \sqrt{\lambda_k} \alpha_{kj}^n \sqrt{\lambda_j} = \beta_{kj}, \quad \sum_{k,j} (\sqrt{\lambda_k} \alpha_{kj}^n \sqrt{\lambda_j} - \beta_{kj})^2 \to 0$$

并且

$$\lim_{n\to\infty} \sum_{k,j} \sqrt{\lambda_k} \alpha_{kj}^n \sqrt{\lambda_j} (\xi_k \xi_j - \delta_{kj}) = \sum_{k,j} \beta_{kj} (\xi_k \xi_j - \delta_{kj})$$

以后把由极限

$$\lim_{n\to\infty}[(A_n x, x) - \mathrm{Sp}\, A_n B]$$

表示的泛函称为中心二次泛函. 中心泛函的一般形式由公式

$$g(x) = \sum_{k,j} \beta_{kj} \left(\frac{(x, e_k)(x, e_j)}{\sqrt{\lambda_k \lambda_j}} - \delta_{kj} \right) \tag{8}$$

给出,其中 β_{kj} 是任意选择的数使得 $\sum_{k,j} \beta_{kj}^2 < \infty$. 如果为中心泛函增加任意常数,则得到可测二次泛函的一般形式. 中心泛函由任一泛函减去数学期望而得到.

平稳Gauss过程的线性与二次泛函 设 $\xi(t)$ 是实平稳Gauss过程,它的均值为0,相关函数为 $R(t)$ 与谱函数为 $F(\lambda)$

$$R(t) = \int e^{i\lambda t} dF(\lambda)$$

其次,假设 $y(\lambda)$ 为具有正交增量的复Gauss过程

$$\xi(t) = \int e^{i\lambda t} dy(\lambda)$$

我们将在区间 $[-T, T]$ 上考虑 $\xi(t)$. 则它对应一个在 $[-T, T]$ 上具有平方可积的实函数的Hilbert空间 $\mathscr{L}_2[-T, T]$ 上的概率测度. 为了寻找过程 $\xi(t)$ 的线性和二次泛函,我们应用前述的结果.

表示作为

$$\eta_n = \int_{-T}^{T} \xi(t) x_n(t) dt$$

的均方极限的任一随机变量 η 我们称为过程 $\xi(t)$ 的线性泛函. 其中 $x_n(t)$ 是定义在 $[-T, T]$ 上的连续函数序列. 现在寻找过程 $\xi(t)$ 的线性泛函的一般形式. 因为

$$\int_{-T}^{T} \int e^{i\lambda t} dy(\lambda) x_n(t) dt = \int \left[\int_{-T}^{T} e^{i\lambda t} x_n(t) dt \right] dy(\lambda)$$

故

$$E\eta_n^2 = \int |\varphi_n(\lambda)|^2 dF(\lambda)$$

其中

$$\varphi_n(\lambda) = \int_{-T}^{T} e^{i\lambda t} x_n(t) dt \tag{9}$$

用 $\mathscr{W}_T(F)$ 表示包含所有形如(9)的函数且依内积

$$(\varphi_1, \varphi_2) = \int \varphi_1(\lambda) \overline{\varphi_2(\lambda)} dF(\lambda)$$

完备化的Hilbert函数空间. 则由 η_n 收敛于某一极限得到,由等式(9)确定的函数 $\varphi_n(\lambda)$ 收敛于某一属于 $\mathscr{W}_T(F)$ 的极限 φ,并且

$$\eta = \int \varphi(\lambda) \mathrm{d}y(\lambda) \tag{10}$$

显然,当 $\varphi \in \mathscr{W}_T(F)$ 时,式(10) 给出在$[-T,T]$上过程 $\xi(t)$ 的一个泛函的一般形式. 关于过程 $\xi(t)$ 的中心二次泛函可以理解为变量

$$\zeta_n = \int_{-T}^{T} \int_{-T}^{T} g_n(t,s)[\xi(t)\xi(s) - R(t-s)] \mathrm{d}t\mathrm{d}s$$

均方极限的任一随机变量 ζ,其中 $g_n(t,s)$ 是对一切 $t,s \in [-T,T]$ 都有定义的连续实对称函数序列. 容易计算

$$E \mid \zeta_n \mid^2 = E\int_{-T}^{T}\int_{-T}^{T}\int_{-T}^{T}\int_{-T}^{T} g_n(t,s)g_n(u,v)\xi(t)\xi(s)\xi(u)\xi(v)\mathrm{d}t\mathrm{d}s\mathrm{d}u\mathrm{d}v =$$

$$\int_{-T}^{T}\int_{-T}^{T}\int_{-T}^{T}\int_{-T}^{T} g_n(t,s)g_n(u,v)R(t-s)R(u-v)\mathrm{d}t\mathrm{d}s\mathrm{d}u\mathrm{d}v =$$

$$2\iint \mid \varphi_n(\lambda,\mu) \mid^2 \mathrm{d}F(\lambda)\mathrm{d}F(\mu)$$

其中

$$\varphi_n(\lambda,\mu) = \int_{-T}^{T}\int_{-T}^{T} g_n(t,s) \mathrm{e}^{\mathrm{i}\lambda t - \mathrm{i}\mu s} \mathrm{d}t\mathrm{d}s \tag{11}$$

用 $\mathscr{W}_T^2(F)$ 表示包含所有形如(11) 的函数且对于内积

$$(\varphi_1,\varphi_2) = \iint \varphi_1(\lambda,\mu)\overline{\varphi_2(\lambda,\mu)}\mathrm{d}F(\lambda)\mathrm{d}F(\mu)$$

是完备的 Hilbert 函数空间. 这时如果变量 ζ_n 收敛于某一极限,则 φ_n 收敛于某一 $\mathscr{W}_T^2(F)$ 中的一个函数 φ. 为用 φ 表示变量 ζ,我们引入二重随机积分

$$\iint \varphi(\lambda,\mu)\mathrm{d}y(\lambda)\overline{\mathrm{d}y(\mu)} \tag{12}$$

我们把这个积分定义为根据具有正交值的随机测度的积分(参考第四章 §4). 设在 R^2 上测度 v 在长方形上由关系式

$$v([\lambda_1,\lambda_2]\times[\mu_1,\mu_2]) = y([\lambda_1,\lambda_2])\overline{y([\mu_1,\mu_2])} - F([\lambda_1,\lambda_2]\cap[\mu_1,\mu_2]) \tag{13}$$

来确定,其中

$$y([\lambda_1,\lambda_2]) = y(\lambda_2) - y(\lambda_1), F([\lambda_1,\lambda_2]) = F(\lambda_2) - F(\lambda_1)$$

测度 v 是具有正交值的测度,使得

$$E \mid v([\lambda_1,\lambda_2]\times[\mu_1,\mu_2]) \mid^2 = F([\lambda_1,\lambda_2])F([\mu_1,\mu_2])$$

因此对所有满足

$$\iint \mid \varphi(\lambda,\mu) \mid^2 \mathrm{d}F(\lambda)\mathrm{d}F(\mu) < \infty$$

特别地对于 $\varphi \in \mathscr{W}_T^2(F)$ 的 φ,积分

$$\iint \varphi(\lambda,\mu)\mathrm{d}y(\lambda)\overline{\mathrm{d}y(\mu)} = \iint \varphi(\lambda,\mu)v(\mathrm{d}\lambda\times\mathrm{d}\mu)$$

是确定的. 我们证明当 $\varphi \in \mathscr{W}_T^2(F)$ 时,积分(12) 给出中心二次泛函的一般形

式,为此只须验证

$$\int_{-T}^{T}\int_{-T}^{T} g_n(t,s)[\xi(t)\xi(s)-R(t-s)]\mathrm{d}t\mathrm{d}s=\iint \varphi_n(\lambda,\mu)\mathrm{d}y(\lambda)\overline{\mathrm{d}y(\mu)} \quad (14)$$

其中 φ_n 根据式(11) 与 g_n 有关. 设

$$g_n(t,s)=g(t)k(s),\tilde{g}(\lambda)=\int_{-T}^{T}\mathrm{e}^{i\lambda t}g(t)\mathrm{d}t \text{ 及 } \tilde{k}(\lambda)=\int_{-T}^{T}\mathrm{e}^{i\lambda t}k(t)\mathrm{d}t$$

则

$$\int_{-T}^{T}\int_{-T}^{T} g(t)k(s)[\xi(t)\xi(s)-R(t-s)]\mathrm{d}t\mathrm{d}s=$$

$$\int\tilde{g}(\lambda)\mathrm{d}y(\lambda)\int\overline{\tilde{k}(\mu)\mathrm{d}y(\mu)}-\int\tilde{g}(\lambda)\overline{\tilde{k}(\lambda)}\mathrm{d}F(\lambda)=$$

$$\iint\tilde{g}(\lambda)\overline{\tilde{k}(\mu)}\mathrm{d}y(\lambda)\overline{\mathrm{d}y(\mu)}$$

(最后等式的得到是由于对阶梯函数式(13) 是成立的,因此,它对所有连续函数是正确的.) 因此,(14) 对形如

$$\sum_j g_j(t)k_j(s)$$

的线性组合也是正确的,因而对所有 $g_n(t,s)$ 也是正确的.

从证明中得到下面公式:如果 $\varphi(\lambda,\mu)=\sum_k c_k\varphi_k(\lambda)\overline{\varphi_k(\mu)}$,则

$$\iint\varphi(\lambda,\mu)\mathrm{d}y(\lambda)\overline{\mathrm{d}y(\mu)}=\sum_k c_k\left(\left|\int\varphi_k(\lambda)\mathrm{d}y(\lambda)\right|^2-\int|\varphi_k(\lambda)|^2\mathrm{d}F(\lambda)\right) \quad (15)$$

这个公式在以后将被用到.

第六章 关于随机过程的极限定理

§1 距离空间中测度的弱收敛

设 $\mathscr{X}$ 是以 $\rho(x,y)$ 为距离的距离空间，$\mathfrak{B}$ 是它的 Borel 子集组成的 σ 代数，$\mathscr{C}_{\mathscr{X}}$ 是定义在 $\mathscr{X}$ 上有范数

$$\| f \|_{\mathscr{X}} = \sup_{\mathscr{X}} | f(x) |$$

的全体有界连续函数的空间. 定义在 $\mathfrak{B}$ 上的测度序列 μ_n 称为弱收敛于测度 μ，如果对 $\mathscr{C}_{\mathscr{X}}$ 中的每一个函数 f，满足

$$\lim_{n\to\infty}\int f(x)\mu_n(\mathrm{d}x) = \int f(x)\mu(\mathrm{d}x)$$

定义在 $\mathfrak{B}$ 上的测度 $\{\mu\}$ 的集合 M 称为弱紧的，如果 M 中的每一个序列 μ_n 均可选出弱收敛的子序列.

定理 1 设 $\mathscr{X}$ 是完备可分距离空间. 定义在 $\mathfrak{B}$ 上的测度集合 M 是弱紧的充分必要条件是：

a) $\sup\{\mu(\mathscr{X});\mu \in M\} < \infty$；

b) 对任意 $\varepsilon > 0$，存在紧集 K 使

$$\sup\{\mu(\mathscr{X}\setminus K):\mu \in M\} < \varepsilon$$

证　必要性. 从集合 M 的紧性得知,对每一有界连续函数 f,数集

$$\left\{\int f(x)\mu(\mathrm{d}x):\mu\in M\right\}$$

是紧的,因而它是有界的. 取 $f=1$ 就得到条件 a) 的必要性. 现证条件 b) 的必要性. 用 K_δ 表示满足 $\rho(x,K)<\delta$ 的 x 的集合,其中

$$\rho(x,K)=\inf_{y\in K}\rho(x,y)$$

我们证明,对任意 $\varepsilon>0$ 及 $\delta>0$ 可找到这样的紧集 K_δ,使

$$\mu(\mathscr{X}\setminus K_\delta)\leqslant\varepsilon$$

对所有 $\mu\in M$ 成立.

若不然,即对于给定的 $\varepsilon>0$ 和 $\delta>0$,这样的紧集不存在. 任取一测度 $\mu_1\in M$,并设 $K^{(1)}$ 是使得 $\mu_1(\mathscr{X}\setminus K^{(1)})<\varepsilon$ 的紧集. 由于

$$\sup_{\mu}\mu(\mathscr{X}\setminus K_\delta^{(1)})>\varepsilon$$

因此能找到测度 $\mu_2\in M$ 使得

$$\mu_2(\mathscr{X}\setminus K_\delta^{(1)})>\varepsilon$$

所以能找到紧集 $K^{(2)}\subset\mathscr{X}\setminus K_\delta^{(1)}$ 使得 $\mu_2(K^{(2)})>\varepsilon$. 由上述所作的假设

$$\sup_{\mu}\mu(\mathscr{X}\setminus K_\delta^{(1)}\setminus K_\delta^{(2)})=\sup_{\mu}(\mathscr{X}\setminus[K^{(1)}\cup K^{(2)}]_\delta)>\varepsilon$$

因此能找到测度 $\mu_3\in M$,使得

$$\mu_3(\mathscr{X}\setminus K_\delta^{(1)}\setminus K_\delta^{(2)})>\varepsilon$$

以及紧集

$$K^{(3)}\subset\mathscr{X}\setminus K_\delta^{(1)}\setminus K_\delta^{(2)}\text{ 使 }\mu_3(K^{(3)})>\varepsilon$$

继续这一程序,就构造了测度序列 μ_n 和紧集序列 $K^{(n)}$,使得

$$\mu_n(K^{(n)})>\varepsilon,K^{(n)}\subset\mathscr{X}\setminus K_\delta^{(1)}\setminus\cdots\setminus K_\delta^{(n-1)}$$

设

$$\chi_i(x)=\begin{cases}1-\dfrac{2}{\delta}\rho(x,K^{(i)}),\text{当 }x\in K_{\delta/2}^{(i)}\\0,\text{当 }x\overline{\in}K_{\delta/2}^{(i)}\end{cases}$$

由于每两个紧集 $K^{(n)}$ 和 $K^{(m)}$ 之间的距离大于 δ,所以

$$\chi_n(x)\chi_m(x)=0$$

因此,对每一 $x\in\mathscr{X}$,级数

$$g_p(x)=\sum_{i=p}^{\infty}\chi_i(x)$$

是收敛的,而且函数 $g_p(x)$ 连续且以 1 为界. 由于可从序列 μ_n 中选出弱收敛的子序列,所以不失一般性,可以认为 μ_n 本身收敛于某一测度 μ. 于是有

$$\lim_{n\to\infty}\int g_p(x)\mu_n(\mathrm{d}x)=\int g_p(x)\mu(\mathrm{d}x)$$

因为当 $n > p$ 时

$$\int g_p(x)\mu_n(\mathrm{d}x) \geqslant \int \chi_n(x)\mu_n(\mathrm{d}x) \geqslant \varepsilon$$

所以,对所有 p,不等式

$$\int g_p(x)\mu(\mathrm{d}x) \geqslant \varepsilon$$

成立.但此不等式是不可能成立的,因为对所有 x,当 $p \to \infty$ 时

$$g_p(x) \to 0, 0 \leqslant g_p(x) \leqslant 1$$

所以根据 Lebesgue 定理

$$\lim_{p\to\infty}\int g_p(x)\mu(\mathrm{d}x) = 0$$

这就证明了,对每个 $\varepsilon > 0, \delta > 0$,存在紧集 K 使

$$\mu(\mathscr{X} \setminus K_\delta) \leqslant \varepsilon$$

对一切 $\mu \in M$ 成立.对任意取定的 $\varepsilon > 0$,构造紧集 $K^{(r)}$,使得

$$\sup_\mu \mu(\mathscr{X} \setminus K^{(r)}_{1/2^r}) \leqslant \frac{\varepsilon}{2^r}$$

则

$$K = \bigcap_{r=1}^{\infty} K^{(r)}_{1/2^r}$$

是紧的,且

$$\mu(\mathscr{X} \setminus K) \leqslant \sum_{r=1}^{\infty} \mu(\mathscr{X} \setminus K^{(r)}_{1/2^r}) \leqslant \sum_{r=1}^{\infty} \varepsilon 2^{-r} = \varepsilon$$

条件 b) 的必要性得证.

充分性.设定理的条件被满足.由条件 b) 知,可构造紧集序列 $K^n, K^n \subset K^{n+1}$,使对一切 $\mu \in M$ 有

$$\mu(\bigcup_n K^n) = 1$$

和

$$\mu(\mathscr{X} \setminus K^n) \leqslant \varepsilon_n, \varepsilon_n \downarrow 0$$

设 F 是 $\mathscr{C}_{\mathscr{X}}$ 中的函数 f_n 组成的可数集合,使对所有 m,当 $\{f_n\}$ 限制在 K^m 上时,它是在 $\mathscr{C}_{K^m}$ 处处稠密的.由空间 $\mathscr{C}_{K^m}$ 的可分性和 $\mathscr{C}_{K^m}$ 中任一函数可扩张成 $\mathscr{C}_{\mathscr{X}}$ 中的函数可以得知,这样的可数集合是存在的.设 μ_n 是 M 中任一测度序列.选取序列 n_k 使对所有 $f \in F$ 存在极限

$$\lim_{k\to\infty}\int f(x)\mu_{n_k}(\mathrm{d}x) = L(f)$$

现来证明对一切 $\varphi \in \mathscr{C}_{\mathscr{X}}$ 这个极限存在.事实上,对满足

$$\| \varphi \|_{\mathscr{X}} \leqslant 1$$

的任意 φ 及 $\varepsilon > 0, \delta > 0$,可找到函数 $f \in F$ 使

$$\sup\{|f(x)-\varphi(x)|: x\in K^m\}\leqslant\delta$$
$$\mu(\mathscr{X}\setminus K^m)\leqslant\varepsilon \text{ 和 } \|f\|_{\mathscr{X}}\leqslant 1$$

由于

$$\left|\int f(x)\mu_{n_k}(\mathrm{d}x)-\int\varphi(x)\mu_{n_k}(\mathrm{d}x)\right|\leqslant\delta\sup_{\mu}\mu(\mathscr{X})+2\varepsilon$$

所以

$$\left|\overline{\lim_{k\to\infty}}\int\varphi(x)\mu_{n_k}(\mathrm{d}x)-\underline{\lim_{k\to\infty}}\int\varphi(x)\mu_{n_k}(\mathrm{d}x)\right|\leqslant\psi\varepsilon+2\delta\sup_{\mu}\mu(\mathscr{X})$$

由 $\varepsilon>0,\delta>0$ 的任意性，得

$$\overline{\lim_{k\to\infty}}\int\varphi(x)\mu_{n_k}(\mathrm{d}x)=\underline{\lim_{k\to\infty}}\int\varphi(x)\mu_{n_k}(\mathrm{d}x)=\lim_{k\to\infty}\int\varphi(x)\mu_{n_k}(\mathrm{d}x)$$

所以，对所有 $\varphi\in\mathscr{C}_{\mathscr{X}}$，极限

$$\lim_{k\to\infty}\int\varphi(x)\mu_{n_k}(\mathrm{d}x)$$

存在.

用 $L(\varphi)$ 来记这个极限. 显然，$L(\varphi)$ 满足第五章 §2 定理 1 的条件 1) 和 2). 其次，若当 $x\in K^m$ 时 $\varphi=0$，则

$$|L(\varphi)|=\left|\lim_{k\to\infty}\int\varphi(x)\mu_{n_k}(\mathrm{d}x)\right|\leqslant\|\varphi\|_{\mathscr{X}}\varepsilon_m$$

因此，该定理的条件 3) 也满足. 所以存在测度 μ 使

$$L(\varphi)=\int\varphi(x)\mu(\mathrm{d}x)$$

这就证明了定理条件的充分性.

注 如在第五章 §2 定理 2 一样(参见该定理的注)，在证明充分性时并没有用到空间 $\mathscr{X}$ 的完备性.

推论 如果 $\mathscr{X}$ 是完备可分距离空间，测度序列 μ_n 使得对一切 $\varphi\in\mathscr{C}_{\mathscr{X}}$，存在极限

$$L(\varphi)=\lim_{n\to\infty}\int\varphi(x)\mu_n(\mathrm{d}x)$$

则存在测度 μ 使

$$L(\varphi)=\int\varphi(x)\mu(\mathrm{d}x)$$

即，测度序列 μ_n 一定是弱收敛的.

证 先证明集合 $\{\mu_n\}$ 是弱紧的. 对于这集合来说，定理 1 的条件 a) 是满足的. 假设条件 b) 不满足和证明定理 1 条件 b) 的必要性一样，对某个 $\varepsilon>0$，可构造子序列 μ_{n_k} 和相互间距离不小于 δ 的紧集序列 $K^{(k)}$，使得 $\mu_{n_k}(K^{(k)})\geqslant\varepsilon$. 如同

定理 1 的证明一样定义函数$\chi_i(x)$. 对每一个素数 p,记

$$\psi_p(x)=\sum_{m=1}^{\infty}\chi_{p^m}(x)$$

函数 $\psi_p(x)$ 满足

$$0\leqslant\psi_p(x)\leqslant 1$$

及当 $p\neq p'$ 时

$$\psi_p(x)\psi_{p'}(x)=0$$

$\psi_p\in\mathscr{C}_{\mathscr{X}}$,因此存在极限

$$L(\psi_p)=\lim_{k\to\infty}\int\psi_p(x)\mu_{n_k}(\mathrm{d}x)$$

注意,当 $k=p^m$ 时

$$\int\psi_p(x)\mu_{n_k}(\mathrm{d}x)\geqslant\int\chi_k(x)\mu_{n_k}(\mathrm{d}x)$$

因此

$$L(\psi_p)=\lim_{m\to\infty}\int\psi_p(x)\mu_{n_{p^m}}(\mathrm{d}x)\geqslant\varepsilon$$

因为 $\varphi\leqslant f$ 时

$$L(\varphi)\leqslant L(f)$$

于是对每个 N 有

$$L(1)\geqslant L\Big(\sum_{j=1}^{N}\psi_{p_j}\Big)\geqslant N\varepsilon$$

(其中 $p_1,\cdots,p_N$ 是相异的素数). 这和 $L(1)$ 的有限性矛盾. 所以定理的条件 b) 满足. 设 μ_{n_k} 是弱收敛子序列且 μ 是它的极限,那么

$$L(\varphi)=\lim_{k\to\infty}\int\varphi(x)\mu_{n_k}(\mathrm{d}x)=\int\varphi(x)\mu(\mathrm{d}x)$$

这就证明了推论.

现在考虑测度弱收敛性与测度在某些特别的集合上的值的收敛性之间的关系.

定义 设 μ 是 $\mathfrak{B}$ 上的有限测度,集合 $A\in\mathfrak{B}$ 称为测度 μ 的连续集,如果 $\mu(A')=0$,此外 A' 是 A 的边界. 以后总是用$[A]$表示 A 的闭包,而用 $\mathrm{Int}\,A$ 表示 A 的内点组成的集合.

定理 2 测度序列 μ_n 弱收敛于测度 μ 的充分必要条件是,对测度 μ 的每一连续集 A 满足

$$\mu_n(A)\to\mu(A),当\ n\to\infty$$

证 先证必要性. 设 μ_n 弱收敛于 μ,而 A 是 $\mathfrak{B}$ 中的任一集合. 令

$$g_m(x)=\exp\{-m\rho(x,A)\}$$

其中 $\rho(x,A)$ 是点 x 到集 A 的距离. 由于

$$g_m(x)=1$$

当 $x\in[A]$ 时

$$g_m(x)\to 0$$

当 $x\overline{\in}[A]$,所以

$$\lim_{m\to\infty}\int g_m(x)\mu(\mathrm{d}x)=\mu([A])$$

可见对每个 $\varepsilon>0$ 能找到这样的 m,使

$$\int g_m(x)\mu(\mathrm{d}x)\leqslant\mu([A])+\varepsilon$$

因此

$$\begin{aligned}\mu([A])\geqslant\int g_m(x)\mu(\mathrm{d}x)-\varepsilon=\\ \lim_{n\to\infty}\int g_m(x)\mu_n(\mathrm{d}x)-\varepsilon\geqslant\\ \overline{\lim_{n\to\infty}}\,\mu_n(A)-\varepsilon\end{aligned}$$

由 $\varepsilon>0$ 的任意性,得

$$\overline{\lim_{n\to\infty}}\,\mu_n(A)\leqslant\mu([A])$$

于是有

$$\begin{aligned}\mu([\mathscr{X}\backslash A])\geqslant\overline{\lim_{n\to\infty}}\,\mu_n(\mathscr{X}\backslash A)=\lim_{n\to\infty}\mu_n(\mathscr{X})-\underline{\lim_{n\to\infty}}\,\mu_n(A)=\\ \mu(\mathscr{X})-\underline{\lim_{n\to\infty}}\,\mu_n(A)\end{aligned}$$

顾及到

$$\mu([\mathscr{X}\backslash A])=\mu(\mathscr{X})-\mu(\operatorname{Int}A)$$

可得

$$\mu(\operatorname{Int}A)\leqslant\underline{\lim_{n\to\infty}}\,\mu_n(A)\leqslant\overline{\lim_{n\to\infty}}\,\mu_n(A)\leqslant\mu([A])\tag{1}$$

由于对测度 μ 的连续集有 $\mu(\operatorname{Int}A)=\mu([A])$,所以从(1)便得到定理条件的必要性.

为证明充分性,现从 $\mathscr{C}_{\mathscr{X}}$ 中任取一函数 f. 集合 $\{x:a\leqslant f(x)<b\}$ 的边界属于集合 $\{x:f(x)=a\}\cup\{x:f(x)=b\}$. 集合 $A_c=\{x:f(x)=c\}$ 对于不同的 c 是不相交的,所以存在至多可数个 c,使得 $\mu(A_c)>0$. 选取数列 $a_k,k=1,\cdots,N$ 使得

$$\mu(Aa_k)=0,a_k<a_{k+1}<a_k+\varepsilon,a_1<-\|f\|_{\mathscr{X}},a_N>\|f\|_{\mathscr{X}}$$

令

$$E_k=\{x:a_k\leqslant f(x)<a_{k+1}\}$$

集合 E_k 是测度 μ 的连续集,所以 $\mu_n(E_k)\to\mu(E_k)$. 于是

$$\overline{\lim_{n\to\infty}}\left|\int f(x)\mu_n(\mathrm{d}x)-\int f(x)\mu(\mathrm{d}x)\right|\leqslant\overline{\lim_{n\to\infty}}\left|\int f(x)\mu_n(\mathrm{d}x)-\sum_{k=1}^{N-1}a_k\mu_n(E_k)\right|+$$

$$\left|\int f(x)\mu(\mathrm{d}x)-\sum_{k=1}^{N-1}a_k\mu(E_k)\right|\leqslant$$

$$2\varepsilon\sum_{k=1}^{N-1}\mu(E_k)=2\varepsilon\mu\ (\mathscr{X})$$

由 $\varepsilon>0$ 的任意性得证充分性. 定理证完.

现利用弱紧性的条件导出测度弱收敛的定理. 在所有这些定理中,用到了一个这样的事实:具有唯一极限点的弱紧序列是弱收敛的.

我们称序列 $f_n\in\mathscr{C}_{\mathscr{X}}$ 弱收敛于 f,如果函数 f_n 是总体有界的,且对每个 $x\in\mathscr{X}$,$f_n(x)$ 趋于 $f(x)$. 利用这个概念,自然可以定义弱闭的函数集和函数集的弱闭包.

定理 3 序列 μ_n 弱收敛于某一测度 μ 的充分必要条件是,它是弱紧的,且对弱闭包就是 $\mathscr{C}_{\mathscr{X}}$ 的某一函数集 $F_0\subset\mathscr{C}_{\mathscr{X}}$,与所有 $f\in F_0$ 满足关系式

$$\lim_{n\to\infty}\int f(x)\mu_n(\mathrm{d}x)=\int f(x)\mu(\mathrm{d}x)$$

证 充分性. 现证明序列 μ_n 的所有弱收敛子序列收敛于测度 μ. 事实上,若对所有 $f\in\mathscr{C}_{\mathscr{X}}$ 有

$$\lim_{k\to\infty}\int f(x)\mu_{n_k}(\mathrm{d}x)=\int f(x)\bar{\mu}(\mathrm{d}x)$$

则对 $f\in F_0$ 满足等式

$$\int f(x)\bar{\mu}(\mathrm{d}x)=\int f(x)\mu(\mathrm{d}x)$$

但是从积分号下取极限的 Lebesgue 定理可知,在 $\mathscr{C}_{\mathscr{X}}$ 中满足

$$\int f(x)\bar{\mu}(\mathrm{d}x)=\int f(x)\mu(\mathrm{d}x)$$

的 f 所组成的集合是弱闭的. 所以上一关系式对 F_0 的弱闭包中的所有函数成立,亦即对所有 $f\in\mathscr{C}_{\mathscr{X}}$ 成立. 这就证明了定理条件的充分性. 必要性是显然的.

当测度对应于随机过程时,应用假定了边沿分布收敛的定理是方便的. 现建立一个一般性的定理. 由该定理可推导出同类型的结果.

定理 4 设 μ_n 是弱紧序列,μ 是某一测度,$\mathfrak{A}_0$ 是某一开集类,它对其中每两个集合的并和交是封闭的,而且满足条件:1)$\mathfrak{A}_0$ 的 σ 闭包包含所有开集合,2)$\mathfrak{A}_0$ 中所有集合是测度 μ 的连续集. 那么,如果对一切 $A\in\mathfrak{A}_0$

$$\lim_{n\to\infty}\mu_n(A)=\mu(A)$$

则 μ_n 弱收敛于 μ.

证 设 μ_{n_k} 是某一弱收敛于测度 $\bar{\mu}$ 的序列. 从(1) 可得,对一切 $A\in\mathfrak{A}_0$ 满足关系式

$$\bar{\mu}(A)=\bar{\mu}(\mathrm{Int}\ A)\leqslant\varliminf_{k\to\infty}\mu_{n_k}(A)=\mu(A)$$

因此对所有 $A \in \mathfrak{A}_0$,不等式 $\bar{\mu}(A) \leqslant \mu(A)$ 成立.显然,在一个包含 $\mathfrak{A}_0$ 的单调类上这不等式也成立.所以对每一个开集,这不等式成立.因为每一个闭集是一个下降开集序列的交,所以对每一个闭集 F 亦有 $\bar{\mu}(F) \leqslant \mu(F)$.因此对所有集合 $A \in \mathfrak{A}_0$ 有

$$\bar{\mu}(A') \leqslant \mu(A') = 0$$

于是

$$\bar{\mu}(A) = \lim_{k \to \infty} \mu_{n_k}(A) = \mu(A)$$

由测度 μ 和 $\bar{\mu}$ 在 $\mathfrak{A}_0$ 上相等推得,它们在 $\mathfrak{B}$ 上也是相等的.就是说序列 μ_n 的所有极限点都重合于 μ.定理证完.

注 在各种函数空间上的测度的情形里,通常把测度 μ 的所有连续开柱集族当做 $\mathfrak{A}_0$.

在测度弱收敛的情形也可以建立对某些不连续的函数的积分的收敛性.此时我们将用到这样的一个事实:$\mathfrak{B}$ 可测函数的间断点的集合是 $\mathfrak{B}$ 可测集.

引理 如果 μ_n 弱收敛于 μ,则

$$\lim_{n \to \infty} \int f(x) \mu_n(\mathrm{d}x) = \int f(x) \mu(\mathrm{d}x)$$

对所有 $\mathfrak{B}$ 可测 μ 几乎处处连续的有界函数 $f(x)$ 均成立.

证 设 Λ 是函数 $f(x)$ 的间断点的集合.令 $\mathscr{G}_\alpha = \{x : f(x) < \alpha\}$,设 $\mathscr{G}'_\alpha$ 是集 $\mathscr{G}_\alpha$ 的边界.当 $\alpha < \beta$ 时,集合 $\mathscr{G}'_\alpha \cap \mathscr{G}'_\beta$ 包含在交集 $[\mathscr{G}_\alpha] \cap [\mathscr{X} \setminus \mathscr{G}_\beta]$ 中,所以对于 $x \in \mathscr{G}'_\alpha \cap \mathscr{G}'_\beta$,不等式

$$\liminf_{y \to x} f(y) \leqslant \alpha, \limsup_{y \to x} f(y) \geqslant \beta$$

成立.于是 $\mathscr{G}'_\alpha \cap \mathscr{G}'_\beta \subset \Lambda$,且对不同的 α,集合 $\mathscr{G}'_\alpha \setminus \Lambda$ 不相交.因此有不多于可数个的 α 使

$$\mu(\mathscr{G}'_\alpha) = \mu(\mathscr{G}'_\alpha \setminus \Lambda) > 0$$

即除去最多可数个外,所有集合 $\mathscr{G}_\alpha$ 都是测度 μ 的连续集.所以除去最多可数个外,对所有 α 有

$$\lim_{n \to \infty} \mu_n(\{x : f(x) < \alpha\}) = \mu(\{x : f(x) < \alpha\}) \tag{2}$$

由积分的变量替换公式可得

$$\int f(x) \mu_n(\mathrm{d}x) = \int \alpha \, \mathrm{d}_\alpha \mu_n(\{x : f(x) < \alpha\}) \tag{3}$$

$$\int f(x) \mu(\mathrm{d}x) = \int \alpha \, \mathrm{d}_\alpha \mu(\{x : f(x) < \alpha\}) \tag{4}$$

从等式(2),(3) 和(4) 就得到引理的结论.

最后,考虑线性赋范空间上测度弱收敛的条件.设 $\mathscr{X}$ 是可分 Banach 空间,L 是 $\mathscr{X}$ 上的线性泛函的线性集合,它使得所有 L 中的泛函 l 为可测的最小 σ 代数

重合于空间 $\mathscr{X}$ 中的所有 Borel 集所成的 σ 代数 $\mathfrak{B}$. 我们用 $\chi_n(l)$ 和 $\chi(l)$ 分别表示测度 μ_n 和 μ 的特征泛函

$$\chi_n(l)=\int e^{il(x)}\mu_n(dx),\chi(l)=\int e^{il(x)}\mu(dx)$$

定理 5 测度序列 μ_n 弱收敛于测度 μ 的充分必要条件是,序列 μ_n 是弱紧的且对所有 $l\in L$ 满足等式

$$\lim_{n\to\infty}\chi_n(l)=\chi(l) \tag{5}$$

证 定理条件的必要性是很显然的. 为证明充分性只须证,序列 μ_n 的每一个极限点重合于 μ. 设 $\bar{\mu}$ 是这样的极限点,则对一切 $l\in L$ 有

$$\chi(l)=\bar{\chi}(l)=\int e^{il(x)}\bar{\mu}(dx)$$

从特征泛函相同得到测度相同,$\mu=\bar{\mu}$. 定理证完.

§2 Hilbert 空间中测度弱收敛的条件

在这一节里,$\mathscr{X}$ 是可分 Hilbert 空间,$\mathfrak{B}$ 是 $\mathscr{X}$ 中的 Borel 集的 σ 代数. 考虑在 $\mathfrak{B}$ 上的测度,并研究这些测度的弱紧性和弱收敛的条件. 如上节的结果所见,基本困难是在于找出测度族的弱紧性的条件. 对于 Hilbert 空间,可以用特征泛函的术语来给出测度族弱紧性的充分必要条件.

今后将用到在 $\mathscr{X}$ 中的某些线性算子的集合的如下记号:T_c 是表示全体非负对称全连续算子的集合,S 是全体核算子的集合,S_a 是 S 的子集,其中每一个的迹不超过 a.

首先,我们建立 $\mathscr{X}$ 中的集合是紧的一些准则,这对今后的应用是方便的.

引理 1 对任一 $A\in T_c$,集合 $\{x:|A^{-1}x|\leqslant 1\}$ 是紧集. 对于任一紧集 $K\subset\mathscr{X}$,可找到算子 $A\in T_c$,使得 $K\subset\{x:|A^{-1}x|\leqslant 1\}$.

证 集合 $\{x:|A^{-1}x|\leqslant 1\}$ 是在映象 A 下单位球的原象且由于 A 是全连续算子,它是紧的. 设 K 是某一紧集,而 $\{\boldsymbol{e}_k\}$ 是 $\mathscr{X}$ 中的任意规范正交基. 令 $x^k=(x,\boldsymbol{e}_k)$. 由 K 的紧性得,存在序列 $c_n\downarrow 0$,使得对所有 $x\in K$ 有

$$\sum_{k\geqslant n}(x^k)^2\leqslant c_n$$

取数列 $d_n\downarrow 0$,并使关系式

$$\sum_n d_n=+\infty,\sum_n d_n c_n<\infty$$

成立. 那么

$$\sum_{k=1}^{\infty}(x^k)^2\sum_{j=1}^{k}d_j=\sum_{k=1}^{\infty}d_k\sum_{j\geqslant k}(x^j)^2\leqslant\sum_{k=1}^{\infty}d_k c_k<\infty$$

定义以 $\boldsymbol{e}_k$ 为特征向量的算子 A，并满足

$$A\boldsymbol{e}_k=\sqrt{\frac{\sum_{j=1}^{\infty}d_jc_j}{\sum_{j=1}^{k}d_j}}\boldsymbol{e}_k$$

那么，对所有 $x\in K$ 有

$$|A^{-1}x|^2=\sum_{k=1}^{\infty}(x^k)^2\frac{\sum_{j=1}^{k}d_j}{\sum_{j=1}^{\infty}d_jc_j}\leqslant 1$$

由条件

$$\lim_{k\to\infty}\sum_{j=1}^{\infty}d_jc_j\Big(\sum_{j=1}^{k}d_j\Big)^{-1}=0$$

得知，A 是全连续算子. 引理证完.

定理 1 设 M 是某一测度族，$\chi_{\mu}(z)$，$z\in\mathscr{X}$，是测度 $\mu\in M$ 的特征泛函. 集合 M 是弱紧的充分必要条件是：a) 当 $\mu\in M$ 时，$\chi_{\mu}(0)$ 是有界的；b) 对任意 $\varepsilon>0$，存在算子 B，$B\in T_c$，且对每一 $\mu\in M$ 有算子 $A_{\mu}\in S_1$，只要 $(BA_{\mu}Bz,z)\leqslant 1$ 就有

$$\mathrm{Re}[\chi_{\mu}(0)-\chi_{\mu}(z)]\leqslant\varepsilon$$

证 对弱紧集 M §1 定理 1 的条件 a) 成立，由此可得条件 a) 的必要性. 现证明条件 b) 的必要性. 不失一般性，可认为

$$\chi_{\mu}(0)=1$$

由于 §1 定理 1，对弱紧集 M 可以找到紧集 $K\subset\mathscr{X}$，使得对一切 $\mu\in M$ 不等式

$$\mu(\mathscr{X}-K)<\frac{\varepsilon}{2}$$

成立. 那么

$$\mathrm{Re}[\chi_{\mu}(0)-\chi_{\mu}(z)]=\int[1-\cos(x,z)]\mu(\mathrm{d}x)\leqslant \frac{\varepsilon}{2}+\frac{1}{2}\int_{k}(z,x)^2\mu(\mathrm{d}x) \tag{1}$$

设 B 是 T_c 中的算子，使得 $K\subset\{x:|B^{-1}x|\leqslant\sqrt{\varepsilon}\}$. 由引理 1 知，它是存在的. 设 A_{μ} 是非负对称算子，满足

$$(BA_{\mu}Bz,z)=\frac{1}{2}\int_{|B^{-1}x|\leqslant\sqrt{\varepsilon}}(x,z)^2\mu(\mathrm{d}x) \tag{2}$$

那么

$$(A_{\mu}z,z)=\frac{1}{\varepsilon}\int_{|B^{-1}x|\leqslant\sqrt{\varepsilon}}(x,B^{-1}z)^2\mu(\mathrm{d}x)=$$

$$\frac{1}{\varepsilon}\int_{|B^{-1}x|\leqslant\sqrt{\varepsilon}}(B^{-1}x,z)^2\mu(\mathrm{d}x)$$

且

$$\mathrm{Sp}\,A_\mu=\sum_k(A_\mu\boldsymbol{e}_k,\boldsymbol{e}_k)=\frac{1}{\varepsilon}\int_{|B^{-1}x|\leqslant\sqrt{\varepsilon}}|B^{-1}x|^2\mu(\mathrm{d}x)\leqslant 1$$

即，$A_\mu\in S_1$. 由(1) 和(2) 得不等式

$$\mathrm{Re}[\chi_\mu(0)-\chi_\mu(z)]\leqslant\frac{\varepsilon}{2}+\frac{\varepsilon}{2}(BA_\mu Bz,z)\tag{3}$$

条件 b) 的必要性得证.

现在证明定理的条件的充分性. 由条件 a) 得 $\mu(\mathscr{X})$ 是有界的. 由 §1 定理1得知，只要证明对每个 $\varepsilon>0$ 存在紧集 K，使对所有 $\mu\in M$，$\mu(\mathscr{X}-K)\leqslant\varepsilon$ 就够了. 设 $B\in T_c$ 是这样的算子，对所有 $\mu\in M$，当 $(BA_\mu Bz,z)\leqslant 1$，其中 $A_\mu\in S_1$，就有

$$\mathrm{Re}[\chi_\mu(0)-\chi_\mu(z)]\leqslant\frac{\varepsilon}{2}$$

那么

$$\mathrm{Re}[\chi_\mu(0)-\chi_\mu(z)]\leqslant\frac{\varepsilon}{2}+2(BA_\mu Bz,z)\tag{4}$$

当 $\lambda>0$ 时我们来估计积分

$$\int\left[1-\exp\left\{-\frac{\lambda}{2}(B^{-2}x,x)\right\}\right]\mu(\mathrm{d}x)$$

设 $\boldsymbol{e}_1,\boldsymbol{e}_2,\cdots$ 是算子 B 的完全规范正交特征向量序列，而 β_k 是对应于 $\boldsymbol{e}_k$ 的特征值. 那么

$$(B^{-2}x,x)=\sum_{k=1}^{\infty}\frac{(x^k)^2}{\beta_k^2}$$

其中 $x^k=(x,\boldsymbol{e}_k)$. 注意到

$$\exp\left\{-\frac{\lambda}{2}\sum_{k=1}^{n}\frac{(x^k)^2}{\beta_k^2}\right\}=(2\pi\lambda)^{-\frac{n}{2}}\prod_{k=1}^{n}\beta_k\int\cdots\int\exp\left\{\mathrm{i}\sum_{k=1}^{n}x^kz^k-\frac{1}{2\lambda}\sum_{k=1}^{n}\beta_k^2(z^k)^2\right\}\mathrm{d}z^1\cdots\mathrm{d}z^n$$

其中 $z^1,\cdots,z^n$ 是实变数. 因此

$$\int\left[1-\exp\left\{-\frac{\lambda}{2}(B^{-2}x,x)\right\}\right]\mu(\mathrm{d}x)=$$

$$\lim_{n\to\infty}\int(2\pi\lambda)^{-\frac{n}{2}}\prod_{k=1}^{n}\beta_k\int\cdots\int\left[1-\mathrm{e}^{\mathrm{i}}\sum_{k=1}^{n}x^kz^k\right]\cdot$$

$$\exp\left\{-\frac{1}{2\lambda}\sum_{k=1}^{n}\beta_k^2(z^k)^2\right\}\mathrm{d}z^1\cdots\mathrm{d}z^n\mu(\mathrm{d}x)=$$

$$\lim_{n\to\infty}(2\pi\lambda)^{-\frac{n}{2}}\prod_{k=1}^{n}\beta_k\int\cdots\int\mathrm{Re}\left[1-\chi_{\mu}\left(\sum_{k=1}^{n}z^k\boldsymbol{e}_k\right)\right]\cdot$$

$$\exp\left\{-\frac{1}{2\lambda}\sum_{k=1}^{n}\beta_k^2(z^k)^2\right\}\mathrm{d}z^1\cdots\mathrm{d}z^n\leqslant$$

$$\lim_{n\to\infty}(2\pi\lambda)^{-\frac{n}{2}}\prod_{k=1}^{n}\beta_k\int\cdots\int\left[\frac{\varepsilon}{2}+2\left(BA_{\mu}B\sum_{k=1}^{n}z^k\boldsymbol{e}_k,\sum_{k=1}^{n}z^k\boldsymbol{e}_k\right)\right]\cdot$$

$$\exp\left\{-\frac{1}{2\lambda}\sum_{k=1}^{n}\beta_k^2(z^k)^2\right\}\mathrm{d}z^1\cdots\mathrm{d}z^n=$$

$$\frac{\varepsilon}{2}+2\lambda\lim_{n\to\infty}\sum_{k=1}^{n}(A_{\mu}\boldsymbol{e}_k,\boldsymbol{e}_k)=$$

$$\frac{\varepsilon}{2}+2\lambda\,\mathrm{Sp}\,A_{\mu}\leqslant\frac{\varepsilon}{2}+2\lambda$$

于是

$$\left(1-\exp\left\{-\frac{\lambda c}{2}\right\}\right)\int_{(B^{-2}x,x)>c}\mu(\mathrm{d}x)\leqslant$$

$$\int_{(B^{-2}x,x)>c}\left[1-\exp\left\{-\frac{\lambda}{2}(B^{-2}x,x)\right\}\right]\mu(\mathrm{d}x)\leqslant$$

$$\frac{\varepsilon}{2}+2\lambda$$

选取 $\lambda>0$ 和 $c>0$ 使

$$\frac{\varepsilon+4\lambda}{2-2\exp\left\{-\frac{\lambda c}{2}\right\}}<\varepsilon$$

这时对所有 $\mu\in M$，不等式 $\mu(\{x:|B^{-1}x|>c\})<\varepsilon$ 成立，因此

$$K=\{x:|B^{-1}x|\leqslant c\}$$

就是所要找的紧集. 定理证完.

注 1 Ю. В. Прохоров 和 В. В. Сазонов 的简单例子表明，对测度的弱紧族来说，任给 $\varepsilon>0$ 并不总是可以在 S 中找到算子 A（对所有测度 $\mu\in M$ 是相同的），使得当 $(Az,z)\leqslant 1$ 时，$\mathrm{Re}(\chi_{\mu}(0)-\chi_{\mu}(z))\leqslant\varepsilon$. 设 K 是形如

$$K=\{x:|B^{-1}x|\leqslant 1\}$$

的紧集，其中 $B\in T_c$ 且 $\mathrm{Sp}\,B^2=+\infty$. 我们用等式

$$\mu(\{x\})=\mu(\{-x\})=\frac{1}{2}$$

$\mu(\mathscr{X}\setminus\{x\}\setminus\{-x\})=0$ 定义测度 μ_x（此处 $\{x\}$ 表由单点 x 组成的集合）. 考虑测度族 $M=\{\mu_x:x\in K\}$. 因为对所有 $\mu\in M$，$\mu(\mathscr{X}\setminus K)=0$，所以 M 是弱紧集. 其次，有

$$\mathrm{Re}(\chi_{\mu_x}(0)-\chi_{\mu_x}(z))=1-\cos(x,z)=2\sin^2\frac{(x,z)}{2}$$

$$\sup_{\mu_x \in M} \mathrm{Re}(\chi_{\mu_x}(0)-\chi_{\mu_x}(z)) = \sup_{|B^{-1}x|\leqslant 1} 2\sin^2\frac{(B^{-1}x,Bz)}{2} = \sup_{|y|\leqslant 1} 2\sin^2\frac{(y,Bz)}{2} = \begin{cases} 2, & |Bz| \geqslant \pi \\ 2\sin^2\frac{|Bz|}{2}, & |Bz| < \pi \end{cases}$$

设 A 是使得当 $(Az,z)\leqslant 1$ 时, $\mathrm{Re}(\chi_\mu(0)-\chi_\mu(z))\leqslant 1$ 的算子. 则当 $(Az,z)\leqslant 1$ 时 $|Bz|<\pi$. 这意味着, 当 $|z|\leqslant 1$ 时 $|BA^{-1/2}z|<\pi$, 即 $BA^{-1/2}$ 是有界算子. 因此 $B=CA^{1/2}$, 其中 C 是有界算子. 因为

$$B=B^*=A^{\frac{1}{2}}C^*$$

所以

$$B^2=A^{1/2}C^*CA^{1/2}$$

且对算子 A 的特征向量的规范正交序列 $\{\boldsymbol{e}_k\}$ 得

$$\sum_k(B^2\boldsymbol{e}_k,\boldsymbol{e}_k)=\sum_k(C^*CA^{1/2}\boldsymbol{e}_k,A^{1/2}\boldsymbol{e}_k)\leqslant \|C^*C\|\sum_k(A\boldsymbol{e}_k,\boldsymbol{e}_k)$$

因此, 必须 $\mathrm{Sp}\,A=+\infty$.

定理的条件 b) 看来有点烦琐, 现在我们导出此条件的某些变形.

引理 2 为使 S 中的算子族 C_μ 可表为 $C_\mu=BA_\mu B$, 其中 $B\in T_c$, $A_\mu\in S_1$, 其必要条件是, 对每个规范正交基 $\{\boldsymbol{e}_k\}$, 级数

$$\mathrm{Sp}\,C_\mu=\sum_{k=1}^{\infty}(C_\mu\boldsymbol{e}_k,\boldsymbol{e}_k) \tag{5}$$

对 μ 一致收敛, 而充分条件只要该级数对一个基一致收敛.

证 充分性. 设 $\{\boldsymbol{e}_k\}$ 是使级数(5)一致收敛的规范正交基. 令

$$\rho_n=\sup_\mu\sum_{k=n}^{\infty}(C_\mu\boldsymbol{e}_k,\boldsymbol{e}_k)$$

并选取序列 $\alpha_n>0$, 使得 $\Sigma\alpha_n=+\infty$ 及 $\Sigma\alpha_n\rho_n<\infty$. 那么

$$\sum_{n=1}^{\infty}\sum_{k=1}^{n}\alpha_k(C_\mu\boldsymbol{e}_n,\boldsymbol{e}_n)=\sum_{k=1}^{\infty}\alpha_k\sum_{n=k}^{\infty}(C_\mu\boldsymbol{e}_n,\boldsymbol{e}_n)\leqslant\sum_{k=1}^{\infty}\alpha_k\rho_k$$

其次, 设 B 是对称算子使得 $B\boldsymbol{e}_k=\lambda_k\boldsymbol{e}_k$, 其中

$$\lambda_k=\left(\sum_{n=1}^{\infty}\alpha_n\rho_n\Big/\sum_{n=1}^{k}\alpha_n\right)^{\frac{1}{2}}$$

因为 $\lambda_k\to 0$, $B\in T_c$. 令 $A_\mu=B^{-1}C_\mu B^{-1}$. 这时

$$\mathrm{Sp}\,A_\mu=\sum_{k=1}^{\infty}(B^{-1}C_\mu B^{-1}\boldsymbol{e}_k,\boldsymbol{e}_k)=\sum_{k=1}^{\infty}\frac{1}{\lambda_k^2}(C_\mu\boldsymbol{e}_k,\boldsymbol{e}_k)=$$

$$\sum_{k=1}^{\infty}\sum_{n=1}^{k}\alpha_n(C_\mu\boldsymbol{e}_k,\boldsymbol{e}_k)\Big/\sum_{n=1}^{\infty}\alpha_n\rho_n\leqslant 1$$

引理条件的充分性得证.

必要性. 设$C_\mu=BA_\mu B$, $B\in T_c$, $A_\mu\in S_1$, 而$\{\boldsymbol{f}_k\}$是任一规范正交基. 用P_N表示在向量$\boldsymbol{f}_N$, $\boldsymbol{f}_{N+1}$, … 所张成的线性子空间上的投影算子, 且设$B_N=BP_N$. 因为, 如果$B\in S$, 则$\mathrm{Sp}\ AB=\mathrm{Sp}\ B^*A^*$ 和 $\mathrm{Sp}\ AB\leqslant \mathrm{Sp}\ B\|A\|$. 所以

$$\sum_{k=N}^{\infty}(BA_\mu B\boldsymbol{f}_k,\boldsymbol{f}_k)=\sum_{k=1}^{\infty}(P_NBA_\mu BP_N\boldsymbol{f}_k,\boldsymbol{f}_k)=$$
$$\mathrm{Sp}\ (B_N^*A_\mu B_N)=\mathrm{Sp}\ (B_N^{*2}A_\mu)\leqslant$$
$$\|B_N^{*2}\|\ \mathrm{Sp}\ A_\mu\leqslant\|B_N^*\|^2$$

为完成证明, 我们注意到, 当$N\to\infty$时, $\|B_N^*\|\to 0$. 事实上, 当$|x|\leqslant 1$时, 形为Bx的向量集合K是紧的, 而函数$|P_Ny|$是连续且单调递减于0, 所以当$N\to\infty$时, 也有$\sup\{|P_Ny|:y\in K\}\to 0$. 但

$$\sup\{|P_N,y|:y\in K\}=\sup_{|x|\leqslant 1}|P_NBx|=\|B_N^*\|$$

引理证完.

用S^*表示满足如下条件的算子D的集合: 对所有规范正交基$\{\boldsymbol{e}_k\}$, 和

$$\sum_k|(D\boldsymbol{e}_k,\boldsymbol{e}_k)|$$

是有限且有界的. 这个和的上确界记为$\mathrm{Sp}\ |D|$. 用S_ε^*表示S^*中满足$\mathrm{Sp}\ |D|\leqslant\varepsilon$的算子$D$的集合.

推论　设算子族C_μ对任意$\varepsilon>0$可表为

$$C_\mu=B^{(\varepsilon)}A_\mu^{(\varepsilon)}B^{(\varepsilon)}+D^{(\varepsilon)}$$

其中$B^{(\varepsilon)}\in T_c$, $A_\mu^{(\varepsilon)}\in S_1$, $D^{(\varepsilon)}\in S_\varepsilon^*$. 那么存在算子$B\in T_c$使得$C_\mu=BA'_\mu B$且$A'_\mu\in S_1$.

事实上, 如引理2所知, 只要证明对某个规范正交基$\{\boldsymbol{e}_n\}$, 级数

$$\sum_k(C_\mu\boldsymbol{e}_k,\boldsymbol{e}_k)$$

对μ一致收敛就够了. 对任意$\varepsilon>0$

$$\sum_{k\geqslant N}(C_\mu\boldsymbol{e}_k,\boldsymbol{e}_k)\leqslant\sum_{k\geqslant N}(B^{(\varepsilon)}A_\mu^{(\varepsilon)}B^{(\varepsilon)}\boldsymbol{e}_k,\boldsymbol{e}_k)+\varepsilon$$

且正如引理2所知, 我们选取足够大的N, 和

$$\sum_{k\geqslant N}(B^{(\varepsilon)}A_\mu^{(\varepsilon)}B^{(\varepsilon)}\boldsymbol{e}_k,\boldsymbol{e}_k)$$

对所有N可以同时小于ε.

用$\mathfrak{X}_{\mathscr{X}}$表示定义在$\mathscr{X}$上的线性Hilbert-Schmidt算子(即满足$\mathrm{Sp}\ CC^*<\infty$的算子C)所成的Hilbert空间, 它有内积

$$(A,B)=\mathrm{Sp}\ AB^*$$

引理3　1) 如果$B\in T_c$, $A_\mu\in T_c$且$A_\mu^2\in S_1$, 那么算子BA_μ的集合在$\mathfrak{S}_{\mathscr{X}}$中是紧的.

2) 对由算子 C_μ 所组成的在 $\mathfrak{S}_\mathscr{X}$ 中的任意紧集总能找到算子 $B \in T_c$,使得 $B^{-1}C_\mu^2B^{-1} \in S_1$.

证 1)[①] 设$\{e_k\}$是算子 B 的特征向量的基,又设 P_N 是在向量$e_1,\cdots,e_N$ 所产生的子空间上的投影算子. 那么由于引理 2

$$\overline{\lim_{N\to\infty}}\sup_\mu \mathrm{Sp}\,(B_\mu^{\frac{1}{2}} - P_NB_\mu^{\frac{1}{2}}P_N)^2 = \overline{\lim_{N\to\infty}}\sup_\mu[\mathrm{Sp}\,B_\mu - \mathrm{Sp}\,P_NB_\mu^{\frac{1}{2}}] =$$
$$\overline{\lim_{N\to\infty}}\sup_\mu[\mathrm{Sp}\,(I-P_N)B_\mu + \mathrm{Sp}\,P_NB_\mu^{\frac{1}{2}}(I-P_N)B_\mu^{\frac{1}{2}}] \leqslant$$
$$\overline{\lim_{N\to\infty}}\sup_\mu[\mathrm{Sp}\,(I-P_N)B_\mu + \mathrm{Sp}\,B_\mu^{\frac{1}{2}}(I-P_N)B_\mu^{\frac{1}{2}}] =$$
$$2\overline{\lim_{N\to\infty}}\sup_\mu \mathrm{Sp}\,(I-P_N)B_\mu =$$
$$2\overline{\lim_{N\to\infty}}\sup_\mu \sum_{k>N}(B_\mu e_k, e_k) = 0$$

因此, 对足够大的 N, 集合$\{P_NB_\mu^{1/2}P_N\}$ 是集合$\{B_\mu^{1/2}\}$ 的 ε 网. 从集合$\{P_NB_\mu^{1/2}P_N\}$ 是 N^2 维空间中的有界集得到$\{P_NB_\mu^{1/2}P_N\}$ 的紧性. 因此引理的论断 1) 得证.

2) 设 $C_1,C_2,\cdots,C_N$ 是集合$\{C_\mu\}$ 的 ε 网. 在满足

$$\mathrm{Sp}\,(C_\mu - C_K)(C_\mu - C_K) \leqslant \varepsilon^2$$

的算子 C_K 中,下标 K 最小的算子用C'_μ 表示. 那么 $C_\mu^2 = C'^2_\mu + D_\mu$,其中

$$D_\mu = C'_\mu(C_\mu - C'_\mu) + (C_\mu - C'_\mu)C'_\mu + (C_\mu - C'_\mu)^2$$

易见 $D_\mu \in S^*$ 以及

$$\mathrm{Sp}\mid D_\mu \mid \leqslant 2\sqrt{\mathrm{Sp}\,C'^2_\mu\mathrm{Sp}\,(C_\mu - C'_\mu)^2} + \varepsilon^2 = O(\varepsilon)$$

现注意到对于不同的 μ,C'^2_μ 仅取有限个数的值,且对每个 μ,级数

$$\sum_k (C'^2_\mu e_k, e_k)$$

对任意规范正交基$\{e_k\}$ 收敛. 因此这收敛性关于 μ 是一致的. 余下只要利用引理 2 的推论. 引理证完.

已证明的引理使得有可能找到更有效的(和定理 1 比较) 测度族的紧性的条件.

定理 2 设 $M=\{\mu\}$ 是 $\mathfrak{B}$ 上的有限测度族. 集合 M 是弱紧的充分必要条件是:

1) 对任意 $\varepsilon > 0$,存在 c 使对所有 $\mu \in M$,$\mu\{x: \mid x \mid > c\} < \varepsilon$.

2) 对每个 c,由关系式

$$\int_{|x|\leqslant c}(z,x)^2\mu(\mathrm{d}x) = \mid B_\mu^c z \mid^2$$

① 现引理 3 的 1) 的证明方法按本书英译本译出,比原著证法简单. —— 译注

所定义的算子族 B_μ^c 是 $\mathscr{X}_{\mathscr{X}}$ 中的紧集. 条件 2) 能用如下条件代替:

2′) 对某一基(从而对任一基) 级数

$$\sum_{k=1}^{\infty} |B_\mu^c \boldsymbol{e}_k|^2$$

对任意 $c>0$ 对 μ 一致收敛.

证 不失一般性,我们认为 $\mu(\mathscr{X})=1$.

因为当 c 足够大时

$$\mathrm{Re}(1-\chi_\mu(z)) \leqslant \frac{1}{2}\int_{|x|\leqslant c}(x,z)^2\mu(\mathrm{d}x)+\mu(\{x:|x|>c\}) \leqslant \frac{1}{2}|B_\mu^c z|^2+\frac{\varepsilon}{2}$$

且根据引理 3 的论断 2),$(B_\mu^c)^2=BA_\mu^2B$,其中 $B\in T_c$,$\mathrm{Sp}\,A_\mu^2\leqslant 1$,所以由定理 1 得证充分性. 现证定理的条件的必要性. 设 M 是紧集且 K 是使对一切 $\mu\in M$,有 $\mu(\mathscr{X}-K)<\varepsilon$ 的紧集. 若 c 是使得当 $x\in K$ 时有 $|x|\leqslant c$,则 $\mu(\{x:|x|>c\}<\varepsilon$. 这就证明了条件 1) 的必要性. 其次,令 $V_c=\{x:|x|\leqslant c\}$,可得

$$|B_\mu^c z|^2=\int_{K\cap V_c}(z,x)^2\mu(\mathrm{d}x)+\int_{V_c\setminus K}(z,x)^2\mu(\mathrm{d}x)$$

设

$$K=\{x:|B^{-1}x|\leqslant 1\}$$

此处 $B\in T_c$. 那么

$$\int_{K\cap V_c}(z,x)^2\mu(\mathrm{d}x)\leqslant\int_{|B^{-1}x|\leqslant 1}(B^{-1}x,Bz)^2\mu(\mathrm{d}x)=|A_\mu Bz|^2$$

其中算子 A_μ 由关系式

$$|A_\mu z|^2=\int_{|B^{-1}x|\leqslant 1}(B^{-1}x,z)^2\mu(\mathrm{d}x)$$

所定义. 因此

$$\mathrm{Sp}\,A_\mu^2=\int_{|B^{-1}x|\leqslant 1}|B^{-1}x|^2\mu(\mathrm{d}x)\leqslant 1$$

所以

$$\int_{K\cap V_c}(z,x)^2\mu(\mathrm{d}x)\leqslant|A_\mu Bz|^2$$

其中 $A_\mu^2\in S_1$,而 $B\in T_c$.

另一方面,若 D 由等式

$$\int_{V_c\setminus K}(z,x)^2\mu(\mathrm{d}x)=(Dz,z)$$

定义,则

$$\mathrm{Sp}\,D=\int_{V_c\setminus K}|x|^2\mu(\mathrm{d}x)\leqslant c^2\mu(\mathscr{X}\setminus K)$$

可通过选取紧集 K,使得这个值同时对所有 μ 任意小. 因此由引理 2 的推论和引理 3 的论断 1,算子集合 $\{B_\mu^c\}$ 在 $\mathscr{X}_{\mathscr{X}}$ 中是紧的. 条件 2) 的必要性得证. 条

件 2′) 的必要性由引理 2 可得. 定理证完.

推论 1 设对所有测度 $\mu \in M$ 存在相关算子

$$(A_\mu z, z) = \int (z, x)^2 \mu(\mathrm{d}x)$$

且 $A_\mu^{1/2} \in \mathscr{X}_{\mathscr{X}}$. 那么测度族 M 是紧的充分条件是算子集合 $\{A_\mu^{1/2}\}$ 在 $\mathscr{X}_{\mathscr{X}}$ 中是紧的. 若可找到 $c > 0$ 使对所有 $\mu \in M$, 有

$$\mu(\{x : |x| > 0\}) = 0$$

则上述条件还是必要的.

推论 2 设算子 $\widetilde{A}_\mu$ 由等式

$$(\widetilde{A}_\mu z, z) = \int \frac{(z, x)^2}{1 + |x|^2} \mu(\mathrm{d}x) \tag{6}$$

所定义. 那么测度族 M 是紧的充分必要条件是:

1) 算子集合 $\{\widetilde{A}_\mu^{1/2}\}$ 是 $\mathfrak{S}_{\mathscr{X}}$ 中的紧集;

2) $\lim\limits_{c \to \infty} \sup\limits_{\mu} \mu(\{x : |x| > c\}) = 0$.

我们给出测度弱收敛的一个方便的条件.

定理 3 测度序列 μ_n 弱收敛于测度 μ 的充分必要条件是:

1) 对于所有 $z \in \mathscr{X}$, 测度 μ_n 的特征泛函 $\chi_n(z)$ 收敛于测度 μ 的特征泛函 $\chi(z)$;

2) 由等式(6) 定义的算子族 $\{\widetilde{A}_\mu^{1/2}\}$ 是 $\mathscr{X}_{\mathscr{X}}$ 中的紧集.

证 由推论 2 得定理条件的必要性. 由于推论 2 和 §1 定理 5, 为证明充分性仅需证明

$$\lim_{c \to \infty} \overline{\lim_{n \to \infty}} \mu_n(\{x : |x| > c\}) = 0 \tag{7}$$

设

$$v_n(A) = \mu_n\left(\left\{x : \frac{x}{\sqrt{1 + |x|^2}} \in A\right\}\right)$$

因为

$$\int (z, x)^2 v_n(\mathrm{d}x) = \int \frac{(z, x)^2}{\sqrt{1 + |x|^2}} \mu_n(\mathrm{d}x) = (\widetilde{A}_\mu z, z)$$

所以测度族 v_n 是紧的. 关系式(7) 等价于

$$\lim_{\varepsilon \to 0} \overline{\lim_{n \to \infty}} v_n(\{x : |x| > 1 - \varepsilon\}) = 0 \tag{8}$$

假定(8) 不成立. 这时可找到弱收敛子序列 v_{n_k}, 使得它的极限 $\bar{v}$ 满足条件

$$\bar{v}(\{x : |x| = 1\}) > 0$$

于是, 对某一 z, $|z| = 1$ 和 $\delta > 0$ 有

$$\bar{v}(\{x : |x| = 1, |(x, z)| > \delta\}) > \delta$$

那么对所有 $\varepsilon > 0$, 当 n_k 足够大时

$$v_{n_k}(\{x: |x| > 1-\varepsilon; |(x,z)| > \delta\}) > \delta$$

从而

$$\mu_{n_k}\left(\left\{x: \frac{|x|}{\sqrt{1+|x|^2}} > 1-\varepsilon; \frac{|(x,z)|}{\sqrt{1+|x|^2}} > \delta\right\}\right) > \delta$$

因此对每一 $\varepsilon > 0$ 有

$$\lim_{k\to 0} \mu_{n_k}\left(\left\{x: |(x,z)| > \frac{\delta}{2\varepsilon}\right\}\right) > \delta$$

另一方面，对每一 z 有

$$\lim_{c\to\infty}\overline{\lim_{n\to\infty}}\mu_n(\{x: |(x,z)| > c\}) \leqslant \lim_{c\to\infty}\overline{\lim_{n\to\infty}}\frac{\pi}{\pi-1}\int\left(1-\frac{\sin\frac{\pi}{c}(x,z)}{\frac{\pi}{c}(x,z)}\right)\mu_n(\mathrm{d}x) =$$

$$\lim_{c\to\infty}\overline{\lim_{n\to\infty}}\frac{\pi}{\pi-1}\frac{c}{2\pi}\int_{-\frac{\pi}{c}}^{\frac{\pi}{c}}(1-\chi_n(t,z))\mathrm{d}t =$$

$$\lim_{c\to\infty}\frac{c}{2\pi-2}\int_{-\frac{\pi}{c}}^{\frac{\pi}{c}}(1-\chi(t,z))\mathrm{d}t = 0$$

由所得的矛盾证明了定理.

注 若测度序列 μ_n 弱收敛于测度 μ，则对任意 $c > 0$，当 $|z| \leqslant c$ 时一致地有 $\chi_n(z) \to \chi(z)$. 设 B 是 T_c 中这样的算子：能找到算子 $A_n \in S_1$ 使当 $(BA_nBz, z) < 1$ 时 $\mathrm{Re}(1-\chi_n(z)) < \varepsilon^2/8$. 若 $|Bz| < 1$，则更有 $(A_nBz, Bz) < 1$. 因此只要 $|Bz_1 - Bz_2| < 1$ 就有

$$|\chi_n(z_1) - \chi_n(z_2)|^2 \leqslant \int |1 - \mathrm{e}^{\mathrm{i}(z_1-z_2,x)}|^2 \mu_n(\mathrm{d}x) =$$

$$2\int(1-\cos(z_1-z_2,x))\mu_n(\mathrm{d}x) =$$

$$2\mathrm{Re}(1-\chi_n(z)) < \frac{\varepsilon^2}{4}$$

因为集合 $\{Bz: |z| \leqslant c\}$ 是紧的，所以存在有限点集 $z_1, \cdots, z_m$，使对满足 $|z| \leqslant c$ 的所有 z 有

$$\inf_k |B_z - Bz_k| < 1$$

所以

$$\overline{\lim_{n\to\infty}}\sup_{|z|\leqslant c}|\chi_n(z) - \chi(z)| \leqslant \overline{\lim_{n\to\infty}}\sup_k|\chi_n(z_k) - \chi(z_k)| +$$

$$2\overline{\lim_{n\to\infty}}\sup_k\sup\{|\chi_n(z) - \chi_n(z_k)|: |B(z-z_k)| \leqslant 1\} \leqslant \varepsilon$$

因此论断得证.

§3 取值于 Hilbert 空间的独立随机变量和

在这一节里我们将考察不仅概率测度是在 Hilbert 空间上，而且随机变量也是取值于 Hilbert 空间且以这些测度为分布. 设$\{\Omega,\mathfrak{A},P\}$是某一概率空间，$\{\mathscr{X},\mathfrak{B}\}$是带有 Borel 集的$\sigma$代数的 Hilbert 空间. 取值于$\mathscr{X}$的随机变量是定义在$\Omega$上取值于$\mathscr{X}$的函数，使得对所有$B\in\mathfrak{B}$，$\{\omega:\xi(\omega)\in B\}\in\mathfrak{A}$. 今后简记$\xi(\omega)$为$\xi$. 随机变量$\xi$的分布是测度

$$\mu_\xi(B)=P\{\xi\in B\}=P\{\omega:\xi(\omega)\in B\}$$

把每个随机变量ξ和σ代数$\mathfrak{A}$的子σ代数$\mathfrak{A}_\xi$联系在一起，$\mathfrak{A}_\xi$是由形为$\{\omega:\xi(\omega)\in B\}$的事件所组成，其中$B$是$\mathfrak{B}$中的任意集合，随机变量$\xi_1,\xi_2,\cdots,\xi_n,\cdots$称为独立的，如果事件的$\sigma$代数$\mathfrak{A}_{\xi_1},\mathfrak{A}_{\xi_2},\cdots,\mathfrak{A}_{\xi_n},\cdots$是独立的，即对任意事件$A_i\in\mathfrak{A}_{\xi_j}$

$$P\{\bigcap_i A_i\}=\prod_i P\{A_i\}$$

我们来考虑如何通过被加项的特征来表示独立随机变量和的特征. 函数

$$\chi_\xi(z)=E\mathrm{e}^{\mathrm{i}(z,\xi)}=\int \mathrm{e}^{\mathrm{i}(z,\chi)}\mu_\xi(\mathrm{d}x)$$

即变量ξ的分布的特征泛函称为随机变量ξ的特征泛函.

如果$\xi_1,\cdots,\xi_n$独立且$\chi_k(z)$是变量ξ_k的特征泛函，那么

$$E\exp\left\{\mathrm{i}\left(z,\sum_{k=1}^n\xi_k\right)\right\}=\prod_{k=1}^n\chi_k(z)\tag{1}$$

因此，当独立随机变量相加时特征泛函是连乘. 为找出独立随机变量和的分布的表达式，我们考虑有两个被加项的随机变量. 设$\xi=\xi_1+\xi_2$且$\mu_\xi,\mu_{\xi_1},\mu_{\xi_2}$分别是变量$\xi,\xi_1,\xi_2$的分布. 那么

$$\mu_\xi(B)=P\{\xi_1+\xi_2\in B\}=EP\{\xi_1+\xi_2\in B\mid\mathfrak{A}_{\xi_1}\}=$$
$$EP\{\xi_2\in B-\xi_1\mid\mathfrak{A}_{\xi_1}\}=E\mu_{\xi_2}(B-\xi_1)$$

其中$B-x$是满足$x+y\in B$的所有y的集合. 注意，$\mu_{\xi_2}(B-x)$是$\mathfrak{B}$可测函数. 因此

$$E\mu_{\xi_2}(B-\xi_1)=\int\mu_{\xi_2}(B-x)\mu_{\xi_1}(\mathrm{d}x)$$

于是，有公式

$$\mu_\xi(B)=\int\mu_{\xi_2}(B-x)\mu_{\xi_1}(\mathrm{d}x)=\int\mu_{\xi_1}(B-x)\mu_{\xi_2}(\mathrm{d}x)\tag{2}$$

即两个独立随机变量和的分布是被加项分布的卷积.

由独立随机变量组成的级数的收敛性 我们将导出一些不等式，它们把

Колмогоров 不等式及其各种推广的不等式推广到取值于 Hilbert 空间的随机变量的情形.

引理 1 设 $\xi_1,\xi_2,\cdots,\xi_n$ 是独立随机变量,$E\xi_k=0,E\mid\xi_k\mid^2<\infty$ 且

$$\zeta_k=\sum_{i=1}^{k}\xi_i$$

那么

$$P\{\sup_{k\leqslant n}\mid\zeta_k\mid>\varepsilon\}\leqslant\frac{1}{\varepsilon^2}E\mid\zeta_n\mid^2 \tag{3}$$

证 由 $\mid\zeta_k\mid^2$ 构成半鞅以及第二章 §2 的不等式(16),可以得到证明.

引理 2 如果 $\xi_1,\cdots,\xi_n$ 独立,且 $\mid\xi_i\mid\leqslant C$,那么对任意自然数 l 和正数 α

$$P\{\sup_{k\leqslant n}\mid\zeta_k\mid>l\alpha+(l-1)C\}\leqslant\left(P\left\{\sup_{k\leqslant n}\mid\zeta_k\mid>\frac{\alpha}{2}\right\}\right)^l$$

证 设$\chi_k=1$,如果 $\mid\zeta_k\mid>(l-1)\alpha+(l-2)C$,和当 $i<k$ 时,$\mid\zeta_i\mid\leqslant(l-1)\alpha+(l-2)C$;在其余情形设$\chi_k=0$ 那么

$$\begin{aligned}P\{\sup_{k\leqslant n}\mid\zeta_k\mid>l\alpha+(l-1)C\}=&P\{\sup_{k\leqslant n}\mid\zeta_k\mid>l\alpha+(l-1)C\mid\chi_i=1\}P\{\chi_i=1\}\leqslant\\&\sum_{i=1}^{n}P\{\sup_{i<k\leqslant n}\mid\zeta_k-\zeta_i\mid>\alpha\}P\{\chi_i=1\}\leqslant\\&\sup_{1\leqslant i\leqslant n}P\{\sup_{i<k\leqslant n}\mid\zeta_k-\zeta_i\mid>\alpha\}\sum_{i=1}^{n}P\{\chi_i=1\}\leqslant\\&P\{\sup_{1\leqslant i<k\leqslant n}\mid\zeta_k-\zeta_i\mid>\alpha\}\\&P\{\sup_{1\leqslant k\leqslant n}\mid\zeta_k\mid>(l-1)\alpha+(l-2)C\}\end{aligned}$$

最后注意到

$$P\{\sup_{1\leqslant i<k\leqslant n}\mid\zeta_k-\zeta_i\mid>\alpha\}\leqslant P\left\{\sup_{k\leqslant n}\mid\zeta_k\mid>\frac{\alpha}{2}\right\}$$

引理得证.

随机变量 ξ 称为对称的,如果 ξ 和 $-\xi$ 有相同的分布.

引理 3 如果 $\xi_1,\cdots\xi_n$ 是对称的独立随机变量,那么

$$P\{\sup_{k\leqslant n}\mid\zeta_k\mid>\varepsilon\}\leqslant 2P\{\mid\zeta_n\mid>\varepsilon\}$$

证 如果 $\mid\zeta_k\mid>\varepsilon$ 及当 $j<k$ 时 $\mid\zeta_j\mid\leqslant\varepsilon$,设$\chi_k=1$;在其余情形,设$\chi_k=0$. 那么

$$\begin{aligned}P\{\mid\zeta_n\mid>\varepsilon,\chi_k=1\}\geqslant&P\{(\zeta_n-\zeta_k,\zeta_k)\geqslant 0,\chi_k=1\}=\\&P\{(\zeta_n-\zeta_k,\zeta_k)\geqslant 0\mid\chi_k=1\}P\{\chi_k=1\}\geqslant\\&\frac{1}{2}E\chi_k\end{aligned}$$

因此

$$P\{|\zeta_n|>\varepsilon\}=\sum_{k=1}^{n}P\{|\zeta_n|>\varepsilon,\chi_k=1\}\geqslant\frac{1}{2}\sum_{k=1}^{n}E\chi_k=$$
$$\frac{1}{2}P\{\sup_{k\leqslant n}|\zeta_k|>\varepsilon\}$$

引理得证.

引理 4 设 $\xi_1,\cdots,\xi_n$ 是独立随机变量,使得对所有 $k\leqslant n$

$$P\left\{\left|\sum_{j=k}^{n}\xi_j\right|>C\right\}<\alpha$$

那么

$$P\{\sup_{k\leqslant n}|\zeta_k|>a+C\}\leqslant\frac{1}{1-\alpha}P\{|\zeta_n|>a\}\tag{4}$$

此论断的证明类似于第二章 §3 定理 6 的证明.

现在利用这些引理证明关于 Hilbert 空间的 Колмогоров 三级数定理.

定理 1 如果 $\xi_1,\cdots,\xi_n,\cdots$ 是在 $\mathscr{X}$ 中取值的独立随机变量序列,那么级数 $\sum_{i=1}^{\infty}\xi_i$ 收敛的必要条件是,对任意 $C\geqslant 0$ 如下的级数收敛:

1) $\sum_{i=1}^{\infty}a_i,a_i=\int_{|x|\leqslant C}x\mu_{\xi_i}(\mathrm{d}x)$;

2) $\sum_{i=1}^{\infty}\int_{|x|\leqslant\varepsilon}|x-a_i|^2\mu_{\xi_i}(\mathrm{d}x)$;

3) $\sum_{i=1}^{\infty}P\{|\xi_i|>C\}$.

充分条件只要求对一个 $C>0$ 这些级数是收敛的.

定理条件的充分性的证明和一维情形一样(见第二章 §3 定理 5).

条件 3) 的必要性由对任意 $C>0$ 仅有有限个事件$\{|\xi_i|>C\}$ 发生及 Borel-Cantelli 引理得到. 仅证明条件 1) 和 2) 的必要性. 设 $\xi_k'=\xi_k$ 当 $|\xi_k|\leqslant C$, 和 $\xi_k'=0$ 当 $|\xi_k|>C$. 因为由条件 3) 得知,在 $\xi_k-\xi_k'$ 中仅有有限个异于 0,所以级数 $\sum_{k=1}^{\infty}\xi_k'$ 与级数 $\sum_{k=1}^{\infty}\xi_k$ 同时收敛. 因此 $\sup_{n,p}\left|\sum_{k=n}^{n+p}\xi_k'\right|$ 是有限值. 由于引理 2,对所有自然数 l 有

$$P\left\{\sup_{n}\left|\sum_{k=1}^{n}\xi_k'\right|>l(C+\alpha)\right\}\leqslant\left(P\left\{\sup_{n,p}\left|\sum_{k=n}^{n+p}\xi_k'\right|>\frac{\alpha}{2}\right\}\right)^l$$

选取 α 使得

$$P\left\{\sup_{n,p}\left|\sum_{k=n}^{n+p}\xi_k'\right|>\frac{\alpha}{2}\right\}\leqslant\mathrm{e}^{-1}$$

那么对所有 n

$$P\left\{\left|\sum_{k=1}^{n}\xi'_k\right|>t\right\}\leqslant K\mathrm{e}^{-\lambda t}$$

其中

$$\lambda=\frac{1}{C+\alpha},K=\mathrm{e}^{C+\alpha}$$

由此不等式得，$E\left|\sum_{k=1}^{n}\xi'_k\right|$对所有 s 一致有界，因此由积分号下取极限的定理，极限

$$\lim_{n\to\infty}E\left|\sum_{k=1}^{n}\xi'_k\right|^s=E\left|\sum_{k=1}^{\infty}\xi'_k\right|^s$$

是存在的. 特别，当 $s=2$ 时存在极限

$$\lim_{n\to\infty}E\left|\sum_{k=1}^{n}\xi'_k\right|^2=\lim_{n\to\infty}\left(\sum_{k=1}^{n}E\mid\xi'_k-a_k\mid^2+\left|\sum_{k=1}^{\infty}a_k\right|^2\right)$$

于是，级数

$$\sum_{k=1}^{\infty}E\mid\xi'_k-a_k\mid^2$$

收敛. 但此时由定理的条件的充分性得级数

$$\sum_{k=1}^{\infty}(\xi'_k-a_k)$$

的收敛性，而因为级数$\sum_{k=1}^{\infty}\xi'_k$ 也收敛，所以级数$\sum_{k=1}^{\infty}a_k$ 也收敛定理得证.

推论 由独立随机变量组成的级数$\sum_{k=1}^{\infty}\xi_k$ 收敛的充分条件是，级数

$$\sum_{k=1}^{\infty}E\xi_k\text{ 和}\sum_{k=1}^{\infty}E\mid\xi_k-E\xi_k\mid^2$$

收敛，其中

$$E\xi_k=\int x\mu_{\xi_k}(\mathrm{d}x)$$

是 $\mathscr{X}$ 中的向量，使得对所有 $z\in\mathscr{X}$，$(E\xi_k,z)=\int(x,z)\mu_{\xi_k}(\mathrm{d}x)$.

由独立随机变量组成的级数的收敛条件可用特征泛函的术语表示.

定理 2 设 $\xi_1,\cdots,\xi_n,\cdots$ 是独立随机变量且 $\chi_n(z)$ 是它们的特征泛函. 级数 $\sum_{k=1}^{\infty}\xi_k$ 收敛的充分必要条件是乘积$\prod_{k=1}^{\infty}\chi_k(z)$ 在每一区域$\{z:\mid z\mid\leqslant C\}$上一致收敛于某一特征泛函$\chi(z)$.

证 必要性. 设

$$\zeta_n=\sum_{k=1}^{n}\xi_k,\zeta=\lim_{n\to\infty}\zeta_n$$

则对每个 $\delta > 0$ 有

$$\left|\prod_{k=1}^{\infty} \chi_k(z) - \prod_{k=1}^{n} \chi_k(z)\right| = | E\mathrm{e}^{\mathrm{i}(z,\zeta)} - E\mathrm{e}^{\mathrm{i}(z,\zeta_n)} | \leqslant$$
$$E | \mathrm{e}^{\mathrm{i}(\zeta-\zeta_n, z)} - 1 | \leqslant$$
$$2P\{| \zeta - \zeta_n | > \delta\} + \delta | z |$$

因为

$$\lim_{n\to\infty} P\{| \zeta - \zeta_n | > \delta\} \to 0$$

故定理的条件的必要性得证.

充分性. 引入相互独立且与 ξ_k 相互独立,与 ξ_k 有同分布的随机变量 ξ'_k. 令 $\eta_k = \xi_k - \xi'_k$. 先证明由 η_k 组成的级数的收敛性. 显然

$$E\mathrm{e}^{\mathrm{i}(z,\eta_k)} = | \chi_k(z) |^2$$

由不等式

$$1 - \prod_{k=1}^{n} | \chi_k(z) |^2 \leqslant 1 - \prod_{k=1}^{\infty} | \chi_k(z) |^2 = 1 - | \chi(z) |^2$$

及 $| \chi(z) |^2$ 是某一测度的特征泛函得知,$\sum_{k=1}^{n}\eta_k$ 的分布构成测度的紧族. 因此

$$\lim_{C\to\infty} \sup_n P\left\{\left|\sum_{k=1}^{n}\eta_k\right| > C\right\} = 0$$

但由于引理 3

$$\lim_{C\to\infty} P\left\{\sup_{n,p}\left|\sum_{k=n}^{n+p}\eta_k\right| > C\right\} \leqslant \lim_{C\to\infty} P\left\{\sup_n\left|\sum_{k=1}^{n}\eta_k\right| > \frac{C}{2}\right\} \leqslant$$
$$2\lim_{C\to\infty} \sup_n P\left\{\left|\sum_{k=1}^{n}\eta_k\right| > \frac{C}{2}\right\} = 0$$

因此随机变量 $\sup\limits_{n,p}\left|\sum\limits_{k=n}^{n+p}\eta_k\right|$ 是有限的. 特别,随机变量 $\sup\limits_k | \eta_k |$ 是有限的. 因此对足够大的 C 有

$$0 < P\{\sup_k | \eta_k | \leqslant C\} = \prod_{k=1}^{\infty}(1 - P\{| \eta_k | > C\}) \leqslant$$
$$\exp\left\{-\sum_{k=1}^{\infty} P\{| \eta_k | > C\}\right\}$$

所以级数 $\sum\limits_{k=1}^{\infty} P\{| \eta_k | > C\}$ 收敛. 设 $\eta'_k = \eta_k$ 对于 $| \eta_k | \leqslant C$;$\eta'_k = 0$ 对于 $| \eta_k | > C$. 那么随机变量

$$\sup_{n,p}\left|\sum_{k=n}^{n+p}\eta'_k\right|$$

也是有限的,因为除去有限多个指标 k 外 $\eta'_k = \eta_k$. 由这个随机变量的有限性,和

定理1一样可得到级数$\sum_{k=1}^{\infty}E\mid\eta'_k\mid^2$的收敛性(因为$E\eta'_k=0$).因此,由定理1可得级数

$$\sum_{k=1}^{\infty}\eta_k=\sum_{k=1}^{\infty}(\xi_k-\xi'_k)$$

以概率为1收敛.因此可以在$\mathscr{X}$中找到这样的序列$x_1,\cdots,x_n,\cdots$(ξ'_k的可能值),使得级数$\sum_{k=1}^{\infty}(\xi_k-x_k)$以概率为1收敛.余下要证明的就是级数$\sum_{k=1}^{\infty}x_k$的收敛性.由于已经证明了定理条件的必要性,无穷乘积

$$\prod_{k=1}^{\infty}\mathrm{e}^{-\mathrm{i}(z,x_k)}\chi_k(z)$$

当$\mid z\mid\leqslant C$时是一致收敛的.因为可找到δ,使得当$\mid z\mid\leqslant\delta$时

$$\mid\chi(z)\mid>\frac{1}{2}$$

所以当$\mid z\mid\leqslant\delta$时,存在一致极限

$$\lim_{n\to\infty}\prod_{k=1}^{n}\mathrm{e}^{-\mathrm{i}(z,x_k)}=\lim_{n\to\infty}\frac{1}{\chi(z)}\prod_{k=1}^{n}\mathrm{e}^{-\mathrm{i}(z,x_k)}\chi_k(z)$$

因此当$\mid z\mid\leqslant\delta$时极限$\lim\limits_{n\to\infty}\left(z,\sum_{k=1}^{n}x_k\right)$对$z$一致存在,就是说,当$\mid z\mid\leqslant C$时对$z$一致存在,不论是怎样的$C>0$.由此得出$\sum_{k=1}^{n}x_k$有弱极限$x$

$$\lim_{n\to\infty}\left(z,\sum_{k=1}^{n}x_k\right)=(z,x)$$

和$\left|\sum_{k=1}^{n}x_k\right|$是总体有界的.由一致收敛性得

$$\lim_{n\to\infty}\left(\sum_{k=1}^{n}x_k,\sum_{k=1}^{n}x_k\right)=\lim_{n\to\infty}\left(\sum_{k=1}^{n}x_k,x\right)=(x,x)$$

因此,$\sum_{k=1}^{n}x_k$弱收敛于x且$\left|\sum_{k=1}^{n}x_k\right|\to\mid x\mid$.就是说$\sum_{k=1}^{n}x_k\to x$.定理得证.

推论　如果级数$\sum_{k=1}^{\infty}\xi_k$依概率收敛,那么它也以概率1收敛.

事实上,在证明定理2条件的必要性时仅利用到级数的依概率收敛性.

在Hilbert空间中的无穷可分分布　分布(测度)μ称为无穷可分的,如果它的特征泛函$\chi(z)$满足条件:对于任意自然数n存在某个分布的特征泛函$\chi_n(z)$,使得$\chi(z)=(\chi_n(z))^n$.现在我们寻求无穷可分分布的特征泛函的一般形式.

设 ξ 是在 $\mathscr{X}$ 中取值的随机变量，使得 $Ee^{i(z,\xi)}=\chi(z)$，而 $\xi_{n1},\cdots,\xi_{nn}$ 是独立同分布随机变量，且有

$$Ee^{i(z,\xi_{nk})}=\chi_n(z),\xi=\sum_{k=1}^{n}\xi_{nk}$$

我们证明，对任意 $\varepsilon>0$ 可以找到 C，使得对所有 $k\leqslant n$ 有

$$P\left\{\left|\sum_{j=k}^{n}\xi_{nj}\right|>C\right\}<\varepsilon \tag{5}$$

设 S 是核算子，使得

$$1-\operatorname{Re}\chi(z)\leqslant\frac{\varepsilon}{2}\left(\varepsilon<\frac{1}{4}\right),\text{当}(Sz,z)\leqslant 1$$

那么

$$|\operatorname{Im}\chi(z)|\leqslant\sqrt{1-(\operatorname{Re}\chi(z))^2}<\sqrt{\varepsilon}$$

因此

$$|\arg\chi(z)|\leqslant\arctan\frac{\sqrt{\varepsilon}}{1-\frac{\varepsilon}{2}}<\frac{\pi}{4}$$

$$1-\operatorname{Re}(\chi_n(z))^{n-k}=1-|\chi(z)|^{\frac{n-k}{n}}\cos\left[\frac{n-k}{n}\arg\chi(z)\right]<$$

$$1-|\chi(z)|\cos\arg\chi(z)\leqslant\frac{\varepsilon}{2}$$

利用第五章 §4 不等式(7)，可以得到

$$P\left\{\left|\sum_{j=k}^{n}\xi_{nj}\right|>C\right\}\leqslant\left(\frac{\varepsilon}{2}+2\lambda\operatorname{Sp}S\right)(1-e^{-\frac{\lambda C^2}{2}})^{-1}$$

由这个不等式就有可能选取 λ 和 C 使得(5) 成立. 现由引理 4，我们得

$$P\left\{\sup_{k\leqslant n}\left|\sum_{j=1}^{k}\xi_{nj}\right|>2C\right\}\leqslant\frac{1}{1-\varepsilon}P\left\{\left|\sum_{j=1}^{n}\xi_{nj}\right|>C\right\}\leqslant$$

$$\frac{\varepsilon}{1-\varepsilon} \tag{6}$$

最后

$$P\{\sup_{k\leqslant n}|\xi_{nk}|>4C\}\leqslant P\left\{\sup_{k\leqslant n}\left|\sum_{j=1}^{k}\xi_{nj}\right|>2C\right\}\leqslant\frac{\varepsilon}{1-\varepsilon}$$

因此

$$\prod_{k=1}^{n}P\{|\xi_{nk}|\leqslant 4C\}\geqslant 1-\frac{\varepsilon}{1-\varepsilon}$$

且

$$\exp\left\{-\sum_{k=1}^{n}P\{|\xi_{nk}|>4C\}\right\}\geqslant\prod_{k=1}^{n}P\{|\xi_{nk}|\leqslant 4C\}\geqslant$$

$$\frac{1-2\varepsilon}{1-\varepsilon}$$

$$\sum_{k=1}^{n} P\{|\xi_{nk}|>4C\} \leqslant \log \frac{1-\varepsilon}{1-2\varepsilon}$$

由后一不等式得到：

引理 5 对于所有足够大的 C

$$\sup_{n} nP\{|\xi_{n1}|>C\}<\infty \tag{7}$$

且

$$\lim_{C\to\infty}\sup_{n} nP\{|\xi_{n1}|>C\}=0 \tag{8}$$

定义 $\xi'_{ni}=\xi_{ni}$ 当 $|\xi_{ni}|\leqslant C$ 时，$\xi'_{ni}=0$ 当 $|\xi_{ni}|>C$ 时，其中 C 使得

$$\sup_{n} nP\{|\xi_{n1}|>C\}<\frac{1}{2}$$

那么

$$P\Big\{\sup_{1\leqslant k\leqslant n}\Big|\sum_{j=1}^{k}\xi'_{nj}\Big|>\alpha\Big\}\leqslant P\Big\{\sup_{1\leqslant k\leqslant n}\Big|\sum_{j=1}^{k}\xi_{nj}\Big|>\alpha\Big\}+ nP\{|\xi_{n1}|>C\}$$

由(6) 以及选取 C 得到，对足够大的 α，对所有 n 有

$$P\Big\{\sup_{1\leqslant k\leqslant n}\Big|\sum_{j=1}^{k}\xi'_{nj}\Big|>\alpha\Big\}<\frac{1}{2}$$

因此由引理 2，$E\Big|\sum_{j=1}^{n}\xi'_{nj}\Big|$，$\Big|E\sum_{j=1}^{n}\xi'_{nj}\Big|$，$E\Big|\sum_{j=1}^{n}\xi'_{nj}\Big|^{2}$ 对 n 是一致有界的. 由此特别有

$$|E\xi'_{n1}|=O\Big(\frac{1}{n}\Big) \tag{9}$$

用 μ_n 表示变量 ξ_{ni} 的分布所对应的测度，而用 π_n 表示由关系式

$$\pi_n(A)=n\int_A \frac{|x|^2}{1+|x|^2}\mu_n(\mathrm{d}x)$$

所定义的测度. 测度 $\pi_n(A)$ 是一致有界的

$$\pi_n(\mathscr{X})\leqslant E\Big|\sum_{j=1}^{n}\xi'_{nj}\Big|^2+nP\{|\xi_{nj}|>C\}$$

从(8) 得知，测度 π_n 具有性质

$$\lim_{C\to\infty}\sup_{n}\pi_n(\{x:|x|>C\})=0 \tag{10}$$

现往证测度 π_n 是紧的. 为此只要证明，对任意 $\varepsilon>0$ 存在核算子 S，使得当 $(Sz,z)\leqslant 1$ 时就有

$$\pi_n(\mathscr{X})-\mathrm{Re}\int \mathrm{e}^{\mathrm{i}(z,x)}\pi_n(\mathrm{d}x)\leqslant\varepsilon$$

但

$$\pi_n(\mathscr{X}) - \mathrm{Re}\int \mathrm{e}^{\mathrm{i}(z,x)}\pi_n(\mathrm{d}x) = n\int (1-\cos(z,x))\frac{|x|^2}{1+|x|^2}\mu_n(\mathrm{d}x) \leqslant$$
$$n[1-\mathrm{Re}\,\chi_n(z)] =$$
$$n\left[1-|\chi(z)|^{1/n}\cos\left(\frac{1}{n}\arg\chi(z)\right)\right] \leqslant$$
$$n[1-|\chi(z)|^{1/n}] +$$
$$n|x(z)|^{1/n}\left(1-\cos\left[\frac{1}{n}\arg\chi(z)\right]\right) \leqslant$$
$$\frac{1-|\chi(z)|}{|\chi(z)|} + \frac{1}{2n}[\arg\chi(z)]^2$$

假定

$$1-\mathrm{Re}\,\chi(z) \leqslant \frac{\varepsilon}{2} \quad (\varepsilon < 1)$$

那么

$$|\mathrm{Im}\,\chi(z)| < \sqrt{\varepsilon}$$

因此在满足这一假定的每一连通区域里

$$|\arg\chi(z)| < \arctan\frac{\sqrt{\varepsilon}}{1-\frac{\varepsilon}{2}} < \frac{\pi}{4}, 1-|\chi(z)| \leqslant \frac{\varepsilon}{2}$$

如果 S 是核算子，使得当 $(Sz,z) \leqslant 1$ 时

$$1-\mathrm{Re}\,\chi(z) \leqslant \frac{\varepsilon}{2}$$

那么对这些 z

$$\pi_n(\mathscr{X}) - \mathrm{Re}\int \mathrm{e}^{\mathrm{i}(z,x)}\pi_n(\mathrm{d}x) \leqslant \frac{\frac{\varepsilon}{2}}{1-\frac{\varepsilon}{2}} + \frac{1}{2n}\frac{\varepsilon}{\left(1-\frac{\varepsilon}{2}\right)^2}$$

当 $n>1$ 和 ε 足够小，右边部分小于 ε. 测度 π_n 的紧性得证.

设 a_n 由关系式

$$(a_n, z) = n\int \frac{(z,x)}{1+|x|^2}\mu_n(\mathrm{d}x) = nE\frac{(z,\xi_{ni})}{1+|\xi_{ni}|^2}$$

所定义.

由(9)得到，a_n 是总体有界的. 最后用等式

$$(V_n z, z) = n\int \frac{(z,x)^2}{1+|x|^2}\mu_n(\mathrm{d}x)$$

定义对称线性算子 V_n. 注意到

$$\mathrm{Sp}\,V_n = n\int \frac{|x|^2}{1+|x|^2}\mu_n(\mathrm{d}x) = \pi_n(\mathscr{X})$$

于是 $\mathrm{Sp}\, V_n$ 是一致有界的.

选取子序列 n' 使得:1) $\pi_{n'}$ 弱收敛于 π', 2) $a_{n'}$ 弱收敛于某个 a 和 3) 对所有 z 存在极限

$$\lim_{n'\to\infty}(V_{n'}z,z)=(Vz,z) \tag{11}$$

后一条件是可能的,因为,由于一致有界性($\|V_n\|\leqslant \mathrm{Sp}\, V_n$),式(11)只要在 $\mathscr{X}$ 的某一可数稠密集成立就够了.显然 V 也是核算子,因为

$$\mathrm{Sp}\, V\leqslant \varliminf_{n'\to\infty}\mathrm{Sp}\, V_{n'}$$

其次,令 $\pi(A)=\pi'(A)$ 如果 $0\overline{\in} A$, $\pi(\{0\})=0$,那么

$$\begin{aligned}
\chi(z)=&[\chi_{n'}(z)]^{n'}=\\
&\lim_{n'\to\infty}\Big[1+\frac{1}{n'}\Big\{\mathrm{i}(a_{n'},z)-\frac{1}{2}(V_{n'}z,z)+\\
&\int\Big(\mathrm{e}^{\mathrm{i}(z,x)}-1-\frac{\mathrm{i}(z,x)}{1+|x|^2}+\\
&\frac{1}{2}\frac{(z,x)^2}{1+|x|^2}\Big)\frac{1+|x|^2}{|x|^2}\pi_{n'}(\mathrm{d}x)\Big\}\Big]^{n'}=\\
&\exp\Big\{\mathrm{i}(a,z)-\frac{1}{2}(Vz,z)+\int(\mathrm{e}^{\mathrm{i}(z,x)}-1-\\
&\frac{\mathrm{i}(z,x)}{1+|x|^2}+\frac{1}{2}\frac{(z,x)^2}{1+|x|^2}\Big)\frac{1+|x|^2}{|x|^2}\pi'(\mathrm{d}x)\Big\}
\end{aligned}$$

函数

$$\Big(\mathrm{e}^{\mathrm{i}(z,x)}-1-\frac{\mathrm{i}(z,x)}{1+|x|^2}+\frac{1}{2}\frac{(z,x)^2}{1+|x|^2}\Big)\frac{1+|x|^2}{|x|^2}$$

在 $x=0$ 的值按连续性可定义为 0. 因此

$$\begin{aligned}
\chi(z)=\exp\Big\{&\mathrm{i}(a,z)-\frac{1}{2}(Bz,z)+\int\Big(\mathrm{e}^{\mathrm{i}(z,x)}-1-\frac{\mathrm{i}(z,x)}{1+|x|^2}\Big)\times\\
&\frac{1+|x|^2}{|x|^2}\pi(\mathrm{d}x)\Big\}
\end{aligned} \tag{12}$$

其中

$$(Bz,z)=(Vz,z)-\int\frac{(z,x)^2}{|x|^2}\pi(\mathrm{d}x)$$

由于

$$(Bz,z)=\lim_{n'\to\infty}\int\frac{(z,x)^2}{|x|^2}\pi_{n'}(\mathrm{d}x)-\int\frac{(z,x)^2}{|x|^2}\pi(\mathrm{d}x)$$

和对几乎所有 $\varepsilon>0$(使得 $\pi(\{x:|x|=\varepsilon\})=0$ 的 ε)

$$\lim_{n'\to\infty}\int_{|x|>\varepsilon}\frac{(z,x)^2}{|x|^2}\pi_{n'}(\mathrm{d}x)=\int_{|x|>\varepsilon}\frac{(z,x)^2}{|x|^2}\pi(\mathrm{d}x)$$

而只要合适选取 $\varepsilon>0$

$$\int_{|x|\leqslant\varepsilon}\frac{(z,x)^2}{|x|^2}\pi(\mathrm{d}x)$$

就可做到任意小,所以对所有 z,$(Bz,z)\geqslant 0$. 因此对每个无穷可分分布来说,都能找到 $a\in\mathscr{X}$,核算子 B 和使 $\pi(\{0\})=0$ 的有限测度 π,使得此分布的特征泛函具有形式(12).

现在我们来证明逆命题,即证明式(12) 确定了某个分布的特征泛函. 设 P 是在有限维子空间 $\mathscr{L}$上的投影算子,那么当 z 在 $\mathscr{L}$上变化时,$\chi(Pz)$ 是 $\mathscr{L}$中某一无穷可分分布的特征泛函,由此可得$\chi(z)$ 的正定性.

其次,利用关系式

$$1-|\chi(z)|\leqslant\frac{1}{2}(Bz,z)+\int(1-\cos(z,x))\pi(\mathrm{d}x)+\frac{1}{2}\int\frac{(z,x)^2}{|x|^2}\pi(\mathrm{d}x)$$

$$\arg\chi(z)=(a,z)+\int\sin(z,x)\pi(\mathrm{d}x)+\int\frac{\sin(z,x)-(z,x)}{|x|^2}\pi(\mathrm{d}x)$$

$$|\sin t-t|\leqslant\frac{t^2}{2},\sin^2 t\leqslant 4(1-\cos t)$$

可以证明对于某个 C 有

$$1-\operatorname{Re}\chi(z)\leqslant 1-|\chi(z)|+\frac{1}{2}(\arg\chi(z))^2\leqslant C\Big[(a,z)^2+(Bz,z)+\int(1-\cos(z,x))\pi(\mathrm{d}x)+\int\frac{(z,x)^2}{|x|^2}\pi(\mathrm{d}x)+\Big(\int\frac{(z,x)^2}{|x|^2}\pi(\mathrm{d}x)\Big)^2\Big]$$

对于测度 π 可找到核算子 S',使得对每个 $\varepsilon>0$ 有

$$\int(1-\cos(z,x))\pi(\mathrm{d}x)<\frac{\varepsilon}{2C},\text{当}(S'z,z)<1$$

令

$$S=\frac{2C}{\varepsilon-\varepsilon^2}(B+U)+S'$$

其中核算子 U 由等式

$$(Uz,z)=(a,z)^2+\int\frac{(z,x)^2}{|x|^2}\pi(\mathrm{d}x),\operatorname{Sp}U=|a|^2+\pi(\mathscr{X})$$

所定义,我们有:当$(Sz,z)<1$时,$1-\operatorname{Re}\chi(z)<\varepsilon$. 因此$\chi(z)$ 是特征泛函. 从而我们证明了下面的定理:

定理 3 泛函$\chi(z)$ 是某一无穷可分分布的特征泛函的充分必要条件是存在 $a\in\mathscr{X}$,核算子 B 和 $\mathfrak{B}$ 上满足 $\pi(\{0\})=0$ 的有限测度 π,使得$\chi(z)$ 能用式(12)

表示.

注　$\chi(z)$ 的表示式(12)是唯一的.事实上

$$(Bz,z)=-2\lim_{t\to\infty}\frac{1}{t^2}\ln\chi(tz)$$

因此今后可以认为 $B=0$.设 $\{e_k\}$ 是某一基并且数 $c_k>0$ 使得

$$\sum_k |c_k|<\infty$$

那么级数

$$\sum_{k=1}^{\infty}c_k\left[1-\frac{\mathrm{e}^{\mathrm{i}t(x,e_k)}+\mathrm{e}^{-\mathrm{i}t(x,e_k)}}{2}\right]=\sum_{k=1}^{\infty}c_k(1-\cos t(e_k,x))$$

单调收敛于有界函数,因此级数

$$\sum_{k=1}^{\infty}c_k\left[\ln\chi(z)-\frac{\ln\chi(z+te_k)-\ln\chi(z-te_k)}{2}\right]=$$
$$\int\mathrm{e}^{\mathrm{i}(z,x)}\sum_{k=1}^{\infty}c_k[1-\cos t(e_k,x)]\frac{1+|x|^2}{|x|^2}\pi(\mathrm{d}x) \tag{13}$$

收敛.因而,知道了 $\chi(z)$ 就可以确定表达式

$$\int\mathrm{e}^{\mathrm{i}(z,x)}\sum_{k=1}^{\infty}c_k\left(1-\frac{\sin\delta(e_k,x)}{\delta(e_k,x)}\right)\frac{1+|x|^2}{|x|^2}\pi(\mathrm{d}x) \tag{14}$$

它可从式(13)的右边按变量 t 从 $-\delta$ 到 δ 求积分,然后除以 2δ 得到.因此测度

$$\tilde{\pi}(A)=\int_A\sum_{k=1}^{\infty}c_k\left(1-\frac{\sin\delta(e_k,x)}{\delta(e_k,x)}\right)\frac{1+|x|^2}{|x|^2}\pi(\mathrm{d}x)$$

被唯一地确定,因为(14)是这个测度的特征泛函.测度 π 完全由下述条件所确定:

1) $\pi(\{0\})=0$;

2) 如果 $0\overline{\in}A$,那么

$$\pi(A)=\int_A\left[\sum_{k=1}^{\infty}c_k\left(1-\frac{\sin\delta(e_k,x)}{\delta(e_k,x)}\right)\right]^{-1}\frac{|x|^2}{1+|x|^2}\tilde{\pi}(\mathrm{d}x)$$

这就是说,测度 π 被 $\chi(z)$ 的值所确定.因此,$\boldsymbol{a}$ 也就被 $\chi(z)$ 的值所唯一确定.

独立随机变量和的极限定理　设 $\xi_{n1},\cdots,\xi_{nk_n}$ 是独立随机变量组的序列:$\zeta_n=\sum_{k=1}^{k_n}\xi_{nk}$.假定变量 ξ_{nk} 无穷小,即对任意 $\varepsilon>0$ 有

$$\lim_{n\to\infty}\sup_k P\{|\xi_{nk}|>\varepsilon\}=0$$

我们来寻求当 $n\to\infty$ 时 ζ_n 的分布收敛于某一极限分布的条件用 μ_{nk} 表示变量 ξ_{nk} 的分布,用 v_n 表示 ζ_n 的分布.其次,设 $a_{nk}\in\mathscr{X}$ 由下等式所定义:对所有 $z\in\mathscr{X}$ 有

$$(a_{n,k},z)=\int\frac{(z,x)}{1+|x-a_{nk}|^2}\mu_{nk}(\mathrm{d}x)$$

对足够大的n满足不等式$|a_{nk}|<\delta<1$的a_{nk}的存在与唯一性由下关系式得到

$$|Ta|\leqslant\int\frac{|x|}{1+|x-a|^2}\mu_{nk}(\mathrm{d}x)\leqslant\varepsilon+|a|\mu_{nk}(\{x:|x|>\varepsilon\})$$

其中

$$(Ta,z)=\int\frac{(x,z)}{1+|x-a|^2}\mu_{nk}(\mathrm{d}x)$$

$$|Ta-Tb|\leqslant|a-b|\int\frac{(2|x|+|a|+|b|)|x|}{(1+|x-a|^2)(1+|x-b|^2)}\mu_{nk}(\mathrm{d}x)\leqslant$$

$$|a-b|[2\varepsilon^2+2\delta\varepsilon+L\mu_{nk}(\{x:|x|>\varepsilon\})]$$

$$L=\sup\{\frac{(2|x|+|a|+|b|)|x|}{(1+|x-a|^2)(1+|x-b|^2)}:|a|\leqslant$$

$$\delta,|b|\leqslant\delta,x\in\mathscr{X}\}\leqslant2\frac{(1+\delta)^2}{(1-\delta)^2}$$

由这些不等式得知,T在区域$|a|<\delta<1$是压缩算子且将此区域映射到它自身.因此a_{nk}存在且唯一.令

$$a_n=\sum_{k=1}^{k_n}a_{nk},(V_nz,z)=\sum_{k=1}^{k_n}(V_{nk}z,z)$$

$$(V_{nk}z,z)=\int\frac{(z,x-a_{nk})^2}{1+|x-a_{nk}|^2}\mu_{nk}(\mathrm{d}x)$$

且设测度μ_n由等式

$$\int\mathrm{e}^{\mathrm{i}(z,x)}\mu_n(\mathrm{d}x)=\sum_{k=1}^{k_n}\int\mathrm{e}^{\mathrm{i}(z,x-a_{nk})}\frac{|x-a_{nk}|^2}{1+|x-a_{nk}|^2}\mu_{nk}(\mathrm{d}x)$$

所定义.

定理4 当$n\to\infty$时测度序列v_n弱收敛于某个测度v的充分必要条件是:

1)μ_n弱收敛于某个测度π';

2)存在极限$a=\lim\limits_{n\to\infty}a_n$;

3)算子序列V_n是使得$\sum\limits_{k=1}^{\infty}(V_ne_k,e_k)$对于$n$一致收敛且对每个$z$ $\lim\limits_{n\to\infty}(V_nz,z)=(Vz,z)$存在,其中$V$是核算子.同时,极限分布的特征泛函由式(12)给出,其中

$$(Bz,z)=(Vz,z)-\int\frac{(x,z)^2}{|x|^2}\pi(\mathrm{d}x)$$

$$\pi(A)=\pi'(A)\text{ 当 }0\,\overline{\in}\,A,\pi(\{0\})=0$$

证 充分性.我们有

$$E\mathrm{e}^{\mathrm{i}(z,\zeta_n)}=E\mathrm{e}^{\mathrm{i}(z,a_n)}\prod_{k=1}^{k_n}\int\mathrm{e}^{\mathrm{i}(z,x-a_{nk})}\mu_{nk}(\mathrm{d}x)=$$

$$Ee^{i(z,a_n)}\prod_{k=1}^{k_n}\Big\{1-\frac{1}{2}(V_{nk}z,z)+\int\Big[e^{i(z,x-a_{nk})}-1-\frac{i(z,x-a_{nk})}{1+|x-a_{nk}|^2}+\frac{1}{2}\frac{(x-a_{nk},z)^2}{1+|x-a_{nk}|^2}\Big]\mu_{nk}(dx)\Big\}$$

注意

$$\left|-\frac{1}{2}(V_{nk}z,z)+\int\Big[e^{i(z,x-a_{nk})}-1-\frac{i(z,x-a_{nk})}{1+|x-a_{nk}|}+\frac{1}{2}\frac{(z,x-a_{nk})^2}{1+|x-a_{nk}|^2}\Big]\mu_{nk}(dx)\right|\leqslant$$

$$\left|\int[\cos(z,x-a_{nk})-1]\mu_{nk}(dx)+i\int\Big[\sin(z,x-a_{nk})-\frac{(z,x-a_{nk})}{1+|x-a_{nk}|^2}\Big]\mu_{nk}(dx)\right|=$$

$$O(V_{nk}z,z)+(1+|z|)\mu_{nk}(\{x:|x|>1\})$$

由后一不等式得

$$\ln Ee^{i(z,\zeta_n)}=i(z,a_n)-\frac{1}{2}(V_nz,z)+$$

$$\sum_{k=1}^{k_n}\int\Big[e^{i(z,x-a_{nk})}-1-\frac{i(z,x-a_{nk})}{1+|x-a_{nk}|^2}+\frac{1}{2}\frac{(z,x-a_{nk})^2}{1+|x-a_{nk}|^2}\Big]\mu_{nk}(dx)+$$

$$O[\sup_k(V_{nk}z,z)+(1+|z|)\sup_k\mu_{nk}\{x:|x|>1\}]$$

容易验证

$$\lim_{n\to\infty}\sup_k|a_{nk}|=0$$

此外

$$\mathrm{Sp}\,V_{nk}=\int\frac{|x-a_{nk}|^2}{1+|x-a_{nk}|^2}\mu_{nk}(dx)\leqslant$$

$$2\delta^2+|a_{nk}|^2+P\{|\xi_{nk}|>\delta\}$$

且因此

$$\lim_{n\to\infty}\sup_k\mathrm{Sp}\,V_{nk}=0$$

因此由定理的条件,对所有 z 有

$$\lim_{n\to\infty}\ln Ee^{i(z,\zeta_n)}=i(z,a)-\frac{1}{2}(V_z,z)+$$

$$\lim_{n\to\infty}\sum_{k=1}^{k_n}\int\Big[e^{i(z,x-a_{nk})}-1-\frac{i(z,x-a_{nk})}{1+|x-a_{nk}|}+\frac{1}{2}\frac{(z,x-a_{nk})}{1+|x-a_{nk}|^2}\Big]\mu_{nk}(dx)$$

注意到

$$\lim_{n\to\infty}\sum_{k=1}^{k_n}\int\Big[e^{i(z,x-a_{nk})}-1-\frac{i(z,x-a_{nk})}{1+|x-a_{nk}|^2}+\frac{1}{2}\frac{(z,x-a_{nk})^2}{1+|x-a_{nk}|^2}\Big]\mu_{nk}(dx)=$$

$$\lim_{n\to\infty}\int\Big(e^{i(z,x)}-1-\frac{i(z,x)}{1+|x|^2}+\frac{1}{2}\frac{(z,x)^2}{1+|x|^2}\Big)\frac{1+|x|^2}{|x|^2}\mu_n(dx)=$$

$$\int\Big(e^{i(z,x)}-1-\frac{i(z,x)}{1+|x|^2}+\frac{1}{2}\frac{(z,x)}{1+|x|^2}\Big)\frac{1+|x|^2}{|x|^2}\pi'(dx)=$$

$$\int\left(e^{i(z,x)}-1-\frac{i(z,x)}{1+|x|^2}+\frac{1}{2}\frac{(z,x)^2}{1+|x|^2}\right)\frac{1+|x|^2}{|x|^2}\pi(dx)$$

因为当 $x=0$ 时如果我们定义函数

$$\left(e^{i(z,x)}-1-\frac{i(z,x)}{1+|x|^2}+\frac{1}{2}\frac{(z,x)^2}{1+|x|^2}\right)\frac{1+|x|^2}{|x|^2}$$

等于 0,那么它是连续的.因此

$$\lim_{n\to\infty}\ln Ee^{i(z,\zeta_n)}=i(z,a)-\frac{1}{2}(Bz,z)+$$
$$\int\left(e^{i(z,x)}-1-\frac{i(z,x)}{1+|x|^2}\right)\frac{1+|x|^2}{|x|^2}\pi(dx)$$

为了证明测度 v_n 的弱收敛性,验证它们是弱紧的就够了.但

$$\left|1-\int e^{i(z,x)}v_n(dx)\right|=$$
$$\left|1-e^{i(a_n,z)}\prod_{k=1}^{k_n}\int e^{i(z,x-a_{nk})}\mu_{nk}(dx)\right|\leqslant$$
$$|(a_n,z)|+\sum_{k=1}^{k_n}\left|1-\int e^{i(z,x-a_{nk})}\mu_{nk}(dx)\right|\leqslant$$
$$|(a_n,z)|+\sum_{k=1}^{k_n}\int(1-\cos(z,x-a_{nk}))\mu_{nk}(dx)+$$
$$\sum_{k=1}^{k_n}\left|\int\left[\sin(z,x-a_{nk})-\frac{(z,x-a_{nk})}{1+|x-a_{nk}|^2}\right]\mu_{nk}(dx)\right|$$

我们利用估计

$$|(a_n,z)|\leqslant\delta+\frac{1}{\delta}(a_n,z)^2$$

$$\int(1-\cos(z,x-a_{nk}))\mu_{nk}(dx)\leqslant$$
$$\int_{|x-a_{nk}|\leqslant c}(x-a_{nk},z)^2\mu_{nk}(dx)+2\int_{|x-a_{nk}|>c}\mu_{nk}(dx)$$

$$\left|\int\frac{|x-a_{nk}|^2}{1+|x-a_{nk}|^2}\sin(z,x-a_{nk})\mu_{nk}(dx)\right|\leqslant$$
$$\delta\int\frac{|x-a_{nk}|^2}{1+|x-a_{nk}|^2}\mu_{nk}(dx)+$$
$$\frac{1}{\delta}\int\sin^2(z,x-a_{nk})\mu_{nk}(dx)\leqslant$$
$$\delta\int\frac{|x-a_{nk}|^2}{1+|x-a_{nk}|^2}\mu_{nk}(dx)+$$
$$\frac{1}{\delta}\int_{|x-a_{nk}|\leqslant c}(z,x-a_{nk})^2\mu_{nk}(dx)+$$

$$\frac{1}{\delta}\int_{|x-a_{nk}|>c}\mu_{nk}(\mathrm{d}x)$$

$$\int_{|x-a_{nk}|\leqslant c}(z,x-a_{nk})^2\mu_{nk}(\mathrm{d}x)\leqslant(1+c^2)(V_{nk}z,z)$$

由这些估计得不等式

$$\left|1-\int \mathrm{e}^{\mathrm{i}(z,x)}v_n(\mathrm{d}x)\right|\leqslant(1+c^2)\left(1+\frac{1}{\delta}\right)(V_nz,z)+$$

$$\frac{1}{\delta}(a_n,z)^2+\delta(\mu_n(\mathscr{X})+1)+$$

$$\left(2+\frac{1}{\delta}\right)\mu_n(\{x:|x|>c-\sup_k|a_{nk}|\})$$

通过选取 δ 和 c,表达式

$$\delta\mu_n(\mathscr{X})+\delta+\left(2+\frac{1}{\delta}\right)\mu_n(\{x:|x|>c-\sup_k|a_{nk}|\})$$

可以变得任意小,所以为证明 v_n 的紧性,只要证明对于由关系式

$$(S_nz,z)=(V_nz,z)+(a_n,z)^2$$

所定义的算子 S_n,级数

$$\sum_{k=1}^{\infty}(S_n\boldsymbol{e}_k,\boldsymbol{e}_k)=\sum_{k=1}^{\infty}(V_n\boldsymbol{e}_k,\boldsymbol{e}_k)+\sum_{k=1}^{\infty}(a_n,\boldsymbol{e}_k)^2$$

关于 n 一致收敛就够了,其中$\{\boldsymbol{e}_k\}$是任意规范正交基.

$$\sum_{k=1}^{\infty}(V_n\boldsymbol{e}_k,\boldsymbol{e}_k)$$

关于 n 的一致收敛性由条件(3)得到,级数 $\sum_{k=1}^{\infty}(a_n,\boldsymbol{e}_k)^2$ 的一致收敛性则由于条件(2)有

$$\lim_{n\to\infty}\sum_{k=1}^{\infty}[(a_n,\boldsymbol{e}_k)-(a,\boldsymbol{e}_k)]^2=0$$

而得到.这就证明了定理条件的充分性.

必要性.设 $\xi'_n,\cdots,\xi'_{nk_n}$ 是在 $\mathscr{X}$ 中取值的相互独立随机变量,且独立于 $\xi_{n1},\cdots,\xi_{nk_n}$,又设 ξ_{n1} 与 ξ'_{n1} 具有相同的分布.由于

$$P\left\{\left|\sum_{k=1}^{k_n}(\xi_{nk}-\xi'_{nk})\right|>2c\right\}\leqslant 2P\left\{\left|\sum_{k=1}^{k_n}\xi_{nk}\right|>c\right\}$$

和变量 $\xi_{nk}-\xi'_{nk}$ 是对称的,所以由于引理3

$$P\left\{\sup_{j\leqslant k_n}\left|\sum_{k=1}^{j}(\xi_{nk}-\xi'_{nk})\right|>2c\right\}\leqslant 4P\left\{\left|\sum_{k=1}^{k_n}\xi_{nk}\right|>c\right\}$$

因此

$$P\{\sup_{k\leqslant k_n}|\xi_{nk}-\xi'_{nk}|>4c\}\leqslant 4P\left\{\left|\sum_{k=1}^{k_n}\xi_{nk}\right|>c\right\}$$

如果 c 足够大使得

$$4P\left\{\left|\sum_{k=1}^{k_n}\xi_{nk}\right|>c\right\}<1$$

那么由于不等式 $x\leqslant-\ln(1-x)$ 可知

$$\begin{aligned}\sum_{k=1}^{k_n}P\{|\xi_{nk}-\xi'_{nk}|>4c\}\leqslant-\sum_{k=1}^{k_n}\ln P\{|\xi_{nk}-\xi'_{nk}|\leqslant 4c\}=\\ -\ln P\{\sup_{k\leqslant k_n}|\xi_{nk}-\xi'_{nk}|\leqslant 4c\}\leqslant\\ -\ln\left(1-4P\left\{\left|\sum_{k=1}^{k_n}\xi_{nk}\right|>c\right\}\right)\end{aligned}$$

因而能找到 b_{nk},使得

$$\sum_{k=1}^{k_n}P\{|\xi_{nk}-b_{nk}|>4c\}\leqslant-\ln\left(1-4P\left\{\left|\sum_{k=1}^{k_n}\xi_{nk}\right|>c\right\}\right)$$

因为对任意 $\varepsilon>0$,$\sup\limits_{k}P\{|\xi_{nk}|>\varepsilon\}\to 0$,所以只要

$$-\ln\left(1-4P\left\{\left|\sum_{k=1}^{n}\xi_{nk}\right|>c\right\}\right)<1-\sup_{k}P\{|\xi_{nk}|>\varepsilon\}$$

就有 $|b_{nk}|\leqslant c+\varepsilon$. 取 $\varepsilon=c$,我们得

$$\sum_{k=1}^{k_n}P\{|\xi_{nk}|>9c\}\leqslant-\ln\left(1-4P\left\{\left|\sum_{k=1}^{k_n}\xi_{nk}\right|>c\right\}\right)\tag{14'}$$

设 $\psi_c(x)=1$ 当 $|x|\leqslant c$ 时;$\psi_c(x)=0$ 当 $|x|>c$ 时. 那么

$$\begin{aligned}&P\left\{\sup_{k\leqslant k_n}\left|\sum_{j=1}^{k}\psi_c(\xi_{nj}-\xi'_{nj})(\xi_{nj}-\xi'_{nj})\right|>\alpha\right\}\leqslant\\ &2P\left\{\left|\sum_{j=1}^{k_n}\psi_c(\xi_{nj}-\xi'_{nj})(\xi_{nj}-\xi'_{nj})\right|>\alpha\right\}\leqslant\\ &2P\left\{\left|\sum_{j=1}^{k_n}(\xi_{nj}-\xi'_{nj})\right|>\alpha\right\}+2P\{\sup_{j}|\xi_{nj}-\xi'_{nj}|>c\}\leqslant\\ &2P\left\{\left|\sum_{j=1}^{k_n}(\xi_{nj}-\xi'_{nj})\right|>\alpha\right\}+4P\left\{\left|\sum_{j=1}^{k_n}(\xi_{nj}-\xi'_{nj})\right|>\frac{c}{2}\right\}\leqslant\\ &4P\left\{\left|\sum_{j=1}^{k_n}\xi_{nj}\right|>\frac{\alpha}{2}\right\}+8P\left\{\left|\sum_{j=1}^{k_n}\xi_{nj}\right|>\frac{c}{4}\right\}\end{aligned}$$

对足够大的 α 和 c 这不等式的右边可以变得任意小,因此由引理 2 得

$$E\left|\sum_{j=1}^{k_n}\psi_c(\xi_{nj}-\xi'_{nj})(\xi_{nj}-\xi'_{nj})\right|^2$$

对 n 一致有界(对所有足够大的 c). 但对所有 $\delta>0$ 可知

$$E\psi_c(\xi_{nj}-\xi'_{nj})|\xi_{nj}-\xi'_{nj}|^2\geqslant P\{|\xi'_{nj}|\leqslant\delta\}\inf_{|a|\leqslant\delta}\int_{|x|<c-\delta}|x-a|^2\mu_{nj}(\mathrm{d}x)$$

用 $\tilde{a}_{nj}$ 表示使得能达到下确界的 a. 对足够大的 n

$$\tilde{a}_{nj}=\int_{|x|<c-\delta} x\mu_{nj}(\mathrm{d}x)$$

因为当 $n\to\infty$ 时

$$\inf_j P\{|\xi'_{nj}|\leqslant\delta\}=\inf_j P\{|\xi_{nj}|\leqslant\delta\}\to 1$$

所以

$$\sup_n\sum_{k=1}^{k_n}\int_{|x|\leqslant c-\delta}|x-\tilde{a}_{nk}|^2\mu_{nk}(\mathrm{d}x)<\infty$$

从后一不等式和(14′),我们得

$$\sup_n\sum_{k=1}^{k_n}\int\frac{|x-\tilde{a}_{nk}|^2}{1+|x-a_{nk}|^2}\mu_{nk}(\mathrm{d}x)<\infty \tag{15}$$

但

$$|x-\tilde{a}_{nk}|^2=|x-a_{nk}|^2+2(x-a_{nk},\tilde{a}_{nk}-a_{nk})+|\tilde{a}_{nk}-a_{nk}|^2$$

又因为

$$\int\frac{(x-a_{nk},a_{nk}-\tilde{a}_{nk})}{1+|x-a_{nk}|^2}\mu_{nk}(\mathrm{d}x)=0$$

所以

$$\sup_n\sum_{k=1}^{k_n}\int\frac{|x-a_{nk}|^2+|a_{nk}-\tilde{a}_{nk}|^2}{1+|x-a_{nk}|^2}\mu_{nk}(\mathrm{d}x)<\infty$$

由此得

$$\sup_n\sum_{k=1}^{k_n}\int\frac{|x-a_{nk}|^2}{1+|x-a_{nk}|^2}\mu_{nk}(\mathrm{d}x)<\infty \tag{16}$$

关系式

$$\sup_{k\leqslant k_n}\int\frac{|x-a_{nk}|^2}{1+|x-a_{nk}|^2}\mu_{nk}(\mathrm{d}x)=o(1)$$

也是显然的. 因此,利用不等式

$$\left|\int\left[\mathrm{e}^{\mathrm{i}(z,x-a_{nk})}-1-\frac{\mathrm{i}(z,x-a_{nk})}{1+|x-a_{nk}|^2}\right]\mu_{nk}(\mathrm{d}x)\right|\leqslant$$

$$\frac{1}{2}\int\frac{(z,x-a_{nk})^2}{1+|x-a_{nk}|^2}\mu_{nk}(\mathrm{d}x)+$$

$$\left|\int(\mathrm{e}^{\mathrm{i}(z,x-a_{nk})}-1)\frac{|x-a_{nk}|^2}{1+|x-a_{nk}|^2}\mu_{nk}(\mathrm{d}x)\right|$$

可以得到

$$\ln\chi_n(z)=\ln E\mathrm{e}^{\mathrm{i}(z,\zeta_n)}=\mathrm{i}(a_n,z)+$$

$$\sum_{k=1}^{k_n}\int\left(e^{i(z,x-a_{nk})}-1-\frac{i(z,x-a_{nk})}{1+|x-a_{nk}|^2}\right)\mu_{nk}(dx)+$$
$$(V_n z,z)[O(\sup_{k\leqslant k_n}(V_{nk}z,z))+o(1)]+o(1)$$

由测度 v_n 的紧性得知,对任意 $\varepsilon>0$ 可以找到算子 $B\in T_c$ 及算子 $A_n\in S_1$,使得 $(BA_nBz,z)\leqslant 1$ 时有 $1-\mathrm{Re}\chi_n(z)\leqslant 1$. 那么当 $(BA_nBz,z)\leqslant 1$ 时,对足够小的 ε 有 $-\ln|\chi_n(z)|<2\varepsilon$. 因此

$$\sum_{k=1}^{k_n}\int(1-\cos(z,x-a_{nk}))\mu_{nk}(dx)<2\varepsilon$$

但这时

$$\int(1-\cos(z,x))\mu_n(dx)=\sum_{k=1}^{k_n}\int(1-\cos(z,x-a_{nk}))\frac{|x-a_{nk}|^2}{1+|x-a_{nk}|^2}\mu_{nk}(dx)\leqslant$$
$$\sum_{k=1}^{k_n}\int(1-\cos(z,x-a_{nk}))\mu_{nk}(dx)<2\varepsilon$$

由此得到测度 μ_n 的紧性. 因此,由于 §2 定理 2 的推论 2,$V_n^{1/2}$ 是 $\mathfrak{S}_{\mathscr{X}}$ 中的紧集,从而根据 §2 引理 2 级数 $\sum_{k=1}^{\infty}(V_n\boldsymbol{e}_k,\boldsymbol{e}_k)$ 对每个基 $\{\boldsymbol{e}_k\}$ 一致收敛. 显然

$$\lim_{n\to\infty}\chi_n(z)=\lim_{n\to\infty}\exp\left\{i(a_n,z)-\frac{1}{2}(V_nz,z)+\right.$$
$$\int\left(e^{i(z,x)}-1-\frac{i(z,x)}{1+|x|^2}+\right.$$
$$\left.\left.\frac{1}{2}\frac{(z,x)^2}{1+|x|^2}\right)\frac{1+|x|^2}{|x|^2}\mu_n(dx)\right\}$$

我们选取子序列 n' 使得测度 $\mu_{n'}$ 收敛于某个测度 π' 及 $(V_{n'}z,z)\to(Vz,z)$. 这时 $(a_{n'},z)$ 的极限也存在且等于 (a,z). 因此

$$\lim_{n\to\infty}\chi_{n'}(z)=\exp\left\{i(a,z)-\frac{1}{2}(V_z,z)+\int\left(e^{i(z,x)}-1-\frac{i(z,x)}{1+|x|^2}+\right.\right.$$
$$\left.\left.\frac{1}{2}\frac{(z,x)^2}{1+|x|^2}\right)\frac{1+|x|^2}{|x|^2}\pi'(dx)\right\}$$

由特征函数表示的唯一性得到,μ_n 弱收敛于 π' 且 (V_nz,z) 收敛于 (Vz,z). 此外,由此还得到,a_n 弱收敛于 a. 为验证 a_n 强收敛于 a,我们注意当 $|z|\leqslant c$ 时,$\chi_n(z)$ 一致收敛于 $\chi(z)$(参考 §2 定理 3 的注),当 $|z|\leqslant c$ 时,$(V_nz,z)\to(Vz,z)$ 也一致收敛(这由定理的条件 3) 得到). 最后如 §2 定理 3 的注一样,可以证明

$$\sum_{k=1}^{k_n}\int\left(e^{i(z,x-a_{nk})}-1-\frac{i(z,x-a_{nk})}{1+|x-a_{nk}|^2}+\frac{1}{2}\frac{(z,x-a_{nk})^2}{1+|x-a_{nk}|^2}\right)\mu_{nk}(dx)$$

也一致收敛于

$$\int\left(e^{i(z,x)}-1-\frac{i(z,x)}{1+|x|^2}+\frac{1}{2}\frac{(z,x)^2}{1+|x|^2}\right)\pi'(dx)$$

因此当 $|z|\leqslant c$ 时，(a_n,z) 也一致收敛于 (a,z). 由此，正如在定理 2 中所论证，可以得出，a_n（强）收敛于 a. 定理得证.

注 如果利用关系式

$$(a_{nk},z)=\int_{|x|\leqslant c}(x,z)\mu_{nk}(dx)$$

定义 a_{nk}，而 μ_n,V_{nk},V_n 如在定理 4 那样定义，那么在定理 4 的条件下随机变量 ζ_n 的分布将弱收敛于特征函数为

$$\chi(z)=\exp\left\{i(a,z)-\frac{1}{2}(Bz,z)+\int_{|x|\leqslant c}\left(e^{i(z,x)}-1-i(z,x)\frac{1+|x|^2}{|x|^2}\pi(dx)+\int_{|x|>c}(e^{i(z,x)}-1)\frac{1+|x|^2}{|x|^2}\pi(dx)\right\}\right.$$

的无穷可分分布，倘若选取 c 满足 $\pi(\{x:|x|=c\})=0$. 该条件的充分必要性的证明和定理 4 的证明一样.

§4 关于连续随机过程的极限定理

在这一节里，将应用 §1 所介绍的距离空间测度弱收敛的一般定理来导出以概率为 1 连续的随机过程的极限定理.

设 $\xi_n(t)$ 是定义在区间 $[a,b]$ 上，取值于某个完备可分距离空间 $\mathscr{X}$，且在区间 $[a,b]$ 上以概率为 1 连续的随机过程序列. 用 $\mathscr{C}_{[a,b]}(\mathscr{X})$ 表示定义在 $[a,b]$ 上取值于 $\mathscr{X}$ 的连续函数 $x(t)$ 的集合.

在 $\mathscr{C}_{[a,b]}(\mathscr{X})$ 中引入距离

$$r(x(\cdot),y(\cdot))=\sup_{a\leqslant t\leqslant b}\rho(x(t),y(t))$$

其中 ρ 是 $\mathscr{X}$ 中的距离. 以此为距离，$\mathscr{C}_{[a,b]}(\mathscr{X})$ 成为完备可分距离空间. 用 $\mathfrak{B}_{[a,b]}(\mathscr{X})$ 表示 $\mathscr{C}_{[a,b]}(\mathscr{X})$ 的所有 Borel 集的 σ 代数. 此 σ 代数与包含 $\mathscr{C}_{[a,b]}(\mathscr{X})$ 中全体柱集的最小 σ 代数相重合（参考第五章 §2 关于 $\mathscr{X}$ 是线性情形所给出的证明，在现在的情形证明是同样的）. 因此可以用 $\mathfrak{B}_{[a,b]}(\mathscr{X})$ 上的测度 μ_n 与每一过程 $\xi_n(t)$ 联系起来，这测度在柱集上的值与过程 $\xi_n(t)$ 的有限维分布相同.

测度 μ_n 的弱收敛性对于随机过程 $\xi_n(t)$ 来说有什么样的含义呢？

设 μ_n 弱收敛于过程 $\xi(t)$ 所对应的测度 μ. 那么对于每一定义在 $\mathscr{C}_{[a,b]}(\mathscr{X})$

上 μ 几乎处处连续有界的 $\mathfrak{B}_{[a,b]}$ ($\mathscr{X}$) 可测泛函 $\varphi(x)$，我们有

$$\lim_{n\to\infty}\int\varphi(x)\mu_n(\mathrm{d}x)=\int\varphi(x)\mu(\mathrm{d}x)$$

(参见第五章 §1引理). 因此对每一μ 几乎处处连续 $\mathfrak{B}_{[a,b]}$ ($\mathscr{X}$) 可测泛函 $f(x)$，对所有实数 λ

$$\lim_{n\to\infty}\int\mathrm{e}^{\mathrm{i}\lambda f(x)}\mu_n(\mathrm{d}x)=\int\mathrm{e}^{\mathrm{i}\lambda f(x)}\mu(\mathrm{d}x)$$

现注意

$$\int\mathrm{e}^{\mathrm{i}\lambda f(x)}\mu_n(\mathrm{d}x)=E\mathrm{e}^{\mathrm{i}\lambda f(\xi_n(\cdot))}$$

$$\int\mathrm{e}^{\mathrm{i}\lambda f(x)}\mu(\mathrm{d}x)=E\mathrm{e}^{\mathrm{i}\lambda f(\xi(\cdot))}$$

(对每一 $\mathfrak{B}_{[a,b]}$ ($\mathscr{X}$) 可测泛函 f 来说，$f(\xi_n(\cdot))$ 和 $f(\xi(\cdot))$ 是随机变量而且最后的两式是第五章 §1 式(2) 的推论). 由变量 $f(\xi_n(\cdot))$ 的特征函数收敛于变量 $f(\xi(\cdot))$ 的特征函数得到，变量 $f(\xi_n(\cdot))$ 的分布收敛于 $f(\xi(\cdot))$ 的分布. 因此测度 μ_n 弱收敛于μ 推得，对每一 μ 几乎处处连续 $\mathfrak{B}_{[a,b]}$ ($\mathscr{X}$) 可测泛函 $f(x)$，$f(\xi_n(\cdot))$ 的分布收敛于 $f(\xi(\cdot))$ 的分布. 反之，如果对每一 μ 几乎处处连续的 $\mathfrak{B}_{[a,b]}$ ($\mathscr{X}$) 可测泛函，$f(\xi_n(\cdot))$ 的分布收敛于 $f(\xi(\cdot))$ 的分布，那么对每一有界 μ 几乎处处连续的 $\mathfrak{B}_{[a,b]}$ ($\mathscr{X}$) 可测泛函 φ，$E\varphi(\xi_n(\cdot))\to E\varphi(\xi(\cdot))$，即

$$\lim_{n\to\infty}\int\varphi(x)\mu_n(\mathrm{d}x)=\int\varphi(x)\mu(\mathrm{d}x)$$

因此，测度 μ_n 弱收敛于μ 等价于对每一μ 几乎处处连续的 $\mathfrak{B}_{[a,b]}$ ($\mathscr{X}$) 可测泛函 f，$f(\xi_n(\cdot))$ 的分布收敛于 $f(\xi(\cdot))$ 的分布.

通常在考虑随机过程的极限定理时假定了边沿分布弱收敛，即对测度 μ 的所有连续柱集 A，测度 $\mu_n(A)$ 收敛于测度 $\mu(A)$. 因为对 $\mathscr{C}_{[a,b]}$ ($\mathscr{X}$) 中每一形为

$$\{x(\cdot):\rho(\bar{x}(t),x(t))<\varepsilon,a\leqslant t\leqslant b\}$$

的开球($\bar{x}(t)$ 是 $\mathscr{C}_{[a,b]}$ ($\mathscr{X}$) 中给定的函数) 有关系式

$$\{x(\cdot):\rho(\bar{x}(t),x(t))<\varepsilon,a\leqslant t\leqslant b\}=$$
$$\bigcup_{m=1}^{\infty}\bigcap_{N=1}^{\infty}\left\{x(\cdot):\rho(\bar{x}(t_k),x(t_k))<\varepsilon-\frac{1}{m},k=1,\cdots,N\right\}$$

此处$\{t_1,t_2,\cdots\}$ 是在$[a,b]$ 上处处稠密的序列，所以测度 μ 的连续开柱集的代数 $\mathfrak{A}_0$ 满足 §1 定理 4 的条件.

为了能应用 §1 定理 4，需要找出在空间 $\mathscr{C}_{[a,b]}$ ($\mathscr{X}$) 中紧集的一般形式. 当 $\mathscr{X}$ 是有限维欧几里得空间时，$\mathscr{C}_{[a,b]}$ ($\mathscr{X}$) 中紧集的一般形式由著名的 Arzelá 定理给出.

在现在的情形里，类似的结果成立，我们将它叙述成下面的引理.

设 λ_δ 是正的单调连续函数，当 $\delta>0$ 时有定义且满足当 $\delta\downarrow 0$ 时 $\lambda_\delta\downarrow 0$ 的条

件，而X_1是$\mathscr{X}$中的某个紧集. 用$K(X_1,\lambda_\delta)$表示$\mathscr{C}_{[a,b]}(\mathscr{X})$中满足如下条件的函数$x(t)$的集合：a)$x(t)\in X_1, 0\leqslant t\leqslant b$；b)当$|t_1-t_2|\leqslant\delta$时

$$\rho(x(t_1),x(t_2))\leqslant\lambda_\delta$$

引理 1 集合$K(X_1,\lambda_\delta)$是$\mathscr{C}_{[a,b]}(\mathscr{X})$中的紧集. 对$\mathscr{C}_{[a,b]}(\mathscr{X})$中每一紧集$K_1$均可以找到$\mathscr{X}$中的紧集$X_1$和正的递增连续函数$\lambda_\delta,\lambda_{t0}=0$，使得$K_1\subset K(X_1,\lambda_\delta)$.

证 为了证明集合$K(X_1,\lambda_\delta)$的紧性，我们考虑此集合中的任意序列$x_n(\cdot)$并证明在其中可选取收敛子序列. 对每个t利用$x_n(t)$的值的集合的紧性，我们可用对角线办法选取子序列$x_{n_k}(t)$使得对$[a,b]$中的每个有理数t，$x_{n_k}(t)$收敛于某一极限. 用$y_k(t)$表示$x_{n_k}(t)$并证明序列$y_k(t)$收敛. 设$a\leqslant t_1<\cdots<t_N\leqslant b$是有理点，使得区间$[a,t_1],[t_1,t_2],\cdots,[t_N,b]$中的每一个的长度不超过$\delta$. 那么

$$\sup_{a\leqslant t\leqslant b}\rho(y_k(t),y_l(t))\leqslant$$
$$\sup_{1\leqslant i\leqslant N}\rho(y_k(t_i),y_l(t_i))+\sup\{(\rho(y_k(t_i),y_k(t))+$$
$$\rho(y_l(t_i),y_l(t)));\ |t-t_i|\leqslant\delta,i=1,\cdots,N\}$$

因此

$$\overline{\lim_{k,l\to\infty}}r(y_k(\cdot),y_l(\cdot))\leqslant 2\lambda_\delta$$

由$\delta>0$的任意性得，$y_k(\cdot)$是基本列，且因此它有极限. 为证明引理的第二个结论，用X_t表示$x(\cdot)\in K_1$时$x(t)$值的集合. 我们证明，$X_1=\bigcup_t X_t, t\in[a,b]$是紧集. 设$x_n\in X_1$，那么$x_n=y(t_n)$，其中$y_n(\cdot)\in K_1$. 选取子序列$n_k$使得$t_{n_k}\to t_0$及$r(y_{n_k}(\cdot),y(\cdot))\to 0$，由此$x_{n_k}\to y(t_0)\in X_1$. 其次令

$$\lambda_\delta(x(\cdot))=\sup\{\rho(x(t_1),x(t_2));\ |t_1-t_2|<\delta\}$$

易见$\lambda_\delta(x(\cdot))$关于变元$\delta>0$和$x(\cdot)$二元连续. 因此由K_1的紧性得函数

$$\sup\{\lambda_\delta(x(\cdot));x(\cdot)\in K_1\}=\lambda_\delta$$

关于δ的连续性. λ_δ的单调性由$\delta_1<\delta_2$时

$$\lambda_{\delta_1}(x(\cdot))\leqslant\lambda_{\delta_2}(x(\cdot))$$

得到. 由于当$\delta\downarrow 0$时，$\lambda_\delta(x(\cdot))$单调趋于0，所以由Dini定理得知，此收敛在每个紧集上是一致的. 因此

$$\lim_{\delta\downarrow 0}\lambda_\delta=\lim_{\delta\downarrow 0}\sup\{\lambda_\delta(x(\cdot));x(\cdot)\in K_1\}=0$$

这就是说，$K_1\subset K(X_1,\lambda_\delta)$. 引理得证.

定理 1 设随机过程$\xi_n(t)$的边沿分布收敛于过程$\xi(t)$的边沿分布. 为使$\mathscr{C}_{[a,b]}(\mathscr{X})$上的所有连续泛函$f$，$f(\xi_n(\cdot))$的分布收敛于$f(\xi(\cdot))$的分布的充分必要条件是对任意$\rho>0$关系式

$$\lim_{h\to 0}\sup_n P\{\sup_{|t_1-t_2|\leqslant h}\rho(\xi_n(t_1),\xi_n(t_2))>\rho\}=0 \tag{1}$$

成立.

证　必要性.如果定理的结论成立,那么对应于过程 $\xi_n(t)$ 的测度 μ_n 的序列是弱紧,所以 §1 定理 1 条件 b) 成立.因此对任意 $\varepsilon>0$ 可找到紧集 $K(K_1,\lambda_\delta)$ 使得

$$\sup_n \mu_n(\mathscr{C}_{[a,b]}(\mathscr{X})-K(X_1,\lambda_\delta))\leqslant\varepsilon$$

故

$$P\{\sup_{|t_1-t_2|\leqslant h}\rho(\xi_n(t_1),\xi_n(t_2))>\lambda_h\}\leqslant\varepsilon$$

如果 h 足够小,那么 $\lambda_h<\rho$ 且

$$\overline{\lim_{h\to\infty}}P\{\sup_{|t_1-t_2|\leqslant h}\rho(\xi_n(t_1),\xi_n(t_2))>\rho\}\leqslant\varepsilon$$

因为 $\varepsilon>0$ 是任意的,由此得(1).

充分性.注意到由 $\xi_n(t)$ 的边沿分布收敛于 $\xi(t)$ 的边沿分布得知,在测度 μ 的连续开柱集上,测度 μ_n 收敛于 μ.还由于 §1 定理 4,只要证明测度 μ_n 的紧性就够了.用 v_{nt} 表示在 $\mathscr{X}$ 上对应于 $\xi_n(t)$ 的分布的测度.我们可证明,测度集合 $\{v_{nt}:n=1,2,\cdots,t\in[a,b]\}$ 是紧的.事实上,如果 v_{nt_n} 是某一测度序列,那么选取子序列 n_k 使得 $t_{n_k}\to t_0$.容易验证,对定义在 $\mathscr{X}$ 上的任意有界连续函数 $\varphi(x)$ 有

$$\begin{aligned}\lim_{k\to\infty}\int\varphi(x)v_{n_kt_{n_k}}(\mathrm{d}x)&=\lim_{k\to\infty}E\varphi(\xi_{n_k}(t_{n_k}))=\lim_{k\to\infty}E\varphi(\xi_{n_k}(t_0))+\\&\lim_{k\to\infty}E[\varphi(\xi_{n_k}(t_{n_k}))-\varphi(\xi_{n_k}(t_0))]=\\&E\varphi(\xi(t_0))\end{aligned}$$

因为对任意紧集 X_1 和 $\delta>0$ 有

$$\begin{aligned}\overline{\lim_{k\to\infty}}E\mid\varphi(\xi_{n_k}(t_{n_k}))-\varphi(\xi_{n_k}(t_0))\mid\leqslant 2\sup_x\mid\varphi(x)\mid\overline{\lim_{k\to\infty}}[P\{\xi_{n_k}(t_0)\overline{\in}X_1\}+\\P\{\rho(\xi_{n_k}(t_{n_k}),\xi_{n_k}(t_0))>\delta\}]+\\\sup\{\mid\varphi(x)-\varphi(y)\mid:x\in X_1,\rho(x,y)\leqslant\delta\}\end{aligned}$$

且由于 $\varphi(x)$ 的连续性,$v_{n_kt_0}$ 的紧性及条件(1),上不等式右边可以任意小.

按条件

$$\sup_n P\{\sup_{|t'-t''|\leqslant h_k}\rho(\xi_n(t'),\xi_n(t''))>2^{-k}\}\leqslant 2^{-k}$$

选取序列 h_k.设 $X^{(k)}$ 是紧集,使对所有 n 及 $t\in[a,b]$,满足

$$v_{nt}(\mathscr{X}-X^{(k)})\leqslant 2^{-k}\frac{h_k}{b-a}$$

以 $X_1^{(k)}$ 表示满足 $\rho(x,X^{(k)})\leqslant 2^{-k}$ 的 x 的集合.那么

$$\begin{aligned}P\{\xi_n(t)\in X_1^{(k)},a\leqslant t\leqslant b\}\geqslant P\{\xi_n(a+lh_k)\in X^{(k)};1\leqslant l\leqslant\\\frac{b-a}{h_k},\sup_{|t_1-t_2|\leqslant h_k}\rho(\xi_n(t_1),\xi_n(t_2))\leqslant 2^{-k}\}\end{aligned}$$

因此

$$1-P\{\xi_n(t)\in X_1^{(k)}:a\leqslant t\leqslant b\}\leqslant\sum_{t\leqslant\frac{b-a}{h_k}}P\{\xi_n(a+lh_k)\overline{\in}X^{(k)}\}+$$

$$P\{\sup_{|t_1-t_2|\leqslant h_k}\rho(\xi_n(t_1),\xi_n(t_2))>2^{-k}\}\leqslant 2\cdot 2^{-k}$$

注意 $\bigcap_{k=m}^{\infty}X_1^{(k)}$ 是 $\mathscr{X}$ 中的紧集. 现在我们对 $\varepsilon>0$ 构造紧集 $K(X_1,\lambda_\delta)$ 使得对所有 $n,\mu_n(\mathscr{C}_{[a,b]}(\mathscr{X})-K(X_1,\lambda_\delta))<\varepsilon$. 为此,我们选取 m,使

$$2\sum_{k\geqslant m}2^{-k}<\frac{\varepsilon}{2}$$

且令

$$X_1=\bigcap_{k=m}^{\infty}X_1^{(k)}$$

取序列 $\lambda_r\downarrow 0$. 对每个 r,可找到 h_r 满足 $h_r<h_{r-1}$ 且

$$\sup_n P\{\sup_{|t_1-t_2|\leqslant h_r}\rho(\xi_n(t_1),\xi_n(t_2)>\lambda_r\}\leqslant\frac{\varepsilon}{2^{r+1}}$$

设 λ_δ 是一非负连续不增函数,使得 $\lambda_{h_r}=\lambda_{r-1}$. 显然,当 $\delta\downarrow 0$ 时 $\lambda_\delta\downarrow 0$. 此外

$$P\{\xi_n(\cdot)\overline{\in}K(X_1,\lambda_\delta)\}\leqslant 1-P\{\xi_n(t)\in X_1:a\leqslant t\leqslant b\}+$$

$$\sum_{r=1}^{\infty}P\{\sup_{|t_1-t_2|\leqslant h_r}\rho(\xi_n(t_1),\xi_n(t_2))>\lambda_r\}<$$

$$\frac{\varepsilon}{2}+\sum_{r=1}^{\infty}\frac{\varepsilon}{2^{r+1}}=\varepsilon$$

定理得证.

注 1 代替条件 1,可要求下述容易验证的条件

$$\lim_{h\to 0}\overline{\lim_{n\to\infty}}P\{\sup_{|t_1-t_2|\leqslant h}\rho(\xi_n(t_1),\xi_n(t_2))>\varepsilon\}=0 \tag{2}$$

事实上,由(2)得知,对任意 $\eta>0$ 存在 $\delta>0$ 和 N,当 $n>N,h<\delta$ 时

$$P\{\sup_{|t_1-t_2|\leqslant h}\rho(\xi_n(t_1),\xi_n(t_2))>\varepsilon\}\leqslant\eta \tag{3}$$

从过程 $\xi_n(t)$ 的连续性得到它们的一致连续性,因此对每个 n

$$\lim_{h\to 0}P\{\sup_{|t_1-t_2|\leqslant h}\rho(\xi_n(t_1),\xi_n(t_2))>\varepsilon\}=0$$

所以可选取 δ 使得当 $h<\delta$ 时关系式(3)对所有 n 成立.

下面的定理有时更方便于应用:

定理 2 设过程 $\xi_n(t)$ 的边沿分布收敛于过程 $\xi(t)$ 的有限维分布且存在 $\alpha>0,\beta>0$ 和 $H>0$,使对所有 $t_1,t_2\in[a,b]$ 和所有 n

$$E[\rho(\xi_n(t_1),\xi_n(t_2))]^\alpha\leqslant H|t_1-t_2|^{1+\beta} \tag{4}$$

那么对 $\mathscr{C}_{[a,b]}(\mathscr{X})$ 上的所有连续泛函 $f,f(\xi_n(\cdot))$ 的分布收敛于 $f(\xi(\cdot))$ 的分布.

证 利用第三章 §5 引理 1,对过程 $\xi_n(t)$ 来说,如果令 $g(h)=h^{\gamma}$,其中 $0<r<\beta/\alpha$,$q(C,h)=HC^{-\alpha}h^{1+\delta}$,其中 $\delta=\beta-\alpha\gamma$,这引理的条件(4)成立. 此时由第三章 §5 等式(8) 所定义的函数 $G(m)$ 和 $Q(m,C)$ 分别等于

$$G(m)=T^{\gamma}\ \frac{2^{-m\gamma}}{1-2^{-\gamma}}$$

$$Q(m,C)=HC^{-\alpha}T^{1+\delta}\ \frac{2^{-m\delta}}{1-2^{-\delta}}$$

$$T=b-a$$

于是,由于第三章 §5 关系式(7),不等式

$$P\{\sup_{|t_1-t_2|\leqslant h}\rho(\xi_n(t_1),\xi_n(t_2))>\varepsilon\}\leqslant L\varepsilon^{-\alpha}h^{\beta}$$

成立,其中 L 是某个常数. 证明的余下部分由定理 1 可得.

由独立随机变量和构造的过程的收敛性 设 $\xi_{n1},\cdots,\xi_{nk_n}$ 是数值随机变量组的序列,在每个组中随机变量是独立的,且满足条件:

1)$E\xi_{ni}=0,i=1,\cdots,k_n$;

2)$D\xi_{ni}=b_{ni},\sum_{i=1}^{k_n}b_{ni}=1$.

用如下方式构造随机函数 $\xi_n(t)$,$t\in[0,1]$. 令

$$S_{nk}=\sum_{i=1}^{k}\xi_{ni},t_{nk}=\sum_{i=1}^{k}b_{ni}$$

$$\xi_n(t)=S_{nk}+\frac{t-t_{nk}}{t_{nk+1}-t_{nk}}[S_{nk+1}-S_{nk}]$$

对于 $t\in[t_{nk},t_{nk+1}]$,$S_{n0}=0$,$t_{n0}=0$. 那么 $\xi_n(t)$ 是平面(t,ξ) 上联结具有坐标$(t_{nk};S_{nk})$,$k=0,1,\cdots,k_n$ 的点的随机折线.

我们研究在什么样的条件下过程 $\xi_n(t)$ 的边沿分布和这些过程的泛函的分布分别收敛于 Brown 运动过程 $w(t)$ 的边沿分布和它的相应的泛函的分布.

定理 3 设随机变量 ξ_{ni} 满足条件 1) 和 2) 以及 Linderberg 条件:如果 $F_{ni}(x)$ 是变量 ξ_{ni} 的分布函数,那么对任意 $\varepsilon>0$

$$\lim_{n\to\infty}\sum_{i=1}^{k_n}\int_{|u|>\varepsilon}u^2\mathrm{d}F_{ni}(u)=0 \tag{5}$$

在这些条件下,过程 $\xi_n(t)$ 的有限维分布收敛于过程 $w(t)$ 的有限维分布且对于 $\mathscr{C}_{[0,1]}$ 上的每一连续泛函 f,$f(\xi_n(\cdot))$ 的分布收敛于 $f(w(\cdot))$ 的分布.

证 由中心极限定理得到,过程 $\xi_n(t)$ 的有限维分布收敛于 $w(t)$ 的有限维分布. 为证明对 $\mathscr{C}_{[0,1]}$ 上所有连续泛函 f,$f(\xi_n(\cdot))$ 的分布收敛于 $f(w(\cdot))$ 的分布,我们来验证对任意 $\varepsilon>0$ 条件

$$\lim_{h\to 0}\varlimsup_{n\to\infty}P\{\sup_{|t_1-t_2|\leqslant h}|\xi_n(t_1)-\xi_n(t_2)|>\varepsilon\}=0 \tag{6}$$

成立，并利用定理1的注1. 因为

$$\sup_{|t_1-t_2|\leqslant h}|\xi_n(t_1)-\xi_n(t_2)|\leqslant 2\sup_k\sup_{kh<t\leqslant(k+2)h}|\xi_n(t)-\xi_n(kh)|\leqslant$$
$$4\sup_k\sup_{kh<t\leqslant(k+1)h}|\xi_n(t)-\xi_n(kh)|$$

所以

$$P\{\sup_{|t_1-t_2|\leqslant h}|\xi_n(t_1)-\xi_n(t_2)|>\varepsilon\}\leqslant\sum_{kh<1}P\left\{\sup_{kh<t\leqslant(k+1)h}|\xi_n(t)-\xi_n(kh)|>\frac{\varepsilon}{4}\right\}$$

注意到

$$\sup_{kh<t\leqslant(k+1)h}|\xi_n(t)-\xi_n(kh)|\leqslant 2\sup_{j_{n,k}<r\leqslant j_{n,k+1}}\left|\sum_{j=j_{n,k}}^{r}\xi_{nj}\right|$$

其中 $j_{n,k}$ 是使 t_{nj} 不超过 kh 的那些 j 的最大值. 因为当 $j_{n,k}<s<j_{n,k+1}$ 时

$$\overline{\lim_{n\to\infty}}\sup_s P\left\{\left|\sum_{j=s}^{j_{n,k+1}}\xi_{nj}\right|>\frac{\varepsilon}{16}\right\}\leqslant\frac{256}{\varepsilon^2}h$$

所以当 h 足够小时，由于第二章 §3 定理6

$$\overline{\lim_{n\to\infty}}P\left\{\sup_{kh<t\leqslant(k+1)h}|\xi_n(t)-\xi_n(kh)|>\frac{\varepsilon}{4}\right\}\leqslant$$
$$\frac{1}{1-\frac{256}{\varepsilon^2}h}\overline{\lim_{n\to\infty}}P\left\{|\xi_n(t_{n_{jn,k+1}})-\xi_n(t_{n_{jn,k}})|>\frac{\varepsilon}{16}\right\}$$

由 $\xi_n(t)$ 的有限维分布收敛于 $w(t)$ 的有限维分布得

$$\overline{\lim_{n\to\infty}}P\left\{|\xi_n(t_{n_{j_{n,k+1}}})-\xi_n(t_{n_{jn,k}})|>\frac{\varepsilon}{16}\right\}=\frac{1}{\sqrt{2\pi}}\int_{|u|>\frac{\varepsilon}{16\sqrt{h}}}e^{-\frac{u^2}{2}}du$$

$$\overline{\lim_{n\to\infty}}P\{\sup_{|t_1-t_2|\leqslant h}|\xi_n(t_1)-\xi_n(t_2)|>\varepsilon\}=O\left(\sum_{kh<1}\int_{|u|>\frac{\varepsilon}{16\sqrt{h}}}e^{-\frac{u^2}{2}}du\right)=$$
$$O\left(\frac{1}{h}\int_{|u|>\frac{\varepsilon}{16\sqrt{h}}}e^{-\frac{u^2}{2}}du\right)$$

因为

$$\lim_{h\to 0}\frac{1}{h}\int_{|u|>\frac{\varepsilon}{\sqrt{h}}}e^{-\frac{u^2}{2}}du=0$$

所以得(6). 定理得证.

由定理3立即得

定理4 设 $\xi_1,\xi_2,\cdots,\xi_n,\cdots$ 是独立同分布随机变量序列，$E\xi_i=0$，$D\xi_i=1$. 用 $\xi_n(t)$ 表示具有顶点 $\left(\frac{k}{n},\frac{1}{\sqrt{n}}S_k\right)$ 的随机折线，其中 $S_0=0$，$S_k=\xi_1+\cdots+\xi_k$. 那么对每个在 $\mathscr{C}_{[0,1]}$ 上按测度 μ_w 几乎处处有定义和连续的泛函 f，$f(\xi_n(\cdot))$ 的分布收敛于 $f(w(\cdot))$ 的分布，其中 μ_w 是对应于过程 $w(t)$ 的测度.

推论 如果定理4的条件成立，那么

$$\lim_{n\to\infty} P\{\max_{1\leqslant k\leqslant n} |S_k| < \alpha\sqrt{n}\} = P\{\sup_{0\leqslant t\leqslant 1} |w(t)| < \alpha\}$$

对几乎所有 α 成立.

这从泛函

$$f(x(\cdot)) = \sup_{0\leqslant t\leqslant 1} |x(t)|$$

的连续性可以得到.

定理 5 设函数 $\varphi(x)$ 对 $x\in\mathscr{R}^1$ 有定义且在每个有限区间上 Riemann 可积,而变量 ξ_k 满足定理 4 的条件. 那么

$$\lim_{n\to\infty} P\left\{\frac{1}{n}\sum_{k=1}^{n}\varphi\left(\frac{1}{\sqrt{n}}S_k\right) < \alpha\right\} = P\left\{\int_0^1 \varphi(w(t))\mathrm{d}t < \alpha\right\}$$

对所有满足

$$P\left\{\int_0^1 \varphi(w(t))\mathrm{d}t = \alpha\right\} = 0$$

的 α 成立.

证 我们来证明泛函

$$f(x(\cdot)) = \int_0^1 \varphi(x(t))\mathrm{d}t$$

是在 $\mathscr{C}_{[0,1]}$ 的距离下按测度 μ_w 几乎处处连续. 设在$[0,1]$上一致地有 $x_n(t)\to x(t)$. 那么对所有使得 $x(t)\overline{\in}\Lambda_\varphi$ 的 t,有 $\varphi(x_n(t))\to\varphi(x(t))$,其中 Λ_φ 是函数 φ 的间断点的集合. 我们用$\chi_\varphi(x)$ 表示集合 Λ_φ 的示性函数. 如果 $x(t)\overline{\in}\Lambda_\varphi$ 对几乎所有 t 成立,即

$$\int_0^t \chi_\varphi(x(s))\mathrm{d}s = 0$$

那么,由于这时对几乎所有 t,$\varphi(x_n(t))\to\varphi(x(t))$,且由

$$\sup_{n,t} |x_n(t)|$$

有限及 $\varphi(x)$ 在每个有限区间有界推得,$\varphi(x_n(t))$ 以同一常数为界,所以泛函 $f(x(\cdot))$ 在点 $x(\cdot)\in\mathscr{C}_{[0,1]}$ 连续. 因为 φ 是 Riemann 可积,所以 Λ_φ 的 Lebesgue 测度为 0. 我们得

$$E\int_0^1 \chi_\varphi(w(t))\mathrm{d}t = \int_0^1 E\chi_\varphi(w(t))\mathrm{d}t = \int_0^1\int_{\Lambda_\varphi} \mathrm{e}^{-\frac{x^2}{2t}}\frac{1}{\sqrt{2\pi t}}\mathrm{d}x\mathrm{d}t = 0$$

$\int_0^1 \chi_\varphi(w(t))\mathrm{d}t$ 是非负的,因此

$$P\left\{\int_0^1 \chi_\varphi(w(t))\mathrm{d}t \neq 0\right\} = 0$$

如果用 $A\subset\mathscr{C}_{[0,1]}$ 表示泛函 f 的间断点的集,那么

$$A\subset\left\{x(\cdot):\int_0^1 \chi_\varphi(x(s))\mathrm{d}s > 0\right\}$$

从而

$$\mu_w(A) \leqslant P\left\{\int_0^1 \chi_\varphi(w(t))\mathrm{d}t \neq 0\right\} = 0$$

如果 $\xi_n(t)$ 是定理 4 中所引入的过程，那么根据定理 4，只要

$$P\left\{\int_0^1 \varphi(w(t))\mathrm{d}t = \alpha\right\} = 0$$

就有

$$\lim_{n\to\infty} P\left\{\int_0^1 \varphi(\xi_n(t))\mathrm{d}t < \alpha\right\} = P\left\{\int_0^1 \varphi(w(t))\mathrm{d}t < \alpha\right\}$$

设 $\varphi_\varepsilon^+(x)$，$\varphi_\varepsilon^-(x)$ 是两个连续函数，满足 $\varphi_\varepsilon^-(x) < \varphi(x) < \varphi_\varepsilon^+(x)$ 及

$$\int_{-\infty}^{\infty} [\varphi_\varepsilon^+(x) - \varphi_\varepsilon^-(x)]\mathrm{d}x < \varepsilon$$

对任意连续函数 $\bar{\varphi}(x)$ 有

$$\left|\int_0^1 \bar{\varphi}(\xi_n(t))\mathrm{d}t - \frac{1}{n}\sum_{k=1}^n \bar{\varphi}\left(\frac{1}{\sqrt{n}}S_k\right)\right| \leqslant$$
$$\sum_{k=1}^n \int_{(k-1)/n}^{k/n} \left|\bar{\varphi}(\xi_n(t)) - \bar{\varphi}\left(\xi_n\left(\frac{k}{n}\right)\right)\right| \mathrm{d}t \leqslant$$
$$\sup\{|\bar{\varphi}(x) - \bar{\varphi}(y)| : |x-y| \leqslant \eta_n, |x| \leqslant \zeta_n\}$$

其中

$$\eta_n = \sup_k \left|\xi_n\left(\frac{k}{n}\right) - \xi_n\left(\frac{k+1}{n}\right)\right| = \frac{1}{\sqrt{n}} \sup_{k\leqslant n} |\xi_k|$$

$$\zeta_n = \frac{1}{\sqrt{n}} \sup_{k\leqslant n} |S_k|$$

因此只要选取 δ 和 C 使得当 $|x-y| \leqslant \delta$，$|x| \leqslant C$ 时 $|\bar{\varphi}(x) - \bar{\varphi}(y)| < \varepsilon$，就有

$$P\left\{\left|\int_0^1 \bar{\varphi}(\xi_n(t))\mathrm{d}t - \frac{1}{n}\sum_{k=1}^n \bar{\varphi}\left(\frac{1}{\sqrt{n}}S_k\right)\right| > \varepsilon\right\} \leqslant$$
$$P\{\eta_n > \delta\} + P\{\zeta_n > C\}$$

但依概率 $\eta_n \to 0$，又对所有 n，可选取足够大的 C 使 $P\{\zeta_n > C\}$ 任意小. 因此依概率

$$\left|\int_0^1 \bar{\varphi}(\xi_n(t))\mathrm{d}t - \frac{1}{n}\sum_{k=1}^n \bar{\varphi}\left(\frac{1}{\sqrt{n}}S_k\right)\right| \to 0$$

所以，只要

$$P\left\{\int_0^1 \bar{\varphi}(w(t))\mathrm{d}t = \alpha\right\} = 0$$

就有

$$\lim_{n\to\infty} P\left\{\frac{1}{n}\sum_{k=1}^n \bar{\varphi}\left(\frac{1}{\sqrt{n}}S_k\right) < \alpha\right\} = P\left\{\int_0^1 \bar{\varphi}(w(t))\mathrm{d}t < \alpha\right\}$$

因为

$$P\left\{\frac{1}{n}\sum_{k=1}^{n}\varphi_{\varepsilon}^{+}\left(\frac{1}{\sqrt{n}}S_{k}\right)<\alpha\right\}\leqslant P\left\{\frac{1}{n}\sum_{k=1}^{n}\varphi\left(\frac{1}{\sqrt{n}}S_{k}\right)<\alpha\right\}\leqslant$$

$$P\left\{\frac{1}{n}\sum_{k=1}^{n}\varphi_{\varepsilon}^{-}\left(\frac{1}{\sqrt{n}}S_{k}\right)<\alpha\right\}$$

所以,当 $n\to\infty$ 时对此关系式取极限,我们得,对每一 $h>0$ 有

$$P\left\{\int_{0}^{1}\varphi_{\varepsilon}^{+}(w(t))\mathrm{d}t<\alpha-h\right\}\leqslant \varliminf_{n\to\infty} P\left\{\frac{1}{n}\sum_{k=1}^{n}\varphi\left(\frac{1}{\sqrt{n}}S_{k}\right)<\alpha\right\}\leqslant$$

$$\varlimsup_{n\to\infty} P\left\{\frac{1}{n}\sum_{k=1}^{n}\varphi\left(\frac{1}{\sqrt{n}}S_{k}\right)<\alpha\right\}\leqslant$$

$$P\left\{\int_{0}^{1}\varphi_{\varepsilon}^{-}(w(t))\mathrm{d}t<\alpha+h\right\}$$

但

$$E\left|\int_{0}^{1}\varphi_{\varepsilon}^{+}(w(t))\mathrm{d}t-\int_{0}^{1}\varphi(w(t))\mathrm{d}t\right|\leqslant$$

$$E\left[\int_{0}^{1}\varphi_{\varepsilon}^{+}(w(t))\mathrm{d}t-\int_{0}^{1}\varphi_{\varepsilon}^{-}(w(t))\mathrm{d}t\right]\leqslant$$

$$\frac{1}{\sqrt{2\pi}}\int_{0}^{1}\frac{\mathrm{d}t}{\sqrt{t}}\int_{-\infty}^{\infty}[\varphi_{\varepsilon}^{+}(x)-\varphi_{\varepsilon}^{-}(x)]\mathrm{e}^{-\frac{x}{2t}}\mathrm{d}x\leqslant$$

$$\frac{2\varepsilon}{\sqrt{2\pi}}$$

因此当 $\varepsilon\to 0$ 时分布

$$\int_{0}^{1}\varphi_{\varepsilon}^{+}(w(t))\mathrm{d}t$$

收敛于分布$\int_{0}^{t}\varphi(w(t))\mathrm{d}t$. 类似的结论对 $\varphi_{\varepsilon}^{-}$ 也正确. 当 $\varepsilon\to 0$ 取极限,得证对所有 $h>0$ 有

$$P\left\{\int_{0}^{1}\varphi(w(t))\mathrm{d}t<\alpha+h\right\}\leqslant \varliminf_{n\to\infty} P\left\{\frac{1}{n}\sum_{k=1}^{n}\varphi\left(\frac{1}{\sqrt{n}}S_{k}\right)<\alpha\right\}\leqslant$$

$$\varlimsup_{n\to\infty} P\left\{\frac{1}{n}\sum_{k=1}^{n}\varphi\left(\frac{1}{\sqrt{n}}S_{k}\right)<\alpha\right\}\leqslant$$

$$P\left\{\int_{0}^{1}\varphi(w(t))\mathrm{d}t<\alpha+h\right\}$$

当 $h\to 0$ 时取极限和顾及到如果

$$P\left\{\int_{0}^{1}\varphi(w(t))\mathrm{d}t=\alpha\right\}=0$$

在 $z=a$,时函数

$$P\left\{\int_{0}^{1}\varphi(w(t))\mathrm{d}t<z\right\}$$

是连续的，我们得证定理.

独立增量连续过程的收敛性 我们来研究有独立增量和取值于某个Banach空间$\mathscr{X}$的连续过程. 如果$\xi(t)$, $a\leqslant t\leqslant b$，是这样的过程，那么对所有$\varepsilon>0$有

$$\lim_{\lambda\to 0}\sum_{k=0}^{n-1}P\{|\xi(t_{k+1})-\xi(t_k)|>\varepsilon\}=0 \tag{7}$$

其中

$$a=t_0<t_1<\cdots<t_n=b,\lambda=\max_k(t_{k+1}-t_k)$$

(参见第三章 §5 定理1和4).

定理6 设$\xi_n(t)$, $n=0,1,\cdots$ 是定义在$[a,b]$上取值于$\mathscr{X}$的独立增量连续过程. 为了使得$\mathscr{C}_{[a,b]}(\mathscr{X})$上每一连续函数$\varphi(x)$，变量$\varphi(\xi_n(\cdot))$的分布收敛于变量$\varphi(\xi_0(\cdot))$的分布，如下条件是充分必要的：

1) 过程$\xi_n(t)$的边沿分布收敛于$\xi_0(t)$的边沿分布；

2) 对任意$\varepsilon>0$

$$\lim_{h\to 0}\overline{\lim_{n\to\infty}}\sup_{|t_1-t_2|\leqslant h}P\{|\xi_n(t_2)-\xi_n(t_1)|>\varepsilon\}=0$$

证 条件1)的必要性由对定义在$\mathscr{X}^k$上的任一有界连续函数$g(x_1,\cdots,x_k)$, $g(\xi_n(t_1),\cdots,\xi_n(t_k))$的分布收敛于$g(\xi_0(t_1),\cdots,\xi_0(t_k))$的分布得到(泛函$\varphi(x(\cdot))=g(x(t_1),\cdots,x(t_k))$在$\mathscr{C}_{[a,b]}(\mathscr{X})$上连续). 因为

$$\sup_{|t_2-t_1|\leqslant h}P\{|\xi_n(t_1)-\xi_n(t_2)|>\varepsilon\}\leqslant P\{\sup_{|t_1-t_2|\leqslant h}|\xi_n(t_2)-\xi_n(t_1)|>\varepsilon\}$$

所以由定理1的注，得证条件2)的必要性.

根据定理1的注，为证明定理条件的充分性，仅需证明由条件2)可推出，对任意$\varepsilon>0$等式

$$\lim_{h\to 0}\overline{\lim_{n\to\infty}}P\{\sup_{|t_1-t_2|\leqslant h}|\xi_n(t_1)-\xi_n(t_2)|>\varepsilon\}=0 \tag{8}$$

成立. 用定理1注的同样方法，条件2)可推出对任意$\varepsilon>0$有等式

$$\lim_{h\to 0}\sup_n\sup_{|t_1-t_2|\leqslant h}P\{|\xi_n(t_1)-\xi_n(t_2)|>\varepsilon\}=0 \tag{9}$$

对给定的$\varepsilon>0$选取足够小的h，使得

$$\sup_n\sup_{|t_1-t_2|\leqslant 2h}P\left\{|\xi_n(t_1)-\xi_n(t_2)|>\frac{\varepsilon}{4}\right\}\leqslant\frac{1}{2}$$

那么利用$\xi_n(t)$的连续性和 §3 引理4，我们得到

$$P\left\{\sup_{s\leqslant t\leqslant s+2h}|\xi_n(t)-\xi_n(s)|>\frac{\varepsilon}{2}\right\}\leqslant 2P\left\{|\xi_n(s+2h)-\xi_n(s)|>\frac{\varepsilon}{4}\right\}$$

因此

$$P\{\sup_{|t-s|\leqslant h} |\xi_n(t)-\xi_n(s)|>\varepsilon\}\leqslant$$

$$P\left\{\sup\left[|\xi_n(t)-\xi_n(a+kh)|;kh\leqslant t-a\leqslant (k+2)h,0\leqslant k<\frac{b-a}{h}\right]>\frac{\varepsilon}{2}\right\}\leqslant$$

$$\sum_{kh<b-a}P\left\{\sup[|\xi_n(t)-\xi_n(a+kh)|;kh\leqslant t-a\leqslant (k+2)h]>\frac{\varepsilon}{2}\right\}\leqslant$$

$$2\sum_{kh<b-a}P\left\{|\xi_n(a+kh+2h)-\xi_n(a+kh)|>\frac{\varepsilon}{4}\right\}$$

（当 $t>b$ 时我们认为 $\xi_n(t)=\xi_n(b)$）. 由于定理的条件 1)，有

$$\overline{\lim_{n\to\infty}}P\{\sup_{|t_1-t_2|\leqslant h}|\xi_n(t_1)-\xi_n(t_2)|>\varepsilon\}\leqslant$$

$$2\sum_{kh<b-a}P\left\{|\xi_0(a+(k+2)h)-\xi_0(a+kh)|>\frac{\varepsilon}{4}\right\}\leqslant$$

$$4\sum_{kh<b-a}P\left\{|\xi_0(a+(k+1)h)-\xi_0(a+kh)|>\frac{\varepsilon}{8}\right\}$$

由条件(7) 得知，$h\to 0$ 时最后的和式趋于 0. 定理得证.

连续 Марков 过程的收敛性 我们考察定义在区间$[a,b]$上取值于完备距离空间$(\mathscr{X},\rho)$ 的连续 Марков 过程序列 $\xi_n(t)$，$n=0,1,\cdots$. 用 $P_n(t,x,s,A)$ 表示过程 $\xi_n(t)$ 的转移概率. 设

$$V_\varepsilon(x)=\{y:\rho(x,y)>\varepsilon\}$$

$$\alpha_n(h,\varepsilon)=\sup\{P_n(t_1,x,t_2,V_\varepsilon(x)):x\in\mathscr{X},\ |t_1-t_2|\leqslant h\}$$

定理 7 设过程 $\xi_n(t)$ 的边沿分布收敛于过程 $\xi_0(t)$ 的边沿分布以及如下条件成立：

1) 对任意 $\varepsilon>0$，$\lim\limits_{h\to 0}\sup\limits_n\alpha_n(h,\varepsilon)=0$；

2) 如果

$$a=t_0<t_1<\cdots<t_n=b,\lambda=\max_k(t_{k+1}-t_k)$$

那么对任意 $\varepsilon>0$

$$\lim_{\lambda\to 0}\sum_{k=0}^{n-1}P\{\rho(\xi_0(t_k),\xi_0(t_{k+1}))>\varepsilon\}=0$$

则对 $\mathscr{C}_{[a,b]}(\mathscr{X})$ 中每一函数 φ，$\varphi(\xi(\cdot))$ 的分布收敛于分布 $\varphi(\xi_0(\cdot))$.

作为准备，我们证明下述引理：

引理 2 正如对 $\xi_n(t)$ 定义 $\alpha_n(h,\varepsilon/2)$ 一样，对可分 Марков 过程 $\xi(t)$ 定义量 $\alpha(h,\varepsilon/2)$，如果它小于 1，那么

$$P\{\sup[\rho(\xi(t),\xi(s)):s\in[t,t+h]]\geqslant\varepsilon\}\leqslant\frac{P\left\{\rho(\xi(t),\xi(t+h))\geqslant\frac{\varepsilon}{2}\right\}}{1-\alpha(h,\varepsilon/2)}\tag{10}$$

证　考虑到过程的可分性，只要对式(10)在概率记号下的上确界对区间$[t,t+h]$的任意有限子集上所取的情形进行证明就够了. 设

$$I=\{t=t_0,\cdots,t_n=t+h\}$$

用 B_k 表示事件

$$\{\rho(\xi(t_0),\xi(t_k))\geqslant\varepsilon\}$$

$$C_k=\left\{\rho(\xi(t_k),\xi(t_k)\geqslant\frac{\varepsilon}{2}\right\}$$

那么

$$C_0\supset\bigcup_{j=1}^{n}\{\overline{B}_1\subset\cdots\subset\overline{B}_{j-1}\cap B_j\cap\overline{C}_j\}$$

因此

$$\begin{aligned}P\{C_0\}\geqslant&\sum_{j=1}^{n}P\{\overline{C}_j\mid\overline{B}_1\cap\cdots\cap\overline{B}_{j-1}\cap B_j\}P\{\overline{B}_1\cap\cdots\cap\overline{B}_{j-1}\cap B_j\}=\\&\sum_{j=1}^{n}(1-P\{C_j\mid\overline{B}_1\cap\cdots\cap\overline{B}_{j-1}\cap B_j\})\times\\&P\{\overline{B}_1\cap\cdots\cap\overline{B}_{j-1}\cap B_j\}\geqslant(1-\alpha(h,\varepsilon/2))\times\\&\sum_{j=1}^{n}P\{\overline{B}_1\cap\cdots\cap\overline{B}_{j-1}\cap B_j\}\end{aligned}$$

还注意到

$$\begin{aligned}&\sum_{j=1}^{n}P\{\overline{B}_1\cap\cdots\cap\overline{B}_{j-1}\cap B_j\}=\\&P\{\sup[\rho(\xi(t),\xi(s)),s\in I]\geqslant\varepsilon\}\end{aligned}$$

引理得证.

定理 7 的证明. 选取 h 足够小使得

$$\sup_n\alpha_n(2h,\frac{\varepsilon}{8})<\frac{1}{2}$$

那么由引理 2 得不等式

$$\begin{aligned}&P\left\{\sup[\rho(\xi_n(t),\xi_n(s)):s\in[t,t+2h]]\geqslant\frac{\varepsilon}{2}\right\}\leqslant\\&2P\left\{\rho(\xi(t),\xi(t+2h))\geqslant\frac{\varepsilon}{4}\right\}\end{aligned}$$

由这不等式，用与以上定理同样的方法，我们可以得到

$$\begin{aligned}&\overline{\lim_{n\to\infty}}P\{\sup_{|t_1-t_2|\leqslant h}\rho(\xi_n(t_1),\xi_n(t_2))>\varepsilon\}\leqslant\\&4\sum_{kh<b-a}P\left\{\rho(\xi_0(a+(k+1)h),\xi_0(a+kh))\geqslant\frac{\varepsilon}{8}\right\}\end{aligned}$$

(当 $t>b$ 时，我们令 $\xi(t)=\xi(b)$). 由这不等式和条件 2) 得证定理.

§5　没有第二类间断点的过程的极限定理

没有第二类间断点的函数空间中的距离　为使§1的结果可以应用于没有第二类间断点的过程,需要先在没有第二类间断点的函数的空间中引入合适的距离.我们用 $\mathscr{D}_{[a,b]}(\mathscr{X})$ 表示定义在 $[a,b]$ 上取值于完备距离空间 $\mathscr{X}$ 且对 $a\leqslant t<b$ 有极限值 $x(t+0)$ 和对 $a<t\leqslant b$ 有 $x(t-0)$ 的函数 $x(t)$ 的集合.由于任意区间 $[a,b]$ 可以连续且相互单值地映为区间 $[0,1]$,所以今后我们将考虑空间 $\mathscr{D}_{[0,1]}(\mathscr{X})$.在所有连续点上相等的函数将不加区别,因此对函数 $x(t)$ 在间断点的值采用统一的定义是自然的.今后将假定 $\mathscr{D}_{[0,1]}(\mathscr{X})$ 中的所有函数满足如下关系式

$$x(t)=x(t+0),x(0)=x(+0),x(1)=x(1-0) \tag{1}$$

称值 $\rho(x(t-0),x(t))$ 为 $x(t)$ 在点 t 的跳跃.需要在 $\mathscr{D}_{[0,1]}(\mathscr{X})$ 中引入距离,在此距离下 $\mathscr{D}_{[0,1]}(\mathscr{X})$ 将成为可分距离空间且具有如下性质:包含所有柱集的最小 σ 代数和这空间的Borel集的 σ 代数相同.还希望这距离是足够'强'(即有尽可能少的收敛序列和因此有尽可能多的泛函在这距离下连续).对这样的要求,一致距离

$$\rho_u(x(\cdot),y(\cdot))=\sup_{0\leqslant t\leqslant 1}\rho(x(t),y(t))$$

是不合适的,因为在这距离下 $\mathscr{D}_{[0,1]}(\mathscr{X})$ 不是可分距离空间(函数集

$$x_s(t)=\begin{cases}x_1,t<s\\x_2,t\geqslant s\end{cases},\rho(x_1,x_2)=\delta>0,0<s<1$$

具有连续统的势,但这集合的每两个元素间的距离等于 δ).我们在空间 $\mathscr{D}_{[0,1]}(\mathscr{X})$ 中引入一个比一致距离稍为弱些的距离.

我们用 Λ 表示在 $[0,1]$ 上的连续单调递增的数值函数 $\lambda(t)$ 使 $\lambda(0)=0$,$\lambda(1)=1$ 的全体集合(即 $\lambda(t)$ 连续地和相互一一地将 $[0,1]$ 映为自身).

注意到对所有 $\lambda\in\Lambda$,反函数 λ^{-1} 存在并且也属于 Λ.如果 λ_1 和 $\lambda_2\in\Lambda$,那么复合函数 $\lambda_1(\lambda_2)$ 也属于 Λ.

现对 $\mathscr{D}_{[0,1]}(\mathscr{X})$ 中每对 $x(t)$ 和 $y(t)$ 定义量

$$r_{\mathscr{D}}(x,y)=\inf\{\sup_{0\leqslant t\leqslant 1}\rho(x(t)),y(\lambda(t))+\sup_{0\leqslant t\leqslant 1}|t-\lambda(t)|:\lambda\in\Lambda\} \tag{2}$$

往证 $r_{\mathscr{D}}$ 定义了 $\mathscr{D}_{[0,1]}(\mathscr{X})$ 中的距离.为此需验证函数 $r_{\mathscr{D}}$ 满足距离的三个公理:a) $r_{\mathscr{D}}(x,y)\geqslant 0$ 以及当且仅当 $x=y$ 时等于0;b) $r_{\mathscr{D}}(x,y)=r_{\mathscr{D}}(y,x)$;c) 对 $\mathscr{D}_{[0,1]}(\mathscr{X})$ 中任意的 $x(\cdot),y(\cdot),z(\cdot)$ 有 $r_{\mathscr{D}}(x,z)\leqslant r_{\mathscr{D}}(x,y)+r_{\mathscr{D}}(y,z)$.

条件a)显然.条件b)由下关系式可得

$$r_{\mathscr{D}}(y,x)=\inf_{\lambda\in\Lambda}\{\sup_{0\leqslant t\leqslant 1}\rho(y(t),x(\lambda(t)))+\sup_{0\leqslant t\leqslant 1}|t-\lambda(t)|\}=$$

$$\inf\{\sup_{0\leqslant t\leqslant 1}\rho(y(\lambda^{-1}(t),x(t)))+$$
$$\sup_{0\leqslant t\leqslant 1}|\lambda^{-1}(t)-t|;\lambda\in\Lambda\}=$$
$$r_{\mathscr{D}}(x,y)$$

现讨论条件 c)，即三角形不等式. 设 $x(\cdot)$，$y(\cdot)$ 和 $z(\cdot)$ 是 $\mathscr{D}_{[0,1]}(\mathscr{X})$ 中的函数. 对任意 $\varepsilon>0$ 可找到函数 $\lambda_1(t)$ 和 $\lambda_2(t)$ 使得以下关系式成立

$$\left.\begin{aligned} r_{\mathscr{D}}(x,y)&\geqslant\sup_{0\leqslant t\leqslant 1}\rho(x(t),y(\lambda_1(t)))+\sup_{0\leqslant t\leqslant 1}|t-\lambda_1(t)|-\varepsilon\\ r_{\mathscr{D}}(y,z)&\geqslant\sup_{0\leqslant t\leqslant 1}\rho(y(t),z(\lambda_2(t)))+\sup_{0\leqslant t\leqslant 1}|t-\lambda_2(t)|-\varepsilon\end{aligned}\right\}\quad(3)$$

那么

$$\begin{aligned} r_{\mathscr{D}}(x,z)\leqslant&\sup_{0\leqslant t\leqslant 1}\rho(x(t),z(\lambda_2(\lambda_1(t))))+\sup_{0\leqslant t\leqslant 1}|t-\lambda_2(\lambda_1(t))|\leqslant\\ &\sup_{0\leqslant t\leqslant 1}\rho(x(t),y(\lambda_1(t)))+\sup_{0\leqslant t\leqslant 1}|t-\lambda_1(t)|+\\ &\sup_{0\leqslant t\leqslant 1}\rho(y(\lambda_1(t)),z(\lambda_2(\lambda_1(t))))+\\ &\sup_{0\leqslant t\leqslant 1}|\lambda_1(t)-\lambda_2(\lambda_1(t))|=\\ &\sup_{0\leqslant t\leqslant 1}\rho(x(t),y(\lambda_1(t)))+\sup_{0\leqslant t\leqslant 1}|t-\lambda_1(t)|+\\ &\sup_{0\leqslant t\leqslant 1}\rho(y(t),z(\lambda_2(t)))+\sup_{0\leqslant t\leqslant 1}|t-\lambda_2(t)|\end{aligned}$$

因为，如果 t 取遍 $[0,1]$，那么 $\lambda_1(t)$ 也取遍区间 $[0,1]$. 考虑关系式(3)，我们得到

$$r_{\mathscr{D}}(x,z)\leqslant r_{\mathscr{D}}(x,y)+r_{\mathscr{D}}(y,z)+2\varepsilon$$

由于 ε 是任意的，由此得到 c).

因此，$r_{\mathscr{D}}$ 可以作为 $\mathscr{D}_{[0,1]}(\mathscr{X})$ 中的距离.

为了进一步研究距离 $r_{\mathscr{D}}$ 的性质，如下辅助命题是必需的：

对 $\mathscr{D}_{[0,1]}(\mathscr{X})$ 中的每一个函数 $x(\cdot)$ 定义

$$\begin{aligned}\Delta_c(x)=&\sup\{\min[\rho(x(t'),x(t));\rho(x(t),x(t''))];t-c\leqslant t'\leqslant t\leqslant t''\leqslant t+c\}+\\ &\sup_{0\leqslant t\leqslant c}\rho(x(0),x(t))+\sup\{\rho(x(t),x(1)):1-c\leqslant t\leqslant 1\}\end{aligned}\quad(4)$$

那么由于第三章 §4 引理 1，有

$$\lim_{c\to 0}\Delta_c(x)=0$$

引理 1 设 $x(\cdot)$ 是 $\mathscr{D}_{[0,1]}(\mathscr{X})$ 中的函数，$[\alpha,\beta]\subset[0,1]$. 如果 $x(\cdot)$ 在 $[\alpha,\beta]$ 上没有超过 ε 的跃度，那么当 $|t'-t''|<c$，$t',t''\in[\alpha,\beta]$ 时

$$\rho(x(t'),x(t''))\leqslant 2\Delta_c(x)+\varepsilon$$

证 取任意 $\delta\in(0,\varepsilon)$ 和区间 $[t',t'']$ 中的点 τ，使具有如下性质：当 $t\in[t',\tau]$ 时

$$\rho(x(t'),x(t))<\Delta_c(x)+\delta$$
$$\rho(x(t'),x(\tau))\geqslant\Delta_c(x)+\delta$$

如果这样的点不存在，那么 $\rho(x(t'),x(t''))<\Delta_c(x)+\delta$，这就是说引理的论断

成立.如果点 τ 存在,那么由于

$$\min[\rho(x(t'),x(\tau));\rho(x(\tau),x(t''))]\leqslant\Delta_c(x)$$

及 $\rho(x(t'),x(\tau))\geqslant\Delta_c(x)+\delta$,我们有

$$\rho(x(t),x(t''))\leqslant\Delta_c(x)$$

因此

$$\begin{aligned}\rho(x(t'),x(t''))\leqslant{}&\rho(x(t');x(\tau-0))+\\&\rho(x(\tau-0),x(\tau))+\rho(x(\tau),x(t''))\leqslant\\&\Delta_c(x)+\delta+\varepsilon+\Delta_c(x)\end{aligned}$$

当 $\delta\downarrow 0$ 取极限,我们得证引理.

我们用 Y_m 表示使得

$$\bigcup_k S_{\frac{1}{m}}(y_{mk})=\mathscr{X}$$

的点 $y_{mk}\in\mathscr{X}$的可数集,其中 $S_a(x)$ 是以 x 为心半径为 a 的开球.用 $H_{m,n}$ 表示在每个区间 $\left[\frac{k}{n},\frac{k+1}{n}\right)$ 上是常值且取值于 Y_m 的函数 $x(\cdot)\in\mathscr{D}_{[0,1]}(\mathscr{X})$ 的集合.

引理 2 对 $\mathscr{D}_{[0,1]}(\mathscr{X})$ 中每个函数 $x(\cdot)$ 存在 $H_{m,n}$ 中的函数 $x^*(\cdot)$ 使得

$$r_{\mathscr{D}}(x,x^*)\leqslant\frac{1}{n}+\frac{1}{m}+4\Delta_{2/n}(x)$$

证 在每个区间 $\left[\frac{k}{n},\frac{k+1}{n}\right]$ 中最多能找到一个点,使得在该点的跳跃超过 $2\Delta_{2/n}(x)$.事实上,如果 τ 是一个这样的点,那么

$$\rho(x(s),x(\tau-0))=\min[\rho(x(s),x(\tau-0);\rho(\tau-0),x(\tau))]\leqslant$$

$$\Delta_{1/n}(x),\text{当 } s\in\left[\frac{k}{n},\tau\right)$$

$$\rho(x(s),x(\tau))\leqslant\Delta_{1/n}(x),\text{当 } s\in\left(\tau,\frac{k+1}{n}\right]$$

从而

$$\rho(x(s-0),x(s))\leqslant 2\Delta_{1/n}(x)\leqslant 2\Delta_{2/n}(x),s\neq\tau$$

设 τ_k 是区间 $\left[\frac{k}{n},\frac{k+1}{n}\right]$ 的点使得

$$\rho(x(\tau_k-0),x(\tau_k))\geqslant 2\Delta_{2/n}(x)$$

如果在此区间这样的点存在.用 $\lambda(t)$ 表示 Λ 中满足

$$\lambda\left(\frac{k+1}{n}\right)=\tau_k$$

和

$$t-\frac{1}{n}\leqslant\lambda(t)\leqslant t$$

的函数(例如用等式

$$\lambda(0)=0,\lambda\left(\frac{k+1}{n}\right)=\tau_k,\lambda(1)=1$$

定义的分段线性函数就是). 令 $\bar{x}(t)=x(\lambda(t))$. 函数 $\bar{x}(t)$ 仅在形为 k/n 的点具有超过 $2\Delta_{2/n}(x)$ 的跳跃,并且

$$r_{\mathscr{D}}(x,\bar{x})\leqslant\sup_{0\leqslant t\leqslant 1}\rho(\bar{x}(t),x(\lambda(t)))+\sup_{0\leqslant t\leqslant 1}|t-\lambda(t)|\leqslant\frac{1}{n}$$

其次设函数 $\bar{x}^*(t)$ 等于 $\bar{x}(k/n)$ 当 $t\in\left[\frac{k}{n},\frac{k+1}{n}\right)$, $k\leqslant n-1$; 和设 $\bar{x}^*(1)=\bar{x}\left(\frac{n-1}{n}\right)$. 那么

$$r_{\mathscr{D}}(x,x^*)\leqslant\sup_{0\leqslant t\leqslant 1}\rho(\bar{x}(t),\bar{x}^*(t))\leqslant\sup_k\sup\left[\rho\left(\bar{x}(t),\bar{x}\left(\frac{k}{n}\right)\right):\frac{k}{n}\leqslant t<\frac{k+1}{n}\right]$$

因为 $\bar{x}(t)$ 的跳跃超过 $2\Delta_{2/n}(x)$ 只能在形为 k/n 的点中发生,所以在半开半闭区间 $\left[\frac{k}{n},\frac{k+1}{n}\right)$ 中没有这样的跳跃点,因此按引理 1

$$\rho\left(\bar{x}\left(\frac{k}{n}\right),\bar{x}(t)\right)\leqslant 2\Delta_{1/n}(\bar{x})+2\Delta_{2/n}(x)$$

当

$$t\in\left[\frac{k}{n},\frac{k+1}{n}\right)$$

我们来估计 $\Delta_{1/n}(\bar{x})$

$$\begin{aligned}
\Delta_{1/n}(\bar{x})= &\sup\left\{\min[\rho(\bar{x}(t'),\bar{x}(t));\rho(\bar{x}(t),\bar{x}(t''))];t-\frac{1}{n}\leqslant t'\leqslant t\leqslant t''\leqslant t+\frac{1}{n}\right\}+\\
&\sup\left\{\rho(\bar{x}(0),\bar{x}(t));0\leqslant t\leqslant\frac{1}{n}\right\}+\\
&\sup\left\{\rho(\bar{x}(t),\bar{x}(1));1-\frac{1}{n}\leqslant t\leqslant 1\right\}=\\
&\sup\left\{\rho(x(0),x(\lambda(t)));0\leqslant t\leqslant\frac{1}{n}\right\}+\\
&\sup\left\{\rho(x(\lambda(t)),x(1));1-\frac{1}{n}\leqslant t\leqslant 1\right\}+\\
&\sup\left\{\min[\rho(x(\lambda(t')),x(\lambda(t)));\rho(x(\lambda(t)),x(\lambda(t'')))]:t-\right.\\
&\left.\frac{1}{n}\leqslant t'\leqslant t\leqslant t''\leqslant t+\frac{1}{n}\right\}
\end{aligned}$$

注意到当 $t_1<t_2<t_1+\frac{1}{n}$ 时

$$t_1-\frac{1}{n}<\lambda(t_1)<\lambda(t_2)\leqslant t_2<t_1+\frac{1}{n}$$

因此

$$0 \leqslant \lambda(t_2) - \lambda(t_1) \leqslant \frac{2}{n}$$

因而 $\Delta_{1/n}(\bar{x}) \leqslant \Delta_{2/n}(x)$. 这就是说,$r_{\mathscr{D}}(\bar{x},\bar{x}^*) \leqslant 4\Delta_{2/n}(x)$.

最后,令 $x^*(t) = y_{mk}$,其中 k 是使得 $\rho(\bar{x}^*, y_{mk}) < 1/m$ 的最小标码.

因为 $\rho(\bar{x}^*(t), x^*(t)) \leqslant 1/m$,所以 $r_{\mathscr{D}}(\bar{x}^*, x^*) \leqslant 1/m$

$$r_{\mathscr{D}}(x,x^*) \leqslant r_{\mathscr{D}}(x,\bar{x}) + r_{\mathscr{D}}(\bar{x},\bar{x}^*) + r_{\mathscr{D}}(\bar{x}^*,x^*) \leqslant$$

$$\frac{1}{n} + 4\Delta_{2/n}(x) + \frac{1}{m}$$

引理得证.

推论 以 $r_{\mathscr{D}}$ 为距离的空间 $\mathscr{D}_{[0,1]}(\mathscr{X})$ 是可分的.

按引理 2,可数集合 $\bigcup\limits_{m,n} H_{m,n}$ 在 $\mathscr{D}_{[0,1]}(\mathscr{X})$ 中处处稠密,由此得证推论.

设 X_1 是 $\mathscr{X}$ 中某个紧集,而 λ_δ 是当 $\delta > 0$ 时有定义和满足条件 $\lambda_{+0} = 0$ 的连续增函数. 用 $K_{\mathscr{D}}(X_1, \lambda_\delta)$ 表示 $\mathscr{D}_{[0,1]}(\mathscr{X})$ 中使当 $t \in [0,1]$ 时 $x(t) \in X_1$,且对所有 $c > 0$ 时有 $\Delta_c(x) \leqslant \lambda_c$ 的函数 $x(\cdot)$ 的集合.

定理 1 1) 集合 $K_{\mathscr{D}}(X_1, \lambda_\delta)$ 是 $\mathscr{D}_{[0,1]}(\mathscr{X})$ 中的紧集;2) 对每一紧集 K_1 可以找到紧集 $X_1 \subset \mathscr{X}$ 和递增连续函数 $\lambda_\delta, \lambda_{+0} = 0$,使得 $K_1 \subset K_{\mathscr{D}}(X_1, \lambda_\delta)$.

证 1) 我们来证明对每个 $\varepsilon > 0$,$K_{\mathscr{D}}(X_1, \lambda_\delta)$ 有有限 ε 网. 为此我们注意到,对每个 m 存在 k_m 使得

$$\bigcup_{k=1}^{k_m} S_{\frac{1}{m}}(y_{mk}) \supset X_1$$

选取 m 和 n 使得

$$\frac{1}{n} + \frac{1}{m} + 4\lambda_{2/n} < \varepsilon$$

那么函数集 $H_{m,n} \cap F[y_{m1}, \cdots, y_{mkm}]$($F[y_1, \cdots, y_s]$ 是仅取值 $y_1, \cdots, y_s$ 的函数集合) 是集合 $K_{\mathscr{D}}(X_1, \lambda_\delta)$ 中的有限 ε 网. 事实上,由引理 2 $H_{m,n}$ 是 $K_{\mathscr{D}}(X, \lambda_\delta)$ 中 $\left(\frac{1}{n} + \frac{1}{m} + 4\lambda_{2/n}\right)$ 网,而且取值于集合 $\{y_{m1}, \cdots, y_{mkm}\}$ 的函数也构成这样的网.

集合 $K_{\mathscr{D}}(X_1, \lambda_\delta)$ 是闭集. 容易验证关系式

$$\Delta_c(x) \leqslant \Delta_{c + r_{\mathscr{D}}(x,y)}(y) + 3r_{\mathscr{D}}(x,y)$$

因此,如果 $r_{\mathscr{D}}(x_n, \bar{x}) \to 0$,那么对每一 $\alpha > 0$

$$\Delta_c(\bar{x}) \leqslant \overline{\lim_{n\to\infty}}\, \Delta_{c+\alpha}(x_n) \leqslant \lambda_{c+\alpha}$$

因此,由 λ 的连续性有 $\Delta_c(\bar{x}) \leqslant \lambda_c$. 如果对所有 n, $x_n(t) \in X_1$,那么 $\lim\limits_{n\to\infty} x_n(t) \in X_1$ 也是显然的.

于是,属于 $K_{\mathscr{D}}(X_1, \lambda_\delta)$ 的序列的极限也属于 $K_{\mathscr{D}}(X_1, \lambda_\delta)$. 还要证明,属于 $K_{\mathscr{D}}(X_1, \lambda_\delta)$ 的所有基本列 $x_n(\cdot)$ 是收敛的. 设 $x_n(\cdot)$ 是 $K_{\mathscr{D}}(X_1, \lambda_\delta)$ 中的函数列,满足 $r_{\mathscr{D}}(x_n, x_m) \to 0$ 当 $n \to \infty$ 和 $m \to \infty$(即 $x_n(\cdot)$ 是基本列). 只要证明某

个子列 $x_{n_k}(\cdot)$ 有极限 $\bar{x}(\cdot)$ 就够了. 不妨认为序列 $x_n(\cdot)$ 满足 $r_{\mathscr{D}}(x_n, x_{n+1}) < 2^{-n-1}$. 那么在 Λ 中存在函数序列 λ_n 使得

$$\sup_{0 \leqslant t \leqslant 1} |t - \lambda_{n+1}(t)| \leqslant \frac{1}{2^{n+1}}$$

$$\sup_{0 \leqslant t \leqslant 1} \rho(x_n(t), x_{n+1}(\lambda_{n+1}(t))) \leqslant \frac{1}{2^{n+1}}$$

令 $\mu_1(t) = \lambda_1(t), \mu_n(t) = \lambda_n(\mu_{n-1}(t))$. 因为

$$\sup_{0 \leqslant t \leqslant 1} |\mu_n(t) - \mu_{n-1}(t)| \leqslant \sup_{0 \leqslant t \leqslant 1} |\lambda_n(t) - t| \leqslant \frac{1}{2^n}$$

所以 $\mu_n(t)$ 收敛于某个不减连续函数 $\mu(t)$, 且 $\mu(t)$ 满足条件 $\mu(0)=0, \mu(1)=1$. 其次

$$\sup_{0 \leqslant t \leqslant 1} \rho(x_n(\mu_n(t)), x_{n-1}(\mu_{n-1}(t))) = \sup_{0 \leqslant t \leqslant 1} \rho(x_n(\lambda_n(t)), x_{n-1}(t)) \leqslant \frac{1}{2^n}$$

因此 $x_n(\mu_n(t))$ 一致收敛于 $\mathscr{D}_{[0,1]}(\mathscr{X})$ 中某个函数 $x^*(t)$. 现考察函数 $x^*(t)$ 和 $\mu(t)$ 之间的联系. 设 $\mu(t)$ 在某个区间 $[\alpha, \beta]$ 上是常值. 如果 $x^*(\alpha) = x^*(\beta)$, 那么 $x^*(t)$ 在 $[\alpha, \beta]$ 上也是常值, 如果 $x^*(\alpha) \neq x^*(\beta)$, 那么存在 $\gamma \in [\alpha, \beta]$, 使得 $x^*(t) = x^*(\alpha)$, 当 $t \in [\alpha, \gamma)$; $x^*(t) = x^*(\beta)$, 当 $t \in [\gamma, \beta]$. 事实上, 若不然, 则存在属于 $[\alpha, \beta]$ 的点 $t' < t'' < t'''$, 使得 $x^*(t') \neq x^*(t'')$, $x^*(t'') \neq x^*(t''')$, 于是

$$\lim_{n \to \infty} \min[\rho(x_n(\mu_n(t'')), x_n(\mu_n(t'''))), \rho(x_n(\mu_n(t'')), x_n(\mu_n(t')))] =$$
$$\min[\rho(x^*(t''), x^*(t''')), \rho(x^*(t''), x^*(t'))] > 0$$

而 $\mu_n(t') < \mu_n(t'') < \mu_n(t''')$ 和 $\mu_n(t'), \mu_n(t''), \mu_n(t''')$ 趋向 $\mu(\alpha)$. 这与序列 $x_n(\cdot)$ 属于 $K_{\mathscr{D}}(X_1, \lambda_\delta)$ 矛盾.

用 $\bar{x}(\cdot)$ 表示 $\mathscr{D}_{[0,1]}(\mathscr{X})$ 中用如下方式定义的函数: 对只要 $s \in (t, 1]$ 就有 $\mu(s) > \mu(t)$ 的所有 t, 定义

$$\bar{x}(t) = x^*(\mu(t)) \tag{5}$$

式(5) 定义了 $\mathscr{D}_{[0,1]}(\mathscr{X})$ 中唯一的函数 $\bar{x}(t)$.

我们来证明, 此函数 $\bar{x}(\cdot)$ 是序列 $x_n(\cdot)$ 的极限. 为此构造属了 Λ 的辅助函数 φ_n. 设 $\tau_1, \cdots, \tau_k$ 是 $[0,1]$ 上使得 $\bar{x}(\cdot)$ 有跳跃超过 $1/n$ 的全部点. 用 $[\alpha_i, \beta_i]$ 表示 $\mu(t)$ 在其上取值 τ_i 的最大区间(这区间可以只包含一点).

设 γ_i 是区间 $[\alpha_i, \beta_i]$ 上的点使得 $x^*(t) = \bar{x}(\tau_i - 0)$ 当 $t \in [\alpha_i, \gamma_i)$ 及 $x^*(t) = \bar{x}(\tau_i)$ 当 $t \in [\gamma_i, \beta_i]$. 特别, 如果 $\alpha_i = \gamma_i$, 那么 $x^*(t)$ 在 $[\alpha_i, \beta_i]$ 上取唯一的值 $\bar{x}(\tau_i)$. 选取不超过 $1/n$ 的 ε_n 使得 $\Delta_{\varepsilon_n}(x) < \dfrac{1}{n}$. 设 $\varphi_n(t)$ 是满足关系式 $\varphi_n(\gamma_i) = \tau_i$, $|\varphi_n(t) - \mu(t)| \leqslant \varepsilon_n$ 的函数.

我们来估计 $\sup\{\rho(x^*(t), \bar{x}(\varphi_n(t))): 0 \leqslant t \leqslant 1\}$. 如果 t 不属于区间 $[\alpha_i,$

$\beta_i]$ 中任一个,则因为 $x(t)$ 在 $\mu(t)$ 和 $\varphi_n(t)$ 之间没有超过 $\frac{1}{n}$ 的跳跃,所以依引理 1

$$\rho(x^*(t),\bar{x}(\varphi_n(t)))=\rho(\bar{x}(\mu(t)),\bar{x}(\varphi_n(t)))\leqslant 2\Delta_{\varepsilon_n}(\bar{x})+\frac{1}{n}$$

如果 $t\in[\alpha_i,\gamma_i)$,则因为

$$\rho(\bar{x}(\tau_i-0),\bar{x}(\tau_i))>\frac{1}{n}>\Delta_{\varepsilon_n}(x)$$

所以

$$\rho(x^*(t),\bar{x}(\varphi_n(t)))\leqslant\sup\{\rho(\bar{x}(\tau_i-0),\bar{x}(s)):s\in[\tau_i-\varepsilon_n,\tau_i)\}\leqslant\Delta_{\varepsilon_n}(x)$$

类似可证明,当 $t\in[\gamma_i,\beta_i]$ 时 $\rho(x^*(t),\bar{x}(\varphi_n(t)))\leqslant\Delta_{\varepsilon_n}(\bar{x})$. 于是

$$\sup_{0\leqslant t\leqslant 1}\rho(x^*(t),\bar{x}(\varphi_n(t)))\leqslant\frac{1}{n}+2\Delta_{\varepsilon_n}(\bar{x})\leqslant\frac{3}{n}$$

现来估计 $r_{\mathscr{D}}(x_n,\bar{x})$. 我们有

$$\begin{aligned}r_{\mathscr{D}}(x_n,\bar{x})\leqslant\ & r_{\mathscr{D}}(x_n(\cdot),x^*(\mu_n^{-1}(\cdot)))+\\ & r_{\mathscr{D}}(x^*(\mu_n^{-1}(\cdot)),\bar{x}(\varphi_n(\mu_n^{-1}(\cdot))))+\\ & r_{\mathscr{D}}(\bar{x}(\cdot),\bar{x}(\varphi_n(\mu_n^{-1}(\cdot))))\leqslant\\ & \sup_{0\leqslant t\leqslant 1}\rho(x_n(\mu_n(t)),x^*(t))+\\ & \sup_{0\leqslant t\leqslant 1}\rho(x^*(t),\bar{x}(\varphi_n(t)))+\\ & \sup_{0\leqslant t\leqslant 1}|t-\varphi_n(\mu_n^{-1}(t))|\leqslant\\ & \frac{1}{2^n}+\frac{3}{n}+\sup_{0\leqslant t\leqslant 1}|\mu_n(t)-\varphi_n(t)|\leqslant\\ & \frac{1}{2^n}+\frac{3}{n}+\frac{1}{2^n}+\varepsilon_n\end{aligned}$$

因此,$r_{\mathscr{D}}(x_n,\bar{x})\to 0$,即序列 $x_n(\cdot)$ 收敛于函数 $\bar{x}(\cdot)$. 论断 1) 得证.

2) 用 X_t 表示当 $x(\cdot)\in K_1$ 时值 $x(t)$ 和 $x(t-0)$ 的集合. 那么 $\bigcup_t X_t$ 是紧集的证明和 §4 引理 1 的证明一样.

令 $\Delta_c=\sup\{\Delta_c(x):x(\cdot)\in K_1\}$. 显然 Δ_c 是 c 的单调增函数. 我们来证明 $\lim\limits_{c\downarrow 0}\Delta_c=0$. 若不然,那么可以找到函数列 $x_n(\cdot)\in K_1$ 和序列 $c_n\to 0$. 使得对某个 $\delta>0$,$\Delta_{c_n}(x_n)\geqslant\delta$. 由于 K_1 的紧性可以假设 $x_n(\cdot)\to x_0(\cdot)$. 但当 $r_{\mathscr{D}}(x,y)\leqslant\varepsilon$ 时

$$\Delta_c(x)\leqslant\Delta_{c+\varepsilon}(y)+3\varepsilon$$

因此对每个 $c>0$,只要 $c_n<c-r_{\mathscr{D}}(x_n,x_0)$ 就有

$$\begin{aligned}\Delta_c(x_0)\geqslant\ & \Delta_{c-r_{\mathscr{D}}(x_n,x_0)}(x_n)-3r_{\mathscr{D}}(x_n,x_0)\geqslant\\ & \delta-3r_{\mathscr{D}}(x_n,x_0)\end{aligned}$$

因此,对每个 $c>0, \Delta_c(x_0)\geqslant\delta$,而这与条件 $\lim\limits_{c\to 0}\Delta_c(x_0)=0$ 矛盾. 所以 $\lim\limits_{c\downarrow 0}\Delta_c=0$. 显然可以构造连续单调函数 λ_c 使它满足条件 $\Delta_c<\lambda_c, \lambda_{+0}=0$. 那么 $K_1\subset K(X_1,\lambda_\delta)$,定理得证.

没有第二类间断点的过程的基本极限定理

定理 2 设 $\xi_n(t), 0\leqslant t\leqslant 1, n=0,1,\cdots$ 是取值于 $\mathscr{X}$ 的没有第二类间断点的过程的序列,而且 $\xi_n(t)$ 的边沿分布收敛于 $\xi_0(t)$ 的边沿分布. 对每一定义在 $\mathscr{D}_{[0,1]}(\mathscr{X})$ 上在距离 $r_{\mathscr{D}}$ 下连续的泛函 f,分布 $f(\xi_n(\cdot))$ 收敛于分布 $f(\xi_0(\cdot))$ 的充分必要条件是对所有 $\varepsilon>0$ 有

$$\lim_{c\to 0}\overline{\lim_{n\to\infty}}P\{\Delta_c(\xi_n(\cdot))>\varepsilon\}=0 \tag{6}$$

证 由等式(6)得知,对所有 $\varepsilon>0$,有

$$\lim_{c\to 0}\sup_n P\{\Delta_c(\xi_n(\cdot))>\varepsilon\}=0$$

正如 §4 定理 1,由此可以证明存在连续单调函数 λ_δ,使 $\lambda_{+0}=0$ 且

$$\sup_n P\{\Delta_c(\xi_n(\cdot))\leqslant\lambda_c, 0<c\leqslant 1\}>1-\frac{\varepsilon}{2} \tag{7}$$

仍如 §4 定理 1 一样,利用过程 $\xi_n(t)$ 的边沿分布的收敛性,可以证明测度族 $\{v_{nt}: n=1,2,\cdots,0\leqslant t\leqslant 1\}$(其中 $v_{nt}(A)=P\{\xi_n(t)\in A\}$)是紧的,因此对每个 k 可以找到紧集 $X^{(k)}$ 使

$$v_{nt}(X^{(k)})\geqslant 1-2^{-2k}\frac{\varepsilon}{4}$$

对所有 n,t 成立. 用 $\widetilde{X}^{(k)}$ 表示满足 $\rho(y,X^{(k)})\leqslant\lambda_{2^{-k}}$ 的 y 的集合. 那么

$$X_1=\bigcap_k\widetilde{X}^{(k)}$$

是紧集. 由于从

$$x\left(\frac{1}{2^k}\right)\in X^{(k)}, x\left(\frac{l+1}{2^k}\right)\in X^{(k)}, \Delta_{2^{-k}}(x)<\lambda_{2^{-k}}$$

得到当

$$\frac{l}{2^k}\leqslant t\leqslant\frac{l+1}{2^k}\text{ 时}, x(t)\in\widetilde{X}^{(k)}$$

所以

$$\begin{aligned}P\{\xi_n(\cdot)\overline{\in}K_{\mathscr{D}}(X_1,\lambda_\delta)\}\leqslant{}&1-P\{\Delta_c(\xi_n(\cdot))\leqslant\lambda_c, 0<c\leqslant 1\}+\\&\sum_{k=1}^{\infty}\sum_{j=0}^{2^k}P\left\{\xi_n\left(\frac{1}{2^k}\right)\overline{\in}X_1\right\}\leqslant\\&\frac{\varepsilon}{2}+\sum_{k=1}^{\infty}\sum_{l=0}^{2^k}2^{-2k}\frac{\varepsilon}{4}<\varepsilon\end{aligned}$$

于是对每个 $\varepsilon>0$ 可构造紧集 $K_{\mathscr{D}}(X_1,\lambda_\delta)$ 使对所有在 $\mathscr{D}_{[0,1]}(\mathscr{X})$ 上对应于随机过程 $\xi_n(\cdot)$ 的测度 μ_n,不等式

$$\mu_n(K_{\mathscr{D}}(X_1,\lambda_\delta)) \geqslant 1-\varepsilon$$

成立.余下只须应用 §1 定理1(从 §1 定理1的注得知,在不完备空间里定理条件仍是充分的).定理条件的充分性得证.

为证明条件(6) 的必要性我们引入泛函

$$F_a(x(\cdot)) = \sup_{0\leqslant t\leqslant 1} \rho(x(0),x(t))\mathrm{e}^{-at} + \sup_{0\leqslant t\leqslant 1} \rho(x(1),x(t))\mathrm{e}^{-a(1-t)} + \sup\{\min[\rho(x(t),x(s))\mathrm{e}^{-a(t-s)};\rho(x(t),x(u))\mathrm{e}^{-a(u-t)}];\ 0\leqslant s\leqslant t\leqslant u\leqslant 1\}$$

容易验证,$F_a(x(\cdot))$ 是 $\mathscr{D}_{[0,1]}(\mathscr{X})$ 上的连续泛函.因此如果对所有连续泛函 f,$f(\xi_n(\cdot))$ 的分布收敛于 $f(\xi_0(\cdot))$ 的分布,那么对每个 $\varepsilon>0$ 有

$$\overline{\lim_{n\to\infty}} P\{F_a(\xi_n(\cdot))>\varepsilon\} \leqslant P\{F_a(\xi_0(\cdot))\geqslant\varepsilon\}$$

现注意到

$$\Delta_c(x(\cdot)) \leqslant \mathrm{e}^{ac}F_a(x(\cdot))$$

$$F_a(x(\cdot)) \leqslant \Delta_c(x(\cdot)) + 5\mathrm{e}^{-ac} \sup_{0\leqslant t\leqslant 1}\rho(x(0),x(t))$$

因此

$$\begin{aligned}\overline{\lim_{n\to\infty}} P\{\Delta_c(\xi_n(\cdot))>\varepsilon\} &\leqslant \overline{\lim_{n\to\infty}} P\{F_{1/c}(\xi_n(\cdot))>\mathrm{e}^{-1}\varepsilon\} \leqslant \\ &P\{F_{1/c}(\xi_0(\cdot))\geqslant \mathrm{e}^{-1}\varepsilon\} \leqslant \\ &P\left\{\Delta_{\sqrt{c}}(\xi_0(\cdot))\geqslant \frac{1}{2}\mathrm{e}^{-1}\varepsilon\right\} + \\ &P\left\{\sup_{0\leqslant t\leqslant 1}\rho(\xi_0(0),\xi_0(t))\geqslant \frac{\varepsilon}{10}\mathrm{e}^{-1+\frac{1}{\sqrt{c}}}\right\}\end{aligned}$$

根据第三章 §4 引理1且对所有 $x(\cdot)\in\mathscr{D}_{[0,1]}(\mathscr{X})$ 来说,$\sup\limits_t \rho(x(0),x(t))$ 有限,以及以概率为1有 $\xi_0(\cdot)\in\mathscr{D}_{[0,1]}(\mathscr{X})$,故当 $c\to 0$ 时此不等式的右边趋向0.定理得证.

定理3 设 $\xi_n(t),n=0,1,\cdots$ 是以概率为1属于 $\mathscr{D}_{[0,1]}(\mathscr{X})$ 的随机过程序列,$\xi_n(t)$ 的边沿分布收敛于 $\xi_0(t)$ 的边沿分布且存在 $\alpha>0,\beta>0$ 以及 $H>0$,使当 $n\geqslant 0,t_1<t_2<t_3$ 时不等式

$$E[\rho(\xi_n(t_1),\xi_n(t_2))\rho(\xi_n(t_2),\xi_n(t_3))]^\beta \leqslant H(t_3-t_1)^{1+\alpha}$$

成立.那么对 $\mathscr{D}_{[0,1]}(\mathscr{X})$ 上的所有连续泛函 f,$f(\xi_n(\cdot))$ 的分布收敛于 $f(\xi_0(\cdot))$ 的分布.

证 利用第三章 §4 引理4.如果令 $g(h)=h^\gamma$,其中 $0<\gamma<\beta/\alpha$,和 $q(h)=2^{1+\alpha}Hh^\delta$,其中 $\delta=\beta-\alpha\gamma$,那么取

$$G(m)=\frac{2^{-m\gamma}}{1-2^{-\gamma}}$$

$$Q(m,c)=c^{-\beta}H2^{1+\alpha}\frac{2^{-m\delta}}{1-2^{-\delta}}$$

时，对所有过程 $\xi_n(t)$ 该引理的条件成立. 于是对某个 L

$$P\{\Delta_c(\xi_n(\cdot)) > \varepsilon\} \leqslant L\varepsilon^{-\beta}c^{\alpha}$$

余下只要利用定理 2 就可完成定理的证明.

Марков 过程的极限定理 设 $\xi_n(t)$ 是定义在 $[0,1]$ 上样本函数以概率为 1 属于 $\mathscr{D}_{[0,1]}(\mathscr{X})$ 的 Марков 过程序列. 用 $P_n(t,x,s,A)$ 表示过程 $\xi_n(t)$ 的转移概率. 其次设

$$V_\varepsilon(x) = \{y : \rho(x,y) > \varepsilon\}$$

定理 4 如果过程 $\xi_n(t)$ 的边沿分布收敛于 $\xi_0(t)$ 的边沿分布且对每个 $\varepsilon > 0$

$$\lim_{h\downarrow 0}\overline{\lim_{n\to\infty}}\sup\{P_n(t,x,s,V_\varepsilon(x)) : x \in \mathscr{X}, 0 \leqslant s-t \leqslant h\} = 0$$

那么对所有在 $\mathscr{D}_{[0,1]}(\mathscr{X})$ 上的连续泛函 f 来说 $f(\xi_n(\cdot))$ 的分布将收敛于 $f(\xi_0(\cdot))$ 的分布.

此定理的证明根据于下述引理.

引理 3 设 $\xi_1, \xi_2, \cdots, \xi_n$ 是一 Марков 链，使对所有 $k < l$ 以概率为 1

$$P\{\rho(\xi_k,\xi_l) \geqslant \varepsilon \mid \xi_k\} \leqslant \alpha < 1$$

那么

$$P\{\sup\{\min[\rho(\xi_i,\xi_j);\rho(\xi_j,\xi_l)] : 1 \leqslant i < j < l \leqslant n\} \geqslant 4\varepsilon\} \leqslant$$

$$\frac{\alpha}{(1-\alpha)^2}P\{\rho(\xi_1,\xi_n) \geqslant \varepsilon\}$$

证 事件

$$\{\sup\{\min[\rho(\xi_i,\xi_j);\rho(\xi_j,\xi_l)] : 1 \leqslant i < j < l \leqslant n\} \geqslant 4\varepsilon\}$$

蕴含于事件 $A_r \cap B_r$ 中的一个，其中

$$A_r = \{\rho(\xi_1,\xi_j) < 2\varepsilon, j=1,\cdots,r-1; \rho(\xi_1,\xi_r) \geqslant 2\varepsilon\}$$

$$B_r = \{\sup_{k>r}\rho(\xi_r,\xi_k) \geqslant 2\varepsilon\}$$

因此

$$P\{\sup\{\min[\rho(\xi_i,\xi_j);\rho(\xi_j,\xi_l)] : 1 \leqslant i < j < 1 \leqslant n\} \geqslant 4\varepsilon\} \leqslant$$

$$\sum_{r=1}^{n}\int_{A_r}P\{B_r \mid \xi_1,\cdots,\xi_r\}P(\mathrm{d}\omega) =$$

$$\sum_{r=1}^{n}\int_{A_r}P\{B_r \mid \xi_r\}P(\mathrm{d}\omega)$$

由于 §4 引理 2，我们有

$$P\{B_r \mid \xi_r\} \leqslant \frac{\alpha}{1-\alpha}$$

和

$$\sum_{r=1}^{n}P\{A_r\} = P\{\sup_k \rho(\xi_1,\xi_k) \geqslant 2\varepsilon\} \leqslant$$

$$\frac{1}{1-\alpha}P\{\rho(\xi_1,\xi_n)\geqslant\varepsilon\}$$

从这两个不等式得到所要的结果.引理得证.

推论 如果$\xi(t)$是可分Марков过程,它的转移概率$P(t,x,s,A)$在$t_1\leqslant t<s\leqslant t_2$时满足不等式

$$P(t,x,s,V_\varepsilon(x))\leqslant\alpha<1$$

那么

$$P\{\sup\{\min[\rho(\xi(t'),\xi(t''));\rho(\xi(t''),\xi(t'''))]:t_1\leqslant t'<t''<t'''\leqslant t_2\}\geqslant 4\varepsilon\}\leqslant \frac{\alpha}{(1-\alpha)^2}P\{\rho(\xi(t_1)\xi(t_2))\geqslant\varepsilon\}$$

现在我们来证明定理4.只要证明对每个$\varepsilon>0$有

$$\lim_{c\to0}\overline{\lim_{n\to\infty}}P\{\Delta_c(\xi_n(\cdot))>\varepsilon\}=0$$

就够了.我们来估计这个概率.设c这样小,以致对足够大的n有

$$\sup\{P_n(t,x,s,V_{\varepsilon/8}(x));x\in\mathscr{X},0<s-t\leqslant 3c\}<\frac{1}{2}$$

那么

$$\Delta_c(\xi_n(\cdot))\leqslant\sup_{0\leqslant t\leqslant c}\rho(\xi_n(0),\xi_n(t))+\sup_{0\leqslant1-t\leqslant c}\rho(\xi_n(1),\xi_n(t))+\sup\left\{\min[\rho(\xi_n(t),\xi_n(t'));\rho(\xi_n(t),\xi_n(t''))]:kc\leqslant t'<t<t''\leqslant(k+3)c,k<\frac{1}{c}\right\}$$

因此

$$P\{\Delta_c(\xi_n(\cdot))\geqslant\varepsilon\}\leqslant P\left\{\sup_{0\leqslant t\leqslant c}\rho(\xi_n(0),\xi_n(t))\geqslant\frac{\varepsilon}{4}\right\}+P\left\{\sup_{0\leqslant1-t\leqslant c}\rho(\xi_n(1),\xi_n(t))\geqslant\frac{\varepsilon}{4}\right\}+\sum_{k<\frac{1}{c}}P\{\sup\{\min[\rho(\xi_n(t'),\xi_n(t));\rho(\xi_n(t),\xi_n(t''))]:kc\leqslant t'<t<t''\leqslant(k+3)c\}\geqslant\frac{\varepsilon}{2}\}\leqslant \frac{2\alpha_n}{1-\alpha_n}+\frac{\alpha_n}{(1-\alpha_n)^2}\cdot\sum_{k<\frac{1}{c}}P\left\{\rho(\xi_n(kc),\xi_n(kc+3c))\geqslant\frac{\varepsilon}{8}\right\}$$

其中

$$\alpha_n = \sup\{P_n(t,x,s,V_{\varepsilon/8}(x)) : x \in \mathscr{X}, 0 < s-t \leqslant 3c\}$$

由于

$$P\{\rho(\xi_n(kc),\xi_n(kc+3c)) \geqslant \frac{\varepsilon}{8}\} \leqslant$$
$$P\left\{\rho(\xi_n(kc),\xi(kc+c)) \geqslant \frac{\varepsilon}{24}\right\} +$$
$$P\left\{\rho(\xi_n(kc+c),\xi_n(kc+2c)) \geqslant \frac{\varepsilon}{24}\right\} +$$
$$P\left\{\rho(\xi_n(kc+2c),\xi_n(kc+3c)) \geqslant \frac{\varepsilon}{24}\right\}$$

且$\frac{1}{1-\alpha_n} \leqslant 2$，所以

$$P\{\Delta_c(\xi_n(\cdot)) \geqslant \varepsilon\} \leqslant 4\alpha_n \left[1 + 3\sum_{k<\frac{1}{c}} P\left\{\rho(\xi_n(kc),\xi_n(kc+c)) \geqslant \frac{\varepsilon}{24}\right\}\right]$$

由于定理的条件和等式

$$\lim_{n\to\infty} \sum_{k<\frac{1}{c}} P\left\{\rho(\xi_n(kc),\xi_n(kc+c)) \geqslant \frac{\varepsilon}{24}\right\} =$$
$$\sum_{k<\frac{1}{c}} P\left\{\rho(\xi_0(kc),\xi_0(kc+c)) \geqslant \frac{\varepsilon}{24}\right\}$$

对几乎所有$\varepsilon > 0$是正确的，因此只要证明后一等式的右边当$c \to 0$时有界就够了．选取h使

$$P_0(t,x,s,V_{\varepsilon_1}(x)) \leqslant \frac{1}{3}$$

当

$$s - t \leqslant h, \varepsilon_1 = \frac{\varepsilon}{96}$$

只要证明在给定h时对所有$\bar{t}$有

$$\sum_{\bar{t} \leqslant kc < \bar{t}+h} P\{\rho(\xi_0(kc),\xi_0(kc+c)) \geqslant 4\varepsilon_1\}$$

有界就够了．

如果$P(\xi_0(kc),\xi_0(kc+c)) \geqslant 4\varepsilon$，设$\eta_k = 1$，在其余情形设$\eta_k = 0$．

我们需要证明$\sum_{\bar{t} \leqslant kc < \bar{t}+h} E\eta_k$按$\bar{t}$及$c$一致有界．

我们来估计

$$P\{\sum_{\bar{t} \leqslant kc < \bar{t}+h} \eta_k > l\}$$

只考虑下标k满足$\bar{t} \leqslant kc < \bar{t} + h$的$\eta_k$．

设A_r是事件

$$\{\omega: \sum_{k\leqslant r}\eta_k = l; \eta_r = 1\}$$

那么

$$P\{\sum \eta_k > l\} = \sum_r P\{A_r \cap \{\omega: \sum_{k>r}\eta_k > 0\}\} =$$

$$\sum_r \int_{A_r} P\{\sum_{k>r}\eta_r > 0 \mid \xi_0(rc+c)\} P(\mathrm{d}\omega) \leqslant$$

$$\sum_r \int_{A_r} P\{\sup_{k>r}\rho(\xi_0(kc), \xi_0(rc+c)) \geqslant$$

$$2\varepsilon_1 \mid \xi_0(rc+c)\} P(\mathrm{d}\omega) \leqslant$$

$$\frac{\frac{1}{3}}{1-\frac{1}{3}}\sum_r P\{A_r\} \leqslant$$

$$\frac{1}{2}P\{\sum \eta_k > l-1\}$$

因此对所有 $\bar{t}$ 和 c

$$\sum_{\bar{t}\leqslant kc<\bar{t}+h} E\eta_k \leqslant \sum_{l=1}^{\infty} l\left(\frac{1}{2}\right)^l = \frac{1}{4}$$

定理得证.

在完备线性赋范空间 $\mathscr{X}$ 中独立增量过程是 Марков 过程的一个特殊情形. 因此作为定理 4 的一个推论,我们有如下定理:

定理 5 设 $\xi_n(t), n=0,1,\cdots$ 是定义在$[0,1]$上取值于 $\mathscr{X}$ 的独立增量过程序列,同时以概率为 1 属于 $\mathscr{D}_{[0,1]}(\mathscr{X})$. 如果过程 $\xi_n(t)$ 的边沿分布收敛于过程 $\xi_0(t)$ 的边沿分布,且对任意 $\varepsilon > 0$ 有

$$\lim_{h\to 0}\lim_{n\to\infty}\sup_{|t-s|\leqslant h} P\{|\xi_n(t)-\xi_n(s)| > \varepsilon\} = 0$$

那么对 $\mathscr{D}_{[0,1]}(\mathscr{X})$ 上的每一连续泛函 f 有,$f(\xi_n(\cdot))$ 的分布收敛于 $f(\xi_0(\cdot))$ 的分布.

注 在定理 2 ~ 5 中只要求泛函 f 是可测且 μ_0 几乎处处连续(μ_0 是 $\mathscr{D}_{[0,1]}(\mathscr{X})$ 上的极限过程对应的测度)就够了.

应用于统计 我们应用上面所讨论的极限定理研究在数理统计用到的经验分布渐近性质.

假设某一试验结果表示为有未知连续分布函数 $F(x)$ 的随机变量. 如果已经知道 n 次独立试验的结果是 $\xi_1, \cdots, \xi_n$,怎样去估计函数 $F(x)$ 呢?

在数理统计中,为此利用关系式

$$F_n^*(x) = \frac{v_n(x)}{n}$$

定义经验分布函数 $F_n^*(x)$,式中 $v_n(x)$ 是 ξ_k 落在区间$(-\infty, x)$ 的数目. 由

Bernoulli定理得,$F_n^*(x)$依概率收敛于$F(x)$.因此函数$F_n^*(x)$可以作为$F(x)$的一个估计.自然,我们对这估计的误差发生兴趣.另一方面,有一个$F(x)$的近似解析表达式是方便的.这时要解决如下问题:如果试验的结果$\xi_1,\cdots,\xi_n$是知道的话,能否给出一个函数$\Phi(x)$作为$F(x)$的近似.在任何情况下,重要的是要知道经验分布函数和理论分布函数$F(x)$的差的性态.为此,我们引入过程

$$\eta_n(t)=\sqrt{n}(F_n^*(t)-F(t))$$

引理4 过程$\eta_n(t)$的边沿分布收敛于Gauss过程$\eta(t)$的边沿分布,其中$E\eta(t)=0$和当$t<\tau$时

$$E\eta(t)\eta(\tau)=F(t)[1-F(\tau)]$$

证 注意到

$$\eta_n(t)=\frac{1}{\sqrt{n}}\sum_{k=1}^{n}[\varepsilon(\xi_k-t)-F(t)]$$

其中$\varepsilon(t)=0$,当$t\leqslant 0$及$\varepsilon(t)=1$,当$t>0$.因为

$$E\varepsilon(\xi_k-t)=F(t)$$

$$E\varepsilon(\xi_k-t)\varepsilon(\xi_k-\tau)=F(t),\text{当 } t<\tau$$

且过程$\varepsilon(\xi_k-t)-F(t)$对不同的$k$是相互独立的,证明的余下部分由第三章§1定理1得到.

推论 设$F^{-1}(t)$是$F(t)$的反函数.令

$$\xi_n(t)=\eta_n(F^{-1}(t)),\xi(t)=\eta(F^{-1}(t))$$

那么过程$\xi_n(t)$的边沿分布收敛于定义在$t\in[0,1]$的Gauss过程$\xi(t)$的边沿分布,$\xi(t)$满足

$$E_{\xi}(t)=0,E\xi(t)\xi(s)=t(1-s),\text{当 } 0\leqslant t<s\leqslant 1$$

注1 过程$\xi_n(t)$能表为

$$\xi_n(t)=\frac{1}{\sqrt{n}}\sum_{k=1}^{n}[\varepsilon(\eta_k-t)-t]$$

其中$\eta_k=F^{-1}(\xi_k)$是在$[0,1]$取均匀分布的独立随机变量.

注2 过程$\xi(t)$的有限维分布和Brown运动过程$w(t),0\leqslant t\leqslant 1$,在条件$w(1)=0$下的条件有限维分布相同.因为过程$w(t)$在条件$w(t)=0$下的条件分布是Gauss分布,所以只须证明

$$E(w(t)\mid w(1))_{w(1)=0}=0$$

$$E(w(t)w(s)\mid w(1))_{w(1)=0}=t(1-s),0\leqslant t<s\leqslant 1$$

变量$\bar{\xi}(t)=w(t)-tw(1)$与$w(1)$不相关.因为$\bar{\xi}(t)$和$w(1)$具有联合Gauss分布,所以过程$\bar{\xi}(t)$独立于$w(1)$.因此

$$E(\bar{\xi}(t)\mid w(1))=E\bar{\xi}(t)=0$$

$$E(\bar{\xi}(t)\bar{\xi}(s) \mid w(1)) = E\bar{\xi}(t)\bar{\xi}(s)$$

利用 $\bar{\xi}(t) = w(t) - tw(1)$ 和上述公式,我们得

$$E(w(t) \mid w(1)) = tw(1)$$

$$E(w(t)w(s) \mid w(1)) = E\bar{\xi}(t)\bar{\xi}(s) + ts(w(1))^2 = \min[t,s] - ts + ts[w(1)]^2$$

令 $w(1) = 0$,我们证实了注 2 开始时所说的正确性.

定理 6 对 $\mathscr{D}_{[0,1]}(\mathscr{R}^1)$ 上的任一连续泛函 f, $f(\xi_n(\cdot))$ 的分布收敛于 $f(\xi(\cdot))$ 的分布.

证 首先注意到可分过程 $\xi(t)$ 是连续的,因此 $\xi(t)$ 以概率为 1 属于 $\mathscr{D}_{[0,1]}(\mathscr{R}^1)$. 事实上, $\xi(t+h) - \xi(t)$ 具有 Gauss 分布,而且

$$E(\xi(t+h) - \xi(t))^4 = 3(E[\xi(t+h) - \xi(t)]^2)^2 = O(h^2)$$

因此根据第三章 §5 定理 7,过程 $\xi(t)$ 是连续的. 过程 $\xi_n(t)$ 的边沿分布收敛于 $\xi(t)$ 的边沿分布得证.

由于定理 2,余下要证明关系式(6) 成立. 因为

$$\Delta_c(x) \leqslant \sup\{\mid x(t') - x(t'') \mid : |t' - t''| \leqslant c\}$$

如果对所有 $\varepsilon > 0$ 能确立关系式

$$\lim_{c\to 0} \overline{\lim_{n\to\infty}} P\{\sup_{|t'-t''|\leqslant c} \mid \xi_n(t') - \xi_n(t'') \mid > \varepsilon\} = 0 \tag{8}$$

则定理将得到证明. 过程 $\xi_n(t) + \sqrt{n}t$ 单调递增,因此当 $t_1 < t_2 < t_3 < t_4$ 时

$$-\sqrt{n}(t_4 - t_1) \leqslant \xi_n(t_3) - \xi_n(t_2) \leqslant \xi_n(t_4) - \xi_n(t_1) + \sqrt{n}(t_4 - t_1)$$

所以

$$\sup_{|t'-t''|\leqslant c} \mid \xi_n(t') - \xi_n(t'') \mid \leqslant \frac{2\sqrt{n}}{2^m} + \sup_{|k_1-k_2|\leqslant c2^{m+2}} \left| \xi_n\left(\frac{k_1}{2^m}\right) - \xi_n\left(\frac{k_2}{2^m}\right) \right|$$

选取 m_n 使当 $n \to \infty$ 时 $\frac{\sqrt{n}}{2^{m_n}} \to 0$,和 $n2^{-m_n} \geqslant 1$.

为证明(8) 只要验证对所有 $\varepsilon > 0$ 有

$$\lim_{c\to 0} \overline{\lim_{n\to\infty}} P\{\sup_{|k_1-k_2|\leqslant c2^{m_n}} \mid \xi_n(k_1 2^{-m_n}) - \xi_n(k_2 2^{-m_n}) \mid > \varepsilon\} = 0$$

就够了. 注意到

$$\sup_{|k_1-k_2|\leqslant c2^{m_n}} \mid \xi_n(k_1 2^{-m_n}) - \xi_n(k_2 2^{-m_n}) \mid \leqslant 2\sum_{r=m^{(c)}}^{m_n} \sup_i \left| \xi_n\left(\frac{i+1}{2^r}\right) - \xi_n\left(\frac{i}{2^r}\right) \right|$$

其中 $m^{(c)}$ 是满足关系式 $c2^{m(c)} \geqslant 1$ 的最小整数(参见第二章 §4 引理 3 证明时所涉及的最后的不等式).

选取 $a < 1$ 使 $2a^4 < 1$. 那么

$$P\{\sup_{|k_1-k_2|\leqslant c2^{m_n}} \mid \xi_n(k_1 2^{-m_n}) - \xi_n(k_2 2^{-m_n}) \mid > \varepsilon\} \leqslant$$

$$\sum_{r=m^{(c)}}^{m_n} P\left\{\sup_i \left| \xi_n\left(\frac{i+1}{2^r}\right) - \xi_n\left(\frac{i}{2^r}\right) \right| > \frac{\varepsilon}{2}\frac{a^{r-m^{(c)}}}{1-a}\right\} \leqslant$$

$$\sum_{r=m^{(c)}}^{m_n} \sum_{i=0}^{2^r-1} P\left\{\left| \xi_n\left(\frac{i+1}{2^r}\right) - \xi_n\left(\frac{i}{2^r}\right) \right| > \frac{\varepsilon}{2}\frac{a^{r-m^{(c)}}}{1-a}\right\} \leqslant$$

$$\sum_{r=m^{(c)}}^{m_n} \sum_{i=0}^{2^r-1} E\left| \xi_n\left(\frac{i+1}{2^r}\right) - \xi_n\left(\frac{i}{2^r}\right) \right|^4 \left(\frac{2(1-a)}{\varepsilon a^{r-m^{(c)}}}\right)^4 \tag{9}$$

设 μ_n 是变量 η_i 落在区间 $[t,t+h]$ 的数目.那么

$$P\{\mu_n = k\} = \mathrm{C}_n^k h^k (1-h)^{n-k}$$

和

$$\xi(t+h) - \xi(t) = \sqrt{n}\left(\frac{\mu_n}{n} - h\right)$$

经计算可得(参见 Б. В. Гнеденко[17],214 页)

$$E(\xi_n(t+h) - \xi_n(t))^4 \leqslant 3h^2 + \frac{h}{n} \leqslant 3h^2 + h2^{-m_n}$$

因此,当 $h \geqslant 2^{-m_n}$ 时我们有

$$E(\xi_n(t+h) - \xi_n(t))^4 \leqslant 4h^2$$

将此估计代入不等式(9),我们得

$$P\{\sup_{|k_1-k_2|\leqslant c2^{m_n}} |\xi_n(k_1 2^{-m_n}) - \xi_n(k_2 2^{-m_n})| > \varepsilon\} \leqslant \sum_{r=m^{(c)}}^{m_n} \frac{2^4(1-a)^4}{\varepsilon^4 a^{4(r-m_c)}} \cdot 4 \cdot 2^{-r} \leqslant L_\varepsilon \frac{1}{2^{m^{(c)}}}$$

其中

$$L_\varepsilon = \frac{2^6(1-a)^4}{\varepsilon^4} \sum_{r=0}^{\infty} (2a^4)^{-r}$$

定理得证.

对应于随机过程的测度的绝对连续性

第七章

§1 关于绝对连续性的一般定理

首先让我们来回顾一下测度论中的某些定义.

设在可测空间$(\mathscr{X},\mathfrak{B})$上给出两个测度$\mu_1$及$\mu_2$.测度$\mu_2$称为关于测度$\mu_1$绝对连续(记为$\mu_2\ll\mu_1$),如果对所有$\mathfrak{B}$中的$A$只要$\mu_1(A)=0$就有$\mu_2(A)=0$.如果$\mu_1\ll\mu_2$及$\mu_2\ll\mu_1$,则记$\mu_1\sim\mu_2$并称这两个测度是等价的.测度$\mu_1$和$\mu_2$是互相奇异的,如果存在集合$A$使$\mu_1(A)=0$,$\mu_2(\mathscr{X}-A)=0$.互相奇异的测度还称为正交的(记为$\mu_1\perp\mu_2$).如果测度$\mu_1$和$\mu_2$是有限的,则$\mu_2=v_1+v_2$,其中$v_1\ll\mu_1$,$v_2\perp\mu_1$.这样的表示是唯一的.测度$v_1$和$v_2$分别称为测度$\mu_2$关于测度$\mu_1$的绝对连续分量和奇异分量.

对于有限测度来说Radon-Nikodym定理是正确的:$\mu_2\ll\mu_1$当且仅当存在$\mathfrak{B}$可测函数$\rho(x)$使对所有$A\in\mathfrak{B}$等式

$$\mu_2(A)=\int_A\rho(x)\mu_1(\mathrm{d}x)$$

成立.函数$\rho(x)$被确定精确到按测度μ_1的等价类,并称之为测度μ_2对于μ_1的密度或导数,及表为

$$\rho(x)=\frac{\mathrm{d}\mu_2}{\mathrm{d}\mu_1}(x)$$

如果μ_2关于μ_1不绝对连续，那么把$\frac{d\mu_2}{d\mu_1}$理解为测度μ_2关于μ_1的绝对连续分量的导数. 特别，如果$\mu_1 \perp \mu_2$，则$\frac{d\mu_2}{d\mu_1}=0$.

在这一章里我们将考虑测度μ_1和μ_2是概率测度，即$\mu_i(\mathscr{X})=1$的这一情形. 如果$\mathscr{X}$是一个函数空间，那么$\mathfrak{B}$被理解为由柱集所生成的σ代数，因此测度μ_i可了解为对应于某个随机过程的测度. 这一章就是致力于研究这样的测度的绝对连续性、等价和奇异性的条件，还有计算一个测度对于另一个测度的密度.

在证明关于可测空间$(\mathscr{X},\mathfrak{B})$上概率测度的绝对连续性定理时常利用如下步骤. 设$\mathfrak{B}_n$是递增$\sigma$代数序列，使得

$$\sigma\{\bigcup_n \mathfrak{B}_n\}=\mathfrak{B}$$

而μ_i^n是测度μ_i在$\mathfrak{B}_n$上的收缩. 假定σ代数$\mathfrak{B}_n$使得验证测度μ_2^n关于测度μ_1^n的绝对连续性是不难的. 如果$\mathscr{X}$是函数空间，那么通常将$\mathfrak{B}_n$理解为由$\mathscr{X}$的固定有限维子空间组成基底的柱集所生成的σ代数. 设$\mu_2^n \ll \mu_1^n$且

$$\rho_n(x)=\frac{d\mu_2^n}{d\mu_1^n}(x)$$

$\rho_n(x)$在概率空间$(\mathscr{X},\mathfrak{B},\mu_1)$上构成鞅. 事实上，对每个$\mathfrak{B}_n$可测函数$f(x)$

$$\begin{aligned}\int f(x)\rho_{n+1}(x)\mu_1(dx)&=\int f(x)\rho_{n+1}(x)\mu_1^{n+1}(dx)=\\&\int f(x)\mu_2^{n+1}(dx)=\\&\int f(x)\mu_2^n(dx)=\\&\int f(x)\rho_n(x)\mu_1^n(dx)=\\&\int f(x)\rho_n(x)\mu_1(dx)\end{aligned}$$

由此，根据概率空间$(\mathscr{X},\mathfrak{B},\mu_1)$上条件期望的定义，我们有

$$E(\rho_{n+1}(x)\mid\mathfrak{B}_n)=\rho_n(x)$$

但变量$\rho_n(x)\mathfrak{B}_n$可测，因此$\rho_n(x)$是鞅. 由于$\rho_n(x)\geqslant 0$及

$$\int\rho_n(x)\mu_1(dx)=\mu_2^n(\mathscr{X})=1$$

那么根据鞅的极限定理(第二章 §2 定理1)，按测度μ_1几乎处处存在极限

$$\lim_{n\to\infty}\rho_n(x)=\rho(x) \tag{1}$$

定理1 由式(1)定义的函数$\rho(x)$是测度μ_2关于μ_1的绝对连续分量的密度，即

$$\rho(x)=\frac{d\mu_2}{d\mu_1}(x)$$

证 设 $\mu_2=a\mu'+b\mu''$，其中 $a+b=1$，$\mu'\ll\mu_1$，$\mu''\perp\mu_1$，因此 μ' 和 μ'' 是概率测度. 用 μ'^n 和 μ''^n 表示这两个测度在 $\mathfrak{B}_n$ 上的收缩. 那么

$$\rho_n(x)=a\rho'_n(x)+b\rho''_n(x)$$

其中

$$\rho'_n(x)=\frac{\mathrm{d}\mu'^n}{\mathrm{d}\mu_1^n}(x),\rho''_n(x)=\frac{\mathrm{d}\mu''^n}{\mathrm{d}\mu_1^n}(x)$$

为证明定理，只要证明 $\rho''_n(x)\to 0$ 和 $\rho'_n(x)\to\dfrac{\mathrm{d}\mu'}{\mathrm{d}\mu_1}(x)$ 按测度 μ_1 几乎处处成立.

对每个 $\mathfrak{B}_n$ 可测有界函数 $f(x)$ 等式

$$\int f(x)\frac{\mathrm{d}\mu'}{\mathrm{d}\mu_1}(x)\mathrm{d}\mu_1(x)=\int f(x)\mu'_2(\mathrm{d}x)=\int f(x)\mu'^n(\mathrm{d}x)=$$

$$\int f(x)\rho'_n(x)\mu_1(\mathrm{d}x)$$

成立. 因此

$$\rho'_n=E\left(\frac{\mathrm{d}\mu'}{\mathrm{d}\mu_1}(x)\mid\mathfrak{B}_n\right)$$

其中条件数学期望是在概率空间 $(\mathscr{X},\mathfrak{B},\mu_1)$ 上取的. 由于第二章 §2 定理 4 对每一单调递增 σ 代数序列 $\mathfrak{B}_n$ 以概率为 1 有

$$\lim_{n\to\infty}E(\xi\mid\mathfrak{B}_n)=E(\xi\mid\sigma\{\bigcup_n\mathfrak{B}_n\})$$

因此

$$\lim_{n\to\infty}\rho'_n(x)=E\left(\frac{\mathrm{d}\mu'}{\mathrm{d}\mu_1}(x)\mid\mathfrak{B}\right)=\frac{\mathrm{d}\mu'}{\mathrm{d}\mu_1}(x)$$

现证明依测度 μ_1 几乎处处有 $\rho''_n(x)\to 0$. 设

$$\lim_{n\to\infty}\rho''_n(x)=\rho''(x)$$

(由 $\rho''_n(x)$ 是鞅知极限存在). 根据 Fatou 定理对每一非负 $\mathfrak{B}_n$ 可测函数 $f(x)$ 有

$$\int f(x)\mu''(\mathrm{d}x)=\int f(x)\mu''^n(\mathrm{d}x)=\int f(x)\rho''_n(x)\mu_1^n(\mathrm{d}x)=$$

$$\lim_{n\to\infty}\int f(x)\rho''_n(x)\mu_1(\mathrm{d}x)\geqslant\int f(x)\rho''(x)\mu_1(\mathrm{d}x)$$

(此处 $n>m$)，因此对 $A\in\mathfrak{B}$

$$\int_A\rho''(x)\mu_1(\mathrm{d}x)\leqslant\mu''(A)$$

设 A 使 $\mu''(A)=0$，$\mu_1(A)=1$. 那么

$$\int_A\rho''(x)\mu_1(\mathrm{d}x)=0$$

因此依测度 μ_1 在集合 A 上几乎处处 $\rho''(x)=0$，且因为 $\mu_1(A)=1$，所以依测度 μ_1 几乎处处 $\rho''(x)=0$. 定理得证.

推论 1 如果由式(1) 所定义的 $\rho(x)$ 依测度 μ_1 几乎处处是正的，则 $\mu_1\ll$

μ_2 且

$$\frac{\mathrm{d}\mu_1}{\mathrm{d}\mu_2}(x)=\begin{cases}\dfrac{1}{\rho(x)}, x\in S\\ 0, x\overline{\in} S\end{cases}$$

其中 $S\in\mathfrak{B}$ 满足 $\mu''_2(S)=0, \mu_1(S)=1$.

事实上,对每一非负 $\mathfrak{B}$ 可测函数 $f(x)$,如下等式是正确的

$$\int_S f(x)\mu_2(\mathrm{d}x)=\int_S f(x)\rho(x)\mu_1(\mathrm{d}x)$$

将函数 $f(x)$ 取作 $g(x)/\rho(x)$,我们得

$$\int_S g(x)\mu_1(\mathrm{d}x)=\int_S \frac{g(x)}{\rho(x)}\mu_2(\mathrm{d}x)$$

由此得到我们的论断.

推论 2 测度 μ_2 关于 μ_1 绝对连续的充分必要条件是由式(1) 所定义的函数 $\rho(x)$ 满足条件

$$\int\rho(x)\mu_1(\mathrm{d}x)=1 \tag{2}$$

因为

$$\int\rho_n(x)\mu_1(\mathrm{d}x)=1 \tag{3}$$

所以式(2) 成立的充分必要条件是,在式(3) 中容许将极限搬入积分号内,即按测度 μ_1 函数 $\rho_n(x)$ 关于 n 一致可积.

有时代替测度 μ_i 在 $\mathfrak{B}_n$ 上的收缩测度 μ_i^n,而考虑近似于 μ_i 的某些测度 μ_i^n,使得 $\frac{\mathrm{d}\mu_2^n}{\mathrm{d}\mu_1^n}$ 的计算更为简单,有时这样做会更方便. 这种情况在某种程度上类似于在定理 1 及其推论所考虑的情况.

定理 2 设在 $(\mathscr{X},\mathfrak{B})$ 上给出两个概率测度序列 μ_n^1 和 μ_n^2,满足条件:

a) 在 σ 闭包重合于 $\mathfrak{B}$ 的某个代数 $\mathfrak{B}_0$ 上,μ_n^i 收敛于 μ_0^i

$$\lim_{n\to\infty}\mu_n^i(A)=\mu_0^i(A), A\in\mathfrak{B}_0$$

b) 当 $n\geqslant 1$ 时,测度 μ_n^2 关于 μ_n^1 绝对连续;

c) 函数 $\rho_n(x)=\frac{\mathrm{d}\mu_n^2}{\mathrm{d}\mu_n^1}(x)$ 关于 μ_n^1 一致可积,即对任意 $\varepsilon>0$ 可找到 N 使对所有 n 有

$$\int\rho_n(x)\,\chi_{[N,\infty)}(\rho_n(x))\mu_n^1(\mathrm{d}x)<\varepsilon$$

其中 $\chi_{[N,\infty)}(t)$ 是区间 $[N,\infty)$ 的示性函数. 那么 $\mu_0^2\ll\mu_0^1$.

证 对 $A\in\mathfrak{B}_0$ 我们有

$$\mu_0^2(A)=\lim_{n\to\infty}\mu_n^2(A)=\lim_{n\to\infty}\int_A\rho_n(x)\mu_n^1(\mathrm{d}x)\leqslant$$

$$N\lim_{n\to\infty}\mu_n^1(A)+\overline{\lim_{n\to\infty}}\int_A\rho_n(x)\chi_{[N,\infty)}(\rho_n(x))\mu_n^1(\mathrm{d}x)\leqslant$$

$$N\mu_0^1(A)+\varepsilon$$

如果选取 N 和 ε 使条件 c) 的不等式成立. 满足

$$\mu_0^2(A)\leqslant N\mu_0^1(A)+\varepsilon \tag{4}$$

的集合类是一单调类,它包含代数 $\mathfrak{B}_0$,于是对 $\mathfrak{B}$ 中所有 A,(4) 成立. 由式(4),倘若 $\mu_0^1(A)=0$,则因为 $\varepsilon>0$ 可取任意小,故 $\mu_0^2(A)=0$.

注　为要定理 2 的条件 c) 成立,如下条件之一成立就够了

1) 对某个 $\alpha>1$ 有

$$\sup_n\int[\rho_n(x)]^\alpha\mu_n^1(\mathrm{d}x)<\infty$$

2) 存在正的连续函数 $\varphi(t)$ 使得

$$\lim_{t\to\infty}\frac{t}{\varphi(t)}=0$$

且

$$\sup_n\int\varphi(\rho_n(x))\mu_n^1(\mathrm{d}x)<\infty$$

3) $\sup_n\int\log\rho_n(x)\mu_n^2(\mathrm{d}x)=\sup_n\int\rho_n(x)\log\rho_n(x)\mu_n^1(\mathrm{d}x)<\infty$

4) 测度 μ_n^1 关于 μ_n^2 绝对连续且对任意 $\varepsilon>0$ 可以找到 N,使

$$\overline{\lim_{n\to\infty}}\mu_n^2\left\{x:\frac{\mathrm{d}\mu_n^1}{\mathrm{d}\mu_n^2}(x)<\frac{1}{N}\right\}<\varepsilon \tag{5}$$

事实上,1) 和 3) 是 2) 的特殊情形,只要取

$$\varphi(t)=t^\alpha \text{ 和 } \varphi(t)=t\log t+1$$

条件 2) 的充分性从不等式

$$\int\rho_n(x)\chi_{[N,\infty)}(\rho_n(x))\mu_n^1(\mathrm{d}x)\leqslant\sup_{t\geqslant N}\frac{t}{\varphi(t)}\int\varphi(\rho_n(x))\mu_n^1(\mathrm{d}x)$$

得到.

为证明条件 4) 的充分性,我们只要注意到

$$\int\rho_n(x)\chi_{[N,\infty)}(\rho_n(x))\mu_n^1(\mathrm{d}x)=\mu_n^2\left(\left\{x:\frac{\mathrm{d}\mu_n^1}{\mathrm{d}\mu_n^2}(x)<\frac{1}{N}\right\}\right)$$

由于式(5),可选取足够大的 N 使对所有足够大的 n 这表示式变得任意小. 此外由于 $\mu_n^2\ll\mu_n^1$,$1/\rho_n(x)$ 按测度 μ_n^2 几乎处处是正的,所以对一切 n 有

$$\lim_{N\to\infty}\mu_n^2\left(\left\{x:\frac{\mathrm{d}\mu_n^1}{\mathrm{d}\mu_n^2}(x)<\frac{1}{N}\right\}\right)=0$$

由此和 5),得条件 c).

定理 2 没有给出计算 $\frac{\mathrm{d}\mu_0^2}{\mathrm{d}\mu_0^1}(x)$ 的可能性. 因为每一个函数 $\rho_n(x)$ 按照它自身

的测度被定义，所以不可能谈论 $n\to\infty$ 时 $\rho_n(x)$ 的极限. 特别当所有测度 μ_n^1 与 μ_0^1 重合时，考虑 $\rho_n(x)$ 按测度 μ_0^1 的极限才是可能的. 如果它存在，那么当定理 2 的条件成立时这极限将是 $\frac{\mathrm{d}\mu_0^2}{\mathrm{d}\mu_0^1}(x)$. 现在我们来证明关于密度 $\frac{\mathrm{d}\mu_0^2}{\mathrm{d}\mu_0^1}(x)$ 的更一般的定理.

定理 3 设在概率空间 $\{\Omega,\mathfrak{S},P\}$ 上给出取值于可测空间 $(\mathscr{X},\mathfrak{B})$ 的随机变量 $\xi_n^i, i=1,2,n=0,1,\cdots$，且存在其 σ 闭包就是 $\mathfrak{B}$ 的代数 $\mathfrak{B}_0$，使对所有 $A\in\mathfrak{B}_0$ 依概率 P 有

$$\chi_A(\xi_n^i)\to\chi_A(\xi_0^i)$$

如果测度 $\mu_n^i(A)=P\{\xi_n^i\in A\}$ 在 $(\mathscr{X},\mathfrak{B})$ 上满足定理 2 的条件 b) 和 c) 并且在依概率收敛意义下

$$\lim_{n\to\infty}\rho_n(\xi_n^1)=\rho$$

存在，则 $\rho=\frac{\mathrm{d}\mu_0^2}{\mathrm{d}\mu_0^1}(\xi_0^1)$.

证 对 $\mathfrak{B}_0$ 中所有 A 存在依概率收敛的极限

$$\lim_{n\to\infty}\rho_n(\xi_n^1)\chi_A(\xi_n^1)=\rho\chi_A(\xi_0^1)$$

由于定理 2 的条件 c)，$\rho_n(\xi_n^1)\chi_A(\xi_n^1)$ 按测度 μ_n^1 是一致可积的，因此极限可取入数学期望记号内

$$\mu_0^2(A)=\lim_{n\to\infty}E\chi_A(\xi_n^2)=\lim_{n\to\infty}E\chi_A(\xi_n^1)\rho_n(\xi_n^1)=$$

$$E\chi_A(\xi_0^1)\rho=\int_A\rho(x)\mu_0^1(\mathrm{d}x)$$

此关系式可用显然的方式推广至所有 $A\in\mathfrak{B}$. 定理得证.

注 1 如果 $\frac{\mathrm{d}\mu_n^1}{\mathrm{d}\mu_n^2}$ 依概率收敛于某个极限 $\bar{\rho}>0$，则定理 2 的条件 c) 自然而然成立，因为此时定理 2 注的条件 4) 成立.

注 2 如果不要求定理 2 的条件 c) 成立，而设 $E\rho=1$，则定理 3 的结论仍然正确. 事实上，由 Fatou 定理得关系式

$$E\rho\chi_A(\xi_0^1)\leqslant\lim_{n\to\infty}E\rho_n(\xi_n^1)\chi_A(\xi_n^1)=$$

$$\lim_{n\to\infty}\mu_n^2(A)=\mu_0^2(A)$$

对所有 $A\in\mathfrak{B}_0$ 成立. 此外，使

$$E\rho\chi_A(\xi_0^1)\leqslant\mu_0^2(A)\tag{6}$$

成立的集合 A 的全体构成一单调类. 因此(6)对所有 $A\in\mathfrak{B}$ 成立. 如果对某个 A 有不等式

$$E\rho\chi_A(\xi_0^1)<\mu_0^2(A)$$

则

$$E\rho = E\rho\,\chi_A(\xi_0^1) + E\rho\,\chi_{(\mathscr{X}-A)}(\xi_0^1) < \mu_0^2(A) + \mu_0^2(\mathscr{X}-A) = 1$$

这与假设 $E\rho = 1$ 相矛盾.因此对所有 $A \in \mathfrak{B}$ 有

$$E\rho\,\chi_A(\xi_0^1) = \mu_0^2(A)$$

或

$$\rho = \frac{\mathrm{d}\mu_0^2}{\mathrm{d}\mu_0^1}(\xi_0^1)$$

当概率空间和$(\mathscr{X},\mathfrak{B},\mu)$相一致且随机变量是$\mathscr{X}$到$\mathscr{X}$的可测映象时,情况是特别有趣的,由定理3得:

推论1 设1)给定由$\mathscr{X}$到$\mathscr{X}$的两个可测映象序列 $T_n^1(x)$ 和 $T_n^2(x)$,而测度 μ_n^i 是由等式$\mu_n^i(A)=\mu(T_n^{i-1}(A))$ 所定义,其中 $T_n^{i-1}(A)$ 是映象 T_n^i 下 A 的全原象,2)按测度μ对几乎所有x,$T_n^i(x) \to T_0^i(x)$,3)$\mu_n^1 \sim \mu_n^2$ 且按测度μ 对几乎所有 x 存在非负极限

$$\lim_{n\to\infty}\frac{\mathrm{d}\mu_n^2}{\mathrm{d}\mu_n^1}(T_n^1(x)) = \rho_1(x)$$

$$\lim_{n\to\infty}\frac{\mathrm{d}\mu_n^1}{\mathrm{d}\mu_n^2}(T_n^2(x)) = \rho_2(x)$$

那么 $\mu_0^1 \sim \mu_0^2$ 和

$$\frac{\mathrm{d}\mu_0^2}{\mathrm{d}\mu_0^1}(T_0^1(x)) = \rho_1(x)$$

$$\frac{\mathrm{d}\mu_0^1}{\mathrm{d}\mu_0^2}(T_0^2(x)) = \rho_2(x)$$

事实上,如果我们选取测度 $\mu_0^1 + \mu_0^2$ 的连续集作为代数 $\mathfrak{B}_0$(测度 μ_n^i 弱收敛于测度μ_0^i),则此时定理3及注1的条件成立.

推论2 设推论1的条件1)和2)成立,此外还有3)$\mu_0^1=\mu_0^2=v$,4)$\mu_n^2 \ll \mu$,$\mu \ll \mu_n^1$ 及存在依测度μ 的非零极限

$$\lim_{n\to\infty}\frac{\mathrm{d}\mu_n^2}{\mathrm{d}\mu}(x) = \rho_1(x)$$

$$\lim_{n\to\infty}\frac{\mathrm{d}\mu}{\mathrm{d}\mu_n^1}(T_n^1(x)) = \rho_2(x)$$

5)按测度 μ 对几乎所有 x,等式

$$\rho_1(T_0^1(x))\rho_2(x) = 1$$

成立.那么 $\mu \sim v$ 且

$$\rho_1(x) = \frac{\mathrm{d}v}{\mathrm{d}\mu}(x),\ \rho_2(x) = \frac{\mathrm{d}\mu}{\mathrm{d}v}(T_0^1(x))$$

事实上,由定理3及注1得 $\mu \sim v$.其次,正如在注2已建立的

$$\rho_1(x) \leqslant \frac{dv}{d\mu}(x), \rho_2(x) \leqslant \frac{d\mu}{dv}(T_0^1(x))$$

因此

$$1 = \rho_1(T_0^1(x))\rho_2(x) \leqslant \frac{dv}{d\mu}(T_0^1(x)) \frac{d\mu}{dv}(T_0^1(x)) = 1$$

由此得，按测度 μ 几乎处处有

$$\rho_2(x) = \frac{d\mu}{dv}(T_0^1(x))$$

和

$$\rho_1(T_0^1(x)) = \frac{dv}{d\mu}(T_0^1(x))$$

但这时按测度 v 几乎处处有

$$\rho_1(x) = \frac{dv}{d\mu}(x)$$

且因为 $v \sim \mu$，所以最后的等式也按测度 μ 几乎处处成立. 因此命题得证.

我们来研究在象空间情形测度的绝对连续性. 设$(\mathscr{X}_1, \mathfrak{B}_1)$ 和$(\mathscr{X}_2, \mathfrak{B}_2)$ 是两个可测空间. 由 $\mathscr{X}_1$ 到 $\mathscr{X}_2$ 的映象称为可测的，如果对所有 $A \in \mathfrak{B}_2, \varphi^{-1}(A) \in \mathfrak{B}_1$. 设在 $\mathfrak{B}_1$ 上给出两个测度 μ_1, v_1，而测度 μ_2, v_2 在 $\mathfrak{B}_2$ 上由如下等式所定义

$$\mu_2(A) = \mu_1(\varphi^{-1}(A)), v_2(A) = v_1(\varphi^{-1}(A))$$

定理 4 如果 $v_1 \ll \mu_1$，那么 $v_2 \ll \mu_2$，且

$$\frac{dv_2}{d\mu_2}(\varphi^{-1}(x)) = E\left(\frac{dv_1}{d\mu_1} \mid \widetilde{\mathfrak{B}}_1\right)$$

其中 $\widetilde{\mathfrak{B}}_1$ 是形为 $\varphi^{-1}(A), A \in \mathfrak{B}_2$ 的集合的 σ 代数，而条件数学期望是在概率空间$(\mathscr{X}_1, \mathfrak{B}_1, \mu_1)$ 中取的.

证 每一 $\mathfrak{B}_2$ 可测函数 $f(x)$ 可表为 $g(\varphi(x))$，其中 g 是 $\widetilde{\mathfrak{B}}_1$ 可测. 因此

$$\int f(x) v_3(dx) = \int g(\varphi(x)) v_2(dx) = \int g(x) v_1(dx) =$$

$$\int g(x) \frac{dv_1}{d\mu_1}(x) \mu_1(dx) =$$

$$\int g(x) E\left(\frac{dv_1}{d\mu_1}(x) \mid \widetilde{\mathfrak{B}}\right) \mu_1(dx)$$

设

$$E\left(\frac{dv_1}{d\mu_1}(x) \mid \widetilde{\mathfrak{B}}_1\right) = \rho(x)$$

因为 $\rho(x)$ 是 $\widetilde{\mathfrak{B}}_1$ 可测，所以 $\rho(\varphi(x))$ 是 $\mathfrak{B}_2$ 可测. 因此

$$\int g(x)\rho(x)\mu_1(dx) = \int g(\varphi(x))\rho(\varphi(x))\mu_2(dx) =$$

$$\int f(x)\rho(\varphi(x))\mu_2(dx)$$

由此等式得到定理的证明.

§2 Hilbert 空间中测度的容许位移

正如我们在下一节将会见到,当研究在各种变换下测度的绝对连续性时,在测度的最简单的变换 —— 平移变换下,测度的绝对连续性和密度起着重要作用. 设 μ 是在$(\mathscr{X},\mathfrak{B})$ 上的某一测度,其中 $\mathscr{X}$是 Hilbert 空间,$\mathfrak{B}$ 是这空间上的 Borel 集的 σ 代数. 我们引入平移算子:$S_a x = x + a$. 用 μ_a 表示由关系式

$$\mu_a(A) = \mu(S_{-a}A)$$

定义的测度. 注意,如果 μ 是取值于 $\mathscr{X}$的随机元 ξ 的分布,那么 μ_a 是随机元$\xi + a$ 的分布. 测度 μ_a 由下式所唯一确定

$$\int f(x)\mu_a(\mathrm{d}x) = \int f(x+a)\mu(\mathrm{d}x)$$

只要对于使式中右边的积分存在的所有可测函数等式成立.

我们说 a 是测度 μ 的容许位移,如果 $\mu_a \ll \mu$. 测度的容许位移的集合用 M_μ 或简单地用 M 表示(如果所涉及的测度不致混乱的话). 如果 $a \in M_\mu$,那么记

$$\rho(a,x) = \rho_\mu(a,x) = \frac{\mathrm{d}\mu_a}{\mathrm{d}\mu}(x)$$

在本节研究集合 M_μ 的结构和密度 $\rho_\mu(a,x)$ 的性质. 下面各处所考虑的是 $\mathscr{X}$上的概率测度.

定理 1 集合 M_μ 是加法半群,即如果 $a \in M_\mu$ 及 $b \in M_\mu$,则 $a + b \in M_\mu$;此外

$$\rho(a+b,x) = \rho(a,x)\rho(b,x-a)$$

证 我们有

$$\begin{aligned}\int f(x)\mu_{a+b}(\mathrm{d}x) &= \int f(x+a+b)\mu(\mathrm{d}x) = \\ &\int f(x+a)\rho(b,x)\mu(\mathrm{d}x) = \\ &\int f(x)\rho(b,x-a)\mu_a(\mathrm{d}x) = \\ &\int f(x)\rho(b,x-a)\rho(a,x)\mu(\mathrm{d}x)\end{aligned}$$

因为这些等式对任意有界可测函数 $f(x)$ 是成立的,由此得证定理.

下述定理表明,容许位移并不很多,特别由这定理得知,在 $\mathscr{X}$的任一无穷维子空间中 M_μ 是第一类型集合.

定理 2 设 $\varphi(z)$ 是测度 μ 的特征泛函,并设 B 是全连续非负对称算子,使

当$(Bz,z)\to 0$时$\varphi(z)\to 1$.那么对每一$a\in M_\mu$存在$b\in\mathscr{X}$,使得$a=B^{1/2}b$,即$M_\mu\subset B^{1/2}\mathscr{X}$.

证 设$a\in M_\mu$和

$$\rho(a,x)=\frac{\mathrm{d}\mu_a}{\mathrm{d}\mu}(x)$$

那么测度μ_a的特征泛函可表为

$$\varphi_a(z)=\int \mathrm{e}^{\mathrm{i}(x,z)}\mu_a(\mathrm{d}x)=\int \mathrm{e}^{\mathrm{i}(x+a,z)}\mu(\mathrm{d}x)=\mathrm{e}^{\mathrm{i}(a,z)}\varphi(z)$$

此外

$$\varphi_a(z)=\int \mathrm{e}^{\mathrm{i}(z,x)}\rho(a,x)\mu(\mathrm{d}x)$$

因此

$$\varphi_a(z)-1=\int(\mathrm{e}^{\mathrm{i}(z,x)}-1)\rho(a,x)\mu(\mathrm{d}x)$$

我们来证明,当$(Bz,z)\to 0$时$\varphi_a(z)\to 1$.因为对任一特征泛函$\psi(z)$来说不等式

$$|1-\psi(z)|^2\leqslant 2\mathrm{Re}(1-\psi(z))$$

成立,所以只要证明当$(Bz,z)\to 0$时

$$\mathrm{Re}\int(1-\mathrm{e}^{\mathrm{i}(z,x)})\rho(a,x)\mu(\mathrm{d}x)\to 0$$

令$\rho_N(x)=\rho(a,x)$当$\rho(a,x)\leqslant N$;$\rho_N(x)=0$当$\rho(a,x)>N$.那么

$$\begin{aligned}&\mathrm{Re}\int(1-\mathrm{e}^{\mathrm{i}(z,x)})\rho(a,x)\mu(\mathrm{d}x)=\\&\int(1-\cos(z,x))\rho_N(x)\mu(\mathrm{d}x)+\\&\int(1-\cos(z,x))[\rho(a,x)-\rho_N(x)]\mu(\mathrm{d}x)\leqslant\\&N\mathrm{Re}(1-\varphi(z))+2\int[\rho(a,x)-\rho_N(x)]\mu(\mathrm{d}x)\end{aligned}$$

选取足够大的N可以使第二个被加项对所有z任意小,而当$(Bz,z)\to 0$时,对任意N第一个被加项趋于0.于是我们证明了当$(Bz,z)\to 0$时$\varphi(z)\mathrm{e}^{\mathrm{i}(a,z)}\to 1$.因此当$(Bz,z)\to 0$时$\mathrm{e}^{\mathrm{i}(a,z)}\to 1$,从而当$(Bz,z)\to 0$时$(a,z)\to 0$.设$(Bz,z)<\delta$时,$|(a,z)|<\varepsilon$.那么对所有$z$有不等式

$$|(a,z)|^2<\frac{\varepsilon^2}{\delta}(Bz,z)$$

注意,a属于算子B的值域的闭包,因为对所有使$By=0$的y均有$(a,y)=0$.设λ_k是算子B的特征值,$\boldsymbol{e}_k$是对应于它的特征向量.令

$$C=\frac{\varepsilon^2}{\delta},z=\sum_{k=1}^{n}\frac{(a,\boldsymbol{e}_k)}{\lambda_k}\boldsymbol{e}_k$$

我们有

$$(a,z)^2=\left(\sum_{k=1}^{n}\frac{(a,\boldsymbol{e}_k)^2}{\lambda_k}\right)^2\leqslant C\sum_{k=1}^{n}\frac{(a,\boldsymbol{e}_k)^2}{\lambda_k}$$

因此

$$\sum_{k=1}^{n}\frac{(a,\boldsymbol{e}_k)^2}{\lambda_k}<C$$

当 $n\to\infty$ 取极限,即证实存在向量

$$\boldsymbol{b}=\sum_{k=1}^{\infty}\frac{(a,\boldsymbol{e}_k)}{\sqrt{\lambda_k}}\boldsymbol{e}_k$$

且满足 $B^{1/2}\boldsymbol{b}=a$. 定理得证.

现来研究在测度 μ 的最简单变换下集合 M_μ 和函数 $\rho(a,x)$ 的变换.

定理 3 1) 如果 $v=\mu_c$,那么对任意 $c\in X,M_v=M_\mu$ 有

$$\rho_v(a,x)=\rho_\mu(a,x-c)$$

2) 如果 $v\ll\mu,f(x)=\frac{\mathrm{d}v}{\mathrm{d}\mu}(x)$ 和 $a\in M_\mu$,则 $a\in M_v$ 当且仅当表示式

$$\rho_v(a,x)=\frac{f(x-a)}{f(x)}\rho_\mu(a,x)\tag{1}$$

按测度 μ 几乎处处有定义,即

$$\mu(\{x:f(x)=0\}-\{x:f(x-a)\rho_v(a,x)=0\})=0$$

(我们约定 $\frac{0}{0}=0$). 同时 $\rho_v(a,x)$ 由公式(1) 所确定.

3) 如果 $v(A)=\mu(L^{-1}A)$,其中 L 是可逆线性算子,那么

$$M_v=LM_\mu,\rho_v(a,x)=\rho_\mu(L^{-1}a,L^{-1}x)$$

证 1) 从等式

$$\int g(x)v_a(\mathrm{d}x)=\int g(x+a+c)\mu(\mathrm{d}x)=$$

$$\int g(x+c)\rho_\mu(a,x)\mu(\mathrm{d}x)=$$

$$\int g(x)\rho_\mu(a,x-c)\mu_c(\mathrm{d}x)=$$

$$\int g(x)\rho_\mu(a,x-c)v(\mathrm{d}x)$$

可得.

2) 设 $g(x)$ 是有界可测函数. 那么,如果 $\frac{f(x-a)}{f(x)}\rho_\mu(a,x)$ 按测度 μ 几乎处处有定义,则

$$\int g(x)v_a(\mathrm{d}x)=\int g(x+a)v(\mathrm{d}x)=\int g(x+a)f(x)\mu(\mathrm{d}x)=$$

$$\int g(x)f(x-a)\mu_a(\mathrm{d}x)=$$
$$\int g(x)\rho_\mu(a,x)f(x-a)\mu(\mathrm{d}x)=$$
$$\int g(x)\frac{f(x-a)}{f(x)}\rho_\mu(a,x)v(\mathrm{d}x)$$

但若 $a\in M_v$，则对所有有界可测函数 $g(x)$ 有关系式

$$\int g(x)\rho_v(a,x)f(x)\mu(\mathrm{d}x)=\int g(x)\rho_\mu(a,x)f(x-a)\mu(\mathrm{d}x)$$

由此得

$$\rho_v(a,x)f(x)=\rho_\mu(a,x)f(x-a)$$

按测度 μ 几乎处处成立. 我们的论断得证.

3) 对有界可测函数 $g(x)$ 和 $a=Lb$（其中 $b\in M_\mu$）有

$$\int g(x)v_a(\mathrm{d}x)=\int g(x+a)v(\mathrm{d}x)=\int g(Lx+a)\mu(\mathrm{d}x)=$$
$$\int g(L(x+b))\mu(\mathrm{d}x)=$$
$$\int g(Lx)\rho_\mu(b,x)\mu(\mathrm{d}x)=$$
$$\int g(x)\rho_\mu(b,L^{-1}x)v(\mathrm{d}x)$$

由此得 $M_v\supset LM_\mu$ 和当 $a\in LM_\mu$ 时 $\rho_v(a,x)=\rho_\mu(b,L^{-1}x)$. 利用算子 L 的可逆性得 $M_v\subset LM_\mu$. 因此，$M_v=LM_\mu$. 定理得证.

注 1) 由 1) 得知如果 v 是变量 $\xi+\eta$ 的分布，其中 ξ 和 η 是取值于 $\mathscr{X}$ 的独立随机变量，而 μ 是变量 ξ 的分布，那么 $M_v\supset M_\mu$ 且当 $a\in M_\mu$ 时有等式

$$\rho_v(a,x)=E(\rho_\mu(a,\xi)\mid\xi+\eta)_{\xi+\eta=x}$$

此等式由关系式

$$\int g(x)v_a(\mathrm{d}x)=\int g(x+a)v(\mathrm{d}x)=\iint g(x+y+a)\mu(\mathrm{d}x)P\{\eta\in\mathrm{d}y\}=$$
$$\iint g(x+y)\rho_\mu(a,x)\mu(\mathrm{d}x)P\{\eta\in\mathrm{d}y\}=$$
$$Eg(\xi+\eta)\rho_\mu(a,\xi)=$$
$$Eg(\xi+\eta)E(\rho_\mu(a,\xi)\mid\xi+\eta)$$

得到.

2) 如果在条件 3) 中 L 是不可逆算子，则 $M_v\supset LM_\mu$ 及

$$\rho_v(a,x)=E(\rho_\mu(\boldsymbol{b},\xi)\mid L\xi)_{L\xi=x}$$

其中 $\boldsymbol{b}$ 是满足关系式 $L\boldsymbol{b}=a$ 的任意向量. 该式可从 §1 定理 4 得到.

设 $|a|=1$. 我们来研究对所有 $\lambda>0$ 使 $\lambda a\in M_\mu$ 的条件. 设

$$F(t)=\mu(\{x:(a,x)<t\})$$

$F(t)$ 是概率空间$(\mathscr{X},\mathfrak{B},\mu)$上的随机变量$(a,x)$的分布函数. 对每个$\lambda>0$在同样的概率空间上变量

$$(a,x)+\lambda=(a,x+\lambda a)$$

的分布函数$F(t-\lambda)$关于(a,x)的分布绝对连续. 下面的引理说明了在这些条件下关于函数$F(t)$可能得出什么样的结论.

引理 如果在直线$\mathscr{R}^1$的Borel集上的测度$v_\lambda(E)$由关系式

$$v_\lambda(E)=\int_E \mathrm{d}F(t-\lambda)$$

所定义,且对所有$\lambda>0$,它关于测度$v_0(E)$绝对连续,那么$F(t)$绝对连续且它的导数

$$p(t)=\frac{\mathrm{d}F}{\mathrm{d}t}(t)$$

使对某个t_1(有可能等于$-\infty$)有:$p(t)=0$对几乎所有$t<t_1$及$p(t)>0$对几乎所有$t>t_1$.

证 把$F(t)$表为$F(t)=F_1(t)+F_2(t)$,其中$F_1(t)$是F的绝对连续分量,$F_2(t)$是奇异分量. 设

$$v_\lambda^i(E)=\int_E \mathrm{d}F_i(t-\lambda)$$

由于$v_\lambda^2\ll v_0^1+v_0^2$,$v_\lambda^2\perp v_0^1$,所以$v_\lambda^2\ll v_0^2$. 因此测度

$$\bar{v}(E)=\int_0^\infty v_\lambda^2(E)\mathrm{e}^{-\lambda}\mathrm{d}\lambda$$

关于测度v_0^2绝对连续. 另一方面

$$\begin{aligned}\bar{v}(E)=&\int_0^\infty\int_{t\in E}\mathrm{d}F(t-\lambda)\mathrm{e}^{-\lambda}\mathrm{d}\lambda=\\&\iint_{\substack{u-t<0\\ t\in B}}\mathrm{d}F_2(u)\mathrm{e}^{u-t}\mathrm{d}t\leqslant\\&\operatorname{mes}E\end{aligned}$$

其中mes E是集合E的Lebesgue测度. 由于$\bar{v}$关于Lebesgue测度奇异,所以$\bar{v}=0$且因此$F_2(t)=0$.

现设

$$\bar{F}(t)=\int_0^\infty F(t-\lambda)\mathrm{e}^{-\lambda}\mathrm{d}\lambda \text{ 及 } \tilde{v}(E)=\int \mathrm{d}\bar{F}(t)$$

容易验证

$$\frac{\mathrm{d}\tilde{v}}{\mathrm{d}v}(t)=\frac{1}{p(t)}\int_0^\infty p(t-\lambda)\mathrm{e}^{-\lambda}\mathrm{d}\lambda$$

而且在使$p(s)=0$的s的集合上对几乎所有t这个分数的分子等于0. 如果集合$\{t:p(t)=0\}$有正的Lebesgue测度,那么可找到s使得对所有$\delta>0$集合$\{t:$

$p(t)=0\} \cap \{s-\delta,s\}$ 的 Lebesgue 测度是正的. 因此对任意 $\delta>0$ 对某些 $t\in(s-\delta,s)$ 函数

$$\int_0^\infty p(t-\lambda)\mathrm{e}^{-\lambda}\mathrm{d}\lambda$$

为 0,又因为这函数是连续的,所以

$$\int_0^\infty p(s-\lambda)\mathrm{e}^{-\lambda}\mathrm{d}\lambda=0$$

因此对几乎所有 $t<s,p(t)=0$. 如果 $p(t)$ 不恒等于 0,则可以找到一个具有上述性质的最大 s. 那么对几乎所有 $t<s$ 有 $p(t)=0$ 和对几乎所有 $t>s$ 有 $p(t)>0$. 引理得证.

设 Γ_t 表示$(a,x)=t$ 的超平面. 在 Γ_t 的 Borel 集合上利用等式

$$\mu^t(A)=\mu^t(A\cap\Gamma_t),\mu(A)=\int\mu^t(A)\mathrm{d}F(t)$$

定义测度 μ^t. 因此 $\mu^t(A)$ 是概率空间$(\mathscr{X},\mathfrak{B},\mu)$上在$(a,x)=t$的条件下 x 的条件分布. 引入 x 在 Γ_0 上的投影在$(a,x)=t$ 的条件下的条件分布:$v^t(A)=\mu^t(S_{ta}A)$. 最后,设 v 是 x 在 Γ_0 上的投影的无条件分布

$$v(A)=\int v^t(A)p(t)\mathrm{d}t$$

用等式

$$\mu^*(A)=\int v(S_{-ta}[A\cap\Gamma_t])p(t)\mathrm{d}t \tag{2}$$

来引入测度 μ^*. 注意 μ^* 是随机变量 ξ 的分布,ξ 是使(a,ξ) 和 ξ 在 Γ_0 上的投影相独立,而它们的分布与概率空间$(\mathscr{X},\mathfrak{B},\mu)$上的变量$(a,x)$及 x 在 Γ_0 上的投影的分布相同. 我们来证明测度 μ 关于 μ^* 绝对连续. 注意到

$$\mu_{\lambda a}(A)=\mu(S_{-\lambda a}A)=\int v^t(S_{-ta}[S_{-\lambda a}A\cap\Gamma_t]p(t)\mathrm{d}t=$$

$$\int v^t(S_{-(t+\lambda)a}[A\cap\Gamma_{t+\lambda}])p(t)\mathrm{d}t=$$

$$\int v^{t-\lambda}(S_{-at}[A\cap\Gamma_t])p(t-\lambda)\mathrm{d}t \tag{3}$$

于是对任意有界可积函数 $k(\lambda)$

$$\int\mu_{\lambda a}(A)k(\lambda)\mathrm{d}\lambda=\iint p(t-\lambda)k(\lambda)v^{t-\lambda}(S_{-ta}[A\cap\Gamma_t])\mathrm{d}t\mathrm{d}\lambda$$

成立. 从测度 μ^* 的定义得等式

$$\mu^*(A)=\iint v^s(S_{-ta}[A\cap\Gamma_t])p(s)p(t)\mathrm{d}t\mathrm{d}s$$

如果 $\mu^*(A)=0$,则 $v^s(S_{-ta}[A\cap\Gamma_t])=0$ 按 Lebesgue 测度对几乎所有 $t>t_1$ 和 $s>t_1$ 成立(其中 t_1 如在引理中那样规定). 不失一般性,可认为 $v^t(A)=0$ 当 $t<$

t_1. 此外,仅考虑集合 A 属于在某个 $\delta > 0$ 时的集合 $\{x:(a,x) > t_1 + \delta\}$ 是自然的,这因为

$$\mu^*(\{x:(a,x) \leqslant t_1\}) = \mu(\{x:(a,x) \leqslant t_1\}) = 0$$

在这些假定下,条件 $\mu^*(A) = 0$ 推得不等式

$$\int_{-\delta}^{0} \mu_{\lambda a}(A)\mathrm{d}\lambda = \int_{-\delta}^{0} \mathrm{d}\lambda \int p(t-\lambda) v^{t-\lambda}(S_{-ta}[A \cap \Gamma_t])\mathrm{d}t = 0$$

因此,对几乎所有 $\lambda \in [-\delta, 0]$, $\mu_{\lambda a}(A) = 0$. 又因为 $\mu \ll \mu_{\lambda a}$,所以 $\mu(A) = 0$. 我们的论断得证.

注意,对所有 $\lambda > 0$, $\mu_{\lambda a}^* \ll \mu$. 事实上,由于定义

$$\mu_{\lambda a}^*(A) = \int p(t-\lambda) v(S_{-ta}[A \cap \Gamma_t])\mathrm{d}t =$$

$$\int \frac{p(t-\lambda)}{p(t)} v(S_{-ta}[A \cap \Gamma_t]) p(t)\mathrm{d}t$$

因此

$$\frac{\mathrm{d}\mu_{\lambda a}^*}{\mathrm{d}\mu^*}(x) = \frac{p((a,x)-\lambda)}{p((a,x))}$$

从而利用定理 3 之 2),我们得到如下定理:

定理 4　对所有 $\lambda > 0$ 使得 $\lambda a \in M_\mu$ 的充分必要条件是如下条件成立:

1) 函数 $F(t) = \mu(\{x:(a,x) < t\})$ 绝对连续,且对它的导数 $p(t)$ 存在 t_1(可能等于 $-\infty$)使得对几乎所有 $t < t_1$ 有 $p(t) = 0$ 及对几乎所有 $t > t_1$ 有 $p(t) > 0$.

2) 测度 μ 关于测度 μ^* 绝对连续, μ^* 由等式

$$\mu^*(\{x:\alpha < (a,x) < \beta\} \cap \{x:px \in A\}) =$$

$$\mu(\{x:\alpha < (a,x) < \beta\})\mu(\{x:px \in A\})$$

所定义,其中 p 是在子空间 Γ_0 上的投影算子. 又 μ 的密度

$$\rho(x) = \frac{\mathrm{d}\mu}{\mathrm{d}\mu^*}(x)$$

使得表示式

$$\rho_\mu(\lambda, a, x) = \frac{p((a,x)-\lambda)}{p((a,x))} \frac{\rho(x-\lambda a)}{\rho(x)} \tag{4}$$

按测度 μ^* 几乎处处有定义,如果此分式中的分子等于 0,我们就认为表示式等于 0.

注　如果对所有实数 λ 有 $\lambda a \in M_\mu$,则对几乎所有 t 有 $p(t) > 0$,而且测度 μ 和 μ^* 等价. 事实上,如果 $k(\lambda)$ 是正的可积函数及测度 $\int k(\lambda)\mu_{\lambda_a}\mathrm{d}\lambda$ 是关于 μ 绝对连续,则 μ^* 等价于测度 $\int k(\lambda)\mu_{\lambda_a}\mathrm{d}\lambda$.

推论 如果 $\boldsymbol{a}_1,\cdots,\boldsymbol{a}_n(|a_k|=1)$ 是相互正交的向量,并使得对所有实数 λ 和 $k=1,\cdots,n$ 有 $\lambda\boldsymbol{a}_k\in M_\mu$,那么 1) 函数

$$F_k(t)=\mu(\{x:(\boldsymbol{a}_k,x)<t\})$$

绝对连续且它们的导数

$$p_k(t)=\frac{\mathrm{d}}{\mathrm{d}t}F_k(t)$$

对几乎所有 t 是正的;2) 测度 μ 等价于测度 $\bar{\mu}$,其中 $\bar{\mu}$ 由关系式

$$\bar{\mu}\left(\left[\bigcap_{k=1}^{n}\{x:\alpha_k<(\alpha_k,x)<\beta_k\}\right]\cap\{x:p_nx\in C\}\right)=$$

$$\mu(\{x:p_nx\in C\})\prod_{k=1}^{n}\mu(\{x:\alpha_k<(\alpha_k,x)<\beta_k\})$$

所定义,其中 $\alpha_k,\beta_k,k=1,\cdots,n$ 是任意实数,P_n 是在子空间

$$\mathscr{X}^n=\{x:(x,a_k)=0,k=1,\cdots,n\}$$

上的投影算子,而 C 是这子空间中的任意 Borel 集.

此论断的证明由如下事实可得.在定理 4 的证明中所构造的测度 μ^* 的正交于 a 的可容许位移也是测度 v 的容许位移,v 同样是在定理 4 的证明中所规定的意义.注意在上面所定义的测度 $\bar{\mu}$ 是

$$\xi=\sum_{k=1}^{n}\eta_k\boldsymbol{a}_k+\xi^n$$

的分布,其中 $\eta_1,\cdots,\eta_n$ 是取值于 $\mathscr{R}^1$ 和有密度 $p_k(t)$ 的独立随机变量,而 ξ^n 是取值于 $\mathscr{X}^n$ 且独立于 η_i 的随机变量,它的分布是 x 在 $\mathscr{X}^n$ 上的投影在概率空间$(\mathscr{X},\mathfrak{B},\mu)$ 的分布.

设可以找到向量 $\boldsymbol{a}_k$ 的规范正交序列使 M_μ 包含这些向量的线性包络.能否类似于刚才的推论所说的,测度 μ 是等价于随机变量

$$\xi=\sum_{k=1}^{\infty}\eta_k\boldsymbol{a}_k \tag{5}$$

的分布的测度?其中 η_k 是一独立数值随机变量序列,并且有正的密度.为回答这个问题,我们研究测度 $\bar{\mu}$ 的容许位移.我们用 Π^∞ 表示形为式(5) 的随机变量 ξ 的分布的测度集合.

定理 5 如果 η_k 是有正密度 $p_k(t)$ 的独立随机变量,$\bar{\mu}$ 是由等式(5) 所定义的变量 ξ 的分布,那么 $\bar{\mu}_a\ll\bar{\mu}$ 当且仅当级数

$$\sum_{k=1}^{\infty}[\log p_k(\eta_k-\alpha_k)-\log p_k(\eta_k)] \tag{6}$$

以概率为 1 收敛,其中 $\alpha_k=(a,a_k)$.如果这级数收敛,则 $\bar{\mu}_a\perp\bar{\mu}$.

证 设 $\bar{\mu}^n$ 和 $\bar{\mu}_a^n$ 表示测度 $\bar{\mu}$ 和 $\bar{\mu}_a$ 在由 $a_1,\cdots,a_n$ 所张成的子空间 $\mathscr{X}_n$ 上的投影.则

$$\frac{d\bar{\mu}_a^n}{d\bar{\mu}^n}(x)=\prod_{k=1}^{n}\frac{p_k((x,a_k)-\alpha_k)}{p_k((x,\boldsymbol{a}_k))}$$

如果 $\bar{\mu}_a$ 不正交于 $\bar{\mu}$，那么按测度 $\bar{\mu}$ 几乎处处存在极限

$$\lim_{n\to\infty}\prod_{k=1}^{n}\frac{p_k((x,a_k)-\alpha_k)}{p_k((x,a_k))}$$

且此极限不恒等于0. 因此由独立随机变量组成的级数(6)以正的概率收敛，从而它以概率为1收敛(序列 (x,a_k) 与 η_k 在概率空间 $(\mathscr{X},\mathfrak{B},\mu)$ 上有相同的分布). 就是说，如果 $\bar{\mu}_a \ll \bar{\mu}$，级数(6)收敛且因此

$$\frac{d\bar{\mu}_a}{d\bar{\mu}}(x)=\exp\left\{\sum_{k=1}^{\infty}\log\frac{p_k((x,a_k)-\alpha_k)}{p_k((x,a_k))}\right\}$$

处处是正的，则 $\bar{\mu}_a \sim \bar{\mu}$. 反之由级数(6)的收敛得到异于0的极限 $\lim\limits_{n\to\infty}\frac{d\bar{\mu}_a^n}{d\bar{\mu}^n}(x)$ 的存在性. 故根据§1定理1的推论1有 $\bar{\mu} \ll \bar{\mu}_a$，从而 $\bar{\mu} \sim \bar{\mu}_a$. 定理得证.

推论 如果 $\mu \sim \bar{\mu}$，其中 $\bar{\mu} \in \Pi^{\infty}$，则 μ_a 与 μ 或者等价或者正交.

所以如果我们构造测度 μ，使得所有 λ 有 $\lambda a_k \in M_{\mu}$，并存在 a 使 μ 与 μ_a 既不等价也不正交，那么在 Π^{∞} 中不存在与 μ 等价的测度 $\bar{\mu}$. 下面将构造出这样的测度的一个例子.

加权测度的容许位移 先考虑测度的线性组合的容许位移. 如果 $\mu=\mu^1+\mu^2$，那么自然仅考虑 μ^1 与 μ^2 正交情形，因为在条件 $\mu^2 \ll \mu^1$ 下，测度 μ 和 μ^1 等价，故它们的容许位移是一样的；如果 μ^2 有关于 μ^1 的绝对连续分量，则它可并入 μ^1，从而问题归结为奇异测度情形. 其次假定对所有 a，$\mu_a^1 \perp \mu^2$.(我们发现没有这一假设大概不可能建立 μ^1 和 μ^2 的容许位移的联系. 以

$$\mu^k(A)=\int_A f_k(x)\mu(dx),k=1,2$$

$$f_1(x)+f_2(x)=1,f_1(x)f_2(x)=0$$

为例就可说明这点，这样的 μ^1 和 μ^2 一般可能没有容许位移，但 μ 可以有). 如果以上假设成立，那么 $M_{\mu}=M_{\mu^1}\cap M_{\mu^2}$. 事实上，由 $\mu_a^1 \ll \mu^1$ 和 $\mu_a^2 \ll \mu^2$ 得

$$\mu_a=\mu_a^1+\mu_a^2 \ll \mu^1+\mu^2=\mu$$

反之，设 $\mathscr{X}=E_1 \cup E_2$ 和对某个 a 设

$$\mu^1(E_2)=0,\mu_a^1(E_2)=0,\mu^2(E_1)=0,\mu_a^2(E_1)=0$$

那么，如果 $a \in M_{\mu}$，则由条件 $\mu^1(A)=0$ 得 $\mu(A\cap E_1)=0$，且因此

$$0=\mu_a(A\cap E_1)=\mu_a^1(A\cap E_1)$$

所以 $\mu_a^1 \ll \mu^1$. 同理有 $\mu_a^2 \ll \mu^2$. 这意味着 $M_{\mu}=M_{\mu_1}\cap M_{\mu_2}$. 现我们来考虑怎样用

$$\rho^1(a,x)=\frac{d\mu_a^1}{d\mu^1}(x)$$

和

$$\rho^2(a,x)=\frac{\mathrm{d}\mu_a^2}{\mathrm{d}\mu^2}(x)$$

表示 $\rho_\mu(a,x)$. 如果集合 E_1 和 E_2 如上述所定义,那么

$$\mu_a(A)=\mu_a^1(A\cap E_1)+\mu_a^2(A\cap E_2)=$$
$$\int_{A\cap E_1}\rho^1(a,x)\mu^1(\mathrm{d}x)+\int_{A\cap E_2}\rho^2(a,x)\mu^2(\mathrm{d}x)=$$
$$\int_A[\rho^1(a,x)\chi_{E_1}(x)+\rho^2(a,x)\chi_{E_2}(x)]\mu(\mathrm{d}x)$$

其中 χ_{E_k} 是集合 E_k 的示性函数. 因此

$$\rho_\mu(a,x)=\sum_{i=1}^2\rho^i(a,x)\chi_{E_i}(x)$$

所得的结果容易推广到可数个测度的情形.

定理 6 设 $\mu^1,\mu^2,\cdots$ 是一两两正交的测度序列并且当 $i\neq k$ 时对任意 $a\in\mathscr{X}$, $\mu^i\perp\mu_a^k$. 如果 $\mu=\sum_{k=1}p_k\mu^k$, 其中 $p_k>0$ 和 $\sum_{k=1}p_k=1$, 则 $M_\mu=\bigcap_{k=1}^\infty M_{\mu^k}$ 及可以找到两两不相交的集合 E_k 使得

$$\rho_\mu(a,x)=\sum_{k=1}^\infty\rho^k(a,x)\chi_{E_k}(x) \tag{7}$$

其中

$$\rho^k(a,x)=\frac{\mathrm{d}\mu_a^k}{\mathrm{d}\mu_2}(x)$$

证 只要对所有 k, $\mu_a^k\ll\mu_k$ 就有 $\sum p_k\mu_a^k\ll\sum p_k\mu_k$, 由此得包含关系 $M_\mu\supset\bigcap_{k=1}^\infty M_{\mu^k}$. 另一方面, 由两个奇异测度 μ^k 和 $\sum_{l\neq k}p_l\mu^l$ 满足条件 $\mu_a^k\perp\sum_{l\neq k}p_l\mu^l$ 得到, 如果每个被加项有容许位移, 则它们的和也有容许位移. 因此 $M_\mu\subset M_{\mu^k}$, 从而

$$M_\mu=\bigcap_{k=1}^\infty M_{\mu^k}$$

设集合 $\mathscr{G}_l$ 满足 $\mu^l(\mathscr{G}_l)=1$, $\mu_a^l(\mathscr{G}_l)=1$, $\sum_{k\neq l}p_k\mu^k(\mathscr{G}_l)=0$. 由 $\mu^l+\mu_a^l$ 和 $\sum_{k\neq l}p_k\mu^k$ 的奇异性得知, 这样的集合是存在的. 现设

$$E_l=\mathscr{G}_l\setminus\bigcup_{k\neq l}\mathscr{G}_k$$

显然 $\mu^k(E_l)=\delta_{kl}$ 且 E_l 两两不相交. 其次

$$\mu_a(A)=\sum_k p_k\mu_a^k(A)=\sum_k p_k\mu_a^k(A\cap E_k)=$$
$$\sum_k p_k\int_{A\cap E_k}\rho^k(a,x)\mu^k(\mathrm{d}x)=$$
$$\sum_k\int_{A\cap E_k}\rho^k(a,x)\sum_l p_l\mu^l(\mathrm{d}x)=$$

$$\sum_k \int_A \chi_{E_k}(x) \rho^k(a,x) \mu(\mathrm{d}x)$$

由此得公式(7). 定理得证.

现考虑并不是表为和的形式而是表为依赖于连续变化的参数的测度族的积分形式的测度的位移. 设 Θ 是某个完备距离空间, $\mathfrak{S}$ 是它的 Borel 子集的 σ 代数. 我们将考虑在 $(\mathscr{X},\mathfrak{B})$ 上满足如下条件的测度族 $\mu^\theta, \theta \in \Theta$: 对定义在 $\mathscr{X}$ 上的所有有界连续函数 $f(x)$, 函数 $\int f(x)\mu^\theta(\mathrm{d}x)$ 按 θ 连续. 由此得, 对所有 $A \in \mathfrak{B}$, $\mu^\theta(A)$ 是 θ 的 $\mathfrak{S}$ 可测函数. 设 $\sigma(\mathrm{d}\theta)$ 是 $\mathfrak{S}$ 上的某个测度(也是概率测度). 考虑测度

$$\mu(A) = \int \mu^\theta(A)\sigma(\mathrm{d}\theta), A \in \mathfrak{B} \tag{8}$$

定理 7 设 M^θ 是测度 μ^θ 的容许位移的集合, 那么

$$M_\mu \supset \bigcap_\theta M^\theta$$

如果除此以外, 测度 μ^θ 相互正交且存在取值于 Θ 的 $\mathfrak{B}$ 可测函数 $\theta(x)$ 使得

$$\mu^\theta(\{x : \theta(x) = \theta\}) = 1$$

那么可以构造按 θ, x 关于 $\mathfrak{S} \times \mathfrak{B}$ 的可测函数 $\rho^\theta(a,x), a \in \bigcap M^\theta$, 使得对所有 $\theta \in \Theta$ 有

$$\rho^\theta(a,x) = \frac{\mathrm{d}\mu_a^\theta}{\mathrm{d}\mu^\theta}(x) \quad (\bmod \mu^\theta)$$

而

$$\rho_\mu(a,x) = \rho^{\theta(x)}(a,x) \tag{9}$$

证 如果 $a \in \bigcap_\theta M_\theta$, 则对所有 $\theta, \mu_a^\theta \ll \mu^\theta$. 设 $\mu(A) = 0$, 那么按测度 σ 对几乎所有 $\theta, \mu^\theta(A) = 0$. 但那时按测度 σ 对几乎所有 $\theta, \mu_a^\theta(A) = 0$. 因此 $\mu_a(A) = 0$ 及 $\mu_a \ll \mu$.

设 $\mathscr{X}_n$ 是 $\mathscr{X}$ 的有限维子空间的增序列, $\mu_a^\theta(n, \cdot)$ 和 $\mu^\theta(n, \cdot)$ 是测度 μ_a^θ 和 μ^θ 在这些子空间上的投影及

$$\rho_n^\theta(a,x) = \frac{\mathrm{d}\mu_a^\theta(n, \cdot)}{\mathrm{d}\mu^\theta(n, \cdot)}(x)$$

注意函数

$$\int \mathrm{e}^{-l|x-y|}\mu^\theta(n,\mathrm{d}x)$$

$$\int \rho_n^\theta(a,x)\mathrm{e}^{-l|x-y|}\mu^\theta(n,\mathrm{d}x) = \int \mathrm{e}^{-l|x+a-y|}\mu^\theta(n,\mathrm{d}x)$$

是按 θ 和 x 二元连续, 因此函数

$$g_l(\theta,y) = \left[\int \mathrm{e}^{-l|x-y|}\mu^\theta(n,\mathrm{d}x)\right]^{-1} \int \rho_n^\theta(a,x)\mathrm{e}^{-l|x-y|}\mu^\theta(n,\mathrm{d}x)$$

也有同样的性质. 当 $l\to\infty$ 时它按测度 $\mu^{\theta}(n,\mathrm{d}x)$ 几乎处处收敛于 $\rho_n^{\theta}(a,y)$. 于是函数

$$\bar{\rho}_n^{\theta}(a,x)=\lim_{l\to\infty} g_l(\theta,x)$$

(在这极限存在的地方)是对于 $\mathfrak{S}\times\mathfrak{B}$ 可测且对每个 θ 按测度 $\mu^{\theta}(n,\cdot)$ 几乎处处与 $\rho_n^{\theta}(a,x)$ 相等. 令

$$\rho^{\theta}(a,x)=\lim_{n\to\infty}\bar{\rho}_n^{\theta}(a,x)$$

(在此极限存在的地方),它就是所求的函数. 为导出式(9),我们利用按测度 μ^{θ} 对几乎所有 x, $\rho^{\theta(x)}(a,x)=\rho^{\theta}(a,x)$,可写出如下等式

$$\begin{aligned}\int f(x)\mu_a(\mathrm{d}x)&=\int f(x+a)\mu(\mathrm{d}x)=\int f(x+a)\int\mu^{\theta}(\mathrm{d}x)\sigma(\mathrm{d}\theta)=\\&\int\left[\int f(x)\rho^{\theta(x)}(a,x)\mu^{\theta}(\mathrm{d}x)\right]\sigma(\mathrm{d}\theta)=\\&\int f(x)\rho^{\theta(x)}(a,x)\mu(\mathrm{d}x)\end{aligned}$$

定理得证.

注 在所有 μ^{θ} 关于某个测度 v 绝对连续及函数

$$g(\theta,x)=\frac{\mathrm{d}\mu^{\theta}}{\mathrm{d}v}(x)$$

按 θ,x 二元可测的条件下,容易写出 $\rho_{\mu}(a,x)$ 的表示式. 此时

$$\begin{aligned}\int f(x)\mu_a(\mathrm{d}x)&=\int f(x+a)\mu(\mathrm{d}x)=\iint f(x+a)\mu^{\theta}(\mathrm{d}x)\sigma(\mathrm{d}\theta)=\\&\iint f(x)\rho^{\theta}(a,x)g(\theta,x)v(\mathrm{d}x)\sigma(\mathrm{d}\theta)=\\&\int f(x)\frac{\int\rho^{\theta}(a,x)g(\theta,x)\sigma(\mathrm{d}\theta)}{\int g(\theta',x)\sigma(\mathrm{d}\theta')}\mu(\mathrm{d}x)\end{aligned}$$

由于对所有有界可测函数 $\varphi(x)$ 有

$$\int\varphi(x)\mu(\mathrm{d}x)=\iint\varphi(x)g(\theta',x)v(\mathrm{d}x)\sigma(\mathrm{d}\theta')$$

因此在上述的假设下,有

$$\rho_{\mu}(a,x)=\frac{\int\rho^{\theta}(a,x)g(\theta,x)\sigma(\mathrm{d}\theta)}{\int g(\theta,x)\sigma(\mathrm{d}\theta)}$$

这结果可推广为:设测度族 $\mu^{\alpha,\theta}$ 依赖于两个参数 α 和 θ,它们分别在完备可分距离空间 $\mathscr{A}$ 和 Θ 变化,且存在测度族 μ^{θ} 使得定理 7 的条件成立和对所有 $\alpha\in\mathscr{A}$ 有 $\mu^{\alpha,\theta}\ll\mu^{\theta}$. 设对每一有界连续函数 $f(x)$ 表示式 $\int f(x)\mu^{\alpha,\theta}(\mathrm{d}x)$ 按 α 和 θ 连续. 用

$\mathfrak{A}$和$\mathfrak{S}$分别表示在$\mathscr{A}$和Θ中的Borel集的σ代数. 设$\sigma(\mathrm{d}\alpha,\mathrm{d}\theta)$是$\mathfrak{A}\times\mathfrak{S}$上的某个概率测度以及在$\mathfrak{B}$上定义测度$\mu$

$$\mu(E)=\int\mu^{\alpha,\theta}(E)\sigma(\mathrm{d}\alpha,\mathrm{d}\theta)$$

那么$M_\mu\supset\bigcap\limits_{\alpha,\theta}M^{\alpha,\theta}$,其中$M^{\alpha,\theta}$是测度$\mu^{\alpha,\theta}$的容许位移的集合且对于$a\in\bigcap\limits_{\alpha,\theta}M^{\alpha,\theta}$存在按$\alpha,\theta,x$的$\mathfrak{A}\times\mathfrak{S}\times\mathfrak{B}$可测函数$\rho^{\alpha,\theta}(a,x)$及$g(\alpha,\theta,x)$,使得

$$\rho^{\alpha,\theta}(a,x)=\frac{\mathrm{d}\mu_a^{\alpha,\theta}}{\mathrm{d}\mu^{\alpha,\theta}}(x)\quad(\mathrm{mod}\ \mu^{\alpha,\theta})$$

$$g(\alpha,\theta,x)=\frac{\mathrm{d}\mu^{\theta,\theta}}{\mathrm{d}\mu^{\theta}}(x)\quad(\mathrm{mod}\ \mu^{\theta})$$

而$\rho_\mu(a,x)$是用这些函数表示为

$$\rho_\mu(a,x)=\frac{\int\rho^{\alpha,\theta(x)}(a,x)g(\alpha,\theta(x),x)\sigma(\mathrm{d}\alpha\mid\theta(x))}{\int g(\alpha,\theta(x),x)\sigma(\mathrm{d}\alpha\mid\theta(x))}\tag{10}$$

其中$\sigma(\mathrm{d}\alpha\mid\theta)$是由下式所定义的条件测度

$$\int\psi(\alpha,\theta)\sigma(\mathrm{d}\alpha\mid\theta)\sigma(\mathscr{A},\mathrm{d}\theta)=\int\psi(\alpha,\theta)\sigma(\mathrm{d}\alpha,\mathrm{d}\theta)$$

等式对变元α和θ的任意可测函数$\psi(\alpha,\theta)$及使

$$\mu^{\theta}(\{x:\theta(x)=\theta\})=1$$

的可测函数$\theta(x)$成立. 式(10)由如下一串等式得到

$$\int f(x+a)\mu(\mathrm{d}x)=\iint f(x+a)\mu^{\alpha,\theta}(\mathrm{d}x)\sigma(\mathrm{d}\alpha,\mathrm{d}\theta)=$$

$$\iiint f(x)\rho^{\alpha,\theta}(a,x)g(\alpha,\theta,x)\mu^{\theta}(\mathrm{d}x)\sigma(da\mid\theta)\sigma(A,\mathrm{d}\theta)=$$

$$\iiint f(x)\rho^{\alpha,\theta(x)}(a,x)g(\alpha,\theta(x),x)\times$$

$$\sigma(\mathrm{d}\alpha\mid\theta(x))\mu^{\theta}(\mathrm{d}x)\sigma(A,\mathrm{d}\theta)=$$

$$\int f(x)\frac{\int\rho^{\alpha,\theta(x)}(a,x)g(\alpha,\theta(x)),x)\sigma(\mathrm{d}\alpha\mid\theta(x))}{\int g(\alpha,\theta(x),x)\sigma(\mathrm{d}\alpha\mid\theta(x))}\mu(\mathrm{d}x)$$

而函数$\rho^{\alpha,\theta}(a,x)$及$g(\alpha,\theta,x)$的存在性的证明与定理7的函数$\rho^{\theta}(a,x)$的存在性的证明一样.

正如从式(9)得到的一样,由式(8)表示的测度的密度函数$\rho_\mu(a,x)$不依赖于测度σ,如果测度μ_1和μ_2定义为

$$\mu_k(A)=\int\mu^{\theta}(A)\sigma_k(\mathrm{d}\theta)$$

且σ_1与σ_2等价,那么亦有$\mu_1\sim\mu_2$,而且

$$\frac{d\mu_2}{d\mu_1}(x)=\frac{d\sigma_2}{d\sigma_1}(\theta(x))$$

其中 $\theta(x)$ 是使

$$\mu^{\theta}(\{x:\theta(x)=\theta\})=1$$

的函数. 由于 $\rho_{\mu_1}(a,x)$ 和 $\rho_{\mu_2}(a,x)$ 相等,所以,如果对几乎所有 $a\in M_{\mu_1}$ 和所有 x 等式 $\theta(x-a)=\theta(x)$ 成立,则

$$\frac{d\mu_2}{d\mu_1}(x-a)=\frac{d\mu_2}{d\mu_1}(x)$$

所论及的情况在某种程度上是一般的. 设测度 μ 和 v 等价且对某个 a,对任意实数 λ 有 $\lambda a\in M_\mu$ 和 $\rho_\mu(a,x)=\rho_v(a,x)$. 令

$$\varphi(x)=\frac{dv}{d\mu}(x)$$

设 $E_t=\{x:\varphi(x)=t\}$,σ 是直线上的测度,使

$$\sigma((-\infty,t))=\mu(\bigcup_{s<t}E_s)$$

而测度族 μ^t 由下式所定义

$$\mu(A\cap\{x:\varphi(x)\in\Lambda\})=\int_\Lambda\mu^t(A)\sigma(dt)\tag{11}$$

其中 $A\in\mathfrak{B}$ 和 Λ 是直线上的 Borel 集(即 μ^t 是在概率空间$(\mathscr{X},\mathfrak{B},\mu)$ 上在条件 $\varphi(x)=t$ 下 x 的条件分布). 我们证明按测度 σ 对几乎所有 t,a 是测度 μ^t 的容许位移. 由定理 4 得,测度 μ 可表为

$$\mu(A)=\iint_{\substack{x+sa\in A\\ x\in\mathscr{X}_0}}f(x,s)\bar{\mu}(dx)dF(s)$$

其中

$$f(x,s)=\frac{d\mu}{d\mu^*}(x+sa)$$

$\bar{\mu}$ 是在子空间

$$\mathscr{X}_0=\{x:(a,x)=0\}$$

上由关系式 $\bar{\mu}(A)=\mu(P^{-1}A)$ 所定义的测度,P 是在 $\mathscr{X}_0$ 上的投影算子,而

$$F(s)=\mu(\{x:(a,x)<s\})$$

类似于(11) 我们有

$$\bar{\mu}(A)=\int\bar{\mu}^t(A)\sigma(dt)$$

(由按测度 μ 对几乎所有 x,$\varphi(Px)=\varphi(x)$ 得等式

$$\begin{aligned}\bar{\mu}(\bigcup_{s<t}E_s)=\bar{\mu}(\{x:\varphi(x)<t\})=\\ \mu(\{x:\varphi(x)<t\})=\\ \sigma((-\infty,t))\end{aligned}$$

设 $\bar{f}(t,x,s)$ 是可测函数,使得当 $\varphi(x)=t$ 时 $\bar{f}(t,x,s)=f(x,s)$,那么

$$\mu(A)=\iint_{x+sa\in A}\overline{f}(t,x,s)\overline{\mu}^t(\mathrm{d}x)\sigma(\mathrm{d}t)\mathrm{d}F(s)=$$

$$\int\left[\int_{x+sa\in A}\overline{f}(t,x,s)\overline{\mu}^t(\mathrm{d}x)\mathrm{d}F(s)\right]\sigma(\mathrm{d}t)$$

令

$$\int_{x+sa\in A}\overline{f}(t,x,s)\overline{\mu}^t(\mathrm{d}x)\mathrm{d}F(s)=\mu^{*t}(A)$$

我们得

$$\mu(A)=\int\mu^{*(t)}\sigma(\mathrm{d}t)$$

因此对直线上所有可测集 Λ 和连续函数 $g(x)$ 等式

$$\int_\Lambda\int g(x)\mu^t(\mathrm{d}x)\sigma(\mathrm{d}t)=\int_\Lambda\int g(x)\mu^{*t}(\mathrm{d}x)\sigma(\mathrm{d}t)$$

成立，即按测度 σ 对几乎所有 t，有

$$\int g(x)\mu^t(\mathrm{d}x)=\int g(x)\mu^{*t}(\mathrm{d}x)$$

但由 μ^{*t} 的表示式得 a 是这测度的容许位移. 最后，注意到

$$v(A)=\int_A\varphi(x)\mu(\mathrm{d}x)=\iint\chi_A(x)\varphi(x)\mu^{+}(\mathrm{d}x)\sigma(\mathrm{d}t)=$$

$$\int\mu^t(A)\sigma_1(\mathrm{d}t)$$

其中

$$\frac{\mathrm{d}\sigma_1}{\mathrm{d}\sigma}(t)=t$$

因此我们证明了

定理 8 如果 μ 和 v 是两个等价测度，使得 $M_\mu=M_v$(这些集合是线性流形)，和 $\rho_\mu(a,x)=\rho_v(a,x)$，则存在一单参数测度族 μ^t 使 $a\in M_{\mu^t}$ 以及可测函数 $\varphi(x)$ 使 $\mu^t(\{x:\varphi(x)=t\})=1$，还存在直线上的等价测度 σ 和 σ_1 使

$$\mu(A)=\int\mu^t(A)\sigma(\mathrm{d}t)$$

$$v(A)=\int\mu^t(A)\sigma_1(\mathrm{d}t)$$

同时，对所有 $a\in M_\mu$ 和按测度 μ 对几乎所有 x，函数 $\varphi(x)$ 满足等式

$$\varphi(x-a)=\varphi(x)$$

容许位移的一个充分条件 考察在 $(\mathscr{X},\mathfrak{B})$ 上的测度 μ，设 $\{\boldsymbol{e}_n:n=1,\cdots\}$ 是 $\mathscr{X}$ 的规范正交基，$\mathscr{X}_n$ 是由 $\boldsymbol{e}_1,\cdots,\boldsymbol{e}_n$ 所张成的子空间，P_n 是在这子空间上的投影算子，μ^n 是测度 μ 在 $\mathscr{X}_n$ 上的投影. 我们设 μ^n 关于 $\mathscr{X}_n$ 上的 Lebesgue 测度绝对连续，而它对于这测度的密度 $f_n(x)$ 是正的. 那么

$$\frac{d\mu_a^n}{d\mu^n}(x)=\frac{f_n(x-a_n)}{f_n(x)},a_n=p_na,x\in\mathscr{X}_n$$

由于 §1 定理 1,按测度 μ 几乎处处有极限

$$\lim_{n\to\infty}\frac{f_n(P_n(x-a))}{f_n(P_nx)}=g(x,a)$$

如果 $a\in M_\mu$,那么 $g(x,a)=\rho_\mu(a,x)$,而使 $a\in M_\mu$ 的充分必要条件是

$$\int g(x,a)\mu(dx)=1$$

(参见 §1 定理 1 推论 2). 验证这条件是很困难的. 下面将导出使对所有实数 t, $ta\in M_\mu$ 的条件,这些条件根据于 §1 定理 2 的注.

假定密度 $f_n(x)$ 关于 x 连续可微并用 $\nabla f_n(x)$ 表示 $f_n(x)$ 的梯度,即在 $\mathscr{X}_n$ 中这样的一个向量,使得对所有

$$a\in\mathscr{X}_n,\frac{d}{dt}f_n(x+ta)\mid_{t=0}=(\nabla f_n(x),a)$$

对所有 $x\in\mathscr{X}$ 和 $a\in\mathscr{X}$,令

$$h_n(x,a)=\frac{1}{f_n(p_nx)}(\nabla f_n(p_nx),p_na)$$

我们往证当 a 固定而 n 变动时 $h_n(x,a)$ 在概率空间 $(\mathscr{X},\mathfrak{B},\mu)$ 上构成鞅. 以 $\mathfrak{B}_n$ 表示基底在 $\mathscr{X}_n$ 的柱集的 σ 代数. 设

$$\alpha_k=(a,\boldsymbol{e}_k),t_k=(x,\boldsymbol{e}_k),f_n(x)=F_n(t_1,\cdots,t_n)$$

那么

$$h_n(x,a)=\frac{1}{F_n(t_1,\cdots,t_n)}\sum_{k=1}^{n}\frac{\partial F_n}{\partial t_k}(t_1,\cdots,t_n)\alpha_k$$

如果 $\varphi(x)$ 是 $\mathfrak{B}_n$ 可测函数,则 $\varphi(x)=\Phi(t_1,\cdots,t_n)$. 首先假定 $\Phi(t_1,\cdots,t_n)$ 连续可微和仅在某个有界区域内异于 0. 那么

$$\begin{aligned}Eh_{n+1}(x,a)\varphi(x)=&\int\frac{1}{F_{n+1}(t_1,\cdots,t_{n+1})}\sum_{k=1}^{n+1}\frac{\partial}{\partial t_k}F_{n+1}(t_1,\cdots,t_{n+1})\alpha_k\times\\&\Phi(t_1,\cdots,t_n)F_{n+1}(t_1,\cdots,t_{n+1})dt_1\cdots dt_{n+1}=\\&Eh_n(x,a)\varphi(x)+\alpha_{n+1}\int\frac{\partial}{\partial t_{n+1}}F_{n+1}(t_1,\cdots,t_{n+1})\times\\&\Phi(t_1,\cdots,t_n)dt_1\cdots dt_{n+1}=Eh_n(x,a)\varphi(x)-\\&\alpha_{n+1}\int F_{n+1}\frac{\partial}{\partial t_{n+1}}\Phi(t_1,\cdots,t_n)dt_1\cdots dt_{n+1}=\\&Eh_n(x,a)\varphi(x)\end{aligned}$$

由于这样形式的函数 $\varphi(x)$ 在全体有界 $\mathfrak{B}_n$ 可测函数的空间中处处稠密,所以等式

$$Eh_{n+1}(x,a)\varphi(x)=Eh_n(x,a)\varphi(x)$$

对所有有界 $\mathfrak{B}_n$ 可测函数成立. 从后一等式得

$$E(h_{n+1}(x,a)\mid\mathfrak{B}_n)=h_n(x,a)$$

即 $h_n(x,a)$ 是鞅.

我们用 N 表示满足

$$\sup_n\int h_n^2(x,a)\mu(\mathrm{d}x)<\infty$$

的 a 的集合. 对所有 $a\in N$, 按测度 μ 几乎处处存在极限

$$h(x,a)=\lim_{n\to\infty}h_n(x,a)$$

而且 $\{h_1(x,a),\cdots,h_n(x,a),\cdots,h(x,a)\}$ 也是概率空间 $(\mathscr{X},\mathfrak{B},\mu)$ 上的鞅且

$$\lim_{n\to\infty}\int[h(x,a)-h_n(x,a)]^2\mu(\mathrm{d}x)=0$$

容易验证, N 是一线性流形, 而且对每个实数 t 及 N 中的 a 和 b 按测度 μ 对几乎所有 x 有

$$h(x,ta)=th(x,a),h(x,a+b)=h(x,a)+h(x,b)$$

成立.

下面的定理用上面所定义的函数 $h(x,a)$ 来给出 $a\in M_\mu$ 的充分条件.

定理 9 设密度 $f_n(x)$ 是正的和连续可微并且对某个 $a\in\mathscr{X}$, $h(x,a)$ 被定义. 如果对某个 $\delta>0$ 有

$$\int \mathrm{e}^{\delta|h(x,a)|}\mu(\mathrm{d}x)<\infty$$

则对所有实数 t 有 $ta\in M_\mu$ 及式

$$\rho(ta,x)=\exp\left\{-\int_0^t h(x-sa,a)\mathrm{d}s\right\}\tag{12}$$

成立.

证 令

$$I_n(t)=\int_{\mathscr{X}_n}\ln\left(1+\frac{f_n(x)}{f_n(x+ta)}\right)f_n(x)\mathrm{d}x$$

由于定理的假设, 导数 $I_n'(t)$ 存在而且

$$I_n'(t)=-\int_{\mathscr{X}_n}h_n(x+ta,a)\frac{f_n(x)}{f_n(x)+f_n(x+ta)}f_n(x)\mathrm{d}x$$

因此

$$|I_n'(t)|\leqslant\int_{\mathscr{X}_n}|h_n(x+ta,a)|f_n(x)\mathrm{d}x$$

现利用下面的 Young 不等式: 如果 $g(t)$ 是对所有 $t\geqslant 0$ 有定义的连续严格增函数并有 $g(0)=0$, 而 $g^{-1}(t)$ 是 g 的反函数, $a>0$ 和 $b>0$, 那么

$$ab\leqslant\int_0^a g(t)\mathrm{d}t+\int_0^b g^{-1}(t)\mathrm{d}t$$

取

$$g(t)=\frac{1}{\alpha}\ln(1+t)$$

我们得

$$ab\leqslant\frac{a}{\alpha}\ln(1+a)+\frac{e^{ab}-1}{\alpha}$$

利用此不等式，则有

$$I_n'(t)\leqslant\int_{\mathscr{X}_n}|h_n(x+ta,a)|\frac{f_n(x)}{f_n(x+ta)}f_n(x+ta)dx\leqslant$$

$$\frac{1}{\delta}\int_{\mathscr{X}_n}\frac{f_n(x)}{f_n(x+ta)}\ln\left(1+\frac{f_n(x)}{f_n(x+ta)}\right)f_n(x+ta)dx+$$

$$\frac{1}{\delta}\int_{\mathscr{X}_n}e^{\delta|h_n(x+ta,a)|}f_n(x+ta)dx=$$

$$\frac{1}{\delta}I_n(t)+\frac{1}{\delta}\int e^{\delta|h_n(x,a)|}\mu(dx)$$

由这个微分不等式得

$$I_n(t)\leqslant\left(1+\int e^{\delta|h_n(x,a)|}\mu(dx)\right)e^{\frac{1}{\delta}t}$$

因$\{h_1(x,a),\cdots,h_n(x,a),\cdots,h(x,a)\}$是鞅，故

$$\{\exp\{\delta|h(x,a)|\},\cdots,\exp\{\delta|h(x,a)|\}\}$$

是半鞅，从而

$$\int e^{\delta|h_n(x,a)|}\mu(dx)\leqslant\int e^{\delta|h(x,a)|}\mu(dx)$$

于是

$$\sup_n\int_{\mathscr{X}_n}\ln\frac{f_n(x-tP_na)}{f_n(x)}\cdot\frac{f_n(x-tP_na)}{f_n(x)}f_n(x)dx\leqslant$$

$$\sup_n\int_{\mathscr{X}_n}\ln\left(1+\frac{f_n(x)}{f_n(x+tP_na)}\right)f_n(x)dx\leqslant$$

$$\sup_n I_n(t)<\infty$$

为证明$a\in M_\mu$，余下只要应用§1定理2的注.

现在着手推导式(12). 首先注意，由于

$$\rho((t+s)a,x)=\rho(ta,x)\rho(sa,x-ta)$$

所以只要对任意小的t建立该式就够了. 另一方面，利用$h(x,a)$关于a的齐次性，我们可假定定理的条件对充分大的δ，例如$\delta=4$时成立. 利用$h_n(x,a)$的定义可以有

$$\frac{f_n(P_n(x-ta))}{f_n(P_nx)}=\exp\left\{-\int_0^t h_n(x-sa,a)ds\right\}$$

因此

$$\rho(ta,x)=\lim_{n\to\infty}\exp\left\{-\int_0^t h_n(x-sa,a)\mathrm{d}s\right\}$$

为证明按测度 μ 对几乎所有 x 积分$\int_0^t h(x-sa,a)\mathrm{d}s$ 存在和按测度 μ 有

$$\lim_{n\to\infty}\int_0^t h_n(x-sa,a)\mathrm{d}s=\int_0^t h(x-sa,a)\mathrm{d}s$$

只要证明式

$$\lim_{n,m\to\infty}\int\int_0^t |h_n(x-sa,a)-h_{n+m}(x-sa,a)|\,\mathrm{d}s\mu(\mathrm{d}x)=0 \tag{13}$$

成立就够了(由 $h(x,a)$ 的 $\mathfrak{B}$ 可测性得 $h(x-sa,a)$ 是 s 的 Borel 函数,对每个 s 按测度 μ 对几乎所有 x,$h_n(x-sa,a)\to h(x-sa,a)$,故由 Fubini 定理也按测度 μ 对几乎所有 x 及按 Lebesgue 测度对几乎所有 s 成立;由式(13) 得积分

$$\int_0^t |h(x-sa,a)|\,\mathrm{d}s$$

是有限的及等式

$$\lim_{n\to\infty}\int\int_0^t |h_n(x-sa,a)-h(x-sa,a)|\,\mathrm{d}s\mu(\mathrm{d}x)=0)$$

我们有

$$\overline{\lim_{m,n\to\infty}}\int\int_0^t |h_n(x-sa,a)-h_{n+m},(x-sa,a)|\,\mathrm{d}s\mu(\mathrm{d}x)=$$
$$\overline{\lim_{n,m\to\infty}}\int_{\mathscr{X}_{n+m}}\int_0^t |h_n(x,a)-h_{n+m}(x,a)|\times$$
$$f_{n+m}(x+sP_{n+m}a)\mathrm{d}s\mathrm{d}x$$

再次利用 Young 不等式的如下形式

$$ab\leqslant\frac{\mathrm{e}^a-1}{\alpha}+b\ln(1+\alpha b)$$

则

$$\int_{\mathscr{X}_{n+m}}\int_0^t |h_n(x,a)-h_{n+m}(x,a)|\,\frac{f_{n+m}(x+sP_{n+m}a)}{f_{n+m}(x)}f_{n+m}(x)\mathrm{d}s\mathrm{d}x\leqslant$$
$$\frac{t}{\alpha}\int[\exp\{|h_n(x,a)-h_{n+m}(x,a)|\}-1]\mu(\mathrm{d}x)+$$
$$\int_{\mathscr{X}_{n+m}}\int_0^t f_{n+m}(x)\ln\left(1+\alpha\,\frac{f_{n+m}(x)}{f_{n+m}(x+sP_{n+m}a)}\right)\mathrm{d}s\mathrm{d}x$$

注意

$$\exp\{2\,|h_n(x,a)-h_{n+m}(x,a)|\}\leqslant$$
$$\frac{1}{2}\exp\{4\,|h_n(x,a)|\}+\frac{1}{2}\exp\{4\,|h_{n+m}(x,a)|\}$$

因此积分

$$\int(\exp\{|h_n(x,a)-h_{n+m}(x,a)|\})^2\mu(\mathrm{d}x)$$

一致有界,这意味着函数 $\exp\{|h_n(x,a)-h_{n+m}(x,a)|\}$ 一致可积从而能将极限取入积分号.因为当 $n\to\infty$ 和 $m\to\infty$ 时依测度 μ, $|h_n(x,a)-h_{n+m}(x,a)|\to 0$, 所以

$$\lim_{n,m\to\infty}\int\exp\{|h_n(x,a)-h_{n+m}(x,a)|\}\mu(\mathrm{d}x)=1$$

因此

$$\overline{\lim_{n,m\to\infty}}\iint_0^t|h_n(x,a)-h_{n+m}(x,a)|\,\mathrm{d}s\mu(\mathrm{d}x)\leqslant$$

$$\overline{\lim_{n\to\infty}}\int_{\mathscr{X}_n}\int_0^t f_n(x)\ln\left(1+\frac{f_n(x)}{f_n(x-sP_na)}\right)\mathrm{d}s\mathrm{d}x$$

由于序列

$$\eta_n=\frac{f_n(x)}{f_n(x-sP_na)}$$

是概率空间 $(\mathscr{X},\mathfrak{B},\mu_{sa})$ 上的鞅及

$$\eta_\infty=\rho(-sa,x-sa)=\lim\eta_n$$

使得

$$E\eta_\infty=\lim_{n\to\infty}E\eta_n=1$$

所以这序列一致可积,因此由于第二章 §2 定理 3,序列 $\{\eta_n:n=1,2,\cdots,\infty\}$ 也是鞅.因为

$$\sup_n E\eta_n\ln(1+\alpha\eta_n)<\infty$$

所以序列 $\{\eta_n\ln(1+\alpha\eta_n),n=1,2,\cdots,\infty\}$ 是半鞅($\sup_n E\eta_n\times\ln(1+\alpha\eta_n)$ 的有限性的证明,类似于 $I_n(t)$ 的有界性的证明;而当 $\alpha\leqslant 1$ 本来是我们所需要的,由 $I_n(t)$ 的有界性可得).因此

$$E\eta_n\ln(1+\alpha\eta_n)\leqslant E\eta_\infty\ln(1+\alpha\eta_\infty)$$

$$\lim_{n\to\infty}E\eta_n\ln(1+\alpha\eta_n)=E\eta_\infty\ln(1+\alpha\eta_\infty)$$

(数学期望是在概率空间 $(\mathscr{X},\mathfrak{B},\mu_{sa})$ 上取的).因为

$$E\eta_n\ln(1+\alpha\eta_n)=\int f_n(x)\ln\left(1+\alpha\frac{f_n(x)}{f_n(x-sP_na)}\right)\mathrm{d}x$$

所以

$$\lim_{n\to\infty}\int_0^t\int f_n(x)\ln\left(1+\alpha\frac{f_n(x)}{f_n(x-sP_na)}\right)\mathrm{d}x\mathrm{d}s=$$

$$\int_0^t\int\ln(1+\alpha\rho(-as,x-as))\mu_{sa}(\mathrm{d}x)\mathrm{d}s$$

因此

$$\overline{\lim_{n,m\to\infty}}\iint_0^t|h_n(x-sa,a)-h_{n+m}(x-sa,a)|\,\mathrm{d}s\mu(\mathrm{d}x)\leqslant$$

$$\int_0^t \int \ln(1+\alpha\rho(-as, x-sa))\mu_{sa}(\mathrm{d}x)\mathrm{d}s \tag{14}$$

易见积分

$$\int \ln(1+\alpha\rho(-as, x-sa))\mu_{sa}(\mathrm{d}x)$$

当 $\alpha \downarrow 0$ 时单调趋于 0. 在式(14) 当 $\alpha \downarrow 0$ 取极限,即得(13). 定理得证.

推论 设 μ 是均值为 0 和相关算子为 B 的 Gauss 测度. 那么 $M_\mu = B^{1/2}\mathscr{X}$.

证 因为测度 μ 的特征泛函具有形式

$$\varphi(z) = \exp\left\{-\frac{1}{2}(Bz, z)\right\}$$

且 $\varphi(z) \to 1$ 当 $(Bz, z) \to 0$,所以由定理 2,$M_\mu \subset B^{1/2}\mathscr{X}$. 我们用 $\boldsymbol{e}_1, \boldsymbol{e}_2, \cdots$ 和 $\lambda_1, \lambda_2, \cdots$ 分别表示算子 B 的特征向量和特征值. 如果 $\mathscr{X}_n$ 是由 $\boldsymbol{e}_1, \cdots, \boldsymbol{e}_n$ 所张成的子空间,那么

$$f_n(x) = (2\pi)^{-\frac{n}{2}}\left(\prod_{k=1}^n \lambda_k\right)^{\frac{1}{2}} \exp\left\{-\frac{1}{2}\sum_{k=1}^n \frac{(x, \boldsymbol{e}_k)^2}{\lambda_k}\right\}$$

因此

$$h_n(x, a) = -\sum_{k=1}^n \frac{(x, \boldsymbol{e}_k)(a, \boldsymbol{e}_k)}{\lambda_k}$$

易见

$$\int (h_n(x, a))^2 \mu(\mathrm{d}x) = \sum_{k=1}^n \frac{(a, \boldsymbol{e}_k)^2}{\lambda_k}$$

因此只要

$$\sum_{k=1}^\infty \frac{(a, \boldsymbol{e}_k)^2}{\lambda_k} < \infty$$

$h(x, a)$ 就被确定且

$$h(x, a) = -\sum_{k=1}^\infty \frac{(x, \boldsymbol{e}_k)(a, \boldsymbol{e}_k)}{\lambda_k}$$

因为 $(x, \boldsymbol{e}_k)$ 是概率空间 $\{\mathscr{X}, \mathfrak{B}, \mu\}$ 上独立 Gauss 随机变量,所以 $h(x, a)$ 也是 Gauss 随机变量. 从而

$$\int \boldsymbol{e}^{|h(x,a)|}\mu(\mathrm{d}x) \leqslant \int [\boldsymbol{e}^{h(x,a)} + \boldsymbol{e}^{-h(x,a)}]\mu(\mathrm{d}x) =$$
$$2\exp\left\{\frac{1}{2}\int h^2(x, a)\mu(\mathrm{d}x)\right\} =$$
$$2\exp\left\{\frac{1}{2}\sum_{k=1}^\infty \frac{(a, \boldsymbol{e}_k)^2}{\lambda_k}\right\}$$

于是,由于定理 9,只要

$$\sum_{k=1}^\infty \frac{(a, \boldsymbol{e}_k)^2}{\lambda_k} < \infty$$

即 $a \in B^{1/2}\mathscr{X}$,就有 $a \in M_\mu$. 推论得证.

由式(12)得

$$\rho_\mu(a,x) = \exp\left\{\sum_{k=1}^{\infty}\frac{(x,\boldsymbol{e}_k)(a,\boldsymbol{e}_k)}{\lambda_k} - \frac{1}{2}\sum_{k=1}^{\infty}\frac{(a,\boldsymbol{e}_k)^2}{\lambda_k}\right\} =$$

$$\exp\left\{(B^{-\frac{1}{2}}a, B^{-\frac{1}{2}}x) - \frac{1}{2}\,|B^{-\frac{1}{2}}a\,|^2\right\}$$

最后,我们给出测度 μ 的一个例子,它使得 M_μ 是 $\mathscr{X}$ 中处处稠密的线性流形,且存在不属于 M_μ 的向量 $\boldsymbol{a}$,使得 μ_a 不正交 μ. 我们考虑均值是 0 和相关算子分别是 A 和 B 的 Gauss 测度 μ^1 和 μ^2. 我们设两个算子的特征向量相同并表示为 $\boldsymbol{e}_1, \boldsymbol{e}_2, \cdots$,而特征值分别用 α_i 和 β_i 表示. 设当 $n \to \infty$ 时 $\frac{\alpha_n}{\beta_n} \to 0$. 易见 $M_{\mu^1} \subset M_{\mu^2}$ 及 $M_{\mu^2} - M_{\mu^1}$ 是一非空集. 如果 $\boldsymbol{a} \in M_{\mu^2} - M_{\mu^1}$,则 $\mu_a^2 \sim \mu^2$,和 $\mu_a^1 \perp \mu^1$(参见定理 5 推论). 我们往证 $\mu_a^1 \perp \mu^2$. 变量 $(x, \boldsymbol{e}_k) = \xi_k$ 在概率空间 $\{\mathscr{X}, \mathfrak{B}, \mu^2\}$ 和 $\{\mathscr{X}, \mathfrak{B}, \mu_a^1\}$ 上均是独立 Gauss 变量,而且在第一个空间上 $E\xi_k = 0, D\xi_k = \beta_k$,在第二个空间上 $E\xi_k = (\boldsymbol{a}, \boldsymbol{e}_k), D\xi_k = \alpha_k$. 因此依测度 μ^2

$$\frac{1}{n}\sum_{k=1}^{n}\frac{(x,\boldsymbol{e}_k)^2}{\beta_k} \to 1$$

及依测度 μ_a^1

$$\frac{1}{n}\sum_{k=1}^{n}\frac{(x,\boldsymbol{e}_k)^2}{\beta_k} \to 0$$

于是得证 μ^2 和 μ_a^1 正交. 注意,由所给出的证明还得到 $\mu^2 \perp \mu^1$. 但在这种情况下由于定理 6,测度

$$\mu = \frac{1}{2}(\mu^1 + \mu^2)$$

的容许位移的集合与 $M_{\mu^1} \cap M_{\mu^2}$ 一样,即与 M_{μ^1} 一样. 如果 $\boldsymbol{a} \in M_{\mu^2} - M_{\mu^1}$,那么 μ_a 有关于测度 μ 的绝对连续分量 $\frac{1}{2}\mu_a^2$,因此 μ 满足所要求的条件.

§3 在空间的映象下测度的绝对连续性

这一节所研究的基本问题是,在什么条件下由 Hilbert 空间到自身的映象将测度变换为关于 μ 的绝对连续测度. 如果 $T(x)$ 是 $\mathscr{X}$ 到 $\mathscr{X}$ 的可测映象,即对所有 $A \in \mathfrak{B}, T^{-1}(A) \in \mathfrak{B}$,那么在此映象下测度 μ 变换为 v

$$v(A) = \mu(T^{-1}(A)) \tag{1}$$

下面我们将寻求保证 v 关于 μ 绝对连续的充分条件以及 $\frac{\mathrm{d}v}{\mathrm{d}\mu}$ 用测度 μ 和映象 T

的特征表示的公式.

在考虑无穷维空间中的测度以前，我们首先对所提出的问题在有限维 Euclid 空间情形寻求解答. 设测度 μ 有关于 Lebesgue 测度的密度

$$\mu(A)=\int_A f(x)\mathrm{d}x$$

而且 f 不为0. 我们还设映象 T 是双方单值和连续可微的，那么对有界可测函数 g 有

$$\int g(x)v(\mathrm{d}x)=\int g(T(x))\mu(\mathrm{d}x)=\int g(T(x))f(x)\mathrm{d}x=$$
$$\int g(y)f(T^{-1}(y))\left|\frac{DT^{-1}(y)}{Dy}\right|\mathrm{d}y$$

其中$\dfrac{DT^{-1}(y)}{Dy}$ 是 T 的逆映象的 Jacobian，由于所作的假设，此逆映象也是可微的. 在上述一串等式中最后的一个积分可以写成按测度 μ 的积分

$$\int g(y)f(T^{-1}(y))\left|\frac{DT^{-1}(y)}{Dy}\right|\mathrm{d}y=\int g(y)\ \frac{f(T^{-1}(y))}{f(y)}\left|\frac{DT^{-1}(y)}{Dy}\right|\mu(\mathrm{d}y)$$

注意

$$\frac{f(T^{-1}(y))}{f(y)}=\frac{f(y-(y-T^{-1}(y)))}{f(y)}=\rho(y-T^{-1}(y),y)$$

其中 $\rho(a,x)$ 是测度 μ_a 关于测度 μ 的密度(我们利用 §2 的记号). 因此，在有限维空间中有公式

$$\int g(x)v(\mathrm{d}x)=\int g(x)\rho(x-T^{-1}(x),x)\left|\frac{DT^{-1}(x)}{Dx}\right|\mu(\mathrm{d}x)$$

此公式形式上在 Hilbert 空间仍然有意义，只要我们对变换的 Jacobian 赋予合理的意义. 设 V 是某个线性算子，它使得 $V-I$ 是全连续算子，其中 I 是恒等变换. 那么 VV^* 是非负对称算子，而 VV^*-I 也是全连续算子. 设 λ_k 是算子 VV^* 的特征值序列(这算子有特征向量的完备系)，$\lambda_k\geqslant 0$，$\lambda_k\to 1$. 令

$$|\det V|=\sqrt{\prod_{k=1}^{\infty}\lambda_k}$$

如果这无穷乘积或者收敛，或者发散到 0 或 $+\infty$.

设 $S(x)$ 是由 $\mathscr{X}$ 到 $\mathscr{X}$ 的某个映象. 如果存在这样的线性算子 $\mathrm{d}S(x_0)$ 使得

$$|S(x_0+x)-S(x_0)-\mathrm{d}S(x_0)x|=o(|x|),x\in\mathscr{X}$$

成立，则称算子 $S(x)$ 在点 x_0 是可微的，而算子 $\mathrm{d}S(x_0)$ 被称为 $S(x)$ 在点 x_0 的微分. 如果 $\mathscr{X}$ 是有限维空间，则易见变换 $S(x)$ 的 Jacobian 就是 $|\det \mathrm{d}S(x)|$. 最后的表示式在 Hilbert 空间也有意义. 因此我们得到公式

$$\int g(x)v(\mathrm{d}x)=\int g(x)\rho(x-T^{-1}(x),x)\ |\det \mathrm{d}T^{-1}(x)|\ \mu(\mathrm{d}x)\qquad(2)$$

此公式对足够广的函数 g 的类成立导出等式

$$\frac{\mathrm{d}v}{\mathrm{d}\mu}(x)=\rho(x-T^{-1}(x),x)\mid\det\mathrm{d}T^{-1}(x)\mid \tag{3}$$

在这一节的余下部分将致力于研究在什么条件下不仅对 Gauss 测度而且对更一般的情形式(3) 成立. 为使式(3) 有意义需要对测度 μ 和变换 T 附加上某些一般条件.

条件 1 测度 μ 有容许位移的线性流形 M 和对所有规范正交基$\{\boldsymbol{e}_k\}$,测度 μ 在 $\mathscr{X}_n$($\mathscr{X}_n$ 是由 $\boldsymbol{e}_1,\cdots,\boldsymbol{e}_n$ 生成的子空间) 上的投影 μ^n 有关于 $\mathscr{X}_n$ 上的 Lebesgue 测度的连续密度,且对每个 $c>0$ 和有限维子空间 $N\subset M$,依测度 μ

$$\sup\left[\left|\frac{f_n(P_n(x-a))}{f_n(P_nx)}-\rho(a,x)\right|:\mid a\mid\leqslant c,a\in\mathbf{N}\right]\to 0$$

这里 P_n 是在 $\mathscr{X}_n$ 上的投影算子,和

$$\rho(a_1x)=\frac{\mathrm{d}\mu_a}{\mathrm{d}\mu}(x)$$

条件 2 映象 $T(x)$ 有逆映象并记为 $S(x)$,算子 $T(x)$ 和 $S(x)$ 局部有界和连续可微,而且量 $\mid\det\mathrm{d}T(x)\mid$ 和 $\mid\det\mathrm{d}S(x)\mid$ 有限,异于零,连续和局部有界.

定理 1 设条件 1 和 2 成立且在 M 中存在有限维子空间 N,使得 $x-T(x)\in N$,$x-S(x)\in\mathbf{N}$ 对所有 $x\in\mathscr{X}$成立,且若 P 是 N 上的投影算子,则

$$PT(x)=T(Px),P(S(x))=S(Px)$$

那么 $v\sim\mu$ 及公式(3) 成立.

证 选取基 $\boldsymbol{e}_1,\boldsymbol{e}_2,\cdots$,使对某个 m,向量 $\boldsymbol{e}_1,\cdots,\boldsymbol{e}_m$ 构成 N 的基. 设 μ^n 和 v^n 是测度 μ 和 v 在子空间 $\mathscr{X}_n$ 上的投影. 那么当 $n>m$ 时对定义在 $\mathscr{X}_n$ 上的任意有界可测函数 g,均有

$$\begin{aligned}\int_{\mathscr{X}_n}g(x)v^n(\mathrm{d}x)=\int_{\mathscr{X}}g(P_nx)v(\mathrm{d}x)=\int_{\mathscr{X}}g(P_nT(x))\mu(\mathrm{d}x)=\\ \int_{\mathscr{X}}g(T(P_nx))\mu(\mathrm{d}x)=\\ \int_{\mathscr{X}_n}g(T(x))\mu^n(\mathrm{d}x)=\\ \int_{\mathscr{X}_n}g(T(x))f_n(x)\mathrm{d}x\end{aligned}$$

在所作的假设下,当 $n>m$ 时映象 T 和 S 将 $\mathscr{X}_n$ 映为 $\mathscr{X}_n$,作积分的变量替换 $x=S(y)$,我们得

$$\int_{\mathscr{X}_n}g(x)v^n(\mathrm{d}x)=\int_{\mathscr{X}_n}g(x)\frac{f_n(S(x))}{f_n(x)}\mid\det\mathrm{d}S(x)\mid\mu^n(\mathrm{d}x)$$

由于 $S(x)=x+P(S(x)-x)$,所以变换 $S(x)$ 的 Jacobian 矩阵有形式 $\boldsymbol{I}+\mathbf{V}$,其

中$\mathbf{V}$仅在前m行有异于0的元素，而且这些元素不依赖于m. 因此，当$n>m$时变换$S(x)$的Jacobian的模数不依赖于n且等于$|\det \mathrm{d}S(x)|$.

因此

$$\frac{\mathrm{d}v^n}{\mathrm{d}\mu^n}(x)=\frac{f_n(S(x))}{f_n(x)}\,|\det \mathrm{d}S(x)|$$

显然，测度v^n和μ^n等价，并且

$$\frac{\mathrm{d}\mu^n}{\mathrm{d}v^n}(x)=\frac{f_n(x)}{f_n(S(x))}\frac{1}{|\det \mathrm{d}S(x)|}$$

因此

$$\frac{\mathrm{d}\mu^n}{\mathrm{d}v^n}(T(x))=\frac{f_n(T(x))}{f_n(x)}\frac{1}{|\det \mathrm{d}S(T(x))|}=\frac{f_n(T(x))}{f_n(x)}\,|\det \mathrm{d}T(x)|$$

因为按复合函数的微分法则

$$I=\mathrm{d}x=\mathrm{d}[S(T(x))]=\mathrm{d}S(T(x))\mathrm{d}T(x)$$

由于条件1，在依测度μ收敛的意义下存在异于零的极限

$$\lim_{n\to\infty}\frac{f_n(P_nS(x))}{f_n(P_nx)}=\rho(x-S(x),x)$$

$$\lim_{n\to\infty}\frac{f_n(P_nT(x))}{f_n(P_nx)}=\rho(x-T(x),x)$$

(此处我们用到$x-S(x)\in N$，$x-T(x)\in N$是局部有界和条件1). 余下只要应用§1定理3推论1. 定理得证.

注1 我们已证明在定理1的条件下，$v\sim\mu$，且除公式(3)外，有

$$\frac{\mathrm{d}\mu}{\mathrm{d}v}(T(x))=\rho(x-T(x),x)\,|\det \mathrm{d}T(x)| \tag{4}$$

注2 如果对任意y可以找到δ和有限维子空间$N^y\subset M$使得只要用N^y代替N，当$|x-y|\leqslant\delta$时定理条件成立，那么仍有公式(3)和(4).

定理2 设条件1和2成立且在M中的向量的基$\{\boldsymbol{e}_k\}$存在，使：

1) 对足够大的n，映象

$$T_n(x)=x+P_n(T(x)-x)$$

$$S_n(x)=x+P_n(S(x)-x)$$

有逆映象，及在依测度μ收敛的意义下

$$|\det \mathrm{d}T_n(x)|\to|\det \mathrm{d}T(x)|$$

$$|\det \mathrm{d}S_n(x)|\to|\det \mathrm{d}S(x)|$$

2) 当$n\to\infty$时依测度μ有

$$\rho(P_n(x-S(x)),x)\text{ 与 }\rho(P_n(x-T(x)),x)$$

有极限，并分别记为$\rho(x-S(x),x)$与$\rho(x-T(x),x)$；在$\rho(x-S(x),x)$中可

用 $T(x)$ 代替 x 且

$$\rho(T(x)-x,T(x))\rho(x-T(x),x)=1$$

那么测度 μ 和 v 等价及式(3) 和(4) 均成立.

证 设

$$S_n^m(x)=x+P_n(S(P_mx)-x)$$

当 $m>n$ 时

$$S_n^m(P_mx)=P_mS_n^m(x)$$

映象 S_n^m 和它的逆映象满足定理 1 的条件. 如果 v_n^m 是由等式

$$v_n^m(A)=\mu(S_n^m(A))$$

所定义,那么

$$\frac{\mathrm{d}v_n^m}{\mathrm{d}\mu}(x)=\rho(x-S_n^m(x),x)\mid\det \mathrm{d}S_n^m(x)\mid$$

注意到由条件 1 和对所有 $n,f_n(x)$ 是连续和正的可推得,当 $a\in\mathscr{X}_m$, $|a|\leqslant c$ 时,$\rho(a,x)$ 依测度 μ 按 a 是一致连续的,即依测度 μ,当 $\delta\to 0$ 时

$$\sup\{|\rho(a_1,x)-\rho(a_2,x)|:|a_1|\leqslant c,|a_2|\leqslant c,\\ a_1,a_2\in\mathscr{X}_m,|a_1-a_2|<\delta\}\to 0$$

因为对所有 $m,x-S_n^m(x)\in\mathscr{X}_n$,依测度 μ 有 $x-S_n^m(x)\to x-S_n(x)$ 及 $x-S_n^m(x)$ 有界. 所以当 $m\to\infty$ 依测度 μ 有

$$\rho(x-S_n^m(x),x)\to\rho(x-S_n(x),x)$$

其次,对所有 $m,\mathrm{d}S_n^m(x)$ 显然有形式 $\mathrm{d}S_n^m(x)=I+V_n^m(x)$,其中 $V_n^m(x)$ 将整个空间映入 $\mathscr{X}_n$. 可以验证,这时 V 将 $\mathscr{X}$ 映入 $\mathscr{X}_n$,所以

$$|\det(\boldsymbol{I}+\boldsymbol{V})|=|\det\|((\boldsymbol{I}+\boldsymbol{V})\boldsymbol{e}_i,\boldsymbol{e}_j)\|_{i,j=1,\cdots,n}|$$

其中 $\|((\boldsymbol{I}+\boldsymbol{V})\boldsymbol{e}_i,\boldsymbol{e}_j)\|_{i,j=1,\cdots,n}$ 是 n 阶矩阵,其第 i 行第 j 列的元素是$((\boldsymbol{I}+\boldsymbol{V})\boldsymbol{e}_i,\boldsymbol{e}_j)$. 由于对所有 i,j 有

$$\lim_{n\to\infty}(\mathrm{d}S_n^m(x)\boldsymbol{e}_i,\boldsymbol{e}_j)=(\mathrm{d}S_n(x)\boldsymbol{e}_i,\boldsymbol{e}_j)$$

所以

$$\lim_{m\to\infty}|\det \mathrm{d}S_n^m(x)|=|\det \mathrm{d}S_n(x)|$$

因此,在依测度 μ 收敛的意义下

$$\lim_{m\to\infty}\frac{\mathrm{d}v_n^m}{\mathrm{d}\mu}(x)=\rho(x-S_n(x),x)\mid\det \mathrm{d}S_n(x)\mid$$

利用等式 $x-S_n(x)=P_n(x-S(x))$ 及定理的条件,可以验证在依测度 μ 收敛意义下

$$\lim_{n\to\infty}\lim_{m\to\infty}\frac{\mathrm{d}v_n^m(x)}{\mathrm{d}\mu}=\rho(x-S(x),x)\mid\det \mathrm{d}S(x)\mid$$

因此可以选取序列 n_k 和 m_k 使 $m_k>n_k$ 和测度 $v_k=v_{n_k}^{m_k}$ 满足依测度 μ 有

$$\lim_{k\to\infty}\frac{\mathrm{d}v_k}{\mathrm{d}\mu}(x)=\rho(x-S(x),x)\mid\det\mathrm{d}S(x)\mid$$

现设 $T_n^m(x)=x+P_n(T(P_m x)-x)$. 类似的证明可以选取序列 n_k 和 m_k，使对测度

$$\tilde{v}_k(A)=\mu(\tilde{T}_k^{-1}(A)),\text{其中 }\tilde{T}_k=T_{n_k}^{m_k}$$

在依测 μ 收敛的意义下

$$\lim_{k\to\infty}\frac{\mathrm{d}\mu}{\mathrm{d}v_k}(\tilde{T}_k(x))=\rho(x-T(x),x)\mid\det\mathrm{d}T(x)\mid$$

最后

$$\rho(T(x)-x,T(x))\mid\det\mathrm{d}S(T(x))\mid\rho(x-T(x),x)\mid\det\mathrm{d}T(x)\mid=1$$

因为按复合函数的微分法则

$$I=\mathrm{d}x=\mathrm{d}(S(T(x)))=\mathrm{d}S(T(x))\mathrm{d}T(x)$$

且因此

$$\mid\det\mathrm{d}S(T(x))\mid\cdot\mid\det\mathrm{d}T(x)\mid=1$$

而由于定理的条件 2) 得

$$\rho(T(x)-x,T(x))\rho(x-T(x),x)=1$$

从而可利用 §1 定理 3 的推论 2，得证定理.

现考虑测度 μ 是有均值为 0 和相关算子 B^2 的 Gauss 测度的情形. 在 §2 已证明在这一情形 $M=B\mathscr{X}$ 且若 $a=Bb$，$\boldsymbol{e}_k$ 是算子 B 的特征向量，β_k 是对应的特征值，则

$$\rho(a,x)=\exp\left\{\sum_{k=1}^{\infty}\frac{(a,\boldsymbol{e}_k)(x,\boldsymbol{e}_k)}{\beta_k^2}-\frac{1}{2}\sum_{k=1}^{\infty}\frac{(a,\boldsymbol{e}_k)}{\beta_k^2}\right\}=$$

$$\exp\left\{\sum_{k=1}^{\infty}\frac{(b,\boldsymbol{e}_k)(x,\boldsymbol{e}_k)}{\beta_k}-\frac{1}{2}\mid b\mid^2\right\}$$

设映象 $T(x)$ 有 $T(x)=x+B\lambda(x)$，其中 $\lambda(x)$ 是连续和连续可微映象. 如果 T 有逆映象，那么

$$S(x)=x+B\lambda^*(x)$$

其中

$$\lambda^*(x)=-\lambda(S(x))$$

也是连续和连续可微的.

因为在 Gauss 测度的情况下 $\ln\dfrac{f_n(x-a)}{f_n(x)}$ 是关于 a 的二次线性泛函的和，所以由 $\dfrac{f_n(x-a)}{f_n(x)}$ 收敛于 $\rho(a,x)$ 得 $a\in\mathscr{X}_m$，$\mid a\mid\leqslant c$ 时此收敛对 a 一致. 其中 m 和 c 是任意的. 因此对 Gauss 测度来说定理 2 条件 1 恒成立. 现考虑该定理的条件 2. 因为

$$\rho(P_n(x-T(x)),x)=\exp\left\{-\sum_{k=1}^{n}\frac{(\lambda(x),\boldsymbol{e}_k)(x,\boldsymbol{e}_k)}{\beta_k}-\frac{1}{2}\mid P_n\lambda(x)\mid^2\right\}$$

所以异于 0 的极限

$$\lim_{n\to\infty}\rho(P_n(x-T(x)),x)$$

的存在等价于级数

$$\sum_{k=1}^{\infty}(\lambda(x),\boldsymbol{e}_k)\frac{(x,\boldsymbol{e}_k)}{\beta_k}$$

依测度 μ 的收敛性，且这极限等于

$$\rho(x-T(x),x)=\exp\left\{-\sum_{k=1}^{\infty}\frac{(\lambda(x),\boldsymbol{e}_k)(x,\boldsymbol{e}_k)}{\beta_k}-\frac{1}{2}\mid\lambda(x)\mid^2\right\}$$

同样，$\lim\limits_{n\to\infty}\rho(P_n(x-S(x),x)$ 存在当且仅当级数

$$\sum_{k=1}^{\infty}(\lambda^*(x),\boldsymbol{e}_k)\frac{(x,\boldsymbol{e}_k)}{\beta_k}$$

依测度 μ 收敛，且这时

$$\rho(x-S(x),x)=\exp\left\{-\sum_{k=1}^{\infty}\frac{(\lambda^*(x),\boldsymbol{e}_k)(x,\boldsymbol{e}_k)}{\beta_k}-\frac{1}{2}\mid\lambda^*(x)\mid^2\right\}$$

最后，注意

$$\rho(T(x)-S(T(x)),T(x))=$$

$$\exp\left\{-\sum_{k=1}^{\infty}\frac{(\lambda^*(T(x)),\boldsymbol{e}_k)(T(x),\boldsymbol{e}_k)}{\beta_k}-\frac{1}{2}\mid\lambda^*(T(x))\mid^2\right\}=$$

$$\exp\left\{\sum_{k=1}^{\infty}\frac{(\lambda(x),\boldsymbol{e}_k)(x+B\lambda(x),\boldsymbol{e}_k)}{\beta_k}-\frac{1}{2}\mid\lambda(x)\mid^2\right\}=$$

$$\exp\left\{\sum_{k=1}^{\infty}\frac{(\lambda(x),\boldsymbol{e}_k)(x,\boldsymbol{e}_k)}{\beta_k}+\sum_{k=1}^{\infty}\frac{(\lambda(x),\boldsymbol{e}_k)(\lambda(x),B\boldsymbol{e}_k)}{\beta_k}-\frac{1}{2}\mid\lambda(x)\mid^2\right\}=$$

$$(\rho(x-T(x),x))^{-1}$$

因此我们证明了如下定理：

定理3 设 μ 是均值为 0 和相关算子为 B^2 的 Gauss 测度；β_k 和 $\boldsymbol{e}_k$ 分别是算子 B 的特征值和特征向量. 如果

a) 映象 $T(x)$ 满足条件 2 和有形式 $T(x)=x+B\lambda(x)$，而 $S(x)=T^{-1}(x)=x+B\lambda^*(x)$，当 n 足够大时

$$T_n(x)=x+P_nB\lambda(x),S_n(x)=x+P_n$$

有逆映象，且

$$\mid\det dT_n(x)\mid\to\mid\det dT(x)\mid,\ \mid\det dS_n(x)\mid\to\mid\det dS(x)\mid$$

b) 级数

$$\sum_{k=1}^{\infty}\frac{(\lambda(x),\boldsymbol{e}_k)(x,\boldsymbol{e}_k)}{\beta_k}$$

和

$$\sum_{k=1}^{\infty}\frac{(\lambda^{*}(x),\boldsymbol{e}_k)(x,\boldsymbol{e}_k)}{\beta_k}$$

按测度 μ 几乎处处收敛,那么测度 μ 和 v 等价,而

$$\frac{\mathrm{d}v}{\mathrm{d}\mu}(x)=|\det \mathrm{d}S(x)|\exp\left\{-\sum_{k=1}^{\infty}\frac{(\lambda(x),\boldsymbol{e}_k)(x,\boldsymbol{e}_k)}{\beta_k}-\frac{1}{2}|\lambda(x)|^2\right\}\quad(5)$$

我们现在来讨论出现在 b) 中的级数收敛的某些充分条件,这对验证定理 3 的条件 b) 是否满足是有用的.

引理 如果测度 μ 是与定理 3 一样,而 $\lambda(x)$ 是 $\mathscr{X}$ 到 $\mathscr{X}$ 的连续映象,那么级数

$$\sum_{k=1}^{\infty}\frac{(\lambda(x),\boldsymbol{e}_k)(x,\boldsymbol{e}_k)}{\beta_k}\quad(6)$$

依测度 μ 收敛的充分条件是如下条件之一成立:

1) 存在这样的数 α_k 使得 $\sum_{k=1}^{\infty}\alpha_k^2<\infty$ 及级数 $\Sigma\alpha_k^{-2}(\lambda(x),\boldsymbol{e}_k)^2$ 按测度 μ 几乎处处收敛.

2) 级数

$$\sum_{k=1}^{\infty}(\lambda(x)-\lambda(P_{k-1}x),\boldsymbol{e}_k)\frac{(x,\boldsymbol{e}_k)}{\beta_k},\ \sum_{k=1}^{\infty}(\lambda(P_{k-1}x),\boldsymbol{e}_k)^2$$

依测度 μ 收敛.

3) 级数

$$\sum_{i,j}\int[(\lambda_{ij}(x),\boldsymbol{e}_i)(\lambda_{ij}(x),\boldsymbol{e}_j)-(\lambda(x),\boldsymbol{e}_i)(\lambda(x),\boldsymbol{e}_j)]\mu(\mathrm{d}x)$$

$$\sum_{k=1}^{\infty}\int(\lambda(x),\boldsymbol{e}_k)^2\frac{(x,\boldsymbol{e}_k)^2}{\beta_k^2}\mu(\mathrm{d}x)$$

收敛,其中

$$\lambda_{ij}(x)=\lambda(x-(x,\boldsymbol{e}_i)\boldsymbol{e}_i-(x,\boldsymbol{e}_j)\boldsymbol{e}_j)$$

证 1) 从不等式

$$\sum_{k=1}^{\infty}\left|\frac{(x,\boldsymbol{e}_k)}{\beta_k}(\lambda(x),\boldsymbol{e}_k)\right|\leqslant\sqrt{\sum_{k=1}^{\infty}\alpha_k^2\frac{(x,\boldsymbol{e}_k)^2}{\beta_k^2}}\cdot\sqrt{\sum_{k=1}^{\infty}\frac{(\lambda(x),\boldsymbol{e}_k)^2}{\alpha_k^2}}$$

和

$$\sum_{k=1}^{\infty}\int\alpha_k^2\frac{(x,\boldsymbol{e}_k)}{\beta_k^2}\mu(\mathrm{d}x)=\sum_{k=1}^{\infty}\alpha_k^2<\infty$$

可得.

2) 不失一般性,可以认为 $|\lambda(x)|^2\leqslant c$,因为由级数(6) 在集合 $\{x:|\lambda(x)|^2\leqslant c\}$ 上(c 是任意的)收敛推得它依测度 μ 收敛. 我们以 H_m 表示满足

$$\sum_{k=1}^{\infty}(\lambda(P_{k-1}x),e_k)^2 \leqslant m$$

的 x 的集合. 设 $\lambda_m(x)=\lambda(x)$ 当 $x\in H_m$; $\lambda_m(x)=0$ 当 $x\overline{\in} H_m$. 因为由级数 $\sum_{k=1}^{\infty}(\lambda(P_{k-1}x),e_k)^2$ 的收敛得知, 当 $m\to\infty$ 时 $\mu(H_m)\to 1$, 所以为要级数(6)收敛, 只要对每个 m 级数

$$\sum_{k=1}^{\infty}(\lambda_m(x),e_k)\frac{(x,e_k)}{\beta_k}$$

依测度 μ 收敛就够了. 但

$$\sum_{k=1}^{\infty}(\lambda_m(x),e_k)\frac{(x,e_k)}{\beta_k}=\sum_{k=1}^{\infty}(\lambda_m(x)-\lambda_m(P_{k-1}x))\frac{(x,e_k)}{\beta_k}+\sum_{k=1}^{\infty}(\lambda_m(P_{k-1}x),e_k)\frac{(x,e_k)}{\beta_k}$$

注意到由于不等式

$$\sum_{k=1}^{\infty}(\lambda(P_{k-1}P_lx),e_k)^2\leqslant\sum_{k=1}^{\infty}(\lambda(P_{k-1}x),e_k)^2+\sum_{k=1}^{\infty}(\lambda(P_lx),e_k)^2\leqslant\sum_{k=1}^{\infty}(\lambda(P_{k-1}x),e_k)^2+|\lambda(P_lx)|^2$$

对所有 l 和 $x\in H_m$ 成立, 故有 $P_lx\in H_{m+c}$. 设 $x\in H_{m-c}$. 那么

$$\sum_{k=1}^{\infty}(\lambda_m(x)-\lambda_m(P_{k-1}x),e_k)\frac{(x,e_k)}{\beta_k}=\sum_{k=1}^{\infty}(\lambda(x)-\lambda(P_{k-1}x),e_k)\frac{(x_1e_k)}{\beta_k}$$

由假设知最后的级数收敛. 因为 m 可以取任意大, 所以证明级数

$$\sum_{k=1}^{\infty}(\lambda_m(P_{k-1}x),e_k)\frac{(x,e_k)}{\beta_k}$$

依测度 μ 收敛就够了. 在概率空间 $\{\mathscr{X},\mathfrak{B},\mu\}$ 上, 它的部分和构成鞅, 由此得该级数收敛. 事实上, (x,e_k) 是独立 Gauss 变量, 此外

$$E\left(\sum_{k=1}^{n}(\lambda_m(P_{k-1}x),e_k)\frac{(x,e_k)}{\beta_k}\right)^2=E\sum_{k=1}^{n}(\lambda_m(P_{k-1}x),e_k)^2\frac{(x,e_k)^2}{\beta_k^2}=\sum_{k=1}^{n}E(\lambda_m(P_{k-1}x),e_k)^2E\frac{(x,e_k)^2}{\beta_k}\leqslant m$$

3) 现来证明级数(6)均方收敛. 显然

$$\int\left(\sum_{k=n}^{m}\frac{(\lambda(x),e_k)(x,e_k)}{\beta_k}\right)^2\mu(\mathrm{d}x)=$$
$$\sum_{k=n}^{m}\int\frac{(\lambda(x),e_k)^2(x,e_k)^2}{\beta_k^2}\mu(\mathrm{d}x)+$$
$$2\sum_{n\leqslant i<j\leqslant m}\int\frac{(\lambda_{ij}(x),e_i)(\lambda_{ij}(x),e_j)(x,e_i)(x,e_j)}{\beta_i\beta_j}\mu(\mathrm{d}x)+$$

$$2\sum_{n\leqslant i<j\leqslant m}\int[(\lambda(x),\boldsymbol{e}_i)(\lambda(x),\boldsymbol{e}_j)-$$

$$(\lambda_{ij}(x),\boldsymbol{e}_i)(\lambda_{ij}(x),\boldsymbol{e}_j)\frac{(x,\boldsymbol{e}_i)(x,\boldsymbol{e}_j)}{\beta_i\beta_j}\mu(\mathrm{d}x)=$$

$$\int\sum_{k=n}^{m}\frac{(\lambda(x),\boldsymbol{e}_k)^2(x,\boldsymbol{e}_k)^2}{\beta_k^2}\mu(\mathrm{d}x)+$$

$$2\int\sum_{n\leqslant i<j\leqslant m}[(\lambda(x),\boldsymbol{e}_i)(\lambda(x),\boldsymbol{e}_j)-$$

$$(\lambda_{ij}(x),\boldsymbol{e}_i)(\lambda_{ij}(x),\boldsymbol{e}_j)]\frac{(x,\boldsymbol{e}_i)(x,\boldsymbol{e}_j)}{\beta_i\beta_j}\mu(\mathrm{d}x)$$

因为，由于量 $\lambda_{ij}(x),(x,\boldsymbol{e}_i),(x,\boldsymbol{e}_j)$ 在概率空间 $\{\mathscr{X},\mathfrak{B},\mu\}$ 上独立

$$\int(\lambda_{ij}(x),\boldsymbol{e}_i)(\lambda_{ij}(x),\boldsymbol{e}_j)(x,\boldsymbol{e}_i)(x,\boldsymbol{e}_j)\mu(\mathrm{d}x)=0$$

因此，当 $n\to\infty$ 和 $m\to\infty$ 时

$$\int\left(\sum_{k=n}^{m}\frac{(\lambda(x),\boldsymbol{e}_k)(x,\boldsymbol{e}_k)}{\beta_k}\right)^2\mu(\mathrm{d}x)\to 0$$

引理得证.

我们应用定理 3 到与恒等变换稍微不同的变换 $T(x)$ 的情形. 设有映象族 $T_\varepsilon(x)=x+\varepsilon\lambda(x)$，然后有

$$S_\varepsilon(x)=x-\varepsilon\lambda(x)+O(\varepsilon^2)$$

(我们仅考虑阶数不高于 ε 的项). 如果 $\mathrm{d}\lambda(x)$ 有一有限迹，那么当 $\varepsilon>0$ 足够小时

$$\ln|\det \mathrm{d}T_\varepsilon(x)|=\sum_{k=1}^{\infty}\frac{(-1)^{k-1}}{k}\varepsilon^k\mathrm{Sp}\,[\mathrm{d}\lambda(x)]^k$$

于是，仅限于阶数不高于 ε 的项时，我们可以写出

$$\frac{\mathrm{d}v_\varepsilon}{\mathrm{d}\mu}(x)=1-\varepsilon\mathrm{Sp}\,[\mathrm{d}\lambda(x)]-\varepsilon\sum_{k=1}^{\infty}\frac{(x,\boldsymbol{e}_k)(\lambda(x),\boldsymbol{e}_k)}{\beta_k^2}+O(\varepsilon^2)$$

由此式见到，利用定理 3 时所引起的基本困难在于验证该定理条件 b) 中级数的收敛性，这对任意近似于恒等变换的变换仍然如此.

现在考察映象 T 是线性时的情形.

定理 4 设 μ 是均值为 0 和正相关算子为 B^2 的 Gauss 测度. 如果线性算子 T 是可逆的且有形式 $T=I+BCB^{-1}$，其中 $\mathrm{Sp}\,CC^*<\infty$，且算子 $I+C$ 具有有界逆算子，那么

$$\frac{\mathrm{d}v}{\mathrm{d}\mu}(x)=K\exp\{W(x)\}\tag{7}$$

其中

$$K=\lim_{n\to\infty}|\det(I+D_n)|\,\mathrm{e}^{-\mathrm{Sp}\,D_n},D_n=P_nDP_n\tag{8}$$

$$W(x)=\lim_{n\to\infty}\left[-(DB^{-1}P_nx,B^{-1}P_nx)-\frac{1}{2}\mid P_nDB^{-1}P_nx\mid^2+\mathrm{Sp}\,D_n\right] \quad (9)$$

这极限理解为关于测度 μ 均方意义下的极限，P_n 是 $\mathscr{X}_n$ 上的投影算子，$D=B^{-1}T^{-1}B-I$.

证 算子 T 将 M 映到 M，因此 D 至少在 M 上有定义. 我们往征 $\mathrm{Sp}\,DD^*<\infty$. 因为

$$T^{-1}=I-BCB^{-1}T^{-1}$$

$$D=CB^{-1}T^{-1}B=C(I+C)^{-1}=CV$$

其中 V 是有界算子，所以

$$\mathrm{Sp}\,DD^*=\sum_{k=1}^{\infty}(D\boldsymbol{e}_k,D^*\boldsymbol{e}_k)=\sum_{k=1}^{\infty}(V^*C^*\boldsymbol{e}_k,V^*C^*\boldsymbol{e}_k)\leqslant$$

$$\|VV^*\|\sum_{k=1}^{\infty}\mid c^*\boldsymbol{e}_k\mid^2=\|VV^*\|\,\mathrm{Sp}\,CC^*$$

由此关系式还得到 D 的有界性. 令 $D_n=P_nDP_n$. 那么当 $n\to\infty$ 时

$$\mathrm{Sp}\,(D-D_n)(D-D_n)^*=\mathrm{Sp}\,DD^*-\mathrm{Sp}\,D_nD_n^*=$$

$$\sum_{k=1}^{\infty}\mid D^*\boldsymbol{e}_k\mid^2-\sum_{k=1}^{\infty}\mid D_n^*\boldsymbol{e}_k\mid^2=$$

$$\sum_{k=1}^{\infty}\sum_{j=1}^{\infty}(D^*\boldsymbol{e}_k,\boldsymbol{e}_j)^2-\sum_{k=1}^{n}\sum_{j=1}^{n}(D^*\boldsymbol{e}_k,\boldsymbol{e}_j)^2\to 0$$

我们来证明极限

$$\lim_{n\to\infty}\mid\det(I+D_n)\mid\exp\{-\mathrm{Sp}\,D_n\}$$

存在且异于 0. 设

$$U_n=D_n+D_n^*+D_nD_n^*$$

那么

$$\mid\det(I+D_n)\mid\exp\{-\mathrm{Sp}\,D_n\}=\sqrt{\det(I+U_n)\mathrm{e}^{-\mathrm{Sp}\,U_n}}\exp\left\{\frac{1}{2}\mathrm{Sp}\,D_nD_n^*\right\}$$

由于 $\mathrm{Sp}\,D_nD_n^*\to\mathrm{Sp}\,DD^*$，所以证明极限

$$\lim_{n\to\infty}\det(I+U_n)\mathrm{e}^{-\mathrm{Sp}\,U_n} \quad (10)$$

存在就够了. 令 $U=D+D^*+DD^*$.

由条件 $\mathrm{Sp}\,(D-D_n)(D-D_n)^*\to 0$ 得

$$\mathrm{Sp}\,(U-U_n)(U-U_n)^*\to 0$$

用 $\lambda_1^{(n)},\cdots,\lambda_n^{(n)}$ 表示 $\mathscr{X}_n$ 中的算子 U_n 的特征值(U_n 将 $\mathscr{X}_n$ 映到 $\mathscr{X}_n$，而它的正交余为 0)，和用 $\boldsymbol{f}_1^n,\cdots,\boldsymbol{f}_n^n$ 表示对应的特征向量(假定按照绝对值 $\lambda_k^{(n)}$ 是有序的). 由

$$\sum_{i=1}^{n}\mid U\boldsymbol{f}_i^n-\lambda_i^{(n)}\boldsymbol{f}_i^n\mid^2\leqslant\mathrm{Sp}\,(U-U_n)^2\to 0$$

得 $\lambda_i^{(n)}\to\lambda_i$，$\boldsymbol{f}_i^{(n)}\to\boldsymbol{f}_i$，其中 $\boldsymbol{f}_i$ 是算子 U 的特征向量，λ_i 是对应的特征值，其

次,有

$$\det(I+U_n)\mathrm{e}^{-\mathrm{Sp}\,U_n}=\prod_{k=1}^{n}(1+\lambda_k^{(n)})\mathrm{e}^{-\lambda_k^{(n)}}=$$

$$\left(\prod_{k=1}^{m}(1+\lambda_k^{(n)})\mathrm{e}^{-\lambda_k^{(n)}}\right)\left(1+O\sum_{k>m}(\lambda_k^{(n)})^2\right)$$

由于

$$\lim_{n\to\infty}\prod_{k=1}^{m}(1+\lambda_k^{(n)})\mathrm{e}^{-\lambda_k^{(n)}}=\prod_{k=1}^{m}(1+\lambda k)\mathrm{e}^{-\lambda_k}$$

所以为证明极限(10)的存在性只要证明

$$\lim_{m\to\infty}\overline{\lim_{n\to\infty}}\sum_{m+1}^{\infty}(\lambda_k^{(n)})^2=0$$

然而

$$\lim_{m\to\infty}\overline{\lim_{n\to\infty}}\sum_{k=m+1}^{\infty}(\lambda_k^{(n)})^2=\lim_{m\to\infty}\overline{\lim_{n\to\infty}}\left[\mathrm{Sp}\,U_n^2-\sum_{k=1}^{m}(\lambda_k^{(n)})^2\right]=$$

$$\lim_{m\to\infty}\left[\mathrm{Sp}\,U^2-\sum_{k=1}^{m}\lambda_k^2\right]=0$$

于是极限(10)的存在性得证.因为算子$(I+D)(I+D^*)$可逆,故极限异于0的事实由关系式

$$K=\sqrt{\prod_{k=1}^{\infty}(1+\lambda_k)\mathrm{e}^{-\lambda_k}}\ \mathrm{e}^{1/2}\,\mathrm{Sp}\,DD^*$$

及$1+\lambda_k\neq 0$得到.

现证明极限(9)存在.设

$$W_n(x)=\left[-(D_nB^{-1}x,B^{-1}P_nx)-\frac{1}{2}\mid D_nB^{-1}P_nx\mid^2+\mathrm{Sp}\,D_n\right]$$

那么由于第五章 §6 公式(7)

$$\int[W_n(x)-W_m(x)]^2\mu(\mathrm{d}x)=$$

$$\int\left[\left(\left\{D_n+\frac{1}{2}D_n^*D_n-D_m-\frac{1}{2}D_m^*D_m\right\}B^{-1}x,B^{-1}x\right)+\mathrm{Sp}\,(D_n-D_m)^2\right]\mu(\mathrm{d}x)=$$

$$\left[\frac{1}{2}\mathrm{Sp}\,(D_n^*D_n-D_m^*D_m)\right]^2+\mathrm{Sp}\left(\frac{D_n-D_m+D_n^*-D_m^*}{2}+\frac{D_n^*D_n-D_m^*D_m}{2}\right)^2\leqslant$$

$$\left[\frac{1}{2}\mathrm{Sp}\,(D_n^*D_n-D_m^*D_m)\right]^2+\frac{1}{4}\mathrm{Sp}\,(U_n-U_m)^2$$

当$n\to\infty$和$m\to\infty$时,最后的表示式趋于0.得证极限(9)存在.

现往证式(7).设测度v_n是由等式$v_n(A)=\mu(T_n^{-1}A)$定义,其中

$$T_n^{-1}=B(I+D_n)B^{-1}$$

那么由定理3得

$$\frac{\mathrm{d}v_n}{\mathrm{d}\mu}(x) = |\det B(I+D_n)B^{-1}|\exp\left\{-\sum_{k=1}^{n}\left[\frac{(D_nB^{-1}x,e_k)(x,e_k)}{\beta_k}+\frac{(D_nB^{-1}x,e_k)^2}{2\beta_k^2}\right]\right\} =$$

$$|\det(I+D_n)|\exp\{-(D_nB^{-1}P_nx,B^{-1}P_nx)-\frac{1}{2}|B^{-1}D_nB^{-1}P_nx|^2\}$$

因为 $|\det B(I+D_n)B^{-1}|$ 和在 $\mathscr{X}_n$ 中考虑能用规范正交基写出的变换矩阵 $B(I+D_n)B^{-1}$ 的行列式的模相等，所以

$$|\det B(I+D_n)B^{-1}| = |\det(I+D_n)|$$

因此

$$\frac{\mathrm{d}v_n}{\mathrm{d}\mu}(x) = K_n\exp\{W_n(x)\}$$

其中 $W_n(x)$ 如上所定义，而

$$K_n = |\det(I+D_n)|\,\mathrm{e}^{-\mathrm{Sp}\,D_n}$$

正如我们已证明依测度 μ 收敛意义下

$$\lim_{n\to\infty}\frac{\mathrm{d}v_n}{\mathrm{d}\mu}(x) = K\exp\{W(x)\}$$

现设测度 $\tilde{v}_n$ 由 $\tilde{v}_n = \mu(\widetilde{T}_n^{-1}(A))$ 所定义，其中

$$\widetilde{T}_n = I + BP_nCP_nB^{-1}$$

类似上述可证，依测度 μ

$$\lim_{n\to\infty}\frac{\mathrm{d}\mu}{\mathrm{d}v_n}(\widetilde{T}_n(x)) = \widetilde{K}\exp\{\widetilde{W}(x)\}$$

其中 $\widetilde{K}$，$\widetilde{W}$ 分别由式(8)及(9)当用 T^{-1} 代替 T 而用 TB^2T^* 代替 B^2 时所定义.

现利用 §1 定理 3 的推论 2，得证定理.

§4　Hilbert 空间中 Gauss 测度的绝对连续性

设在 Hilbert 空间中定义两个 Gauss 测度 μ_1 及 μ_2，它们分别有均值 a_1 及 a_2 和相关算子 B_1 及 B_2. 下面寻求为 μ_2 关于 μ_1 绝对连续要求 a_1, a_2, B_1, B_2 满足的充分必要条件. 将证明密度 $\frac{\mathrm{d}\mu_2}{\mathrm{d}\mu_1}$ 处处是正数，从而 μ_2 关于 μ_1 绝对连续将导致测度 μ_1 和 μ_2 的等价性. 此外还证明绝对连续性条件的破坏将导致测度的正交性. 因此两个 Gauss 测度或者是等价或者是正交.

当测度的不同仅在于位移，即 $B_1 = B_2$ 时，在 §2 已部分地进行了研究.

定理 1　如果 $B_1 = B_2 = B$，那么 $\mu_2 \ll \mu_1$ 的充分必要条件是 $a_2 - a_1 \in$

$B^{1/2}\mathscr{X}$;这时

$$\frac{\mathrm{d}\mu_2}{\mathrm{d}\mu_1}(x)=\exp\left\{(B^{-\frac{1}{2}}(x-a_1),B^{-\frac{1}{2}}(a_2-a_1))-\frac{1}{2}[B^{-\frac{1}{2}}(a_2-a_1)^2]\right\} \quad (1)$$

如果 $a_2-a_1 \overline{\in} B^{1/2}\mathscr{X}$,那么 $\mu_1 \perp \mu_2$.

证 第一个论断和公式(1) 在 §2 已经验证. 现设

$$\frac{1}{\sqrt{\lambda_k}}(a_2-a_1,\boldsymbol{e}_k)=\alpha_k$$

其中 λ_k 是算子 B 的特征值,而 $\boldsymbol{e}_k$ 是对应的特征向量. 如果 $a_2-a_1 \overline{\in} B^{1/2}\mathscr{X}$,则 $\sum_{k=1}^{\infty}\alpha_k^2=+\infty$. 现考虑函数

$$g_n(x)=\Big(\sum_{k=1}^{n}\alpha_k^2\Big)^{-1}\sum_{k=1}^{n}\frac{\alpha_k}{\sqrt{\lambda_k}}(x-a_1,\boldsymbol{e}_k)$$

由于

$$\int g_n(x)\mu_1(\mathrm{d}x)=0$$

$$\int g_n(x)\mu_2(\mathrm{d}x)=1$$

$$\int g_n^2(x)\mu_1(\mathrm{d}x)=\int(g_n(x)-1)^2\mu_2(\mathrm{d}x)=\Big(\sum_{k=1}^{n}\alpha_k^2\Big)^{-1}$$

所以依测度 μ_1,$g_n\to 0$ 和依测度 μ_2,$g_n\to 1$. 由此得 μ_1 和 μ_2 的正交性. 定理得证.

现考虑 $a_1=a_2=0$ 的情形. 设 $\mu_2\ll\mu_1$. 那么 $(B_2z,z)/(B_1z,z)$ 对 $z\in\mathscr{X}$ 必定有界. 事实上,如果能找到序列 z_n,使

$$\lim_{n\to\infty}\frac{(B_2z_n,z_n)}{(B_1z_n,z_n)}=+\infty$$

那么依测度 μ_1,$\frac{(z_n,x)}{\sqrt{(B_2z_n,z_n)}}\to 0$,而

$$\mu_2\left(\left\{x:\frac{|(z_n,x)|}{\sqrt{(B_2z_n,z_n)}}\leqslant\varepsilon\right\}\right)=\frac{1}{\sqrt{2\pi}}\int_{|t|\leqslant\varepsilon}\mathrm{e}^{-\frac{1}{2}t^2}\,\mathrm{d}t\leqslant\frac{2\varepsilon}{\sqrt{2\pi}}$$

因此,$\frac{(z_n,x)}{\sqrt{(B_2z_n,z_n)}}$ 依测度 μ_2 不趋于0. 这与 μ_2 关于 μ_1 的绝对连续性相矛盾. 易见,$\frac{(B_2z,z)}{(B_1z,z)}$ 的非有界性甚至导致测度 μ_1 和 μ_2 的奇异性. 因此这比值应当以一正数为下界. 由此得算子 $B_1^{1/2}$ 和 $B_2^{1/2}$ 的值域是一样的且算子 $C=B_1^{1/2}B_2^{-1/2}$ 和 $C^{-1}=B_2^{1/2}B_1^{-1/2}$ 是有界的. 注意由算子 C 的有界性得知,$(z,B_2^{-1/2}x)$ 不仅是依测度 μ_2 的可测泛函(参见第五章 §6),而且也是依测度 μ_1 的可测泛函,这因为

$$(z,B_2^{-\frac{1}{2}}x)=(z,C^*B_1^{-\frac{1}{2}}x)=(Cz,B_1^{-\frac{1}{2}}x)$$

现考虑自共轭算子 $C^*C=B_2^{-1/2}B_1B_2^{-1/2}$. 我们证明 $C^*C=I+D$,其中 D 是全连续算子. 为此只要验证,如果 E_λ 是算子 D 的单位分解,那么当 $\lambda<0$ 时算子 E_λ 和当 $\lambda>0$ 时算子 $I-E_\lambda$ 的投影将 $\mathscr{X}$ 映为有限维子空间. 首先,我们证明,对算子 D 不存在特征值 $\lambda\neq 0$ 使得对应于它的特征子空间是无穷维的. 若不然,则在该子空间中可找到规范正交无穷序列 z_k,使得依测度 μ_2 有

$$\frac{1}{n}\sum_{k=1}^{n}(z_k,B_2^{-\frac{1}{2}}x)^2\to 1$$

和依测度 μ_1 有

$$\frac{1}{n}\sum_{k=1}^{n}(z_k,B_2^{-\frac{1}{2}}x)\to 1+\lambda$$

这因为在概率空间 $(\mathscr{X},\mathfrak{B},\mu_1)$ 和 $(\mathscr{X},\mathfrak{B},\mu_2)$ 中的每一个上,变量 $(z_k,B_2^{-1/2}x)$ 构成均值为 0 和方差分别是 $1+\lambda$ 和 1 的独立 Gauss 随机变量序列.

事实上

$$\int(z_k,B_2^{-\frac{1}{2}}x)(z_j,B_2^{-\frac{1}{2}}x)\mu_2(\mathrm{d}x)=(z_k,z_j)=\delta_{kj}$$

$$\begin{aligned}\int(z_k,B_2^{-\frac{1}{2}}x)(z_j,B_2^{-\frac{1}{2}}x)\mu_1(\mathrm{d}x)=(B_1B_2^{-\frac{1}{2}}z_k,B_2^{-\frac{1}{2}}z_j)=\\(z_k,z_j)+(Dz_k,z_j)=\\(1+\lambda)\delta_{kj}\end{aligned}$$

所以 $\frac{1}{n}\sum_{k=1}^{n}(z_k,B_2^{-1/2}x)$ 依测度 μ_1 和 μ_2 收敛于不同的常数导致测度 μ_1 和 μ_2 的正交. 现设

$$z_k\in(E_{\lambda_{k-1}}-E_{\lambda_k})\mathscr{X}$$

其中 $0>\lambda=\lambda_0>\lambda_1>\cdots>\lambda_k$,而且 $(E_{\lambda_{k-1}}-E_{\lambda_k})\mathscr{X}$ 是非空子空间. 那么 $(z_k,B_2^{-1/2}x)$ 仍然是概率空间 $(\mathscr{X},\mathfrak{B},\mu_1)$ 和 $(\mathscr{X},\mathfrak{B},\mu_2)$ 上的独立 Gauss 变量.

事实上

$$\int(z_k,B_2^{-\frac{1}{2}}x)(z_j,B_2^{-\frac{1}{2}}x)\mu_2(\mathrm{d}x)=\delta_{kj}$$

$$\begin{aligned}&\int(z_k,B_2^{-\frac{1}{2}}x)(z_j,B_2^{-\frac{1}{2}}x)\mu_1(\mathrm{d}x)=\\&\delta_{kj}+(Dz_k,z_j)=\\&\delta_{kj}\left(1+\int_{\lambda_k}^{\lambda_{k-1}}\lambda d(E_\lambda z_k,z_k)\right)\end{aligned}$$

利用强大数定律,可以证明依测度 μ_2 有

$$\frac{1}{n}\sum_{k=1}^{n}(z_k,B_2^{-\frac{1}{2}}x)^2\to 1$$

且依测度 μ_1 有

$$\overline{\lim_{n\to\infty}}\frac{1}{n}\sum_{k=1}^{n}(z_k,B_2^{-\frac{1}{2}}x)^2\leqslant\overline{\lim_{n\to\infty}}\frac{1}{n}$$

$$\sum_{k=1}^{n}\left(1+\int_{\lambda_k}^{\lambda_{k-1}}\lambda\,\mathrm{d}(E_\lambda z_k,z_k)\right)\leqslant 1+\lambda<1$$

从这两式再次得到μ_1和μ_2的奇异性. 为完成证明还要注意到,或者当一个无穷维特征子空间对应于某个$\lambda<0$或者当在$(-\infty,\lambda)$上存在有限个互不相交的区间,使得在它们每一个上E_λ的增量不等于0时,对于$\lambda<0$子空间$E_\lambda\mathscr{X}$是无穷维的. 因此得证$\lambda<0$时$E_\lambda\mathscr{X}$是有限维的. 同样可证当$\lambda>0$时$(I-E_\lambda)\mathscr{X}$是有限维的.

因此,算子D是全连续的. 设$\boldsymbol{e}_1,\boldsymbol{e}_2,\cdots$是它的特征向量,而$\delta_k$是对应的特征值. 现来证明由$\mu_2$关于$\mu_1$的绝对连续性得$\sum\limits_{k=1}^{\infty}\delta_k^2<\infty$.

事实上,如果

$$\sum_{k=1}^{\infty}\delta_k^2=+\infty$$

那么考虑函数列

$$g_n(x)=\left(\sum_{k=1}^{n}\delta_k^2\right)^{-1}\sum_{k=1}^{n}\delta_k[(\boldsymbol{e}_k,B_2^{-\frac{1}{2}}x)^2-1]$$

我们已经指出,对于属于算子D的不同的特征子空间的向量$\boldsymbol{z}_k$,$(\boldsymbol{z}_k,B_2^{-1/2}x)$是概率空间$(\mathscr{X},\mathfrak{B},\mu_1)$和$(\mathscr{X},\mathfrak{B},\mu_2)$上的独立 Gauss 变量. 由

$$\int g_n(x)\mu_2(\mathrm{d}x)=0$$

$$\int g_n^2(x)\mu_2(\mathrm{d}x)=\left(\sum_{k=1}^{n}\delta_k^2\right)^{-2}\sum_{k=1}^{n}\delta_k^2\int[(\boldsymbol{e}_k,B_2^{-\frac{1}{2}}x)-2(\boldsymbol{e}_k,B_2^{-\frac{1}{2}}x)^2+1]\mu_2(\mathrm{d}x)=2\left(\sum_{k=1}^{n}\delta_k^2\right)^{-1}$$

$$\int g_n(x)\mu_1(\mathrm{d}x)=\left(\sum_{k=1}^{n}\delta_k^2\right)^{-1}\sum_{k=1}^{n}\delta_k(D\boldsymbol{e}_k,\boldsymbol{e}_k)=1$$

$$\int(g_n(x)-1)^2\mu_1(\mathrm{d}x)=\left(\sum_{k=1}^{n}\delta_k^2\right)^{-2}\sum_{k=1}^{n}\delta_k^2\left\{\int(\boldsymbol{e}_k,B_2^{-\frac{1}{2}}x)^4\mu_1(\mathrm{d}x)-\left[\int(e_k,B_2^{-\frac{1}{2}}x)^2\mu_1(\mathrm{d}x)\right]^2\right\}=2\left(\sum_{k=1}^{n}\delta_k^2\right)^{-2}\sum_{k=1}^{n}\delta_k^2(1+\delta_k^2)=O\left(\left(\sum_{k=1}^{n}\delta_k^2\right)^{-1}\right)$$

得，依测度 μ_2，$g_n(x) \to 0$ 和依测度 μ_1，$g_n(x) \to 1$. 因此，条件

$$\sum_{k=1}^{\infty} \delta_k^2 = +\infty$$

推得测度 μ_1 和 μ_2 的正交性. δ_k 满足的另外一个必要条件由下式得到

$$1 + \delta = 1 + \frac{(De_k, e_k)}{(e_k, e_k)} = \frac{(B_2^{-\frac{1}{2}} B_1 B_2^{-\frac{1}{2}} e_k, e_k)}{(B_2^{-\frac{1}{2}} B_2 B_2^{-\frac{1}{2}} e_k, e_k)} =$$

$$\lim_{n \to \infty} \frac{(B_1 z_n, z_n)}{(B_2 z_n, z_n)} > 0$$

其中 Z_n 是 $B_2^{\frac{1}{2}} \mathscr{X}$ 中的向量序列，使得 $B_2^{1/2} z_n \to e_k$. 因此，$\delta_k > -1$.

设 $\delta_k > -1$ 且 $\sum_{k=1}^{\infty} \delta_k^2 < \infty$. 现我们证明测度 μ_1 和 μ_2 等价. 为此考察由等式

$$\tilde{\mu}(A) = \int_A \rho(x) \mu_1(dx)$$

定义的测度 $\tilde{\mu}$，其中

$$\rho(x) = \exp\left\{ -\frac{1}{2} \sum_{k=1}^{\infty} \left[(B_2^{-\frac{1}{2}} x, e_k)^2 \frac{\delta_k}{1+\delta_k} - \ln(1+\delta_k) \right] \right\}$$

级数

$$\sum_{k=1}^{\infty} \left[(B_2^{-\frac{1}{2}} x, e_k)^2 \frac{\delta_k}{1+\delta_k} - \ln(1+\delta_k) \right]$$

依测度 μ_1 收敛从如下事实得到：在概率空间 $(\mathscr{X}, \mathfrak{B}, \mu_1)$ 上，这级数是由独立随机变量所组成，而对应的数学期望和方差

$$E\left[(B_2^{-\frac{1}{2}} x, e_k)^2 \frac{\delta_k}{1+\delta_k} - \ln(1+\delta_k) \right] = \delta_k - \ln(1+\delta_k) = O(\delta_k^2)$$

$$D\left[(B_2^{-\frac{1}{2}} x, e_k) \frac{\delta_k}{1+\delta_k} \right] = \frac{\delta_k^2}{(1+\delta_k)^2} 2(1+\delta_k)^2 = 2\delta_k^2$$

所组成的级数收敛.

求测度 $\tilde{\mu}$ 的特征泛函

$$\tilde{\chi}(z) = \int e^{i(z,x)} \tilde{\mu}(dx) = \int e^{i(z,x)} \rho(x) \mu_1(dx)$$

对每个 $z \in \mathscr{X}$，式

$$(z, x) = (B_2^{\frac{1}{2}} z, B_2^{-\frac{1}{2}} x) = \sum_{k=1}^{\infty} (B_2^{\frac{1}{2}} z, e_k)(B_2^{-\frac{1}{2}} x, e_k)$$

成立，其中右边的级数按测度 μ_1 几乎处处收敛.

利用变量 $(B_2^{-1/2} x, e_k)$ 是概率空间 $(\mathscr{X}, \mathfrak{B}, \mu_1)$ 上取均值为 0 和方差为 $1+\delta_k$ 的独立 Gauss 变量，得

$$\tilde{\chi}(z) = E\exp\left\{ i \sum_{k=1}^{\infty} (B_2^{\frac{1}{2}} z, e_k)(B_2^{-\frac{1}{2}} x, e_k) - \right.$$

$$\frac{1}{2}\sum_{k=1}^{\infty}\left[(B_2^{-\frac{1}{2}}x,\boldsymbol{e}_k)^2\ \frac{\delta_k}{1+\delta_k}-\ln(1+\delta_k)\right]\Bigg\}=$$

$$\prod_{k=1}^{\infty}E\exp\{\mathrm{i}(B_2^{\frac{1}{2}}z,\boldsymbol{e}_k)(B_2^{-\frac{1}{2}}x,e_k)-$$

$$\frac{\delta_k}{2(1+\delta_k)}(B_2^{-\frac{1}{2}}x,\boldsymbol{e}_k)^2\Big\}\sqrt{1+\delta_k}=$$

$$\prod_{k=1}^{\infty}\frac{1}{\sqrt{2\pi}}\int\exp\Big\{(B_2^{\frac{1}{2}}z,\boldsymbol{e}_k)t-\frac{\delta_k}{2(1+\delta_k)}t^2-$$

$$\frac{1}{2(1+\delta_k)}t_2\Big\}\mathrm{d}t=$$

$$\prod_{k=1}^{\infty}\exp\Big\{-\frac{1}{2}(B_2^{\frac{1}{2}}z,\boldsymbol{e}_k)^2\Big\}=$$

$$\exp\Big\{-\frac{1}{2}(B_2z,z)\Big\}$$

由于测度 $\tilde{\mu}$ 的特征泛函和测度 μ_2 的特征泛函相同,所以 $\mu_2=\tilde{\mu}$ 及

$$\frac{\mathrm{d}\mu_2}{\mathrm{d}\mu_1}(x)=\rho(x)$$

于是,得证如下定理:

定理 2 设 μ_1 和 μ_2 是取均值为 0 和相关算子为 $B_k,k=1,2$ 的两个 Gauss 测度. 测度 μ_1 和 μ_2 等价的充分必要条件是,算子 $D=B_2^{-1/2}B_1B_2^{-1/2}-I$ 是 Hilbert－Schmidt 算子且它的特征值 δ_k 满足不等式 $\delta_k>-1$. 如果这条件不满足,那么测度 μ_1 与 μ_2 正交. 在测度等价情形时,式

$$\frac{\mathrm{d}\mu_2}{\mathrm{d}\mu_1}=\exp\Big\{-\frac{1}{2}\sum_{k=1}^{\infty}\left[(B_2^{-\frac{1}{2}}x,\boldsymbol{e}_k)^2\ \frac{\delta_k}{1+\delta_k}-\ln(1+\delta_k)\right]\Big\}\tag{2}$$

成立,其中 $\boldsymbol{e}_k$ 是算子 D 的对应于特征值 δ_k 的特征向量.

注 设 μ_1 和 μ_2 是如定理 2 所定义的测度. 用 $\mathscr{L}^{(1)}$ 和 $\mathscr{L}^{(2)}$ 表示关于测度 μ_1 和 μ_2 的线性可测泛函的 Hilbert 空间(参见第五章 §6). 如果存在泛函序列 $\{l_k(x):k=1,2,\cdots\}$ 使得它属于两个空间且是这两个空间中的每一个的完备正交系以及

$$\delta_k^{(i)}=\int[l_k(x)]^2\mu_i(\mathrm{d}x),i=1,2,k=1,2,\cdots$$

那么在条件 $\delta_k^{(i)}>0$,及

$$\sum_{k=1}\left(1-\frac{\delta_k^{(1)}}{\delta_k^{(2)}}\right)^2<\infty$$

下 $\mu_1\sim\mu_2$,此外

$$\frac{\mathrm{d}\mu_2}{\mathrm{d}\mu_1}(x)=\exp\Big\{\frac{1}{2}\sum_{k=1}^{\infty}\left[l_k^2(x)\left(\frac{1}{\delta_k^{(1)}}-\frac{1}{\delta_k^{(2)}}\right)-\ln\frac{\delta_k^{(1)}}{\delta_k^{(2)}}\right]\Big\}$$

这个论断的证明完全类似于定理 2 条件的充分性的证明.

现来考察一般情形. 除测度 μ_1 和 μ_2 外,还引入测度 $\mu_{1,2}$,它有均值 a_1 和相关算子 B_2. 我们证明,由条件 $\mu_2 \ll \mu_1$ 推得关系 $\mu_2 \ll \mu_{12} \ll \mu_1$,因此

$$\frac{\mathrm{d}\mu_2}{\mathrm{d}\mu_1}=\frac{\mathrm{d}\mu_2}{\mathrm{d}\mu_{12}}\cdot\frac{\mathrm{d}\mu_{12}}{\mathrm{d}\mu_1}$$

而且可利用式(1) 计算$\frac{\mathrm{d}\mu_2}{\mathrm{d}\mu_{12}}$,可利用式(2) 计算$\frac{\mathrm{d}\mu_{12}}{\mathrm{d}\mu_2}$. 只要证明 $\mu_{12} \ll \mu_1$ 就够了,因为在这种情况下,$\mu_{12} \sim \mu_2$. 因此 $\mu_2 \ll \mu_{12}$. 如果 $\bar{\mu}_2$ 是均值为 a_2-a_1 和相关算子为 B_2 的测度,而 $\bar{\mu}_1$ 是均值为 0 和相关算子为 B_1 的测度,那么 $\bar{\mu}_2 \ll \bar{\mu}_1$. 设测度 $\bar{\mu}_i^*$ 由关系式

$$\bar{\mu}_i^*(A)=\bar{\mu}_i(\{x:-x\in A\})$$

所定义,显然 $\bar{\mu}_1^*=\bar{\mu}_1$. 因此 $\bar{\mu}_2^* \ll \bar{\mu}_1$,从而 $\bar{\mu}_2 * \bar{\mu}_2^* \ll \bar{\mu}_1 * \bar{\mu}_1$. 易见 $\bar{\mu}_2 * \bar{\mu}_2^*$ 是均值为 0 和相关算子为 $2B_2$ 的 Gauss 测度,而测度 $\bar{\mu}_1 * \bar{\mu}_1$ 和它相异之处仅在于相关算子等于 $2B_1$. 于是 $v_2 \ll v_1$,其中 v_k 是均值为 0 和相关算子为 B_k 的 Gauss 测度. 但因为 μ_{12} 和 μ_1 可由测度 v_2 和 v_1 位移 a_1 得到,故 $\mu_{12} \ll \mu$. 因此,在一般情形如下定理是正确的:

定理 3 如果测度 μ_1,μ_2 是两个 Gauss 测度,它们有特征泛函

$$\varphi_k(z)=\exp\left\{\mathrm{i}(a_k,z)-\frac{1}{2}(B_kz,z)\right\},k=1,2$$

那么测度 μ_1 和 μ_2 等价的充分必要条件是如下条件成立:

1)$a_2-a_1=B_2^{1/2}b$,其中 $b\in\mathscr{X}$;

2) 算子 $D=B_2^{-1/2}B_1B_2^{-1/2}-I$ 是 Hilbert-Schmidt 算子且它的特征值 δ_k 满足不等式 $\delta_k>-1$. 若有一个条件不成立,则测度 μ_1 和 μ_2 正交. 对等价测度来说,式

$$\frac{\mathrm{d}\mu_2}{\mathrm{d}\mu_1}(x)=\exp\left\{-\frac{1}{2}\left[\sum_{k=1}^{\infty}(B_2^{-\frac{1}{2}}(x-a_1),\boldsymbol{e}_k)^2\,\frac{\delta_k}{1+\delta_k}-\ln(1+\delta_k)\right]+\right.$$
$$\left.(B_2^{-\frac{1}{2}}(x-a_1),b)-\frac{1}{2}\mid b\mid^2\right\} \tag{3}$$

成立,其中 $\boldsymbol{e}_k$ 是算子 D 的特征值 δ_k 所对应的特征向量.

现考察 Gauss 测度绝对连续的某些充分条件. 验证下面给出的条件看来会更方便,因为它们不包含相关算子的分数幂. 设算子 $B_1B_2^{-1}$ 和 $B_2B_1^{-1}$ 有界. 令 $V=B_1B_2^{-1}-I$. 由于 $V=B_2^{1/2}DB_2^{-1/2}$,所以 $V^2=B_2^{1/2}D^2B_2^{-1/2}$. 设 $\boldsymbol{f}_k$ 是算子 B_1 的特征向量的规范正交序列. 那么

$$\mathrm{Sp}\ D^2=\sum_{k=1}^{\infty}(D^2\boldsymbol{f}_k,\boldsymbol{f}_k)=\sum_{k=1}^{\infty}\left(D^2\sqrt{\lambda_k}B_2^{-1/2}\boldsymbol{f}_k,\frac{1}{\sqrt{\lambda_k}}B_2^{1/2}\boldsymbol{f}_k\right)=$$
$$\sum_{k=1}^{\infty}(D^2B_2^{-1/2}\boldsymbol{f}_k,B_2^{-1/2}\boldsymbol{f}_k)=\sum_{k=1}^{\infty}(V^2\boldsymbol{f}_k,\boldsymbol{f}_k)$$

$$\lambda_k=(B_2\boldsymbol{f}_k,\boldsymbol{f}_k)$$

因此,只要 $\mathrm{Sp}\,V^2$ 有限就有 $\mathrm{Sp}\,D^2<\infty$. 由于 V^2 是非对称算子,所以验证 $\mathrm{Sp}\,V^2$ 存在的条件也可能是困难的. 但是利用不等式

$$\sum_{k=1}^{\infty}|(V^2\boldsymbol{e}_k,\boldsymbol{e}_k)|=\sum_{k=1}^{\infty}|(V\boldsymbol{e}_k,V^*\boldsymbol{e}_k)|\leqslant\sum_{k=1}^{\infty}|V\boldsymbol{e}_k||V^*\boldsymbol{e}_k|\leqslant$$

$$\sqrt{\sum_{k=1}^{\infty}|V\boldsymbol{e}_k|^2\cdot\sum_{k=1}^{\infty}|V^*\boldsymbol{e}_k|^2}=$$

$$\sqrt{\mathrm{Sp}\,V^*V\cdot\mathrm{Sp}\,VV^*}=\mathrm{Sp}\,V^*V$$

(因为 $\mathrm{Sp}\,V^*V=\mathrm{Sp}\,VV^*$),可以用非负对称算子 V^*V 的迹的术语来陈述绝对连续性的条件.

定理 4　设 μ_1 和 μ_2 是均值为 0 和相关算子分别为 B_1 和 B_2 的 Gauss 测度. 如果存在有界算子 V 满足关系

$$VB_2=B_1-B_2,\mathrm{Sp}\,V^*V<\infty$$

且 -1 不属于算子 V 的谱,那么 $\mu_2\ll\mu_1$.

证　仅需验证,如果算子 $I+V$ 可逆,即 $B_2B_1^{-1}$ 有界,则 $\delta_k>-1$ 就够了. 设对某个 m,$\delta_m=-1$. 那么令 $z=B_2^{1/2}\boldsymbol{e}_m$,我们有

$$(I+V)z=z+B_2^{\frac{1}{2}}DB_1^{-\frac{1}{2}}B_2^{\frac{1}{2}}\boldsymbol{e}_m=z-B_2^{\frac{1}{2}}\boldsymbol{e}_m=0$$

即 -1 是算子 V 的特征值,由定理的假定,这是不可能的.

我们还指出在均值为 0 时一个 Gauss 测度对另一个 Gauss 测度的密度的一个简单公式,虽然在某些附加限制下这公式才有意义,但因为它不含算子 D 的特征向量和特征值,所以更便于应用.

注　如果定理 4 的条件成立且 $\mathrm{Sp}\,V$ 被确定(即级数 $\Sigma(V\boldsymbol{e}_k,\boldsymbol{e}_k)$ 对任一规范正交基收敛),那么

$$\frac{\mathrm{d}\mu_2}{\mathrm{d}\mu_1}(x)=\sqrt{\det(I+V)}\exp\left\{-\frac{1}{2}(B_1^{-1}Vx,x)\right\}\tag{4}$$

成立. 根据第五章 §6 的结果,因为 $\mathrm{Sp}\,V$ 存在且 $\mathrm{Sp}\,V^*V<\infty$,故二次泛函 $(B_1^{-1}Vx,x)$ 关于测度 μ_1 可测. 为证式(4),注意到由 $\mathrm{Sp}\,V$ 的存在得到 $\mathrm{Sp}\,D$ 的存在,因此,级数

$$\sum_{k=1}^{\infty}\delta_k,\sum_{k=1}^{\infty}\log(1+\delta_k),\sum_{k=1}^{\infty}(B_2^{-1}x,\boldsymbol{e}_k)^2\frac{\delta_k}{1+\delta_k}$$

收敛.

设 P_n 是在由 $\boldsymbol{e}_1,\cdots,\boldsymbol{e}_n$ 张成的子空间上的投影算子,那么

$$\sum_{k=1}^{\infty}(B_2^{-\frac{1}{2}}x,\boldsymbol{e}_k)^2\frac{\delta_k}{1+\delta_k}=\sum_{k=1}^{\infty}\left[(B_2^{-\frac{1}{2}}x,\boldsymbol{e}_k)^2-(B_2^{-\frac{1}{2}}x,\boldsymbol{e}_k)^2\frac{1}{1+\delta_k}\right]=$$

$$\sum_{k=1}^{\infty}[(B_2^{-\frac{1}{2}}x,\boldsymbol{e}_k)^2-(B_2^{-\frac{1}{2}}x,\boldsymbol{e}_k)(B_2^{-\frac{1}{2}}x,B_2^{\frac{1}{2}}B_1^{-1}B_2^{\frac{1}{2}}\boldsymbol{e}_k)]=$$

$$\sum_{k=1}^{\infty}[(B_2^{-\frac{1}{2}}x,\boldsymbol{e}_k)^2-(B_2^{-\frac{1}{2}}x,\boldsymbol{e}_k)(B_2^{\frac{1}{2}}B_1^{-1}x,\boldsymbol{e}_k)]=$$

$$\lim_{n\to\infty}\sum_{k=1}^{\infty}[(P_nB_2^{-\frac{1}{2}}x,\boldsymbol{e}_k)^2-(P_nB_2^{-\frac{1}{2}}x,\boldsymbol{e}_k)\times(B_2^{\frac{1}{2}}B_1^{-1}x,\boldsymbol{e}_k)]=$$

$$\lim_{n\to\infty}[(P_nB_2^{-\frac{1}{2}}x,B_2^{-\frac{1}{2}}x)-(P_nB_2^{-\frac{1}{2}}x,B_2^{\frac{1}{2}}B_1^{-1}x)]=$$

$$((B_2^{-1}-B_1^{-1})x,x)=(B_1^{-1}Vx,x)$$

其次

$$\sum_{k=1}^{\infty}\log(1+\delta_k)=\log|\det(I+D)|=$$

$$\log|\det(I+B_2^{\frac{1}{2}}DB_2^{-\frac{1}{2}})|=$$

$$\log|\det(I+V)|$$

将所得的表示式代入公式(2)就得(4).

§5 对应于平稳 Gauss 过程的测度的等价性和正交性

我们考虑在区间$[-T,T]$上的两个实平稳 Gauss 过程$\xi_1(t)$和$\xi_2(t)$. 对应于这些过程是$[-T,T]$上全体平方可积函数$x(t)$的空间$\mathscr{L}_2[-T,T]$上的 Gauss 测度μ_1和μ_2. 考虑有内积

$$(x,y)=\int_{-T}^{T}x(t)\overline{y(t)}\mathrm{d}t$$

的复值函数空间较为方便. 设$E\xi_j(t)=a_j(t)$而$R_j(t)$是过程$\xi_j(t)$的相关函数. 那么$a_j(\cdot)$是测度μ_j的均值且相关算子B_j由式

$$(B_jx,y)=\int_{-T}^{T}\int_{-T}^{T}R_j(t-s)x(t)\overline{y(s)}\mathrm{d}t\mathrm{d}s$$

所定义,本节的目的是研究这种特殊类型的测度μ_1和μ_2的等价和正交的条件.

用$F_j(x)$表示过程$\xi_j(t)$的谱函数

$$R_j(t)=\int e^{i\lambda t}\mathrm{d}F_j(\lambda)$$

设过程$\xi_j(t)$有谱表示

$$\xi_j(t)=a_j(t)+\int e^{i\lambda t}\mathrm{d}y_j(\lambda) \tag{1}$$

其中$y_j(\lambda)$是复值不相关增量 Gauss 过程,且

$$E|y_j(\lambda_2)-y_j(\lambda_1)|^2=|F(\lambda_2)-F(\lambda_1)|$$

今后我们将用到空间$\mathscr{W}_T$,它由可以表示为

$$g(\lambda)=\int_{-T}^{T}e^{i+\lambda}\varphi(t)\mathrm{d}t$$

的函数 $g(\lambda)$ 所组成，其中 $\varphi(\cdot)\in\mathscr{L}_2[-T,T]$. 空间 $\mathscr{W}_T$ 与在实轴上平方可积的不高于 T 的指数型的整解析函数的空间相一致. 今后我们仅在实轴上考虑 $\mathscr{W}_T$ 中的函数. 用 $\mathscr{W}_T(F_1)$ 表示在距离

$$\| g \|_{F_1}^2 = \int | g(\lambda) |^2 \mathrm{d}F_1(\lambda)$$

下 $\mathscr{W}_T$ 的闭包. 空间 $\mathscr{W}_T(F_1)$ 是有内积

$$(g_1, g_2)_{F_1} = \int g_1(\lambda)\overline{g_2(\lambda)}\mathrm{d}F_1(\lambda)$$

的 Hilbert 空间. 首先研究有不同均值和相同的 $R(t)$ 的过程所对应的测度的等价性和正交性的条件.

设 $R_1(t)=R_2(t), a_1(t)=0, a_2(t)=a(t)$.

定理 1 测度 μ_1 和 μ_2 等价的充分必要条件是，当 $t\in[-T,T]$ 时函数 $a(t)$ 可表为

$$a(t)=\int \mathrm{e}^{-\mathrm{i}\lambda t} b(\lambda)\mathrm{d}F_1(\lambda)$$

其中 $b(\lambda)\in\mathscr{W}_T(F_1)$. 如果这条件成立，则

$$\frac{\mathrm{d}\mu_2}{\mathrm{d}\mu_1}(\xi_1(\cdot)) = \exp\left\{\int b(\lambda)\mathrm{d}y_1(\lambda) - \right. \tag{2}$$

$$\left. \frac{1}{2}\int | b(\lambda) |^2 \mathrm{d}F_1(\lambda)\right\} \tag{3}$$

这里 $y_1(\lambda)$ 是出现在 $\xi_1(t)$ 的谱表示式(1) 中的函数.

证 首先设 $\mu_1\sim\mu_2$. 正如由 §4 定理 1 所得

$$\frac{\mathrm{d}\mu_2}{\mathrm{d}\mu_1}(x) = \exp\{l(x)-c\}$$

其中 $l(x)$ 是依测度 μ_1 的可测线性泛函，c 是某个常数. 在第五章 §6 已证明了 $[-T,T]$ 上的平稳 Gauss 过程 $\xi_1(t)$ 的所有可测线性泛函 $l(\xi_1(\cdot))$ 可表为

$$l(\xi_1(\cdot)) = \int b(\lambda)\mathrm{d}y_1(\lambda)$$

其中 $b(\lambda)\in\mathscr{W}_T(F_1)$. 为找到 $a(t)$, $b(t)$ 和量 c 之间的联系，我们写出 $\xi_2(t)$(当 t 固定时) 的特征函数

$$\exp\left\{\mathrm{i}a(t)z - \frac{1}{2}z^2 R_1(0)\right\} = E\mathrm{e}^{\mathrm{i}z\xi_2(t)} = E\mathrm{e}^{\mathrm{i}z\xi_1(t)}\frac{\mathrm{d}\mu_2}{\mathrm{d}\mu_1}(\xi_1(\cdot)) =$$

$$E\exp\left\{\int[b(\lambda)+\mathrm{i}z\mathrm{e}^{\mathrm{i}t\lambda}]\mathrm{d}y_1(\lambda) - c\right\}$$

利用 $E\xi=0$ 时对所有 Gauss 变量(包括复值情形) 公式

$$E\mathrm{e}^{\xi} = \exp\left\{\frac{1}{2}E\xi^2\right\}$$

成立. 注意由 $\xi(t)$ 为实值得

$$\mathrm{d}y(\lambda)=\overline{\mathrm{d}y(-\lambda)}$$

和

$$\mathrm{d}F(-\lambda)=\mathrm{d}F(\lambda)$$

因此

$$E\left\{\int[b(\lambda)+\mathrm{i}z\mathrm{e}^{\mathrm{i}t\lambda}]\mathrm{d}y_1(\lambda)\right\}^2=$$

$$E\int[b(\lambda)+\mathrm{i}z\mathrm{e}^{\mathrm{i}t\lambda}]\mathrm{d}y_1(\lambda)$$

$$\int[b(\lambda)+\mathrm{i}z\mathrm{e}^{\mathrm{i}t\lambda}]\overline{\mathrm{d}y_1(-\lambda)}=$$

$$E\int[b(\lambda)+\mathrm{i}z\mathrm{e}^{\mathrm{i}t\lambda}]\mathrm{d}y_1(\lambda)\int[b(-\lambda)+\mathrm{i}z\mathrm{e}^{-\mathrm{i}t\lambda}]\overline{\mathrm{d}y_1(\lambda)}=$$

$$\int[b(\lambda)+\mathrm{i}z\mathrm{e}^{\mathrm{i}t\lambda}][b(-\lambda)+\mathrm{i}z\mathrm{e}^{-\mathrm{i}t\lambda}]\mathrm{d}F_1(\lambda)=$$

$$\int b(\lambda)b(-\lambda)\mathrm{d}F_1(\lambda)+2\mathrm{i}z\int b(\lambda)\mathrm{e}^{-\mathrm{i}t\lambda}\mathrm{d}F(\lambda)-z^2R_1(0)$$

最后，由 $l(\xi_1(\cdot))$ 是实值得

$$\int b(\lambda)\mathrm{d}y_1(\lambda)=\int\overline{b(\lambda)}\,\overline{\mathrm{d}y_1(\lambda)}=\int\overline{b(-\lambda)}\mathrm{d}y_1(\lambda)$$

因此 $b(\lambda)=\overline{b(-\lambda)}$，$b(-\lambda)=\overline{b(\lambda)}$，且

$$\int b(\lambda)b(-\lambda)\mathrm{d}F_1(\lambda)=\int|b(\lambda)|^2\mathrm{d}F_1(\lambda)$$

故

$$\exp\left\{\mathrm{i}za(t)-\frac{1}{2}R_1(0)z^2\right\}=$$

$$\exp\left\{-c+\frac{1}{2}\int|b(\lambda)|^2\mathrm{d}F_1(\lambda)+\mathrm{i}z\int\mathrm{e}^{-\mathrm{i}t\lambda}b(\lambda)\mathrm{d}F_1(\lambda)-\frac{1}{2}z^2R_1(0)\right\}$$

且因此

$$c=\frac{1}{2}\int|b(\lambda)|^2\mathrm{d}F_1(\lambda),a(t)=\int\mathrm{e}^{-\mathrm{i}t\lambda}b(\lambda)\mathrm{d}F_1(\lambda)$$

于是我们证明了定理的条件的必要性及式(3) 成立.

现往证定理条件的充分性.

设式(2) 成立. 我们引入测度 $\tilde{\mu}$，它关于测度 μ_1 绝对连续且密度 $\frac{\mathrm{d}\tilde{\mu}}{\mathrm{d}\mu_1}$ 等于等式(3) 的右边部分. 我们证明，测度 μ_2 和 $\tilde{\mu}$ 相等. 为此，我们来比较它们的特征泛函(测度 $\tilde{\mu}$ 和 μ_i 的特征泛函分别用 $\tilde{\chi}$ 和 χ_i 表示). 显然

$$\chi_2(z)=\exp\left\{\mathrm{i}\int_{-T}^{T}a(t)z(t)\mathrm{d}t-\frac{1}{2}\int_{-T}^{T}\int_{-T}^{T}R(t-s)z(t)z(s)\mathrm{d}t\mathrm{d}s\right\}$$

其次

$$\tilde{\chi}(z)= E\exp\left\{\mathrm{i}\int_{-T}^{T}z(t)\xi_1(t)\mathrm{d}t\right\}\frac{d\tilde{\mu}}{\mathrm{d}\mu_1}(\xi_1(\cdot))=$$

$$E\exp\left\{\int\left[b(\lambda)+\mathrm{i}\int_{-T}^{T}z(t)\mathrm{e}^{\mathrm{i}t\lambda}\mathrm{d}t\right]\mathrm{d}y_1(\lambda)-\frac{1}{2}\int|b(\lambda)|^2\mathrm{d}F_1(\lambda)\right\}=$$

$$\exp\left\{-\frac{1}{2}\int|b(\lambda)|^2\mathrm{d}F_1(\lambda)+\frac{1}{2}E\left(\int\left[b(\lambda)+\mathrm{i}\int_{-T}^{T}z(t)\mathrm{e}^{\mathrm{i}t\lambda}\mathrm{d}t\right]\mathrm{d}y_1(\lambda)\right)^2\right\}=$$

$$\exp\left\{\frac{\mathrm{i}}{2}\int_{-T}^{T}z(t)\int[b(\lambda)\mathrm{e}^{-\mathrm{i}t\lambda}+b(-\lambda)\mathrm{e}^{\mathrm{i}t\lambda}]\mathrm{d}F_1(\lambda)\mathrm{d}t+\right.$$

$$\left.\frac{\mathrm{i}^2}{2}\iint_{-T}^{T}z(t)\mathrm{e}^{\mathrm{i}t\lambda}\mathrm{d}t\int_{-T}^{T}z(s)\mathrm{e}^{-\mathrm{i}s\lambda}\mathrm{d}s\mathrm{d}F_1(\lambda)\right\}=$$

$$\chi_2(z)$$

因为$\chi_2=\tilde{\chi}$,所以$\mu_2=\tilde{\mu}$.定理得证.

推论 由定理1得到,如果对某个T在区间$[-T,T]$上,过程$\xi_1(t)$和$\xi_1(t)+a(t)$对应的测度μ_1^T和μ_2^T等价,那么函数$a(t)$总能扩张到整个直线上,使得在$(-\infty,\infty)$上这些过程对应的测度μ_1^∞和μ_2^∞也是等价的.对所有t,可取式(2)的右边作为这种扩张.

设谱函数$F_1(\lambda)$存在谱密度$f_1(\lambda)$.设$a^\infty(t)$是上述所说使测度μ_1^∞和μ_2^∞等价的$a(t)$的扩张.如果$\tilde{a}(\lambda)$是函数$a^\infty(t)$的Fourier变换,则

$$\tilde{a}(\lambda)=2\pi b(\lambda)f_1(\lambda)$$

因此,测度μ_1和μ_2(原先在定理1中所考虑的测度)等价的充分必要条件是函数$a(t)$在$(-\infty,\infty)$上存在扩张,使得扩张函数的Fourier变换$\tilde{a}(\lambda)$满足关系式

$$\int\frac{|\tilde{a}(\lambda)|^2}{f_1(\lambda)}\mathrm{d}\lambda<\infty$$

那么可取$\dfrac{\tilde{a}(\lambda)}{2\pi f_1(\lambda)}$作为$b(\lambda)$.

现考虑过程$\xi_j(t),j=1,2$,它们的均值同为0但有不同的相关函数$R_1(t)$和$R_2(t)$.用$\mathscr{W}_T^2$表示形为

$$b(\alpha,\beta)=\int_{-T}^{T}\int_{-T}^{T}\mathrm{e}^{\mathrm{i}t\alpha-\mathrm{i}s\beta}\varphi(\alpha,\beta)\mathrm{d}t\mathrm{d}s$$

的函数$b(\alpha,\beta)$所组成的空间,其中φ是在$[-T,T]\times[-T,T]$上平方可积的函数.用$\mathscr{W}_T^2(F_1)$表示在内积

$$(b_1,b_2)=\iint b_1(\alpha,\beta)\overline{b_2(\alpha,\beta)}\mathrm{d}F_1(\alpha)\mathrm{d}F_2(\beta)$$

所产生的距离下,$\mathscr{W}_T^2$的闭包.

定理2 如果$E\xi_j(t)=0,j=1,2$,那么测度μ_1和μ_2等价的充分必要条件是$\mathscr{W}_T^2(F_1)$中存在函数$b(\alpha,\beta)$使得表示式

$$R_2(t-s)-R_1(t-s)=\iint e^{-i\alpha t+i\beta s}b(\alpha,\beta)dF_1(\alpha)dF_2(\beta) \tag{4}$$

成立.此外

$$\frac{d\mu_2}{d\mu_1}(\xi_1(\cdot))=\exp\left\{\iint\Phi(\alpha,\beta)dy_1(\alpha)\overline{dy_1(\beta)}+c\right\} \tag{5}$$

其中函数 $\Phi(\alpha,\beta)$ 通过下式

$$\int\Phi(\alpha,\beta)\overline{b(\beta,\gamma)}dF_1(\beta)=b(\alpha,\gamma)-\Phi(\alpha,\gamma) \tag{6}$$

与 $b(\alpha,\beta)$ 相联系,而

$$c=-\ln E\exp\left\{\iint\Phi(\alpha,\beta)dy_1(\alpha)\overline{dy_1(\beta)}\right\} \tag{7}$$

证 必要性.设 $\mu_1\sim\mu_2$.那么关于测度 μ_1 和 μ_2 的可测线性泛函空间是相同的:$\mathscr{L}(\mu_1)=\mathscr{L}(\mu_2)$.(关于可测线性泛函参见第五章 §6).正如对 $E\xi_j(t)=0$ 的平稳 Gauss 过程 $\xi_j(t)$ 所提到的,每个可测线性泛函 $l(\xi_j)$ 可表为

$$l(\xi_j)=\int g(\alpha)dy_j(\alpha)$$

其中 $g\in\mathscr{W}_T(F_j)$.在证明 §4 定理 2 时已构造出同时成为 $\mathscr{L}(\mu_1)$ 和 $\mathscr{L}(\mu_2)$ 中的完备正交系的可测泛函序列(这泛函序列是 $(B_2^{-1/2}x,\boldsymbol{e}_k)=l_k(x)$,其中 $\boldsymbol{e}_k$ 是算子 D 的特征向量).设

$$l_k(\xi_j)=\int g_k(\alpha)dy_j(\alpha)$$

由 l_k 按测度 μ_1 和 μ_2 的正交性得

$$0=E\int g_k(\alpha)dy_j(\alpha)\int\overline{g_m(\alpha)dy_j(\alpha)}=$$

$$\int g_k(\alpha)g_m(\alpha)dF_j(\alpha),k\neq m$$

将 g_k 规范化使得

$$\int|g_k(\alpha)|^2dF_1(\alpha)=1$$

此外,设

$$\int|g_k(\alpha)|^2dF_2(\alpha)=1+c_k$$

由 §4 定理 2 得 $\sum_{k=1}^{\infty}c_k^2<\infty$.令

$$b(\alpha,\beta)=\sum_{k=1}^{\infty}c_k\overline{g_k(\alpha)}g_k(\beta)$$

并证明 $b(\alpha,\beta)$ 满足关系式(4).考虑函数

$$\psi(t,s)=\iint e^{-i\alpha t+i\beta s}b(\alpha,\beta)dF_1(\alpha)dF_1(\beta)+$$

$$R_1(t-s)-R_2(t-s)$$

如果

$$z(\alpha)=\int_{-T}^{T}\mathrm{e}^{-\mathrm{i}\alpha t}\varphi(t)\mathrm{d}t$$

那么

$$\int_{-T}^{T}\int_{-T}^{T}\psi(t,s)\varphi(t)\overline{\varphi(s)}\mathrm{d}t\mathrm{d}s=$$

$$\iint z(\alpha)\overline{z(\beta)}b(\alpha,\beta)\mathrm{d}F_1(\alpha)\mathrm{d}F_1(\beta)+$$

$$\int|z(\alpha)|^2(\mathrm{d}F_1(\alpha)-\mathrm{d}F_2(\alpha))=$$

$$\sum_{k=1}^{\infty}c_k\left|\int z(\alpha)\overline{g_k(\alpha)}\mathrm{d}F_1(\alpha)\right|^2+\sum_{k=1}^{\infty}\left|\int z(\alpha)\overline{g_k(\alpha)}\mathrm{d}F_1(\alpha)\right|^2-$$

$$\int\sum_{k=1}^{\infty}\left|g_k(\alpha)\int\overline{g_k(\beta)}z(\beta)\mathrm{d}F_1(\beta)\right|^2\mathrm{d}F_2(\alpha)=$$

$$\sum_{k=1}^{\infty}\left(1+c_k-\int|g_k(\alpha)|^2\mathrm{d}F_2(\alpha)\right|\int z(\alpha)\overline{g_k(\alpha)}\mathrm{d}F_1(\alpha)|^2=0$$

利用等式 $\psi(t,s)=\overline{\psi(s,t)}$ 可验证 $\psi(t,s)=0$. 必要性得证.

充分性. 现往证定理条件的充分性和导出式(5). 设存在函数 $b(\cdot,\cdot)\in\mathscr{W}_T^2(F_1)$,满足式(4). 考虑积分算子

$$V_g(\beta)=\int b(\alpha,\beta)g(\alpha)\mathrm{d}F_1(\alpha)$$

如果 $b(\cdot,\cdot)\in\mathscr{W}_T^2(F_1)$,那么这算子将 $\mathscr{W}_T(F_1)$ 映到 $\mathscr{W}_T(F_1)$. 这是容易验证的,只要注意对任意有界函数 g 有

$$V_g\in\mathscr{W}_T, \text{如果 } b(\cdot,\cdot)\in\mathscr{W}_T^2$$

且

$$\|V\|=\iint|b(\alpha,\beta)|^2\mathrm{d}F_1(\alpha)\mathrm{d}F_1(\beta)$$

因此,在 $\mathscr{W}_T(F_1)$ 上的算子 V 是有界自共轭算子. 它是有平方可积核的积分,由此得知,它是全连续且是 Hilbert－Schmidt 算子. 以 $g_k(\alpha)$ 表示算子 V 的特征函数的完备正交序列,而以 λ_k 表示对应的特征值. 那么

$$b(\alpha,\beta)=\sum_{k=1}^{\infty}\lambda_k\overline{g_k(\alpha)}g_k(\beta),\ \sum_{k=1}^{\infty}\lambda_k^2<\infty$$

按 $g_k(\alpha)$ 的构造,函数 $g_k(\alpha)$ 在 $\mathscr{W}_T(F_1)$ 中正交. 现证明,它们在 $\mathscr{W}_T(F_2)$ 中也是正交的. 设 $\varphi_k^n(t)$ 是 $\mathscr{L}_2[-T,T]$ 中的函数序列,使当 $n\to\infty$ 时在 $\mathscr{W}_T(F_1)$ 中的收敛意义下

$$\int\mathrm{e}^{-\mathrm{i}\lambda t}\varphi_k^n(t)\mathrm{d}t\to g_k(\lambda)$$

那么

$$\int_{-T}^{T}\int_{-T}^{T}R_2(t-s)\varphi_k^n(t)\overline{\varphi_j^n(s)}\mathrm{d}t\mathrm{d}s-\int_{-T}^{T}\int_{-T}^{T}R_1(t-s)\varphi_k^n(t)\overline{\varphi_j^n(s)}\mathrm{d}t\mathrm{d}s=$$
$$\iint b(\alpha,\beta)\int_{-T}^{T}\varphi_j^n(t)\mathrm{e}^{-\mathrm{i}\alpha t}\times\mathrm{d}t\int_{-T}^{T}\overline{\varphi_k^n(s)}\mathrm{e}^{-\mathrm{i}\beta s}\mathrm{d}s\mathrm{d}F_1(\alpha)\mathrm{d}F_1(\beta)$$

当 $n\to\infty$ 时取极限得

$$\int g_k(\alpha)\overline{g_j(\alpha)}\mathrm{d}F_2(\alpha)-\int g_k(\alpha)\overline{g_j(\alpha)}\mathrm{d}F_1(\alpha)=$$
$$\iint b(\alpha,\beta)g_j(\alpha)\overline{g_k(\beta)}\mathrm{d}F_1(\alpha)\mathrm{d}F_1(\beta)$$

因为当 $k\neq j$ 时

$$\iint b(\alpha,\beta)g_j(\alpha)\overline{g_k(\beta)}\mathrm{d}F_1(\alpha)\mathrm{d}F_1(\beta)=0$$

所以当 $k\neq j$ 时有等式

$$\int g_k(\alpha)\overline{g_j(\alpha)}\mathrm{d}F_2(\alpha)=\int g_k(\alpha)\overline{g_j(\alpha)}\mathrm{d}F_1(\alpha)=0$$

因此序列 $g_k(\alpha)$ 同时在空间 $\mathscr{W}_T(F_1)$ 和 $W_T(F_2)$ 正交.由式(4)得,$b(\alpha,\beta)$ 可选取为 $b(\alpha,\beta)=b(-\alpha,-\beta)$;此时可选取 $g_k(\alpha)$ 使得 $g_k(\alpha)=\overline{g_k(-\alpha)}$.在此条件下,泛函 $\int g_k(\alpha)\mathrm{d}y_j(\alpha)$ 是过程 $\xi_j(t)$ 的实线性泛函.由于 §4 定理2的注,有 $\mu_1\sim\mu_2$ 和

$$\frac{\mathrm{d}\mu_2}{\mathrm{d}\mu_1}(\xi_1(\cdot))=\exp\left\{\frac{1}{2}\sum_{k=1}^{\infty}\left[\frac{\lambda_k}{1+\lambda_k}\left|\int g_k(\alpha)\mathrm{d}y_1(\alpha)\right|^2-\ln(1+\lambda_k)\right]\right\}$$

其次注意到由于第五章 §6 公式(15),下式

$$\sum_{k=1}^{\infty}\frac{\lambda_k}{1+\lambda_k}\left[\left|\int g_k(\alpha)\mathrm{d}y_1(\alpha)\right|^2-1\right]=\iint\Phi(\alpha,\beta)\mathrm{d}y_1(\alpha)\overline{\mathrm{d}y_1(\beta)}$$

成立,其中

$$\Phi(\alpha,\beta)=\sum_{k=1}^{\infty}\frac{\lambda_k}{1+\lambda_k}\overline{g_k(\alpha)}g_k(\beta)$$

为完成证明,只要注意到

$$\int\Phi(\alpha,\gamma)\overline{b(\gamma,\beta)}\mathrm{d}F_1(\gamma)=\sum_{k=1}^{\infty}\frac{\lambda_k^2}{1+\lambda_k}\overline{g_k(\alpha)}g_k(\beta)=$$
$$b(\alpha,\beta)-\Phi(\alpha,\beta)$$

定理得证.

假定谱密度

$$f_j(\lambda)=\frac{\mathrm{d}}{\mathrm{d}\lambda}F_j(\lambda)\quad(j=1,2)$$

存在,我们引入测度等价性的某些充分条件.为此需要在 F_1 具有特殊形式时关

于 $\mathscr{W}_T(F_1)$ 中正交基的一个辅助结果.

引理 设 $f_1(\lambda)=|\varphi_0(\lambda)|^2$,其中 $\varphi_0\in\mathscr{W}_s$ 和 $g_k(\lambda)$ 是 $\mathscr{W}_T(F_1)$ 中任一正交基.那么

$$\sum_{k=1}^{\infty}|g_k(\lambda)|^2\leqslant\frac{T+s}{\pi f_1(\lambda)}\tag{8}$$

证 由于 $\mathscr{W}_T$ 在 $\mathscr{W}_T(F_1)$ 中处处稠密,所以对 $g_k(\lambda)\in\mathscr{W}_T$ 时证明不等式(8)就够了.在此假设下 $g_k(\lambda)\varphi_0(\lambda)\in\mathscr{W}_{T+s}$,于是

$$g_k(\lambda)\varphi_0(\lambda)=\int_{-T-s}^{T+s}e^{-i\lambda t}\psi_k(t)dt$$

其中 $\psi_k(t)\in\mathscr{L}_2[-T-s,T+s]$.因为

$$\int_{-\infty}^{\infty}g_k(\lambda)\varphi_0(\lambda)\overline{g_j(\lambda)\varphi_0(\lambda)}d\lambda=\int_{-\infty}^{\infty}g_k(\lambda)\overline{g_j(\lambda)}f_1(\lambda)d\lambda$$

所以由 Parseval 等式

$$\int_{-T-s}^{T+s}\psi_k(t)\overline{\psi_j(t)}dt=\frac{1}{2\pi}\delta_{kj}$$

因此,$\sqrt{2\pi}\psi_k(t)$ 构成 $\mathscr{L}_2[-T-s,T+s]$ 中的规范正交函数系.因此由 Bessel 不等式得

$$2\pi\sum_{k=1}^{\infty}\left|\int_{-T-s}^{T+s}e^{-i\lambda t}\psi_k(t)dt\right|^2\leqslant\int_{-T-s}^{T+s}|e^{-i\lambda t}|^2dt=2T+2s$$

或

$$2\pi\sum_{k=1}^{\infty}|g_k(\lambda)\varphi_0(\lambda)|^2\leqslant 2(T+s)$$

引理得证.

定理3 设 μ_1 和 μ_2 是对应于有 $E\xi_j(t)=0$ 和谱密度 $f_j(\lambda)$ 的平稳 Gauss 过程 $\xi_j(t)$,$j=1,2$,的测度.如果存在函数 $\varphi_0(\lambda)\in\mathscr{W}_s$ 和常数 c_1,c_2 使得不等式

$$c_1|\varphi_0(\lambda)|^2\leqslant f_1(\lambda)\leqslant c_2|\varphi_0(\lambda)|^2\tag{9}$$

成立,此外

$$\int\left[\frac{f_2(\lambda)-f_1(\lambda)}{f_1(\lambda)}\right]^2d\lambda<\infty$$

那么对任意 T 测度 μ_1 和 μ_2 等价.

证 令

$$\tilde{f}_1(\lambda)=c_1|\varphi_0(\lambda)|^2$$

$$\tilde{f}_2(\lambda)=\begin{cases}\tilde{f}_1(\lambda),f_2(\lambda)>f_1(\lambda)\\ f_1(\lambda),f_2(\lambda)\leqslant f_1(\lambda)\end{cases}$$

$$\tilde{f}_3(\lambda)=\begin{cases}\tilde{f}_1(\lambda)+f_2(\lambda)-f_1(\lambda),f_2(\lambda)>f_1(\lambda)\\ f_2(\lambda),f_2(\lambda)\leqslant f_1(\lambda)\end{cases}$$

$$\tilde{f}_4(\lambda)=\begin{cases}f_1(\lambda)-\tilde{f}(\lambda), f_2(\lambda)>f_1(\lambda)\\0, f_2(\lambda)\leqslant f_1(\lambda)\end{cases}$$

用 $\tilde{\mu}_j, j=1,2,3,4$ 表示在 $[-T,T]$ 上分别有谱密度 $\tilde{f}_j(\lambda)$ 的平稳 Gauss 过程所对应的测度. 由于 $\mu_j=\tilde{\mu}_{j+1}*\tilde{\mu}_4, j=1,2$（独立过程的和的谱密度等于被加项的谱密度的和），所以，为证明 μ_1 和 μ_2 等价只要证明 $\tilde{\mu}_2\sim\tilde{\mu}_3$ 或 $\tilde{\mu}_j\sim\tilde{\mu}_1, j=2,3$ 就够了. 最后的关系对 $j=2$ 和 $j=3$ 证明是相同的. 我们用 $\tilde{F}_j(\lambda)$ 表示有谱密度 $\tilde{f}_j(\lambda)$ 的谱函数. 设 $\{g_k(\lambda)\}$ 是 $\mathscr{W}_T(\tilde{F}_1)$ 中的任意正交基. 令

$$\frac{\tilde{f}_j(\lambda)-\tilde{f}_1(\lambda)}{\tilde{f}_1(\lambda)}=h(\lambda)$$

那么根据引理得

$$\sum_{k=1}^{\infty}\left[\int|g_k(\lambda)|^2\mathrm{d}\tilde{F}_1(\lambda)-\int|g_k(\lambda)|^2\mathrm{d}\tilde{F}_1(\lambda)\right]^2=$$

$$\sum_{k=1}^{\infty}\left[\int|g_k(\lambda)|^2h(\lambda)\tilde{f}_1(\lambda)\mathrm{d}\lambda\right]^2\leqslant$$

$$\sum_{k=1}^{\infty}\int|g_k(\lambda)|^2h^2(\lambda)\tilde{f}_1(\lambda)\mathrm{d}\lambda\cdot\int|g_k(\lambda)|^2\tilde{f}_1(\lambda)\mathrm{d}\lambda=$$

$$\int\sum_{k=1}^{\infty}|g_k(\lambda)|^2h^2(\lambda)\tilde{f}_1(\lambda)\mathrm{d}\lambda\leqslant\frac{T+s}{\pi}\int h^2(\lambda)\mathrm{d}\lambda\leqslant$$

$$\frac{T+s}{\pi}\left(\frac{c_2}{c_1}\right)^2\int\left[\frac{f_2(\lambda)-f_1(\lambda)}{f_1(\lambda)}\right]^2\mathrm{d}\lambda\leqslant c$$

（因为 $|h(\lambda)|\leqslant\frac{c_2}{c_1}\left|\frac{f_2(\lambda)-f_1(\lambda)}{f_1(\lambda)}\right|$）. 设 V 是 $\mathscr{W}_T(\tilde{F}_1)$ 中的对称算子，满足

$$(Vg,g)=\int|g(\lambda)|^2\mathrm{d}\tilde{F}_j(\lambda)$$

我们证明，对 $\mathscr{W}_T(\tilde{F})$ 中每一正交算 $\{g_k(\lambda)\}$，式

$$\sum_{k=1}^{\infty}([V-I]g_k,g_k)^2\leqslant c$$

成立. 由这式得知，算子 V-I 是 Hilbert-Schmidt 算子.

设 g_k 是算子 V-I 的特征函数序列，而 α_k 是对应的特征值. 那么由于

$$\sum_{k=1}^{\infty}\alpha_k^2<\infty$$

所以函数

$$b(\alpha,\beta)=\sum_{k=1}^{\infty}\alpha_k g_k(\alpha)g_k(\beta)$$

被确定且属于 $\mathscr{W}_T^2(\tilde{F}_1)$. 以 $\tilde{R}_k$ 表示谱密度为 $\tilde{f}_k$ 的过程的相关函数，以 $\psi_t(\lambda)$ 表示函数 $\mathrm{e}^{\mathrm{i}\lambda t}$, $|t|\leqslant T$（它属于 $\mathscr{W}_T(\tilde{F}_1)$）. 那么

$$\begin{aligned}\widetilde{R}_j(t-s)-\widetilde{R}_1(t-s)=&\int e^{i\lambda(t-s)}(d\widetilde{F}_j(\lambda)-d\widetilde{F}_1(\lambda))=\\&([V-I]\psi_t,\psi_s)=\\&\sum_{k=1}^{\infty}([V-I]\psi_t,g_k)(g_k,\psi_s)=\\&\sum_{k=1}^{\infty}\alpha_k(\psi_t,g_k)(g_k,\psi_s)=\\&\sum_{k=1}^{\infty}\alpha_k\int e^{it\alpha}\,\overline{g_k(\alpha)}\,d\widetilde{F}_1(\alpha)\int e^{-is\beta}g_k(\beta)\,d\widetilde{F}_1(\beta)=\\&\iint e^{it\alpha-is\beta}b(\alpha,\beta)\,d\widetilde{F}_1(\alpha)\,d\widetilde{F}_1(\beta)\end{aligned}$$

为完成定理的证明余下只须利用定理 2.

注 在满足

$$\int_{\Delta}\left[\frac{f_k(\lambda)}{|\varphi_0(\lambda)|^2}\right]^2 d\lambda<\infty,k=1,2$$

的有限测度的集合 Δ 上,不等式(9) 可以不满足. 事实上,在此情形可以引进测度 μ_1^*,它对应于有满足不等式(9) 的谱密度 $f_1^*(\lambda)$

$$f_1^*(\lambda)=\begin{cases}f_1(\lambda),\lambda\overline{\in}\Delta\\c_1|\varphi_0(\lambda)|^2,\lambda\in\Delta\end{cases}$$

的平稳 Gauss 过程. 那么

$$\int\left[\frac{f_1(\lambda)-f_1^*(\lambda)}{f_1^*(\lambda)}\right]^2 d\lambda<\infty,\int\left[\frac{f_2(\lambda)-f_1^*(\lambda)}{f_1^*(\lambda)}\right]^2 d\lambda<\infty$$

因此 $\mu_1\sim\mu_1^*$,$\mu_2\sim\mu_1^*$ 和 $\mu_1\sim\mu_2$.

现来寻求在假设 $f_2(\lambda)\geqslant f_1(\lambda)$ 下测度 μ_1 和 μ_2 正交的充分条件. 首先考虑 $f_1(\lambda)=\dfrac{1}{1+\lambda^2}$ 的特殊情形. 设 μ_1 和 μ_2 等价,根据定理 2 可以断定存在函数 $b(\alpha,\beta)$,使

$$R_2(t-s)-R_1(t-s)=\iint e^{-i\alpha t+i\beta s}b(\alpha,\beta)\frac{d\alpha}{1+\alpha^2}\frac{d\beta}{1+\beta^2}$$

且

$$\iint|b(\alpha,\beta)|^2\frac{d\alpha}{1+\alpha^2}\frac{d\beta}{1+\beta^2}<\infty$$

由于函数

$$b(\alpha,\beta)\frac{\alpha}{1+\alpha^2}\frac{\beta}{1+\beta^2}$$

是平方可积,所以存在导数

$$\frac{\partial^2}{\partial t\partial s}[R_2(t-s)-R_1(t-s)]$$

且

$$\frac{\partial^2}{\partial t\partial s}[R_2(t-s)-R_1(t-s)]=\iint \mathrm{e}^{-\mathrm{i}\alpha t+\mathrm{i}\beta s}\ \frac{\alpha}{1+\alpha^2}\ \frac{\beta}{1+\beta^2}b(\alpha,\beta)\mathrm{d}\alpha\mathrm{d}\beta$$

令 $R(t)=R_2(t)-R_1(t)$，我们得

$$\int_{-T}^{T}\int_{-T}^{T}[R''(t-s)]^2\mathrm{d}t\mathrm{d}s=\frac{1}{4}\int_{-2T}^{2T}[R''(t)]^2\mid 2T-t\mid \mathrm{d}t<\infty$$

利用

$$\int_{-2T}^{2T}[R''(t)]^2\mid 2T-t\mid \mathrm{d}t=\int_{-\infty}^{\infty}\int_{-\infty}^{\infty}\frac{\sin^2 T(\alpha-\beta)}{(\alpha-\beta)}\alpha^2[f_2(\alpha)-f_1(\alpha)]\beta^2[f_2(\beta)-f_1(\beta)]\mathrm{d}\alpha\mathrm{d}\beta$$

以及等式

$$\frac{1}{f_1(\lambda)}=1+\lambda^2$$

我们发现，当

$$f_1(\lambda)=\frac{1}{1+\lambda^2}\ \text{时}$$

由测度的等价性得

$$\int_{-\infty}^{\infty}\int_{-\infty}^{\infty}\frac{\sin^2 T(\alpha-\beta)}{(\alpha-\beta)}\frac{f_2(\alpha)-f_1(\alpha)}{f_1(\alpha)}\times\frac{f_2(\beta)-f_1(\beta)}{f_1(\beta)}\mathrm{d}\alpha\mathrm{d}\beta<\infty$$

因此，如果对某个 $T>0$ 有

$$\int_{-\infty}^{\infty}\int_{-\infty}^{\infty}\frac{\sin^2 T(\alpha-\beta)}{(\alpha-\beta)}\frac{f_2(\alpha)-f_1(\alpha)}{f_1(\alpha)}\times\frac{f_2(\beta)-f_1(\alpha)}{f_1(\beta)}\mathrm{d}\alpha\mathrm{d}\beta=+\infty$$

所以对应于$[-T,T]$上的平稳 Gauss 过程的测度 μ_1 和 μ_2 在条件 $f_1(\lambda)=\frac{1}{1+\lambda^2}$之下是正交的.

上述全部论证仍然有效，只要对于某些 c_1 和 c_2 不等式

$$\frac{c_1}{1+\lambda^2}\leqslant f_1(\lambda)\leqslant\frac{c_2}{1+\lambda^2}$$

成立.

现设 $\varphi_0(\lambda)$ 是不高于 s 的指数型整解析函数，满足

$$\int_{-\infty}^{\infty}\frac{\mathrm{d}\lambda}{(1+\lambda^2)\mid\varphi_0(\lambda)\mid^2}<\infty$$

设对于某些 c_1 和 c_2 谱密度 $f_1(\lambda)$ 满足不等式

$$\frac{c_1}{(1+\lambda^2)\mid\varphi_0(\lambda)\mid^2}\leqslant f_1(\lambda)\leqslant\frac{c_2}{(1+\lambda^2)\mid\varphi_0(\lambda)\mid^2}$$

考察过程

$$\tilde{\xi}_j(t)=\int_{-\infty}^{\infty}\mathrm{e}^{\mathrm{i}\lambda t}\varphi_0(\lambda)\mathrm{d}y_j(\lambda)$$

其中 $y_j(\lambda)$ 由表示式(1)所定义.易见 $\varphi_0 \in \mathscr{W}_s(F_1)$,因此取序列

$$\psi_n(\lambda) = \int_{-s}^{s} h_n(u) e^{i\lambda u} du$$

它在 $\mathscr{W}_S(F_1)$ 中收敛于 $\varphi_0(\lambda)$.我们有

$$\tilde{\xi}_j(t) = \lim \int e^{i\lambda t} \int_{-s}^{s} e^{i\lambda u} h_n(u) du dy_j(\lambda) = \lim \int_{-s}^{s} \xi_j(t+u) h_n(u) du$$

因为过程 $\xi_j(t)$ 在 $[-T-s, T+s]$ 上的值确定了过程 $\tilde{\xi}_j(t)$ 在 $[-T,T]$ 上的值.过程 $\tilde{\xi}_j(t)$ 的谱密度等于

$$\tilde{f}_j(\lambda) = f_j(\lambda) \mid \varphi_0(\lambda) \mid^2$$

因此

$$\frac{c_1}{1+\lambda^2} \leqslant \tilde{f}_1(\lambda) \leqslant \frac{c_2}{1+\lambda^2}$$

因为

$$\frac{f_2 - f_1}{f_1} = \frac{\tilde{f}_2 - \tilde{f}_1}{\tilde{f}_1}$$

根据以上证明,如果

$$\iint \frac{\sin^2 T(\alpha-\beta)}{(\alpha-\beta)^2} \frac{f_2(\alpha)-f_1(\alpha)}{f_1(\alpha)} \frac{f_2(\beta)-f_1(\beta)}{f_1(\beta)} d\alpha d\beta = +\infty \tag{10}$$

则测度 $\tilde{\mu}_1$ 和 $\tilde{\mu}_2$ 正交.然而此时测度 μ_1 和 μ_2[①] 也是正交的.最后指出,函数 $(1+i\lambda)\varphi_0(\lambda)$ 也是不高于 s 的指数型整函数.因此我们证明了

定理4 如果 μ_1 和 μ_2 是对应于 $[-T,T]$ 上有谱密度 $f_j(\lambda), j=1,2$ 和均值为0的平稳Gauss过程,而且存在不高于 $s<T$ 的指数型整解析函数,使对某个 $c_1>0$ 和 $c_2>0$ 不等式

$$c_1 \leqslant \mid \varphi_0(\lambda) \mid^2 f_1(\lambda) \leqslant c_2$$

成立,则由关系式

$$\iint \frac{\sin^2(T-s)(\alpha-\beta)}{(\alpha-\beta)^2} \frac{f_2(\alpha)-f_1(\alpha)}{f_1(\alpha)} \frac{f_2(\beta)-f_1(\beta)}{f_1(\beta)} d\alpha d\beta = +\infty$$

推得测度 μ_1 和 μ_2 正交.

注 对每个 $\alpha > 0$ 函数

$$\varphi_0(\lambda) = \int (|\theta|^\alpha + 1) \frac{\sin^m \varepsilon(\theta-\lambda)}{(\theta-\lambda)^m} d\theta$$

(其中 $m > \alpha + 1$)满足

$$\theta < \inf_\lambda \left(\mid \varphi_0(\lambda) \mid^2 \frac{1}{1+\mid \lambda \mid^{2\alpha}} \right) < \sup_\lambda \left(\mid \varphi_0(\lambda) \mid^2 \frac{1}{1+\mid \lambda \mid^{2\alpha}} \right) < \infty$$

---

① 我们假定 μ_j 是对应于在区间 $[-T-s, T+s]$ 上的过程 $\xi_j(t)$.

函数 $\varphi_0(\lambda)$ 是不高于 $m\varepsilon$ 的指数型整函数. 在验证定理 3 和 4 的条件时可以利用这类函数.

推论 如果 $f_1(\lambda)$ 和 $f_2(\lambda)$ 是有理分式函数, 那么测度 μ_1 和 μ_2 等价的充分必要条件是

$$\lim_{\lambda\to\infty}\frac{f_2(\lambda)}{f_1(\lambda)}=1$$

证 如果 $f_1(\lambda)>0$, 则 $\varphi_0(\lambda)$ 为上注所给出的形式时, 无论是定理 3 还是定理 4 对于 $f_1(\lambda)$ 相应的条件成立. 如果

$$\lim_{\lambda\to\infty}\frac{f_2(\lambda)}{f_1(\lambda)}=1$$

则

$$\frac{f_2(\lambda)-f_1(\lambda)}{f_1(\lambda)}=O(\lambda^{-1})$$

并能利用定理 3. 如果这条件不满足, 可应用定理 4. 如果 $f_1(\lambda)$ 为 0, 则可用满足 $f_1^*(\lambda)>0$ 和

$$\lim_{\lambda\to\infty}f_1(\lambda)/f_1^*(\lambda)=1$$

的 $f_1^*(\lambda)$ 代替 $f_1(\lambda)$.

§6 对应于 Марков 过程的测度的密度的一般性质

设在某个数集 T 上给出两个随机过程 $\xi_1(t)$ 和 $\xi_2(t)$, 它们取值于某个带有可测集的 σ 代数 $\mathfrak{A}$ 的空间 $\mathscr{X}$ 上. 设 $\mathfrak{F}_\tau$ 是由 $(-\infty,\tau)\cap T$ 上的柱集所产生的 σ 代数, 我们用 μ_i^τ 表示定义在 σ 代数 $\mathfrak{F}_\tau$ 上对应于随机过程 $\xi_i(t)$ 的测度. 用 μ_i 表示 μ_i^∞. 设 $\mu_2\ll\mu_1$ 和

$$\rho(\xi_1(\cdot))=\frac{\mathrm{d}\mu_2}{\mathrm{d}\mu_1}(\xi_1(\cdot))$$

那么对所有 τ 也有 $\mu_2^\tau\ll\tau_1^\tau$, 而且

$$\rho_\tau(\xi_1(\cdot))=\frac{\mathrm{d}\mu_2^\tau}{\mathrm{d}\mu_1^\tau}(\xi(\cdot))=E(\rho(\xi_1(\cdot))\mid\mathfrak{F}_\tau)$$

其中条件期望是在概率空间 $\{\mathscr{F}_T(\mathscr{X}),\mathfrak{F}_\infty,\mu_1\}$ 上取的, 其中 $\mathscr{F}_T(\mathscr{X})$ 是定义在 T 上取值于 $\mathscr{X}$ 的全体函数的空间. 易见, 过程 $\{\rho_\tau,\mathfrak{F}_\tau\}$ 是鞅, 满足条件 $E\rho_\tau=1$. 另一方面, 所有满足条件 $E\rho_\tau=1$ 的非负鞅, 对某一对过程 $\xi_1(t)$ 和 $\xi_2(t)$ 来说, 可表为 μ_2^τ 关于 μ_1^τ 的密度. 对任意过程这个结果均正确是不大有意义的. 如果假定 $\xi_1(t)$ 和 $\xi_2(t)$ 是更窄的一类过程中的过程时, 将会得到更有趣的结果. 在这一段我们将讨论两个过程都是 Марков 过程的情形.

设 $\xi_1(t)$ 和 $\xi_2(t)$ 是定义在区间$[a,b)$ 上取值于可分距离空间$(\mathscr{X},\mathfrak{A})$ 的 Марков 过程($\mathfrak{A}$ 是 Borel 集的 σ 代数). 用 $\mathscr{F}_{[\alpha,\beta]}$ 表示定义在$[\alpha,\beta]$ 上取值于 $\mathscr{X}$ 的全体函数的空间,而用 $\mathfrak{F}_{[\alpha,\beta]}$ 表示由柱集所产生的,$\mathscr{F}_{[\alpha,\beta]}$ 的子集的 σ 代数. 设 $\mu^i_{x,[\alpha,\beta]}(A)$ 是定义在 $\mathfrak{F}_{[\alpha,\beta]}$ 上由过程 $\xi_i(t)$ 在条件 $\xi_i(\alpha)=x$ 下转移概率所构造成的测度. 由过程的 Марков 性质得知,对形为 $A=A_1\cap A_2\cap A_3$(A_1 和 A_3 分别是 $\mathfrak{F}_{[a,c]}$ 和 $\mathfrak{F}_{[c,b]}$ 中的柱集,A_2 是 $\mathfrak{F}_{[c]}$ 中的柱集,即形为$\{x(\cdot):x(c)\in E\}$ 的集合)的柱集,式

$$\mu^i_{[a,b]}(A)=\int_{A_2}\mu^i_{[a,c]}(A_1;\mathrm{d}y)\mu^i_{y,[cb]}(A) \tag{1}$$

成立,其中 $\mu^i_{[a,c]}$ 是对应于$[a,c]$ 上的 Марков 过程 $\xi_i(t)$ 的测度(是一个 $\mathscr{F}_{[a,c]}$ 上的测度),而 $\mu^i_{[a,c]}(A_1;A_2)$ 是由等式

$$\mu^i_{[a,c]}(A_1;A_2)=\mu^i_{[a,c]}(A_1\cap A_2)$$

所定义的测度(它是一个关于 A_2 在 $\mathfrak{F}_{[c]}$ 上的测度). 我们指出,$A_1\cap A_2\cap A_3$ 是 $\mathfrak{F}_{[a,b]}$ 中的柱集,它包含所有这样的函数 $x(\cdot)$;$x(\cdot)$ 限制在$[a,c]$,$[c,c]$ 和$[c,b]$ 时,分别属于 A_1,A_2 和 A_3. 类似地定义 $A_1\cap A_2$. 现来建立一个辅助结果. 我们记得,如果存在一集合序列 $A_1,A_2,\cdots$ 使得 σ 代数 $\mathfrak{C}$ 与包含所有集合 A_k 的最小 σ 代数相一致,则称 $\mathfrak{C}$ 为可分的.

引理 设$(\mathscr{X},\mathfrak{B})$ 和$(\mathscr{Y},\mathfrak{C})$ 是两个可测空间,μ_1 和 μ_2 是 $\mathscr{X}$ 上的概率测度,和对每个 $x\in\mathscr{X}$ 给出 $\mathfrak{C}$ 上的概率测度 $v_1(x,C)$ 和 $v_2(x,C)$,使对每个 $C\in\mathfrak{C}$,$v_k(x,C)$ 是 $\mathfrak{B}$ 可测. 利用等式

$$\pi_k(B\times C)=\int_B\mu_k(\mathrm{d}x)v_k(x,C),B\in\mathfrak{B},C\in\mathfrak{C}$$

定义 $\mathfrak{B}\times\mathfrak{C}$ 上的测度 π_k. 如果 $\pi_2\ll\pi_1$ 及存在可分 σ 代数 $\mathfrak{C}_0$ 使按测度 μ_1 对几乎所有 x,它按测度 $v_1(x,c)$ 的完备化包含 $\mathfrak{C}$,那么 $\mu_2\ll\mu_1$ 且按测度 μ_2 对几乎所有 x 有

$$v_2(x,\cdot)\ll v_1(x,\cdot)$$

证 令

$$\rho(x,y)=\frac{\mathrm{d}\pi_2}{\mathrm{d}\pi_1}(x,y)$$

那么对所有 $B\in\mathfrak{B}$ 和 $C\in\mathfrak{C}$,我们有

$$\pi_2(B\times C)=\int_B\left[\int_C\rho(x,y)v_1(x,\mathrm{d}y)\right]\mu_1(\mathrm{d}x)=$$

$$\int_B\int_C\frac{\rho(x,y)}{\int_{\mathscr{Y}}\rho(x,y')v_1(x,\mathrm{d}y')}y_1(x,\mathrm{d}y)\times$$

$$\left[\int_{\mathscr{Y}}\rho(x,y')v_1(x,\mathrm{d}y')\right]\mu_1(\mathrm{d}x) \tag{2}$$

取 $C=\mathscr{Y}$，我们得

$$\frac{\mathrm{d}\mu_2}{\mathrm{d}\mu_1}(x)=\int_{\mathscr{Y}}\rho(x,y)v_1(x,\mathrm{d}y) \tag{3}$$

利用(2)和(3)，可得

$$\pi_2(B\times C)=\int_B v_2(x,C)\mu_2(\mathrm{d}x)=$$
$$\int_B\int_C\tilde{\rho}(x,y)v_1(x,\mathrm{d}y)\mu_2(\mathrm{d}x)$$

其中

$$\tilde{\rho}(x,y)=\rho(x,y)\left[\int_B\rho(x,y')v_1(x,\mathrm{d}y')\right]^{-1} \tag{4}$$

因此，按测度 μ_2 对几乎所有 x，对每个 C 式

$$v_2(x,C)=\int_C\tilde{\rho}(x,y)v_1(x,\mathrm{d}y) \tag{5}$$

成立.

设 C_k 是生成 $\mathfrak{C}_0$ 的集合序列. 那么可找到集合 $B^*\subset\mathfrak{B}$，使 $\mu_2(B^*)=1$ 且对 $x\in B^*$ 及每个 C_k 有

$$v_2(x,C_k)=\int_{C_k}\tilde{\rho}(x,y)v_1(x,\mathrm{d}y)$$

成立. 但此时对所有 $C\in\mathfrak{C}_0$ 等式(5)也成立，因此，这等式对 $\mathfrak{C}_0$ 关于测度 $v_1(x,\cdot)$ 的完备化中的每个 C 也成立. 引理得证.

我们指出，对取值于可分空间的随机连续过程来说，总可以找到可分 σ 代数 $\mathfrak{F}^0$（在过程自变量的定义域的可数处处稠密集上的柱集所产生的 σ 代数就是），使得 $\mathfrak{F}^0$ 按对应于过程的测度的完备化包含 $\mathfrak{F}$. 应用已证明的引理于由等式(1)表示的测度 $\mu^i_{[a,b]}$，我们得知，按由 $\xi_2(c)$ 的分布所决定的测度对几乎所有 x，有

$$\mu^2_{x,[c,b]}\ll\mu^1_{x,[c,b]}$$

用 $\rho_{[a,c]}$ 表示测度 $\mu^2_{[a,c]}$ 关于 $\mu^1_{[a,c]}$ 的密度，如果在这个密度的自变量中用 $\xi_1(t)$ 来代替（我们假定，所有的过程 $\xi_i(t)$ 是定义在某个固定的概率空间 $\{\Omega,\mathfrak{B},P\}$ 上）. 类似地，用 $\rho_{y,[c,b]}$ 表示（有同样的自变量）测度 $\mu^2_{y,[c,b]}$ 关于 $\mu^1_{y,[c,b]}$ 的密度. 那么由公式(1)，引理和式(4)得式

$$\rho_{[a,b]}=\rho_{[a,c]}\rho_{\xi_1(c),[cb]} \tag{6}$$

用 $\mathfrak{B}_{[\alpha,\beta]}$ 表示概率空间 $\{\Omega,\mathfrak{B},P\}$ 中当 $t\in[\alpha,\beta]$ 时变量 $\xi_1(t)$ 所生成的代数. 变量 $\rho_{[a,c]}$ 和 $\rho_{\xi_1(c),[c,b]}$ 分别对 $\mathfrak{B}_{[a,c]}$ 和 $\mathfrak{B}_{[c,b]}$ 可测. 取区间 $[a,t]$ 的任意分割

$$a=t_0<t_1<\cdots<t_k=t$$

由式(6)得

$$\rho_{[a,t]}=\rho_{[t_0,t_1]}\prod_{j=1}^{k-1}\rho_{\xi(t_j),[t_j,t_{j+1}]} \tag{7}$$

我们利用式(6) 证明如下定理：

定理 1 如果 $\xi_1(t)$ 和 $\xi_2(t)$ 是随机连续 Марков 过程，那么联合过程

$$\{\xi_1(t):\rho_{[a,t]}\}$$

也是 Марков 过程.

证 只要证明对两个变元 $x\in\mathscr{X}$ 和 $s\in\mathbf{R}^1$ 的全体有界连续函数 $f(x,s)$，当

$$a<t_1<t$$

时，式

$$E(f(\xi_1(t),\rho_{[a,t]}\mid\mathfrak{B}_{[a,t_1]})=E(f(\xi_1(t),\rho_{[a,t]})\mid\xi_1(t_1),\rho_{[a,t_1]}) \tag{8}$$

成立就够了.

由于

$$\rho_{[a,t]}=\rho_{[a,t_1]}\rho_{\xi_1(t_1),[t_1,t]}$$

所以

$$f(\xi_1(t),\rho_{[a,t]})=\varphi(\xi_1(t),\rho_{[a,t_1]},\rho_{\xi_1(t_1),[t_1,t]})$$

其中 $\varphi(x,s_1,s_2)$ 是

$$\mathscr{X}\times\mathbf{R}^1\times\mathbf{R}^1$$

上的有界连续函数. 先假设

$$\varphi(x,s_1,s_2)=\varphi(x,s_2)\psi(s_1)$$

那么利用

$$\varphi(\xi_1(t),\rho_{\xi_1(t),[t_1,t]})$$

关于 $\mathfrak{B}_{[t_1,t]}$ 的可测性及 $\xi_1(t)$ 的 Марков 性质，我们有

$$\begin{aligned}&E(\varphi(\xi_1(t),\rho_{\xi_1(t_1),[t_1,t]})\psi(\rho_{[a,t_1]})\mid\mathfrak{B}_{[a,t_1]})=\\&\psi(\rho_{[a,t_1]})E(\varphi(\xi_1(t),\rho_{\xi_1(t_1),[t_1,t]})\mid\mathfrak{B}_{[a,t_1]})=\\&\psi(\rho_{[a,t_1]})E(\varphi(\xi_1(t),\rho_{\xi_1(t_1),[t_1,t]})\mid\xi_1(t_1))=\\&E(\psi(\rho_{[a,t_1]})\varphi(\xi_1(t),\rho_{\xi_1(t_1),[t_1,t]})\mid\xi_1(t_1),\rho_{[a,t_1]})\end{aligned}$$

因为式(8) 的两边关于 f 是线性的，而形为

$$\Sigma c_k\varphi_k(x,s_2)\psi_k(s_1)$$

的线性组合可以逼近任意连续函数，所以我们证明了式(8)，定理得证.

注 设对所有 $t\in[a,b]$ 和区间$[a,t]$ 的分割公式(7) 成立，其中 $\rho_{[a,t]}$ 和 $\rho_{\xi_1(t_i),[t_i,t_{i+1}]}$ 是分别关于 $\mathfrak{B}_{[a,t]}$ 和 $\mathfrak{B}_{[t_i,t_{i+1}]}$ 可测的变量. 那么，如果 $\xi_1(t)$ 是 Марков 过程，则过程 $\xi_2(t)$ 也是，而且过程 $\xi_2(t)$ 的转移概率由等式

$$P^{(2)}(t_1,x,t_2,A)=E(\chi_A(\xi_1(t_2))\rho_{\xi_1(t_1),[t_1,t_2]}\mid\xi_1(t_1))_{\xi_1(t_1)=x}$$

所确定.

事实上,对 $\mathfrak{A}$ 中任意一组集合 $A_1,\cdots,A_k$ 有

$$E\chi_{A_1}(\xi_2(t_1))\cdots\chi_{A_k}(\xi_2(t_k))=$$

$$E\chi_{A_1}(\xi_1(t_1))\rho_{[a,t_1]}\prod_{j=2}^{k}\chi_{A_j}(\xi_1(t_j))\rho_{\xi_1}(t_{j-1}),[t_{j-1},t_j]=$$

$$E\chi_{A_1}(\xi_1(t_1))\rho_{[a,t_1]}\prod_{j=2}^{k-1}\chi_{A_j}(\xi_1(t_j))\rho_{\xi_1(t_{j-1}),[t_{j-1},t_j]}\times$$

$$E(\chi_{A_k}(\xi_1(t_k))\rho_{\xi_1(t_{k-1}),[t_{k-1},t_k]}\mid\mathfrak{B}_{[a,t_{k-1}]})=$$

$$E\chi_{A_1}(\xi_1(t_1))\rho_{[a,t_1]}\prod_{j=2}^{k-1}\chi_{A_j}(\xi_1(t_1))\rho_{\xi_1(t_{j-1}),[t_{j-1},t_j]}\times$$

$$P^{(2)}(t_{k-1},\xi_1(t_{k-1}),t_k,A_k)$$

由此式得所要求的结论.

现在考虑按照过程 $\xi_1(t)$ 和 $\xi_2(t)$ 的转移概率构造函数 $\rho_{[a,t]}$. 同时还得到对应这些过程的测度的绝对连续性的某些充分条件. 由引理得到, μ_2 关于 μ_1 的绝对连续性蕴涵,对 $\xi_2(t)$ 的分布所决定的测度和几乎所有 x,过程 $\xi_2(t)$ 的转移概率 $P^{(2)}(t,x,s,A)$(作为 A 的函数)关于过程 $\xi_1(t)$ 的转移概率 $P^1(t,x,s,A)$ 的绝对连续性. 令

$$\rho(t,x,s,y)=\frac{\mathrm{d}P^{(2)}(t,x,s,\cdot)}{\mathrm{d}P^{(1)}(t,x,s,\cdot)}(y) \tag{9}$$

(如果对于给定的 x, $P^{(2)}$ 关于 $P^{(1)}$ 不绝对连续,那么 ρ 表示 $P^{(2)}$ 的绝对连续分量关于 $P^{(1)}$ 的导数). 其次设 $\rho_a(y)$ 表示 $\xi_2(a)$ 的分布关于 $\xi_1(a)$ 的分布的密度. 如果 $a=t_0<t_1<\cdots<t_n=b$ 是 $[a,b]$ 的某个分割,则

$$\rho_a(\xi_1(a))\prod_{k=0}^{n-1}\rho(t_k,\xi_1(t_k),t_{k+1},\xi_1(t_{k+1}))$$

与测度 $\mu_2^{(n)}$ 关于 $\mu_1^{(n)}$ 的密度相同,其中 $\mu_i^{(n)}$ 是测度 μ_i 在 σ 代数 $\mathfrak{F}_{\Lambda_n}$ 上的收缩,而 Λ_n 是变元 t 的有限集: $\Lambda_n=\{t_0,t_1,\cdots,t_n\}$. 如果 $\Lambda_n\subset\Lambda_{n+1}$,则存在极限

$$\lim_{n\to\infty}\rho^n=\lim_{n\to\infty}\frac{\mathrm{d}\mu_2^{(n)}}{\mathrm{d}\mu_1^{(n)}}(\xi_1(\cdot))$$

(以概率为 1). 如果

$$\Lambda=\bigcup_n\Lambda_n$$

在 $[a,b]$ 上处处稠密,而过程 $\xi_1(t)$ 随机连续,那么 $\mathfrak{F}_\Lambda$ 按测度 μ_1 的完备化包含 $\mathfrak{F}_{[a,b]}$ 且因此 $\lim\limits_{n\to\infty}\rho^n$ 就是 $\rho_{[a,b]}$.

定理 2 设 $P^{(i)}(t,x,s,A)$, $i=1,2$,分别是定义在 $[a,b]$ 上的 Марков 过程 $\xi_1(t)$ 和 $\xi_2(t)$ 的转移概率. 如果下面的条件成立:

a) $\xi_2(a)$ 的分布关于 $\xi_1(a)$ 的有密度为 $\rho_a(x)$ 的分布是绝对连续的;

b) 对所有 $x \in \mathscr{X}, a \leqslant t < s \leqslant b$,测度 $P^{(2)}(t,x,s,\cdot)$ 关于有密度为 $\rho(t,x,s,y)$ 的测度 $P^{(1)}(t,s,s,\cdot)$ 是绝对连续的;

c) 存在常数 c,使

$$\int \log \rho(t,x,s,y) P^{(2)}(t,x,s,\mathrm{d}y) \leqslant c(s-t)$$

则测度 μ_2 关于 μ_1 绝对连续且

$$\frac{\mathrm{d}\mu_2}{\mathrm{d}\mu_1}(\xi_1(\cdot)) = \lim_{n\to\infty} \rho_a(\xi_1(a)) \prod_{k=0}^{n-1} \rho(t_{nk},\xi_1(t_{nk}),t_{nk+1},\xi_1(t_{nk+1})) \tag{10}$$

其中

$$a = t_{n0} < \cdots < t_{nn} = b$$

和集合

$$\Lambda_n = \{t_{nk} : k = 0,\cdots,n\}$$

满足条件

$$\Lambda_n \subset \Lambda_{n+1} \text{ 且 } \bigcup_n \Lambda_n$$

在$[a,b]$中处处稠密.

证 引入过程 $\xi_3(t)$,它的转移概率与过程 $\xi_2(t)$ 的转移概率相同,而 $\xi_3(a)$ 的分布与 $\xi_1(a)$ 的分布相同. 设 μ_3 是对应于过程 $\xi_3(t)$ 的测度,而 $\mu_i^{(n)}$ 如上所述是测度μ_i 在σ 代数 $\mathfrak{F}_{\Lambda_n}$ 上的收缩,如果 $\Lambda_n = \{t_{nk} : k=0,\cdots,n\}$. 那么,易见

$$\frac{\mathrm{d}\mu_2^{(n)}}{\mathrm{d}\mu_3^{(n)}}(\xi_n(\cdot)) = \rho_a(\xi_3(a))$$

$$\frac{\mathrm{d}\mu_3^{(n)}}{\mathrm{d}\mu_1^{(n)}}(\xi_1(\cdot)) = \prod_{k=0}^{n-1} \rho(t_{nk},\xi_1(t_{nk}),t_{nk+1},\xi_1(t_{nk+1}))$$

显然

$$\lim_{n\to\infty} \frac{\mathrm{d}\mu_2^{(n)}}{\mathrm{d}\mu_3^{(n)}}(\xi_3(a)) = \rho_a(\xi_3(a))$$

并且以概率为 1 存在极限

$$\lim_{n\to\infty} \prod_{k=0}^{n-1} \rho(t_{nk},\xi_1(t_{nk}),t_{nk+1},\xi_1(t_{nk+1}))$$

用 ρ' 表示这极限. 为要 $\mu_3 \ll \mu_1$ 成立,只要 $E\rho' = 1$ 成立. 为此由于 §1 定理 2 的注,只要表示式

$$I_n = E \prod_{k=0}^{n-1} \rho(t_{nk},\xi_1(t_{nk}),t_{nk+1},\xi_1(t_{nk+1})) \times \\ \log \prod_{k=0}^{n-1} \rho(t_{nk},\xi_1(t_{nk}),t_{nk+1},\xi_1(t_{nk+1}))$$

有界就够了. 利用等式

$$E(\rho(t_{nk},\xi_1(t_{nk}),t_{nk+1},\xi_1(t_{nk+1})) \mid \xi_1(t_{nk})) = 1$$

我们得

$$I_n = E\prod_{k=0}^{n-1}\rho(t_{nk},\xi_1(t_{nk}),t_{nk+1},\xi_1(t_{nk+1}))\times$$
$$\sum_{k=0}^{n-1}\log\rho(t_{nk},\xi_1(t_{nk}),t_{nk+1},\xi_1(t_{nk+1}))=$$
$$E\sum_{l=0}^{n-1}\sum_{k=0}^{l-1}\rho(t_{nk},\xi_1(t_{nk}),t_{nk+1},\xi_1(t_{nk+1}))\times$$
$$\int\log\rho(t_{nl},\xi_1(t_{nl}),t_{nl+1},y)P^{(2)}(t_{nl},\xi_1(t_{nl}),t_{nl+1},\mathrm{d}y)\leqslant$$
$$c\sum_{l=0}^{n-1}(t_{nl+1}-t_{nl})=$$
$$c(b-a)$$

于是,$\mu_3\ll\mu_1,\mu_2\ll\mu_3$. 因此,$\mu_2\ll\mu_1$.

公式(10) 是式

$$\frac{\mathrm{d}\mu_2}{\mathrm{d}\mu_1}=\frac{\mathrm{d}\mu_2}{\mathrm{d}\mu_3}\frac{\mathrm{d}\mu_3}{\mathrm{d}\mu_1}$$

的推论. 定理得证.

现来考察构造 Марков 过程 $\xi_2(t)$ 的问题,使它对应的测度 μ_2 关于给定的 Марков 过程 $\xi_1(t)$ 对应的测度 μ_1 是绝对连续.

定理 3 设 $a=t_{n0}<\cdots<t_{nn}=b$ 是区间$[a,b]$的分割序列,使得集合 $\Lambda_n=\{t_{nk}:k=0,\cdots,n\}$ 构成递增序列且 $\bigcup\limits_n\Lambda_n$ 在$[a,b]$处处稠密. 设对每个 n 给出 x,y 的可测函数 $\alpha_n(t,x,s,y),x,y\in\mathscr{X},a\leqslant t<s\leqslant b$,满足条件:

1) 在依概率收敛意义下存在极限

$$\eta=\lim_{n\to\infty}\sum_{k=0}^{n-1}\alpha_n(t_{nk},\xi_1(t_{nk}),t_{nk+1},\xi_1(t_{nk+1}))$$

2) 按 x 一致地有

$$\int\mathrm{e}^{\alpha_n(t,x,s,y)}\alpha_n(t,x,s,y)P^{(1)}(t,x,s,\mathrm{d}y)=O(s-t)$$

3) 对每个 n,k,x 有

$$\int\mathrm{e}^{\alpha_n(t_{nk},x,t_{nk+1},y)}P^{(1)}(t_{nk},x,t_{nk+1},\mathrm{d}y)=1$$

那么在 $\mathfrak{F}_{[a,b]}$ 上由等式

$$\mu_2(A)=E\chi_A(\xi_1(\cdot))\mathrm{e}^{\eta}$$

定义的测度 μ_2 在$[a,b]$上对应某一 Марков 过程.

证 首先证明,测度 μ_2 是概率测度. 即 $Ee^{\eta}=1$. 设

$$\eta_n=\sum_{k=0}^{n-1}\alpha_n(t_{nk},\xi_1(t_{nk}),t_{nk+1},\xi_1(t_{nk+1}))$$

那么由定理条件 3) 得

$$Ee^{\eta_n}=\int P\{\xi_1(a)\in \mathrm{d}x_0\}\prod_{k=0}^{n-1}\int e^{\alpha_n(t_{nk},x_k,t_{nk+1},x_{k+1})}\times$$
$$P^{(1)}(t_{nk},x_k,t_{nk+1},\mathrm{d}x_{k+1})=1$$

另一方面，由于条件 2)

$$Ee^{\eta_n}\ln e^{\eta_n}=Ee^{\eta_n}\eta_n=\sum_{k=0}^{n-1}\int P\{\xi_1(a)\in \mathrm{d}x_0\}\prod_{j=0}^{k-1}\int e^{\alpha_n(t_{nj},x_j,t_{nj+1},x_{j+1})}\times$$
$$P^{(1)}(t_{nj},x_j,t_{nj+1},\mathrm{d}x_{j+1})\int e^{\alpha_n(t_{nk},x_k,t_{nk+1},\mathrm{d}x_{k+1})}$$

因此，$Ee^{\eta_n}\ln e^{\eta_n}$ 有界，这就是说，e^{η_n} 关于 n 一致可积且在式 $Ee^{\eta_n}=1$ 中可以将极限号搬入数学期望内. 为证明测度 μ_2 对应于 Марков 过程，我们考虑函数

$$\eta(t)=\lim_{n\to\infty}\sum_{t_{nk}<t}\alpha_n(t_{nk},\xi_1(t_{nk}),t_{nk+1},\xi_1(t_{nk+1}))$$

(了解为依概率收敛意义下的极限). 现证明对所有 $t\in[a,b]$，这极限存在且等于

$$\ln E(e^{\eta}\mid\mathfrak{B}_{[0,t]})=\lim_{n\to\infty}\ln E(e^{\eta_n}\mid\mathfrak{B}_{[0,t]})$$

(由于 e^{η_n} 一致可积，极限可以取进数学期望内).

当 $t\in\bigcup\Lambda_n$ 时，有等式

$$\eta_n(t)=\sum_{t_{nk}<t}\alpha_n(t_{nk},\xi_1(t_{nk}),t_{nk+1},\xi_1(t_{nk+1}))=$$
$$\ln E(e^{\eta_n}\mid\mathfrak{B}_{[0,t]})$$

因此当 $t\in\bigcup\limits_n\Lambda_n$ 时，$\lim\eta_n$ 存在，但如果 $t_{nj}<t<t_{nj+1}$，则

$$\ln E(e^{\eta_n}\mid\mathfrak{B}_{[0,t]})-\sum_{t_{nk}<t}\alpha_n(t_{nk},\xi_1(t_{nk}),t_{nk+1},\xi_1(t_{nk+1}))=$$
$$\ln E(e^{\alpha_n(t_{nj},\xi_1(t_{nj}),t_{nj+1},\xi_1(t_{nj+1}))}\mid\mathfrak{B}_{[0,t]})$$

由条件 2) 和 3) 得，当 $n\to\infty$ 时，对 j 一致地有

$$Ee^{\alpha_n(t_{nj},\xi_1(t_{nj}),t_{nj+1},\xi_1(t_{nj+1}))}\alpha_n(t_{nj},\xi_1(t_{nj}),t_{nj+1},\xi_1(t_{nj+1}))\to 0$$

利用 $\exp\{\alpha_n(t_{nj},\xi_1(t_{nj}),t_{nj+1},\xi_1(t_{nj+1}))\}$ 关于 j 一致可积以及依概率收敛于 1 可得，在依概率收敛意义下

$$\ln E(e^{\alpha_n(t_{nj},\xi_1(t_{nj}),t_{nj+1},\xi_1(t_{nj+1}))}\mid\mathfrak{B}_{[a,t]})\to 0$$

$\eta(t)$ 的存在性得证. 设 $a<c<b$ 和 $\rho_{[a,c]}=\exp\{\eta(c)\}$，$\rho_{[c,b]}=\exp\{\eta(b)-\eta(c)\}$. 显然 $\rho_{[c,d]}$ 关于 $\mathfrak{B}_{[c,d]}$ 可测. 借助于定理 1 的注，我们得证定理.

现考虑 $\xi_1(t)$ 和 $\xi_2(t)$ 是定义在 $[a,b]$ 上，$\xi_i(a)=0$，有独立增量的随机连续过程这一特殊情形，设区间 $[\alpha,\beta]\subset[a,b]$，$\bar{\mu}^{(i)}_{[\alpha,\beta]}$ 表示 $t\in[\alpha,\beta]$ 时对应过程 $\xi_i(t)-\xi_i(\alpha)$ 的测度. 那么，$\mu_2\ll\mu_1$ 推得 $\bar{\mu}^{(2)}_{[\alpha,\beta]}\ll\bar{\mu}^{(1)}_{[\alpha,\beta]}$. 设 $\mathfrak{B}_{[\alpha,\beta]}$ 表示由变量 $\xi_1(t)-\xi_1(\alpha)$，$t\in[\alpha,\beta]$，所产生的 σ 代数. 变量

$$\frac{\mathrm{d}\bar{\mu}^{(2)}_{[\alpha,\beta]}}{\mathrm{d}\bar{\mu}^{(1)}_{[\alpha,\beta]}}(\xi_1(\cdot))$$

是 $\mathfrak{B}_{[\alpha,\beta]}$ 可测，取区间 $[a,b]$ 的任意分割：$a=t_0<t_1<\cdots<t_n=b$. 考虑可测空间 $(\mathscr{F}_{[t_k,t_{k+1}]},\mathfrak{F}_{[t_k,t_{k+1}]})$ 的乘积和在其上的乘积测度

$$\prod_{k=0}^{n-1}\bar{\mu}^{(i)}_{[t_k,t_{k+1}]}$$

由 $\xi_i(t)$ 是独立增量过程得知，按公式

$$x(t)=\sum_{k=1}^{m}x_k(t_k)+x_{m+1}(t),t_m\leqslant t\leqslant t_{m+1}$$

$$x(\cdot)\in\mathscr{F}_{[a,b]},x_k(\cdot)\in\mathscr{F}_{[t_k,t_{k+1}]}$$

将空间 $(\mathscr{F}_{[t_k,t_{k+1}]},\mathfrak{F}_{[t_k,t_{k+1}]})$ 的乘积映入 $(\mathscr{F}_{[a,b]},\mathfrak{F}_{[a,b]})$ 的双方单值可测映射将这乘积测度映为测度 μ_i. 因此

$$\frac{\mathrm{d}\mu^{(2)}}{\mathrm{d}\mu^{(1)}}(\xi_1(\cdot))=\prod_{k=0}^{n-1}\frac{\mathrm{d}\bar{\mu}^{(2)}_{[t_k,t_{k+1}]}}{\mathrm{d}\bar{\mu}^{(1)}_{[t_k,t_{k+1}]}}(\xi_1(\cdot))$$

上式中右边的因子是相互独立的. 设测度 μ_1 和 μ_2 等价. 那么这密度是正的且最后的乘积可取对数. 因此得：

定理 4 为使

$$\rho_{[a,t]}=\frac{\mathrm{d}\mu^{(2)}_{[a,t]}}{\mathrm{d}\mu^{(1)}_{[a,t]}}(\xi_1(\cdot))$$

是对应于定义在 $[a,t]$ 上的独立增量过程的等价测度的密度的充分必要条件是，联合过程 $\{\xi_1(t),\ln\rho_{[a,t]}\}$ 是独立增量过程，$\rho_{[a,t]}$ 是 $\mathfrak{B}_{[a,t]}$ 可测和等式 $E\rho_{[a,t]}=1$ 成立.

第八章 Hilbert 空间上的可测函数

§1 Hilbert 空间上的可测线性泛函和算子[①]

我们考虑定义有测度 μ 的可测 Hilbert 空间 $(\mathscr{X},\mathfrak{B})$. 定义在 $\mathscr{X}$ 上的所有连续线性泛函 $l(x)$ 显然是 $\mathfrak{B}$ 可测的. 我们已经知道,如果对所有 x,连续线性泛函序列 $l_n(x)$ 收敛于某极限 $l(x)$,则这极限也是 $\mathscr{X}$ 上的连续线性泛函. 然而,如果要求 $l_n(x)$ 不是对所有 x 有极限,而仅在 $\mu(D)=1$ 的集合 D 上有极限,情况会有所不同. 将这样的极限函数称为 $\mathfrak{B}$ 可测线性泛函是自然的. 作为可测函数的极限,它们也是 $\mathfrak{B}$ 可测的. 由关系式

$$\lim_{n\to\infty} l_n(\alpha x+\beta y)=\alpha\lim_{n\to\infty} l_n(x)+\beta\lim_{n\to\infty} l_n(y)$$

得,泛函 $l(x)$ 的定义域 D_l(假定它在极限存在的地方有定义)是一线性流形且 $l(x)$ 在 D_l 上是线性(可加和齐次)泛函. 今后将考虑对空间 $\mathscr{X}$ 的所有特征子空间 L 有 $\mu(L)=0$ 的非退化测度. 由于 $\mu(D_l)=1$,所以 D_l 在 $\mathscr{X}$ 中稠密. 因此,如果 $l(x)$ 是上面所说的意义下的可测泛函,那么:1) 它定义在 $\mathfrak{B}$ 可测线性流形 D_l 上,且 $\mu(D_l)=1$;2) $l(x)$ 是 $\mathfrak{B}$ 可测函数;3) $l(x)$ 在 D_l 上是线性的. 为要 $l(x)$ 是 μ－可测,这些条件也是充分的. 这可从以下定理得到.

---

① 本节的定理1和定理2在本书第三卷英译本1979年版的附录中进行了改正. 现本节正文仍按原著译出,而英译者对本节的内容的改正将附录于本节之后,供读者参考. —— 译注

定理1 如果函数 $l(x)$ 满足条件1)～3),那么存在连续泛函序列 $l_n(x)$,使得

$$l(x)=\lim_{n\to\infty} l_n(x)(\mathrm{mod}\ \mu)$$

证 我们构造连续泛函序列 $l_n(x)$,使得它依测度 μ 收敛于 $l(x)$. 因为从这序列可选取按测度 μ 几乎处处收敛的子序列,这就是定理所要证明的. 设 $S_c=\{x: |l(x)|<c\}$. 因为

$$\lim_{c\to\infty} \mu(D_l-S_c)=0$$

所以对每个 $\varepsilon>0$ 可找到 c 和紧集 $K\subset S_c$,使得 $\mu(D_l-K)<\varepsilon$. 不失一般性,可以认为 K 是凸的和对称的,因为 S_c 就是这样的集合. 我们用 $\mathscr{L}$ 表示集合 K 的线性包络且在 $\mathscr{L}$ 中引进范数使得 K 变成单位球. 选取 K 使得 $\mathscr{L}$ 在此范数(为区别于 $\mathscr{X}$ 的范数,将用 $|\cdot|_k$ 表示)下是完备可分的. 泛函 $l(x)$ 是在 $\mathscr{L}$ 上的有界线性泛函,于是它在范数 $|\cdot|_k$ 下连续. 由于 K 的 $\mathfrak{B}$ 可测性,我们得 $\mathscr{L}$ 的全体Borel集为 $\mathfrak{B}$ 可测. 用 $\mathfrak{B}'$ 表示 $\mathscr{L}$ 中的Borel集的 σ 代数,用 μ' 表示测度 μ 在 $\mathfrak{B}'$ 上的收缩. 可以在 $\mathscr{L}$ 中找到紧集 K_1 使 $K_1\subset K$ 和 $\mu(K-K_1)<\varepsilon$. 现证明 $l(x)$ 在 K_1 上是通常意义下的连续函数. 设 $x_n\to x_0$ 和 $x_n\in K_1$. 那么,这序列在 $\mathscr{L}$ 中是紧的且有唯一极限点 x_0. 因此在 $\mathscr{L}$ 中 $x_n\to x_0$,从而 $l(x_n)\to l(x_0)$. 由 $l(x)$ 在紧集 K_1 上的连续性得一致连续性,因此对所有 $\rho>0$ 可找到 $\delta>0$,使当 $x,y\in K_1$ 时由 $|x-y|<\delta$ 得不等式 $|l(x)-l(y)|<\rho$. 设 N 是有限维子空间,使 $N\cap K_1$ 构成 K_1 中的 ε 网. 用 $l_N(x)$ 表示 $l(x)$ 从 N(在整个有限维子空间 $N\subset\mathscr{L}$ 上 $l(x)$ 连续)到整个 $\mathscr{X}$ 不改变范数的扩张(按Hahn-Banach定理,这样的扩张存在). 显然,这样的扩张保持连续的模数,就是说,当 $|x-y|<\delta$ 时 $|l_N(x)-l_N(y)|<\rho$. 因此对 $x\in K_1$ 有

$$|l_N(x)-l(x)|\leqslant|l_N(x)-l_N(x')|+|l(x)-l(x')|$$

其中 $x'\in N$ 满足 $|x-x'|<\delta$,于是当 $x\in K_1$ 时

$$|l_N(x)-l(x)|\leqslant 2\rho$$

于是,对给定 $\varepsilon>0$ 和 $\rho>0$ 我们构造出连续线性泛函使

$$\mu(\{x: |l_N(x)-l(x)|>2\rho\})<2\varepsilon$$

定理得证.

推论 如果 $l(x)$ 是可测泛函且 $\mathscr{L}_n$ 是有限维子空间序列,使得 $\mathscr{L}_n\in D_l$ 且 $\bigcup\mathscr{L}_n$ 在 $\mathscr{X}$ 中稠密,而 P_n 是 $\mathscr{L}_n$ 上的投影算子,则 $l(P_nx)$ 依测度 μ 收敛于 $l(x)$.

这可从如下事实得到. 可以从序列 $\mathscr{L}_n$ 中选取子空间作为以上定理证明中所说的子空间 N,而 $l(P_nx)$ 的不改变范数的扩张可以构造出.

为构造出全体 μ 可测泛函的空间,利用测度 μ 的特征泛函是方便的. 设连续泛函序列 (z_n,x) 依测度 μ 收敛于某个可测泛函 $l(x)$. 那么对所有实数 t

$$\lim_{n,m\to\infty}\exp\{\mathrm{i}t(z_n-z_m,x)\}=1$$

因此

$$\lim_{n,m\to\infty}\varphi(t(z_n-z_m))=\lim_{n,m\to\infty}\int\exp\{\mathrm{i}t(z_n-z_m,x)\}\mu(\mathrm{d}x)=1 \tag{1}$$

设

$$k(z)=\int(1-\varphi(tz))\frac{1}{1+t^2}\mathrm{d}t$$

那么序列(z_n,x)依测度μ收敛意义下极限存在的充分必要条件是

$$\lim_{n,m\to\infty}k(z_n-z_m)=0$$

这条件的必要性由(1)和积分号下取极限的定理得到. 为证明充分性,注意

$$k(z)=\int\left[\int(1-\mathrm{e}^{\mathrm{i}t(z,x)}\frac{1}{1+t^2}\mathrm{d}t\right]\mu(\mathrm{d}x)=$$

$$\pi\int(1-\mathrm{e}^{-|(z,x)|})\mu(\mathrm{d}x)$$

因此对任一$\varepsilon>0$有

$$\mu(\{x:|(z_n-z_m,x)|>\varepsilon\})\leqslant\frac{1}{\pi}k(z_n-z_m)(1-\mathrm{e}^{-\varepsilon})^{-1}$$

由此得(z_n,x)依测度μ收敛. 因为

$$k(z_1+z_2)=\pi\int(1-\mathrm{e}^{-|(z_1,x)+(z_2,x)|})\mu(\mathrm{d}x)\leqslant$$

$$\pi\int(1-\mathrm{e}^{-|(z_1,x)|-|(z_2,x)|})\mu(\mathrm{d}x)\leqslant$$

$$\pi\int(1-\mathrm{e}^{-|(z_1,x)|})\mu(\mathrm{d}x)+\pi\int(1-\mathrm{e}^{-|(z_2,x)|})\mu(\mathrm{d}x)=$$

$$k(z_1)+k(z_2)$$

所以$\mathscr{X}$可考虑为具有距离

$$r(x,y)=k(x-y)$$

的距离空间.

设$\widetilde{\mathscr{X}}$表示在距离r下$\mathscr{X}$的完备化. $\widetilde{\mathscr{X}}$中每个元素可以和某个μ可测泛函$l(x)$联系在一起:如果在$\mathscr{X}$中存在序列z_n,使$r(z_n,\tilde{x})\to 0$,且依测度μ,$(z_n,x)\to l(x)$,则$\tilde{x}\overset{s}{\leftrightarrow}l$. 用$\mathscr{L}(\mu)$表示全体$\mu$可测泛函的空间. 我们把依测度$\mu$几乎处处相等的泛函不加区别. 则$\widetilde{\mathscr{X}}$和$\mathscr{L}(\mu)$之间的对应关系$S$是双方单值的. 如果在$\mathscr{L}(\mu)$中引进距离

$$r(l_1,l_2)=\pi\int(1-\mathrm{e}^{-|l_1(x)-l_2(x)|})\mu(\mathrm{d}x)$$

则上面引入的对应关系是等距的. 因此空间$\widetilde{\mathscr{X}}$和$\mathscr{L}(\mu)$自然不加区别,今后我们

总是这样做.

我们还指出,具有距离 r 的空间 $\tilde{\mathscr{X}}$ 的一个特点. 测度 μ 的特征泛函可由距离 r 下的连续性扩张到整个 $\tilde{\mathscr{X}}$ 上. 这种扩张可表为

$$\varphi(l) = \int e^{il(x)} \mu(dx)$$

(其中 l 作为 $\tilde{\mathscr{X}} = \mathscr{L}(\mu)$ 中的元素是可测泛函). 我们证明在某种意义下 $\tilde{\mathscr{X}}$ 是 $\varphi(z)$ 能按连续性扩张的最宽的空间.

设 $\mathscr{Y}$ 是具有距离 ρ 的某个线性距离空间,而且

$$\rho(x,y) = \rho(0, x-y)$$

及设 $\varphi(z)$ 在 $\mathscr{X}$ 上的距离 ρ 下连续和按连续性扩张至 $\mathscr{Y}$ 上. 因为 φ 在距离 ρ 下连续,所以对任意 $\varepsilon > 0$ 可找到 $\delta > 0$,使当 $\rho(0,z) < \delta$ 时 $\mathrm{Re}(1-\varphi(z)) < \varepsilon$. 则利用

$$\begin{aligned} |\varphi(z_1) - \varphi(z_2)| &\leqslant \int |1 - e^{(z_1 - z_2, x)}| \mu(dx) \leqslant \\ &\sqrt{\int 2(1 - \cos(z_1 - z_2, x))\mu(dx)} \leqslant \\ &\sqrt{2\mathrm{Re}(1 - \varphi(z_1 - z_2))} \end{aligned}$$

得知,当 $\mathrm{Re}(1-\varphi(z)) < \varepsilon$ 时

$$\begin{aligned} \mathrm{Re}(1 - \varphi(nz)) &\leqslant \sum_{k=1}^{n} |\varphi((k-1)z) - \varphi(kz)| \leqslant \\ &n\sqrt{2z} \end{aligned}$$

因此当 $\rho(0,z) < \delta$ 时

$$\begin{aligned} k(z) &= \int_{-\infty}^{\infty} \mathrm{Re}(1 - \varphi(tz)) \frac{dt}{1+t^2} = \\ &\int_{|t| \leqslant n} \mathrm{Re}(1 - \varphi(tz)) \frac{dt}{1+t^2} + \\ &\int_{|t| > n} \mathrm{Re}(1 - \varphi(tz)) \frac{dt}{1+t^2} \leqslant \\ &\pi n\sqrt{2\varepsilon} + \frac{4}{n} \end{aligned}$$

因此,如果 $\rho(z_n, z_m) \to 0$,则 $k(z_n - z_m) \to 0$,因此 $\mathscr{Y}$ 可以等距地嵌入 $\tilde{\mathscr{X}}$ 的某个子空间.

空间 $\tilde{\mathscr{X}}$ 实质比 $\mathscr{X}$ 宽,因为它包含,例如由 $\mathscr{X}$ 在内积 $(x,y)_- = (Bx, y)$ 下完备化得到的空间 $\mathscr{X}^B$,其中 B 是使得 $\varphi(x)$ 在内积 (Bz, z) 下连续的核算子.

除所有可测泛函的空间 $\mathscr{L}(\mu)$ 之外,还可考虑所有平方可积线性泛函的空间 $\mathscr{L}^{(2)}(\mu)$. 但是,这空间可能仅由一个 0 元素所组成. 如果测度 μ 有有限相关算子 C,那么 $\mathscr{L}^{(2)}(\mu)$ 包含 $\mathscr{X}$ 在内积 (Cx, y) 下的完备化,但不一定和这完备空

间相重合.此外,可能发生对所有 $z\neq 0$ 有

$$\int (x,z)^2\mu(\mathrm{d}x)=+\infty$$

而同时 $\mathscr{L}^{(2)}(\mu)$ 可包含异于 0 的元素.

作为例子考虑测度 μ,它是形为

$$\xi=\sum_{k=1}^{\infty}\lambda_k\eta_k\boldsymbol{e}_k$$

的随机元 ξ 的分布,其中 $\{\boldsymbol{e}_k\}$ 是规范正交基,η_k 是有稳定分布

$$E\mathrm{e}^{\mathrm{i}s\eta_k}=\exp\{\mathrm{i}\gamma s-|s|^{\alpha}\}$$

的同分布独立随机变量序列.

首先设 $\gamma=0,\alpha>1$.那么 (ξ,z) 有以同样的 α 为指数的稳定分布.因此对 $\mathscr{L}(\mu)$ 中任一泛函 $l(x)$ 有

$$\int \mathrm{e}^{\mathrm{i}sl(x)}\mu(\mathrm{d}x)=\mathrm{e}^{-|s|^{\alpha}}$$

因此,仅当 $l(x)=0$ 时

$$\int l^2(x)\mu(\mathrm{d}x)<\infty$$

如果 $\alpha>1,\gamma\neq 0$,则取序列

$$z_n=\frac{1}{n}\sum_{k=1}^{n}\frac{1}{\lambda_k}\boldsymbol{e}_k$$

我们有

$$(\xi,z_n)=\frac{1}{n}\sum_{k=1}^{n}\eta_k$$

因此,以概率为 1,亦即依测度 μ 几乎处处存在极限

$$\lim_{n\to\infty}(x,z_n)=E\eta_k=\gamma$$

显然

$$l(x)=\lim_{n\to\infty}(x,z_n)$$

属于 $\mathscr{L}^{(2)}(\mu)$.

另一方面,(z,x) 有指数 α 的稳定分布,因此

$$\int (z,x)^2\mu(\mathrm{d}x)=+\infty,\text{当 } z\neq 0$$

这例子表明,在一般情形考虑空间 $\mathscr{L}^2(\mu)$ 是不合乎常情的.

可测线性算子 如可测泛函一样,线性算子自然定义为连续算子的序列依测度 μ 的极限.因为可以考虑序列 $A_n(x)$ 强收敛或者弱收敛,所以也可定义强可测或者弱可测性.因此,如果存在连续线性算子序列 A_n 使 A_nx 强(弱)收敛于 $Ax(\mathrm{mod}\ \mu)$,则算子 A 称为关于测度 μ 强(弱)可测.显然,强可测算子也

弱可测.设A是弱可测.用D_A表示序列$A_n x$存在弱极限的那些x.那么用N表示在$\mathscr{X}$中的某个可数稠密集,我们有

$$D_A=\{x:\sup_n|A_n x|<\infty,\text{存在}\lim_{n\to\infty}(z,A_n x),z\in N\}$$

由此可见,D_A可测.D_A是一线性流形也是显然的.对每个$x\in D_A$存在弱极限$Ax=\lim_{n\to\infty}A_n x$,而且

$$A(\alpha x+\beta y)=\alpha Ax+\beta Ay$$

对所有实数α和β以及$x,y\in D_A$.最后,$\mu(D_A)=1$.我们指出,为使算子A是强可测的,上述条件也是充分的.因而证明强和弱可测性概念等价.

定理2 设在满足$\mu(D_A)=1$的可测线性流形D_A上定义的取值于$\mathscr{X}$的可测函数Ax,对所有$x,y\in D_A$和实数α,β,它满足关系式$A(\alpha x+\beta y)=\alpha Ax+\beta Ay$.那么存在连续线性算子序列$A_n$,使

$$Ax=\lim_{n\to\infty}A_n x(\operatorname{mod}\mu)$$

证 我们注意,$|Ax|$是可测函数.因此

$$\lim_{c\to\infty}\mu(\{x:|Ax|>c\})=0$$

这意味着,对任意$\varepsilon>0$可找到紧集K,使当$x\in K$时$|Ax|\leqslant c$和$\mu(\mathscr{X}-K)<\varepsilon$.可以认为,这紧集是凸的对中心为对称的集合.如定理1的证明,定义有范数$|\cdot|_k$的空间$\mathscr{L}$,和在$\mathscr{L}$中选取紧集K_1使$K_1\subset K$和$\mu(K-K_1)<\varepsilon$,算子A在范数$|\cdot|_k$下在$\mathscr{L}$上连续和在$\mathscr{X}$中的距离下在K_1上连续,因此,对任意$\rho>0$可选取$\delta>0$,使当$|x-y|<\delta,x,y\in K_1$时$|Ax-Ay|<\rho$.设N是有限维子空间使$N\cap K_1$构成K_1中δ网.用如下方式构造算子A_N:当$x\in N$时,$A_N x=Ax$,如果y正交于N,则$A_N y=0$.这时将A从C扩张到整个$\mathscr{X}$而不改变A的连续性的模.因此(参见定理1的证明),$|A_N x-Ax|\leqslant 2\rho$当$x\in K_1$.这就是说

$$\mu(\{|A_N x-Ax|>2\rho\})<2\varepsilon$$

选取序列$\varepsilon\to 0$和$\rho\to 0$,构造有界限性算子序列使其依测度收敛于A,而从这序列可选取几乎处处收敛的子序列,定理得证.

在今后将使用简单的术语"可测线性算子"而不说明是强的(或弱的).

现在来考察绝对可测的线性算子的概念.如果对每个可测线性泛函$l(x)$,$l(Ax)$也是可测线性泛函,则线性可测算子称为绝对可测的.$l(Ax)$是可测线性泛函可有两种解释.第一,因为存在序列z_n,使$k(l-z_n)\to 0$,所以可以将$l(Ax)$理解为可测泛函序列$l_n(x)=(z_n,Ax)$依测度μ的极限.第二,$l(Ax)$可以理解为两个可测函数通常的复合.它也是可测的.可加性和齐次性的条件在这函数的定义域得到满足.这函数的定义域是集合$\{x:Ax\in D_l\}$,其中D_l是$l(x)$的定义域.如果Δ_A表示算子A的值域,那么$l(Ax)$是可测泛函的充分必要条件是等式

$$\mu(A^{-1}(\Delta_A \cap D_l))=1$$

成立.此外,因为任意可测线性流形 L 只要 $\mu(L)=1$ 就可取为 D_l,所以,如果 $\mu(L)=1$,则条件 $\mu(A^{-1}(\Delta_A \cap L))=1$ 应成立.利用定理 1 和 2 可以证明,关于 $l(Ax)$ 的可测性的两种解释是等价的.

我们来叙述绝对可测算子的构造,注意到对任意绝对可测算子 A,可测线性泛函序列 $l_n(x)$ 依测度 μ 收敛于 $l(x)$ 推得序列 $l_n(Ax)$ 依测度收敛于 $l(Ax)$.为证明这一点,只要考虑几乎处处收敛代替依测度收敛就够了.在此情况下,可以找到线性流形 $L,\mu(L)=1$,使当 $x\in L$ 时 $l_n(x)\to l(x)$.因此,$l_n(Ax)\to l(Ax)$ 对所有使得 $Ax\in L$ 的 x 成立,而由于算子 A 的绝对可测性,这样的集合的测度是 1.因此,按公式 $[A^* l](x)=l(Ax)$,将 $\tilde{\mathscr{X}}$ 映入 $\tilde{\mathscr{X}}$ 的算子 A^* 与绝对可测算子 A 联系在一起.从上面所述可得,这算子在距离 r 下连续,因为在此距离下泛函的收敛性等价于它们依测度 μ 的收敛性.我们证明反之亦然:如果 A 是可测线性算子使对所有 $z\in\mathscr{X}$ 由关系式 $A^* z(x)=(z,Ax)$ 定义的算子 A^* 在距离 r 下依连续性扩张到整个 $\tilde{\mathscr{X}}$ 上,则 A 是绝对可测算子.如果 A^* 依连续性扩张到 $\tilde{\mathscr{X}}$ 上,则 $\varphi(A^* z)$ 是 r 连续正定泛函.因此对任意正交基 $\{\boldsymbol{e}_k\}$ 级数

$$Ax=\sum_{k=1}^{\infty}[A^* \boldsymbol{e}_k](x)\boldsymbol{e}_k$$

按测度 μ 几乎处处收敛,而且 $\varphi(A^* z)$ 是用这种方式定义的变量 Ax 的特征泛函.设 l 是可测泛函,$\{\boldsymbol{f}_k\}$ 是 D_l 中的规范正交基.那么

$$Ax=\sum_{k=1}^{\infty}(Ax,\boldsymbol{f}_k)\boldsymbol{f}_k=\sum_{k=1}^{\infty}(A^* \boldsymbol{f}_j,x)\boldsymbol{f}_j$$

设 P_n 是由 $\boldsymbol{f}_1,\cdots,\boldsymbol{f}_n$ 所张成的子空间上的投影算子.我们证明 $l(P_nAx)$ 依测度 μ 收敛于某个极限.事实上

$$l(P_nAx)=\sum_{j=1}^{n}(A^* \boldsymbol{f}_j,x)l(\boldsymbol{f}_j)=\left[A^* \sum_{j=1}^{n}l(\boldsymbol{f}_j)\boldsymbol{f}_j\right](x)$$

和因为根据定理 1 的推论

$$\left(\sum_{j=1}^{n}l(\boldsymbol{f}_j)\boldsymbol{f}_j,x\right)=l(P_nx)$$

依测度 μ 收敛于 $l(x)$,所以由在 $\tilde{\mathscr{X}}$ 中 A^* 的连续性,依测度 μ

$$\left[A^* \sum_{j=1}^{n}l(\boldsymbol{f}_j)\boldsymbol{f}_j\right](x)\to(A^* l)(x)$$

因此,对任意线性泛函 l 有

$$l(Ax)=[A^* l](x)$$

是可测线性泛函.A 的绝对可测性得证.

我们来考察一个 Hilbert 空间 $\mathscr{X}$ 到另一个 Hilbert 空间 $\mathscr{Y}$ 的线性可测映象.

我们仅考虑强可测映象.看来研究这样的映象可自然归结为研究 $\mathscr{X}$ 到 $\mathscr{X}$ 的

映象，即可测线性算子. 事实上，设 R 是 $\mathscr{Y}$ 到 $\mathscr{X}$ 上的双方单值等距映象(我们假定两空间都是可分的)，设 V 是 $\mathscr{X}$ 到 $\mathscr{Y}$ 的可测映象，那么可找到连续线性映象序列 V_n，使依测度 μ，$V_n x \to Vx$(在 $\mathscr{Y}$ 中). 但 RV_n 也是 $\mathscr{X}$ 到 $\mathscr{X}$ 的连续线性映象序列，它依测度 μ 收敛于 RV. 因此 RV 是可测线性算子. 反之，如果 U 是由 $\mathscr{X}$ 到 $\mathscr{X}$ 的可测线性算子，则 UR^{-1} 是 $\mathscr{X}$ 到 $\mathscr{Y}$ 的可测线性映象. 因此由 $\mathscr{X}$ 到 $\mathscr{Y}$ 的所有可测线性映象完全被描述.

用 v 表示在 $\mathscr{Y}$ 中由式 $v(E)=\mu(V^{-1}(E))$ 定义的测度，其中 V 是 $\mathscr{X}$ 到 $\mathscr{Y}$ 的可测线性映象，我们求测度 v 的特征泛函. 为此需要 V 的共轭映象的概念. 设 D 是映象 V 的定义域，$\mu(D)=1$. 对所有 $y\in\mathscr{Y}$ 和 $x\in D$，(Vx,y) 有定义且是 D 上的可测线性泛函. 因此存在元素 $l_y\in\widetilde{\mathscr{X}}$，使 $(Vx,y)=l_y(x)$. 令 $l_y=V^*y$；V^*y 确定了一个齐次可加的由 $\mathscr{Y}$ 到 $\widetilde{\mathscr{X}}$ 的映象，它在下述定义下是连续的：当 $|y_1-y_2|\to 0$ 时 $r(V^*y_1,V^*y_2)\to 0$ 这映象 V^* 被称为 V 的共轭映象. 当 V^* 可考虑为由 $\mathscr{Y}$ 到 $\mathscr{X}$ 关于测度 v 的可测映象时是特别有趣的. 设 $\{\boldsymbol{e}_k\}$ 是 $\mathscr{X}$ 中某个规范正交基. V^*y 属于 $\mathscr{X}$ 的充分必要条件是

$$V^*y=\sum_{k=1}^{\infty}(V^*y,\boldsymbol{e}_k)\boldsymbol{e}_k=\sum_{k=1}^{\infty}(y,V\boldsymbol{e}_k)\boldsymbol{e}_k$$

和级数 $\sum_k (y,V\boldsymbol{e}_k)^2$ 按测度 v 几乎处处收敛. 后一条件等价于级数 $\sum_k (Vx,V\boldsymbol{e}_k)^2$ 按测度 μ 几乎处处收敛. 最后，求测度 v 的特征泛函 $\varphi_v(y)$. 我们用 $\varphi_\mu(l)$ 表示特征泛函 $\varphi_\mu(z)$ 在 $\widetilde{\mathscr{X}}$ 上的连续扩张. 那么

$$\varphi_v(y)=\int e^{i(y,Vx)}\mu(dx)=\int e^{i(V^*y,x)}\mu(dx)=\varphi_\mu(V^*y)$$

附　录

(英译本第三卷 1979 年版附录中关于本节内容的改正)

函数 $l(x)$ 被称为 Hilbert 空间$(\mathscr{X},\mathfrak{B})$ 上关于测度 μ 的可测线性泛函，如果 $l(x)$ 是连续线性泛函序列 $l_n(x)$ 依测度 μ 的极限.

定理 1　为使 $\mathfrak{B}$ 可测函数 $l(x)$ 是关于测度 μ 的可测线性泛函的充分必要条件是，存在一对称凸紧集 K 使得如下条件满足：

1) 如果 $\mathscr{D}$ 是 K 的线性包络，那么 $\mu(\mathscr{D})=1$；

2) $l(x)$ 在 $\mathscr{D}$ 上是线性的；

3) $l(x)$ 在 K 上是连续的.

证　必要性. 如果 $l(x)$ 是一可测线性泛函，则存在一连续线性泛函序列 $l_n(x)$ 使

$$l(x)=\mu-\lim_{n\to\infty}l_n(x)$$

和

$$\mu\left(\left\{x: |l_n(x)-l_{n+1}(x)|>\frac{1}{n^2}\right\}\right)\leqslant\frac{1}{n^2}$$

令

$$\mathscr{G}_k=\bigcap_{n=k}^{\infty}\left\{x: |l_n(x)-l_{n+1}(x)|\leqslant\frac{1}{n^2}\right\}$$

显然，$\mathscr{G}_k$ 是一对称凸闭集和

$$\mu(\mathscr{G}_k)=1-\sum_{n\geqslant k}\mu\left(\mathscr{X}-\left\{x: |l_n(x)-l_{n+1}(x)|\leqslant\frac{1}{n^2}\right\}\right)\geqslant 1-\sum_{n\geqslant k}^{\infty}\frac{1}{n^2}$$

因为 $l_n(x)$ 在 $\mathscr{G}_k$ 的每一个上一致收敛于 $l(x)$，所以在集合 $\mathscr{G}_k$ 的线性包络 $\tilde{\mathscr{G}}_k$ 上收敛于 $l(x)$，从而 $l(x)$ 在 $\tilde{\mathscr{G}}_k$ 上是线性的. 设 F_k 是满足 $F_k\subset\mathscr{G}_k,\mu(\mathscr{G}_k-F_k)<1/k$ 的对称凸紧集，及 $\mathscr{D}_k$ 是 F_k 的线性包络. 选取序列 $\rho_k\downarrow 0$ 使

$$\sum\rho_k(\sup_{x\in F_k}|x|+\sup_n\sup_{x\in F_k}|l_n(x)|)<\infty$$

及设

$$K=\{x:x=\sum\rho_k x_k,x_k\in F_k\}$$

易见：a) K 是一对称凸紧集；b) 集合 K 的线性包络 $\mathscr{D}$ 包含全体 $\mathscr{D}_k$ 且因此 $\mu(\mathscr{D})=1$；c) 在 K 上 $l_n(x)$ 一致收敛于 $l(x)$，从而 $l(x)$ 在 $\mathscr{D}$ 上是线性的. 定理条件的必要性得证.

充分性. 记 $K_n=\{x:(1/n)x\in K\}$. 则 $\mathscr{D}=\bigcup_n K_n$ 且因此对任意 $\varepsilon>0$ 存在 n 使 $\mu(K_n)>1-\varepsilon$. 显然 K_n 是一对称凸紧集. 我们来证明，对任意 $\delta>0$ 存在连续线性泛函 $\varphi(x)$ 使对 $x\in K_n$ 有 $|\varphi(x)-l(x)|<\delta$. 令

$$S_1=\left\{x:l(x)\geqslant\frac{\delta}{2}\right\}\cap K_n,S_2=\left\{x:l(x)\leqslant-\frac{\delta}{2}\right\}$$

由于条件 2) 和 3)，S_1 和 S_2 是关于原点 O 对称的凸紧集. 因此存在通过原点并且分离这些集合的超平面. 设以

$$\{x:(a,x)=0\}=L$$

表示该超平面. 以 $\varphi(x)$ 表示泛函

$$\varphi(x)=l(x_0)\frac{(a,x)}{(a,x_0)}$$

其中 $x_0\in S_1$ 是使 (a,x_0) 极大的点. $\varphi(x)$ 是一连续泛函. 此外

$$|l(x)-\varphi(x)|=\left|l(x)-l\left(x_0\frac{(a,x)}{(a,x_0)}\right)\right|=$$

$$\left|l\left(x-x_0\frac{(a,x)}{(a,x_0)}\right)\right|$$

然而，因为 $|(a,x)/(a,x_0)|\leqslant 1$，所以

$$\frac{1}{2}\left(x-x_0\frac{(a,x)}{(a,x_0)}\right)\in K_n\cap L\subset K_n\backslash S_1\backslash S_2$$

因此

$$\left|l\left(\frac{1}{2}\left(x-x_0\frac{(a,x)}{(a,x_0)}\right)\right)\right|\leqslant\frac{\delta}{2},\ |\,l(x)-\varphi(x)\,|<\delta$$

定理得证.

注 如果 $l(x)$ 是一 μ 可测线性泛函,则在 $\mathscr{D}$ 中存在规范正交基$\{\boldsymbol{e}_k\}$ 使 $l(x)$ 是序列 $l(P_nx)$ 依测度 μ 的极限. 事实上,设依测度 μ 有

$$l(x)=\lim_{n\to\infty}(a_n,x)$$

存在一处处为正的函数 $\rho(x)$ 值

$$\lim_{n\to\infty}\int[(a_n,x)-l(x)]^2\rho(x)\mu(\mathrm{d}x)=0$$

$$\int|\,x\,|^2\rho(x)\mu(\mathrm{d}x)<\infty$$

设 A 是一对称算子满足

$$(Az,z)=\int(z,x)^2\rho(x)\mu(\mathrm{d}x)$$

从第五章 §5 引理得知,A 是一对称核算子. 以$\{\boldsymbol{e}_k\}$ 表示它的特征向量及以 λ_k 表示对应的特征值. 那么

$$\int[(a_m,x)-(a_n,x)]^2\rho(x)\mu(\mathrm{d}x)=(A(a_n-a_m),a_n-a_m)=\sum_{k=1}^{\infty}\lambda_k[(a_n,\boldsymbol{e}_k)-(a_m,\boldsymbol{e}_k)]^2$$

因此存在极限

$$\lim_{n\to\infty}(a_n,\boldsymbol{e}_k)=\alpha_k$$

使

$$\sum_{k=1}^{\infty}\alpha_k^2\lambda_k<\infty,l(x)=\sum_{k=1}^{\infty}\alpha_k(x,\boldsymbol{e}_k)$$

其中级数依测度 μ 收敛(参见第五章 §6).

定义在 $\mathscr{X}$ 上取值于 $\mathscr{X}$ 的可测函数 $A(x)$ 称为可测线性算子,如果存在线性算子序列 A_n 使 $A_n(x)$ 依测度 μ 弱收敛于 $A(x)$,即对所有 $y\in\mathscr{X}$,数值序列 $(A_n(x),y)$ 依测度 μ 收敛于$(A(x),y)$.

定理2 为使 $A(x)$ 是可测线性算子的充分必要条件是存在一对称紧集 K 使如下条件满足:

1) 如果 $\mathscr{D}$ 是 K 的线性包络,那么 $\mu(\mathscr{D})=1$;

2) $A(x)$ 在 $\mathscr{D}$ 上是线性的;

3) $A(x)$ 在 $\mathscr{D}$ 上是连续的.

证 定理条件的必要性如同定理1的证明. 现证明其充分性. 设 $\mathscr{L}_n$ 是使 $\cup\mathscr{L}_n$ 在 $\mathscr{X}$ 中稠密的有限维子空间的单调序列,又设 P_n 是在 $\mathscr{L}_n$ 上的投影算子. 因

为对所有 x,$A(x)$ 由 $n\to\infty$ 时 $P_nA(x)\to A(x)$ 所确定,所以只要证明对每个 n 算子 $P_nA(x)$ 是某一算子序列 $A_m^{(n)}(x)$ 依测度 μ 收敛的极限. 但在那种情况下 $P_nA_m^{(n)}(x)$ 也依测度 μ 收敛于 $P_nA(x)$. 为了后者得以实现,只要证明$(A_m^{(n)}x, \boldsymbol{e}_k)$ 依测度 μ 收敛于$(P_nA(x), \boldsymbol{e}_k)$,其中$\{\boldsymbol{e}_k\}$ 是一基,使其截段是 $\mathscr{L}_n$ 中的基. 因为$(P_nA(x), \boldsymbol{e}_k)=(A(x), \boldsymbol{e}_k)$ 是一 μ 可测线性泛函,根据定理 1 可找到向量序列 $\boldsymbol{a}_k^{(m)}$ 使当 $m\to\infty$ 时依测度 μ

$$(x, \boldsymbol{a}_k^{(m)})\to(A(x), \boldsymbol{e}_k)$$

但也依测度 μ 有

$$\sum_{k=1}^{\infty}(x, \boldsymbol{a}_k^{(m)})P_n\boldsymbol{e}_k\to P_nA(x)$$

(左端和式中仅有有限个被加项是非零的). 因此所需的算子序列 $A_m^{(n)}$ 由方程

$$(A_m^{(n)}x, \boldsymbol{e}_k)=\begin{cases}(x, d_k^{(m)}), \boldsymbol{e}_k\in\mathscr{L}_n\\0, \boldsymbol{e}_k\in\mathscr{L}_n\end{cases}$$

所确定. 定理 2 的条件的充分性得证.

§2 可测多项式函数. 正交多项式

虽然对线性可测函数我们在上一节已证实了可测函数空间和平方可积函数空间之间基本上是不同的,但是在考虑高阶多项式函数时我们仍然限于由连续多项式函数的均方极限产生的平方可积函数. 这种限制的原因一方面是平方可测函数的结构的复杂性,另一方面是平方可积函数在各种分析应用中,特别在构造正交分解式时是方便的. 但是为保证非平凡的平方可积连续多项式存在,我们应当对测度 μ 附加某些限制.

我们用 M_n 表示满足

$$\int|x|^n\mu(\mathrm{d}x)<\infty$$

的测度 μ 的类,并设

$$M_\infty=\bigcap_n M_n$$

Gauss 测度是 M_∞ 中的测度的一个例子. 对 M_∞ 中的测度来说,每个 n 阶多项式将属于 $\mathscr{L}_2(\mu)$,$\mathscr{L}_2(\mu)$ 是依测度 μ 平方可积的可测函数空间. 如果 $\mu\in M_\infty$,则所有连续多项式包含在 $\mathscr{L}_2[\mu]$ 中.

我们回顾多项式函数(或简单地说多项式) 的定义. 函数 $\Phi(x)$ 可表为

$$\Phi(x)=H(x, \cdots, x)$$

其中 $H(x_1, \cdots, x_n)$ 是 $\mathscr{X}$ 上的 n 线性型,则称 $\Phi(x)$ 为 n 次齐次多项式,而形为

$$T_n(x)=\sum_{k=0}^{n}\Phi_k(x)$$

的函数称为 n 次多项式,其中 Φ_k 是 k 次齐次多项式.对每个 k 次齐次多项式存在由多项式(对应的多项式)生成的 k 线性连续对称函数 $\widetilde{H}(x_1,\cdots,x_k)$,这样的函数被唯一地确定.设 $\{\boldsymbol{e}_k\}$ 是 $\mathscr{X}$ 中某一规范正交基,数

$$\alpha_{i_1,\cdots,i_k}=\widetilde{H}(\boldsymbol{e}_{i_1},\cdots,\boldsymbol{e}_{i_k})$$

称为函数 $\widetilde{H}$ 和在这基中的型 Φ 的系数,型 Φ 可用它的系数表为

$$\Phi(x)=\sum_{i_1,\cdots,i_k}\alpha_{i_1,\cdots,i_k}(x,\boldsymbol{e}_{i_1})\cdots(x,\boldsymbol{e}_{i_k})$$

现考虑积分

$$\int T_n(x)T'_{n'}(x)\mu(\mathrm{d}x)$$

其中 T_n 和 $T'_{n'}$ 是用 μ 的特征表示的多项式.因 $T_n(x)T'_{n'}(x)$ 是多项式,所以能确定单个多项式的积分就够了.为此只要确定一个齐次型的积分就够了.设 $\mu\in M_n$ 和 $\Phi(x)$ 是 n 次齐次型.用 H 表示对应的 n 线性连续函数.如果 P 是在某个子空间上的投影算子,则

$$\begin{aligned}&|\Phi(x)-\Phi(Px)|=|H(x,\cdots,x)-H(Px,\cdots,Px)|\leqslant\\&\sum_{k=1}^{n}|H(\underbrace{x,\cdots,x}_{k\text{个}},Px,\cdots,Px)-H(\underbrace{x,\cdots,x}_{k-1\text{个}},Px,\cdots,Px)|=\\&\sum_{k=1}^{n}|H(\underbrace{x,\cdots,x}_{k-1\text{个}},x-Px,Px,\cdots,Px)|\leqslant\\&nC\,|x-Px||x|^{n-1}\end{aligned}$$

其中

$$C=\sup\{H(x_1,\cdots,x_n):|x_i|\leqslant 1\}$$

因为当 $P\to I$ 时 $\Phi(x)-\Phi(Px)\to 0$ 和变量 $2nC|x|^n$ 按测度 μ 的积分是有界的,所以

$$\int\Phi(x)\mu(\mathrm{d}x)=\lim_{P\uparrow I}\int\Phi(Px)\mu(\mathrm{d}x)$$

选取任意规范正交基 $\{\boldsymbol{e}_m\}$ 和用 P_m 表示在由 $\boldsymbol{e}_1,\cdots,\boldsymbol{e}_m$ 所张成的子空间上的投影算子.那么

$$\int\Phi(x)\mu(\mathrm{d}x)=\lim_{m\to\infty}\int\Phi(P_m x)\mu(\mathrm{d}x)$$

如果 $\alpha_{i_1,\cdots,i_n}$ 是型 Φ 在这些基中的系数,则

$$\Phi(P_m x)=\sum_{\substack{i_k\leqslant m\\k=1,\cdots,n}}\alpha_{i_1,\cdots,i_n}(x,\boldsymbol{e}_{i_1})\cdots(x,\boldsymbol{e}_{i_n})$$

和

$$\int \Phi(P_m x)\mu(\mathrm{d}x) = \sum_{\substack{i_k \leqslant m \\ k=1,\cdots,n}} \alpha_{i_1,\cdots,i_n} \int (x, \boldsymbol{e}_{i_1}) \cdots (x, \boldsymbol{e}_{i_n}) \mu(\mathrm{d}x)$$

设

$$S_\mu^{(n)}(z_1,\cdots,z_n) = \int (x,z_1)\cdots(x,z_n)\mu(\mathrm{d}x)$$

是测度 μ 的 n 阶矩的型.那么

$$S_\mu^{(n)}(\boldsymbol{e}_{i_1},\cdots,\boldsymbol{e}_{i_n}) = \int (x,\boldsymbol{e}_{i_1})\cdots(x,\boldsymbol{e}_{i_n})\mu(\mathrm{d}x)$$

是在基$\{\boldsymbol{e}_k\}$中该型的系数.于是

$$\int \Phi(x)\mu(\mathrm{d}x) = \lim_{m\to\infty} \sum_{i_k \leqslant m} \alpha_{i_1,\cdots,i_n} S_\mu^{(n)}(\boldsymbol{e}_{i_1},\cdots,\boldsymbol{e}_{i_n})$$

为证明此表达式右边是收敛级数的和,我们指出下关系式成立

$$\int \Phi(x)\mu(\mathrm{d}x) = \lim_{m_1\to\infty,\cdots,m_n\to\infty} \int H(P_{m_1}x,\cdots,P_{m_n}x)\mu(\mathrm{d}x) =$$

$$\lim_{m_1\to\infty,\cdots,m_n\to\infty} \sum_{i_n=1}^{m_1} \cdots \sum_{i_n=1}^{m_n} H(\boldsymbol{e}_{i_1},\cdots,\boldsymbol{e}_{i_n}) S_\mu^{(n)}(\boldsymbol{e}_{i_1},\cdots,\boldsymbol{e}_{i_n})$$

这就意味着级数

$$\sum_{i_1,\cdots,i_n=1}^{\infty} H(\boldsymbol{e}_{i_1},\cdots,\boldsymbol{e}_{i_n}) S_\mu^{(n)}(\boldsymbol{e}_{i_1},\cdots,\boldsymbol{e}_{i_n}) \tag{1}$$

收敛.如果对两个 n 线性对称连续函数 H 和 $S_\mu^{(n)}$ 来说,在任意正交基中级数(1)收敛,则这级数的和(它不依赖于基的选取)将表为 $\mathrm{Sp}\ H * S_\mu^{(n)}$ 并称它为这两个型的乘积的迹.因此我们证明了公式

$$\int \Phi(x)\mu(\mathrm{d}x) = \mathrm{Sp}\ H * S_\mu^{(n)} \tag{2}$$

其中 H 是对应于齐次型 Φ 的 n 线性型,而 $S_\mu^{(n)}$ 是测度 μ 的矩的型.

多项式函数的正交系的构造 在今后,我们假定 $\mu \in M_\infty$.我们将不高于 n 次的可测多项式理解为 n 次连续多项式的均方极限.为构造出所有可测多项式,利用多项式的正交系是方便的.设 $\widetilde{\mathscr{P}}_n$ 是次数不高于 n 的所有可测多项式的集合;$\widetilde{\mathscr{P}}_n$ 是 Hilbert 空间 $\mathscr{L}_2[\mu]$ 的子空间.显然,$\widetilde{\mathscr{P}}_0 \subset \widetilde{\mathscr{P}}_1 \subset \cdots \subset \widetilde{\mathscr{P}}_n$.用 $\mathscr{P}_n$ 表示在 $\widetilde{\mathscr{P}}_n$ 中 $\widetilde{\mathscr{P}}_{n-1}$ 的正交余子空间.子空间 $\mathscr{P}_0,\mathscr{P}_1,\cdots,\mathscr{P}_n,\cdots$ 是互相正交且称为多项式的正交系.每一可测多项式可唯一地表为 $\sum c_k g_k(x)$,其中 $g_k \in \mathscr{P}_k$.为构造出所有可测多项式,只要构造出所有子空间 $\mathscr{P}_k$ 就够了.用归纳法来进行这样的构造是自然的.

设 $T(x)$ 是 n 次齐次型,它由 n 线性对称函数 H 所组成.那么

$$T(x) = P_n(H,x) - \sum_{k=0}^{n-1} Q_k(H,x) \tag{3}$$

其中 $P_n(H,x)\in\mathscr{P}_n$，$Q_k(H,x)\in\mathscr{P}_k$. 显然，$P_n(H,x)$ 和 $Q_k(H,x)$ 是线性相关于 H，用 $\widetilde{\Phi}^n$ 表示所有 n 线性连续函数的空间. 在 $\widetilde{\Phi}^n$ 中引入内积

$$< H,H' >_n=\int P_n(H,x)P_n(H',x)\mu(\mathrm{d}x) \tag{4}$$

并在这内积下将 $\widetilde{\Phi}^n$ 完备化. 所得的 Hilbert 空间用 Φ^n 表示，它的元素将称为广义型. 注意，对应 $H\leftrightarrow P_n(H,x)$ 是同构的，因此它可以扩张到整个 Φ^n 上. 我们同样用 $P_n(H,x)$ 表示在 $\mathscr{P}_n$ 中对应于 $H\in\Phi^n$ 的函数. 式(3) 中的函数 $Q_k(H,x)$ 可表为

$$Q_k(H,x)=P_k(H_k,x)$$

其中 $H_k\in\Phi^k$ 将. $H\in\widetilde{\Phi}^n$ 映为 $H_k\in\Phi^k$ 的线性算子用 U_{nk} 表示. 因此，由(3) 得

$$P_n(H,x)=T(x)+\sum_{k=0}^{n-1}P_k(V_{nk}H,x) \tag{5}$$

最后的公式表明，当 $H\in\widetilde{\Phi}^n$ 时为确定 $P_n(H,x)$ 只要知道算子 V_{nk} 就够了，而为要 $P_n(H,x)$ 扩张到 Φ^n 上则需要知道 $<\cdot,\cdot>_n$. 如果有了这两个特征，那么公式(5) 使得将构造 $P_n(H,x)$ 归结为构造 $P_k(H,x)$，$k\leqslant n$.

对 $H_n\in\widetilde{\Phi}^n$ 和 $H_k\in\widetilde{\Phi}^k$，我们用 $H_n\times H_k$ 表示$(n+k)$ 线性型 $H_n(x_1,\cdots,x_n)H_k(x_{n+1},\cdots,x_{n+k})$(这是非对称的). 由式(2)，(4)，(5) 得如下递推关系

$$< H,H' >_n=\mathrm{Sp}\,(H\times H' * S_\mu^{(2n)})-\sum_{k=0}^{n-1}< V_{nk}H,V_{nk}H' >_k \tag{6}$$

为确定 V_{nk}，我们引入双线性型 $A_{nk}(H_n,H_k)$，当 $H_n\in\widetilde{\Phi}^n$，$H_k\in\widetilde{\Phi}^k$ 时它定义为

$$A_{nk}(H,H_k)=\int T(x)P_k(H_k,x)\mu(\mathrm{d}x) \tag{7}$$

其中 $T(x)$ 是 n 次齐次型，$H\in\widetilde{\Phi}^n$ 是对应的 n 线性函数. 为确定 A_{nk}，由(5) 和(7) 还可得一递推关系

$$A_{nk}(H_n,H_k)=\mathrm{Sp}\,(H_n\times H_k * S_\mu^{(n+k)})+\sum_{j=0}^{k-1}A_{nj}(H_n,V_{kj}H_k) \tag{8}$$

最后为确定 V_{nk}，以 $P_k(H^k,x)$ 乘式(5) 并积分，得到对所有 $H\in\widetilde{\Phi}^n$ 和 $H_k\in\widetilde{\Phi}^k$ 成立的等式

$$A_{nk}(H,H_k)=-< V_{nk}H,H_k >_k \tag{9}$$

如果$\{H_m^k:m=1,2,\cdots\}$ 是 Φ^k 中某个规范正交基，则

$$V_{nk}H=-\sum_{m=1}^{n}A_{nk}(H,H_m^k)H_m^k \tag{10}$$

关系式(6)，(8)，(9) 使得能相继地确定 $<\cdot,\cdot>_0$，A_{10}，V_{10}，$<\cdot,\cdot>_1$，A_{20}，V_{20}，A_{21}，V_{21}，等等.

作为例子，我们对于均值为 0 和相关算子为 B 的 Gauss 测度考虑子空间 P_n

的构造.如果利用内积

$$(x,y)_{+}=(Bx,y)$$

和在此内积下能计算得迹,则全部公式可实质地简化.在内积$(\cdot,\cdot)_{+}$下,测度μ的矩的型有很简单的形式:当n是奇数时,$S_n^{+}(z_1,\cdots,z_n)=0$;而当$n$是偶数时

$$S_n^{+}(z_1,\cdots,z_n)=\sum\prod_{k=1}^{\frac{n}{2}}(z_{i_k},z_{j_k})_{+}$$

其中和号是对于数$1,2,\cdots,n$分成$n/2$个偶对(i_k,j_k)的所有可能分法来取的.由等式

$$S_n^{+}(z_1,\cdots,z_n)=\mathrm{i}^{-n}\frac{\partial^n}{\partial\alpha_1\cdots\partial\alpha_n}\int\exp\left\{\mathrm{i}\left(x,\sum_{k=1}^{n}\alpha_k,z_k\right)\right\}\mu(\mathrm{d}x)\Big|_{\substack{\alpha_1=0\\ \vdots\\ \alpha_n=0}}=$$

$$\mathrm{i}^{-n}\frac{\partial^n}{\partial\alpha_1\cdots\partial\alpha_n}\exp\left\{-\frac{1}{2}\left(\sum_{k=1}^{n}\alpha_k z_k,\sum_{k=1}^{n}\alpha_k z_k\right)_{+}\right\}_{\substack{\alpha_1=0\\ \vdots\\ \alpha_n=0}}$$

得到最后的公式.在内积$(\cdot,\cdot)_{+}$下将用Sp_{+}表示迹,引入由公式

$$\mathrm{Sp}_{+}^{2}H(z_1,\cdots,z_{n-2})=\sum_{k=1}H(\boldsymbol{e}_k,\boldsymbol{e}_k,\boldsymbol{e}_1,\cdots,z_{n-2})$$

所定义的由$\widetilde{\Phi}^n$到$\widetilde{\Phi}^{n-2}$的映象,其中$\{\boldsymbol{e}_k\}$是在内积$(\cdot,\cdot)_{+}$下某个规范正交基.我们将相继地构造出算子V_{nk}和内积$\langle\cdot,\cdot\rangle_n$.首先计算

$$\mathrm{Sp}_{+}(H_n\times H_k * S_{n+k}^{+})$$

当$n+k$是奇数时这量等于0.设$n+k=2m$.我们指出,为计算

$$\mathrm{Sp}_{+}(H_{n+k} * S_{n+k}^{+})$$

其中H_{n+k}是$n+k$线性型,需要将自变量H_{n+k}划分为各种可能的偶对,然后对每个偶对进行卷积(即用规范正交基中同样的向量代替自变量的这一偶对并按基求和)且相加这些结果.设自变量$H_n\times H_k$划分成偶对,使包含H_n和H_k的有s个偶对.按余下的偶对分别卷积每个型,我们得

$$(\mathrm{Sp}_{+}^{2})^{\frac{n-s}{2}}H_n\text{ 和 }(\mathrm{Sp}_{+}^{2})^{\frac{k-s}{2}}H_k$$

这些分法的数目是

$$C_n^s k(k-1)\cdots(k-s+1)(n-s-1)!!\ (k-s-1)!!\ =$$

$$\frac{n!\ k!}{s!\ (n-s)!!\ (k-s)!!}$$

于是,令

$$\frac{k-s}{2}=j,\frac{n-k}{2}=r$$

得

$$\mathrm{Sp}_{+}(H_n\times H_k * S_{n+k}^{+})=$$

$$\sum_{j\leqslant\frac{k}{2}}\frac{n!\ k!}{s!\ (n-s)!!\ (k-s)!!}\mathrm{Sp}_{+}\{(\mathrm{Sp}_{+}^{2})^{j+r}H_n * (\mathrm{Sp}_{+}^{2})^{j}H_k\}$$

利用这式可以确定

$$V_{2n,0}H_{2n}=-(2n-1)!!\ (\mathrm{Sp}\,{}_{+}^{2})^{n}H_{2n}$$
$$V_{2n+1,1}H_{2n+1}=-(2n+1)!!\ (\mathrm{Sp}\,{}_{+}^{2})^{n}H_{2n+1}$$

其次

$$\begin{aligned}A_{2n,2}(H_{2n},H_{2})=&\frac{(2n)!}{(2n-2)!!}\mathrm{Sp}_{+}((\mathrm{Sp}\,{}_{+}^{2})^{n-1}H_{2n}\times H_{2})+\\&(2n-1)!!\ (\mathrm{Sp}\,{}_{+}^{2})^{n}H_{2n}(\mathrm{Sp}\,{}_{+}^{2}H_{2})-\\&A_{2n,0}(H_{2n},V_{2,0}H_{2})=\\&\frac{(2n)!}{(2n-2)!!}\mathrm{Sp}_{+}((\mathrm{Sp}\,{}_{+}^{2})^{n-1}H_{2n}*H_{2})\end{aligned}$$

于是

$$V_{2n,2}=-\frac{(2n)!}{(2n-2)!!\ 2}(\mathrm{Sp}\,{}_{+}^{2})^{n-1}H_{2n}$$

用归纳法可验证

$$A_{2n,2k}(H_{2n},H_{2k})=\frac{(2n)!}{(2n-2k)!!}\mathrm{Sp}_{+}((\mathrm{Sp}\,{}_{+}^{2})^{n-k}H_{2n}\times H_{2k})$$
$$<H_{2k},\widetilde{H}_{2k}>_{2k}=(2k)!\ \mathrm{Sp}_{+}H_{2k}*\widetilde{H}_{2k}$$

且因此有

$$V_{2n,2k}H_{2n}=-\frac{(2n)!}{(2n-2k)!!\ (2k)!}(\mathrm{Sp}\,{}_{+}^{2})^{n-k}H_{2n}$$

同样地

$$V_{2n+1,2k+1}H_{2n+1}=-\frac{(2n+1)!}{(2n-2k)!!\ (2k+1)!}(\mathrm{Sp}\,{}_{+}^{2})^{n-k}H_{2n+1}$$

因此,最后得

$$<H_{n},\widetilde{H}_{n}>_{n}=n!\ \mathrm{Sp}_{+}H_{n}*\widetilde{H}_{n}$$
$$V_{nk}H_{n}=\begin{cases}0,n+k\text{ 是奇数}\\-\dfrac{n!}{(n-k)!!\ k!}(\mathrm{Sp}\,{}_{+}^{2})^{\frac{n-k}{2}}H_{n},n+k\text{ 是偶数}\end{cases}$$

现在研究可测多项式在 $\mathscr{L}_2[\mu]$ 处处稠密的问题. 下引理给出一个充分条件.

引理 如果测度 μ 的特征泛函 $\varphi(z)$ 使对每个 z,函数 $\varphi(tz)$ 在 0 的某个邻域中是 t 的解析函数,则可测多项式的集合在 $\mathscr{L}_2[\mu]$ 中稠密.

证 用 $\mathscr{P}$ 表示所有可测多项式的集合的闭包. 我们证明 $e^{i(x,z)}$ 作为 x 的函数属于 $\mathscr{P}$. 为此只要证明对实变数的多项式的某个序列 $q_n(t)$ 有

$$\lim_{n\to\infty}\int|e^{i(z,x)}-q_n((z,x))|^2\mu(dx)=0\tag{11}$$

就够了.

用 $F(t)$ 表示分布函数

$$F(\lambda)=\mu(\{x:(z,x)<\lambda\})$$

式(11) 等位于下式

$$\lim_{n\to\infty}\int|e^{i\lambda}-q_n(x)|^2 dF(\lambda)=0 \tag{12}$$

由于

$$\varphi(2t)=\int e^{i+\lambda} dF(\lambda)$$

所以由这函数在 0 的邻域的解析性，对某个 $\delta>0$ 有

$$\int e^{\delta|\lambda|} dF(\lambda)<\infty$$

设 $\mathscr{L}$ 是复值函数 $g(\lambda)$ 满足

$$\int|g(\lambda)^2|^2 dF(\lambda)<\infty$$

并有内积

$$\int g_1(\lambda)\overline{g_2(\lambda)} dF(\lambda)$$

的空间. 设 $\mathscr{L}'$ 是所有多项式的集合在 $\mathscr{L}$ 的闭包，并设 $g(\lambda)$ 是函数 $e^{i\lambda}$ 在 $\mathscr{L}'$ 上的投影. 那么对所有 $n\geqslant 0$ 有

$$\int(e^{i\lambda}-g(\lambda))\lambda^n dF(\lambda)=0$$

当 $|t|<\frac{\delta}{2}$ 时，利用不等式

$$\left|\sum_{n=1}^{m}\frac{(i\lambda t)^n}{n!}\right|\leqslant e^{\lambda|t|}$$

$$2\left|(e^{i\lambda}-g(\lambda)\sum_{n=1}^{m}\frac{(i\lambda t)^n}{n!}\right|\leqslant|e^{i\lambda}-g(\lambda)|^2+e^{|\lambda|\delta}$$

得

$$0=\lim_{m\to\infty}\int(e^{i\lambda}-g(\lambda))\sum_{n=1}^{m}\frac{(i\lambda t)^n}{n!} dF(\lambda)=$$

$$\int(e^{i\lambda}-g(\lambda))e^{i\lambda t} dF(\lambda)$$

对 t 微分这关系式，我们发现当 $|t|<\frac{\delta}{2}$ 时

$$\int(e^{i\lambda}-g(\lambda))e^{i\lambda t}\lambda^n dF(\lambda)=0$$

于是，当 $|t|<\frac{\delta}{2}$ 且 $|u|<\frac{\delta}{2}$ 时

$$0=\int(\mathrm{e}^{\mathrm{i}\lambda}-g(\lambda))\mathrm{e}^{\mathrm{i}\lambda t}\sum_{n=0}^{\infty}\frac{(\mathrm{i}\lambda u)^n}{n!}\mathrm{d}F(\lambda)=$$

$$\int(\mathrm{e}^{\mathrm{i}\lambda}-g(\lambda))\mathrm{e}^{\mathrm{i}\lambda t+\mathrm{i}\lambda u}\mathrm{d}F(\lambda)$$

或当 $|t|<\delta$ 时

$$0=\int(\mathrm{e}^{\mathrm{i}\lambda}-g(\lambda))\mathrm{e}^{\mathrm{i}\lambda t}\mathrm{d}F(\lambda)$$

继续上述论证，我们得，对所有 t 有

$$\int(\mathrm{e}^{\mathrm{i}\lambda}-g(\lambda))\mathrm{e}^{\mathrm{i}\lambda t}\mathrm{d}F(\lambda)=0$$

令 $t=-1$，我们得

$$\int(\mathrm{e}^{\mathrm{i}\lambda}-g(\lambda))\mathrm{e}^{-\mathrm{i}\lambda}\mathrm{d}F(\lambda)=0$$

连同等式

$$\int(\mathrm{e}^{\mathrm{i}\lambda}-g(\lambda))\overline{g(\lambda)}\mathrm{d}F(\lambda)=0$$

一起就得出式

$$\int|\mathrm{e}^{\mathrm{i}\lambda}-g(\lambda)|^2\mathrm{d}F(\lambda)=0$$

由此得(12).

我们来证明，任一可测有界函数属于集合 $\mathscr{P}$. 设 $f(x)$ 是这样的函数. 选取紧集 K，使 $\mu(\mathscr{X}-K)<\varepsilon$. 函数 $f(x)$ 在 K 上一致连续，且因此对每个 $\varepsilon>0$ 可以找到 $\delta>0$，使当 $|x-y|<\delta$ 时 $|f(x)-f(y)|<\varepsilon$.

设 N 是 K 中的 δ 网的有限维子空间，在 N 上的投影算子表为 P，K' 是 K 在 N 上的投影. 在 N 上存在一三角多项式 $T(x)$，使当 $x\in K'$ 时

$$|f(Px)-T(x)|<\varepsilon$$

且按绝对值它不超过 $\sup\limits_x|f(x)|$. 容易证明

$$\int|f(x)-T(Px)|^2\mu(\mathrm{d}x)=O(\varepsilon)$$

因此，除三角多项式外，还有全体有界连续函数属于集合 $\mathscr{P}$. 因为所有有界连续函数构成 $\mathscr{L}_2[\mu]$ 中的稠密集，所以 $\mathscr{L}_2[\mu]\subset\mathscr{P}$. 引理得证.

现在我们引进一个例子来说明，即使在实直线上也存在这样的测度，对该测度所有平方可测多项式在 $\mathscr{L}_x[\mu]$ 不稠密. 设在 $\mathscr{R}'$ 上用密度

$$f(x)=\begin{cases}\dfrac{1}{\sqrt{2\pi}}\dfrac{1}{x}\mathrm{e}^{-\frac{1}{2}\log^2 x},x>0\\0,x\leqslant 0\end{cases}$$

定义测度 μ. 考虑 $\mathscr{L}_2[\mu]$ 中函数 $g(x)$

$$g(x)=\begin{cases}\exp\{\varepsilon\log^2 x\}\sin\pi(1-2\varepsilon)\log x, x>0\\ 0, x\leqslant 0, \varepsilon<\dfrac{1}{4}\end{cases}$$

对所有整数 k 下等式成立

$$\int x^k g(x)f(x)\mathrm{d}x=$$

$$\frac{1}{\sqrt{2\pi}}\int_{-\infty}^{\infty}\mathrm{e}^{kt}\mathrm{e}^{-\frac{1}{2}(1-2\varepsilon)t^2}\sin\pi(1-2\varepsilon)t\mathrm{d}t=$$

$$\frac{1}{2\mathrm{i}\sqrt{2\pi}}\int_{-\infty}^{\infty}\exp\{(k+\mathrm{i}\pi(1-2\varepsilon))t-\frac{1}{2}(1-2\varepsilon)t^2\}\mathrm{d}t-$$

$$\frac{1}{2\mathrm{i}\sqrt{2\pi}}\int_{-\infty}^{\infty}\exp\{(k-\mathrm{i}\pi(1-2\varepsilon))t-\frac{1}{2}(1-2\varepsilon)t^2\}\mathrm{d}t=$$

$$\frac{1}{2\mathrm{i}\sqrt{1-2\varepsilon}}\left(\exp\left\{\frac{(k+\mathrm{i}\pi(1-2\varepsilon))^2}{2(1-2\varepsilon)}\right\}-\exp\left\{\frac{(k-\mathrm{i}\pi(1-2\varepsilon))^2}{2(1-2\varepsilon)}\right\}\right)=0$$

因此，函数 $g(x)$ 正交于所有多项式.

§3　可测映象

设 $\mathscr{X}$和 $\mathscr{Y}$是两个Hilbert空间，分别有Borel集的σ代数$\mathfrak{A}$和$\mathfrak{B}$. 定义在$\mathfrak{A}$可测集D_k上取值于$\mathscr{Y}$的函数$R(x)$如果对所有$B\in\mathfrak{B}$，$R^{-1}(B)\in\mathfrak{A}$，则称$R(x)$为$\mathscr{X}$到$\mathscr{Y}$的可测映象. 如果$\mu(D_k)=1$，这样的映象将称为μ—可测或关于测度μ可测. 其次，在本节中可测映象始终理解为关于相应的测度的可测映象. 如果映象R是μ 可测，用

$$v(B)=\mu^{-1}(R^{-1}(B))$$

定义 v，则映象R将测度μ 变换为$(\mathscr{Y},\mathfrak{B})$ 上的测度 v. 按测度 v 计算积分可归结为按测度μ 计算积分：对任意 $\mathfrak{B}$ 可测函数 $f(y)$ 有

$$\int f(y)\gamma(\mathrm{d}y)=\int f(R(x))\mu(\mathrm{d}x)$$

只要这些积分中有一个有定义. 在各种应用中，从测度 μ 的已知的特征确定测度 v 的特征(特征函数或矩函数)，是一个重要的问题.

由 $\mathscr{X}$到 $\mathscr{Y}$的连续映象是可测映象的最简单例子. 下面的定理表明了连续映象和可测映象之间的联系.

定理　对任一 μ 可测映象$R(x)$ 均可找到连续映象序列 $R_n(x)$，使

$$R(x)=\lim_{n\to\infty}R_n(x)\quad(\mathrm{mod}\ \mu)$$

证　只要证明对任意 $\varepsilon>0$ 可找到由 $\mathscr{X}$到 $\mathscr{Y}$的连续映象 $\bar{R}(x)$，使

$$\mu(\{x:|\bar{R}(x)-R(x)|>\varepsilon\})<\varepsilon$$

用 γ 表示在映象 R 下 μ 变换成的 $(\mathscr{Y},\mathfrak{B})$ 上的测度. 设 K 是 $\mathscr{Y}$ 中的紧集,使

$$\gamma(\mathscr{Y}-K)<\frac{\varepsilon}{2}$$

用 K' 表示在映象 R 下 K 的原象. 那么

$$\mu(\mathscr{X}-K')<\frac{\varepsilon}{2}$$

设 N 是 K 中的 $\frac{\varepsilon}{2}$ 网,且是 $\mathscr{Y}$ 中的有限维线性子空间, $Y_1,\cdots,Y_m$ 是 N 中的基. 那么对所有 $x\in K$

$$\left|R(x)-\sum_{k=1}^{m}(R(x),y_k)y_k\right|<\frac{\varepsilon}{2}$$

因为 $(R(x),y_k)$ 是按测度 μ 的可测函数,所以存在连续函数 $\varphi_k(x)$,使

$$\mu\left(\left\{x:|\varphi_k(x)-(R(x),y_k)|>\frac{\varepsilon}{2m}\right\}\right)<\frac{\varepsilon}{2m}$$

那么

$$\begin{aligned}&\mu\left(\left\{x:\left|R(x)-\sum_{1}^{m}\varphi_k(x)y_k\right|>\varepsilon\right\}\right)<\\&\left(\left\{x:\left|R(x)-\sum_{1}^{m}(R(x),y_k)y_k\right|>\frac{\varepsilon}{2}\right\}\right)+\\&\sum_{k=1}^{m}\mu\left(\left\{x:|(R(x),y_k)-\varphi_k(x)|>\frac{\varepsilon}{2m}\right\}\right)\end{aligned}$$

余下只要注意到映象

$$\bar{R}(x)=\sum_{k=1}^{m}\varphi_k(x)y_k$$

是连续的. 定理得证.

在研究由 $\mathscr{X}$ 到 $\mathscr{Y}$ 的可测映象时只要研究由 $\mathscr{X}$ 到 $\mathscr{X}$ 的可测映象就够了,因为由 $\mathscr{X}$ 到 $\mathscr{Y}$ 的每一可测映象可表为由 $\mathscr{X}$ 到 $\mathscr{X}$ 的可测映象和由 $\mathscr{X}$ 到 $\mathscr{Y}$ 的连续映象的复合.

多项式映象 现考虑 $\mathscr{X}$ 到 $\mathscr{X}$ 的映象. 映象 R 称为是多项式的,如果对任意 z, $(R(x),z)$ 是 x 的多项式. 如果对任意 z 表示式 $(R(x),z)$ 是 n 次齐次多项式型,那么称 $R(x)$ 为 n 次齐次多项式映象. 在研究齐次多项式映象时,下面所考虑的某些标准映象起着重要作用.

用 $\mathscr{X}^{0k}$ 表示 K 线性对称连续型 S 的空间, S 要求满足条件

$$\mathrm{Sp}\ S*S<\infty$$

有内积

$$(S,T)=\mathrm{Sp}\ S*T$$

的空间 $\mathscr{X}^{0k}$ 是可分Hilbert空间. 用 $\mathfrak{B}^k$ 表示在 $\mathscr{X}^{0k}$ 中的Borel集的 σ 代数. 考虑由关系式

$$x \overset{T}{\leftrightarrow} T_x(z_1,\cdots,z_k)=\prod_{j=1}^{k}(z_j,x)$$

所定义的 $\mathscr{X}$ 到 $\mathscr{X}$ 的映象. 这映象是连续的,这因为

$$\begin{aligned}&\mathrm{Sp}\,(T_{x_1}-T_{x_2})*(T_{x_1}-T_{x_2})=\\&\sum_{i_1,\cdots,i_k}\Big(\prod_{j=1}^{k}(x_1,e_{i_j})-\prod_{j=1}^{k}(x_2,e_{i_j})\Big)^2=\\&\sum_{i_1,\cdots,i_k}\Big\{\sum_{l=1}^{k}\prod_{j=1}^{l-1}(x_1,e_{i_j})(x_1-x_2,e_{i_j})\prod_{j=l+1}^{k}(x_2,e_{i_j})\Big\}^2\leqslant\\&k^2\mid x_1-x_2\mid^2\max_{l\leqslant k}\{\mid x_1\mid^{2l-2}+\mid x_2\mid^{2l-2}\}\end{aligned}$$

于是,它是可测的. 利用式

$$\mu^{0k}(A)=\mu(T^{-1}(A))$$

在 $\mathscr{X}^{0k}$ 上引进测度 μ^{0k},测度 μ^{0k} 称为测度 μ 的 k 次幂. 注意 μ^{0k} 是在概率空间 $(\mathscr{X},\mathfrak{B},\mu)$ 上取值于 $\mathscr{X}^{0k}$ 的随机变量 T_x 的分布.

用 $\varphi_k(T)$ 表示测度 μ^{0k} 的特征泛函. 因为

$$\mathrm{Sp}\ T_x*S=S(x,\cdots,x)$$

所以

$$\varphi_k(S)=\int \mathrm{e}^{\mathrm{iSp}\,T*S}\mu^{0k}(\mathrm{d}T)=\int \mathrm{e}^{\mathrm{i}S(x,\cdots,x)}\mu(\mathrm{d}x)$$

因此,$\varphi_k(S)$ 由测度 μ 所确定,从而也就由测度 μ 的特征泛函 $\varphi(z)$ 所确定. 现来讨论由 $\varphi(z)$ 计算 $\varphi_k(S)$ 的一些方法. 设 $V_{u_1,\cdots,u_k}$ 是 $\mathscr{X}^{0k}$ 中形为

$$V_{u_1,\cdots,u_k}(z_1,\cdots,z_k)=\prod_{1}^{k}(u_j,z_j)$$

的型. 那么

$$\varphi_k(V_{u_1,\cdots,u_k})=\int \exp\Big\{\mathrm{i}\prod_{1}^{k}(x,u_j)\Big\}\mu(\mathrm{d}x)$$

为计算右边的积分,注意 $\varphi(t_1u_1+\cdots+t_ku_k)$ 是变量 $(x,u_1),\cdots,(x,u_k)$ 的联合特征函数,且

$$\int \exp\Big\{\mathrm{i}s\prod_{j=1}^{k}(x,u_j)\Big\}\mu(\mathrm{d}x)$$

是在概率空间 $(\mathscr{X},\mathfrak{B},\mu)$ 上变量 $\prod_{j=1}^{k}(x,u_j)$ 的特征函数. 如果函数 $\varphi(t_1u_1+\cdots+t_ku_k)$ 关于 $t_1,\cdots,t_k$ 绝对可积,则

$$\varphi_k(V_{u_1,\cdots,u_k})=\Big(\frac{1}{2\pi}\Big)^k\int\cdots\int \exp\{\mathrm{i}s_1\cdots s_k-\mathrm{i}s_1t-\cdots-$$

$$\mathrm{i}s_k t_k\}\varphi(t_1u_1+\cdots+t_ku_k)\mathrm{d}t_1\cdots\mathrm{d}t_k\mathrm{d}s_1\cdots\mathrm{d}s_k \tag{1}$$

如果利用某些通常用的步骤计算(1) 的积分(例如，在积分号下引入因子 $\exp\{-\varepsilon\Sigma t_j^2\}$，然后在 $\varepsilon\to 0$ 时取极限)，则式(1) 对任意特征泛函 φ 是正确的.

考虑联合特征泛函

$$\varphi_{k,1}(T,z)=\int\exp\{\mathrm{i}T(x,\cdots,x)+\mathrm{i}(z,x)\}\mu(\mathrm{d}x)$$

设

$$\int|x|^k\mu(\mathrm{d}x)<\infty$$

那么对 $\mathscr{X}^{0k}$ 中的任意型 S 如下关系式成立

$$\mathrm{Sp}\ \mathrm{d}_z^k\varphi_{k,1}(T,z)*S=\mathrm{i}^k\int S(x,\cdots,x)\exp\{\mathrm{i}T(x,\cdots,x)+\mathrm{i}(z,x)\}\mu(\mathrm{d}x)$$

其中 $\mathrm{d}_z^k\varphi_{k,1}(T,z)$ 是函数 $\varphi_{k1}(T,z)$ 关于 z 的 k 次微分(这微分是 k 线性型). 另一方面

$$\mathrm{i}\int S(x,\cdots,x)\exp\{\mathrm{i}T(x,\cdots,x)+\mathrm{i}(z,x)\}\mu(\mathrm{d}x)=\mathrm{Sp}\ d_T\varphi_{k,1}(T,z)*S$$

其中 $d_T\varphi_{k,1}(T,z)$ 是函数 $\varphi_{k,1}(T,z)$ 关于 T 的一次微分.

因此，满足微分方程

$$\mathrm{i}^{k-1}d_T\varphi_{k,1}(T,z)=d_z^k\varphi_{k,1}(T,z) \tag{2}$$

还要指出，$\varphi_{k,1}(V_{u_1,\cdots,u_k},z)$ 可按式(1) 计算，只要在(1) 的右边以 $\varphi(z+t_1u_1+\cdots+t_ku_k)$ 代替 $\varphi(t_1u_1+\cdots+t_ku_k)$ 即可.

设 V 是由 $\mathscr{X}^{0k}$ 到 $\mathscr{X}$ 的任一可测线性映象. 复合映象

$$\mathscr{X}\xrightarrow{T}\mathscr{X}^{0k}\xrightarrow{V}\mathscr{X}$$

将称为 k 次可测多项式映象. 设 $R(x)$ 是这样的映象. 那么对每个 $z(R(x),z)$ 是 k 次齐次多项式或者是这些多项式依测度 μ 的极限.

事实上，如果 $R(x)=VT_x$，其中 V 是由 $\mathscr{X}^{0k}$ 到 $\mathscr{X}$ 的可测线性映象，则 $(R(x),z)=V_z^*(T_x)$，其中 V^* 是 V 的共轭映象(参见 §1)(它将 $\mathscr{X}$ 上的可测线性泛函变换为 $\mathscr{X}^{0k}$ 上的可测线性泛函)，V_z^* 是 $\mathscr{X}^{0k}$ 上的泛函，它是 $\mathscr{X}$ 上的泛函 $(z,\cdot)$ 的象，$V_z^*(S)$ 是泛函 V_z^* 作用于 $S\in\mathscr{X}^{0k}$ 的值.

如果 V_z^* 是连续泛函，则 $V_z^*(T_x)$ 是 k 次齐次多项式. 如果 V_z^* 还是定义在 $\mathscr{X}^{0k}$ 上的连续线性泛函 g_n 依测度 μ^{0k} 的极限，则依测度 $\mu g_n(T_x)\to V_z^*(T_x)$，而 $g_n(T_x)$ 是 k 次齐次多项式. 反之，设 $R(x)$ 是由 $\mathscr{X}$ 到 $\mathscr{X}$ 的齐次多项式映象. 用 S_z 表示满足

$$(R(x),z)=S_z(x,\cdots,x)$$

的 k 线性型. 如果 T_x 是 $\mathscr{X}^{0k}$ 中由等式

$$T_x(z_1,\cdots,z_k)=(x,z_1)\cdots(x,z_k)$$

所确定的元素,则$(R(x),z)=\mathrm{Sp}\, S_z * T_x$. 显然,$S_z$ 是 $\mathscr{X}$到 $\mathscr{X}^{0k}$ 的线性映象,以U表示它:$S_z=U_z$. 则

$$(R(x),z)=\mathrm{Sp}\, U_z * T_x=(z,U^* T_x)$$

其中U^* 是U的共轭算子. 因此$R(x)=U^* T_x$,其中U^* 是由 $\mathscr{X}^{0k}$ 到 $\mathscr{X}$的连续线性映象.

现设$R(x)$是k阶连续映象$R_n(x)$依测度μ的极限. 那么$R_n(x)=V_n T_x$ 且$R_n(x)$ 按测度μ几乎处处收敛. 因此存在由空间 $\mathscr{X}^{0k}$ 到 $\mathscr{X}$的可测线性映象V使$V_n T$ 依测度μ^{0k} 收敛于V且$R(x)=VT_x$.

利用函数 $\varphi_k(T)$ 容易求得测度 v 的特征函数,v 是在 k 次可测多项式映象$R(x)$ 下由测度 μ 变换得到的

$$v(A)=\mu(R^{-1}(A))$$

事实上

$$\varphi_\gamma(z)=\int \mathrm{e}^{\mathrm{i}(z,R(x))}\mu(\mathrm{d}x)=\int \mathrm{e}^{\mathrm{i}(z,VT_x)}\mu(\mathrm{d}x)=$$
$$\int \mathrm{e}^{\mathrm{i}(V*z,T)}\mu^{0k}(\mathrm{d}T)=\varphi_k(V_z^*) \tag{3}$$

用多项式的正交系展开可测映象 设测度 μ 使全体多项式的集合在$\mathscr{L}_2[\mu]$ 中稠密,而$R(x)$是由 $\mathscr{X}$到 $\mathscr{X}$的可测映象,满足条件

$$\int |R(x)|^2\mu(\mathrm{d}x)<\infty$$

那么对每一 $z\in\mathscr{X}$,表示式$(R(x),z)$ 可按 §2 所构造的正交子空间 $\mathscr{P}_k$ 展开

$$(R(x),z)=\sum_{k=0}^{\infty}P_k(z,x)$$

其中 $P_k(z,x)\in\mathscr{P}_k$. 显然,$P_k(z,x)$ 线性地依赖于 z. 在 $\mathscr{X}$中取某一规范正交基$\{\boldsymbol{e}_k\}$. 那么

$$\int\sum_{i=1}^{\infty}|P_k(\boldsymbol{e}_i,x)|^2\mu(\mathrm{d}x)\leqslant\sum_{i=1}^{\infty}\int(R(x),\boldsymbol{e}_i)^2\mu(\mathrm{d}x)=$$
$$\int|R(x)|^2\mu(\mathrm{d}x)$$

因此,级数

$$\sum_{i=1}^{\infty}P_k(\boldsymbol{e}_i,x)\boldsymbol{e}_i=R_x(x)$$

依测度 μ 收敛,且

$$P_k(z,x)=\sum_{i=1}^{\infty}P_k(\boldsymbol{e}_i,x)(z,\boldsymbol{e}_i)=(R_k(x),z)$$

因此,在上述假设下可测映象 $R(x)$ 可表为

$$R(x)=\sum_{k=1}^{\infty}R_k(x)$$

其中每个映象 R_k 是 k 次可测多项式映象和级数在均方意义下收敛. 当 $k\neq i$ 时映象 R_k 和 R_i 在下述意义下正交:对每一有界算子 B 等式

$$\int(BR_k(x),R_i(x))\mu(\mathrm{d}x)=0$$

成立. 事实上,因为当 $k\neq i$ 时 $(R_k(x),z)$ 和 $(R_i(x),z)$ 正交,所以

$$\int(BR_k(x),R_i(x))\mu(\mathrm{d}x)=\int\sum_{j=1}^{\infty}(BR_k(x),\boldsymbol{e}_j)(\boldsymbol{e}_j,R_i(x))\mu(\mathrm{d}x)=$$

$$\int\sum_{j=1}^{\infty}(R_k(x),B\boldsymbol{e}_j)(R_i(x),\boldsymbol{e}_j)\mu(\mathrm{d}x)=0$$

因此

$$\int|R(x)|^2\mu(\mathrm{d}x)=\sum_{k=1}^{\infty}\int|(R_k(x)|^2\mu(\mathrm{d}x)$$

和

$$\int(R(x),z)^2\mu(\mathrm{d}x)=\sum_{k=1}^{\infty}\int(R_k(x),z)^2\mu(\mathrm{d}x)\tag{4}$$

式(4) 给出了计算测度 v 的相关算子的可能性,v 是在映象 $R(x)$ 下由测度 μ 变换得到.

§4 变换测度的某些特征的计算

在这一节给出的结果使我们能确定由给定的测度通过可测映象获得的测度的特征泛函和某些其他的特征. 一些类似的结果在前面已遇到过. 例如,在第七章 §3 就曾得到过变换测度关于原来的测度的密度公式,在本章 §1 已给出了从已知测度通过可测线性变换得到的测度的特征泛函公式,而在 §3 得到了从已知测度通过可测齐次多项式变换所得的测度的特征泛函的类似公式. 当然下面所提供的结果对解决在概率测度的可测变换理论所遇到的所有问题是不够的. 然而对很多重要的应用问题根据这些结果可以建立关于解的计算算法.

变换群 设在 Hilbert 空间 $\mathscr{X}$ 中给出依赖于实参数 t 由微分方程

$$\frac{\mathrm{d}}{\mathrm{d}t}R_t(x)=\mathscr{G}(R_t(x))\tag{1}$$

所确定的变换群 $R(t)$,其中 $\mathscr{G}(x)$ 是 $\mathscr{X}$ 到 $\mathscr{X}$ 的连续映象,它保证在满足对所有 $x\in\mathscr{X}$,$R_0(x)=x$ 的初始条件下,方程(1) 有唯一解. 那么对所有 t,$R_t(x)$ 也是 $\mathscr{X}$ 到 $\mathscr{X}$ 的连续映象. 设 μ 是$(\mathscr{X},\mathfrak{B})$ 上某一概率测度,而 v_t 是由测度 μ 通过映象

$R_t(x)$ 得到的.用 $\varphi_t(z)$ 和 $\varphi(z)$ 分别表示测度 v_t 和 μ 的特征泛函.那么

$$\varphi_t(z)=\int \mathrm{e}^{\mathrm{i}(z,R_t(x))}\mu(\mathrm{d}x) \tag{2}$$

设

$$\int |\mathscr{G}(R_t(x))|\mu(\mathrm{d}x)<\infty$$

那么在(2)的右边的积分可按 t 微分且

$$\frac{\partial}{\partial t}\varphi_t(z)=\mathrm{i}\int(z,\mathscr{G}(R_t(x))\mathrm{e}^{\mathrm{i}(z,R_t(x))}\mu(\mathrm{d}x)=$$

$$\mathrm{i}\int(z,\mathscr{G}(x))\mathrm{e}^{\mathrm{i}(z,x)}v_t(\mathrm{d}x)$$

对于 $\mathscr{G}(x)$ 附加某些假设后,后一等式的右边可以用 $\varphi_t(z)$ 表示出.设

$$\mathscr{G}(x)=\mathscr{G}_1(x)+\mathscr{G}_2(x)$$

其中 $\mathscr{G}_1(x)$ 是多项式映象,而 $\mathscr{G}_2(x)$ 假定有如下表示

$$\mathscr{G}_2(x)=\int \mathrm{e}^{\mathrm{i}(u,x)}\rho(\mathrm{d}u) \tag{3}$$

其中 $\rho(\mathrm{d}u)$ 是定义在$(\mathscr{X},\mathfrak{B})$上某个取值于 $\mathscr{X}$ 具有有界变差的可数可加集函数.那么,如果

$$(\mathscr{G}_1(x),z)=\sum_{k=0}^{n}H_k^z(x,\cdots,x)$$

其中 $H_k^z(x_1,\cdots,x_k)$ 是连续 k 线性型,则

$$\int(\mathscr{G}_1(x),z)\mathrm{e}^{\mathrm{i}(z,x)}v_t(\mathrm{d}x)=\sum_{k=0}^{n}\mathrm{i}^{-k}\mathrm{Sp}\ d^k\varphi_t(z)*H_k^z$$

另一方面

$$\int(z,\mathscr{G}_2(x))\mathrm{e}^{\mathrm{i}(z,x)}v_t(\mathrm{d}x)=\iint \mathrm{e}^{\mathrm{i}(u,x)}\mathrm{e}^{\mathrm{i}(z,x)}(z,\rho(\mathrm{d}u))v_t(\mathrm{d}x)=$$

$$\int\left[\int \mathrm{e}^{\mathrm{i}(u+z,x)}v_t(\mathrm{d}x)\right](z,\rho(\mathrm{d}u))=$$

$$\int\varphi_t(u+z)(z,\rho(\mathrm{d}u))$$

因此,在上述假设下 $\varphi_t(z)$ 满足如下积分-微分方程

$$\frac{\partial}{\partial t}\varphi_t(z)=\mathrm{i}\sum_{k=0}^{m}\mathrm{i}^{-k}\mathrm{Sp}\ d^k\varphi_t(z)*H_k^z+\mathrm{i}\int\varphi_t(u+z)(z,\rho(\mathrm{d}u)) \tag{4}$$

接近于线性的变换 如果变换接近于线性,借助取值于 $\mathscr{X}$ 的有界变差的可数-可加函数的 Fourier 变换,可以利用映象的表示式确定变换测度的特征泛函.设 $R(x)=Vx+\varepsilon\mathscr{G}_2(x)$,其中 V 是连续线性算子,ε 是足够小的数,而 $\mathscr{G}_2$ 是按(3)所表示.那么 $\mathscr{G}_2$ 有界且

$$\varphi_v(z)=\int \mathrm{e}^{\mathrm{i}(z,x)}v(\mathrm{d}x)=\int \mathrm{e}^{\mathrm{i}(z,Vx+\varepsilon\mathscr{G}_2(x))}\mu(\mathrm{d}x)=$$

$$\int\sum_{k=0}^{\infty}\frac{i^k\varepsilon^k(z,\mathscr{G}_2(x))^k}{k!}e^{i(z,Vx)}\mu(dx)=$$

$$\sum_{k=0}^{\infty}\frac{i^k\varepsilon^k}{k!}\int(z,\mathscr{G}_2(x))^k e^{i(V^*z,x)}\mu(dx)$$

利用(3)，得

$$(z,\mathscr{G}_2(x))^k=\left[\int e^{i(u,x)}(z,\rho(du))\right]^k=\int\cdots\int e^{i(u_1+\cdots+u_k,z)}(z,\rho(du_1))\cdots(z,\rho(du_k))$$

因此

$$\int(z,\mathscr{G}_2(x))^k e^{i(V^*z,x)}\mu(dx)=\int\cdots\int\varphi(V^*z+u_1+\cdots+u_k)(z,\rho(du_1))\cdots(z,\rho(du_k))$$

最后，我们得

$$\varphi_v(z)=\sum_{k=0}^{\infty}\frac{i^k\varepsilon^k}{k!}\underbrace{\int\cdots\int}_{k次}\varphi(V^*z+u_1+\cdots+u_k)(z,\rho(du_1))\cdots(z,\rho(du_k)) \tag{5}$$

注意，在我们的假设下，这级数对所有 ε 收敛且是关于 ε 的整解析函数. 如果令 $i\varepsilon=\lambda$ 和假定 $\lambda>0$，$(z,\rho(du))$ 是非负测度，公式(5) 可得到本质的简化. 设 $\pi_z(du)$ 是 $\mathscr{X}$ 中有无穷可分和特征泛函是

$$\int e^{i(z^*,u)}\pi_z(du)=\exp\left\{\lambda\int(e^{i(z^*,u)}-1)(z,\rho(du))\right\}$$

的测度. 那么

$$\sum_{k=0}^{\infty}\frac{\lambda^k}{k!}\underbrace{\int\cdots\int}_{k次}\varphi(V^*z+u_1+\cdots+u_k)(z,\rho(du_1))\cdots(z,\rho(du_k))=$$

$$\int\varphi(V^*z+x)\pi_z(dx)$$

显然，测度 ρ 可以不在 $\mathscr{X}$ 本身上给出，而是在它的某个扩张上给出，在其上函数 $\varphi(z)$ 可以按连续性扩张.

对偶公式和其他按小参数幂的展开式　在 Hilbert 空间中计算各种按测度的积分(特别按对应于平方可积过程的测度的积分) 时，利用按一个测度的积分归结为按另一个测度的积分的十分简单的公式有时是方便的. 设 ξ 和 η 是两个取值于 $\mathscr{X}$ 的独立随机变量，μ 和 v 是这些变量的分布，φ_μ 和 φ_v 是它们的特征函数. 用两种可能的途径计算积分

$$Ee^{i(\xi,\eta)}=\iint e^{i(x,y)}\mu(dx)v(dy)$$

(一种先对 μ 然后对 v，另一种反之)，我们得

$$\int\varphi_v(x)\mu(dx)=\int\varphi_\mu(y)v(dy) \tag{6}$$

这公式称为对偶公式. 这公式的一个特殊情形是

$$\int e^{-\frac{1}{2}(Bx,x)}\mu(dx)=\int\varphi_{\mu}(y)v(dy)$$

其中 v 是有相关算子 B 的 Gauss 测度. 当测度 v 是一无穷可分分布时,公式(6)十分便于应用. 设 $h(x)$ 是形为 $\frac{1}{i}\log\varphi_{v}(z)$ 的泛函,其中 v 是无穷可分分布. 引入具有特征泛函

$$e^{ith(z)}=Ee^{i(z,\eta_t)}$$

的随机变量族 η_t. 那么 $Ee^{ith(\xi)}$(其中 ξ 是取值于 $\mathscr{X}$ 具有分布 μ 的随机变量)可按公式(6)计算

$$Ee^{ith(\xi)}=E\varphi_{\mu}(\eta_t) \tag{7}$$

这公式仅对 $t>0$ 是正确的;对负数 t(或在 Laplace 变换情形对复值 t)可以利用所得的表示式按 t 的解析延拓.

如果知道变量 ξ_ε 的特征泛函按幂数 ε 的展开式,则为得到随机变量 ξ_ε 的泛函的特征函数按小参数 ε 的幂数的展开式,可以利用对偶公式. 设

$$Ee^{i(z,\xi_\varepsilon)}=\varphi_\varepsilon(z)=\sum\varepsilon^k x_k(z) \tag{8}$$

和要求计算 $h(\xi_\varepsilon)$ 的特征函数,其中 h 满足公式(7). 那么

$$Ee^{ith(\xi_2)}=\sum\varepsilon^k E\chi_k(\eta_t)$$

作为这公式应用的例子,我们考察 $h(x)=(Bx,x)$ 时的情况,其中 B 是正定算子. 我们有等式

$$t^2(Bx,x)=\log Ee^{t(x,\eta)}$$

其中 η 是有相关算子 B 的 Gauss 随机变量(我们要指出,B 是可以定义在空间 $\mathscr{X}$ 的某一扩张中). 因此

$$Ee^{is(B\xi_\varepsilon,\xi_\varepsilon)}=Ee^{\sqrt{is}(\xi_\varepsilon,\eta)}=E\varphi_\varepsilon\left(\sqrt{\frac{s}{i}}\eta\right)$$

如果 $\varphi_\varepsilon(tz)$ 是 t 的整解析函数,最后的公式是正确的. 如果在这个公式中以 $s=it$ 代入,那么得到变量 $(B\xi_\varepsilon,\xi_\varepsilon)$ 的 Laplace 变换

$$Ee^{-t(B\xi_\varepsilon,\xi_\varepsilon)}=E\varphi_\varepsilon(\sqrt{t}\eta)=\sum\varepsilon^k E\chi_k(\sqrt{t}\eta)$$

设依赖于正参数 ε 的随机变量族 $\bar{\xi}_\varepsilon$ 满足当 $\varepsilon\to0$ 时,依概率 $\bar{\xi}_\varepsilon\to0$. 其次,设对变量 $\xi_\varepsilon=\frac{1}{\varepsilon}\bar{\xi}_\varepsilon$ 的特征泛函 $\varphi_\varepsilon(z)$ 展开式(8)成立. 再次,设函数 $h(x)$ 可表成

$$h(x)=\sum_{k=1}^{\infty}P_k(x)$$

其中 $P_k(x)$ 是 k 次齐次多项式,H_k 是生成它的 k 线性型. 在展式(8)可以逐项无穷次可微的假定下,我们对变量 $\frac{1}{\varepsilon}h(\bar{\xi}_\varepsilon)$ 的特征泛函求幂数 ε 的展开式. 我们有

$$E\exp\left\{\frac{\mathrm{i}s}{\varepsilon}h(\bar{\xi}_\varepsilon)\right\}=E\exp\left\{\frac{\mathrm{i}s}{\varepsilon}\sum_{k=1}^{\infty}P_k(\bar{\xi}_\varepsilon)\right\}=E\exp\left\{\mathrm{i}s\sum_{k=1}^{\infty}\varepsilon^{k-1}P_k(\xi_\varepsilon)\right\}=$$

$$E\exp\{\mathrm{i}sP_1(\xi_\varepsilon)\}\sum_{n=0}^{\infty}\frac{1}{n!}\left[\mathrm{i}s\sum_{k=2}^{\infty}\varepsilon^{k-1}P_k(\xi_\varepsilon)\right]^n=$$

$$E\exp\{\mathrm{i}sP_1(\xi_\varepsilon)\}\sum_{n=0}^{\infty}\varepsilon^n\sum_{k=0}^{2n}Q_{nk}(\xi_\varepsilon)r_{nk}(\mathrm{i}s)$$

此处 $Q_{nk}(x)$ 是 k 次齐次多项式，$r_{nk}(t)$ 是次数不高于 $k/2$ 的数值（实值）多项式. 这多项式由关系式

$$\sum_{k=0}^{2n}Q_{nk}(x)r_{nk}(t)=\frac{\partial^n}{\partial\varepsilon^n}\exp\left\{t\sum_{k=2}^{\infty}\varepsilon^{k-1}P_k(x)\right\}\bigg|_{\varepsilon=0}$$

唯一确定. 设 $P_1(x)=(a,x)$，其中

$$a\neq 0,Q_{nk}(x)=T_{nk}(x,\cdots,x)$$

其中 T_{nk} 是 k 线性型. 那么

$$E\exp\{\mathrm{i}sP_1(\xi_\varepsilon)\}Q_{nk}(\xi_\varepsilon)=E\mathrm{e}^{\mathrm{i}s(\xi_\varepsilon,a)}T_{nk}(\xi_\varepsilon,\cdots,\xi_\varepsilon)=$$

$$\mathrm{i}^{-k}\mathrm{Sp}\ d^k\varphi_\varepsilon(sa)*T_{nk}=$$

$$\mathrm{i}^{-k}\sum_m\varepsilon^m\mathrm{Sp}\ d^k\chi_m(sa)*T_{nk}$$

于是

$$E\exp\left\{\frac{\mathrm{i}s}{\varepsilon}h(\bar{\xi}_\varepsilon)\right\}=\sum_{n=0}^{\infty}\varepsilon^n\sum_{k=0}^{2n}r_{nk}(\mathrm{i}s)\mathrm{i}^{-k}\sum_{m=0}^{\infty}\varepsilon^m\mathrm{Sp}\ d^k\chi_m(sa)*T_{nk}\tag{9}$$

将有相同次数 ε 的系数合并在一起，重写展开式(9). 同样地，可以得到有余项估计的有限展开式，只要代替(8)中的级数而取有余项的展开式，和将 $h(x)$ 表示为

$$h(x)=\sum_{k=1}^{N}P_k(x)+o(T_{N+1}(x))$$

T_{N+1} 是 $N+1$ 次齐次多项式.

如果变换 $R(x)$ 表为

$$R(x)=\sum_{k=1}^{\infty}R_k(x)\tag{10}$$

其中 $R_k(x)$ 是 k 阶齐次多项式变换，为求得变换测度的特征泛函，可以利用类似于(9)的公式. 设 V_k 是 $\mathscr{X}$ 到 $\mathscr{X}^{\circ k}$ 的线性映象，它将 z 变为由多项式 $(R_k(x),z)$ 产生的型 $V_k(z)$. 那么

$$\int\mathrm{e}^{\mathrm{i}(z,R(x))}\mu(\mathrm{d}x)=\int\mathrm{e}^{\mathrm{i}(V_kz,x)}\sum_{n=0}^{\infty}\frac{1}{n!}\left(\mathrm{i}\sum_{k=2}^{\infty}(V_k(z,x,\cdots,x))\right)^n\mu(\mathrm{d}x)$$

如果用 φ_v 表示测度 v 的特征函数，那么

$$\varphi_v(z)=\sum_{k=0}^{\infty}\mathrm{Sp}\ d^k\varphi_\mu(V_1z)*T_k^z\tag{11}$$

其中 T_k^z 是形为

$$T_k^z = \sum_j \sum_{n_1+2n_2+\cdots+jn_j=k} \frac{\mathrm{i}^{n_1+\cdots+n_j}}{n_1!\ \cdots n_j!} V_1^{0n_1}(z)\cdots V_j^{0n_j}(z)^{①} \tag{12}$$

的 k 线性型. 如果测度 μ 满足条件:对所有 m 和 t

$$\int \mathrm{e}^{t\left|\sum\limits_m^{\infty} R_k(x)\right|}\mu(\mathrm{d}x) < \infty$$

则分解式(11) 有意义.

正交多项式的一个应用 设 μ 是某一个使正交多项式 $P_k(H_k,x)$ 被构造出的测度(参见 §2). 我们来研究这个事实怎样帮助我们求得由测度 μ 通过变换$R(x)$ 得到的测度 v 的特征泛函φ_v. 假设已经有函数 $\mathrm{e}^{\mathrm{i}(z,R(x))}$ 按正交多项式展开成级数

$$\mathrm{e}^{\mathrm{i}(z,k(x))} = \sum_{k=0}^{\infty} P_k(H_k^z, x)$$

那么

$$\varphi_v(z) = \int \mathrm{e}^{\mathrm{i}(z,R(x))}\mu(\mathrm{d}x) = P_0(H_0^z)$$

因此展开 $\mathrm{e}^{\mathrm{i}(z,R(x))}$ 的问题不比求 $\varphi_v(z)$ 更简单. 当 v 是关于 μ 绝对连续和密度

$$\frac{\mathrm{d}v}{\mathrm{d}\mu}(x) = \rho(x)$$

属于 $\mathscr{L}_2[\mu]$ 时,利用正交多项式更为自然. 设已经知道 $\rho(x)$ 按正交多项式的展开

$$\rho(x) = \sum_{k=0}^{\infty} P_k(H_k, x)$$

那么

$$\varphi_v(z) = \int \mathrm{e}^{\mathrm{i}(z,x)}\rho(x)\mu(\mathrm{d}x) = \int \mathrm{e}^{\mathrm{i}(z,x)}\sum_{k=0}^{\infty} P_k(H_k,x)\mu(\mathrm{d}x) = \sum_{k=0}^{\infty}\int \mathrm{e}^{\mathrm{i}(z,x)} P_k(H_k,x)\mu(\mathrm{d}x)$$

显然

$$\int \mathrm{e}^{\mathrm{i}(z,x)} Q(x)\mu(\mathrm{d}x)$$

(Q 是某一多项式) 容易用 $\varphi_\mu(z)$ 表示为形如

① 用 V^{0k} 表示$\underbrace{V\cdots V}_{k次}$

$$\sum \frac{1}{i^k} \mathrm{Sp}\ d^k \varphi_\mu(z) * H^k$$

的微分算子. 因此可以认为函数

$$\chi_k(H_k, z) = \int \mathrm{e}^{\mathrm{i}(z,x)} P_k(H_k, x) \mu(\mathrm{d}x)$$

被确定, 所以 $\varphi_v(z)$ 可用这些函数由式

$$\varphi_v(z) = \sum_{k=0}^{\infty} \chi_k(H_k, z) \tag{13}$$

表示出.

在第七章 §3 已经给出变换测度关于原来的测度的密度的表示式. 这个密度用函数 $\rho(a,x)$ 来表示, $\rho(a,x)$ 是位移测度 μ_a 关于原来测度 μ 的密度.

现给出求 $\rho(a,x)$ 按正交多项式展开的方法. 设

$$\rho(a,x) = \sum_{k=0}^{\infty} P_k(H_k^a, x) \tag{14}$$

其中 H_k^a 是依赖于 a 的某个 k 线性型. 那么对 $\mathscr{P}_l$ 中的任意多项式 $P_l(H_l, x)$ (参见 §2) 满足关系式

$$\begin{aligned} \int P_k(H_k, x) P_k(H_k^a, x) \mu(\mathrm{d}x) &= \int P_k(H_k, x) \rho(a,x) \mu(\mathrm{d}x) = \\ &\int P_k(H_k, x+a) \mu(\mathrm{d}x) = \\ &S_a(H_k) \end{aligned}$$

我们应用 Taylor 定理展开多项式 $P_k(H_k, x+a)$ 和利用成为正交多项式的级数所得到多项式的每一个的展式, 容易计算 $\widetilde{\Phi}^k$ 上的线性泛函 $S_a(H_k)$. 显然, 在 $\widetilde{\Phi}^k$ 上的线性泛函 $S_a(H_k)$ 可表成内积

$$S_a(H_k) = \langle H_k, H_k^a \rangle_k$$

(参见 §2). 由此关系式 H_k^a 被唯一确定, 然后函数 $\rho(a,x)$ 由公式(14) 所确定. 为使 $\rho(a,x)$ 存在和属于 $\mathscr{L}_2[\mu]$, 充分必要条件是级数(14) 收敛, 即满足不等式

$$\sum_{k=1}^{\infty} \langle H_k^a, H_k^a \rangle_k < \infty$$

注　释

在下面的注释中，包含有关本书所讨论的问题的一些参考文献. 在这里，我们并不打算给出随机过程论的一个完整的文献目录或阐明它的基本思想的历史. 在许多情形中，我们没有援引那些难以搞清楚的原始著作，而只是给读者指出较近出版的教科书和专著，在这些著作中含有所讨论问题的文献目录.

第一章

§1. 这一节的叙述是基于现在已被普遍接受的用集合论语言给出的概率论公理化体系，这一体系是 A. H. Колмогоров 于 1929 年提出且在他的专著[29]，[102] 中叙述. 有关在本书中用到的测度和积分理论的结果可参看下列著作：A. H. Колмогоров 与 C. B. Фомин[37]，P. Halmos[66]，И. И. Гихман 与 A. B. Скороход[14]，J. Neveu[44] 以及 P. A. Meyer[106].

§2. 一般的 0-1 律是由 A. H. Колмогоров[29] 建立的.

§3. 条件概率和条件数学期望的理论是由 A. H. Колмогоров[29] 引入的，J. Doob[21] 进一步发展了这个理论. 还可以参看 M. Loéve[40] 和 J. Neveu[44].

§4. 基本定理是属于 A. H. Колмогоров[29] 的.

第二章

§2. 许多作者都讨论过鞅论，但这理论的系统化应归功于 J. Doob[21]. 他首先推出了鞅的基本不等式，证明了关于极限存在的定理，引入了半鞅的概念并得到了其他一些结果. 更多有关鞅的知识可以在上面援引过的一些书——J. Doob[21]，M. Loéve[40] 和 P. A. Meyer[106] 中找到.

§3. 这一节的基本思想和结果是属于 A. H. Колмогоров 与 A. Я. Хинчин[81] 以及 A. H. Колмогоров[100] 的. 在 J. Doob[21]，M. Loéve[40] 和 A. B. Скороход[60] 中对独立随机变量序列作了更详尽的讨论.

§4. 有限状态 Марков 链是由 A. A. Марков[42]（在 1906 年）引入并加以研究的. Марков 链和 Марков 过程的一般定义是属于 A. H. Колмогоров[31] 的. 在 E. Б. Дынкин 的专著[23]，[24] 中发展了更一般的观点.

§5. 可数状态 Марков 链首先在 A. H. Колмогоров[104]，[30]，W. Doeblin[85] 的著作中加以研究，随后许多作者对此又作了进一步的研究. 参看 W. Feller[65]，K. L. Chung[72]，E. Б. Дынкин 与 A. A. Юшкевич[25]，J. S.

Kemeny, J. L. Snell 与 A. W. Knapp[98].

§6. 许多作者都研究过随机游动并得到了大量的结果. 参看 W. Feller[65], Е. Б. Дынкин 与 А. А. Юшкевич[25], А. В. Скороход 与 Н. П. Слободенюк[61] 以及 F. Spitzer[63].

§7. Б. В. Гнеденко[16] 首先讨论了一维格子点分布的局部极限定理. 参看 Б. В. Гнеденко 与 А. Н. Колмогоров[18], И. А. Ибрагимов 与 Ю. В. Линник[26] 以及 А. В. Скороход 与 Н. П. Слободенюк[61].

§8. 遍历定理的产生与统计力学问题有关. 参看 А. Я. Хинчин 的有关这方面的书[69]. 第一个遍历定理是属于 J. Von Neumann 与 G. Birkhoff 的，它是遍历理论深入发展的出发点. 在 E. Hopf 的专著[70] 中含有遍历理论的第一个发展时期的一个综述. А. Н. Колмогоров[32] 给出 Birkhoff－Хинчин 定理的一个简单的证明. 在 P. Halmos[67], K. Jacobs[95] 和 P. Billingsley[77] 等书中讨论了遍历理论的进一步发展.

第三章

§1. 中心极限定理的多维推广首先是由 С. Н. Бериштейн[76] 指出的. B. de Finneti[90] 开始系统地研究独立增量过程. А. Н. Колмогоров[101] 找出了当二阶矩为有限时独立增量过程的特征函数，而 P. Lévy[105] 则得到了一般情形的相应结果(二者均是一维情形). 关于 Марков 过程的一般定义还可参看第 2 章 §4 的注释.

§2 和 §3. Е. Е. Слуцкий 和 А. Н. Колмогоров 首先讨论了构造随机等价于已给过程，且其样本函数满足一定正则性条件的随机过程的可能性(参看 Е. Е. Слуцкий 的文章[62]). 许多关于随机函数公理化定义的各种说法和进一步发展的本质结果是属于 J. Doob 的. 早期的参考材料可以在他的专著[21] 中找到. §2 和 §3 的基本定理是属于 J. Doob[21] 的. 还可参看 Е. Е. Слуцкий[62].

§4. 形式上稍弱一点的定理 1 是被 Н. Н. Ченцов[71] 证明的. J. H. Kinney[99](对于 Марков 过程) 证明了定理 2. P. Lévy[105] 证明了随机连续的独立增量过程没有第二类间断点. J. Doob[21] 讨论了鞅的样本函数的性质.

§5. Е. Б. Дынкин[22] 和 J. H. Kinney[99](对于 Марков 过程) 各自独立地证明了定理 2. 定理 6 的稍弱一点的提法是属于 А. Н. Колмогоров 的，它首先发表在 Е. Е. Слуцкий 的文章[62] 中. Ю. К. Веляев[3,75] 研究了 Gauss 过程的局部性质. 还可参看 H. Cramer 与 M. R. Leadbetter 的专著[84].

第四章

§1 和 §2. 广义平稳过程这一概念是由 А. Я. Хинчин[68] 引入的，在同一篇文章中还指出了广义平稳过程的相关函数的谱表示. F. Riesz 和 G. Herglotz 在 1911 年得到了正定序列的谱表示. 而 S. Bochner[4] 在 1932 年得到了正定函数的谱表示. J. L. Schön berg 的文章[111] 包含有 Euclidean 空间和 Hilbert 空间中的齐次迷向随机场的谱表示.

§ 3. E. E. Слуцкий[113] 和 M. Loéve[40].

§ 4. H. Cramér[82] 提出了随机积分理论,A. H. Колмогоров[35] 则首先阐明了随机积分,谱表示和 Hilbert 空间理论的方法之间的关系. 还可参看 J. Doob[21].

§ 5. 定理 1 是属于 K. Karhunen[96] 的,定理 2 是属于 H. Cramér[82] 的.

§ 6. 利用滤过理论不难得到平稳过程的谱分解(A. Blanc - Lapierre 与 Fortet[7]). 借助 И. М. Гельфанд 和 K. Ito 提出的广义随机过程理论(И. М. Гельфанд 与 Н. Я. Виленкин[10],K. Ito[94]) 可以建立更一般的随机过程线性变换理论.

§ 7. 关于平稳序列情形的基本结果是 A. H. Колмогоров[35] 得到的,关于连续时间平稳过程的结果则是属于 K. Karhunen[97] 的(参看 J. Doob[21] 和 Ю. А. Розанов[52]).

§ 8. A. H. Колмогоров[35] 给出了(平稳序列的) 线性预测问题的一般提法,它和 Hilbert 空间几何的关系以及把它归结为函数论问题. N. Wiener[116] 发展了连续时间过程的线性预测和滤过问题的有效解法. A. M. Яглом 的方法连同大量的例子可以在他本人的综述性文章[74] 中找到.

§ 9. 关于平稳序列的分解定理以及确定的和非确定的过程这两概念是属于 H. Wold 的. 根据平稳序列的过去进行预测的问题的一般解是 A. H. Колмогоров[35] 得到的. 对于连续时间的过程来说,这问题的一般解则是 M. G. Krein[38],[39] 得到的. Ю. А. Розанов[50],N. Wiener 与 P. Masani[117] 讨论了向量值平稳序列的预测问题. 关于连续时间过程的预测问题的详细论述可在 J. Doob[21] 和 Ю. А. Розанов[52] 等书中找到.

第五章

在 N. Wiener 的文章[115] 中首先实现了构造函数空间中的测度. A. H. Колмогоров[29] 提出了构造这种测度的一般方法. 在 A. H. Колмогоров,E. Mourier[107],Ю. В. Прохоров[47] 和 K. R. Parthasarathy[108] 等文章中研究了 Banach 空间和完备距离空间中的测度.

§ 3. 从在其上存在以给定的正定函数为特征泛函的测度的空间出发进行扩张是属于 L. Gross[92] 的. § 3 的定理是属于 E. Mourier[107] 的.

§ 5 的定理是 B. B. Сазонов[55] 和 P. A. Минлос[43] 证明的. Hilbert 空间

中的广义测度是 Ю. А. Далецкий[19] 引入的.

А. М. Вершик[6] 建立了线性空间中 Gauss 测度的一般理论,他还研究了对这些测度可测的线性泛函和二次泛函. K. Ito[93] 构造了多重随机积分. Ю. А. Розанов[54] 找出了平稳 Gauss 过程的线性泛函和二次泛函的一般形式.

第六章

§1. 定理 1 条件的充分性的证明属于 Ю. В. Прохоров[47].

§2. Hilbert 空间中测度的弱紧性条件是 K. R. Parthasarathy[108] 建立的.

§3. 无穷可分分布的一般形式以及取值于 Hilbert 空间的独立随机变量和的分布收敛于这样的分布的条件是 S. R. S. Varadhan[114] 得到的. Н. П. Канделаки 与 В. В. Сазонов[27] 研究了收敛于 Gauss 分布的条件. 在 K. R. Parthasarathy 的书[108] 中对这些结果有相当详细的论述.

§4. M. Donsker[86] 首先开始研究随机过程的一般极限定理,他的结果在定理 4 中叙述. 定理 1 ~ 3 是属于 Ю. В. Прохоров 的.

§5. 没有第二类间断点过程的第一极限定理是 И. И. Гихман[12] 证明的. А. Н. Скороход[57] 研究了 $D_{[0,1]}$ 空间和这空间中过程的极限定理. А. Н. Колмогоров[35] 和 Ю. В. Прохоров[47] 讨论了 $D_{[0,1]}$ 空间中的收敛性. Н. Н. Ченцов[71] 得到了一个有趣的极限定理,将这定理略加改变就是定理 3. А. В. Скороход[57],[58],[59] 研究了独立增量过程和 Марков 过程的收敛性. M. Donsker[87] 和 И. И. Гихман[13] 考虑了极限定理在统计问题中的应用.

第七章

在 И. И. Гихман 与 А. В. Скороход 的文章[15] 中讨论了函数空间中测度的绝对连续性的各种一般问题.

§2. В. Н. Судаков[64] 讨论了有容许位移的处处稠密集的测度. T. S. Pitcher 研究了容许位移的集合的构造. 定理 4 在 А. М. Вершик 的文章[7] 中有叙述.

§3. R. H. Cameron 与 W. T. Martin[79],[80] 研究了在各种不同的变换下 Wiener 测度的绝对连续性. 在非线性变换下 Hilbert 空间中 Gauss 测度的绝对连续性的某些结果可以在 В. В. Баклан 与 А. Д. Шаташвил 的文章[2] 中找到.

§4. 绝对连续性条件和在位移下 Gauss 测度的密度公式是 U. Grenander[91] 得到的. Ja. Hajek, J. Feldman 和 Ю. А. Розанов 的文章[9],[88],[89],[53] 中得到了 Gauss 测度的绝对连续性和奇异性的一般条件.

§5. 定理1和定理2属于Ю. А. Розанов. 在他的书[54]中叙述了这方面的基本结果.

§6. И. В. Гирсанов[11], А. В. Скороход[59]讨论了某些 Марков 过程类的绝对连续变换. 在И. И. Гихман与А. В. Скороход的文章[15]中给出了对应于独立增量过程和 Марков 过程的测度的绝对连续性一般定理.

第八章

§1. 在Г. Е. Шилов与Фан Дык Тань的书[73]中研究了可测的线性算子和线性泛函.

§2. 在K. Ito的文章[93]中构造了 Wiener 过程的多项式正交系. 在N. Wiener的书[8]中指出了这些多项式的各种应用. А. М. Вершик[6]构造了Gauss测度的正交多项式.

索　引

三　画

四　画

五　画

六　画

七　画

八　画

九　画

十　画

十一画

十二画

十三画

十四画

参考文献

[1] Ахиезер Н. И. , Глазман И. М. ,Теория линейных операторов в гильбертовом пространстве,《Наука》,1966.

[2] Ьаклан В. В. ,Шаташвили А. Д. , Переворения гауссівсьиих мір принелінейних перетвореннях в гілЬбертовому просторі,Дonoвiдi АНУРСР,9(1965),1115-1117.

[3] Ьеляев Ю. К. , Локальные свойства выборочных функций стационарных гауссовских процессов, Теорuя вероятн. u ee npumeH. ,5(1960),128-131.

[4] Bochner S. ,Lectures on Fourier integrals, Princeton,1959.

[5] Ьершик А. М. ,К теории нормальных Динамических систем,ДАН 144(1962),9-12.

[6] Вершик А. М. ,Общая теория гауссовских мер в линейных пространствах, ДАН,19(1964),210-212.

[7] Вершик А. М. ,Двойственность в теории меры в линейных програнствах, ДАН,170(1966),497-500.

[8] Wiener N. ,Nolinear problems in random theory, M. I. T. and J. Wiley 1958.

[9] Hajek J. , On a property of normal distribution of a stochastic process, Czechoslovak Math. J. 8(1958),610-618.

[10] Гельфан И. М. . Виленкин Н. Я. ,Некоторые применения гармонического анализа. Оснащенные гильбертовы пространства,физматгиз,1961.

[11] Гирсанов И. В. ,О преобразовании одного класса случайных процессов с помощью абсолютно непрерывной замены меры,Теорuя вероятн. uee примен. ,5(1960),314-330.

[12] Гихман И. И. ,Ободной теореме А. Н. Колмогорова,Научн. зап. Кuевск. ун-та,Матем. сб. ,7(1953),76-94.

[13] Гихман И. И. ,Процессы Маркова в задачах математической статистики,укр. Матем. Журн. ,6(1954),28-36.

[14] Гихман. И. И. ,Скороход А. В. ,Введение в теорию случайных процессов,физматгиз,1965.

[15] Гихман И. И. ,Скороход А. В. ,О плотносях вероятностных мер в функчиональных пространствах,УМН,21(1966),83-152.

[16] Гнеденко Ъ. В. ,О локальной теореме для предельных устойчивых распределений,УМЖ,1(1949),3-15.

[17] Гнеденко Ь. В. ,Курс теории вероятностей,нзд. з-е,физматгиз,1961(概率论教程,丁寿田译).

[18] Гнеденко Ь. В. ,Колмогоров А. Н. ,Предельные теоремы для сумм независмых случайных величин,Гостехиздат,1949(相互独立随机变数之和的极限定理,王寿仁译).

[19] Даленкий Ю. Л. ,Бесконечномерные эллиптические операторы и связанные с ними параболические уравнения,УМН,22(1967),3-54.

[20] Dunford,N. ,Schwartz J. T. ,Linear operators Ⅰ. Ⅱ. New York, 1958,1962.

[21] Doob J. L. ,Stochastic processes,N. Y. ,J. Wiley,1953.

[22] Дынкин Е. Ь. ,Критерий непрерывности и отсутствия разрывов второго рода для траекторий марковского случайного процесса,Изв. АН СССР, сер. Матем. ,16(1952),563-572.

[23] Цынкин. Е. Ь. ,Основания теории марковских процессов,физматгиз, 1959(马尔科夫过程论基础,王梓坤译).

[24] Дынкин Е. Ь. ,Марковские процессы,Физматгиз,1963.

[25] Дынкин Е. Ь. ,Юшкевич А. А. ,Теоремы и задачи о процессых Маркова,《Наука》,1967.

[26] Ибргимов И. А. ,Линник Ю. В. ,Независимые и стационарно связанные величины.《Наука》,1965.

[27] Канделаки Н. П. ,Сазонов В. В. ,К центральной предельной теоремедля случайных элементов,принимающих значения из гильбертова пространства,Теорuя вероятн. u ее nрuмен. ,9(1964),48-52.

[28] Колмогоров А. Н. ,Общая теория меры и исчисления вероятностей, Труды комм,акаd. ,разd. матем. ,1(1929),8-21.

[29] Колмогоров А. Н. ,Основные понятия теории вероятностей,онтн,1936.(概率论基本概念,丁寿田译)

[30] Колмогоров А. Н. ,Цепи Маркова со счетным числом возможных состояний,Бюлл. МГУ,1,No 3(1937),1-16.

[31] Колмогоров А. Н. ,Об аналитических методых в теории вероятностей, УМН 5(1938),5-41.(伊藤清著《随机过程》的中译本附录:概率论的解析方法(郑绍濂译))

[32] Колмогоров А. Н. ,Упрощенное доказательство эргодической теоремы

Биркгофа-Хинчина, УМН(1938), 52-56.

[33] Колмогоров А. Н., Кривые в гильбертовом пространстве, инвариантные по отношению к однопараметрической группе движений, ДАН, 26(1940), 6-9.

[34] Колмогоров А. Н., Спираль Винера и некоторые другие интересные крпвые в гильбертовом пространстве, ДАН, 26(1940), 115-118.

[35] Колмогоров А. Н., Стационарныс последовательности в гильбертовом пространстве, Бюлл. МГУ, 2, No 6(1941), 1-40.(希尔伯特空间中的平稳序列,郑绍濂编校,陶宗英,何声武,汪嘉冈译).

[36] Колмогоров А. Н., О сходимости скорохода, Теорuя вероятн. u ее nрuмен., 1(1956), 239-247.

[37] Колмогоров А. Н., Фомин. С., В., Элементы теории функций и функционального анализа, изд. 2-е《Наука》, 1968(函数论与泛函分析初步,卷一,董延闿译).

[38] Крейн М. Г., Об одной интерполяционной проблеме А. Н. Колмогорова, ДАН, 46(1944), 306-309.

[39] Крейн М. Г., Об основной аппроксимационной задаче теории экстраполяции и фильтрации стационарных случайных процессов, ДАН, 94(1954), 13-16.

[40] Loéve M., Probability Theory, 2nd Ed. Princeton, N. J., D. Van Nostrand, 1960(概率论,卷一,梁文骐译).

[41] Люстерник Л. А., Соболев В. И., Элементы функционального анализа, 《Наука》, 1965(泛函数分析概要,杨从仁译).

[42] Марков А. А., Распространение закона больших чисел на величины, зависящие друг от друга, Изв. фuз. -матем. о-ва nрu Казанском унте(2), 15(1906), 135-156.

[43] Минлос Р. А., Обобщенные случайные продессы и их продолжение до меры, Труды Моск. матем о-ва, 8(1959), 497-518.

[44] Nevue J., Mathematical Foundations of the Calculus of Probability. San Francisco, Holden-Day, 1965.

[45] Пинскер М. С., Информация и информационная устойчивость случайных величин и процессов, М., 1960.

[46] Привалов И.. И., Граничные свойства аналитических функций, Гостехнздат, 1950(解析函数的边界性质、吴亲仁译).

[47] Прохоров Ю. В., Сходимость случайных процессов и предельные теоремы теории

вероятностей, Теорuя вероятн. u ее npuмен. ,1(1956),177-238.

[48] Прохоров Ю.В. ,Сазонов В.В. ,Некоторые результаты,связанные стеоремой Ьохнера,Теорпя вероятн. u ее npuмен,. 6(1961),87-93.

[49] Прохоров Ю.В. ,Фиш М. ,Характеристическое свойство нормальнсго распределения в гильбертовом пространстве,Теорuя вероятн. u ее npuмен. ,2(1957),475-477.

[50] Розанов Ю.А. ,Спектральная теория многомерных стационарных пцессов с дискретным временем,УМН,13,No 2(1958),93-142.

[51] Розанов Ю.А. ,О плотности одной гауссовской меры относительно другой. Теорuя вероятн. u ее npuмен. ,7(1962),84-89.

[52] Розанов Ю.А. ,Стационарные случайные процессы,Физматгиз,1963.

[53] Розанов Ю.А. ,О плотности гауссовских распределений и интегральных уравнениях Винера-Хопфа,Теорuя вероятн. u ее npuмен. ,11(1966),170-179.

[54] Розанов Ю.А. ,Гауссовсие бесконечномерные распределения,Тр. матем. uн-та uм. Стекuова,CVⅢ(1968),1-136.

[55] Сазонов В.В. ,Замечание о характеристическнх функционалах,Теорuя вероятн. u ее npuмен. ,3(1958),201-205.

[56] Скороход А.В. ,Предельные теоремы дпя спучайных процессов,Теорпя вероятн. u ее npuмен. 1(1956),289-319.

[57] Скороход А.В. ,Предельные теоремы для случайных процессов с независмымм приращениямu,Теорuя вероятн. u ее npuмен. ,2(1957),145-177.

[58] Скороход А.В. ,Предельные теоремы для процессов Маркова,Теорuя вероятн. u ее npuмен. 3(1958),217-264.

[59] Скороход А.В. ,Исследования по теорин случайных цроцессов,Изд. Киев. ун-та,1961.

[60] Скороход А.В. ,Случайные процессы с независимыми приращениями, Физматгиз,1963.

[61] Скороход А.В. ,Слободенюк Н.П. ,Предельные теоремы для случайных блуждании,Наукова думка,1970.

[62] Слуцкий Е.Е. ,Несколько предложений к теории случайных функций, Тр. Ср.-Аз. ун-та. сер. матем. ,(5). 31(1949),3-15.

[63] Spitzer F. ,Principles of random walk,Princeton,N.J. ,D van Nostrand 1964.

[64] Судаков В.Н. ,Линейные множества с квазиинвариантной мерой,ДАН, 127(1959),524-525.

[65] Feller W. ,A introduction to probability theory and its application. N. Y. ,J. Wiley. Vol. 1(1957),Vol. Π,1966(概率论及其应用,(上、下册),胡迪鹤、刘文等译).

[66] Halmos P. R. ,Measure theory. Princeton. N. J. ,D. Van Nostrand, 1950(测度论,王建华译).

[67] Halmos P. R. ,Lectures on ergodic theory. J. Math. Soc. Japan, No. 3(1956).

[68] Хинчин А. Я. ,Теория корреляции стационарных случайных процессов, УМН,5(1938),42-51.

[69] Хинчин А. Я. ,Математические основания статистической механики. Гостехиздат,1943.

[70] Хопф Е. ,Эргодическая теория,УМН,4,No 1(1949),113-182.

[71] Ченцов Н. Н. ,Слабая сходимость случайных процессов с траекториями без разрывов второго рода. Теория вероятн. и ее примен. ,1(1956),154-161.

[72] Chung K. L. , Markov chains with stationary transition probabilites, Berlin Göttingen Heidelberg, Springer,1960.

[73] Шилов Г. Е. ,Фан Дык Тань,Интеграл,мера и производная на линейных пространствах,《Наука》,1967.

[74] Яглом А. М. ,Введение в теориюстационарных случайных функций УМН,7,No 5(1955),3-168. (平稳随机函数导论,梁之舜译,数学进展, 1(1),1956).

[75] Belayev Ju. K. ,Continuity and Hölder's conditions for sample functions of stationary Gaussian processes. Proc. Vourth Berk. Symp. on Math. Stat. and Probability,2,(1961),23-33.

[76] Bernstein S. ,Sur léxtension du thèoréme limite du calcul des probabilités aux sommes de quantitès dependentes,Math. Ann. , 97(1926)1-59(俄译本:УМН 10(1944),65-114).

[77] Billingsley P. ,Ergodic Theory and Information. N. Y. ,1965.

[78] Blanc-Lapierre A. ,Fortet R. ,Théorie des fonctions alèatoires, Paris,1953.

[79] R. H. Cameron,W. T. Martin,Transfor-mations of Wiener integrals under a general class trasformation,Trans. Amer. Math. Soc. , 58(1945),184-219.

[80] R. H. Cameron,W. T. Martin,Transformations of wiener integrals by nonlinear transformation,Trans, Amer. Math. Soc. ,66(1949),253-288.

[81] Chintschin A. ,Ja. ,Kolmogoroff A. N. ,Ueber konvergenz von Reihen deren Glieder durch den Zufalle bestimmt werden, Матем. Сь. , 32(1925),668-677.

[82] Cramér H. ,On the theorie of random processes,Ann. Math. 41(1940),215-230.

[83] Cramèr H. ,On stochastic processes whose trajectories have no discontinuities of the second kind,Ann. di Mathmatica(iv), 71(1966),85-92.

[84] Cramér H. ,Leadbetter M. R. ,Stationary and lated stochastic processes,N. I. ,1967.

[85] Doeblin W. ,Sur les proprietés asymtotiques de mouvement régis par certains types de chaines simples, Bull. Math. Soc. Roum. Sci. , 39(1937),No 1,57-115,No 2,3-61.

[86] Donsker M. ,An invariance principle for certain probability limit theorems, Mem. Amer. Math. Soc. ,6(1951),1-12.

[87] Donsker M. ,Kolmogoroff-Smirnov theorems,Ann. Math. Stat. ,23(1952),277-281.

[88] J. Feldman,Equivalence and perpendicularity of Gaussian processes, Pacif,Journ. Math. ,8(1958),699-708.

[89] J. Feldman,Some classes of equivalent Gaussian processes on interval, Pacif. Journ Math. ,10(1960),1211-1220.

[90] Finneti B. ,Sulle funzioni a incremento aleatorio,Rend. Accad. Naz. Lincei,Cl. Sci. Fis-Mat. Nat. ,(6),10(1929),163-168.

[91] Grenander U. ,Stochastic processes and statistical inference,Ark. Mat. ,Vol. 1(1950),195-277(随机过程与统计推断,王寿仁译).

[92] Gross. L. ,Harmonic analysis on Hilbert space,Mem. Amer. Math. Soc. ,46(1963),1-62.

[93] Ito. K. ,Multiple Wiener integral,Jorn. Math Soc. Japan. ,3(1951),157-169.

[94] Ito K. ,Stationary random distribution,Mem. Coll. Sci. Univ. Kyoto, 28(1954),209-223.

[95] Jacobs K. ,Neuere Methoden und Ergebnisse der Ergodenthorie, Springer Verlag,1960.

[96] Karhunen K. ,Ueber lineare Methoden in der Wahrscheinlichtrechnung,Ann. Acad. Sci Fennicae,Ser. A,Math. Phys. ,37(1947),3-79.

[97] Karhunen K. ,Über die Struktur stationären zuiäliger Funktionen,Ark. Math. ,1(1950),141-160.

[98] Kemeny J. G. ,Snell J. L. ,Knapp A. W. ,Denumerable Markov chains, Van Nostrand,N. -Y. -L. 1966.

[99] Kinney J. H. ,Continuity properties of sample functions of Markov processes,Trans. Amer. Math. Soc. ,74(1953)280-302.

[100] Kolmogoroff A. ,Ueber die Summen durch den Zufall bestimter unabhängiger Grossen. Math. Ann. ,99(1928),309-319;100(1929),484-488.

[101] Kolmogoroff A. ,Sulla forma generale di un processo stocastico omogeneo,Atti Accad. Lincei,15(1932),805-808;866-869.

[102] Kolmogoroff A. ,Grundbegriffe der Wahrscheinlichkeitsrechnung, Berlin,1933.

[103] Kolmogoroff A. ,La transformation de Laplace dans les linèaires, Compt. Rend. Acad. Sci. ,(Paris)200(1935),1717.

[104] Kolmogoroff A. Anfangsgründe der Theorie der Markoffschen Ketten mit unendlichen vielen möglichen Zuständen,1(1936),607-610.

[105] Lèv y P. ,Sur les integrales dont les éléments sont des variables alèatoires independentes,Ann. Scuola Norm. Pisa,2,No. 3(1964),337-366.

[106] Meyer P. A. ,Probability and Potentials. USA,1966.

[107] Mourier E. ,Eléments aléatoires dans un espace de Banach,Ann. Inst. He Poincaré,13(1953).

[108] Parthasarathy K. R. ,Probability Measures on Metric Space, Academic Press N. -Y. -L. 1967.

[109] Pitcher T. S. ,The admissible mean values of stochastic process, Trans. Amer. Math. Soc. ,108(1963),538-546.

[110] Prohorov Ju. V. ,The method of characteristic functionals,Proc. 4th Berkley Symp. ,2(1961),403-419.

[111] Schönlerg J. L. ,Metric spaces and completely monotone functions, Ann. Math. ,39(1938),811-841.

[112] Skorohod A. V. ,On the densities of probability measures in functional space. Proc 5th Berkely symp. ,2(1965),163-182.

[113] Slutsky E. E,Sur les functions éventuelles continues,intègrables et derivables dans les sens stochastique,Comptes Rendus Acad. Sci. , 187(1928),370-372.

[114] Varadhan S. R. S. ,Limit theorems. for sums of independent random variables with values in a Hilbert space,Sankhya 24(1962),213-238.

[115] Wiener N. ,Differential space,J. Math. Phys. Mass. Inst. Tech. ,2(1923),131-174.

[116] Wiener N. ,Extrapolation,interpolation and smoothing of stationary time series,N. Y. ,1949.
[117] Wiener N. ,Masany P. ,Prediction theory of multivariate stochastic processes,Acta Math. 98(1957),111-150;99(1958),93-137.

哈尔滨工业大学出版社刘培杰数学工作室已出版(即将出版)图书目录

书　　名	出版时间	定　价	编号
新编中学数学解题方法全书(高中版)上卷	2007—09	38.00	7
新编中学数学解题方法全书(高中版)中卷	2007—09	48.00	8
新编中学数学解题方法全书(高中版)下卷(一)	2007—09	42.00	17
新编中学数学解题方法全书(高中版)下卷(二)	2007—09	38.00	18
新编中学数学解题方法全书(高中版)下卷(三)	2010—06	58.00	73
新编中学数学解题方法全书(初中版)上卷	2008—01	28.00	29
新编中学数学解题方法全书(初中版)中卷	2010—07	38.00	75
新编中学数学解题方法全书(高考复习卷)	2010—01	48.00	67
新编中学数学解题方法全书(高考真题卷)	2010—01	38.00	62
新编中学数学解题方法全书(高考精华卷)	2011—03	68.00	118
新编平面解析几何解题方法全书(专题讲座卷)	2010—01	18.00	61
新编中学数学解题方法全书(自主招生卷)	2013—08	88.00	261
数学眼光透视	2008—01	38.00	24
数学思想领悟	2008—01	38.00	25
数学应用展观	2008—01	38.00	26
数学建模导引	2008—01	28.00	23
数学方法溯源	2008—01	38.00	27
数学史话览胜	2008—01	28.00	28
数学思维技术	2013—09	38.00	260
从毕达哥拉斯到怀尔斯	2007—10	48.00	9
从迪利克雷到维斯卡尔迪	2008—01	48.00	21
从哥德巴赫到陈景润	2008—05	98.00	35
从庞加莱到佩雷尔曼	2011—08	138.00	136
数学奥林匹克与数学文化(第一辑)	2006—05	48.00	4
数学奥林匹克与数学文化(第二辑)(竞赛卷)	2008—01	48.00	19
数学奥林匹克与数学文化(第二辑)(文化卷)	2008—07	58.00	36′
数学奥林匹克与数学文化(第三辑)(竞赛卷)	2010—01	48.00	59
数学奥林匹克与数学文化(第四辑)(竞赛卷)	2011—08	58.00	87
数学奥林匹克与数学文化(第五辑)	2015—06	98.00	370

哈尔滨工业大学出版社刘培杰数学工作室已出版(即将出版)图书目录

书　名	出版时间	定　价	编号
世界著名平面几何经典著作钩沉——几何作图专题卷(上)	2009－06	48.00	49
世界著名平面几何经典著作钩沉——几何作图专题卷(下)	2011－01	88.00	80
世界著名平面几何经典著作钩沉(民国平面几何老课本)	2011－03	38.00	113
世界著名平面几何经典著作钩沉(建国初期平面三角老课本)	2015－08	38.00	507
世界著名解析几何经典著作钩沉——平面解析几何卷	2014－01	38.00	273
世界著名数论经典著作钩沉(算术卷)	2012－01	28.00	125
世界著名数学经典著作钩沉——立体几何卷	2011－02	28.00	88
世界著名三角学经典著作钩沉(平面三角卷Ⅰ)	2010－06	28.00	69
世界著名三角学经典著作钩沉(平面三角卷Ⅱ)	2011－01	38.00	78
世界著名初等数论经典著作钩沉(理论和实用算术卷)	2011－07	38.00	126

发展空间想象力	2010－01	38.00	57
走向国际数学奥林匹克的平面几何试题诠释(上、下)(第1版)	2007－01	68.00	11,12
走向国际数学奥林匹克的平面几何试题诠释(上、下)(第2版)	2010－02	98.00	63,64
平面几何证明方法全书	2007－08	35.00	1
平面几何证明方法全书习题解答(第1版)	2005－10	18.00	2
平面几何证明方法全书习题解答(第2版)	2006－12	18.00	10
平面几何天天练上卷·基础篇(直线型)	2013－01	58.00	208
平面几何天天练中卷·基础篇(涉及圆)	2013－01	28.00	234
平面几何天天练下卷·提高篇	2013－01	58.00	237
平面几何专题研究	2013－07	98.00	258
最新世界各国数学奥林匹克中的平面几何试题	2007－09	38.00	14
数学竞赛平面几何典型题及新颖解	2010－07	48.00	74
初等数学复习及研究(平面几何)	2008－09	58.00	38
初等数学复习及研究(立体几何)	2010－06	38.00	71
初等数学复习及研究(平面几何)习题解答	2009－01	48.00	42
几何学教程(平面几何卷)	2011－03	68.00	90
几何学教程(立体几何卷)	2011－07	68.00	130
几何变换与几何证题	2010－06	88.00	70
计算方法与几何证题	2011－06	28.00	129
立体几何技巧与方法	2014－04	88.00	293
几何瑰宝——平面几何500名题暨1000条定理(上、下)	2010－07	138.00	76,77
三角形的解法与应用	2012－07	18.00	183
近代的三角形几何学	2012－07	48.00	184
一般折线几何学	2015－08	48.00	203
三角形的五心	2009－06	28.00	51
三角形的六心及其应用	2015－10	68.00	542
三角形趣谈	2012－08	28.00	212
解三角形	2014－01	28.00	265
三角学专门教程	2014－09	28.00	387

哈尔滨工业大学出版社刘培杰数学工作室已出版(即将出版)图书目录

书　　名	出版时间	定　价	编号
距离几何分析导引	2015—02	68.00	446
圆锥曲线习题集(上册)	2013—06	68.00	255
圆锥曲线习题集(中册)	2015—01	78.00	434
圆锥曲线习题集(下册)	即将出版		
近代欧氏几何学	2012—03	48.00	162
罗巴切夫斯基几何学及几何基础概要	2012—07	28.00	188
罗巴切夫斯基几何学初步	2015—06	28.00	474
用三角、解析几何、复数、向量计算解数学竞赛几何题	2015—03	48.00	455
美国中学几何教程	2015—04	88.00	458
三线坐标与三角形特征点	2015—04	98.00	460
平面解析几何方法与研究(第1卷)	2015—05	18.00	471
平面解析几何方法与研究(第2卷)	2015—06	18.00	472
平面解析几何方法与研究(第3卷)	2015—07	18.00	473
解析几何研究	2015—01	38.00	425
初等几何研究	2015—02	58.00	444
俄罗斯平面几何问题集	2009—08	88.00	55
俄罗斯立体几何问题集	2014—03	58.00	283
俄罗斯几何大师——沙雷金论数学及其他	2014—01	48.00	271
来自俄罗斯的5000道几何习题及解答	2011—03	58.00	89
俄罗斯初等数学问题集	2012—05	38.00	177
俄罗斯函数问题集	2011—03	38.00	103
俄罗斯组合分析问题集	2011—01	48.00	79
俄罗斯初等数学万题选——三角卷	2012—11	38.00	222
俄罗斯初等数学万题选——代数卷	2013—08	68.00	225
俄罗斯初等数学万题选——几何卷	2014—01	68.00	226
463个俄罗斯几何老问题	2012—01	28.00	152
超越吉米多维奇.数列的极限	2009—11	48.00	58
超越普里瓦洛夫.留数卷	2015—01	28.00	437
超越普里瓦洛夫.无穷乘积与它对解析函数的应用卷	2015—05	28.00	477
超越普里瓦洛夫.积分卷	2015—06	18.00	481
超越普里瓦洛夫.基础知识卷	2015—06	28.00	482
超越普里瓦洛夫.数项级数卷	2015—07	38.00	489
初等数论难题集(第一卷)	2009—05	68.00	44
初等数论难题集(第二卷)(上、下)	2011—02	128.00	82,83
数论概貌	2011—03	18.00	93
代数数论(第二版)	2013—08	58.00	94
代数多项式	2014—06	38.00	289
初等数论的知识与问题	2011—02	28.00	95
超越数论基础	2011—03	28.00	96
数论初等教程	2011—03	28.00	97
数论基础	2011—03	18.00	98
数论基础与维诺格拉多夫	2014—03	18.00	292
解析数论基础	2012—08	28.00	216
解析数论基础(第二版)	2014—01	48.00	287
解析数论问题集(第二版)	2014—05	88.00	343

哈尔滨工业大学出版社刘培杰数学工作室已出版(即将出版)图书目录

书　名	出版时间	定　价	编号
数论入门	2011－03	38.00	99
代数数论入门	2015－03	38.00	448
数论开篇	2012－07	28.00	194
解析数论引论	2011－03	48.00	100
Barban Davenport Halberstam 均值和	2009－01	40.00	33
基础数论	2011－03	28.00	101
初等数论 100 例	2011－05	18.00	122
初等数论经典例题	2012－07	18.00	204
最新世界各国数学奥林匹克中的初等数论试题(上、下)	2012－01	138.00	144,145
初等数论(Ⅰ)	2012－01	18.00	156
初等数论(Ⅱ)	2012－01	18.00	157
初等数论(Ⅲ)	2012－01	28.00	158
平面几何与数论中未解决的新老问题	2013－01	68.00	229
代数数论简史	2014－11	28.00	408
代数数论	2015－09	88.00	532
谈谈素数	2011－03	18.00	91
平方和	2011－03	18.00	92
复变函数引论	2013－10	68.00	269
伸缩变换与抛物旋转	2015－01	38.00	449
无穷分析引论(上)	2013－04	88.00	247
无穷分析引论(下)	2013－04	98.00	245
数学分析	2014－04	28.00	338
数学分析中的一个新方法及其应用	2013－01	38.00	231
数学分析例选:通过范例学技巧	2013－01	88.00	243
高等代数例选:通过范例学技巧	2015－06	88.00	475
三角级数论(上册)(陈建功)	2013－01	38.00	232
三角级数论(下册)(陈建功)	2013－01	48.00	233
三角级数论(哈代)	2013－06	48.00	254
三角级数	2015－07	28.00	263
超越数	2011－03	18.00	109
三角和方法	2011－03	18.00	112
整数论	2011－05	38.00	120
从整数谈起	2015－10	18.00	538
随机过程(Ⅰ)	2014－01	78.00	224
随机过程(Ⅱ)	2014－01	68.00	235
算术探索	2011－12	158.00	148
组合数学	2012－04	28.00	178
组合数学浅谈	2012－03	28.00	159
丢番图方程引论	2012－03	48.00	172
拉普拉斯变换及其应用	2015－02	38.00	447
高等代数.上	2016－01	38.00	548
高等代数.下	2016－01	38.00	549
数学解析教程.上卷.1	2016－01	58.00	546
数学解析教程.上卷.2	2016－01	38.00	553
同余理论	2012－05	38.00	163
[x]与{x}	2015－04	48.00	476
极值与最值.上卷	2015－06	38.00	486
极值与最值.中卷	2015－06	38.00	487
极值与最值.下卷	2015－06	28.00	488
整数的性质	2012－11	38.00	192
多项式理论	2015－10	88.00	541

哈尔滨工业大学出版社刘培杰数学工作室已出版(即将出版)图书目录

书　　名	出版时间	定　价	编号
历届美国中学生数学竞赛试题及解答(第一卷)1950—1954	2014—07	18.00	277
历届美国中学生数学竞赛试题及解答(第二卷)1955—1959	2014—04	18.00	278
历届美国中学生数学竞赛试题及解答(第三卷)1960—1964	2014—06	18.00	279
历届美国中学生数学竞赛试题及解答(第四卷)1965—1969	2014—04	28.00	280
历届美国中学生数学竞赛试题及解答(第五卷)1970—1972	2014—06	18.00	281
历届美国中学生数学竞赛试题及解答(第七卷)1981—1986	2015—01	18.00	424

书　　名	出版时间	定　价	编号
历届 IMO 试题集(1959—2005)	2006—05	58.00	5
历届 CMO 试题集	2008—09	28.00	40
历届中国数学奥林匹克试题集	2014—10	38.00	394
历届加拿大数学奥林匹克试题集	2012—08	38.00	215
历届美国数学奥林匹克试题集:多解推广加强	2012—08	38.00	209
历届波兰数学竞赛试题集.第 1 卷,1949～1963	2015—03	18.00	453
历届波兰数学竞赛试题集.第 2 卷,1964～1976	2015—03	18.00	454
保加利亚数学奥林匹克	2014—10	38.00	393
圣彼得堡数学奥林匹克试题集	2015—01	48.00	429
历届国际大学生数学竞赛试题集(1994—2010)	2012—01	28.00	143
全国大学生数学夏令营数学竞赛试题及解答	2007—03	28.00	15
全国大学生数学竞赛辅导教程	2012—07	28.00	189
全国大学生数学竞赛复习全书	2014—04	48.00	340
历届美国大学生数学竞赛试题集	2009—03	88.00	43
前苏联大学生数学奥林匹克竞赛题解(上编)	2012—04	28.00	169
前苏联大学生数学奥林匹克竞赛题解(下编)	2012—04	38.00	170
历届美国数学邀请赛试题集	2014—01	48.00	270
全国高中数学竞赛试题及解答.第 1 卷	2014—07	38.00	331
大学生数学竞赛讲义	2014—09	28.00	371
亚太地区数学奥林匹克竞赛题	2015—07	18.00	492

书　　名	出版时间	定　价	编号
高考数学临门一脚(含密押三套卷)(理科版)	2015—01	24.80	421
高考数学临门一脚(含密押三套卷)(文科版)	2015—01	24.80	422
新课标高考数学题型全归纳(文科版)	2015—05	72.00	467
新课标高考数学题型全归纳(理科版)	2015—05	82.00	468
王连笑教你怎样学数学:高考选择题解题策略与客观题实用训练	2014—01	48.00	262
王连笑教你怎样学数学:高考数学高层次讲座	2015—02	48.00	432
高考数学的理论与实践	2009—08	38.00	53
高考数学核心题型解题方法与技巧	2010—01	28.00	86
高考思维新平台	2014—03	38.00	259
30 分钟拿下高考数学选择题、填空题(第二版)	2012—01	28.00	146
高考数学压轴题解题诀窍(上)	2012—02	78.00	166
高考数学压轴题解题诀窍(下)	2012—03	28.00	167
北京市五区文科数学三年高考模拟题详解:2013～2015	2015—08	48.00	500
北京市五区理科数学三年高考模拟题详解:2013～2015	2015—09	68.00	505
向量法巧解数学高考题	2009—08	28.00	54
高考数学万能解题法	2015—09	28.00	534
高考物理万能解题法	2015—09	28.00	537
2011～2015 年全国及各省市高考数学文科精品试题审题要津与解法研究	2015—10	68.00	539
2011～2015 年全国及各省市高考数学理科精品试题审题要津与解法研究	2015—10	88.00	540

哈尔滨工业大学出版社刘培杰数学工作室
已出版(即将出版)图书目录

书　　名	出版时间	定　价	编号
整函数	2012—08	18.00	161
近代拓扑学研究	2013—04	38.00	239
多项式和无理数	2008—01	68.00	22
模糊数据统计学	2008—03	48.00	31
模糊分析学与特殊泛函空间	2013—01	68.00	241
受控理论与解析不等式	2012—05	78.00	165
解析不等式新论	2009—06	68.00	48
建立不等式的方法	2011—03	98.00	104
数学奥林匹克不等式研究	2009—08	68.00	56
不等式研究(第二辑)	2012—02	68.00	153
不等式的秘密(第一卷)	2012—02	28.00	154
不等式的秘密(第一卷)(第 2 版)	2014—02	38.00	286
不等式的秘密(第二卷)	2014—01	38.00	268
初等不等式的证明方法	2010—06	38.00	123
初等不等式的证明方法(第二版)	2014—11	38.00	407
不等式・理论・方法(基础卷)	2015—07	38.00	496
不等式・理论・方法(经典不等式卷)	2015—07	38.00	497
不等式・理论・方法(特殊类型不等式卷)	2015—07	48.00	498
谈谈不定方程	2011—05	28.00	119
数学奥林匹克在中国	2014—06	98.00	344
数学奥林匹克问题集	2014—01	38.00	267
数学奥林匹克不等式散论	2010—06	38.00	124
数学奥林匹克不等式欣赏	2011—09	38.00	138
数学奥林匹克超级题库(初中卷上)	2010—01	58.00	66
数学奥林匹克不等式证明方法和技巧(上、下)	2011—08	158.00	134,135
新编 640 个世界著名数学智力趣题	2014—01	88.00	242
500 个最新世界著名数学智力趣题	2008—06	48.00	3
400 个最新世界著名数学最值问题	2008—09	48.00	36
500 个世界著名数学征解问题	2009—06	48.00	52
400 个中国最佳初等数学征解老问题	2010—01	48.00	60
500 个俄罗斯数学经典老题	2011—01	28.00	81
1000 个国外中学物理好题	2012—04	48.00	174
300 个日本高考数学题	2012—05	38.00	142
500 个前苏联早期高考数学试题及解答	2012—05	28.00	185
546 个早期俄罗斯大学生数学竞赛题	2014—03	38.00	285
548 个来自美苏的数学好问题	2014—11	28.00	396
20 所苏联著名大学早期入学试题	2015—02	18.00	452
161 道德国工科大学生必做的微分方程习题	2015—05	28.00	469
500 个德国工科大学生必做的高数习题	2015—06	28.00	478
德国讲义日本考题. 微积分卷	2015—04	48.00	456
德国讲义日本考题. 微分方程卷	2015—04	38.00	457
几何变换(Ⅰ)	2014—07	28.00	353
几何变换(Ⅱ)	2015—06	28.00	354
几何变换(Ⅲ)	2015—01	38.00	355
几何变换(Ⅳ)	2015—12	38.00	356

哈尔滨工业大学出版社刘培杰数学工作室已出版(即将出版)图书目录

书　　名	出版时间	定　价	编号
中国初等数学研究　2009 卷(第 1 辑)	2009—05	20.00	45
中国初等数学研究　2010 卷(第 2 辑)	2010—05	30.00	68
中国初等数学研究　2011 卷(第 3 辑)	2011—07	60.00	127
中国初等数学研究　2012 卷(第 4 辑)	2012—07	48.00	190
中国初等数学研究　2014 卷(第 5 辑)	2014—02	48.00	288
中国初等数学研究　2015 卷(第 6 辑)	2015—06	68.00	493
博弈论精粹	2008—03	58.00	30
博弈论精粹.第二版(精装)	2015—01	88.00	461
数学 我爱你	2008—01	28.00	20
精神的圣徒　别样的人生——60 位中国数学家成长的历程	2008—09	48.00	39
数学史概论	2009—06	78.00	50
数学史概论(精装)	2013—03	158.00	272
数学史选讲	2016—01	48.00	544
斐波那契数列	2010—02	28.00	65
数学拼盘和斐波那契魔方	2010—07	38.00	72
斐波那契数列欣赏	2011—01	28.00	160
数学的创造	2011—02	48.00	85
数学中的美	2011—02	38.00	84
数论中的美学	2014—12	38.00	351
数学王者　科学巨人——高斯	2015—01	28.00	428
振兴祖国数学的圆梦之旅:中国初等数学研究史话	2015—06	78.00	490
二十世纪中国数学史料研究	2015—10	48.00	536
数字谜、数阵图与棋盘覆盖	2016—01	58.00	298
最新全国及各省市高考数学试卷解法研究及点拨评析	2009—02	38.00	41
2011 年全国及各省市高考数学试题审题要津与解法研究	2011—10	48.00	139
2013 年全国及各省市高考数学试题解析与点评	2014—01	48.00	282
全国及各省市高考数学试题审题要津与解法研究	2015—02	48.00	450
全国中考数学压轴题审题要津与解法研究	2013—04	78.00	248
新编全国及各省市中考数学压轴题审题要津与解法研究	2014—05	58.00	342
全国及各省市 5 年中考数学压轴题审题要津与解法研究	2015—04	58.00	462
新课标高考数学——五年试题分章详解(2007～2011)(上、下)	2011—10	78.00	140,141
中考数学专题总复习	2007—04	28.00	6
数学解题——靠数学思想给力(上)	2011—07	38.00	131
数学解题——靠数学思想给力(中)	2011—07	48.00	132
数学解题——靠数学思想给力(下)	2011—07	38.00	133
我怎样解题	2013—01	48.00	227
数学解题中的物理方法	2011—06	28.00	114
数学解题的特殊方法	2011—06	48.00	115
中学数学计算技巧	2012—01	48.00	116
中学数学证明方法	2012—01	58.00	117
数学趣题巧解	2012—03	28.00	128
高中数学教学通鉴	2015—05	58.00	479
和高中生漫谈:数学与哲学的故事	2014—08	28.00	369

哈尔滨工业大学出版社刘培杰数学工作室已出版(即将出版)图书目录

书　　名	出版时间	定　价	编号
自主招生考试中的参数方程问题	2015－01	28.00	435
自主招生考试中的极坐标问题	2015－04	28.00	463
近年全国重点大学自主招生数学试题全解及研究.华约卷	2015－02	38.00	441
近年全国重点大学自主招生数学试题全解及研究.北约卷	即将出版		
自主招生数学解证宝典	2015－09	48.00	535
格点和面积	2012－07	18.00	191
射影几何趣谈	2012－04	28.00	175
斯潘纳尔引理——从一道加拿大数学奥林匹克试题谈起	2014－01	28.00	228
李普希兹条件——从几道近年高考数学试题谈起	2012－10	18.00	221
拉格朗日中值定理——从一道北京高考试题的解法谈起	2015－10	18.00	197
闵科夫斯基定理——从一道清华大学自主招生试题谈起	2014－01	28.00	198
哈尔测度——从一道冬令营试题的背景谈起	2012－08	28.00	202
切比雪夫逼近问题——从一道中国台北数学奥林匹克试题谈起	2013－04	38.00	238
伯恩斯坦多项式与贝齐尔曲面——从一道全国高中数学联赛试题谈起	2013－03	38.00	236
卡塔兰猜想——从一道普特南竞赛试题谈起	2013－06	18.00	256
麦卡锡函数和阿克曼函数——从一道前南斯拉夫数学奥林匹克试题谈起	2012－08	18.00	201
贝蒂定理与拉姆贝克莫斯尔定理——从一个拣石子游戏谈起	2012－08	18.00	217
皮亚诺曲线和豪斯道夫分球定理——从无限集谈起	2012－08	18.00	211
平面凸图形与凸多面体	2012－10	28.00	218
斯坦因豪斯问题——从一道二十五省市自治区中学数学竞赛试题谈起	2012－07	18.00	196
纽结理论中的亚历山大多项式与琼斯多项式——从一道北京市高一数学竞赛试题谈起	2012－07	28.00	195
原则与策略——从波利亚“解题表”谈起	2013－04	38.00	244
转化与化归——从三大尺规作图不能问题谈起	2012－08	28.00	214
代数几何中的贝祖定理(第一版)——从一道IMO试题的解法谈起	2013－08	18.00	193
成功连贯理论与约当块理论——从一道比利时数学竞赛试题谈起	2012－04	18.00	180
磨光变换与范·德·瓦尔登猜想——从一道环球城市竞赛试题谈起	即将出版		
素数判定与大数分解	2014－08	18.00	199
置换多项式及其应用	2012－10	18.00	220
椭圆函数与模函数——从一道美国加州大学洛杉矶分校(UCLA)博士资格考题谈起	2012－10	28.00	219
差分方程的拉格朗日方法——从一道2011年全国高考理科试题的解法谈起	2012－08	28.00	200
力学在几何中的一些应用	2013－01	38.00	240
高斯散度定理、斯托克斯定理和平面格林定理——从一道国际大学生数学竞赛试题谈起	即将出版		
康托洛维奇不等式——从一道全国高中联赛试题谈起	2013－03	28.00	337
西格尔引理——从一道第18届IMO试题的解法谈起	即将出版		
罗斯定理——从一道前苏联数学竞赛试题谈起	即将出版		
拉克斯定理和阿廷定理——从一道IMO试题的解法谈起	2014－01	58.00	246

哈尔滨工业大学出版社刘培杰数学工作室已出版(即将出版)图书目录

书　　名	出版时间	定　价	编号
毕卡大定理——从一道美国大学数学竞赛试题谈起	2014－07	18.00	350
贝齐尔曲线——从一道全国高中联赛试题谈起	即将出版		
拉格朗日乘子定理——从一道 2005 年全国高中联赛试题的高等数学解法谈起	2015－05	28.00	480
雅可比定理——从一道日本数学奥林匹克试题谈起	2013－04	48.00	249
李天岩－约克定理——从一道波兰数学竞赛试题谈起	2014－06	28.00	349
整系数多项式因式分解的一般方法——从克朗耐克算法谈起	即将出版		
布劳维不动点定理——从一道前苏联数学奥林匹克试题谈起	2014－01	38.00	273
压缩不动点定理——从一道高考数学试题的解法谈起	即将出版		
伯恩赛德定理——从一道英国数学奥林匹克试题谈起	即将出版		
布查特－莫斯特定理——从一道上海市初中竞赛试题谈起	即将出版		
数论中的同余数问题——从一道普特南竞赛试题谈起	即将出版		
范·德蒙行列式——从一道美国数学奥林匹克试题谈起	即将出版		
中国剩余定理:总数法构建中国历史年表	2015－01	28.00	430
牛顿程序与方程求根——从一道全国高考试题解法谈起	即将出版		
库默尔定理——从一道 IMO 预选试题谈起	即将出版		
卢丁定理——从一道冬令营试题的解法谈起	即将出版		
沃斯滕霍姆定理——从一道 IMO 预选试题谈起	即将出版		
卡尔松不等式——从一道莫斯科数学奥林匹克试题谈起	即将出版		
信息论中的香农熵——从一道近年高考压轴题谈起	即将出版		
约当不等式——从一道希望杯竞赛试题谈起	即将出版		
拉比诺维奇定理	即将出版		
刘维尔定理——从一道《美国数学月刊》征解问题的解法谈起	即将出版		
卡塔兰恒等式与级数求和——从一道 IMO 试题的解法谈起	即将出版		
勒让德猜想与素数分布——从一道爱尔兰竞赛试题谈起	即将出版		
天平称重与信息论——从一道基辅市数学奥林匹克试题谈起	即将出版		
哈密尔顿－凯莱定理:从一道高中数学联赛试题的解法谈起	2014－09	18.00	376
艾思特曼定理——从一道 CMO 试题的解法谈起	即将出版		
一个爱尔特希问题——从一道西德数学奥林匹克试题谈起	即将出版		
有限群中的爱丁格尔问题——从一道北京市初中二年级数学竞赛试题谈起	即将出版		
贝克码与编码理论——从一道全国高中联赛试题谈起	即将出版		
帕斯卡三角形	2014－03	18.00	294
蒲丰投针问题——从 2009 年清华大学的一道自主招生试题谈起	2014－01	38.00	295
斯图姆定理——从一道"华约"自主招生试题的解法谈起	2014－01	18.00	296
许瓦兹引理——从一道加利福尼亚大学伯克利分校数学系博士生试题谈起	2014－08	18.00	297
拉格朗日中值定理——从一道北京高考试题的解法谈起	2014－01		298
拉姆塞定理——从王诗宬院士的一个问题谈起	2014－01		299
坐标法	2013－12	28.00	332
数论三角形	2014－04	38.00	341
毕克定理	2014－07	18.00	352
数林掠影	2014－09	48.00	389
我们周围的概率	2014－10	38.00	390
凸函数最值定理:从一道华约自主招生题的解法谈起	2014－10	28.00	391
易学与数学奥林匹克	2014－10	38.00	392

哈尔滨工业大学出版社刘培杰数学工作室已出版(即将出版)图书目录

书 名	出版时间	定 价	编号
生物数学趣谈	2015－01	18.00	409
反演	2015－01		420
因式分解与圆锥曲线	2015－01	18.00	426
轨迹	2015－01	28.00	427
面积原理:从常庚哲命的一道 CMO 试题的积分解法谈起	2015－01	48.00	431
形形色色的不动点定理:从一道 28 届 IMO 试题谈起	2015－01	38.00	439
柯西函数方程:从一道上海交大自主招生的试题谈起	2015－02	28.00	440
三角恒等式	2015－02	28.00	442
无理性判定:从一道 2014 年"北约"自主招生试题谈起	2015－01	38.00	443
数学归纳法	2015－03	18.00	451
极端原理与解题	2015－04	28.00	464
法雷级数	2014－08	18.00	367
摆线族	2015－01	38.00	438
函数方程及其解法	2015－05	38.00	470
含参数的方程和不等式	2012－09	28.00	213
希尔伯特第十问题	2016－01	38.00	543
无穷小量的求和	2016－01	28.00	545
中等数学英语阅读文选	2006－12	38.00	13
统计学专业英语	2007－03	28.00	16
统计学专业英语(第二版)	2012－07	48.00	176
统计学专业英语(第三版)	2015－04	68.00	465
幻方和魔方(第一卷)	2012－05	68.00	173
尘封的经典——初等数学经典文献选读(第一卷)	2012－07	48.00	205
尘封的经典——初等数学经典文献选读(第二卷)	2012－07	38.00	206
代换分析:英文	2015－07	38.00	499
实变函数论	2012－06	78.00	181
复变函数论	2015－08	38.00	504
非光滑优化及其变分分析	2014－01	48.00	230
疏散的马尔科夫链	2014－01	58.00	266
马尔科夫过程论基础	2015－01	28.00	433
初等微分拓扑学	2012－07	18.00	182
方程式论	2011－03	38.00	105
初级方程式论	2011－03	28.00	106
Galois 理论	2011－03	18.00	107
古典数学难题与伽罗瓦理论	2012－11	58.00	223
伽罗华与群论	2014－01	28.00	290
代数方程的根式解及伽罗瓦理论	2011－03	28.00	108
代数方程的根式解及伽罗瓦理论(第二版)	2015－01	28.00	423
线性偏微分方程讲义	2011－03	18.00	110
几类微分方程数值方法的研究	2015－05	38.00	485
N 体问题的周期解	2011－03	28.00	111
代数方程式论	2011－05	18.00	121
动力系统的不变量与函数方程	2011－07	48.00	137
基于短语评价的翻译知识获取	2012－02	48.00	168
应用随机过程	2012－04	48.00	187
概率论导引	2012－04	18.00	179
矩阵论(上)	2013－06	58.00	250
矩阵论(下)	2013－06	48.00	251
对称锥互补问题的内点法:理论分析与算法实现	2014－08	68.00	368
抽象代数:方法导引	2013－06	38.00	257

哈尔滨工业大学出版社刘培杰数学工作室已出版(即将出版)图书目录

书　　名	出版时间	定　价	编号
函数论	2014－11	78.00	395
反问题的计算方法及应用	2011－11	28.00	147
初等数学研究(Ⅰ)	2008－09	68.00	37
初等数学研究(Ⅱ)(上、下)	2009－05	118.00	46,47
数阵及其应用	2012－02	28.00	164
绝对值方程—折边与组合图形的解析研究	2012－07	48.00	186
代数函数论(上)	2015－07	38.00	494
代数函数论(下)	2015－07	38.00	495
偏微分方程论:法文	2015－10	48.00	533
闵嗣鹤文集	2011－03	98.00	102
吴从炘数学活动三十年(1951～1980)	2010－07	99.00	32
吴从炘数学活动又三十年(1981～2010)	2015－07	98.00	491
趣味初等方程妙题集锦	2014－09	48.00	388
趣味初等数论选美与欣赏	2015－02	48.00	445
耕读笔记(上卷):一位农民数学爱好者的初数探索	2015－04	28.00	459
耕读笔记(中卷):一位农民数学爱好者的初数探索	2015－05	28.00	483
耕读笔记(下卷):一位农民数学爱好者的初数探索	2015－05	28.00	484
几何不等式研究与欣赏.上卷	2016－01	88.00	547
几何不等式研究与欣赏.下卷	2016－01	48.00	552
数贝偶拾——高考数学题研究	2014－04	28.00	274
数贝偶拾——初等数学研究	2014－04	38.00	275
数贝偶拾——奥数题研究	2014－04	48.00	276
集合、函数与方程	2014－01	28.00	300
数列与不等式	2014－01	38.00	301
三角与平面向量	2014－01	28.00	302
平面解析几何	2014－01	38.00	303
立体几何与组合	2014－01	28.00	304
极限与导数、数学归纳法	2014－01	38.00	305
趣味数学	2014－03	28.00	306
教材教法	2014－04	68.00	307
自主招生	2014－05	58.00	308
高考压轴题(上)	2015－01	48.00	309
高考压轴题(下)	2014－10	68.00	310
从费马到怀尔斯——费马大定理的历史	2013－10	198.00	Ⅰ
从庞加莱到佩雷尔曼——庞加莱猜想的历史	2013－10	298.00	Ⅱ
从切比雪夫到爱尔特希(上)——素数定理的初等证明	2013－07	48.00	Ⅲ
从切比雪夫到爱尔特希(下)——素数定理 100 年	2012－12	98.00	Ⅲ
从高斯到盖尔方特——二次域的高斯猜想	2013－10	198.00	Ⅳ
从库默尔到朗兰兹——朗兰兹猜想的历史	2014－01	98.00	Ⅴ
从比勃巴赫到德布朗斯——比勃巴赫猜想的历史	2014－02	298.00	Ⅵ
从麦比乌斯到陈省身——麦比乌斯变换与麦比乌斯带	2014－02	298.00	Ⅶ
从布尔到豪斯道夫——布尔方程与格论漫谈	2013－10	198.00	Ⅷ
从开普勒到阿诺德——三体问题的历史	2014－05	298.00	Ⅸ
从华林到华罗庚——华林问题的历史	2013－10	298.00	Ⅹ
吴振奎高等数学解题真经(概率统计卷)	2012－01	38.00	149
吴振奎高等数学解题真经(微积分卷)	2012－01	68.00	150
吴振奎高等数学解题真经(线性代数卷)	2012－01	58.00	151
钱昌本教你快乐学数学(上)	2011－12	48.00	155
钱昌本教你快乐学数学(下)	2012－03	58.00	171

哈尔滨工业大学出版社刘培杰数学工作室已出版(即将出版)图书目录

书　名	出版时间	定　价	编号
第19～23届"希望杯"全国数学邀请赛试题审题要津详细评注(初一版)	2014－03	28.00	333
第19～23届"希望杯"全国数学邀请赛试题审题要津详细评注(初二、初三版)	2014－03	38.00	334
第19～23届"希望杯"全国数学邀请赛试题审题要津详细评注(高一版)	2014－03	28.00	335
第19～23届"希望杯"全国数学邀请赛试题审题要津详细评注(高二版)	2014－03	38.00	336
第19～25届"希望杯"全国数学邀请赛试题审题要津详细评注(初一版)	2015－01	38.00	416
第19～25届"希望杯"全国数学邀请赛试题审题要津详细评注(初二、初三版)	2015－01	58.00	417
第19～25届"希望杯"全国数学邀请赛试题审题要津详细评注(高一版)	2015－01	48.00	418
第19～25届"希望杯"全国数学邀请赛试题审题要津详细评注(高二版)	2015－01	48.00	419
高等数学解题全攻略(上卷)	2013－06	58.00	252
高等数学解题全攻略(下卷)	2013－06	58.00	253
高等数学复习纲要	2014－01	18.00	384
三角函数	2014－01	38.00	311
不等式	2014－01	38.00	312
数列	2014－01	38.00	313
方程	2014－01	28.00	314
排列和组合	2014－01	28.00	315
极限与导数	2014－01	28.00	316
向量	2014－09	38.00	317
复数及其应用	2014－08	28.00	318
函数	2014－01	38.00	319
集合	即将出版		320
直线与平面	2014－01	28.00	321
立体几何	2014－04	28.00	322
解三角形	即将出版		323
直线与圆	2014－01	28.00	324
圆锥曲线	2014－01	38.00	325
解题通法(一)	2014－07	38.00	326
解题通法(二)	2014－07	38.00	327
解题通法(三)	2014－05	38.00	328
概率与统计	2014－01	28.00	329
信息迁移与算法	即将出版		330
物理奥林匹克竞赛大题典——力学卷	2014－11	48.00	405
物理奥林匹克竞赛大题典——热学卷	2014－04	28.00	339
物理奥林匹克竞赛大题典——电磁学卷	2015－07	48.00	406
物理奥林匹克竞赛大题典——光学与近代物理卷	2014－06	28.00	345
历届中国东南地区数学奥林匹克试题集(2004～2012)	2014－06	18.00	346
历届中国西部地区数学奥林匹克试题集(2001～2012)	2014－07	18.00	347
历届中国女子数学奥林匹克试题集(2002～2012)	2014－08	18.00	348
美国高中数学竞赛五十讲.第1卷(英文)	2014－08	28.00	357
美国高中数学竞赛五十讲.第2卷(英文)	2014－08	28.00	358
美国高中数学竞赛五十讲.第3卷(英文)	2014－09	28.00	359
美国高中数学竞赛五十讲.第4卷(英文)	2014－09	28.00	360
美国高中数学竞赛五十讲.第5卷(英文)	2014－10	28.00	361
美国高中数学竞赛五十讲.第6卷(英文)	2014－11	28.00	362
美国高中数学竞赛五十讲.第7卷(英文)	2014－12	28.00	363
美国高中数学竞赛五十讲.第8卷(英文)	2015－01	28.00	364
美国高中数学竞赛五十讲.第9卷(英文)	2015－01	28.00	365
美国高中数学竞赛五十讲.第10卷(英文)	2015－02	38.00	366

哈尔滨工业大学出版社刘培杰数学工作室已出版(即将出版)图书目录

书　　名	出版时间	定　价	编号
IMO 50 年. 第 1 卷(1959—1963)	2014—11	28.00	377
IMO 50 年. 第 2 卷(1964—1968)	2014—11	28.00	378
IMO 50 年. 第 3 卷(1969—1973)	2014—09	28.00	379
IMO 50 年. 第 4 卷(1974—1978)	即将出版		380
IMO 50 年. 第 5 卷(1979—1984)	2015—04	38.00	381
IMO 50 年. 第 6 卷(1985—1989)	2015—04	58.00	382
IMO 50 年. 第 7 卷(1990—1994)	即将出版		383
IMO 50 年. 第 8 卷(1995—1999)	即将出版		384
IMO 50 年. 第 9 卷(2000—2004)	2015—04	58.00	385
IMO 50 年. 第 10 卷(2005—2008)	即将出版		386
历届美国大学生数学竞赛试题集. 第一卷(1938—1949)	2015—01	28.00	397
历届美国大学生数学竞赛试题集. 第二卷(1950—1959)	2015—01	28.00	398
历届美国大学生数学竞赛试题集. 第三卷(1960—1969)	2015—01	28.00	399
历届美国大学生数学竞赛试题集. 第四卷(1970—1979)	2015—01	18.00	400
历届美国大学生数学竞赛试题集. 第五卷(1980—1989)	2015—01	28.00	401
历届美国大学生数学竞赛试题集. 第六卷(1990—1999)	2015—01	28.00	402
历届美国大学生数学竞赛试题集. 第七卷(2000—2009)	2015—08	18.00	403
历届美国大学生数学竞赛试题集. 第八卷(2010—2012)	2015—01	18.00	404
新课标高考数学创新题解题诀窍:总论	2014—09	28.00	372
新课标高考数学创新题解题诀窍:必修 1～5 分册	2014—08	38.00	373
新课标高考数学创新题解题诀窍:选修 2—1,2—2,1—1,1—2分册	2014—09	38.00	374
新课标高考数学创新题解题诀窍:选修 2—3,4—4,4—5 分册	2014—09	18.00	375
全国重点大学自主招生英文数学试题全攻略:词汇卷	2015—07	48.00	410
全国重点大学自主招生英文数学试题全攻略:概念卷	2015—01	28.00	411
全国重点大学自主招生英文数学试题全攻略:文章选读卷(上)	即将出版		412
全国重点大学自主招生英文数学试题全攻略:文章选读卷(下)	即将出版		413
全国重点大学自主招生英文数学试题全攻略:试题卷	2015—07	38.00	414
全国重点大学自主招生英文数学试题全攻略:名著欣赏卷	即将出版		415
数学物理大百科全书. 第 1 卷	2015—08	408.00	508
数学物理大百科全书. 第 2 卷	2015—08	418.00	509
数学物理大百科全书. 第 3 卷	2015—08	396.00	510
数学物理大百科全书. 第 4 卷	2015—08	408.00	511
数学物理大百科全书. 第 5 卷	2015—08	368.00	512

哈尔滨工业大学出版社刘培杰数学工作室
已出版(即将出版)图书目录

书　　名	出版时间	定　价	编号
劳埃德数学趣题大全.题目卷.1:英文	2015-10	18.00	516
劳埃德数学趣题大全.题目卷.2:英文	2015-10	18.00	517
劳埃德数学趣题大全.题目卷.3:英文	2015-10	18.00	518
劳埃德数学趣题大全.题目卷.4:英文	2016-01	18.00	519
劳埃德数学趣题大全.题目卷.5:英文	2016-01	18.00	520
劳埃德数学趣题大全.答案卷:英文	2016-01	18.00	521
李成章教练奥数笔记.第1卷	2016-01	48.00	522
李成章教练奥数笔记.第2卷	2016-01	48.00	523
李成章教练奥数笔记.第3卷	2016-01	38.00	524
李成章教练奥数笔记.第4卷	2016-01	38.00	525
李成章教练奥数笔记.第5卷	2016-01	38.00	526
李成章教练奥数笔记.第6卷	即将出版		527
李成章教练奥数笔记.第7卷	即将出版		528
李成章教练奥数笔记.第8卷	即将出版		529
李成章教练奥数笔记.第9卷	即将出版		530
zeta函数,q-zeta函数,相伴级数与积分	2015-08	88.00	513
微分形式:理论与练习	2015-08	58.00	514
离散与微分包含的逼近和优化	2015-08	58.00	515

联系地址:哈尔滨市南岗区复华四道街10号　哈尔滨工业大学出版社刘培杰数学工作室
网　　址:http://lpj.hit.edu.cn/
邮　　编:150006
联系电话:0451-86281378　　13904613167
E-mail:lpj1378@163.com